The Detail of Architecture Plan

건축 계획 각론

김용환·김영민
신동규·성기용
정관영·이동영
공 저

SEOWOO PUBLICATIONS

· 머 리 말 ·

본서는 건축 계획학의 폭넓고 각 분야별 깊은 학문보다는 핵심적인 측면에서 가능한 요점을 다루는데 신경을 썼으며, 1장 총론, 2장 주거시설, 3장 업무시설, 4장 상업시설, 5장 숙박시설, 6장 공공문화시설, 7장 교육시설, 8장 의료시설, 9장 스포츠 시설, 10장 종교시설, 11장 공장 · 창고 · 교통시설. 각장마다 각 건축의 용도별 전경 사진과 평면 일부를 수록해 이해를 돕도록 했다.

본서는 원래 3년제 건축과 및 건축 관련과 대학생들의 교재용으로 준비되었으나, 5년제 대학교에서도 저학년 및 설계 기초 준비 자료용으로 충분히 이용될 수 있다.

건축계획이 방대한 학문인데도 불구하고, 많은 요약으로 인해 이해가 어려울 수도 있겠으나, 가능한 일목요연하게 정리코져 노력했으며, 다소간의 미흡한 표현이나 오류 등은 지속적으로 수정키로 하며, 끝으로 이 책이 나오기까지 지원해 주신 도서출판 서우의 이석환 사장님과 이종만 부장님을 비롯한 모든 분들께 감사드립니다.

저 자

차례 Contents

1 총론

2 주거시설

Ⅰ. 단독주택

Ⅱ. 집합주택

Ⅹ. 기숙사

3 업무시설

Ⅰ. 사무소 건축

Ⅱ. 은행건축

4 상업시설

Ⅰ. 백화점

Ⅱ. 쇼핑 센터

Ⅲ. 양판점

Ⅳ. 슈퍼마켓

Ⅴ. 상점

Ⅵ. 레스토랑

Ⅶ. 골프 클럽 하우스

5 숙박시설

Ⅰ. 호텔

Ⅱ. 연수시설, 휴양소

Ⅲ. 유스 호스텔

Ⅳ. 콘도미니엄

Ⅴ. 여관

6 공공문화시설

Ⅰ. 도서관

Ⅱ. 박물관 · 미술관

Ⅲ. 극장, 영화관

Ⅳ. 구 및 군민회관

Ⅴ. 청사

7 교육시설

Ⅰ. 학교

Ⅱ. 유치원

Ⅲ. 보육원

8 의료시설

Ⅰ. 병원 건축

Ⅱ. 리허빌리테이션

10 종교시설

Ⅰ. 교회

Ⅱ. 천주교회

Ⅲ. 사찰건축

11 공장 · 창고 · 교통시설

Ⅰ. 공장

Ⅱ. 창고

Ⅲ. 교통시설

1

총론

건축계획각론

1

(總論)

총 론

1. 건축(architecture)과 건축가(architect)

'건축(architecture)'의 어원은 그리스어의 Architecton, 또는 라틴어의 Architectura로 건물을 짓기 위한 큰(=archi)기술(=tectura)을 의미한다. 어원 그대로라면 건축이란 '종합적으로 계획하고 구축하는 기술'을 의미한다. 건축가(architect)는 이러한 기술을 통합하는 사람으로서 시대가 발전하면서 그 역할도 달라지지만 큰 의미에서 공통적으로 환경발전을 '통합하는 사람'으로 여겨지고 있다. 물론 과거에는 건축가의 역할인 '통합'이 건축가의 다방면에 걸친 박식함과 그로 인해 결과된 제반 지적인 측면에서의 지식의 '통합'인 반면, 현대에는 다양하면서 동시에 전문적인 건축관련분야에서의 '통합'으로 변화하고 있다.

이와 같이 건축을 이루는 주요 요소로는 대개 기능(function), 구조(construction), 미(aesthetics)로 나누어 분류되고 있다.

2. 건축의 요소 : 기능(function), 구조(structure), 미(aesthetics)

▌일반적으로 건축의 3대 요소는 기능(function), 구조(structure), 미(aesthetics)로 분류되며, 특별히 현대건축의 요구사항으로서 다음과 같은 사항이 포함된다.

① 건축가로서의 개성인 사상이 내포되어야 한다.

② 과학적이고 경제적이어야 한다.

③ 생명과 정서가 깃들어 있어야 한다.

④ 합리성과 기술적 협조(설비, 전기, 구조, 음향, 조경 등)가 필요하다.
⑤ 주위환경과 조화가 이루어져야 한다
⑥ 도시계획적(교통, 조경, 색채 등)인 검토가 필요하며 미래 지향적이어야 한다.

▌건축계획 과정에 종합적인 영향을 미치는 건축의 기능은 다음과 같은 원리를 근간으로 삼는다.

① 합목적성(rationality) : 건축계획에서 가장 기본적인 요소로, 건축물의 사용목적을 적절히 파악하여 이에 적합한 계획을 하여야 하며, 르꼬르뷔제가 언급한 "Form Follows Function."의 기능주의(functionalism)와 밀접한 관련을 지닌다.
② 인간주의(humanism) : 모든 건축물(창고나 기념물 등과 같은 건축물은 제외하고)은 인간이 그 안에서 생활하도록 하는 것이 목적이므로, 건축계획의 배경에는 윤리성, 사회성을 갖춘 인간주의(humanism)의 정신이 깃들어 있어야 한다.
③ 보건성(hygienity) : 인간의 쾌적한 생활을 위협하는 외부의 자연조건과 대기오염, 소음, 공해 등으로부터 인간을 보호하기 위한 건축적인 대응 환경이 구축되어야 하며, 이를 위해서 건축물의 주위환경 조건에 대한 충분한 분석이 필요하다.
④ 구조성(structure) : 건축물의 자중, 적재하중, 풍력, 지진력 그리고 적설 등의 외력으로부터 안전성을 확보하기 위해 사전에 충분한 검토가 이루어져야 한다.
⑤ 경제성(economics) : 건축의 경제성은 건설비(initial cost), 경상비(running cost), 내용년한으로 구분할 수 있으며, 이들 상호간의 균형이 요구된다.
⑥ 건축과 사회 : 건축은 그 자체뿐만 아니라 도로나 공원 등을 포함한 도시와 불가분의 관계에 있으므로, 기존 도시의 문맥(context)과 도시의 발전방향의 연장선 안에서 계획되어야 하며, 따라서 도시의 균형 있는 발전을 위해 공공의 이익을 고려해야 한다.
⑦ 심미성 : 건축은 기술과 예술의 종합에 의해 완성되므로 기능과 구조는 물론 건축의 형태, 색채, 비례 등의 미적 요소도 만족시켜야 한다.

이상과 같은 건축의 요소를 보다 세분하여 정의하면 다음과 같다.

1) 기능(function)

건축계획학에서 다루어야 하는 기능은 다음과 같이 정리될 수 있다.
① 도시 · 지역적 규모의 기능 → 환경적 차원
② 평면, 동선적 기능 → 각 실의 목적과 상호관계
③ 단면적 기능 → 층고, 천정고, 창높이 등의 관계
④ 설비적 기능 → 건물 매입설비의 성능과의 관계
⑤ 구조적 기능 → 주요 구조부 등의 위치와 성능 및 재해와의 관계
⑥ 재해 대책상의 기능 → 피난 및 소화설비, 방화구획 등 피난관계 기능

위의 기능들을 분석하기 위한 조사, 분석의 내용은 다음과 같다.
① 현상의 조사, 관찰 및 기술
② 현상의 조건 및 원인의 조사
③ 요인분석 및 인과관계의 발견
④ 정리, 종합, 법칙성의 발견
⑤ 문헌 등의 검토

이를 통한 계획조건의 분석항목은 다음과 같다.
① 건물의 용도
② 사용상의 요구
③ 규모 및 예산
④ 대지의 조건
⑤ 건설의 시기 및 공사기간

【참고】 기능(function)과 기능주의(functionalism)

계획학에서 말하는 기능과 일반 건축디자인에서 사용하는 기능의 의미는 다소 다르게 사용되기도 한다. 계획학에서 말하는 기능(function)은 경제적 · 능률적 · 과학적 · 합리적인 의미를 띄고 있으며, 1950년대 이후 서구의 실증주의 이론에 영향을 받은 것에 반면, 일반적으로 디자인에서 쓰이는 '기능'이라는 말은 다소 개념적으로 사용되기도 한다. 예를 들어 국제주의양식(international style)이 천명한 기능주의(funtionalism)는 디자인의 형태적 개념으로 사용한 것으로 기능적 의미가 설계의 원리로서 채택된 경우이다. '기능'이라는 개념은 이미 19세기말 유럽에서 기능주의적 사고의 일환으로 사용되기도 했다.

2) 구조(structure)

여기서 말하는 구조란 주로 구축적 측면의 성능을 말하는 것으로 조적식 · 가구식 · 일체식 · 입체식 구조 등과 같이 분류되기도 한다.

① **조적식 구조**(masonry structure)

압축강도 보다 인장강도가 작은 돌, 벽돌, 콘크리트 블록 등의 단위재료를 접착재(석회 또는 시멘트)를 사용하여 구성한 것이다. 내진성이 부족해서 철사, 철망, 철근으로 보강되며 주로 저층 건물에 이용되고 있다.

② **가구식 구조**(framed structure)

가구식 구조는 목재나 철재와 같이 장 스팬의 재료를 사용하여 조립하는 형식으로 전통건축의 목구조 형식이 그 대표적인 예이다. 목구조는 철근콘크리트조, 조적조와 비교해서 자체의 무게가 가벼울 뿐만 아니라, 그 구축방법이 용이하고 공사기간이나 비용도

적게 들기 때문에 가장 널리 쓰여 왔다. 목재는 중량에 비해 허용강도가 크고, 휨에 강하다. 또한 열전도율도 적으며, 가공성이 풍부할 뿐만 아니라 미관이 수려하고 감촉이 좋은 천연재료의 장점을 갖고 있다. 그러나 내화·내구적이지 못하는 결점을 내포하고 있어, 도시의 고층 건물이나 대규모 스팬의 건축물에는 부적당하다.

③ **일체식 구조**(monolithic structure)

- 철골구조(SS조)

  철골구조는 고층 건축물이나 장 스팬의 건축물 등에 적합한 구조형식이며 강구조라고도 불리운다. 이 구조의 특성은 철골재료가 공업제품이고 품질, 형상, 치수, 제품의 정밀도 등이 규격화되어 있으며, 구조재로서의 신뢰도가 높다는 것이다. 또한 강도나 신장 성능이 다른 재료에 비해 크며, 재료에 큰 방향성이 없는 점이다. 그러나 국부적인 응력의 영향을 받기 쉽고, 내화성이 다소 결여되므로 내화구조를 위해서는 별도의 내화재료로 보강해야 한다.

  철골구조의 골조는 변형 능력이 크다는 점과 복원력의 특성이 안정되어 있다는 점에서 내진성이 요구되는 지역에 매우 적합한 구조이다.

- 철근콘그리트 구조(RC조)

  철근콘크리트 구조는 주요 구조부가 일체식으로 되어 있으며, 내화성이나 내구성이 우수한 구조형식이므로 가장 널리 사용되고 있다. 거푸집을 만들고 철근을 조립해서 콘크리트를 부어넣는 일체식의 구조이므로, 건축물의 자중이 크고 시공이 복잡하며 공사기간이 길고 균질한 시공이 어려운 난점이 있으며, 재료나 시공에 대한 상세한 규정이 정해져 있다.

- 철골철근콘크리트 구조(SRC조)

  철골조의 주변을 철근으로 보강하여 콘크리트를 피복한 구조를 말하며, 고층 건축물에 많이 이용된다. 내구, 내화, 내진적인 구조이다.

④ **입체식 구조**(space frame structure)

특수 구조방식을 공간화하여 구성한 구조를 말한다.

⑤ **기타구조**

막구조(membranes), 공기막구조(pneumatic), 기포구조(foams) 등이 있다.

3) 미(aesthetics)

건축의 미는 역사를 통해 다양한 의미를 지녀왔으며, 시대를 관통하는 통일된 미의식은 거의 존재하지 않는다. 특히 심미적인 측면에서 르네상스 사람들은 과학적 시각에 근거한 비례(propotion)나 기하학(geometry)을 통해 미를 객관화하기도 했다. 그러나 근대 건축으로의 일대 전환을 거치면서 전통적인 의미의 미는 배격되고 서구의 근대성을 반영한 급진적인 미학이 현재까지 주류를 이루고 있다. 계획학에서 말하는 미는 다음과 같이 비교적인 의미에서의 공인된 특성으로 구분될 수도 있다.

① 통일성(unity) : 통일성의 주요 요소로 대칭성, 반복성, 균일성을 들 수 있다.

㉠ 대칭성(Symmetry) : 하나의 점 또는 축에 대한 대칭으로서 기념비·종교건축 등에 주로 이용된다.

㉡ 반복성(repetition) : 동일한 형식의 반복을 통해 나타나는 심미감으로서 주로 호텔이나 아파트 같은 규칙적인 형태에 사용된다.

㉢ 균일성(uniformity) : 강화된 반복성으로 인한 균질적인 심미감이다. 주로 규격화된 건축미가 균일성을 강조한다.

② 변화성(variety) : 변화성의 주요 요소로 균제, 억양, 대비를 들 수 있다.

㉠ 균제(propotion) : 정수비, 황금비, 등차/등비, 피보나치비, 동적 균제 등이 있다.

- 정수비 : 1 : 1, 1 : 2, 1 : 3 등 정수비례의 관계가 있을 때 균제가 성립한다.
- 황금비 : 무리수 비례로 주로 면의 비례로 사용된다. 고대 그리이스의 예술품이나 신전 등에 황금비가 사용되었다는 유력한 증거들이 분석되어 있다.
- 등차/등비 : 등차 급수 및 등비 급수를 사용한 비례로서 인간에게 쾌적감을 준다는 분석이 있다.
- 피보나치비 : 1 : 2 : 3 : 5 : 8 : 13 : …와 같이 앞의 두 항의 합이 다음 항의 수치가 되는 비례로서 연속적인 비례감이 특징이다.
- 동적 균제 : 길이의 대비보다는 면적의 대비를 나타낸 것으로 면적 사이에 정수비가 성립하는 것이 특히 아름답다고 한다. 미국의 햄비지(J. Hambidge) 교수가 그리이스의 미술품들을 대상으로 밝혀낸 일종의 황금비로서 구형비(矩形比)라고도 한다.

㉡ 억양(accent) : 대/소, 강/약과 같은 성질상의 억양 변화를 주로 말한다.

㉢ 대비(contrast) : 대/소, 명/암과 같은 상호 반대되는 성질을 배열하여 건물에 강한 인상을 주는 것을 말한다.

③ 균형성(balance) : 균형성의 주요 요소로 정적 균형과 동적 균형을 들 수 있다.

3. 건축의 계획 과정(process)

일반적으로 건축설계시 어떤 목표를 달성하고자 할 때 그 목적에 필요한 각종 정보를 수집 분석한 후 종합적인 평가를 거쳐 이루어지는 일련의 의사 결정 과정으로서 다음의 순서로 설명될 수 있다.

1) 목표 설정

최종 건축물의 목표달성을 위한 수단을 고려하고 최종 결과인 건축물의 예측에 의해 목표를 설정하는 것을 말한다.

2) 정보 수집

목표설정 이후 필요한 정보에 대한 여러 가지 측면에서의 자료수집을 말한다.

① 정보의 종류

- 초기 정보 : 배경정보 및 방향 설정을 위한 정보를 말한다.
- 기술 정보 : 관련법규, 해당지역의 조례, 대지의 입지조건, 건축주로부터 얻을 수 있는 필요한 요구기능 등이 있다.
- 아이디어 정보 : 간단한 이미지 스케치 등과 같은 필요한 시각적 아이디어를 말한다.
- 평가정보 : 아이디어나 모델 등과 같은 정보를 평가하기 위한 정보를 말한다.
- 프로그램정보 : 계획시 필요한 수단을 결정할 때 필요한 정보로서 「PERT /CPM」 등을 말한다.

② 정보의 조사

문헌조사, 면담조사, 설문지조사, 관찰조사, 실험조사 등이 있다.

3) 조건 설정

수집된 정보와 판단 및 결정과정을 연결하는 과정으로서 각종 정보처리 작업을 말한다.

① 기능 설정 : 시설간의 기능도, 동선도, 운영방식 등을 설정한다.

② 규모 설정 : 기능·예산 등을 고려한 규모 설정, 장래 규모 예측, 증축 등을 말한다.

③ 성능 설정 : 건축물의 내구연한, 실내환경, 구조재료, 설비 등과 같은 성능에 관계된 조건을 설정한다.

④ 성격 및 주제의 설정 : 건축주나 건축가가 부여하는 디자인의 조건을 설정한다.

4) 모델화

지금까지의 여러 가지 조건들을 기준으로 하여 얻고자 하는 건축공간을 구체적으로 만들어 가는 과정을 말한다. 모델화는 이러한 과정에 있어 필수적인 부분이다.

① 아이디어 도출방법

- 설계조건으로부터의 아이디어 도출은 공간 상호간의 관계 또는 입지조건 등과 같은 자연적·인위적인 자료를 통해 얻어질 수 있다.
- 주변에 있는 기존 건축물이나 고건축물 및 문헌 등과 같은 시각적 또는 자료를 통해 아이디어 정보를 도출할 수 있다.
- 설계에 참여하는 사람들의 합의를 통해 고차원의 아이디어를 도출할 수 있다.
- 건축가 개인의 경험이나 직관으로부터 아이디어를 도출할 수 있다.

② 모델화의 내용은 다음과 같으며, 각각의 항목을 분석함으로써 목표로 하는 설계의 결과물에 접근할 수 있다.

• 동선 분석을 통한 모델화
• 평면형 분석을 통한 모델화
• 규모 분석을 통한 모델화
• 구조/설비/조형 등의 분석을 통한 모델화

5) 평가 및 검토

① 피드 백(feed back) : 모델 상호간의 모순을 조정하고 목표로 하는 결과물에 접근하기 위한 종합화 과정으로서 이전의 과정을 다시 체크하여 발견되는 모순을 줄이기 위한 것이다.

② 방법 : 단계법, 점수법(또는 계수 점수법), 합의법, 직관법

6) 계획의 결정

선택과 수정단계, 항목별 평가 등을 거쳐 최종적인 계획안을 결정한다.

4. 건축디자인 결정과정(design process) : 분석 · 종합 · 평가

건축계획의 결정 이후 디자인 단계에서 수행되는 과정은 대략적으로 분석 – 종합 – 평가의 단계를 거친다. 이를 간략히 정의하면 다음과 같다.

1) 분석

계획의 결정 이후 디자인의 첫 단계에서 건물의 목적, 인적 요소의 프로그램, 스페이스 프로그램, 행동시스템 등을 종합적으로 분석하여 디자인의 원칙을 결정하는 자료로 삼는다.

2) 종합

분석의 단계를 통해 디자인의 원칙을 결정하여, 건축물의 공간, 볼륨, 이미지, 양식, 실내 · 외의 관계 등을 종합하여 디자인한다.

3) 평가

분석과 종합의 단계를 거친 후 가장 최적안을 선정한 후 평가함으로써 디자인을 결정한다.

5. 건축의 생산과정(production process)

건축디자인 및 건물의 생산과정을 보다 현실적으로 접근하면 그 프로세스는 기획 →계

획 → 설계 → 공사계약 → 시공으로 나눌 수 있다. 이 가운데에서 설계는 기본설계와 실시설계로 구분되며, 일반적으로 계획이라고 말할 때 기획, 계획뿐 아니라 기본설계 단계까지의 작업을 말하는 경우가 많다.

계획작업중에는 건축계획, 구조계획, 설비계획, 방재계획, 비용계획 등이 있다. 이 가운데에서 건축계획은 기타의 분야로 정리해서 총괄적으로 다루어야 할 필요가 있다. 또한 건축물은 건축법으로 제한이 되므로 법적 조건을 갖추어 계획을 실행해야 한다.

1) 법적 제한

건축법에서는 건축물의 입지나 건축물의 형태를 결정할 때 다음과 같이 제규정을 정하고 있다.

① 용도지역제

용도지역은 지역 또는 도시의 환경을 향상시키기 위해, 도시 계획구역 내의 토지이용을 규제하는 것으로 주거지역, 상업지역, 공업지역, 녹지지역으로 대별되어 13종류의 용도지역이 있다. 용도지역은 기능이 상충되는 용도의 건축물이 무질서하게 들어서면 도시기능이 저하되고 환경악화, 공해발생 등의 여러 도시문제를 야기시키므로 이를 방지하기 위해 건축물을 제각기의 용도지역 안에서 제한한다.

② 방화지구제

방화지구는 도시의 화재 및 기타의 위험을 예방하기 위해서 필요한 때 지정한다. 방화지구 내에서는 특히 연소의 우려가 많은 지붕, 외벽, 개구부 등에 대해서 구조, 재료의 사용이나 기타의 방화설비에 대해서 규정하고 있다. 방화지구 내에서, 건축물의 주요 구조부 및 외벽은 내화구조로 하여야 한다.

③ 형태규제

- 건폐율의 규제

  건폐율은 대지 안에서 건축물이 차지하는 비율을 나타내는 밀도지표로서 이는 각 건축물의 대지에 최소한의 공지를 확보하여 충분한 일조, 채광, 통풍을 얻도록 하고 화재시 각 건축물의 연소방지 및 소방, 재해시의 피난 등을 용이하게 하는 데 목적을 두고 있다. 건폐율은 대지의 이용 가능한 한도를 표시하고 있으며, 반대로 그 나머지는 대지 안에 남겨 두어야 할 공간의 비율(공지율)을 표시하고 있다.

- 용적률의 규제

  지역의 용도에 따라 건축물의 규모를 대지면적에 대하여 일정비율 이하로 억제하고 있다. 이 대지면적에 대한 건축물의 연면적의 비율을 용적률이라 하며, 이는 지역에 따라 필요로 하는 도시의 집적도와 그 성격이 다르므로 이를 일정 비율로 제한하여 토지를 효율적으로 이용하고 도시환경을 정비하기 위한 목적으로 볼 수 있다.

- 높이의 제한

건축물의 높이 제한은 일조, 채광, 통풍 등의 위생적인 생활환경 조성에 목적을 두고 있다.

- 도로에 의한 사선 제한 : 도로의 개방감을 확보하기 위해서 전면도로의 폭에 따라 건축물의 높이를 제한하는 것으로 상대적인 높이 규제 방법이다. 그 내용은 건축물의 각 부분의 높이는 그 부분으로부터 전면도로의 반대쪽 경계선까지의 수평거리의 1.5배를 초과할 수 없다. 단, 전면도로의 반대측으로 공원이나 수면, 광장 등의 공지가 있는 경우에는 그 공지의 반대측에서 사선제한을 적용한다.
- 대지 경계선에 의한 높이 제한 : 일조, 채광, 통풍, 방화 등를 위하여 건물과 이웃 건물간의 일정한 거리를 확보하기 위한 목적이다.
- 인동간격에 의한 높이 제한 : 하나의 대지 안에서 2동 이상의 건축물이 건축될 경우 건물높이와 건물간의 거리관계를 규정한 것으로 공동주택에 한하여 적용된다.

2) 요구의 확인과 배치계획

① 요구의 확인

건축주로부터 제시되는 요구나 조건은 건축물의 기능이 단순하며 소규모인 경우에는 그대로 계획조건이 될 수도 있지만, 대개의 경우 건축주와 논의를 진행하면서 설계자의 생각이나 경험에 의해 분석, 종합하여 계획조건으로서 정리해 나간다. 종합된 제조건은 용도, 규모, 대지, 장래의 구상, 공정, 발주방식, 공사비 등의 항목으로 정리된다.

② 부지계획

입지조건의 조사 분석 : 대지의 자연환경이나 사회환경이 건축물의 성격이나 형태를 규정하는 기본적인 조건이 된다.

㉠ 자연환경 : 지형, 지반, 표고 등의 지세나 기온, 습도, 우량, 적설, 최대풍속 등의 기상조건 등

㉡ 사회환경 : 전통, 역사, 관습 등과 같은 지역의 연혁, 세대나 인구의 특성, 지역의 산업동태, 공공건축물, 교통기관, 상하수도, 주차장 등의 지역시설 상황, 대기오염, 소음 등의 환경, 주변의 기존 건축물의 상황, 법적 제한의 조건 등

③ 배치계획

대지가 결정되고, 대지의 환경조건의 조사, 분석이 완료된 단계에서 건축물의 배치 검토를 실시한다. 이때 건축물의 배치, 진입방식, 외부공간의 구상, 장래의 구상 등을 고려한다. 건축물의 형태가 결정되지 않은 상태에서는 공간 계획과 병행해서 검토를 되풀이한다.

3) 건축계획의 방법

① 행동분석

건축계획을 진행할 때 그 건축물이 요구하는 행동을 찾아내어 분석, 검토하고 그 결과 나타난 자료의 계량치를 산정하여 시설의 규모를 결정한다. 이 때 건축물에 반영되는 주요 행위를 중심으로 검토한다. 예를 들면, 호텔에서는 숙박시설을 중심으로 분석, 검토하여 각 실의 개수 및 바닥면적을 결정한다. 복잡한 용도의 건축물에서는 주요 행위가 여러 개가 되지만, 가장 중심이 되는 행위를 축으로 분석, 검토하여 기타의 행동은 이들 중심적인 행위와 관련지어 처리해 나간다. 건축물에 대한 행동분석의 결과는 기능도에 표시해서 행위의 내용이나 상호관계를 시각적으로 알기 쉽게 표현한다.

② **에스키스**(esquisse)

에스키스란 프랑스어로 계획, 설계의 구상을 위한 스케치 혹은 초안을 의미하지만, 개략적인 투시도도 포함된다. 에스키스는 우선 평면적인 공간구성의 스케치로부터 시작해서 단면의 구성, 형태의 검토로 진행되며 그 상호관계를 충분히 검토하고, 다시 수정하는 등 이러한 과정을 몇 번이고 반복해서 그려보면 점차 구상된 형태로 발전하게 된다. 또한 모형을 만들어 고찰하는 일도 필요하다. 이단계의 모형을 스터디 모델(study model)이라 한다. 스터디 모델을 통해 볼륨 스터디, 공간구성 형태의 검토, 그리고 구조계획 등을 포함한 보다 종합적인 공간 계획이 가능해지기 때문에 입체적인 에스키스로 생각한다.

③ **단위공간**

단위공간이란, 공간구성시 단위가 되는 공간을 말하며, 인간공학적인 접근방식에 의한 인체치수 등을 기초로 결정되고, 일종의 설계자료 집성으로 정리되어 있다. 공간구성으로는 행위의 연결을 통해서 단위공간을 평면적 혹은 입체적으로 결합해 나가는 방식과 전체의 행동이나 크기로 결정하여 공간을 필요한 단위 공간으로 분할해 나가는 방법이 있다.

④ **동선계획**

건축물 안에서의 사람 및 물건의 움직임의 궤적을 동선이라 한다. 예를 들어, 사람의 동선중에도 작업원의 동선과 고객의 동선이 있는 것처럼 동선은 여러 종류로 나누어진다. 이들 여러 가지 동선을 분석, 검토하여 계획하는 것이 동선계획이다. 동선을 도면화한 것을 동선도라 한다. 동선도에 의해 계획의 양부(良否)가 판단된다. 동선계획은 기초계획 작업중 하나이다. 일반적인 동선계획의 요점은 다른 종류의 동선과의 교차는 피하며, 가능한 짧고 알기 쉬워야 한다는 것이다.

⑤ **그리드 플래닝**(grid planning)

공간에 어떤 일정한 모듈을 갖는 격자를 설정하여, 그것에 준해서 계획하는 방법을 말한다. 주로 주택이나 사무소빌딩 등에서 기둥간격(span)을 그리드로 설정하여 계획하는 일이 많은데, 이는 생산의 합리화에 매우 효과적이다. 이러한 계획기법은 건축에서 뿐만 아니라 도시계획에서도 적용되고 있다. 그리드는 정사각형뿐만 아니라 직사각형이나 삼각형의 형식도 있다.

⑥ **조닝**(zoning)

계획에서 조닝이란 일체가 되어있는 공간을 기능이나 용도 등과 같은 어떤 일정개념을 투영하여 몇 가지 부분이나 권역(zoning)으로 분할하는 것을 말한다. 이 방식은 분리하기 어려운 대상를 확정하지 않고 애매한 부분을 남겨 놓으면서 명쾌하게 나누어 가는 계획의 결정방식이다. 명쾌함과 애매함을 동시에 다룰 수 있기 때문에 건축뿐만 아니라도 도시계획에서도 쓰이고 있다.

⑦ **코어 계획**(core plan)

계단, 엘리베이터 및 화장실 등의 공간을 집중시켜 정리한 것을 코어라고 한다. 이 코어를 계획에 반영한 것을 코어 플랜이라 한다. 코어에는 평면적 코어, 설비적 코어 그리고 구조적 코어의 역할이 있다

코어 플랜은 목적 공간을 융통성이 높은 공간으로 만들기 위해 사용된다. 코어 플랜의 유형으로서는 중심코어, 편심코어 등이 있다.

사무소 빌딩에서는 코어 플랜이 사용되며 기둥이나 벽을 공간 내에 설치하지 않도록 하여 융통성이 높은 공간의 확보를 목적하고 있다.

⑧ **균질공간**

변화에 대해 용이하게 대응할 수 있는 성질이나 자유롭게 변화할 수 있는 자유성 또는 그 자유도를 플렉시빌리티(flexibility)라 한다. 현대건축은 근대건축에서 시도한 바와 같이, 특수한 목적의 공간보다는 넓은 공간을 확보한 후, 자동칸막이를 사용하여 필요한 공간을 구성하도록 했던 다양한 요구에 적응할 수 있는 공간이 필요하며, 개성을 배제하더라도 어떤 용도에서나 사용될 수 있는 융통성이 높은 균질공간을 요구한다. 이의 대표적인 예로서는 미스 반 데 로에(Mies van der Rohe)의 유니버설 스페이스(universal space, 보편적 공간)가 있다.

⑨ **기준층**(typical floor)

사무소 건물 등과 같이 거의 동일한 평면이 반복되는 경우 그 동일한 층을 기준층이라고 한다. 기준층은 평면과 마찬가지로 단면 역시 동일하게 계획된다. 기준층은 사무소 빌딩 이외에도 공동주택, 호텔, 병원 등에서 사용된다. 기준층의 계단, 엘리베이터의 위치, 기둥간격, 설비배관 등의 위치가 1층이나 지하층 평면에서도 영향을 미치는 것처럼 기준층의 평면구조 및 설비가 전체의 계획을 규제한다. 그러므로 이러한 종류의 건축에서는 기준층의 계획이 중요하다.

⑩ **클러스터 플랜**(cluster plan)

포도, 버찌 열매 등과 같은 것 또는 사람들이 밀집되어 있는 집단이나 무리를 클러스

터(cluster)라고 한다. 이와 같이 클러스터의 특성을 이용하여 줄기 → 가지 → 봉우리와 같은 구조를 갖는 평면을 클러스터 플랜이라고 한다. 이러한 평면형은 학교, 병원, 집합주택 등과 같이 집합적 성격을 갖는 건축물을 대상으로 하는 계획에 쓰인다. 건축뿐만 아니라 도시계획에서도 기초적으로 사용되는 계획방법이다

⑪ **유닛 플랜**(unit plan)

집합주택의 경우 어떤 하나의 주거평면이 세로 또는 가로로 쌓아 올려져 전체가 이런 평면의 반복으로 구성될 때가 많다. 이와 같은 경우, 하나하나의 주거 평면을 유닛 플랜(단위평면)이라고 한다. 대규모 건축물은 대부분 이러한 유닛 플랜으로 구성되는 일이 많은데, 대표적으로 집합주택, 기숙사, 학교, 병원 등이 이러한 성격을 갖는다.

유닛 플랜은 평면, 구조, 설비 등 전체를 규제하기 때문에 반복적 성격을 갖는 건물에서는 유닛 플랜의 계획이 특히 중요하다.

4) 구조계획

건축구조의 구성은 건물의 기능을 수행하는데 필요한 지속성을 부여하며, 기둥, 보, 바닥 등으로 이루어진 구조는 건축적 기능을 가능하게 한다. 그리고 많은 경우에 있어서 현대건축의 미는 구조를 통해서 발견되며 표현되고 있다. 그러므로, 건축물의 사용목적이나 요구하는 공간의 형태에 가장 적합한 구조방식을 고려해야 한다.

① **내진계획**

지진이 많은 나라에서는 내진요소가 중요하다. 통상 내진요소로 고려되는 것은 기둥과 보에 의한 라멘가구, 내진벽, 가새(브레이스) 등이다. 이들의 내진요소는 건축물의 구조 종류에 의해 달라진다. 최근에는 지진에 견디는 것이 아니라 지진을 피하는 면진구조가 개발되고 있다.

② **특수한 구조형식**

근대 이후의 기술력 향상에 의해 발전되어온 입체식 구조 방식으로서, 과거의 평면적인 주요 구조체로부터 탈피하여 3차원적으로 외력 및 자중을 얇은 판이나 막 자체에 분산 수용함으로써 높은 강도와 강성을 지니게 하는 공간적인 구조형식이다. 대표적으로 다음과 같은 방식이 있다.

- 현수구조(suspension construction)
  하중은 지지재의 축력(인장력)에 의해 전달하는 형식이다. 달아내는 지붕에서는 1방향 달기, 2방향 달기, 방사선 달기 등이 있고, 대공간을 덮는데 적합하다.
- 아치(arch)구조
  지붕하중을 굽힘 및 압축재의 축력에 의해 지지부분에 전달하는 형식이다. 아치의 반달부 수평 반력과 달아내는 지붕의 수평반력은 방향이 반대이므로 지붕측을 아치로 하여 천장측을 달재로 한 상하 대칭되는 결합구조는 지점의 지지가 간단하며 역

학적으로도 합리적으로 대단히 유리한 지붕구조이다.

- 쉘(shell)구조

두께가 곡면 반경과 치수에 비해 상당히 얇은 곡면의 슬래브, 또는 판형으로 된 구조로서, 그 두께와 곡면의 형성에 따라 여러 자지 유형으로 분류된다. 쉘에 작용하는 응력은 역학적으로는 변내의 인장, 재축 및 전단응력이 지배적이며 휨모멘트는 대단히 작다. 쉘의 곡면 형상은 곡률이나 그 결합에 의해 수없이 많은 타입이 고려되고 있지만 비교적 많은 것은 원통 쉘과 HP 쉘이다.

- 절판(folded plate)구조

평평한 판과는 달리, 판을 V형으로 꺾은 절판은 휨에 대해 매우 강하다. 이러한 원리를 지붕구조에 응용한 것을 절판구조라고 한다. 또한 벽도 절판을 사용하여 지붕의 절판과 결합시켜 가구를 구성할 수 있다.

- 공기막구조(pneumatic construction)

이는 곡면상의 커다란 막에 기압차를 주어 그 인장력으로 외력에 저항하는 구조를 말한다. 종류로는 단일 막구조, 이중 막구조, 공기관구조가 있다.

- 트러스(truss)구조

지붕구조로서 오래 전부터 사용되어온 것으로 부재 상호를 핀접합으로 삼각형으로 구성되어 주로 부재의 축력에 의해 하중이 전달된다. 동일 평면으로 구성되는 평면트러스와 입체적으로 구성되는 입체트러스(space frame)가 있다. 스페이스 프레임의 특징은 구조체를 콘크리트와 같은 밀실된 재료로 채우는 대신에 입체적인 응력시스템의 부재 배치에 의해 구성하는 것이다. 즉, 단일 부재를 입체적으로 구성하여 각 부재는 인장 또는 압축의 축력을 받아 입체적인 평형체를 만드는 구조이다.

5) 설비계획

건축설비라 함은 건축물에 설치하는 전기, 전화, 가스, 급수, 배수(配水), 배수(排水), 환기, 난방, 냉방, 소화(消火), 또는 오물처리의 설비나 굴뚝, 승강기, 피뢰침, 국기게양대, 공동시청 안테나, 우편물 수취함 기타 유사한 설비를 말한다.

최근에는 건축설비의 내용이 상당히 향상되었으며, 건축물 내에서의 설비용 스페이스가 크게 증가했으며, 설계과정에서부터 설비계획을 병행하여 설비방식이나 소요공간 등을 정하여 적절한 기준을 마련하게 되었다. 이러한 건축설비는 환경조절, 공급처리, 수송, 안전확보의 4가지 역할이 있다.

① 공기조화설비계획

공기조화설비는 건축물 내의 실내 기후를 인공적으로 제어함으로써 온습도나 환기 등을 적절한 수준으로 유지시켜줌으로써 거주나 작업에 적합한 실내환경을 확보하기 위한 것이다.

② 급배수 · 위생설비계획

급배수 위생설비란 건축물내 및 그 대지 내에 설치한 급수, 급탕, 배수, 위생기구 등의 설비나 소화 설비, 분뇨정화조, 가스설비 등을 포함한다.

급수설비의 계획에서는 건축물의 종별, 규모, 온수사용방법 등을 고려한다. 배수설비는 공공하수도의 정비지역과 미정비지역에서는 달라진다. 또한 가스설비에 있어서도 도시가스가 정비되어 있는 지의 여부로 인해 달라진다. 즉, 대지의 입지조건으로 좌우된다.

③ 전기설비계획

건축물의 전기설비는 각종 건축설비에 에너지나 정보를 제공하는 시각적인 역할을 갖는 것이며 그 종류에는 조명, 배전(配電), 동력(動力), 변전, 약전 등이 있고 여기에는 전화, 인터폰 설비도 포함된다.

조명설비는 건축공간에서 광・환경조절기능과 함께 건축의장상으로도 큰 비중을 차지하며 또한 방재에 대한 설비는 전기설비 가운데서도 중요하다. 또한, 건축물상황에 따라 자가 발전설비가 필요해지는 일도 있다. 배전설비는 변전실로부터 옥내 각 부분의 전등이나 콘센트에 급전하는 배선 및 분전반의 설비를 포함한다. 동력설비는 각종 동력을 공급하기 위한 것이고, 대규모 건축물에서는 중앙 감시실의 내부에 각종 모터의 운전상태를 체크할 수 있는 중앙관제식으로 한다.

④ 수송설비계획

수송설비로서는 엘리베이터, 에스컬레이터, 에어슈터 등이 있다.

엘리베이터는 각층을 연결시킴에 있어 고효율의 수송설비이며, 중층 이상의 건축물에서는 계단 대신 수직방향의 주요 교통수단이 된다. 반면, 리프트(lift)는 소형 엘리베이터로서, 병원, 공장, 호텔 등에서 배선 및 기타의 운반용으로 사용된다.

에스컬레이터는 비교적 짧은 층간을 연결함에 있어 효율이 높은 수송설비로서 수송능력은 엘리베이터의 약 10배에 달한다. 에어슈터는 전표나 서류 등 1kg정도의 경량물 수송에 가장 일반적으로 사용된다.

⑤ 방재설비계획

방재설비는 건축물을 보다 안전한 장소로 만드는 동시에 재해시 인명 안전의 확보를 목적으로 하는 것으로 소화, 배연, 경보, 피난 등의 설비를 설치하게 된다. 소화설비로서는 스프링클러 등이 있다. 또한 대규모의 건축물이나 고층 건축물에서는 방재설비의 중추로서 방재센터를 둔다. 방재센터의 위치는 안전하면서 피난이 용이한 장소로 해야 한다.

6) 방재계획

방재계획의 요점으로는 다음과 같은 사항이 있다.

① 방재시에 일정시간 안전한 건축공간을 확보한다.

② 안전하게 피난할 수 있는 통로나 설비를 확보한다.

③ 피해를 최소한으로 줄이기 위해 소화나 구출활동이 신속히 펼쳐질 수 있는 설비를 확보한다.

- 안전기준
  - 내화성능 : 극장, 병원, 공동주택 등의 일정 규모와 일정 용도의 건축물은 통상 화재시의 열에 일정시간 견딜 수 있는 성능으로서 내화구조 또는 방화구조로

    근콘크리트조, 벽돌조, 석조, 콘트리트블록조는 내화구조에 속한다.
  - 방화구획 : 방화구획이란 건축물을 방화성능이 높은 바닥, 벽, 방화문 등으로 구획한 부분을 말하며 화재를 국부화시켜 막는 것을 목적으로 하고 있어, 건축 계획시 기초적으로 다루어야 할 중요한 사항이다. 용도상 방화구획이 곤란한 건물은 예외로 하고 있으나, 마감재료를 불연재료 또는 준불연재료로 사용하는 것이 좋다. 고층 건물 및 지하상가 등은 연기에 대한 인명 피해가 크며, 특

    대한 고려가 있어야 하는데, 갑종 방화문이 그 기능을 할 수 있도록 규정하고 있다.
- 피난계획

  피난동선은 되도록 짧은 거리로 하며, 신속하게 건축물에서 탈출할 수 있도록 계

  계를 규정하고 있다.

  또한, 직통계단이 하나뿐인 경우에는 피난상 위험하므로 두 방향 이상의 피난통로를 확보해야 한다.
- 소화 및 구난설비

  높이 41m를 넘는 건축물에서는 소화 및 구난작업을 위해 비상용 엘리베이터의 설치가 의무화되어 있다. 이것은 공공소방용 사다리차의 한계 높이와도 관계되나 높이 41m를 넘는 고층 부분에서는 외부로부터의 소화 및 구난작업보다도 내부에서 피난하는 것이 보다 안전하며 효과적인 피난을 기대할 수 있기 때문이다.

6. 거주후 평가(P.O.E : Post Occupancy Evaluation)

건축물이 완공된 이후 거주자가 사용중인 건축물이 본래 계획된 기능을 충실히 수행하는 지에 대한 평가로서 주로 사용자들의 반응을 조사, 분석, 종합하여 연구하는 과정을 말한다. 평가 요소 및 과정은 다음과 같다.

1) 목적

사용중인 건축물을 평가함으로써 이와 유사한 건축물의 계획이나 개조시 설계자료로 활용할 수 있으며, 이후 건축계획 및 평가에 필요한 지침으로 적용하기 위함이다.

2) 평가 요소

① 환경장치(setting) : 거주후 평가의 직접적인 대상인 물리적 환경을 말한다.
② 사용자(user) : 사용자 그룹을 정의함에 있어 필요한 실제 거주자의 정보를 말한다.
③ 주변환경(proximate environmental context) : 지역의 기후, 공기오염도, 교통, 문화시설, 하수도 등과 같은 환경장치에 영향을 주는 기본적인 주변의 환경을 말한다.
④ 디자인 활동(design activity) : 건축 관련인들이 디자인에 참여하여 자신의 가치, 의견, 선호도 등을 디자인 과정에 반영하는 것을 말한다.

3) 평가과정

① 핵심문제의 파악 : 환경과 사용자간의 상호관련성에 따라 개념화한다.
② 확대 시스템의 파악 : 평가요소로서 큰 중요성은 없는 것으로 사회, 역사적 맥락, 디자인 프로세스 등을 말한다.
③ 적절한 평가의 결정 : 적절한 시기 및 대상 선정, 정량적 및 정성적인 정보수집 방법, 평가내용 및 기타 사항 등을 결정하는 것을 말한다.
④ 자료 분석법의 결정 : 자료들 상호간의 관련성과 구조 등를 고려한 자료분석법을 말한다.
⑤ 정보의 피드백(feed back) : 디자인 과정시 수집된 피드백을 말한다.

7. 규모계획

규모계획이란 건축계획시 필요한 생활상의 요구를 양적으로 파악하여 이에 따라 시설물이 갖추어야 할 적정 규모를 산정하기 위한 계획 과정이라 할 수 있다. 그 계획의 대상, 조건, 산정방법은 다음과 같다.

1) 규모계획 대상

① 공공형(公共型) : 공공건축 또는 전력, 상하수도, 교통수송시설 포함한 공공시설물
② 영리형(營利型) : 효율성을 중시하는 민간건축물
③ 상징형 : 기념성이나 상징성을 가장 먼저 고려(종교건축, 기업 이미지 중심형 건축)

2) 규모계획시 제약조건

① 예산 : 대지 또는 법규 등과 같이 규모의 상한을 제한하는 조건의 하나로서 실질적으로 건축물의 규모산정에 중요한 영향을 미치고 있다.
② 대지 : 대지의 크기, 대지가 속하는 용도지역, 대지의 형상, 대지의 방위, 대지와 도로와의 관계 등이 규모에 영향을 미친다.
③ 법규 : 건폐율, 용적률, 높이제한, 대지의 최소 분할 등과 같이 법적인 제약조건이 있다.

④ 안전성 : 방재, 피난 등과 같은 안전성에 관한 조건이 영향를 미치기도 한다.
⑤ 환경적 조건 : 공해방지와 환경을 해치지 않는 조건 등으로 결정되는 경우와 법적 규제 또는 주민의 동의가 필요한 경우가 있다.
⑥ 기능적 조건 : 필요한 기능에 의해 규모가 제한 또는 결정되기도 한다.
⑦ 관리상 조건 : 필요한 기능에 따라 수행되는 관리방식이 규모를 결정하기도 한다.
⑧ 기술적인 조건 : 건물에 사용되는 기술적 조건 즉, 시공방식, 재료, 구조방식 등이 규모에 영향을 주기도 한다.
⑨ 에너지 조건 : 난방방식과 같은 에너지 사용에 관계된 조건이 건물의 규모에 영향을 주기도 한다.

3) 규모산정방법

① 평균치법 : 수요 발생의 평균치로 결정하며 수요발생의 변동이 없어야 한다.
② 안전율법 : 안전율로 결정하며 수요발생 분포를 미리 알고 있어야 한다.
③ 초과 확률법 : 수요량이 확률적으로 변동하는 경우 시설규모를 초과하는 확률이 일정치 이하가 되도록 규모를 결정하는 방식이다.
④ 순위도법 : 초과 확률의 분포도 대신 순위도를 사용하는 방식으로 X축-순위, Y축-수요량을 표시하여 규모를 결정하는 방식이다.
⑤ α법(넘쳐흐름률법) : 넘쳐흐르는 사람 수의 기대치가 이용자 수의 기대치에 대해 갖는 비율(넘쳐흐름률)을 일정한 한도 이하가 되도록 규모를 산정하는 방식이다.
⑥ 기다림 행렬 이론법 : 서비스 시스템에서 기다림 시간, 기다림 행렬의 길이에 관한 이론을 적용하여 규모를 결정하는 방식이다.
⑦ 몬테카를로 시뮬레이션 : 난수를 사용하여 실제 현상을 시뮬레이트 하고 그 결과를 집계해서 판단하는 방식이다.

8. 척도 조정(M.C : Modular Coordination)

복잡한 건축설계 과정의 단순화 내지 건축재료의 효율적인 이용을 목적으로 건축에서는 동일한 수치를 갖는 모듈을 이용하기도 한다. M.C의 목적과 특성 및 사용방법은 다음과 같다.

1) 척도 조정의 목적

① 구성재의 종류를 한정하기 위함이다.
② 구성재의 상호조합에 의한 호환성을 확보하기 위함이다.
③ 건축 생산의 합리화와 건설비를 인하하기 위함이다.
④ 건축설계방법을 조직화하기 위함이다.

2) 척도 조정의 특성

① 장점

- 설계작업을 단순화 및 간편화할 수 있다.
- 대량생산이 용이하며 공사비가 절감될 수 있다.
- 현장작업을 단순화 할 수 있다.
- 공기를 단축할 수 있다.
- 시공의 균질성 및 양질의 시공성을 확보할 수 있다.
- 국제 M.C의 사용시 건축부재의 국제 교류가 가능하다.

② 단점

- 건물형태가 단순화, 획일화 될 수 있다.
- 창조성과 인간성을 상실할 우려가 있다.

3) 척도 조정의 사용 방법

① 모든 치수는 M의 배수로 한다.
② 수직방향은 2M의 배수(20cm, 40cm, 60cm, ……)로 한다.
③ 수평방향은 3M의 배수(30cm, 60cm, 90cm, ……)로 한다.
④ 건축물의 모듈상의 치수는 모두 공칭치수이므로 제품치수는 공칭치수에서 줄눈 두께를 빼는 것으로 한다.
⑤ 창호의 치수는 문틀, 벽간의 줄눈 중심선 사이 치수가 모듈 치수와 일치해야 한다.
⑥ 라멘구조의 경우 층높이, 기둥중심간 거리가 모듈 치수이어야 한다.
⑦ 조립식인 경우 부재줄눈 중심간 거리가 모듈 치수와 일치해야 한다.

4) 건축의 공장생산화(prefabrication)

① 목적 : 건축부재를 공장에서 일정한 규격들로 대량생산함으로써 부재의 단가를 낮추고 현장에서 직접 조립함으로써 공사기간을 단축하여 건축물을 대량생산하기 위함이다.
② 주요 특징 : 위에서 언급한 M.C와는 다소 다른 개념으로서 건축물의 대량생산에 주목적이 있다. 따라서 다음과 같은 건축적 특징을 갖는다.
  - 건축물의 공사기간을 단축할 수 있다.
  - 건축부재를 대량생산함으로써 구성재의 단가를 낮출 수 있다.
  - 공장에서 생산하기 때문에 품질관리가 집중적으로 가능하여 건축물의 품질을 향상시킬 수 있다.

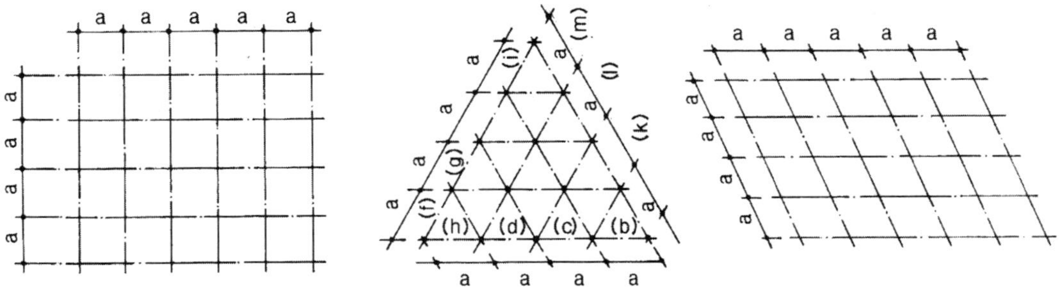

【그림 1-1】 기준 그리드의 형태

9. 건축의 형태와 공간

건축의 형태와 공간에는 일정한 방식으로 구성되는 원칙이 있다. 이를 정리하면 다음과 같다.

1) 형태구성

① 직선구성

형태 중 가장 단순하고 긴장된 형상으로서 남성적이며 이지적인 인상을 준다. 또한 가장 인공적이며 성형(成形)이 용이하여 대량생산이 가능하다.

- 수평적 구성 : 정적이며 안정감 있는 구성이다. 르네상스와 근대 초기의 건축에서 수평적 구성이 강조되었다.
- 수직적 구성 : 강렬한 긴장감을 유발시켜 정신적 향상이나 종교적 정열을 느낄 수 있게 한다. 고딕시대 또는 근대 기념비적 건물에 많이 사용되었다.
- 수평+수직 : 원숙한 안정감과 정신적 상승감을 표현함으로써 고전건축에 많이 사용되었다.
- 사선적 구성 : 동적이며 약동적인 구성으로서 디자인에 신선한 느낌을 부여한다.

② 곡선구성

곡선은 기하곡선과 자유곡선으로 구분되며, 기하곡선은 간단한 함수관계로 그 비례를 표현할 수 있지만 자유곡선은 그렇지 못하다.

- 원(圓) : 가장 단순하고 간단한 형태로서 모든 방향에 대칭성이 있으며, 균제성이 강한 반면 무방향성의 특징을 갖는다.
- 구(球) : 원의 회전체로서 최소의 면적으로 최대의 용량을 덮을 수 있는 형태이며 가장 경제적 형태라 할 수 있다.
- 타원(楕圓) : 원과 구형의 중간 느낌을 부여하며 변화성과 유연성이 풍부하다.
- 나선형(螺旋形) : 유동적인 박진감을 부여하여 현재적인 감각에 적절하다. 표현주의

적 성격이 강하여 조형적으로 많이 이용되었다.

• 자유선(自由線) : 자연계에서 볼 수 있는 선으로서 풍부한 변화와 유동적 미가 특징이나 자칫 무질서하다는 느낌도 부여한다. 근대 아르누보 양식에서 많이 사용하였다.

2) 건축형태의 유형

① **중심형**(中心形)

기하학적인 주공간의 주위에 2차적인 단위가 규칙적으로 또는 크기와 형상의 리듬을 가지며 부가되는 형태이다. 중심형의 건축물은 닫혀진 성질로서 중심으로 집중하는 힘이 표현되며, 주위로부터 분리되어 독립적인 상징성과 기념비성을 나타낸다.

대표적인 예로서는 팔라디오(A.Palladio)의 빌라 카프라(Villa Capra), 다빈치(Leonardo da Vinci)의 이상형 교회 스케치, 루이스 칸(L.Kahn)의 방글라데시 국회의사당 등이 있다.

② **선형**(線形)

축을 중심으로 형태나 공간 단위가 반복적으로 부가되는 형태로서 지형 등의 대지 조건에 따라 분절 또는 변형되며, 성장에 쉽게 대응할 수 있는 것이 특징이다.

대표적인 예로서는 스털링(J. Stirling)의 〈Run Core New Town〉 주거단지, 르 꼬르뷔제(Le Corbusier)의 마르세잉 주거 단지, 알토(A. Aalto)의 MIT기숙사(일명 Baker House) 등이 있다.

③ **방사상형**(放射狀形)

중심형 주변에 얼마의 선형이 부가되는 형식으로 중심의 핵은 기하학적인 행태를 갖지만 방사상의 성형(星形)요소는 기능적 조건에 따라 변화할 수 있으므로 회전운동의 동적 표현이 나타낸다.

대표적인 예로는 브로이어(M. Breuer)의 유네스코 본부 사무국, 알토(A. Aa- lto)의 파이미오 요양소가 대표적이다.

④ **군집형**(群集形)

공통적인 시각적 특성을 가진 공간 또는 형태의 요소가 근접성에 의해 결합된 유형이다. 중심형처럼 긴밀하지 않기 때문에 성장과 변화에 융통성이 있다. 건물의 중심점이나 그것을 관통하는 통로에 따라 배열되기도 하며, 대칭과 축에 의해 통일성이 강조될 수 있다. 대표적인 예로서는 여러 문화에서 볼 수 있는 토속 주거군, 미노스(Minos)궁전, 루이스 칸(Louis Kahn)의 솔크(Salk) 생물학 연구소 등이 있다.

⑤ **격자형**(格子形)

일정한 모듈이 3차원적으로 확장된 유형으로서 서로 다른 크기와 기능을 가진 공간이 규칙성과 연속성을 지닐 수 있다. 격자의 일부를 삭제하거나 서로 다른 방향의 격자를 중복시킴으로써 대지 조건에 대응할 수 있다.

대표적인 예로서는 미스(Mies van der Rohe)의 바르셀나로 독일관, 루이스 칸(Louis Kahn)의 예일대학 영국 미술연구 센터 등이 있다.

3) 공간구성의 원리

① **부가**(addition)

- 기능상 결정된 공간을 유기적으로 연결 가능한 방식이다.
- 중요도에 따른 다양한 공간의 구성이 가능한 방식이다.
- 평면에 요철이 많이 생길 경우 비경제적인 평면이 우려된다.

② **중복**(over lapping)

- 공간과 형태의 단위가 서로 중첩됨으로써 형성된 방식이다.
- 공간단위의 독립성은 그대로 유지되면서 서로 융합, 변형되어 새로운 공간의 창조가 가능한 방식이다.

③ **분할**(division)

- 정해진 전체 공간을 나누어 보다 작은 공간의 집합을 구성하는 방식이다.
- 독립적인 성격의 상실과 분절의 우려가 있다.

④ **삭제**(substractive)

- 기본 도형 또는 기하학적인 입체 일부를 제거하면서 동시에 도형과 입체가 지니는 성질과 윤곽의 단순성을 유지시키는 방식이다.

10. 건축디자인의 원리

근대 이후보다는 과거 전통적인 의미에서의 디자인 원리로서 다음과 같이 정리될 수 있다.

1) 통일성(unity)

① 정적 통일 : 단일 목적 공간에 주로 이용된다.
② 동적 통일 : 다목적 공간에 주로 이용된다.
③ 양식적 통일 : 기능적인 목적 공간에 주로 이용된다.

2) 대조(contrast)

① 동적인 상태로 나타난다.

② 주대상과 부대상과의 관계로 구성된다.

3) 균형(balance)

① 상대적 힘의 평형상태로 나타난다.

② 대칭적 균형, 비대칭적 균형의 관계로 구성된다.

4) 반복(repetition)

① 형태간, 공간간의 동일 패턴으로 난타난다.

② 강조와 질서의 통일감의 관계로 구성된다.

5) 조화(harmony)

① 정적인 미의 상태로 나타난다.

② 시각적 균형의 미로 구성된다.

6) 대칭(symmetry)

정적 대칭과 동적 대칭으로 구분된다.

7) 점이(gradation)

① 동일 요소간의 시각적 점이로서 나타난다.

② 공간의 감각적 지각이 가능하다.

8) 비례(proportion)

① 등차/등비수열

② 루트($\sqrt{\ }$)구형

③ 황금비 ; a : b=(a+b) : a, a : b=1.618……

④ 피보나치 수열 : 1, 2, 3, 5, 8, 13,……

⑤ 모듈러(Modular)

- 르 꼬르뷔제가 제안한 디자인용 척도이다
- 신장 : 183cm(6피트), 바닥에서 배꼽 : 113cm, 바닥에서 손가락 : 226cm, 손을 짚은 높이 : 86cm로 구성된다.
- 113cm의 황금비는 183cm, 113cm의 두 배는 226cm, 226cm의 황금비는 140−86cm의 관계로 이루어진다.
- 적색열과 청색열로 구성된다.
  -적색열 : 113cm가 단위인 황금비례의 피보나치 급수이다.
  -청색열 : 113cm의 두 배인 226cm를 기본으로 한 모듈이다.

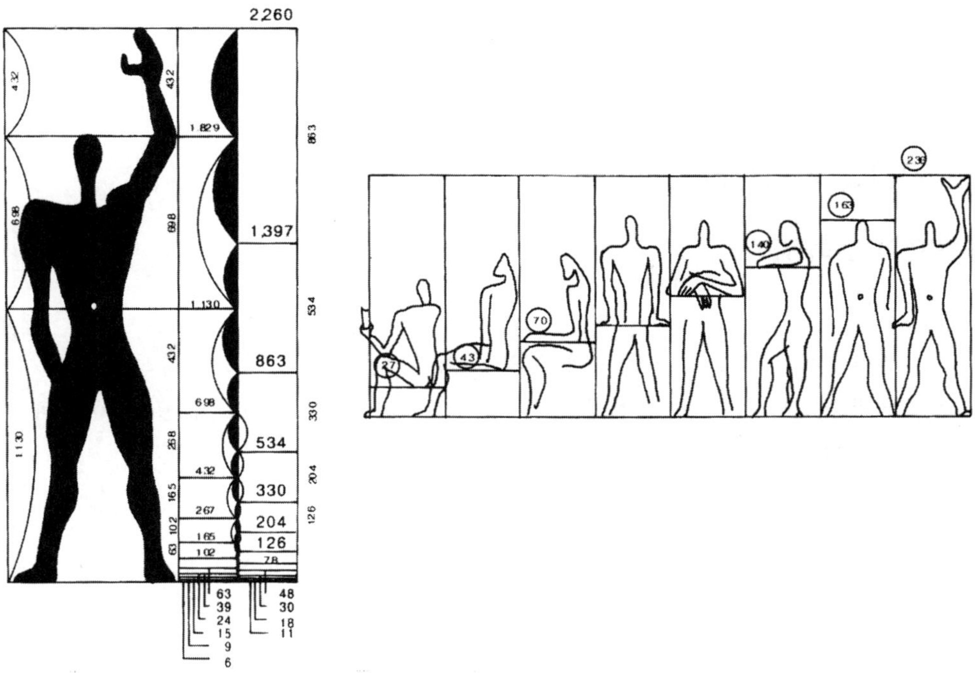

【그림 1-2】 르 코르뷔제(Le Corbusier)의 모듈러(modular)

11. 공간의 지각

1) 원근법(perspective)

르네상스 이래 시각적 원리로 건축물에 적용된 방법으로, 1소점 투시도의 선원근법으로 완성된 이론이며, 주로 공간의 지각을 3차원적으로 느끼게 하는 디자인 방법이다.

대표적인 예로서는 미켈란젤로의 캄피돌리오 광장, 베르니니(Bernini)의 스칼 라 레지아, 팔라디오(A.Palladio)의 테아트로 올림피코 등이 있다.

2) 게슈탈드(Gestalt) 심리학

① 독일에서 발전된 지각 심리학으로서 전체형태 또는 조직화의 산물이다.

② 게슈탈트 조직화의 법칙

- 근접 : 가까운 것은 서로 하나로 통합된다는 원리이다
- 유사 : 비슷한 것은 서로 하나로 통합된다는 원리이다.
- 폐쇄 : 닫힌 공간은 하나의 도형이 된다는 원리이다.
- 연속 : 직선이나 곡률이 심한 것은 부자연스럽다는 원리이다.
- 공통운명 : 유사한 움직임은 하나로 통합된다는 원리이다.

③ 도(圖, figure)와 지(地, ground) 이론

- 형상은 떠오르고 배경은 가라앉는다.

• 형상은 작은 쪽이며 배경은 큰 쪽이다.
• 형상은 인상이 강하며 기억하기 쉽고 의미가 있다.

12. 공간의 사회심리

1) 방어적 건축공간

① 개념

사회적 측면에서 거주지역을 방어하기 위한 거주자들간의 공동책임의식을 고양시키기 위한 공간계획으로서 물리적 측면에서 특정 공간의 접근을 원활하게 또는 어렵게 만들기 위한 공간 계획을 말한다.

② 목적

• 거주자의 사회적 교류 및 집단의 소속감을 고취시키기 위함이다.
• 거주자는 무의식적으로, 관리자는 의식적으로 감시하는 기회를 증대시키기 위함이다.

③ 방어적 공간 개념을 고려한 건축계획

• 입구에 창이나 레벨차를 두어 내・외부 감시 기능을 극대화시킨다.
• 튼튼한 문 또는 강한 유리 등 건축 재료의 내구성을 통해 범죄를 예방한다.
• 로비, 홀, 복도 등에서 주민의 접촉을 증대시키는 한편, 공용 TV 카메라 등을 설치하여 엘리베이터나 계단실에서의 범죄를 예방한다.
• 공적 공간의 경계는 명확히 하고, 놀이터는 감시를 용이케 함으로써 외부에서의 범죄를 예방한다.
• 동일 면적을 갖는 동일 세대수의 건축물에 있어 주민간의 출입구의 공유나 분명히 구분되는 출입구의 강조를 통해 영역성 확보는 물론 범죄예방을 할 수 있다.
• 통행로에서 건축물에 이르는 경로에 장소의 구분을 나타내는 명확한 분절표시로서 조경, 가구 등을 사용하여 꾸미고, 기하학적인 형태를 통해 프라이버시에 대한 요구가 증대될 수 있도록 위치에 대한 감각을 제공한다.
• 단지의 부근이나 내부에 공적 공간이 있는 경우 공적 공간과 반(半)공적 공간사이의 경계를 분명히 해야 하며, 공적 공간, 반공적 공간, 사적 공간 등의 구분은 울타리, 낮은 담장, 관목, 경사로 등으로 강조한다.

2) 사회 심리적 행위와 공간의 종류

① **프라이버시**(privacy)

- 유형 : 고독, 친근, 익명, 보존의 4가지 선택적 접근이 있다.
- 기능 : 대인과의 사회적 관계, 대인과의 상호접촉, 자기인식 등이 있다.
- 적용 : 커뮤니티 계획시 적극적으로 적용한다.

② **개인적 공간**(individual space)

- 특성 : 보이지 않는 경계로서 침입시 긴장과 스트레스를 유발한다.
- 종류 : 친근거리(0.25~0.45m), 개인거리(0.45~1.35m), 사회적 거리(1.2~3.6m), 공적 거리(3.6~7.5m)가 있다.

③ **영역성**(territority)

- 유형으로는 다음의 것이 있다.
  - 1차 영역 : 개인의 배타적 영역이다.
  - 2차 영역 : 상호작용적 영역이다.
  - 공적 영역 : 사회, 문화적 규범에 따른 제한적인 영역이다.

④ **과밀**(overdensity)

- 인구밀도와 관련되며 주로 스트레스와 같은 정신적 상태로 설명이 가능하다.
- 과밀로 인한 병리로는 생리적 병리, 정신적 병리, 사회적 병리 등이 있다.

2 주거시설

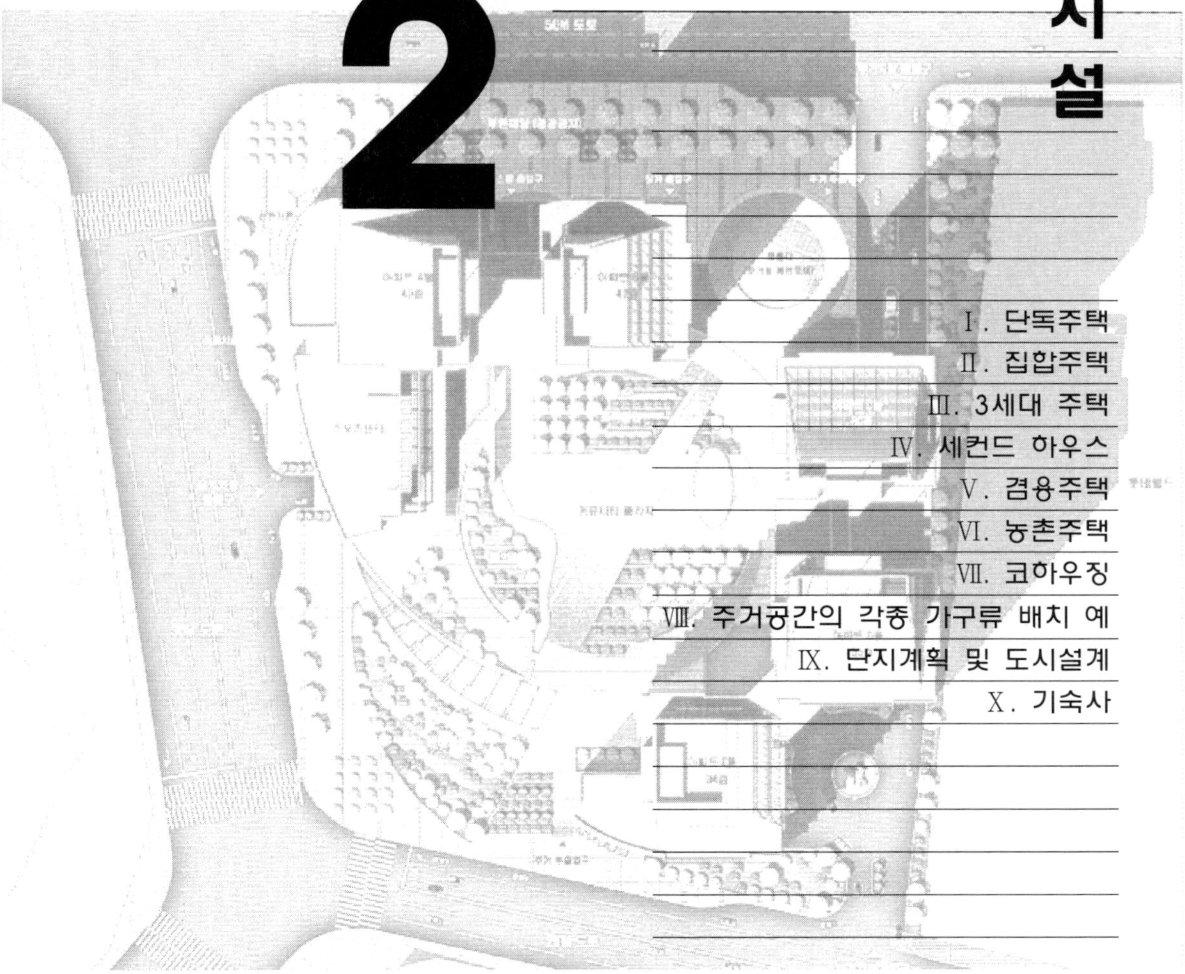

2 (住居施設)

주거시설

I 단독주택

1. 주택의 정의

주택은 인간생활이 영위되는 장소로서, 주거의 기원은 공격적인 자연환경과 외적의 침입으로부터 보호받기 위한 장소(shelter)라는 단순한 요인에서 출발하였지만, 생활양식의 발달에 따라 다양한 변천을 거쳐왔다. 근대에 이르러서 수공예와 같이 주거와 겸용되었던 생산행위는 점차 분리되면서, 주거는 본래의 기능인 주생활을 위주로 하는 공간으로 변화되었다. 따라서, 주택은 단순한 용기로서가 아니라 가정생활을 영위하고 몸과 정신을 쉬게 하는 장소이기도 하다. 그러므로 현대의 주택은 기능적인 건축물임과 동시에 심리적인 면을 배려한 즐거운 가정생활을 영위할 수 있는 장소가 되어야 한다.

이러한 주택이 갖는 의의는 1차적 욕구인 수면, 휴식, 배설, 영양, 섭취, 생식 등 육체적인 것과 2차적 욕구인 단란, 유희, 공부, 사색 등의 정신적인 것들을 해결해 준다.

또한 주택이 갖는 목적은 쉘터(shelter)로서 풍우나 한서로부터 인간을 보호하고 외적으로부터 몸을 지켜주며, 의료품이나 식료품의 소비에 대비해서 그것들을 저장하고, 자녀들을 낳아 생육시키며, 가족간의 단란이나 오락 등의 가정생활을 영위하며, 수면이나 휴식을 할 수 있어 긴장을 풀고 활력을 재생산하고, 사회적 지위나 라이프 스타일을 표현하는 심볼이 되기도 한다. 주택은 대별해서 단독주택과 집합주택으로 나뉜다.

2. 단독주택의 법적인 종류

건축법상으로 단독주택은 가정보육시설을 포함하는 단독주택, 다중주택, 다가구주택, 공관이 있다.

1) 단독주택

1호의 1동이 하나의 독립된 건물로 입면형은 단층 또는 중층(2~3층)으로 구성되며 각 호가 지면에 접하고 전용의 뜰을 가지는 주택이다.

2) 다중주택

학생, 직장인 등 다수인이 장기간 거주할 수 있는 구조로 되어 있으며, 독립된 주거형태가 아니며, 규모는 연면적 330m^2 이하이고 층수는 3층 이하인 주택이다.

3) 다가구주택

지하층을 제외하고 주택으로 쓰이는 층수가 3개 층 이하이며, 1개 동의 주택으로 쓰이는 바닥면적(지하주차장 면적 제외)의 합계가 660m^2 이하로 세대수는 19 이하가 거주하는 주택이다.

3. 주거양식에 따른 분류

1) 한식

전통적 생활방식에 의한 주택으로 취침, 식사, 단란, 응접, 공부 등의 일상생활이 좌식생활에 적합하게 되어, 각 방에서 마당의 출입이 자유롭게 되어 있으며, 필요에 따라 문들을 트면 큰 공간으로 구성될 수 있으며, 또한 하나의 공간이 취침, 응접, 식사 등 생활하는 시간의 변화에 따라 다목적으로 사용된다. 따라서 공간의 융통성은 높으나 공간의 독립성이 약하다.

2) 양식

서구식 생활양식에 적합한 형식의 주택으로 신을 신은 상태에서 방마다 지정된 가구를 이용하는 입식생활을 하도록 되어 있으며, 방들이 벽체로 구획되어 부부침실, 거실, 식당 등과 같이 방의 용도가 분명하고 각 공간기능에 상응하는 가구를 배치함으로써 공간적으로 독립된 기능을 갖는다.

【표 2-1】 한식과 양식주택 비교

구 분	한식 주택	양식 주택
생활방식	좌식생활 : 온돌	일식생활 : 침대
구조방식	목조가구식 바닥이 높고 개구부가 작다.	벽돌 조적조 또는 철근콘크리드조이며 바닥이 낮고 창이 작다.
평면구성	조합적 · 폐쇄적 · 분산적, 안방, 건너방 등 위치에 따라 호칭(방이 위치별로 분화)	분화적 · 개방적 · 집중적 · 침실, 거실 등 용도에 따라 호칭(방이 기능별로 분화)
공간특성	기능의 혼용으로 융통성이 높다. 각실의 프라이버시가 결여됨 (공간이 문으로 구획되어 실의 독립성이 낮다)	기능의 독립으로 융통성이 낮다. 각실의 프라이버시 보장(공간이 벽으로 구획되어 실의 독립성이 높다)
가구설치	공간 계획과 분리되어 있다.	공간계획과 밀착되어 있다.
난방방식	방마다 개별 설치(바닥의 복사 난방)	한 곳에서 집중 관리(대류식 난방)

4. 주생활 수준

주생활 수준의 기준은 1인당 주거면적으로 산출되는데, 주거면적은 주택의 연면적에서 공용 부분을 제외한 순수 거주면적으로 순수 거주면적은 연면적의 50~60% 정도로 본다.

1) 1인당 거주면적

일반적으로 1인당 거주 면적의 최소 기준은 10m²로 하며 적정면적은 16.5m²을 표준으로 한다.

2) 각국 거주면적 기준

① 콜로느(Cologne) 기준 : 평균 16m²/인

② 숑바르드르보(Chombard de lawve) 기준

- 한계기준 : 14m²/인 이하이면 개인 및 가족적인 거주의 융통성을 발휘할 수 있다.
- 병리기준 : 8m²/인 이하이면 거주자의 신체적 정신적인 건강에 해를 주게 된다.
- 표준기준 : 16m²/인 정도이면 적당한 거주면적이 되며 이를 표준으로 추진하고 있다.

③ 프랑크 암 마인(Frarnk Am Main)의 국제주거회의 기준 : 15m²/인

3) 단독주택 계획시 기본 방향

주택 계획시 생활의 쾌적성을 증대시키며, 가사노동의 경감에 신경을 써 주부의 동선을 간략화하고 필요 이상의 넓은 주거면적은 피하도록 한다. 따라서 주부의 동선을 단축시키기 위해 부엌, 가사실 등을 조화있게 하며, 주거설비를 기계화하고 현대화시킨다. 또한 가족 본위의 주거를 형성하도록 하는데 주부 중심으로 하며 가족전체의 단란은 물론 각 구성원의 개실 확보에 유의한다. 그리고 좌식생활과 입식(의자식)생활을 동시에 누릴 수 있도록 하며, 가족 구성원의 생활습관과 경제적인 측면, 주거인의 수, 주택의 넓이를 고려, 실의 크기와 기능적인 형태에 따라 알맞은 형식을 취한다.

5. 대지계획 및 배치계획

보통 대지가 결정된 경우가 많으나 건축주의 의향에 의해 대지선정에서부터 의뢰받는 경우도 있다. 대지의 조건은 계획에 중요한 요소가 되며 아래와 같은 점을 고려한다.

1) 입지조건

대중교통(버스, 전철 등)이 편리하고 상하수도, 전기, 가스 등의 공공설비가 갖추어져 있으며, 주위에 공공시설의 이용이 편리하고 학교, 의료시설, 공원 등이 가까운 곳이 좋다. 또한 일상생활에서 주부의 활동량이 많으므로 가능한 슈퍼마켓이나 시장과의 거리가 가까운 곳의 대지를 선정하여 주부의 동선을 단축시키도록 하는 것이 좋다. 또 법규적 조건에 적합해야 함으로 미리 법규 검토를 해야 한다.

2) 대지조건

대지의 선정 조건 중 우선적으로 고려해야 할 것은 일조와 통풍으로 이는 주거생활에 있어 쾌적의 실내환경을 이루는 중요한 요소이다. 또 전망이 좋고, 공기가 신선하며, 소음이 적고 양호한 환경이 유지될 수 있는 곳이 좋다. 주택의 공간계획에 유리하도록 대지형태는 정형 또는 구형에 가까울수록 좋고 특히 구조적 안정성을 고려하여, 지반이 견고하고 배수가 잘 되는 곳을 선정하도록 한다. 대지면적은 건축면적의 3~5배 정도가 적당하며, 경사지인 경우 구배는 1/10 이하인 곳이 좋다.

3) 배치계획

배치계획은 주위의 외부공간도 포함해서 계획한다. 일조 통풍, 프라이버시, 방화, 차음 등을 고려해서 건물주위의 공간 및 주위환경과의 관계를 배려한다.

① 대지의 북측에 건물을 배치하여 동지시 4시간 이상의 일조를 확보한다.
② 동측은 겨울의 일사를 받고 서측은 여름철의 일사를 막는다.
③ 북측은 인접건물에의 일조영향 등을 고려한다.
④ 건물배치에는 도로, 현관, 출입구, 정원 및 주차장 등을 포함해서 계획하며, 대지의 모양은 150~300m² 정도의 대지에 60m² 정도의 집을 건축할 때는 정사격형 또는 남향으로 조금 긴 편이 정원을 두거나 계획시 편하다. 일반적인 주택의 평면 상태는 대체로 동서로 조금 긴 직4각형이 되는 경우가 많고, 이런 경우 대지 안에 서비스 코트(service court)로 잡을 만한 여지를 남기고 북쪽으로 붙여서 배치하는 것이 좋다.

(a) 남쪽 사면을 평탄하게 정지하는 경우 (b) 완만한 경사를 그대로 이용하는 경우 (c) 고저차가 심한 경사지를 그대로 이용하는 경우 (d) 부지가 도로면보다 높은 경우

【그림】 경사를 이용하는 경우

⑤ 접도부분은 통행인이나 외부와의 차단기능과 함께 주거의 분위기를 인상깊게 한다.

⑥ 문, 현관은 가족뿐만 아니라 방문객에게 있어서도 친숙한 분위기가 있어야 한다.

⑦ 부정형의 대지나 고저차가 있는 대지는 지형의 특징을 살린 계획을 세우며, 대지가 좁아서 정원을 만들 수 없을 경우는 거주부분을 건물의 2층에 두고, 1층을 필로티(pilotis)로 하여 정원 일부로 사용한다. 또 대지가 경사지일 때 아래 그림과 같이 대지의 유효한 이용방법을 여러 가지로 생각할 수도 있다.

⑧ 대지의 구체적인 조건은 다음과 같이 한다.
- 전망, 일조, 통풍이 양호한 곳
- 지반이 견고하고 배수가 좋은 곳
- 대지 형상은 방형의 직사각형
- 대지 면적은 건축면적의 3배 이상~5배 이하가 좋음
- 경사지의 경우 구배는 1/10 이하로 하고 북향이 아닐 것

⑨ 사회적 조건은 다음과 같이 한다.
- 통근교통에 편리할 것
- 공공시설이 근접해 있을 것
- 도시기간 시설의 이용이 편리할 것
- 환경은 양호하고 공해 등이 없을 것

⑩ 실과방위와의 관계
- 건축물 전체 방위 : 남쪽을 제외하고는 동쪽 18° 이내, 서쪽 16° 이내로 처리할 것
- 방위에 따른 실 배치는 다음과 같이 한다.

【표 2-2】 방위와 실배치와의 관계

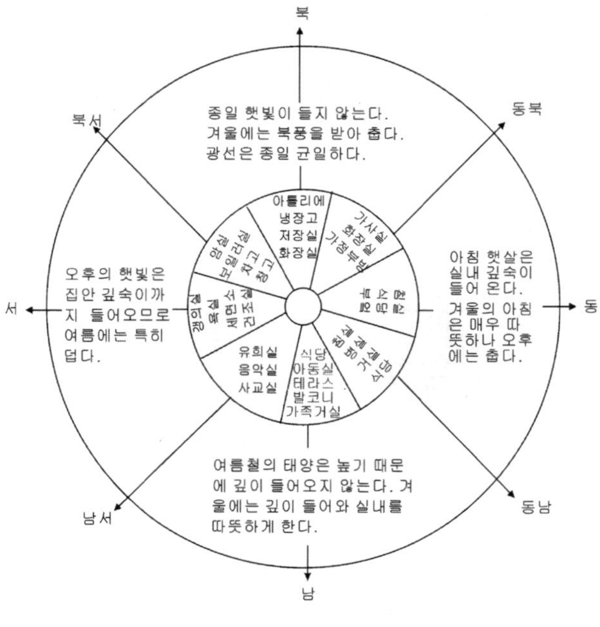

4) 대지 형태와 도로에서 접근에 따른 배치계획 예

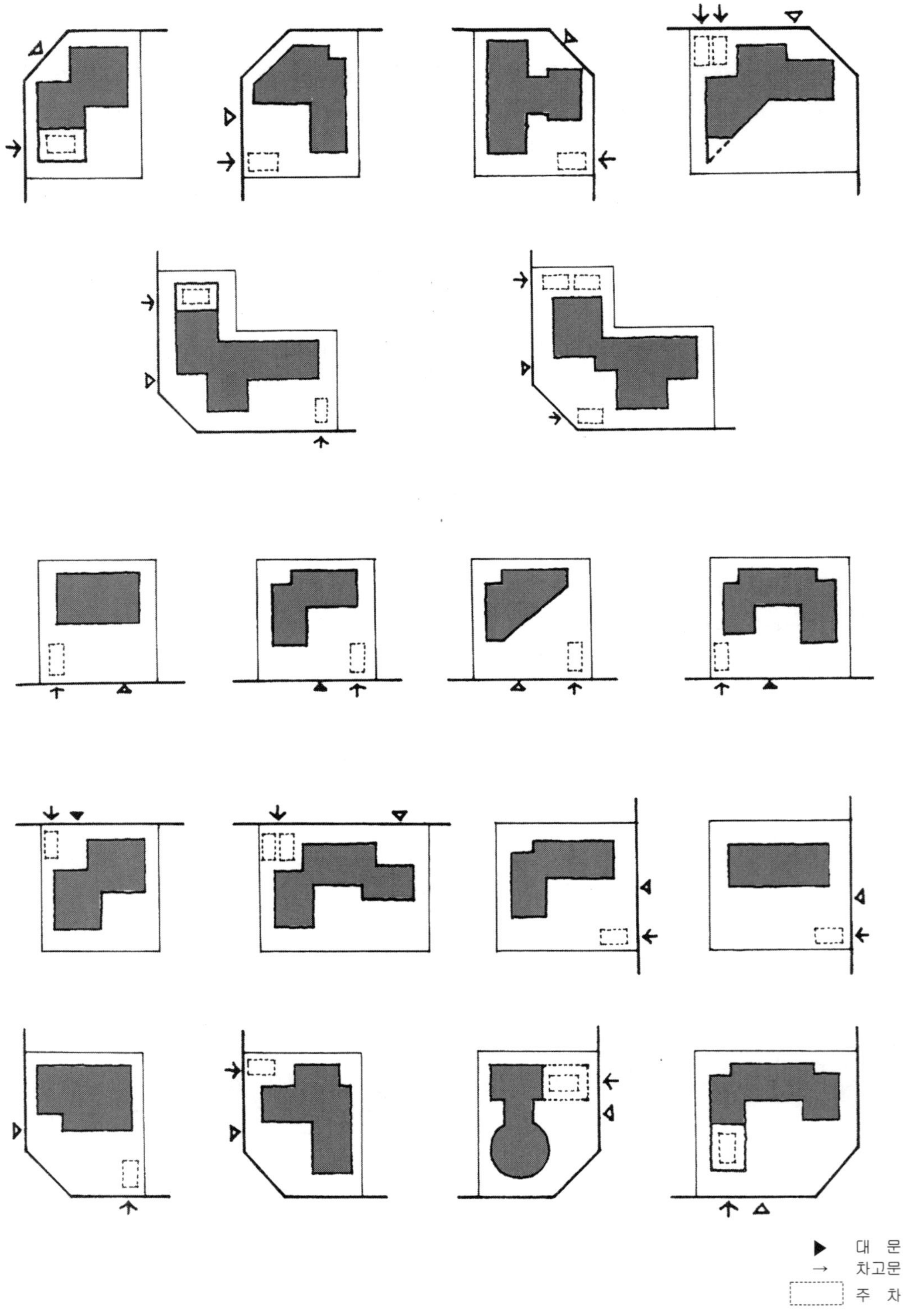

5) 방향, 정원, 안방과 거실, 대문의 위치에 따른 예

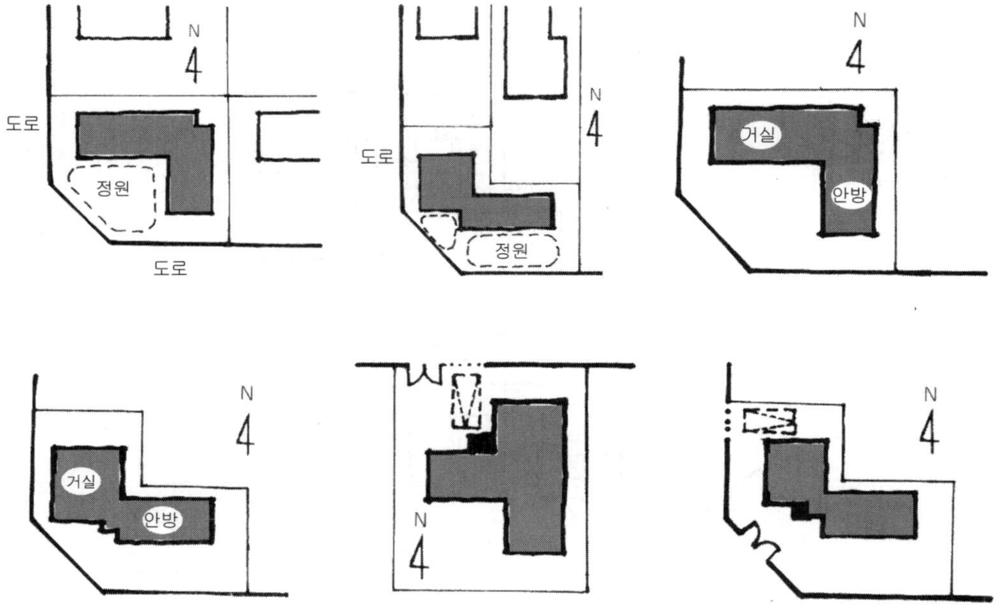

6) 현관 위치에 따른 예

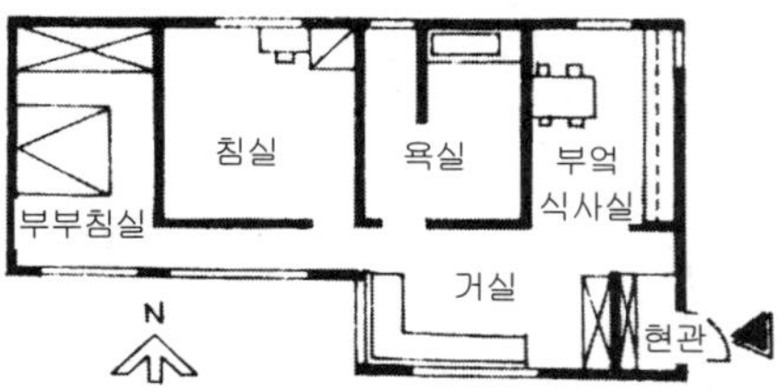

동측 현관 예

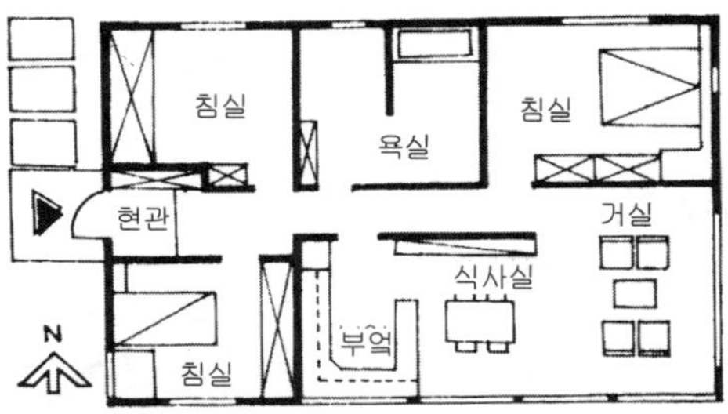

서측 현관 예

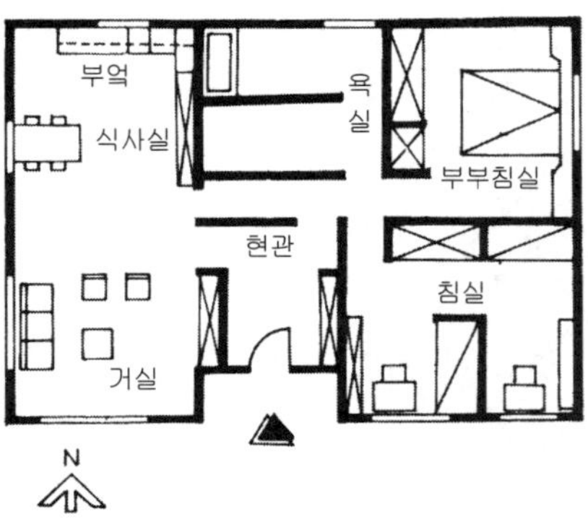

남측 현관 예

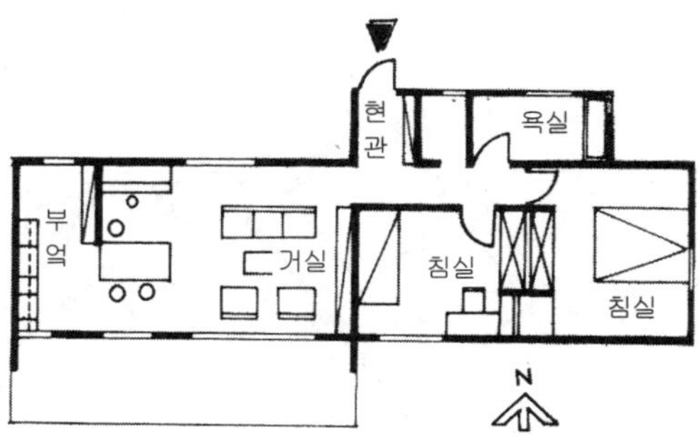

북측 현관 예

7) 배치계획 예

● 대안 1

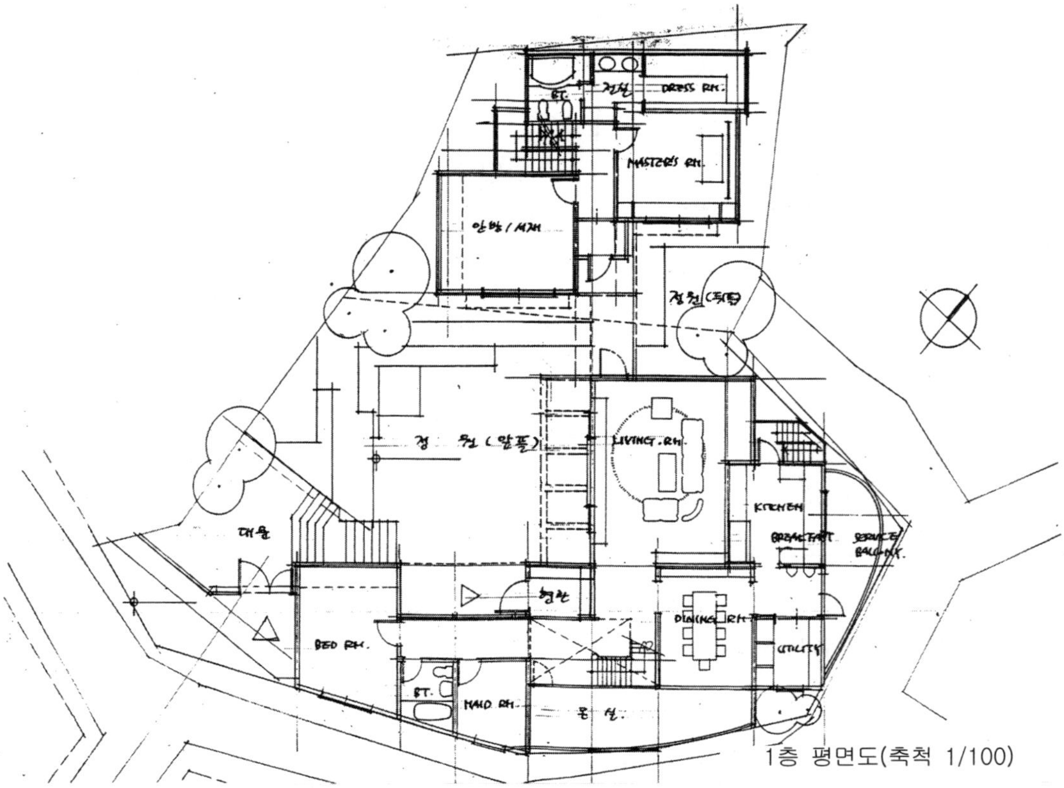

1층 평면도(축척 1/100)

● 대안 2

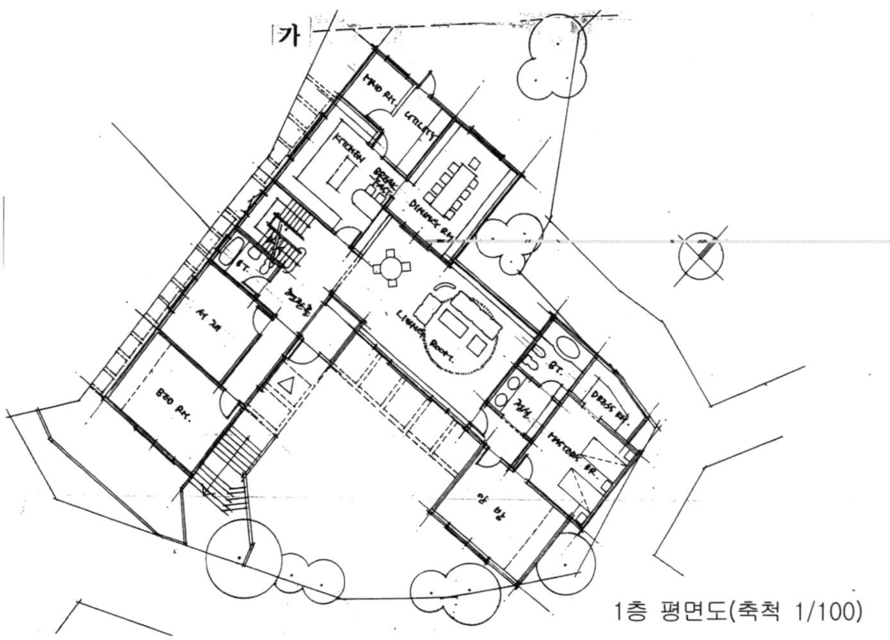

1층 평면도(축척 1/100)

● 대안 3

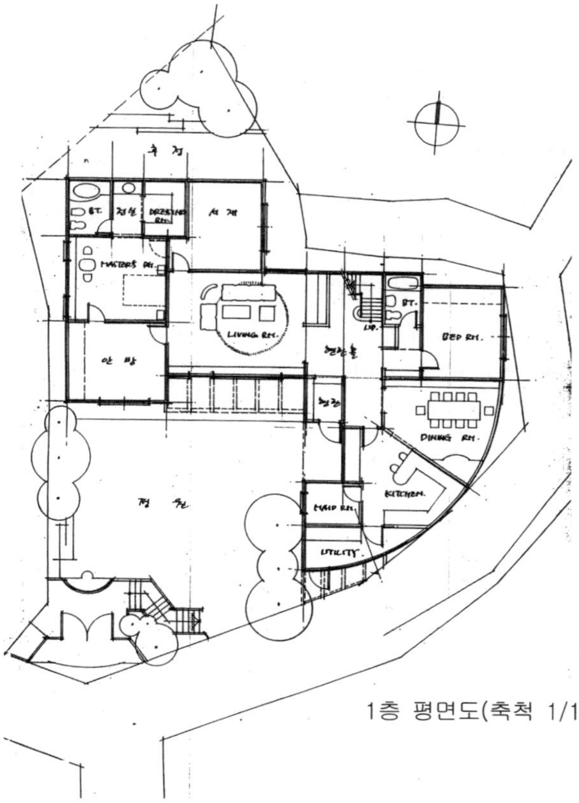

1층 평면도(축척 1/100)

■ 조종안

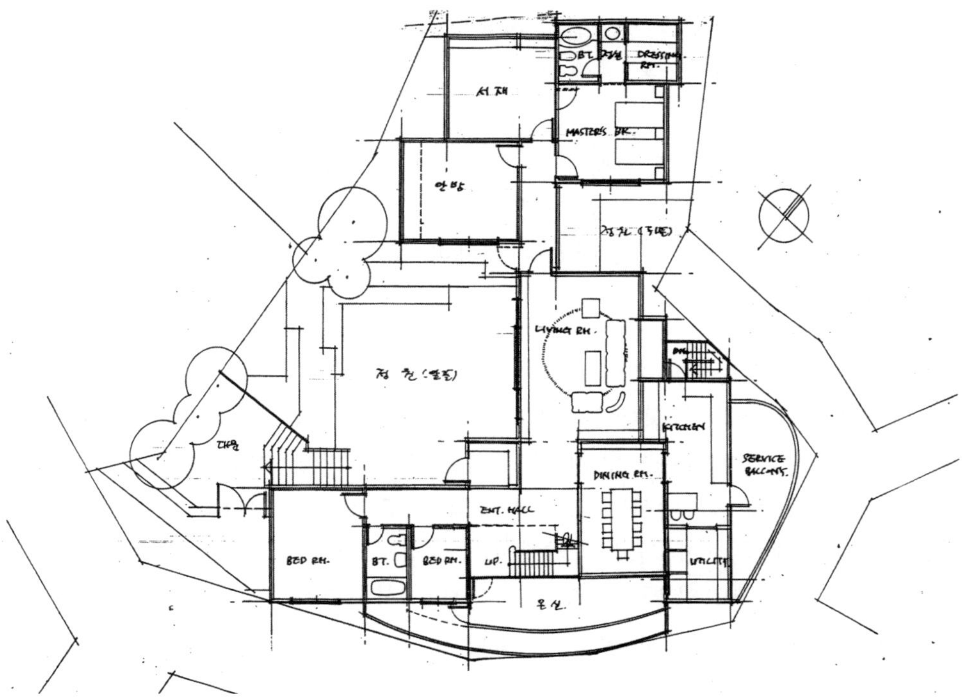

6. 평면계획

인간은 각자 지내온 환경에 따라 생활감정과 행동이 다르다. 그러므로 각자가 갖고 싶은 주택의 형태도 달라지고, 또 같은 가족 안에서도 각 가족구성원들이 원하는 주택과 방의 개념도 다르다. 이와 같이 각자 인간생활에 가장 적합한 생활공간을 기술적으로 구성하여 주택으로서 쾌적한 환경을 만들어주는 것이 평면계획(planning)이다.

1) 주택의 발전 주택평면계획의 유형

한 세대가 사는 주택에서 서서히 증축을 해서 2세대, 3세대가 살게 될 경우 2세대 주택, 3세대 주택은 일반 주택의 발전형이라 말할 수 있다. 또한 처음부터 그와 같은 생활환경을 고려한 계획이 요구된다.

또한 주택평면계획의 유형은 다음과 같다.

① 편복도식

각실을 1열로 병렬시키고 각실의 한 면에 접해 복도를 두는 형식으로 각실은 모두 같은 방향으로 면하게 되어, 일조와 통풍은 동일한 환경이 될 수 있다. 각 방의 독립성을 유지하기 위해 간막이벽 등에 대해 유의한다.

동선은 하나의 복도에 모이므로 단순 명쾌하고 각 방이 일렬로 되므로 길이가 길어지고, 복도 면적의 비율도 커진다.

② 중복도식

하나의 복도 양측에 실을 배치하는 방식으로 건물 전체가 밀집하게 되고 편복도식에 비하여 동선의 길이가 단축되고 복도면적 비율도 적어 벽면적도 다소 감소한다. 그 반면 건물폭이 커진다. 또 각실의 맞은 편에 실이 생겨 프라이버시가 침해되고 맞은 편 실과 동일한 환경을 얻을 수 있다.

따라서 한쪽의 제실을 남면에 면하게 하고 반대쪽은 북면에 면하게 제실을 배치한다.

동선도 맞은 편 실과 공동이 되므로 편복도식보다는 복도폭을 다소 넓게 한다. 중복도는 보통 채광이나 환기가 양측 실을 통하여 행하여지는 것이 많으므로 복도가 음침한 기운이 돌지 않도록 한다.

③ 회랑식

여러 실의 외부쪽에 복도를 갖는 형식으로 실의 외기에 면하는 측에 복도공간이 있으므로 여름 직사광선이 실내까지는 들지 않고 겨울 추운 공기는 직접 실내에 미치지 않는다. 그리고 복도 외면의 어디에서나 옥내에 출입할 수 있어 편리하나, 각실의 개방면이 복도라는 동선 때문에 공간이 되고 옥외에서의 출입도 자유로워 각실의 독립성은 없어 privacy는 매우 나쁘다. 또 외곽에 복도를 가지므로 복도면적비율은 편복도식보다 크고 구조적으로는 주체구조와 별도로 할 수가 있다.

④ 홀(hall)식

복도를 두지 않고 홀에서 각실에 출입하는 형식이다. 현관홀에서 직접 각실로 출입하는 것과, 거실이 홀의 역할을 하여 거실에서 각실에 출입하는 것이 있다. 현관홀식은 실수가 많은 대저택에서는 무리이고 중소주택이나 아파트의 단위세대에서 주로 채택된다. 각실간의 동선연결에 필요한 면적을 적게 하여 조밀한 평면을 만들 수 있으므로 유효면적률이 높다. 그러나 홀면적을 적게 하면 실수나 실의 크기에 제한을 받고 각실간의 동선이 언제나 현관을 통하지 않으면 안 되는 사용상의 불편한 점도 있다.

또한 거실은 통과동선이 될 수 있으므로 안정된 공간이 안 될 수도 있으며 거실의 한 면을 개방면으로 하면 남은 3면은 실이 접속하므로 실 배치에도 제한이 많고 일조, 통풍이 각각의 실마다 달라지나 가장 많이 이용되는 형태이다.

⑤ 코어(core)식

평면적 · 구조적 · 설비적인 관점에서 볼 때 건물 일부가 다른 부분과 달라 집약적으로 핵적 존재가 되어 있는 형식이다. 평면적 코어란 홀이나 계단 등을 건물의 중심적 위치에 집약하여 유효면적률을 늘리고자 한 것이고, 구조적 코어란 건물 일부를 내진벽 등으로 집약하여 그 부분에서 건물전체의 강도를 갖도록 하는 형식이다. 설비적 코어란 부엌, 변소, 욕실 등의 설비부분을 건물의 일부에 집약하여 설비관계 공사비를 싸게 하고자 한 것으로 이들 코어는 대개의 경우 단독성격은 아니고 복합적 성격을 갖고 있다. 예로 계단이나 홀의 주위를 내진벽으로 하여 구조적 코어로 하거나 화장실을 내진벽으로 하여 설비적 · 구조적로 할 수도 있다. 이 코어식은 사무소 건축에서 유효면적률의 합리적 해결방법으로 보급되어 그것이 주거건축에 응용된 것이다.

⑥ 다이닝 키친과 리빙 키친(dining kitchen, living kitchen)

다이닝 키친이란 식당과 부엌이 한 실로 된 것이다. 음식을 만드는 것과 먹는 것이 주생활 중에서 미분화된 상태의 경우, 즉 옛 주거형식에서는 식당, 부엌이 같은 실에서 이루어진 것이 적지 않다. 그러나 현대의 다이닝 키친은 만드는 것과 먹는 것이 완전히 분화된 후에 주생활 합리화의 관점에서 재복합되어졌다. 즉 배선 설겆이에 드는 노력의 경감, 식기류의 정리, 수납의 편리, 공간절약으로 건축비 경감 등을 목적으로 하였다. 그리고 이를 가능하게 한 것이 부엌설비, 기구나 집기류의 발달과 식생활의 향상이다.

리빙 키친은 다이닝 키친의 생각을 더 발전시킨 것이다. 부엌이 거실의 일부에 설치되므로 식사공간이 거실에 있게 된다. 즉 리빙 다이킹 키친이다. 주생활 행동에서 가족이 공동으로 하는 식사나 거실의 생활과 그와 직접 관계하는 부엌공간을 같은 공간에 포함함으로써 가내노동의 경감, 연료비의 절약, 건축공사비의 경감을 꾀하며 주생활행동을 단순화하고자 하는 생각이다. 이 형식이 가능하게 된 것도 다이닝 키친과 같이 부엌설비, 기구의 발달과 식생활의 향상에 의한 것으로 깨끗한 설비와 환경을 가진 생활이 아니면 안 되므로 주생활의 미분화와는 근본적으로 다르다. 또 이와 같은 주공간에서의 생활은 주생활 그것의 실제를 바꾸므로 주생활의 양식도 변하고 주생활 감정에도 영향을 미친다.

⑦ **일실식**(one room system)

일실식이라 불리는 것으로 다이닝 키친이나 리빙 키친의 생각을 다시 확대한 것이다. 주생활에서 행동을 되도록 단순화하고 주생활경비를 경감하여 구조의 단일화로 건축비를 경감하고 주공간을 유기적으로 혼연일체로 하고자 한 것이다. 그 때문에 주거건축 전체를 한 공간으로 포함하고 각실을 독립하여 구획을 하지 않는 형식이다. 화장실만은 벽을 고정시키고 생활공간은 선반, 커튼 등 이동식 간막이로 구획함으로써 연속한 공간 내에서 각각의 주행동에 알맞은 위치를 갖도록 한다. 이 역시 주생활이 미분화한 경우의 일실식과는 틀려 고도의 설비와 그에 알맞은 생활내용이 요구된다. 주생활이 단신 혹은 부부 2인만의 주생활에 있어서는 분명히 주생활 행동은 단순화하고 합리적이나 가족수가 많은 경우나 한 채의 주거건축 내에서도 특히 프라이버시를 갖은 독립성이 큰 실을 요구한 경우에는 채용할 수 없다.

⑧ **분리식**

주생활의 행동내용에 따라 각각의 공간을 분리하는 방식으로 같은 종류로 쓰이는 공간을 집약하고 다른 것은 분리한다는 것이다. 그럼으로써 주생활의 효율을 올리고 주환경을 좋게 하는 것을 목적으로 한다. 예로 가족공통의 거실, 식당, 부엌 등의 블록과 개인이 속하는 침식블록을 분리하여 홀이나 복도로 이어지게 하고 어린이실, 노인실 또는 서재 등을 주건물과 분리한다던가 여러 조합을 생각할 수도 있다. 또 특수 직업인은 작업공간을 주거부분과 분리하는 것도 많다.

⑨ **중정식**

건물로 중정을 둘러싸는 형식이다. 중근동(中近棟)지방의 주택은 이 형식이 많고 이는 주로 기상조건에 의한 것으로 강한 일광의 직사를 피한 옥외공간을 얻는다.

건축전체로서는 외부공간에 대하여 폐쇄적이고 각실은 중정을 향하여 개방된다. 그리고 충분한 대지를 얻을 수 없는 시가지에서 독자적인 옥외공간을 갖고자 할 때 적절한 방식이다.

⑩ **중층식**

2층 이상의 것으로 한 동의 주택이 2 이상의 층을 갖는다. 대지면적에 제약이 있는 경우에 적합하고 그렇게 함으로써 상층은 일조, 통풍, 프라이버시 등의 조건이 좋아지고 각실간의 연락동선도 짧아지는 경우가 많다. 상하층을 계단으로 이용하므로 계단의 위치는 주택 전체의 주공간 구성을 좌우하는 요점이 된다. 상층의 소음은 모두 하층의 상부이므로 특히 유의해야 하며 재해시 상층의 피난통로 등에도 유의하여야 한다.

⑪ **개방식**

같은 지붕 밑에서 일부는 중층, 일부는 단층형식이다. 중층부에는 보통 화장실, 개실 등의 천장높이가 낮은 실을 두고 단층부에서는 거실, 홀 등처럼 천장높이가 높은 실을 둔다. 외쪽 지붕처럼 옥내공간 자체가 같은 높이가 아닌 경우 지붕이 높은 곳을 중층으로, 낮은

쪽은 개방하여 단층으로 하는 방법으로서 공간의 낭비가 없는 옥내공간의 사용방식이다.

⑫ 스킵 플로어(skip floor)식

바닥높이가 2단으로 되어 있어 낮은 부분의 바닥과 높은 부분의 바닥과는 한 층 정도의 높이 차이는 두지 않고 대지가 경사지인 경우나 한 동의 주택 내에서 주공간의 분위기 변화를 주는 경우에 주로 이용하는 형식이다. 한편 단조로운 집합주택의 단위세대에 채용하면 변화있는 주공간이 될 수 있다.

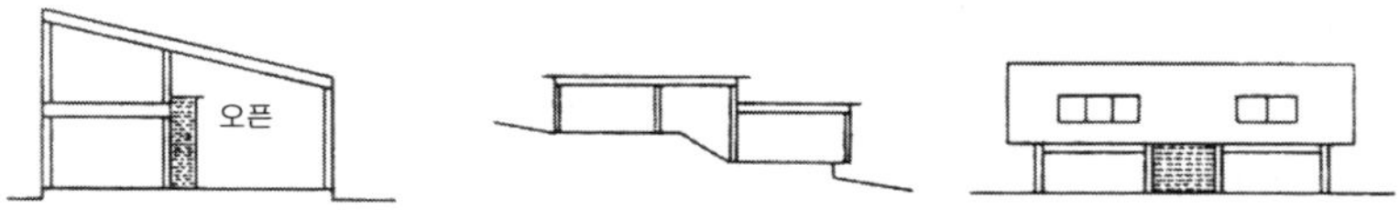

개방식 스킵 플로어식 필로티식

⑬ 필로티(pilotis)식

pilotis는 1953년 르 꼬르뷔제가 사회발전을 기술의 진보로서 이루고자 하는 오랜 꿈을 표현한 것이다. 이 형식은 지상을 자유로운 공간으로 활용할 수 있고, 좁은 대지를 넓게 이용할 수 있으며 실내공간을 전혀 새로운 공간으로 만들 수 있다고 하였다.

그 결과 옥내의 주생활공간은 모두 인공적인 공간이 되어 기둥으로 지지되고 공중에 뜬 형이 되어 필로티부분은 지붕이 있는 옥외공간이 된다. 그러므로 건축의 형은 전체가 지면에서 분리된 명쾌한 형태가 된다. 또 일조, 통풍, 프라이버스 등에 관한 주공간의 조건도 좋아진다.

2) 주택의 수준

① 침식 분리

식사실과 침실을 분리시키는 것을 말한다. 가족의 식사 시간대의 불일치, 아픈 사람이 있는 경우 병자의 안정, 식사를 하는 실에서 잠을 자는 경우 위생상의 문제를 해결하기 위한 최소한의 방법이다.

② 취침 분리

부모와 자녀의 침실을 분리하는 방법과 자녀의 성별로 침실을 나누는 성별 취침이 주가 된다. 시간이 지나면 자녀의 성장과 함께 각자에게 침실(개실)이 주어진다.

3) 생활양식

노인과 젊은 사람, 도시와 농어촌, 한식과 양식, 좌식과 의자식 등의 생활양식은 계획상 중요하다.

4) 프라이버시

가족 공동생활을 함에 있어, 심리적인 문제로서 프라이버시의 문제가 중요하다. 가족이라 하지만 자녀들도 성장과 함께 개실이 필요해지고 프라이버시의 확보가 중요하게 된다.

5) 거주성

양질의 거주성을 확보하기 위해서는 채광, 통풍, 환기, 음향, 내구성, 내화성, 내진성, 내후성, 안전성 등을 확보해야 하며 이에 대해서는 건축법에 최저한의 기준이 결정되어 있다. 채광과 환기의 조건은 다음과 같다.

① 거실의 채광에 유효한 창 등의 면적이 거실바닥 면적의 1/10 이상으로 한다.

② 거실의 환기에 유효한 창 등의 면적이 거실바닥 면적의 1/20 이상으로 한다.

③ 거실의 바닥높이는 목조의 경우 최하층 방습을 위해 지면에서 45cm 이상으로 한다. 또한 분위기도 평가 대상이 되는데, 주택 안에 오픈 스페이스(open space) 등 여유 있는 공간을 마련하면 합리적 기능성뿐 아니라 풍요로운 거주공간을 만들 수 있다.

6) 생활공간과 단위공간

개개인의 생활공간에서 필요 공간은 인체의 동작을 기준으로 한다. 최소한의 크기는 인체치수 및 동작을 기준으로 한 인간공학적 접근방식에 의한 단위공간에 의해 얻어진다.

7) 각실 공간의 구성

주택은 공적 생활을 위한 공간, 사적 생활을 위한 공간, 가사노동을 위한 공간, 생리, 위생행위를 위한 공간으로 나누어진다.

① 공적 생활을 위한 공간 : 거실, 식사실, 응접실 등이 있다.

② 사적 생활을 위한 공간 : 침실, 서재 등이 있다.

③ 가사노동을 위한 공간 : 부엌, 가사실, 벽장, 창고, 다용도실 등이 있다.

④ 생리, 위생행위를 위한 공간 : 화장실, 욕실, 세면장, 화장실 등이 있다.

⑤ 기타 공간 : 현관, 출입구, 계단, 복도, 차고 등이 있다.

8) 동선(moving, traffic line)

동선이란 일상생활의 움직임을 표시하는 선으로, 동선이 갖는 3가지 요소로 빈도, 속도, 하중이 있다. 주택에 있어서 동선은 다음 사항에 유의해야 한다.

① 독립성(privacy)

개인, 사회, 가사노동권의 3개 동선이 서로 분리되어 간섭이 없어야 한다. 동선이 혼란하면 생활권의 독립성이 그만큼 혼란하다.

② 가사노동의 위치

동선의 요소에 따라 표현해 보면 가사노동의 선은 굵게 나타난다. 이렇게 굵게 나타난

가사노동의 동선은 되도록 남쪽에 오도록 하고, 짧게 한다. 이것은 가사노동의 공간이 밝고 명랑한 곳에 마련하고 왕래에 의한 에너지 소모를 최소한으로 줄인다는 의미에서이다.

③ 동선의 공간

동선에는 스페이스가 필요하다. 그리고 거기에는 가구를 둘 수 없다. 따라서 실이 동선에 의해 종횡무진으로 끊어질 경우, 그 방은 완전히 안정감을 잃게 되어 통로 구실밖에 못한다.

특히 복도(corridor)가 없는 거실은 이러한 결점이 있는 경우가 많다. 때문에 복도를 두어 동선을 정리하고 방의 프라이버시를 살리는 경우가 많다.

9) 공간의 중복 사용

좁은 주택을 유효하고 넓게 사용하기 위해 방을 중복 사용하기도 한다. 예로 리빙 키친(living kitchen)이나 다이닝 키친(dining kichen)이 있는데, 이러한 생각을 구체화시킨 것이 다용도실(multy purpose room)이다. 다용도실은 거실과 별도로 두어 거실의 독립성을 높이고 방을 융통성 있게 여러 목적으로 중복 사용한다. 공간의 중복 사용의 극적인 예로 one room system(일실식)이 있다.

10) 설비부분의 집중

코어 시스템(core system)은 화장실, 부엌 등 주택의 설비, 배관이 많은 부분을 일부에 집중시켜 공사비를 절약할 뿐 아니라, 서비스 부분을 다른 생활권과 분리시키는 합리주의적 방식이다.

7. 세부계획

1) 거실(livng room, L)

가족의 단란공간인 거실, 식사실, 홀은 넓은 공간에 설치하고 접근을 용이하게 하며, 향으로는 남측에 설치함으로써 환경을 좋게 한다. 소규모 주택일 경우 거실의 성격은 주부실과 유사하다. 소규모 주택에서도 거실은 가능한 한 독립시켜 안정성을 확보한다. 가구배치도 충분히 검토한다.

① 위치 및 배치

- 남향 또는 일조, 통풍, 조망이 양호한 곳에 배치한다.
- 타실로의 통로가 되어서는 안 되며, 현관, 식당, 부엌과 가까울 것
- 침실과는 대칭의 위치가 좋으며 주택의 중심부에 둘 것
- 테라스로 출입이 용이할 것

② **규모**

- 일반적으로 4~6m^2/인, 평균 16.5m^2로 한다.
- 주택의 규모가 100m^2일 경우 대략 20m^2, 200m^2일 경우 대략 30m^2로 한다.

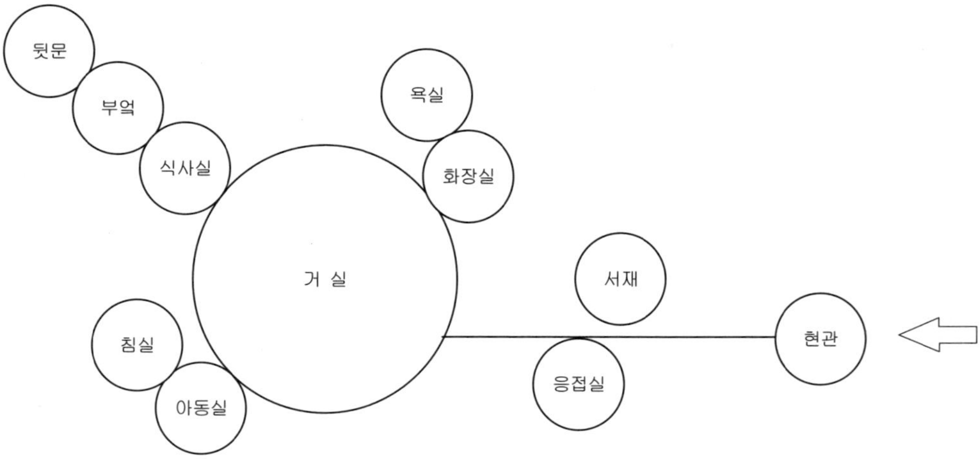

【그림 2-1】 거실을 중심으로 한 각 방의 위치

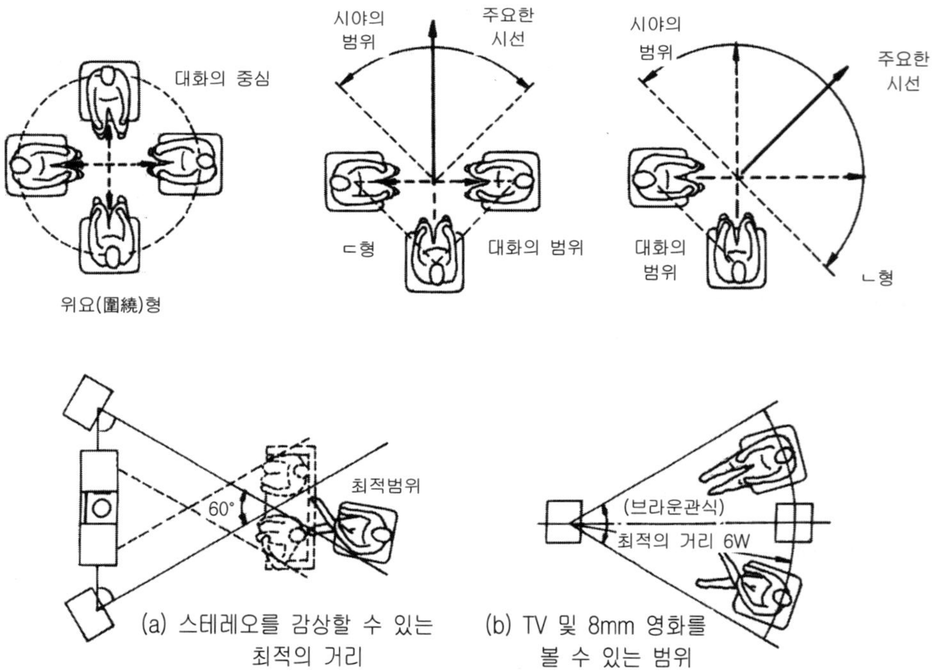

【그림 2-2】 거실의 좌석배치

2) 식사실(dinning room, D)

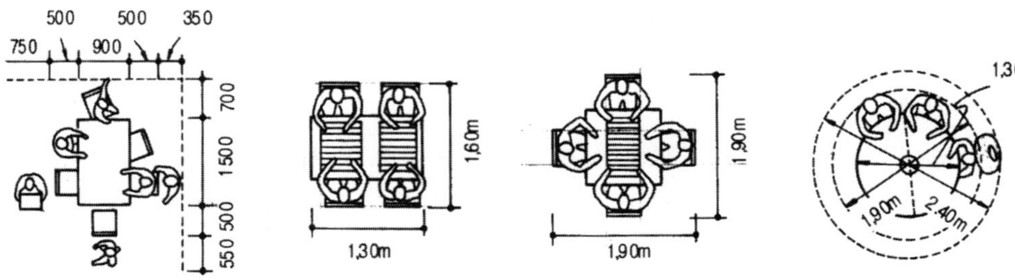

【그림 2-3】 식사실 가구배치

식사실은 남쪽이나 동쪽에 설치한다. 거실, 부엌에 인접하면 주부의 동선도 짧아지고 편리하다. 거실, 부엌의 겸용인 경우 다음과 같은 구성방법이 있다.

① 다이닝 키친(DK) : 식사실과 부엌을 겸용하는 유형

② 리빙 다이닝(LD) : 거실과 식사실을 겸용하는 유형

③ 리빙 다인닝 키친(LDK) : 거실과 식사실 그리고 부엌을 겸용하는 유형

④ 계획상세

- 부엌, 식기실과 인접하고 거실과 가까울 것
- 소형의 경우 부엌과 직접 연결하며, 대형은 팬트리(pantry, 배선대)를 통해 연결하는 것이 좋다.
- 규모는 4인 기준으로 2.25평으로 한다.

3) 응접실

손님을 맞기 위해서는 현관 구조를 고려해야 하며, 이를 정원과 함께 계획해야 한다.

하고 있는 경우가 많다. 또한 현관홀에 의자 등을 설치하는 경우도 있다. 이때, 가족의 동선과 교차하지 않도록 해야 한다.

4) 침실

침실은 다른 방들과 독립시켜 프라이버시를 확보해야 한다. 어린이 방은 저학년 및, 동성의 경우는 2인 1실로 해도 되며, 2단 침대, 공부책상, 의류 선반 등을 설치하여 개실에서 일상생활의 대부분의 일을 볼 수 있게 한다.

노인실은 독립시키고 젊은 부부의 침실과 멀리 떨어뜨리게 하며, 햇볕이 잘 들어오고 통풍이 잘 되는 정숙한 장소의 남서측이나 남동측의 1층에 배치한다. 넓은 공간보다는 아늑한 공간이 좋으며, 식사도 할 수 있도록 간단한 설비를 마련한다. 세면, 화장실과 가까운 것이 좋으며, 정원으로 쉽게 나갈 수 있도록 하는 것이 좋다.

구체적으로 다음과 같다.

① 성격 : 정적, 독립성, 안정성, 침식 분리를 원칙으로 한다.

② 위치

- 남쪽, 동남쪽, 남서쪽이 양호하다.
- 거실, 부엌, 식당과 분리하고 도로쪽을 피하며 조용한 공지에 면해야 양호하다.

③ 공간계획

- 부부침실 : 독립성, 안정성을 보장하고 정원쪽으로 배치하며 남동측이 유리하다.
- 아동침실 : 주간(놀이, 학습), 야간(정리, 취침)으로 분리하며 연령, 성별을 고려하고, 자유롭고 독립적인 분위기를 확보하며 거실과는 멀고 가사실과 근접시키는 것이 좋다. 낮은 창과 난간을 설치하는 것이 좋다.
- 노인침실 : 안정성과 단란성을 확보하고 일조, 전망이 양호하며, 욕실, 화장실 등과 근접시키는 것이 좋다.

④ 규모

환기 기적(氣積)과 천장높이 : 1인당 $50m^3/h$(아동은 $25m^3/h$), 천장고 2.2~2.6m, 실내 자연환기를 2회/h로 가정하면, 최저 소요 기적은 1인실의 경우 $50m^3 \times 1/2 = 25m^3$이고, 2인실의 경우 $50m^3 \times 1/2 \times 2 = 50m^3$가 된다. 이때 천장높이를 2.5m로 할 경우 1인실의 경우 $10m^2$, 2인실은 $20m^2$가 된다.

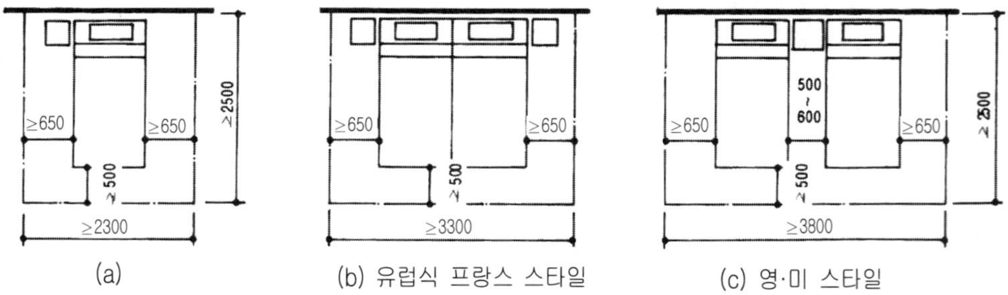

【그림 2-4】 침대배치와 주변공간의 계획

⑤ 침대배치

머리쪽에 창을 두지 않고 누워서 출입문이 보이지 않아야 하며 출입문은 안여닫이로 해야 한다. 침대 양쪽에 통로를 두고 한쪽을 75cm로 한다. 단, 주요 통로폭은 90cm 이상으로 한다.

5) 서재

서재는 집주인이 일을 하거나 접객을 위해서 사용되므로 조용한 장소가 좋다. 소규모 주택에서는 부부침실과 겸하는 경우가 많다.

6) 부엌

부엌은 주부의 동선을 짧게 기능적으로 계획하며, 향으로는 동측이나 남측이 좋다. 싱크대, 조리대, 식기선반 등의 배치방식으로는 직선형, 병행형, L형 등이 있다. 창을 바라보고 조리하는 형이 일반적이나 가족과 마주보면서 조리할 수 있는 대면형 부엌도 있다.

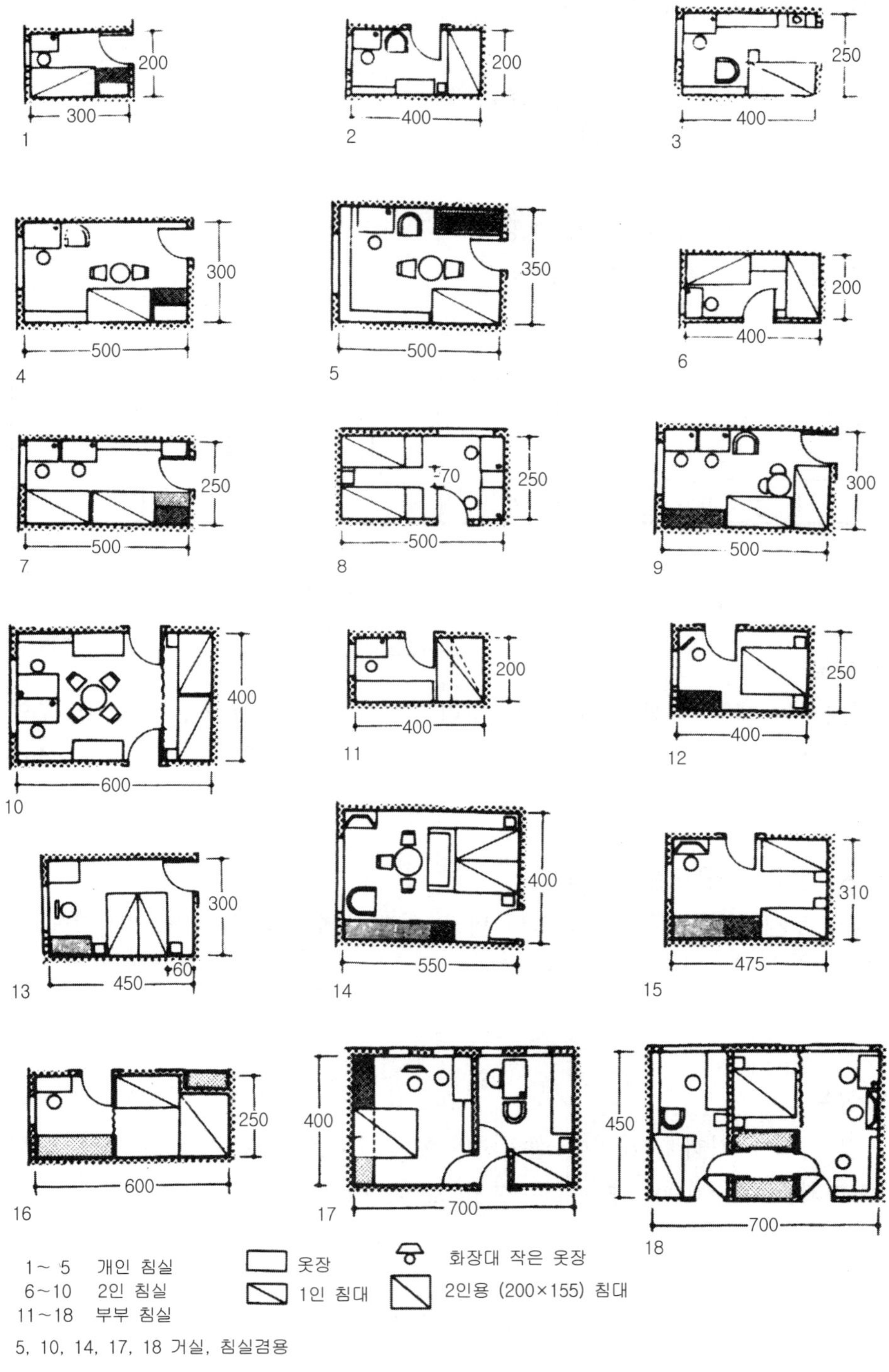

【그림 2-5】 각종 침실의 평면 예

① 부엌의 상세 계획

- 주부공간으로 밝고 쾌적한 곳에 배치하여 아이의 놀이를 감시할 수 있어야 한다.
- 거실과 근접시키며, 방위상 동·남쪽이 유리하고 서쪽은 피한다.
- 크기 : 소주택의 경우 $5m^2$(약 1.5평), 연면적의 8~10%으로 한다.
- 작업순서
  - 냉장고 → 준비대 → 개수대 → 조리대 → 가열대 → 배선대
  - 개수대는 창을 면하며, 냉장고, 개수대, 가열대를 삼각형으로 이어 그 길이가 3.6~6.6m 내외로 할 것
  - 작업면 높이는 82~85cm가 적당함
  - 평면형식은 ㄱ, ㄷ, 一자형이 있음

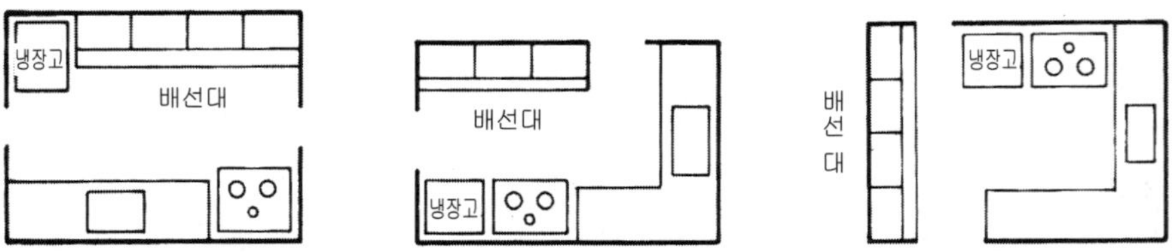

【그림 2-6】 부엌의 평면

7) 가사실

가사실에서는 세탁, 재봉, 청소, 의류 정리 등의 작업이 이루어진다. 거실, 부엌 근처에 설치하면 주부의 가사노동 공간이 정리되어 사용하기 편리하다. 크기는 $1.8\sim4m^2$으로 한다.

8) 벽장, 창고, 다용도실, 기타

일상적으로 사용되는 물품을 각실의 벽장, 창고에 수납해서 이불류, 계절에 따라 달라지는 양복, 하의류는 다용도실에 수납한다. 양식의 경우도 이와 유사하나 수납물은 모두 다용도실에 수납하도록 하는 경우가 많다.

9) 화장실

거실 및 침실에 가까운 위치에 설치하며 2층 건축물에서는 상하 층으로 설치한다.

- 크기 : 최소 0.9×0.9m 양변기의 경우 0.8×1.2m로 한다.

10) 욕실

목욕과 저녁준비의 시간대가 겹쳐지므로 주부의 동선을 고려해서 부엌에 인접시킨다. 위치는 거실과 침실 중간에 배치하며 침실, 부엌과 가깝고 현관, 응접실과는 격리시키는 것이 좋다.

① 크기

- 표준 1.6~1.8m×2.4~2.7m. 최소 0.9×1.8m 또는 1.8×1.8m로 한다.
- 천정고 2.1m 이상, 세면기 높이 70~75cm로 한다.

② 이때의 실은 급·배수설비의 경제성을 고려하여 서로 인접해서 설치한다. 부엌을 포함한 1인 1일 급수량은 200~250ℓ/일이다.

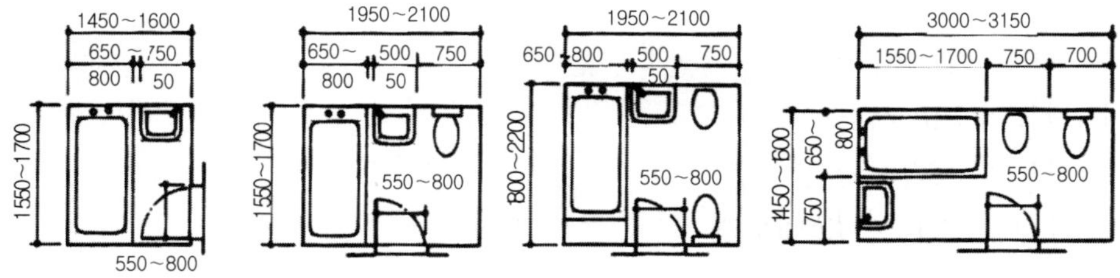

【그림 2-7】 각종 욕실평면

11) 세면장 및 화장실

세면장은 욕실의 전실로서 탈의실과 겸용해도 된다. 화장실은 가사실, 침실, 세면장 등과 겸해서 설치하는 경우가 많다. 집주인의 출근, 자녀의 등교 등, 아침 시간대가 겹쳐지므로 화장실과 세면장은 되도록 별개로 설치하는 것이 좋다.

12) 현관 및 출입구

현관은 친숙한 분위기로 한다. 그리고 거실, 부엌 등의 통로 역할을 하도록 계획한다. 현관 홀은 약간 넓게 확보하면 간단한 접객으로 이용할 수 있다. 출입구는 부엌에서 쓰레기를 버리는 등, 외부로의 출입이 용이한 위치에 계획한다.

외부에서의 위치는 대지 형태, 방위, 도로와의 관계로 정하며, 대체로 북, 북서, 서쪽에 배치하는 것이 좋다. 크기는 폭 1.2m, 깊이 0.9m 이상으로 하며, 단 높이는 10~20cm정도로 한다.

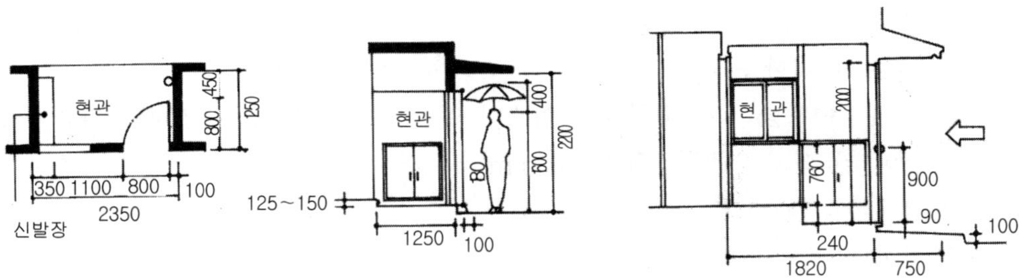

【그림 2-8】 현관 각부의 크기

13) 계단 및 복도

계단은 현관 홀, 복도, 거실 등에 설치한다. 거실에 설치할 경우는 냉난방의 열손실을 고려한다. 계단에서는 직진 계단, 꺾인 계단, 회전 계단, 굽은 계단 등이 있다. 각 실은 복도에 의해 프라이버시를 유지하고 있지만, 복도로 인해 각실의 면적이 좁아진다. 소규모 주택에서는 복도를 짧게 해서 부엌, 현관, 홀을 통로부근에 설치하여 각실의 공간을 넓게 한다. 또한, 복도를 넓게 확보하여 가사노동이나 수납공간으로 돌리는 것이 좋다.

① 계단의 치수는 다음과 같이 한다.

가. 평면길이 : 270cm

나. 단높이 : 18cm

다. 단너비 : 27cm

라. 계단 폭 : 105~120cm

마. 경사도 : 29~35°

바. 난간높이 : 80~90cm 내외

사. 형태 : 一자형은 피하며, ㄱ자, ㄷ자형이 보편적이다.

② 복도의 치수는 다음과 같이 한다.

가. 복도폭 : 최소 90cm 이상, 105~120cm가 적당함.

나. 면적비 : 주택 전체면적의 10%

다. 면적 50m² 이하의 경우 복도를 두지 않는 것이 경제적이다.

14) 차고

차고는 일반적으로 주택 내에 설치하든지 독립해서 설치한다.

① 크기 및 구조

가. 대당 3~6m²이며, 한쪽 벽을 20~30cm 띄우고 다른 한쪽은 차 문폭을 위해 70cm 이상 띄운다. 차고 내에서 수리할 경우 1.2m 이상을 확보해야 한다.

나. 바닥 경사는 1/50, 천장높이 2.1m 이상 급배수설비를 설치한다.

15) 가구

① 가구는 건축계획에서 중요한 요소이며, 특히 주거의 침실 및 거실의 규모를 산정하는데 중요한 역할을 한다.

② 주택용 가구의 size는 여러 가지가 있으나 일반적인 사항만을 나열하면 다음과 같다.

- 팔걸이 긴 의자 2인용 1,200×600mm
- 응접테이블 900×400mm
- 팔걸이 의자 1인용 600×600mm
- 원테이블 1,050mm ϕ900mm
- 사이드보드 1,050×400mm~1,800×400mm
- 양복장 900×600mm

• 신발방 900×400mm
• 책상 900×600mm～900×1,550mm

③ 침대가구의 size
• 더블 침대 1,450×1,950mm
• 싱글 침대 980×1,950mm
• 세미 더블 침대 1,200×1,950mm
• 침대의 배치방법과 각종 치수

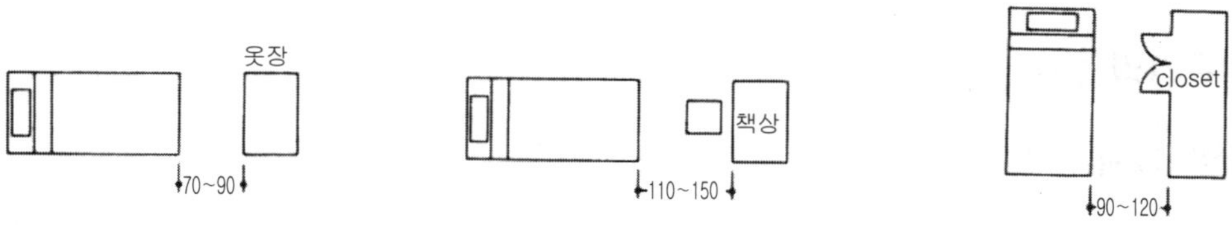

【그림 2-9】 베드와 다른 가구의 치수

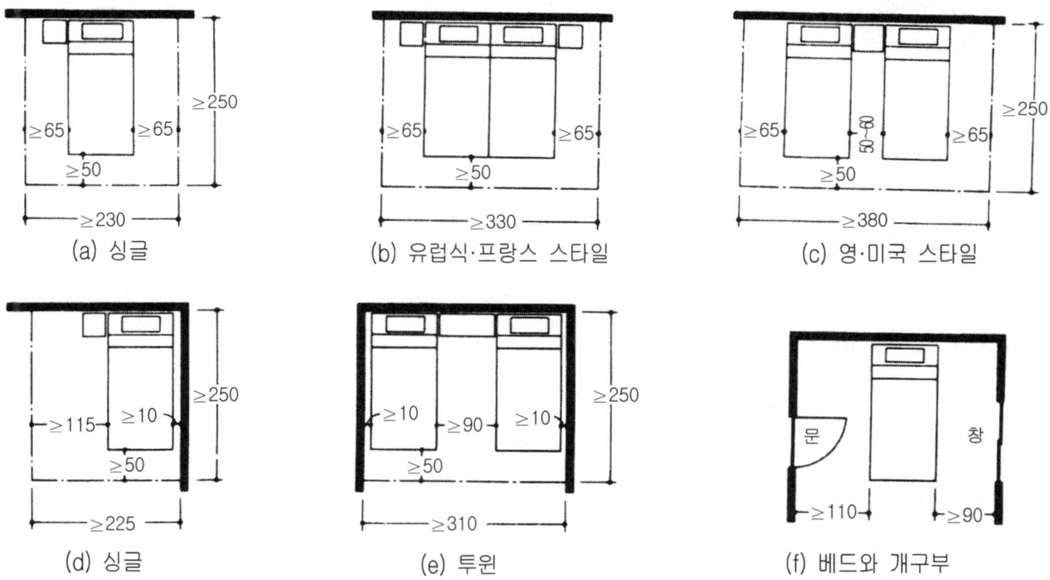

【그림 2-10】 베드와의 관련 치수

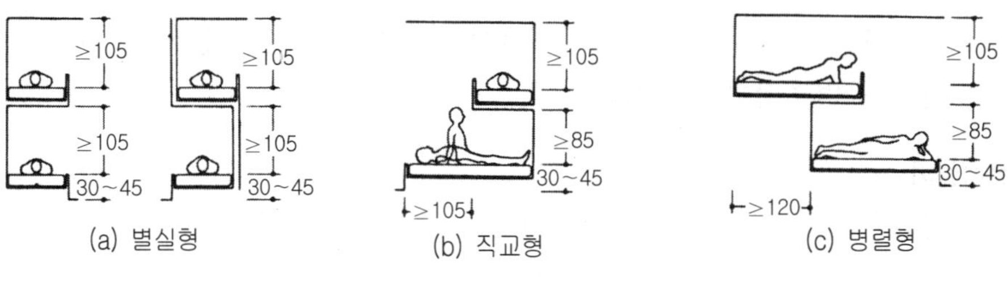

【그림 2-11】 2단 베드의 높이와의 관계

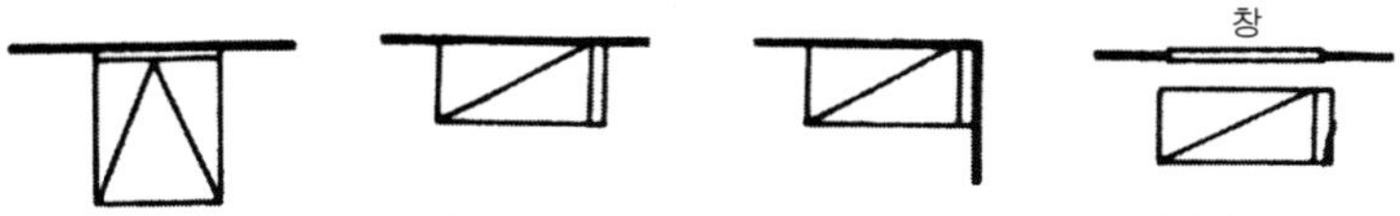

【그림 2-12】 베드의 위치

8. 주거의 설비

1) 설비계획

주거설비는 거주공간의 안정성, 위생성, 편리성, 쾌적성 등을 확보하며 경제성·내구성·시공성·의장 등이 좋아야 한다. 또한 이러한 성능이 좋기 위해서는 설비기구자체의 성능이 우수해야 하며, 거주자의 생활수준, 기호, 가족구성, 실이나 설비의 사용상태, 주거의 소유형태 등의 거주자쪽의 조건, 주변공공시설 상황, 기후, 대지형태 등의 입지조건, 독립주택, 저층 집합주택, 중층 또는 고층 집합주택 등의 조건, 주호(住戶)의 형태, 방위, 공간구성·제질이나 형태 등의 조건 등이 적합해야 한다.

2) 설비의 종류

① 급수설비

상수도가 있는 지역에서는 1, 2층 건물의 주호는 유지, 관리, 설비비, 경상비면에서 수도직결방식으로 하는 것이 일반적이다. 상수도의 수압이 낮은 지역이나, 높은 수압을 필요로 하는 기구가 있는 경우나 3층 이상의 주호에는 고가탱크방식, 압력탱크방식, 탱크가 없는 부스터방식 등을 쓴다.

② 배수설비

하수도의 유무와 종류에 따라 주호 내와 부지 내의 배수방식이 결정된다. 주호 내의 오수와 부엌배수는 위생상 안전을 위해 분리하여 옥외로 배수한다.

③ 가스설비

도시가스 등의 가스관을 이용하는 것과 LPG 등 용기로 사용하는 공급방법이 있다. 고층 주택에서는 압력조정기가 필요하다.

④ 전기설비

전선의 인입은 전주에서 직접 끌어들이는 것이 보통이나 부지 내의 전주에서 받아 가공 또는 지하케이블로 끌어들이는 방법도 있다. 심야전력을 사용할 때는 별도로 전력회사가 지정한 타입 스위치와 전력계를 설치한다. 집합주택에서 1동당 사용전력용량이

50kW 이상일 때는 전력회사가 세공하는 수변전실(대여실)이 필요하다. 공유부분의 전기설비용량이 50kW가 넘을 때는 자가용 수변전설이 필요하고 대규모의 집합주택에는 방화용의 비상전원용 발전기실이 필요하다.

⑤ 급탕 및 냉난방설비

극히 다종다양한 방식 · 기구 · 복합방식이 있으며, 그 특성을 잘 이해하고 적절한 것으로 계획해야 한다. 열원으로는 전기, 가스, 기름, 태양열 등이 있다. 시스템은 열원기구, 반송기구 및 단말기기로 구성되고 개별방식, 주호센트럴방식, 주동센트럴방식, 지역열원방식으로 대별한다. 급탕설비는 급탕개소와 열원을 집약적으로 계획하여 배관을 짧게 하는 것이 중요하다. 냉난설비는 각 기기의 설치장소에 여러 가지 별약(別約)이 있으므로 충분히 검토해야 한다.

⑥ 환기설비

거실, 화장실, 욕실, 부엌의 급배기 외에 가스, 등유의 연료기기의 급배기설비가 있다. 집합주택에는 주호마다 독립된 방식과 공용샤프트에 의한 방식이 있으며 공용샤프트를 사용할 경우에는 역류가 일어나거나 방화상의 장해가 되지 않도록 충분한 배려를 해야 한다.

⑦ 욕실의 환기

자연환기(창문 · 문 등의 개폐에 의한) : 입욕 중에 발생하는 수증기를 배제하고 실온을 떨어뜨리지 않는 범위에서의 신선한 공기의 도입이 필요하다. 사용 후의 욕실 내부의 습기의 제거도 자연스레 이루어지는 것이 바람직하다. 수증기의 발생원인 욕조 상부의 상승기류를 이용한 아래쪽으로부터의 급기와 위쪽에서의 배기가 주체가 된다.

강제환기(환기 팬 등에 의한 배출 · 흡입) : 흡기와 배기의 위치 관계는 자연환기원리와 같지만, 유입속도가 커지므로 입욕자에게 불쾌감을 느끼게 하는 위치에서의 흡기는 피한다.

⑧ 벽 · 천장의 결로 방지

욕실의 상부는 결로되지 쉽지만, 실내의 온도를 낮추어 강제로 환기를 할 수는 없으므로 결로를 최소한으로 억제하여 물방울의 낙하 위치를 예측한 단면계획이 바람직하다.

욕실의 난방 : 한냉지에서는 욕조 앞에 방열기를 두거나 바닥난방을 하여 욕실 전체를 난방하는 예가 많다. 온도 또는 환기 여부에 따라, 욕실은 건조실로도 사용할 수 있어야 한다.

⑨ 욕실의 조명

방습 · 방수의 조명기구를 사용하고, 따라 욕조의 바로 위는 피하고 등을 설치할 위치도 잘 고려해야 한다.

9. 단독주택 실례

➡ Y house

Steven Holl

위　　치 : Catskills, NewYork
연 면 적 : 3,500ft²

1. Bedroom
2. Dining room
3. Foyer
4. Lower foyer
5. Veranda
6. Reflecting pool

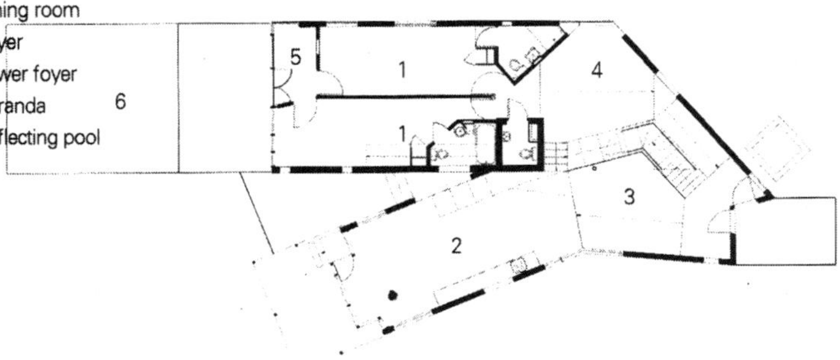

1st floor plan

1. Living room
2. Master bedroom

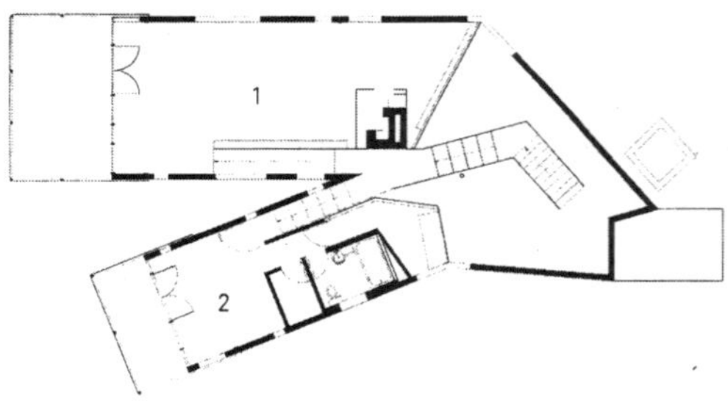

2nd floor plan

west elevation

1. Bedroom
2. Living room
3. Foyer
4. Basement

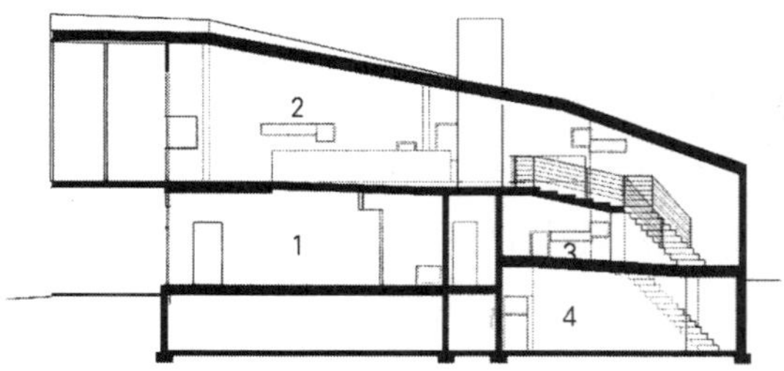

section

↑ **논현동 빌라**

김 홍 수(모람건축)

위　　치 : 서울 강남구 논현동
대지면적 : 479.20m²
건축면적 : 252.12m²
연 면 적 : 782.97m²
구　　조 : 철근콘크리트조
규　　모 : 지하 1층, 지상 3층

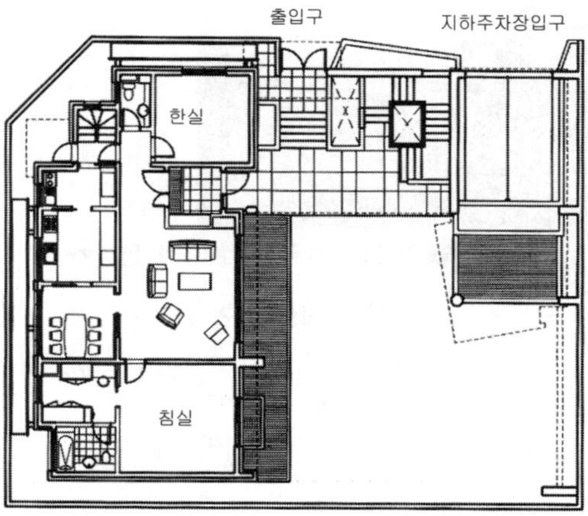

1층 평면도

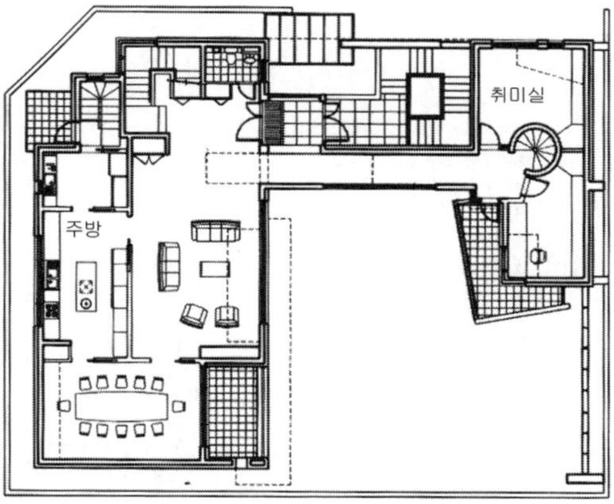

2층 평면도

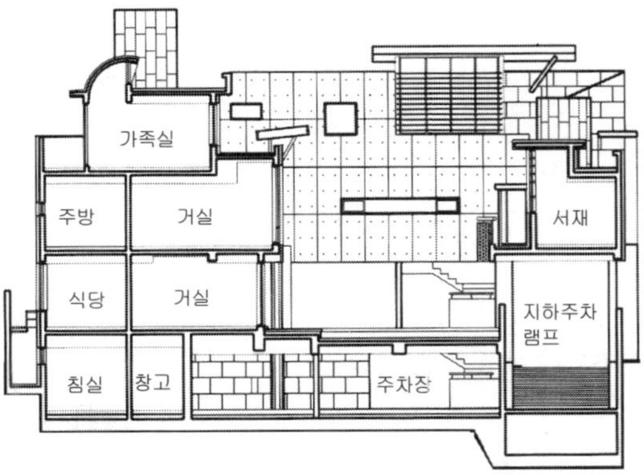

단면도

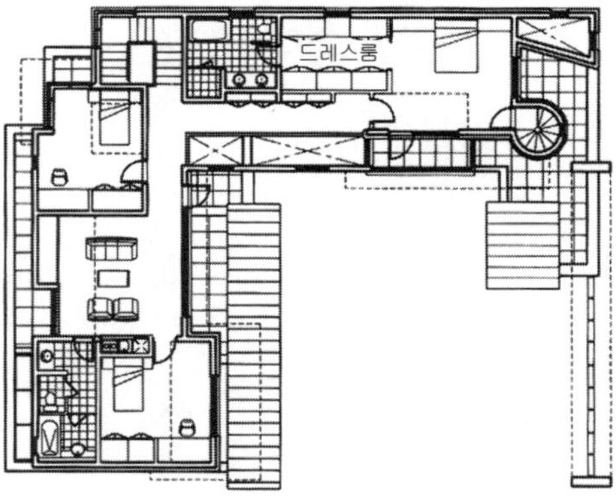

3층 평면도

⬅ 들꽃네와 누덕네(들꽃네 편)

이 관 직(이공건축)

위　　치 : 경기도 고양시 덕양구 지축동 401-3
대지면적 : 527m²
연 면 적 : 210.05m²
건축면적 : 105.02m²
구　　조 : 철근콘크리트
규　　모 : 지상 2층

들꽃네와 누덕네(누덕네 편) ➡

이 관 직(이공건축)

위　　치 : 경기도 고양시 덕양구 지축동 401-1
대지면적 : 527m²
연 면 적 : 162.97m²
건축면적 : 104.75m²
구　　조 : 철근콘크리트조
규　　모 : 지상 2층

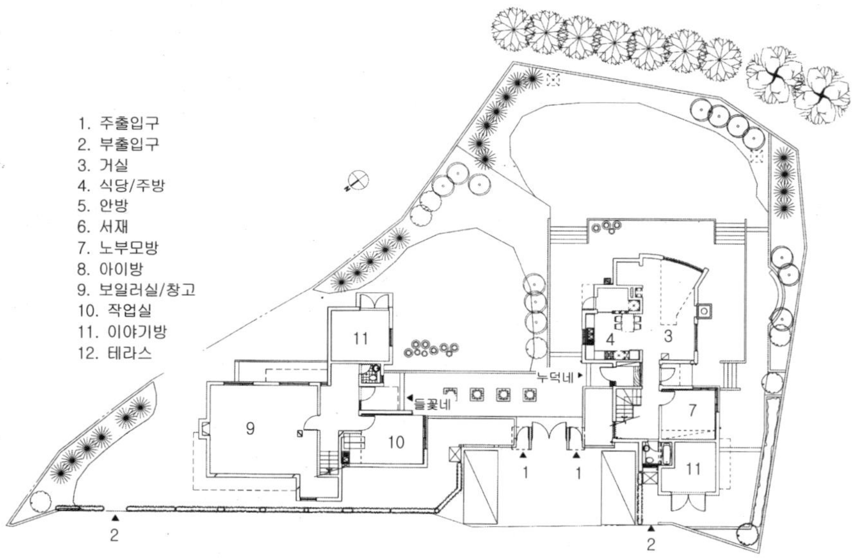

1층 평면도

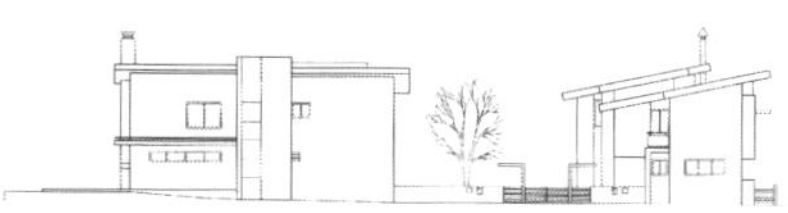

입면도

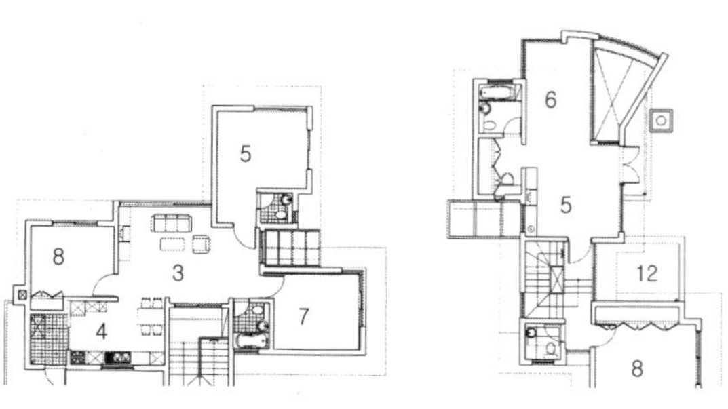

2층 평면도

⬅ 메탈릭(Metallic)

김 인 철(아르키움)

위 치 : 경기도 양주군 회천읍 봉양리 60-2
대지면적 : 1,243m²
연 면 적 : 159.84m²
건축면적 : 163.68m²
용 적 률 : 12.86%
건 폐 율 : 13.17%
최고높이 : 3.85m
규 모 : 지상 1층

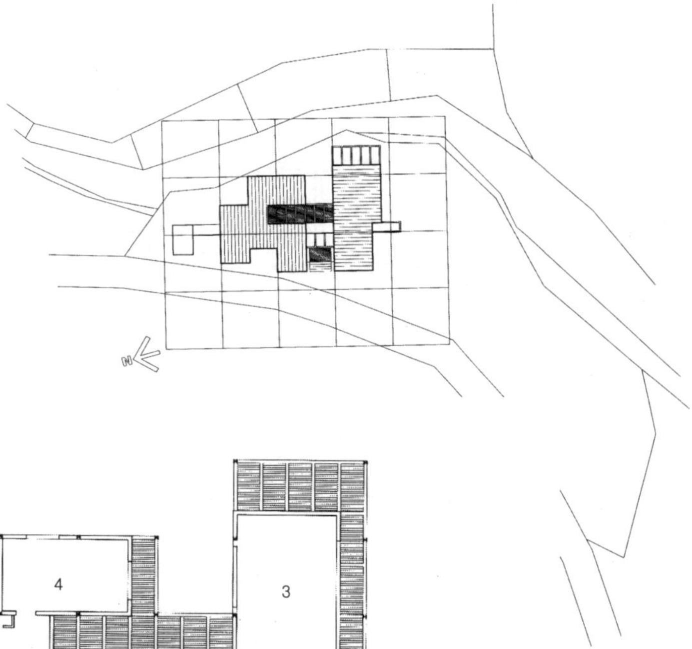

배치도

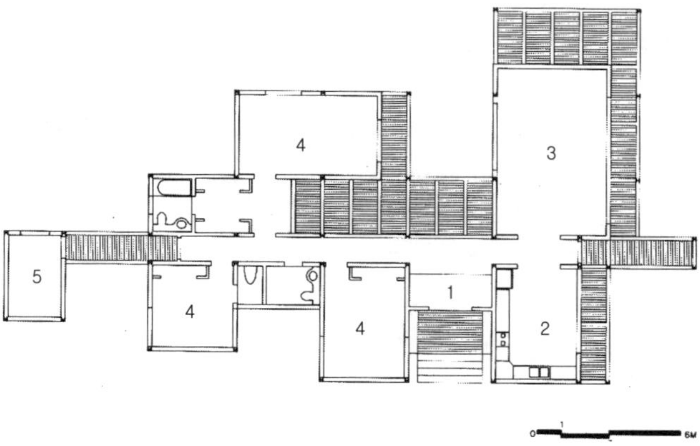

1. 현관
2. 부엌/식당
3. 거실
4. 침실
5. 창고

1층 평면도

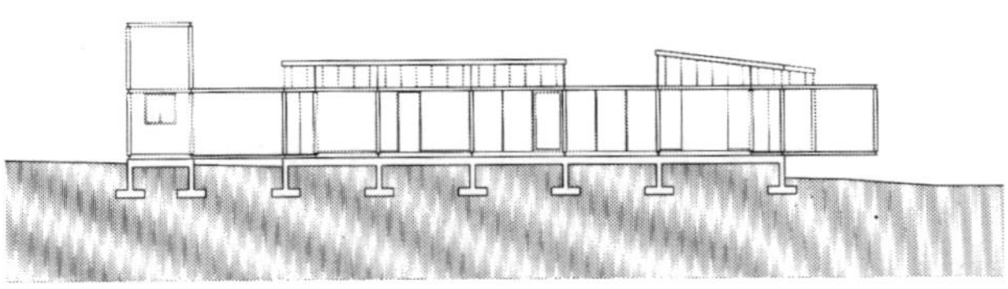

단면도

⬅ 몽중헌 ➡

김 병 윤

위　　치 : 전북 익산시 금마 서고도리
대지면적 : 449.18m²
연 면 적 : 140.49m²
건축면적 : 137m²
용 적 률 : 31.27%
건 폐 율 : 30.5%
구　　조 : 철근콘크리트 옹벽+목구조
규　　모 : 단층

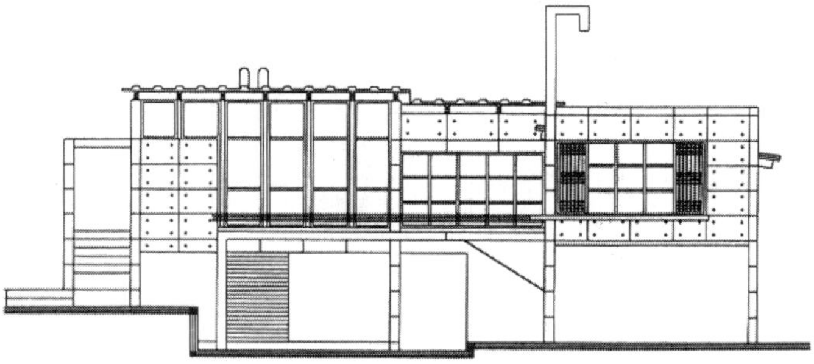

동측 입면도

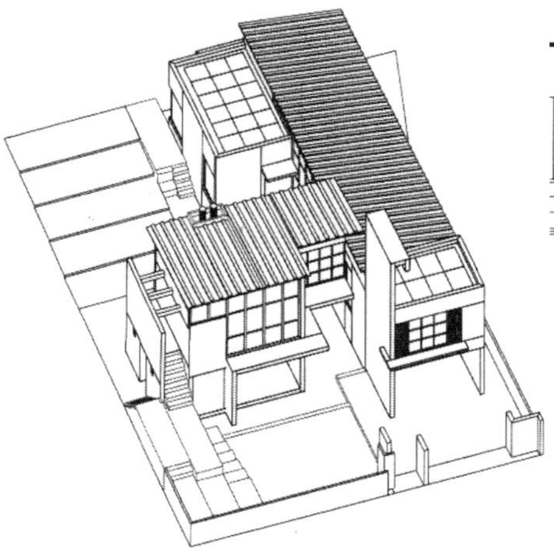

아이소메트릭

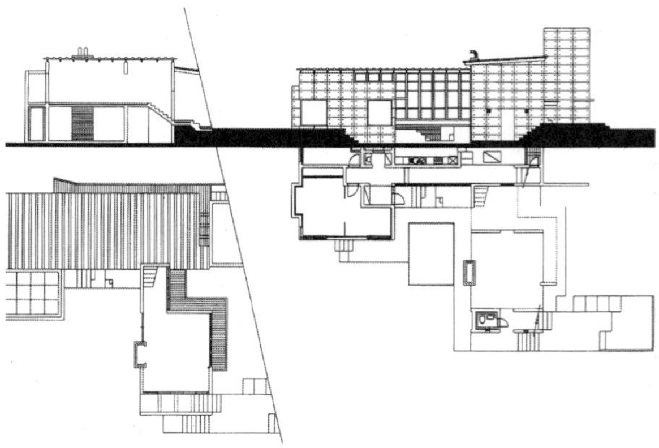

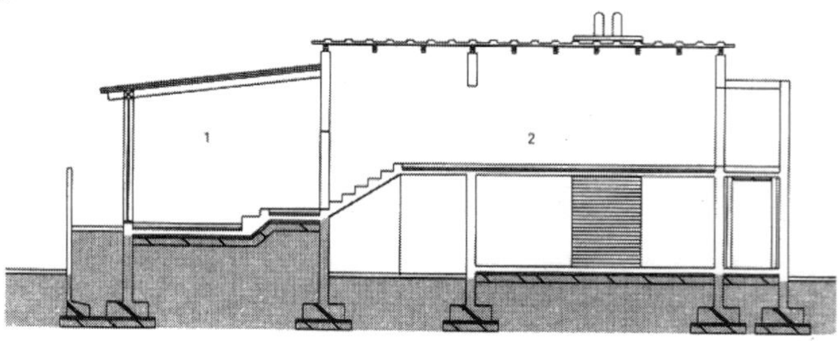

단면도

➡ 상린재

송 광 섭(환건축)

위　　치 : 전북 전주시 완산구 효자동 1가
대지면적 : 220m²
연 면 적 : 169.23m²
건축면적 : 113.53m²
용 적 률 : 72.92%
건 폐 율 : 51.6%
구　　조 : 철근콘크리트조
규　　모 : 지상 2층

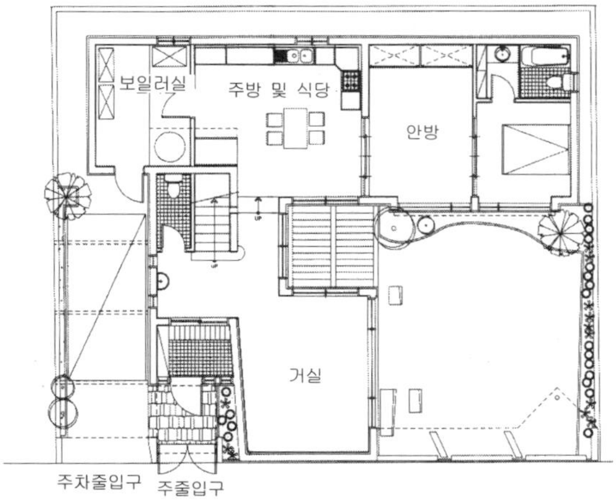

1층 평면도

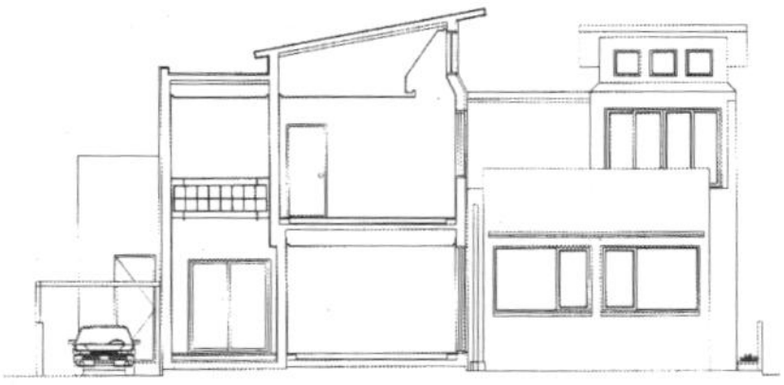

단면도 1

단면도 2

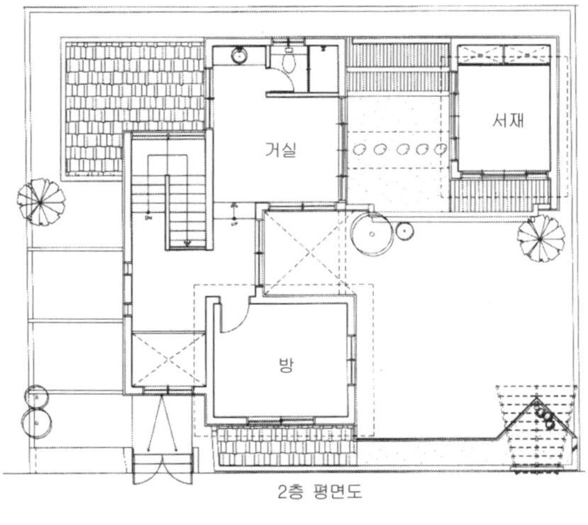

2층 평면도

영월 구인현

정 기 용(기용건축)

위　　치 : 강원도 영월군
　　　　남면 창원리 259-1
대지면적 : 609m²
연 면 적 : 128m²
건축면적 : 128m²
용 적 률 : 21%
건 폐 율 : 21%
구　　조 : 철근콘크리트조
규　　모 : 지상 1층

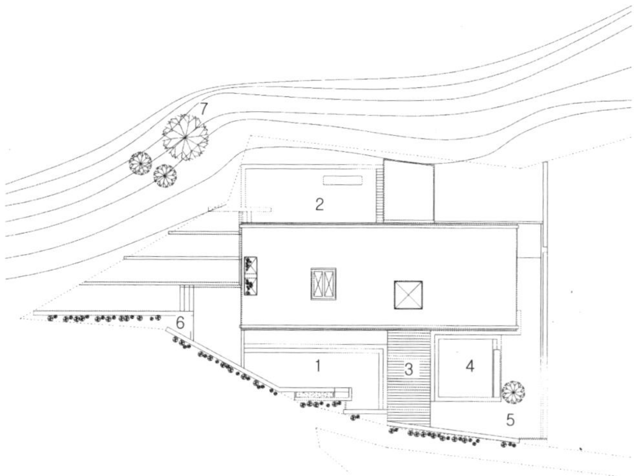

배치도

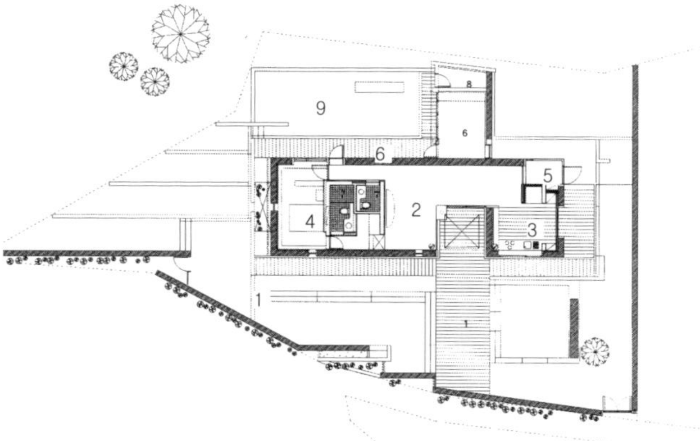

평면도

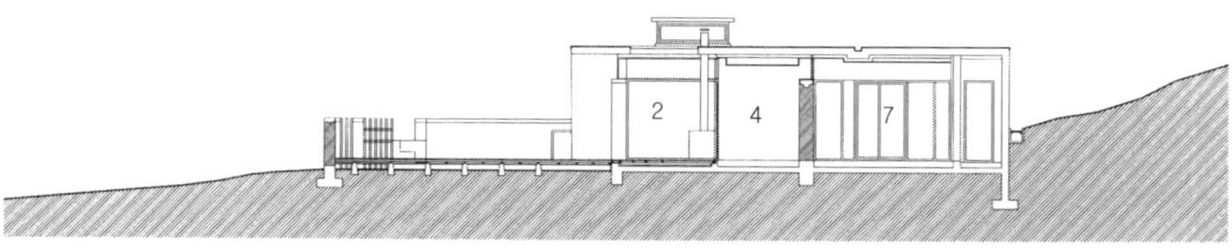

1. 주방 및 식당 2. 데크 3. 거실 4. 갱의실 5. 화장실 6. 침실 7. 서재

종단면도

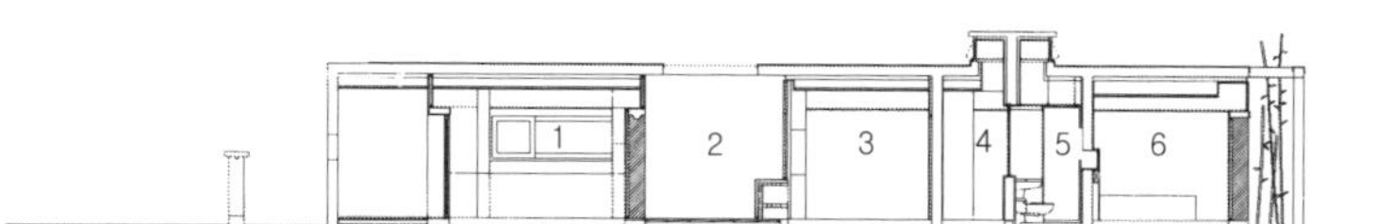

횡단면도

1. 주방 및 식당 2. 데크 3. 거실 4. 갱의실 5. 화장실 6. 침실 7. 서재

⟵ 이현재 ⟶

노 형 래(건정건축)

대지면적 : 3,126.06m²
연 면 적 : 262.47m²
건축면적 : 182.85m²
용 적 률 : 80.51%
건 폐 율 : 56%
규　　모 : 지상 2층

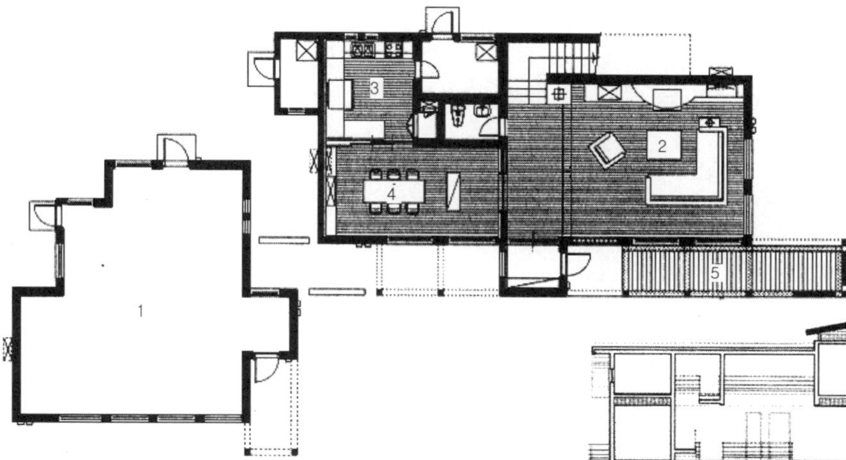

1층 평면도

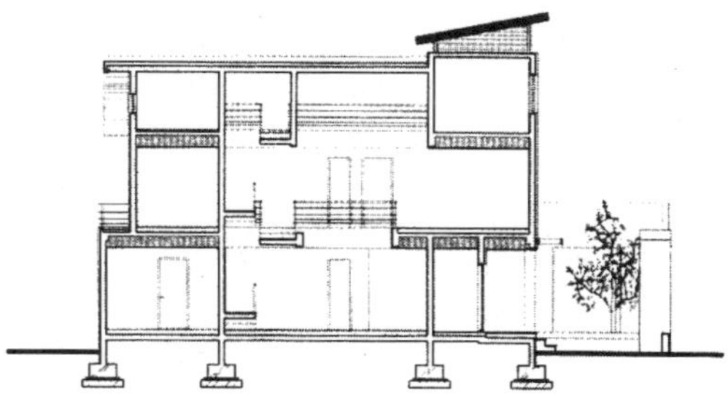

단면도

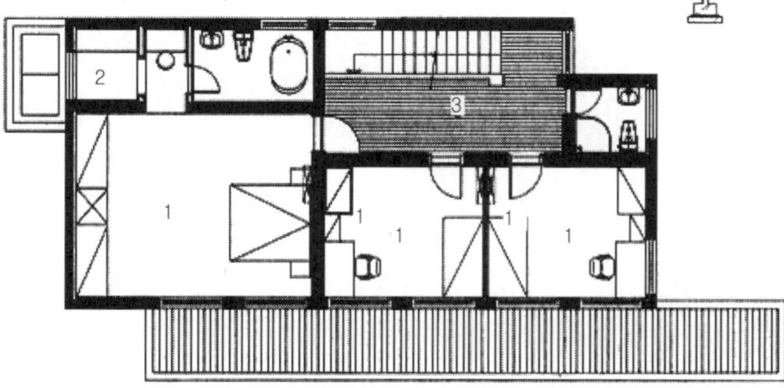

2층 평면도

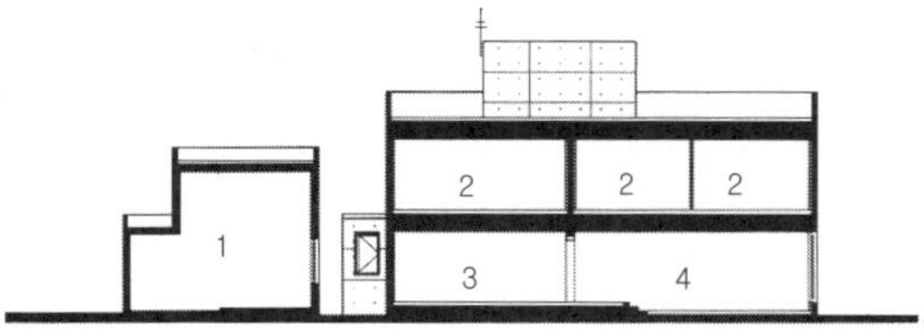

종단면도

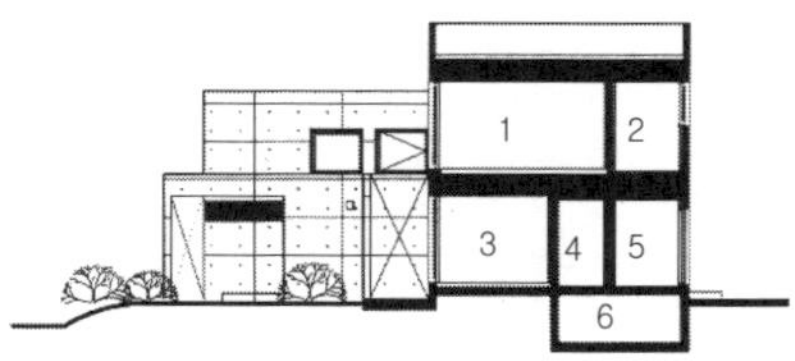

횡단면도

⬅ 일산주택

김 동 수(이두열 건축)

위　　치 : 경기도 고양시 일산구 일산동 1330-3
대지면적 : 229.3m²
연 면 적 : 196.4m²
건축면적 : 114.38m²
용 적 률 : 85.65%
건 폐 율 : 49.88%
구　　조 : 철근콘크리트
규　　모 : 지상 2층

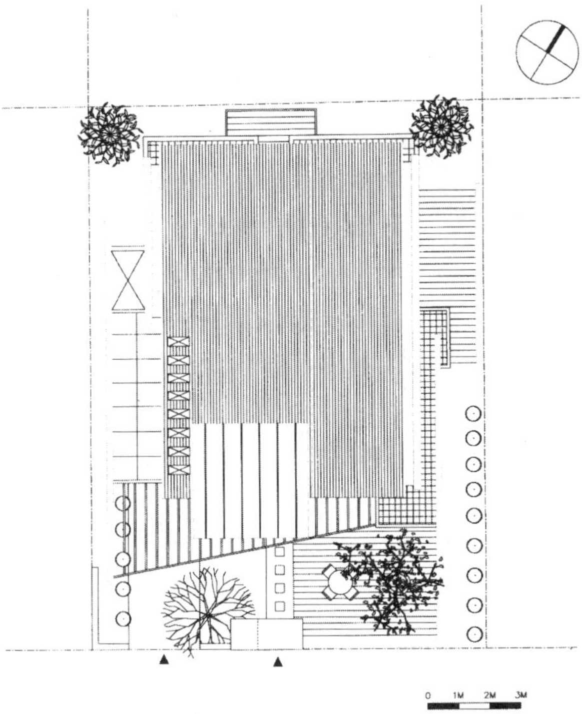

배치도

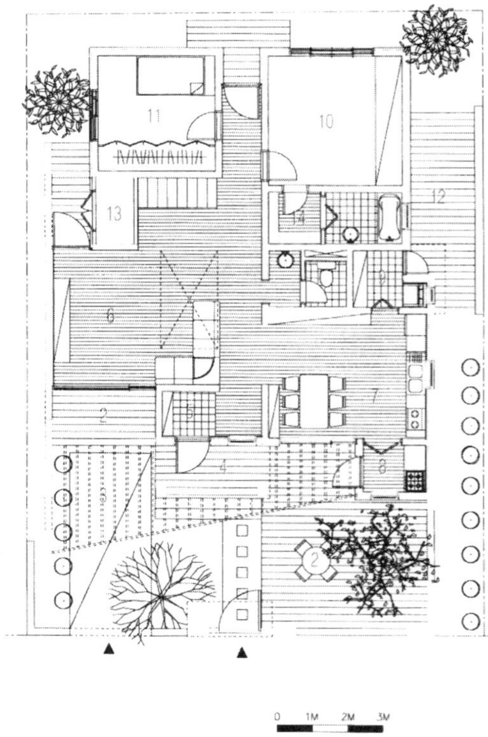

1층 평면도

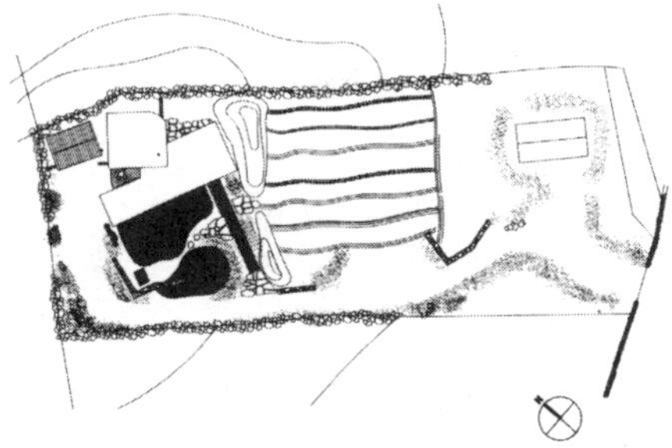

site plan

⬆ 제주도 돌담집

조 병 수

위 치 : 제주도
연 면 적 : 240m²

1. dress room
2. master bedroom
3. deck
4. kitchen
5. dining
6. living
7. study room
8. entrance
9. entrance deck
10. storage
11. bedroom

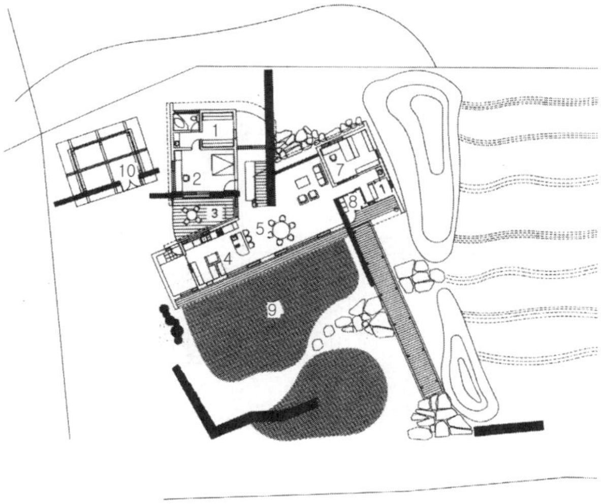

1st floor plan

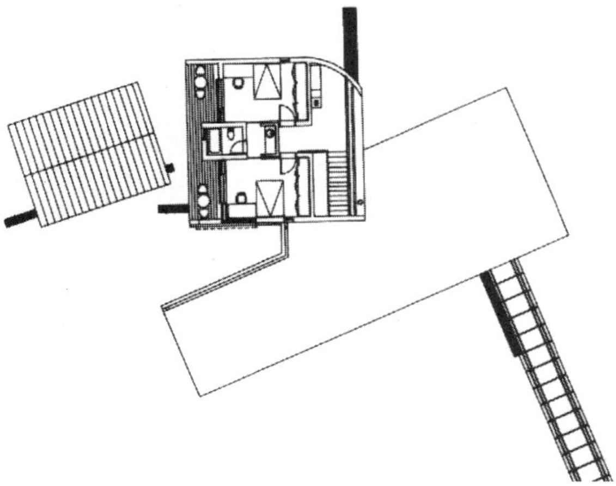

2nd floor plan

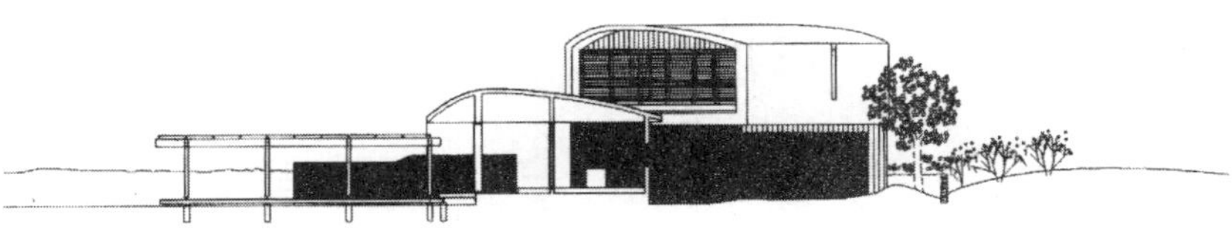

cross section

➡ 하남시 주택

신 성 윤

위　　치 : 경기도 하남시 창우동 375-1
대지면적 : 327m²
연 면 적 : 251m²
건축면적 : 163m²
구　　조 : 철근콘크리트조, 철근콘크리트+목구조
규　　모 : 주택-지상2층, 부속사-지상1층

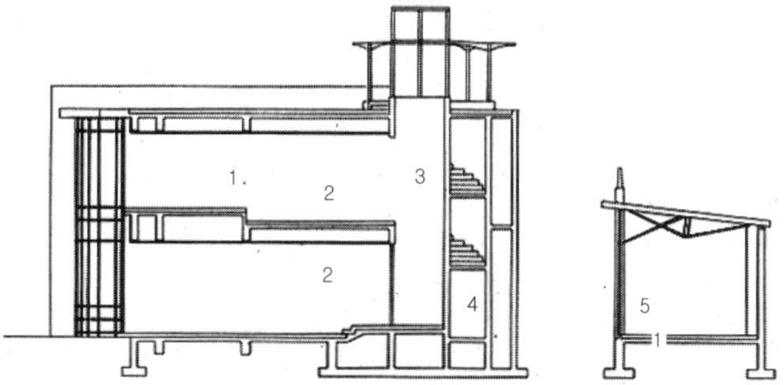

단면도

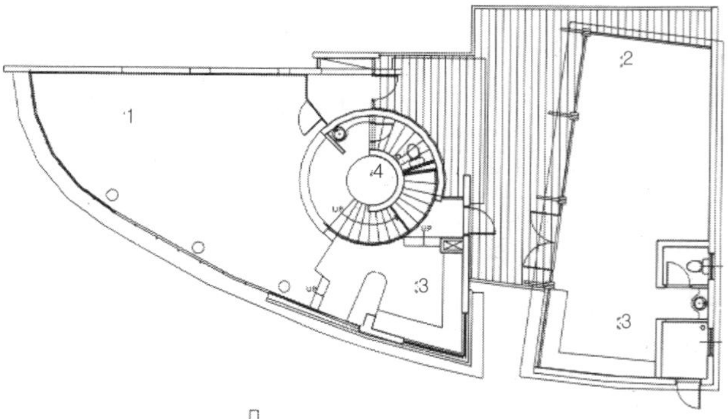

1층 평면도

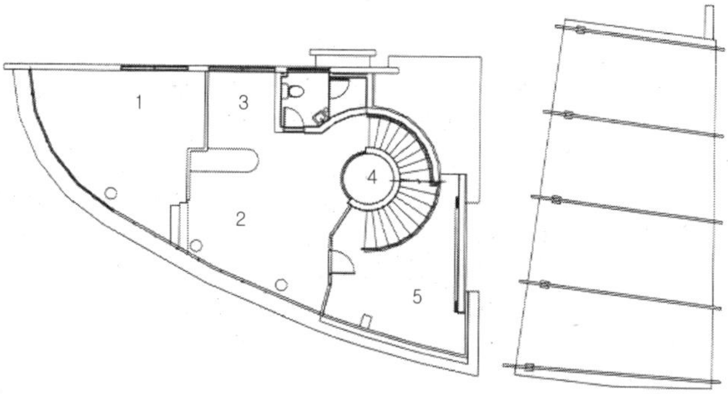

2층 평면도

↑ 한남동 J씨 주택

이 종 환(옴니디자인)

위　　치 : 서울 용산구 한남동 1-253
대지면적 : 654m²
건축면적 : 170.48m²
연 면 적 : 698.64m²
용 적 률 : 50.42%
건 폐 율 : 26.07%
구　　조 : 철골철근콘크리트조
규　　모 : 지하 1층, 지상 3층

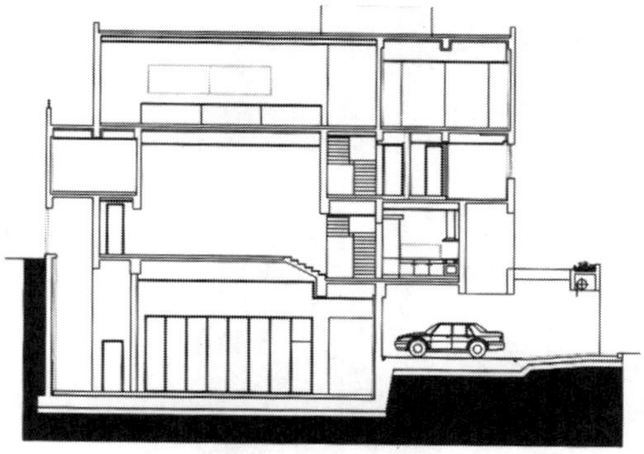

단면도

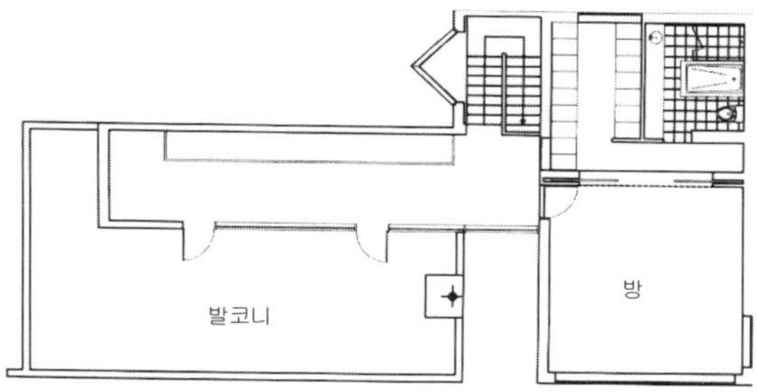

1층 평면도

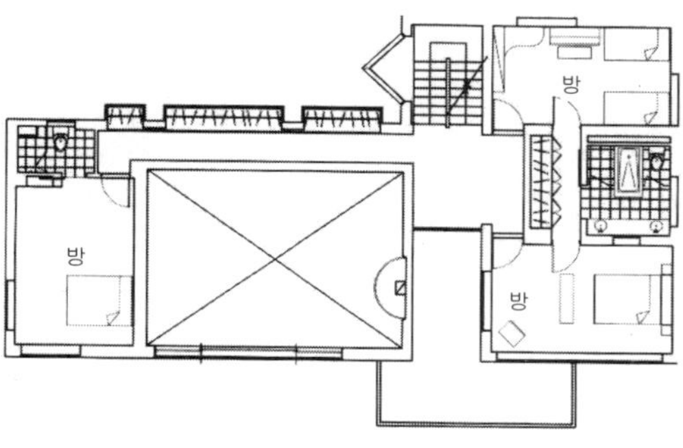

2층 평면도

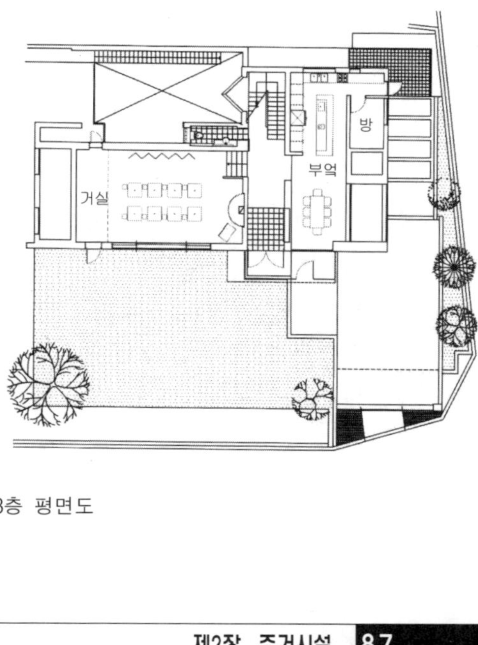

3층 평면도

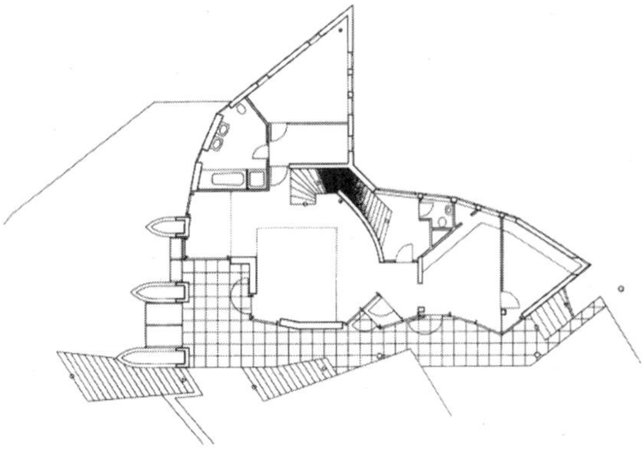

상층 평면도

↑ 바트메르겐트하임 H주택

스쉬코비츠 + 코발스키
(Szyszkowitz + Kowalski)

위　　치 : 그로스로밍 A-8734
연 면 적 : 1,500m^2
구　　조 : 철골조

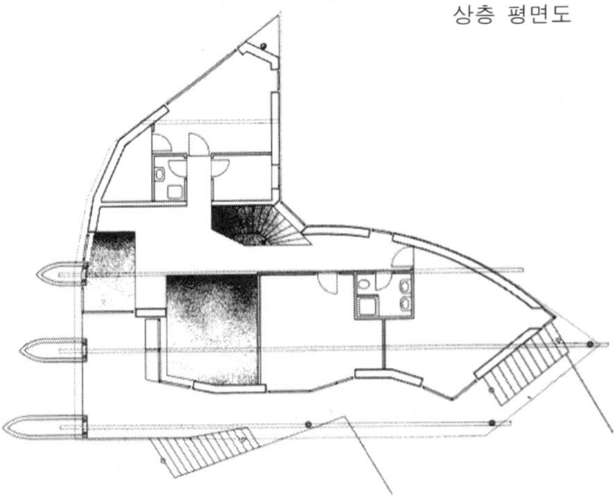

중층 평면도

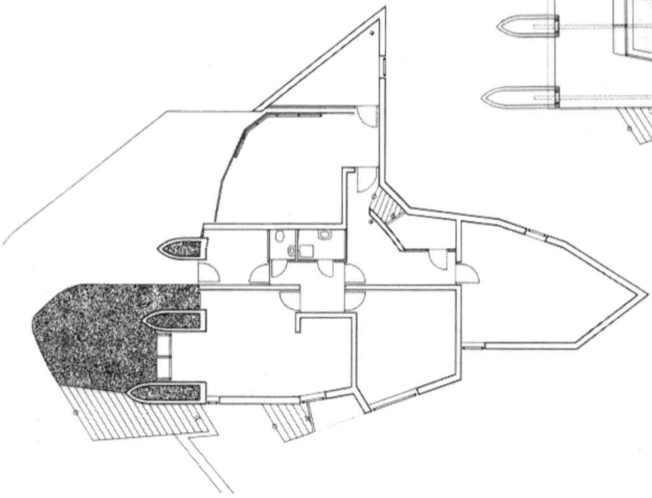

하층 평면도

➡ 성북동 사택

유태용(테제건축) · 볼보건설 기계

위　　치 : 서울 성북구 성북동 산14-32번지
대지면적 : 918m²
연 면 적 : 611.93m²
건축면적 : 274.35m²
용 적 률 : 47.3%
건 폐 율 : 29.89%
구　　조 : 철근콘크리트, 일부 철골조
규　　모 : 지하 1층, 지상 2층

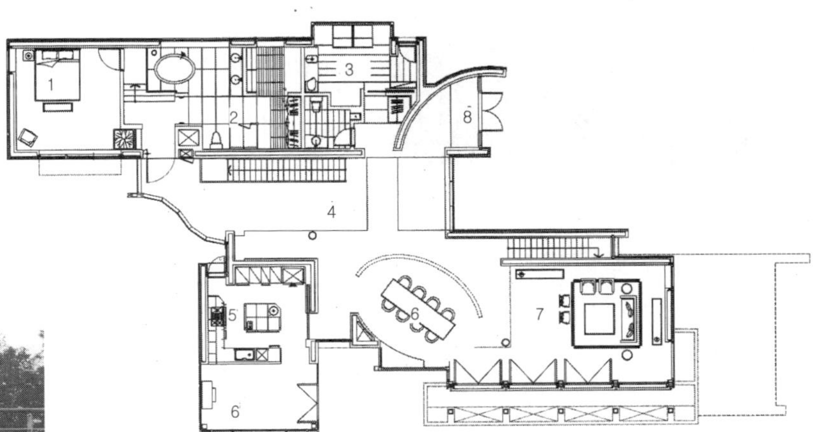

1층 평면도

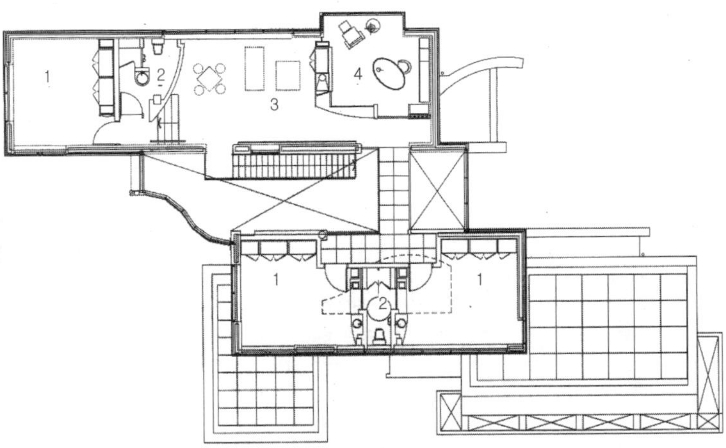

2층 평면도

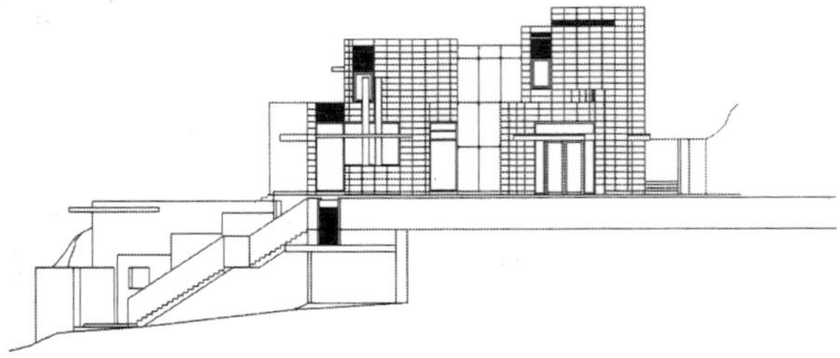

동측 입면도

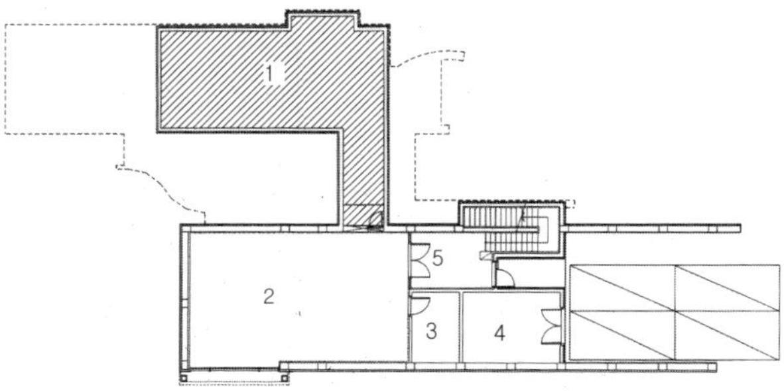

지하층 평면도

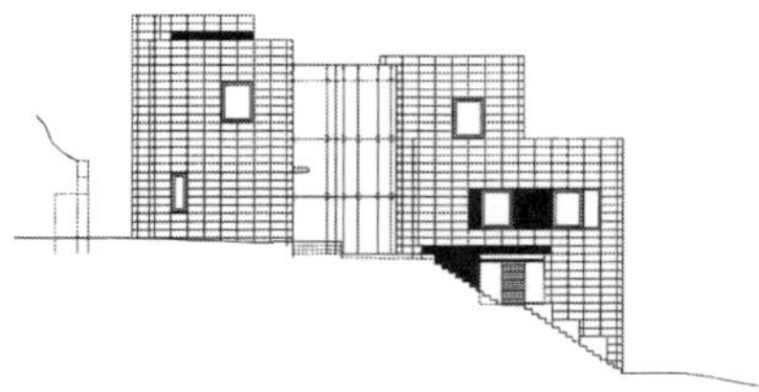

서측 입면도

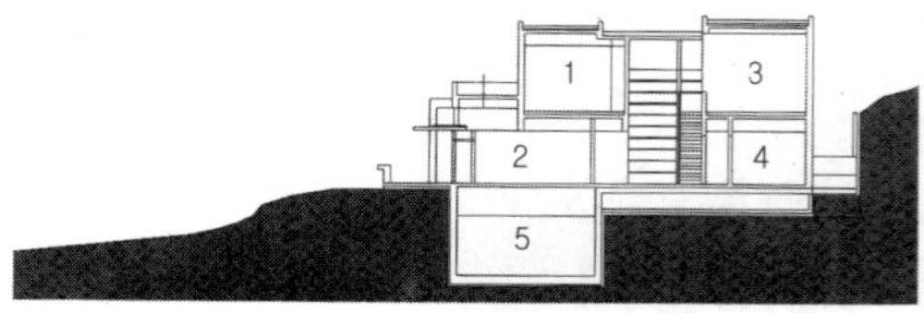

종단면도

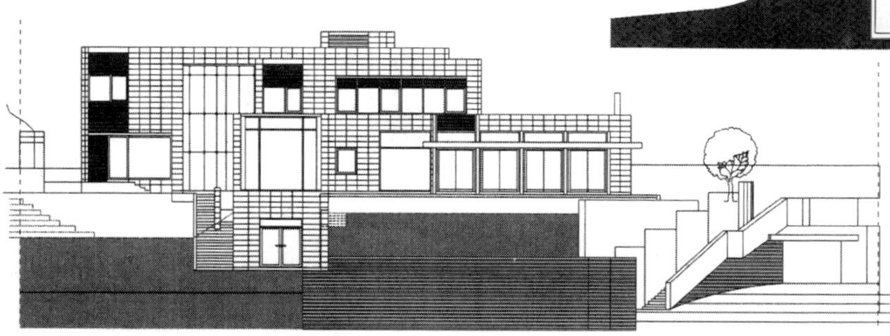

남측 입면도

⬅ 청운동주택

최정훈 · 이경훈(이웨이)

1층 면적 : 194.6m²
2층 면적 : 157.6m²
규　　모 : 2층

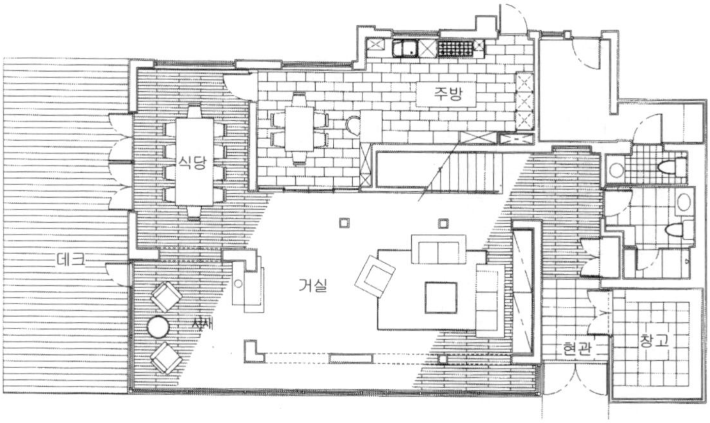

1층 평면도

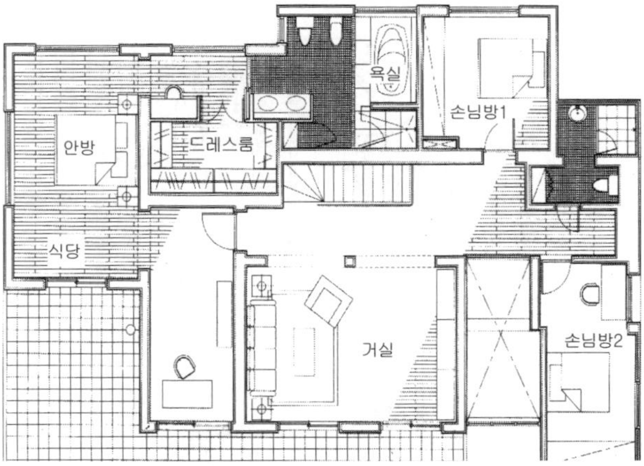

2층 평면도

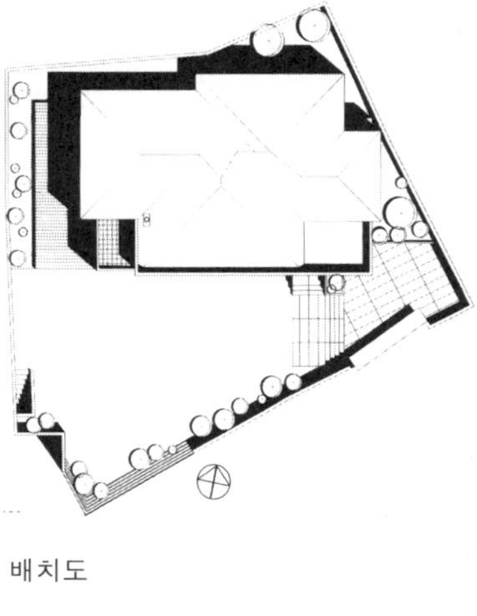

배치도

⬅ 논현동 빌라

김 홍 수(모람건축)

위　　치 : 서울 강남구 논현동
대지면적 : 479.20m²
건축면적 : 252.12m²
연 면 적 : 782.97m²
구　　조 : 철골철근콘크리트조
규　　모 : 지하 1층, 지상 3층

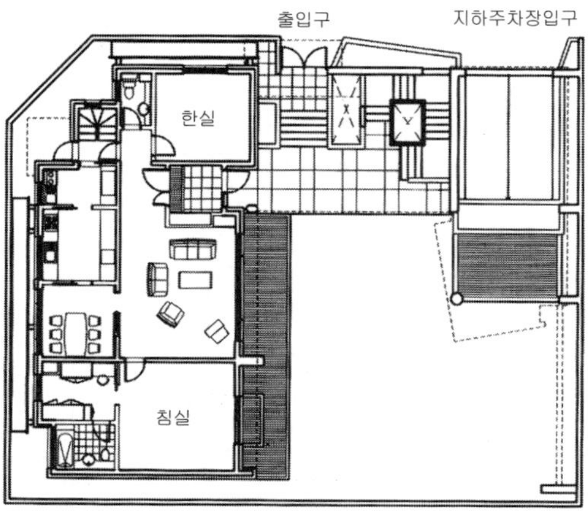

1층 평면도

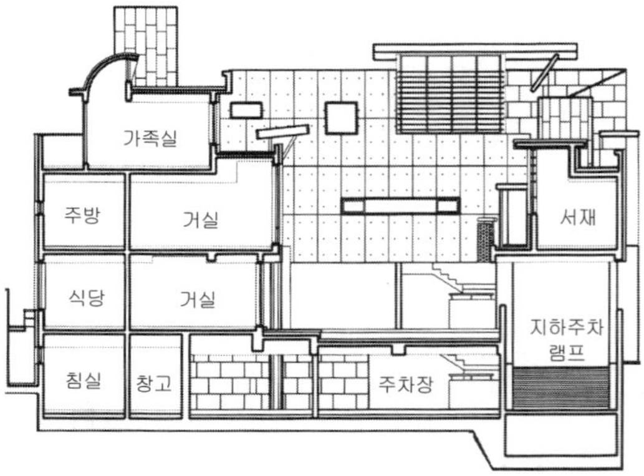

단면도

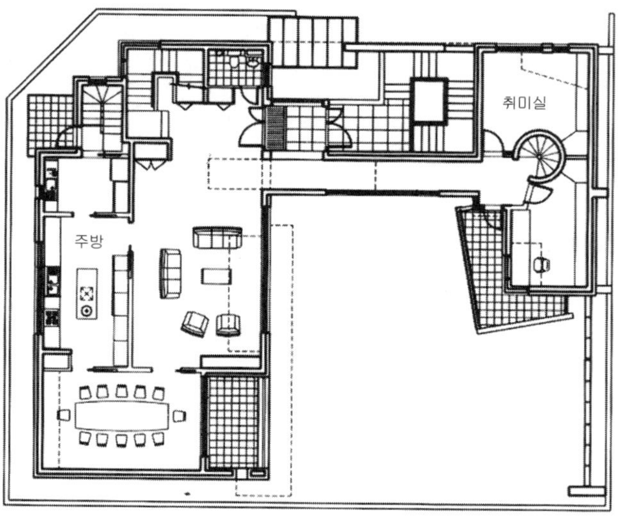

2층 평면도

II 집합주택

1. 개요

우리 나라의 주택 문제는 토지의 효율을 높인다는 취지에서 단독주택에서 집합주택으로 시행되고 있으며, 광장, 공원, 공공시설 등의 사회적 측면이 설비되어져야 한다.

이러한 조건이 종합적으로 계획된 것을 집합주택이라 하며, 이 계획에는 도시 계획적인 요소가 따르게 된다.

집합주택은 연면적과 층수에 따라 아파트, 연립주택, 다세대 주택으로 구분된다.

또한 집합주택의 발생 원인은 경제적 발달과 더불어 직업의 다양화, 전통적인 대가족 제도에서 핵가족화 등으로 인하여 인구 증가율이 점차 커짐에 따라 주거공간 확보에 어려움이 생겨, 적은 면적에 많은 세대수를 거주시킬 수 있는 건축계획을 필요로 하게 됨에 따라 나타난 주거형태로 주택, 시설, 설비를 합리적이고도 효율적으로 설치하여 좋은 주거환경을 만들어 생활향상을 지향하는 주택군이다.

2. 집합주택의 특징과 법적인 종류

1) 장점

단독주택에 비하여 1주호당 대지의 점유면적을 절감할 수 있으며, 거주 호수를 집합시켜 설비시설(공기조화, 급탕, 정화조, 변전 등)을 집중화 또 간략화하여 건축비를 절감시킬 수 있으며, 유지관리비의 절감이 가능하다. 또, 어린이 놀이터, 녹지, 공공광장의 확보가 용이하며 대규모 공공단지를 조성시 복합적인 시설물인 유치원, 초등학교, 중고등학교, 상가, 관리소, 노인정 등의 설치가 가능하다.

2) 단점

단독주택과 비교하여 각 주호가 옥외와 직접 접하지 못하여 전원적인 생활을 누리지 못하고, 화재시 피난의 문제가 발생되며, 프라이버시에 나쁜 영향을 줄 수 있다.

또 공공설비시설로 인하여 개별적인 조절이 힘들고, 공간 구성상 제약을 받으며, 획일적인 형태로 세대별 독자성이 결여되며 고층화에 따른 건축비 상승이 우려될 수 있다.

3) 법적인 종류

① 아파트 : 주택으로 쓰이는 층수가 5개층 이상인 주택

② 연립주택 : 주택으로 쓰이는 1개동 연면적(지하주차장 면적 제외)이 660m^{2}를 초과하고, 층수가 4개층 이하인 주택

③ 다세대 주택 : 주택으로 쓰이는 1개동 연면적(지하주차장 면적 제외)이 660m² 이하이고, 층수가 4개층 이하인 주택

3. 집합주택의 입지조건 및 배치조건

1) 입지조건

도시 경관을 고려하고, 주변지역에 상징성을 부여할 수 있는 대지를 선정하며, 편의시설 및 공공시설을 이용하기 편리한 대지를 선택한다.

2) 배치조건

인동간격을 조절하여 최대한의 일조시간을 확보하고 주변에 휴식, 놀이시설, 녹지공간을 충분히 확보하며 최소한의 프라이버시를 유지할 수 있도록 하며, 여러 시설물과의 이용거리를 고려해야 한다.

3) 변화있는 구성

각 주호의 형을 달리함으로써 계층이 다른 사회적 구성을 집약화 할 수 있으며, 그에 따라 가족 구성이나 소득 계층을 변화 있게 할 수 있다. 변화 있는 공간구성의 예는 다음과 같다.

① 주호의 형을 다양화한다.
② 주동과 도로와의 동선 관계를 고려하여 변화있는 배치가 되도록 한다.
③ 각 주동마다 획일적이 아닌 개성 있는 형태가 되도록 한다.
④ 최상층의 불리한 점을 개선하기 위하여 지붕층의 휴식시설, 옥상광장, 옥상정원 등 다각적인 계획을 구상한다.
⑤ 각층의 주호가 공동으로 이용할 수 있는 시설물을 집중적으로 배치하여 가족적인 분위기를 조성하도록 계획한다.

4. 아파트

1) 도시주택단지 구성

주택의 집합화로 도시환경 및 단지내 생활환경의 파괴가 생길 수 있으므로 적절한 계획을 통해 생활권의 보호가 이루어져야 하며 커뮤니티의 조화있는 구성을 이루어 낸다. 커뮤니티는 그 크기에 따라 적절한 중심시설을 필요로 하는데 중심시설의 종류나 규모는 생활권의 크기에 따라 달라진다. 생활권은 그 곳에 집합하는 세대수에 의하여 결정되며 인보구(隣保區)·근린분구(近隣分區)·근린주구(近隣住區)의 3단계로 분류된다.

① **인보구**(隣保區)

주택단지의 최소 기본단위로서 100~200호 정도의 세대수로 구성되며, 0.5~2.5 ha 인보적 넓이의 생활구역으로 중심되는 시설로서 3~8세용 어린이 놀이터(이용권 : 60 ~ 120m, 면적 : 200~300m^2)와 3~4층의 철근콘크리트조 아파트 1~2동이 설치된다.

또한 구성 인구수는 400~800인 정도가 된다.

② **근린분구**(近隣分區)

근린주구들 세분한 하위(下位)의 계획단위이며, 일상소비 생활에 필요한 공동시설을 영위할 수 있는 적당한 크기의 주택단지 범위로서 1,000~2,000호 정도로 구성되며, 면적은 15~25ha정도의 범위이다. 중심시설로 잡화상, 술집, 쌀가게 등의 소비시설, 공중목욕탕, 약국, 이발관, 진료소, 공중변소 등의 후생시설, 공회당, 우체국, 파출소, 공중전화 등의 공공시설 및 유치원, 탁아소, 아동공원-2,000m, 8세 이상의 아동 등의 보육시설이 설치된다.

구성인구수는 4,000~8,000인 정도이다.

③ **근린주구**

자연적인 근린사회에 기초를 두고 주거환경의 체계적 조화로 이루어진 주거구에 대한 계획단위로 약 2,000~2,500호로 구성되며, 100ha의 범위로서 초등학교를 중심으로 한 근린분구 수 개의 집합체이다. 중심시설로 병원, 초등학교, 어린이공원, 운동장, 우체국, 시장, 파출소, 동사무소 등이 설치되며, 구성인구수는 8,000~10,000인 정도이다.

2) 집합주택의 평면형식에 의한 분류

명 칭	형 식	내 용
편복도형	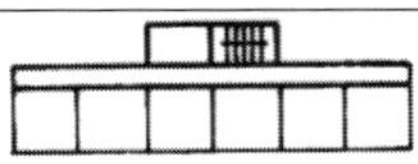	거주자의 환경을 같은 질로 만들고자 할 때 채용하는 일반적인 형식이다.
중복도형	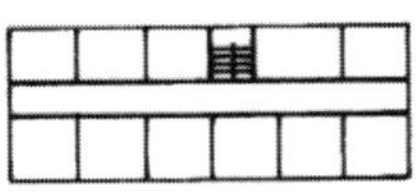	주거밀도를 높게 할 때 채용한다. 방위에 따라 생기는 환경조건의 차를 설비를 이용해서 보완하도록 배려한다.
홀 형	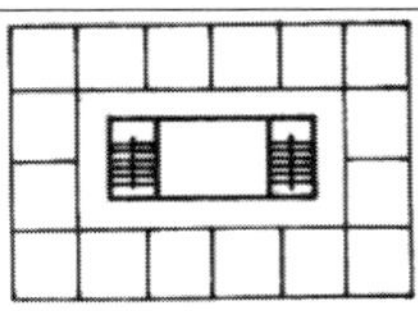	중앙복도와 같이 거주밀도를 높게 할 수 있다. 거주실 부분을 탑모양으로 계획하는 경우에 채용한다.
계단실형	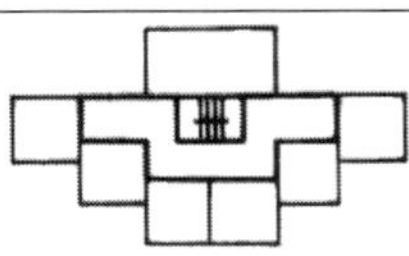	거주실을 소그룹으로 묶어서 전체를 구성해 나가는 경우 등에 채용한다.

【그림 2-13】 평면형식의 분류

① **계단실형**

계단실에서 직접 주거로 접근할 수 있는 유형을 말한다. 주거의 프라이버시가 높고, 채광, 통풍 등의 거주 조건도 좋다. 계단실마다 엘리베이터를 두는 고급형도 있다. 저층, 중층에 사용된다.

② **편복도형(갓복도형)**

한쪽에 복도를 설치하고 여기에서 각 주거로 접근하는 유형을 말한다. 각 주거의 방위가 균질해지므로 거주성 역시 균질해지나 복도가 길어지고 통풍, 채광, 프라이버시와 같은 거주성이 떨어지는 저층, 중층, 고층에 주로 사용된다.

③ **중복도형(속복도형)**

중앙에 복도를 설치하고 이를 통해 각 주거로 접근하는 유형을 말한다. 주거의 단위세대수를 많이 수용할 수 있으며, 대지의 고밀도 이용이 필요한 경우에 사용된다. 복도를 사이에 두고 주거의 방향성이 반대가 되기 때문에 남향의 거실을 갖지 못하는 주거가 상대적으로 많아지게 되며, 복도쪽의 통풍, 채광은 거의 불가능해지고, 프라이버시를 포함한 거주성은 현저히 떨어진다. 주로 중층, 고층용 공동주택에 많이 사용된다.

④ **홀형(집중형)**

엘리베이터, 계단실을 중앙의 홀에 두도록 하며, 이 홀에서 각 주거로 접근하는 유형을 말한다. 복도 등의 공용부분이 적고 각 주거의 프라이버시를 용이하게 확보할 수 있지만, 채광, 통풍 등을 포함한 거주성은 방위에 따라 차이가 나타난다. 주로 고층용 공동주택에 사용된다.

3) 집합주택의 단면 형식에 의한 분류

① **플레트형**(flat type)

1주거가 1층만으로 구성되는 유형을 말한다. 복도는 각층에 설치한다.

- 장점 : 평면구성의 제약이 적고 작은 규모도 설계 가능하다.
- 단점 : 프라이버시가 불리하며, 주로 규모가 클 경우 복도가 길어져 공용면적이 증가된다.

② **메조네트형**(Maisonette Type, **복층형** ; Duplex Type)

1주거가 2층 이상에 걸쳐 구성되는 유형을 말한다. 주거내부는 풍족한 공간을 확보할 수 있으며, 면적이 큰 경우에 적합한 주거형태로서 복도는 2~3층마다 설치되어 있다.

- 장점 : 주호의 프라이버시와 독립성이 양호하며, 복도가 없는 층에서의 채광, 통풍이 유리하고 공용부분의 면적이 작아진다.
- 단점 : 호당 규모가 작으면 불가능하며 복잡한 평면으로 구조, 설비가 불리하며 속복도일 경우 소음 처리에 불리하다.

③ **트리플렉스형**(tripex type)

1주호가 3층으로 구성된 형식이다.

- 장점 : 프라이버시가 좋으며 공용면적이 줄어 유리하다.
- 단점 : 주거면적이 커야 하며 피난시 불리하다.

④ **스킵 플로어형**(skip floor type)

각 주호의 1, 2층이 서로 교차되어 구성되는 형식이다.

- 장점 : 각 주호마다 복도가 없는 층이 생겨 공용면적이 적어지며 통풍, 채광면에서 유리하고 좋은 평면이 가능하다.
- 단점 : 주택 전용 면적비가 높아지며 피난시 불리하다.

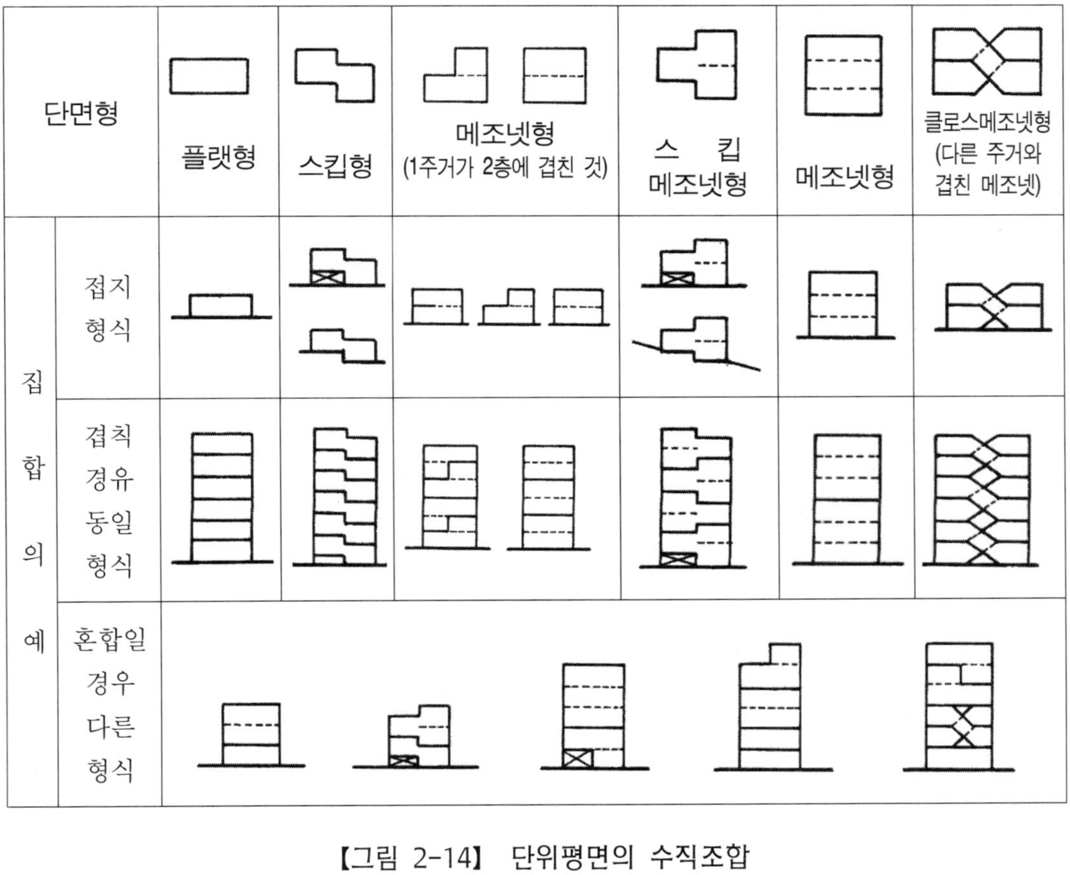

【그림 2-14】 단위평면의 수직조합

4) 집합주택의 배치계획

① **배치 계획상 유의점**

주변 환경 즉 소음, 매연, 채광, 방화 등을 충분히 고려하여 배치계획을 세우며 쾌적한 단지조성을 위하여 충분한 공간을 확보하고 단지 내의 경관을 고려한다.

② **인동간격**

채광을 위해 남북의 인동간격을 충분히 해야 하는데 동지일 때 최소 4시간 이상(하지일 경우 최소 6시간) 일조를 받을 수 있도록 거리를 확보한다. 일반적으로 건물 높이의 2배 이상 확보하는 것이 좋으며, 방화, 통풍상 동서간의 인동간격은 최소 6m 이상 확보토록 한다.

③ **보행자 동선**

- 대지 주변부의 보행자(步行者) 전용도로(轉用道路)와 연결한다.
- 목적동선은 최단거리로 요구하며 오르내림이 되도록 없게 한다.
- 보행도로의 너비는 어린이의 놀이터를 포함한 생활공간으로서 충분히 넓게 한다.
- 매물동선은 최단거리 원칙에서 벗어나더라도 쾌적한 문화공간을 지향한다.
- 생활편의시설을 집중적으로 배치하며, 그 동선의 반대쪽으로 학교와 같은 보상시설을 배치한다.
- 어린이 놀이터 동선은 놀이터나 공원 등은 보행지점용 도로에 인접해서 설치하는 것이 좋다.
- 보행자 공간을 쾌적하게 하기 위해서는 주거동 자체 및 주거동의 피로티 이용, 스트리트 퍼니처, 도로의 텍스츄어, 식재 기타 섬세한 배려가 필요하다.

④ **차량동선**

- 최단거리 동선이 요구되며 알기 쉽게 배치한다.
- 9m(버스), 6m(소로), 4m(주거동 진입도로)의 3단계 정도로 한다.
- 주차장계획과의 합리적인 연결이 되도록 한다.
- 쓰레기 수집방식은 차량동선 계획과 함께 고려한다.
- 긴급 차량동선을 확보한다.
- 소음대책도 강구한다.
- 횡단물매, 종단물매, 곡선반경, 건축선 한계 등을 고려한다.

5) 각실 계획(연립주택, 다세대주택 포함)

① **거실**(living room)

거실은 단란공간으로서 타공간에 비하여 생활의 쾌적함을 더 한층 강조해야 한다. 따라서 거실의 배치는 자연적인 조건이 좋은 남쪽이 이상적이다. 또한 거실의 천장 높이는 2.4m 이상으로 하여 타실보다 높게 처리하는데 이는 타공간에 비하여 바닥면적이 넓어 시각적인 각도를 크게 하여야 하며 조명시설에 대한 고려도 그 이유 중의 하나이다. 일반적으로 최상층의 천장 높이는 방한·방서를 위하여 10~20cm정도 더 높게 처리한다.

② **침실**(bed roon)

침실은 개인적 공간이면서 휴식을 위한 공간이므로 특히 소음(noise)에 관한 처리를 고려하여야 하는데, 타공간과의 관계를 고려하여 배치계획을 세우고 외부에서의 소음에 대한 방지책도 고려해야 한다. 특히 내부의 환기문제와 외벽의 결로현상에 대한 고려도 있어야 하겠다. 침실은 사용자에 따라 부부침실, 아동실, 노인실, 객용 침실 등으로 나눌 수 있는데 부부침실의 privacy를 고려한 배치계획을 하여야 한다. 또한 아동실의 경우는 공부방과 놀이방을 겸하는 경우가 대부분이므로 책상, 책장, 의자, 수납장 등을 고려하여 실의 적정면적을 산출하고 성별에 따른 방의 분리도 고려해야 한다.

③ **부엌 및 식당**(kitchen, dining room)

일반적으로 취침공간(就寢空間)과 분리(分離)하여 배치하며 중규모 이상의 평면을 갖는 주호일 경우에는 부엌과 식당을 따로 설치하는 것이 좋으며, 소규모의 평면을 갖는 주호일 경우에는 식당겸 부엌, 거실겸 부엌, 거실, 식당겸 부엌 등으로 계획한다. 배치계획에 있어 조리, 식사공간은 거실과 근접하여 배치하는데 주부의 동선계획을 우선적으로 고려하여야 한다.

근래(近來)에 와서 특히 환기 문제와 가구의 배치, 장식 등의 디자인적 요소가 강조되고 있는데 이에 대한 충분한 고려가 있어야 한다.

④ **세면, 변소, 욕실**(lavatory, toilet, bath)

배치상 주부의 동선을 고려하여 부엌과 근접하여 설치하는 것이 좋으며, 내부로의 소음이 전달되지 않도록 전실(dress roon)을 설치하는 것이 좋으며, 특히 욕실 및 변소가 외기에 접해있지 않을 경우 내부로의 냄새가 전달되지 않도록 환기 및 배기관을 설치하도록 해야 한다.

⑤ **발코니**(balcony)

옥외공간으로서의 발코니는 휴식을 위한 각 실과 연결된 발코니와 다용도 기능을 가진 거실과 연결된 발코니가 있다. 근래에 와서 발코니는 다용도 공간으로서 그 활용도가 다양화되고 있으며 현대생활의 휴식처로서의 가치성이 증대되고 있다. 특히 거실과 연결된 발코니는 타 발코니보다 바닥면적이 넓어 다양한 용도로 활용할 수 있는데 발코니 일부에 정원을 설치하거나 화분을 놓아 장식할 수 있으며 또한 세탁건조실로 사용할 수 있다. 또한 식당과 연결된 발코니는 옥외 식사공간으로 활용하거나 식사후 휴식공간으로 활용할 수 있다.

이러한 다양한 용도로 사용되는 발코니는 분위기에 따라 창호의 종류를 선택하여 설치하고, 특히 어린이가 있는 세대는 낙하의 위험성이 크므로 난간의 높이를 최소 1.0m 이상으로 하는 것이 좋다.

⑥ **현관**(vestibule)

현관은 계단이나 복도로 연결되어 주호로 출입하는 입구에 설치된 공간으로서 내부의 거실과 연결된 것이 보통이며, 배치시 실외에서 내부가 들여다 보이지 않도록 계획해야 한다.

현관 홀이 넓은 경우에는 출입문은 안여닫이로 하고, 면적이 좁을 경우에는 밖여닫이로 한다. 유효폭은 85cm 이상으로 하며 방화상 철제나 알루미늄를 사용한다.

⑦ **계단**(stair)

단높이는 20cm 이하로 하며 단너비는 24cm 이상으로 하는 것이 적당하며, 경사도는 30~35° 정도로 계획한다. 창은 화재시 연도가 되기 때문에 되도록 open으로 하는 것이 좋으나 도난(盜難) 방지상 우려(憂慮)가 있을 경우에는 최대한 통풍이 될 수 있는 창호 형태로 디자인하여 설치하도록 한다. 청소를 위한 배수는 1층에서 처리될 수 있도록 하고 지하로 스며들지 않도록 계획한다. 난간높이는 최소 90cm 이상으로 하며, 특히 고층 공동주택일 경우에는 1m 이상으로 한다. 또한 5층 이상의 건축물에서는 피난을 위한 비상계단 설치를 고려해야 한다. 출입구(出入口)의 높이는 최소 1.8m 이상으로 하고 계단의 높이가 3m 이상일 경우 계단참을 설치해야 한다.

⑧ **복도**(corridor)

편복도의 경우 통풍, 채광, 피난 등에 유리하나 고층의 경우에는 상층일수록 바람의 영향을 많이 받는다. 편복도의 유효폭은 120cm 이상으로 계획한다.

중복도의 경우 통풍, 채광, 피난 등에 불리하여 공동주택에서는 잘 사용되지 않는 형태이다.

중복도일 경우 복도의 유효폭은 160m 이상으로 계획한다. 기준 층에서의 복도의 폭은 1.8~2.1m로 하는 것이 좋다

⑨ **엘리베이터**

6층 이상의 공동주택은 반드시 엘리베이터를 설치해야 하며, 복도형일 경우에는 각 주호에서 30~40m 이내에 설치하며, 홀형일 경우에는 홀에 설치한다.

엘리베이터 1대당 사용호수는 50~100호가 적당하며, 엘리베이터의 속도는 저속일 경우 50m/min 이하로 하고 중속일 경우에는 70~100m/min으로 한다

엘리베이터 대수 산정기준(계획상)은 다음과 같다.

- 2층 이상의 거주자의 30%를 15분간에 수송하는 것으로 한다.
- 1인의 승강하는 시간과 문의 개폐시간을 포함하여 6초로 한다.
- 한 층에서 승객을 기다리는 시간을 평균 10초로 한다.
- 실제 주행 속도는 전속도의 80%로 한다.
- 정원의 80%를 수송 인원으로 한다.
- 거주자가 차지하는 건물 내의 면적은 연면적의 70%로 하고, 한 사람이 점유하는 면적은 30m^{2}로 한다(아파트).

⑩ **설비**

- 난방 : 고층은 고온수 난방, 저층은 보통 온수난방으로 한다.

- 급배수
  - 급수량 : 1일 1인당 50~200L(표준 100L)
  - 배수량 : 1인 1시간 최대 배수량 165L
- 파이프 샤프트(pipe shaft) : 배관 샤프트로서 전기, 전화선을 매설할 경우 이를 별도로 하되, 같이 넣을 경우 30cm 이상 떨어뜨린다.

5. 연립주택

1) 연립주택의 특징

① 장점

- 토지의 이용률이 높으며 세대마다 전용의 뜰을 지닐 수 있다.
- 접지성(接地性)의 형태에 따라 다양한 외부공간이 가능하다.
- 경사지나 작은 택지의 이용이 가능하며, 대지형태에 따라 다양한 외관이 가능하다.

② 단점

- 대지의 소규모성에 따라 일조, 채광, 통풍에 불리하며 평면형상에 제약을 받는다.
- 프라이버시의 유지에 불리하며 단조로운 공간과 외관이 우려된다.

2) 유형 분류

① **2호 연립주택**(semi-detached house)

2호의 주택이 옆세대와 벽체를 공유하는 방식이다.

② **테라스 하우스**(terrace house)

주로 경사지를 이용한 것으로 한 세대의 지붕이 다른 세대의 테라스로 전용되는 형식이며 자연형, 인공형, 혼합형으로 구분된다.

- 자연형 테라스 하우스 : 자연의 경사지를 이용한 테라스 하우스이다.
  - 상향식 : 하층에 주생활 공간을 두며, 가장 높은 곳에 정원을 두고 차고는 가장 낮은 곳에 그리고 차고 위 켄틸레버식 데크는 정원으로 사용하는 방식을 말한다.
  - 하향식 : 도로에서 직접 접근이 가능하고, 상층에 주생활 공간을 두며 하층에 휴식, 수면공간을 두는 형식으로 켄틸레버의 데크는 정원으로 사용된다.
- 인공형 테라스하우스 : 평지에 테라스형식의 장점을 살려 건립한 형태이다.
  - 시각적 인공테라스 하우스 : 상층으로 갈수록 건물의 안이 작아지는 형식이다.
  - 구조적 인공테라스 하우스 : 상층으로 갈수록 건물이 약간씩 뒤로 물려지는 형식이다.
- 혼합형 : 시각적 테라스 하우스와 구조적 테라스 하우스를 혼합한 형식이다.

2호 연립	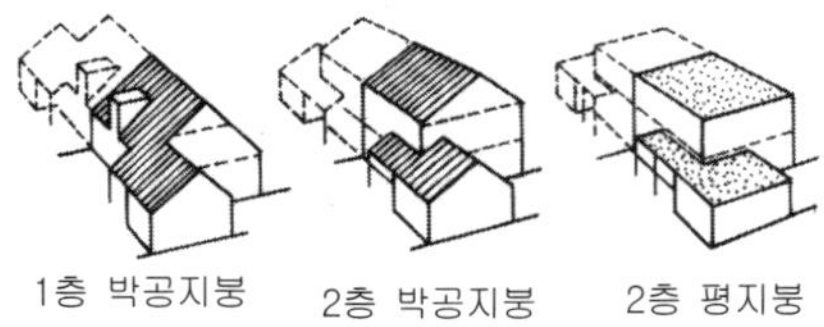
연속 건물	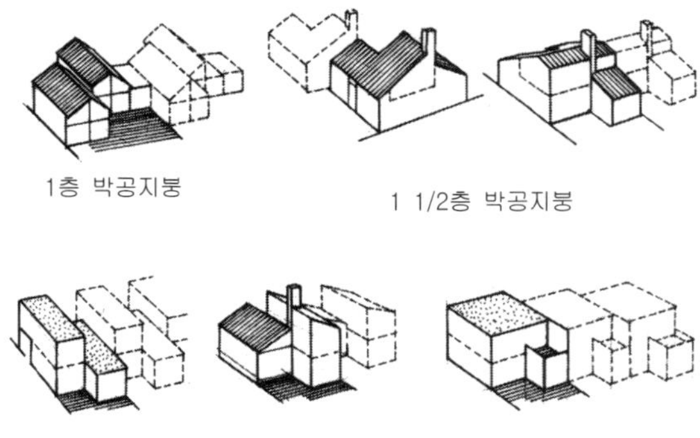
중정형 건물	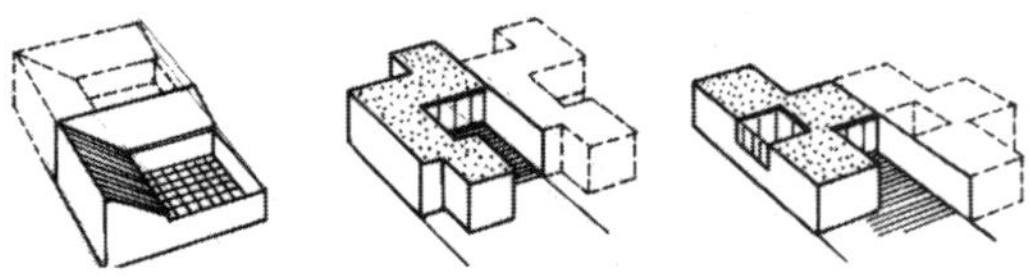
타운하우스형 연립	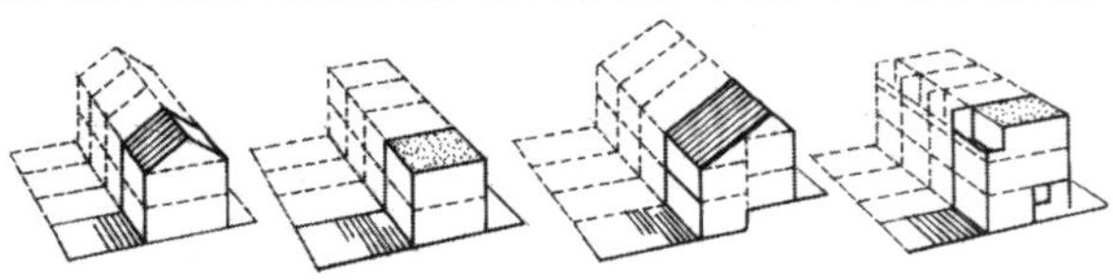
타운하우스 1, 1 1/2층수	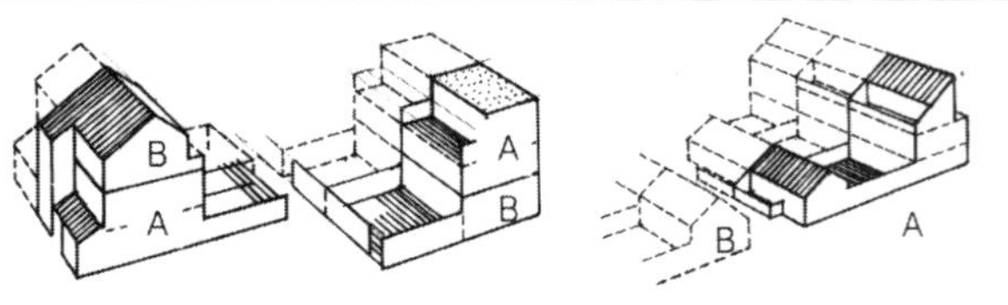

【그림 2-15】 연립주택의 여러 형태들

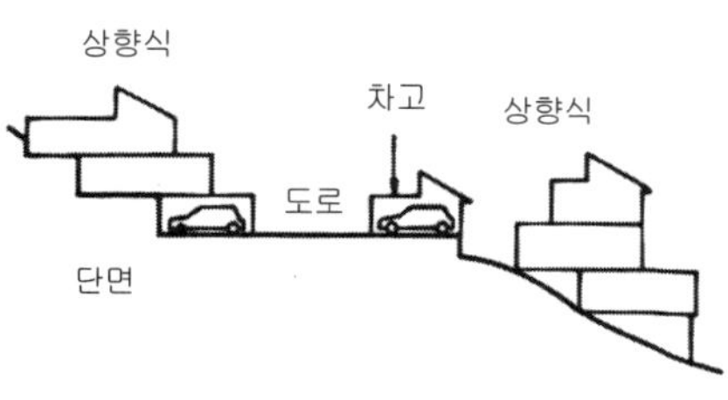

【그림 2-16】 상향식과 하향식 테라스

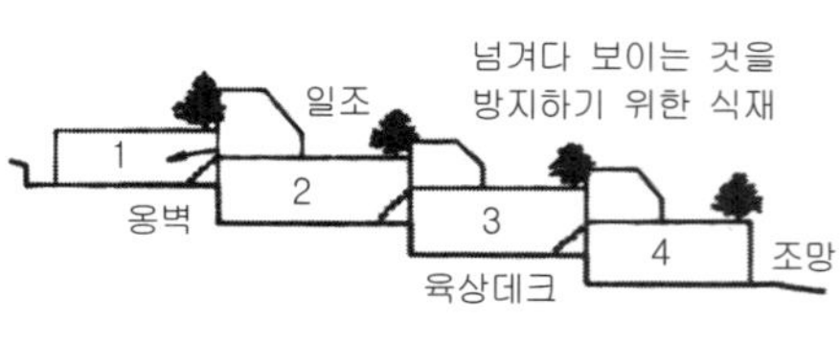

【그림 2-17】 단면도

• 조망

-도로는 지형을 이용한 계획으로서 경관을 감상할 수 있도록 한다.

-각 세대를 후퇴시키고 도로에 대해 45° 배치하여 조망을 좋게 한다.

-쿨데삭(cul-de-sac)의 이용은 각 세대 조망에 유리하다.

• 각세대 폭과 깊이의 비

-세대당 높이차는 2.7m가 적절하며 각 세대의 깊이는 6~7.5m 이하로 한다.

-경사가 완만한 곳에서는 옥상정원을 지면에서 0.5m정도 높인다.

-밀도는 경사도에 좌우되며, 경사가 심할수록 밀도가 높다.

③ 중정형 주택(Court-yard House, Patio House, Atrium House) : 각 주호마다 전용의 중정이 있는 형식이다.

- 단조로운 격자를 피하기 위해 돌출. 후퇴가 가능하며 중정에는 식재를 할 수 있다.
- 내부세대의 채광의 불리함을 극복하기 위해 동・북측 세대는 2층으로 해도 무방하다.
- 입구의 연속적인 효과를 위해 도로에 면해 중정을 두고 중정이 입구가 되도록 한다.
- 커뮤니티시설 또는 오픈 스페이스를 구성하기 위해서는 한 세대를 제거해도 무방하다.

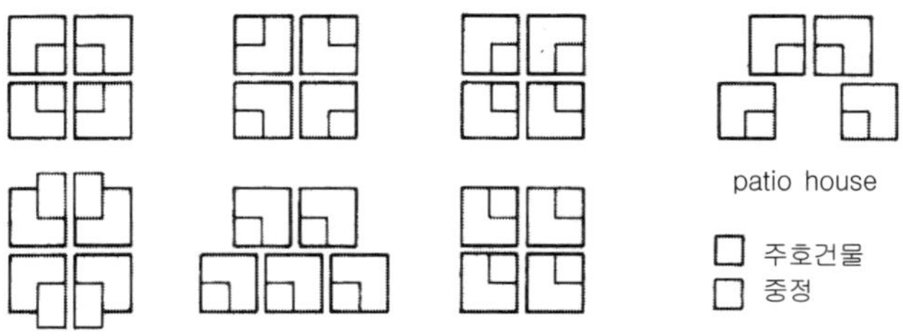

【그림 2-18】 중정형 주택

④ **타운 하우스**(town house)

주호마다 전용의 뜰과 공공의 오픈 스페이스가 있는 형식이다.

- 프라이버시를 위해 주호사이에 경계벽을 설치한다.
- 주차가 용이하며 클러스터인 경우 입구 정원근처에 공동주차도 가능하다.
- 주호의 형식변경이 가능하고 층의 다양화를 위해 주동형식을 변경할 수 있다.
- 프라이버시 확보를 위한 시각 적정거리는 대략 25m 정도이다.

3) 계획시 고려사항

① 배치계획
- 인구밀도 : 200~300인/ha
- 용적률 : 20~40%
- 배치형식 : 평형, 클러스터형, 루프형이 있다.

② 주동계획
- 다양한 주거요구에 대응한 여러 평면형을 혼합배치하여 외관상의 변화를 꾀한다.
- 단조로운 一자형 배치를 피하고 지형에 따른 다양한 배치로 한다.
- 지붕, 굴뚝, 개구부 등의 변화에 따른 단지공간의 변화를 추구한다.

③ 단위주호계획
- 불특정 다수의 거주자 층을 파악하기 위한 표준 조건을 설정하고 계획한다.
- 내・외부 공간을 융합하기 위한 중정, 접근공간을 활성화한다.
- 토지의 이용률을 높이기 위해 평면의 전면 폭을 좁게 한다.
- 동일 규모의 평면에서도 융통성을 높이기 위한 가변화 계획을 추구한다.
- 최소한의 수납공간의 확보와 규칙적인 설비공간의 배치로 인한 경제성을 확보한다.

6. 다세대 주택

1) 정의
도시 중・저소득층을 위한 4층 이하의 주택으로 각 층별 출입구를 달리하는 공동주택을 말한다.

2) 단점과 대책

① 단점
- 프라이버시의 심각한 침해가 우려된다.
- 주거밀도의 고밀화로 인한 주거환경이 악화된다.
- 일조, 통풍, 채광 등의 위생상의 악화가 우려된다.

② 대책
- 옥내계단의 설치를 통한 프라이버시를 확보한다.
- 세대수의 제한과 층수를 제한한다.
- 대지 경계선에서의 거리를 확보한다.
- 분양, 임대방법을 개선(예 : 원룸 시스템의 적용)한다.

③ **기본계획방향**

- 건설비와 유지비의 절감을 고려한다.
- 주거양식, 소득수준에 맞는 계획과 구조방식을 채택한다.
- 다수의 수용 계층을 포괄할 수 있는 계획을 한다.
- 주거성능을 향상시킨다.
- 주거의 독립성, 가사노동의 절감과 세대별 프라이버시를 존중한다.
- 일조권의 확보와 남향의 배치로 유도한다.
- 한국적이면서 현대적인 입면을 구성한다.
- 세대별 출입구의 분리설치와 옥내계단의 설치 및 세대별 칸막이를 설치한다.

7. 주동 및 주호의 평면계획

1) 블록평면 결정 조건

① 단위평면이 2면 이상 외기에 접할 것
② 단위평면의 주요 거실을 모퉁이에 배치하지 않을 것
③ 주요실에 균등한 조건을 부여 할 것
④ 모퉁이에서 타 주거가 들여다 보이지 말 것
⑤ 현관이 계단에서 가까울 것

2) 단위평면 결정 조건

① 거실과 침실은 직접 출입이 가능할 것
② 각 실은 통해서 쓰이지 않을 것
③ 동선은 단순하게 하고 부엌은 식당과 연결할 것

3) 단위평면의 형식

① D.K : 식사와 취침은 분리하며, 단란은 취침과 겸하는 방식이다.
② L.D.K형 : 최소한으로 공용실과 개인실을 분리하여 소규모 주호에 사용된다. 이 경우 안정된 거실의 확립이 어렵게 된다.
③ L.D+K형 : L.D는 동일실로 K는 분리한다. 식사실 중심의 단란생활에 적합하다.
④ L+DK형 : D.K는 동일실로 L은 분리한다. L을 독립시켜 윤택한 생활을 꾀하며 가사의 편리함을 꾀할 수 있다.
⑤ L+D+K형 : L.D.K를 각각 분리한다. 실용도에 따른 분리가 가능하다.

【표 2-2】 주거단위의 실별 표시

실의 형	공간의 모델	생활의 특징
D · K	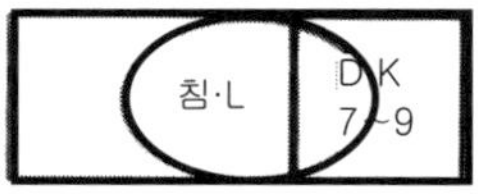	(1) 식사(D)와 취침은 분리하지만, 단란(L)은 취침하는 곳과 겹친다. (2) 소규모 주택형의 각실을 분리하면, 너무 협소하기 때문에 일반적으로 주방 겸 식당실(D · K)과 거실 겸 침실은 개방적으로 연결한다. 거실 겸 침실은 전용되는 온돌방으로 하는 경우가 많다.
L · D · K		(1) 최소한의 넓이로 공용실(식사와 단란하게 보내는 곳)과 사실(私室 : 취침 등)을 분리한다. (2) L · D · K가 일체가 되므로 안정된 거실은 확립이 안된다. (3) L · D · K의 면적이 크면 간단한 칸막이로 K와 D를 분리할 수 있다.
L · D+K	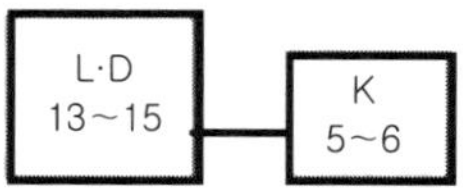	(1) L · D는 동일실로 하고, K를 분리한다. (2) 식사실을 중심으로 단란한 생활형에 적합하다.
L+D · K	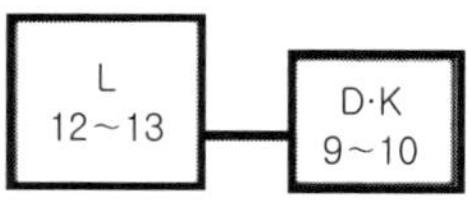	(1) L.D는 동일실로 하고, L을 분리한다. L을 독립시켜 생활에 충실을 기하는 경우에 적합하다. (2) D.K는 가사의 편리함과 주방일을 하면서 단란하게 모이므로 생활에 편리하다. (3) D.K를 식사실로만 하는 경우와 가족이 모이는 곳으로 하느냐에 따라 다르다.
L+D+K	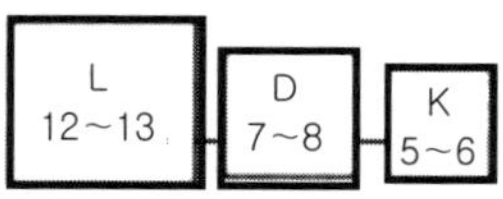	(1) L.D.K를 각각 분리한다. (2) 각 실을 각 용도에 따라 분리할 수 있다. (3) 불충분한 규모로 형식적인 분리를 하는 경우 오히려 생활에 불편을 가져온다.
S형	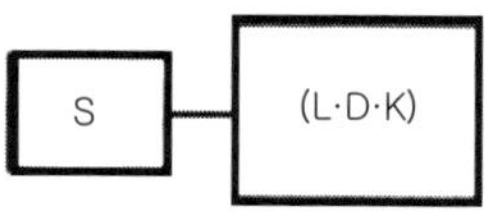	(1) L.D.K의 공간 이외에 특별한 용도의 공간을 만든다. (2) 접객용, 서재, 플레이 룸, 기타 취미에 따른 용도로 한다.

주 : 공간모델부분의 숫자는 공동주택 경우의 최소 소요면적(m^2)

8. 집합주택의 실례

⬅ MESOTRON

김 인 철(아르키움)

위　　치 : 서울 서초구 서초동 1517-3
대지면적 : 728.3m²
연 면 적 : 1,835.16m²
건축면적 : 368m²
용 적 률 : 173.14%
건 폐 율 : 50.53%
최고높이 : 11.4m
구　　조 : 철근콘크리트조
규　　모 : 지하 1층, 지상 4층

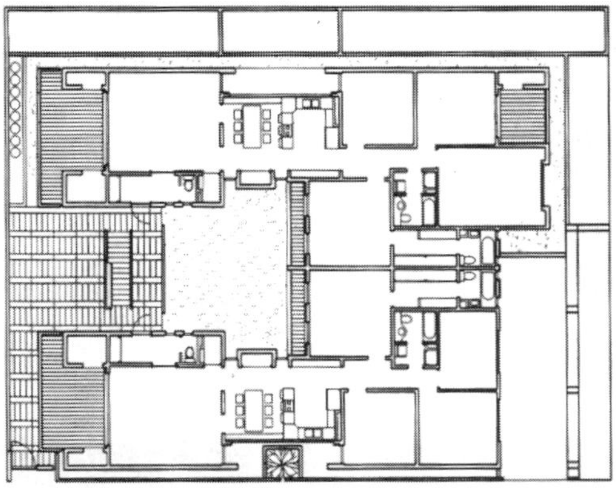

1층 평면도

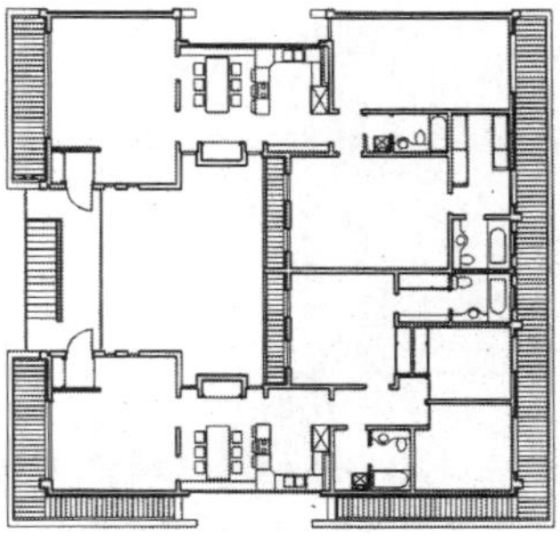

4층 평면도

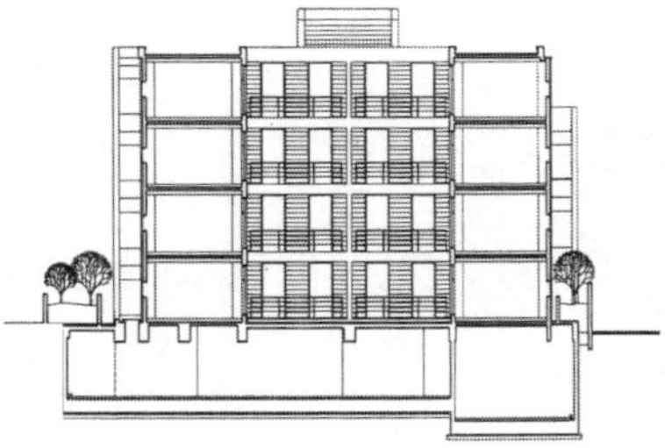

종단면도

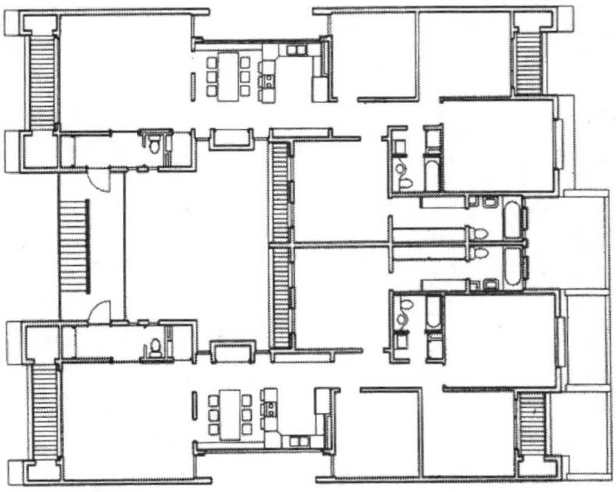

2층 평면도

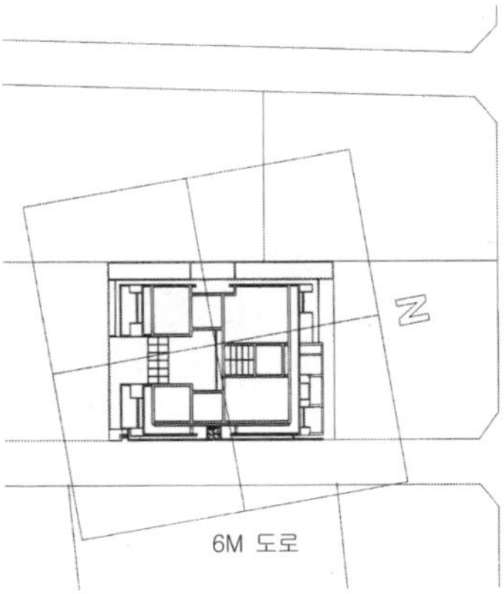

배치도

서울 현대타워 ➡

건원 + T.L.P.A(미국)

위　　치 : 서울 영등포구 여의도동 21-1
대지 면적 : 16,929mm²
건축연면적 : 236,386.06m²
구　　조 : 철골철근콘크리트조
규　　모 : 지하 5층, 지상 67층

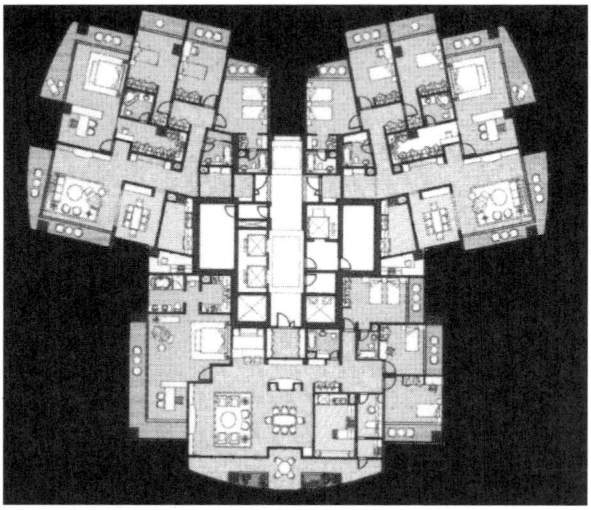

평면도

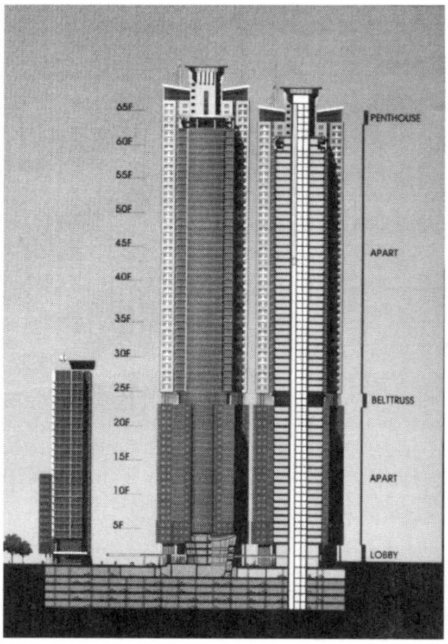

단면도

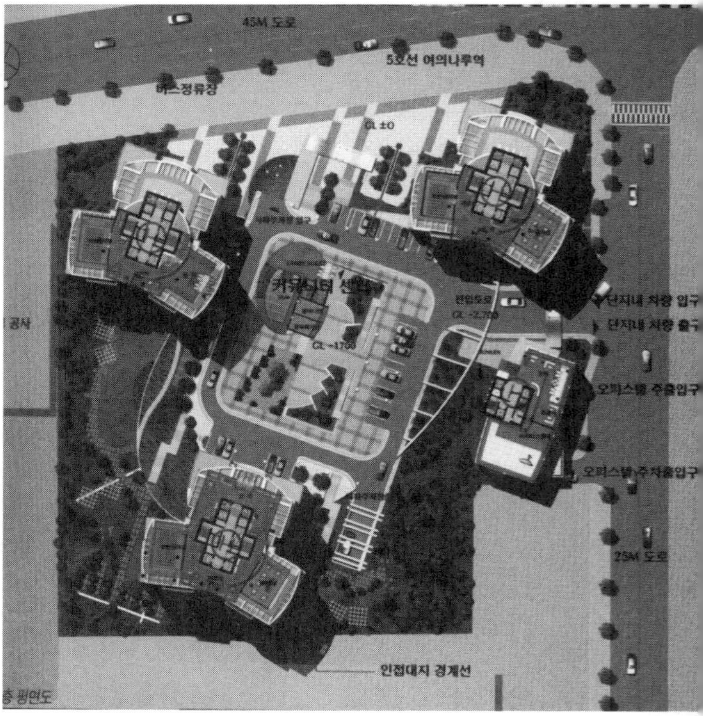

1층 평면도

⬆ 수지 다세대주택

김희준(스튜디오 잇지)

위　　치 : 용인시 수지읍 풍덕천리
　　　　　용인수지 2지구 1099-9
대지면적 : 210.9m²
연 면 적 : 445.89m²
건축면적 : 126.35m²
규　　모 : 지하 1층, 지상 3층

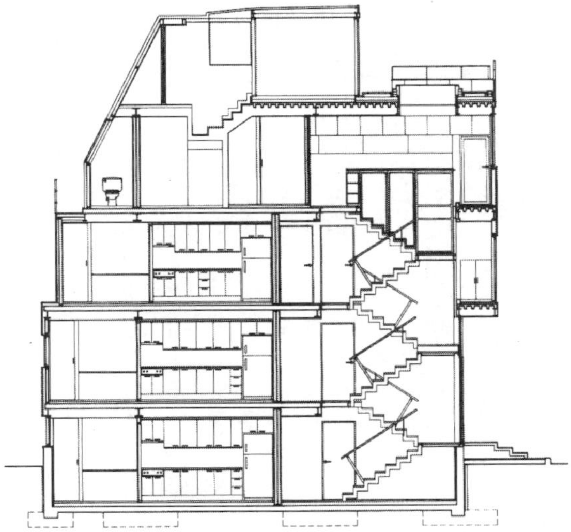

단면도

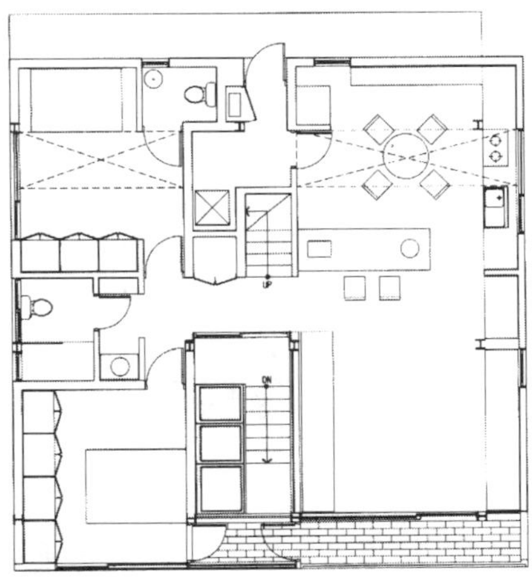

3층 평면도

1층 평면도

← 코오롱 일산 해비테이션

해안건축

위　　치 : 경기도 고양시 일산구 장항동 865
대지면적 : 5,735m²
연 면 적 : 57,460m²
규　　모 : 지하 4층, 지상 15층
구　　조 : 철근콘크리트조+내력벽식 구조

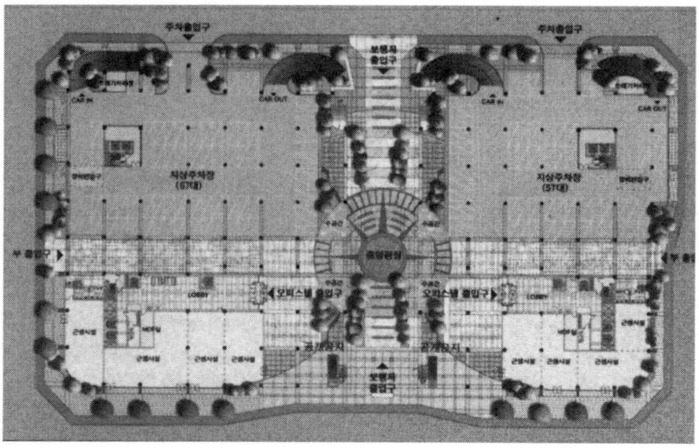

1층 평면도

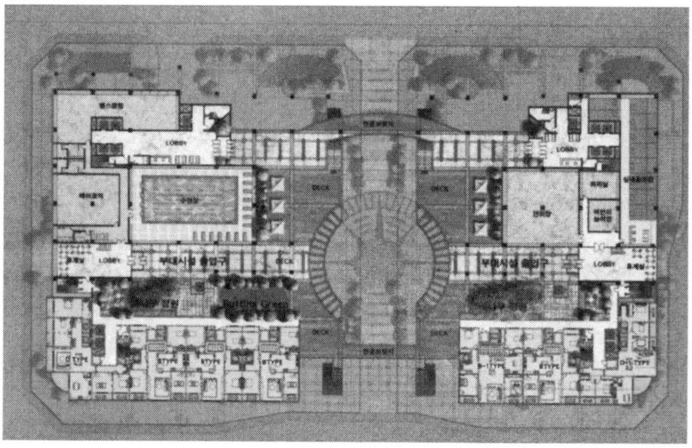

2층 평면도

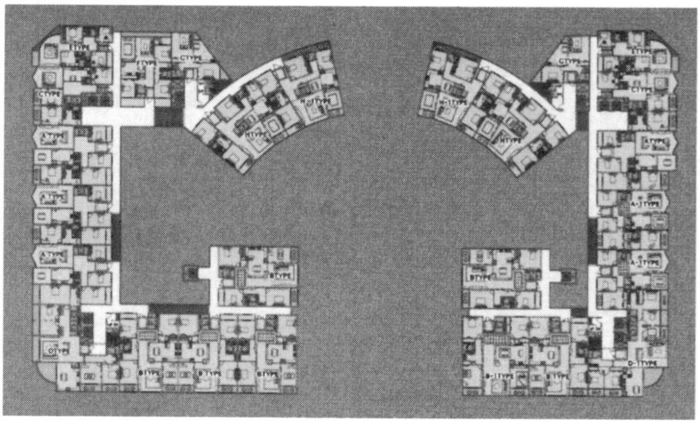

4층 평면도

➡ 대구 달성본리 지구아파트

무영건축(안길원 · 오경수)

위　　치 : 대구 달성군 화원읍 달성본리
구　　조 : 철근콘크리트 벽식조
규　　모 : 지하1층, 지상 15층

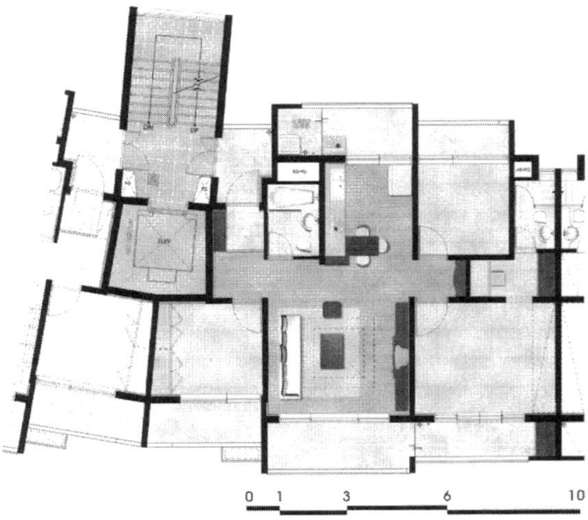

23pyungs-size

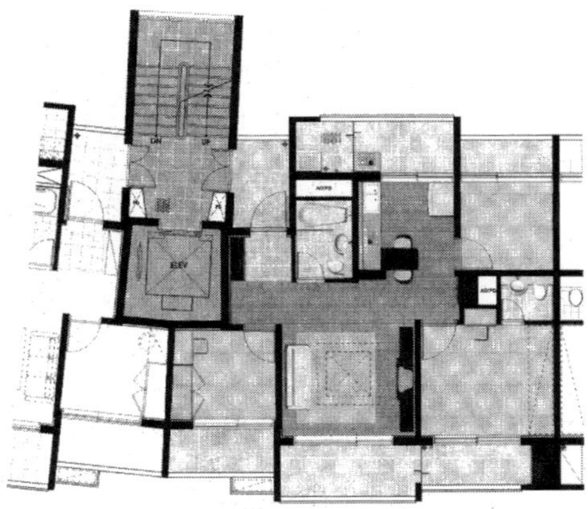

18pyungs-size

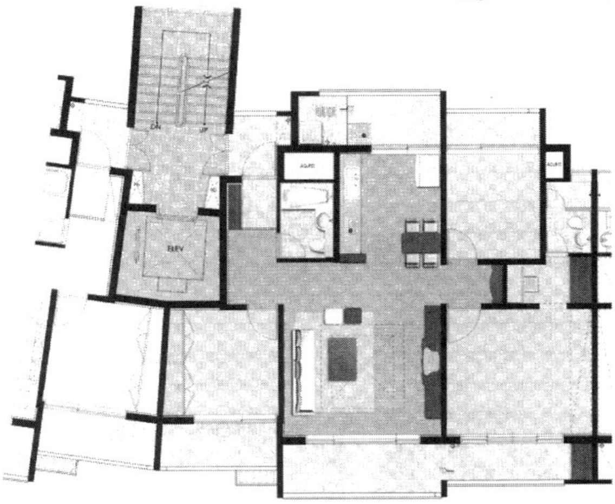

25pyungs-size

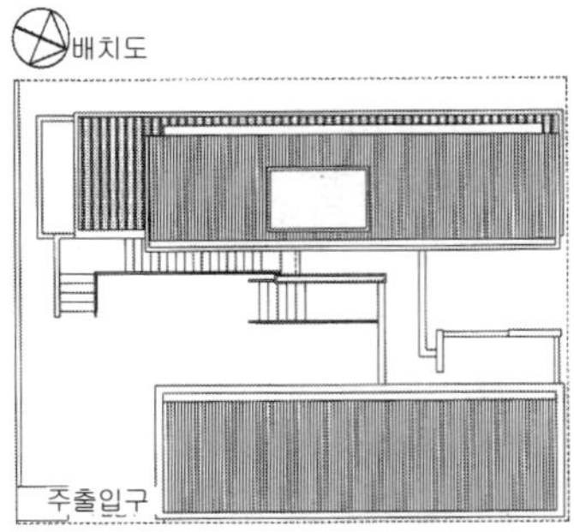

배치도

⬆ 볼륨 Ⅱ 일산주택

최 인 석(테제건축)

위　　치 : 경기도 고양시 일산구 일산동 1318-7
대지면적 : 211.5m²
연 면 적 : 229.87m²
건축면적 : 104.27m²
용 적 률 : 93.53%
건 폐 율 : 49.3%
최고높이 : 9.26m
구　　조 : 철근콘크리트 벽식
규　　모 : 지하 1층, 지상 2층

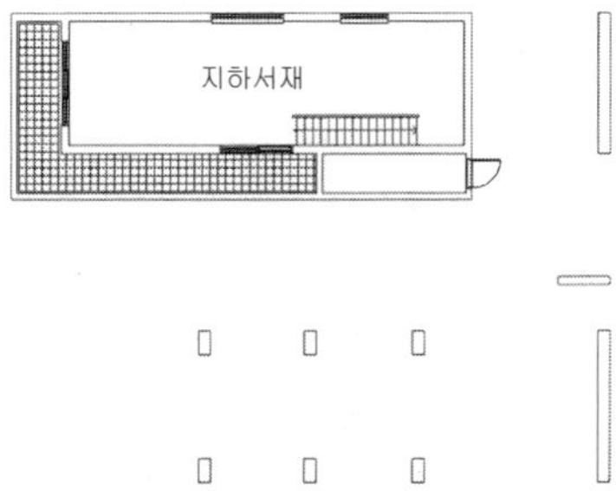

지하층 평면도

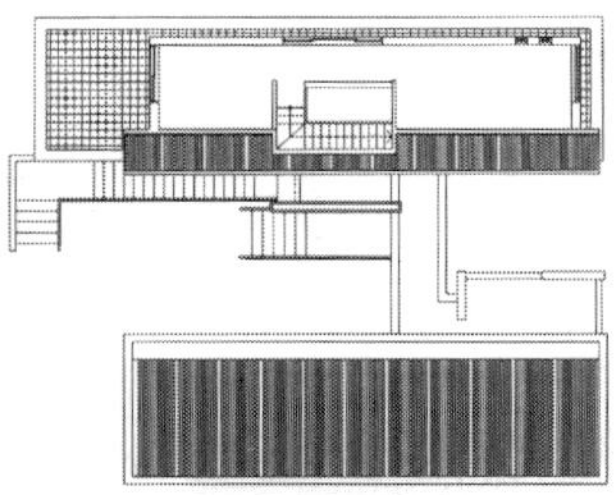

옥탑 평면도

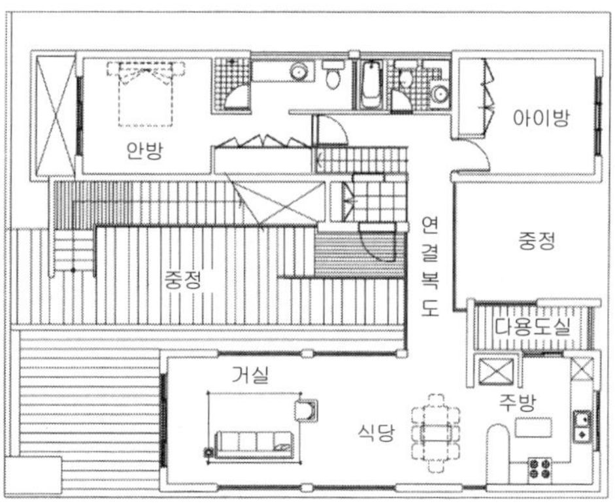

1층 평면도

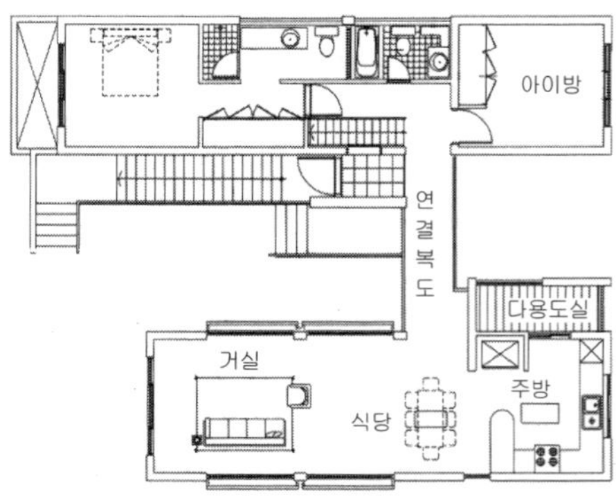

2층 평면도

⬅ 서초가든 스위트

박승 + 김관중(삼우 건축)

위　　치 : 서울 서초구 서초동 1326외 13필지
대지면적 : 13,341.8m²
연 면 적 : 80,125.69m²
건축면적 : 3,323.71m²
용 적 률 : 285.71%
건 폐 율 : 24.91%
조경면적 : 4,173.91m²
구　　조 : 철근콘크리트 라멘조
규　　모 : 지하 4층, 지상 23층(3개동 141세대)

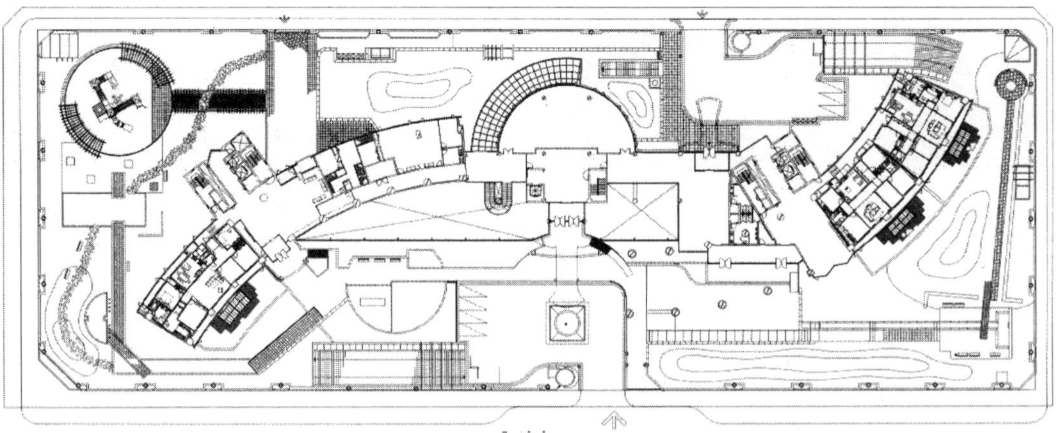

1층 평면도

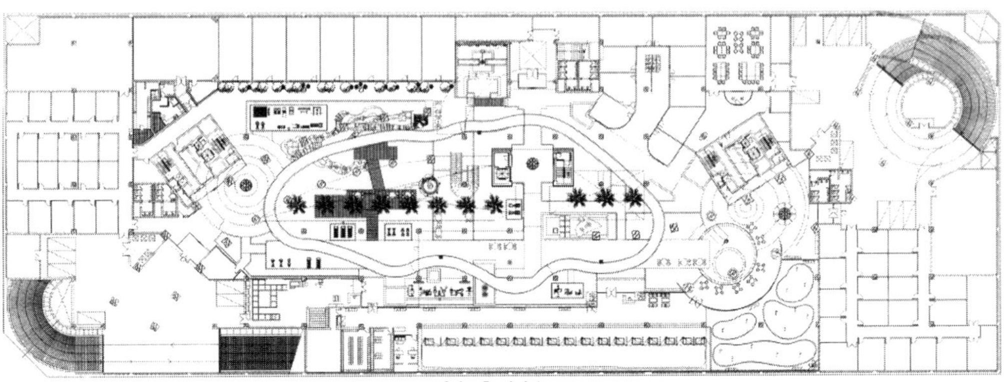

지하 1층 평면도

⬅ 스파이럴 공동주택

쯔비헥커(Zui Hecker)

위　　치 : 이스라엘. 라마트 간
건축면적 : 1,115m²

단면도

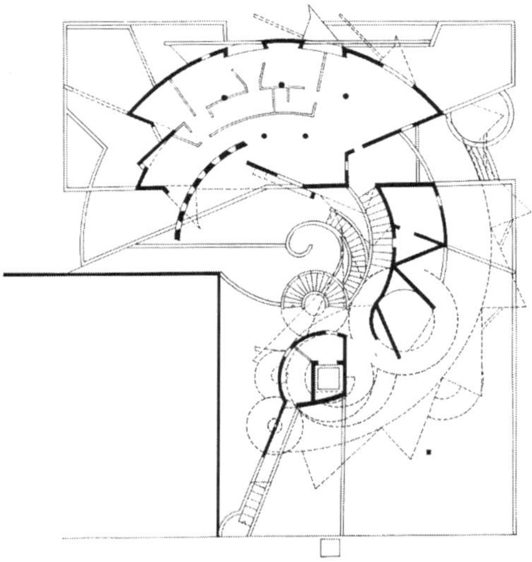

1층 평면도

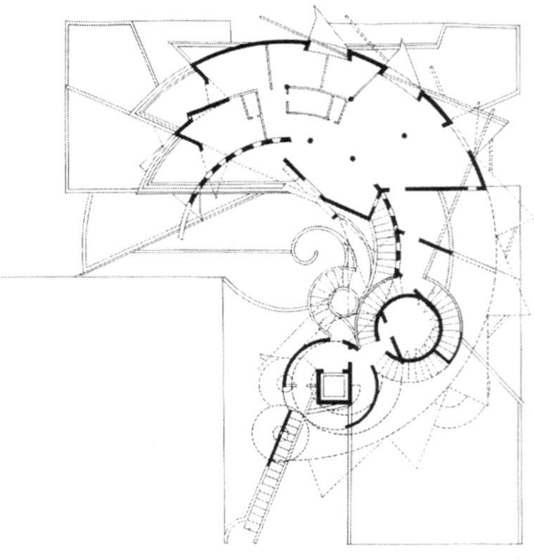

2층 평면도

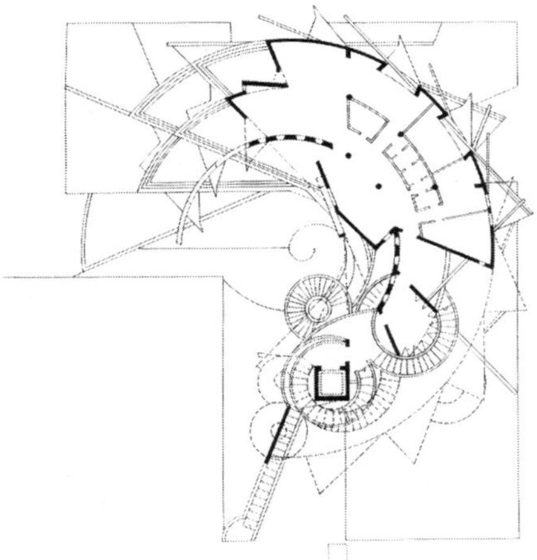

3층 평면도

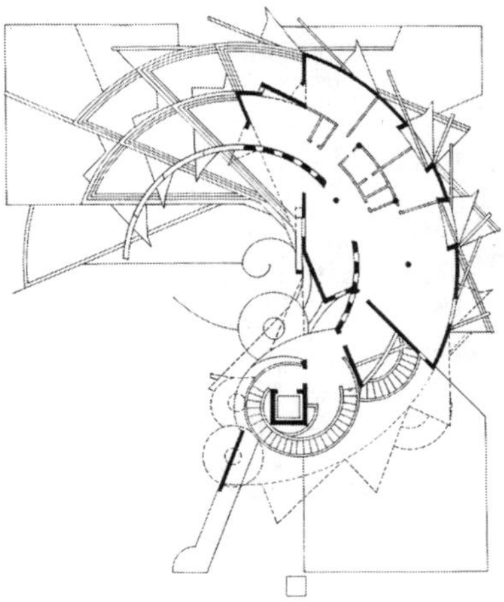

4층 평면도

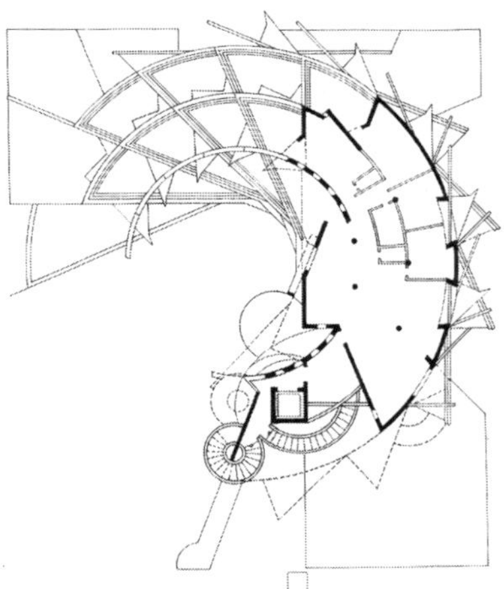

5층 평면도

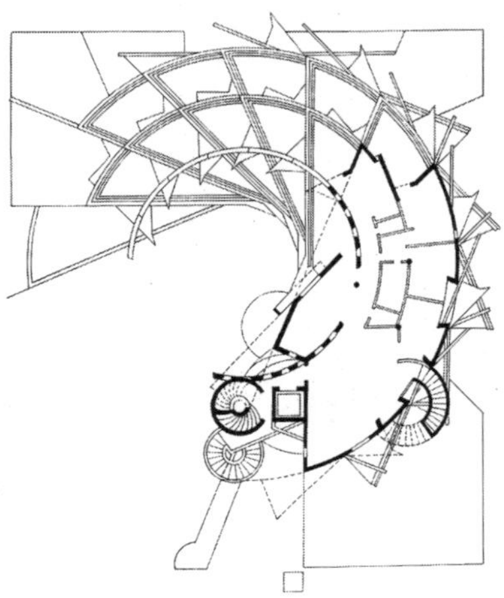

6층 평면도

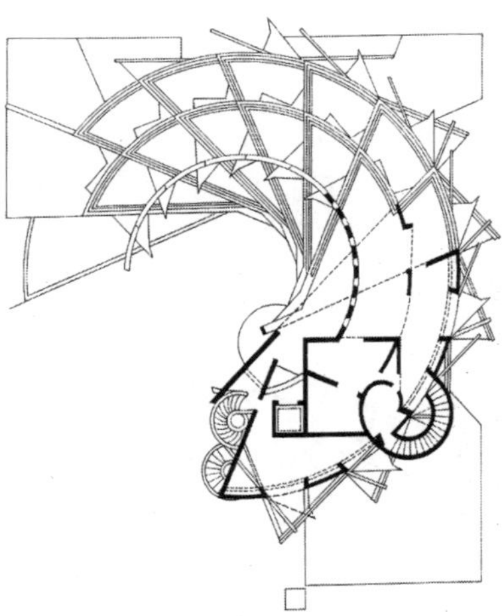

7층 평면도

← 엠셔공원 국제건축 전람회 단지 공동주택

스쉬코비츠 + 코발스키
(Szyszkowitz + Kowalski)

위 치 : 펠트마크 겔젠키르헨
퀴퍼스 부쉬 거리
대지면적 : 75,000m²

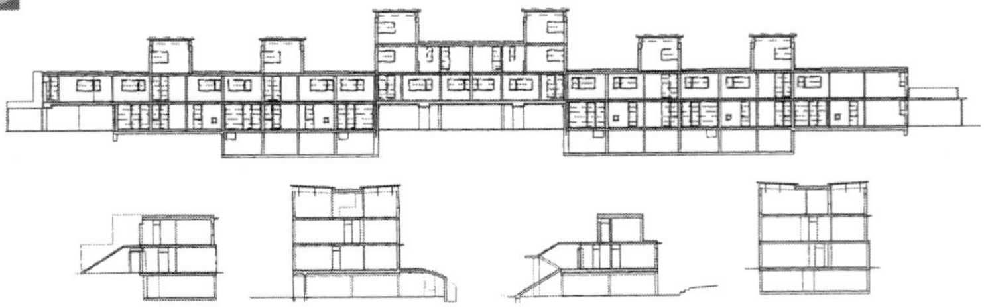

단면도

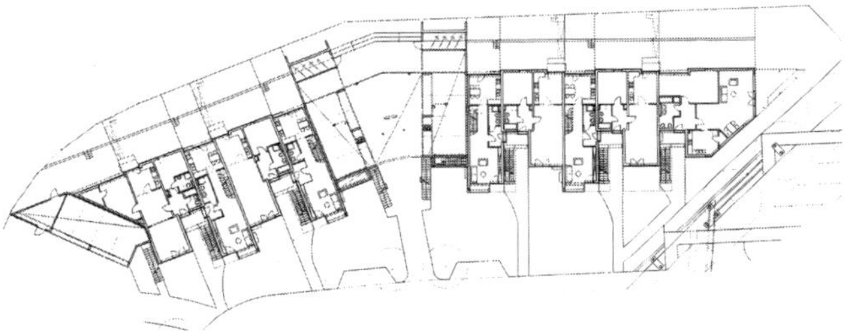

1층 평면도

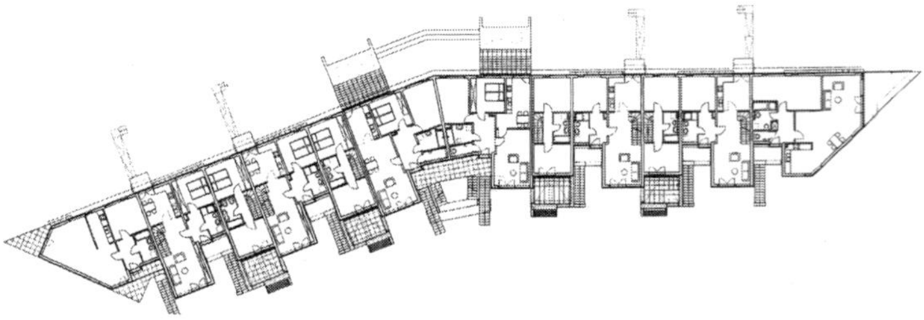

2층 평면도

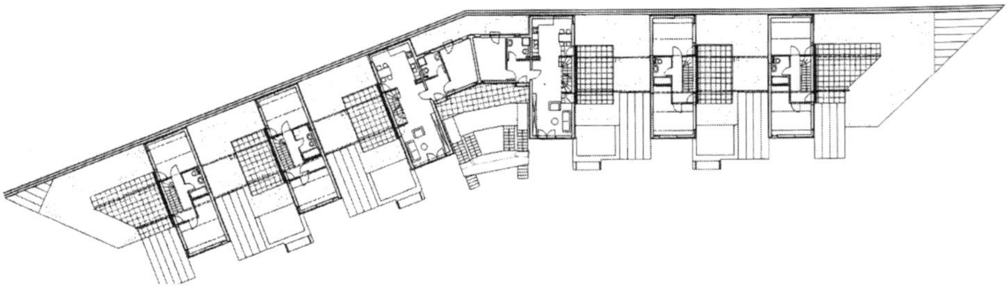

3층 평면도

⬅ 잠실 아크로빌

희림건축+간삼건축+칼리슨 아키텍춰

위　　치 : 서울 송파구 잠실동 40번지
대지면적 : 23,971.8m²
연 면 적 : 313,390.2m²
건축면적 : 13,764.61m²
용 적 률 : 913.4%
건 폐 율 : 57.4%
규　　모 : 지하5층, 지상 60층
세 대 수 : 1,016세대

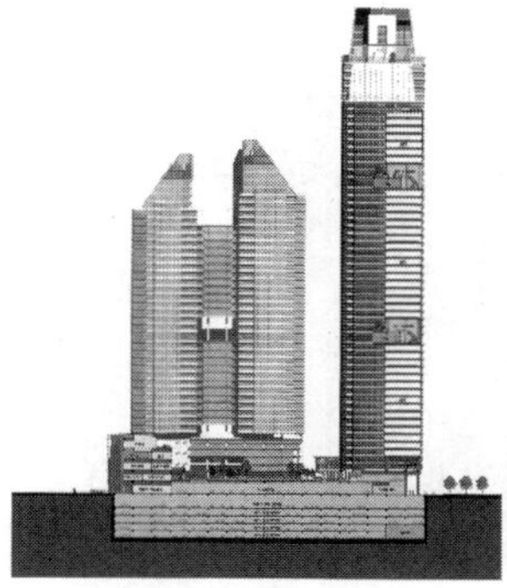

단면도

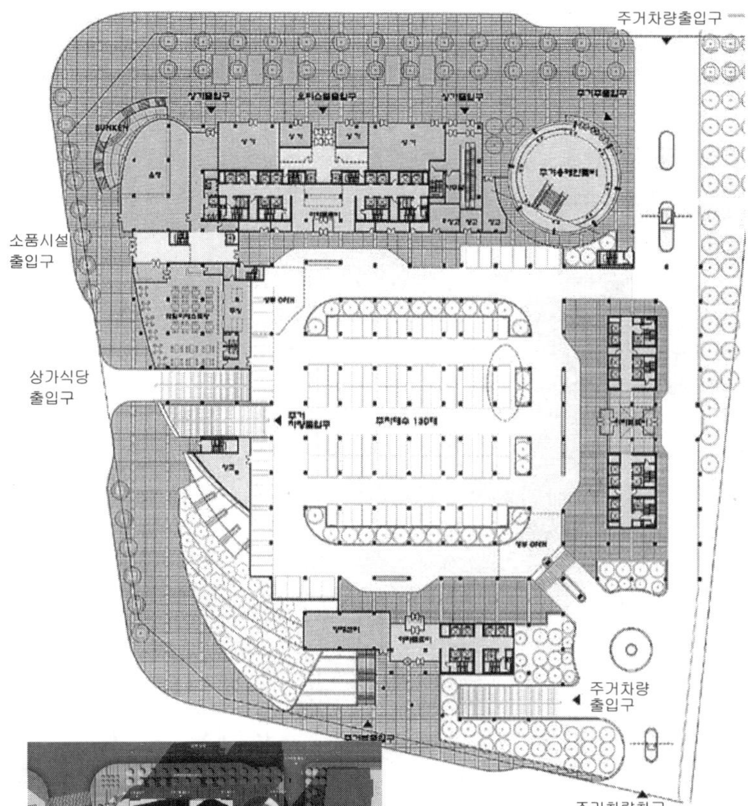

1층 평면도

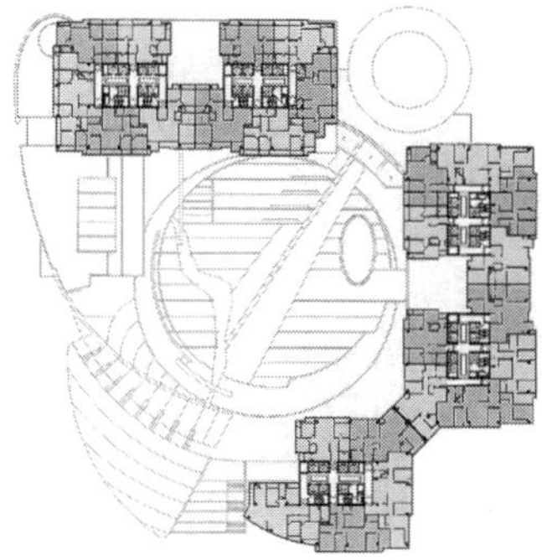

기준 평면도

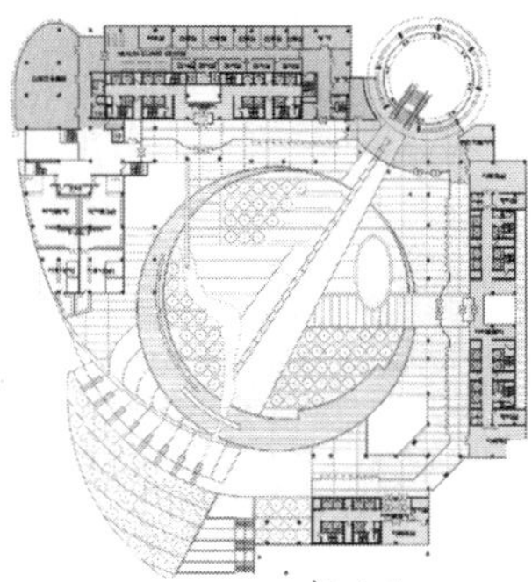

2층 평면도

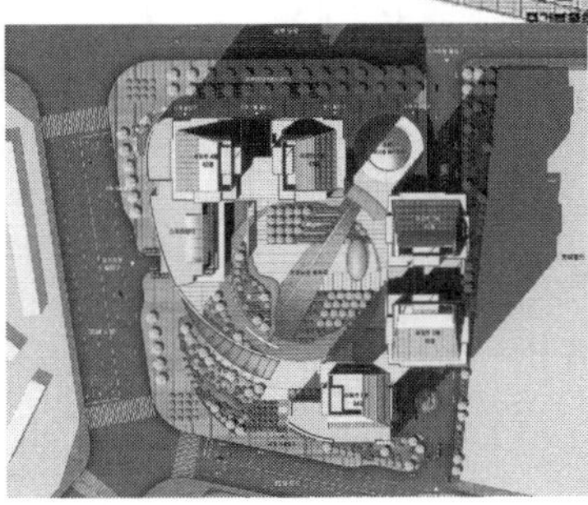

배치도

⬅ 하늘마당 Ⅱ

방 철 린(인 · 토건축)

위　　치 : 서울 송파구 잠실동 248-3
대지면적 : 277.3m²
연 면 적 : 644.5m²
건축면적 : 166.9m²
용 적 률 : 173.6%
건 폐 율 : 59.8%
구　　조 : 철근콘크리트조
규　　모 : 지하 1층, 지상 3층

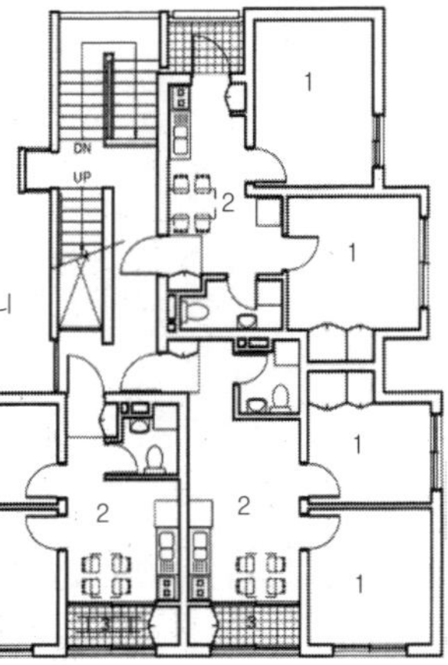

1. 방
2. 주방
3. 발코니

2층 평면도

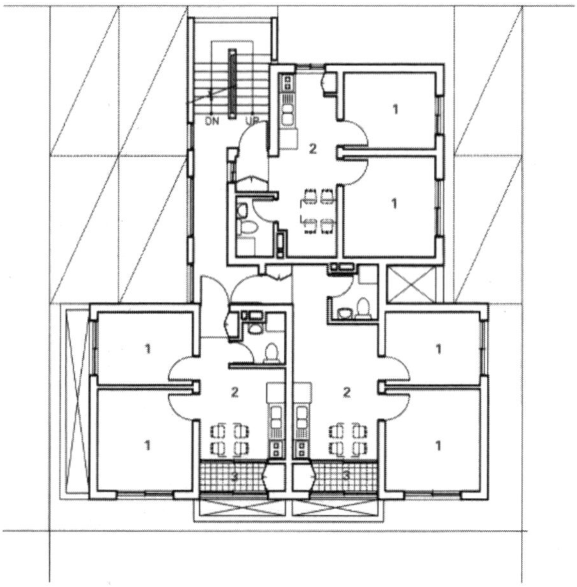

1층 평면도

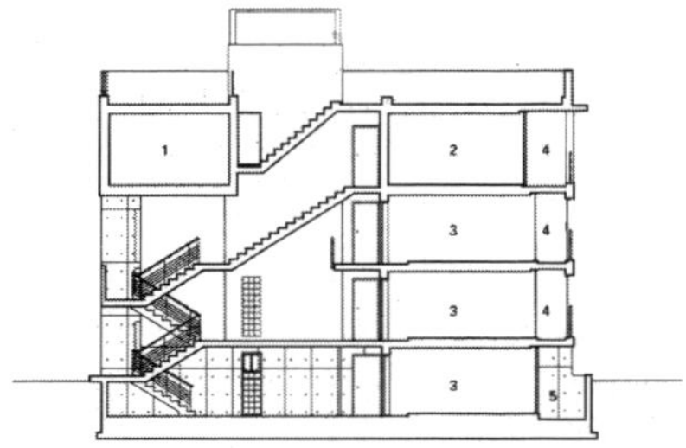

단면도

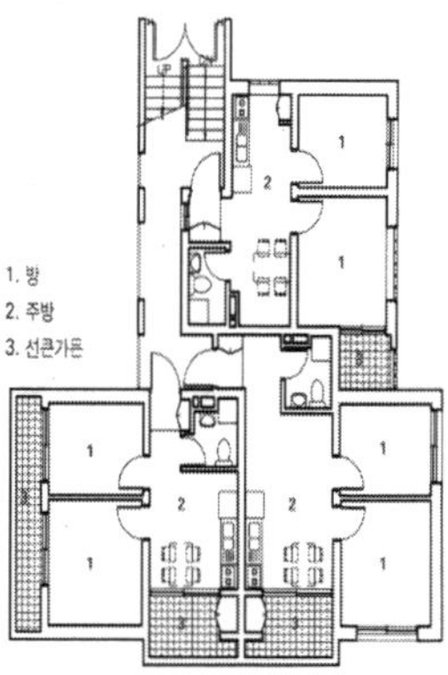

1. 방
2. 주방
3. 선큰가든

지하 1층 평면도

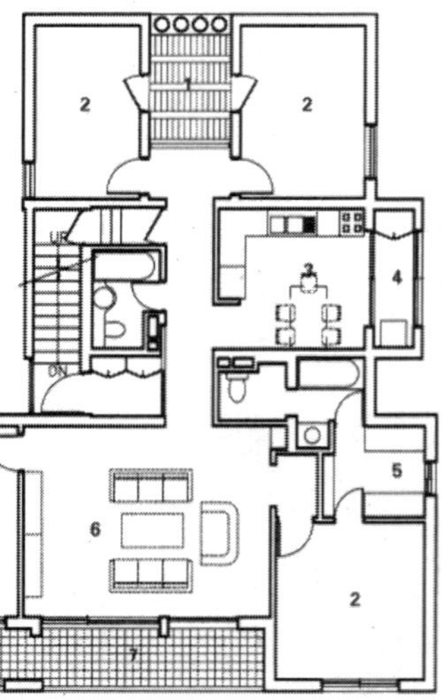

1. 하늘마당
2. 방
3. 주방
4. 다용도실
5. 드레스룸
6. 거실
7. 발코니

3층 평면도

← Sporenburg Housing

Neutelings Riedijk

위 치 : Borneo Sporenburg, Amsterdam

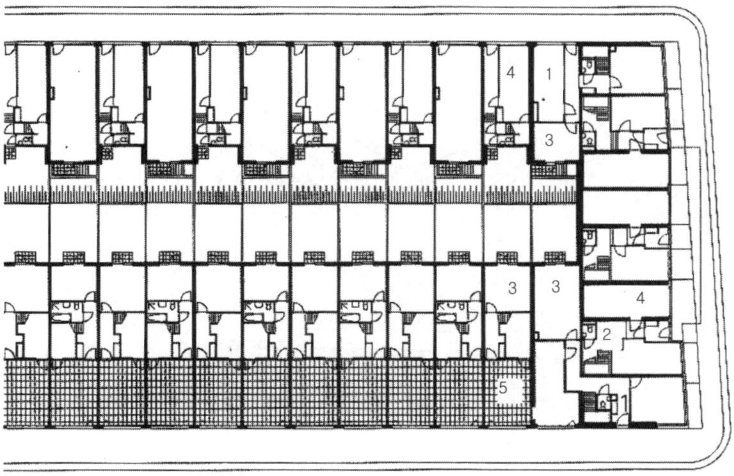

1. entrance
2. hall
3. room
4. garage
5. carport

ground floor plan

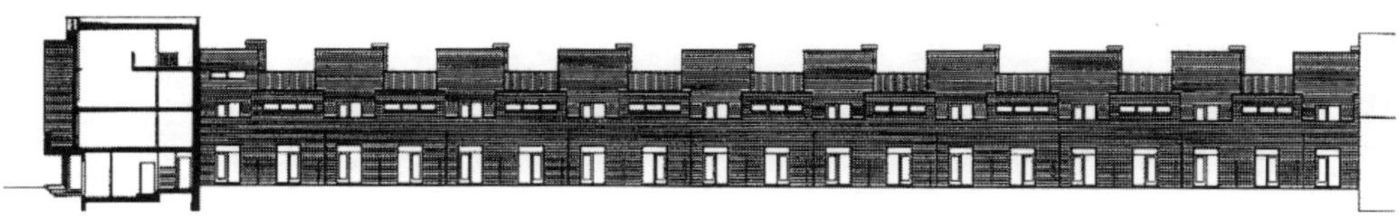

elevation 1

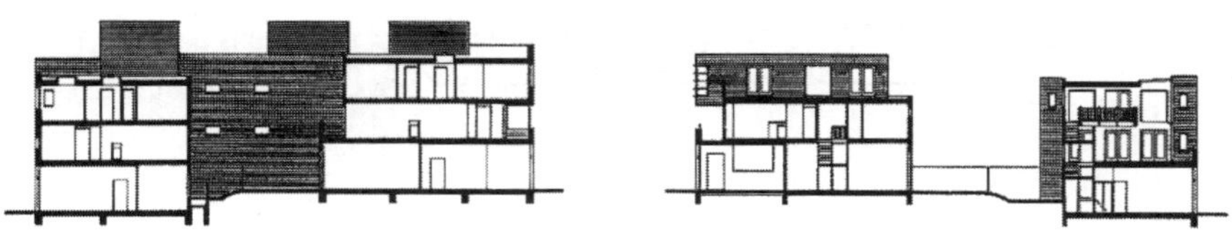

elevation 2

⬆ 몬테베트로 프로젝트 (Monteverto housing Prjoect)

Richard Rogers Partnership

위　　치 : Batterser, London, UK
연 면 적 : 75,000m²

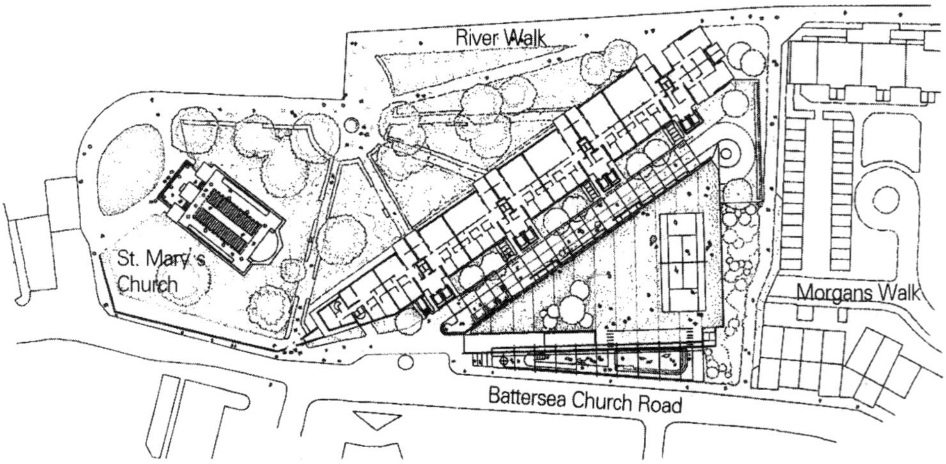

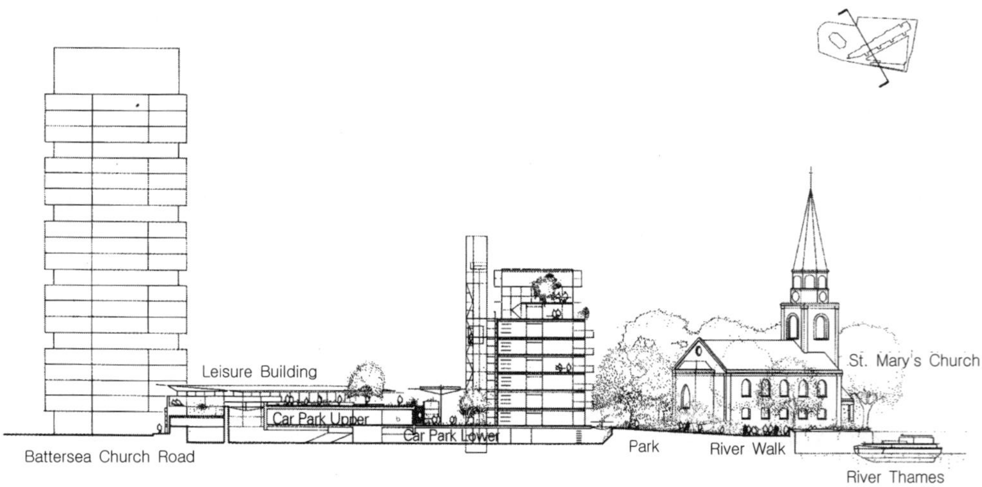

section

III 3세대 주택

1. 계획의 요점

가족의 생활단계는 제1단계가 친자 동거형이며, 이후 세대교체에 의한 이행 단계로서 2세대 주택이 있고 그 후 3세대 주택으로 발전한다. 따라서 제 각각의 생활단계에 맞는 생활을 할 수 있도록 계획적으로 증축, 변경하는 것이 바람직하다.

2. 구성패턴

3세대 주택계획에서는 부모세대공간, 자녀세대공간, 손자세대공간의 독립한 공간 이외에 제각기 각자 자유롭게 사용되는 공용공간의 구성을 고려한다. 공용형은 공용공간의 내용에 의해 분류되며, 비공용형은 1동이나 별동으로 분류된다.

1) 동거형

양친세대, 자녀세대, 손자세대가 하나의 대가족으로서 동거하는 유형이다. 세대나 세대의 차를 구분하지 않고 각 개인의 침실 이외에는 공용공간이 된다. 경우에 따라서는 소규모 부엌이나 세면, 화장실을 별도로 설치하는 경우도 있다.

2) 현관, 욕실, 거실 공용형

부엌, 식사실을 분리하며 현관, 욕실, 거실을 공용하는 유형이다. 식사습관이나 식사시간의 차에 대응할 수 있고 욕실도 공용하므로 거실 등을 넓게 잡을 수 있다.

3) 현관, 욕실 공용형

부엌, 식사실, 거실을 분리해서 현관, 욕실을 공용하는 유형이다. 제각기 세대의 라이프 스타일에 맞춘 거실을 갖게 되며 세대의 독립성이 높아진다.

4) 현관 공용형

현관만을 공용하는 유형이다. 각 세대의 독립성은 높아지고 생활시간의 차이가 생겨도 서로 영향을 미치지 못한다. 현관 홀에서 좌·우로 혹은 안쪽의 계단으로 상하로 분리되는 최소한의 공용형이다. 필요에 따라 왕래할 수 있다.

5) 분리형

한 건물에서 현관을 별도로 둔 완전 분리형이다. 각 세대는 제 각각의 생활을 보낼 수 있다. 평면적 분리와 비전용 계단에 의한 입체적 분리가 있다.

6) 별동형

하나의 부지에 3세대가 각기 독립해서 건물을 세우는 유형이다. 제각기 주거공간에는 통로나 공용의 정원 등이 계획될 수 있다.

3. 각 실별 상세 계획

1) 동거형

① 침실, 화장실 분리형이 좋고, 노부모 침실과는 거리를 두고 배치함이 바람직하다.
② 노부모 침실은 현관에서 다른 실을 거치지 않고 들어가야 하며 직접 들여다보이지 말아야 한다.

2) 인거형

① 각각의 현관이 있는 개별형식을 취하되 내부에서는 연결통로를 두는 것이 좋다.
② 노부모용 공간에는 전용 현관, 침실 외에 전용 화장실, 욕실, 간이부엌을 배치하는 것이 좋다.
③ 세대간 통로는 노부모 침실을 거치지 않아야 하며, 항상 개방이 가능해야 한다.

3) 각실별 상세 계획

① 일조, 통풍이 용이해야 한다.
② 침실에서 밖으로 나가는 발코니를 둬야 한다.
③ 창턱은 낮추고, 스위치 위치 역시 노인의 신체를 고려해야 한다.
④ 다목적 알코브 등을 설치하는 것이 좋다.

4. 3세대 주택 실례

⬆ **Ito House**

Tadao Ando

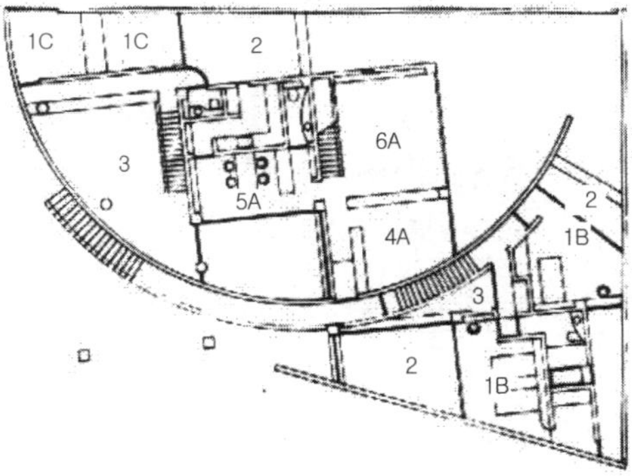

Send floor

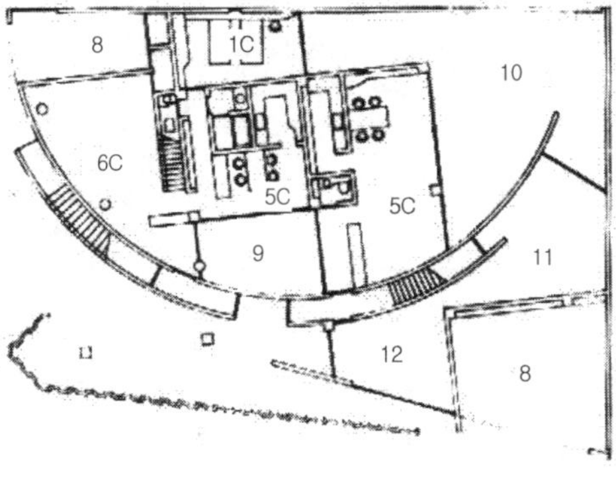

first floor : scale : 1/500.

➡ 한호제

민규암(토마건축)

위　　치 : 경기도 용인시 양지면 시금리 75-1
대지면적 : 991m²
연 면 적 : 320.68m²
건축면적 : 320.68m²
규　　모 : 본채-지상 1층, 별채-지상 1층

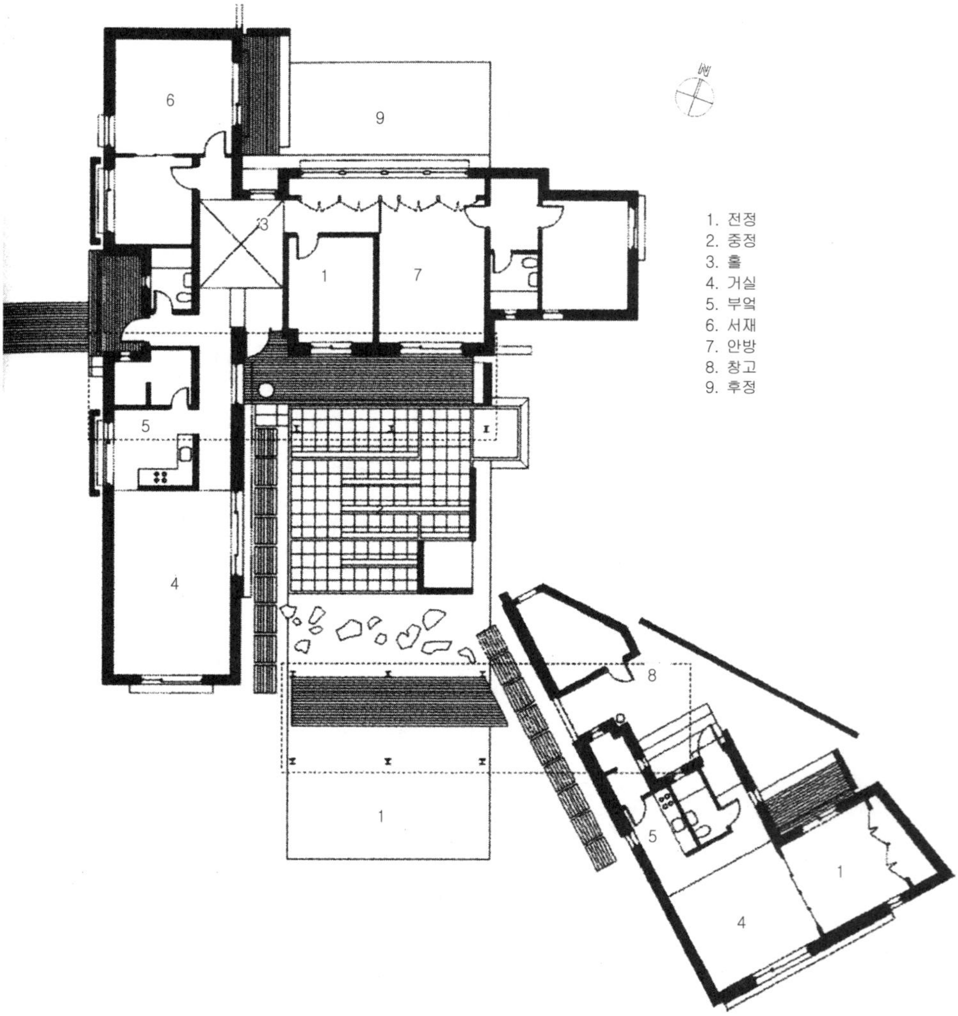

1층 평면도

IV 세컨드 하우스

일반 주택과 달리 일시적으로 이용되는 주택이다. 따라서 가사노동이 적다. 그리고 가족 전원이 행동을 같이 하는 시간이 많은 등 생활을 고려하는 계획을 한다. 이 주택형의 주요 특징으로는 다음과 같다.

일반 주택에 비교해서 수납공간이 적다.

각 개인의 개실은 필요가 없으며, 남녀별로 큰 실을 나누는 방식이 많다.

일반 주택에 비해서 간단한 방배치가 특징이다.

1. 세컨드 하우스 실례

⬆ eekend House : Dark Box and Bird Cage

HIROSHI NAKAO +
MASAHIKO INOUE +
HIROKO SERIZAWA

1. courtyard
2. study
3. bedroom
4. living room
5. garage
6. deck

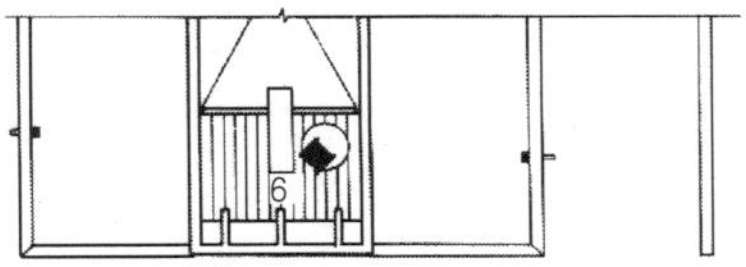

second floor.

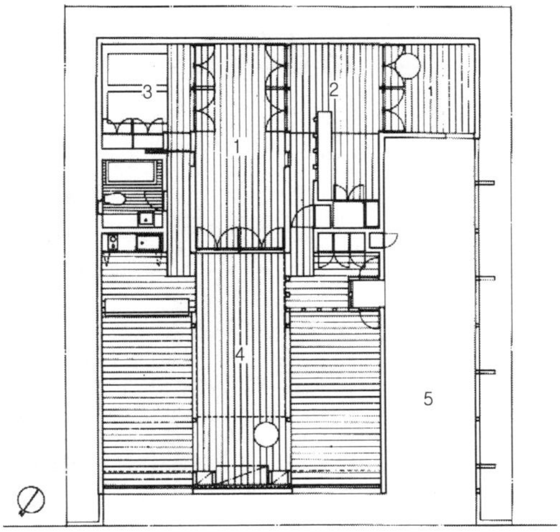

First floor, scale : 1/200.

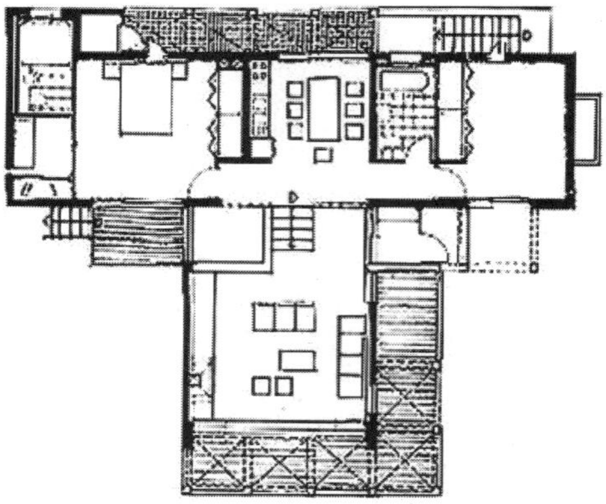

⬆ 퇴촌 주말주택

김 동 휘

➡ 부농루

최 홍 종(건축동인)

위 치 : 전북 익산시 목천동 1097-10
연 면 적 : 153.22m²
구 조 : 철근콘크리트
규 모 : 지상 2층

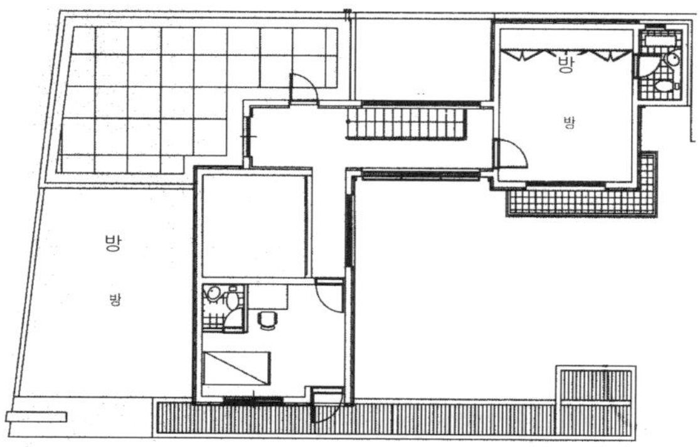

2층 평면도

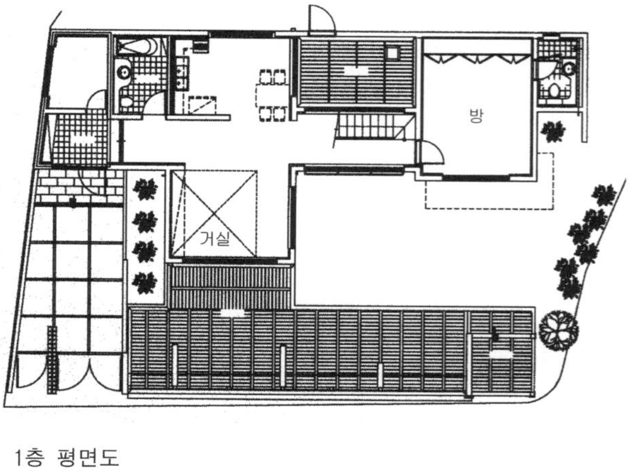

1층 평면도

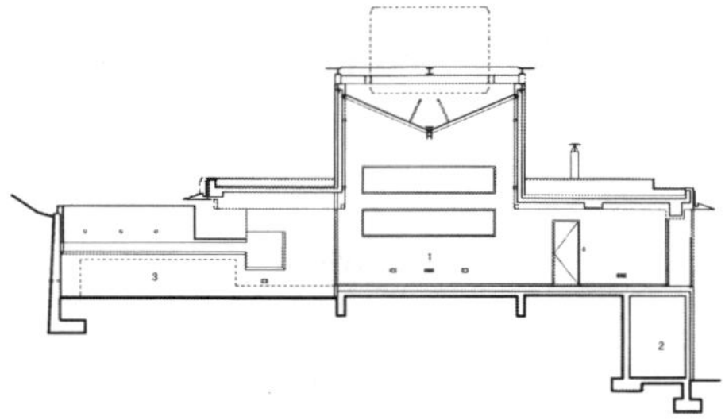

단면도

첨성재

민 규 암(토마건축)

위 치 : 경기도 가평군 하면 하판리 506-1

대지면적 : 405.34m²

연 면 적 : 196m²

건축면적 : 141.51m²

용 적 률 : 48.35%

건 폐 율 : 35.78%

구 조 : 철근콘크리트

규 모 : 지상 2층

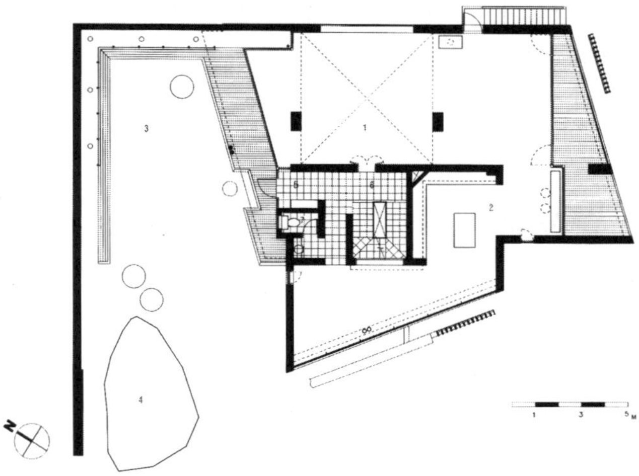

1층 평면도

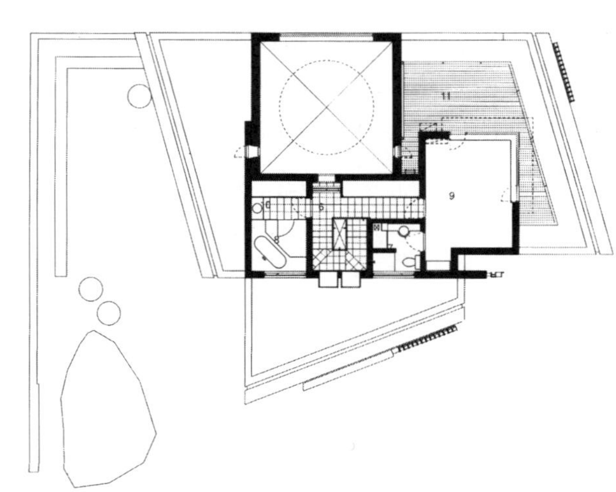

2층 평면도

V 겸용 주택

1. 계획 요점

겸용 주택은 겸용부분의 기능을 충분히 발휘하면서 동시에 주택의 거주성도 확보하는 것이 특징이다. 특히 주거·비주거부분의 동선은 교차되지 않도록 함과 동시에 주택의 프라이버시를 확보해야 한다. 겸용하는 용도로서는 사무소, 음식점, 물품판매점, 의료관계, 서비스 관계 등이 있다.

2. 구성패턴

겸용하는 용도 혹은 규모에 따라 다르나 겸용 주택의 구성패턴은 다음과 같다.

1) 1층 일부 겸용형

전면 도로측의 1층 일부를 겸용하는 유형이다. 겸용부분이 소규모인 경우에 많은 유형이다. 1층의 주거부분은 겸용부분의 관리공간도 겸하는 경우가 많다.

2) 1층 겸용형

1층 부분을 모두 겸용하는 유형이다. 겸용부분의 규모가 클 경우에 많으며, 주택부분과 겸용부분이 층에 의해 구분되고 주택의 프라이버시가 확보된다.

3) 1, 2층 전면 도로측 겸용형

1, 2층의 전면 도로측의 일부를 겸용하는 유형과 겸용하는 업종의 건물을 통합한 형식이다. 도로로부터는 주택부분이 보이지 않고 겸용하는 용도의 전용 건물에 많이 사용되는 유형이다.

3. 겸용주택 실례

⬆ 볼륨 Ⅲ(일산근생)

최 인 석(테제 건축)

위　　치 : 경기도 고양시 일산구
　　　　　일산4동 1148
대지면적 : 353.7m²
연 면 적 : 502.04m²
건축면적 : 175.91m²
용 적 률 : 141.84%
건 폐 율 : 49.73%
구　　조 : 철근콘크리트
규　　모 : 지상 3층

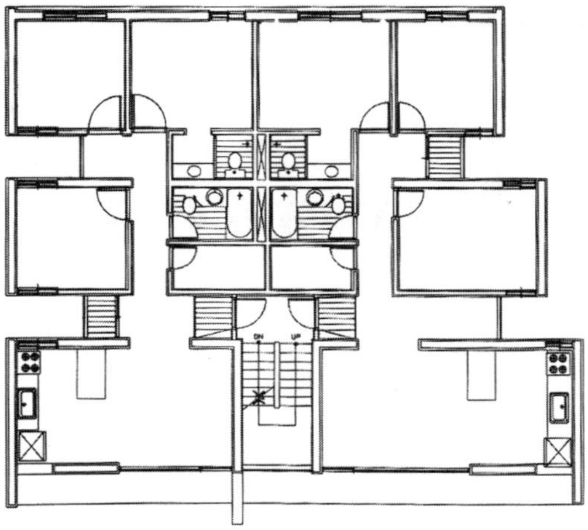

2층 평면도

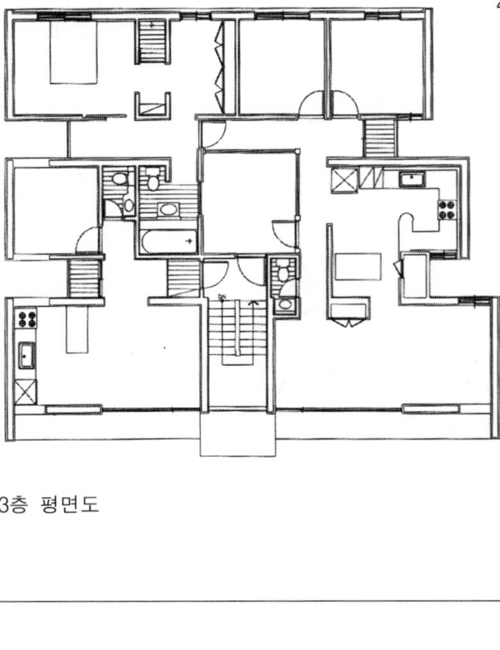

3층 평면도

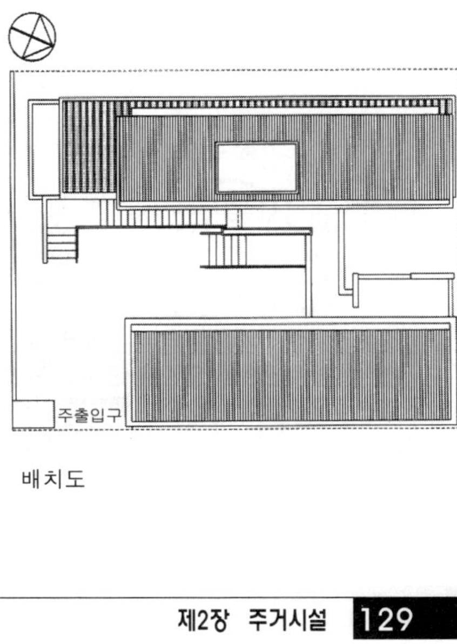

배치도

← 오로라(Aurora)

VBN + 차일권, 프란츠 슈타이너, 엘리저M.네이어

위　　치 : 캘리포니아주 샌프란시스코 해리슨 4가 399
연 면 적 : 21,407.45m²

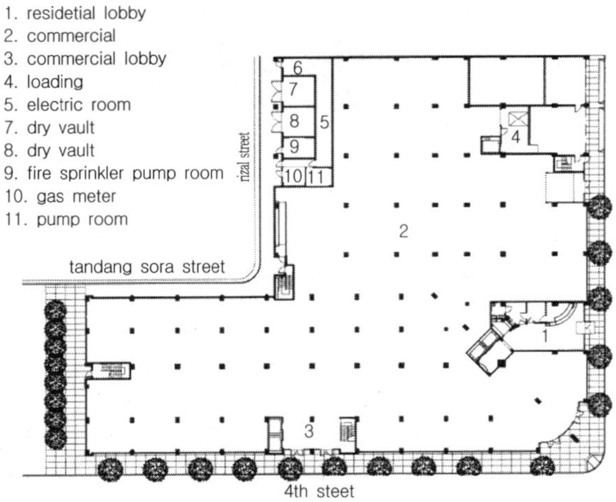

1층 평면도

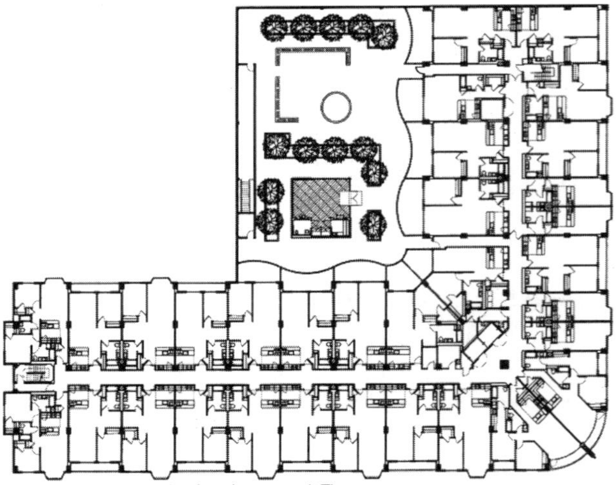

2층 평면도

입면도

➡ 갤러리하우스 이아랑

정 진 수(영남대교수)

위　　치 : 대구시 수성구 상동 45-1
대지면적 : 491.9m²
연 면 적 : 349.36m²
건축면적 : 286.78m²
구　　조 : RC조+RC보강 조적조
규　　모 : 2층

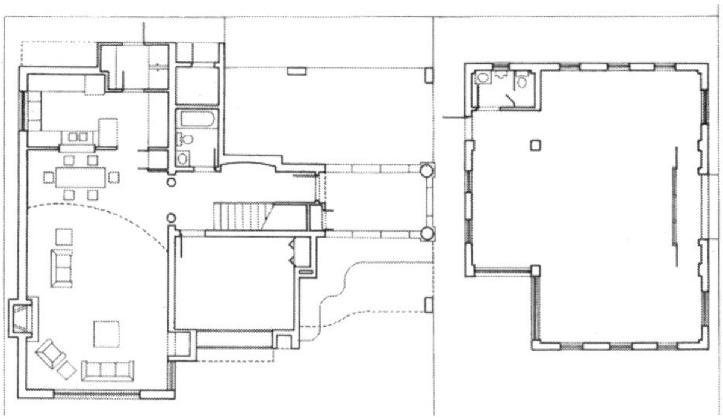

1층 평면도

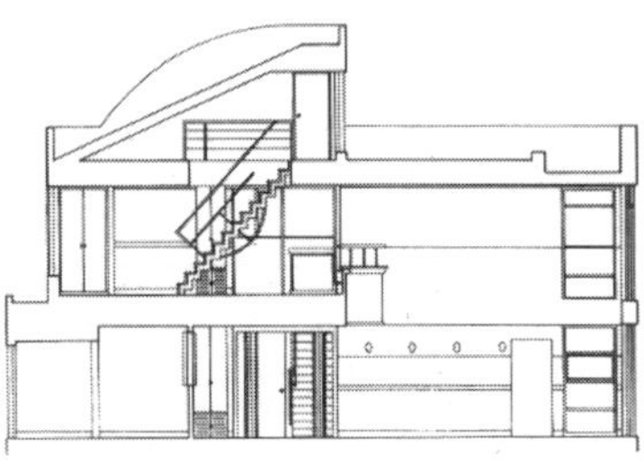

단면도 2

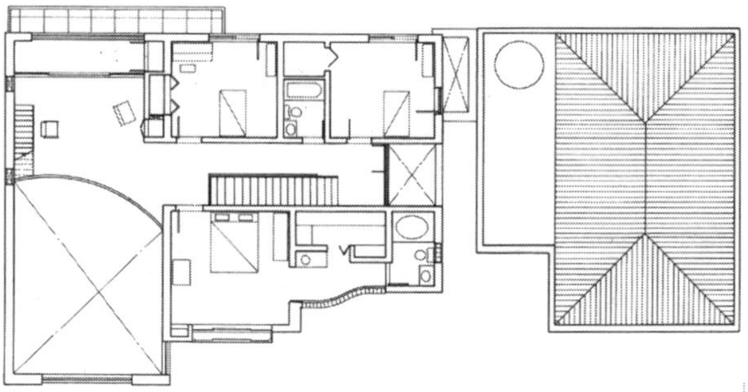

2층 평면도

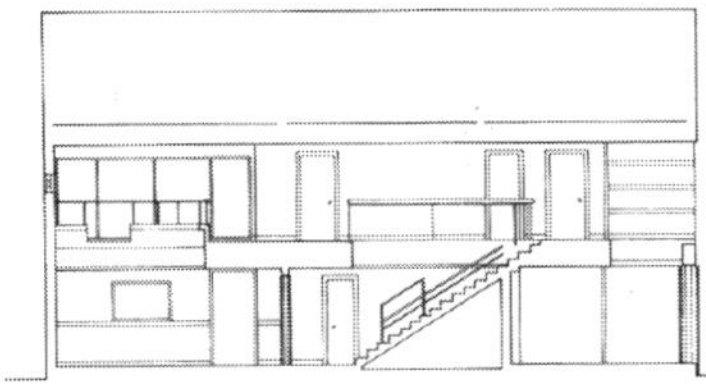

단면도 1

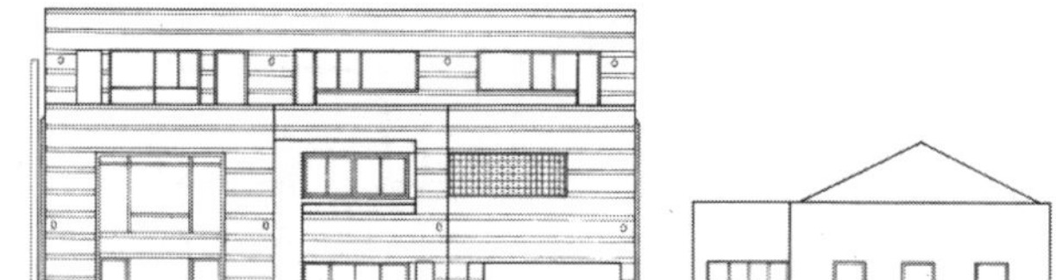

남측 입면도

⬆ 엑스트루드(EXTRUDE)

김 인 철(아르키움)

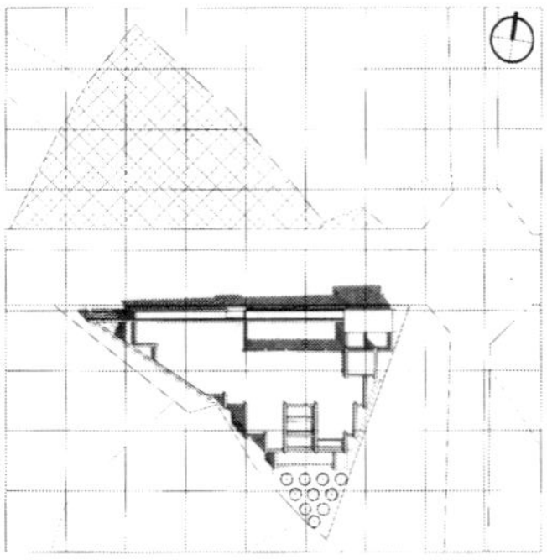

배치도

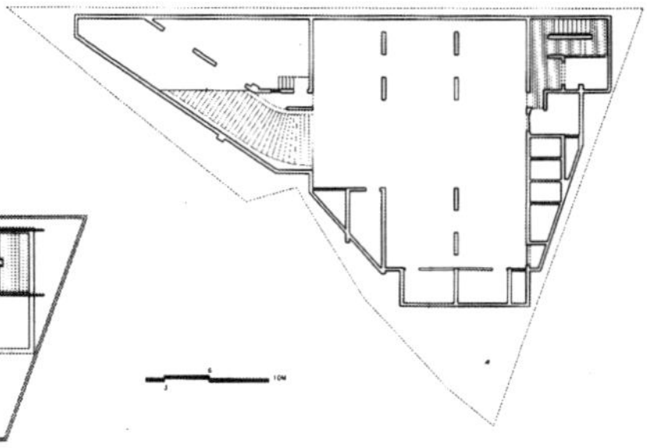

지하층 평면도

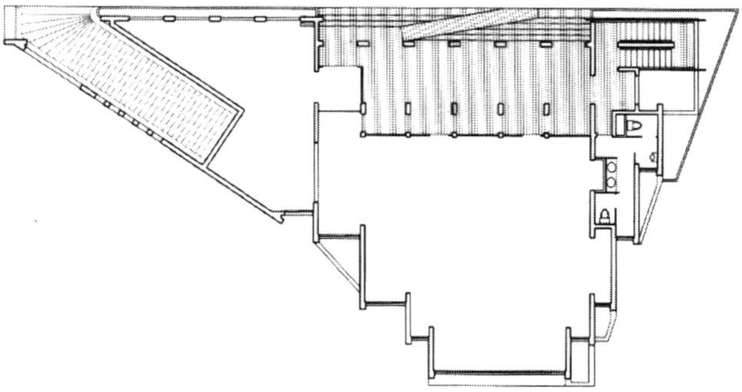

1층 평면도

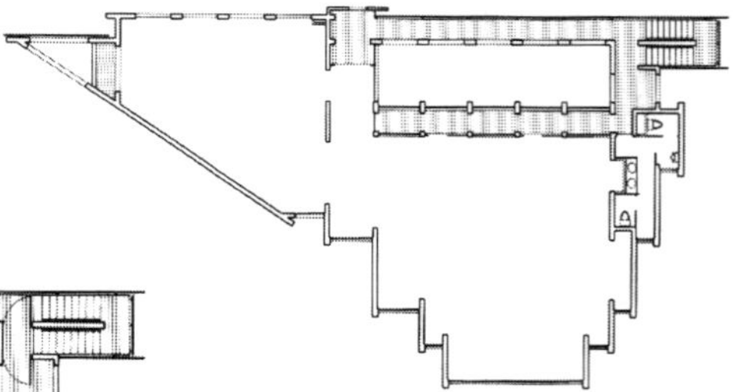

2층 평면도

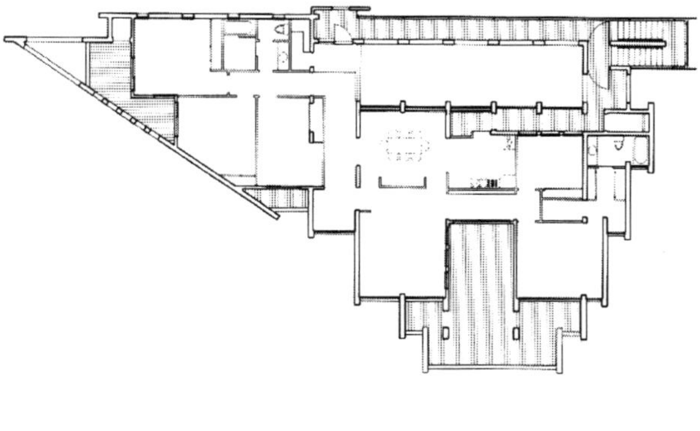

4층 평면도

VI 농촌주택

1. 특성

1) 재래식 주택

한옥으로서 대부분 홑집형식이며 목조 토단의 구조로 되어 있고 방, 부엌, 마루 등이 구성된다.

2) 개량식 주택

도시형 주택으로서 겹집형식이며, 실의 구성이 명확하고 용도가 세분화되며, 재료가 현대적이다.

2. 재래식과 개량식의 유사점

① 주거공간 부속공간이 혼재한다.
② 욕실설치가 저조하고 급탕시설이 거의 없다.
③ 재래식 부엌설비로 비효율적이다.
④ 화장실이 주택과 떨어져 있으며 위생설비가 미비하다.
⑤ 옥외공간이 작업마당이며, 정원과 같은 생활공간이 거의 없다.

3. 농촌주택 기본 개선방향

1) 실기능의 존중

거실 중심형 가족형태를 추구하고 분화배치하며, 프라이버시를 확보해야 한다.

2) 주부 가사노동 경감

부엌이 작업공간, 창고 등에 근접해야 하며, 서비스 야드를 설치한다. 배수설비의 설치를 전제로 부엌작업을 입체화하고 실내동선을 단축시킨다.

3) 출입공간과 툇마루 활용

출입의 편의를 도모하기 위함이다.

4) 수납공간의 활용을 극대화한다

5) 기타

욕실, 화장실은 거주공간에 설치하고 장래 증축을 고려하며, 옥외 작업실은 부속사에 연결된 사랑방을 겸용할 수 있게 하는 것과 협업농이 가능한 곳에서는 공동작업실을 적극적으로 활용하는 것이 좋다.

4. 도시주택과 농촌주택의 차이점

1) 농작업 공간의 유무

도시주택은 주생활 공간만이 존재하나 농촌주택은 주생활 공간과 농작업 공간이 존재한다.

2) 대지의 규모와 활용

농촌주택은 넓은 옥외공간의 확보가 가능하다.

3) 주변환경에 대한 차이

도시주택은 폐쇄적인 반면, 농촌주택은 전원적이며 외부 개방적이다.

4) 주거의식 수준의 차이

전통적 주거관, 생활관습, 주거의 태도 등이 다르다. 예를 들어 농촌지역은 공동체 의식 등과 같은 협동정신이 도시보다 현저히 높다.

VII 코 하우징

(CoHousing 또는 Villiage Cluster ; 동호인 주택, 공동체 마을)

1. 개요

산업화 과정에서 촉진된 핵가족화의 문제점을 극복하려는 다양한 시도중 주거 측면에서 공동체 형태의 CoHousing이 있다. 미국에는 이러한 형태의 주거단지가 수천 개 형성되어 있다. 애초 덴마크 등 스칸디나비아에서 처음 출발한 공동체 마을은 20~30개 가구가 모여 마을을 이룬 형태이다. 마을 한가운데 공유건물(common house)을 두어 요리와 식사, 세탁을 공동으로 해결하며, 마을 전체의 사랑방 구실을 하도록 한 점이 가장 큰 특징이다. 공유건물 안에는 대개 부엌과 식당, 회의실, 청소년 쉼터, 컴퓨터실, 사무실, 응접실 등이 자리 잡는다. 마을 공터에는 유기농법을 이용한 채소밭, 과수원, 놀이터 등이 설치된다. 계획공동체는 종교, 정치적 견해, 영성체험 등 이념을 함께 하는 사람들이 의도적으로 조성한 공동체이다.

대부분 농촌이나 도시 변두리에 위치하며 공동체 마을보다 규모가 크고 자급자족을 추구한다는 특징을 지닌다. 태양, 풍력 등 재생 가능한 에너지를 최대한 활용하고 상업 규모의 유기농법을 이용해 식량자급과 경제적 독립을 추구한다.

도시협동 마을과 생활공동체는 도시 안에서 필요에 따라 재개발하거나 기존 가정개념을 확대한다는 목적을 갖고 있다. 이념적 공통점은 약하지만 현실적인 이유가 공동체 형성의 요인이 된다. 예를 들어 노인이 홀로 사는 큰 집에 집 없는 사람이 거주하면서 집안일을 거들고 약간의 월세를 내는 형태로부터 요리나 육아를 공동으로 해결하기 위해 협동블록을 형성하기도 한다.

2. 코하우징의 목적

① 사회적·가정적 혜택=다양한 사람들과의 관계를 통해 핵가족에서 경험하지 못한 인간관계와 도움을 얻는다. 성 평등를 이루고 세대간 의사소통이 원활해진다.

② 개인적 혜택=개인의 성장 기회를 넓힌다. 청소년이라면 좁은 가정의 울타리에 얽매이지 않고 여러 가지 삶을 배우고 새로운 기술을 습득할 수 있다. 동료애와 협동심을 느낄 수 있다. 책임 분담에 따라 개인이 쓸 시간이 늘어난다.

③ 건강한 삶=공동구매와 공동요리, 공동식사를 통해 적은 돈을 들이고 풍족하고 건강한 식생활을 할 수 있다. 넓은 공터와 정원, 과수원, 육체노동도 건강을 돕는다.

④ 쾌적한 건축=구성원이 참여하는 설계로 원하는 주거공간을 보장받는다. 프라이버

시를 지킬 수 있는 공간과 공동의 공간이 함께 마련된다. 녹지와 공터가 넓다.

⑤ 여유 있는 생활=공동구입, 세금이나 보험금, 유지비 분담으로 경제적 부담이 줄어든다.

⑥ 생태학적 삶=환경을 파괴하는 형태의 소비가 억제되고 재활용이 늘어난다. 재생가능에너지를 적극 도입하고 자동차의 운행이 줄어든다. 환경 친화적 건축자재를 쓴다.

공동체의 수혜자는 사회적, 육체적 약자인 어린이, 노인, 무주택자 등 저소득층, 장애자이다. 공동체를 가장 반가워하는 사람은 어린이들이다. 자동차 걱정 없이 맘놓고 놀 공간이 생긴다. 여러 나이 또래의 아이들의 섞여 놀기 때문에 어릴 때부터 책임감과 자신감을 느끼게 된다. 아이들은 또 부모에게만 기대지 않고 어른 친구를 사귀며 다양한 모델의 어른을 경험할 수 있다. 어른들이 결정을 내리고 분쟁을 해결하는 방법을 배우며 마을일에 직접 참여하면서 강한 주체의식을 기른다. 노인들도 여러 연령층의 사람들과 관계를 맺으면서 자기가 공동체에 꼭 필요한 사람이라는 느낌을 갖게 된다. 육체활동과 자극, 영양가 있고 다양한 음식이 건강을 돕는다.

3. 코하우징 실례(Bondebjerget Site Plan)

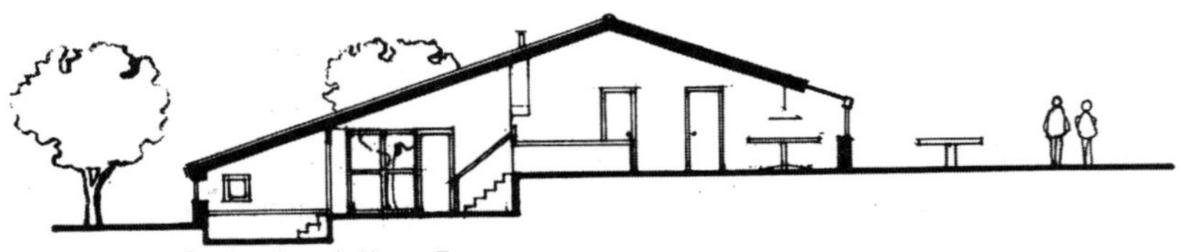

Section through House Two

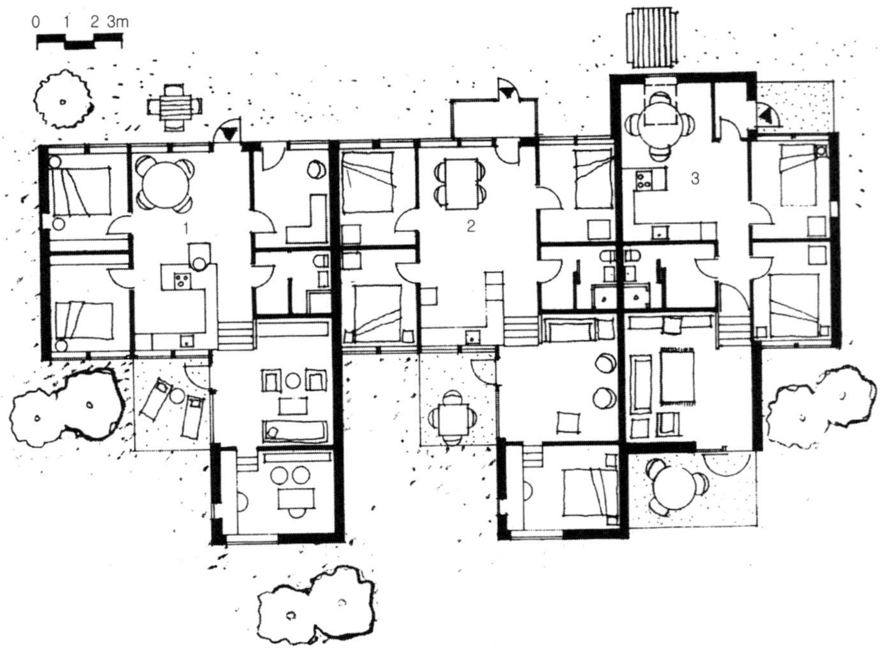

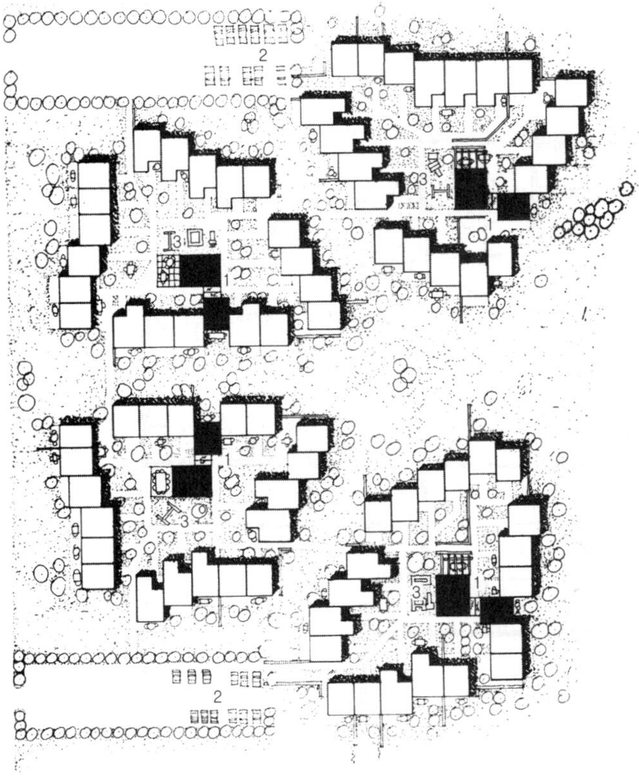

Bondebjerget site plan :
1. common house, 2. planning,
3. playground.

Common house floor plan

Common house floor plan

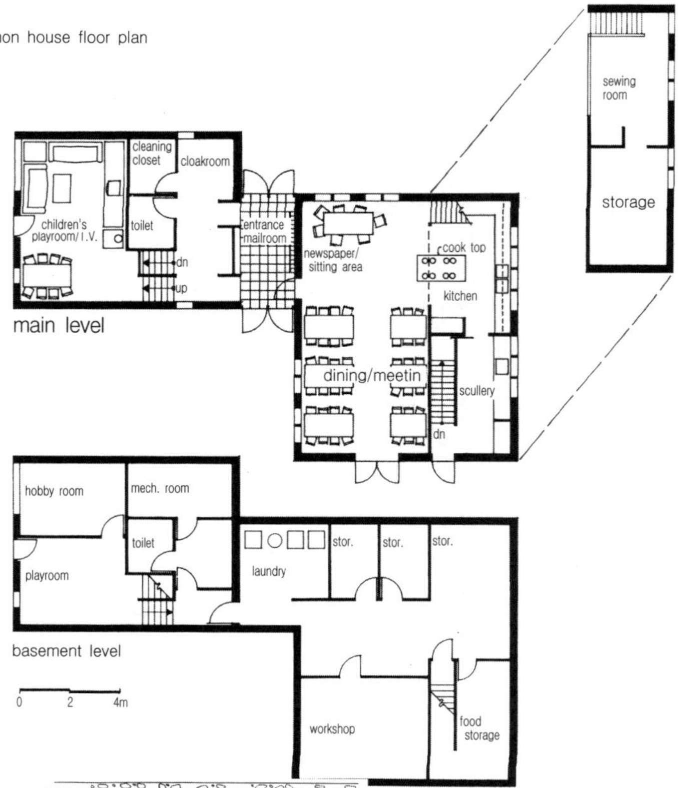

One-bedroom, 625ft^2(58m^2), and four-bedroom, 1.205ft^2 (112m^2), units.

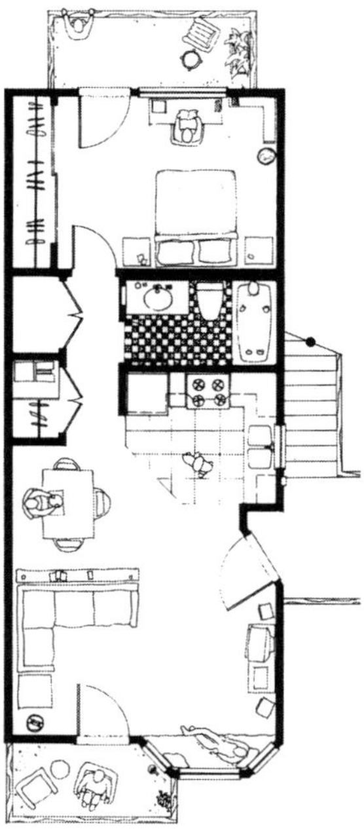

UPPER STORY FLAT

one-bedroom flat, 606ft.

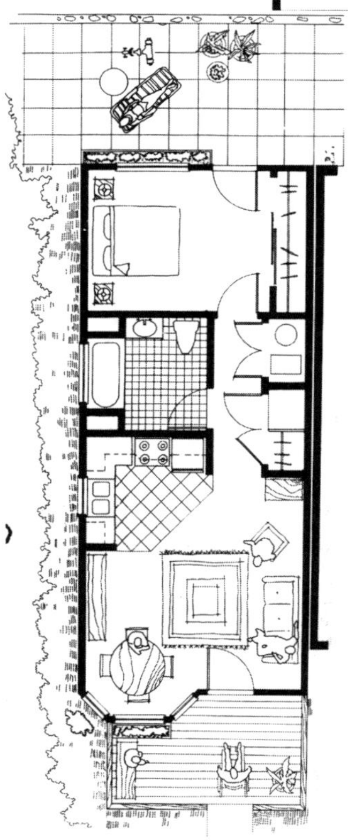

one-bedroom bandicapped-accessible flat, 613ft

GROUND FLOOR

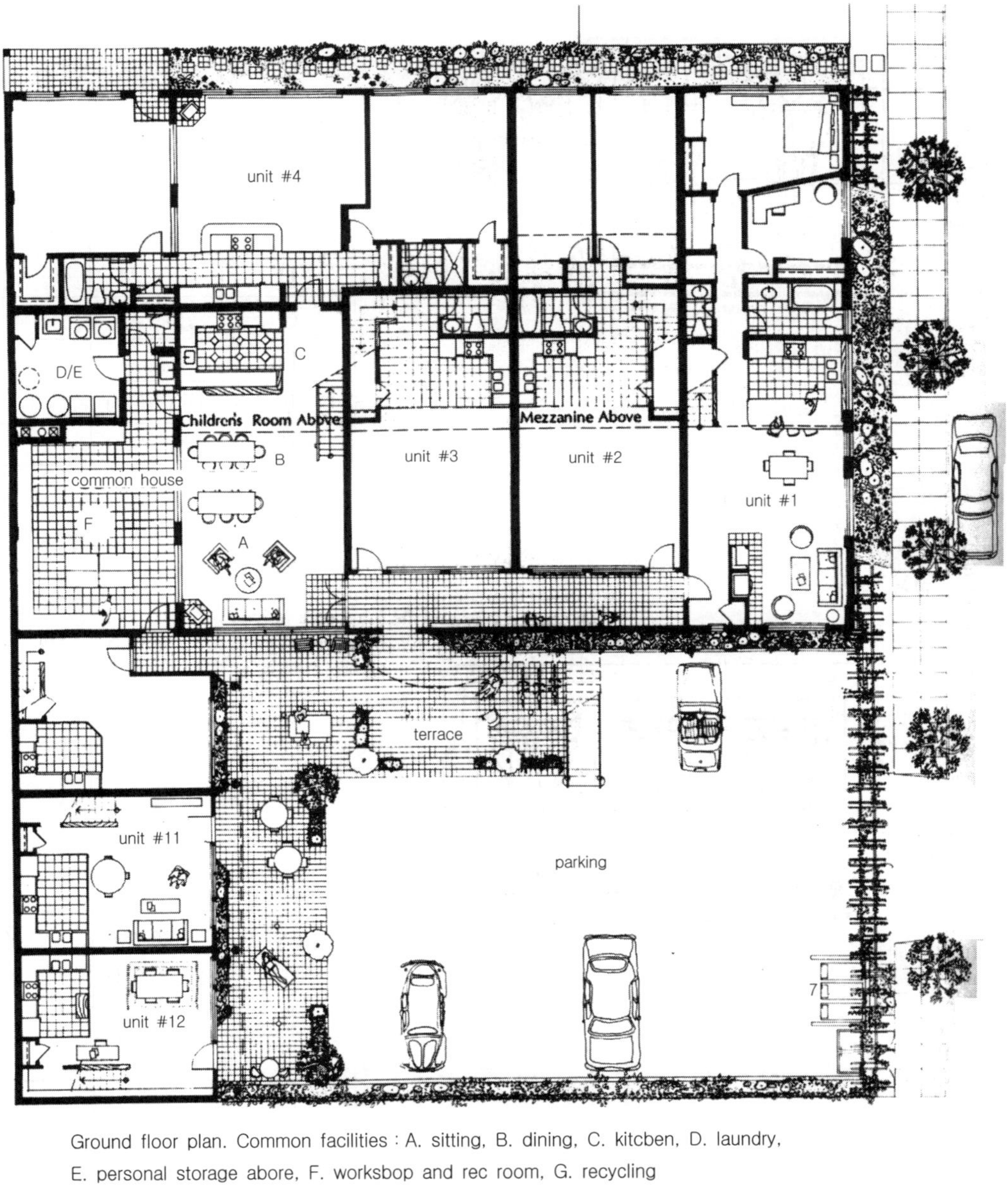

Ground floor plan. Common facilities : A. sitting, B. dining, C. kitcben, D. laundry, E. personal storage abore, F. worksbop and rec room, G. recycling

Ⅷ 주거공간(residential space)의 각종 가구류 배치 예

1) 거실(living roon)

① 2인용 쇼파

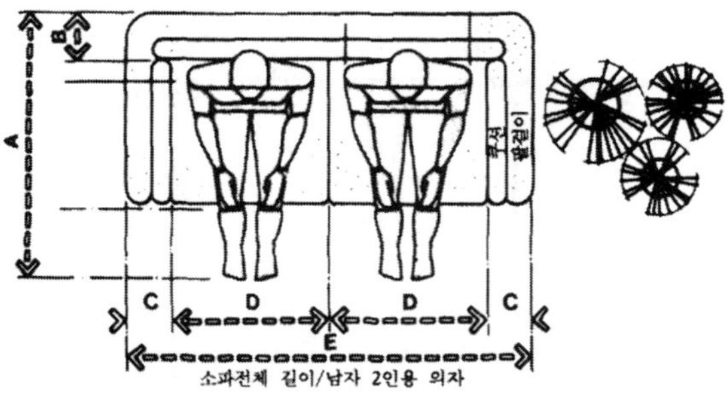

구분	cm	비고
A	105~120	
B	15~24	
C	7.5~15	
D	70	
E	155~170	
F	225~240	

② 3인용 쇼파

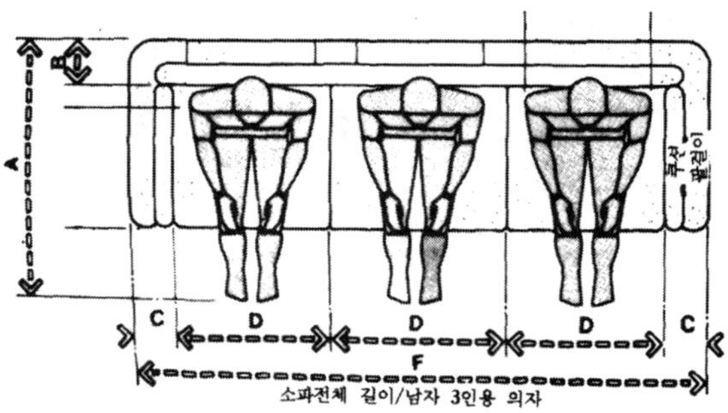

구분	cm	비고
A	105~120	
B	15~24	
C	7.5~15	
D	70	
E	155~170	
F	225~240	

③ 코너용 쇼파

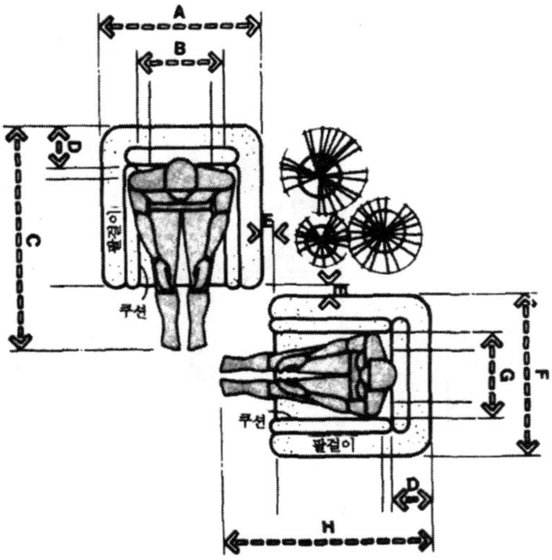

구분	cm	비고
A	85	100
B	70	
C	105~120	
D	15~24	
E	7.5	
F	80~95	
G	66	
H	100~115	
I	120~150	
J	7.5~15	

④ 보행공간의 코너용 소파

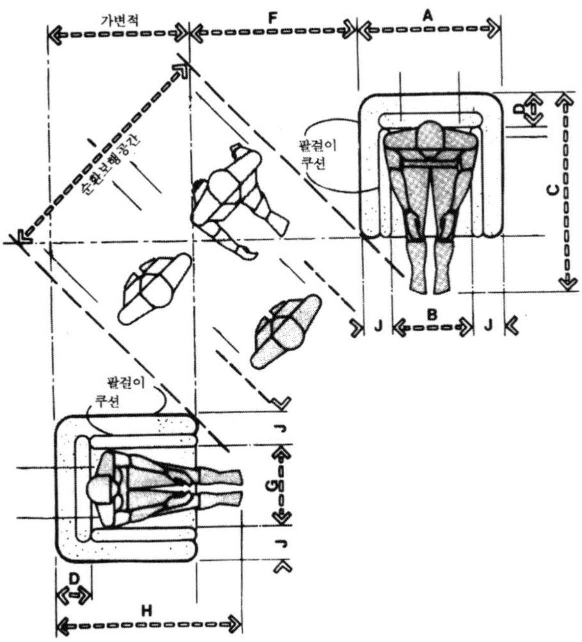

⑤ 라운지의 쇼파 layout

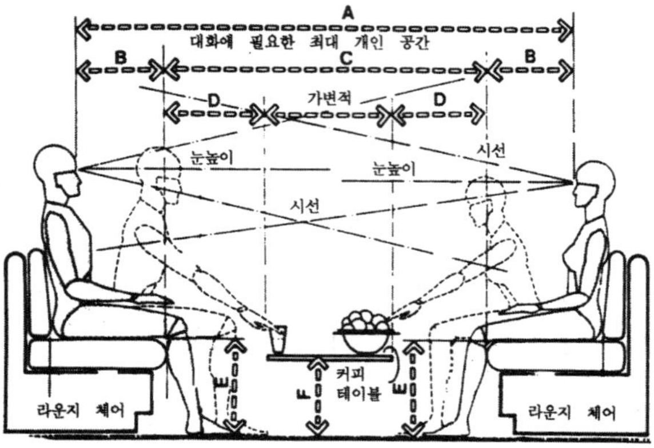

구분	cm	비고
A	210~270	
B	33~41	
C	145~205	
D	41~45	
E	36~45	
F	30~45	

⑥ 벽가구 layout

구분	cm	비고
A	45~60	
B	120~145	
C	90~105	
D	180	

⑦ 전시공간의 layout

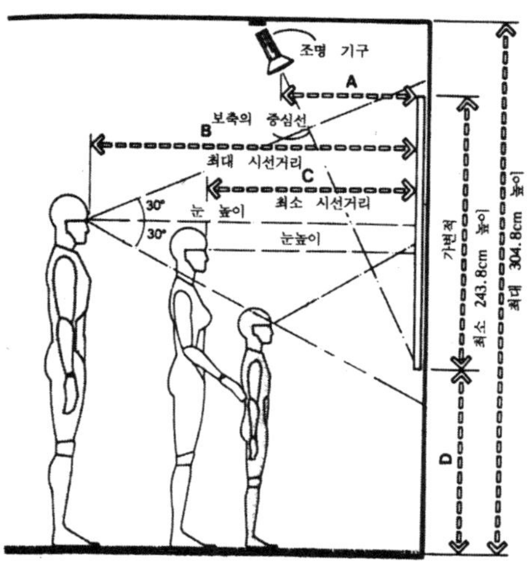

구분	cm	비고
A	40~69	
B	150~200	
C	75~105	
D	90	
E	50~60	
F	125	
G	80	
H	45	
I	100~120	
J	200~240	

⑧ 현관에서 코트를 벗고 걸기 위한 공간

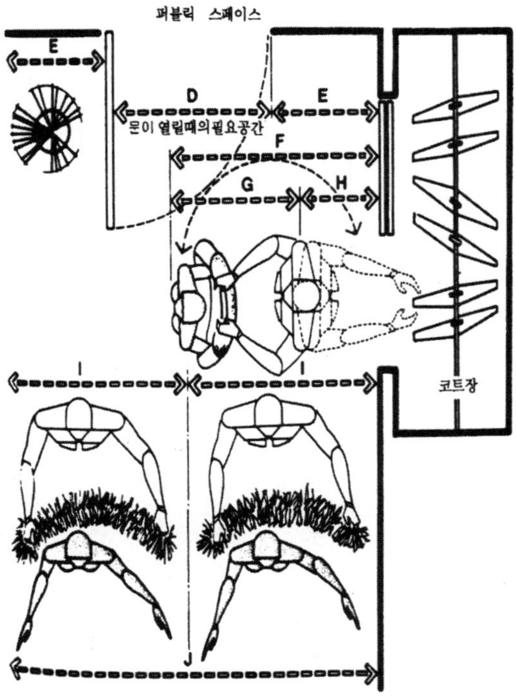

구분	cm	비고
A	40~60	
B	150~200	
C	75~105	
D	90	
E	50~60	
F	125	
G	80	
H	45	
I	100~120	
J	200~240	

2) 식사공간(dining space)

① 식탁의 최저 공간

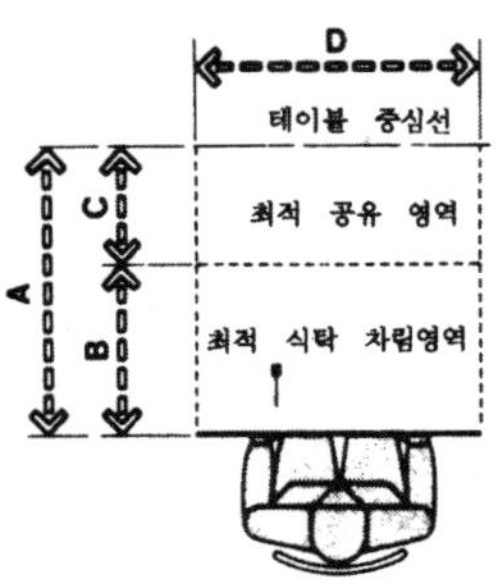

② 식탁의 최소 공간

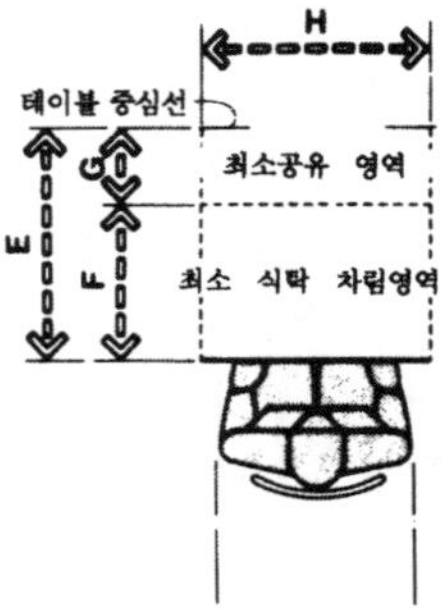

구분	cm	비고
A	66	
B	45	
C	21	
D	75	
E	54	
F	41	
G	12.5	
H	60	

③ 식탁의 적정 넓이

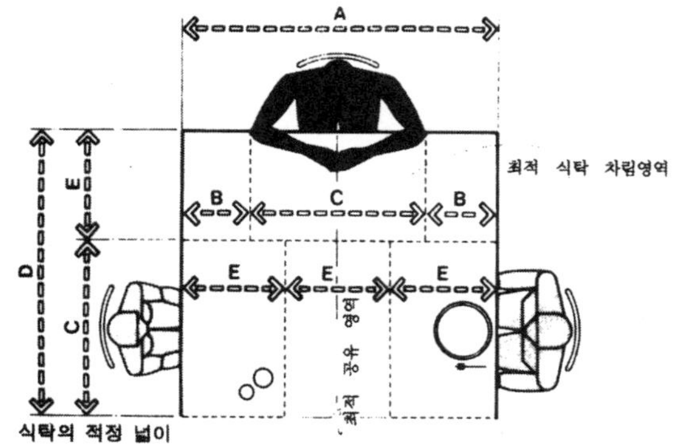

구분	cm	비고
A	135	
B	30	
C	75	
D	120	
E	45	
F	105	
G	21	
H	60	
I	100	
J	40	
K	25	

④ 식탁의 최소 넓이

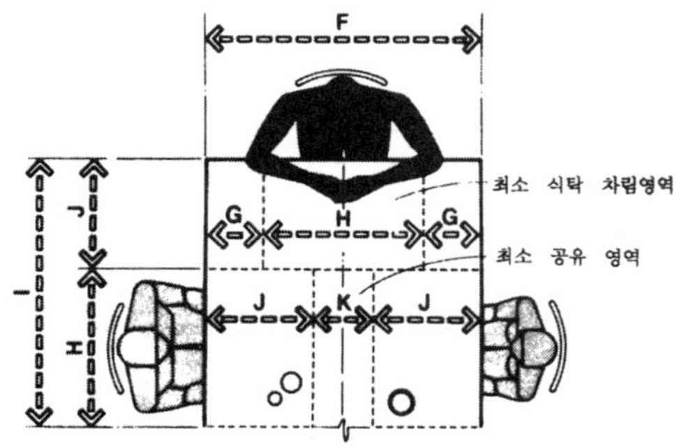

⑤ 6인를 위한 장방형의 식탁의 최소 넓이와 길이

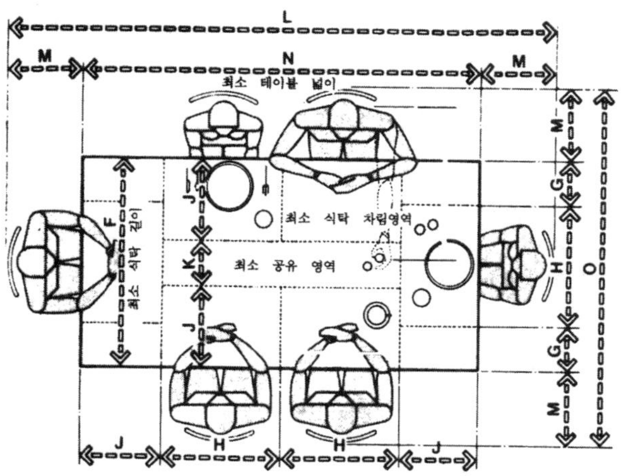

구분	cm	비고
A	135	
B	30	
C	75	
D	120	
E	45	
F	105	
G	21	
H	60	
I	100	
J	40	
K	25	
L	300~325	
M	45~60	
N	210	
O	200~230	

⑥ 4인용 식탁

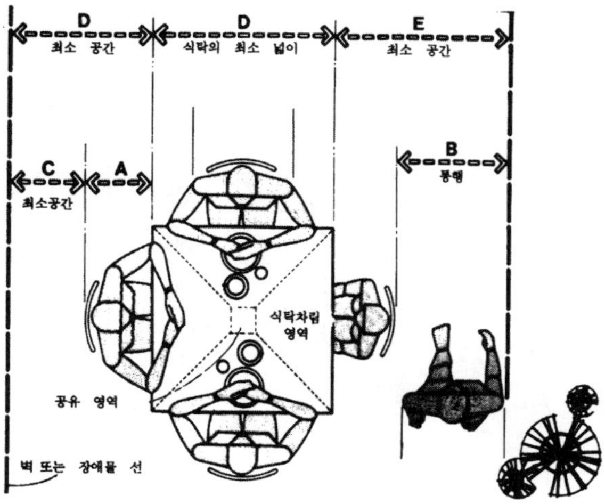

구분	cm	비고
A	45~60	
B	75	
C	45	
C	90~105	
E	120	

⑦ 직경 90cm의 4인용 원형 식탁

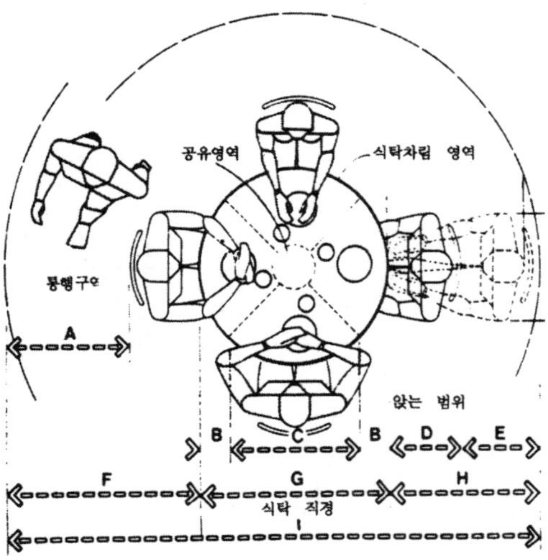

구분	cm	비고
A	75	
B	15	
C	60	
D	45	
E	30	
F	120	
G	90	
H	75~90	
I	270~320	

⑧ 직경 180cm의 6인용 원형 식탁

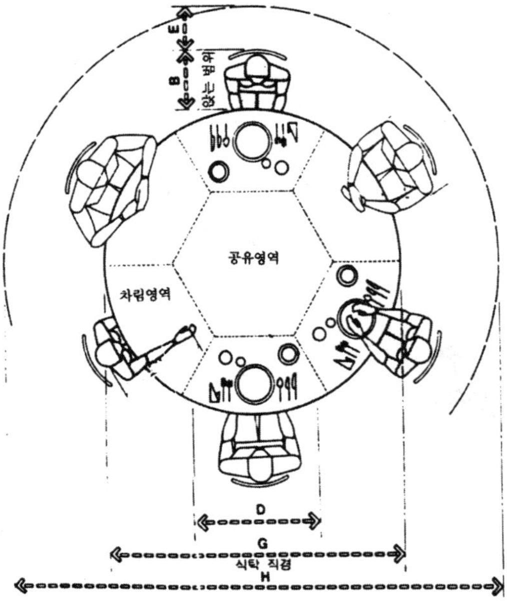

구분	cm	비고
A	45~60	
B	75	
C	30	
D	30	
E	330~360	

⑨ 직경 180cm의 8인용 원형 식탁

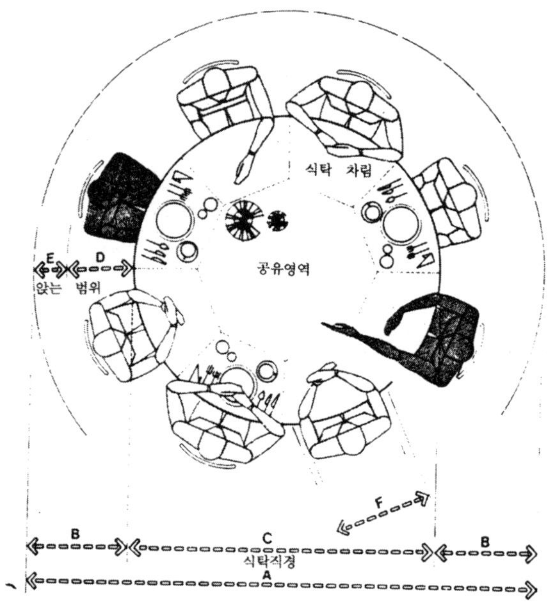

구분	cm	비고
A	330~360	
B	75~90	
C	180	
D	45~60	
E	30	
F	60	
G	120~135	
H	120~150	
I	135	
J	165~210	
K	210~240	

⑩ 식사 테이블과 부페 테이블 사이의 필요공간

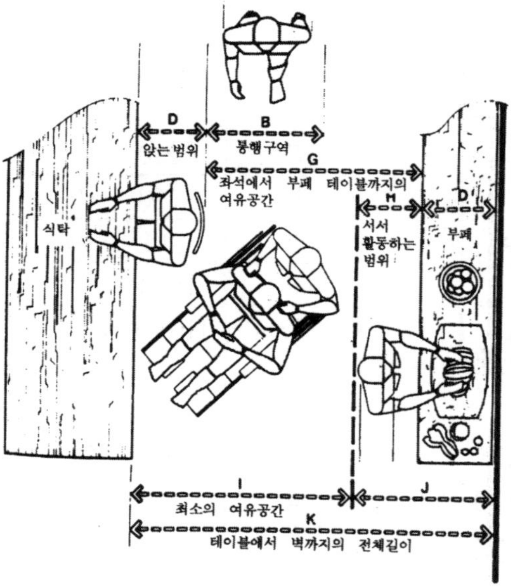

구분	cm	비고
A	330~360	
B	75~90	
C	180	
D	45~60	
E	30	
F	60	
G	120~135	
H	120~150	
I	135	
J	165~210	
K	210~240	

⑪ 의자 뒤의 최소 여유 공간

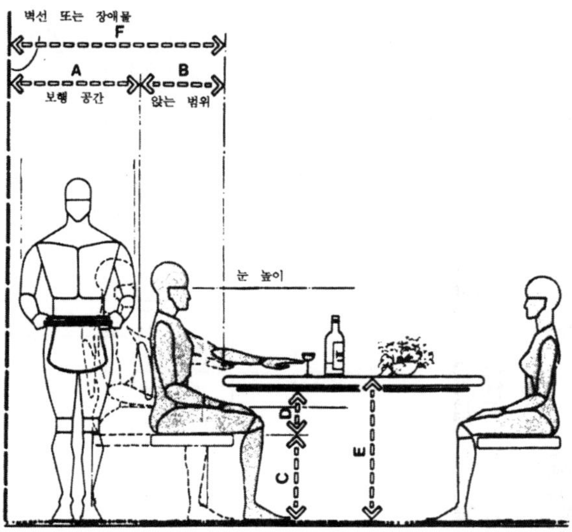

구분	cm	비고
A	75~90	
B	45~60	
C	40~45	
D	20	
E	72~75	
F	105~150	

3) 취침 공간(sleeping space)

① 싱글과 더블 침대

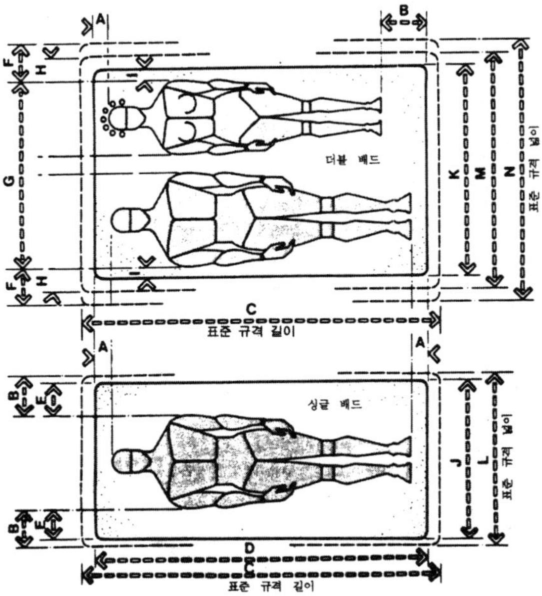

구분	cm	비고
A	6.5	
B	20	
C	210	
D	198	
E	15	
F	18~20	
G	110~115	
H	10~12	
I	1.5~5.0	
J	90	
K	120	
L	99	
M	135	
N	150	

② 메이크업/드레싱 테이블 책상 또는 드레싱 테이블

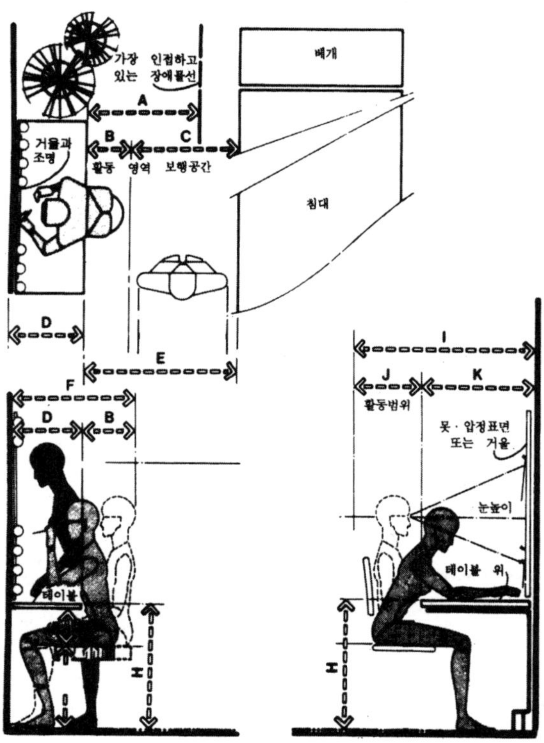

구분	cm	비고
A	60~70	
B	30~45	
C	75	
D	40~60	
E	105~115	
F	70~100	
G	18	
H	72~75	
I	105~135	
J	45~60	
K	60~75	

③ 옷장과 침대 사이의 layout

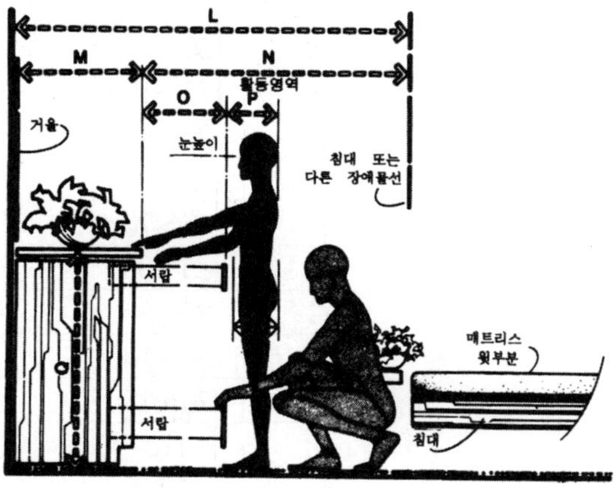

구분	cm	비고
L	155~180	
M	45~60	
N	105~120	
O	40~50	
P	45	
Q	105	

④ 수납장(남자)

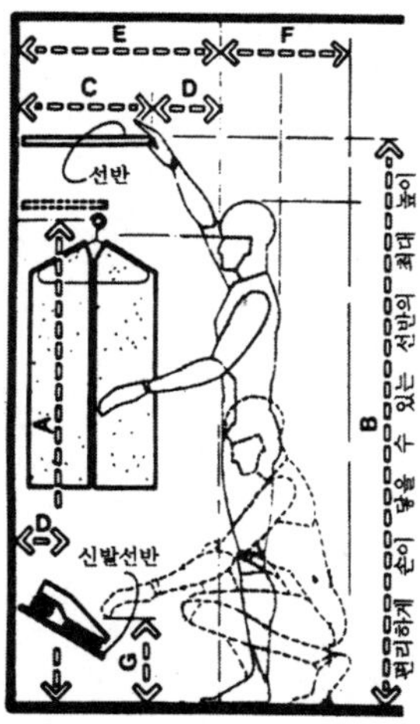

⑤ 수납장(여자)

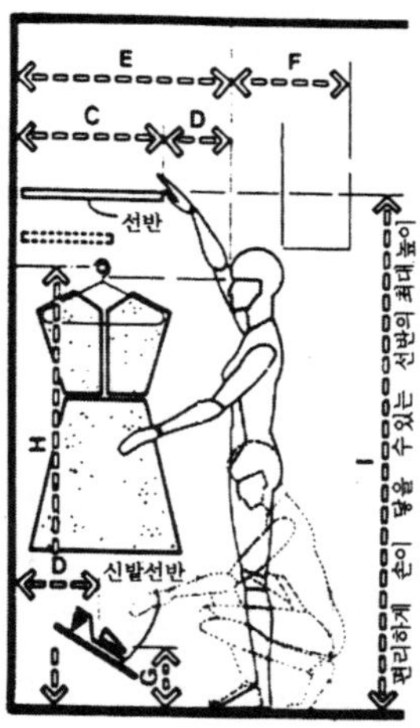

구분	cm	비고
A	155~170	
B	175~190	
C	30~45	
D	18~24	
E	45~70	
F	85~90	
G	24~30	
H	150~160	
I	170~180	
J	170	
K	190	
L	105	
M	115	
N	75	
O	45	

⑥ 드레싱 룸과 수납장

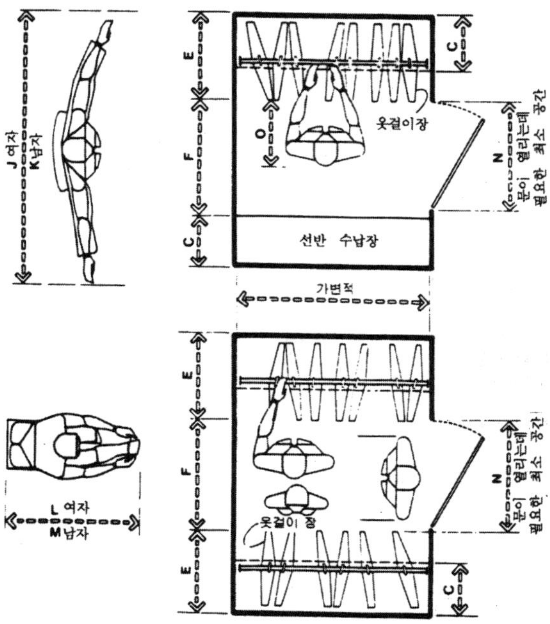

구분	cm	비고
A	155~170	
B	175~190	
C	30~45	
D	18~24	
E	45~70	
F	85~90	
G	24~30	
H	150~180	
I	170~180	
J	170	
K	190	
L	105	
M	115	
N	75	
O	45	

4) 조리공간(cooking space)

① 카운터와 베이스 캐비닛 layout

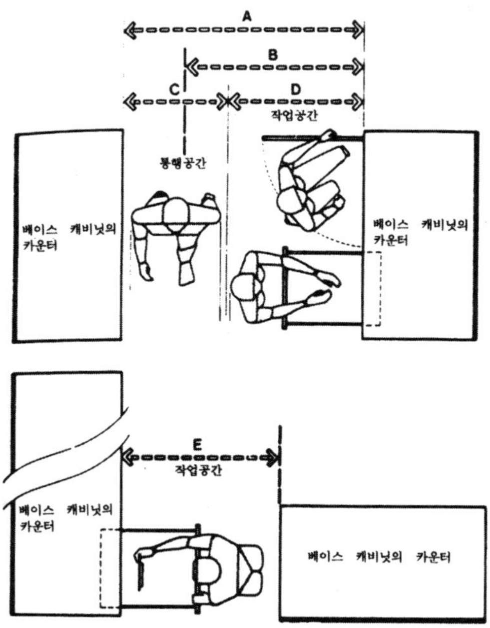

구분	cm	비고
A	150~165	
B	120	
C	60~75	
D	90	
E	120	

② 선반의 layoyt

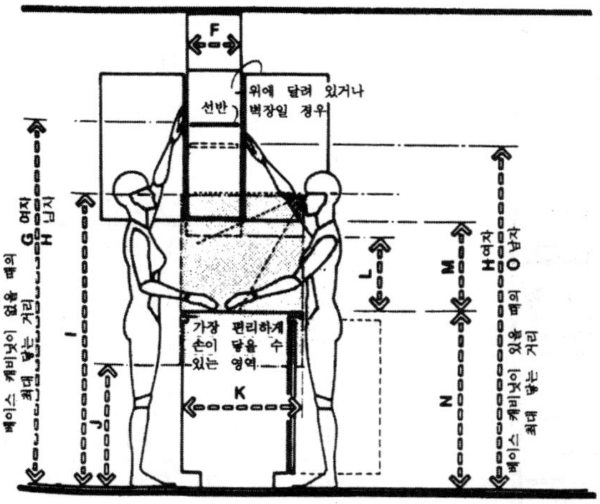

구분	cm	비고
A	150~165	
B	120	
C	60~75	
D	90	
E	120	

③ 준비대 필요 공간

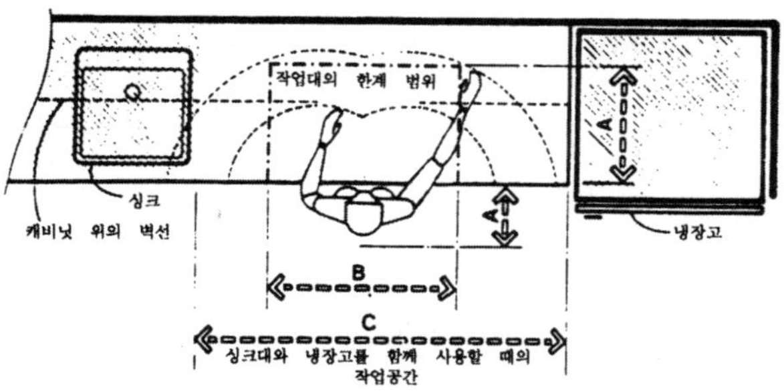

구분	cm	비고
A	45	
B	90	
C	105	

④ 가열대 주변 평면도

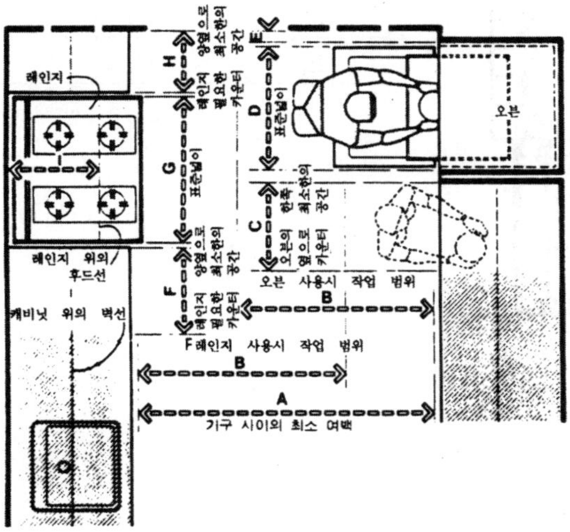

구분	cm	비고
A	120	
B	100	
C	38	
D	54~75	
E	2.5~7.5	
F	40	
G	50~115	
H	30	
I	45	
J	240~270	
K	60~70	
L	60~70	
M	75	
N	155	
O	88~90	
P	60	
Q	88	

⑤ 가열대 단면도

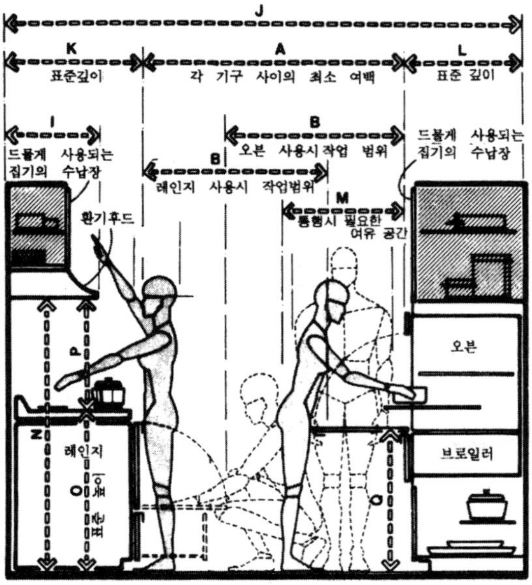

구분	cm	비고
A	120	
B	100	
C	38	
D	54~75	
E	2.5~7.5	
F	40	
G	50~115	
H	30	
I	45	
J	240~270	
K	60~70	
L	60~70	
M	75	
N	155	
O	88~90	
P	60	
Q	88	

5) 욕실(bath room)

① 세면실 layout

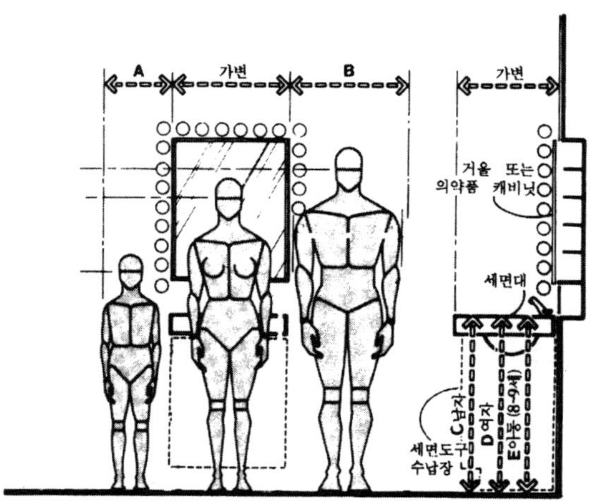

구분	cm	비고
A	38~45	
B	70~75	
C	95~110	
D	80~90	
E	65~80	

② 화장실 전개도 ③ 비데 전개도

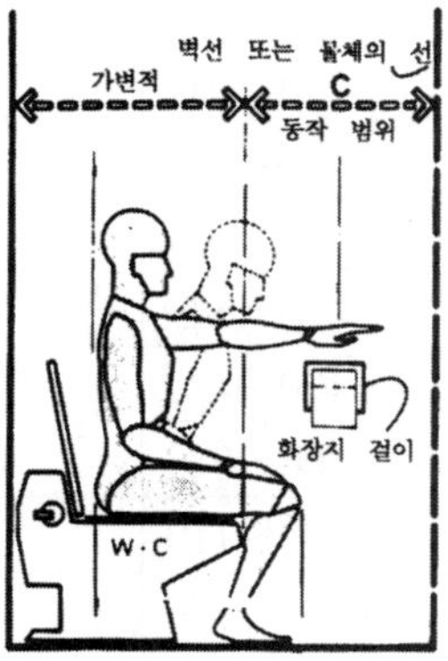

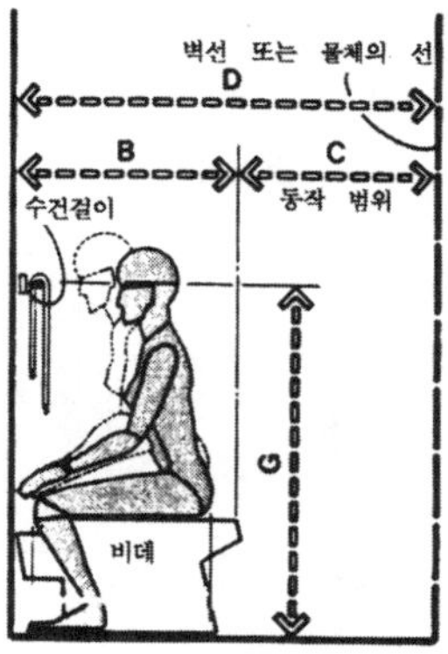

구분	cm	비고
A	30	
B	70	
C	60	
D	135	
E	30~45	
F	35	
G	100	
H	45	
I	75	

④ 화장실 평면도 ⑤ 비데 전개도

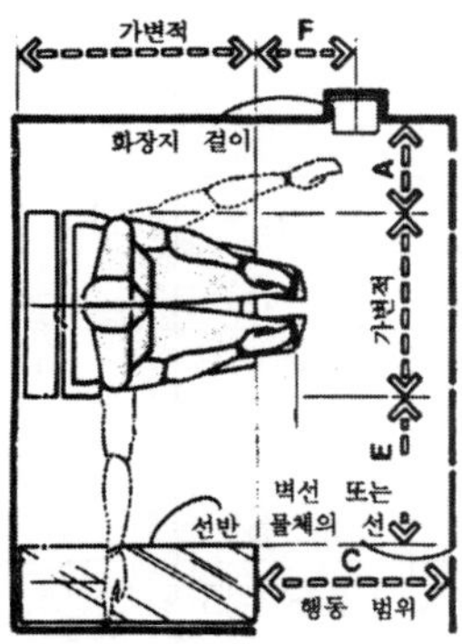

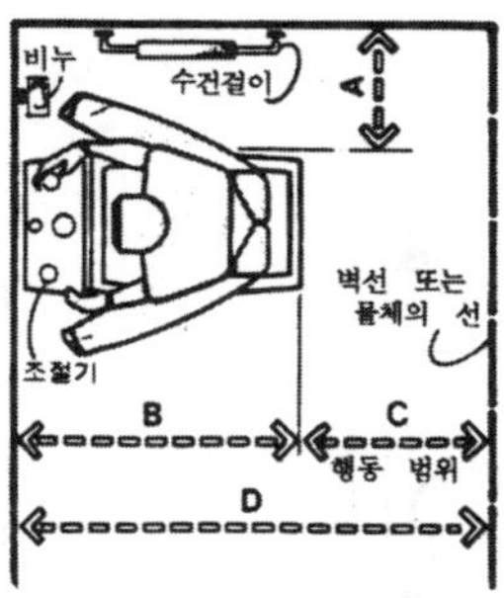

구분	cm	비고
A	30	
B	70	
C	60	
D	135	
E	30~45	
F	35	
G	100	
H	45	
I	75	

⑥ 비데 및 화장실 평면도

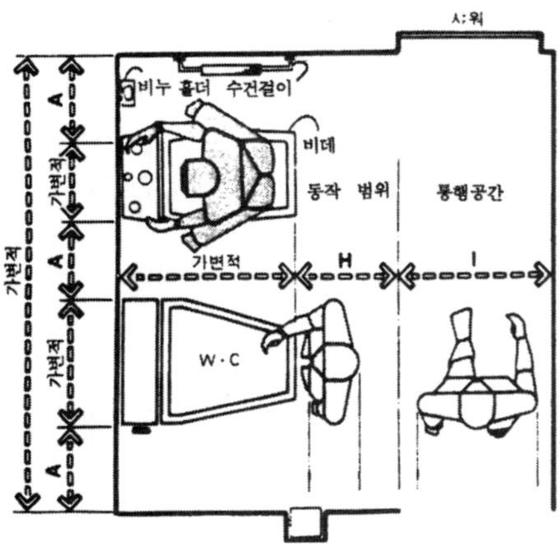

구분	cm	비고
A	30	
B	70	
C	60	
D	135	
E	30~45	
F	35	
G	100	
H	45	
I	75	

⑦ 샤워/욕조 전개도

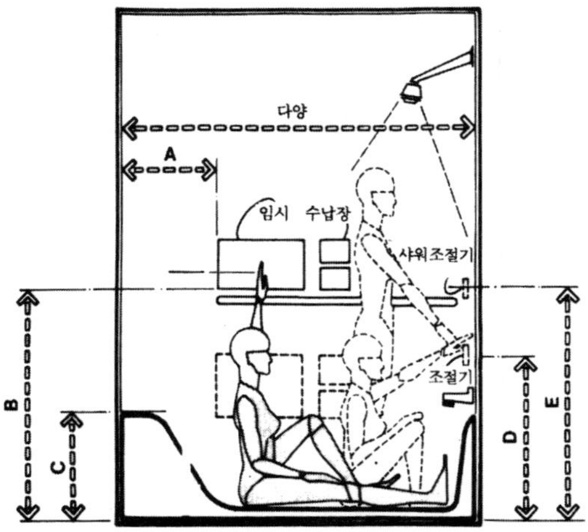

구분	cm	비고
A	45~54	
B	100	
C	38~55	
D	75~84	
E	100~125	
F	66~68	
G	100~110	
H	165~175	
I	140~150	

⑧ 1인용 욕조 및 2인용 욕조 평면도

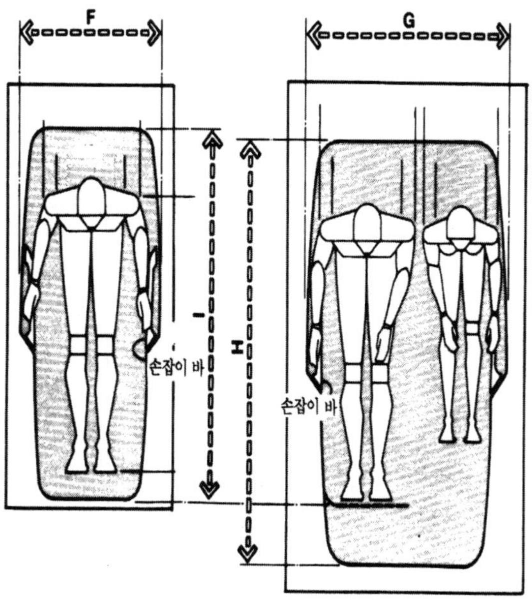

구분	cm	비고
A	45~54	
B	100	
C	38~55	
D	75~84	
E	100~125	
F	66~68	
G	100~110	
H	165~175	
I	140~150	

IX 단지계획 및 도시설계

1. 개요 및 정의

1) 단지계획

인간의 생활에 불편이 없도록 환경설계 요소인 주거동 구성 및 형식, 인동간격, 프라이버시, 소음, 조망, 통풍 등을 고려하여 시설배치를 하는 것을 말한다.

2) 도시설계

의도적으로 도시 형태를 조성하는 행위로서 도시의 물리적 환경의 질을 향상시키기 위한 수단으로서 공공성이 있는 외부공간의 형태를 조성하는 행위를 말한다.

2. 주거단지 이론

1) 커뮤니티(community)

주거의 집합화에서 생활의 쾌적성, 질서의 저하를 방지하고, 균형 발전을 꾀하기 위한 근린주구 개념으로 크기에 따른 중심시설이 요구된다.

2) 근린주구 이론

① 하워드(E. Howard)의 이론 :「미래의 전원도시」(1898)

- 도시와 농촌의 결합과 도시규모를 한정한 것으로 중심은 400ha의 시가지로 계획하며 주변은 200ha의 농지로 계획하고 있다.
- 인구는 3,200명으로 제한하고 있다.
- 자족적인 시설을 배치하고 있다.
- 토지 사유의 제한과 개발 이익의 사회환원을 주장한다.
- 전원도시계획 : "레치워스(Letchworth, 1903) 전원도시", "웰윈(Welwyn, 1920) 전원도시" 등이 있다.

② 페리(C. Perry)의 이론

최초의 근린주구 이론으로서 "뉴욕 및 주변 지역 계획(1927)"이 대표적이다.

- 1,000~1,200명의 학생수를 지닌 초등학교 중심의 인구 5,000~6,000명의 근린주구 이론이다.
- 면적 : 160에이커(65ha), 25호/ha, 93인/ha의 저밀도로 계획하고 있다.

• 단지에서 학교까지 보행거리 : 800m로 하고 있다.
• 가정에서 커뮤니티 센터까지 보행거리 : 400m로 하고 있다.
• 녹지 면적 : 전체 주구면적의 10%로 하고 있다.
• 1개 이상의 점포를 교차지점 또는 인접주구의 점포지구와 접하여 배치하고 있다.

③ 뉴저지의 레드번(Radburn) 계획

라이트(Henry Wright)와 스타인(C. S. Stein)이 설계한 대표적인 계획안이다.

• 보행자와 자동차 교통을 분리한다.
• 슈퍼 블록 단위로 계획 : 10~20ha
• 쿨데삭(cul-de-sac)설치 : 차량의 서비스 도로, 주호내 서비스실은 쿨데삭쪽에 배치하고 있다.
• 보도에 의해 가구안의 시설물에 접근한다.
• 건물 양쪽에 충분한 공지를 확보한다.

【그림 2-18】 페리에 의한 근린주구 모델

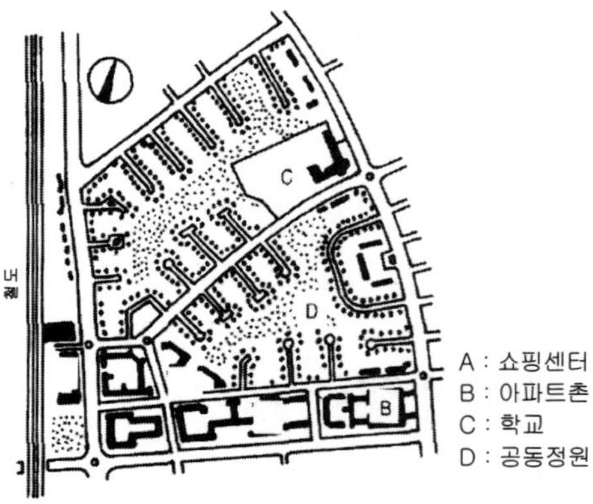

【그림 2-19】 래드번의 근린주구

④ 페더(G. Feder)

「새로운 도시」(Die Neue Stadt, 1932)를 저술했다.

• 날자별 단계적 일상 생활권 개념을 확립했다.
• 인구 20,000명의 자급자족적 소도시를 계획하고 있다.

⑤ 아담스(Thomas Adams)

「주거지의 설계」, 「소주택의 근린지」를 저술했다.

3) 근린주구 생활권

① 단위 : 인보구 → 근린분구 → 근린주구의 순으로 구성된다.

② 특성

- 인보구
  - 인구 : 20~40호(100~200명)
  - 규모 : 아파트 3~4층, 1~2동
  - 중심시설 : 어린이 놀이터(1,000m² 정도), 공동 세탁장 등이 있다.
- 근린분구
  - 인구 : 400~500호(2,000~2,500명)
  - 중심시설 : 일상 공공생활시설이 여기에 해당된다.
- 근린주구
  - 인구 : 1,600~2,000호(8,000~10,000명)
  - 중심시설 : 초등학교 및 우체국, 병원, 도서관, 소방서 등이 있다.

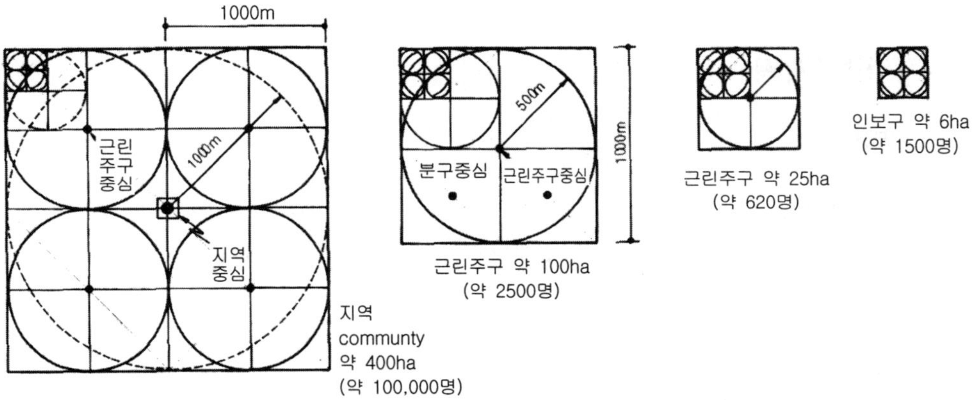

【그림 2-20】 근린주구의 단계별 규모

【표 2-1】 근린주구 구성표

구 분	설 명	중심시설명	수량	부지 면적	건축 면적	비 고
인보구 20~40호 100~200명	인보적 체제, 철근 콘크리트조 3~4층, 아파트는 1~2동이 여기에 해당된다. 어린이 놀이터가 중심	유아, 어린이공원	1	1,000		인보구의 중심에 교통로 기타 위험물이 있어서는 안 된다.
		공동세탁장	2~4			집집마다 세탁장이 없는 경우 설치한다. 공동수도, 공동우물을 이용할 수도 있다.
	일상 소비생활에 필요한 공동시설을 운영할 수 있는 체제	협동조합사무소	1	600	150	인접하여 설치한다.
		공회당	1	800	200	
		탁아소	1	1,500	300	겸용해도 무방하다. 공회당과
		유치원	1	1,500	300	인접해 있을 것
		산실	1	300	100	탁아소 등에 설치한다.

구 분	설 명	중심시설명	수량	부지 면적	건축 면적	비 고
근린분구 400~500호 200~2,500명		공중탕	1	600	200	설치하지 않을 경우에는 주택의 3%정도를 점포로 한다.
		생활필수판매점	1	1,500	1,000	
		진료소	1	300	300	
		경찰관파출소	1	100	100	근린분구에 이 중 하나를 설치한다. 근린주구 전체에 배치해도 무방하다. 일괄배치한다.
		소방관파출소	1	100	100	
		공중전화	1			
		공중화장실	1			
		우체통	1			
근린주구 1,600~2,000호 8,000~10,000명	초등학교를 중심으로 한 근린분구 수개의 집합체	초등학교	1	20,000	2,500	초등학교 운동장을 겸비해도 무방하다. 근린주구 마다 1개소의 비율로 해도 된다.
		어린이공원	1	16,000	500	
		도서관	1	2,500	800	
		병원	1	4,000	400	
		우체국	1	900		

3. 주거단지계획

1) 주거밀도

① 주거밀도 산정조건

주택 1인당 바닥면적, 건축형식, 건축구조, 일사 및 지반의 경사, 토지 이용률 등을 고려한다.

② 밀도의 종류

- 인구밀도 : 주거인구/토지면적 = 호수밀도×세대당 평균 인구수이다.
- 총밀도 : 순밀도×주택건축 용적률
- 순밀도 : 녹지, 교통 용지를 제외한 주거용지 면적에 대한 밀도
- 호수밀도 : 주택호수/단위 토지면적(호/ha)
  - 연립주택 : 40~80호/ha
  - 저층 아파트 : 80~200호/ha
  - 고층 아파트 : 150~300호/ha

③ 도시주택의 배치방법

- 중심부 : 인구밀도 500인/ha, 고층 건물, 상업지구안의 고층 아파트 등
- 중심부의 외주부 : 인구밀도 300~400인/ha, 중층 건물, 중·저층 아파트
- 외주부 : 인구밀도 300인/ha, 단독주택단지

2) 동선계획

① 보행자 동선 : 보행자 동선은 최단 동선으로 하고 보행자 전용로와 연결하며 생활 편익시설을 집중시켜 배치한다.

② 차량 동선 : 주차장 계획과 함께 고려하며 버스 → 소로 → 진입로 등의 3단계로 구성한다.

③ 보차 분리의 방법으로는 다음과 같은 것이 있다.

- 평면 분리 : 쿨데삭, 루프, T자형, 十자형
- 면적 분리 : 보행자 안전참, 보행자 공간, 몰 플라자
- 입체 분리 : 오버브리지, 언더 패스, 지하도, 다층 구조 지반
- 시간 분리 : 시간제 차량통행

3) 공동시설 계획

① 놀이터

- 유아공원 : 보행자 전용도로에서 인접시키며, 주보도로에서 300~400m 내에 설치한다.
- 유・소년 공원 : 교통이 혼잡하지 않은 도로에 인접시킴. 400~500m 내에 설치한다.
- 환경 : 활동적인 분위기, 소음제거 고려, 보호자의 감시거리를 확보한다.

② 녹지

식재를 통한 녹지의 조성으로서 주기능은 차음, 냉각, 방풍효과에 있다.

- 방음 식재 : 도로, 주차장 주변의 방음
- 차폐 식재 : 프라이버시 또는 시환경 보호
- 녹음 식재 : 직사광선으로부터 보호
- 수경 식재 : 지표 식재
- 위생 식재 : 지표의 건조 예방

4) 교통계획

① 차량교통

- 계획시 유의사항
  - 횡단보도는 간선도로에서 300m마다 설치한다.
  - 간선도로 교차각은 최소 60° 이상, 교차는 T자형, 교차지점간 간격은 400m 이상으로 한다.
  - 30° 이상 우회시 우회 지점에 표지를 설치한다.
  - 차량속도는 저속으로 하고, 2개의 간선로를 곡선형으로 연결시켜 속도를 저감시킨다.
  - 진입로 1개당 200세대를 서비스한다.
  - 도로와 주택의 최적 거리는 60m로 한다.
- 도로의 형식
  - 격자형 도로(grid pattern) : 교통을 균등히 분산시키고 넓은 지역을 서비스 할 수

있으며, 교차점은 400m 이상 격리되어야 하며, 주거지역에 직접 연결되어서는 안 된다.

-선형 도로(linear-road pattern) : 폭이 좁은 단지에 유리하며, 단지의 양측면에 서비스가 가능하다.

-쿨데삭(cul-ed-sac) : 일명 막다른 골목으로 적정길이는 120~200m 사이에서 결정된다. 단, 길이가 300m일 경우 중간에 회전구간을 설치하며, 길이에 관계없이 2차선으로 구성한다.

-단지 순환로(ring road) : 단지주변을 루프형식의 순환로로 구성한다.

• 단독주택 단지의 도로

-도로면적은 부지면적의 13~17%이며, 폭은 주택 4m, 가구 6m, 소방로는 6m로 한다.

• 옥외 주차장

-주차장까지의 거리 : 방문자 60m, 거주자 30~45m

-한 곳의 수용 대수 : 10~12대

-직각 주차를 효율적으로 이용하고 남북을 향해 배치한다.

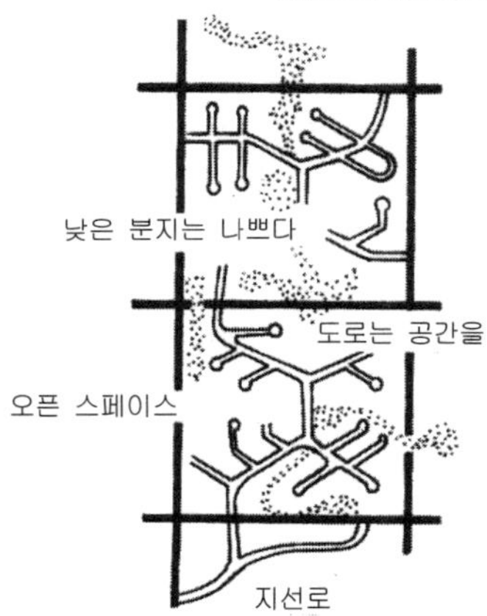

【그림 2-21】 격자형 도로

【그림 2-22】 선형도로

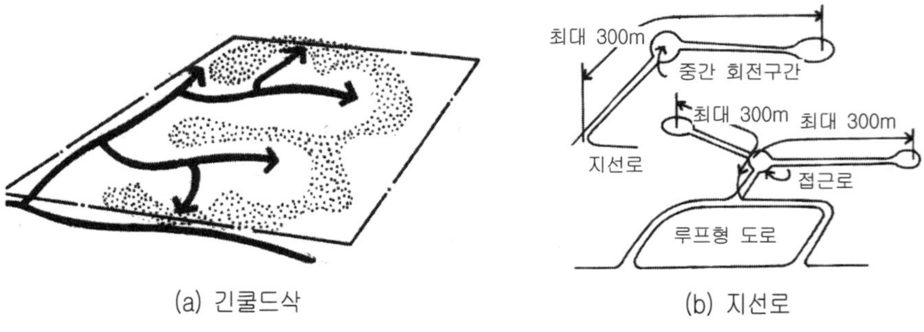

(a) 긴쿨드삭 (b) 지선로

【그림 2-23】 쿨데삭

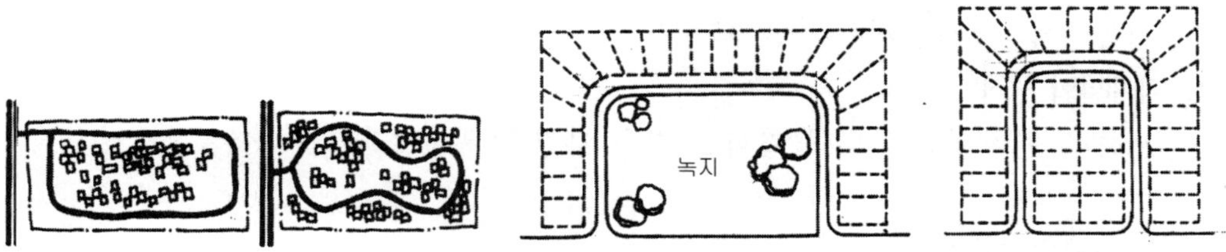

루프형

【그림 2-24】 단지 순환로

② 보행자도로

- 계획시 유의사항
  - 최단 거리를 유지한다.
  - 보차의 교차부분은 직각으로 하고 미끄럼 방지를 할 것
  - 다양한 공간을 연출(보행자 광장, 바닥 질감, 밀도, 조경 등)한다.
  - 커뮤니티 중심부에는 유보랑(promenade)을 설치한다.
  - 활동의 결정점은 10분 정도의 보행거리에 두고 오픈 스페이스를 설치한다.
- 보행자 도로
  - 최소 폭 : 3인이 걸을 수 있는 폭 2.4m 이상으로 한다.
  - 보도는 연속성이 있어야 하며, 규모가 큰 건물의 입구와 직접 면하지 않도록 한다.
  - 도로 폭 : 10m 이상시 보도가 필요하다.
  - 보도폭 : 주간선 도로 3m, 보조간선도로 또는 샛길 2m, 통학로 4m로 한다.

4. 재개발 계획, 토지 구획정리, 도시설계

1) 재개발 계획

① 재개발의 의의와 목적

- 도시계획의 순화와 무질서한 도시의 기능을 회복한다.
- 오픈 스페이스를 확보한다.
- 토지를 효율적 이용한다.
- 쾌적하고 능률적인 도시환경을 조성한다.
- 과밀 해소와 재해발생을 예방한다.

② 재개발 유형

- 전면 재개발(redevelopment) : 노후화된 부분의 전면적인 해체, 철거, 개발을 말한다.
- 수복 재개발(rehabilitation) : 도시시설의 수리·개조 후 도시의 기능을 회복시키는 것이다.
- 보전 재기발(conservation) : 역사·문화적 건축물을 보호하기 위한 개발을 말한다.

③ **재개발의 시행 단계**

기본계획 → 사업계획 → 시행계획 → 관리처분계획

④ **재개발의 원칙**

보존을 원칙으로 하되 불가피할 경우 보전을 위주로 한다.

2) 토지구획 정리

시가지로서 필요한 공공시설의 정비와 대지 이용의 증진을 위해 일정 지구 내의 토지를 교환, 분합, 구획, 변경, 지목 또는 지번의 변경이나 공공시설의 설치 변경을 행하는 사업을 말한다.

3) 도시설계

① **정의**

의도적으로 도시형태를 조성하는 행위로서 도시의 물리적 환경의 질을 향상시키기 위한 수단으로서 공공성이 있는 외부공간의 형태를 조성하는 행위를 말한다.

② **도시설계 작성기준**

- 구역의 위치, 환경에 따른 특성을 고려한다.
- 장래의 개발 방향, 목표가 제시되어야 한다.
- 구역안의 자연, 사회, 경제, 문화, 역사적 특징을 고려해야 한다.

X 기숙사

1. 일반계획

1) 블록 플랜의 기본형

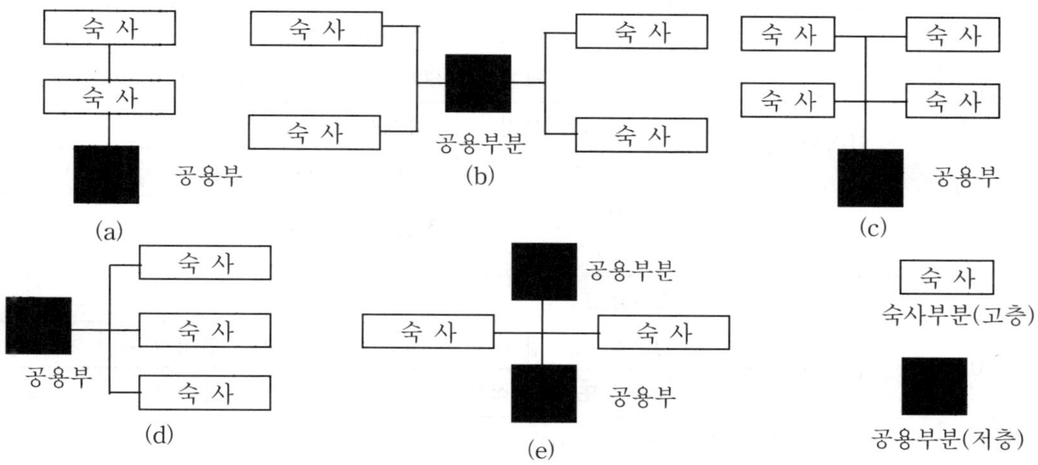

【그림 2-25】 블록 플랜의 기본형

2) 기숙사 각부분의 면적 비율

실 명	연면적에 대한 비율 [%]
현관, 사무실, 오락실 등	6~8
침실, 병실, 예배실 등	65~70
식당, 주방, 욕실, 변소 등	15~20
복도, 창고 등	7~11

① 남자와 여자를 동일 동으로 수용해서는 안 된다.

② 15명 이상이 2층 이상의 침실에 기숙하는 건물에는 2개소 이상의 계단을 설치한다.

③ 침실의 거주인원은 많은 경우 16인까지도 수용되지만 1실에 2~6인 정도가 바람직하다.

④ 항상 30명 이상을 기숙시키는 기숙사에는 식당을 마련한다.

⑤ 화장실은 남·녀별로 구분한다.

⑥ 변기의 수는 15명 또는 그 끝수마다 1개, 100명을 초과할 때는 20명 또는 그 끝수마다 1개, 500명을 초과할 때는 25명 또는 그 단수마다 1개로 한다.

⑦ 소요 바닥면적은 1인당 최소 2.5m^2으로 하고 있으나 보통 5.0m^2 내지 5~10m^2 정도로 하는 것이 이상적이다.

2. 세부계획

1) 침실

<table>
<tr><td></td><td>좌식의 경우
(1인당)</td><td colspan="3">최소-2.5m^2 (0.75평)…표준
4.0m^2(1,2평), 최대- 5.0m^2(1.2평)</td></tr>
<tr><td rowspan="5">소요바닥
면 적
기 타</td><td rowspan="5">입식의 경우</td><td>최 소 한</td><td colspan="2">3m^2/1인</td></tr>
<tr><td>침대의 크기</td><td colspan="2">600×2,000mm~900×2,000mm(2단)</td></tr>
<tr><td>침대의 간격</td><td colspan="2">≥1,350mm</td></tr>
<tr><td>침대 상하 간격</td><td colspan="2">1,200~1,250mm</td></tr>
<tr><td>침대 상단과
천장높이</td><td colspan="2">1,000mm 이상</td></tr>
<tr><td rowspan="3">천장높이
[mm]</td><td>좌식의 경우</td><td colspan="3">2,400(표준)</td></tr>
<tr><td rowspan="2">입식의 경우</td><td colspan="2">2단식으로 침대 밑을 물건 넣는 곳으로 인정할 때</td><td>≥2,600</td></tr>
<tr><td colspan="2">1단식 또는 2단식으로 침대 밑을 이용하지 않을 때</td><td>≥2,400</td></tr>
<tr><td rowspan="2">입구와
속깊이
[mm]</td><td>한쪽면 채광일 때</td><td colspan="2">개구×1,500≥속깊이≥6,000</td><td></td></tr>
<tr><td>양면 채광일 때</td><td colspan="3">개구×2,000≥속깊이≥10,000(복도 포함)</td></tr>
<tr><td rowspan="2">채 광</td><td>창 면 적</td><td colspan="3">채광에 유효한 침실 개구부의 크기는 바닥면적 1/7 이상</td></tr>
<tr><td>전 등</td><td colspan="3">거주면적 4m^2마다 10촉광 이상이 등광</td></tr>
<tr><td rowspan="6">침구수납
설 비
[mm]</td><td rowspan="2">반침의 크기</td><td>폭</td><td>길 이</td><td>높 이</td></tr>
<tr><td>450~500</td><td>800~850</td><td>300~450</td></tr>
<tr><td rowspan="2">로 커</td><td>개 구</td><td>속깊이</td><td>높 이</td></tr>
<tr><td>≥300/1인</td><td>≥430</td><td>130~180</td></tr>
<tr><td>신발장(우산 놓는 곳 포함)</td><td>120/1인</td><td>≥350</td><td>≥150</td></tr>
<tr><td>청소용구 상자</td><td>≥400</td><td>500</td><td>1,750</td></tr>
</table>

2) 변소

<table>
<tr><td rowspan="3">소요면적</td><td>대 변 기</td><td>1~1.44m^2/1개</td></tr>
<tr><td>소 변 기</td><td>0.45~0.65m^2/1개, 폭≥600mm</td></tr>
<tr><td>세 면 기</td><td>≥0.55m^2/1개</td></tr>
<tr><td>대 변 기</td><td>수 량</td><td>1개/15명(≥100명의 경우), 1개/20명(100~500명의 경우)</td></tr>
<tr><td>소 변 기</td><td>수 량</td><td>(1~1.5)×대변기수, 1개/10인</td></tr>
<tr><td>세 면 기</td><td>수 량</td><td>1/10×전 변기수</td></tr>
</table>

3) 세면소

소 요 면 적	$\geq 0.55m^2$
폭 (속 깊 이)	$\geq 0.6m$ (통로를 포함하지 않음)
세 면 기 수	1개/2~6베드, 0.2개 전후/1명 (전원에 대해서 유대식의 경우)
세 족 기 수	1개/10~12 베드
세 면 실	$0.35 \sim 0.4m^2$/1베드
세 탁 조	1개/10인, 폭……0.7m/탱크 1

4) 이발소

① 1대당 : 200~300인

② 최소 기준면적 : $10m^2$

③ 1대 추가시 $5m^2$ 증가

④ 작업실 $10m^2$ 이상

5) 욕실시설

① 일반적인 산정방식

<table>
<tr><td rowspan="9">욕실</td><td rowspan="4">욕 조</td><td>소 요 면 적</td><td>$0.22 \sim 0.4m^2$ 1인, 보통은 $0.3m^2$/1인</td></tr>
<tr><td>폭</td><td>$\geq 1.65m$</td></tr>
<tr><td>최 대 면 적</td><td>$\geq 10.0m^2$, 보통은 $5.0 \sim 6.0m^2$</td></tr>
<tr><td>깊 이</td><td>0.75~1.2m</td></tr>
<tr><td rowspan="2">욕 실</td><td>소 요 면 적</td><td>8×욕조면적, $0.75m^2$/1명</td></tr>
<tr><td>몸을 씻는데 필요한 면적</td><td>$\geq 0.8m^2$(물그릇 포함)</td></tr>
<tr><td>욕실설비</td><td>욕실 내의 샤워 개수</td><td>1개/$5m^2 \sim 2m^2$</td></tr>
<tr><td>욕실면적 산정식</td><td>$B=0.75m^2 \times A \times 0.9 \times \frac{1}{n} \times \frac{1}{2}$</td><td rowspan="2">B : 욕실 소요면적 A : 숙사의 수용인원,
n : 입욕의 교대수 C : 욕조 소요면적,
$\frac{1}{2}$: 전원이 식전과 식후로 나누어 입욕하던가 또는 격일로 나누어 입욕하는 것으로 한다.</td></tr>
<tr><td>욕조면적 산 정 식</td><td>$C=B \times \frac{1}{n} \times 0.3$</td></tr>
<tr><td colspan="2" rowspan="2">탈 의 실</td><td>소 요 면 적</td><td>6/10~7/10×욕실면적(여자는 남자보다 크게 잡는다) 1/2×욕실면적, $0.45 \sim 0.56m^2$/1명(전원에 대해), $2.2m^2$/1명(탈의실의 인원에 대해서)</td></tr>
<tr><td>탈의상자처리 선반의 소요면적</td><td>$\geq 0.85m^2$/명(전원에 대해서), 또는 $\geq 0.2m^2$/명(탈의실의 인원에 대해서)</td></tr>
</table>

② 간이 산정방식

• 욕실 : 입욕인수 = 전인원×0.9×1/교대수

입욕자 1인 = $1.2m^2 \sim 2.4m^2$

• 탈의실 : 욕실면적의 $\frac{1}{2} \sim \frac{3}{4}$

6) 음식시설

식 당	소 요 면 적	$1.2 \sim 1.5m^2$/1인(4인 1탁)
	1명이 차지하는 폭	0.55～0.6m/인
	식 탁 의 폭	≥0.4m (편측에만 사용)
	식탁의 벽측 간격	≥0.7m (양측에 사용)
	식탁과 식탁의 간격	≥0.9m (좌석에 대해)
	식탁간의 통로 폭	≥1.0m (긴편과 직각, 의자를 놓지 않고)
주 방	소 요 면 적	1/3～1/4×식당면적 혹은 $0.4m^2$/1명

7) 보건시설

휴 식 실	소 요 면 적	$\geq 5.0m^2$/1인 (전원의 3～5%에 대해서 준비한다)
	간호실의 면적	$6.0 \sim 15.0m^2$

8) 오락시설

집 회 실	식당, 옥내 체육관과 겸용한다.
오 락 실	바둑, 장기, 탁구를 할 수 있는 정도 $0.2m^2$/1명 정도 $20m^2$/100인, $70 \sim 80m^2$/500인
담화실, 휴게실	오락실, 현관 홀의 한구석에 마련하는 정도, 의자, 탁자, 꽃, 신문, 잡지, 라디오, TV 등을 구비한다.
이외로 음악실, 체육관, 운동장, 기타를 설치한다.	

9) 교양시설

독 서 실	도서실, 신문잡시실 등을 마련하던가, 오락실, 복도, 담화실 등을 이용할 수도 있다.
작업실, 사무실 (제봉실, 요리실)	전원(여자)의 1/2～1/10이 동시에 사용되면 좋다.
자 습 실	학생기숙사의 2～4명 정도를 1실씩 취한다.

10) 연결시설

복 도	주요 통로폭	2.0~4.0m
현 관	폭	≥4.0m
신발상자	신발상자와 신발상자의 간격(서로 맞보이는 경우)	≥2.0m
	신발상자와 속길이(W)의 높이(H)	W≥0.35m, H≥1.5m
	실내화와 장화를 넣는 경우(벽면에 대해서)	6인/m^2
	실내화와 단화를 넣는 경우(벽면에 대해서)	10인/m^2
	1인당 소요실 면적	0.15m^2/1인

11) 관리시설

사 무 실	직 원 실	0.03~0.03×전원(기숙인)
	소요면적	수용인원 200명 이하의 경우 16.0m^2
		수용인원 200명 이하의 경우 20.0m^2
응 접 실	회의실과 겸용하는 것이 좋다.	
사 감 실	12.0~15.0m^2를 보통으로 한다.	

12) 외래 관련시설

면 회 실	12m^2 정도(양실 이외로 별실이 있으면 좋다)
VIP 실	작업실 등을 겸용해도 좋으나 2~3실을 준비해 둔다.

3. 기숙사 실례

⬆ 영남대학교 생활관

현대건축(김무권) + 삼우종합건축(김창수, 정건수)

위　　치 : 경북 경산시 대동 241-1번지
대지면적 : 11,400m²
연 면 적 : 24,998.88m²
건축면적 : 4,628.37m²
구　　조 : 철근콘크리트 벽식구조, 철근콘크리트 라멘조
규　　모 : 남학생 생활관 - 지하1층, 지상13층
여학생 생활관 - 지상 8층
공동복지시설 - 지상 4층

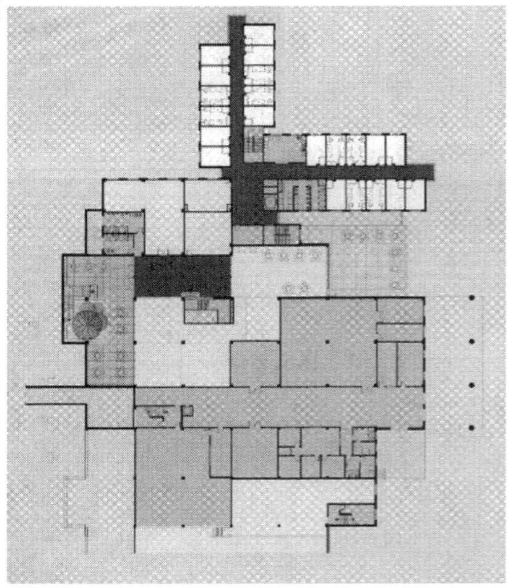

1th floor plan(Woman)

site plan

← 군산대학교 기숙사

모란건축(손두호, 김흥수)

위　　치 : 전북 군산시 미룡동 산68번지
연 면 적 : 8,595m²
건축면적 : 1,057m²
구　　조 : 철근콘크리트조
수용인원 : 540명

corss section

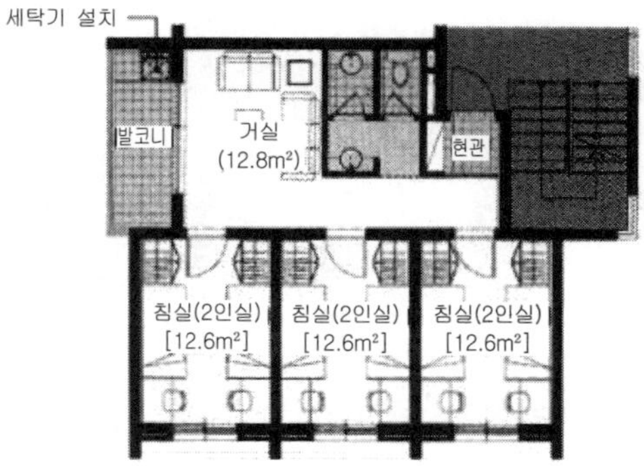

tower form dormitory

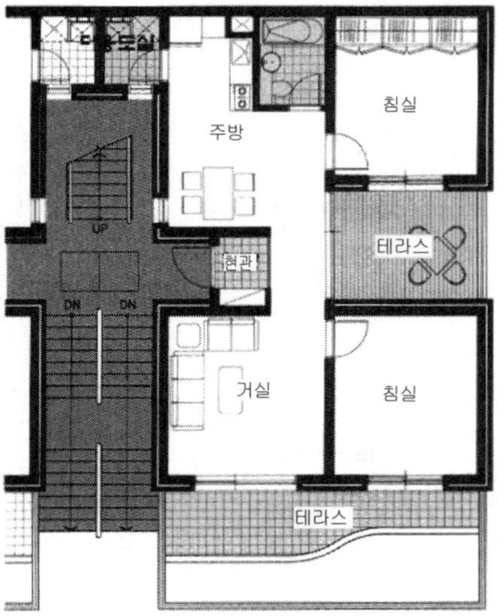

guest dormitory unit plan

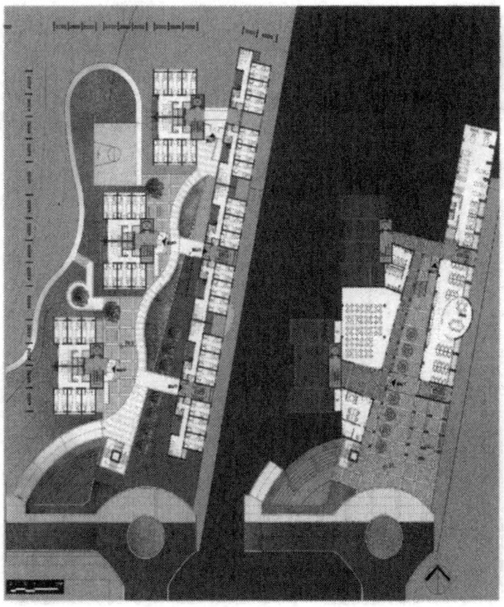

site plan

← 한국 정신문화 연구원 기숙사

단우건축 + 야키덤 건축(최명철+강봉원)

위　　치 : 경기도 성남시 분당구 운중동 50번지 일대
대지면적 : 11,549m²
연 면 적 : 8,466.89m²
건축면적 : 2,279.8m²
용 적 률 : 72.01%
건 폐 율 : 19.74%
구　　조 : 철근콘크리트 라멘조, 벽식구조

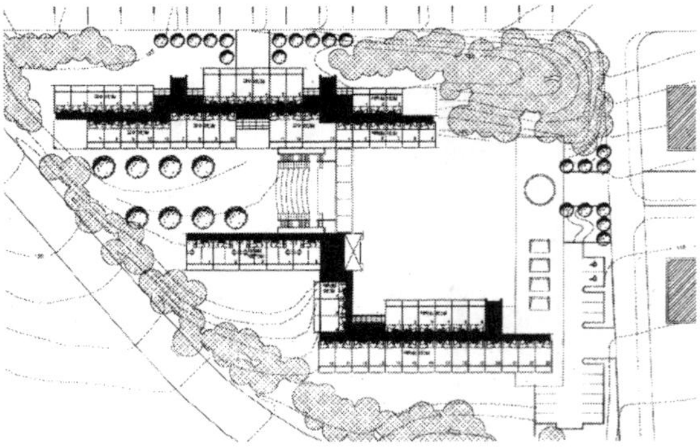

site plan

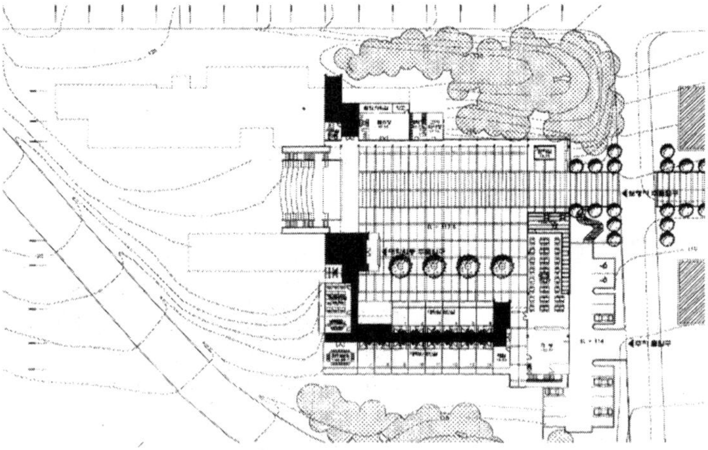

1st floor plan

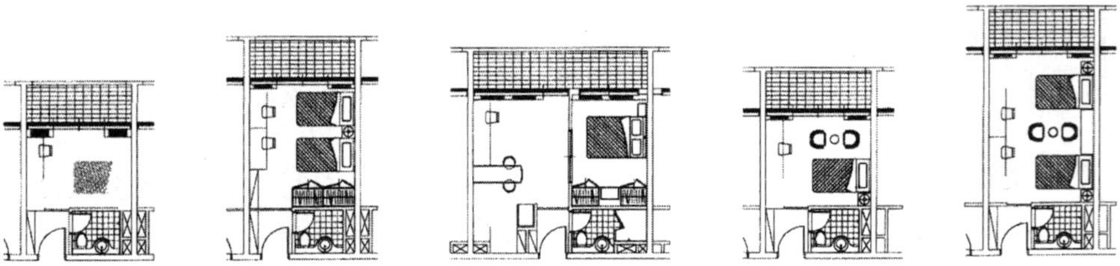

unit floor plan

⬅ 한라대학교 기숙사

그룹원(박찬정 · 김영국 · 구만열)

+서기영(성균관대학교)

위　　치 : 원주시 흥업면 흥업리 868-3
대지면적 : 15,030m²
연 면 적 : 8,218.12m²
건축면적 : 2,240.64m²
용 적 률 : 49.74%
건 폐 율 : 14.91%
구　　조 : 철근콘크리트 벽식조, 라멘조, 철골조
규　　모 : 지하 1층, 지상 5층

site plan

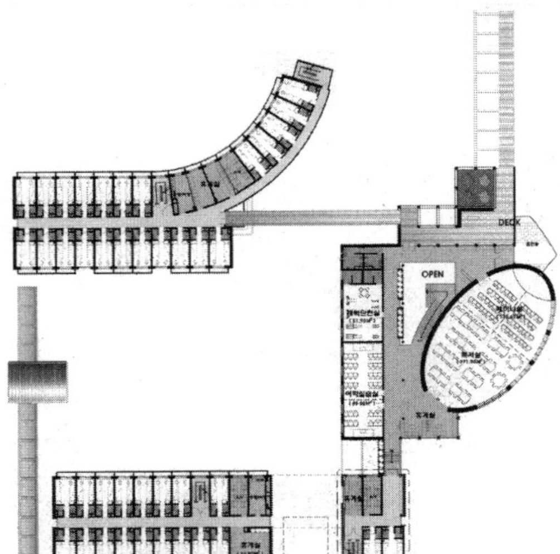

2nd floor plan

3

업무시설

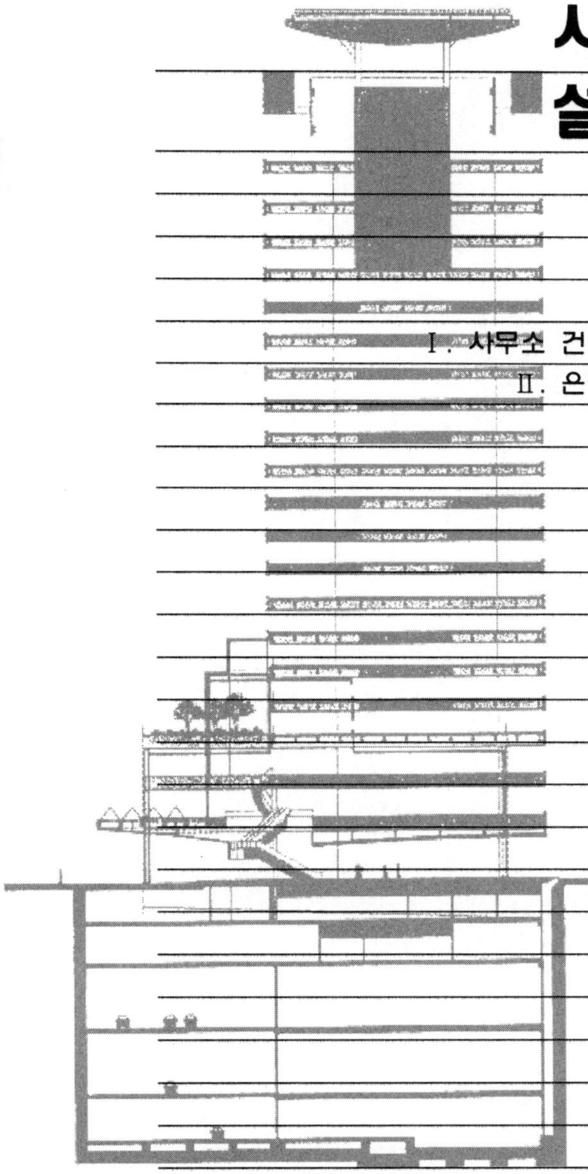

I. 사무소 건축

II. 은행

3 (業務施設)

업무시설

I 사무소 건축

1. 개요

사무소 건축이란 그 주요 용도를 사무작업을 위해 사용하는 건축물을 말한다. 현대의 업무내용은 고도화되고 광범위하게 걸쳐져 있어 사무소 건물의 역할은 변화하고 있다. 또한 사무소 건축은 정보를 중심으로 한 중추관리기능을 담당하는 역할이 많아졌다. 사무소 빌딩의 종류도 각양각색인데, 예를 들면 대기업의 상징으로서 호화로운 본사 빌딩도 있고, 초고층으로 된 임대를 목적으로 하고 있는 임대빌딩도 있으며, 여러 명의 소유자가 함께 공동으로 건축하는 부분 소유건물도 있다. 또한 용도를 보면 순수한 전용 사무소 건축과 작은 상점이나 은행 등을 포함하고 있는 준전용 사무소 건축 그리고 대규모 상업시설이나 호텔, 극장 등의 목적이 복합된 임대사무소 건물이 있다.

평면형에 있어서 다양한 평면계획이 이루어지고 있으며, 엘리베이터, 첨단설비, 커튼월(curtain wall), 유리 외벽(SPG 시스템) 등의 하이테크한 현대감각에 적응되는 건축적 기술이 사무소 건축에서 시도되고 있으며, 앞으로는 super block에 의한 도시 상업지역의 재개발이 사회적 생산성 향상의 예가 될 수 있으며, 건폐율의 축소, 주차장의 정비, 녹지와 교통용지 확장, 고속도로망, 전철 등에 의한 도시계획의 발전에 대한 대응 등의 고차원적 기획이 요구된다. 또한 사무소 건축의 기능은 단순하여 자칫 계획은 안이하게 되기 쉽고, 평면 계획상의 효율의 우열이 현저히 대두된다. 많은 건축에서도 그렇듯이 평면계획, 구조계획, 설비계획이 질서 지어지며 경제적인 면도 필히 고려되어야 한다. 특히 임대 사무소의 경우 칸막이의 융통성, 설비에 관한 각종 적응성 등은 평면 계획에서 수자의 선택, 질서, 그리고 통일이라는 module에 의존하는 경우가 많고, 더 넓은 사무 공간인 임대공간을 얻는데 초점을 둔다.

2. 사무소 건축의 분류 및 구성

1) 사무소의 용도상 분류

사무소는 기업의 업무 형태, 용도에 의해 그 성격이 분명해지나 일반적으로 다음과 같이 분류된다.

① 전용 사무소

완전한 자기 전용으로 단독의 기업이 자기 업무를 위해 사용하는 것으로, 많은 계열사를 가진 기업이 분산되어 있는 사무소를 한 곳에 집중시켜 쓰는 경우이다. 특징은 관리기능을 중요시하게 되고 그 기업의 규모, 내용에 적합한 건축이 계획될 수 있다. 예로 특별한 설비를 설치할 경우, 목적에 따르는 적절한 구조나 층고 선택이 가능하며 대지 내의 외부공간에 대하여 주위 환경을 고려해 계획할 수 있고, 기업의 image를 개성적으로 표현할 수 있어 의장상으로도 유리하다.

② 준전용 사무소

여러 기업이 공동으로 하나의 건물을 건설하여 이들 기업이 분할한 부분을 전용하는 형태로, 건물의 관리면에서 이들 기업이 공동 설립한 부동산 회사가 건물 전체의 관리운영을 맡게 된다.

이러한 사무소 건축은 전용 사무소 건축에 비교하여 여러 회사가 공동 출자함으로 자금과 대지 확보가 쉽고 대형 건물도 가능하다.

준전용 사무소는 기업간의 커뮤니케이션의 편의를 얻는 일과 몇 개의 소규모 건물을 하나로 집약시켜 고층화하여 도시환경의 향상을 얻는 등 사무소건축이 갖는 경제적 사회적 과제를 해결해 나갈 수 있어 동업자가 공유하든지, 동일 계열회사가 공유하든지, 관련 산업체가 공유하든지, 동일지역의 회사들이 공유하는 등의 경우에 유리하다.

③ 준임대 사무소

사무소 건축의 주요부분을 전용 사무소로 하고, 나머지를 다른 회사에 임대하는 형식으로 대지의 고도 이용이라는 견지에서 법에서 허용되는 규모까지 건축하여 전용부분을 제외한 나머지를 임대주어 임대수익을 올려 경제성을 기하는 것이다.

④ 임대 사무소

사무소 건축을 건설하여 타회사에 임대주어 수익을 얻는 형식으로 임대방식은 다음과 같다.

- 기둥간격을 단위로 임대
- 방화구획이나 내진벽으로 구분, 또는 몇 개의 Block으로 나누어 임대
- 층을 단위로 임대
- 전층을 하나로 하여 임대

임대사무소 건축은 입지조건이 좋은 장소에 위치하려는 요구에 따라 건설되며, 임대사무소의 경영은 건물 자체가 자본인 것으로 사무소로서의 입지조건이나 건축물의 성능 등에 의해 그 가치가 평가된다. 또한 임대부분을 많게 하면 당연히 대형 건물이 되지만, 사무소의 규모는 기업으로서 채산이 맞는 경제성과 조화되는 것이 중요하다. 그리고 임대사무소 건축은 준임대 사무소와 같이 사무소 이외의 용도에 제공되는 수가 있어서 현재는 복합 기능을 겸한 초고층 건축의 실현을 보게 된다.

2) 용도 구성

사무소 건축은 크게 수익부문과 비수익부문으로 나뉜다.

① 수익부문 : 임대용부분

② 비수익부문 : 관리부분, 설비부분, 교통부분, 서비스부분

임대사무소는 임대부분(수익부분, 랜터블 에리어)과 공용 부분(비수익 부문)으로 구분되는데, 대실부분은 일반적으로 집무, 정보 교환, 후생 등으로 나누며, 공용부분은 교통, 서비스, 빌딩 관리, 설비 등으로 나눌 수 있다. 이러한 용도별 면적구성은 사무소 건축의 규모나 업종에 따라 다르지만 기존 건물을 조사하여 개략적인 수치를 구하고, 설비 용량 등 검토가 필요하다

<table>
<tr><td rowspan="8">대사무소</td><td rowspan="5">대실부분</td><td>집 무</td><td>일반 사무실, 개실(임원실)</td></tr>
<tr><td>정보 교환</td><td>회의실・집회실, 접수・로비, 응접실(일반・임원), 쇼룸(show room)</td></tr>
<tr><td>정보 관리</td><td>도서실・자료실, 서고, 사무기실(복사기・인쇄기・슬라이드), 실, 컴퓨터・펀처・프로그래머실, 전화교환・통신・텔렉스실</td></tr>
<tr><td>후 생</td><td>편의・휴게실, 사원식당・조리실, 다방, 매점, 진료실・이용실, 전사 대기실</td></tr>
<tr><td>기 타</td><td>임대점포, 임대창고, 임대주차장</td></tr>
<tr><td rowspan="3">공용부분</td><td>교 통</td><td>현관・홀・복도・계단, 엘리베이터・에스컬레이터</td></tr>
<tr><td>서 비 스</td><td>세면실・화장실, 청소 싱크실, 창고, 주차장 및 관리실</td></tr>
<tr><td>건물 관리</td><td>관리사무실・방재센터・보안요원 대기실(세면・화장실・샤 수위실・숙직실, 쓰레기처리실, 청소원대기실, 부속창고, 운반 주차장</td></tr>
</table>

임대사무소	공용부분	설 비	중앙감시반실 및 계원 휴게실 기계실(보일러・냉동기, 냉・온수 발생기, 공조기, 수조, 펌프, 송풍기, 배풍기) 전기실・축전지실・발전실 엘리베이터 기계실, 카리프트 기계실 탄산가스 봄베실 : 하론가스 봄베실 설비 샤프트(PS : 파이프 샤프트 EPS : 전기파이프 샤프트 DS : 덕트 스페이스 ST : 스모크 타워), 굴뚝

3. 면적과 수용 인원

1) 유효율(렌터블비, rentable rato)

유효율(렌터블비)이란 연면적에 대한 대실 면적의 비율로 전체 건물 연면적에 대해서 65~75%(일반적 표준 70%)를 계획의 목표로 하며, 기준층의 경우는 75~85%까지 높일 필요가 있는데, 그 이유는 현관홀 등이 있는 1층에서는 50%에도 이르지 못하며, 옥탑이나 전기, 기계설비의 시설이 집중되는 층의 경우도 유효율이 상당히 낮아지기 때문이다. 또한 전용 사무소인 경우는 거주성과 여유를 중심하여 이보다 훨씬 못 미치는 경우도 있다.

$$\text{렌터블비} = \frac{\text{대실면적(수익부분 면적)}}{\text{연면적}} \times 100\%$$

2) 수용인원과 면적과의 관계

① 1인당 바닥면적

사무소 건축의 면적 계획의 기본이 되는 것은 수용인원이다.

수용인원 1인당 연면적에 대해서는 9~11m² $\left(\alpha = \frac{\text{연면적}}{\text{전 수용인원}}\right)$, 전 대실면적에 대해서는 6.5~8m² $\left(\beta = \frac{\text{전 대실면적}}{\text{전 수용인원}}\right)$이며, 사무소의 성격과 업종에 따라 달라지며, OA(office automation)화가 진행되면 직원수는 감소하지만 설비기기 공간이 증대함으로 계획시 주의를 요한다.

또한, 1인당 순수사무소 실면적은 5~6m² $\left(\gamma = \frac{\text{대여사무소 실면적}}{\text{수용인원}}\right)$을 표준으로 하나, γ의 수치 5~6m²은 사무용 책상을 마주보고 앉은 배치방식으로, 배치에 따라 γ의 수치나 α, β의 수치가 증대될 수 있다.

② 남·녀 비 등

사무소내 직원의 남·녀 비율은 업무내용, 남·녀 고용 균등과 같은 기업방침, 지역차에 따라 차이가 나지만, 일반적으로 일반사무실에서는 남자 65~75%, 여자 35~25% 정도이고, 외래자 수는 일반사무실에서는 업무자 수에 대해 10~30%이다.

4. 대지 조건

1) 입지 조건

① 교통이 편리한 곳이어야 한다.
② 도심 상업 중심가 지역으로 관청가나 금융기관이 가까운 업무지역이 좋다.
③ 최근에는 도심에서 떨어진 넓은 대지에 계획하는 예도 있다.

2) 대지 선정

① 기본조건으로는 기업의 성격, 작업의 흐름, 기능, 이용성, 필요 인원수, 교통방법 및 조건 등을 고려한다.
② 도시적 조건으로는 교통의 편리함, 중심 상업지역에 위치하며, 도시의 경제 여건, 성격, 크기에 적합해야 하나, 전용 사무소는 도심을 피하는 것이 유리하다.
③ 대지와 도로의 형상으로는 도로는 가급적 일방도로가 아니고 L자형 또는 2면 이상이 도로에 면하는 것이 좋고, 대지는 직사각형이거나 전면도로에 길게 접하는 것이 유리하다.

5. 배치계획

1) 건물의 주변 상황

건물의 성격상 경제성이 요구되기 때문에 건폐율이나 용적률의 한도까지 계획하는 경우가 많다. 그러나 좋은 업무환경을 만들기 위해 채광·통풍 조건 또는 사람과 차의 출입동선 계획, 녹지, 휴식공간과 주차장의 확보를 이유로 건축물 주위에 적당한 공지를 마련하는 것이 좋다. 이 공지는 화재시 피난에도 중요한 요소가 된다. 대규모 사무소 빌딩에서는 공개공지를 확보함으로써 용적률 및 높이 제한 등의 완화 적용을 받을 수 있다. 그리고 저층부의 광장과 정원 등을 적극적으로 계획한다.

2) 건축물에서의 접근

사무소 빌딩은 출퇴근시에 사람과 차량의 출입이 일시적으로 집중된다. 따라서 그 때의 혼란을 피하도록 계획해야 한다.

① **자동차의 접근**

자동차의 동선계획에는 전면도로의 너비, 교통량, 교통규제, 주차방식, 건물의 출입구 등을 고려한다. 다시 말하면 사람과 자동차의 동선을 분리하며, 주차장이 대규모인 경우는 들어오는 차와 나가는 차의 동선을 교차하지 않도록 한다.

② **보행자의 접근**

사람의 동선은 단순하고 알기 쉽게 하고, 자동차의 동선과 교차하지 않도록 한다. 즉 평면적인 해결책으로서는 건물 전면에 아케이드나 필로티를 설치하는 경우가 있다. 그리고 입체적인 해결책으로서는 도로에서 직접 계단이나 에스컬레이터를 이용하여 지층 또는 2층 이상의 옥상광장을 통하여 출입하도록 하거나 교통이 혼잡한 교차점에서는 보도나 육교로부터 직접 2층의 출입문를 이용하여 출입하는 경우가 많다.

3) 배치계획 예

① **배치안의 결정**(allocation study)

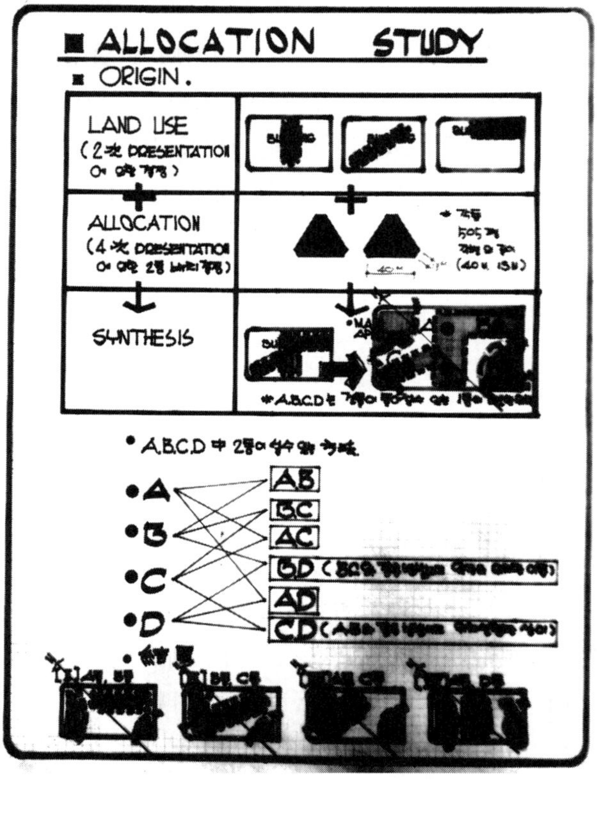

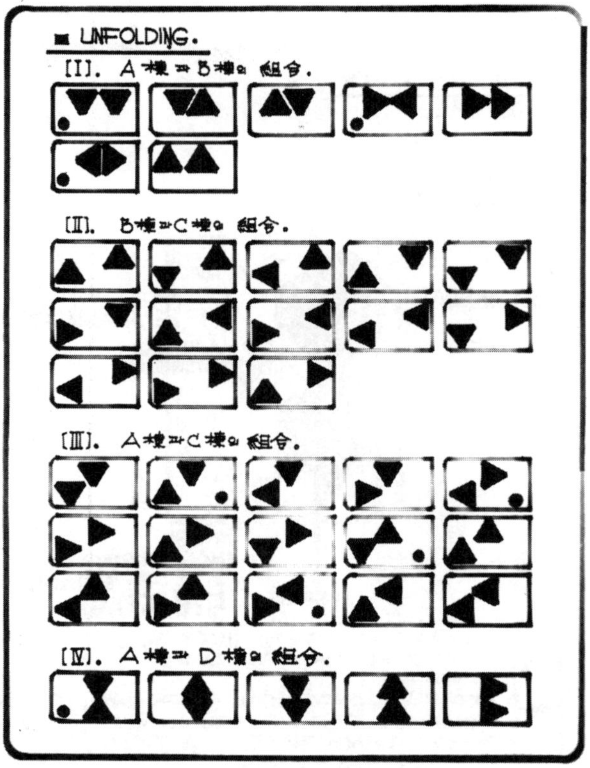
UNFOLDING.
[I]. A棟과 B棟의 組合.
[II]. B棟과 C棟의 組合.
[III]. A棟과 C棟의 組合.
[IV]. A棟과 D棟의 組合.

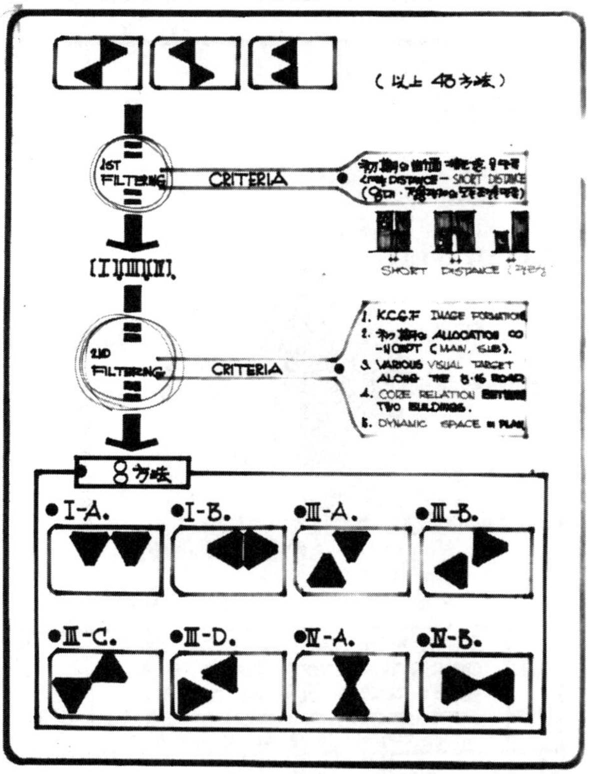
1ST FILTERING
CRITERIA
SHORT DISTANCE
2ND FILTERING
CRITERIA
1. K.C.G.F IMAGE FORMATION
3. VARIOUS VISUAL TARGET ALONG THE 5·16 ROAD
4. CORE RELATION BETWEEN TWO BUILDINGS.
5. DYNAMIC SPACE IN PLAN
8方案
I-A.
I-B.
III-A.
III-B.
III-C.
III-D.
IV-A.
IV-B.

② 각 배치안 분석

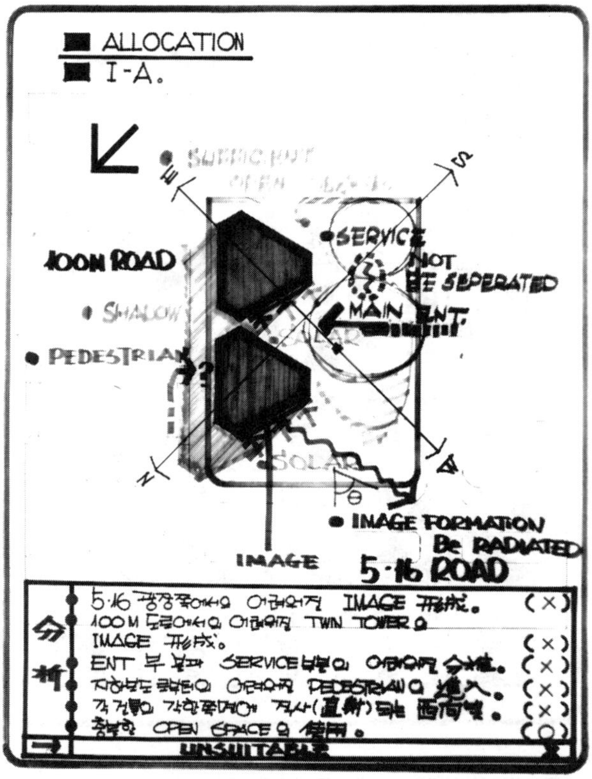
ALLOCATION
I-A.
SERVICE
NOT BE SEPERATED
100M ROAD
MAIN ENT.
SHADOW
PEDESTRIAN
SOLAR
IMAGE FORMATION
Be RADIATED
IMAGE
5·16 ROAD
UNSUITABLE

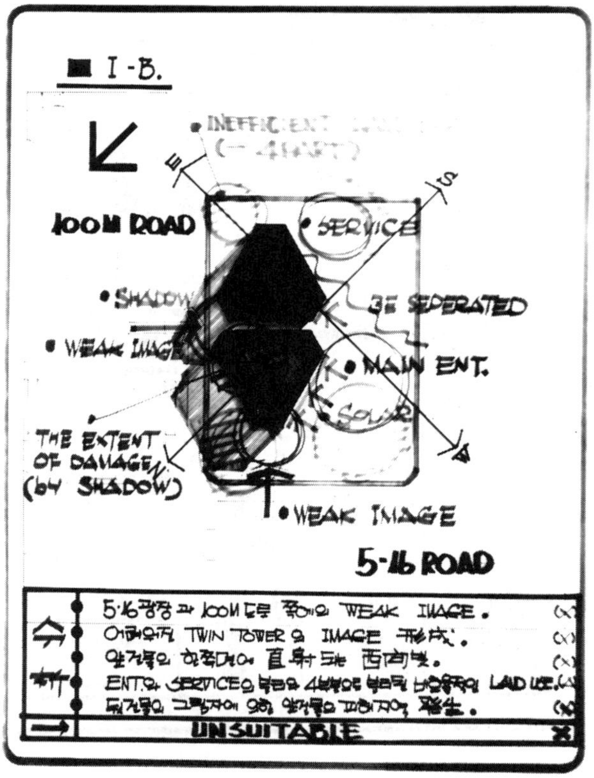
I-B.
100M ROAD
SERVICE
SHADOW
BE SEPERATED
WEAK IMAGE
MAIN ENT.
SOLAR
THE EXTENT OF DAMAGE (by SHADOW)
WEAK IMAGE
5-16 ROAD
UNSUITABLE

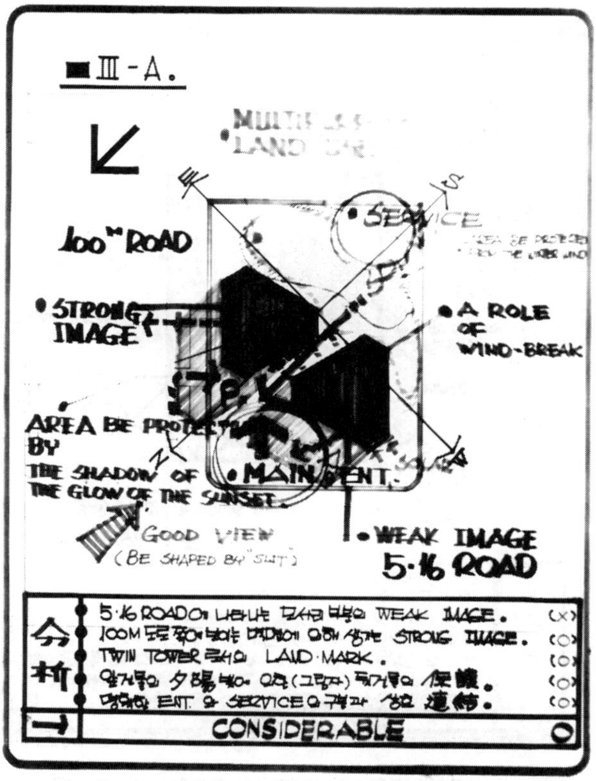
■ III-A.
100M ROAD
• SERVICE
• STRONG IMAGE
• A ROLE OF WIND-BREAK
AREA BE PROTECTED BY THE SHADOW OF THE GLOW OF THE SUNSET.
• MAIN ENT.
GOOD VIEW
(BE SHAPED BY "SLIT")
• WEAK IMAGE
5·16 ROAD
分析
5·16 ROAD에 나타나는 모서리 부분의 WEAK IMAGE. (X)
100M 도로 쪽에 놓이는 매스에 의해 생기는 STRONG IMAGE. (O)
TWIN TOWER 형식의 LAND·MARK. (O)
앞건물의 夕陽 빛에 의한(그림자) 뒷건물의 保護. (O)
명확한 ENT. 와 SERVICE의 구분과 상호 連結. (O)
CONSIDERABLE O

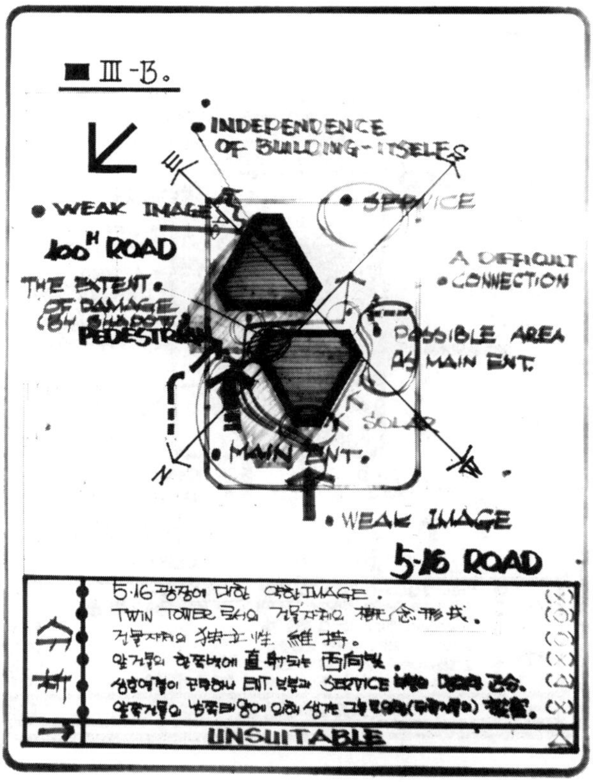
■ III-B.
• INDEPENDENCE OF BUILDING-ITSELFS
• WEAK IMAGE
100M ROAD
THE EXTENT OF DAMAGE (BY SHADOW)
PEDESTRIAN
• SERVICE
A DIFFICULT • CONNECTION
POSSIBLE AREA BY MAIN ENT.
SOLAR
• MAIN ENT.
• WEAK IMAGE
5·16 ROAD
分析
5·16 광장에 대한 약한 IMAGE. (X)
TWIN TOWER 형식의 건물자체의 概念形式. (O)
건물자체의 獨立性 維持. (O)
앞건물의 한쪽벽에 直射되는 西向빛. (X)
UNSUITABLE △

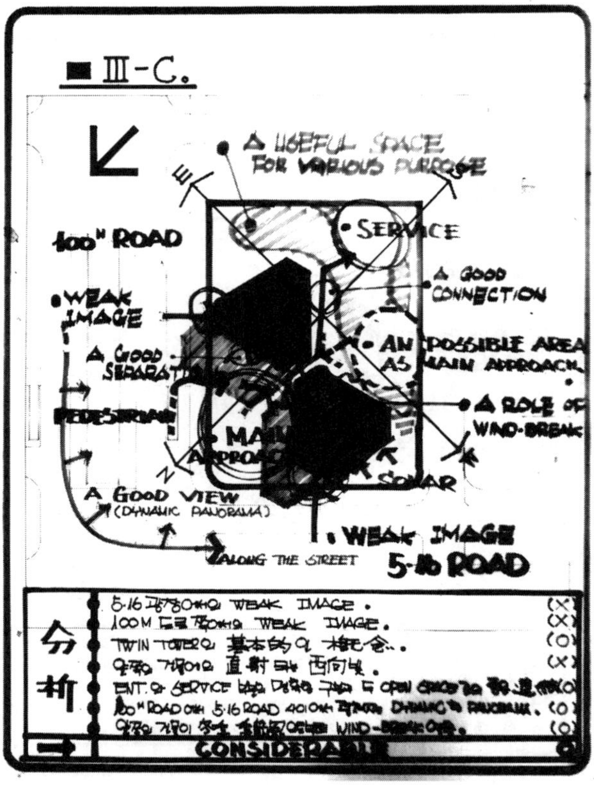
■ Ⅲ-C.
A USEFUL SPACE FOR VARIOUS PURPOSE
100M ROAD
SERVICE
A GOOD CONNECTION
WEAK IMAGE
A GOOD SEPARATION
PEDESTRIAN
MAIN APPROACH
A GOOD VIEW (DYNAMIC PANORAMA)
WEAK IMAGE
ALONG THE STREET
5-16 ROAD
分析
CONSIDERABLE

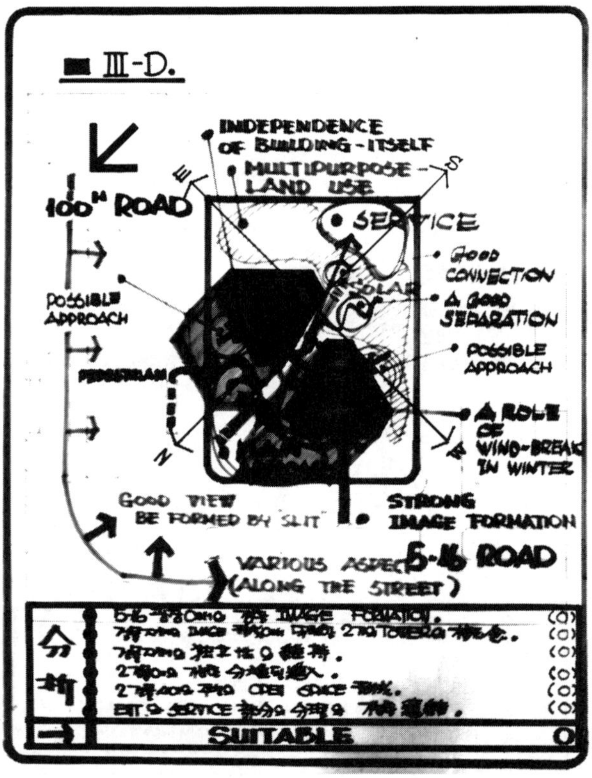
■ Ⅲ-D.
INDEPENDENCE OF BUILDING-ITSELF
MULTIPURPOSE-LAND USE
100M ROAD
SERVICE
GOOD CONNECTION
A GOOD SEPARATION
POSSIBLE APPROACH
PEDESTRIAN
A ROLE OF WIND-BREAK IN WINTER
GOOD VIEW BE FORMED BY SLIT
STRONG IMAGE FORMATION
VARIOUS ASPECT (ALONG THE STREET)
5-16 ROAD
分析
SUITABLE

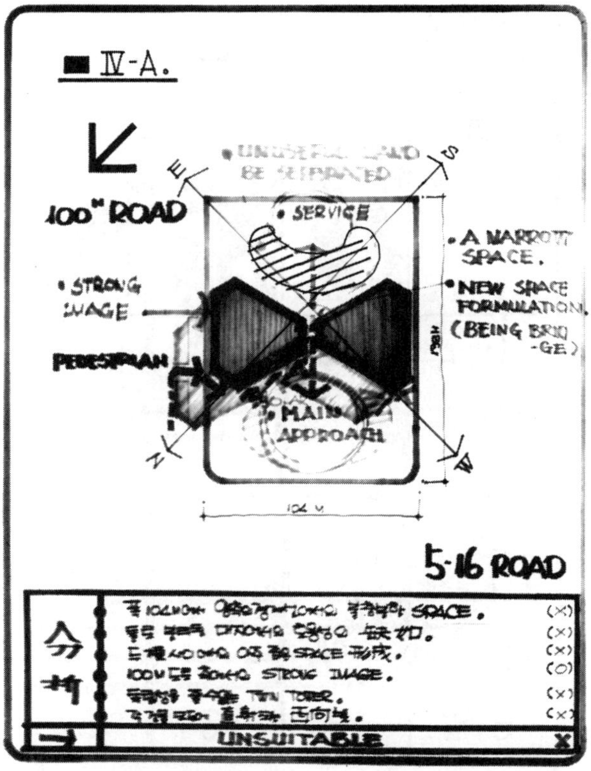
■ Ⅳ-A.
100M ROAD
• SERVICE
• A NARROW SPACE.
• STRONG IMAGE
• NEW SPACE FORMULATION. (BEING BRIDGE)
PEDESTRIAN
• MAIN APPROACH
5·16 ROAD
分析
UNSUITABLE

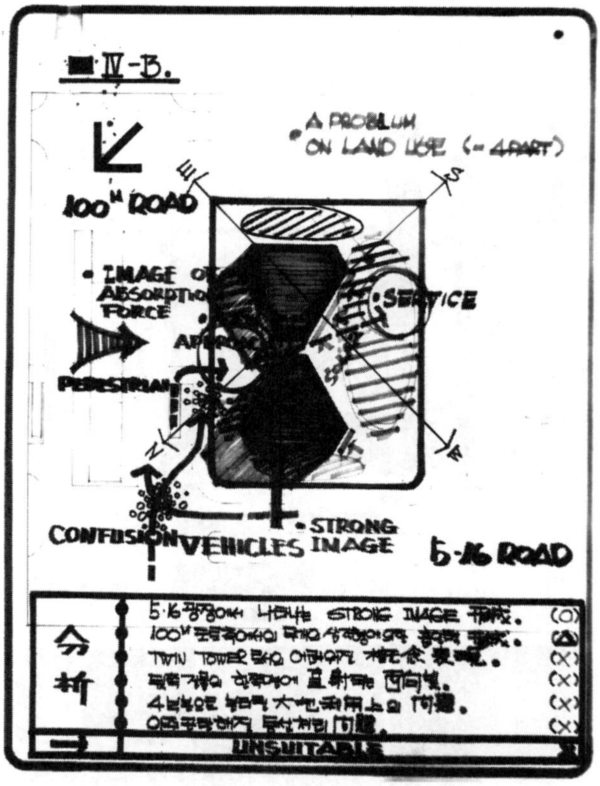
■ Ⅳ-B.
• A PROBLUM ON LAND USE (← 4PART)
100M ROAD
• IMAGE OF ABSORPTION FORCE
SERVICE
PEDESTRIAN
CONFUSION
VEHICLES
• STRONG IMAGE
5·16 ROAD
分析
UNSUITABLE

③ 배치안 종합분석 및 최종 배치안

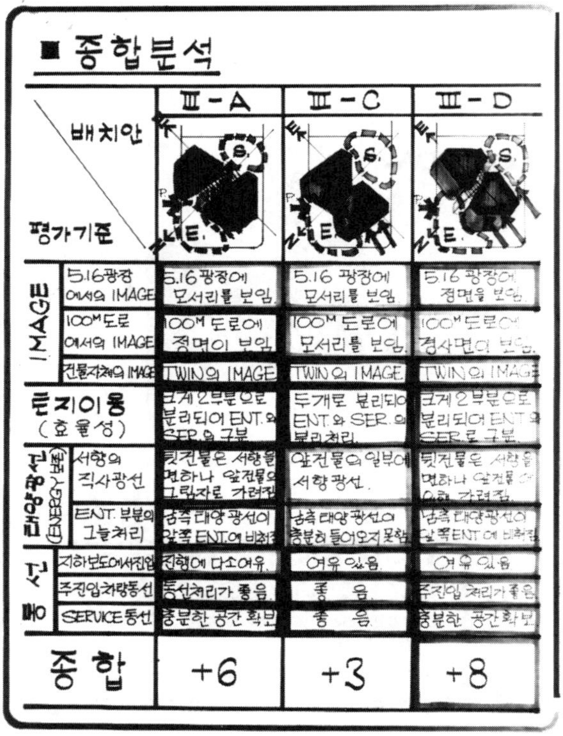

■ 종합분석

평가기준 \ 배치안		Ⅲ-A	Ⅲ-C	Ⅲ-D
IMAGE	5.16광장에서의 IMAGE	5.16광장에 모서리를 보임.	5.16 광장에 모서리를 보임.	5.16 광장에 정면을 보임.
	100M도로에서의 IMAGE	100M 도로에 정면이 보임.	100M 도로에 모서리를 보임.	100M 도로에 경사면이 보임.
	건물자체의 IMAGE	TWIN의 IMAGE	TWIN의 IMAGE.	TWIN의 IMAGE
토지이용 (효율성)		크게 2부분으로 분리되어 ENT.와 SER.의 구분	두개로 분리되어 ENT.와 SER.의 분리처리.	크게 2부분으로 분리되어 ENT.와 SER.로 구분.
태양광선 (ENERGY보존)	서향의 직사광선	뒷건물은 서향을 면하나 앞건물의 그림자로 가려짐	앞건물의 일부에 서향광선.	뒷건물은 서향을 면하나 앞건물에 의해 가려짐.
	ENT. 부분의 그늘처리	남측 태양광선이 앞쪽 ENT.에 비춰짐	남측 태양광선이 충분히 들어오지 못함.	남측 태양광선이 앞쪽 ENT.에 비춰짐
동선	지하보도에서진입	진행에 다소여유.	여유 있음.	여유 있음
	주진입차량동선	동선처리가 좋음.	좋음.	주진입 처리가 좋음.
	SERVICE동선	충분한 공간 확보	좋음.	충분한 공간 확보.
종합		+6	+3	+8

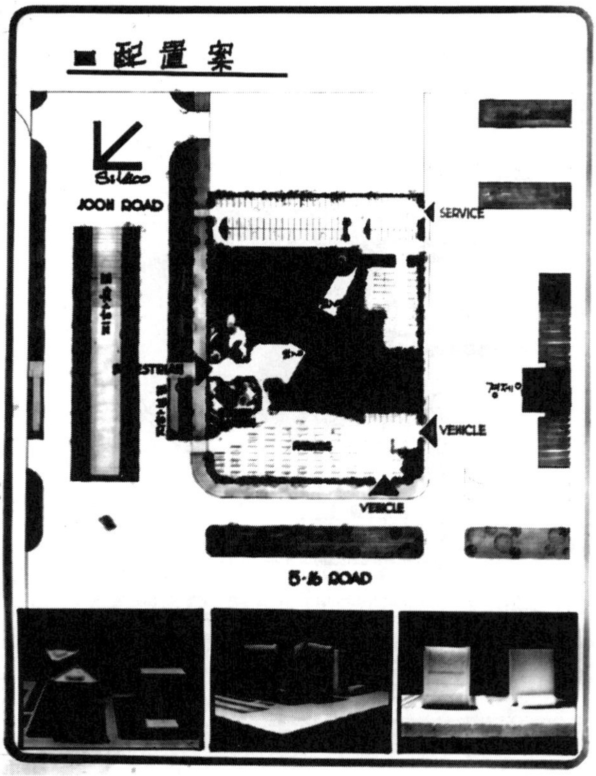

6. 평면계획

평면계획은 품격 높은 업무공간의 확보와 방재, 피난 등의 안전성을 고려한다. 더욱이 건물은 크게 나누어 업무공간을 중심으로 해서 서비스공간, 교통공간으로 구성되는 기준층, 설비공간, 관리공간 또는 점포나 은행 등에 의해 구성되는 특수층으로 분류된다.

1) 기준층 계획

① 오피스 레이아웃

기준층 계획에 있어서 오피스 레이아웃(사무실공간의 구체적인 사용방법)이 중요한 요소가 된다. 공간의 플렉시빌리티가 있는 대규모 공간에 있어 넓이와 안길이는 내부의 기본적인 형태를 결정하는 요소가 된다. 자사 빌딩인 경우는 장래의 전망을 바탕으로 한 업무공간의 계획이 바람직하며, 임대 빌딩인 경우는 렌터블비를 고려하여 사용 방식의 최대 공약수를 예측하여 계획한다. 오피스 레이아웃에는 다음과 같은 형식이 있으나 현실적으로는 획일적이 아니어서 각 형식의 장·단점에 따라 사용구분이 이루어지고 있다.

가. 개실형식(복도형, corridor office)

복도를 통하여 각층, 각실로 들어가는 형식으로 한 방의 크기가 5인 이하의 넓이로 분할되어 복도로 이어져 있는 것이 특징이다. 프라이버시의 필요성이 높은 경우, 또는 개실을 사용해야 하는 관리자용의 실이 많아야 하는 곳이 적합하다. 건물의 안길이가 10m 정도인 좁은 빌딩에서 많이 볼 수 있다. 이 형식의 장·단점으로는 다음과 같다.

- 장점
  - 개실설치가 용이하며 프라이버시가 좋다.
  - 주위 환경 조절이 용이하다.
  - 실 성격에 따라 장식을 달리할 수 있다.
- 단점
  - 실이 클 경우 길이가 길어져 환경이 열악하다.
  - 감독이나 커뮤니케이션이 어렵고, 간막이 설치시 장래의 변화에 쉽게 대응할 수 없다.
  - 복도형으로 인한 공간의 낭비가 있다.
  - 간막이 설치로 큰 회의나 작업을 공동으로 하기 어렵다.
- 유형
  - 단일 지역 배치(편복도식) : 채광, 환경, 위생상 좋으나 경제적이지 못하다.
  - 2중 지역 배치(중복도식) : 동서축 배치가 좋고 중간 규모의 사무실에 적합하다.
  - 3중 지역 배치(2중 중복도식) : 고층 전용 사무소에 좋으며 임대사무실에는 불리하다.

나. 그룹 스페이스 형식

5~15명 정도의 중간 사무실로 나누어지는 형식이다. 작은 그룹별 업무에 적합하다. 건물은 15~20m 정도의 폭이 필요하다.

다. 오픈 플랜형식(개방형, open plan office)

안길이가 큰 업무공간에 아무런 공간적 분할을 하지 않고 그리드에 따라 가구를 배치하여 사용하는 형식이다. 외래자가 들어오지 않고, 그룹의 변동이나 가구 배치의 변경, 그룹간의 연결 밀도가 높은 업무에 적합하다. 장·단점은 다음과 같다.

- 장점
  - -통로가 최소화되어 공간 낭비가 적다.
  - -작업 흐름이 유연하고 감독과 커뮤니케이션이 양호하다.
  - -반복작업을 조직화 할 수 있으며 실내 개조가 용이하다.
- 단점
  - -책상의 서열화로 비우호적 분위기를 줄 수 있다.
  - -소음이 많고 산만하며 개인의 주위환경을 통제하기 어렵다.

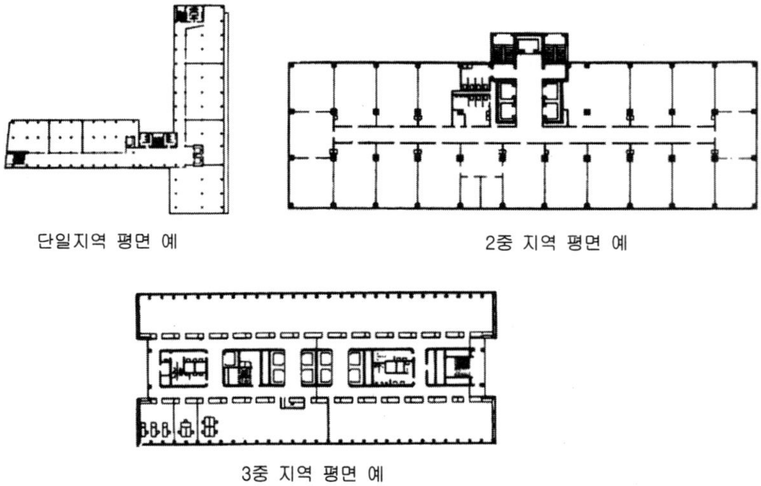

【그림 3-1】 평면의 사례

라. 오피스 랜드스케이프 형식(office landsape)

업무공간은 조직체계나 실제의 업무상태에 따라서 배치되어 스크린이나 식목, 수납가구로 공간이 구분되어 있는 형식이다. 큰 업무공간 속에서 무질서하게 보이지만 정비된 업무환경을 형성한다. 의사 전달과 작업 흐름에 따라 작업공간을 자유롭게 배치하며 일정한 기하학적 패턴에서 탈피하여 자유로운 공간을 연출하는 형식이다.

사무실처럼 프로젝트 단위로 그룹별로 업무를 수행하며, 외래자가 많은 경우의 업무에 적합하다. 1인당 사용면적은 22m²가 적당하다.

• 장점

-융통성 있는 의사 전달과 변화하는 작업패턴에 따라 신속히 대응할 수 있다.

-공간이 절약되며 사무실내 양호한 인간관계로 작업 능률이 향상된다.

-내부에 수목 등을 이용하여 시각적인 차단과 부드러운 이미지를 줄 수 있다.

-설비계획이 용이하며 내부구조와 관계없이 사무실 배치가 가능하다

• 단점

-분위기가 산만할 수 있다.

-직원간의 심리적 영향으로 인한 작업의 방해가 우려된다.

-소음이 많으며 프라이버시에 문제가 있다.

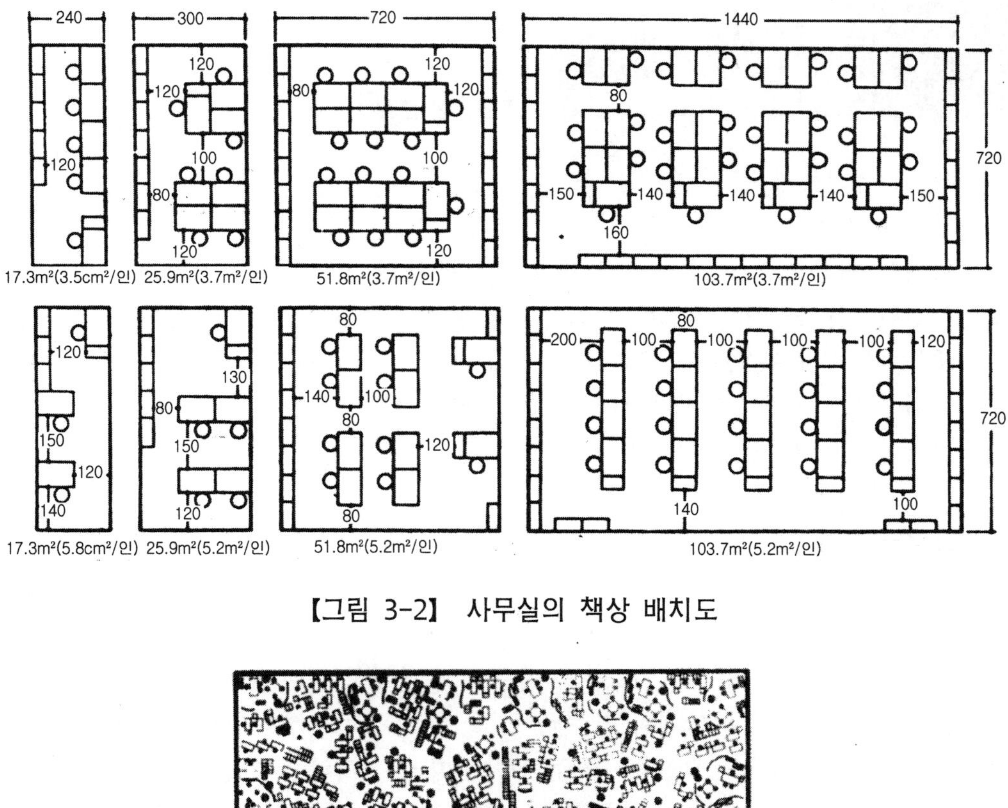

【그림 3-2】 사무실의 책상 배치도

【그림 3-3】 랜드스케이핑 평면

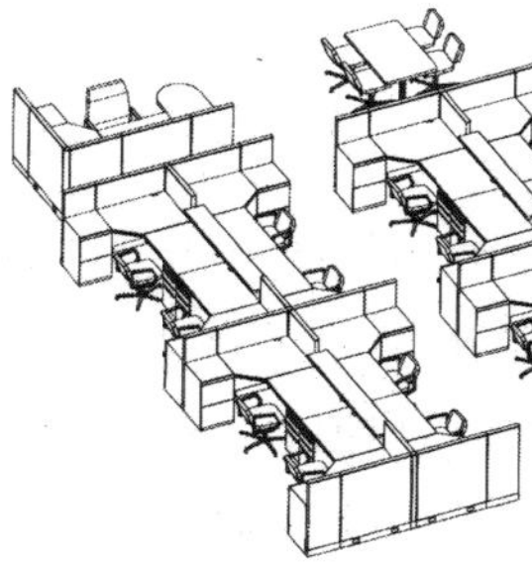

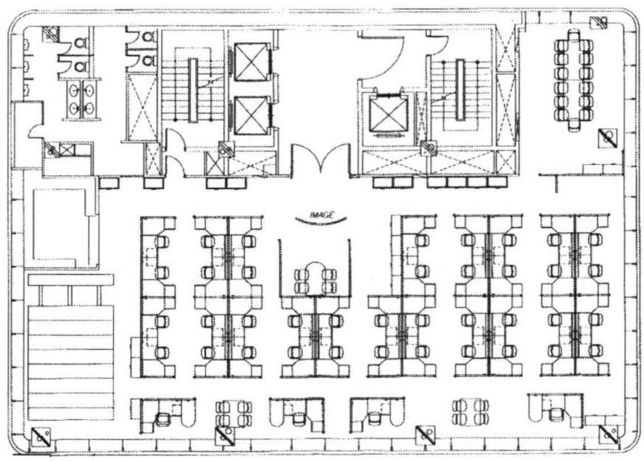

조흥은행 본점

• 계획시 유의사항
 -앉은 사람이 통로나 출입구가 보일 것
 -창에서 안쪽으로 6m정도는 빛이 왼쪽에서 들어 올 것
 -책상간 거리는 최소 70cm로 하고, 회의장은 작업장과 5~9m정도의 거리를 둘 것
 -주통로는 2m 이상, 부통로는 1m 이상, 책상간 통로는 0.7m 이상으로 할 것
 -작업장에서 휴식장까지의 거리는 최대 30m 이내로 할 것
 -칸막이는 쉽게 이동할 수 있는 것으로 할 것

2) 그리드 플래닝

일반 사무소에서는 공간의 플렉시빌리티를 요구한다. 이 플렉시빌리티의 확보 때문에 기준치수(모듈)에 의한 그리드 플래닝이 가능하다. 특히 천장에서는 공조, 조명, 방재 등 모든 설비를 시스템화하는 연구를 하고 있으며, 바닥에서는 콘센트, 전화, 컴퓨터 단말기 등 약전 관계의 출현이 바닥재의 각 단위별로 연구를 하고 있다. 또한 칸막이는 이동이 편리한 패널에 의한 가동칸막이를 기준치수에 따라 설치하도록 한다. 그리드의 치수는 오피스 레이아웃을 기초로 하여 사용하기 쉬운 치수로 설비나 칸막이의 경제성을 고려한 치수를 기본으로 된다. 자주 사용하는 치수는 다음과 같다.

① 정사각형 그리드 : 3.0 × 3.0 - 3.2 × 3.2m 정도

② 직사각형 그리드 : 2.7 × 3.6 - 3.0 × 3.4m 정도

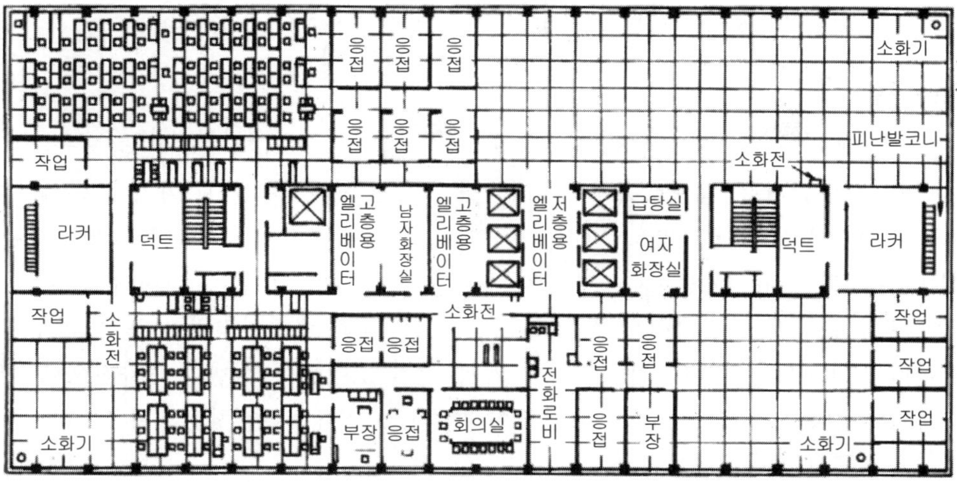

【그림 3-4】 그리드에 의한 평면

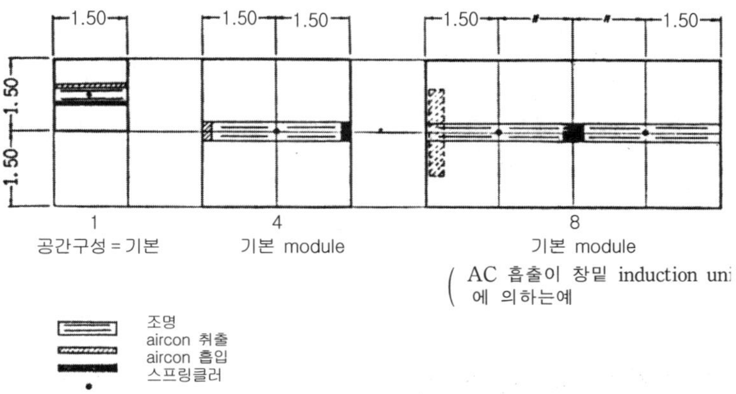

【그림 3-5】 기본모듈과 공간구성 예

3) 사무실의 정면과 안길이

사무실의 정면과 안길이는 적당한 넓이, 채광, 내진성, 경제성 등을 고려하여 소공간 단위의 그리드를 구하고, 수용인원에 의한 그리드 수와 기둥간격을 고려하여 결정하도록 한다.

① 정면

정면은 일반적으로 기둥간격의 배수로 결정된다. 기둥간격은 구조계획상 건물의 구조나 규모에 의해서 결정되지만, 철근콘크리트조에서는 6~9m가 많고, 철골철근콘크리트조에서는 9~12m가 많다.

② 안길이

사무실은 법규상 규정은 없지만 유효채광면적은 사무실 바닥면적의 1/10 이상으로 하는 것이 바람직하다. 따라서 안길이는 측채광인 경우는 10m정도까지 한다.

4) 코어 플랜

기준층은 플렉시빌리티가 높은 업무공간과 서비스, 교통, 설비가 집중된 공용공간으로 분리된다. 이 공용공간을 컴팩트하게 정리한 것을 코어(core)라 한다. 여기에 속하는 제실과 기능은 공조실, 복도, 로비, 계단실, 엘리베이터실, 화장실, 세면실, 급탕실, 기타 설비 관계(덕트, 샤프트슈트) 등이다. 이 코어에는 계획상 다음과 같은 의미가 있다.

1차적으로 공용공간을 정리해서 존(zone)을 형성하여 플렉시빌리티가 높은 업무공간을 마련한다. 2차적으로 설비관계를 집중시켜서 설비 코어를 형성한다. 3차적으로 구조적 측면에서 내진요소를 갖는 구조 코어를 형성한다. 코어에 의한 평면계획을 코어 플랜이라 한다.

① 코어의 종류

- 센터 코어(중앙 코어) : 코어를 기준층의 중앙에 배치하는 유형으로서 구조적으로도 바람직하며, 가장 전형적인 유형이다. 코어부분을 외기에 접하도록 하고 방재상, 설비 계획상의 문제를 해결하는 것을 오픈 코어형이라 하지만 업무공간이 단절되어 어느 정도의 넓이를 확보하지 못하면 융통성의 문제가 발생한다. 이 형식은 대규모 오피스 빌딩에 적합하다.
- 사이드 코어(편심 코어) : 바닥면적이 적을 때 적합하며, 고층의 경우 구조상 불리하다. 바닥면적이 커지면 코어 외에 피난시설, 설비 샤프트 등이 필요하다.
- 분리 코어 : 코어를 업무공간에서 분리, 독립시켜 계획하는 유형으로서, 업무공간의 플렉시빌리티가 높다. 코어를 필요에 따라서 계획할 수 있지만, 업무부분과 코어부분의 변형상태로 차이가 발생하기 쉬우므로 적합하지 않다. 중·소규모의 오피스 빌딩에 적합하다.
- 분산 코어 : 코어를 2개소 이상에 분산 배치하여 계획하는 유형으로서 업무공간의 양면 채광이 가능한 큰 공간을 확보할 수 있다. 코어를 균형 있게 배치하면 구조, 방재 및 설비계획상 문제가 없게 된다. 코어를 양 측면에 배치한 것을 더블 코어(양단 코어)라고 한다. 엘리베이터 등의 수직동선이 단부에 오기 때문에 기준 층의 수평동선이 길어지며, 기준 층이 넓은 경우에는 적합하지 않고, 중규모의 오피스 빌딩에 적합하다.
- 기타 : 기준층의 평면형 및 면적에 의해 상기의 유형을 복합한 복합 코어 등이 있다.

② 코어 계획시 고려할 사항

- 계단과 엘리베이터 및 화장실은 가능한한 접근시킨다(단, 피난용 특별 계단은 법적 거리 한도 내에서 가급적 멀리 둔다).
- 코어 내의 공간과 임대사무실 사이의 동선이 간단해야 한다.

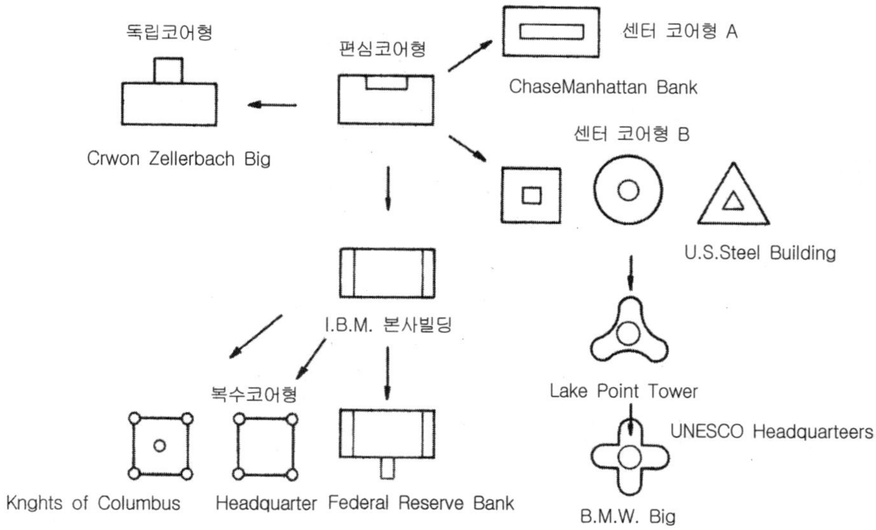

【그림 3-5】 코어의 종류

- 코어 내 공간의 위치를 명확히 한다(특히 화장실은 외래 출입자가 쉽게 알아 볼 수 있도록 하되 건물 출입구 홀이나 복도에서 내부가 보이지 않게 한다).
- 엘리베이터 홀이 출입구 면에 근접해 있지 않도록 한다.
- 엘리베이터는 가급적 중앙에 집중시킨다.
- 코어 내 각 공간이 각 층마다 공통의 위치에 있어야 한다.
- 잡용실, 급탕실, 더스트 슈트는 가급적 접근시킨다.

③ 코어내 각 공간

- 실 : 계단실, 변소, 세면소, 잡용실, 급탕실, 공조실 등
- 샤프트 : 엘리베이터(승용, 화물용), 파이프(급배수 배관, 전기, 통신), 덕트(공조, 배연), 메일 슈트
- 통로 : 엘리베이터 홀, 복도, 특별 피난계단

【표 3-1】 코어 종류별 비교

분류	코어의 형	특 징	구조 계획	비 고
편심 코어형	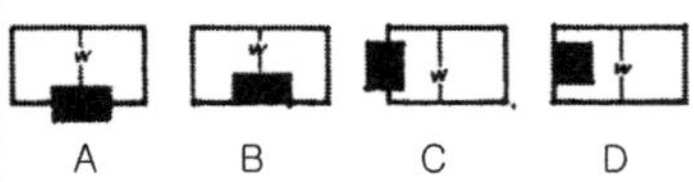	• 바닥면적이 커지면 코어 이외에 피난시설·설비샤프트 등이 필요하다. • A, B : W=10~20m C, D : W=20~25m • 기준형 바닥면적 A, B : 500~2000m² C, D : 500~1000m²	• 중심과 강심을 일치시키고 편심을 막는 계획이 필요하다. • 너무 고층인 것에는 구조상 좋지 않다.	• 일반적으로 바닥면적이 별로 크지 않을 경우에 많이 사용된다.

분류	코어의 형	특 징	구조 계획	비 고
분리 코어형	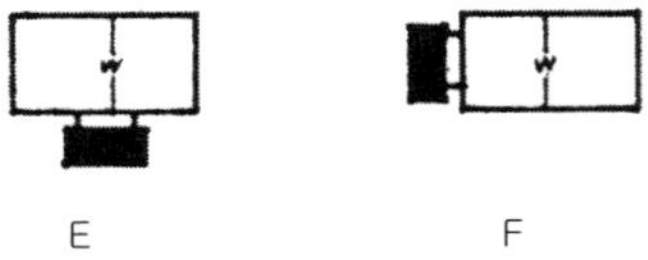	• 한쪽 코어형과 거의 같다. • 설비덕트나 배관을 코어에서 사무실 공간으로 끌어내는데 제약이 있다. • 방재상 불리하다. 바닥면적이 커지면 피난시설을 포함한 서브 코어가 필요하다. • E, F : W=10~25m	• 코어의 접합부에서 과대한 변형이 생기지 않도록 계획할 필요가 있다. • 사무실부분의 내진벽은 바깥부분만 하게 되는 경우가 많다. • 코어부분은 그 형태에 맞는 구조방식을 취할 수 있다. • 내진 구조상 불리하다.	• 한쪽 코어형에서 발전된 것으로 자유로운 사무실 공간을 코어와 관계없이 마련할 수 있다.
센터 코어형	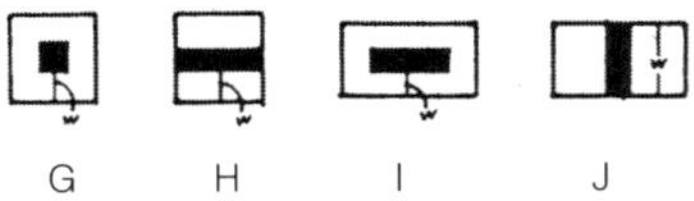	• G, H, I : W=10~15m, 가장 일반적인 형이다. • J : W=20~25m, 대실을 필요로 하는 경우에 적당하다. • 기준형 바닥면적 G, H : 1,000~2,500m² I, J : 1,500~3,000m² • G는 유효율이 높고 대여빌딩으로 가장 경제적인 계획을 할 수 있다.	• 구조코어로서 가장 바람직한 형이다. • G, H, I에서는 기둥을 바깥부분에만 설치하는 계획에서 사용하기 쉬운 사무실 공간을 얻을 수 있다. • 고층 · 초고층은 이형이 대부분이다. 이 경우 외주 프레임을 내력벽으로 하여 중앙코어와 일체화 된 내진가구로 만드는 일이 많다.	• 바닥면적이 큰 경우에 많이 사용한다. • 내부공간 · 외관이 모두 획일적으로 되기 쉬우며 자사빌딩에는 환영받지 못하는 경우가 많다.
분산 코어형		• K, L : W=20~25m, 여러가지 가능성이 있는 대공간을 마련 • 기준층 바닥면적 1,000~1,500m² • 방재상 유리하다(2방향 피난에 이상적)	• K에서는 내진벽을 외주코어에 마련하게 되므로 코어의 간격이 클 경우에는 중앙부의 내진성을 검토할 필요가 있다.	• 하나의 대공간을 필요로 하는 자사빌딩 등에 이 형을 선택하는 예가 늘고 있다. • 대여빌딩에서 플로어 대여일 경우는 문제가 없으나 층을 분할할 경우에는 양쪽의 코어를 잇는 복도가 필요하므로 유효율이 떨어진다.
기타형		• M, N은 분산 코어형으로 방재상 유리하다. • O, P, Q : W=10~20m, 중앙 코어형의 변형 • Q는 분할할 경우나 대실로 사용할 경우에도 가능	• M의 코어는 강성이 높은 기능으로 보고 코어사이에 대형 보를 걸쳐 거대한 가구를 짤 수 있다. • O, P, Q는 구조코스트가 상승한다.	• M은 대공간을 마련할 수 있다. • P를 제외하고는 모두 외벽률이 높아 코스트업의 요인이 된다.

5) 층별계획

① 1층

현관 홀, 접수안내, 계단, 엘리베이터 등이 있다. 이 중, 현관이나 홀은 회사의 얼굴이기 때문에 계획시 위치, 넓이 등을 고려한다. 또한 홀공간은 담화나 휴식을 위해 여유있게 공간을 설치하도록 한다. 임대점포나 은행이 지층이나 2층 이상에 들어오는 대규모 임대빌딩에서는 손님의 출입과 직원의 출입 동선이 혼란하지 않도록 분리한다.

② 지하층

지하층에는 공기조화 · 전기설비관계 및 관리관계의 모든 실, 또는 임대점포, 임대창고, 임대주차장 등을 설치한다. 지하 1~2층에 백화점을 설치하는 경우에는 드라이에리어(dryarea)나 지하에 테라스 등을 설치하여, 채광, 환기 이외에 손님 출입시 편리함을 도모한다. 또한 일반적으로 지하 2~3층에는 임대주차장과 임대창고, 최저층에는 설비에 관계된 모든 실이 설치된다.

③ 설비층

일반적으로 설비기계실은 최하층 및 옥탑에 설치되지만 초고층 빌딩에서는 효율을 높이기 위하여 최상층이나 중간층에서도 설비층이 설치된다. 이 경우 구조계획상 특별한 배려가 필요하게 되고, 빌딩 외관 디자인에도 영향을 주기 때문에 주의를 요한다.

④ 옥탑

옥탑에는 엘리베이터 기계실, 송풍기실, 고가수조, 계단 등이 설치된다. 옥탑은 건축법상 그 수평면적이 건축면적의 1/8 이내에서 높이가 12m까지는 건물의 높이로 계산되지 않으므로 이 범위 내에서 계획하는 것이 바람직하다.

⑤ 기타

조망이 좋은 최상층에 식당과 카페 등을 설치하여 직원들의 친교나 손님의 접대장소로 한다.

7. 세부계획

1) 층고

층고와 깊이는 사무실의 사용목적, 채광, 공사비에 의해 결정되며 사무실 깊이는 책상배치, 채광량 등으로 결정되나 층고에도 관계된다.

층고와 깊이와의 관계는 깊이가 얕을수록 채광이 충분하게 되며, 층고가 높아지면 공사비는 높아지게 된다. 또한 사무소 건축의 층고는 되도록 낮게 처리하는 것이 유리한데 이는 공사비 절감 및 공조효과 및 좀더 많은 층수를 확보할 수 있기 때문이다.

① 1층

1층에는 현관과 홀, 은행 영업장, 상점 등이 있게 되어 기준층 보다 1~1.5m정도 높게 한다.

소규모 건물은 4.0m정도, 은행 영업장, 넓은 상점 등이 위치할 경우는 4.5~5.0m 정도가 필요하게 되며, 5.5~6.0m 정도로 할 경우는 일부를 중2층으로 하는 것도 경제적일 수 있다.

② 기준층

3.3~3.5m정도가 적당하며, 냉·난방설비나 환기설비 설치시 천장 내 덕트 배치상 기준층의 높이가 약 30cm정도 더 소요가 되며, 기준층 층고는 고층화 될 수록 건물의 최고 높이가 정해진 상태에서 기준층 층고가 낮아지면 그만큼 층수가 많아질 수 있으므로 세

심한 계획이 이루어져야 한다.

③ **최상층**

옥상바닥으로부터의 단열과 옥상바닥 물매 계획상 최상층의 층고는 기준층보다 30cm 정도 높게 한다.

④ **지하층**

중요한 실이 없는 경우 지하층의 층고는 일반적으로 3.5~3.8m정도로 하는 것이 보통이며, 냉·난방 설치되는 경우와 대규모 건축일 경우 또는 덕트가 통하는 층은 그 규모에 따라 30~50cm정도 더 높게 처리하도록 한다. 특히 난방 보일러실을 설치할 경우 소규모 건축에서는 4~5m정도로 하고, 대규모 건축에서는 냉·난방시설이 설치되므로 5~6.5m정도로 하는 것이 좋다.

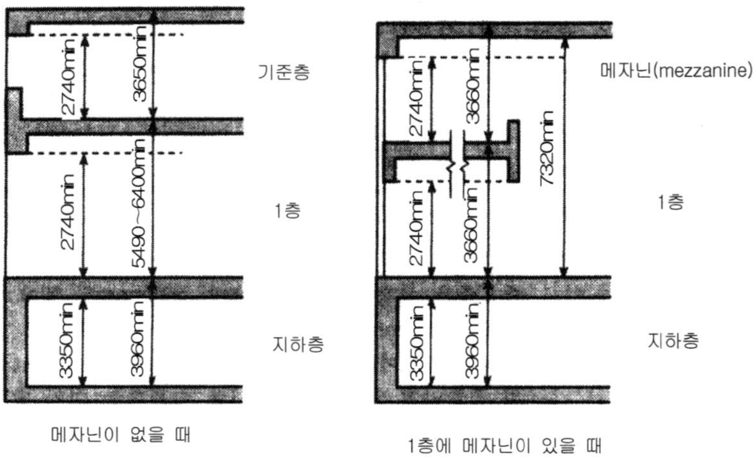

【그림 3-7】 층 높이의 예

2) 기둥간격(span)과 실 깊이

① **기둥간격**

구조계획상 기둥 간격은 가능한 균일하게 하는 것이 여러 면에서 유리하다.

사무실은 성격상 간막이의 이설, 증설이 빈번하여 어느 경우라도 기둥에 의한 지장이 없어야 한다. 사용자(user) 측면에서의 기둥 간격의 결정요소는 넓은 사무실의 책상배치와 개실로의 사용, 또는 그와 비슷한 용도의 사무실 크기이다. 전자의 경우는 책상배열의 최소단위는 1.5~1.8m이며, 후자의 최소 단위는 3.0~3.5m 이므로, 기둥 간격 6~7m를 취하면 반 span(기둥간격)의 작은 실, 또는 수 span분의 대사무실로서도 큰 지장 없이 가구배치를 할 수 있다.

또 큰 사무실로 할 때 실내에 독립하는 기둥 수를 줄이기 위해 span을 크게 하면, 구조상 보의 춤(높이)이 커지게 되어 유효공간(천장높이)이 작아진다. 특히 duct system에 의한 공조에서는 층고에 영향을 준다.

그리고 6~7m span은 건물 내에 주차장을 설치할 때 1span 내에 대형 승용차 2대가 주차 가능하며 자력으로 직각방향으로 한 번에 회전할 수 있는 여유를 준다. 또한 엘리베이터 2대가 들어 갈 수 있다.

② **실 깊이**

보통 7~15m, 오픈 플랜의 경우 9~12m로 한다.

건물 외측은 층높이의 2~2.4배, 건물 채광 정측은 높이의 1.5~2배로 한다. 그리고 채광용 개구부는 바닥면적의 1/10로 하고, 창폭은 1~1.5m로 하며, 높이는 1.8~2.2m로 하고, 창대 높이는 0.75~0.8m정도로 한다.

3) 복도

복도의 폭은 편복도일 경우와 중복도일 경우로 구별하여 적정 치수로 계획해야 하나 출입방향과 출입 정도를 고려하는 점도 유의해야 한다.

일반적으로 복도의 폭은 편복도일 경우 복도의 폭은 2.0m정도로 하는 것이 적당하며 중복도일 경우에는 2.0~2.5m정도로 하는 것이 바람직하다.

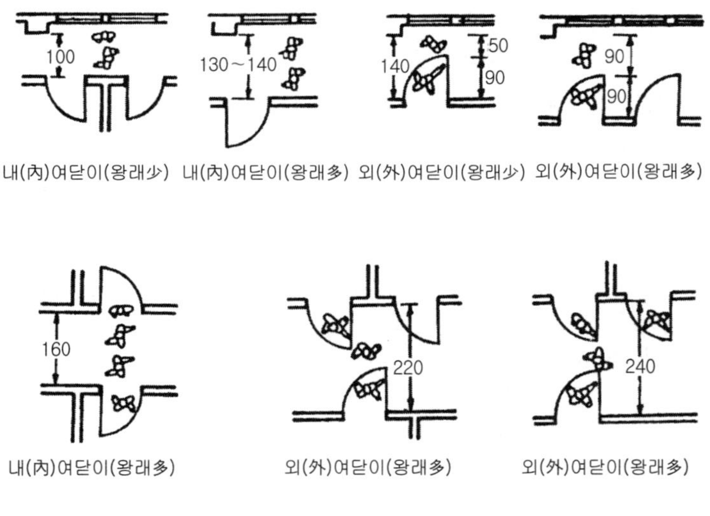

【그림 3-8】 복도의 폭, 문의 출입문

4) 계단

① **배치**

동선은 간단·명료하게, 최단 거리에 위치케 하며, 주요계단은 1층 출입구 근처에 배치시킨다. 또한 엘리베이터 홀에 근접시키며 균등하게 배치한다. 방화구획(1,000m^2 이내마다) 내에서는 1개소 이상의 계단을 배치하나, 실제 계획에 있어서는 2개소 이상의 계단을 배치토록 한다.

② 표준 계단 설계

유효폭은 1.2m 이상으로 하며 단높이는 15~20cm, 단너비는 25~30cm 정도로 하며, 단높이와 단너비의 합한 수치가 45cm정도로 계획하는 것이 적당하다.

5) 엘리베이터

① 배치조건

주요 출입구 홀에 직면 배치하되 사무실 출입문에 가까이 접근시키지 않도록 하고, 각 층의 위치는 되도록 동선을 짧게 처리하고 간단하게 하여야 한다.

또한 방문객이 이용하기에 편리한 위치에 배치하는 것이 바람직하다.

엘리베이터는 초대형 건물이 아닌 이상 능률을 높이기 위하여 1개소에 집중 배치하는 것이 유리하다.

다수의 엘리베이터가 있을 경우 이용 패턴(pattern)에 미리 맞추어 프로그램되어 있는 집단관리방식을 채용하여 효율적인 운영을 하도록 한다. 이때 이러한 하나의 군(群)을 bank라 한다.

이때 1bank 대수는 4대 이상 8대 이하가 적절한 것으로 되어 있으며 이의 배치・배열에 대하여서는 충분한 계획이 필요하며 출발층은 같은 층에 두도록 한다.

초고층의 경우 각 bank를 입체적으로 zoning하는 수법이 불가피하며 일반적인 zoning 방식뿐만 아니라 몇 개 층에 배치하는 sky lobby방식도 실현하고 있다.

아래 표는 엘리베이터의 효과적인 배치형태를 나타낸 것이다.

일반적으로 집단배치시 5대 이하일 경우에는 직선배치형태로 하며 6대 이상 배치할 경우에는 알코브 또는 대면배치로 하는 것이 효과적이다.

엘리베이터 홀의 면적은 1인당 최소 0.5m^2 이상으로 하며 폭은 4m정도로 한다.

② 엘리베이터 조닝(zoning)

가. 조닝의 목적 및 유의 사항

건물 전체를 몇 개의 그룹으로 나누어 서비스하는 방식을 말하며 그 목적은 경제성, 수송시간의 단축, 유효면적의 증가에 있다.

조닝(zoning)시 유의할 점은 각 조닝의 플로어 수를 10층 전후, 최대 15층 이하로 하여야 하며 세로의 빌딩내 교통 동맥이 분단되므로 다른 층에 갈아타는 층을 설치하도록 한다.

또한 엘리베이터 홀에 잘못 타는 것을 방지하기 위하여 서비스 플로어를 명확히 한다.

【표 3-2】

배 치		특 징
직선형	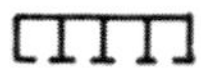	• 1bank는 4대 이하로 하고 5대 이상은 보행 길이가 길어서 좋지 않다.
알코브형	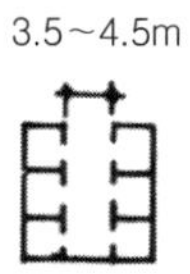	• 1bank는 4~6대로 하고, 대면 거리는 3.5~4.5m로 한다. • 6m 이상은 좋지 않다.
대면형	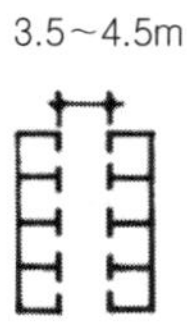	• bank는 4~8대의 대면 배치로 하고, 대면 거리는 3.5~4.5m로 하며 대기 홀을 통과 교통으로 사용하지 않는다. • 저층용과 고층용을 직선으로 병렬 배치하여 그룹으로 배치하는 것이 좋다.
대면 혼용형	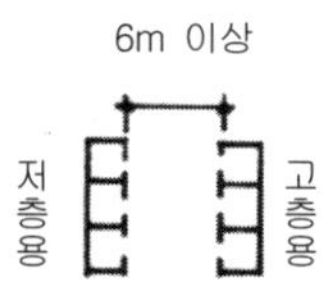	• 저층용과 고층용을 대면 배치하는 경우 거리를 충분히 확보한다.

나. 특징

㉮ 장점

우선적으로 엘리베이터의 설비비를 줄일 수 있으며, 조닝수가 증가하면 승강로의 연면적을 최소화하여 서비스의 총 바닥면적을 작게 할 수 있으며, 또한 총 일주시간을 단축하여 수송능력을 증가시킬 수 있으며, 고층부의 엘리베이터는 고속성을 발휘할 수 있다.

저층·중층 엘리베이터의 기계실 상부는 대실면적으로 이용이 가능하며 급행 부분의 엘리베이터 홀은 화장실, 금고 등으로 이용이 가능한 것이 특징이다.

㉯ 단점

건물의 이용상 제약을 받으며 또한 대사무실의 경우 하나의 임대자에게 서비스 층이 다른 층을 나누어 줄 수 없으므로 배치상의 제약을 받는다.

조닝 수가 많을 경우에는 대실의 규모가 현저히 적어지며 건물 내의 교통에 있어 편리성이 적어지고 이용자가 혼란에 빠질 우려가 있으며, 또한 부하가 많이 걸리는 존(zone)이 생기기 쉬우므로 각 존의 교통 수요 예측을 정확히 해야 한다.

다. 조닝방식

㉮ 스카이 로비방식(sky-lobby-system)

초고층 사무소 건축에 채용되는 방식의 하나로 큰 존을 설정하여 그 속에 세분한 조닝 시스템을 채용하며 스카이-로비와 출발 기준 층과의 사이에 대용량의 엘리베이터를 설치 운행하는 형태이다.

미국의 World Trade Center(110층), John Hancock Center(100층), 우리 나

라의 대한생명 빌딩(지상 60층, 지하 3층) 등에서 사용되고 있다.

㉯ 더블 데크방식(double deck system)

2중식 엘리베이터를 사용하여 동시에 2대 분의 수송력을 갖추어 특히 러시아워시 원활한 운행을 목적으로 한 방식으로 입구와 내부는 싱글 데크 엘리베이터와 동일하게 처리하며 동일 승강기 내에서 정원을 2배 정도로 하며 또한 정지 층도 2개 층으로 하여 운행의 효율성을 크게 한 것이 특징이다. 그러나 일반 엘리베이터와는 달리 정지 층에 따라 층의 처리와 이에 따른 복잡함이 생기기 쉽다는 것이 단점이다.

【표 3-4】 세계무역센터 빌딩의 엘리베이터 시방과 수송능력

뱅크(bank)	I	II	III	IV
서비스층(*) 대수	2-4~12 (2~12) 5대	2-4~12 (2~12) 5대	2-23~32 (2~23~31) 6대	2-32~39 (2-32~39) 5대
용량	1,600kg 24명	1,600kg 24명	1,600kg 24명	1,600kg 24명
속도	180m/min	180m/min	240m/min	300m/min
일주시간	140.9sec	140.9sec	175.9sec	175.9sec
평균운전간격	28.2sec	28.2sec	29.3sec	35.2sec
5분간운송인원	230인	230인	221인	184인
5분간운송능력	12.1%	12.1%	11.6%	10.9%

(*) ( )가 없는 것은 출근시, ( ) 안은 평상시의 서비스층을 말한다.

【표 3-5】 월드트레이드센터 빌딩의 엘리베이터 시방과 수송능력

<table>
<tr><th>존(zone)</th><th>1</th><th colspan="2">2</th><th colspan="2">3</th></tr>
<tr><td>서비스층</td><td>1~43층
43층까지 올라가는 승객은 층에서 그룹 A1, B1 C1 또는 D1가 운데 승객을 직접 요구하는 층으로 운반하는 로컬 엘리베이터에 오른다.</td><td colspan="2">44~77층
44층에서 77층 사이의 층으로 가는 승객은 R1의 셔틀 엘리베이터의 1대에 오른다. 이 승객은 44층에 있는 “스카이로비”에서 그룹 A2, B2, C2 또는 D2 로컬 엘리베이터로 바꿔탄다.</td><td colspan="2">78~110층
78층과 110층 사이의 층으로 가는 승객은 그룹 R2의 셔틀 엘리베이터의 1대에 탄다. 이 승 객은 78층의 “스카이로비”에서 그룹 A3, B3, C3 또는 D3 로컬 엘리베이터로 바꿔탄다.</td></tr>
<tr><td>그룹 명칭</td><td>A1, B1, C1, D1</td><td>R1</td><td>A2, B2, C2, D2</td><td>R2</td><td>A3, B3, C3, D3</td></tr>
<tr><td>대 수</td><td>6대×4</td><td>11대</td><td>6대×4</td><td>12대</td><td>6대×4</td></tr>
<tr><td>용 량</td><td>1,600kg 24인</td><td>4,500kg
60인</td><td>1,500kg 24인</td><td>4,500kg
60인</td><td>1,600kg 24인</td></tr>
<tr><td>속 도</td><td>150~420m/min</td><td>480m/min</td><td>150~420m/min</td><td>480m/min</td><td>150~420m/min</td></tr>
</table>

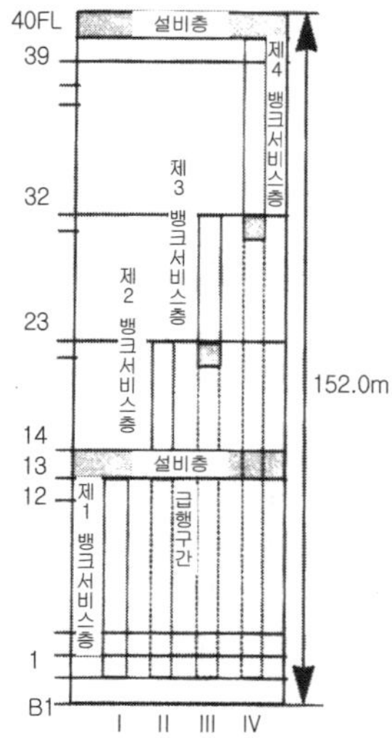

【그림 3-9】 세계무역센터 빌딩의 엘리베이터 계획

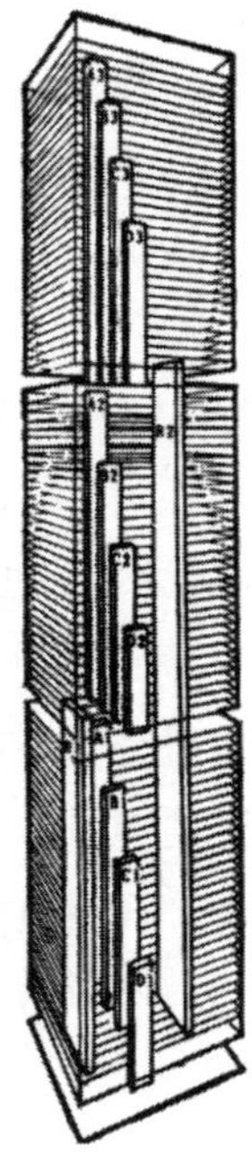

【그림 3-10】 N.Y월드트레이드 센터(W.T.C) 빌딩의 엘리베이터의 계획

라. 대수산정

㉮ 대수산정의 기본

아침 출근시 5분간의 이용자와 1일 이용자가 가장 많은 오전 12시에서 오후 1시까지의 이용자수를 기본으로 한다.

㉯ 엘리베이터 대수 산정 방법

5층 이상의 건물에는 필수 수직동선이며 고장 점검 때를 고려하여 최소 2대 이상 배치하는 것이 좋다. 엘리베이터의 수송능력은 정원, 속도, 운전방식 등에 따라 다르나 약산으로 【표 3-6】 과 같이 정할 수 있다. 이는 건축 법규상의 엘리베이터 산정 대수와는 다르다.

정확한 대수 산정은 위에서 언급하였듯이 건물의 층수, 높이를 고려하여 엘리베이터의 정원, 속도, 정지시간 등의 성능을 결정하여 가장 이용이 많은 출・퇴근시 5분간을 집중 운반할 수 있도록 소요대수를 계산하게 된다.

【표 3-6】 엘리베이터 대수산정 약산식

연 면 적	대 수
< 5,000m²	2대
5,000~10,000m²	3~4대
> 10,000m²	3,000m²~4,000m² 증가마다 1대

엘리베이터의 이용은 점심시간이 가장 많으나 한방향만 고려하면 그 이용이 가장 집중되는 것은 아침이다.

일반적으로 건물인구에 대하여 5분간 집중률은

전용사무소 : 1/3 - 1/4

대여사무소 : 1/7 - 1/9로 볼 수 있다.

대여사무소의 경우 테넌트 수가 극히 많을 경우에는 집중률이 1/10까지 내려갈 경우가 있으나 1/8 이상으로 잡는 것이 보통이다.

엘리베이터의 속도는 출발 층에서 최상층까지의 운전시간을 30초 이하로 하는 것이 보통이다.

아래 그림은 층수별 추정도를 표시한 것이다.

화물용 엘리베이터의 속도는 보통 60m/min가 적당하다.

31m, 9층 건물의 일반 사무소의 경우 속도는 150m/min 정원 15명 정도가 표준이므로 이 경우 계산도표를 나타낸 것이 【그림 3-12】 엘리베이터 왕복시간 산출표이다.

정지시간은 보통 5초로 가정하는 것이 무난하다.

연면적 4,000m²의 소규모 사무소에는 그 규모에 따라 속도를 90m/min 정도까지 낮추고 또 정원 11명으로 하는 것이 고려되나 대수만은 복수로 하며, 고장수리 때 모두 정지상태가 되지 않도록 배려된 것이다.

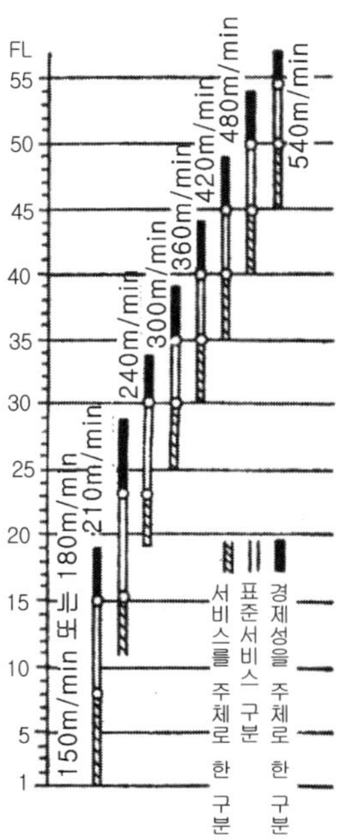

【그림 3-11】 층수별에 대한 추정 속도

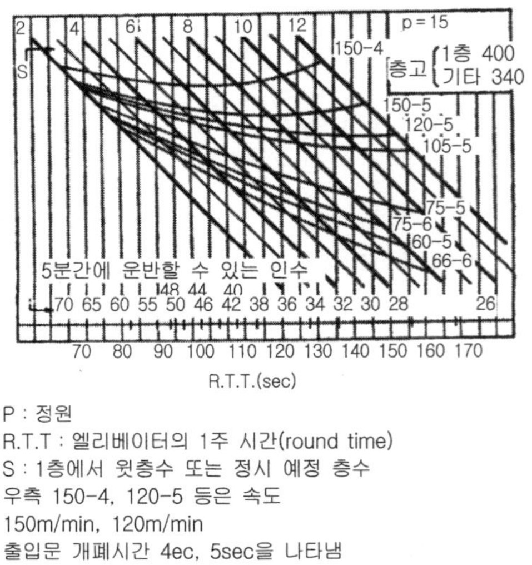

【그림 3-12】 엘리베이터 왕복시간 산출표

화물용 엘리베이터는 보통속도 60m/min 정도이며 연면적 10,000m^2 이상의 건물에는 거의 설치되며, 지하, 옥상의 기계실 층의 서비스는 화물용 엘리베이터만으로 한 예가 많다.

높이 31m를 넘는 건물은 소방대용의 비상용 엘리베이터를 설치하는 규정이 있으므로 화물용 엘리베이터를 겸용시킬 수 있다.

단, 비상용 엘리베이터는 전용 승강로비로 하여 10m^2 이상의 넓이와 배연설비가 필요하며 속도는 60m/min 이상, 정면길이 1.8m, 안길이 1.5m, 출입구폭 1m 이상의 박스 내법이 필요하다.

다음은 엘리베이터 산정방법의 종류를 알아보면

- 1대당 서비스층(service floor) 면적에 의한 추정

  승강기 규모계획 중 가장 간단한 방법이나 건축물의 용도, 규모, 승강기의 성능이 다른 경우 일률적으로 적용하기에 곤란한 것이 특징이다.

  보통 연면적 2,000m^2에 1대의 비율로 설치하며 법규상 3,000m^2를 기본으로 하여 1대를 설치하며 초과면적 2,000m^2 이내마다 1대의 비율로 가산한 대수로 산정한다. 이때 엘리베이터 1대당 8인용을 기준으로 한다.

- R.T.T(round trip time)에 의한 추정

  승강기의 왕복시간과 정지층수 성능에 의하여 정하는 방식으로 건축물의 용도, 규모, 승강방식 등 고유 조건에 맞추어 추정이 가능하고 계산도 비교적 간단한 것이 특징이다.

- 시뮬레이션(simulation)에 의한 추정

  이용자의 추정, 분포, 승강기의 선택, 행동, 관측자료, 승강기의 운행 조건 등의 지표를 설정하고 이를 근거로 하여 컴퓨터를 이용하여 가상운전하는 방식이다.

  보통 이 방식은 건물의 고층화로 인한 R.T.T방식의 적용이 어려울 경우에 사용되며 기본 지표는 R.T.T방식과 동일하나 구체성이 높은 것이 특징이다.

※ 참고 : 고층용 엘리베이터 관련치수

고층용 엘리베이터

■ Plan of Hoistway & Machine Room

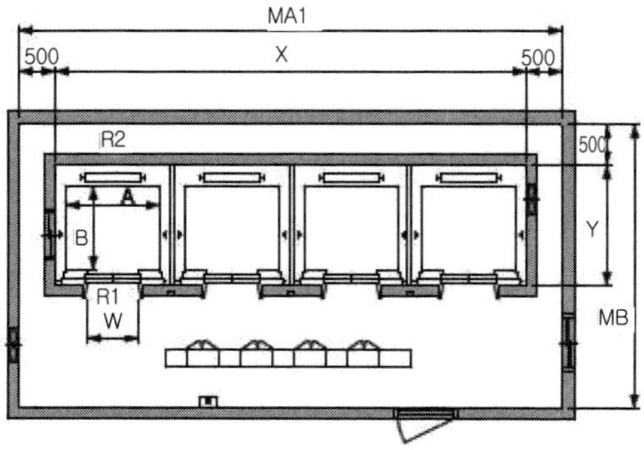

■ Section of Histway

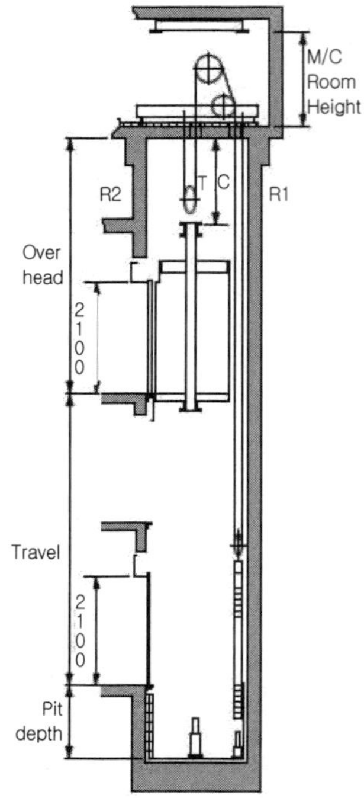

■ Plan of Hoistway & Machine Room

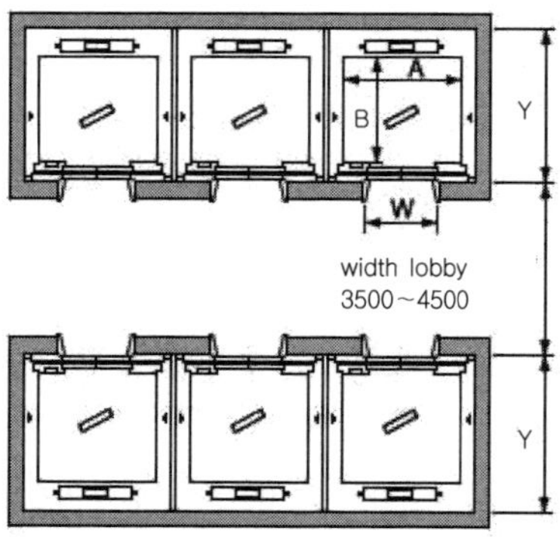

● 승강로 - 기계실 단면규격(최소 규격) (단위:mm)

속도(m/min)	오버헤드(O.H)	피트깊이(P)	T.C	기계실 높이(M.R)
120	5,400	2,150	1,850	2,600
150	5,600	2,450	2,050	2,600
180	5,900	2,750	2,350	2,600
210	6,500	3,250	2,750	2,600
240	7,100	3,850	3,350	2,600

● 기계실 반력 · 피트 충격하중 (단위 : kg)

형식	속 도 (m/min)	기계실 반력		피트 충격하중		기계실천장 트롤리 빔 작용하중
		R1	R2	카측 (P1)	균형추측(P2)	
12인승	120	8,600	11,500	14,100	12,600	6,000
	150			17,800	15,900	
	180			17,900	16,000	
14인승	120	9,300	12,000	14,700	13,000	
	150			18,500	16,400	
	180			18,600	16,500	
	210	9,200	13,300	19,100	17,000	
	240	11,500	11,700	18,600	16,500	
16인승	120	9,700	12,600	15,800	13,800	
	150			20,000	17,400	
	180			20,100	17,500	
	210	9,600	13,900	20,600	18,100	
	240	12,000	12,200	20,000	17,600	
18인승	120	10,300	12,900	16,800	14,400	
	150			21,200	18,200	
	180			21,300	18,300	
	210	10,200	14,100	21,800	18,800	
	240	12,500	12,500	21,300	18,300	
21인승	120	12,400	12,400	17,900	15,100	
	150	12,500	12,500	22,600	19,000	
	180			22,800	19,100	
	210	12,900	12,900	23,000	19,400	
	240	13,200	13,200	23,200	19,700	

● 표준 규격(최소 규격)

형식	속 도 (m/min)	출입문규격 (W×H)	카내부 규격 (A×B)	승강로 내부 규격(X×Y)			기계실 내부 규격(MA×MB)		
				2대 병렬	3대 병렬	4대 병렬	2대 병렬	3대 병렬	4대 병렬
12인승	120 150 180	900×2,100	1,600×1,350	4,550×2,250	6,900×2,250	9,250×2,250	5,550×4,750	7,900×4,750	10,250×4,750
14인승	120 150 180 210 240	900×2,100	1,600×1,500	4,550×2,400	6,900×2,400	9,250×2,400	5,950×4,900	8,500×4,900	11,050×4,900
		1,000×2,100	1,800×1,300	4,950×2,200	7,500×2,200	10,050×2,200			
16인승		1,000×2,100	1,800×1,500	4,950×2,400	7,500×2,400	10,050×2,400	6,350×4,900	9,100×4,900	11,850×4,900
		1,100×2,100	2,000×1,350	5,350×2,250	8,100×2,250	10,850×2,250			
18인승		1,000×2,100	1,800×1,700	4,950×2,600	7,500×2,600	10,050×2,600	6,350×5,100	9,100×5,100	11,850×5,100
		1,100×2,100	2,000×1,500	5,350×2,400	8,100×2,400	10,850×2,400			
21인승		1,100×2,100	2,000×1,750	5,350×2,650	8,100×2,650	10,850×2,650	6,650×5,100	9,550×5,150	12,450×5,150
		1,100×2,100	2,150×1,600	5,650×2,500	8,550×2,550	11,450×2,500			

6) 에스컬레이터

엘리베이터에 비해 연속 수송이 가능하나 사무소에서는 저층 부위에서 엘리베이터 보조로서 사용된다. 설치 각도는 보통 30° 정도로 하며 사용되는 기종은 800형(폭 80cm)와 1,200형(폭 120cm)이 있다. 수송능력으로는 800형이 시간당 5,000명, 1,200형이 시간당 8,000명으로 평균 속도는 27~30m/분(min)정도 된다.

※ 참고 : 에스컬레이터 관련자료

에스컬레이터

■ Escalator

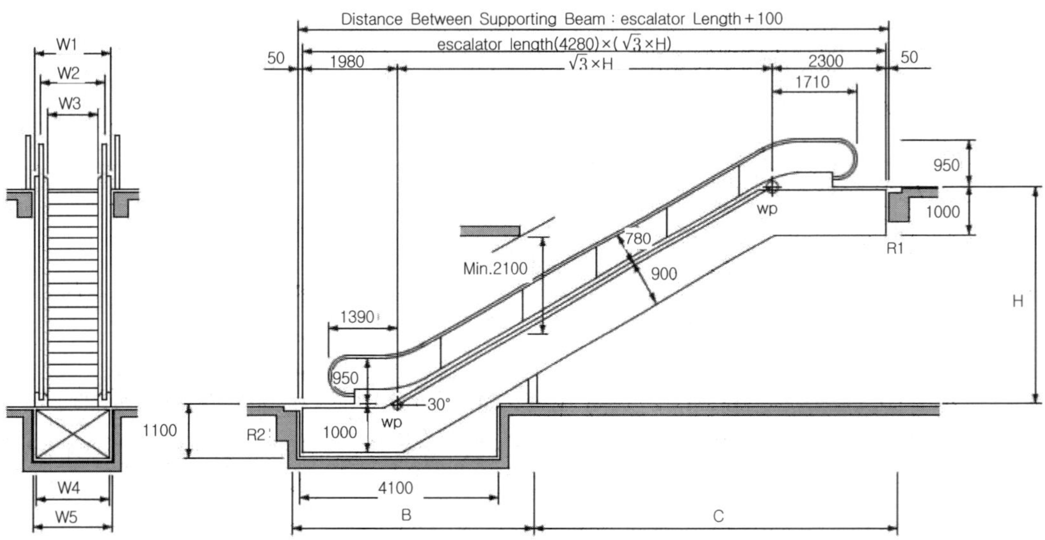

● 반력(kg) (H : mm)

형식	800형	1,200형
R1	0.63H+2,500	0.77+3,000
R2	0.63H+2,100	0.77+2,500

● 치수표

형식	800형	1,200형
W1	1,146	1,550
W2	813	1,217
W3	600	1,004
W4	1,106	1,510
W5	1,250	1,650

● 동력용 전원설비

층고(mm)		전동기 용 량 (KW)	전원설비용량 (KVA)	전원 전압 (V)	전원 측정격 전류 (A)	전원측 동력선 size별 최대 인입거리(m) (전원측 no fuse 차단기와 에스켈레이터 제어반)						접지선 최소 size (m^2)
1,200평	800평					3.5 mm^2	5.5 mm^2	8 mm^2	14 mm^2	22 mm^2	38 mm^2	
~4,500	~6,500	5.5	9	200/400	40/20	-/69	-/105	37/148	62/252	90/-	137/-	3.5/2
4,501~6,500	-	7.5	12	200/400	60/30	-/48	-/74	-/104	43/175	63/250	95/-	5.5/2

※ 주) 지지대간 거리가 14,800mm를 초과하는 경우 또는 층고가 6,000mm를 초과하는 경우는 중간 지지빔이 필요

7) 화장실, 세면실

① 위치

계단 및 엘리베이터 홀에 근접한 위치에 배치시키며 특히 각 사무실에서 이용이 편리하도록 동선을 짧게 한다. 각 층의 화장실은 설비 배관상 되도록 분산시키지 않도록 하고 공동의 위치에 설치하며, 1개소 또는 2개소에 집중 배치되도록 설계하는 것이 공사비 측면상 좋다.

화장실은 위생상 외기에 접하도록 계획하고 평면 배치상 불가능할 경우 충분한 환기 설비를 하도록 한다. 이때 조명은 형광등 설치를 원칙으로 하며 되도록 살균등을 설치하는 것도 바람직하다.

② 배치

남자용 및 여자용으로 반드시 구분하고, 양입구는 서로 마주 통해 볼 수 없도록 일정한 간격을 두는 것이 좋다. 특히 남자용의 경우에는 세면실과 화장실을 구분하며, 세면실을 통과하여 화장실에 들어가지 않도록 한다. 출입구의 문은 되도록 출구와 입구를 따로 설치하되 안여닫이로 하는 것이 바람직하나, 문을 설치하지 않는 경우도 많다. 이때는 복도에서의 시각 체크가 필요하다.

그리고 복도를 사이에 두고 화장실과 사무실이 마주보고 배치되지 않도록 유의해야 한다.

③ 각부의 치수

대소변기의 깊이는 출입문을 밖여닫이로 할 경우 1.2~1.4m 정도로 하고, 안여닫이일 경우에는 1.4~1.6m 정도로 하며, 소변기의 간격은 상호간 75cm, 벽 옆은80cm 이상으로 하고 격판으로 칸을 막을 경우에는 안치수의 폭을 70cm 정도로 하고, 이때 소변기의 격판높이는 1.4m, 깊이는 40~45cm 정도로 하며, 변소가 협소할 경우 소변기의 간격은 65cm로 한다. 세면기의 간격은 상호간 75cm 이상, 벽옆은 90cm 이상으로 한다. 벽면의 간격은 편측(片側)세면기일 경우에는 150cm 이상으로 하고, 소변기가 한쪽으로 배열된

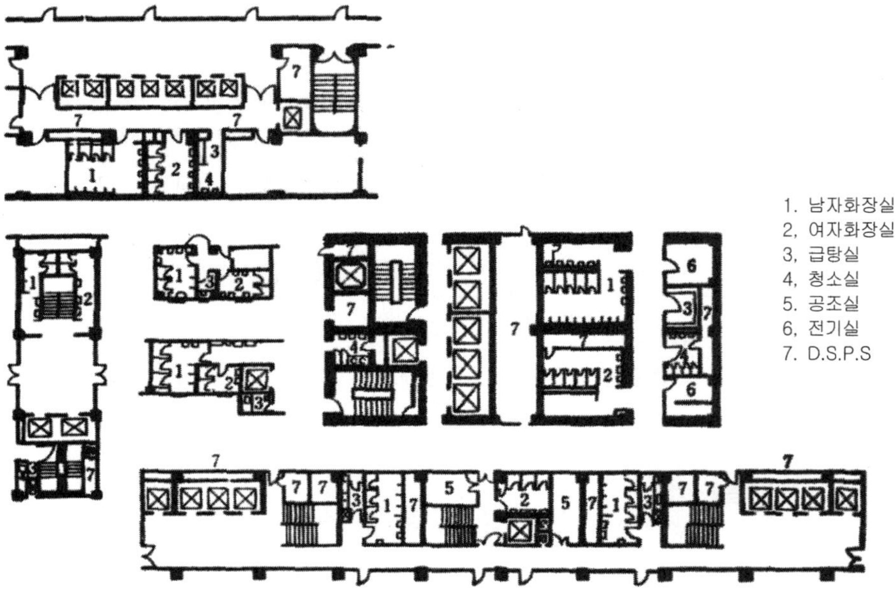

【그림 3-13】 화장실, 급탕실, 잡용실의 배치 예

경우에는 130cm 이상으로 하며, 대변기, 세면기가 서로 마주 볼 경우에는 160cm 이상, 대소변기가 서로 마주보는 경우에는 140cm 이상으로 한다.

④ **변기수 산정**

일반적으로 변기의 수는 사용 인원수, 개인의 사용요구, 사용할 시간 및 외적인 제약에 의하여 변화된다. 사용요구는 계절, 건물, 난방의 정도에 따라 약간의 차이는 있지만 가을에 건물을 난방하기 직전에 제일 높아서 이때를 산정기준 계절로 한다.

상기의 여러 가지 요소에서 화장실을 동시에 사용하는 인원수의 1층의 총 인원수에 대한 비를 확률의 계산에서 산출될 수 있는데 다시 말하면 혼잡 정도를 일정하게 할 때, 변기 1개가 부담할 수 있는 인원수가 계산된다. 화장실을 사용하는 인원수는 화장실이 각 층에 배치되어 있을 경우에는 그 층의 사무실 인원수와 외래자(회사의 업무형태에 따라 약간의 차이는 있지만 남자는 사무실 인원수의 20%, 여자는 10% 정도)와의 합계를 취한다.

1층 또는 지하층 등에 출입이 빈번한 시설을 배치할 경우에는 별도의 대책을 강구해야 한다.

아래는 변기수 산정에 대한 예를 나타낸 것이다.

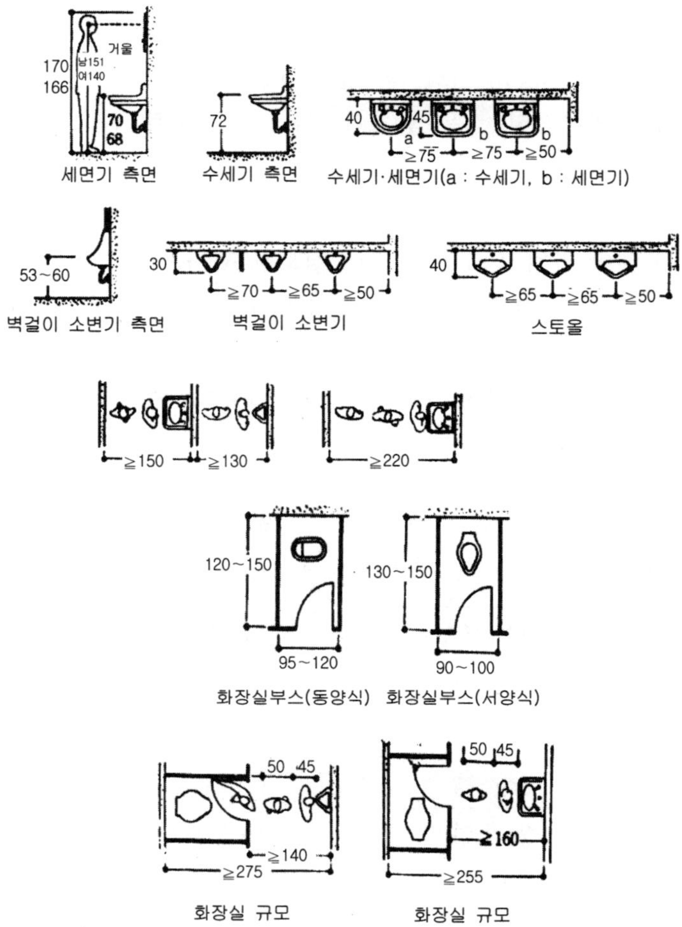

【그림 3-14】 화장실, 세면소의 기준치수

【표 3-6】 변기 1개(대 · 소변기 포함)당 적용 수치

구 분	중 이하의 사무실	중 이상의 사무실
수용 인원	15명	17~24명
기준층 바닥면적	180m^2	300m^2
대 실 면 적	120m^2	200m^2

⑤ 변기의 배치

- 화장실 내의 동선을 간단히 하여 교차함이 없도록 한다.
- 각 기구가 여러 개씩 배열된 경우 세면기는 되도록 분리시키도록 한다.
- 복도에서 변기가 보이지 않도록 배열한다.
- 대변소의 문은 안으로 열도록 하는 것을 원칙으로 하며, 힌지를 붙이고 사용하지 않을 때 보통 문이 열려 있도록 할 것. 이것은 관리상 매우 좋다.

⑥ **배치의 방법**

- 소변기 간격은 상호간 75cm 이상으로 하며, 벽 옆은 80cm 이상으로 한다.
- 세면기 간격은 상호간 75cm 이상, 벽 옆은 90cm 이상으로 한다.
- 대변소 간막이는 일반식일 경우 상호간 95cm 이상으로 하고, 양식일 경우 90cm 이상으로 한다.
- 대변소 깊이는 일반식 안열기 120~150cm 정도로 한다.
- 대변소 깊이는 양식 안열기 130~150cm 정도로 한다.
- 벽면 간격은 편측(片側)세면기의 경우는 150cm 이상으로 하며, 소변기가 한쪽에 배열된 경우 130cm 이상, 대변기, 세면기가 서로 마주보는 경우는 160cm 이상으로 하고 대소변기가 서로 마주 보는 경우에는 140cm 이상으로 한다.

8) 관리용 제실

관리계의 제실은 사무소 설계에 있어서 또는 경영자의 쪽에서도 비교적 등한히 되기 쉽지만 건물 경영상 영향을 갖기 때문에 충분한 고려를 할 필요가 있다.

실 명	면적/개소	실 명	면적/개소
수위실	$3m^2$/명	용원실	$3m^2$/명
수위실	3~$10m^2$/1개소	청소부실	$2.5m^2$/명
엘리베이터운전사실	$2m^2$/명	공작실	20~$30m^2$/1개소
직공 목수실	$3m^2$/명	욕실·탈의실	10~$20m^2$/1개소
숙직실	$10m^2$/명(1인당 $15m^2$)	자동차 운전사실	$1.5m^2$/명
관리계실	$3m^2$/명	자동차 주차장	$15m^2$/1대

9) 급탕실, 소제용실

급탕실은 물을 끓이는 장소로서, 위치는 건물 중심 가까운 곳으로 엘리베이터 홀, 계단, 화장실 등 코어에 두며 크기는 6~$9m^2$가 적당하며, 급탕량은 1일 1인당 10ℓ 정도를 기준한다. 청소용실은 사무실의 오수·오물을 처리하기 위해 청소용 기구 등을 두는 장소로 쓰인다.

10) 더스트 슈트(dust chute)

쓰레기 투입구로 잡용실내(편리한 장소)에 두며 크기는 최소 75cm 각으로 하나, 현재 쓰레기 분리제로 인해 사용에 제한이 있다.

11) 메일 슈트(mail chute)

편지 등을 투입하는 곳으로 지정된 장소에서 수거토록 하는 기능이 있으며, 위치는 엘리베이터 홀 등 사람들의 출입이 제일 편한 곳 또는 눈에 잘 띄는 장소를 선택한다.

내부는 양질의 래커칠을 하며, 전면은 유리로 마감하고 최하부 상자의 크기는 폭 50cm, 깊이 30cm, 높이 80cm 정도로 한다.

12) 스모크 타워(smoke tower)

화재에 의해 침입한 연기를 배기하기 위해 비상계단의 전실을 설치한 샤프트이다.

① 화재시 계단실이 굴뚝 역할하는 것을 방지한다.

② 스모크 타워에 의한 계단실 연기 차단 : 무창의 계단실에 연기가 침입하면 피난이 어려워지므로 전실에 스모크 타워를 두어 여기서 연기를 흡입, 배출하고 계단실과 전실을 급기를 가압하여 계단실 → 전실 → 스모크 타워의 공기경로를 만들어 계단실과 전실을 연기로부터 지킨다.

③ 전실의 천장은 가급적 높게 한다.

④ 전실의 창과는 별도로 스모크 타워를 꼭 설치해야 한다.

【그림 3-15】 스모크 타워

13) 보일러실

① 크기

- 대규모 사무소 : 증기난방은 연면적의 1.2%
- 온풍난방 : 연면적의 3.0%
- 공조장치로 할 경우(기계실 포함) : 연면적의 2.7~3.5%

	건물의 면적 [m²]	1,000	2,000	3,000	5,000	7,500	10,000	15,000	20,000	30,000
	보일러 실의 면적[m²]	24	42	60	90	130	170	250	300	450
냉방용 기계실	1) 냉방면적이 500m²정도 이하일 때는 20m²정도의 소면적으로 처리되나, 냉방면적이 3,999m² 이상이 되면, 대개 냉방면적의 2% 이상의 기계실이 필요하다. 2) 층높이는 덕트가 통하기 때문에 최소 4m, 보통 4.5m 정도이다.									
송풍기실	상당한 소음을 내기 때문에 실의 배치를 고려하여 실내는 내화적인 방음재로 마무리한다.									

② 천장고

증기난방의 경우는 3.0~4.0m, 온풍난방 경우 4.2m 정도가 필요하다.

14) 냉방 기계실

냉방장치(공기세정기 및 냉각장치)용 기계실의 크기는 건물 연면적에 대하여 3.5~6% 정도이다. 한냉온풍으로 바꾸려면 다시 보일러실이 필요하므로, 냉・난방 겸용 기계실의 크기는 연면적의 약 5.5% 정도이다. 송풍시설은 지하실 외에 상층에도 나누어서 배치하는 경우가 있다. 또 냉각기를 송풍기실 외에 두기도 한다.

15) 변전실

천정 높이는 배전반 또는 변압기보다 1m 높게 해서 3.0~3.5m를 필요로 한다.

【표 3-7】 변전실 최소면적(변압기는 3,000V 급)

건축 연면적(m^2)	1,650	3,300	6,600	9,900	12,300
사용변압기 총용량(kW)	50	100	200	300	400
변전실 최소 면적(m^2)	23	33	47	56	66

건축 연면적(m^2)	16,500	23,100	29,700	39,600	52,800	66,000
사용변압기총용량(kW)	500	700	900	1,200	1,600	2,000
변전실 최소 면적(m^2)	73	86	100	116	132	148

[주] (1) 이 표는 전등 및 전동기(엘리베이터, 소화・급수・배수・배기용 등)가 있는 사무소에 대한 것이다.
(2) 전기난방・난방・냉방・전기요리를 할 경우는, 그만큼 변압기 총량을 증가할 필요가 있다. 따라서 이에 적응하는 변압실이 필요하게 된다.
(3) 연면적 1,650~66,000m^2의 사무소에서는 1m^2당 30W(1평당 100W)의 비율로 사용 변압기의 용량을 구한다.

16) 축전지실

내산재로 실내(환기덕트의 내면을 포함한다)를 마무리한다. 크기(축전지실 면적)는 아래에 표시하는 것과 같다.

축 전 지 용 량 (AH)		100 이하	300	500	1,000
축전지실면적 (m^2)	강전용 100~110V	25	35	40	50
	약전용 48V	15	20	25	-
	약전용 24V	10	15	20	-

17) 공기조화

① 공기방식

• 단일 덕트방식
• 이중 덕트방식
• 멀티 존방식

② **공기, 물방식**
• 각층 유닛방식
• 유인 유닛방식

③ **물방식**
• 팬코일 유닛방식
• 복사 패널방식

④ **냉매방식**
• 패키지방식

■ 공조기

형식	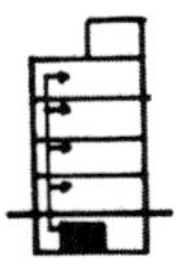	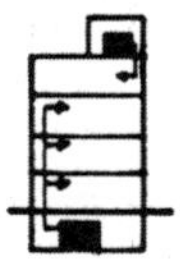	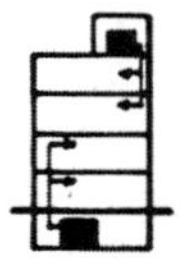	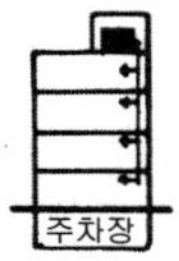	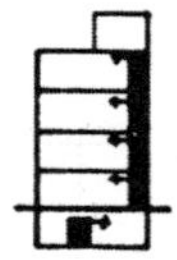	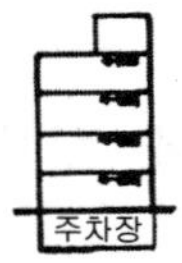
	지하 기계실형	옥상·지하 기계실형	옥상·지하 기계실형	옥상 기계실형	각층 기계실형	각층 유닛형
특징	• 가장 일반적이다. • $500m^2$ 이하의 소규모 빌딩에 적합	• 최상층만 별도계통이다. • 최상층이 회의실·식당 등 사용시간이 다른 경우에 적합	• 공조기를 상하분산 • 대규모 빌딩에서는 수직덕트가 커지므로 상하에서 덕트를 당긴다.	• 공조기를 모두 옥상에 설치한다. • 열원기기도 옥상에 두는 수가 있다. • 지하에 주차장·점포 등이 있는 경우	• 각층에 기계실을 분산한다. • 층마다 제어기능 • 열원기기만 지하나 옥상에 마련 • 대실면적은 감소	• 각층에 공조유닛을 분산하고 특히 기계실은 마련하지 않는다. • 천장 안쪽에 유닛을 마련한다.

【그림 3-16】 빌딩의 공조기계실 배치

8. 단면계획

1) 자사빌딩

자사빌딩인 경우, 상층에 직원 관계실이나 조망을 살린 직원식당, 담화실을 계획하는 예가 많다.

① 상층 : 직원실, 회의실, 사원식당, 담화실 등으로 구성한다.
② 중간층 : 일반 업무실 영역이다.

③ 하층 : 현관 홀, 접수, 쇼룸, 회의실, 컴퓨터실, 자료실 등으로 대회의실(오디토리움)을 별동으로 계획하는 경우도 있다.
④ 지하층 : 주차장, 기계실, 전기실 등으로 구성한다.

2) 임대빌딩

기본적으로 중·상층은 사무실임대로 하되, 하층을 상업계 임대로 하는 예가 많다.
① 최상층 : 대규모 임대빌딩에서는 음식점 등의 특수 임대층이 되는 경우도 많다.
② 중간층 : 일반 오피스층
③ 하층 : 금융기관, 음식점, 잡화점, 진료소 등의 특수층
④ 지하층 : 주차장, 기계실, 전기실 등으로 지하 1층이 음식점인 특수 임대부분이 되는 경우도 많다.

3) 초고층 빌딩

설비층을 지하층뿐 아니라 최상층이나 중간층에도 설치한다.

4) 천장높이와 층높이

① 천장높이

사무실 천장높이는 2,500~2,700mm 정도로 한다. 즉, 임대점포나 은행 혹은 설비계통 등은 그 용도·목적에 따라 천장높이를 높게 한다.

② 바닥 및 천장속 공간

OA(Office Automation)화가 진행됨에 따라 바닥밑으로 전기, 통신설비, 관섬유통신용 배선공간이 증대된다. 또한 천장 속은 조명기구의 설치나 공기조화, 환기, 스프링쿨러 등의 배관을 위한 공간이 필요하다.

③ 층높이

층높이는 천장고, 바닥밑 및 천장속 공간에 의해 결정한다. 기준층에서는 3,400 ~ 3,900mm가 적절하다. 최상층은 기준층보다 약간 높게 한다.

9. 방재계획

방재계획은 중요한 요소이다. 방재계획상 기본적인 문제점은 다음과 같다.

1) 평·단면 계획을 포함한 종합계획

층별 용도 조닝, 피난동선계획, 기준층 계획 등

2) 화재예방계획

화재원(火災源)관리, 내장 불연화, 가연물량 규제, 피뢰침 설비 등

3) 피난과 연기처리 등의 계획

감지설비, 경보설비, 배연설비, 피난계단, 비상용 조명, 유도등

4) 화재하중과 소화, 내화성능 등의 계획

내화구조 방화구획, 초기 소화설비(소화기, 옥내소화전, 스프링쿨러)등

5) 방재센터를 중심으로 한 방재정보처리에 관한 계획

감지, 경보, 피난유도, 외부와의 정보 경로, 초기 소화활동 등으로 처리하는 활동의 중심

6) 소방대의 본격적인 활동에 관한 계획

비상용 엘리베이터, 연결 송수관, 비상용 콘센트, 비상전화, 소방용 용수 등

7) 건물 완성 후의 방재관리에 관한 계획

방재설비의 유지관리, 피난훈련 등이 있다.

10. 주차장

1) 규모산정

주차장법 중 부설주차장 법규에 의해 최소 대수를 산정하되, 계획 측면에서는 특수한 교통량과 영업적인 고려에 의해 산정한다.

2) 진입방식에 의한 분류

주차장 면적의 크기, 대지 형태 및 길이 등을 고려하여 결정한다.

① 자주식 : 단시간에 많은 차량처리가 가능하며 중소규모 대지에는 비효율적이다.
② 반자주식 : 1층을 효과적으로 사용하기 위해 적용시킨다.
③ 기계식 : 중·소 규모 대지에 적합하며 ,출입에 시간이 걸리며, 각종 설비비가 고가이다.
④ 병용식 : 특수장치가 차로 및 주차로에 설치되어 자동으로 주차하는 방식이다.

3) 주차배열방식

직각주차, 60° 대향주차, 45° 대향주차, 평행주차, 교차주차

4) 주차장 면적

차로 등을 뺀 순수한 1대당 주차 점유면적은 주차장법상 평행주차를 제외한 경우 2.3×5m(11.5m²)이며 평행주차시는 2×6m(12m²)로 자주식의 차로, 경사로 등을 포함할 시 옥내 주차장의 경우 40~50m²/대, 옥외 주차장의 경우 30m²/대 정도로 계획한다.

• Car Lift방식

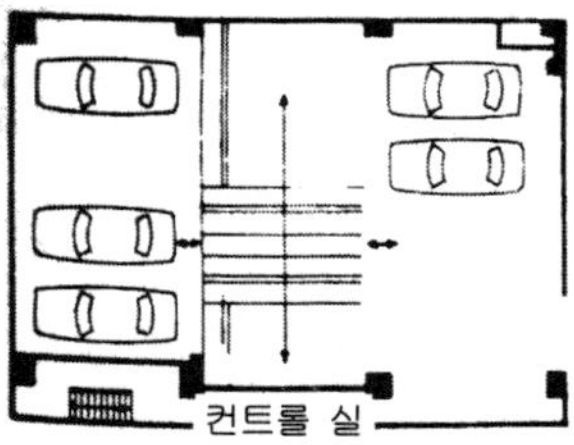

(a) 평면 왕복식

• Trun Table+ 자주방식

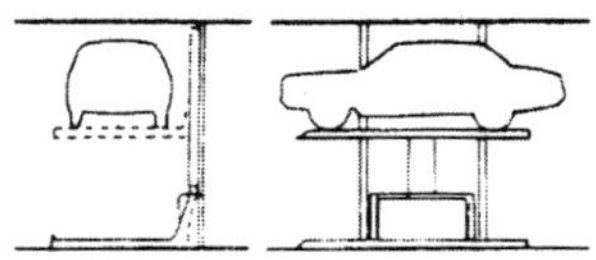

(b) 2단 승강방식

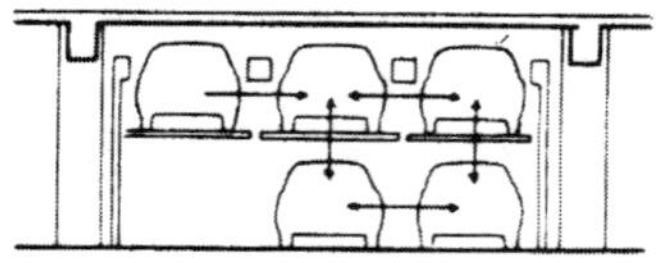

(c) 2단 승강 수평방식

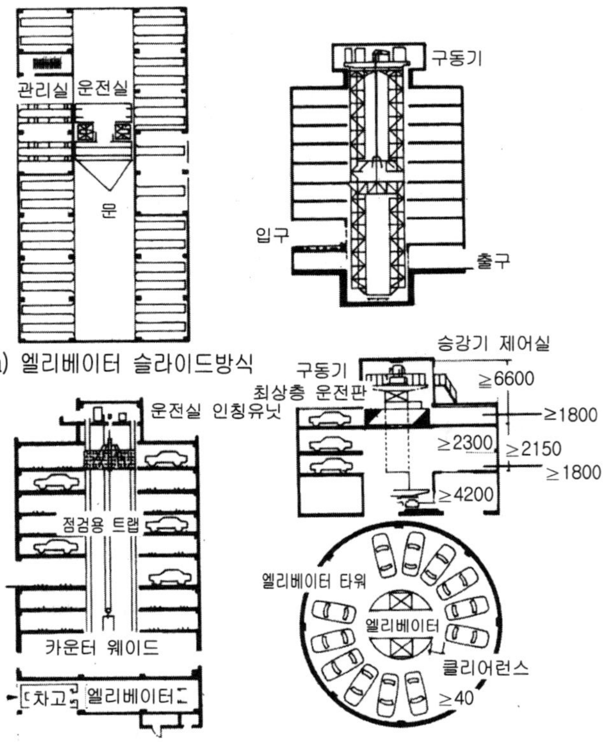

(a) 엘리베이터 슬라이드방식

(b) 엘리베이터방식(수직식)

(c) 회전식

【그림 3-17】 기계식 입체 주차방식

5) 차로의 너비

주차형식과 출입구가 1개인가, 2개인가에 따라 출입구가 1개일 경우 왕복에 필요한 통로 폭이, 출입구가 2개일 경우 일방통행에 필요한 통로 폭이 소요된다.

주 차 형 식	차로의 너비	
	출입구가 2개 이상일 때	출입구가 1개일 때
평 행 주 차	3.3m 이상	5.0m 이상
직 각 주 차	6.0m 이상	6.0m 이상
60° 대향주차	4.5m 이상	5.5m 이상
45° 대향주차	3.5m 이상	5.0m 이상
교 차 주 차	3.5m 이상	5.0m 이상

※ 주차부분의 장·단변 중 1변 이상은 차로에 접해야 한다.

6) 출입구

① 전면도로가 2 이상인 경우 교통에 영향이 적은 도로에 설치한다.

② 출구는 도로에서 2m 이상 후퇴한 곳으로 차로 중심선상 1.4m 높이에서 좌우 60° 이상 범위가 보이는 곳으로 한다.

③ 도로의 교차점 또는 모퉁이에서 5m 이상 떨어진 곳에 위치한다.

④ 공원, 초등학교, 유치원의 출입구로부터 20m 이상 떨어진 곳에 위치한다.

7) 경사로의 구배

직선부분은 17% 이하(약 1/6), 곡선부분에서는 14% 이하로 한다.

8) 지하 주차장의 기둥간격

상부 구조체와 연관됨으로 기준층 계획시 주차장 계획이 이루어져야 한다. 즉 한 span 내에 2대 주차하는가, 3대 주차하는가 등을 고려해야 한다.

9) 천장높이

통로부분에서는 2.3m 이상, 주차장소에서는 2.1m 이상이 필요하다.

11. 사무공간의 각종 가구류 배치 예

1) 개인사무실

① 업무용 책상 평면도

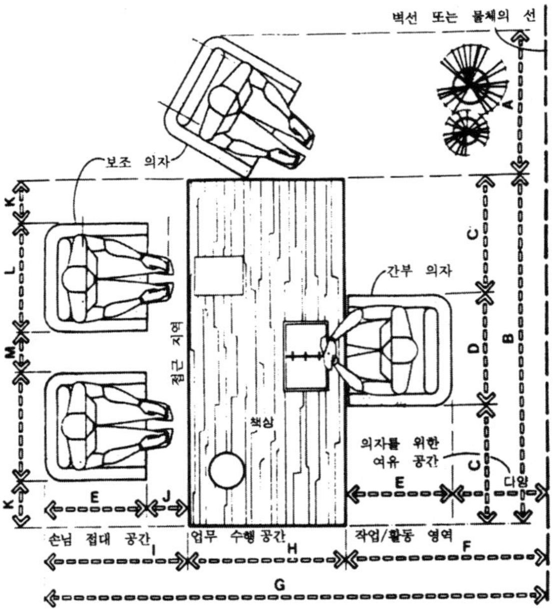

구 분	cm	비 고
A	75~99	
B	105~215	
C	45~60	
D	60~70	
E	60~75	
F	105	
G	270~330	
H	75~115	
I	84~105	
J	25~35	
K	15~40	
L	50~66	
M	30~40	
N	300~370	
O	115~155	
P	75~115	
Q	30~45	
R	75	
S	60~80	

② 업무용 책상 전개도

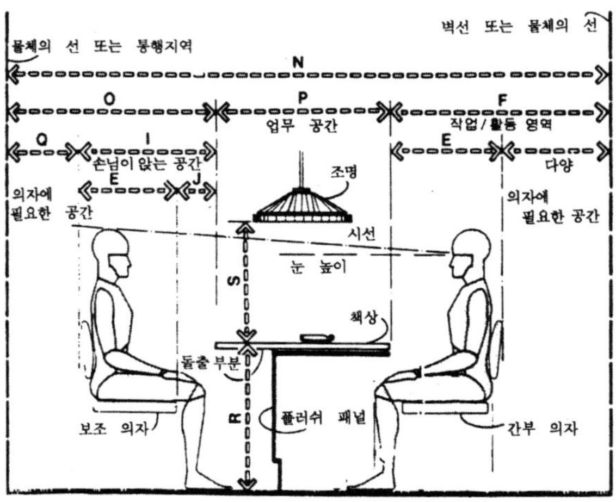

구 분	cm	비 고
A	75~99	
B	105~215	
C	45~60	
D	60~70	
E	60~75	
F	105	
G	270~330	
H	75~115	
I	84~105	
J	25~35	
K	15~40	
L	50~66	
M	30~40	
N	300~370	
O	115~155	
P	75~115	
Q	30~45	
R	75	
S	60~80	

③ 업무용 원형 · 책상

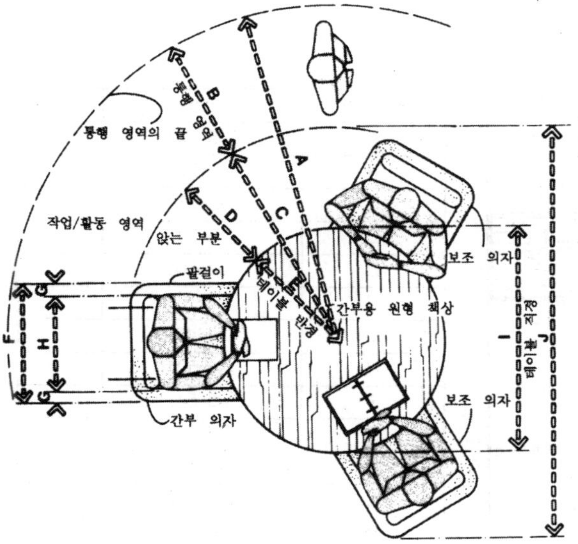

구 분	cm	비 고
A	195~225	
B	75	
C	115~150	
D	55~70	
E	60~90	
F	60~70	
G	5~7.5	
H	50~55	
I	120~150	
J	235~295	
K	90~105	
L	15~40	
M	60	
N	105~150	
O	90~120	
P	145~200	
Q	84~120	
R	30~45	
S	54~75	
T	60~81	

④ 회의용 원형 책상

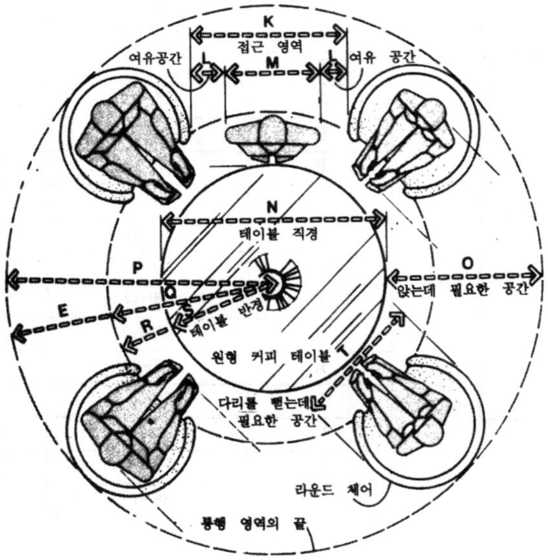

구 분	cm	비 고
A	195~225	
B	75	
C	115~150	
D	55~70	
E	60~90	
F	60~70	
G	5~7.5	
H	50~55	
I	120~150	
J	235~295	
K	90~105	
L	15~40	
M	60	
N	105~150	
O	90~120	
P	145~200	
Q	84~120	
R	30~45	
S	54~75	
T	60~81	

2) 일반사무실

① 업무용 공간 평면도

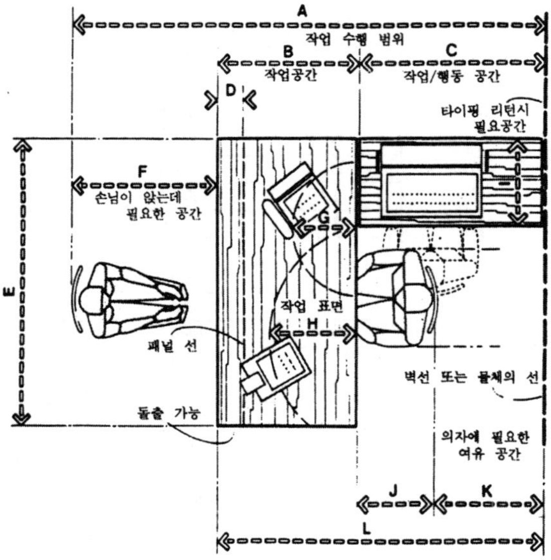

구 분	cm	비 고
A	225~320	
B	75~90	
C	75~120	
D	15~30	
E	150~180	
F	75~105	
G	36~45	
H	40~50	
I	45~54	
J	45~60	
K	15~60	
L	150~215	
M	60~75	
N	72~75	
O	38~45	

② 업무용 공간 전개도

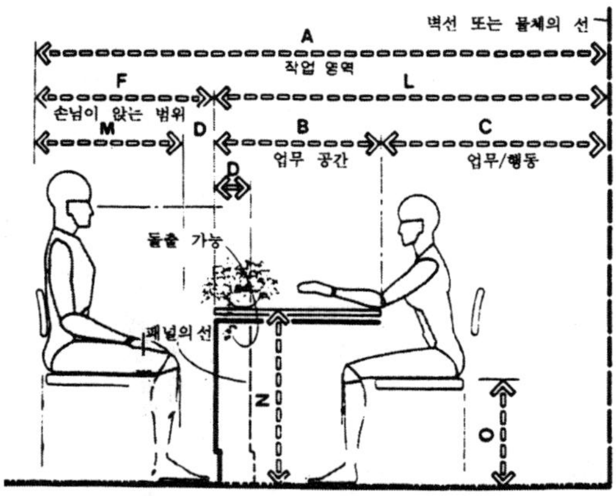

구 분	cm	비 고
A	225~320	
B	75~90	
C	75~120	
D	15~30	
E	150~180	
F	75~105	
G	36~45	
H	40~50	
I	45~54	
J	45~60	
K	15~60	
L	150~215	
M	60~75	
N	72~75	
O	38~45	

③ 일렬 배치의 업무공간 전개도

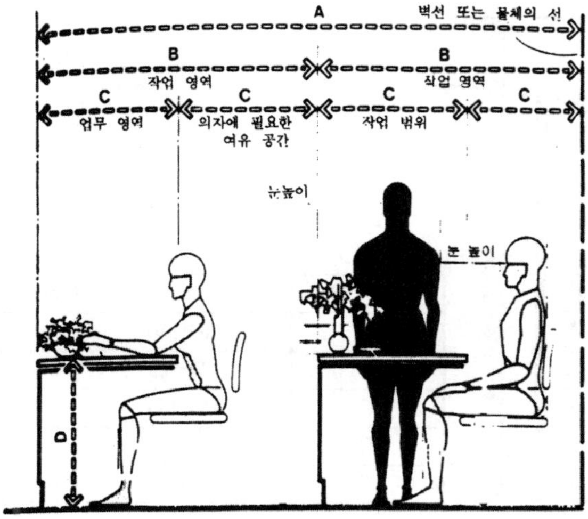

구 분	cm	비 고
A	300~360	
B	150~180	
C	75~90	
D	72~75	
E	300~425	
F	150~240	
G	45~60	
H	60~120	
I	75~120	
J	45~56	
K	105~125	
L	150~180	

④ 일렬 배치의 업무공간 평면도

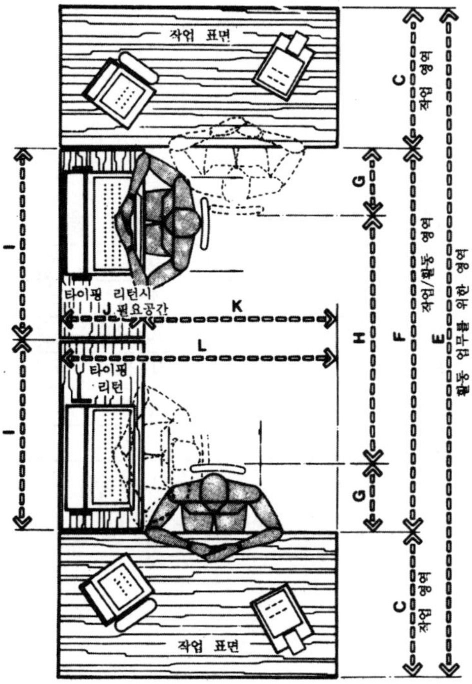

구 분	cm	비 고
A	300~360	
B	150~180	
C	75~90	
D	72~75	
E	300~425	
F	150~240	
G	45~60	
H	60~120	
I	75~120	
J	45~56	
K	105~125	
L	150~180	

⑤ 조망을 위한 파티션(남)

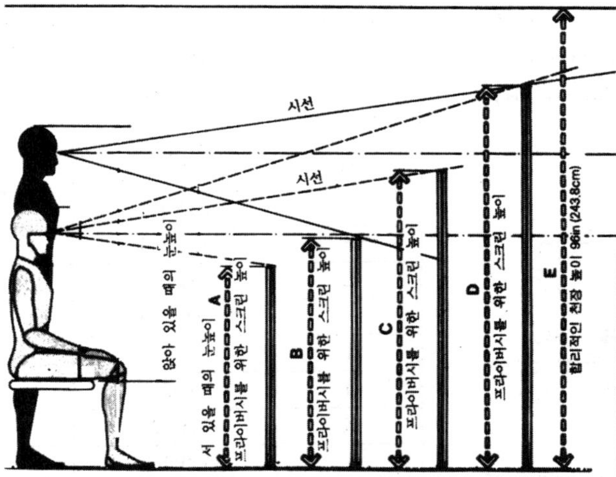

구 분	cm	비 고
A	100~110	
B	120~125	
C	150~160	
D	198~204	
E	240	

⑥ 조망을 위한 파티션(여)

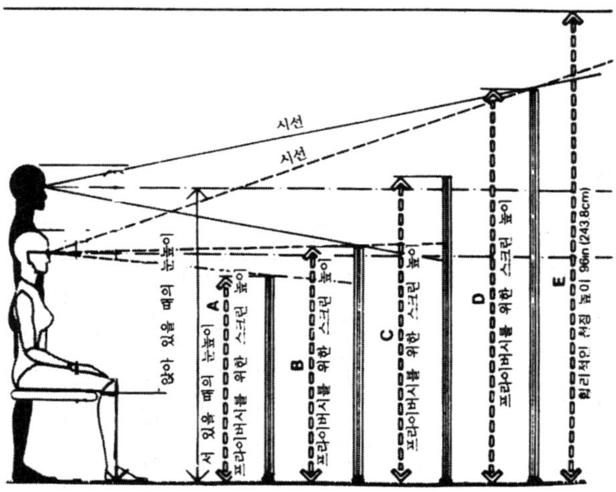

구 분	cm	비 고
A	100~110	
B	120~125	
C	150~160	
D	198~204	
E	240	

3) 대기실

① 피사체와 눈높이

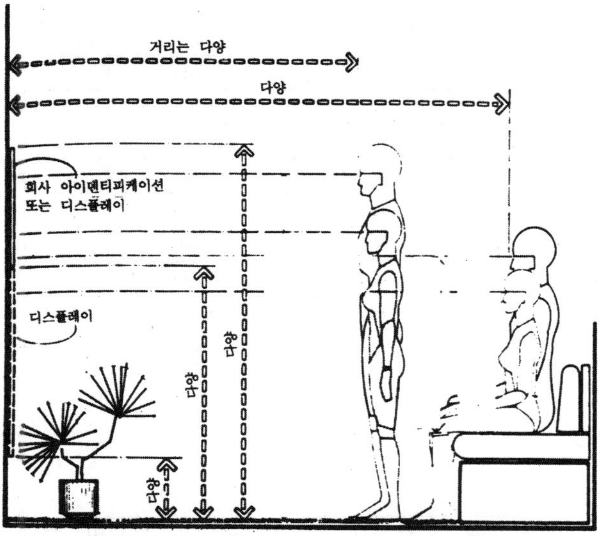

구 분	cm	비 고
A	70~80	
B	38~45	
C	75~120	
D	105~125	
E	24~30	
F	70~90	
G	84~105	
H	90~120	

② 라운지의 소파 세트

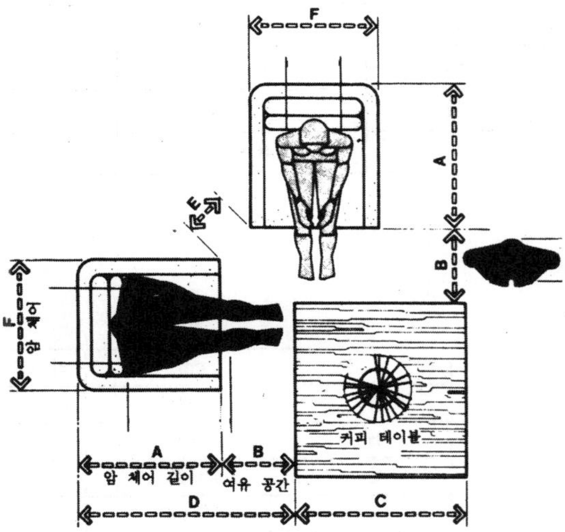

구 분	cm	비 고
A	70~80	
B	38~45	
C	75~120	
D	105~125	
E	24~30	
F	70~90	
G	84~105	
H	90~120	

4) 회의실

① 회의용 사각테이블

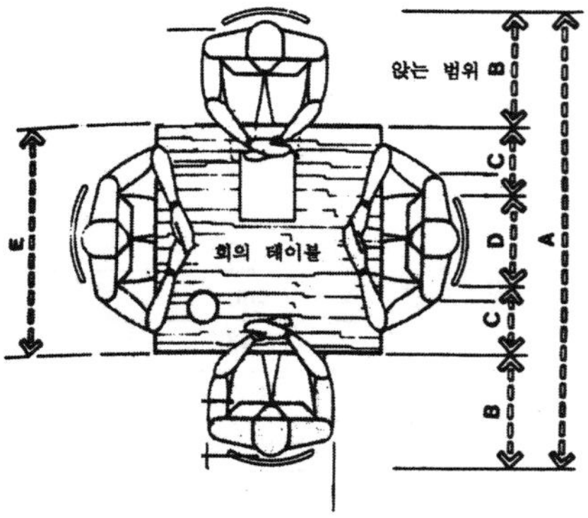

구　분	cm	비 고
A	180~240	
B	45~60	
C	20~30	
D	50~60	
E	90~120	
F	180~260	
G	90~135	
H	72~75	
I	40~43	

② 회의용 원형 테이블

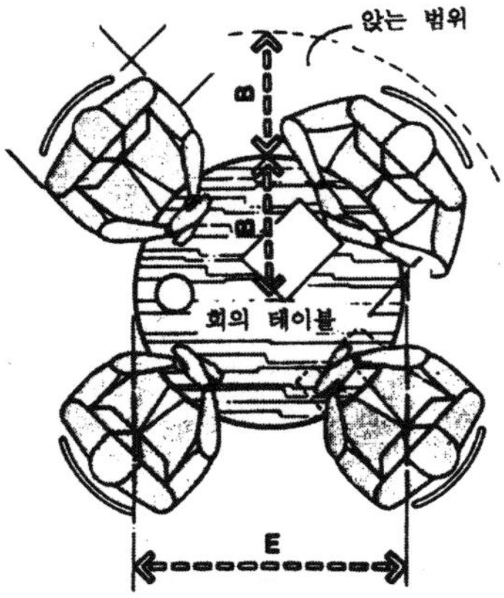

구　분	cm	비 고
A	180~240	
B	45~60	
C	20~30	
D	50~60	
E	90~120	
F	180~260	
G	90~135	
H	72~75	
I	40~43	

③ 회의용 테이블 전개도

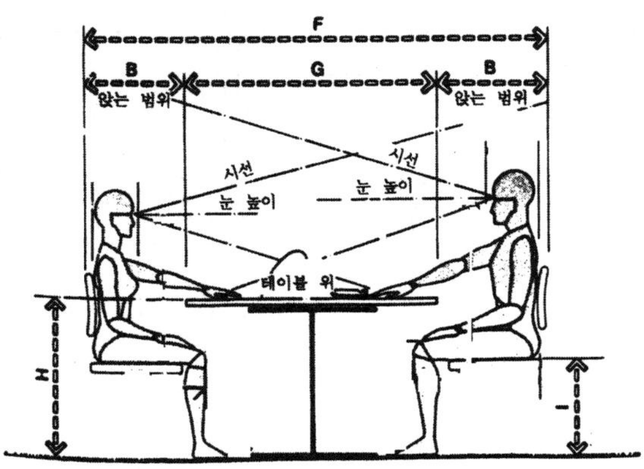

구　분	cm	비 고
A	180~240	
B	45~60	
C	20~30	
D	50~60	
E	90~120	
F	180~260	
G	90~135	
H	72~75	
I	40~43	

④ 사각형 회의용 테이블

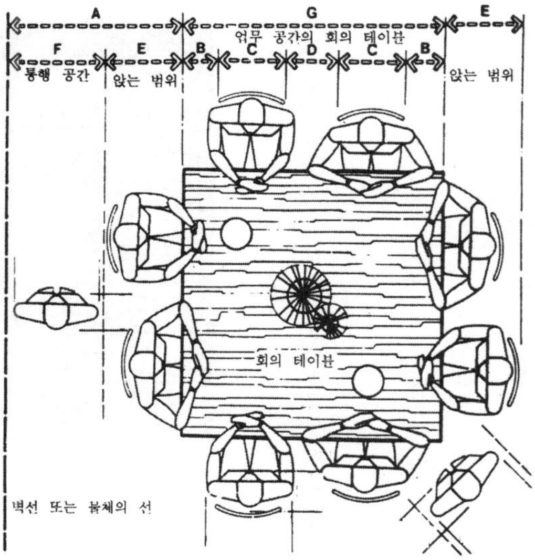

구 분	cm	비 고
A	120~150	
B	10~15	
C	50~60	
D	15~25	
E	45~60	
F	75~90	
G	135~150	
H	75	
I	180~205	
J	105~130	
K	60~68	
L	120~135	

⑤ 원형 회의용 테이블

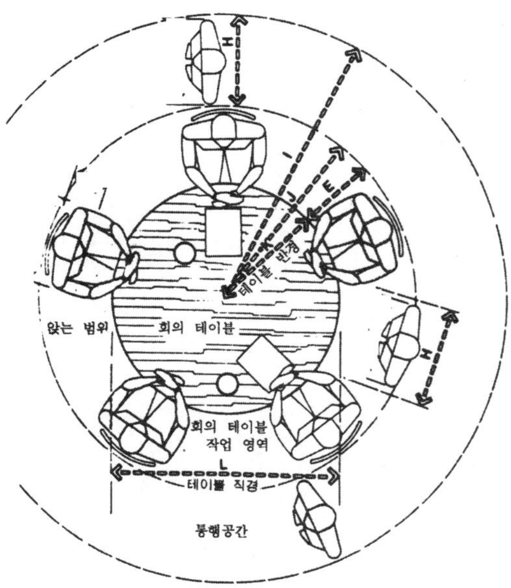

구 분	cm	비 고
A	120~150	
B	10~15	
C	50~60	
D	15~25	
E	45~60	
F	75~90	
G	135~150	
H	75	
I	180~205	
J	105~130	
K	60~68	
L	120~135	

12. 사무소 건축 실례

⬅ 동아미디어 센터

희림건축

위　　치 : 서울 종로구 서린동 159-1 외 1단지
대지면적 : 1,670.70m²
건축면적 : 865.32m²
연 면 적 : 23,391.73m²
용 적 률 : 1,039.8%
건 폐 율 : 51.79%
조경면적 : 278.30m²
최고높이 : 102.05M
구　　조 : 철골철근콘크리트
층　　수 : 지하 5층, 지상 21층

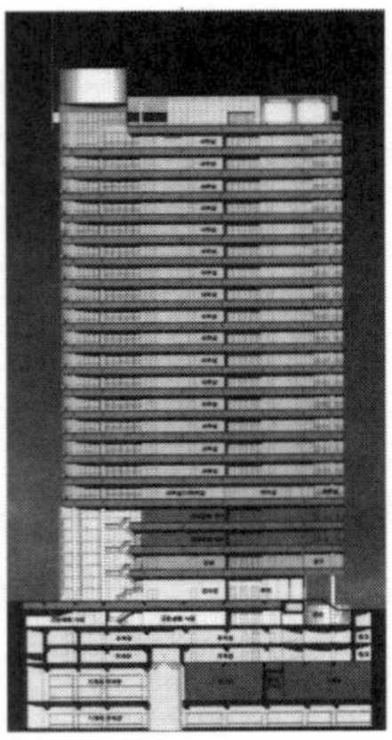

주단면도

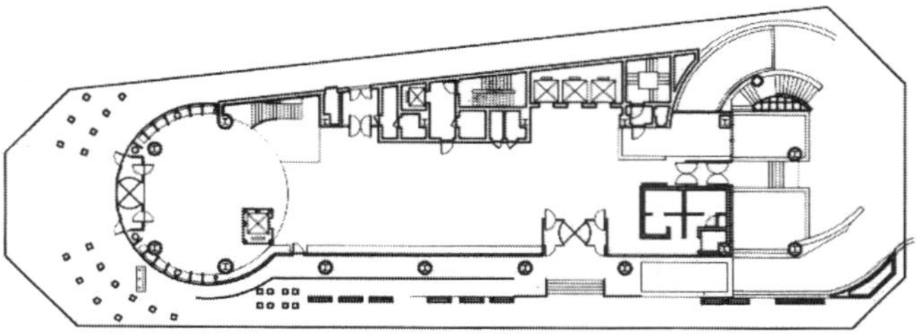

지하 1층 평면도

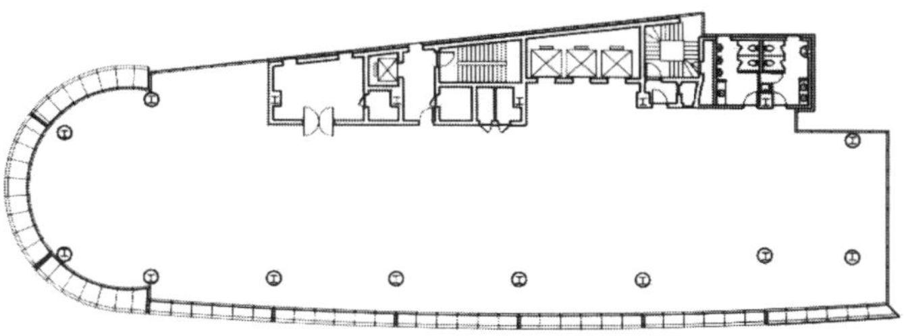

기준 평면도

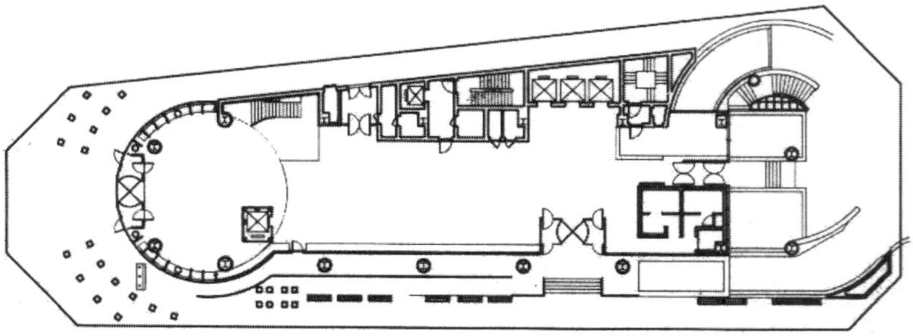

1층 평면도

➡ 종합에너지회관 (KEMCO, 한국에너지관리공단 사옥)

정일엔지니어링 + AJLA
(Anthony Lumsden, Charlse Wee)

위　　치 : 경기도 용인수지 2지구
대지면적 : 13,114m²
건축면적 : 4,258.69
연 면 적 : 24,298.68m²
규　　모 : 지하 2층, 지상 8층

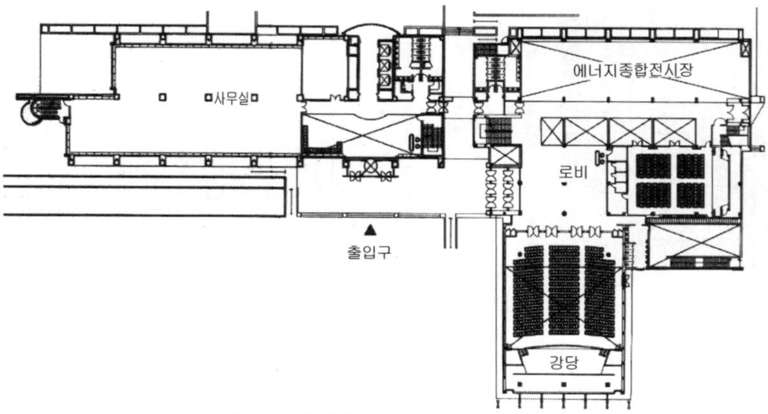

1층 평면도

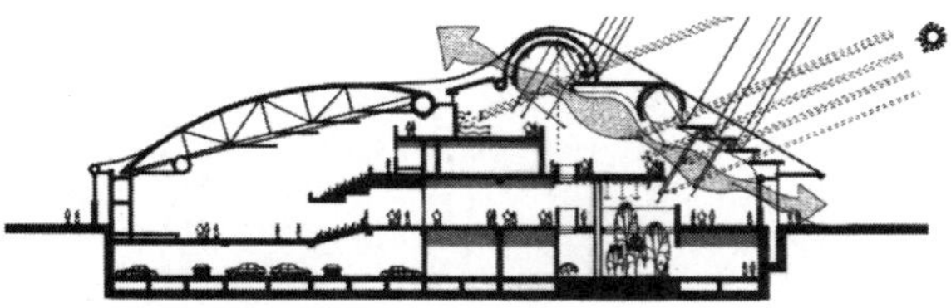

단면 개념도

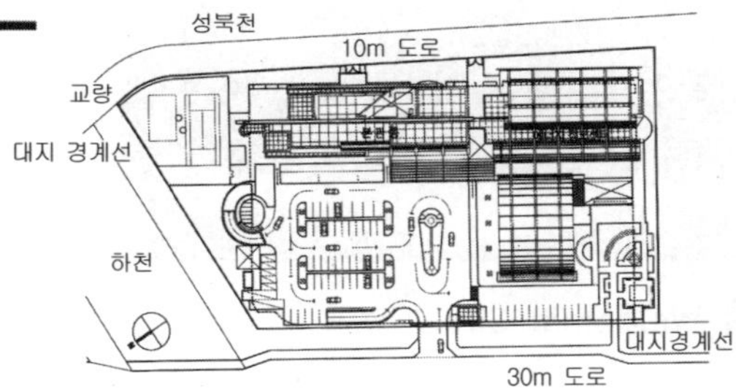

배치도

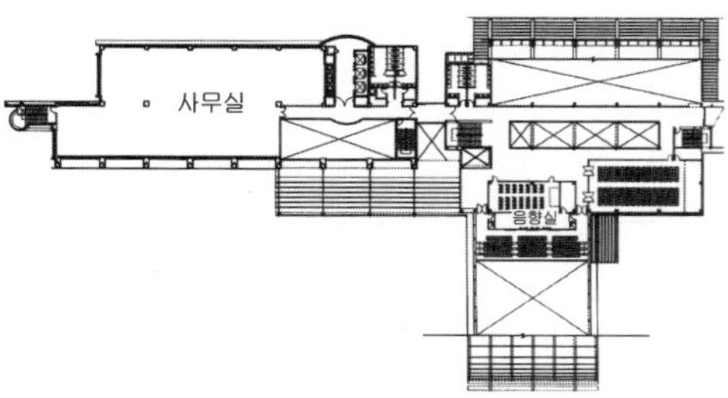

2층 평면도

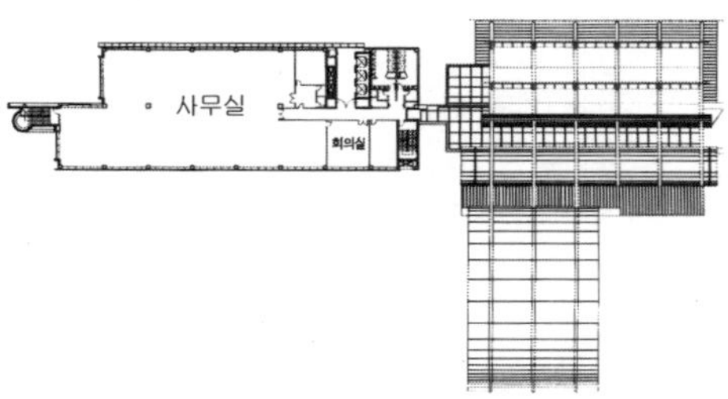

4층 평면도

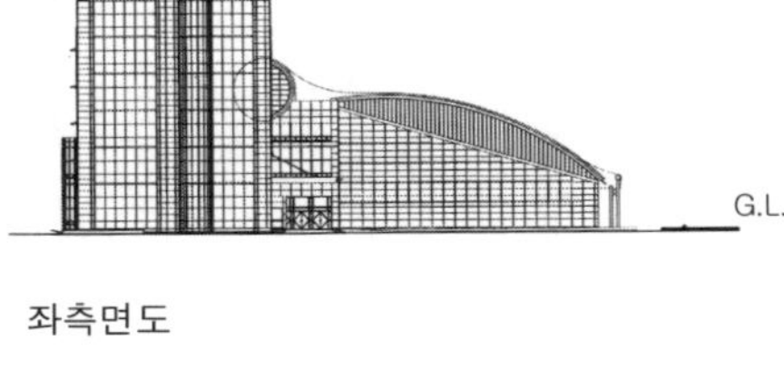

좌측면도

⬅ sk빌딩

서울건축

위　　치 : 서울 종로구 서린동
연 면 적 : 25,859평
높　　이 : 160.2m
구　　조 : 철골구조, 철근콘크리트구조(지하)
규　　모 : 지하 7층, 지상 36층

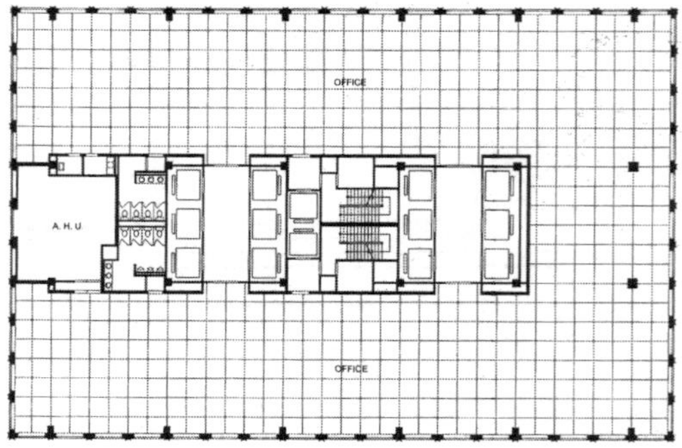

기준 평면도

⬆ Welcomm City

승 효 상(이로재)

위　　치 : 서울 중구 장충동 2가 190-10
대지면적 : 1,253.6m²
연 면 적 : 3,417.1m²
구　　조 : 철근콘크리트구조

1. lobby
2. office room
3. restaurant
4. exhibition hall
5. parking
6. electric equipment
7. machinery room
8. conference room

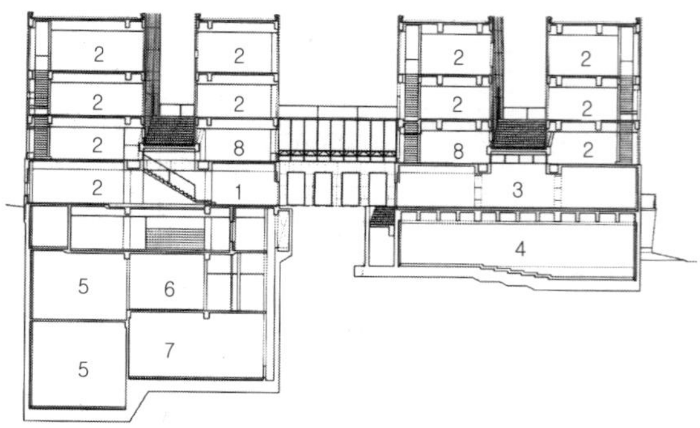

cross section

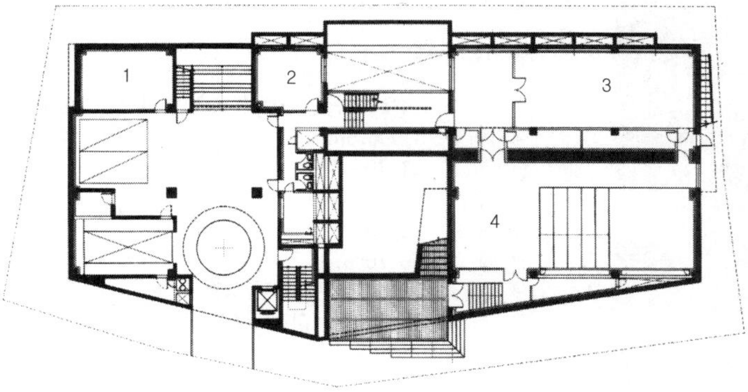

1floor plan

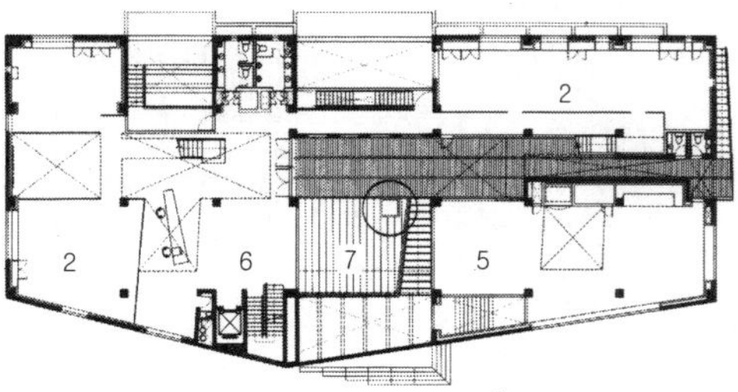

2floor plan

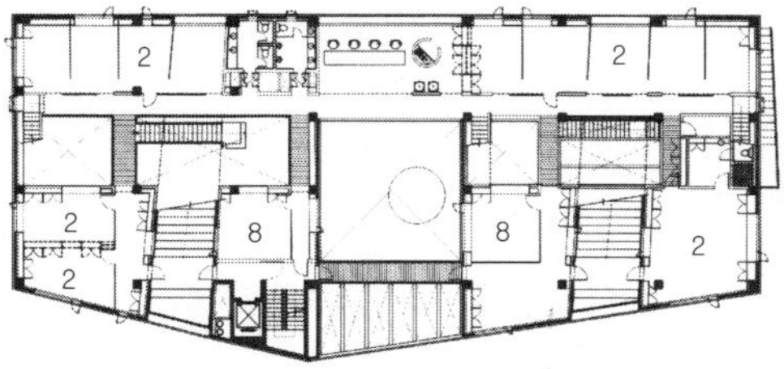

3floor plan

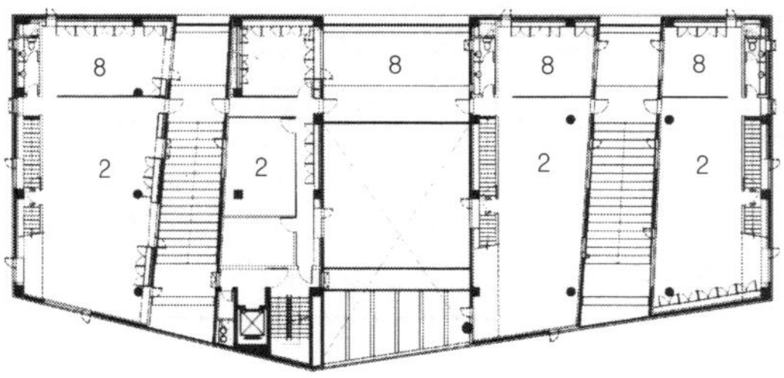

4floor plan

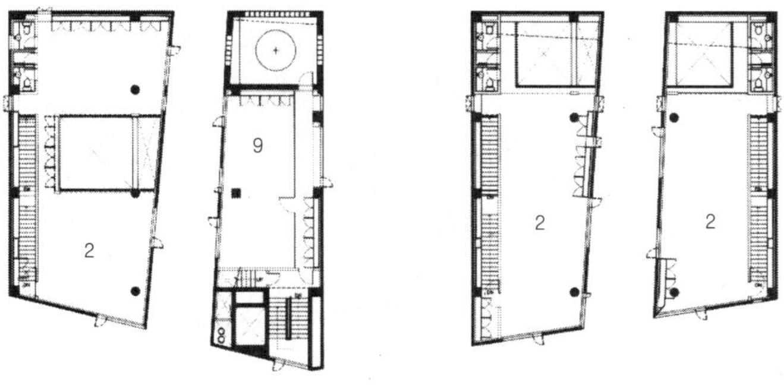

5floor plan

1. storage
2. office room
3. hall
4. exhibition hall
5. restaurant
6. lobby
7. central the void
8. conference room
9. PD-room

⬅ 동부 강남빌딩(한국중공업)

범건축 + K.P.F

위　　치 : 서울 강남구 역삼동 838번지 외 4필지
대지면적 : 3,096.6m²
연 면 적 : 51,496.73m²
건축면적 : 1,757.54m²
용 적 률 : 981.83%
건 폐 율 : 56.76%
구　　조 : 철골 · 철근콘크리트조
규　　모 : 지하 9층, 지상 22층

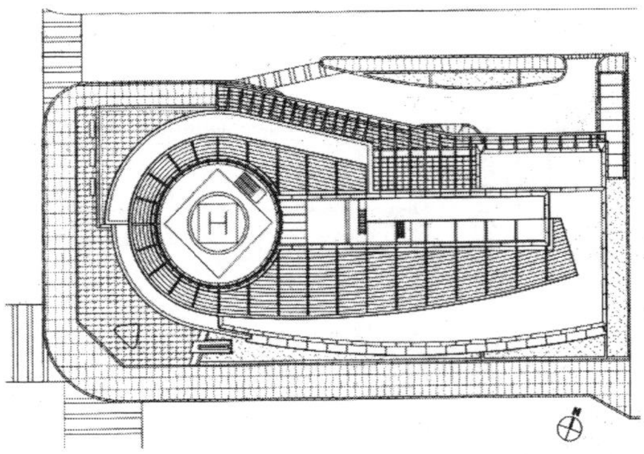

배치도

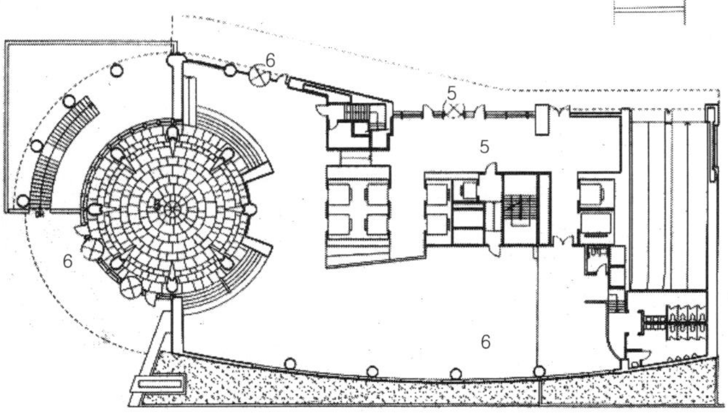

1층 평면도

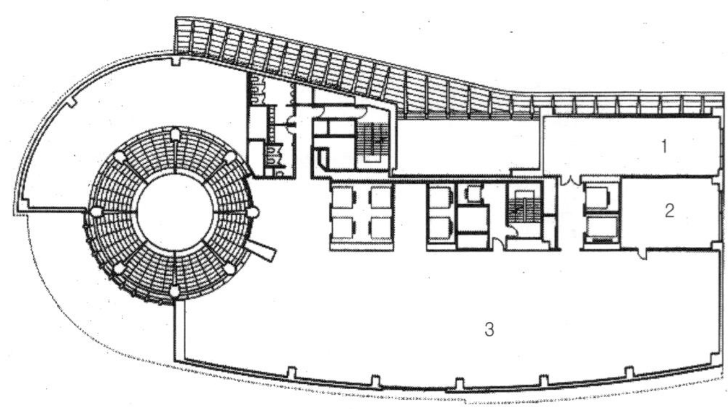

2층 평면도

⬅ 연합 철강사옥

오 동 희(간삼건축)

위　　치 : 서울 강남구 대치동 890
대지면적 : 1,672m²
연 면 적 : 26,384m²
건축면적 : 1,042m²
용 적 률 : 1,508%
건 폐 율 : 62%
최고높이 : 90m
구　　조 : RC조, 지하 SRC조, 지상 SC조
규　　모 : 지하 6층, 지상 19층
주차대수 : 옥내 196대, 옥외 4대

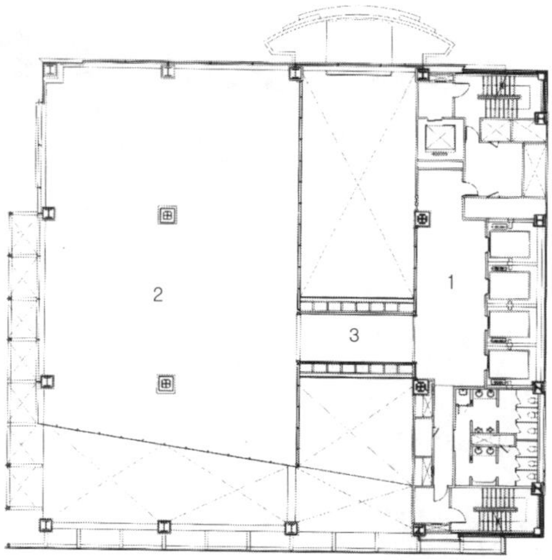

1. 홀
2. 사무실
3. 브릿지

3층 평면도

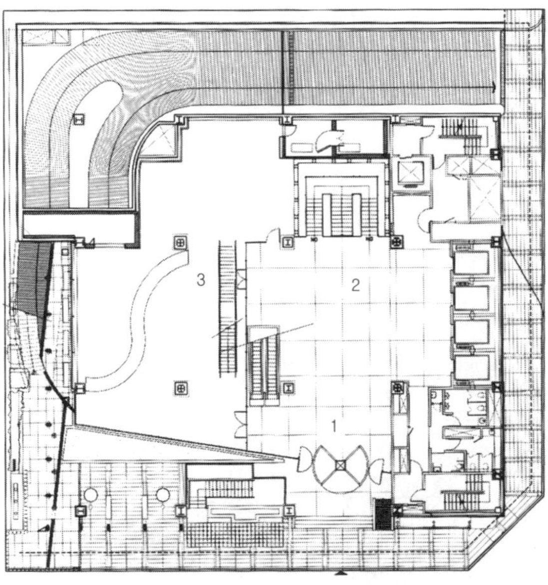

1. 출입구
2. 로비
3. 은행

1층 평면도

➡ 할렌제 오피스 빌딩
(Bürohaus am Halensee)

Hilde Léon, Konrad Wohlhage

위　　치 : Halen seestraβe, Berlin Wilmersdorf, Germany
연 면 적 : 13,800m²

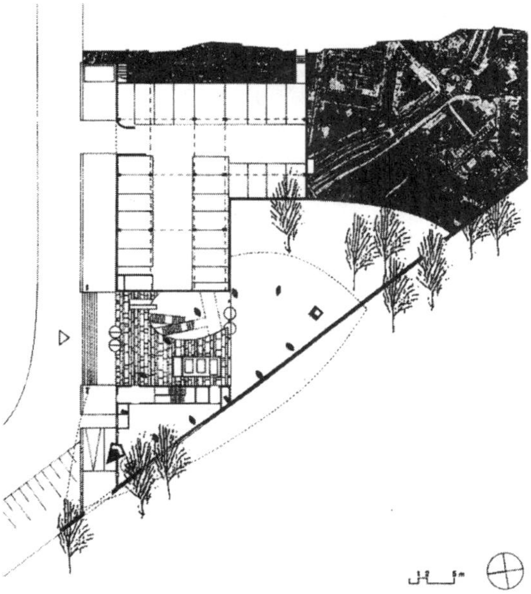

floor plan of the upper entrance level

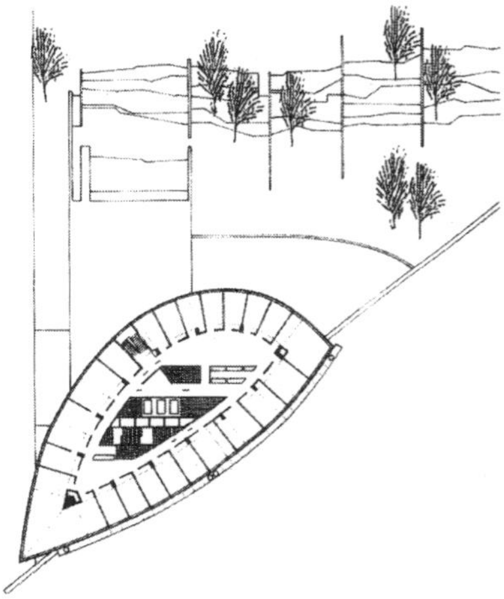

floor plan of the office

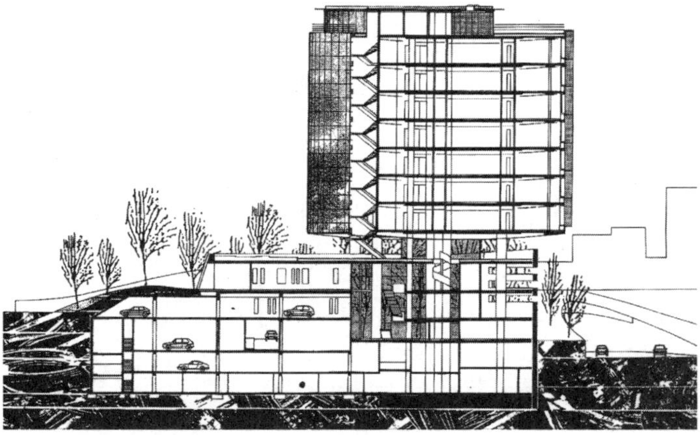

section

⬅ 대한건축학회 신축 회관

이래건축(이인호) + 임채진(홍익대교수)

위　　치 : 서울 서초구 방배동 917-9
대지면적 : 749.5m²
연 면 적 : 4,404.5m²
건축면적 : 445m²
용 적 률 : 257.8%
건 폐 율 : 59.4%
구　　조 : 철골조, 철골철근콘크리트
규　　모 : 지하 4층, 지상 6층

B1st floor plan

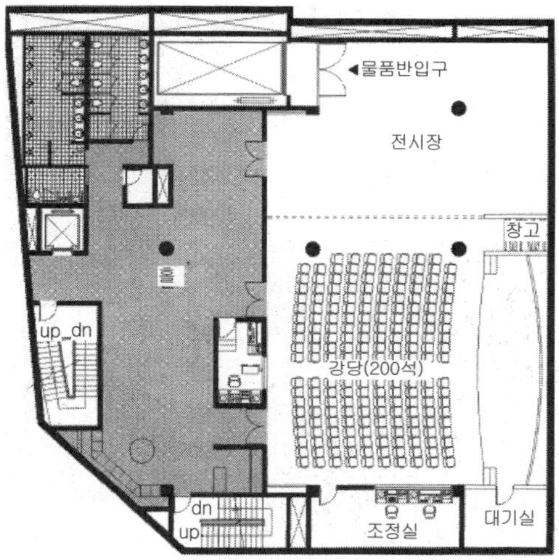

B2nd floor plan

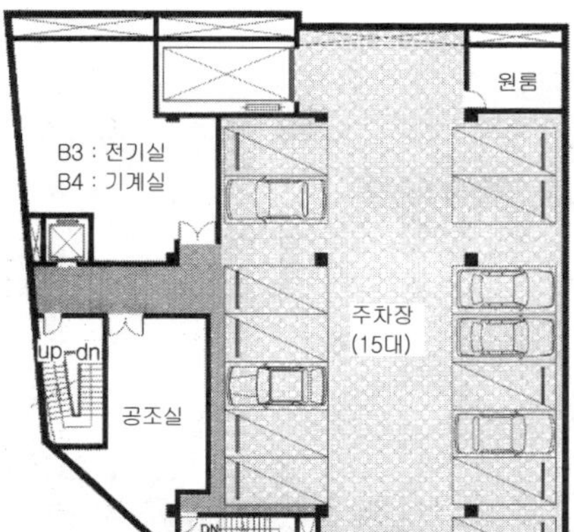

B3nd~B4nd floor plan

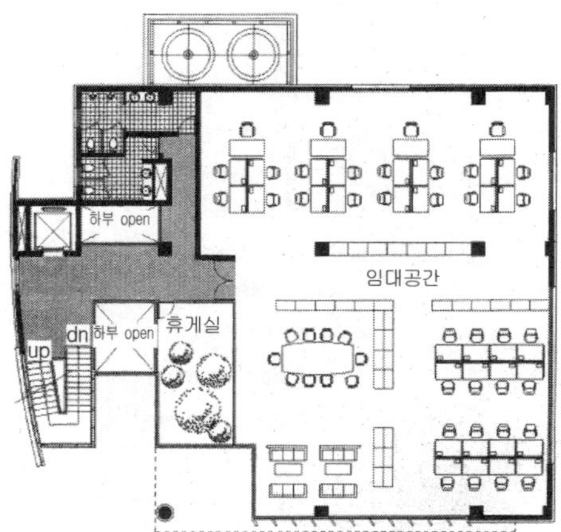

2nd floor plan

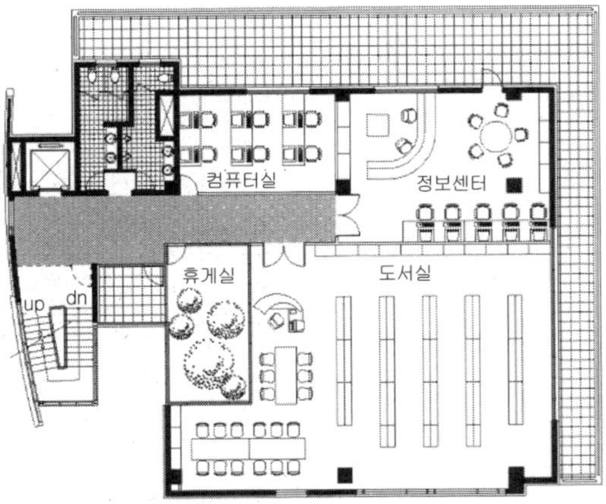

3nd floor plan

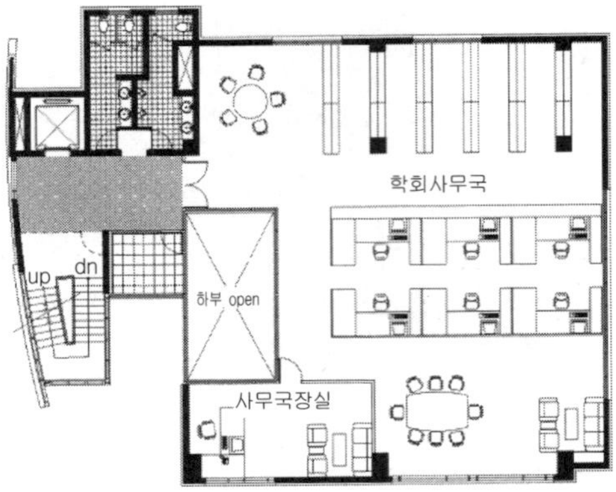

4nd floor plan

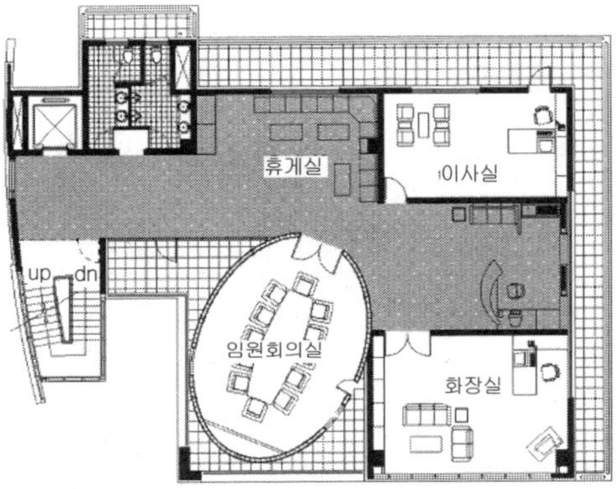

5nd floor plan

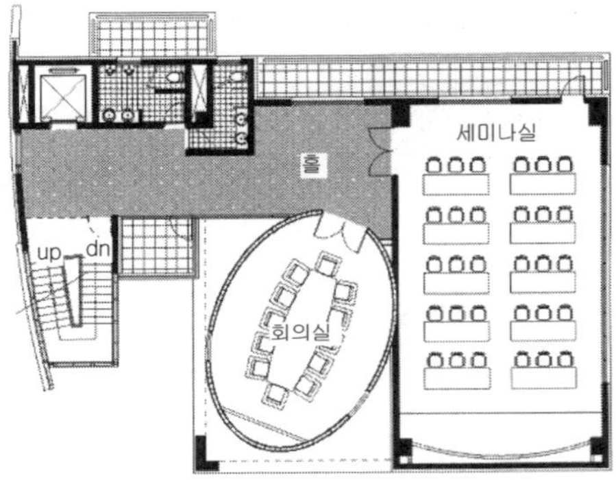

6nd floor plan

cross section

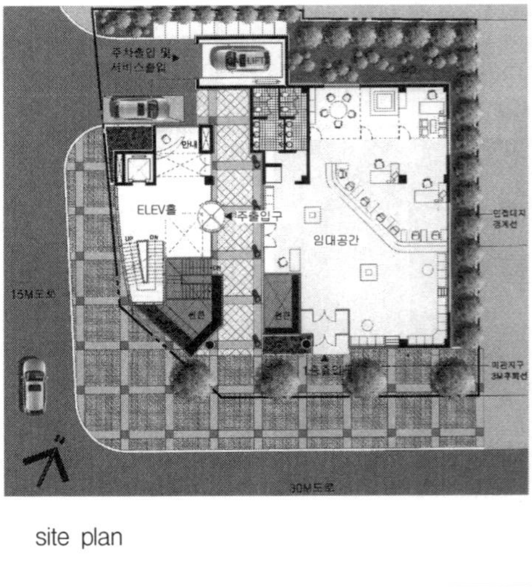

site plan

➡ 유진사이언스 연구동

유 방 근

위　　치 : 경기도 부천시 오정구 삼전동 16-7
대지면적 : 10,866m²
연 면 적 : 연구동-983.61m², 기계실-48m²
건축면적 : 291.76m²

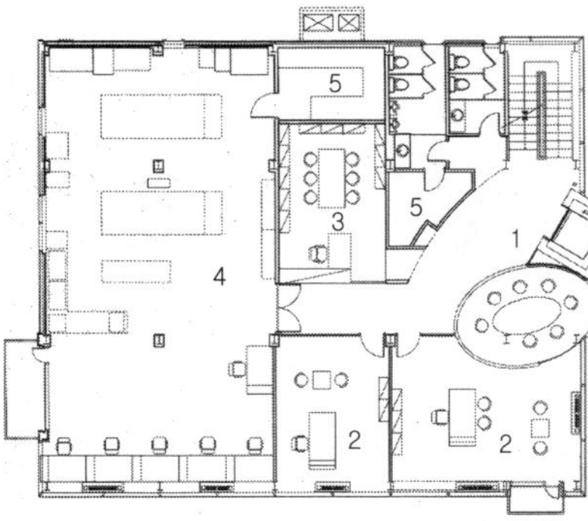

2층 평면도

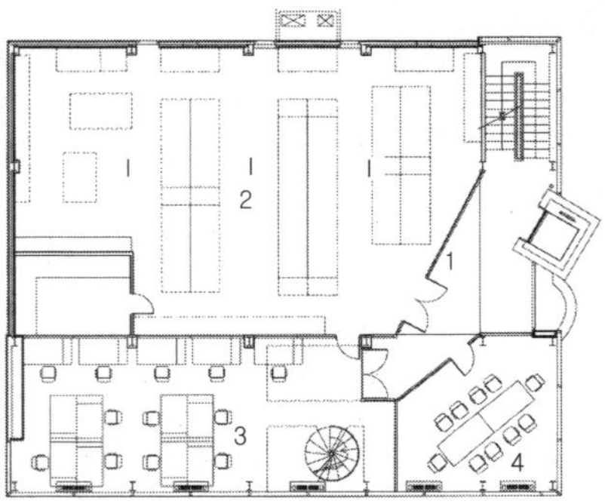

3층 평면도

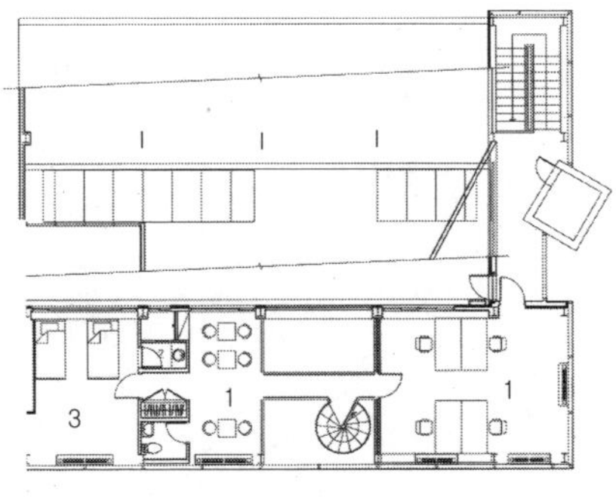

4층 평면도

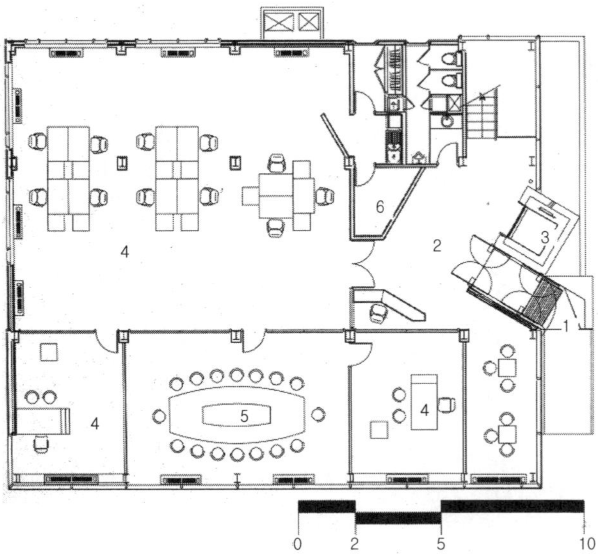

1층 평면도

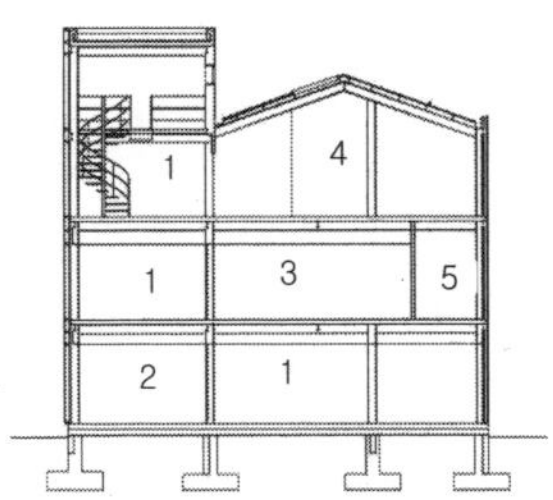

종단면

⬅ 종로타워

삼우건축 + RVAPC N.Y

위　　치 : 서울 종로구 종로2가
연 면 적 : 18,347.51평
높　　이 : 133.5m
구　　조 : 철골구조, 철근콘크리트구조(지하)
규　　모 : 지하 6층, 지상 24층

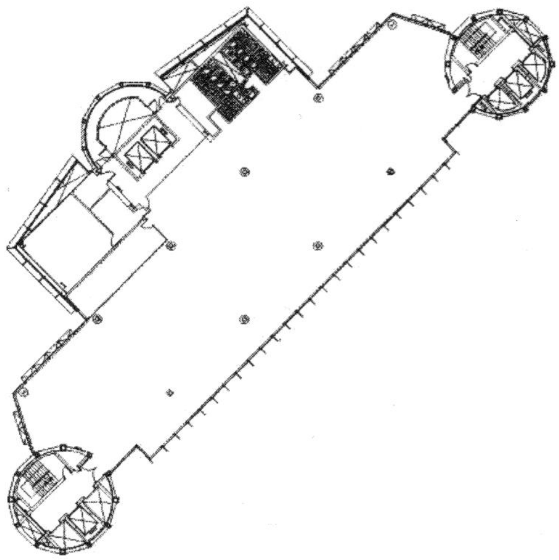

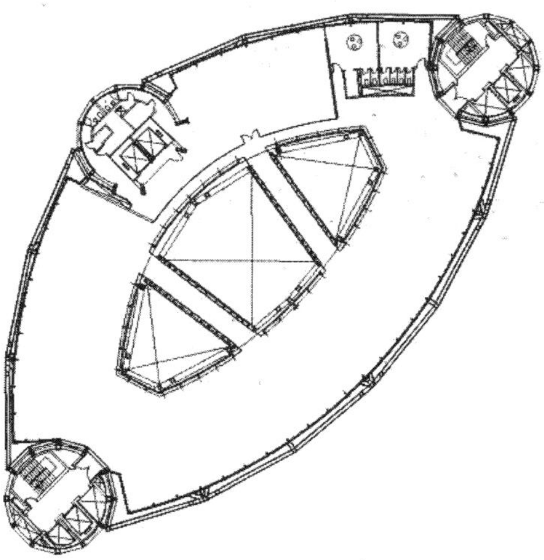

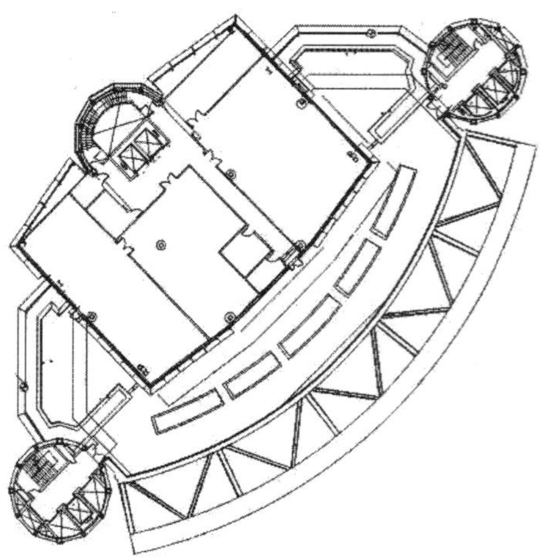

➡ 한국 경제신문사 사옥

위　　치 : 서울 중구 중림동 441번지 외 15필지
대지면적 : 7,729.3m²
연 면 적 : 53,868.85m²
건축면적 : 3,067.26m²
용 적 률 : 430.11%
건 폐 율 : 39.68%
최고높이 : 89.05m
구　　조 : 지하-철골철근콘크리트, 지상-철골조
규　　모 : 지하 6층, 지상 18층
주　　차 : 399대

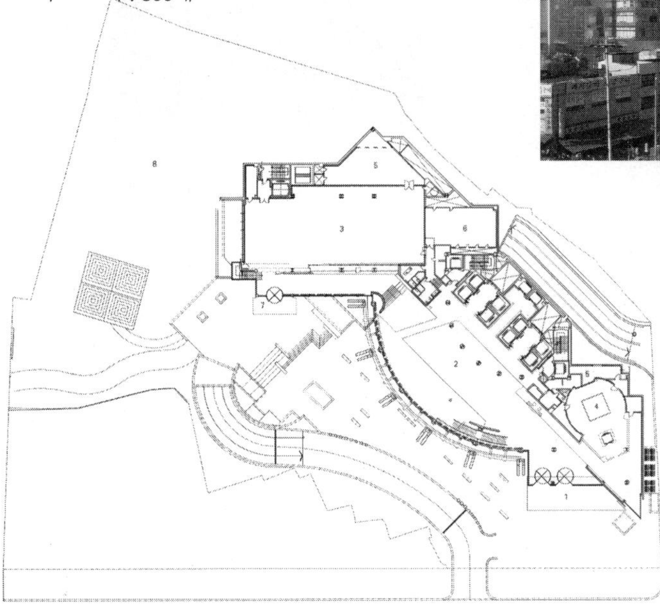

배치도 및 1층

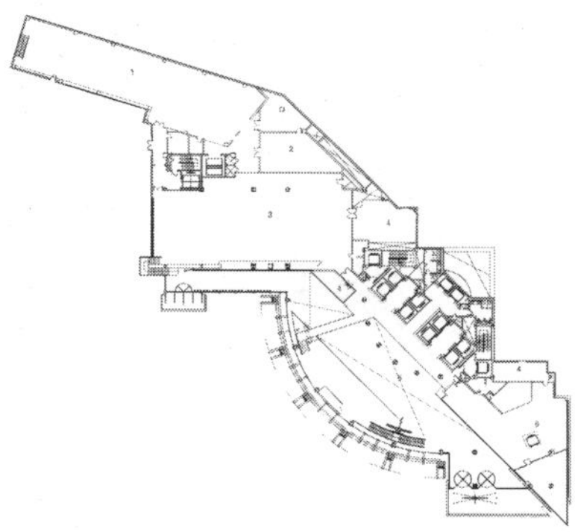

2층 평면도

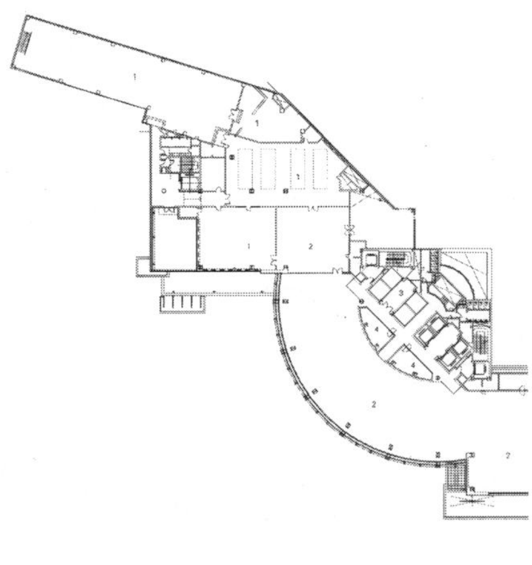

3층 평면도

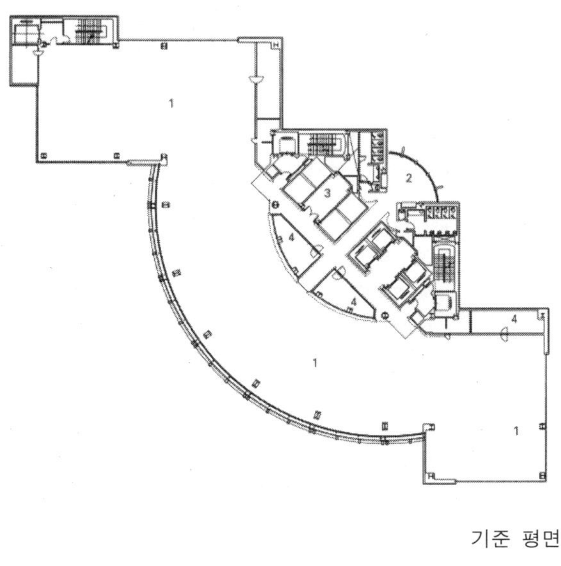

기준 평면도

➡ 한솔그룹 사옥

일송건축

위　　치 : 서울 강남구 역삼동 736-1
대지면적 : 4,176.6m²
연 면 적 : 62,747.67m²
건축면적 : 2,193.04m²
용 적 률 : 981.1%
건 폐 율 : 52.57%
구　　조 : 철골철근콘크리트
규　　모 : 지하 6층, 지상 24층

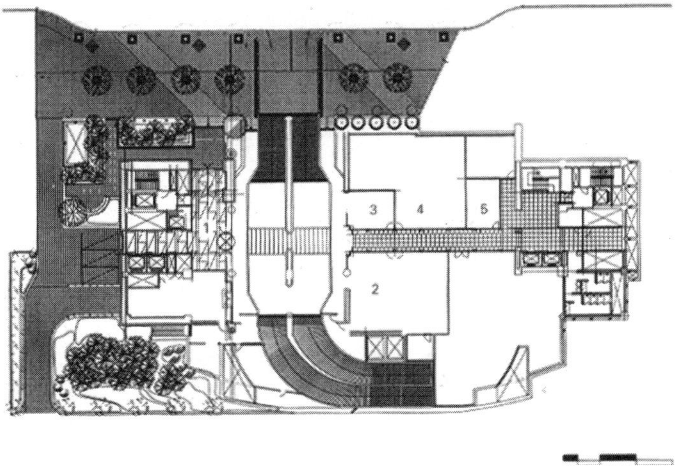

1층 평면도

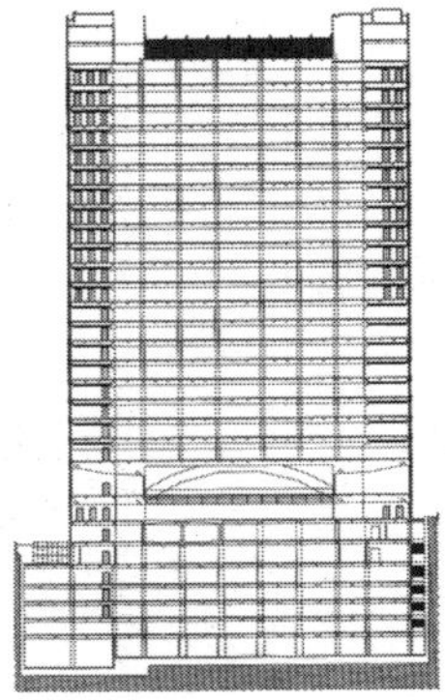

종단면도

배치도

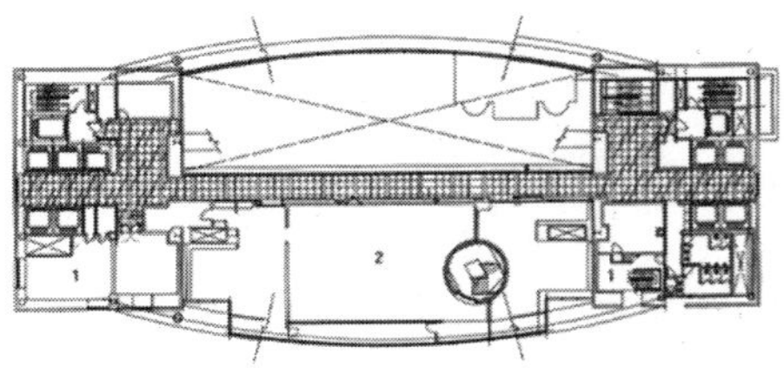

3층 평면도

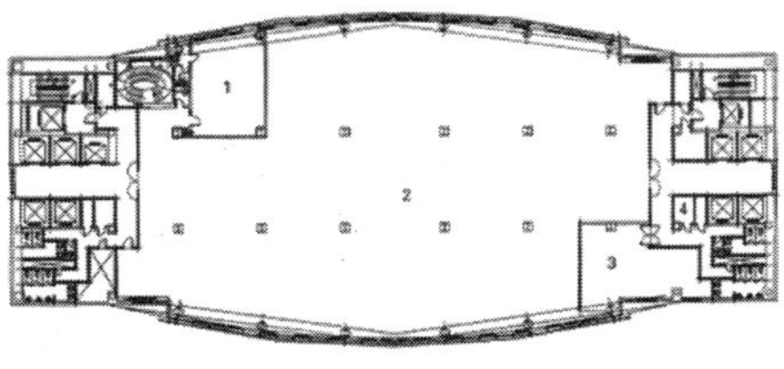

22층 평면도

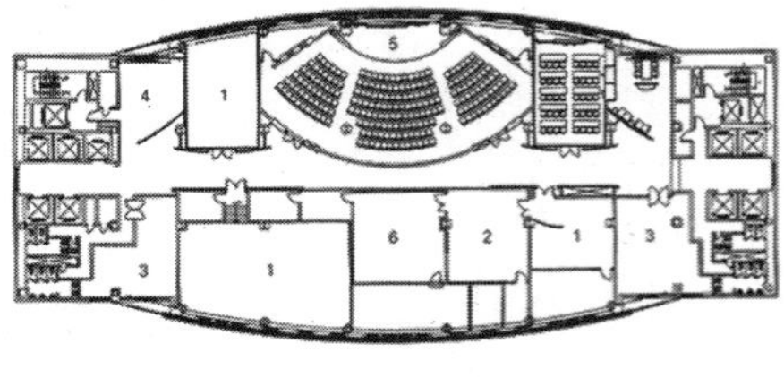

5층 평면도

➡ 한화사옥

김 우 성(아키프랜)

위　　치 : 서울 중구 소공동 111-5
대지면적 : 3,115m²
연 면 적 : 48,561.53m²
건축면적 : 1,475.53m²
용 적 률 : 682.44%
건 폐 율 : 47.37%
최고높이 : 80.48m
구　　조 : 철골조, 철골철근콘크리트
규　　모 : 지하 8층, 지상 19층
주차대수 : 497대

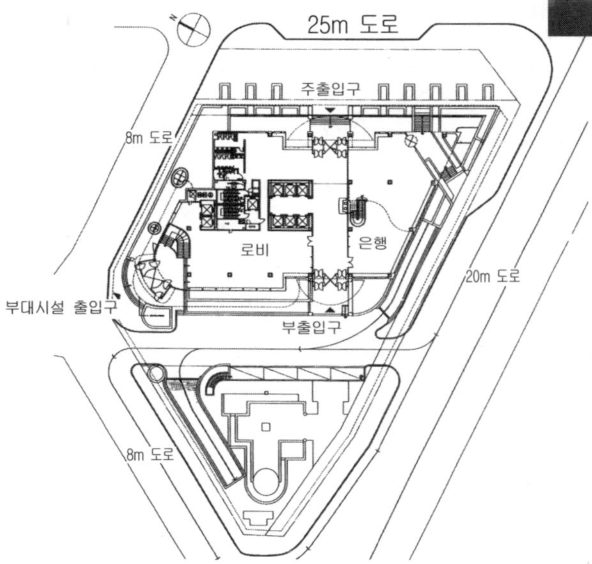

배치도 및 평면도

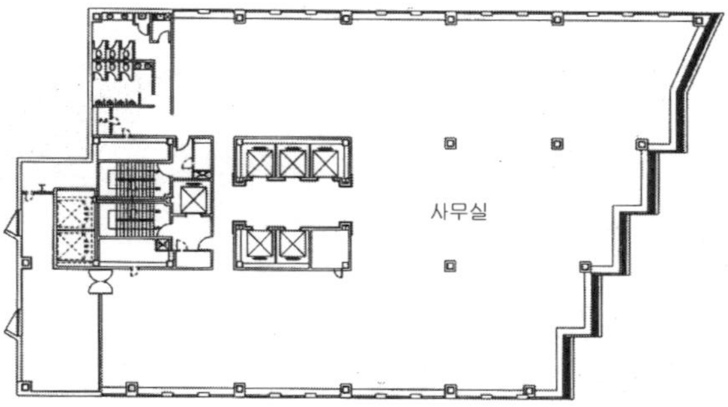

기준층 평면도

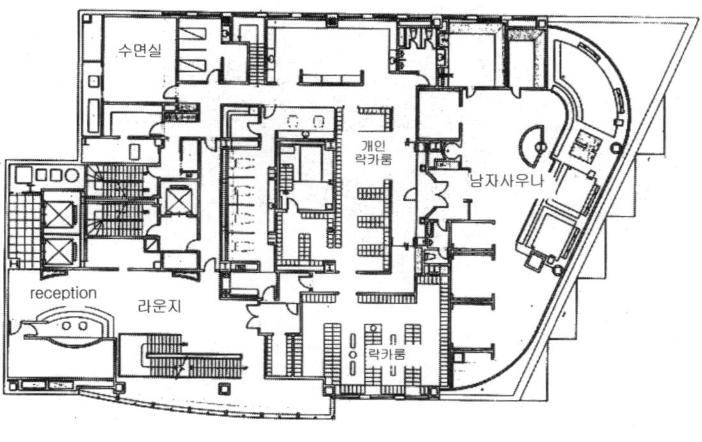

16층 평면도

⬅ S전자 사옥

이 필 훈(태두건축)

위 치 : 서울 용산구 원효로 2가 52-3, 52-28
연 면 적 : 849.24m²
구 조 : 철근콘크리트조
규 모 : 지하 1층, 지상 5층

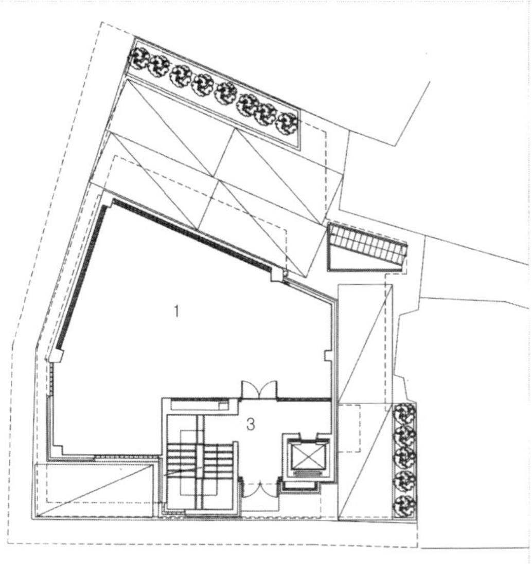

1st floor plan

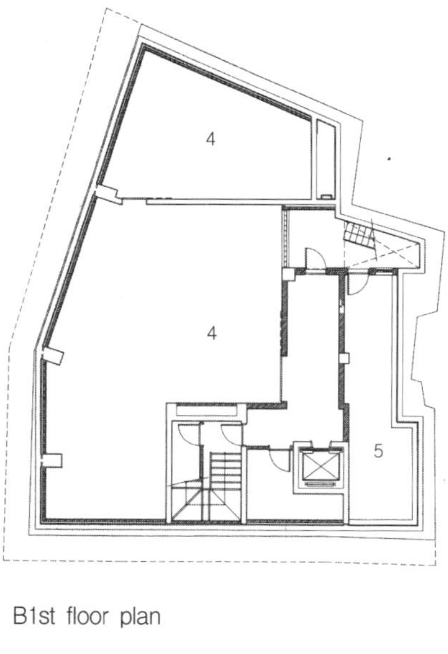

B1st floor plan

1. office
2. dinging room
3. lobby
4. storage
5. boiler room

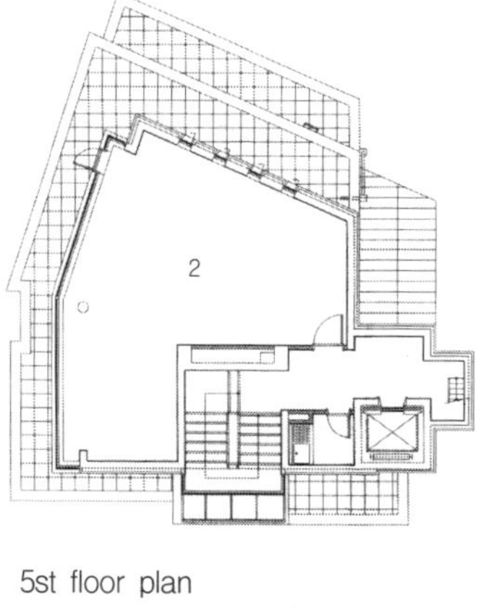

5st floor plan

II 은행건축

1. 개요

은행은 여러 시대를 거쳐 현대에 이르기까지 형태, 구조, 기능면에서 다양화, 특징화가 이루어지고 있는데, 이는 고객의 서비스 측면에서 업무가 이루어지기 때문이다. 따라서 계획시 대중화, 사무능률의 극대화 등을 추구해야 할 것이며, 고객에게는 신뢰감, 안정감을 주도록 한다.

내부적으로는 사무자동화, 종업원 이용시설, 설비계획 등을 적극적으로 검토해야 하며, 환경 및 시각적 쾌적성, 금고, 출납부분의 도난, 화재 등의 안전을 고려한다. 외부적으로는 의장, 색채, 소음 방지, 각종 설비 등의 조화와 장래 증축을 고려해야 한다.

2. 은행의 종류와 업무 및 설계목표

1) 종류

은행은 설립목적에 따라 중앙은행인 한국은행과 일반은행, 기타 금융기관을 나눌 수 있으며, 일반은행은 특수은행, 시중은행으로 크게 나눌 수 있다.

2) 업무

- 본점 : 주로 관리업무에 치중한다.
- 지점 : 수신, 여신 등을 한다.

① 주요업무

- 수신적 업무 : 예금, 환어음, 채권 등
- 여신적 업무 : 대부, 할인, 어음환 등

② 부수적 업무

대금 징수, 유가증권 업무, 보증업무, 신탁업무, 보호예치(임대금고), 환전 등이 있다.

3) 설계목표

은행의 업무는 시대의 변천과 더불어 광범위하게 되었고, 거래가 매우 복잡해지는 반면 조직도 대규모화되어 건물의 규모도 자연히 증대해서 지점·출장소의 수도 증가하고 있는 현상이다. 은행은 능률적이고, 신속·정확하게 업무를 수행할 수 있는 조직이 필요하다.

그리고 은행은 고객에 대한 서비스를 영업상 근본으로 하고 있기 때문에 건물의 의장·부재·소음 방지·각종 설비 등을 최대로 활용하여 고객에 대하여 좋은 인상을 줄 수 있도록 한다.

① **능률화 추구**

인간과 업무조직·제반 기계설비와의 관련동작을 가장 합리적으로 하여 사무능률을 높여야 한다. 고객의 증가, 컴퓨터의 진보 등에 따라 유연하게 대응할 수 있도록 한다.

② **쾌적성 조성**

쾌적한 점포는 행원의 심리적 긴장감을 풀어주고 사무능률을 높여 준다.

③ **신뢰감 조성**

은행의 생명은 신용이므로 의장적으로나 구조적으로 진정하고, 견고한 인상을 줄 수 있어야 하며, 뜻하지 않은 재해시에 대비한 평소 경비 유지관리가 용이하여야 한다.

④ **친근감 유도**

은행의 대중화의 노력은 건물 자체가 주변과 조화되어야 하고, 쇼케이스의 개방, 고객 대기실의 살롱화, 회의실 또는 강당의 제공 등을 고려하여야 할 필요성이 있다.

⑤ **통일성 추구**

은행은 점포 자체가 P·R의 매개체이므로 눈에 잘 띄는 장소이어야 하고, 색채, 광고문, 간판 등도 은행으로서의 통일성을 기초로 하여야 한다.

⑥ **기타**

영업 시간 외에 고객 서비스 코너(365일 자동화 코너 등)를 설치한다. 또 금고나 출납부분의 도난, 화재 등에 대한 안전대책을 고려하며, 장래의 증축도 고려한다.

3. 대지선정

1) 대지조건

은행의 대지는 은행을 이용하는 고객의 편의를 위하여 교통이 편리한 곳을 선택해야 하며, 부근의 인구밀도 및 장래의 지역 발전성이 있는 곳을 택하는 곳이 좋다.

또한 사람의 눈에 잘 띄는 전면도로가 넓고, 모퉁이를 선택하도록 하고, 상점가 또는 번화가에 접하며, 비지니스 센터, 공장지대에 근접한 곳을 선택하면 은행의 대지로 가장 적당하다고 본다.

2) 대지형태와 방위

대지의 형태는 정방형 또는 직사각형에 가까울수록 이상적이며, 부정형 형태는 가급적 피하는 것이 좋다.

방위는 되도록 남측을 택하는 것이 좋으며, 불가피할 경우는 동측을 택하고 동남의 가로 모퉁이가 가장 이상적이며, 만일 서측에 면할 때는 루버 등에 의한 일조 조절을 고려해야 한다.

대지의 형태 및 선정시 은행의 업무상 특수성에 따른 요인을 함께 고려하도록 한다.

3) 주변도로와 인접대지와의 관계

도로는 양측도로, 가로 모퉁이의 도로 등이 이상적이며, 주출입구 · 부출입구, 야간금고, 자전거 두는 곳 등의 배치 등도 고려한다.

또한 건물배치에 있어서 방화, 도난, 채광상 지장이 없도록 유의하며, 지하실을 설치할 경우에는 인접지와의 관계를 고려한다.

4. 평면계획

1) 용도별 평면계획

- 거실 부분 : ① 업무실 ② 부속실
- 비거실 부분 : ① 교통실 ② 수장실 ③ 준수장실 ④ 설비실

【표 3-8】 은행 소요실

구분	실	소요실
거실부분	업 무 실	a. 은행실, 영업실(후방 사무부문을 포함) 현관, 방풍, 스크린, 손님대기실, 응접실 b. 일반사무실(본부사무실), 응접실 회의실, 대회의실 c. 수뇌부용실-집무실(역원실, 지점장실 등) 응접실, 대기실 회의실 d. 통제실, 통신관계실, 사무기계실 등
	부 속 실	e. 식당(중역용, 일반행원용), 주방, 배선실 후생관계실 숙직실, 수위실, 사환실, 작업실
비거실부분	교 통 실	f. 주출입구, 홀, 복도, 계단 엘리베이터 홀
	수 장 실	g. 금고(현금고, 증권고) 서고 대금고 전실, 감시로
	준수장실	h. 도서실(서고, 열람실 등) 라커실, 의복, 모자실, 창고, 갱의실 자동차 주차장, 자전거 보관소
	설 비 실	i. 전기실 공조기계실 보일러실 펌프실, 물탱크실

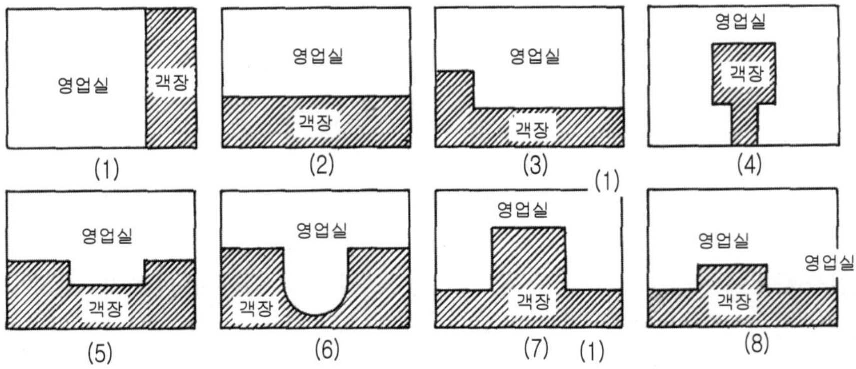

【그림 3-18】 은행의 기본 평면

2) 계획시 유의사항

① 고객공간과 업무공간 사이의 구별이 없도록 한다.

② 고객의 동선은 짧고 내부의 업무 흐름이 잘 보이도록 한다.

③ 작업의 흐름에 정체가 없도록 한다.

④ 출입구는 1개로 하고 안에서 열 수 있도록 한다.

⑤ 직원과 내객의 출입구는 별도로 설치하되 영업시간과 관계없이 개방한다.

⑥ 현금 반송로는 감시가 쉽도록 한다.

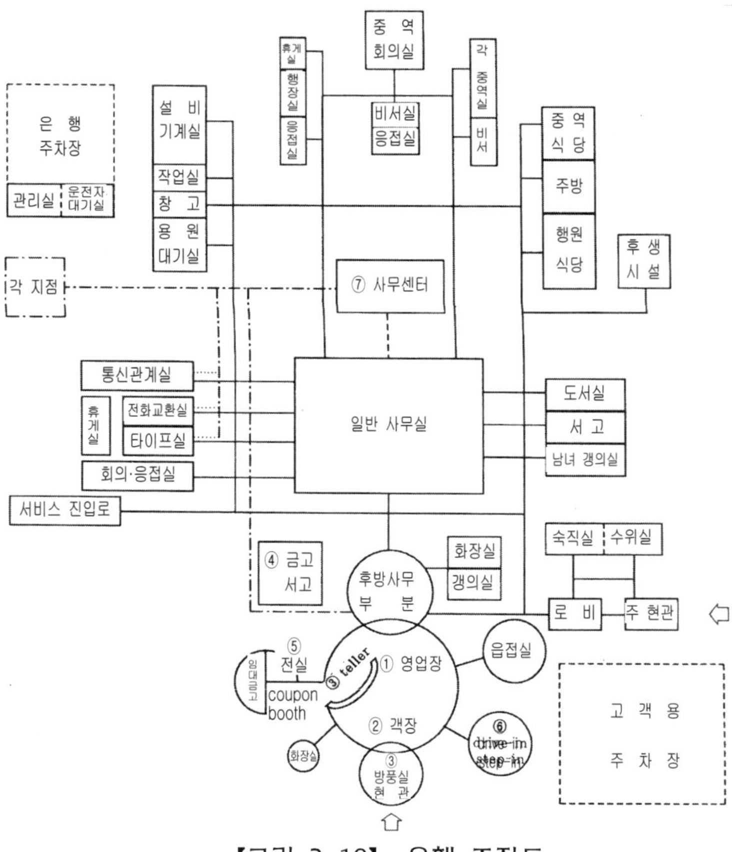

【그림 3-19】 은행 조직도

3) 규모 계획

① 규모 결정 조건 : 행원수, 고객수, 서비스 시설 규모, 장래 확장계획

② 일반지점의 규모 : 연면적=행원수×16~26m², 은행 실면적의 1.5~3배

③ 은행 실면적 : 영업실(영업장) 면적=행원수×10m², 고객용 로비=1일 평균고객수 ×0.13~0.2m²

④ 고객용 로비와 영업실(영업장) 면적 비율 -1 : 0.8~1.5
객장과 영업장 면적비 - 50 : 50

4) 은행지점 건축계획 예

① 계획의 요소

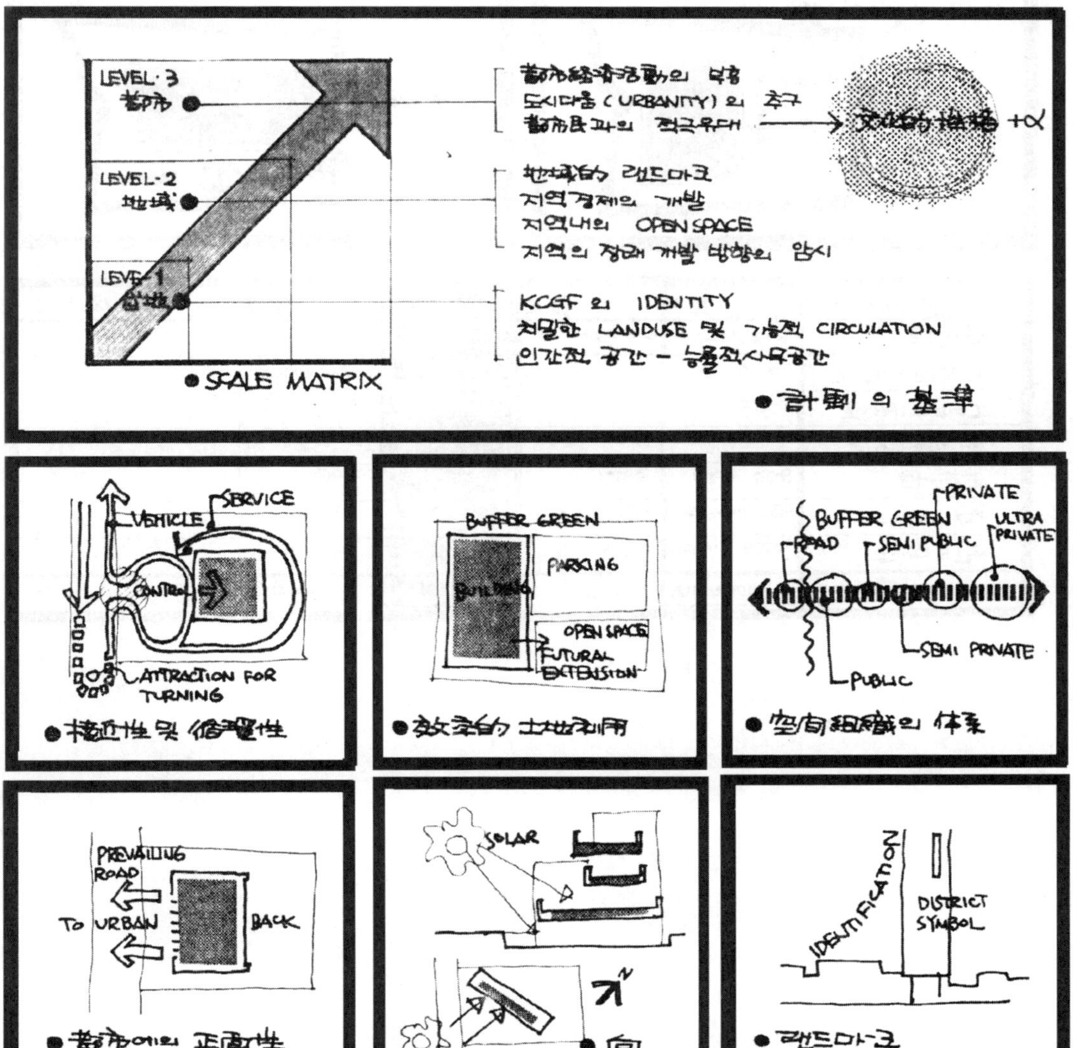

② 배치 대안 및 평가

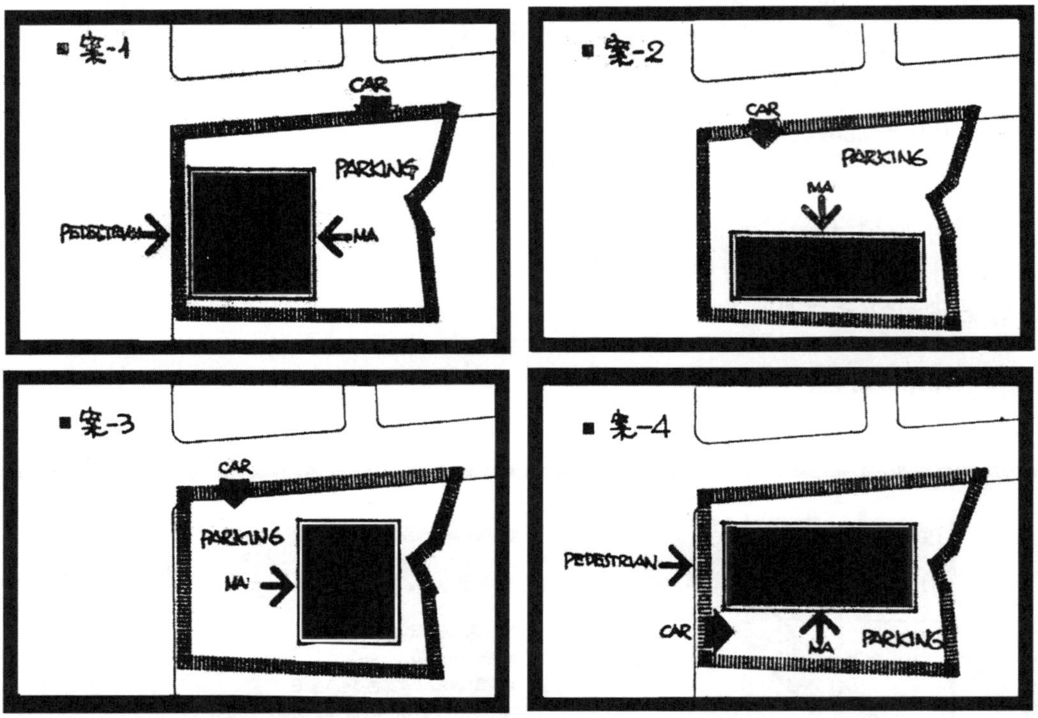

評価基準	案1	案2	案3	案4	備考
接近性	접근로가 좋음	어느 방향에서도 可	[illegible]	접근로가 한정	
內部循環性	2개의 입구 확보	차량과 사람 분리	[illegible]	보행로 차단	
土地利用性	전면 SET BACK	주차장의 극대 활용	[illegible]	오픈스페이스 분할	
空間連結度	매개공간 부족	공간체계 혼란	[illegible]	도시성 결여	
正面性	통상적 정면성	측면성	정면성	측면성	
向	오픈스페이스에 그림자	인접건물의 그림자	[illegible]	서향일사	
랜드마크	강력한 가이던스	동일성이 약함	[illegible]	가이던스가 약함	
綜合	CONSIDERABLE	CANCEL	[illegible]	CANCEL	

③ 최종 배치안

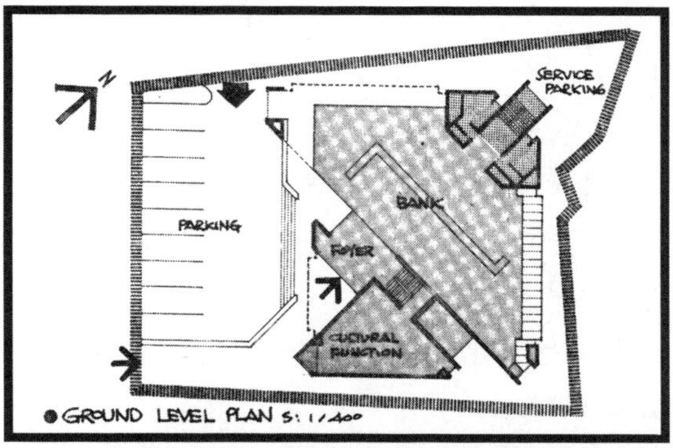

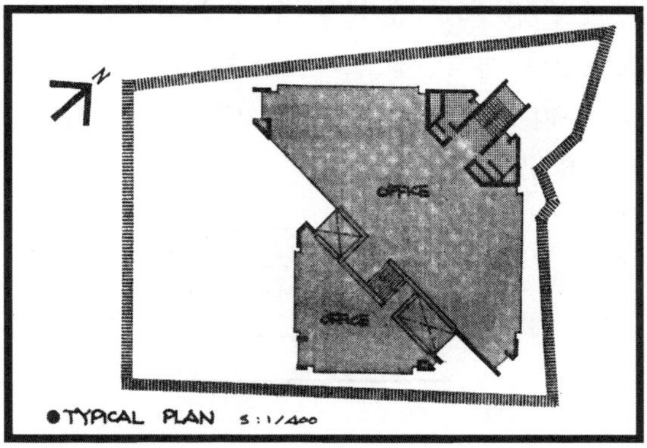

5. 세부계획

1) 현관

은행의 현관은 우선적으로 고객의 통행(通行)이 편리하게 설계되어야 하는데 특히 실내의 쾌적한 환경을 위하여 문은 이중문으로 처리하여 먼지나 겨울철의 찬바람 등이 유입되지 않도록 하고 실내온도를 유지하는데 중점을 두어야 한다. 또한 출입문은 도난방지상 안여닫이로 하고, 전실이 설치될 경우에는 바깥문은 외여닫이 또는 자재문으로 처리한다.

주변의 환경적인 조건에 따라 아이들의 출입이 빈번할 경우에 회전문 설치는 위험성이 크므로 되도록 피해야 한다.

2) 객장(public space)

객장은 고객이 일을 보는데 불편이 없도록 평면계획을 세워야 하며, 특히 내부 인테리어에 중점을 두어 설계하도록 한다. 또한 고객의 흐름의 원활을 위하여 영업실내의 작업흐름을 정확히 하고, 고객의 지루함을 덜어주기 위한 서비스시설을 마련하는 것도 고려하는 것이 좋다.

평면형은 영업장과 관련시키되 최소폭이 3.2m로 한다.

객장 면적 = 1일 평균 고객수×0.1~0.13m^2(소규모 점포의 경우 0.2m^2)

객장 : 영업장 비율 = 1 : 0.8~1.5

3) 영업대(counter)

카운터는 객장과 영업실을 구분하는 기능을 가지며, 고객이 가장 많은 부분이므로 마감재료 선정에 주의를 해야 하는데, 대리석, 테라조 등 청결감을 줄 수 있는 재료를 사용하는 것이 좋다. 카운터의 높이는 객장 바닥면으로부터 1.00m가 표준이며, 폭은 일반적으로 60~75cm의 범위가 보통이다.

또한 창구 하나에 대한 카운터의 길이는 150~170cm 정도로 하고, 영업장 면적 $1m^2$당 카운터의 길이는 10cm로 한다.

카운터 내부는 서랍, 선반 등으로 활용할 수 있도록 하고, 기타 난방용 라디에이터(radiator), 통풍, 덕트(duct)의 배치공간으로 이용될 수 있도록 한다.

현금출납창구는 철물, 유리 등으로 카운터 스크린을 설치하고, 이동식 카운터일 경우에는 보통 카운터 스크린을 설치하지 않는다.

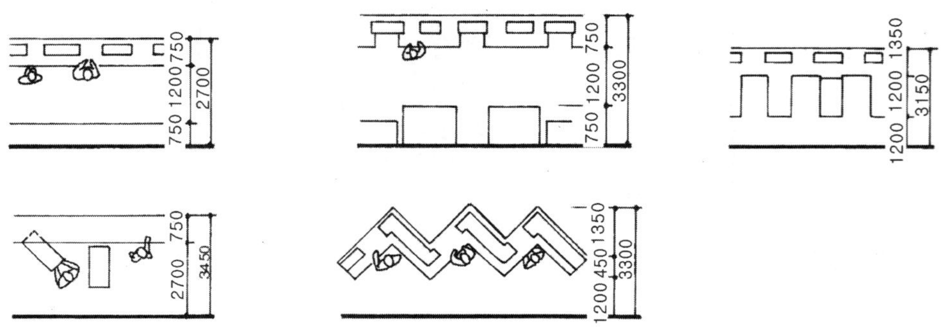

【그림 3-20】 카운터 배치방식

4) 영업장(business room)

영업장은 객장과 고저차를 두지 않으며 1인당 4~$6m^2$, 기계화 코너는 1인당 $5m^2$로 하며, 천장높이는 5~7m 범위로 하여 일반 사무소보다 시각적 여유를 준다. 소요조도는 책상 위에서 300~400lux 정도로 한다.

5) 금고실(Vault)

은행의 핵심적 부분으로서 금고실의 배치관계와 구조적인 면에 유리한다. 보통은 금고의 위치로는 건물의 측벽이나 뒤쪽벽을 따라 배치하며, 건물의 한쪽 모퉁이를 활용하며 건물의 지하실이 있는 경우는 지하에 배치하는 것이 보안상 유리하다. 이때 지하실 내의 환기, 통풍, 누수 또는 습기 방지에 대한 충분한 고려가 요구된다.

① 종류

화폐금고, 증권고, 임대 금고(전실, 비밀실 $3m^2$, 임대금고실)

② **배치**

방범, 방화, 방재에 유의하며, 규모는 15~50m^2(표준 30m^2)로, 영업실(영업장)에 가까우며, 지하실의 경우 벽은 2중으로 한다.

③ **구조**

철근콘크리트조, 두께 30~45cm, 대규모의 경우 60cm가 표준, 45~50cm의 감시통로를 설치하며, 환기에 유의해야 한다.

6. 특수설비

1) 방재설비

① **자동 경보 장치**

보통 도난방지나 통보용으로 사용되는 장치를 말하며, 적외선을 응용하여 제작된 것으로 투광기, 수광기, 경보기 등의 3부분으로 구성되며, 투광기 전면에 있는수광판은 광원에서 나온 빛 중에서 적외선만을 투과시켜 집광렌즈에 의하여 수광기의 렌즈를 집광렌즈를 지나 광전관에 빛을 모아 이것에 전류를 흐르게 하면 계전기는 작동하지 않으나, 만일 무엇인가가 그 적외선을 차단하게 되면 전류가 변하여 계전기를 작동시키게 되어 벨이 울리고 경보등이 켜지게 된다. 금고실 전실에 설비하는 도난방지를 위한 장치이다.

② **미음 경보장치**

금고실 전실 또는 갤러리에 침입한 도적 또는 쥐 등의 발소리를 미리 천장 등에 설치된 마이크로폰에 의해 감지되어 조정된 데시벨(decibel) 이상의 강도음이 되면 자동적으로 경보음이 울리게 만든 장치를 말한다.

③ **전기 경보장치**

영업장, 금고실 또는 주요 사무실 및 출입구 등에서 도난발생시 수위실이나 경찰서의 수신판에 경보를 보내는 장치를 말한다.

④ **비상 통풍구 장치**

특수한 경우로 인하여 금고실내에 갇히게 된 사람을 위한 구급용 환기설비기구를 말하며, 이 기구는 흡인, 송풍기, 모터, 스위치, 조작변 등으로 구성되어 있으며, 밸브(valve)를 열면 자동적으로 송풍기가 작동하여 신선한 공기가 내부로 공급되어 외부의 파일럿 램프(pilot lamp)가 점멸하게 된다.

통풍장치는 평상시 특수한 기구에 의하여 폐쇄되어 있는 것이 보통이다.

2) 사무기계 설비

현대 대중화된 은행의 신속한 고객에 대한 서비스를 위하여 사무기계의 첨단화를 이루어야 하는데 우선적으로 대부분의 주요 업무처리는 전산화하여 인건비를 절약하고 사무집중 처리 효과를 얻도록 해야 한다.

7. 드라이브 인 뱅크(drive-in-bank)

1) 계획시 유의사항

주차할 필요 없이 차를 탄 상태로 은행업무를 볼 수 있도록 해야 함으로 창구에 자동차 접근이 쉬워야 함은 물론이며, 창구에서의 주차는 교차 또는 평행이 되어야 하며, 입구에 장애물이 없어야 하고, 창구는 운전석쪽에 두며, 비, 바람을 막을 수 있는 차양시설을 계획해야 한다.

2) 창구 소요설비

자동차 1대가 소요하는 시간은 약 1분 정도로 하고, 창구 계원 1인이 하루 취급하는 일량은 150~200건 정도로 계산한다. 또한 업무의 원활함을 위하여 자동식과 수동식을 병용하며 쌍방 통화설비(two-way communication)을 설치한다.

한냉시 동결 대비용 보온장치가 필요하며, 방탄설비장치도 필요하다. 또한 충분한 주차시설을 확보토록 계획한다.

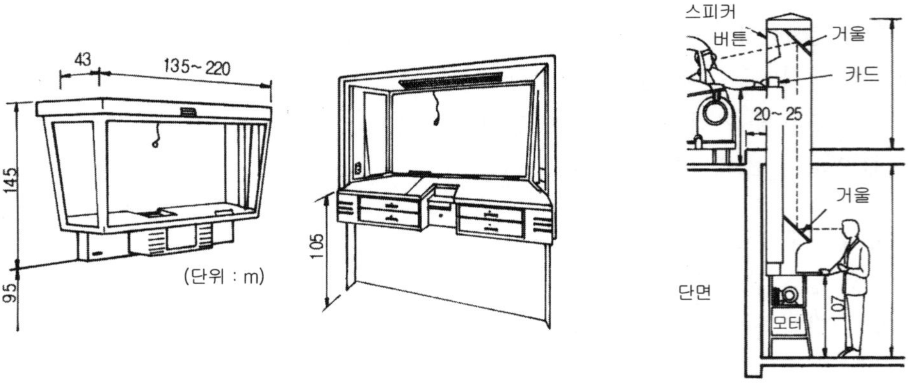

【그림 3-21】 드라이브인 창구 상세

3) 드라이브 인 뱅크 기본형

① 외부 순환형 : 건물의 외부 1변 또는 그 외의 벽면에 창구를 두는 형식이다.

② 돌출형 : 기존의 건물로부터 돌출, 또는 길게 증축을 하지 않게 창구를 두는 형식이다.

③ 아일랜드(island)형 : 건물로부터 별도로 출납창구를 건축한 형을 말한다.

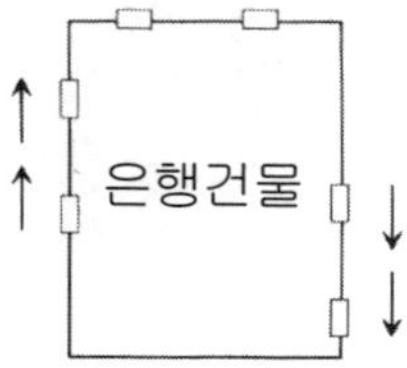

외측주근형
건물외부의 1변 또는 기타 벽면에 drive-in 창구를 설치한 것

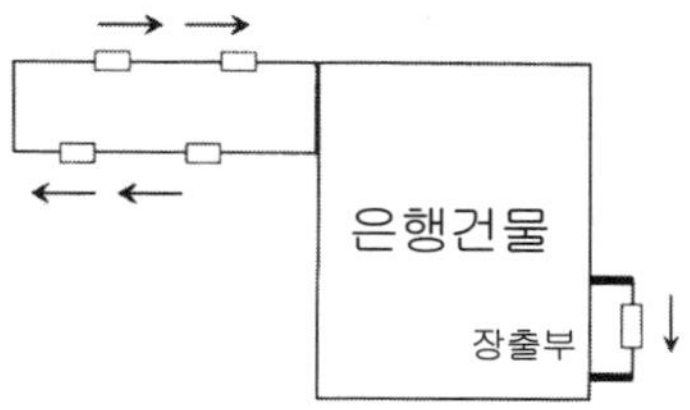

돌출, 장출형
기존 주동건물에서 돌출하고, 또한 블록 나오게 증축한 drive-in 창구를 설치한 것

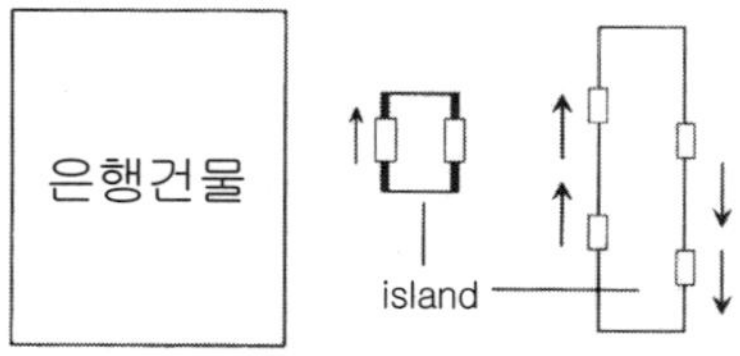

island형
주동에서 별도로 하여 출납소실을 건축하여 island형으로 한 것

【그림 3-22】 드라이브 인 뱅크의 기본형

8. 은행건축 실례

홍콩 상하이 은행본점

노먼포스터

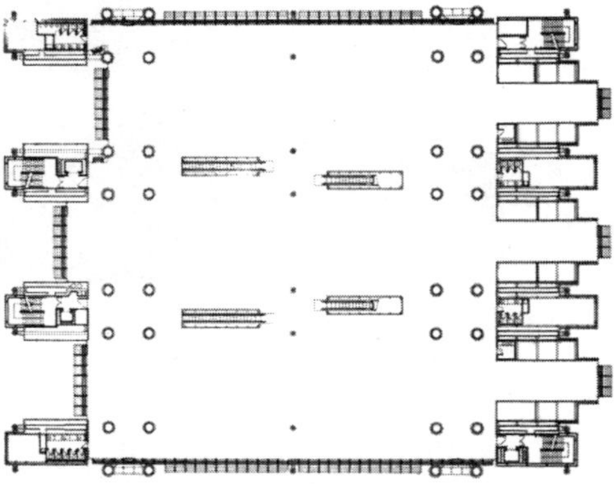

포크스방크 빌딩(카우프만)

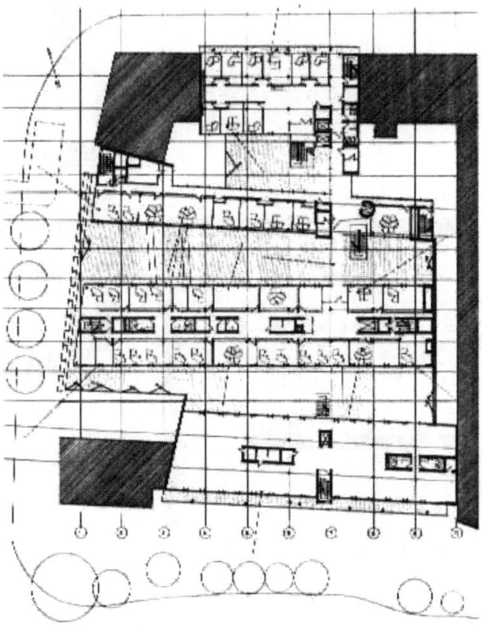

➡ 광주은행 사옥

민 경 식

위　　치 : 광주시 동구 대인동 7-12외 4 필지
대지면적 : 8,298.7m²
연 면 적 : 46,944.28m²
건축면적 : 2,773.72m²
용 적 률 : 363.68%
건 폐 율 : 33.42%
조경면적 : 1,840m²
최고높이 : 94.5m
구　　조 : 철골철근콘크리트, 철골조
규　　모 : 지하 5층, 지상 20층, 옥탑 2층

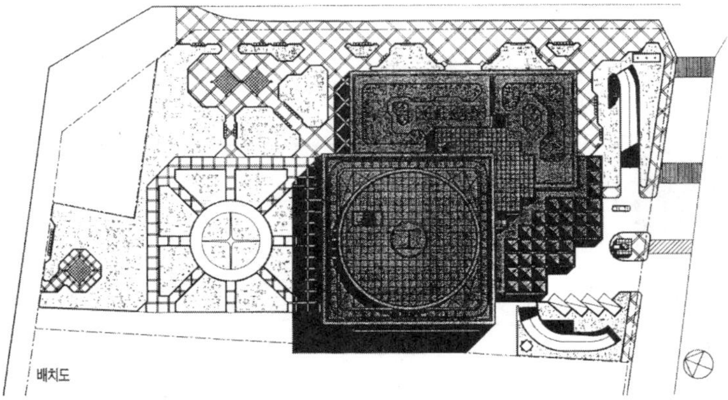

배치도

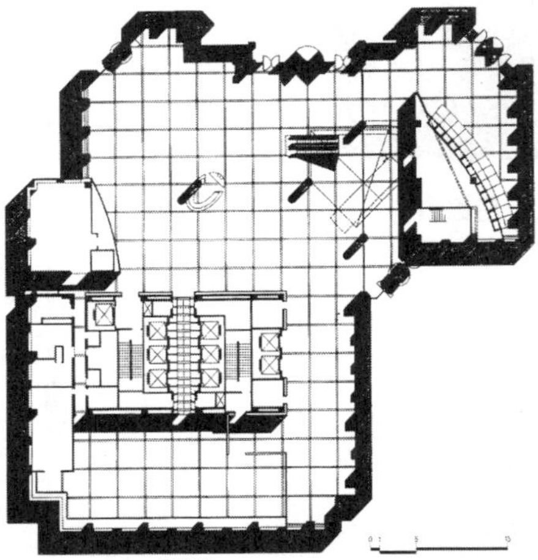

1층 평면도

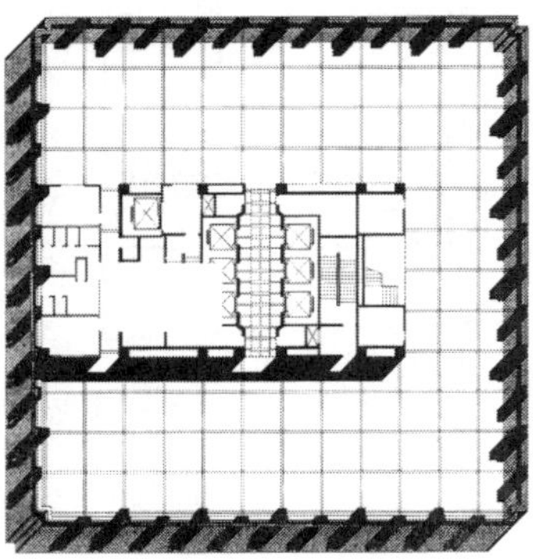

기준 평면도

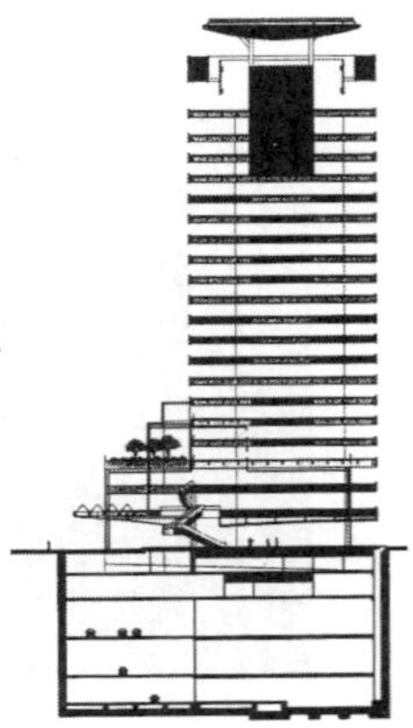

단면도

⬅ 한빛은행 본점

선진엔지니어링 + 니켄 세케이

위　　치 : 서울 중구 회현동 2가 72-5 일대
대지면적 : 8,744m²
건축면적 : 3,317.93m²
연 면 적 : 97,221.68m²
용 적 률 : 650.58%
건 폐 율 : 37.95%
최고높이 : 111.8m

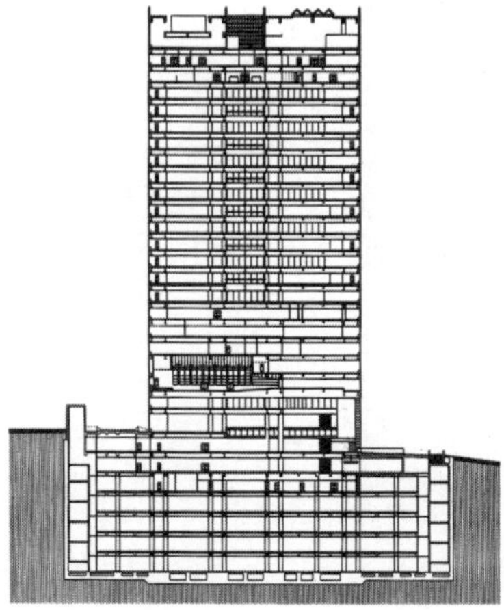

횡단면도

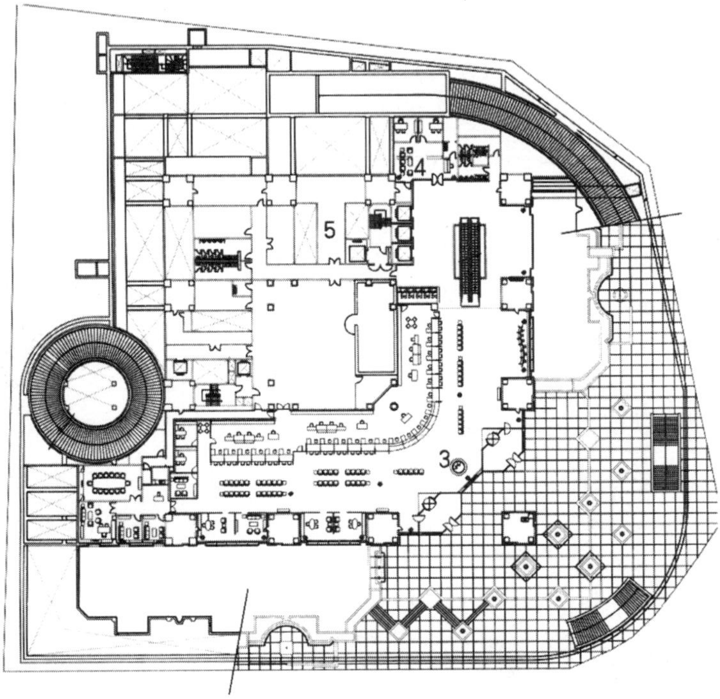

1층 평면도

1. exhibition rm.
2. lobby
3. business space
4. consulting rm.
5. warehouse
6. machinery rm.
7. sunken
8. office
9. lending vault
10. board's rm.
11. conference rm.
12. secretary rm.
13. restaurant
14. vicinity facilities
15. rest rm.

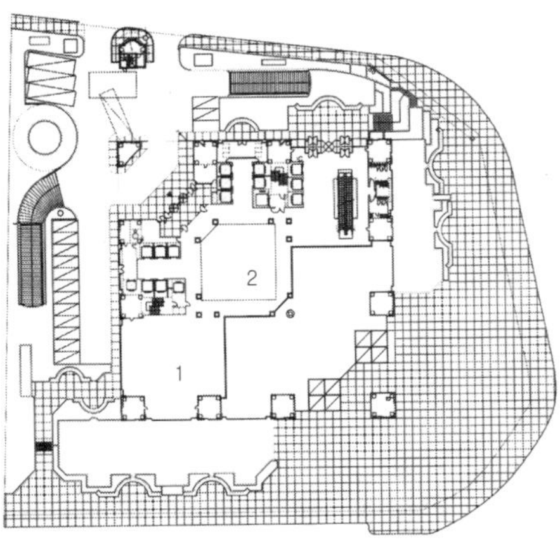

2층 평면도

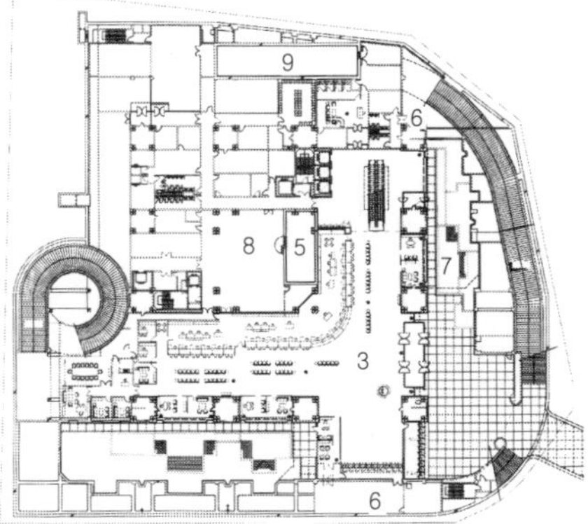

지하 1층 평면도

4

상업시설

4 (商業施設)

상업시설

I 백화점

1. 개요

판매를 구성하는 요소는 객 · 상품 · 종업원이며, 이 세 가지는 건물 내에서 판매라는 행위를 위하여 결합한다. 건물에는 이들이 이용하는 각각 다른 영역과 출입구가 있기도 하며, 경우에 따라서는 공사비의 절감이나 대지의 제약으로 인해 도로 건너편 등 상품권의 영역을 본 건물과 분리시키는 경우도 있다.

또한 주건물은 2~3년마다 건축적으로 디자인이 갱신됨을 예상해야 하며, 이때 건축디자인이나 조명은 판매장의 주역인 상품에 초점을 주도록 한다. 접객권 즉 판매장의 면적은 전면적에 대해 대형 백화점에서는 65~75% 정도이며, 소규모에서는 80% 정도이다. 여기에는 계단실, 엘리베이터, 화장실 등이 포함되어 있으며, 순수한 판매장의 면적비는 60%이어야 하며, 판매장 내의 통로 면적비는 순판매장 면적의 30~50% 정도 된다.

2. 입지에 의한 분류

1) 도심형

도시중심의 상업지역에 입지해 있는 것

2) 터미널형

철도 또는 버스터미널을 중심으로 한 상업지역에 있는 것으로 터미널 빌딩과 통합되는 경우도 많다.

3) 교외형

도심과 떨어져 교외 주택지의 교통 중심지구에 설치되는 것으로 자동차의 이용객이 많고 넓은 주차장이 필요하다.

3. 백화점의 성격과 기능

1) 성격

백화점은 말 그대로 다종다량의 상품으로 여러 층의 고객에 대응해야 하며, 보다 많은 객을 받아 들여 가능한 한 많은 상품을 판매하는 것이 목적이므로 다음을 유의한다.

① 외관은 멀리서도 눈에 띄고 상업적인 가치가 있어야 한다.
② 점내가 밝고 개방적이어서 항상 신선함과 화려함을 갖춘다.
③ 매장에서는 영구적 고정 디자인이 아니고 2~3년마다 디자인이 갱신될 수 있도록 배려한다.
④ 백화점의 매장 및 많은 접객시설은 많은 사람이 집중하므로 비상시에 피난 및 재해의 범위를 한정한다.

2) 기능

① 고객권

고객용 출입구, 통로, 계단, 휴게실, 식당 등의 서비스시설 부분으로 대부분 판매권 등 매장에 결합하며 종업원권과 접한다.

② 종업원권

종업원의 입구, 통로, 계단, 사무실, 식당 기타 부분으로 구성되며 고객권과는 별개의 계통으로 독립되고, 매장 내에 접하고 있어 매장 외에 상품권과 접한다.

③ 상품권

상품의 매입, 보관, 배달을 행하며 판매원으로부터 상품의 보급, 조정 및 점외 배달 등을 하는 시설로 판매권과 접하며 고객권과는 절대 분리시켜야 한다.

④ 판매권

백화점의 가장 중요한 부분인 매장으로 상품을 전시, 영업하는 장소이다.

고객의 구매 의욕을 높이고 종업원에 대해 좋은 환경을 배려토록 한다. 또한 백화점의 경영을 좌우하는 매상고는 판매부분 즉 매장의 면적에 비례하고 또 그 안의 객의 순환(circulation)에 의존하게 된다.

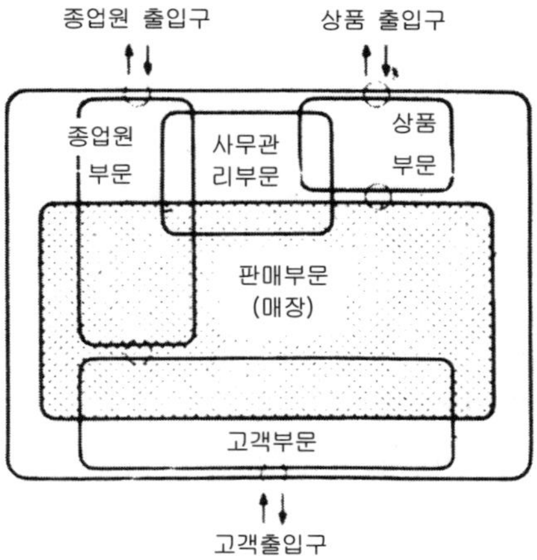

【그림 4-1】 공간구성

4. 대지조건

1) 위치

판매장 100m^{2}에 대하여 영업일 하루 200인 내외의 입장객이 있어야 순조로운 경영이 기대되며 이러한 인원을 유입하려면 영업시간 중 백화점 앞을 그 인원의 10배 이상의 통행인이 있어야 하며, 주로 젊은층, 주부, 샐러리맨 등이 이상적이라 할 수 있다.

2) 형태 및 위치

대지형태는 직사각형이 좋으며 2면 이상 도로에 접하고 주도로 면에 대지의 긴면이 접하는 것이 좋으며, 사람의 통행량이 많고, 교통량이 많되 교통의 혼잡은 없고, 원활한 곳이 좋다.

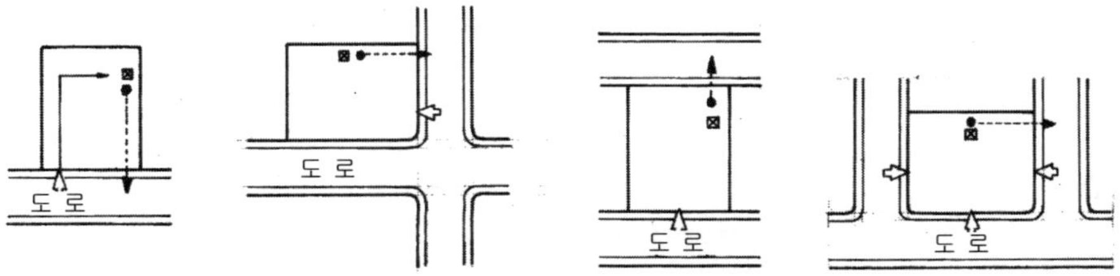

(a) 1방향 도로의 경우 (b) 2방향 도로의 경우(1) (c) 2방향 도로의 경우 (d) 3방향 도로의 경우

【그림 4-2】 주도로와 대지의 관계

3) 대지크기

백화점 입구 전면 공지, 현관 앞의 공지, 건물의 높이 제한 등을 고려하여 최소 3,000 m^2가 필요하며 대형백화점인 경우는 4,000～10,000m^2, 중소백화점인 경우는 1,000～4,000m^2 정도가 필요하다.

5. 평면계획

1) 면적 구성

연면적은 건물을 영업 목적으로 사용하는 부분을 말하며, 판매부분과 이를 지원하는 부대 관리부분으로 구성된다. 매장의 면적비는 연면적에 대해 60～70% 정도(소규모는 80%)로 하고, 순매장 면적비는 연면적에 대해 평균 50%(45～60%) 정도로 한다. 또한 가구배치에 소요되는 면적비율은 매장 면적의 50～70% 정도이고, 판매장내 통로비율은 매장면적의 30～50% 정도로 한다.

2) 건물의 폭과 깊이

판매장이 되는 주건물의 폭의 길이는 최소한 5span이다.

이때에 1span을 6m로 하면 30m 이상이 소요되며, 건물의 깊이도 최소한 5span이 필요하다. 즉 현관에 1span, 뒷면의 점용부분과 엘리베이터 등에 1span, 판매장에 3span이 필요하다. 따라서 백화점 판매장의 깊이는 최소 3span이 필요하다.

3) 기둥 span

span은 6m가 경제적이라 할 수 있으나, 백화점에서는 span이 클수록 판매장의 진열장 배치가 쉽고 전망도 좋다. 현재는 8～9m가 요구되는데, 이는 대형 엘리베이터를 1span에 2대 설치하고 그 앞에는 충분한 홀을 둘 수 있다. 또 큰 보를 옮기지 않고도 에스컬레이터를 설치할 수 있으며 자유 유선형 진열장배치도 가하다.

6m span은 2대의 엘리베이터를 설치하면 엘리베어터 홀의 span이 나머지로는 부족하고 자칫 있어서는 안 될 자리에 기둥이 오게 될 수 있다. 따라서 기둥 span의 결정은 판매장 case의 배치, 엘리베이터, 에스컬레이터의 유・무, 또 1span 내에 계단실을 충분히 계획할 수 있는가를 고려해야 한다.

4) 동선

백화점내 들어온 객을 점내 구석까지 유도하는 것은 중요하다. 수평동선은 진열장을 따라 있게 되지만 상하층을 이어주는 수직동선은 주로 에스컬레이터에 의존한다. 따라서 판매장 내의 기능 변화에도 대응할 수 있는 동선 처리가 필요하다. 계획시 손님의 행동을 예측하여야 한다. 계단은 출입구과 맞은 편에 두어, 동선을 길게 하고 에스컬레이터는 판매장 중앙에 두어 이를 오르내리면서 주변을 살필 수 있도록 한다.

6. 세부계획

1) 현관 주변 및 출입구

기둥 span의 결정은 기준층의 판매장 case 치수를 정하고, 그 둘레와 폭에 의함이 이상적이다. 그러나 실제의 계획시기에는 판매장의 배치방식이 결정되지 못하고 그 역의 순서로 되는 수가 많다.

그리고 상층의 평면보다 1층 평면은 도로측의 현관에 show window를 설치해야 하므로 외측의 span만큼 크게 된다. 이 경우 상층에는 여유가 너무 많게 된다. 이 해결 방법으로 상층에서는 1층 show window의 깊이 만큼 cantilever를 내어 창가를 객의 통로로 하는 방법도 있다. 그러나 상층 창가에 통로를 취하면 채광은 충분하지만 판매장 안쪽에서 보는 자에게는 역광선이 되어 상품이 잘 보이지 않게 된다.

출입구는 출입이 편리해야 하며 주위의 교통상황을 고려하여 위치를 결정하며, 도로에 면하여 30m 안에 1개소씩 설치하며, 점내의 엘리베이터 홀, 계단에의 통로, 주요 show window의 통로를 향하여 설치한다.

2) 매장 계획

일반매장과 특별매장으로 구분할 수 있으며, 일반매장은 자유형식으로 여러 층에 걸쳐 동일 면적으로 설치하며, 특별매장은 일반매장 내에 설치하도록 한다.

① 층별 기준

- 지하 : 고객의 최후 구매공간이며, 식료품, 주방용품 등을 진열한다.
- 1층 : 선택시 시간이 걸리지 않는 소형 제품을 진열한다.
- 2, 3층 : 안정된 분위기를 연출하고 고가의 제품을 진열하며 매상이 높다.
- 4, 5층 : 잡화류와 같은 생활용품 등을 진열한다.
- 6층 이상 : 넓은 면적을 차지하는 가구 등의 제품을 진열한다.

② 매장의 통로

일반 고객 통로일 경우에는 폭을 보통 1.8m 이상으로 하며 주통로(엘리베이터, 로비, 계단, 에스컬레이터 앞, 현관을 연결하는 통로)일 경우에는 2.7~3.0m 정도로 하는 것이 적당하다.

또한 돌출부분이나 예각을 피하며, 동일 층내 수평적 높이 차는 좋지 않으며, 1층은 다른 층보다 통행량을 많이 잡는다.

3) 진열장(show case)

① 크기, 치수

두 사람의 통행에 필요한 크기를 확보하며, 진열장의 크기는 길이 1.8m, 폭 60 ~ 66cm, 75cm, 높이 1m 전후로 한다.

또한 카운터 높이는 75cm, 폭은 60~75cm 이상으로 한다.

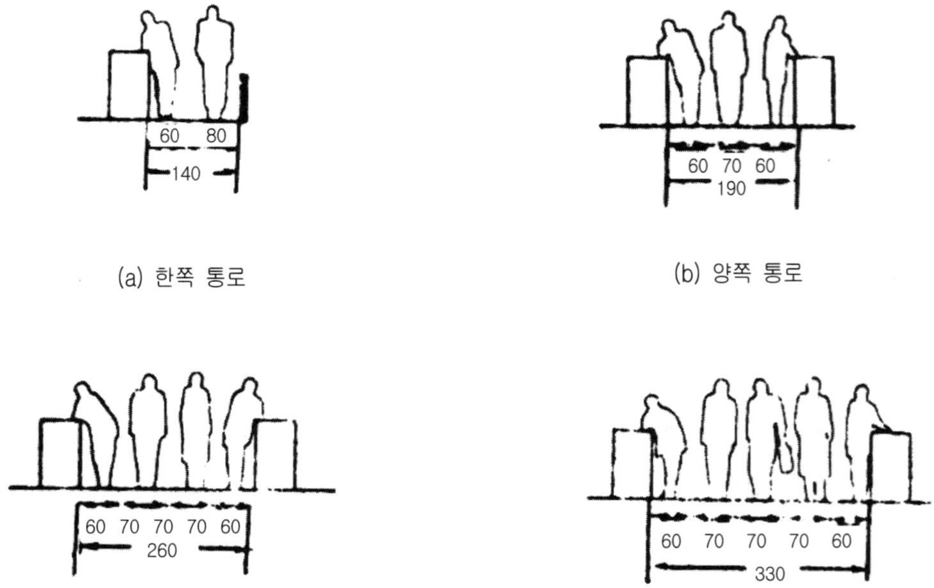

(a) 한쪽 통로 (b) 양쪽 통로

(c) 부통로 (d) 부통로

【그림 4-3】 고객 통로의 폭

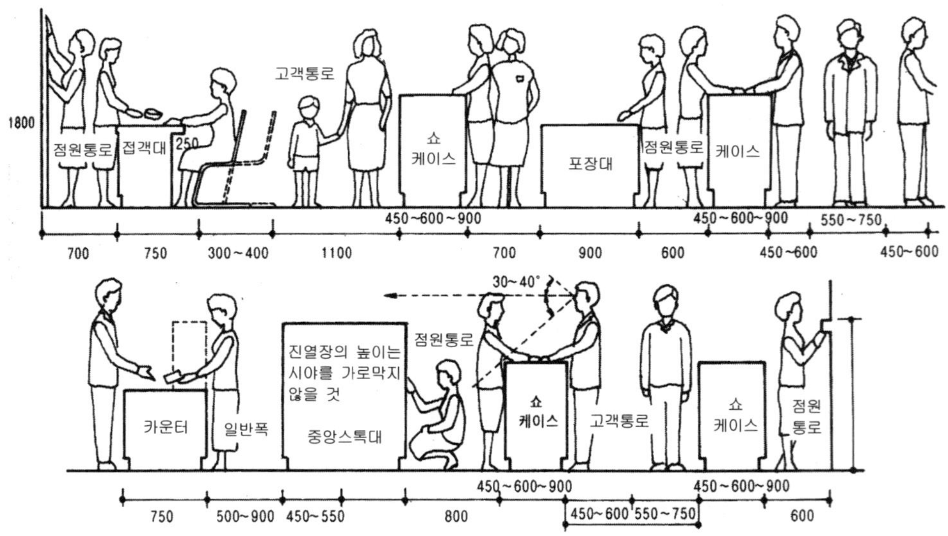

【그림 4-4】 통로 및 판매장 계획

② **진열장 배치방식**

- 직각(직교) 배치방식 : 가장 일반적으로 많이 쓰여지는 방식으로 가구를 열을 지어 직각 배치함으로써 직교하는 통로가 나게 하는 방법이며 가장 간단한 배치여서 판매장 면적을 최대한으로 이용할 수 있다. 단점으로는 판매장이 단조로워지기 쉽

고 부분적으로 고객의 통행량에 따라 통로폭을 조절하기 어려워 국부적인 혼란이 생기기 쉽다.

- 사행(사교) 배치방식 : 주통로를 직각 배치하고 부통로를 주통로에 45° 경사지게 배치하는 방법으로 좌우 주통로에 가까운 길을 택할 수 있고, 많은 고객이 판매장 구석까지 가기 쉬운 이점이 있으나, 이형의 진열장을 많이 필요로 하는 단점이 있다.
- 자유유선(자유유동) 배치방식 : 통로 계획시 상품의 성격, 고객의 통행량 등에 따라 유기적으로 계획하여 자유로운 곡선형 형태로 배치한 방법이다. 통로 폭을 자유롭게 변화시킬 수 있고 전시도 상품에 따라 독특한 특징을 줄 수 있다.
  또한 판매장의 획일성을 탈피하고 개성 있는 특징을 매장에 부여한 현대적인 방법으로 백화점에서 주로 채용하고 있는 형식이나, 단점으로는 진열장의 유리케이스가 이형이 되므로 면밀한 계획과 독창적인 재능을 요구한다.
- 방사배치 : 매장의 통로가 방사형으로 되어 배치상 난이한 점이 많아 많이 쓰이지는 않는다.

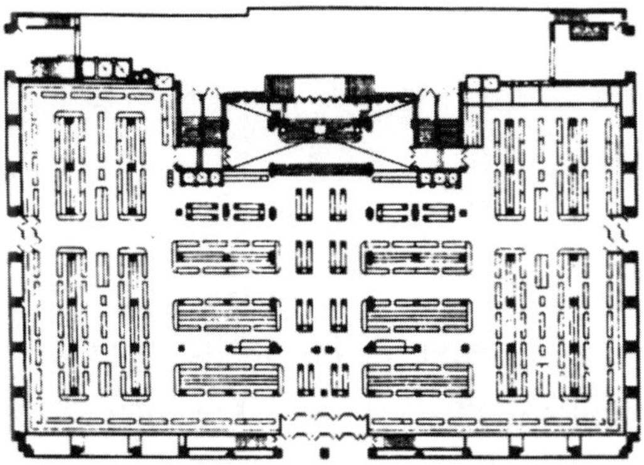

(a) 직교법

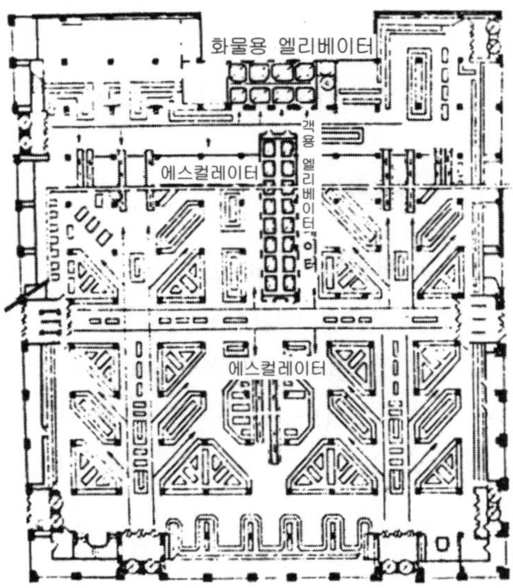

(b) 사교법

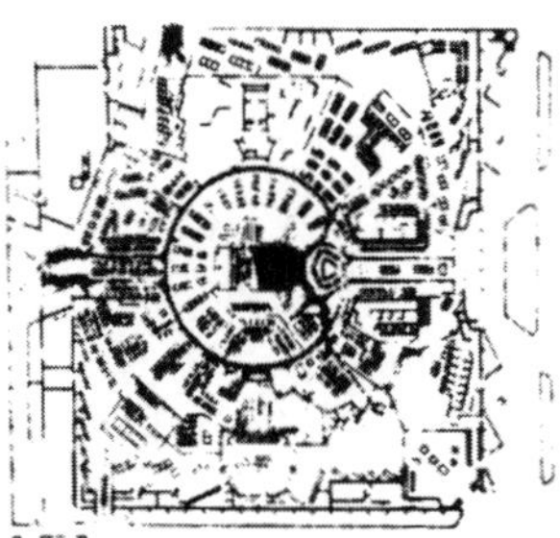

(c) 방사법

【그림 4-5】 진열장의 배치

4) 보의 배치 및 층고

보는 6~7m 정도의 span에서는 작은 보를 두지 않는 것이 유리하다.

span이 그보다 커서 구조적으로 불리한 경우는 매장의 단순화를 위해 큰 보, 작은 보의 높이가 같도록 배치해야 한다. 보의 춤이 같으면 duct배치에 유리하며, 보의 높이가 낮추어지면 층고도 낮아져서 계단의 디딤판 수도 적게 된다.

1층의 판매장의 천장높이는 4.0~4.5m, 2층 이상 층에서는 3.0~3.5m정도가 일반적이고, span에 의해 다르기는 하나 층고는 이 천장 높이보다 60~80cm정도 높다. 또 최상층은 보통 식당이나 연회장 용도로 사용함으로 일반층보다는 높게 처리한다.

그리고 공기조화 때문에 천장 속에 duct를 배치하므로 수평 duct가 배치되는 층의 층고를 고려해야 한다.

5) Void

판매장 중앙에 아래·위층 뚫린 상태로 이는 중층 건물의 중정에 지붕을 씌운 것과 흡사하며, 많은 단점이 있다.

① 판매장의 면적이 감소된다.
② 2층 이상이 void로 되어 있어 동선이 나빠 크게 돌아다녀야 한다.
③ 판매장배치가 부자유스럽고 방화구획 설정이 어렵고 무의미하다.
④ 공기조화설비의 효율 감소 및 덕트 배치가 곤란하다.
⑤ 에스컬레이터의 위치 선정이 나쁘고, 또 그 위치가 한눈에 들어오지 않는다.

6) 승강설비

① **엘리베이터**(elevator)

연면적 2,000~3,000m^2에 대해 15~20인승 1대 꼴로 보며, 최상급 급행용 이외에는 보조수단으로 이용한다. 엘리베이터 속도는 저층(4~5층)인 경우 45~100m /min, 중층(8층)인 경우 110m/min 정도로 계획한다.

엘리베이터가 여러 대일 경우 가급적 집중배치를 하되, 6대 이상인 경우는 분산 배치하며, 고객용, 화물용, 사무용으로 구분 배치토록 한다.

또한 중소백화점 경우 출입구의 반대편에, 대형 백화점의 경우는 중앙에 배치토록 한다.

② **에스컬레이터**(escalator)

백화점에서 가장 적합한 수송 수단일 수 있으며, 엘리베이터에 비해 10배 이상의 수송능력이 있어, 고객들이 기다리지 않아도 된다.

에스컬레이터의 특징으로는,

• 장점

-수송량이 크며, 수송량에 비해 점유면적이 적다(같은 수송량의 엘리베이터보다

1/4정도).

－수송설비의 종업원이 적다.

－고객이 매장을 여러 각도에서 보면서 오르내리기에 구매욕구 효과가 있다.

• 단점

－점유면적이 크고 설비비용이 높다.

－층고, 보의 간격(7~8m 이상) 등의 구조적 고려가 필요하다.

• 규격 및 수송능력(시간당)

폭 (cm)	수송능력 (인)
60	4,000
90	6,000
120	8,000

• 배치방식

배치방식	특 징
직 렬 식	점유면적이 크고 승객의 시야가 좋다. 승객의 시선이 일방향으로 고정된다.
병 렬 식 (단층식, 연층식)	백화점 내를 내려다 보기가 용이하다. 많은 공간이 필요하다.
교 차 식	점유면적이 작다. 매장의 전망이 나쁘다.

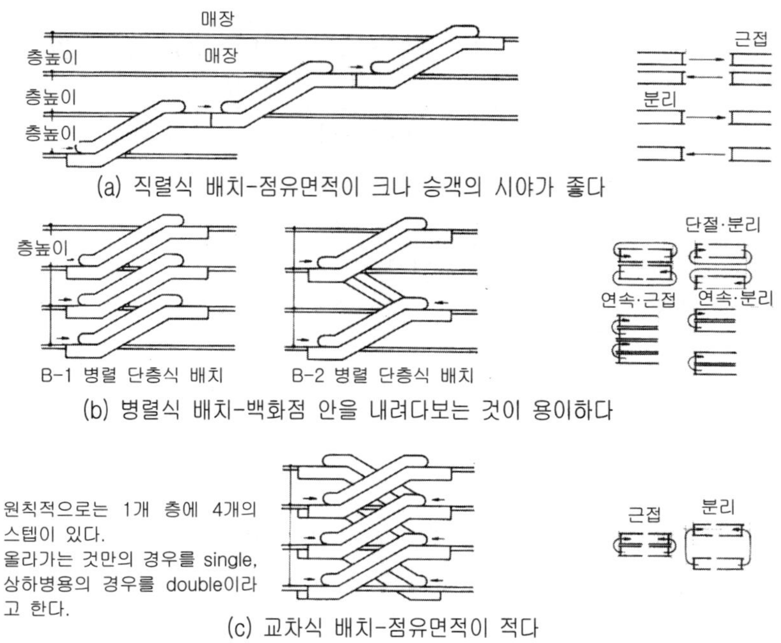

【그림 4-6】 에스컬레이터의 배치방식

7) 화장실

고객의 이용이 많은 시설로서 찾기 쉽도록 각층의 주계단, 엘리베이터, 로비부근에 설치하는 것이 좋으며, 남녀 구분토록 하며, 입구내 전실을 설치하는 것이 내부가 잘 안 보이고 냄새 방지에도 효과가 있어 좋다.

판매장 면적에 대한 변기수는 일정치 않으나 적정 변기수는 다음 표와 같다.

객용	남자용	대변기, 수세기	매장 면적 1,000m^2에 대해서 1개
		소 변 기	매장 면적 700m^2에 대해서 1개
	여자용	변기, 수세기	매정 면적 500m^2에 대해서 1개
종업원용	남자용	대변기, 수세기	50명에 대해서 1개
		소 변 기	40명에 대해서 1개
	여자용	변기, 수세기	30명에 대해서 1개

※ 변기수(종업원 수는 연면적 18~22m^2대해 1명) 남・녀비는 백화점에 따라 1 : 1.5~2정도임.

8) 종업원 시설

종업원수는 연면적 20~25m^2에 대해 1인의 비율로 하며 남・녀 비는 4 : 6정도로 하고, 필요한 실들은 다음 표와 같다.

실 명	계 획 방 침
타임레코더실	카드실을 레코더실의 전후에 설치하고 카드레이스를 벽에 건다. 타임 레코더 1대당 300~500명으로 본다.
갱의실	로커(locker)는 단독 또는 2인용으로 하고 폭 33~37cm, 깊이 45cm, 실내의 통로 폭은 120cm, 넓이는 1인당 0.45~0.6m^2
휴대품 검사	소통로의 양쪽에 폭 36cm정도의 카운터를 둔 실을 설치한다.
종업원 식당	넓이는 전종업원의 4~5명씩 교대로 식사할 수 있는 정도, 면적은 1석당 0.7~0.9m^2, 주방면적은 식당의 1/3정도로 한다.
의무 관계실	의무관계실을 두는 경우 넓이는 전종업원 1인당 0.15~0.2m^2정도로 하고 내외과, 안과, 치과의 진료실, 간호원, 의사실, 약국 X-ray, 암실, 휴양실, 대기실 등을 둔다.
기 타	휴게실, 면회실, 도서실, 교육실 등을 설치한다.

9) 고객용 서비스시설

① 특수 부속실 : 미용실, 촬영실, 레코드 감상실, 검안실

② 휴게실 : 공중전화, 점내 방송실 설치

③ 연회장, 식당

④ 전시실, 화랑

⑤ 옥상정원 : 고객의 휴식 및 향락시설

【표 4-1】 고객용 서비스시설의 계획 내용

실 명	계획방침 및 필요한 부속실
미 용 실	대기실, 카운터, 미용사 상담실, 미용사실, 갱의실, 사무실, 소독실, 물품고, 퍼머넌트, 드라이어실
이 발 실	대기실, 카운터, 이발사실, 갱의실
치과진료실	대기실, 카운터, 소사무실, 의사실, 가공실, X-ray실, 암실, 휴양실
사진촬영실	카운터, 쇼윈도우, 휴게실, 소화장실, 사진사 및 조수 대기실, 건판정이실, 암실
휴 게 실	각층에 설치할 필요가 없으며, 계단실, 엘리베이터, 로비 등을 넓게하여 소파, 의자 등을 설치하는 정도

10) 주차장

고객 차량뿐 아니라 상품 반입과 발송을 위한 화물자동차 등의 주차장이 필요하며, 주차시설 양부 및 방식에 따라 객의 질과 매상고에 크게 영향을 미친다. 주차대수는 매장면적 30~50m²마다 1대 비율로 설치한다.

11) 조명

① 옥외조명

옥외조명은 주로 점포의 형태와 상호를 명확히 하고, 이미지의 연상을 유도하여 구매의욕을 크게 한다.

따라서 옥외조명은 고객의 시선을 유도하는 가장 중요한 요소이다. 보통 옥외 조명으로 효과가 큰 것은 네온사인이다.

특히 네온사인은 소비전력이 작고, 경제적이며, 휘도가 강하고 비나 먼지, 안개가 많은 공기중에서도 투과율이 높아 고객의 시선을 유도하는데 가장 효과적이라 볼 수 있다.

② 옥내조명

실내조명은 최근에는 다양한 형식으로 유도되는데 일반적으로 상점내부는 일정한 밝기(전반조명)로 하는 것이 보통이며, 상품에 대하여는 국부조명으로 하는 것이 보통이다.

- 전반조명 : 의류
- 국부조명 : 고가상품, 신발매품
- 조명기구로서는 채광기, 형광등, 슬림라인, 네온관

12) 공기조화설비

실내의 쾌적한 환경 조성을 위하여 특히 냉・난방시설, 환기시설에 관한 고려를 충분히 하여야 하는데, 보일러, 냉동기는 건물의 최하층에 설치하고 에어 워셔(air washer) 및 송풍기는 옥상 펜트 하우스(pent house)에 설치한다.

여기서 가장 중요한 것은 에어 워셔실에서 각 층 매장 등으로 보내는 덕트(duct)배치계획인데, 이는 건물의 평면 및 단면계획에 관계되며 특히 매장 디자인에 큰 영향을 주게 된다. 소요되는 면적은 건물 전체면적의 약 3~4% 정도로 계획하고 천장의 높이는 4m 이상으로 하는 것이 이상적이다.

설비덕트의 배치방식으로는 수평덕트방식과 수직덕트방식이 있다.

7. 특수백화점 : 터미널 백화점

철도 여객을 대상으로 터미널 업무에 지장이 없는 범위에서 상품을 판매하는 백화점으로 계획시 다음 사항들을 유의해야 한다.

- 터미널과 백화점의 동선이 교차되지 않도록 할 것
- 터미널과 백화점 시설간의 명확한 구분이 있을 것
- 터미널과 백화점 통로사이에 전용 개구부가 있을 것
- 1층을 판매장으로 적극 활용할 것
- 상품의 반입, 반출시 보행자, 자동차 동선과 교차되지 않을 것

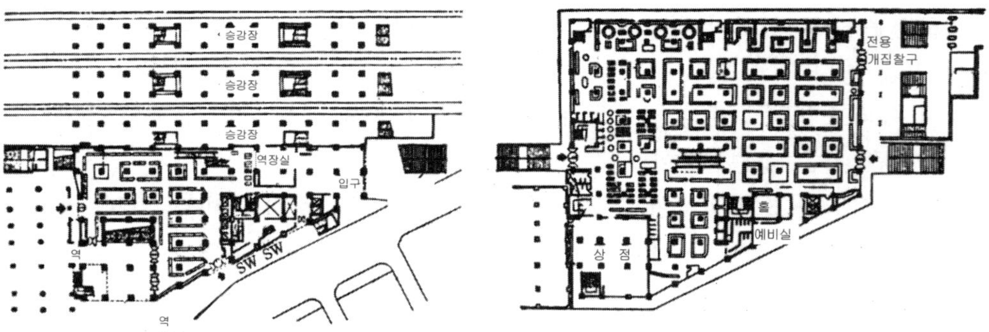

(a) 1층 평면도 (b) 2층 평면도

【그림 4-7】 터미널 디파트먼트 스토어의 예(일본)

8. 백화점 실례

클레프 광명점

(주) 해안종합건축사사무소

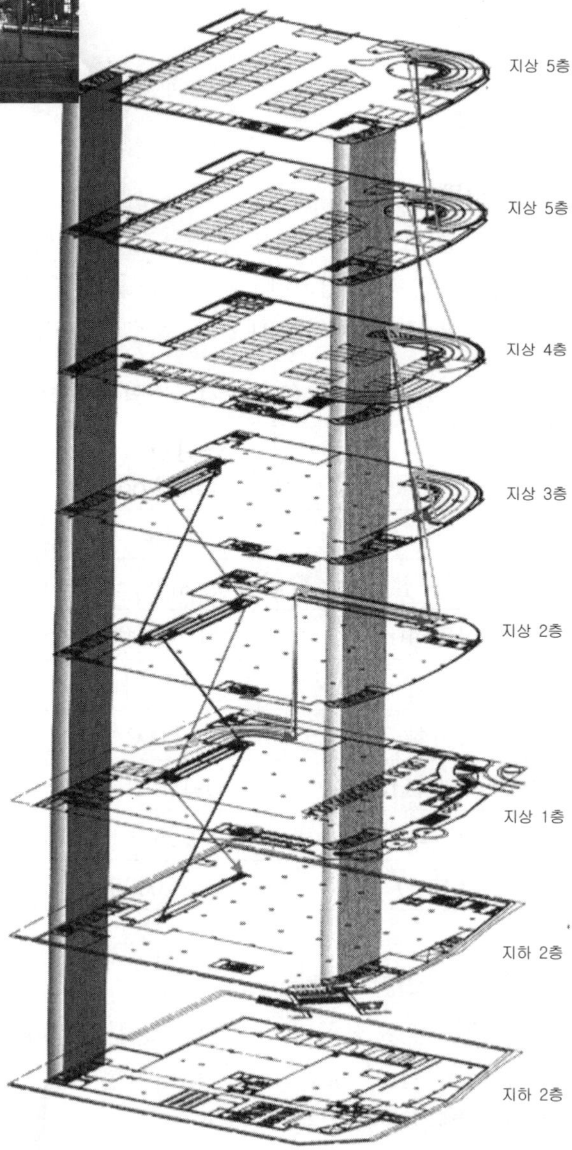

II 쇼핑 센터

1. 개요

현재 쇼핑 센터라는 용어는 백화점이나 다른 상점과 구분 없이 쓰고 있으나, 원래 쇼핑센터는 도심 밖의 commumity시설로서 계획되어지며, 주로 개발업자가 계획한 집단적인 상점군을 이루는 복합건축물이다.

2. 분류

1) 규모별 분류

① 근린형 쇼핑 센터 : 일용품을 위주로 한다.
② 커뮤니티형 쇼핑 센터 : 실용품을 위주로 한다.
③ 지역형 쇼핑 센터 : 대규모 쇼핑 센터용이다.

【표 4-2】 쇼핑 센터의 규모별 비교 (미국 예)

	근린형 (neighborhood)	커뮤니티형 (community)	지역형 (regional)
상점수	10~15	20~40	40~130
중심백화점	슈퍼마켓, 슈퍼스토어	쥬니어백화점	백화점
사용토지면적(m^2)	20,000~40,000	80,000~100,000	200,000~600,000
상점사용면적(m^2)	10,000 이하	10,000~20,000	20,000 이상
주차시설	500~1,000	1,000~3,000	5,000~10,000
도심에서의 거리(km)	3이내	3~6	6 이상
운전거리	5~10분	10분 이상	20~30분
인구(상권)	3,000~25,000명	30,000~100,000명	100,000명 이상

2) 입지에 의한 분류

크게 나누어 도심형과 교외형으로 분류된다. 도심형으로는 시티센터형, 터미널형, 지하상가 등이 있고, 교외형으로는 역전형, 타운센터형, 교외형 등이 있다. 백화점이나 슈퍼마켓을 핵점포로 하는 경우가 많다.

① 시티 센터형 : 도심의 상업지역이 입지하는 사회, 문화시설 등과 함께 계획하는 경우가 많다

② 터미널형 : 교통기관의 터미널에 상업시설이 입지하는 것을 말한다.
③ 지하상가 : 도심의 지하에 상점을 설치하여 상점가로 이용할 목적으로 계획된다. 주로 철도 및 지하철 주변이 많다.
④ 역전형 : 뉴타운 계획에 수반하여 뉴타운 근처 역전에 계획한 것이다.
⑤ 타운 센터형 : 뉴타운의 중심부에 계획하는 것으로 전체계획의 일부로서 계획된다.
⑥ 교외형 : 교외의 간선도로변에 입지하는 것으로 비교적 대규모 주차장을 갖는다.

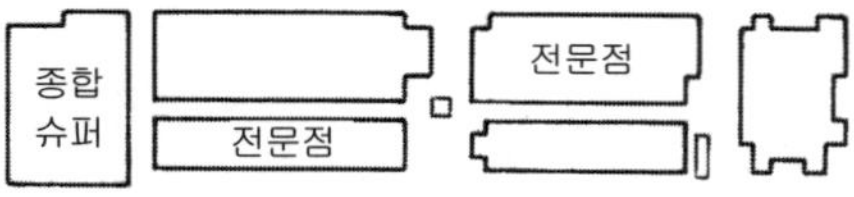

알라 모아나(Ala Moana, Hawaii, 미국)

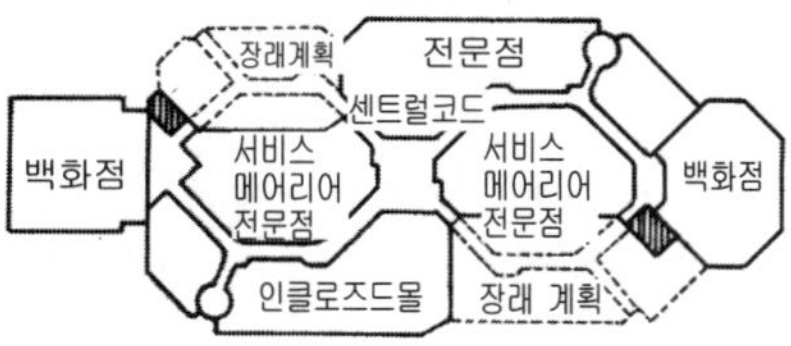

셔웨이 가든(Sherway Garden, Tornoto, 캐나다)

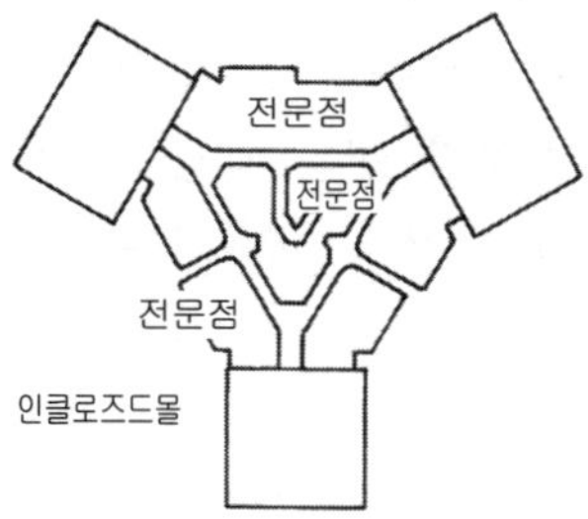

타운이스트몰(Town EastMall, Texas, 미국)

【그림 4-8】 쇼핑센터의 공간구성

3. 기능 및 공간구성

1) 기능

① **핵상점**(magnet store)
백화점, 종합슈퍼마켓 등으로 전체 면적의 50%를 차지한다.

② **전문점**(retail store)
단일 종류의 상점군과 서비스 시설군으로 전체 면적의 25%를 차지한다.

③ 몰(mall)
전체 면적의 10%를 차지한다.
- 주요 보행 동선으로 핵상점과 전문점의 출입이 이루어져 방향성과 식별성이 요구된다.
- 변화, 다양성을 부여하고, 자극과 흥미를 주며 유쾌한 쇼핑을 가능케 한다.
- 자연광의 도입으로 외부공간의 느낌을 부여하며, 시각적으로 다양한 공간체험을 유도한다.
- 형식으로는 오픈 몰(open mall)과 인클로우즈드 몰(enclosed mall)이 있다.

④ **몰의 규모**

- 폭 : 6~12m
- 길이 : 240m가 한도이다.
- 길이 20~30m마다 변화를 주어 단조로움을 피한다.

⑤ **코트(court)**

몰의 곳곳에 설치하여 고객의 휴식과 행사의 장이 된다.

2) 공간구성

① 핵상점간을 몰로 연결시키고 양측에 전문점을 배치한다.

② 주차장 또는 대중 교통수단의 진입방향에 출입구를 둔다.

③ 핵의 경우 고객의 주진입방향에 출입구를 두고 반대편에 핵상점을 배치하며 그 사이에 몰로서 전문점을 연결한다.

④ 3핵 이상인 경우 몰로서 연결하여 고객의 원활한 순환 동선을 꾀한다.

⑤ 핵점포와 전문점간 또는 전문점 상호간의 쇼핑을 즐기면서 비교 구매할 수 있도록 회유성을 주어 다시 고객의 흐름이 균등해지도록 배려한다.

⑥ 핵점포와 핵점포를 보도로 이어 그 양측에 전문점을 배치한다.

⑦ 점포수가 늘거나 전체 규모가 클 경우 다층으로 하거나 코트나 광장 등을 설치해서 단조로움을 피한다.

4. 쇼핑 센터 실례

두산타워

우일건축

위　　치 : 서울 중구 을지로6가
연 면 적 : 122,393m²
구　　조 : 철골구조, SRC(지하)
규　　모 : 지하 7층, 지상 34층

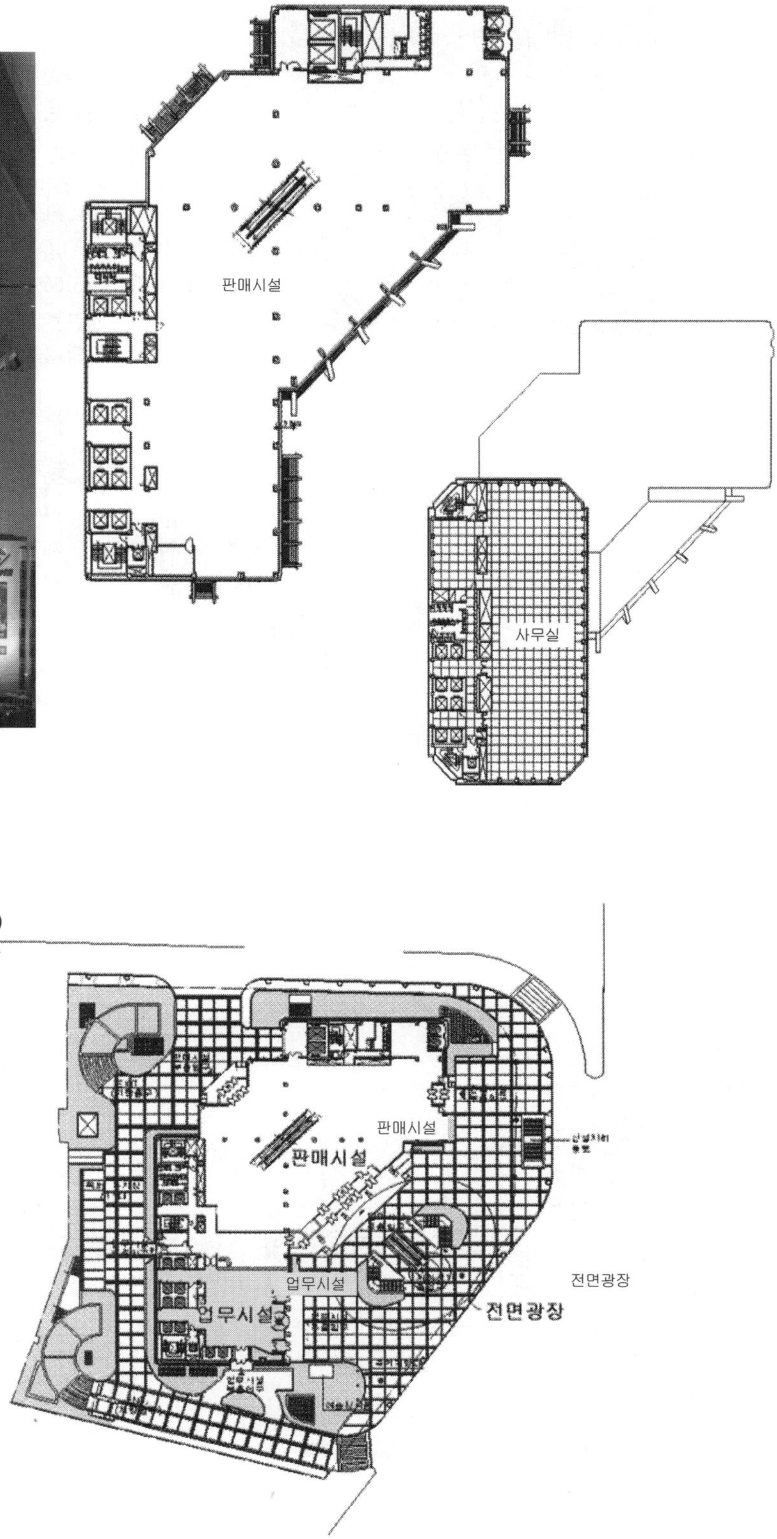

두산타워 평면도

월드존

황 의 섭(한국설계)

위　　치 : 광주 동구 충장로 2가 28번지
대지면적 : 923m²
연 면 적 : 4,985.07m²
건축면적 : 701.99m²
용 적 률 : 453.8%
건 폐 율 : 76.06%
구　　조 : 철근콘크리트조,
규　　모 : 지하 2층, 지상 8층

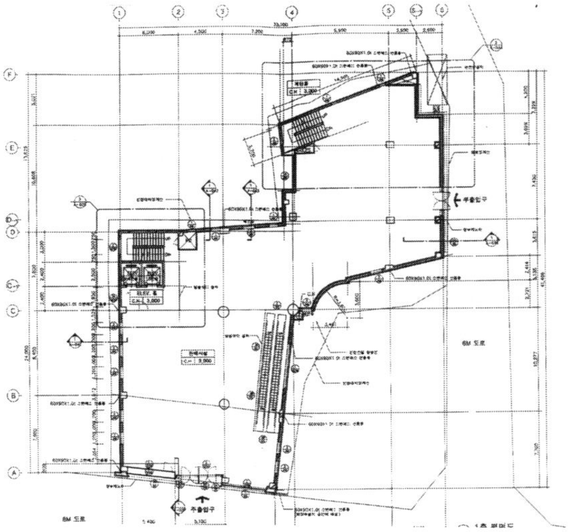

1층 평면도

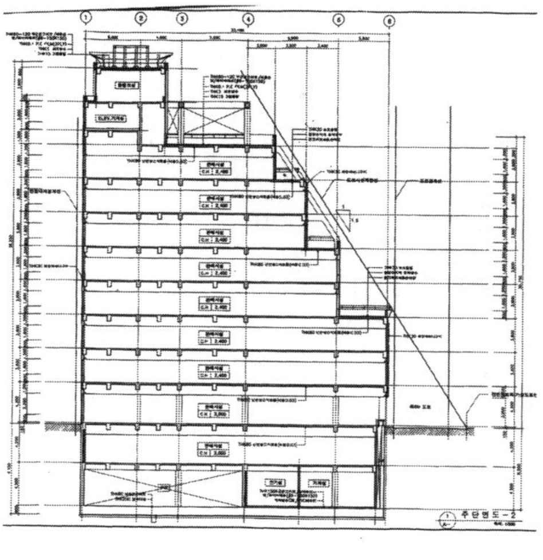

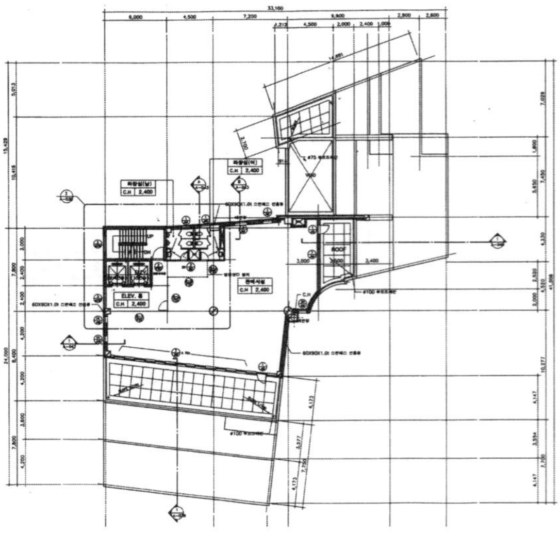

8층 평면도

단면도

III 양판점

1. 입지에 의한 분류

1) 도심형

도심부의 중심 상업지역에 입지하는 것으로 철도, 버스 등 교통편이 좋으며, 주차장은 비교적 작아진다.

2) 역전형

역을 중심으로 한 상업지역에 입지한 것으로 역과 통합되는 경우도 많다. 주차장도 비교적 작아진다.

3) 주택지형

주택지역 속에서 입지한 것으로 기본적으로 도보권을 상권으로 하고 있으며, 자전거 이용객이 많고 비교적 소규모의 시설이 많다.

4) 교외형

교회주택지에서 교통중심지에 입지하는 것이 많다. 자동차에 의한 객을 대상으로 하고 있으며 넓은 주차장을 지니고 있다.

2. 평면계획

① 고객의 래점빈도는 많으나 체류시간이 짧고, 백화점에 비해 객용시설의 비용이 적다.
② 셀프서비스의 판매형식을 위해 대면판매와 영역을 나누어 셀프서비스측에서는 에스컬레이터, 엘리베이터, 계단은 설치하지 않는다.
③ 고객의 주요 동선은 벽면을 따라서 일방통행으로 하며, 회유성이 있도록 한다.
④ 입구와 출구는 분리하고 출구쪽에서 계산대의 체크가 되도록 한다.
⑤ 저층으로 매장이 넓을수록 효율적이며 플렉시빌리티도 좋다.
⑥ 증축을 위한 공간을 확보한다.

IV 슈퍼마켓(supermarket)

1. 개요

단독 경영의 종합 식료품점으로 셀프서비스 형식을 취한 상점이다.

2. 계획

1) 동선계획

① 통로는 1.5m 이상, 일방통행으로 한다.

② 입·출구는 분리하며, 입구는 크게, 출구는 좁게 계획한다.

③ 입구에 생활 필수품과 식료품을 배치한다.

2) 카운터 대수 등

① 카운터 수 : 1대 그리고 1시간당 500~600명으로 한다.

② 카트 대수 : 500m^2 판매장에 40대 정도로 한다.

③ 바구니 개수

- 개장시 총입장 고객 수의 10%×3
- 개점 이후 입장 고객 수의 10%
- 바구니 10%는 입구에, 20%는 보관한다.

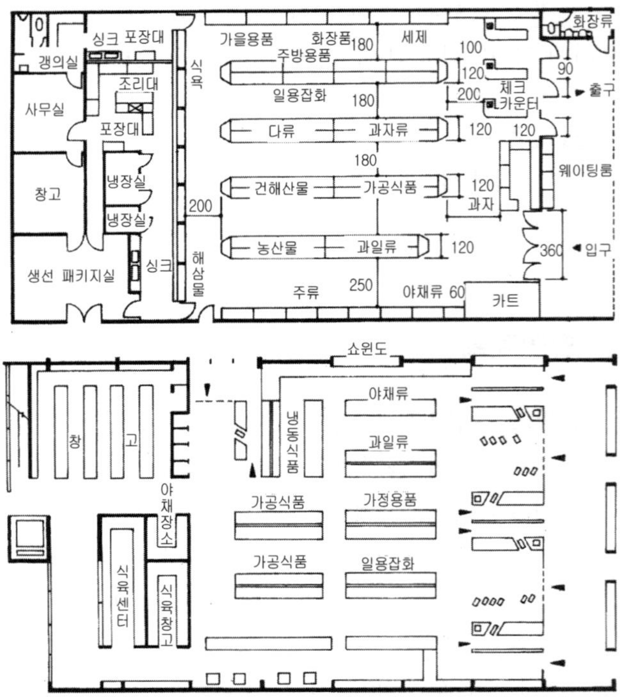

【그림 4-9】 슈퍼마켓 평면 예

V 상점(소매점 및 전문점)

1. 개요

소매업은 유통의 최종 단계 기능을 가지며, 개개 소매업자가 소비자가 요구하는 모든 상품에 응할 수 없기 때문에 어떤 일정한 상품에 한정되며 그 성격을 보면 다음과 같다.

- 소매업
  - 독립소매업
    - 일용품점
    - 전문점
  - 종합소매업
    - 슈퍼마켙
    - 백화점

상점은 경영상 판매영역인 상권을 가지게 된다. 즉 생활필수품을 취급하는 상점은 10~15분의 시간적인 거리 반경을 가지는 소비인구를 대상으로 한다. 상가 형태가 구성되려면 개개 상점에 적응하는 소비인구가 필요하다.

또한 상점의 의장계획은 그 상점에 적당할 뿐 아니라 그 상가의 품격에도 조화시켜야 하며, 유의점은 다음과 같다.

① 취급하는 상품이 분명하고 고객의 눈에 띌 것
② 통행객이 걸음을 멈추고, 점 내로 유도되도록 매력적인 Facade를 구성할 것
③ 상점의 설비가 상품 선택에 효과적일 것
④ 외장, 점두, 점 내의 조형, color의 균형이 유지되며, 판매장과 부속시설과의 원활한 동선 처리가 될 것

2. 상점의 분류

구매방식에 따라 구분하면, 일반 양품, 화장품, 장식류 등과 같은 충동적 구매방식에 의해 사게 되는 상품을 취급하는 상점과 양복, 시계, 귀금속 등과 같은 계획적 구매방식에 의해 사게 되는 상품을 취급하는 상점으로 나눌 수 있으며 취급하는 상품의 정도에 따라 시계, 귀금속, 골동품, 악기 등 고급 제품만을 취급하는 고급 상점과 일상 생활용품인 화장품, 가전제품, 식료품, 기호품 등을 취급하는 일반상점으로 구분할 수 있다.

일반적으로 상점을 상품의 용도별로 분류하면 다음 표와 같다.

【표 4-3】 용도별 상품 분류

의 류 품	일반용품, 양장, 양복, 아동복, 주단포목, 침구, 털실
일 용 잡 화	양화, 가방, 시계, 안경, 만년필, 화장품, 장식잡화, 수예품, 약품, 전기기구, 문방구, 서적
문 화 용 품	악기, 레코드, 귀금속, 카메라, 미술관, 민예품, 운동구, 등산용구, 완구, 생화, 취미용품, 도자기
식 료 품	제과, 과실, 포장가공용품, 일용식품

또한 아래는 구매심리에 의한 상품의 분류를 나타낸 것이다.

【표 4-4】 구매심리에 의한 상품의 분류

	주요 판매 품목	구매심리
1	가. 귀금속, 장신구, 악기, 카메라, 정밀기계, 안경, 시계, 자동차, 주택 나. 골동품, 양복, 가구, 여행가방, 운동구	• 고객은 구입하고자 하는 품목을 선정하고자 한다. • 구입하고자 하는 상품에 대한 전문지식이 필요하다.
2	가. 화장품, 옷감, 모자, 구두, 악세사리 나. 일반용품, 서적, 즙기, 완구	• 가벼운 마음으로 손쉽게 선택한다. • 반드시 구매하려 하지 않는다.
3	가. 부식품(생선, 고기, 야채), 주류, 조미료, 과자, 약품, 슈퍼마켓 취급품 나. 담배, 꽃	• 구매의욕이 강하지 않으며 구입 결정을 요하는 시간이 짧다.

3. 상점의 기능표

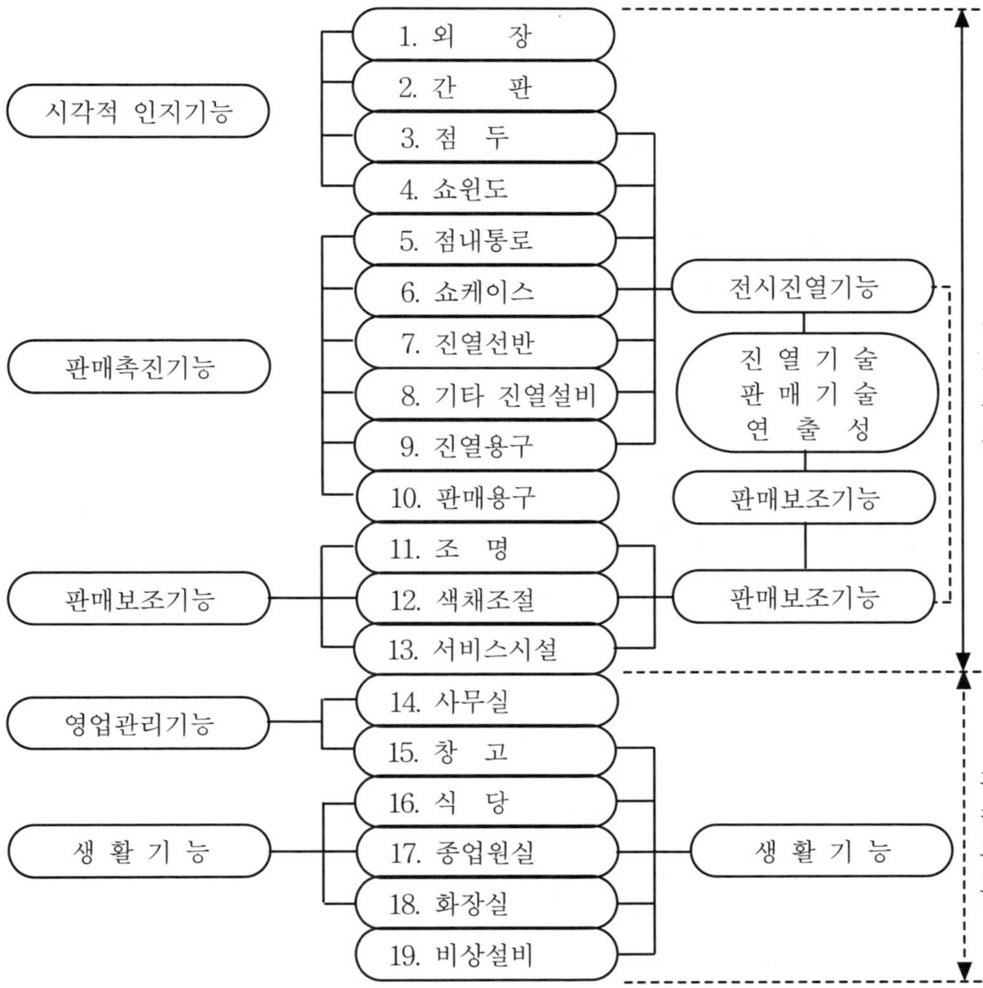

【그림 4-10】 상점기능표

4. 상점의 구성

상점의 전면형태인 점두는 간판, 쇼윈도, 출입구, 창고 등을 포함한 점포 전체의 얼굴이며, 진열창은 점두의 의장 중심이 된다.

1) 정면 화사드의 5가지 광고 요소

① A(Attention, 주의) : 시각적 주목

② I(Interest, 흥미) : 공감과 호소력

③ D(Desire, 욕망) : 구매욕구

④ M(Memory, 기억) : 인상
⑤ A(Action, 행동) : 접근

2) 화사드의 숍 프런트(shop front) 구성시 유의사항

① 개성적이고 인상적일 것
② 상점의 업종, 상품이 쉽게 인식될 것
③ 대중성이 있을 것
④ 통행인의 관심과 점내로의 유도가 용이할 것
⑤ 경제적인 제약을 고려, 미관에 해악적인 간판의 제거

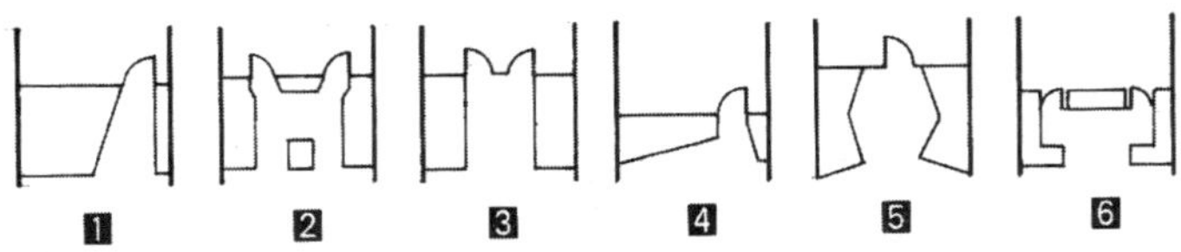

① 가구점과 같은 넓은 면적을 필요로 하고 상품의 대소의 차이가 큰 경우
② 아케이드식으로 중앙에 독립 케이스를 놓은 경우
③ 깊은 측면의 쇼윈도와 2개의 문 사이에 조그만 쇼윈도를 갖는 예
④ 손님에게 한 눈으로 보기 쉽게 한 쇼윈도
⑤ 장식면적은 크지만 중앙에까지 간 손님에게는 내부가 잘 보이게 된다.
⑥ 양화점과 같이 상품이 작고 같은 형상의 상품에 맞는 쇼윈도

【그림 4-11】 쇼윈도의 평면형식

3) 상점 내로 유도하기 위한 고려사항

① 바닥 : 평탄할 것. 자극적 색채가 아닐 것, 걷기 쉬울 것
② 천장 : 밝기를 고려할 것, 적정 높이(2.7~3m)를 확보할 것
③ 기타 : 합리적 동선, 취급 상품의 적정 배치, 주력 상품의 호소력, 시각적 요소를 배치할 것

5. 판매방식

1) 대면 판매

고객과 종업원의 일대일 상담 판매하는 방식이다.

① 장점

- 판매원의 정위치가 가능하여 설명이 용이하다.
- 포장이 편리하고 진열면적이 감소된다.

② **단점**

진열장이 많아질 경우 상점의 분위기가 부드럽지 않다.

2) 측면 판매

진열상품을 같은 방향으로 보며 판매하는 형식이다.

① **장점**

• 충동 구매와 선택이 용이하다.
• 진열 면적이 커지고 친근감이 가능하다.

② **단점**

판매원의 정위치가 불안정하고 상품의 설명, 포장 등이 불편하다.

6. 대지조건 및 방위

상점의 위치는 판매고에 지대한 영향을 미치므로 대지조건과 방위에 대해 고려해야 한다.

1) 대지조건

① 번화한 곳으로 1일 통행량이 많은 곳에 둔다.
② 도로와의 관계에서 눈에 잘 띄어야 한다.
③ 취급상품, 교통, 주위환경을 고려하여 위치를 선정한다.
④ 폭과 안길이의 비는 1 : 2의 직사각형이 유리하다.

2) 방위

① 부인용품은 오후의 그늘이 없는 곳이 좋다.
② 식료품은 석양이 없는 곳(서향은 절대 피함)이 좋다.
③ 양품점, 가구점, 서점은 도로의 서쪽에 위치하는 것이 좋다.
④ 여름용품은 도로의 남쪽, 겨울용품은 도로의 북쪽에 두는 것이 좋다.
⑤ 음식점은 양지바른 곳이 좋다.

7. 계획의 요점

① 소규모 상점의 점내 공간을 효과적으로 이용한다.
② 외관은 개성 있는 디자인으로 상점의 아이덴티티를 표현하고 광고적 효과를 내면서 주변의 환경과 조화가 이루어지도록 계획한다.

③ 현관은 친숙한 분위기로 하되, 취급상품의 이미지를 높일 수 있고, 상점 안으로 들어가고 싶도록 디자인한다.
④ 외부로부터 상점 안이 어느 정도 보이도록 한다.
⑤ 매장의 변경도 가능하도록 융통성 있는 평면계획을 한다.
⑥ 출입구 부근에는 바겐세일을 위한 가판대 등을 설치하도록 한다.
⑦ 통로와 점내는 단차를 두지 않도록 한다.
⑧ 간판, 광고탑은 상점의 이미지를 높이도록 효과적으로 연출한다.

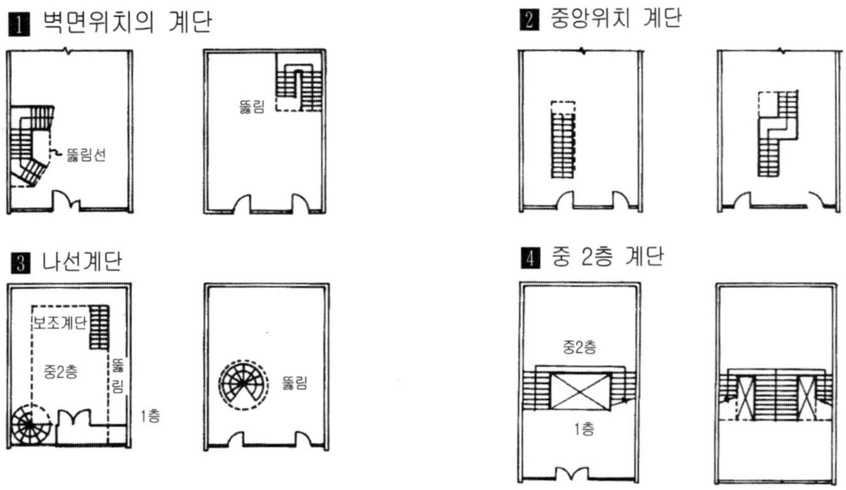

【그림 4-12】 계단위치의 평면형식

8. 평면 계획

1) 동선계획

① 고객동선 : 고객의 동선을 가능한 한 길게 하고 편안하게 상품을 선택하도록 한다.
② 종업원 동선 : 고객동선과 교차가 안 되고 보행거리는 짧게 한다.
③ 상품이동동선 : 고객동선과 교차되지 않도록 한다.

2) 평면 배치 형식

① 굴절 배열형 : 진열장배치가 굴절 또는 곡선배치된 것으로 대면 판매와 측면 판매의 조합이다.
② 직렬 배열형 : 직선적 구성으로 고객의 흐름이 빠르고 대량판매방식에 적합하다.
③ 환상 배열형 : 고리모양의 배치형태로서 중앙이 판매부, 벽면이 상품부가 된다.
④ 복합형 : 굴절, 직렬, 환상형의 복합방식이 있다.

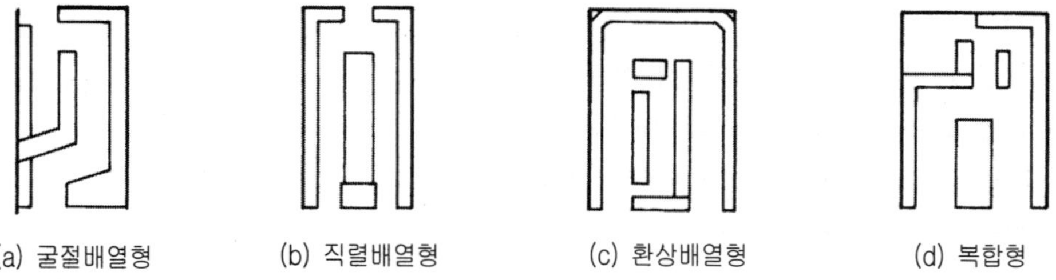

【그림 4-13】 평면배치의 기본형

9. 세부계획

1) 진열창(show window)

① 숍 프론트(shop front)형태

- 개방형 : 도로쪽의 전면 개방형태로서 서점, 제과점 등이 있다.
- 폐쇄형 : 출입구 이외가 완전 차단된 형태로서 이발소, 미용원 등이 있다.
- 혼합형 : 개방형과 패쇄형의 혼합을 말한다.

② 진열창의 단면 형태

- 상품의 종류에 따라 결정되며 유리의 높이는 도로에서 3~3.5m 정도로 한다.
- 상품의 주목할 부분의 눈높이에서 0.2~0.5m 정도 낮게 한다.
- 창대의 높이는 0.3~1.2m의 범위 내에서 하되, 보통 0.6~0.9m 정도로 한다.
- 운동용구, 구두용품은 낮게 하고, 시계 등 귀금속은 높게 한다.

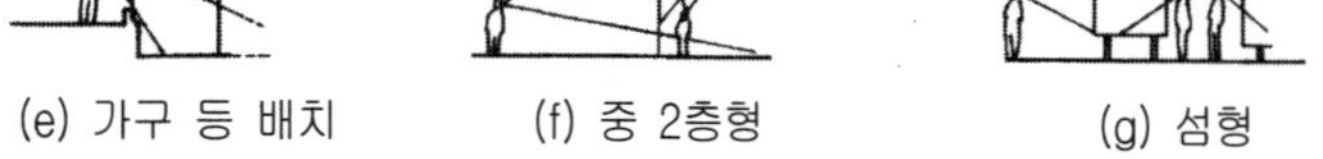

【그림 4-14】 쇼윈도의 단면형식

2) 진열창의 흐림방지

내·외부의 온도차를 적게 한다.

3) 진열창 반사 방지

① **주간**

- 진열창 내부를 외부보다 밝게 한다.
- 차양을 달아 외부에 그늘을 제공한다.
- 유리면을 경사지게 하거나 특수 곡면처리한다.
- 가로수 같은 식재를 한다.

② **야간**

광원을 감추고 광속을 적게 하여 눈부심을 방지한다.

③ **내부 조명**

바닥면상 조도는 150lux 이상으로 한다.

4) 매장계획

① **진열장 배치시 고려 사항**

- 상품의 효과적인 전시와 고객행위의 신속한 대응이 용이할 것(감시 등)
- 고객과 종업원의 시선이 마주치지 않을 것
- 진열장 길이는 가능한 한 길게 할 것
- 충분한 통로의 확보와 원활한 동선 처리를 할 것

② **진열장 크기**

폭 0.5~0.6m, 길이 1.5~1.8m, 높이 0.9~1.1m로 할 것

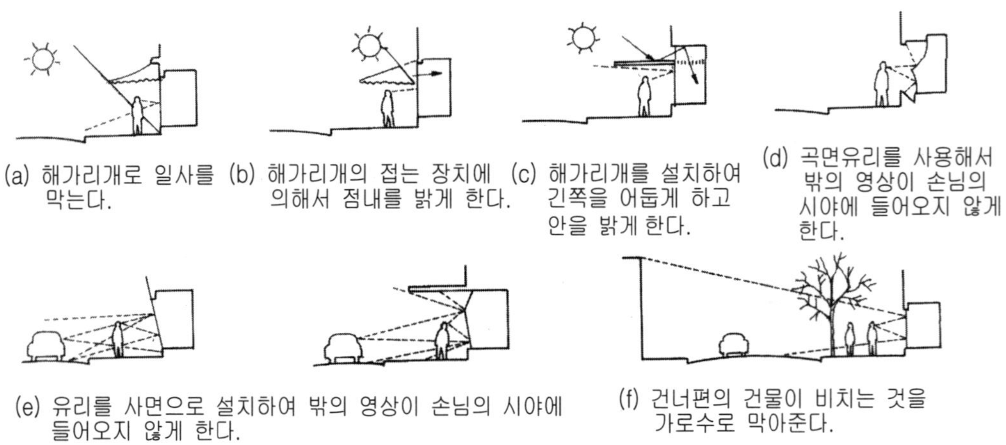

【그림 4-15】 쇼윈도 유리면의 반사방지 방법

10. 진열창 및 진열대 세부사항

1) 진열창(陳列窓)

출입구의 위치에 의하여 결정되며, 또한 점두의 형식에 따라, 상품의 종류에 따라, 점포폭의 크기에 따라 결정되기도 한다.

① 진열창의 크기

상품의 종류, 전면의 길이, 부지의 조건 등에 따라 달라지며 진열창의 크기는 상품의 크기, 점포 정면의 의장(意匠)에 의하여 크기가 변하며, 인기상품은 서 있는 사람의 눈위치보다 약간 낮게 처리한다.

② 진열창의 흐림 방지

진열창에 외기가 잘 통하게 하고, 진열창의 윗벽이 없을 경우에는 창대 밑에 난방장치를 하여 내부와 외부의 온도차를 작게 한다.

③ 진열창의 반사 방지

주간시에는 진열창의 외부보다 내부를 밝게 하고, 차양(遮陽)을 설치하여 유리면에 빛이 직사되지 않도록 하고, 유리면을 경사지게 시공하거나 곡면유리를 사용하여 빛의 각도를 변화시킨다.

또한 가로수를 이용하여 진열창면에 사물이 비치는 것을 방지한다.

야간시에는 광원(光源)을 감추고, 눈에 입사(入射)하는 광속(光速)을 적게 한다.

구 분	상품의 분류	h(m)	H(m)	D(m)
상품의 규모가 매우 클 경우 h≒0.3	가 구 점 피아노점	0.4~0.6 0~0.5	1.8~3.0 1.8~2.7	1.5~7.1 1.8~3.0
상품의 규모가 클 경우 h≒0.45	숙녀화점 숙녀복점 운동복점	0.3~0.6 0.3~0.6 0.3~0.6 0.3~0.6	1.8~2.7 1.8~2.7 1.8~2.7 2.4~3.0	0.7~1.8 0.9~2,4 0.8~1.8 1.8~3.0
상품의 규모가 보통일 경우 h≒0.6	모 피 점 양 품 점 복 지 점 미술재료점	0.3~0.7 0.4~0.8 0.3~0.8 0.4~0.8	1.8~2.7 1.8~2.7 1.8~2.7 1.5~2.4	0.9~2.1 0.6~1.8 0.9~1.8 0.9~1.2
상품의 규모가 작을 경우 h≒0.75	사진기점 문방구점	0.6~0.9 0.6~0.9	1.5~2.1 1.2~1.8	0.6~0.9 0.6~1.2

④ 내부 조명

전반 조명과 국부 조명을 병용하며 상점내 바닥의 조도를 150Lux 정도로 한다. 또한 상품에 대한 조명효과를 크게 하고 주위의 조명으로 인하여 침해를 받지 않도록 한다.

2) 진열장

① 배치방법

고객이 쉽게 상품을 판단할 수 있도록 배치하며, 도난(盜難) 및 파손(破損)에 대한 감시가 용이하도록 진열한다. 또한 상품의 관리가 용이하고 고객의 동선과 판매원의 동선이 교차하지 않도록 배치하며, 들어오는 고객의 시선과 마주치지 않도록 배치하는 것도 고려해야 한다.

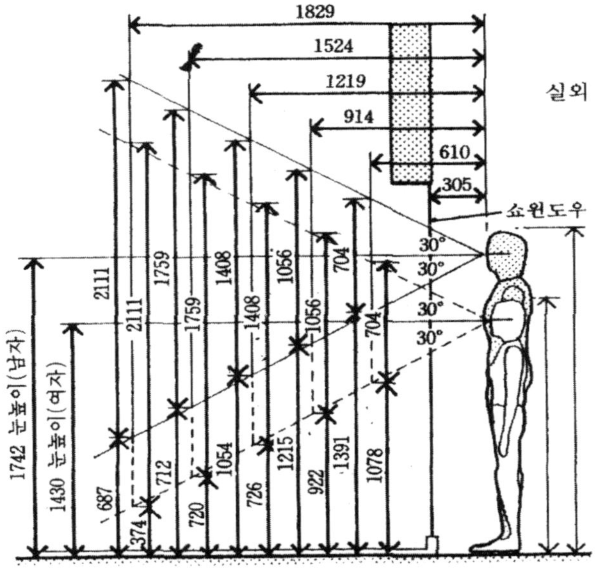

【그림 4-16】 쇼윈도와 시각관계

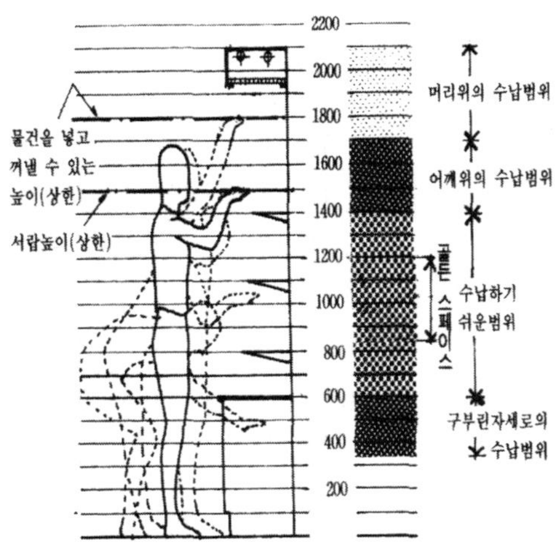

【그림 4-17】 유효 진열 범위

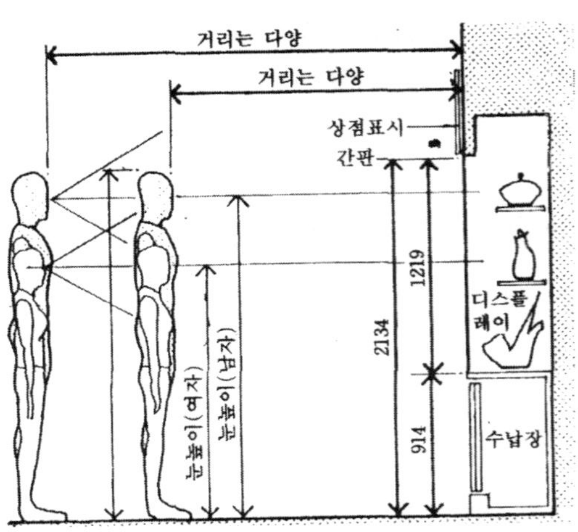

【그림 4-18】 디스플레이와 시각관계

• 유효진열 범위

고객의 흥미를 일깨우고 유지시키면서 보기 쉽고 사기 쉽도록 진열하기 위해서는 고객과 판매원의 인간공학적 측면을 고려해야 한다. 다시 말해 신체적인 조건과 시선을 고려하여 이에 준하여 상품의 특성, 종류에 따라 합리적인 진열이 되도록 한다. 【그림 4-16】은 쇼윈도와 시각적인 관계를 나타낸 것이며, 【그림 4-18】는 디스플레이(display)와 시각관계를 나타낸 것이다.

사람의 시각적 특성은 좌측에서 우측 작은 상품에서 큰 상품으로 시선이 이동하므로 진열의 흐름도 이에 준하고, 눈높이 1,400~1,500mm를 기준으로 상향(上向) 10°, 하향(下向) 20° 사이가 고객의 시선을 두기에 가장 편안한 범위이다. 【그림 4-19】 참조

그리고 상품을 대면하는 고객이 상품을 허리를 많이 구부리지 않고 꺼내기 쉬운 하한(下限)높이는 무릎높이 600mm이며 서서 꺼내기 쉬운 높이는 1,700 mm이다. 따라서 유효진열 범위는 이를 기준으로 고객의 벽면에 진열된 상품을 보기 쉽고 꺼내기 쉬운 높이의 범위를 말한다.

• 상품진열의 위치

상점내 상품진열은 크게 통로측, 벽면, 중간에 위치한다. 통로측은 1,200mm 이하의 낮은 높이로 상품량이 적게 중점상품을 진열하며, 중간의 진열은 1,200~1,350mm 높이로 상품량을 풍부하게 보유할 수 있도록 한다. 벽면 진열은 2,200~2,700mm의 높이로 상품을 다양하게 디스플레이하거나 수납공간으로 활용할 수 있도록 한다.

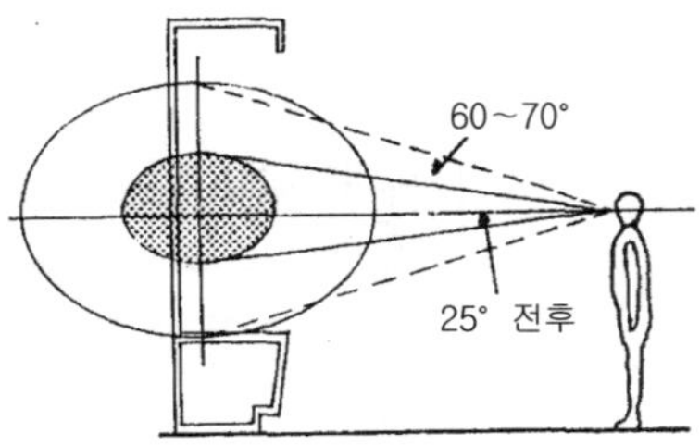

【그림 4-19】 시야와 벽면의 보기 쉬운 위치

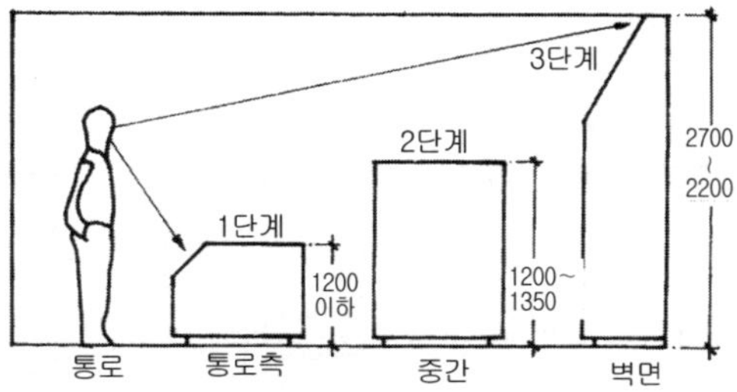

【그림 4-20】 3차원 진열

② **종류 및 특징**

진열대는 벽면의 진열장, 행거(hanger), 쇼 케이스(show case); 디스플레이 테이블(display table) 등으로 나눌 수 있으며, 상품을 종류별, 크기별, 가격별, 색채별로 분류하여 한눈에 볼 수 있도록 진열대에 진열한다.

• 벽면의 진열장

일반적으로 벽면에 기대어 설치되므로 상품을 가장 많이 진열할 수 있으며, 유효진열 범위를 고려하여 계획한다.
천장의 높이는 매장 중앙의 아일랜드(island)부분에서 전망을 고려하여 1,500~2,100mm 정도로 하는 것이 적당하다.

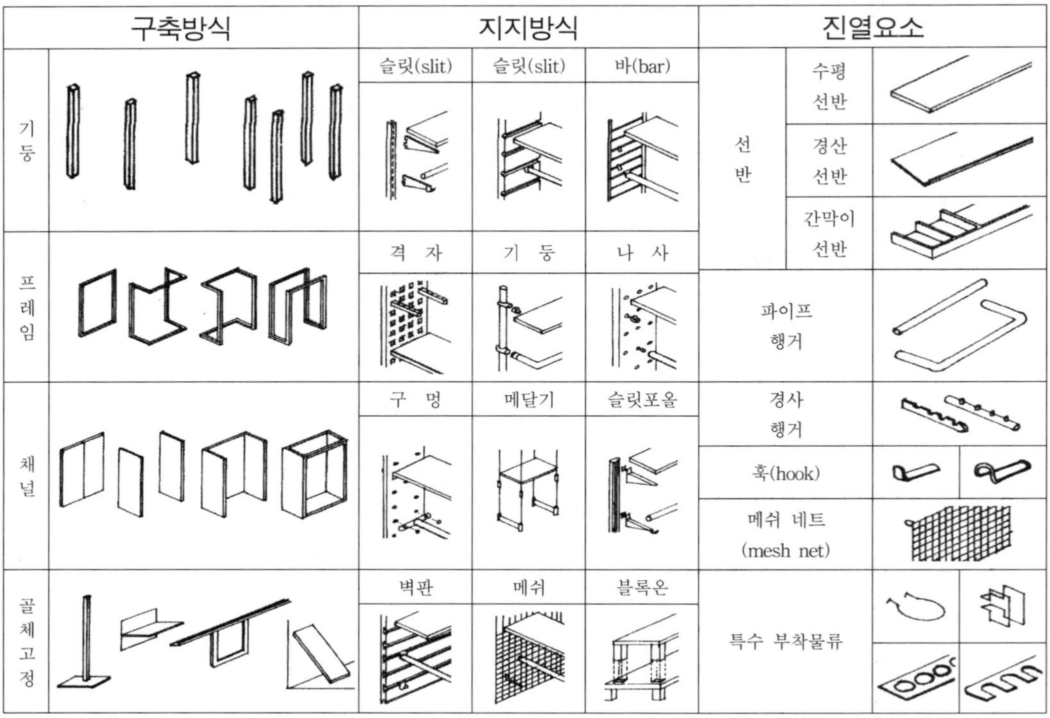

【그림 4-21】 진열장의 여러 방식

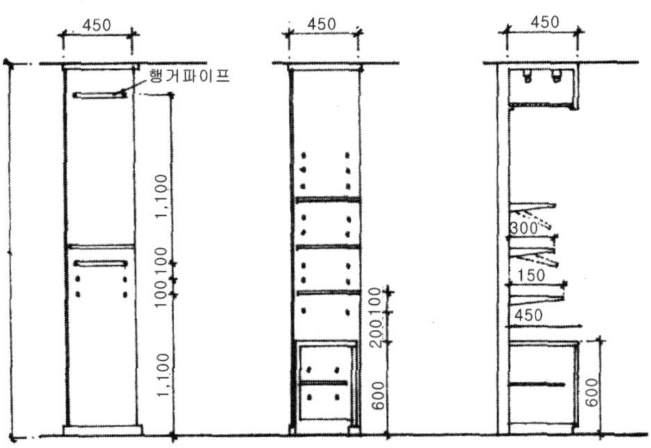

【그림 4-22】 건축적 진열장

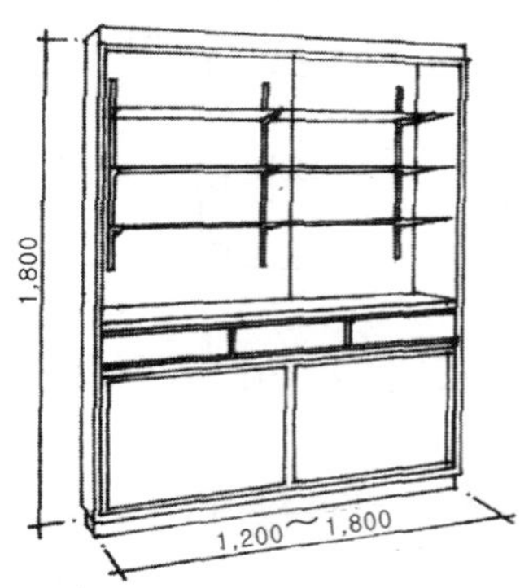

【그림 4-23】 가구적 진열장

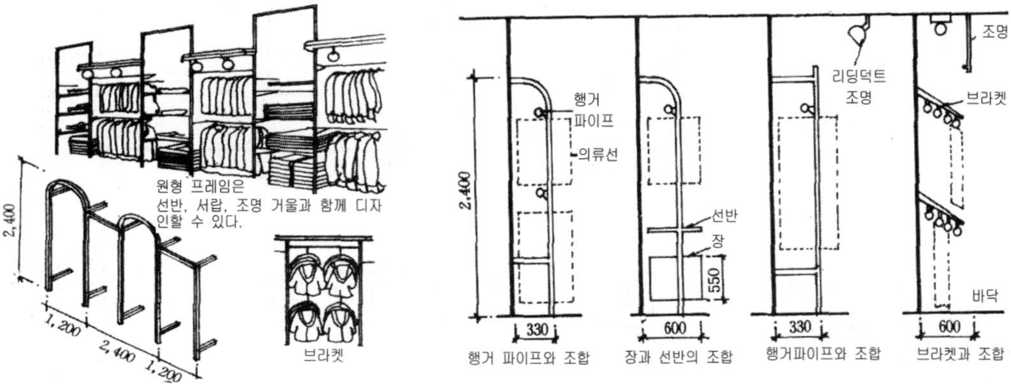

【그림 4-24】 시스템 진열장의 예

벽면 진열장의 설치방법으로 건축적 · 가구적인 것으로 구분할 수 있으며, 건축적 설치방법은 벽체구조로 간주하여 계획한다. 이동이 불가능하며 진열장은 공간 전체 분위기를 좌우하며, 비교적 넓은 매장에 적당하다. 가구적 진열장은샛기둥, 프레임(frame) 가구체, 패널 가구체, 골체(骨體) 고정과 같은 방법으로 구축되도록 하며, 선반, 파이프 행거, 훅(hook), 메쉬 네트(mesh net)류 등의 구성 요소들은 제각기 부분에서 기능을 충족시키면서 상호 호환성을 갖도록 하는 것이다.

• 하이케이스(high case)

높이 1,200mm 전후로 시선높이 보다 낮은 진열장을 말하며, 벽면에 기대어 설치하거나 매장의 중앙에 배치한다.

벽면에 위치할 경우 벽면형 하이 케이스로 케이스 윗면은 무드 스페이스(mood space)로 상품이 디스플레이 되고 매장의 분위기에 영향을 미친다.

소형이고 귀중한 상품이거나 외기에 접했을 때 손상이 되는 상품일 경우 투명한 유리문을 설치한다.

바닥에서 500mm 높이 이하는 일반적으로 스톡 스페이스를 사용한다.

선반은 동일한 깊이로 하지 않고 차이를 두어 시각적으로 상품이 한눈에 보일 수 있도록 한다.

매장의 중앙에 위치한 독립형 하이 케이스는 양 측면에서 사용되므로 적절한 통로폭을 유지시켜야 한다.

• 쇼 케이스(show case)

유리와 같은 투명재료를 사용하여 케이스를 제작, 상품을 넣어 진열할 수 있도록 제작된 것을 말하며, 보석류 · 시계류 · 악세사리류 등의 소형이면서 고가품인 상품을 주로 진열하는 데 사용된다.

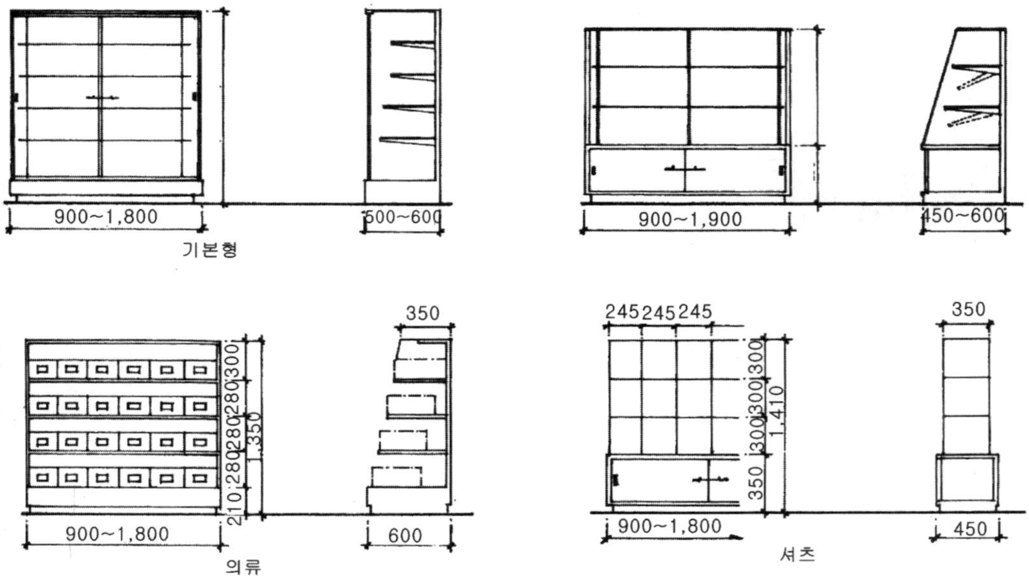

【그림 4-25】 벽면형 하이 케이스의 예

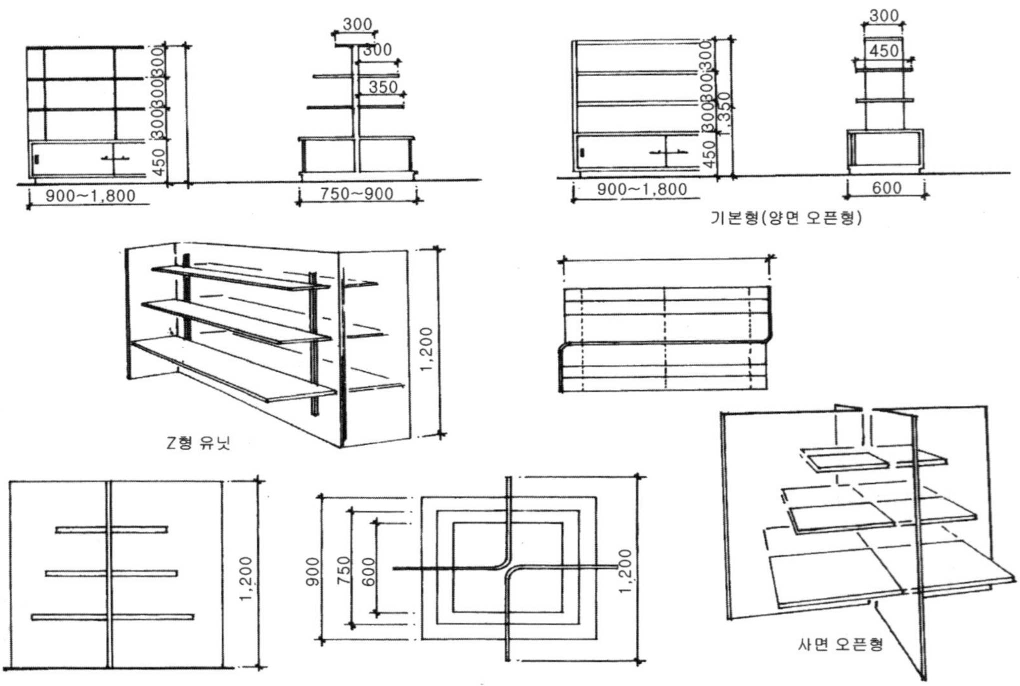

【그림 4-26】 독립형 하이 케이스의 예

또한 제과류나 패스트 푸드(fast food)류 등은 외기에 접할 경우, 상하기 쉬우므로 냉장 쇼 케이스를 사용하며, 상온을 유지해야 할 음식류는 온장 쇼 케이스를 사용한다. 【그림 4-27】 참조 쇼 케이스의 배치는 평면의 레이아웃(lay out)단계에서 동선, 매장의 크기, 상품의 특성 등을 고려하여 결정되는데 일반적인 쇼 케이스는 폭 500~600mm, 높이 900~1,100mm, 길이 900~1,800mm의 치수로 하며, 주로 대면판매에 이용된다.

기타 경사 쇼 케이스, 카운터나 케이스 위에 두는 업 케이스(up-case), 상품의 견본을 위한 샘플 케이스(sample case) 등이 있다.

또한 천장에 매달린 달대 케이스도 있으며, 곡면의 유리를 이용한 원형, 타원형의 쇼 케이스 등도 있다. 대면 판매 때 사용되는 쇼 케이스는 크게 독립형과 벽면 지지형으로 구분할 수 있다.

- 독립형은 쇼 케이스로 둘러싸이며 계산대, 포장대 등이 그 안에 위치한다. 종업원의 동선이 짧아서 적은 인원으로 관리가 가능하나 고객은 동선이 길어 불편하므로 배치에 있어 주의를 요한다.
- 벽면 지지형은 벽을 이용하기 때문에 차지하는 면적이 최소화되며, 디자인에 따라 벽 내부로 함몰된 벽처럼 보이도록 장식하기도 한다.

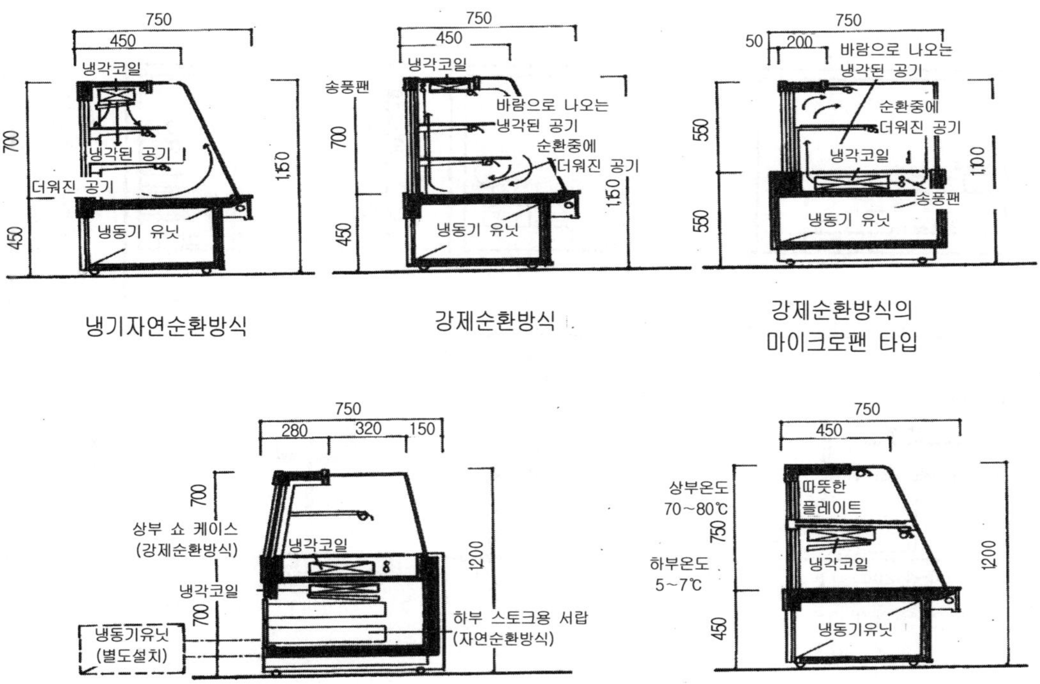

【그림 4-27】 냉·온장 쇼 케이스 단면

- 디스플레이 테이블(disply table)

디스플레이 테이블은 시선 아래에 위치한 낮은 진열대를 말하며, 의류의 경우 펼쳐 놓거나 소기구를 이용하여 디스플레이 하는 경우에 주로 이용된다.

자유로운 형태가 가능하며 매장 구성시 포인트가 되어 핵으로서 역할을 담당하기도 한다.

매장의 전체적인 균형감, 진열상품의 크기, 형태, 양감, 진열방법, 통로폭 등을 고려하여 계획한다.

- 패널(panel)

상품을 한 곳에 조합, 구성하여 디스플레이 할 수 있는 평면적인 진열대로 의류의 디스플레이에서 많이 사용되며, 벽면에 부착, 사용되는 것이 일반적이나 하이 쇼 케이스의 상부 벽면이나 진열장의 일부를 패널 처리하기도 한다.

- 행거(hanger)

행거는 의류나 소품 등을 걸기 위한 진열대로 사용되며, 행거는 일정한 모듈의 유닛으로 하면 다양한 변화를 줄 수 있고 통일된 치수체계로 하는 것이 좋다.

자유롭게 움직일 수 있는 가동식과 바닥이나 벽, 천장에 고정되어 있는 고정식으로 구분 할 수 있으며, 고정식 행거는 디자인의 의도에 의해 건축적 진열장과 조합되거나 벽면을 굴곡 처리하여 행거를 자유롭게 고정할 수 있으며 개성 있는 공간 구성을 만들 수 있다.

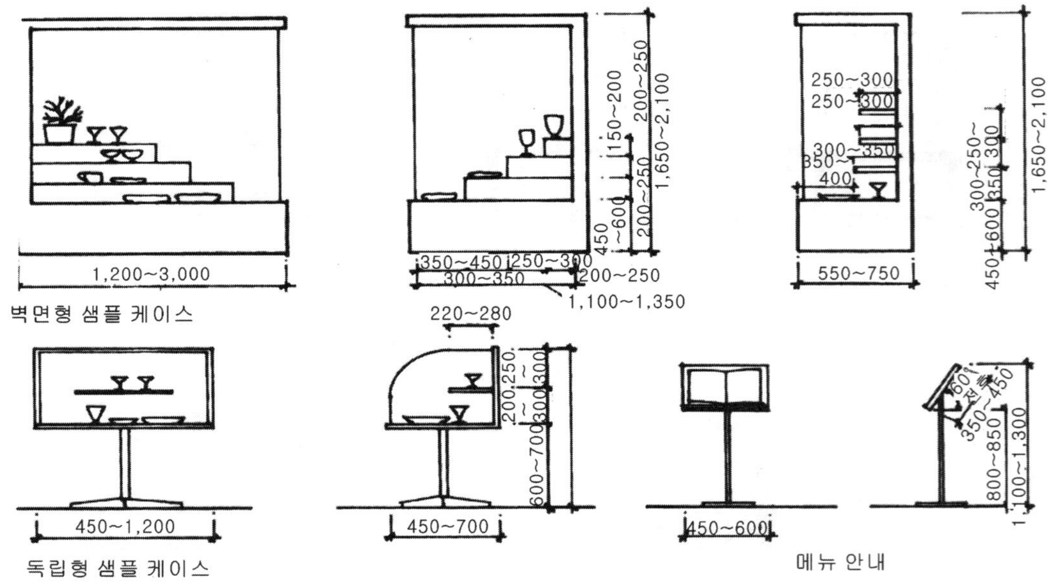

【그림 4-28】 샘플 케이스의 예

【그림 4-29】 디스플레이 테이블의 예

11. 상업공간(commercial space)의 가구 배치 예

1) 소매점(retail space)

① 디스플레이 시각 기준도

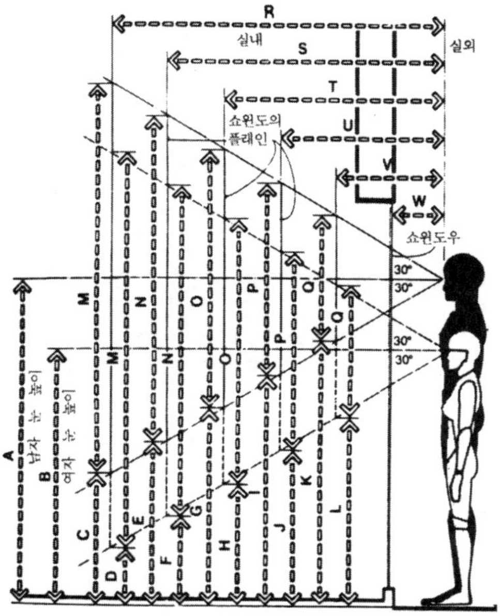

구 분	cm	비고
A	175	
B	145	
C	68	
D	38	
E	70	
F	72	
G	105	
H	72	
I	120	
J	92	
K	140	
L	107	
M	210	
N	175	
O	140	
P	105	
Q	70	
R	180	
S	150	
T	120	
U	90	
V	60	
W	30	
X	215	

② 디스플레이 시각도

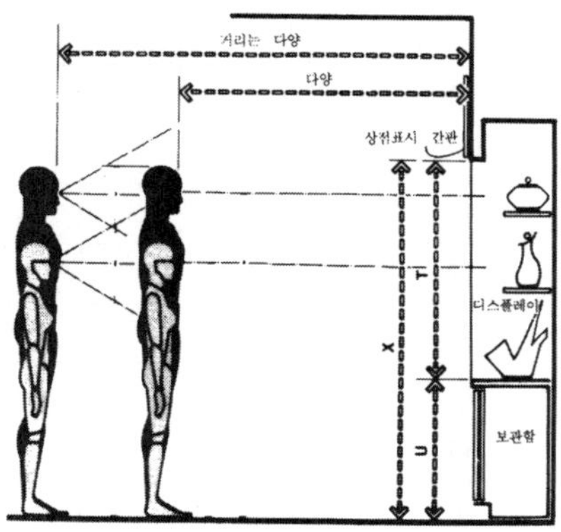

③ 주요 통로의 폭

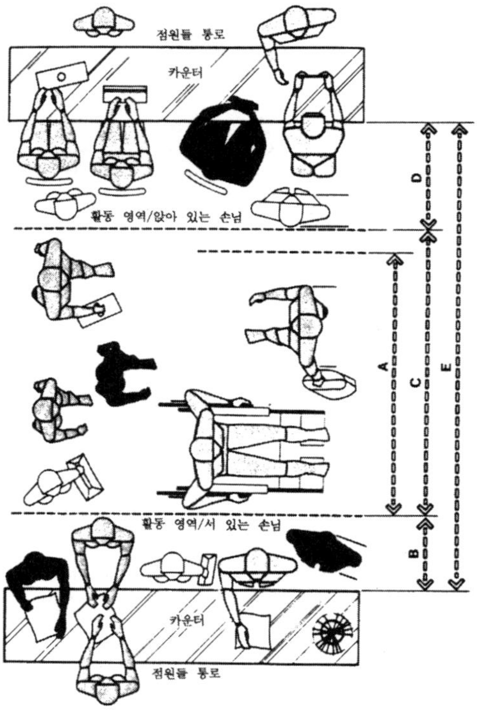

구 분	cm	비고
A	165	
B	45	
C	180	
D	66~75	
E	295~305	
F	75~90	
G	45~90	
H	45	
I	135	
J	170~230	

④ 부통로의 폭

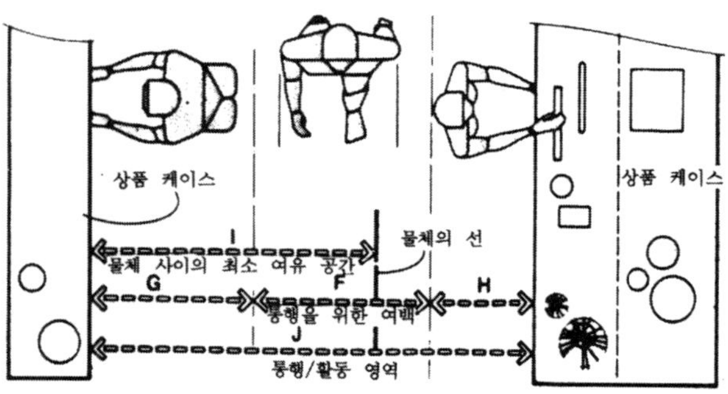

구 분	cm	비고
A	165	
B	45	
C	180	
D	66~75	
E	295~305	
F	75~90	
G	45~90	
H	45	
I	135	
J	170~230	

⑤ 상품 진열케이스

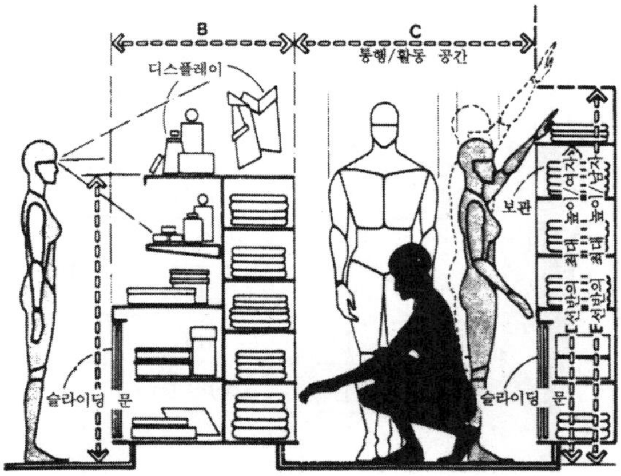

구 분	cm	비고
A	120	
B	75~90	
C	130	
D	167	
E	180	
F	215~245	
G	50~66	
H	70~75	
I	45~60	
J	45	
K	180	
L	10	
M	105	
N	66	

⑥ 옷걸이식 진열케이스

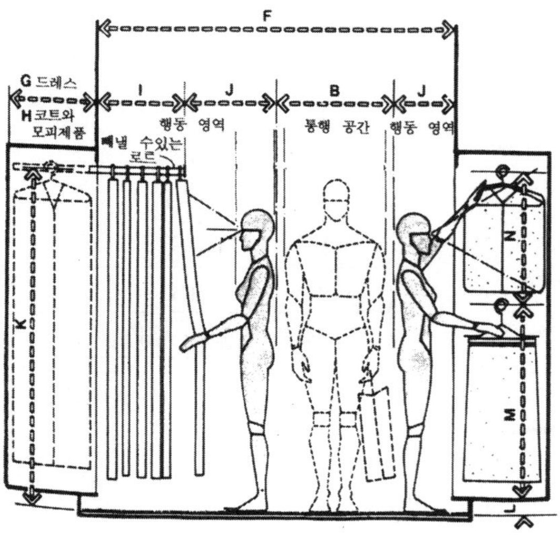

구 분	cm	비고
A	120	
B	75~90	
C	130	
D	167	
E	180	
F	215~245	
G	50~66	
H	70~75	
I	45~60	
J	45	
K	180	
L	10	
M	105	
N	66	

⑦ 서점/디스플레이 공간

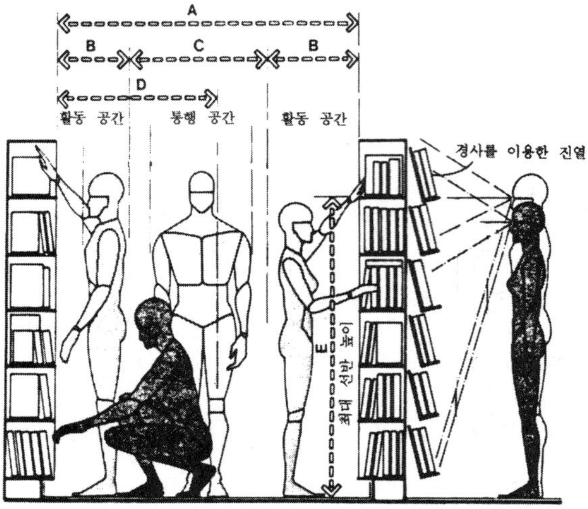

구 분	cm	비고
A	165	
B	45	
C	75	
D	90	
E	172	
F	120	
G	90	
H	165	
I	180	
J	150~165	

⑧ 제화점/피팅 공간

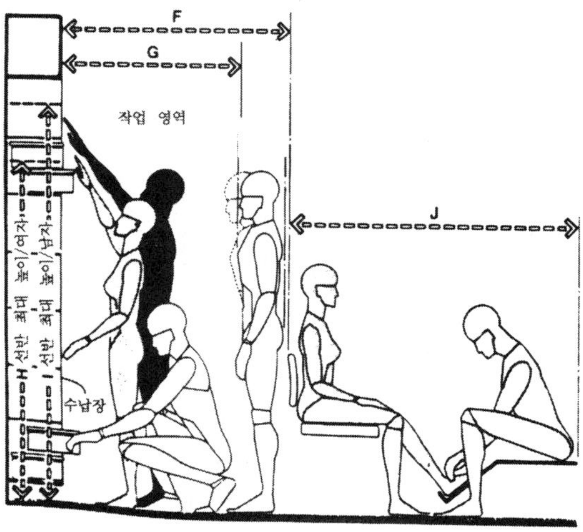

구 분	cm	비고
A	165	
B	45	
C	75	
D	90	
E	172	
F	120	
G	90	
H	165	
I	180	
J	150~165	

⑨ 드레싱 룸

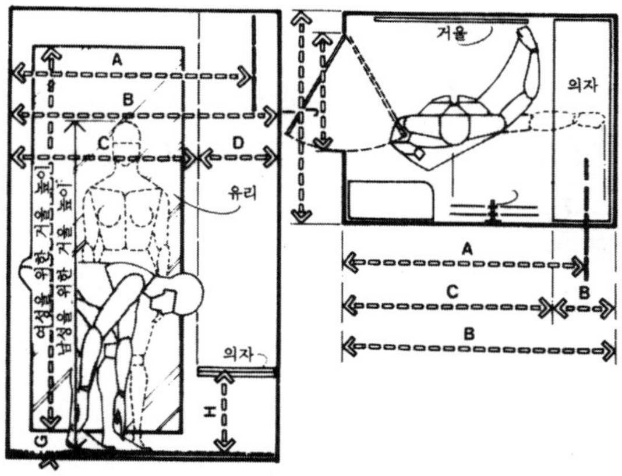

구 분	cm	비고
A	120	
B	135~150	
C	105	
D	30~45	
E	175	
F	190	
G	10	
H	40	
I	90	
J	60	
K	72~81	
L	120	
M	66	
N	45	
O	75	
P	45~60	
Q	15~25	
R	88~90	
S	90	

⑩ 포장 카운터

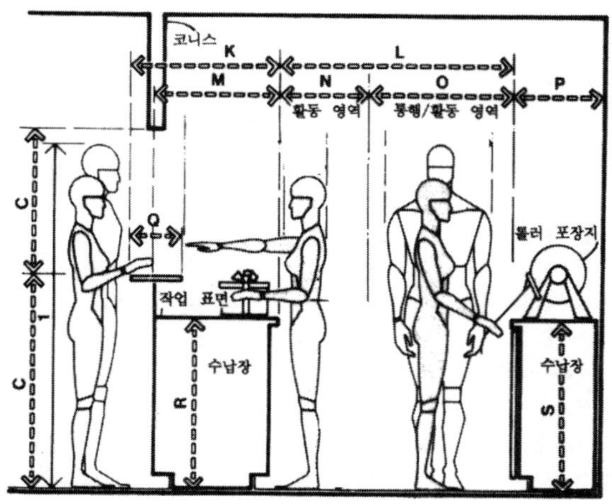

2) 음식점(food store)

① 통로의 폭

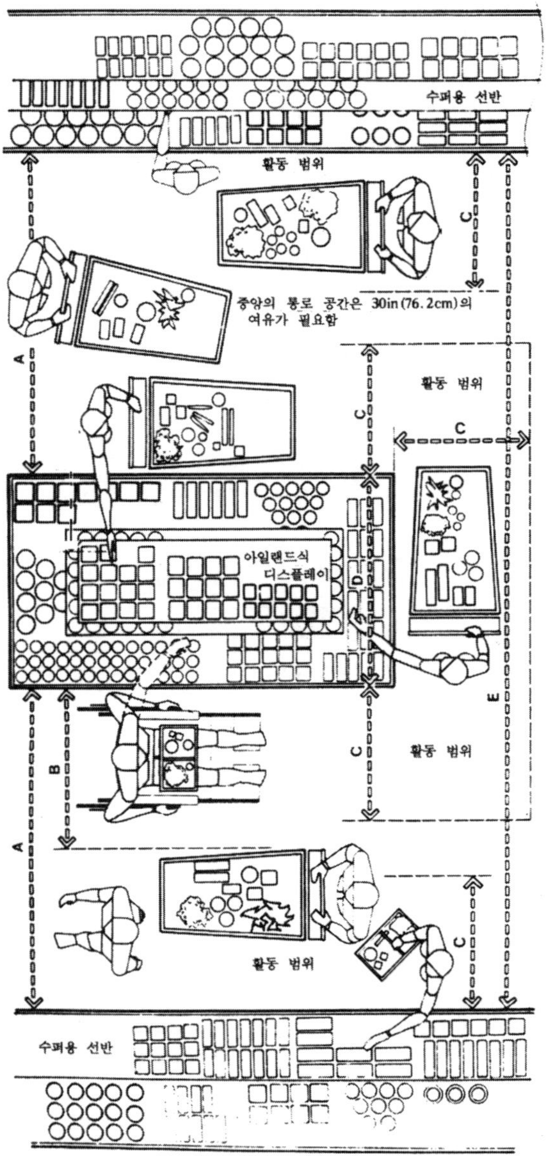

구 분	cm	비고
A	180	
B	90	
C	75	
D	120	
E	485	

② 수퍼마켇 통로폭

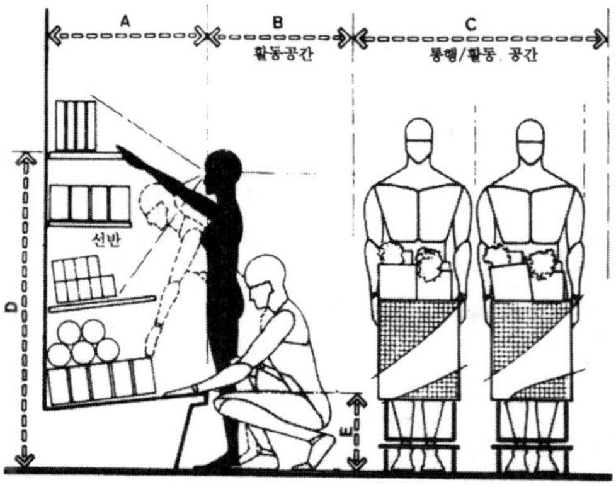

구 분	cm	비고
A	80	
B	90	
C	150	
D	160	
E	38	
F	275	
G	75	
H	120	
I	120	
J	75~80	

③ 아일랜드식 디스플레이

구 분	cm	비고
A	80	
B	90	
C	150	
D	160	
E	38	
F	275	
G	75	
H	120	
I	120	
J	75~80	

④ 카트 대기공간

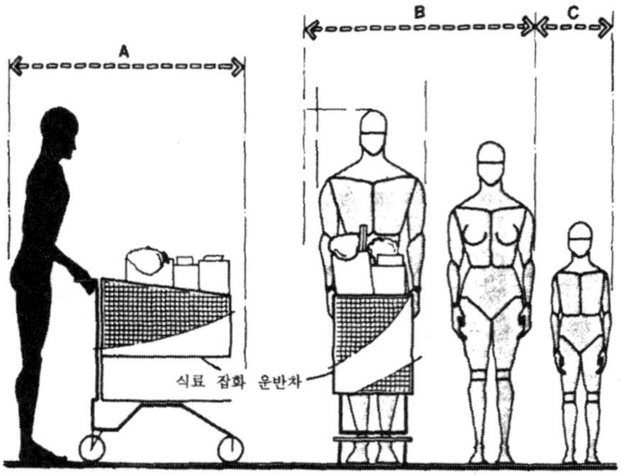

구 분	cm	비고
A	105	
B	150	
C	45	
D	63	
E	90	

⑤ 장애용 체크 아웃공간

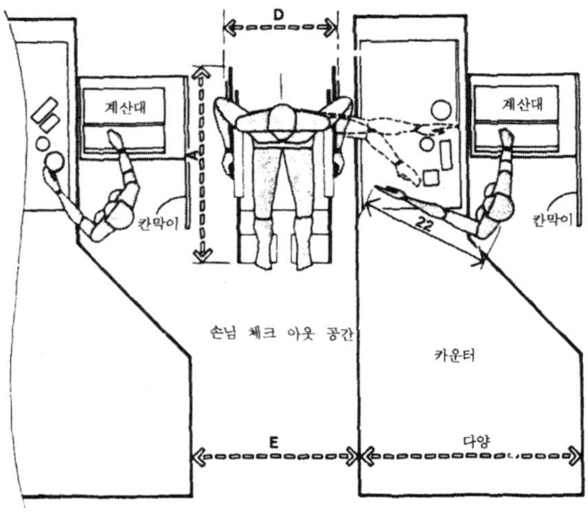

구 분	cm	비고
A	105	
B	150	
C	45	
D	63	
E	90	

12. 상점 실례

캠퍼스 플라자 - 1

김동훈(주)진우종합건축사사무소

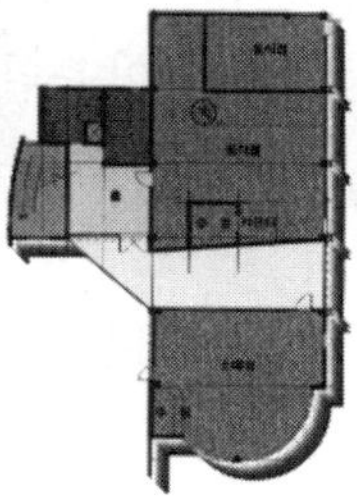

1층 평면도

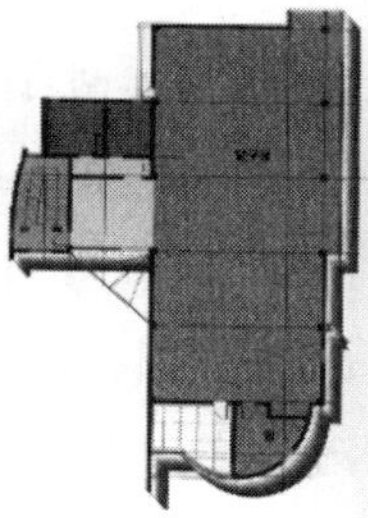

2층 평면도

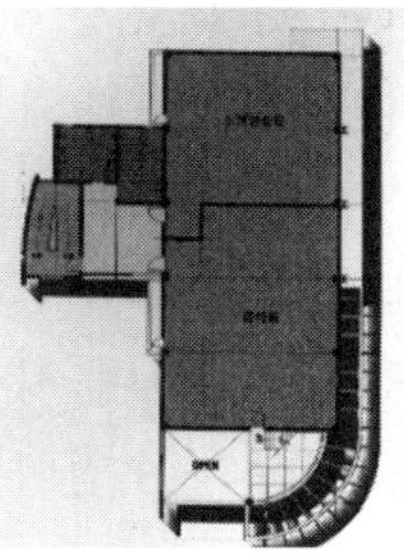

3층 평면도

영통 근린생활시설

김 희 준

위　　치 : 경기도 수원시 팔달구 영통동 1024-9
대지면적 : 502.5m²
연 면 적 : 448.62m²
건축면적 : 344.86m²
용 적 률 : 89.28%
건 폐 율 : 68.53%
구　　조 : 철골조, 철근콘크리트조
규　　모 : 2층

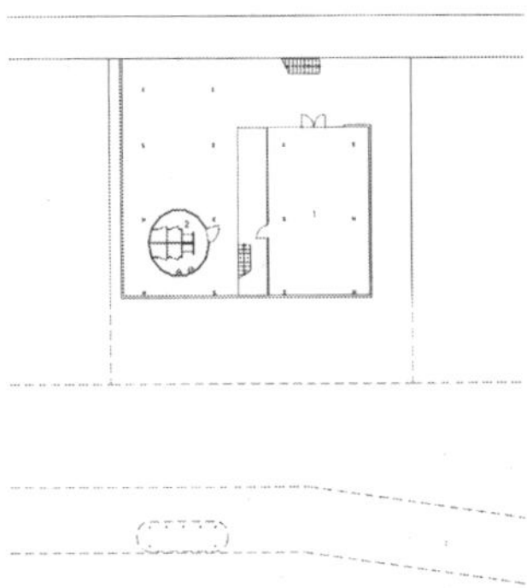

1층 평면도

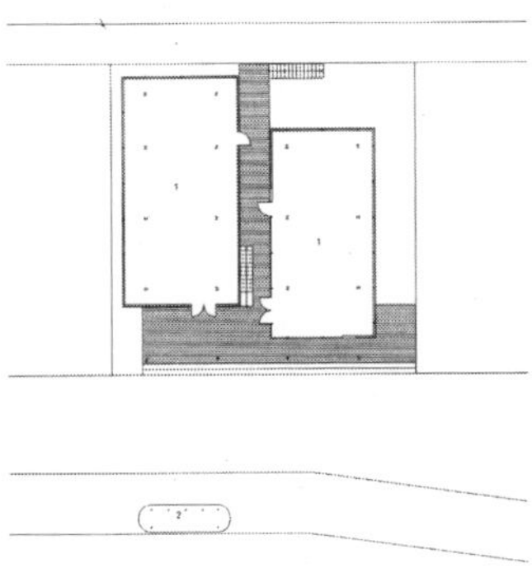

2층 평면도

VI 레스토랑(restaurant)

1. 개요

현대의 구매층은 수입과 기동력의 증가에 의해 폭넓은 선택의 자유를 누리고 있다. 이처럼 객은 요식(料食)과 좋은 서비스와 환경을 찾게 되며, 객의 눈이 높아지고 합리적인 비용 지출에 대해 업주는 투자에 대한 적정한 이윤의 보장이 요구된다. 대부분의 상업상 투자와 같이 레스토랑, snack bar, 직원 식당이나 기타 모든 형의 요·식 제공 시설도 이윤이 오르는 수명에는 한도가 있게 된다. 어느 경우에는 점포의 입지 조건에 따라서 점포를 개장하여 시설을 새롭게 하는 일에, 또 자본을 투입하여 새로운 객을 불러들여 높은 매상의 수입이 향상되는 수가 있다.

1) 유행의 변화

객을 불러들이는 새로운 인상적인 디자인과 장식에 의해 레스토랑의 수명은 3년에서 5년 정도이다. 평균적으로는 5~7년이 대체로의 요식 제공시설의 운영상 납득이 갈 수 있는 기준이다.

굳게 전통을 지키는 형식으로 디자인된 고급에서는 7~10년 정도는 대대적인 개장(改裝)이 아니라도 유지될 것이다. 한편 디자인상의 유행과는 다른 가구나 장식의 형식의 변화에도 환경에 따른 취향을 두는 경향이다.

2) 식사에 임하는 태도의 변화

일반적으로 대중소비자는 이전보다 더 자유스러운 선택을 즐긴다.

교통이 편해지고 여행 기회도 늘었다. 여가를 위한 시간적 여유가 있고 보다 많은 사람이 외식을 즐기게 경제적으로 윤택해졌다. 그러나 생활의 속도가 빨라지고, 의례적인 격식 차리기는 점차 적어졌다. 이러한 변화는 full course의 식사보다 일품요리를 보통 식사시간 외에 snack형으로 먹고 셀프서비스를 즐긴다.

2. 종류

1) snack bar형

경식(輕食)과 음료에 한한다. 진열된 것 중에서 골라 주문하든가 카운터 또는 객이 자리에 들어가서 먹는다. 장소와 종업원의 경제성에 강조점이 주어진다. 주문품의 선택 종목은 극히 소수로 간단한 기구로 쉽게 준비된다.

① 대중 bar형 식당 : 낮에 일정시간만 샌드위치나 간단한 식사를 제공하며, 건물의 개장이나 초기 투자는 최소한으로 한다.

② sandwich bar : 여러 가지 샌드위치, 냉·감미식품에 중점을 둔다. 조리기구를 필요치 않으며 장소의 이용률이 대단히 높다.

③ coffee bar : 종업원, 레스토랑 설비나 거주자용의 식당이 부속된 시설이나 분명하게 구분되어 있는 장소가 있으면 레스토랑에서 식사를 마친 객이 자연스럽게 유도되도록 하여 객석의 회전수를 높이는데 일익을 한다.

2) cafe형

cafe는 보통 식사용의 주방과는 다른 주방이 있다. 식사가 주문되면 주식당 내의 배선용 카운터에서 만들어진 것을 가져와야 하므로 나르는 사람이 필요하다. 2~3종의 메뉴가 보통이며, 주방이나 식당 넓이에 한도가 있어 다른 방에 두는 수가 있는데, 이때는 식품용의 lift가 필요하다. 주방내 기구는 최소한으로 한다.

1인당 허용면적은 0.8m^2 이하로 함이 보통이고 가구는 이동식·고정식 어느 편이나 관계없고 경제성·융통성의 측면에서 기성품 사용이 많다.

3) cafeteria 형

셀프서비스 형식으로 셀프서비스는 다음과 같은 이점이 있다.

- 식사를 제공하기 위한 종업원 수를 줄일 수 있다.
- 동시각에 집중하는 많은 객에 제공하는 식사의 수를 늘릴 수 있다.
- 식사의 품종 선택이 쉽고, 수납을 위한 카운터가 진열장을 겸하여 매상을 증가시킨다.

  그러나 단점은 카운터 주위와 통로용의 장소가 넓게 잡힌다. cafeteria형에서는 1인당 1.5m^2의 바닥면적이 필요하다. 좌석의 회전율은 높고, 평균하여 매 식사시간에 2~3회는 이용 가능하다. 그러나 직원식당인 경우는 이용시간대가 1회의 식사시간에 한하는 수가 있다.

  식당 내의 가구나 내장재는 최소한의 주의와 청소로 깨끗하게 확보될 뿐 아니라 견고해야 하며, 셀프서비스의 변화형으로는

- 자동판매설비는 식품을 자동의 기계에서 꺼내어 필요하면 자동식 oven을 사용한다.
- 조리된 식사와 다른 식품을 점포 밖에서 먹을 수 있는 형으로 파는 것도 있다.

4) counter service형

snack bar와 기본은 같으나, 다만 보다 비싼 물건을 폭넓게 골라서 주로 주문에 따라 객의 눈앞에서 준비한다. 초밥집이 이런 유형으로 객 1인당 면적은 1.4~1.9m^2가 필요하다.

5) coffee shop형

일반적으로 웨이터가 식탁에까지 서비스하는 방식이다. 음식물과 메뉴의 경식을 주문한다. 디저트와 과자류를 wagon이나 show case에 두기도 한다. 이런 종류의 식당은 up to date한 것이지만 너무 격식에 구애받지 않는 조용한 취미에 중점을 둔다. 가구는 단순하여도 특색이 요구된다. 조리를 서둘기 위해 전자레인지, 강제 환유법 oven 등을 둔다.

6) 경식당 · Bar Service형

counter service형의 발전형식으로 1품 또는 2품 정도의 짧은 course의 식사를 낮에, 또는 저녁의 여러 시간대에 먹는 최근의 경향에 대응한 식료 제공방식이다. 음식을 카운터에서 제공받기도 하나 식탁에 가져다 준다. 어떤 종류의 것은 손님 앞에서 조리도 하지만 거의 별실인 주방에서 조리한다. 의자와 탁자는 독립식 배치와 회식용의 배치가 적당한 균형을 갖도록 하며, 오랜 시간에 걸쳐 계속 이용되므로 청소와 보수가 쉽도록 계획한다.

7) 전문 레스토랑형

한식, 중식, 일식, 인도, 이탈리아 등 각국의 요리처럼 식사의 준비와 그 서비스 형식 또는 특별한 요리품목, 쇠고기, 돼지고기, 생선 등에 한정한다.

설계시 주방계획에서 요리내용이나 준비방법의 조사가 필요하다.

8) 여흥이 따르는 식사

사교적인 것이나 즐기기 위한 식사를 위한 레스토랑으로 실내장식의 중점은 보통 좌석의 배치나 조명, 색채, 표면 효과 등의 장식을 조합시켜 분위기를 만든다. Privacy를 위해 alcove 속에 소인원의 group을 배치한다. 아늑한 곳이나 mazanine을 써서 이 효과의 강조를 한다.

clocks room이나 bar와 lounge 등의 시설이 필요하고 대체로 풍부한 종류의 음료가 식탁에 서비스 된다.

여흥의 설비가 필요하며, 무대와 dance용 floor, 이를 위해 탁자와 의자의 배치나 서비스, 이에 부수되는 시설의 배치에 영향을 준다.

3. 레스토랑의 소요실 및 면적

레스토랑의 기능은 크게 영업부문, 조리부문, 관리부문으로 나눌 수 있다.

1) 레스토랑의 소요실

부 문	연면적에 대한 비율 (%)	실 명
영 업	60~70	현관, 로비, 클로크, 프론트 오피스라운지, 런치룸, 바, 칵테일라운지, 화장실, 주식당, 그릴룸, 특별실, 연회장, 매점, 전화박스, 음향실
조 리	29~40	부엌, 배선실, 창고, 냉장고, 냉동고, 카운터
관 리	10~20	종업원실, 종업원 갱의 화장실, 화장실, 사무실, 사용인 출입구 지배인실, 전기실, 기계실, 보일러실

2) 고객 1인당 식당 면적

식당의 종류	객석+카운터(m^2)	주방면적(m^2)
카운터 서비스 식당	1.4~2.6(1.7)	0.45~0.65 (0.5)
카운터와 테이블 식당	1.4~2.6(1.5)	
카페테리아	1.4~1.75(1.5)	

식당의 종류	객석면적(m^2)	주방면적(m^2)
공장, 학교용 식당	1.7~1.0(0.9)	0.32~0.5(0.4)
레스토랑(일품)	1.1~1.5(1.3)	0.45~0.65(0.55)
레스토랑(정식)	1.1~1.5(1.3)	0.26~0.4(0.28)
연회석	0.7~1.0(0.8)	0.26~0.4(0.35)

4. 평면계획

1) 서비스형식에 의한 평면 분류

① 셀프 서비스

고객이 스스로 음식을 서비스하는 형식으로 학교의 급식시설, 오피스 빌딩, 공장 등의 식당에서 많이 채택되며 일부 대중 음식점에도 사용되며, 비교적 저렴하여 경제적인 식사를 할 수 있다.

카페테리어 방식인 경우 각자의 취향대로 음식을 선택함으로 식사의 다양화를 반영할 수 있다.

객의 동선을 우선으로 고려하며, 요리의 종류에 다른 테이블 배치 등 분위기 조성을 고려하며, 주방과 서비스 카운터는 분리하여 주방의 냄새, 소음 등이 좌석쪽에 영향을 주지 않게 계획한다.

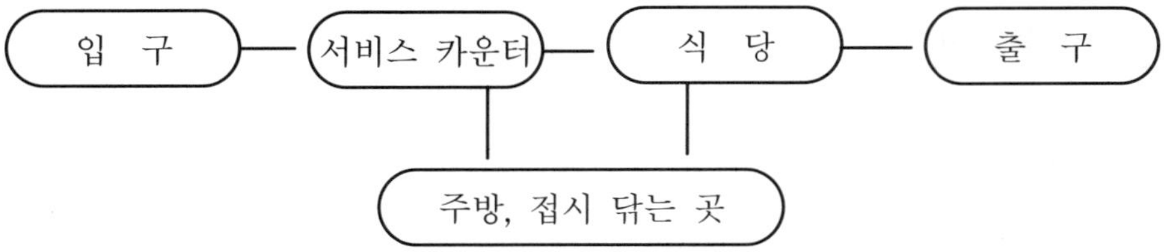

【그림 4-30】 카페테리아 기능도

② **카운터 서비스**

카운터와 의자만 있으며, 조리인은 카운터를 사이로 직접 고객에게 서비스하는 형식으로 서비스가 신속하며 소규모 점포에서는 좌석을 자유롭게 배치할 수 있어 면적의 이용률이 높다. 카운터의 정리나 엽차의 서비스, 식기 뒷처리 등의 일이 객석측에서 이루어지므로 카운터 안에서의 조리 순서 관계를 검토한다.

- 장점 : 면적 이용률과 고객 순환율이 높으며, 부지의 제약 없이 자유롭게 설치 가능하다.
- 단점 : 시끄럽고 안정되지 못하다.

③ **테이블 서비스**

웨이터의 테이블 서비스에 의한 형식으로 보통 레스토랑, 중식 등에 주로 이용되며 식사뿐 아니라 객석의 분위기와 서비스 또한 중시된다.

서비스는 wagon을 사용하는 경우도 있기 때문에 route(통로)에는 바닥의 레벨차를 두지 않는다. 객석 lay out을 1인부터 다수 인에 대응할 수 있는 좌석 배치가 요구된다.

- 장점 : 정중하며 분위기가 안정되고 동선상 혼란이 적다.
- 단점 : 고객의 순환률이 낮으며, 기다리는 시간이 길고 음식값이 비싸다.

종 류	1석당 식당면적(m^2)	종 류	1석당 식당 면적(m^2)
일 반 식 당	1.0~1.5	런치 카운터일 경우	1.6~2.0
급사부 식당	1.07~1.5	런치 카운터 및 일반석을 병용할 경우	1.4~1.6
경 식당	1.0~1.3	연 회 장	0.75~0.9

④ **객실 서비스**

각실로 요리가 운반되는 형식의 음식점으로 요정, 고급 레스토랑 등이 있다. 식사보다는 상담, 회합, 유흥, 사교 등의 목적으로 이용함으로 고객의 층도 한정된다.

일식, 중식 경우는 대체로 테이블 서비스의 레스토랑과 비슷하나 입구 홀이나 복도 등에 alcove를 설치하여 입실, 퇴실시 일시적 혼잡에 대응하며 각실의 독립성을 유지시킨다.

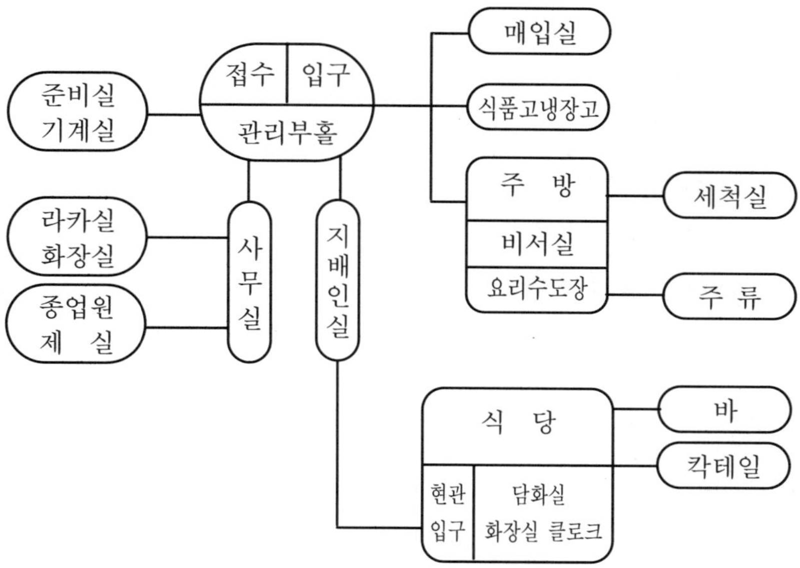

【그림 4-31】 레스토랑의 기능도

5. 세부계획

1) 파사드(facade), 엔트란스(enterance)

레스토랑 건축의 외장은 매상의 중요한 특징으로 직접적인 광고에 의하든가, 보다 조심스럽게 음료를 제공하는 서비스형을 표현하며 매상을 촉진하기 위해 이용한다.

- 눈에 띄기 쉽게 하고 흥미를 일으키게 한다.
- 내장을 자연스럽게 연상시킨다.
- 내용의 정도를 나타낸다.

건물에 대한 매력은 그 속에 있는 것에 대한 흥미에 의해 생긴다. 고급 식사에는 온화한 전통적인 생김새의 외장과 비교적 조심스러운 sign이 좋다.

2) 주방

주방은 배치상 음식재료의 반입이 편리하게 하고, 저장고 · 냉장고에 재료가 직접 반입되도록 한다. 주방과 층이 다른 층에 저장고와 냉장고를 설치할 경우 엘리베이터나 경사로 또는 넓은 계단에 의해 연결이 되도록 한다.

주방길이는 실폭의 1.5배로 하는 것이 적당하며, 실의 형태가 불규칙할 경우 바닥면적을 20~30%정도 증가시킨다. 청소 관계상 벽과 바닥은 내수, 내마모성이 강한 재료를 사용하며, 바닥면에 pit을 설치하고 바닥 구배에 대한 고려를 충분히 한다. 환기는 조리대 상부에 후드를 설치하거나 fan에 의한 강제 환기도 고려하며, 유해한 배기는 grease filter를 부착시키며, duct는 배기가 원활하도록 굴곡부를 적게 한다.

① 주방의 면적

식당 구분	식당면적에 대한 비율 [%]
일반식당	30
카페테리어(카운터 포함)	30~45
연회장(다른 곳에 주된 주방이 있는 경우)	25
연회장(다른 곳에 주된 주방이 없는 경우)	42

창고, 냉장고 면적 및 빵제조장 면적은 주방면적의 각기 25%정도로 본다.

② 주방설비 기구

식품저장설비	검수실, 미곡, 맥분, 통조림창고, 야채창고
냉동냉장설비	냉동실, 생선육류 냉장실, 야채냉장실
조리설비	야채절단기, 박피기, 세미기, 밥솥, 굽는 기구, 가스레인지, 오븐, 튀김기구, 찜기구, 조리대, 싱크, 작업대, 물 끓이는 솥
빵, 과자 제조설비	빵굽는 오븐, 토스터, 믹서, 싱크, 슬라이더, 보온기, 작업대
아이스크림 제조설비	아이스크림 프리저, 냉장고, 아이스크림 스토커, 싱크, 카운터
식기세척설비	식기세척기, 스푼세척기, 식기소독기, 유리그릇 싱크, 슬라이딩 테이블, 싱크, 쓰레기처리기, 식기대

③ 주방의 기능도

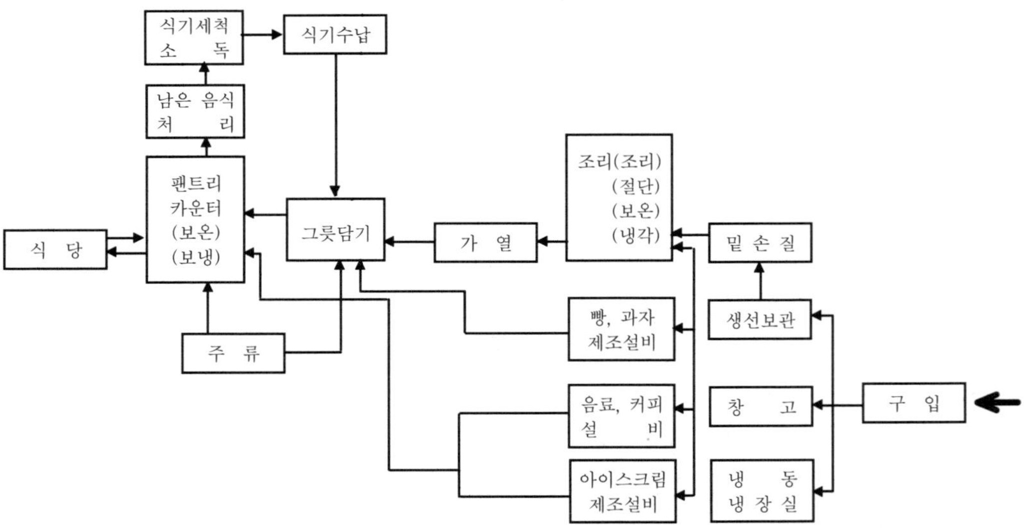

④ 식당, 주방의 1석당 소요면적

음식점의 종류, 바닥의 형태 등에 따라 달라지나 일반적으로 다음과 같다.

점포의 형태	식당 (객석+통로) [m²]	주 방 [m²]
양식 레스토랑	1.9 ~ 1.7	0.60 ~ 0.70
한식 레스토랑	2.5 ~ 1.9	0.55 ~ 0.65
다방, 스낵	1.4 ~ 1.2	0.35 ~ 0.40
소요리점	1.8 ~ 1.5	0.40 ~ 0.45
한식 연회장	1.8 ~ 1.5	0.35 ~ 0.40
양식 연회장	1.7 ~ 1.4	0.35 ~ 0.40
사원식당(카페테리어)	1.5 ~ 1.2	0.45 ~ 0.50
공장, 학교시설	1.2 ~ 1.0	0.40 ~ 0.45

3) 배선실(pantry)

조리실과 레스토랑과의 중간 연결실로 하루에 사용되는 식기류, 음료수 및 메뉴 등을 비치하며 충분한 벽면을 이용할 수 있도록 하며, 크기는 업종에 따라 다르지만 보통 주방의 1/5~1/3정도가 된다. 객석의 서비스상 출입이 빈번한 곳에는 출입문을 설치하지 않으며, 규모가 클 경우 입구・출구를 분리하며, 객석에서 내부가 들여다보이지 않게 하며 주방의 소음에 대해서도 고려한다.

4) 색채와 장식

레스토랑 설계는 내장과 성격적으로도 일치되는 것이 바람직하다. 이를테면 중국 음식점에서는 죽세공이나 탑, 눈가림의 스크린에 의한 연상, 동양적 디자인이나 회화 등에 의해 표현될 수 있으며, 유럽의 식사는 전통적인 간소함을 강조하고, 흰색 벽과 같이 그 나라 건축상의 특색인 대표적인 style로 표현하는 수가 많다. group의 일부로 되어 있는 레스토랑에서는 일반적으로 설계나 문양이 독특한 상표적 style를 채용하여 아무나 쉽게 구분할 수 있도록 한다.

색은 주목을 모으고 위생적으로 청결한 인상을 주어 품질의 정도를 암시하는 목적에 사용된다. 소량의 잔부분에 쓰여질 때, 금색이나 자색 등은 호화와 사치를 나타낸다. 백색바탕은 청결함과 효과적인 운영을 연상시킨다. 파스텔조나 담색조의 색채도 같은 효과를 올리지만 농색이나 고채도의 색은 작은 범위에 한하여 사용할만하다.

외장면의 도장색은 될 수 있는 한 선명하고 밝고 신선해야 한다.

순한 회색이나 다갈색계는 벽돌이나 돌쌓기에는 조화를 얻기 어렵다.

5) 외부 조명

야간에 점포를 노출시켜 잠재적인 객을 확보키 위해 여러 가지 방법의 조명이 쓰이고 또한 안전과 보안의 측면에서도 고려할 필요가 있다.

통행인이 많은 곳이라면 부분적 조명으로 안내용의 전시를 하면 선전효과도 얻을 수 있다. 조명의 여러 방법을 잘 이용하면 요란한 광고의 이용이 아니더라도 효과적으로 점포를 눈에 뜨이게 할 수 있으며 조명방식의 예를 들면 다음과 같다.

- 걸려 있는 커튼의 우아함을 보여주는 창가의 조명
- 건물을 돋보이게 하기 위한 은폐광원은 부조효과를 보여 특색이 있다.
- 투광조명은 facade를 보이고 건물의 자태를 강조한다.
- sign이나 안내판을 비치는 지향성 조명
- 주차장이나 입구부근의 광역 조명
- 실내를 보이게 하는 유리를 끼운 문

도심지에서는 단순한 외부 조명은 더 밝은 외등이나 쇼윈도나 자동차의 불빛에서 효과가 죽게 되는데, 이런 경우 직접적인 선전형식으로 레스토랑에 주의를 끌어야 한다. 조명이 들어간 sign이나 눈에 뜨이기 쉬운 색이나 움직임이 있는 광원 사용도 고려할 필요가 있다. 커다란 창도 실내를 보여 주어 점포를 찾는데 도움이 되고 환히 비친 경우 매력적인 음영을 주어 효과를 본다.

6) waiting lounge

원하는 음식을 취하기 위해 점포 내에서 대기할 수 있는 space로서, 대기시 피곤치 않도록 또는 기다리다 다른 점포로 옮겨가지 않도록 전화나 안락한 소파를 비치하며 음료수 등을 제공하는 배려가 필요하다.

7) 출입구 계단

① 출입구

출입구의 위치와 출입구 설치시에 필요한 사항은 다음과 같다.

- 외부 교통의 흐름에 편리한 위치
- 눈에 뜨이는 정도와 폭에 대한 proportion
- 비를 맞지 않게 처마를 낼 것인지, 사람을 안으로까지 유도할 것인지 혹은 lobby식으로 할 것인지를 결정한다
- 문의 형식, 크기, 유리설치 방법 및 가구류
- 다른 용무로 오는 사람과 다른 층 이용객의 출입구
- 메뉴의 진열과 안내
- 냉·난방과 환기의 제어 및 화재시 피난경로
- 물품 반입과 서비스 관련 출입구
- 입구와 실내배치 관련성

② 계단

대지와 비용 등 여의치 못할 경우 좌석을 2개 층에 둘 경우 특색을 입구와 계단실에

주어 한계 조건을 보충한다.

8) 천장

천장고가 적절한 비례로 되어 있다고 전제하면, 레스토랑의 내장면으로서는 천장이 가장 눈에 띄이지 않는다. 방에 들어오는 사람이나 좌석에 있는 사람의 시선은 수평상에서 10~15° 보다 위로 행하는 일은 드물며, 혹 윗부분에 있는 메뉴를 보기 위해서라든지, 서비스하는 사람과 이야기를 할 때 등을 제외하고는 그다지 많지 않다. 그러므로 천장은 설계상으로는 주로 기능적인 것이 되고 기계설비를 감싸주고 또 다른 기능상의 요구에 대처한다.

레스토랑 주방 및 기타 제반시설의 각부분에 적절한 천장의 구조형식을 결정하는데 고려할 점은 다음과 같다.

- 내장 또는 일체화 해야 할 기계설비의 요구
- 음향상의 요구, 흡음과 차음
- 내화성의 등급
- 해체 가능성과 접근 경로
- 단열, 결로와 습기의 영향
- 시공상의 특징, 중량, 지지방법, 마감

9) 식탁, 의자배치 유형

각 식탁의 열 사이는 서비스에 필요한 충분한 통로 폭이 확보되어야 한다. 일반적으로 식탁의 높이는 75~78cm, 의자 높이는 45cm 정도로 한다.

① 4인용 식탁 평형 배치시

- 소요면적(통로포함) : 2.2×2.42m(5.32m^2)
- 1인당 소요면적 : 1.33m^2

② 4인용 식탁 대각선 배치시

- 소요면적(통로포함) : 1.7×1.9m(3.31m^2)
- 1인당 소요면적 : 0.8~1.0m^2

③ 다방의 가구배치

1인당 소요면적 0.68~0.75m^2

④ 작은 커피탁자를 사용할 때

1인당 소요 면적 0.5~0.7m^2

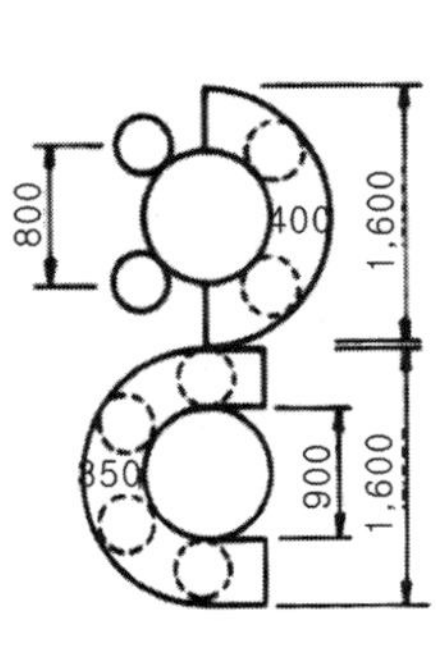

원형 box

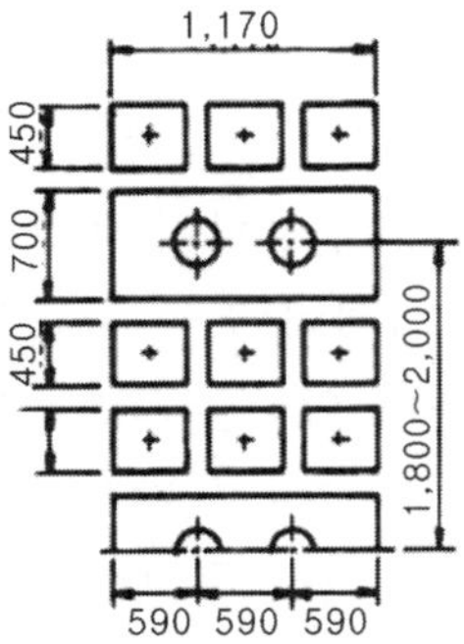

식탁간의 공급 가능

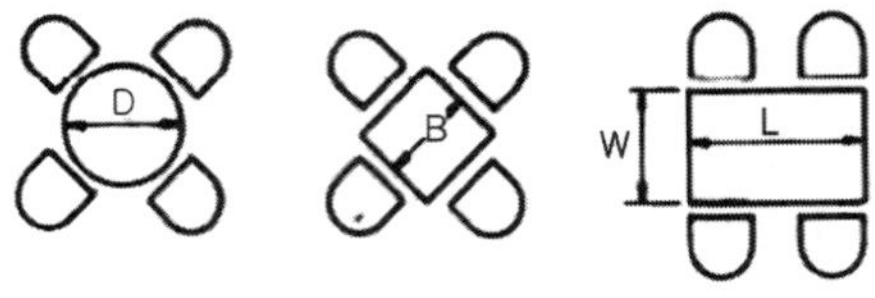

의자수	D	의자수	B	의자수	L		W
2	≥60	2	60~75	2	75	×	60
2~4	75~85	4	75~90	4	120	×	70
5~6	90			5~6	150	×	75
5~7	100			6	180	×	80
6~8	120			8	210	×	90

테이블의 크기(단위 : cm)

【그림 4-34】 식탁의 종류의 크기

6. 식사공간(dining space)의 가구배치 예

① 식탁의 최적 공간

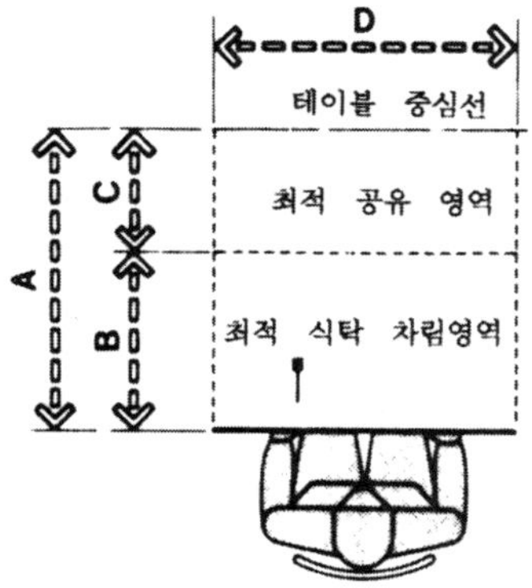

② 식탁의 최소 공간

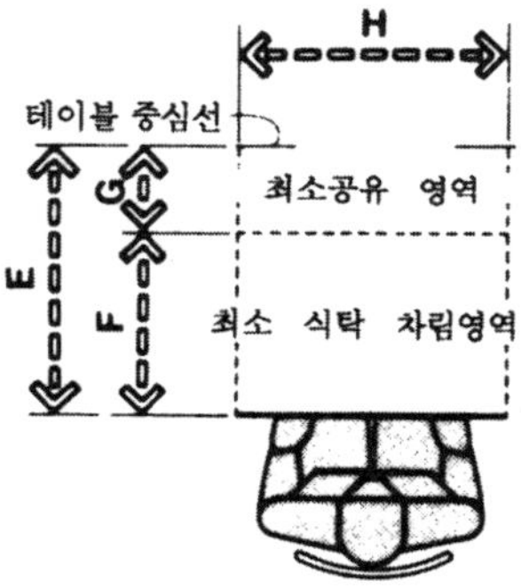

구 분	cm	비고
A	66	
B	45	
C	21	
D	75	
E	54	
F	41	
G	12.5	
H	60	

③ 식탁의 적정 넓이

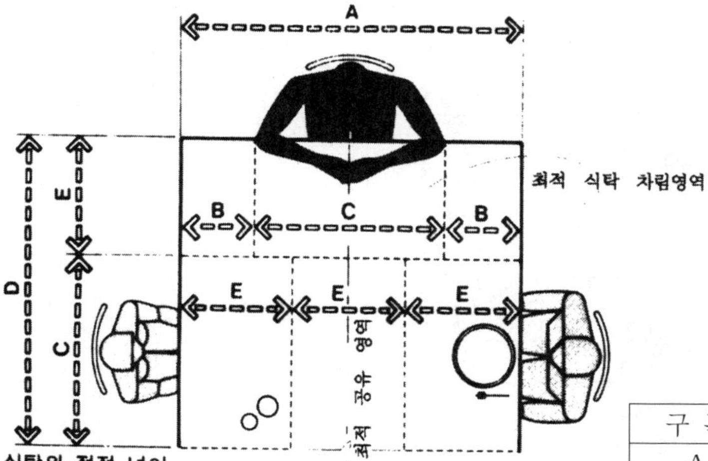

식탁의 적정 넓이

구 분	cm	비고
A	135	
B	30	
C	75	
D	120	
E	45	
F	105	
G	21	
H	60	
I	100	
J	40	
K	25	

④ 식탁의 최소 넓이

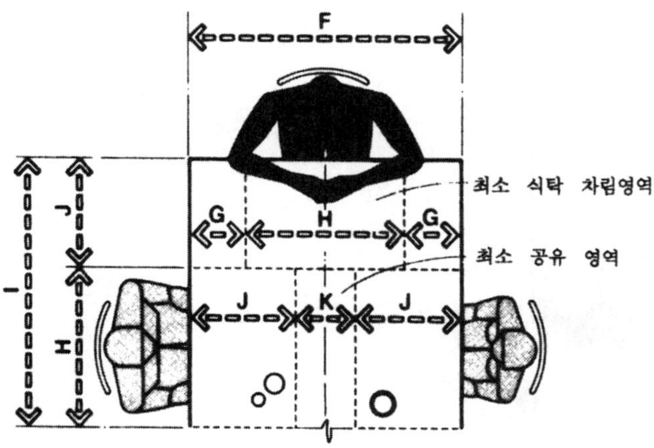

⑤ 6인 식사를 위한 장방형 식탁의 최소 넓이와 길이

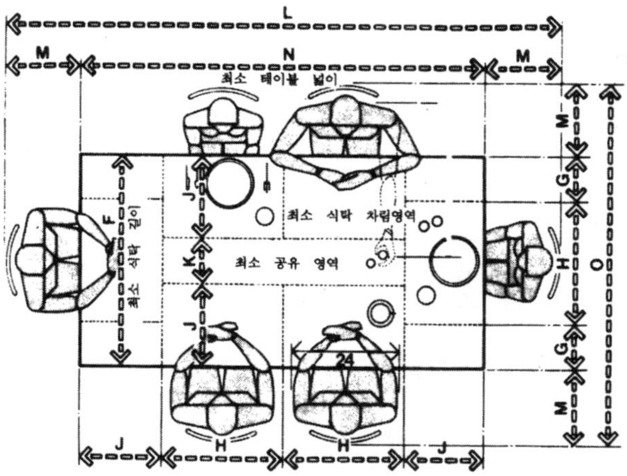

구 분	cm	비고
A	135	
B	30	
C	75	
D	120	
E	45	
F	105	
G	21	
H	60	
I	100	
J	40	
K	25	
L	300~325	
M	45~65	
N	210	
O	200~230	

⑥ 4인용 식탁

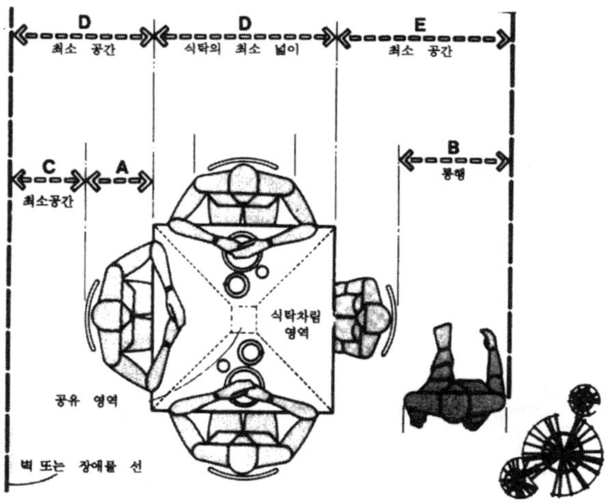

구 분	cm	비고
A	45~60	
B	75	
C	45	
D	90~105	
E	120	

⑦ 직경 90cm의 4인용 원형 식탁

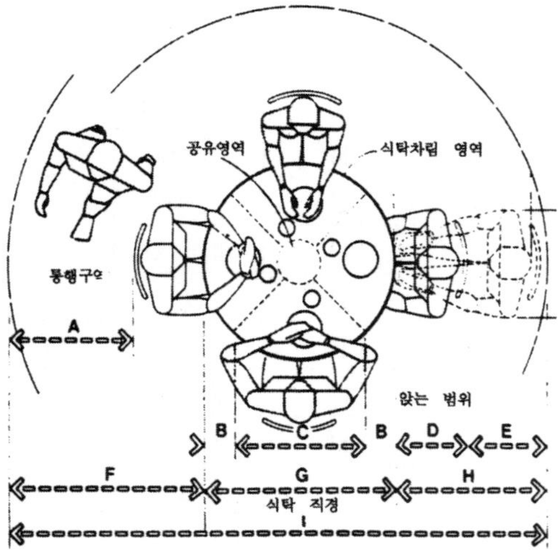

구 분	cm	비고
A	75	
B	15	
C	60	
D	45	
E	30	
F	120	
G	90	
H	75~90	
I	270~320	

⑧ 직경 180cm의 변용 원형 식탁

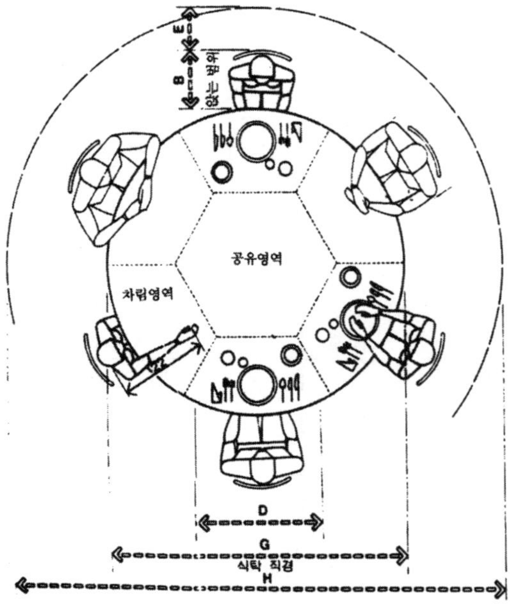

구 분	cm	비고
B	45~60	
C	75	
D	30	
E	30	
F	330~360	

⑨ 직경 180cm의 8인용 원형 식탁

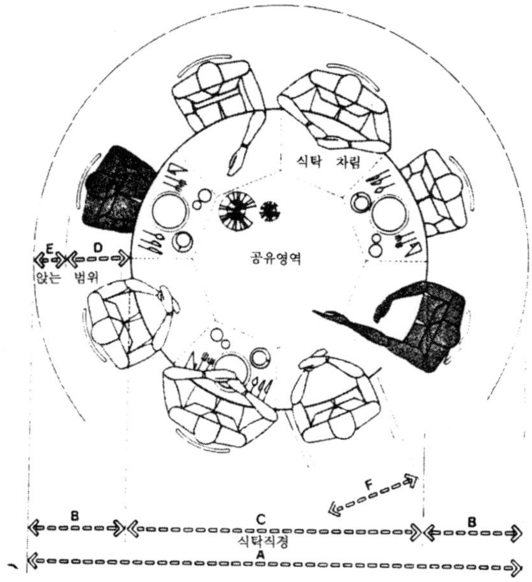

구 분	cm	비고
A	330~360	
B	75~90	
C	180	
D	45~60	
E	30	
F	60	
G	120~135	
H	120~150	
I	135	
J	165~210	
K	210~240	

⑩ 식사 테이블과 뷔페 테이블 사이의 필요공간

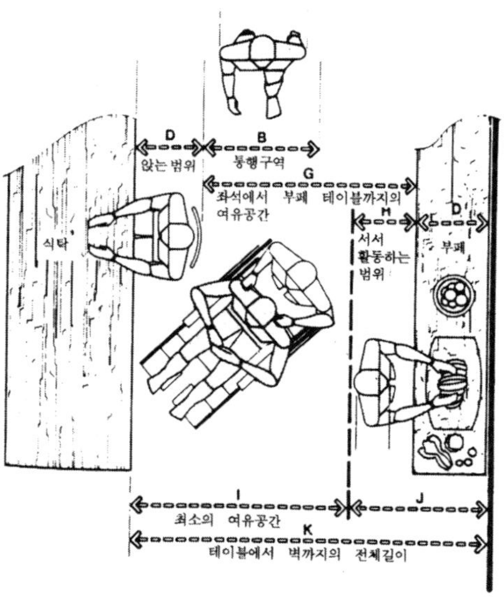

구 분	cm	비고
A	330~360	
B	75~90	
C	180	
D	45~60	
E	30	
F	60	
G	120~135	
H	120~150	
I	135	
J	165~210	
K	210~240	

⑪ 의자 뒤의 최소 여유공간

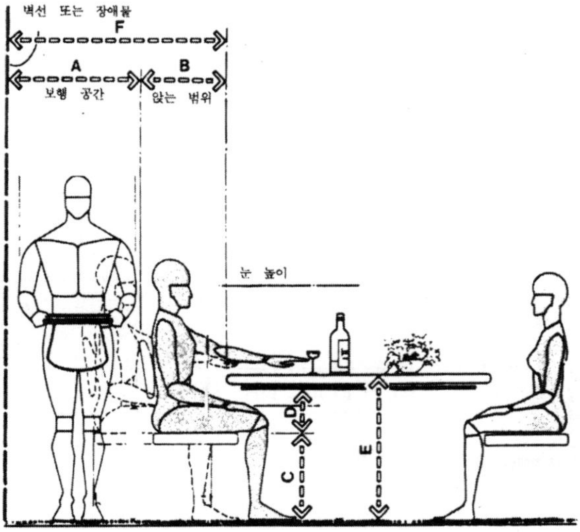

구 분	cm	비고
A	75~90	
B	45~60	
C	40~45	
D	20	
E	72~75	
F	105~150	

<조리공간(cooking space)>

① 카운터와 베이스 캐비닛 layout

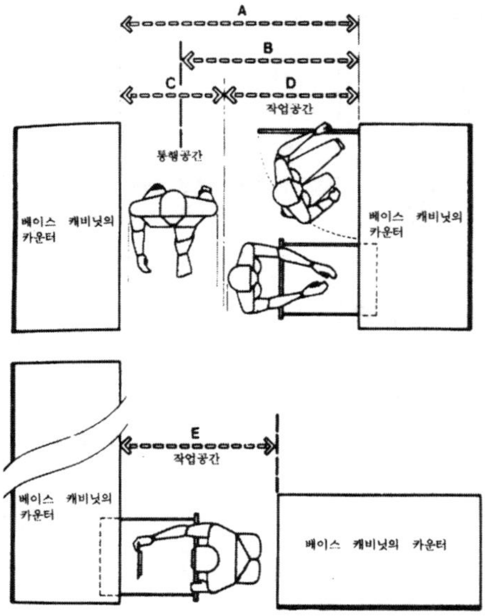

구 분	cm	비고
A	150~165	
B	120	
C	60~75	
D	90	
E	120	

② 선반의 layout

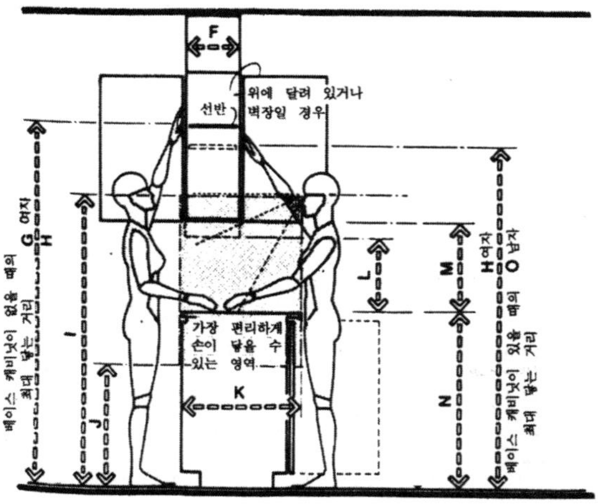

구 분	cm	비고
A	150~165	
B	120	
C	60~75	
D	90	
E	120	

③ 준비대 필요공간

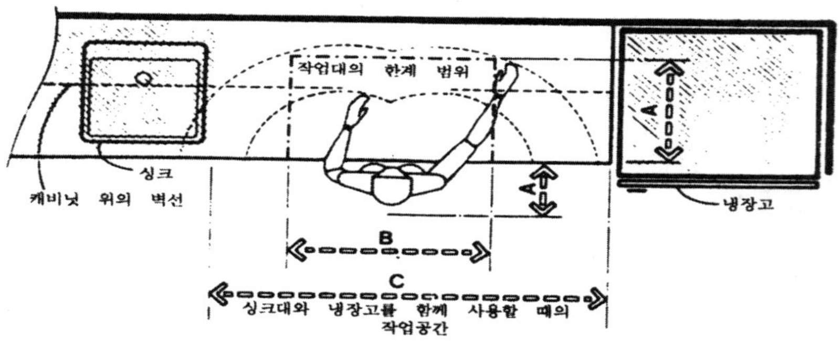

구 분	cm	비고
A	45	
B	90	
C	105	

④ 가열대 주변 평면도

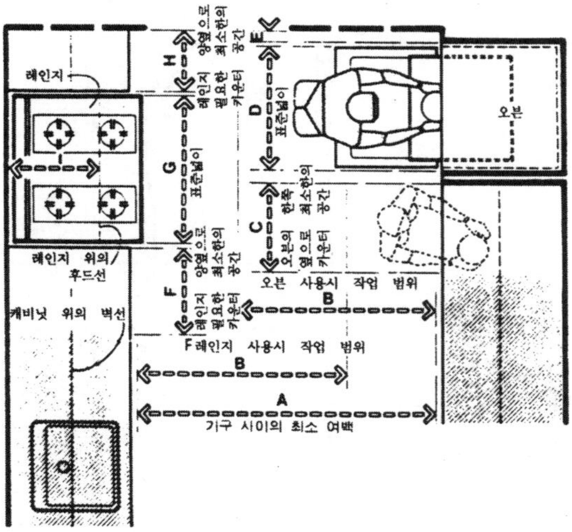

구 분	cm	비고
A	120	
B	100	
C	38	
D	54~75	
E	2.5~7.5	
F	40	
G	50~115	
H	30	
I	45	
J	240~270	
K	60~70	
L	60~70	
M	75	
N	155	
O	88~90	
P	60	
Q	88	

⑤ 가열대 단면도

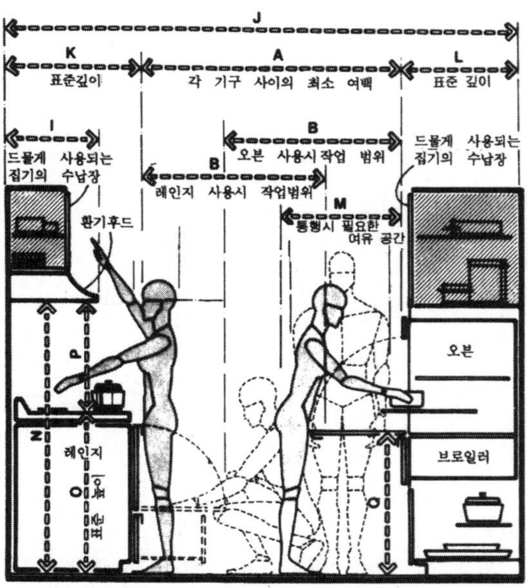

구 분	cm	비고
A	120	
B	100	
C	38	
D	54~75	
E	2.5~7.5	
F	40	
G	50~115	
H	30	
I	45	
J	240~270	
K	60~70	
L	60~70	
M	75	
N	155	
O	88~90	
P	60	
Q	88	

<식음료 공간(eating & drinking space)의 가구배치 예>

1) 선술집

① 바 평면도

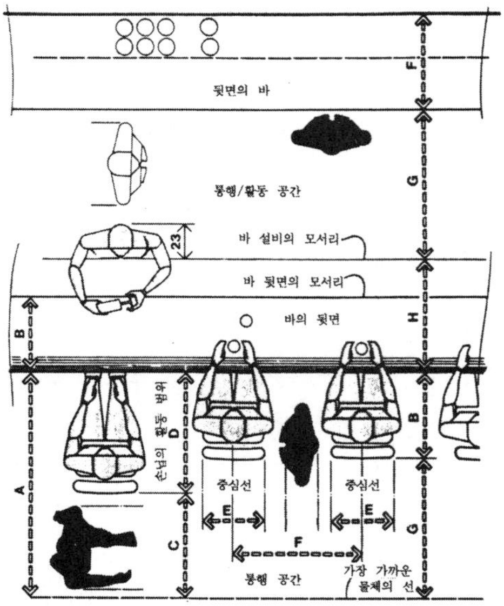

구 분	cm	비고
A	135	
B	45~60	
C	60	
D	75	
E	40~45	
F	60~75	
G	75~90	
H	71~96	
I	254~325	
J	105~115	
K	28~30	
L	15~17.5	
M	18~23	
N	15~23	
O	60~66	
P	152~175	
Q	90~105	

② 바 전개도

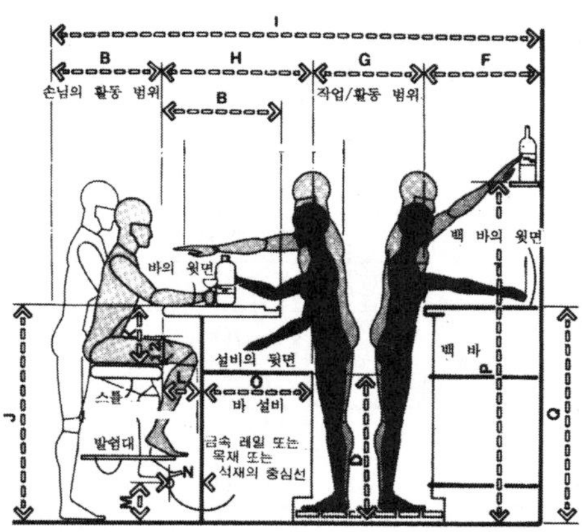

구 분	cm	비고
A	135	
B	45~60	
C	60	
D	75	
E	40~45	
F	60~75	
G	75~90	
H	71~96	
I	254~325	
J	105~115	
K	28~30	
L	15~17.5	
M	18~23	
N	15~23	
O	60~66	
P	152~175	
Q	90~105	

③ 바 저밀도 사용 평면도

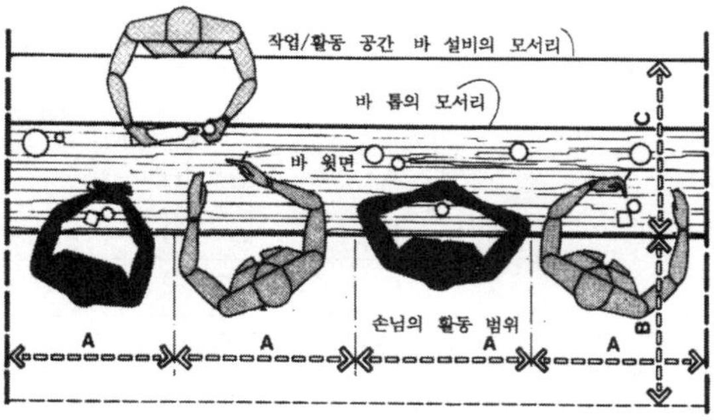

구 분	cm	비고
A	75	
B	60~75	
C	70~96	
D	60	
E	305	
F	45~75	
G	90~135	

④ 바 중밀도 사용 평면도

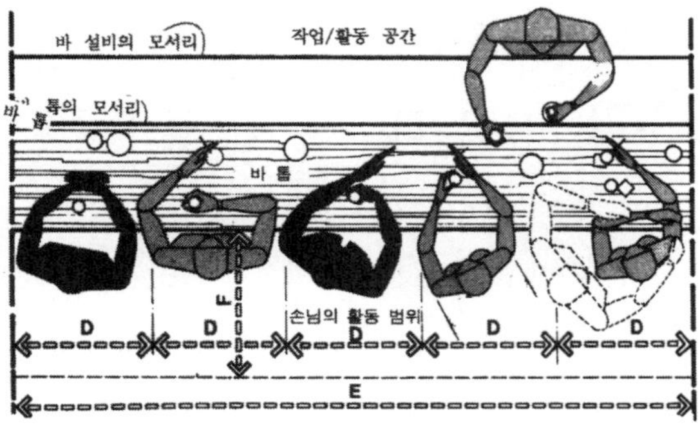

구 분	cm	비고
A	75	
B	60~75	
C	70~96	
D	60	
E	305	
F	45~75	
G	90~135	

⑤ 바 고밀도 사용 평면도

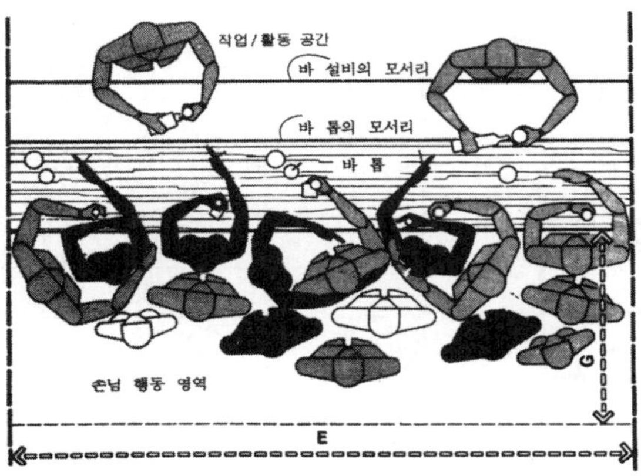

구 분	cm	비고
A	75	
B	60~75	
C	70~96	
D	60	
E	305	
F	45~75	
G	90~135	

⑥ 런치 카운터

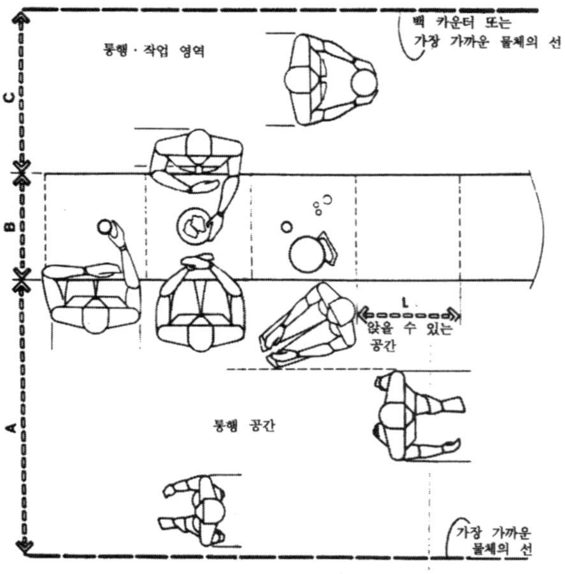

구 분	cm	비고
A	150~165	
B	45~60	
C	90	
D	60	
E	30~45	
F	88~90	
G	105	
H	75~78	
I	27~30	
J	25	
K	30~33	

⑦ 런치 카운터

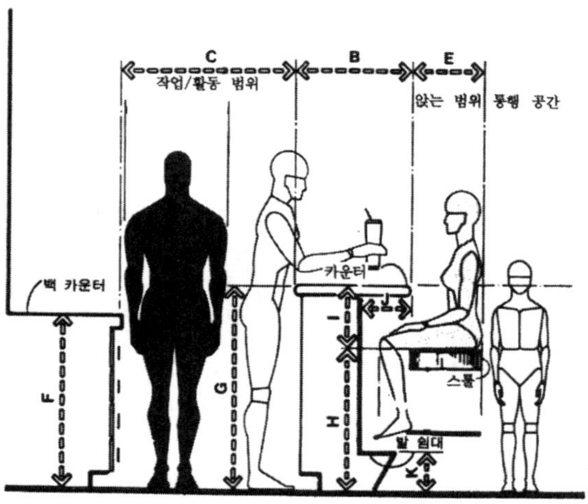

구 분	cm	비고
A	150~165	
B	45~60	
C	90	
D	60	
E	30~45	
F	88~90	
G	105	
H	75~78	
I	27~30	
J	25	
K	30~33	

⑧ 런치 카운터/스툴 사이의 여유 공간

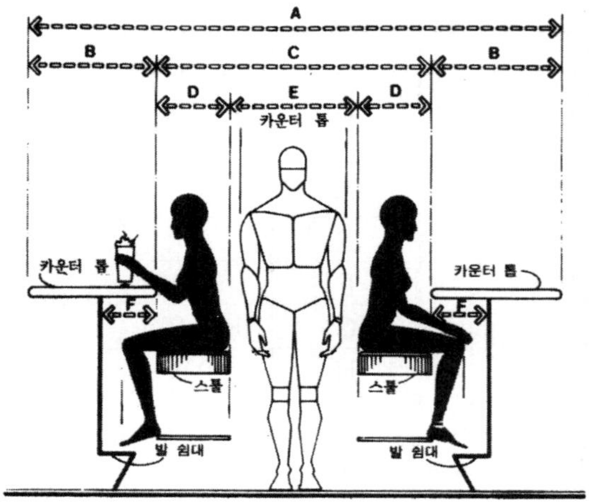

구 분	cm	비고
A	245~305	
B	45~60	
C	150~180	
D	30~45	
E	90	
F	25	
G	150~168	
H	120	
I	105	
J	30~33	
K	75~78	
L	27~30	
M	40~43	
N	73~76	

⑨ 런치 카운터/테이블의 필요 공간

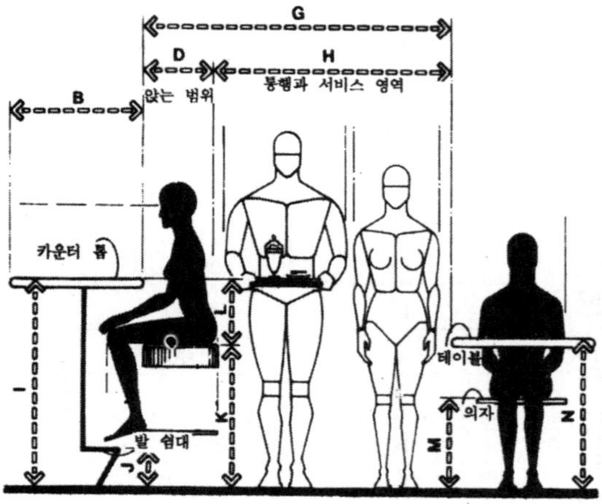

구 분	cm	비고
A	245~305	
B	45~60	
C	150~180	
D	30~45	
E	90	
F	25	
G	150~168	
H	120	
I	105	
J	30~33	
K	75~78	
L	27~30	
M	40~43	
N	73~76	

2) 식사공간(dining space)

① 테이블 평면도

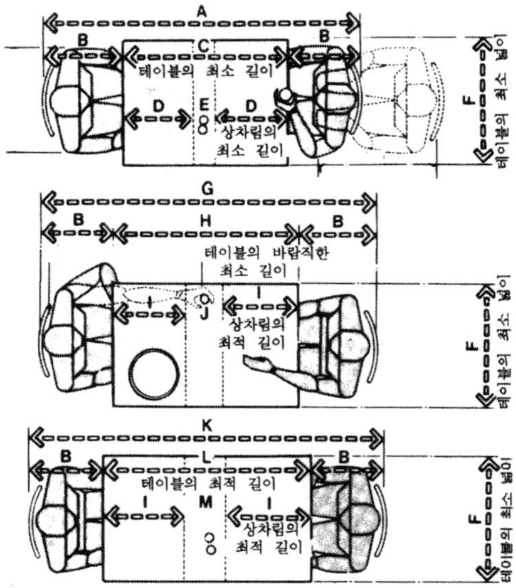

구 분	cm	비고
A	165~200	
B	45~62	
C	75	
D	35	
E	5	
F	60	
G	180~215	
H	90	
I	40	
J	10	
K	195~225	
L	100	
M	20	

② 테이블 평면도

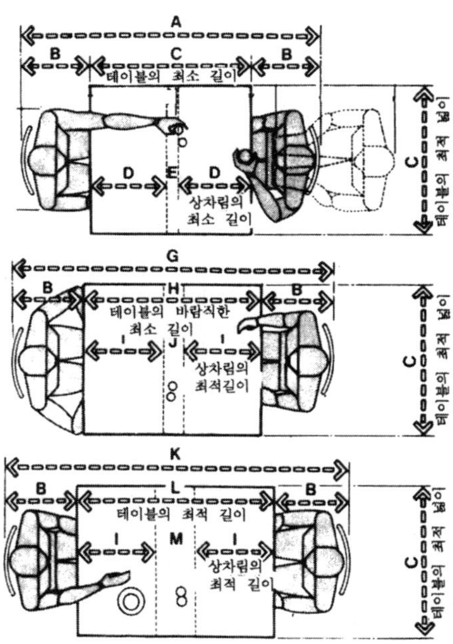

구 분	cm	비고
A	165~200	
B	45~62	
C	75	
D	35	
E	5	
F	60	
G	180~215	
H	90	
I	40	
J	10	
K	195~225	
L	100	
M	20	

③ 부스와 통행 공간 평면도

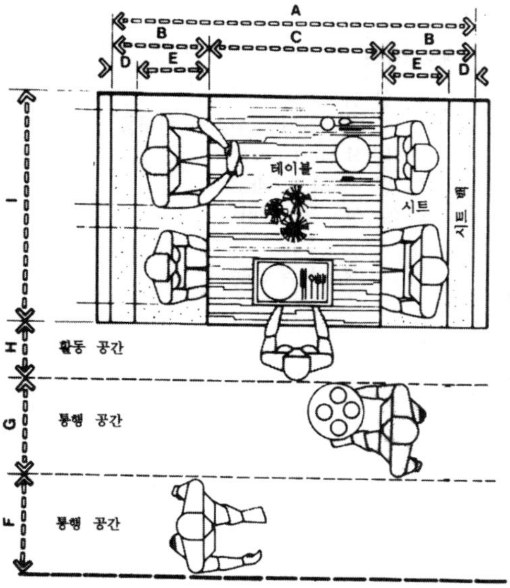

구 분	cm	비고
A	165~205	
B	45~50	
C	75~100	
D	5~10	
E	40	
F	75	
G	90	
H	45	
I	120~135	
J	40~43	
K	72~75	

④ 부스 전개도

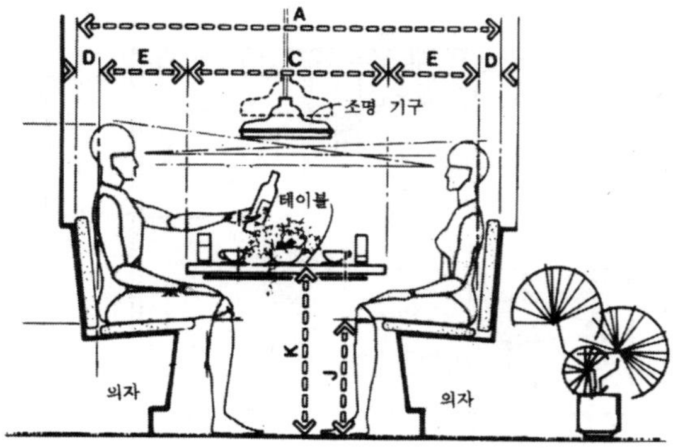

구 분	cm	비고
A	165~205	
B	45~50	
C	75~100	
D	5~10	
E	40	
F	75	
G	90	
H	45	
I	120~135	
J	40~43	
K	72~75	

7. 레스토랑의 실례

➡ 미락

조 성 렬 (큐빅디자인)
위　　치 : 강원도 원주시 단구동
대지면적 : 461.8m²
연 면 적 : 420.64m²
건축면적 : 219.07m²
구　　조 : 철골조
규　　모 : 지상 2층

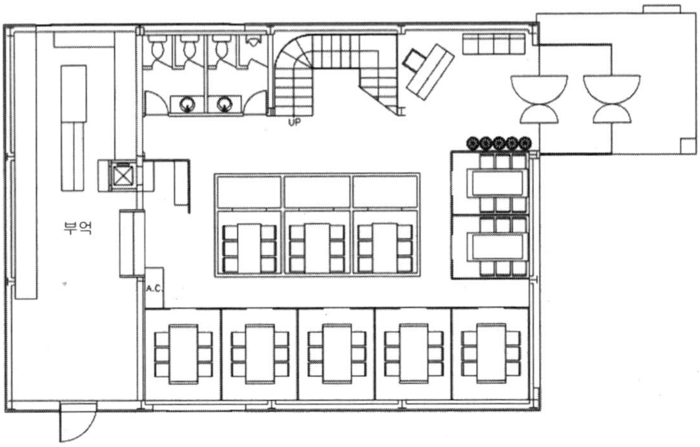

1층 평면도

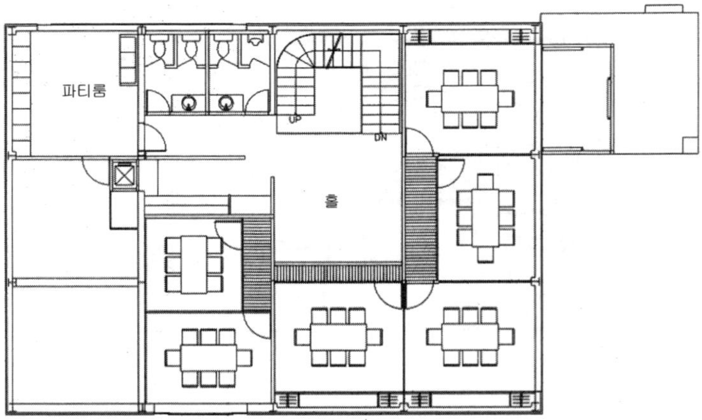

2층 평면도

R & R

전 병 직(코아플러스 건축)

위　　치 : 경기도 고양시 일산구 장항동 677-2
대지면적 : 443.5m²
연 면 적 : 448.76m²
건축면적 : 205.65m²
용 적 률 : 91.24%
건 폐 율 : 46.37%
구　　조 : 철근콘크리트조
규　　모 : 지하 1층, 지상 2층

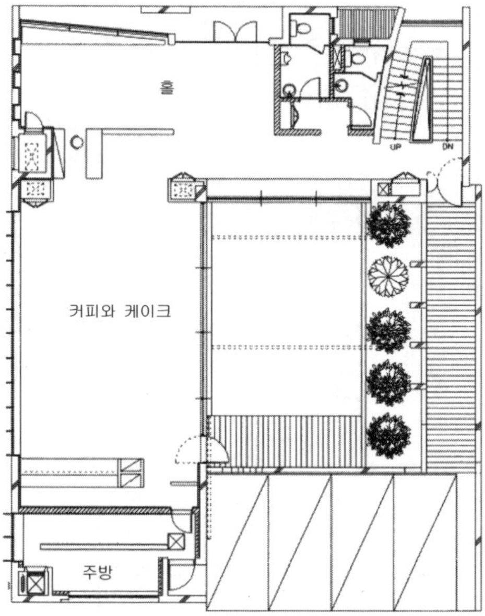

1층 평면도

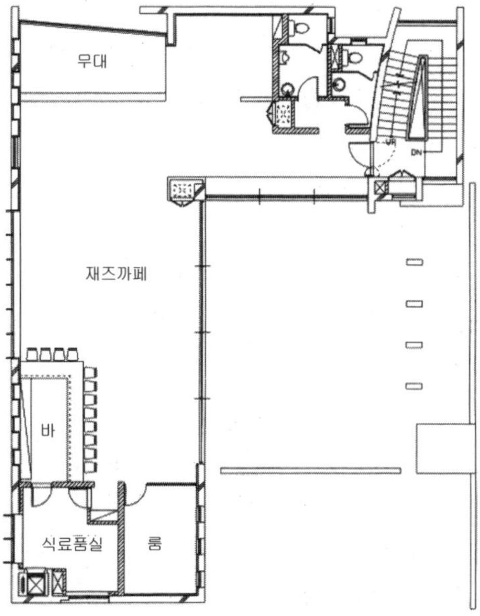

2층 평면도

➡ 나무와 벽돌

장 기 동

위　　치 : 서울 마포구 서교동 408-22
대지면적 : 248.9m²
연 면 적 : 274.39m²
건축면적 : 142.48m²
용 적 률 : 83.52%
건 폐 율 : 57.24%
구　　조 : 철근콘크리트, 철골조
규　　모 : 지하 1층, 지상 2층

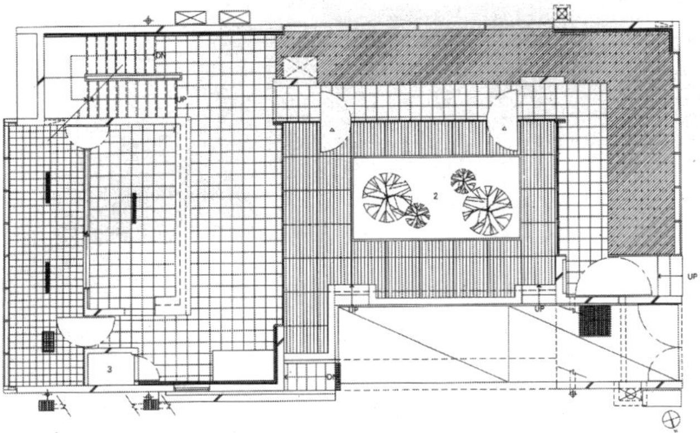

1층 평면도

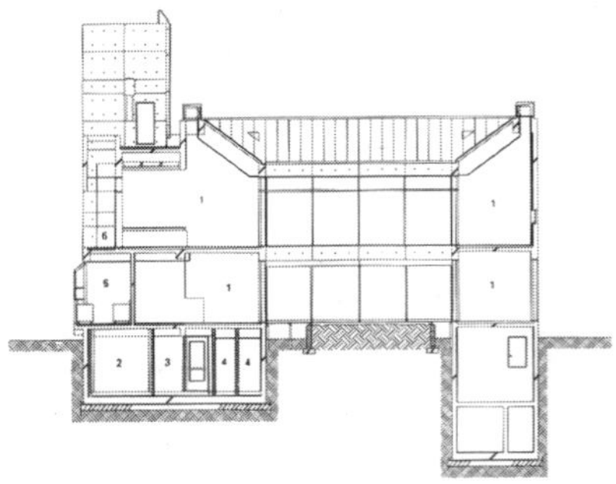

횡단면도

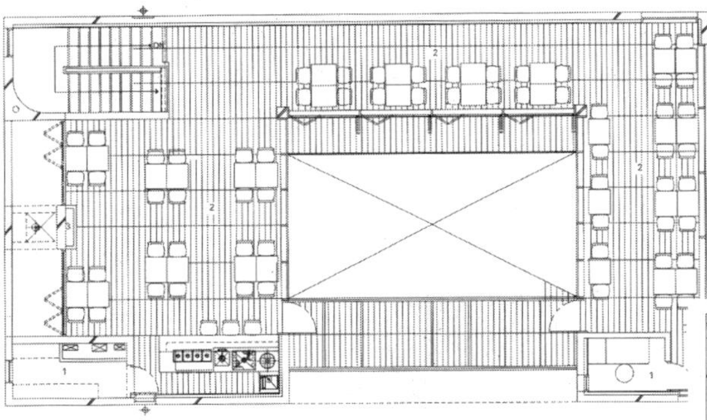

2층 평면도

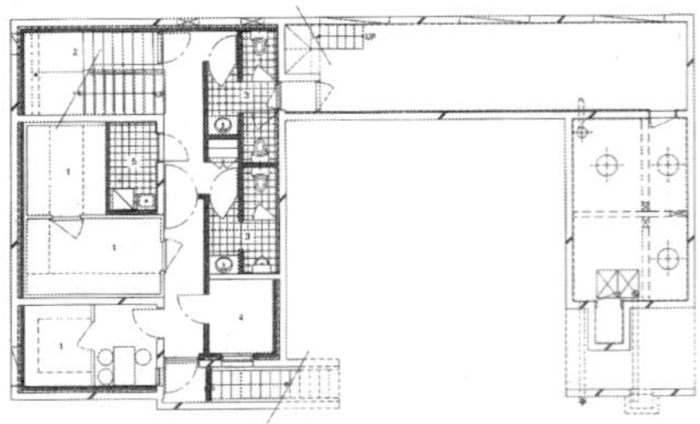

지하층 평면도

➡ 유황 진흙 오리구이

유 정 환(NEED 21)

위 치 : 서울 송파구 잠실동 305
대지면적 : 388m²

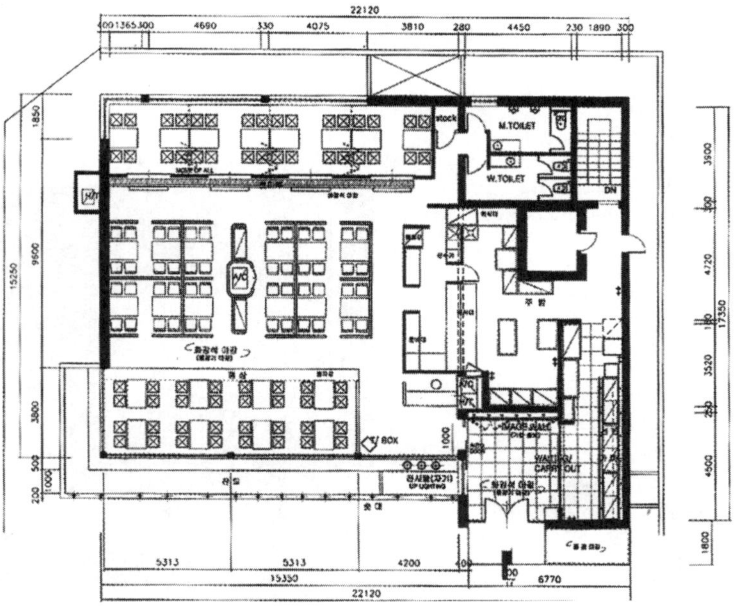

평면도

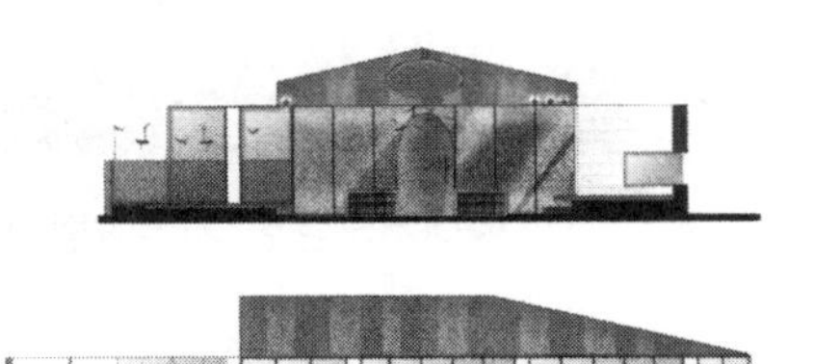

단면도

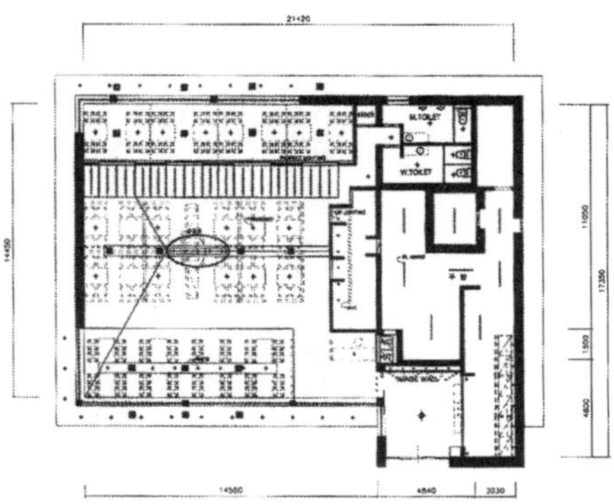

평면도 1

➡ 삼궁 분당점

(전통 일본식 우동 전문점)

최 준 오(안산공과대학 교수)

경기도 성남시 분당구 구미동 192번지
LG 트윈스 1층

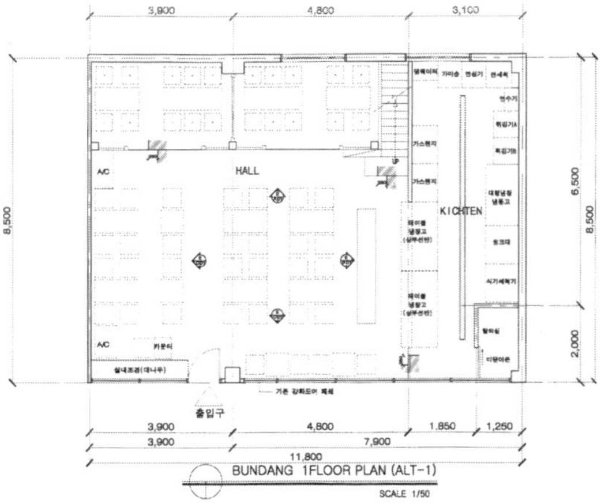

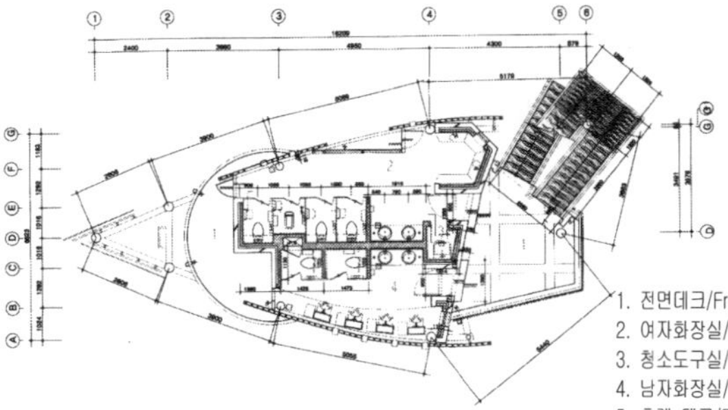

1. 전면데크/Front deck
2. 여자화장실/Female toilet
3. 청소도구실/Storge
4. 남자화장실/Male toilet
5. 휴게 데크/Break deck
6. 휴게 커피숍/Coffee shop

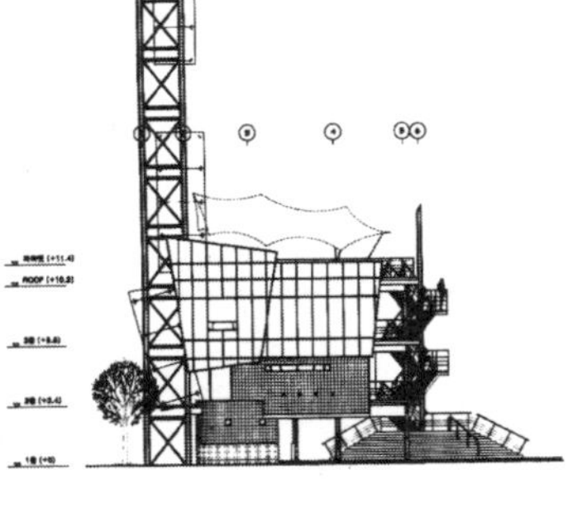

⬆ 동대문운동장 시범공중화장실

천 근 우(예천건축)

위　　치 : 서울 중구 을지로 7가
114-5외 5번지
대지면적 : 334.78m²
연 면 적 : 150.96m²
건축면적 : 82.66m²
구　　조 : 철골철근콘크리트
규　　모 : 지하 1층, 지상 5층

VII 골프 클럽 하우스

1. 개요

국민소득의 향상이나 생활의식의 변화 등으로 여가를 중요시하는 사람의 수가 점차 늘어나고 있으며, 관광, 휴양, 레저, 위락시설 등의 이용 빈도가 높아짐으로써 생활에 한층 더 실감을 가지게 되었으며 그런 행위를 수용할 수 있는 시설이 필요하게 된다. 클럽이란 공동적인 취미와 홍미, 관심을 갖는 사람들이 그룹을 조직하여 자주적·민주적인 운영을 통해 이용 또는 바람직한 인간 관계를 형성하여, 그 조직의 목표에 따라 활동하는 그룹을 말하며 이들 시설의 핵이 되는 것이 클럽하우스라 할 수 있다.

클럽의 성격에 따라 여러 종류의 클럽하우스가 있을 수 있으나 본장에서는 일생을 통해 연중 즐길 수 있고 노후에도 무리 없이 접할 수 있는 레저로 골프 인구가 상당히 늘어가고 있는 상황 속에 골프용 클럽하우스에 대해 설명한다.

2. 입지조건

- 토질, 자연환경이 양호하고 한적할 것
- 활동 목적에 적합한 지형 및 지역일 것
- 가파른 곳이 적은 대지일 것
- 소요시설의 장래 확장계획에 지장이 없을 것
- 수질이 좋고, 풍부하며 배수가 용이할 것
- 풍수해에 우려가 없고 강풍의 영향이 없을 것
- 맑은 날이 많고 안개의 발생이 적은 곳
- 지가가 저렴한 곳
- 차량 진입이 용이하고 식품 등의 구입이 편리할 것

3. 클럽 하우스의 계획

1) 클럽 하우스의 구성

① 클럽 하우스의 기능은 9홀을 기준으로 계획할 때 상당히 간략하다.

② 이용객 → 카운터(로비) → 락카실 → pro shop → 코스 출입구 정도의 동선으로 처리할 수 있다.

③ 관리사와 캐디실은 별동의 Zone으로 나누어 계획할 수도 있다.

④ 우리 나라의 클럽 하우스는 외국과 달리 식당, 사우나, 휴게시설이 비대하여 연면적에서는 외국의 클럽 하우스보다 큰 규모를 가진다.

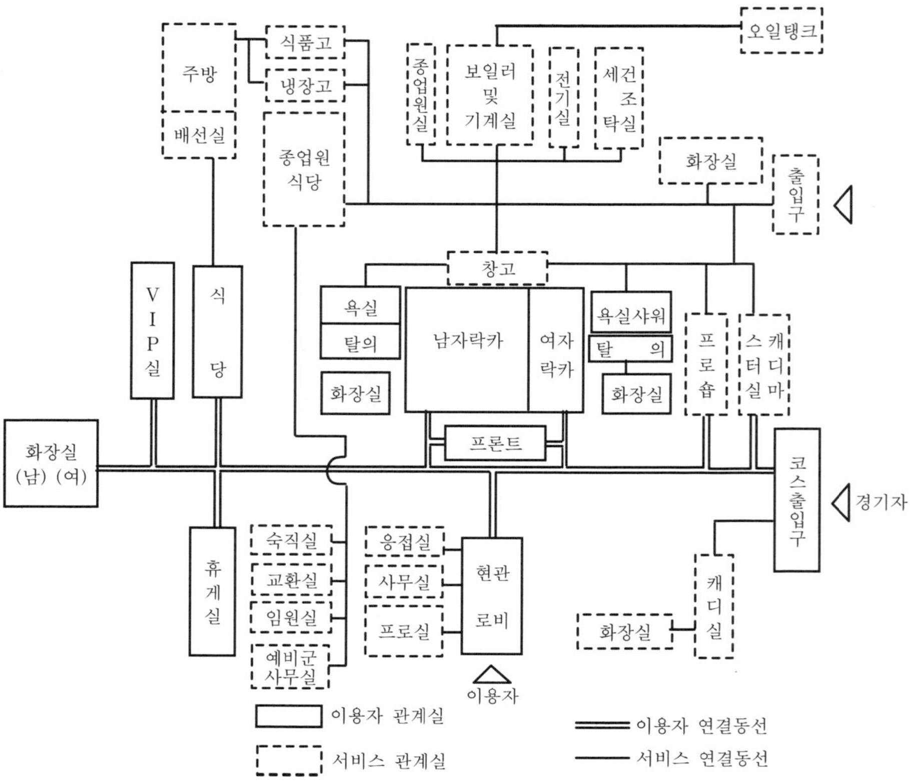

【그림 4-35】 클럽하우스의 기능도

2) 규모기준

클럽 하우스의 규모는 등록된 회원 수에 따라 결정한다. 멤버쉽 클럽은 비지터비율, 남녀비 등 클럽의 성격에 따라 다르기 때문에 건물 규모 추정에 신중해야 한다. 클럽은 등록 회원수의 시설 이용 빈도에 따라 신중한 규모 추정을 해야 한다. 각실 소요면적 기준은 다음 표와 같다.

【표 4-5】 소요면적의 기준

회원수 (명)	연면적 m²/명	담화실 m²/명	식 당 m²/명	주 방 m²/명	욕 실 m²/명	락커수 남자	개/명 여자	락커실	강당 m²/명	집회실 m²/명	사무실 m²/명	역원실 m²/명
300	1.5	0.5	0.4	0.15	0.7	0.7	남자의 30%	락커 1개당의 소요면적 0.5~0.7m²	0.9	0.8	0.20	0.2
500	1.5	0.3	0.3	0.12	0.03	0.6			0.45	0.5	0.15	0.15
1,000	2.0	0.2	0.25	0.10	0.06	0.9			0.35	0.4	0.08	0.05
1,500	1.8	0.15	0.15	0.07	0.06	0.8			0.25	0.3	0.06	0.03
2,000	1.5	0.1	0.1	0.05	0.06	0.6			0.2	0.2	0.04	0.02

3) 동선

이용자와 종업원과의 동선은 교차하는 일이 없도록 하고, 관리서비스 제실에서는 관리제실에는 완전히 연결 되도록 한다. 클럽 하우스 제실은 클럽 하우스의 주체이기 때문에 가장 좋은 장소에 위치하여 갱의실 및 필드에도 쉽게 연결되고 클럽 제실과 관리동선이 교차하지 않도록 동선을 계획한다. 스포츠 경기에 따라 플레이 시간이 다르므로 도중에 휴식을 요하는 경우 클럽 제실을 경기장 쪽에서 출입할 수 있도록 한다.

4. 골프 클럽 하우스 사례

➡ 레이크힐스 컨츄리 골프 클럽 하우스

건원건축 + MIHAEL GRAVES ARCHITECT

위　　치 : 경기도 용인시 남사면 창리
대지면적 : 1,609,800m²
연 면 적 : 5,379.92m²
건축면적 : 2,323.21m²
용 적 률 : 0.33%
건 폐 율 : 0.14%
최고높이 : 21.45m
구　　조 : 철근콘크리트조
규　　모 : 3층

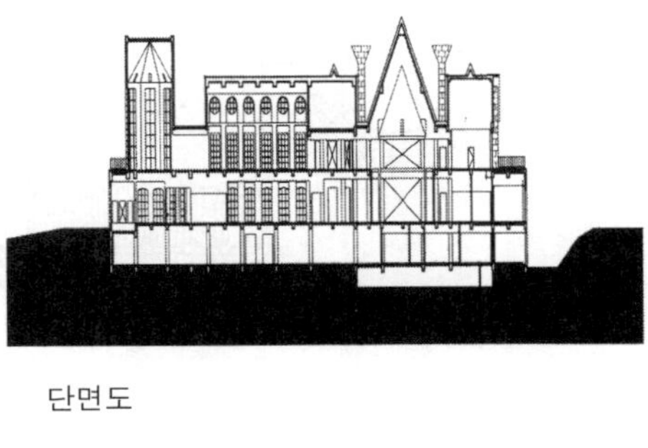

단면도

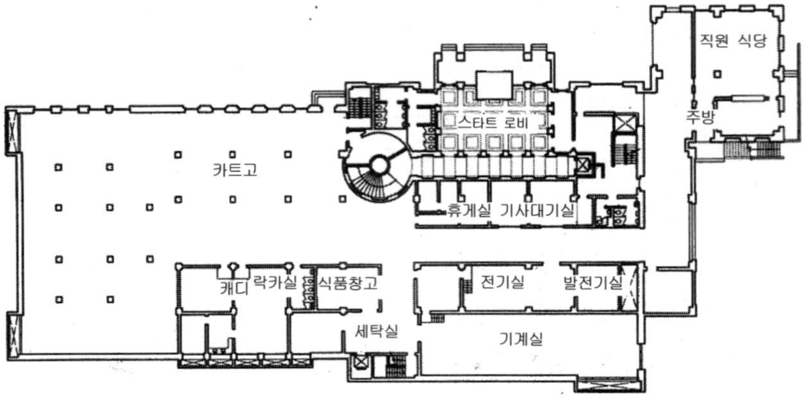

1층 평면도

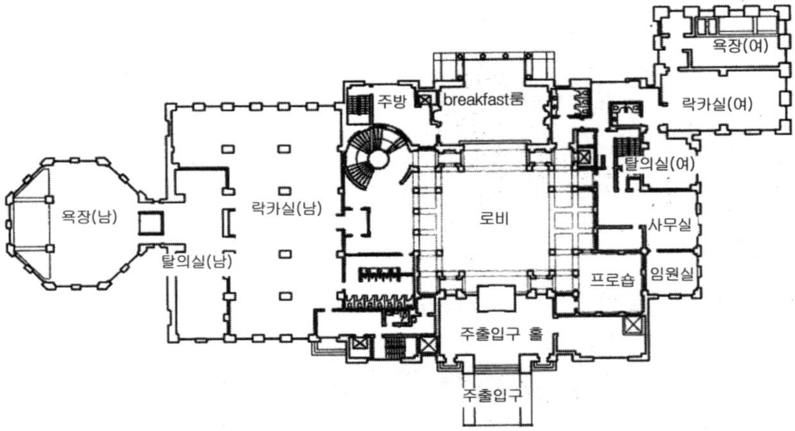

2층 평면도

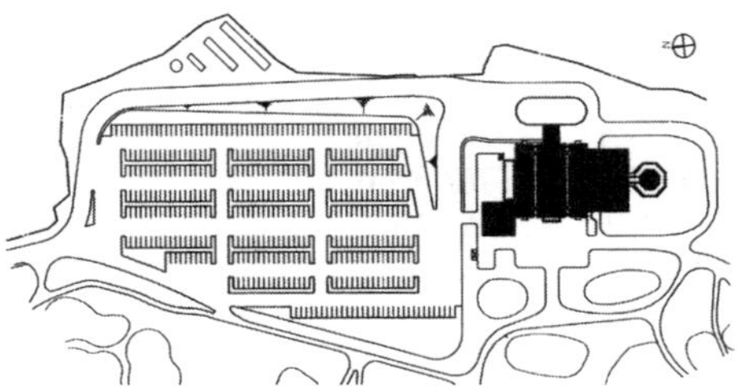

배치도

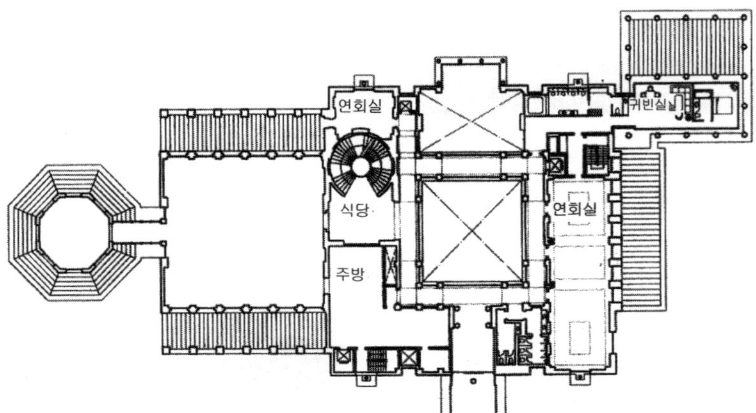

3층 평면도

비전힐스 골프클럽 하우스

곽 재 환

위 치 : 경기도 남양주시 화도읍 녹촌리 산52-1
대지면적 : 980,000m²
연 면 적 : 6,868.47m²
건축면적 : 4,544.62m²
용 적 률 : 0.57%
건 폐 율 : 0.46%
규 모 : 지하 1층, 지상 3층

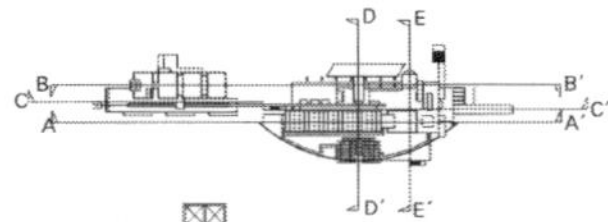

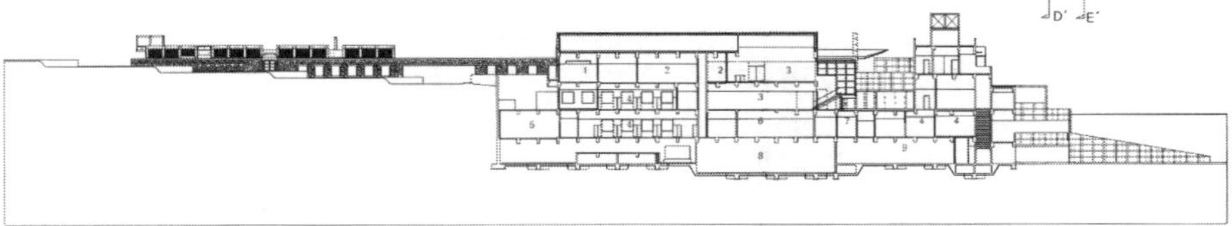

A-A 단면도

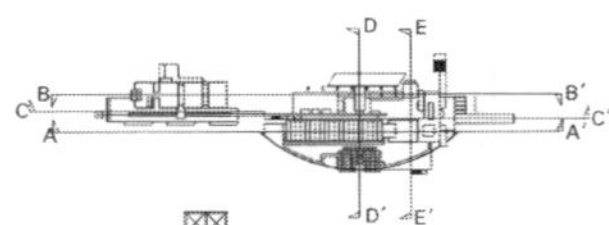

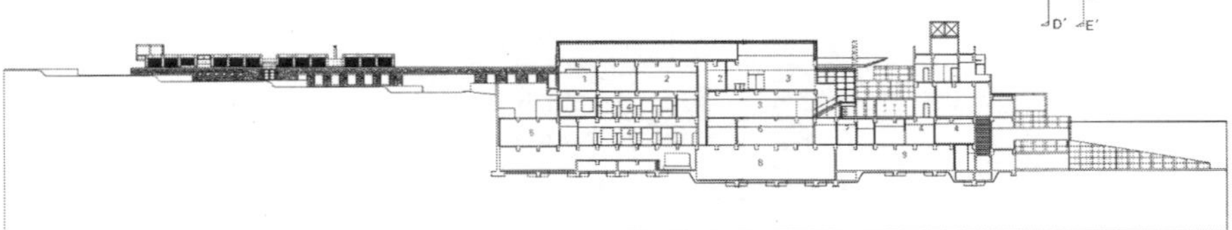

B-B 단면도

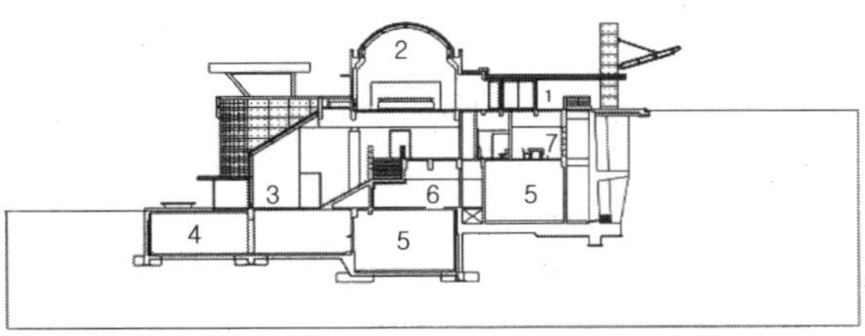

1. 출입구 2. 로비 3. 스타트 로비 4. 카트로 5. 기계실 6. 캐디 휴게실 7. 접견실

단면도 D-D

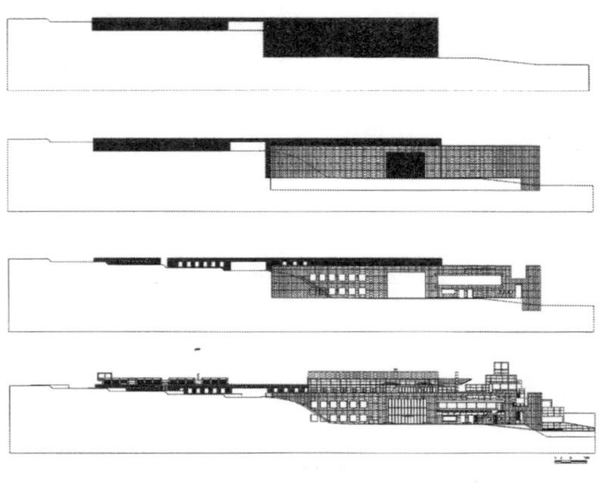

남측 입면도

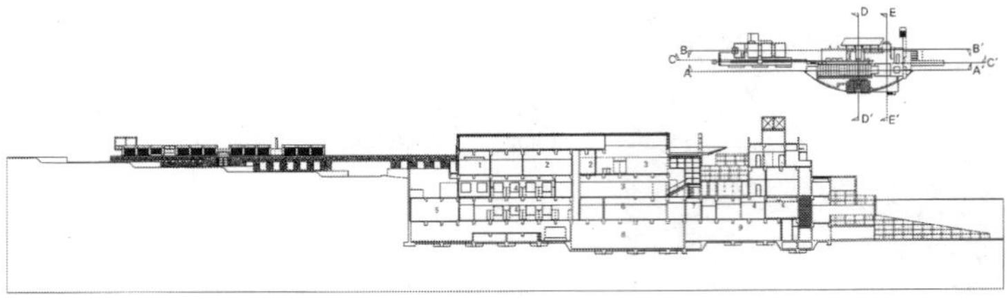

단면도

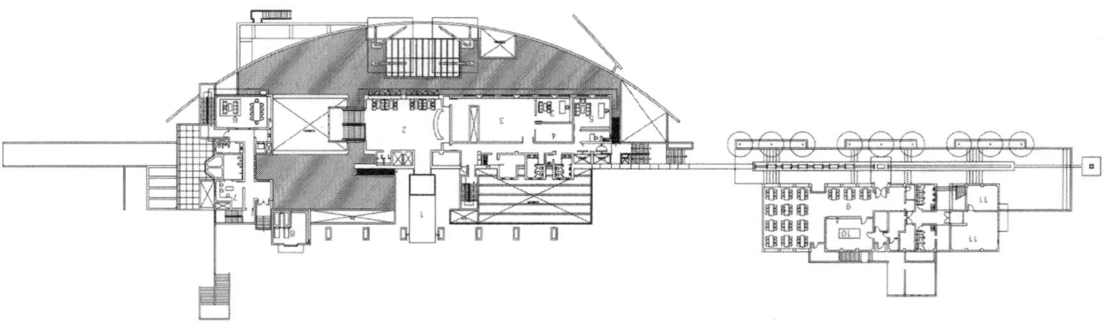

1층 평면도

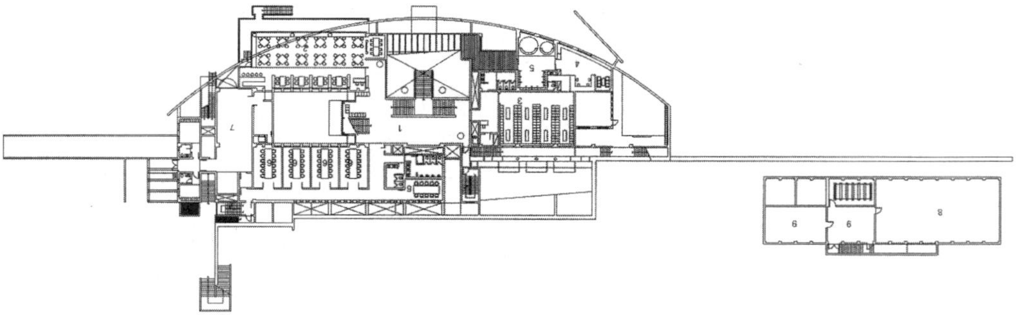

2층 평면도

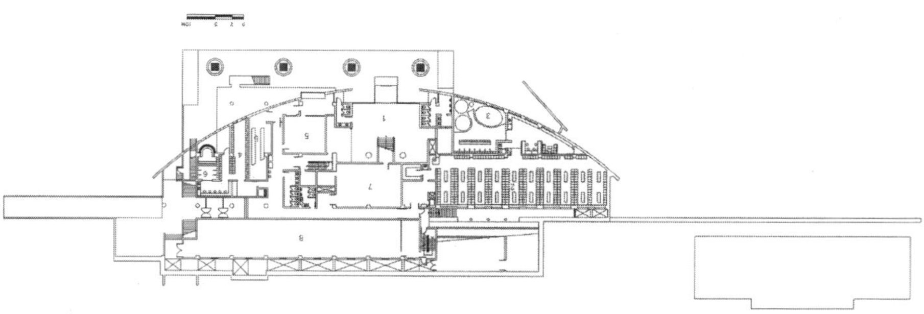

3층 평면도

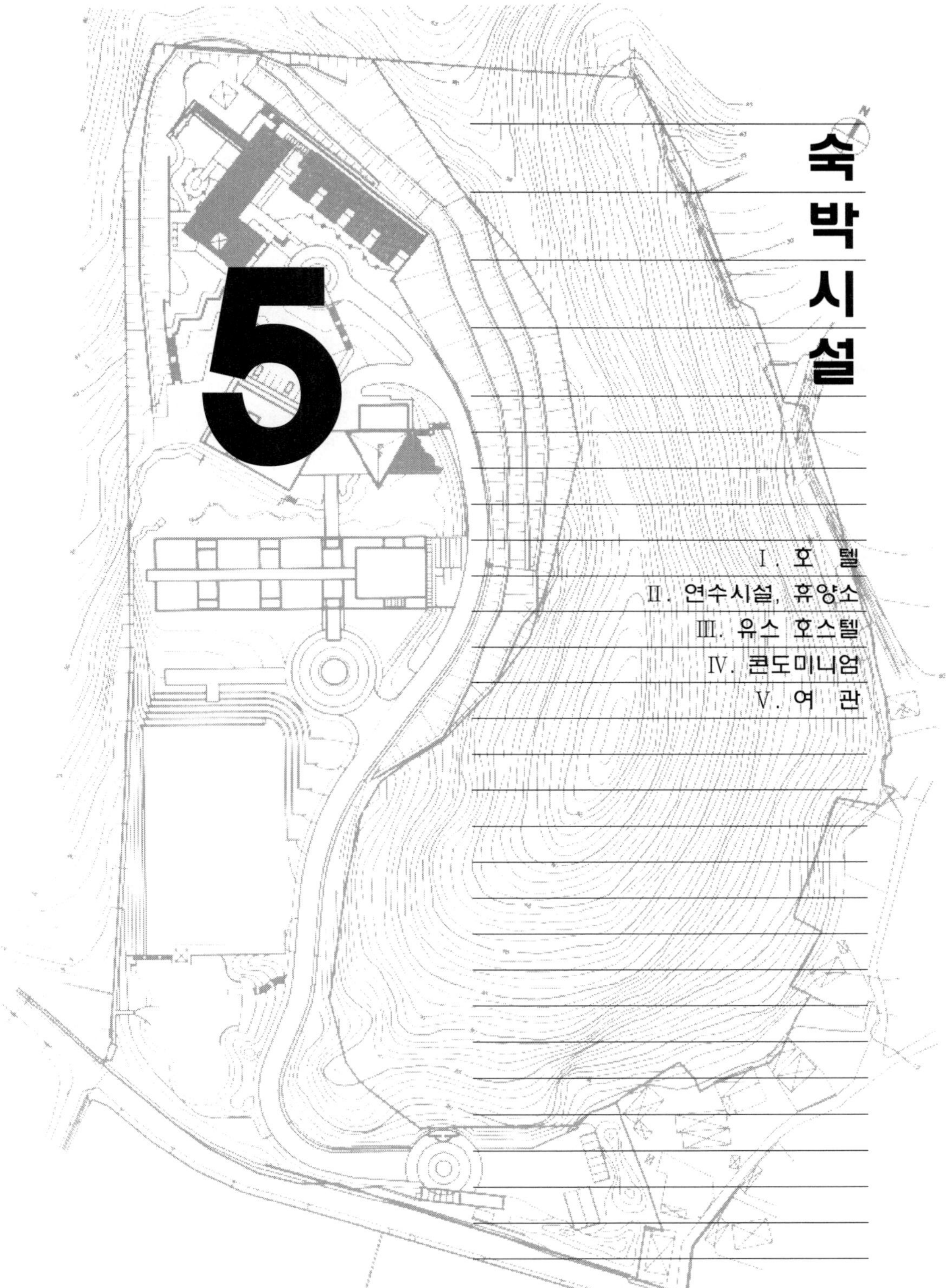

5 숙박시설

건축계획각론

5 숙박시설 (宿泊施設)

I 호텔(hotel)

1. 개요

호텔은 비지니스, 관광 혹은 휴양 등의 목적을 가진 숙박자에게 숙박을 제공하는 기능을 가짐은 물론이고, 부유하고 출세한 사람들의 사교장이기도 하다. 호텔에는 2C · 3S라는 말이 있다.

이는 숙박객이 comfort(쾌적) · convenience(편리)를 구하는데 이를 충족시키기 위해서 최상의 서비스가 따라야 하며, 시설면에서는 sanitation(위생) · safety(안전) · speed(능률)해야 한다는 뜻이다. 호텔은 시설 그 자체가 상품이므로 건축 자신이 우수해야 함으로 호텔의 성격과 규모를 정하고, 경영방침, 자금계획과 건축계획을 한다.

2. 호텔의 분류

호텔은 도시형 호텔과 리조트(관광)형 호텔로 크게 나누어지며 주로 단기 체류용이지만 장기 체류에 대응할 수 있는 설비가 갖추어진 별장, 사택, 맨션과 같은 성격의 호텔도 등장하고 있다.

1) 도시형 호텔(city hotel)

① 특징

- 고밀도, 고층형으로 숙박을 위한 호텔과 사회시설을 설치한 것이 대부분이다.
- 객실과 공용시설이 중심이 되기 때문에, 호텔의 도시서비스 기능을 고려해야 한다.

② 종류

- 커머셜 호텔(commercial hotel) : 여행자용 호텔이며, 가장 번화한 교통중심에 위치한다.
  - 비지니스 호텔 : 주로 상업상 · 업무상의 숙박자를 대상으로 하는 호텔로서 객실이 작으며, 비교적 값이 싼 요금으로 숙박시설을 제공하고 있으므로 연회장 등과 같은 공용부분은 없는 것이 대부분이다.
  - 시티 호텔 : 숙박뿐만 아니라 연회, 집회, 음식, 접대 등과 같은 다목적 이용을 목적으로 하는 호텔을 말한다. 도시시설의 일환으로서 역할을 하고 있다.
- 레지덴셜 호텔(residential hotel) : 장기 체류자용 호텔이며 교통과 활동의 편리, 고도의 설비 및 서비스시설을 고려하여 계획한다. 일종의 아파트먼트 호텔로서 객실은 일상생활에 필요한 기능과 설비를 갖추고 있다.
- 아파트먼트 호텔(apartment hotel) : 장기간 체류용이며 각 객실에 주방설비가 있고 주거조건과 교통이 양호한 곳에 위치하고 있다.
- 터미널 호텔(terminal hotel) : 철도 등과 같은 교통기관의 착발지(터미널)에 세워 이용자의 교통의 편리를 도모하는 호텔을 말하며, 종류로는 공항 호텔(air- port hotel), 부두호텔(harbor hotel), 철도호텔(station hotel) 등이 있다.

③ 시티호텔의 부지 선정 요건

- 교통수단이 편리한 위치여야 한다.
- 환경이 좋고 쾌적한 위치여야 한다.
- 자동차 교통에 대한 접근성(approach)이 좋고 주차공간이 충분해야 한다.
- 근처에 위치한 호텔과 경영상의 경쟁 및 제휴를 고려한다.
- 커머셜 호텔과 레지덴셜 호텔은 도심지에서 교통이 편리하고 여행자의 활동이 원활하게 이루어질 수 있는 안정된 위치를 선정한다.
- 아파트먼트 호텔은 통풍, 채광상 주거조건에 적합한 위치로서 상업, 시장, 오락시설 등의 교통이 편리한 곳을 선정한다.

2) 리조트형 호텔(resort hotel)

① 특성

경관이 좋은 곳에 설치하며, 레크리에이션 기능을 갖추고 있고 건축형식은 주변에 따라 자유롭게 구성한다. 지역성이 강하고 해변, 산, 온천 등 그 지역을 잘 활용하는 것이 바람직하고 그 내용, 규모도 다양하다.

② **종류**

- 관광호텔 : 온천, 해변, 경관이 좋은 곳과 같은 관광자원을 가진 장소에 입지하는 호텔을 말한다.
- 스포츠 호텔(또는 클럽 하우스) : 스포츠시설의 이용자를 대상으로 해서 스포츠시설을 갖춘 호텔을 말한다.
- 레지덴셜 호텔 : 관광 휴양을 목적으로 하고, 장기 체류형의 손님을 대상으로 하는 별장의 성격을 가진 호텔을 말한다.
- 기타 : 해변호텔(beach hotel), 산장호텔(mountain hotel), 온천호텔(hot spring hotel) 등이 있다.

③ **리조트 호텔의 부지선정 요건**

- 수량이 풍부하고 수질이 좋은 수원(水源)이 필요하다.
- 수해 및 풍설해의 위험이 없고 계절풍에 대한 대비가 있어야 한다.
- 조망이 좋은 곳이어야 한다.
- 식료품이나 린넨류의 구입이 편리한 장소이어야 한다.
- 관광지의 성격으로서 손색이 없어야 한다.
- 기후, 풍토조건의 특색을 갖추어야 한다.
- 교통이 편리한 곳이어야 한다.

【표 3-1】 호텔의 종류

<table>
<tr><th>명 칭</th><th>설 명</th><th>명 칭</th><th>설 명</th></tr>
<tr><td rowspan="4">시티 호텔</td><td rowspan="4">도심형 대규모 호텔로서 보통 사회적 시설을 완비하고 있으며, 최대한의 수용력을 가진 객실과 public space는 충분한 기능적 고려를 하고 있다. 도심에 입지하므로 호텔 외부의 도시서비스 기능을 이용권으로 고려하게 되고 대부분 고밀도의 고층형이 된다.</td><td>커머셜 호텔</td><td>주로 상업상·사무상의 여행자를 위한 호텔로서, 도시의 가장 번화한 교통의 중심으로 편리한 위치에 있다.</td></tr>
<tr><td>레지덴셜 호텔</td><td>상업상·사무상의 여행자, 관광객, 단기 체재자 등의 일반 여행자를 대상으로 하며, 스위트룸과 호화로운 설비를 하고 있다.</td></tr>
<tr><td>아파트먼트 호텔</td><td>손님이 장기간 체재하는데 적합한 호텔로서, 각 객실에는 주방설비를 갖추고 있다.</td></tr>
<tr><td>터미널 호텔</td><td>교통기관의 발착지점에 위치한 호텔로서, 손님의 편리를 도모한다.</td></tr>
<tr><td rowspan="2">리조트 호텔</td><td rowspan="2">조망 및 환경적인 조건을 충분히 고려하고 있으며, 호텔의 내외에는 레크레이션시설을 갖추고 있다.
건축의 형식은 주변 조건에 따라 자유롭게 이루어진다.</td><td>해변호텔
산장호텔
온천호텔</td><td>각각의 위치조건에 따라 특색을 갖추고 있다.</td></tr>
<tr><td>클럽 하우스</td><td>스포츠시설을 위주로 이용되는 숙박시설을 갖추고 있다.</td></tr>
</table>

3. 규모 관련 사항 및 기능

1) 객실 수에 따른 시설 규모

호텔의 규모는 시장의 시장성을 고려하는 것이 좋으며, 일반적으로 아래 표와 같다.

객실 수	시 설 규 모
10~20	가족단위의 경영규모이며, 대부분 게스트 하우스(guest house)나 여관, 모텔(motel) 등이 이에 속한다.
50~70	별도의 관리인을 두고 경영해야 하는 규모
100~150	별도의 식당과 커피숍이 고려되어야 한다.
150~200	일반적인 모텔과 리조트 호텔의 규모. 충분한 식당면적과 라운지, 스텐드 바, 온수시설이 된 수영장과 같은 오락시설 등이 계획되어야 한다. 몇 개의 리조트 호텔들이 같은 주위에 모여 있을 수도 있다. 또한 하나의 호텔이 아파트먼트 유닛과 결속됨으로써 수용인원을 늘일 수도 있다.
200~300	리조트 호텔 중에서도 디럭스급에 속한다. 독자적으로 해수욕장을 갖고 있거나, 골프 코스 외 특별 식당 등이 계획된다.
400 이상	컨벤션(convention)을 포함한 복합기능을 갖는 시티 호텔 규모
700 이상	메인 컨벤션(main convention)과 전산센터, 상가와 식당 및 그밖에 여러 복합기능을 포함한 규모

2) 호텔의 기준

① 호텔의 기준

구조 및 설비	양식을 주로 한다.
객실의 수	40실 이상
양식 객실의 면적	9m² 이상(침구는 양식으로 한다)
한식 객실의 면적	7m² 이상
객실 이외 실의 설치	현관, 양식 욕실 또는 샤워실, 세면장, 화장실, 기타
설 비	환기, 채광, 조명, 방습, 배수, 냉·온방
화장실	수세식(공용의 것은 남·녀별로 한다)
학교에서의 거리	100m 이상 (이 이하의 경우는 건물내부가 보이지 않도록 한다.

② 국제관광호텔의 기준 (국제관광호텔 정비법에 의함)

구조 및 설비	양식을 위주로 한다.	
양식 객실의 수	특별시, 광역시	50 이상, 또 객실 총수의 1/2 이상
양식 객실의 면적	기타의 지역	40 이상, 또 객실 총수의 1/2 이상
양식 객실의 내용	13m² 이상	
객실 이외의 설치	양식욕실 또는 샤워실(냉·온수), 양식 변기의 화장실, 세면장(냉·온수), 침대, 탁상전화 또는 벨을 설치한다.	
설 비	환기, 채광, 조명, 방습, 배수, 난방 (계절적으로 영업하므로 필요가 없는 것은 포함하지 않는다)	
화장실	수세식, 좌변식(공용의 것은 남·녀별로 한다)	

3) 객실수와 연면적의 관계

객실수	종별 \ 연면적[m²]	1,000	2,000	3,000	5,000	8,000	10,000	20,000	30,000	50,000
	리조트 호텔	10	21	33	50	100	110	260	460	870
	비즈니스 호텔	20	40	65	110	220	280	750	-	-

4) 각종 호텔의 연면적에 대한 각부 면적의 비율 [%]

<table>
<tr><td rowspan="3">숙박스페이스</td><td colspan="2">종별 \ 연면적[m²]</td><td colspan="2">1,000</td><td colspan="2">2,000</td><td colspan="2">3,000</td><td colspan="2">5,000</td><td colspan="2">8,000</td><td colspan="2">10,000</td><td colspan="2">20,000</td><td colspan="2">30,000</td><td colspan="2">50,000</td></tr>
<tr><td colspan="2">리조트 호텔</td><td colspan="2">43</td><td colspan="2">46</td><td colspan="2">50</td><td colspan="2">54</td><td colspan="2">56</td><td colspan="2">56</td><td colspan="2">56</td><td colspan="2">-</td><td colspan="2">-</td></tr>
<tr><td colspan="2">비즈니스 호텔</td><td colspan="2">51</td><td colspan="2">51</td><td colspan="2">53</td><td colspan="2">56</td><td colspan="2">60</td><td colspan="2">62</td><td colspan="2">63</td><td colspan="2">-</td><td colspan="2">-</td></tr>
<tr><td rowspan="2">퍼블릭 스페이스 (%)</td><td colspan="2">리조트 호텔</td><td colspan="2">37</td><td colspan="2">34</td><td colspan="2">31</td><td colspan="2">28</td><td colspan="2">26</td><td colspan="2">25</td><td colspan="2">24</td><td colspan="2">-</td><td colspan="2">-</td></tr>
<tr><td colspan="2">비즈니스 호텔</td><td colspan="2">29</td><td colspan="2">29</td><td colspan="2">28</td><td colspan="2">26</td><td colspan="2">22</td><td colspan="2">19</td><td colspan="2">17</td><td colspan="2">-</td><td colspan="2">-</td></tr>
<tr><td rowspan="3">관리 스페이스 (%)</td><td rowspan="3">리조트 호텔, 비즈니스 호텔, 모두 공통된다</td><td>사무스페이스</td><td rowspan="3">20</td><td>9</td><td rowspan="3">20</td><td>9</td><td rowspan="3">19</td><td>8</td><td rowspan="3">18</td><td>8</td><td rowspan="3">18</td><td>8</td><td rowspan="3">18</td><td>7.5</td><td rowspan="3">20</td><td>8.5</td><td rowspan="3">23</td><td>10</td><td rowspan="3">26</td><td>10</td></tr>
<tr><td>요리스페이스</td><td>6</td><td>6</td><td>6</td><td>5</td><td>5</td><td>5.3</td><td>5.8</td><td>7</td><td>6</td></tr>
<tr><td>기계스페이스</td><td>5</td><td>5</td><td>5</td><td>5</td><td>5</td><td>5.2</td><td>5.7</td><td>11</td><td>10</td></tr>
</table>

5) 각실의 면적 구성 비율

분 류	리조트 호텔	시티 호텔	아파트먼트 호텔
규모 (객실 1에 대한 연면적)	40~91m²	28~50m²	70~100m²
숙박부 면적 (연면적에 대한)	41~56%	49~73%	32~48
퍼블릭 스페이스 면적비 (연면적에 대한)	22~38%	11~30%	35~58%
관리부 면적비 (연면적에 대한)	6.5~9.3%		
설비부 면적비 (연면적에 대한)	약 5.25		
로비 면적 (객실 1에 대한 면적)	3~6.2m²	1.9~3.2m²	5.3~8.5m²

6) 호텔의 기능 및 소요실

기 능	소 요 실 명
관리부분 (managing part)	프론트 오피스, 클로크 룸, 지배인실, 사무실, 공작실, 창고, 복도, 화장실, 전화 교환실
공용(사교) 부분 (public space)	실, 홀, 로비, 라운지, 식당, 연회장, 오락실, 바, 다방, 무도장, 그릴, 담화실, 독서실, 진열장, 이·미용실, 엘리베이터, 계단, 정원
숙박부분(lodging part)	객실, 보이실, 메이드실, 린넨실, 트렁크 룸
요리 관계 부분	배선실, 부엌, 식기실, 창고, 냉장고
설비 관계 부분	보일러실, 전기실, 기계실, 세탁실, 창고
대 실	상점, 창고, 대사무소, 클럽실

4. 배치계획

1) 도시형 호텔

① 지가가 높아 협소한 대지에 세우는 경우가 많고, 건폐율, 용적률, 건축물의 높이 등 법 규제를 충분히 활용하여 토지의 고도 이용을 도모한다.

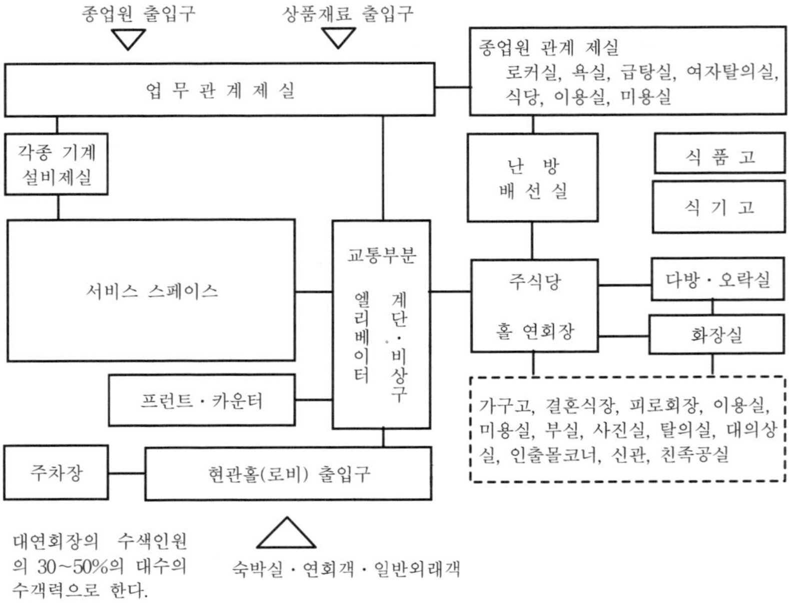

【그림 5-1】 호텔의 기능도

② 도로현황이나 사람, 자동차의 교통상황을 고려하여 현관의 손님과 자동차의 출입, 식료품이나 식품의 반출입에 문제가 없도록 한다.

③ 식재나 주차공간을 고려하여 건물주변에 공지를 확보한다. 이 공지는 도시의 경관 형성 및 비상시 피난공간의 역할을 할 수 있다.

④ 객실이나 로비에서의 조망을 고려한다. 대규모 호텔에서는 로비와 관련된 중정이나 저층 옥상에 정원 등을 계획한다.

2) 리조트형 호텔

① 대지는 비교적 넓기 때문에 현관 앞의 광장, 주차장, 정원의 계획을 고려한다.

② 건축물의 위치와 출입구(객용 및 종업원용)는 도로에서 현관의 접근이나 물품의 반출입을 고려하여 결정한다. 이 경우, 사람과 자동차의 동선은 교차하지 않도록 하여 자동차의 출입이 조망을 해치지 않도록 한다.

③ 객실의 조망, 채광, 통풍, 프라이버시를 고려한 건물의 평면형, 층수를 결정한다. 평면형이 L형, ㄷ자형, 병렬형일 때는 꺾인 부분과 건물의 간격에 주의한다.

④ 잔디와 테니스 코트 등 스포츠시설을 정원계획의 일환으로 계획하는 경우, 부속시설과 소음에 대해 충분히 고려한다.
⑤ 종업원 숙소나 정원용 창고, 옥외 기계실 등의 부속시설은 객의 눈에 두드러지지 않는 위치에 설치한다.
⑥ 자연경관을 고려한 배치계획을 한다.
⑦ 장래의 증축 계획을 고려한 배치계획을 한다.

5. 동선

1) 동선 계통의 종류

동선계획에 있어서는 손님의 동선(숙박객과 비숙박객으로 구분된다)과 종업원(접객과 비접객부분으로 구분된다)의 동선을 고려한다. 또한 수평방향(복도)과 수직방향(계단, 엘리베이터, 에스컬레이터)의 양면의 동선을 종합하여 계획토록 한다.

① 객 동선 : 숙박객, 연회객, 일반 외래객 동선 등
② 서비스 동선 : 종업원, 식품, 물품, 쓰레기 동선 등
③ 정보계통 동선 : 컴퓨터의 동선 등

2) 동선 계획의 기본 주안점

① 객 동선과 서비스 동선이 교차하지 않도록 한다.
② 숙박객과 체크인(check in)과 연회객의 출입이 교차되면 혼잡하고 호텔의 이미지를 저하시킬 우려가 있으므로 숙박객과 연회객의 어프로치를 분리시킨다.
③ 객 동선은 혼동하지 않고 목적하는 장소에 갈 수 있도록 명확하고 원활한 흐름이 되도록 하여 손님에게 안정감과 여유로움을 주도록 한다.
④ 숙박객이 프론트를 통하지 않고 직접 주차장으로 가지 못하게 한다.
⑤ 종업원, 식품, 물품, 쓰레기 처리 등의 각 서비스 동선의 효율화를 도모한다.
⑥ 종업원 출입구, 물품의 반·출입구는 각각 1개소로 하여 관리상 용이하게 한다.
⑦ 최상층의 레스토랑이나 스카이라운지 등의 설치 유무는 엘리베이터 계획에도 영향이 크므로 계획시 미리 고려한다.
⑧ 정보계통은 보편화되므로 이에 대한 검토가 요구된다.

3) 기능별 동선 계획

① 객 및 객실 층

주차장에서 입구와 프론트를 지나서부터 2방향으로 나누어진다.

즉, 객실로 통하는 엘리베이터, 계단실, 복도 아니면 공공부문으로의 통로로 통하게 된다. 객이 프런트를 통하지 않고 객실에서 직접 주차장으로 가지 못하도록 한다. 코어의

위치는 평면 계획상 중요한 요소가 되며, 객용과 서비스용의 엘리베이터를 집중 배치시켜 교통처리와 서비스 기능의 능률을 기한다. 객실은 차음상 엘리베이터 샤프트와 거리를 두어 배치하고 엘리베이터에서 객실에 이르는 동선은 명료하게 처리토록 하며, 방재상 피난거리에 대한 고려와 피난계단 및 특별 피난계단 설치계획도 고려토록 한다.

② 종업원

종업원 숙사에서 나와 종업원용 입구와 갱의실을 거쳐 주방, 서비스 부문으로 갈 때 그들의 통로는 객의 통로와 교차되는 수가 있으므로 이에 대한 처리가 고려되어야 한다. 또한 종업원 출입구는 관리상 1개로 하며 종업원 동선은 서비스용 엘리베이터를 중심으로 효과적으로 계획을 잡는다.

③ 주출입구 부위

숙박객용, 연회객용, 단체객용 동선이 명확히 분리되도록 하며 후론트의 위치나 메인로비 위치를 적절히 배치하고, 신체장애자에 대한 배려도 이루어져야 한다.

④ 연회장 주변

연회장 출입구로부터 로비, 연회장에 이르는 객동선과 연회장용 주방으로부터 팬트리, 연회장에 이르는 서비스 동선을 분리토록 하며, 연회 손님의 대기 공간은 충분히 하며 로비는 시각적 여유를 잃지 않도록 동선과 담화공간을 플랜트 박스(plant box)로 구분한다. 대연회장에는 전시물 등의 대도구의 반·출입구를 마련하고 연회장에는 불특정 다수의 사람이 모이는 경우가 많기 때문에 입구의 폭이나 피난경로 등 방재 계획상 배려가 있어야 한다.

⑤ 반입경로

2개의 주요 경로가 필요하다. 즉, 대형 냉장고나 각 개의 부문에 통하는 모든 식품, 음료, 잡화, 비품, 연료, 기타의 반입품을 위한 것과 수하물 창고 그리고 고층건축에서는 화물용 엘리베이터를 거쳐 객실층에 통하는 객의 수하물용 입구가 필요하다. 또한 물품의 검수용 출입구는 검사 및 관리상 1개소로 하며, 반출입 공간, 세탁, 쓰레기 청소 등의 동선을 고려한다.

⑥ 정보계통의 동선

객실, 종업원실, 관리실, 기타 서비스시설 등을 연결하는 호텔 컴퓨터 시스템 설치 및 유지보수에 대한 검토가 필요하다.

⑦ 급수설비

모든 기계·전기·전자장치는 점검구가 달린 duct에 의해서 배관되며 물건을 수송하는 conveyer는 필요에 따라 설치할 수 있다. 호텔의 숙련된 종업원을 얻기 어려운 곳에서는 자동화, 자동제어, conveyer 등은 성력화(省力化) 수단으로 경제적으로 가능한 한도 내에서 계획할 필요가 있는데 이들 중 몇 개의 공통 경로는 집중하지만 될 수 있는 한 분리시키는 것이 좋다. 이들 동선은 단축하고 간단히 하고 특히 객용 부분에서는 시각적으로 명료하게 하여 그 혼란을 피하도록 한다.

6. 평면계획

1) 계획의 요점

호텔은 영리를 목적으로 하기 때문에, 기획단계에 있어서 수익 예상을 검토하여 경영방침을 세워야 한다. 호텔은 숙박뿐 아니라 레스토랑, 연회장, 결혼식장, 회의장 등을 설치하여, 숙박부문 이외의 수익을 높이기 위해서 호화롭고 대규모화되고 있다. 또한 대규모의 도시형 호텔은 대규모 상점이나 몰, 체육시설 등을 설치하여 복합화함으로써 이용자의 다양한 요구에 적응하고 있다. 관광호텔은 단체객을 받기 때문에 객실수를 늘이고, 대연회장, 대욕장, 오락실 등을 설치함으로써 객의 요구에 대응하고 있다. 호텔의 주수입은 숙박부문의 수익과 비숙박부문의 수익 비율에 의해 달라지거나 통상 6 : 4 ~4 : 6의 범위 안에서 결정되며 도시형 호텔의 경우 후자에 가까워진다.

평면계획은 숙박부문과 비숙박부문의 이용자 수를 가정하여 객실이나 그 밖의 소요실의 수와 넓이를 결정한다. 수익의 증가만을 생각해서 비수익부분의 제실이나 설비를 절약하면 서비스의 저하로 이어질 수밖에 없기 때문에 무리한 수익부문의 고려는 피해야 한다. 또한 숙박을 포함한 이용자 수는 입지조건 및 계절 등에 따라 증감이 있으며, 특히 관광호텔에서는 그 차가 현저하다. 일반적으로 예측되는 1일의 최대 이용자의 70~80%를 기준으로 하여 객실수를 계획하는 것이 적절하다.

2) 각 부문의 구성

호텔의 구성과 소요실은 규모와 종류에 의해 달라지지만, 크게 나누어 수익부문과 비수익부문으로 구성된다. 수익부문에서는 객실부문, 음료부문, 연회부문, 그 밖의 수익부문이 있고, 비수익부문에는 프런트부문, 하우스키핑부문, 조리부문, 관리부문, 기계제실부문이 있다. 이를 보다 구체적으로 분류하면 다음과 같이 나누어질 수 있다.

① 관리부문

- 경영과 서비스의 핵이며 각 부의 상황을 신속히 파악, 조절하도록 한다.
- 실종류 : 프론트 오피스, 클로크 룸, 지배인실, 사무실, 창고, 전화 교환실, 종업원 관계 제실 기타

② 공공(사교)부문

- 매개공간으로 조직상 핵심이며 수익 부문과 비수익 부문으로 구성된다.
- 수익부문: 요식(料食)부분, 오락기능부분, 연회장으로 구분된다.
- 수익부문은 1층과 지하층에 두고, 동선 부분에 의해 숙박부분과 연결한다.
- 실 종류 : 현관, 홀, 로비, 라운지, 식당, 연회실, 오락실, 나이트클럽, 바, 볼룸, 커

피숍, 카운터, 기타

③ **숙박부문**

- 가장 중요한 부분이며, 호텔의 형태가 결정된다.
- 객실은 쾌적성과 개성을 요하며 변화를 주어 특성을 살리는 것이 좋다.
- 도시형 호텔은 대지 경계선에 의해 그 형이 결정되며, 리조트 호텔은 공공 부분과 무관한 자유로운 형태가 가능하다.
- 면적 비율은 도시형 호텔에서는 전체의 25~35% 정도, 비즈니스 호텔에서는 35~55% 정도이다.
- 실 종류 : 각실, 공동 화장실, 공동 욕실, 보일러실, 린넨실, 트렁크실, 복도, 계단, 메이드실 기타

④ **기타**

- 요리 관계부분 : 배선실, 주방실, 식기실, 기타
- 설비 관계부분 : 보일러실, 각종 기계실, 전기실, 세탁실 등
- 대여실 : 상점, 창고, 임대 사무실, 클럽 등

3) 객실 기준층 계획

① 객실 기준층에 대한 객실수는 30~90실이 바람직하다.

② 객실의 총면적과 공용부문 총면적의 비율은 7 : 3이 일반적이다.

③ 편복도실에 접한 객실은 조용한 환경, 프라이버시의 확보, 좋은 전망 등이 확보되어 유리하나 객실수가 많은 경우는 엘리베이터나 계단 등에서의 보행거리가 길어지고, 서비스가 저하될 염려가 있다. 전망을 중시하는 관광호텔은 비교적 객실수가 적은 편복도식이 사용된다.

④ 중복도식은 많은 객실을 밀실한 평면형으로 배치하는 도시형 호텔에 많이 사용된다.

⑤ 관광호텔에서는 별동으로서 연결복도로 연결하는 것과 정원 내에 별채 형식으로 이루어진 것도 있다.

⑥ 객실에 있어 양식과 한식의 비율도 중요한 요소이다. 양식의 객실은 숙박인원이 고정화되나 한식은 다소 융통성이 있다. 계절에 따라 손님의 증감차가 큰 관광호텔 등에는 한식이 많은 반면, 도시형 호텔은 양식이 주요 평면형이 된다.

⑦ 객실에의 서비스 균등화를 위해 엘리베이터, 계단, 공용 화장실 등은 객실층의 중앙 부근에 배치하는 것이 바람직하다.

⑧ 기준층 span ; 2개 객실을 연결한 것을 최소 기둥간격으로 한다.
즉, 한 span=(최소의 욕실 폭+각실 입구 통로 폭+반침 폭)×2

⑨ 기준층의 평면 형식 및 배치 비교

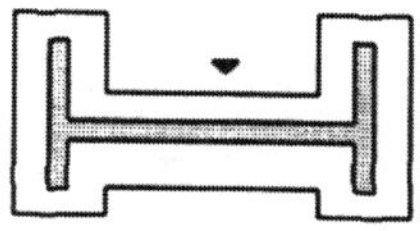

a. 복도 길이가 최소이므로 가장 유리하고 고층화 가능

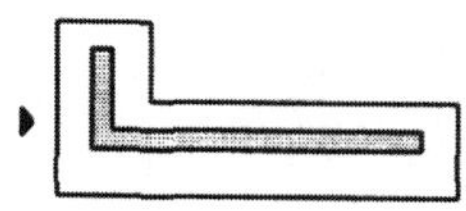

b. 부지가 비교적 작을 때의 변형

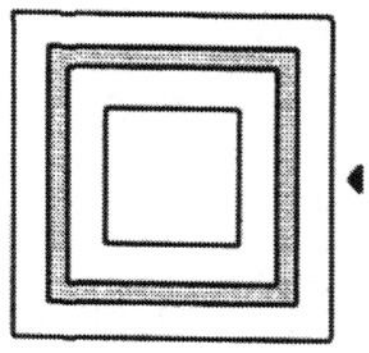

c. 부지를 최대한으로 이용할 수 있으나 복도가 길어서 고층으로 하면 안뜰이 어두워진다.

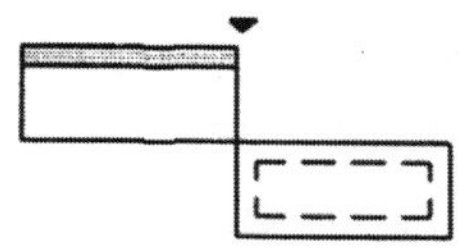

d. 복도가 길어져도 조망을 중시하는데 채용 증축 가능

타입	평면형의 예
①	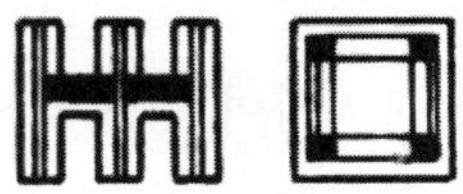
②	
③	
④	
⑤	
⑥	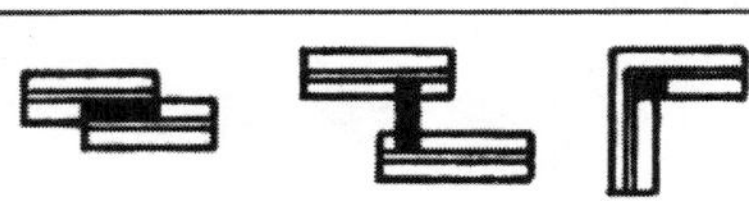

【그림 5-2】 기준층 평면형

7. 특수시설의 계획

특수층으로는 연회장, 회의실 등 숙박시설과는 달리 면적이나 형태가 달라지는 방이

많다. 따라서 기둥 간격이 기준층과 달라지게 되며 외측으로 새로운 기둥간격을 더하여 평면을 넓힐 때도 있다.

① 엘리베이터, 계단 : 현관 홀이나 프론트에서 알기 쉬운 위치로 한다. 객실층으로의 수직 교통로 이므로, 객실에의 서비스도 고려해서 계획한다. 엘리베이터 기계실을 포함한 옥상 위치가 결정되며 구조계획 및 외관의 디자인에도 영향을 미친다는 것을 고려한다.

② 연회장, 회의실 : 연회장, 회의실은 숙박객이 아닌 사람의 이용률도 많다. 그러므로 숙박객 이외의 객들이 손쉽게 사용할 수 있도록 현관 홀이나 프론트로부터 알기 쉬운 동선으로 해야 한다.

③ 주방 : 주방의 배치에는 주(主)주방에서 식당, 연회장 등의 부(副)주방 그리고 객실층의 배선 등과 관계된 수직동선(리프트, 엘리베이터 등) 및 수평동선(종업원 전용의 복도)을 고려한다. 또한 외부로부터의 식료품 반입, 잔류시의 반출동선을 고려한다.

④ 대욕장, 풀 : 관광호텔에서는 전망이 좋은 곳의 최상층에 대욕장을 설치하는 경우가 있다. 또한 도시형 호텔에서는 중간층 옥상에 실내 풀(pool)을 설치하는 경우가 있다. 그러나 이와 같은 계획은 구조계획상 불리하게 된다. 그러므로 가능한 한 최하층이나 저층부의 옥상에 계획하는 것이 좋다.

⑤ 대규모 상점 : 대규모 상점은 저층부에 계획한다. 상점을 이용하는 손님의 동선은 호텔을 이용하는 손님의 동선과 분리하여 상점의 손님이 호텔 안을 통과하지 않도록 하며, 또한 지하층에 상점을 계획할 경우, 도로면에서 직접 지하층으로 통하는 계단을 설치하는 등 호텔을 이용하는 손님과의 동선을 분리한다.

⑥ 기계실 : 기계 제설비 및 배관, 배선의 효율을 생각할 경우, 기계실은 평면의 중앙부가 경제적이다. 그러나 기계의 진동, 소음방지상 그리고 기계의 반출입과 유지관리면에서 난점이 있다. 그러므로 지하층에 설치할 경우 기계실은 한쪽 편에 위치하는 경우가 많다. 대지에 여유가 있는 관광호텔에서는 별동(別棟)으로 하는 경우도 있다.

⑦ 주차장 : 도시형 호텔에서는 지하주차장이 기본적으로 설치되나, 지하층에는 주방이나 기계실이 설치되므로 계획에 따라서는 주차공간을 확보하기 어려울 때가 있다. 그러한 경우 별동형식으로 입체적인 주차장을 설치하는 경우가 있다.

8. 각부 세부 계획

1) 방풍실(현관), 홀, 로비, 라운지

① **방풍실, 홀**(vestibule hall)

고객의 최초 도착장소로서 프론트 데스크와의 접속이 원활하여야 하며 기능적으로 로비와 라운지에 연속된다.

② **로비**(lobby)

• 객 동선의 중심지로 방풍실에 도착하는 객이 먼저 들어가게 되면, 예약이나 식사 및 사교를 위해서 이 공간이 이용된다.
• 프론트 오피스에 용이하게 연속될 수 있는 위치로 엘리베이터, 계단에 의해 객실로 통하고 식당, 오락실에 용이하게 갈 수 있는 장소이다.
• 공용부분(public space)의 중심이 되어 휴식, 면회, 담화, 독서 등 다목적으로 사용하는 공간이다.

③ 1실당 로비면적과 객실수의 관계

종별 \ 객실수	25	50	100	150	200
리조트호텔	$6m^2$	$5.5m^2$	$4m^2$	$3.2m^2$	$2.8m^2$
비지니스 호텔	$3m^2$	$2.5m^2$	$1.8m^2$	$1.3m^2$	$1.3m^2$

④ 로비에 대한 의자수

	로비만 일 때	라운지, 다실, 기타, 휴게실을 포함 했을 때
리조트 호텔	0.340석 × 수용인원	0.730석 × 수용인원
비지니스 호텔	0.365석 × 수용인원	0.530석 × 수용인원

⑤ 라운지(lounge)

넓은 복도이며 현과, 홀, 계단 등에 접하여 응접용, 대화용, 담화용 등을 위하여 칸막이가 없는 공간이다.

• 순수 라운지 면적 : 0.8~1m^2/실
• 로비 + 라운지의 면적 : 0.9~1 .5m^2/실(중규모 이상일 때)

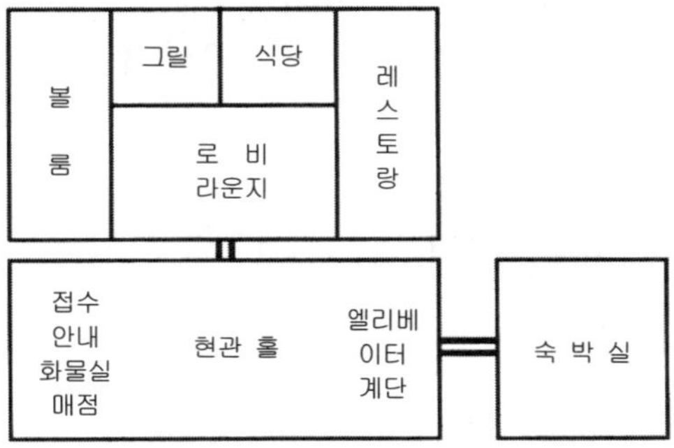

【그림 5-3】 현관 · 로비 · 라운지의 기능도

2) 프론트 오피스(front office), 지배인실, 클로크 룸(clock room)

입구 가까이 위치하여 호텔의 관리부문의 주요한 기능을 하며 접객부문이 여기서 분리된다.

① 프론트 오피스의 업무

- 안내계(information) : 객의 확인, 보도, 통신, 우편, 서신연락
- 객실계(room clerk) : 실의 배치, 숙박료 결정
- 회계계(cashier) : 계산서, 현금 출납, 각종 전표 정리, 귀중품 보관

② 지배인 실

외래객이 알기 쉬운 위치로 누구에게도 방해받는 일이 없이 자유롭게 이야기 할 수 있는 위치에 있어야 하며 후문으로도 통할 수 있게 한다.

③ 클로크 룸(cloak room)

- 집회 등이 있을 때 일시에 혼잡해지므로 카운터의 길이는 상당히 길게 하며, 예치 용품의 선반은 혼잡한 때를 대비하여 상당한 여유가 있어야 한다.
- 카운터의 길이
  - 일반실용 : 100명당 1m 이상
  - 혼잡한 회의실 : 100명당 3m 이상
  - 연회장 : 100명당 5m 이상

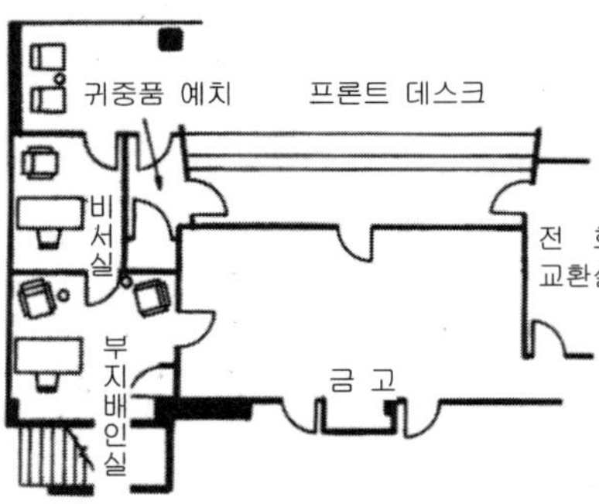

【그림 5-4】 프론트 오피스 평면

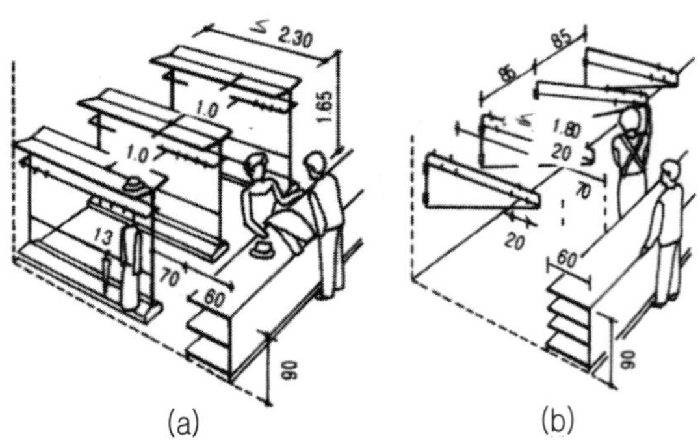

【그림 5-5】 크로크 룸

3) 객실(guest room)

수용인원 뿐 아니라 가구 및 여행용의 개인 짐을 들여 놓아도 living으로서 좁지 않도록 계획한다.

① 크기

(단위 : m)

구 분	실 폭	실길이	층높이	출입문폭
1 인 용 실	2.0~3.6	3.0~6.0	3.3~3.5	0.85~0.9
2 인 용 실	4.5~6.0	5.0~6.5		

(단위 : m^2)

실종류	싱글(single)	더블(doule)	트윈(twin)	스위트(suite)
1실의 평균면적	18.55	22.414	30.43	45.89

② 호텔 객실가구

명 칭		길 이	폭	높 이
베드	싱글 트윈	1,930~2,080	915~1,070	300~650
	더 블		1,390~1,520	
	스리코터		1,220~1,370	
	소 파		915~1,070	
	데 오	2,000	500 × 2	
옷장 붙은 화장대		2,300	600	750
화장대 붙은 데스크		1,800	500	800
옷장 붙은 데스크		1,450	600	750
화장대		1,300	550	700~750
나이트 테이블		1,000~700	1,000~200	750

③ 객실의 형

가로, 세로의 비, 욕실 벽장의 위치에 의해서 침대의 배치를 검토하여 결정한다.

- 일반적인 형

  b/a = 0.8 - 1.6

- 평면형의 결정조건

  침대의 위치, 욕실, 화장실의 위치에 의해 결정된다.

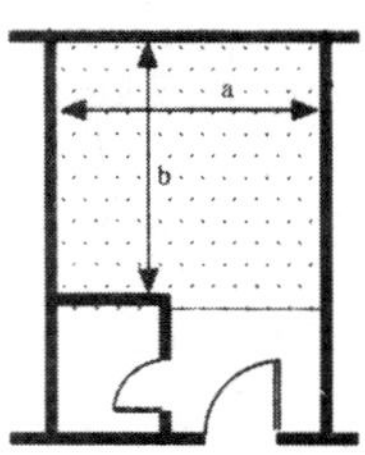

【그림 5-6】 객실의 형

④ 객실의 평면 유형

(a) 흔히 사용하는 트윈 베드 : 경제적이고 안락하기 위한 최적 객실폭은 3,600mm이며 로비 안에 옷장이 있다.
(b) a와 비슷하지만 싱글 베드 또는 더블 베드의 경우 실깊이가 줄어든다.
(c) 욕실에 맞는 전면부가 좁은 객실
(d) 갱의실과 옷장으로 출입할 수 있게 함
(e) 실폭을 늘려서 침실 사이에 욕실을 두고 욕실 하나는 자연채광이 됨
(f) 욕실에 간막이를 하여 비데를 설치한다. 각이 진 창을 앉을 자리를 더 만들 수 있고 조망을 좋게 할 수 있다.
(g) 욕실과 분리된 화장대를 갖춘 호화 객실
(h) 옷장을 간막이 벽 속에 설치해 공간을 절약한다.

【그림 5-7】 객실의 평면형

⑤ 욕실의 크기

욕실내 시설	A(최소)	B(최소)	A×B (최소)	
세면기, 변기의 경우	125cm	75cm	1.5m²	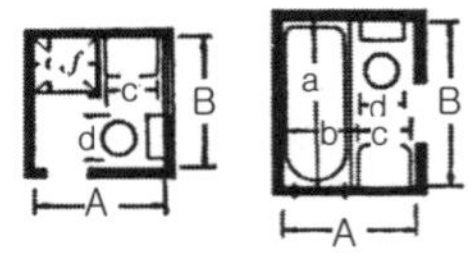
세면기, 변기, 샤워의 경우	150cm	120cm	2.5m²	
세면기, 변기, 욕조의 경우	114cm	190cm	3.0m²	

A′	B′	C′	D′	E′	F′
170cm	74cm	46~53cm	75cm	75cm	75cm

4) 식당, 주방, 연회장, 기타

① 식당

- 숙박객과 외래객의 접근과 개방성이 좋을 것
- 식당의 규모 결정 요소 : 호텔의 종류, 이용자 계층, 위치, 외래자 이용도, 계절 등
- 커머셜 호텔은 타 호텔에 비해 1/2 정도의 면적이 필요하다.
- 리조트 호텔은 충분한 면적이 필요하다.
- 규모
  - 시티 호텔 : 0.6석/수용 인원, 0.8m²/수용인원
  - 리조트 호텔 : 0.8석/수용인원, 1.0m²/수용인원
  - 식당 면적 : 3.3m²(1평)당 2~2.5명
  - 식당, 주방의 비율 = 70~80% : 30~30%

【표 3-2】 각 식당별 1석당 바닥면적

종 별	1석당 바닥면적(m²)	매시 순환 인원(인/h)
주 식 당	1.1~1.5	1~1½
연 회 장	0.8~0.9	-
런 치 룸	1.4~2.0	3½
카페테리아	1.4~1.7	2½
다 방	약 1.5	4

② 주방

- 위치 : 저장실, 식당과 동일 층에 두며 주로 1, 2층 또는 지하 1층에 위치한다.
- 운반을 위해 바닥에 단을 두지 않는다.
- 주방 면적 : 식당 면적의 25~35%
- 주방 설계시 유의점
  - 능률성, 경제성, 위생 등을 고려하며 위치는 서비스 코어에 집중 배치한다.
  - 요리공간은 직접 환기가 가능하며, 준비-조리-배선 체계를 동선계획과 일치시킨다.
  - 주위에 각종 보조 공간을 배치한다.

【표 3-3】 주방 크기의 비율

식사를 준비 할 경우	객실 면적의 25%
식사와 주류를 준비 할 경우	객실 면적의 25%
런치룸	객실 면적의 30~40%
카페테리아(오픈 카운터) 카페테리아(폐쇄 주방)	객실 면적의 42% 객실 면적의 30%
연회장(주주방의 보조로서)	연회장 면적의 25%
연회장(주주방으로서)	연회장 면적의 42%

③ **연회장, 집회실(ballroom)**

• 주용도는 다목적 홀이며, 레지덴셜 호텔, 커머셜 호텔 등은 이곳의 수입이 더 중요하게 된다.
• 숙박부와 명확히 구별할 것
• 수용인원과 가구배치의 가변성을 위한 모듈화가 필요(연회단위(宴會單位)가 중심)하게 된다.
• 테이블 배치는 6~10인용 라운드 테이블이나 10인용 이상의 대형 테이블을 배열할 것
• 음향, 조명시설, 동시 통역시설이 있고 주방과의 동선 체계를 고려할 것
• 규모

– 대연회장 : 1.3m²/인

– 중소연회장 : 1.5~2.5m²/인

– 회의 : 1.8m²/인

④ **객실수의 주식당 면적과 관계**

	종별 \ 객실 수	50	100	200	300	400	500	600	700	800
주식당 면적[m²]	리조트 호텔	150	270	465	640	780	-	-	-	-
	비지니스 호텔	70	125	215	295	365	440	500	560	600

⑤ **식당면적과 주방면적의 대비**

식당의 업종별	객실수	소요면적[m²]		주방면적/식당면적 [%]	1시간마다의 급식인원	1시간 1객석에 대한 식사 인원의 경우(평균)
		식 당	주 방			
경식당	50 100 150	75 115 250	23 35 75	30 30 30	175 350 525	3 ½ 3 ½ 3 ½
카 페 테리어	50 100 150	65 125 220	23 55 100	35 44 45	138 175 410	2 ¾ 2 ¾ 2 ¾
급사부 식 당	50 100 150	65 135 195	25 50 83	40 40 43	50~75 100~150 150~225	1~1 ½ 1~1 ½ 1~1 ½

5) 종업원의 관계 제실

① 종업원수는 객실수의 2.5배 정도의 인원이 필요하다.

② 종업원의 1/3정도가 숙박할 수 있는 시설이 필요하다.

③ 보이실(boy room) : 휴게, 숙직용의 베드를 구비하고 싱크 등을 설치한다.

④ 린넨실(linen room) : 숙박객의 셔츠, 머플러, 기타 의류 등을 수납, 보관하기 위한

장소이다.

⑤ 트렁크 룸(trunk room) : 숙박객의 짐을 보관하는 장소로 화물용 엘리베이터가 필요하다.

6) 복도, 계단

① **복도**

- 폭
  - 2~3m가 적당하며 복도의 형식(편복도, 중복도)에 따라 다르다.
  - 법규상(바닥면적이 100m^2가 넘는 층)
    - ⓐ 중복도인 경우 : 1.5m 이상
    - ⓑ 기타의 복도인 경우 : 1.2m 이상

② **계단**

- 폭 : 최소 1.4m 이상
- 단높이 : 170~175mm 이하
- 단너비 : 270~280mm 적정
- 높이 3m 초과시 3m 이내마다 계단 참 설치

7) 화장실

① 공용 부분에서는 60m 이내마다 설치한다.

② 종업원의 화장실은 따로 설치하여 고객과의 혼용을 방지한다.

③ 공통용 변기수는 25인에 대해 1개의 비율로 설치한다.(대 : 소 : 여 = 1 : 2 : 1)

8) 오락실

지하층 또는 1층에 설치되며 탁구, 당구, 볼링, 피아노, 카드 룸, 독서실 등이 있다. 레지덴셜 호텔, 리조트 호텔에서는 예상면적이 있는 한 충분히 잡는 것이 좋다.

9. 단면계획(층고, 천장고)

1) 천장고

천장고는 실용도에 따라 달라진다. 일반적인 천장고는 다음과 같다.

① 객실 천장고 : 2.3~2.6m 정도

② 현관 로비, 연회장, 레스토랑 등의 천장고 : 2.8~3.2m정도이나 대형 호텔에서는 특히 높은 천장이 많다.

③ 복도의 천장고 : 2.1~2.3m

④ 기계실의 천장고 : 4.5m

2) 층고

층고는 천장고에 천장 내부의 공간, 상층의 바닥슬래브 및 바닥 마감에 의해 결정된다. 천장 안의 스페이스는 배관, 배선의 설치가 가능하도록 한다. 최상층의 객실은 옥상에서의 태양열에 대한 방서(防暑)를 고려하여 층고의 여유를 갖는다.

• 객실층의 층고 : 3.0~3.2m 정도

10. 설비계획

1) 위생설비

① 공공 공간의 경우 60m 이내마다 공동 화장실을 남·녀 구분으로 설치한다.

② 종업원용과 고객용은 구분하고 객실은 전용 화장실을 설치한다.

③ 공동 변기는 25명당 1개, 대 : 소 : 여 = 2 : 4 : 2의 비율로 한다.

2) 공기조화설비

① 환경 조건 : 실온=15~20℃, 습도=40~60%

② 난방방식 : 객실-온수난방, 공공 공간 - 증기난방

11. 방재 및 피난계획

고층화 된 호텔에서는 다음의 방재계획에 유의한다.

① 바닥, 벽, 천장의 내장재에는 방화상 유효한 불연, 준불연재료를 사용한다.

② 화재의 조기발견과 통보. 초기 소화배연 등의 설비를 한다.

③ 방화구획을 설정하여 방화벽, 방화문을 설치하고, 화재의 확산을 막고 피난하기 용이하게 한다.

④ 2방향 이상으로 피난할 수 있는 단순 또한 명쾌한 피난경로를 설정하여 비상등, 비상용 엘리베이터, 피난계단 등을 설치한다.

⑤ 피난동선은 수평, 수직 양방향의 균형을 고려하고 일상의 동선과 일치시킨다.

⑥ 화재, 그 밖의 피난용으로서 피난층 옥외로의 출구, 피나계단에서 옥외로 통하는 출구 등을 설치하고, 방범상 시건장치를 한다.

⑦ 비상시 제설비가 작동하도록 자가발전장치를 설치한다.

12. 호텔의 실례

⬆ 롯데호텔 제주

WAT & G + 이웨스 건축

위　　치 : 제주도 서귀포시 색달동 2812-14. 중문 관광단지 내
대지면적 : 84,972m²
연 면 적 : 86,400.93m²
건축면적 : 11,800.39m²
용 적 률 : 35.57%
건 폐 율 : 13.89%
조경면적 : 38,249.80m²
객 실 수 : 500실

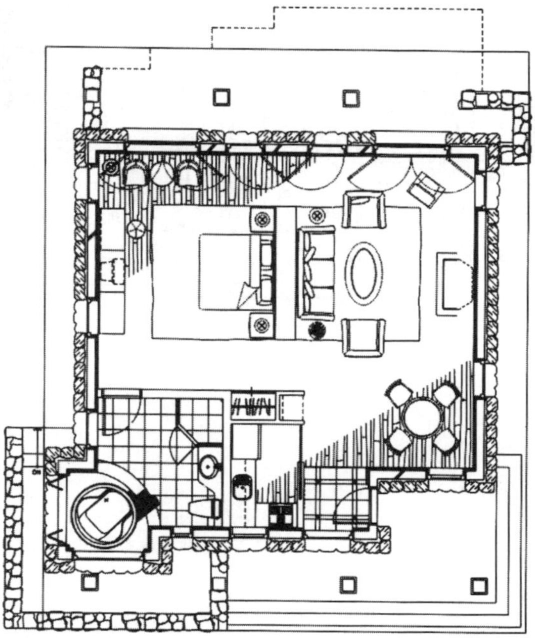

빌라 룸

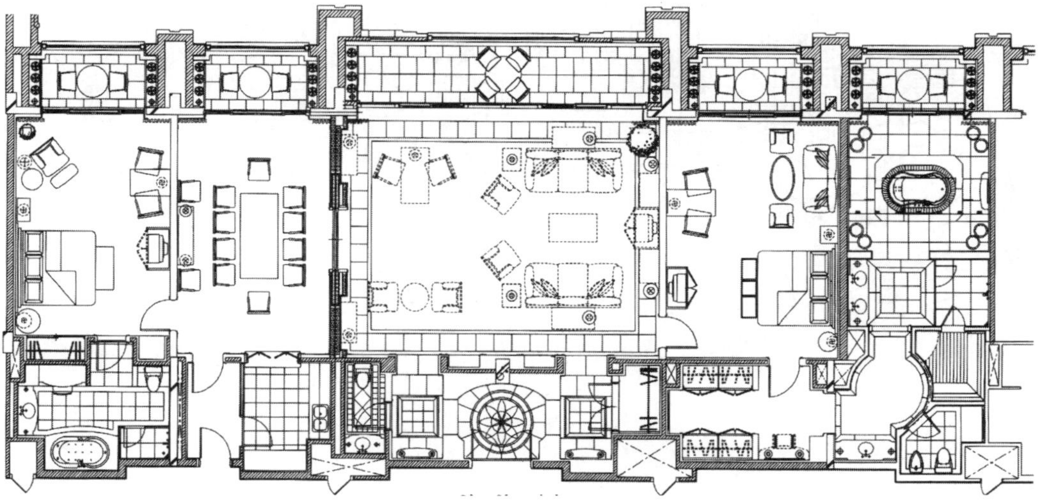

로얄 스위트 평면도

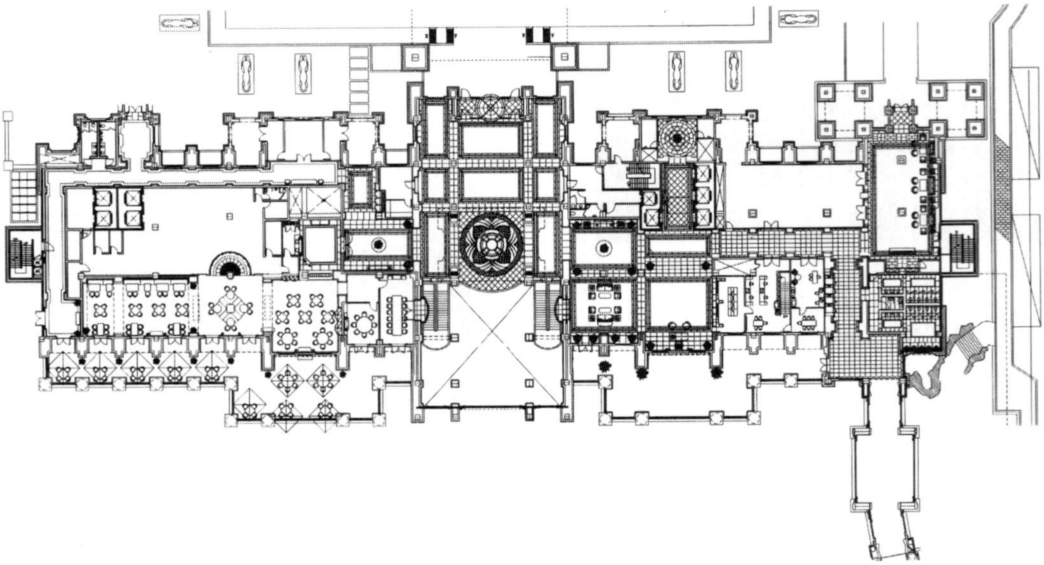

8층 평면도

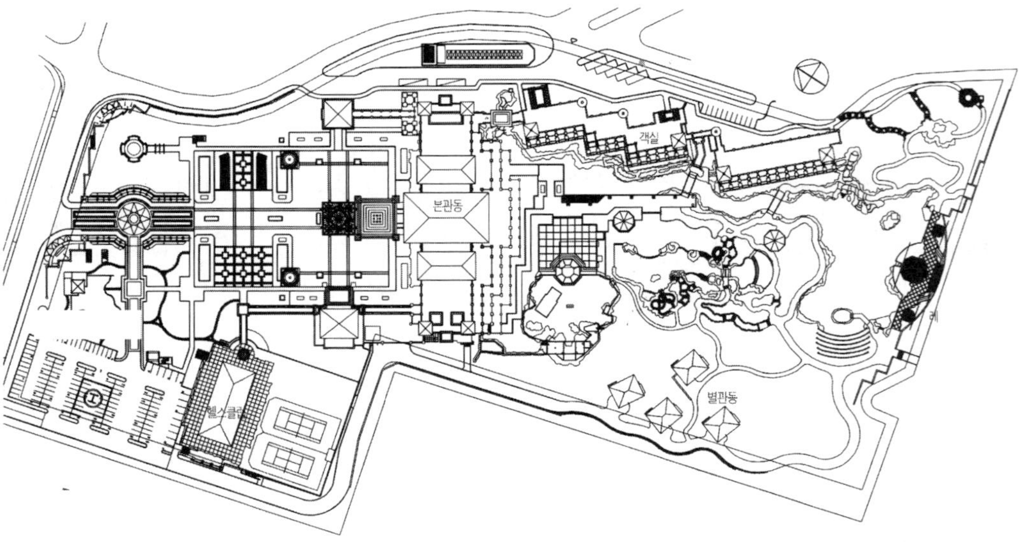

배치도

리츠칼튼 호텔

이공건축

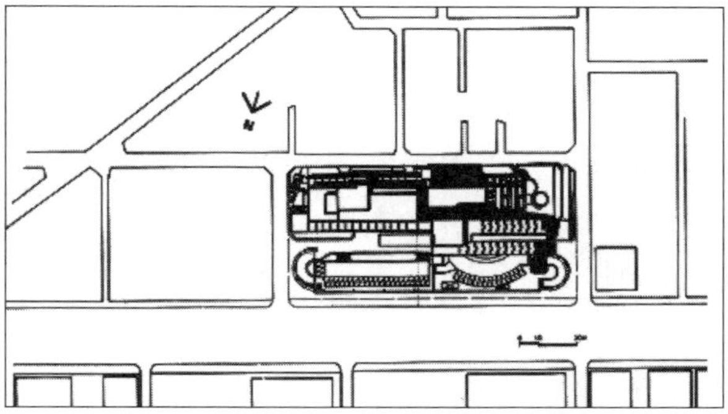

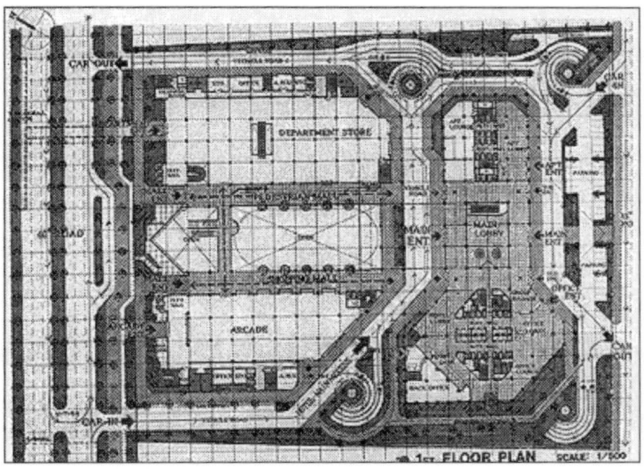

868 타워

이공건축

II 연수시설, 휴양소

1. 개요

연수시설은 국가, 공공기관, 지방자치단체, 기업 소속 임직원, 가맹 회원, 청소년들의 야외에서의 연수를 목적으로 설치한 복리후생시설의 하나이다. 또한 휴양소는 지방공공단체나 기업이 지역주민이나 직원, 종업원의 휴식과 레크레이션을 목적으로 한 복리후생시설의 하나이다.

2. 연수시설, 휴양소의 종류

1) 시설의 종류

① 자연휴양림

국가 및 지방자치단체가 설치한다. 주로 소년층을 대상으로 하는 단체 숙박연수시설이다. 국립시설은 본관(관리실, 연수실, 식당, 욕실 등), 숙박동, 특별 연수동 등을 갖는 대규모 시설이 주류를 이루며, 공립의 경우 숙박실, 연수실, 체육관, 사무실, 식당 등을 갖는다.

② 청년의 집

국가 및 지방자치단체가 설치한다. 청년을 대상으로 하는 단체 숙박연수시설이다. 국립은 대규모로 숙박, 생활, 연수, 관리부문 등으로 이루어져 있고, 연수실, 담화실, 체육관, 도서실, 음악실, 시청각실, 운동장 등을 갖으며, 공립은 숙박실, 집회실 또는 연수실, 도서실, 담화실, 체육관 등을 갖는다.

③ 학교수련원

지방자치단체, 학교, 대학 등이 설치한다. 학교수련원은 학생을 대상으로 한 집단숙박훈련시설로, 숙박실, 집회실, 도서실, 식당, 욕실, 사무실, 옥외스포츠 센터 등을 갖으며, 체육관이 있는 경우도 있다.

④ 야외활동센터

청소년을 대상으로 한 야외 숙박연수시설로 관리동(본관)에 사무실, 연수실, 숙박실, 식당, 체육관, 풀, 천체관측장 등을 갖는 경우도 있다.

⑤ 청소년 종합센터

청소년을 대상으로 하는 단체 숙박연수시설로 일반 연수실, 특별 연수실(음악, 시청각 등), 숙박실, 체육관, 자료관, 풀, 식당, 사무실 등을 갖는다.

⑥ 교육센터

국가, 지방자치단체가 설치한다. 연수실, 도서실, 실험, 실습실 등을 갖는다.

⑦ 기업 등의 연수시설

기업, 각종 단체의 연수시설로 종업원이나 단체의 가족을 포함한 레크레이션 시설이 주류를 이룬다. 숙박실, 각종 연수실 이외에 스포츠시설 등을 갖는 경우가 많다.

⑧ 휴양소

지방자치단체나 기업, 각종 단체가 설치한다. 자치단체나 기업의 복리후생시설로 사용하며 주민이나 직원, 종업원의 가족을 포함한 휴양시설로도 사용된다.

3. 대지계획

연수시설 휴양원은 일반적으로 자연환경이 좋은 장소나 피서지 등과 같은 리조트 부지에 많다. 그러나 기업의 연수원과 같이 최근은 교통조건을 우선으로 하여 시가지 안에서 대지를 선택하는 경우도 있으며 입지조건은 시설의 목적, 성격에 의해 달라진다.

1) 일반적 입지 조건

① 자연환경이 좋은 곳을 선택한다.
② 시설 이외의 커리큘럼이 가능한 곳이 좋다.
③ 간선도로에서 벗어나 있지만 교통편이 좋은 곳을 선택한다.
④ 자연재해에 의한 위험성이 적은 곳이 좋다.
⑤ 독사, 유해곤충 등이 생식하지 않는 곳이 좋다.
⑥ 풍토병이 없어야 한다.
⑦ 병원 등 긴급시설과의 연락이 쉬운 곳이 좋다.
⑧ 급배수, 특히 오수처리가 용이한 곳이 좋다.
⑨ 전기의 인입이 용이해야 한다.

2) 시설의 성격별 입지조건

① 청소년용 연수시설

- 외부환경으로부터 격리된 자연 그대로의 환경인 곳
- 자연관찰, 자연보호 등의 활동이 충분히 실시될 수 있는 곳
- 캠프, 하이킹, 물놀이 등 야외활동이 가능한 곳

② 기업용 연수원

• 자연환경이 좋은 경승지
• 쉽게 갈 수 있는 시가지 근교의 경승지
• 최근에는 시가지 안에도 많다.

③ **휴양소**

• 자연환경이 좋은 경승지, 피서지 등이 좋다.
• 해변, 스키장 등 자연형 레크레이션이 가능한 곳이 좋다.

4. 배치계획

1) 배치계획시 유의사항

배치계획은 토지이용, 재해 및 위험부분, 물의 이용, 급배수, 풍경, 식생 등의 기초적인 조사를 하여 그 결과를 함께 최종적으로 건물의 배치를 결정한다.

① 지형상황을 고려해서 건물의 건축장소를 결정한다. 예를 들어 경사지의 경우, 경사면에 따라 세우거나, 등고선을 따라 세우는 등의 문제를 고려해서 배치를 결정한다.
② 일조가 좋은 장소에 건물 및 광장을 배치한다.
③ 전망이 좋은 장소에 건물을 배치한다.
④ 토지 및 그 밖의 시설을 충분히 사용할 수 있도록 관련성을 갖는 배치계획을 세운다.
⑤ 기존의 어떤 큰 수목은 남기는 등의 배려를 해서 자연환경을 되도록 손상시키지 않는다.

2) 배치유형

① **분산형**

단독 숙박시설 등이 연수원, 관리실 등 중심시설로부터 분산되어 배치되어 있는 형식이다. 이 경우 숙박동은 작은 인원의 그룹 단위가 사용할 수 있도록 계획한다. 복수의 그룹이 이용하기에 좋으나 우천시에 이용 및 관리면에서 문제가 있다.

② **선형**

숙박부문이 연수원, 관리실 등 중심부문에서 복도의 선형으로 배치한 형식이다. 숙박동과 기타 부문에서 옥외광장을 둘러싼 광장형의 패턴이 있다.

③ **핑거형**

숙박부문이 연수원, 관리실 등 중심부문에서 손가락 형태의 복도에 의해 배치한 형식이다. 경사면을 이용할 때 많이 사용된다.

④ **익부형**

숙박부문이 연수원, 관리실 등 중심부문에서 양측으로 익부상으로 배치되고 있는 형식이다. 평평한 넓은 부지에 사용하기 좋다.

5. 연수시설의 계획

1) 연수의 내용

연수는 대별해서 부지 내의 연수와 부지 외의 연수로 나누어진다. 또한 부지 내의 연수에는 옥내연수와 옥외연수가 있다.

2) 부지 내의 연수

① **옥내연수**

옥내연수로는 강연, 영화회, 연수, 오리엔테이션, 옥내스포츠, 포크댄스, 채집물의 분석 등이 실시된다.

② **옥외연수**

캠프파이어, 자연관찰, 취사, 옥외스포츠, 텐트숙박 등이 실시된다.

3) 부지외의 연수

하이킹, 등산, 사적탐방, 해수욕 등이 실시된다.

4) 각 부문의 구성

연수시설은 연수부문, 숙박부문, 관리부문, 생활관련부문, 공통부문 등의 5개 부문으로 구성된다.

① 연수부문 : 강당, 연수실, 실험, 실습실, 시청각실, 체육관 등으로 구성된다.
② 숙박부문 : 숙박실, 세면, 화장실, 리넨, 수납실 등으로 구성된다.
③ 관리부문 : 사무실, 관리인실, 회의실, 방송실, 인쇄실, 숙직실, 기계실 등으로 구성된다.
④ 생활관련부문 : 식당, 조리실, 자취실, 욕실, 샤워실, 세탁, 건조실로 구성된다.
⑤ 공통부문 : 현관 홀, 로비, 상담실, 전시실, 차고 등으로 구성된다.

5) 동선계획

① 동선에는 사람과 차의 동선이 있고, 사람의 동선에는 이용자, 관리인, 직원, 서비스 동선이 있고, 시설의 목적이나 이용형태에 따른 동선 계획을 세운다.
② 현관은 친숙하고 밝은 분위기로 하여 보행자와 차의 동선이 교차하지 않도록 한다.
③ 유지・관리 등의 서비스 동선은 알기 쉽고, 관리인이 점검할 수 있는 동선계획으로

한다.

④ 이용자의 동선은 관내의 이동 중에도 자연과의 접촉이 가능하도록 고려한다.
⑤ 욕실을 이용한 다음 동선이 현관 홀 등을 경유하지 않도록 주의한다.
⑥ 관리인 숙소가 있는 경우는 관내 이용자가 들어오지 않도록 동선을 계획한다.

6) 평면계획

① 우천시의 활동을 고려해서 계획한다.
② 전체적으로 저층으로 구성한다. 층수는 숙박부문이 3층을 넘지 않도록 하며 엘리베이터는 설치하지 않도록 계획한다.
③ 숙박부문은 남녀의 구분, 그룹의 구분에 대응할 수 있도록 계획한다.
④ 숙박부문은 전망이 좋은 곳에 계획한다.
⑤ 식당은 밝고 햇볕이 잘 들어오는 곳에 계획한다.
⑥ 기계실은 욕실 등의 공급이 좋은 곳에 두며, 유지·관리가 용이한 위치에 설치한다. 경우에 따라서는 별동으로도 계획한다.
⑦ 체육관은 옥외연수를 고려해서 운동장 등 주위의 오픈 스페이스와 함께 계획한다.

6. 휴양소의 계획

1) 각 부문의 구성

휴양소는 숙박부문, 관리부문, 공통부문 등 3개의 부문으로 구성된다.

① 숙박부문 : 숙박실, 욕실, 세면, 화장실 등으로 구성된다.
② 관리부문 : 관리인실, 종업원실, 기계실, 리넨실, 조리실, 창고 등으로 구성된다.
③ 공통부문 : 현관 홀, 로비, 연수실, 집회실, 담화실, 오락실, 식당 등으로 구성된다.

2) 동선계획

① 동선에는 사람과 차의 동선이 있고, 사람의 동선으로는 이용자, 관리인, 직원, 서비스 동선이 있으며 이들은 각각 교차가 안되도록 한다.
② 현관은 친숙감이 있고, 밝은 분위기로 하며, 보행자와 차의 동선이 교차하지 않도록 한다 .
③ 이용자의 동선은 명쾌하면서 알기 쉬운 동선으로 계획한다.
④ 유지·관리 등의 서비스 동선은 알기 쉽고, 관리인이 점검할 수 있는 동선으로 계획한다.

3) 평면계획

① 전체적으로 저층으로 계획하며, 밀실하게 구성한다. 층수는 3층을 넘지 않도록 하며, 엘리베이터는 설치하지 않도록 계획한다.

② 숙박부문은 전망이 좋은 곳에 계획한다.
③ 식당은 밝고 햇볕이 잘 들어오는 곳에 계획한다.
④ 기계실은 욕실 등에 공급이 편리하도록 하며 유지, 관리가 좋은 위치에 설치한다.
⑤ 소가족, 소그룹이 동시에 사용하는 일이 많으며, 각각의 그룹의 독립성이 유지되도록 계획함과 동시에 교류도 원활하도록 담화실, 로비 등을 계획한다.

7. 연수시설, 휴양소 실례

← I & I Land

Mitsuo Taki

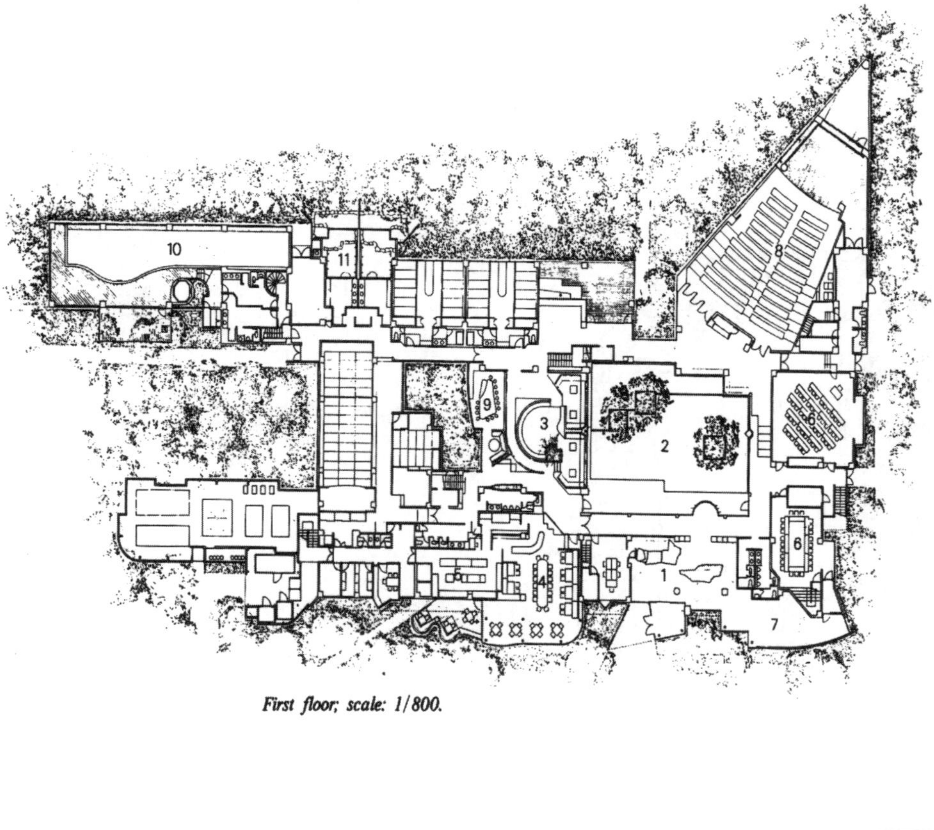

First floor; scale: 1/800.

⟵ 산청연수원

한상묵 + 강선철(삼우건축)

위　　치 : 경남 산청군 사천면 내공리 596번지 외 11필지
대지면적 : 47,401m²
연 면 적 : 22,847.5m²
건축면적 : 5,892.89m²
용 적 률 : 48.2%
건 폐 율 : 12.43%
구　　조 : 철근콘크리트, 일부 철골조

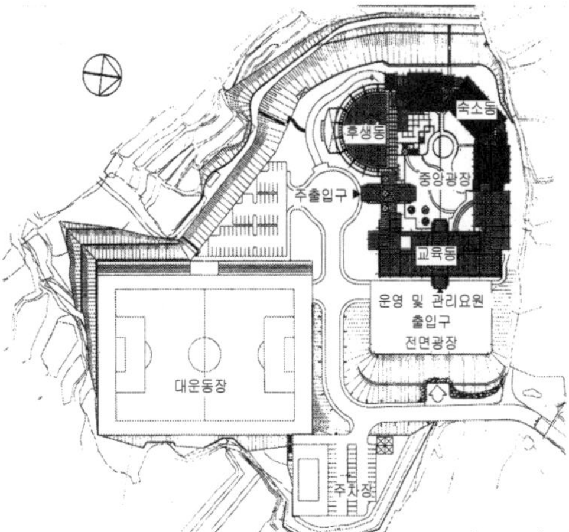

배치도

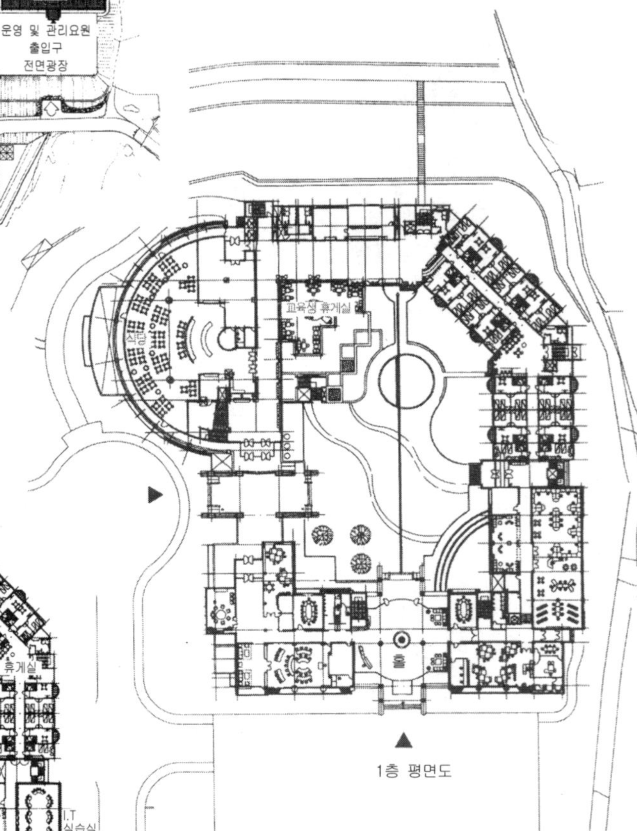

1층 평면도

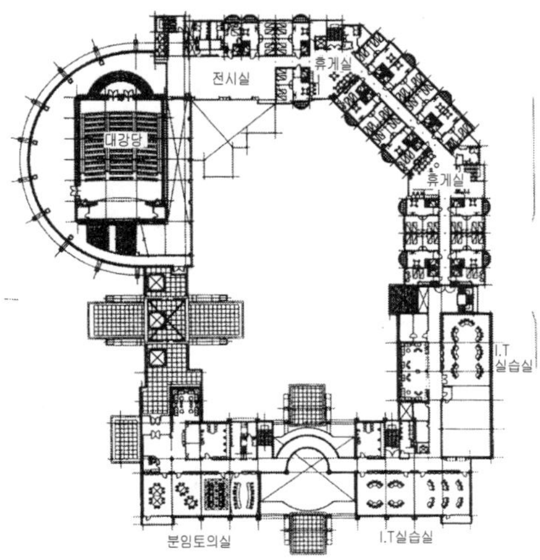

2층 평면도

➡ 강화 계산교회 연수원

제 갈 엽

위　　치 : 인천 강화군 내가읍 고천리
대지면적 : 3,302m²
건축면적 : 1,644.9m²
연 면 적 : 3,843.63m²
구　　조 : 철근콘크리트, 경량철골조
규　　모 : 지하 2층, 지상 4층

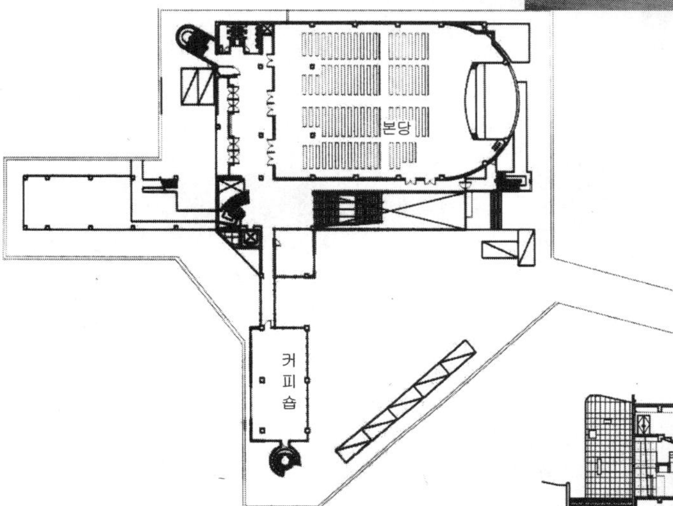

1층 평면도

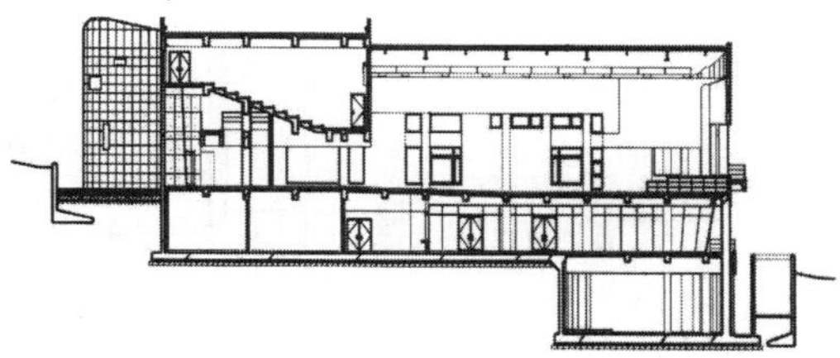

단면도

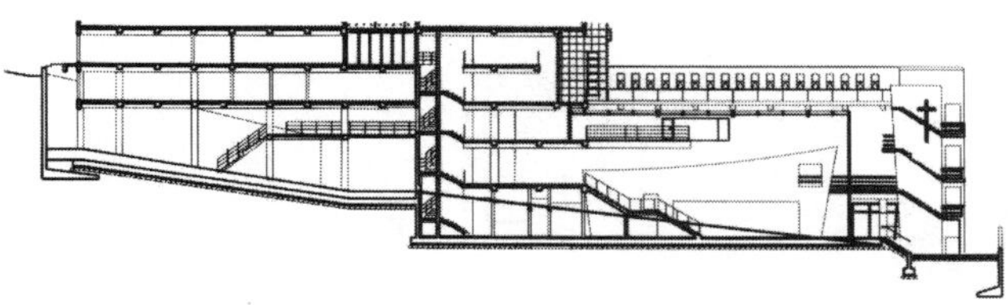

단면도 2

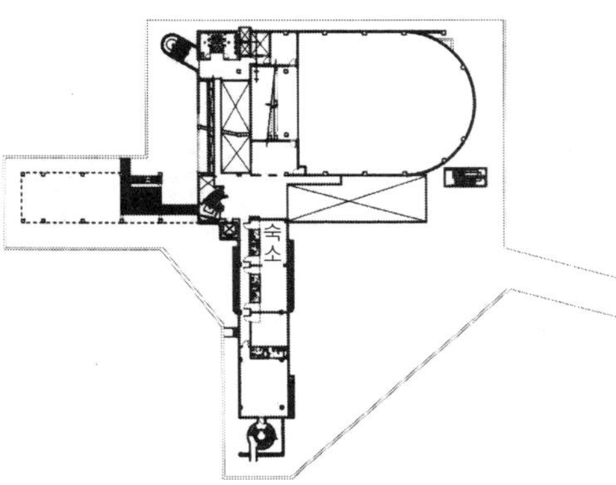

2층 평면도

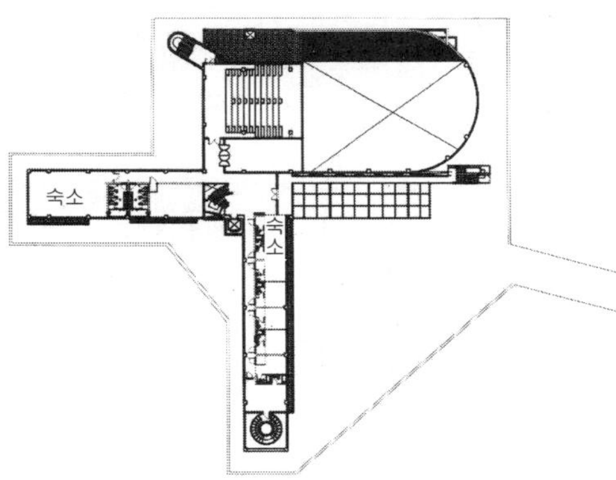

3층 평면도

⬅ 교원그룹 도고연수원

조남호 · 박종수(솔토건축)

위　　치 : 충남 아산시 선장면 신성리 산 73-1외 9필지
대지면적 : 76,849m²
연 면 적 : 5,614.5m²
건축면적 : 3,370.8m²
용 적 률 : 12.75%
건 폐 율 : 8.64%
조경면적 : 25,775.3m²
구　　조 : 철근콘크리트, 일부 목구조
규　　모 : 지하 1층, 지상 4층

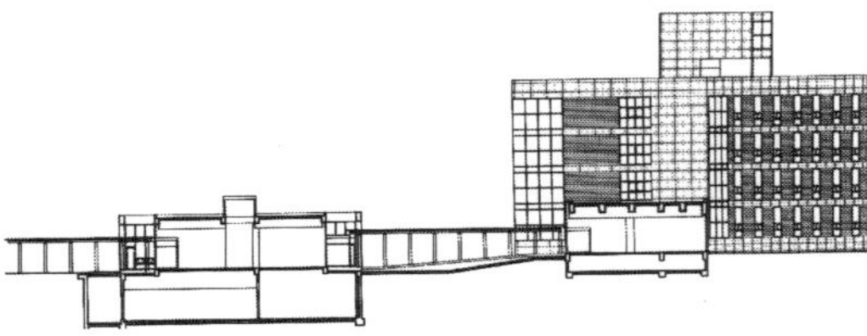

단면도

우측면도

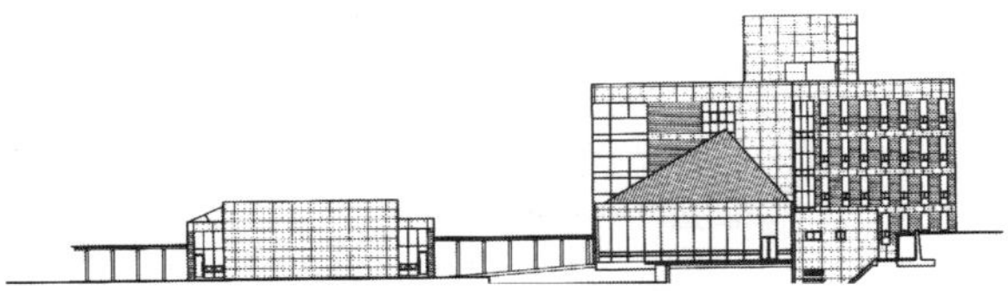

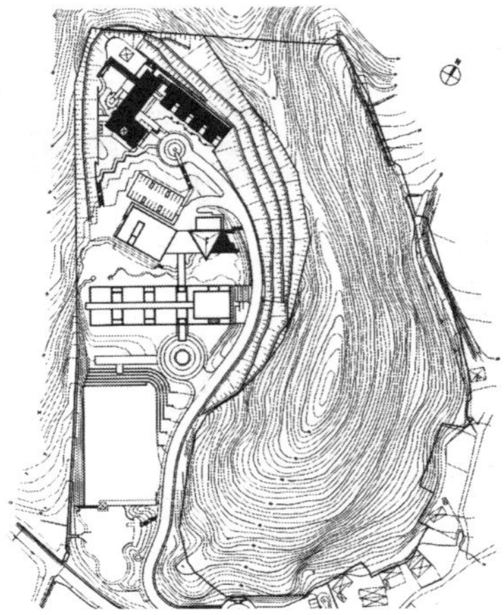

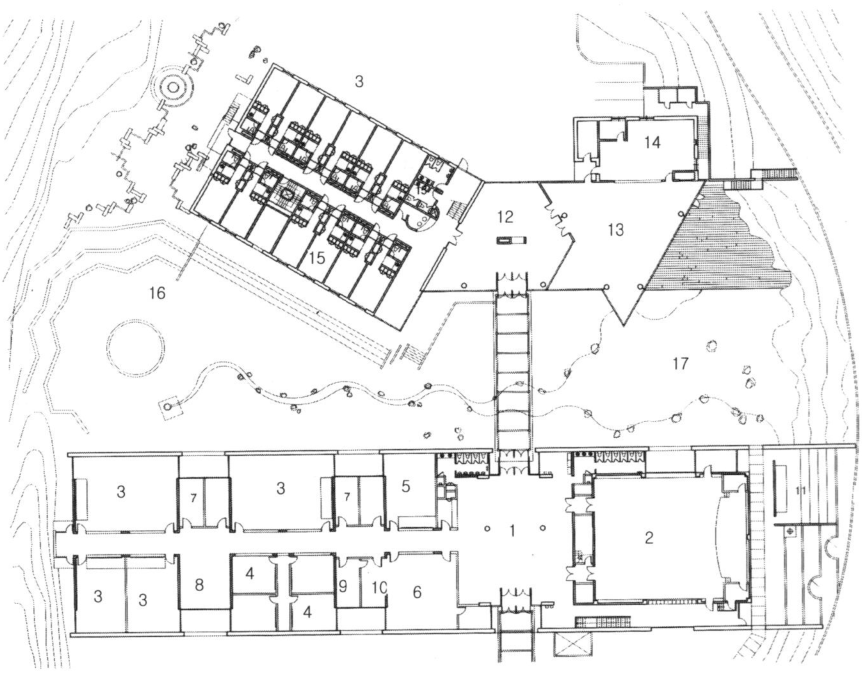

1. 로비
2. 대강의실
3. 강의실
4. 분임토의실
5. 전산교육실
6. 사무실
7. 진행본부
8. 휴게실
9. 원장실
10. 회의실
11. 옥외강의실
12. 전시홀
13. 식당
14. 주방
15. 숙소
16. 옥외집회장
17. 연못

1층 평면도

⬅ 교원그룹 게스트 하우스

조남호 · 장재소(솔토건축)

위　　치 : 충남 아산시 선장면
대지면적 : 76,849m²
연 면 적 : 1,838.1m²
건축면적 : 1,233m²
용 적 률 : 3.96%
건 폐 율 : 3.16%
조경면적 : 25,775.3m²

1. 라운지
2. 홀
3. 관리실
4. 강의실
5. 침실
6. 샤워실
7. 주방
8. 화장실

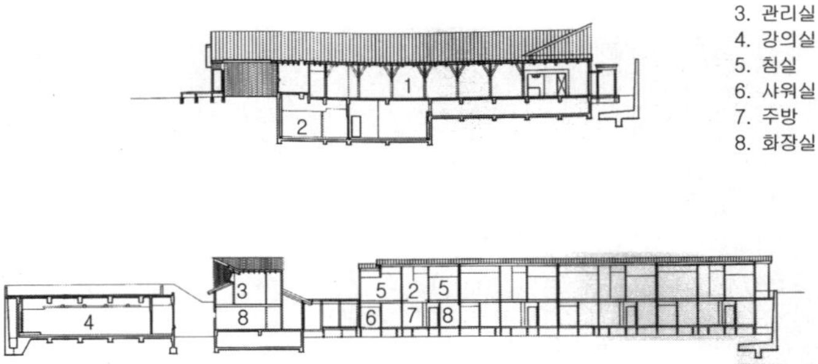

단면도

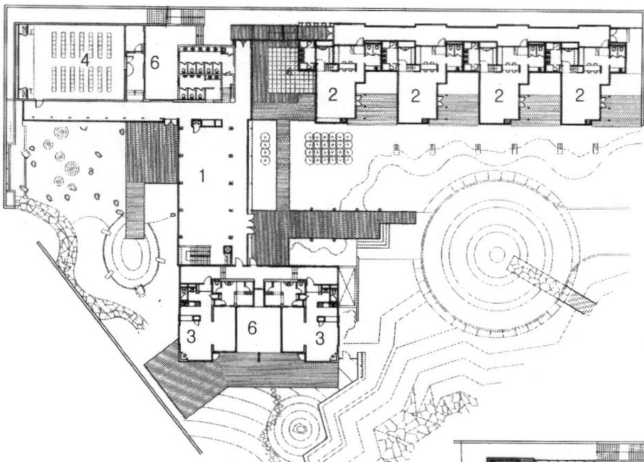

1층 평면도

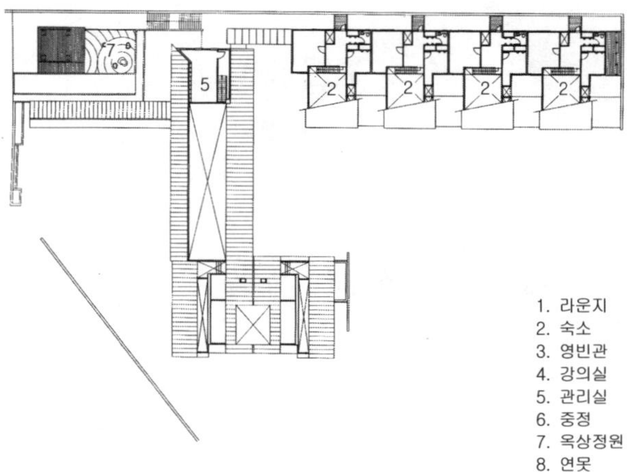

1. 라운지
2. 숙소
3. 영빈관
4. 강의실
5. 관리실
6. 중정
7. 옥상정원
8. 연못

2층 평면도

⬅ 금천 청소년 수련관

공간(이상림 · 서해천)

위　　치 : 서울 금천구 시흥동 산 84-7, 28
대지면적 : 6,275m²
연 면 적 : 4,980.31m²
건축면적 : 1,239.31m²
용 적 률 : 24.73%
건 폐 율 : 19.75%
규　　모 : 지하1층, 지상 3층

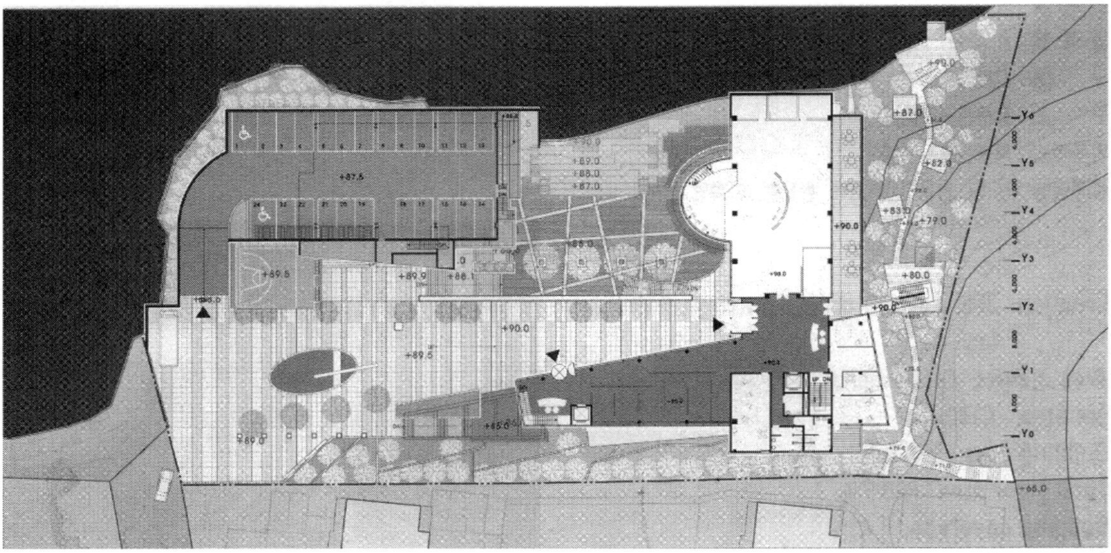

1st floor plan

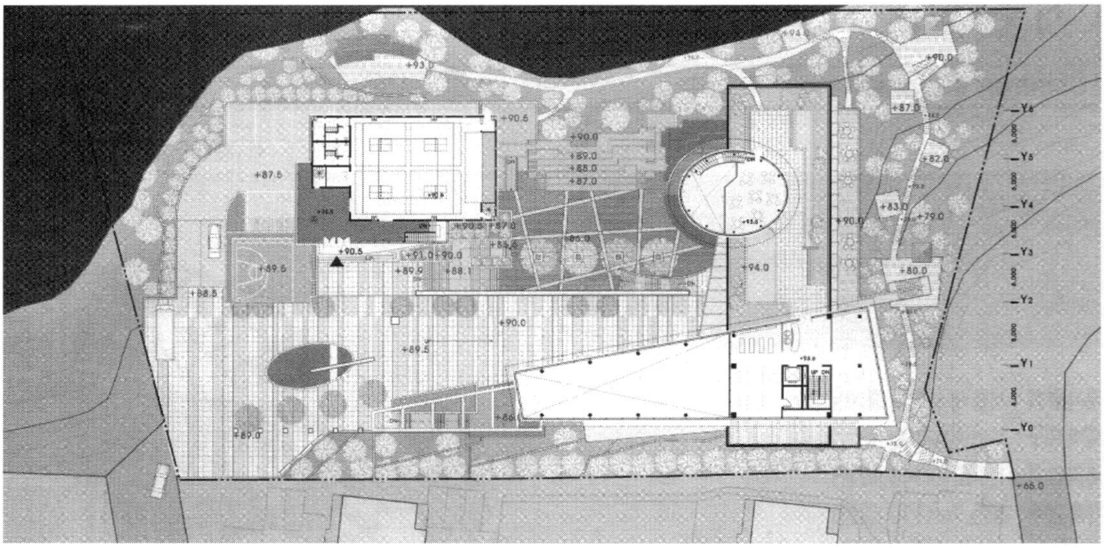

2nd floor plan

← 서울 만남의 광장 휴게소

가와건축(최삼영)

위　　치 : 서울 서초구 원지동 10-7번지 외 15필지
대지면적 : 18,570m²
연 면 적 : 1,639.56m²
건축면적 : 1,034.85m²
용 적 률 : 7.43%
건 폐 율 : 5.57%
구　　조 : 철근콘크리트조
규　　모 : 지하1층, 지상 2층

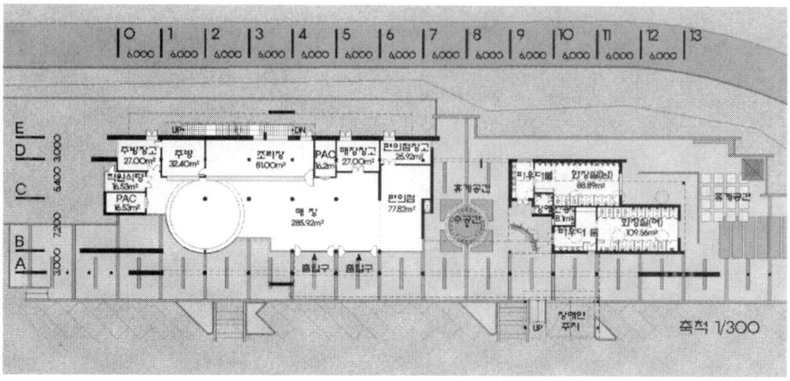

1st floor plan

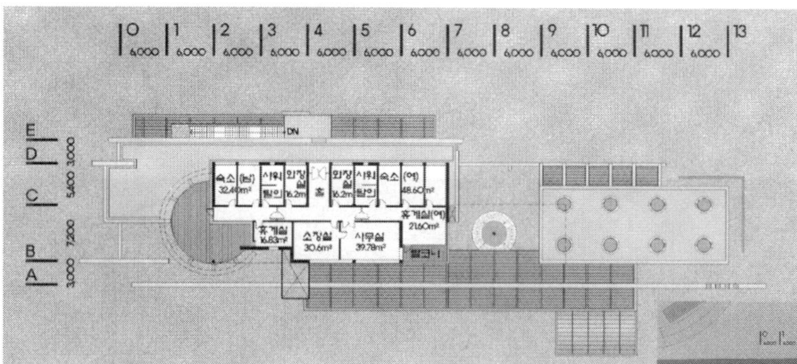

2st floor plan

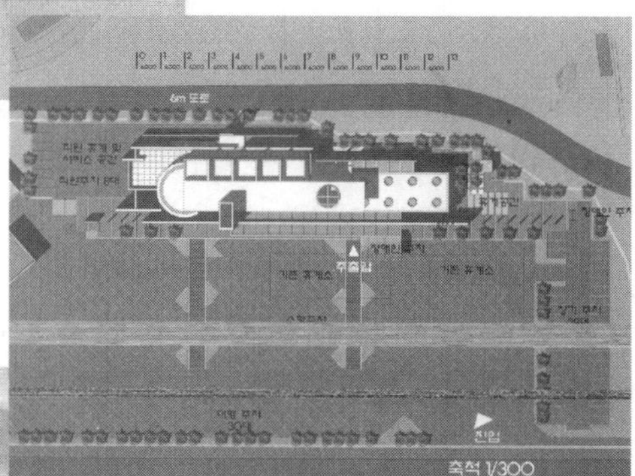

site plan

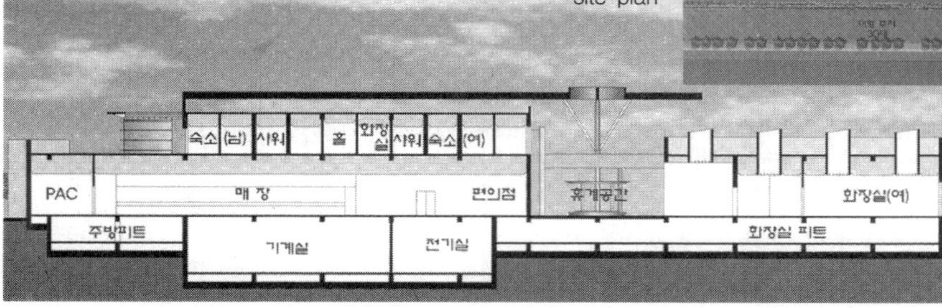

Longitudinal section

⬆ 안성 풀 하우스

김 낙 중

위　　치 : 경기도 안성군 박곡면 변제리
대지면적 : 20,024m²
연 면 적 : 460m²
구　　조 : 철근 콘크리트조, 목구조
규　　모 : 지하 1층, 지상 1층

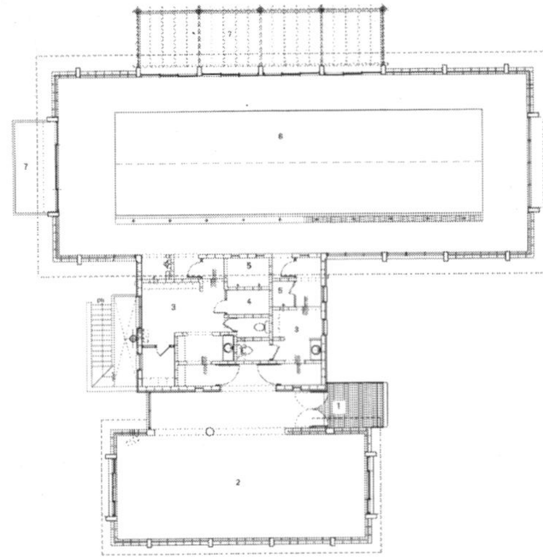

1층 평면도

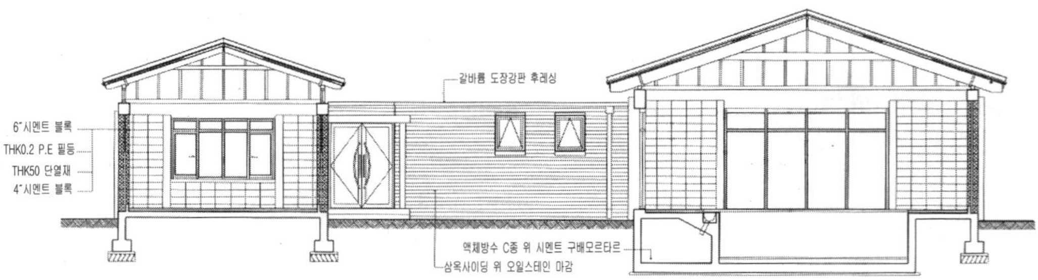

횡단면도

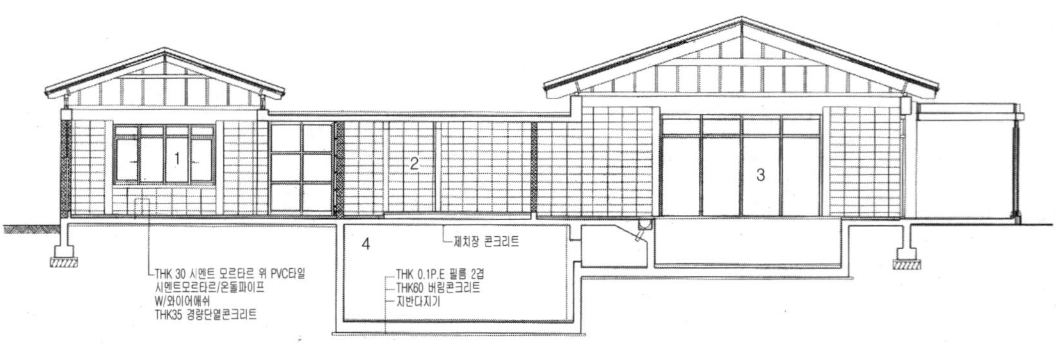

단면도

III 유스 호스텔(youth hostel)

1. 개요

국적과 환경이 다른 청소년이 우호적인 분위기 속에서 화합할 수 있는 장소이며, 여행 중에 민족이나 인종, 종교, 계급에 차별이 없이 이용할 수 있는 시설로서 보통 1실당 20명 이하를 수용하는 것이 보통이다.

2. 종류 및 특징

1) 여행 유스호스텔

여행 도상형 유스 호스텔로 짧은 일정 기간 동안 여행할 경우로 소규모이며 보통 50명 내외를 수용하는 곳이 많다.

2) 여가 유스호스텔

① 동계, 하계 스포츠형 유스 호스텔

며칠 간의 체재를 목적으로 하거나 산책하거나, 오락, 수영, 스키, 스케이트 등의 시설물을 이용하기 위한 유스 호스텔이다.

② 주말형 유스 호스텔

도시주변에 주로 건설되며, 개인 혹은 단체가 모임이나 강습회, 레크레이션 등의 목적으로 이용된다.

3) 도시 유스 호스텔

통과형 유스 호스텔로 대도시 또는 교통의 중심지에 건설되며, 이용자는 체류기간이 짧으며, 보통 시설면에서 규모가 큰 것이 많다.

3. 유스호스텔의 소요실 및 건축 기준

1) 소요실

① 남녀숙박부분 : 침실, 보조침실, 세면장 및 샤워장, 공공화장실, 공동욕실, 세탁실 등
② 공공부분 : 홀(식당을 겸용하는 경우도 있음), 식당, 자취실, 현관홀(매점)
③ 관리부분 : 접수실, 사무실, 주방, 예비실, 창고(라커, 린넨실 겸용), 보일러실, 주거

부속실

2) 건축 기준

① 구조 : 주요구조부는 내화구조 또는 불연구조
② 바닥면적 : 400m² 이상
③ 수객인원 : 50인 이상
④ 침실 이외 실의 설치 : 현관, 접수실, 집회실, 식당, 조리실, 샤워실, 욕실, 화장실, 세면장
⑤ 침실
 • 남자 · 여자로 구분
 • 바닥면적은 침대 1대에 대해 2.4m² 이상
 • 천장 높이는 2.5m 이상
 • 침대의 안치수는 0.8×1.9m 이상 (2단식도 좋음)
 • 라커는 수용인원과 같도록 한다.
 • 환기설비 설치
⑥ 침실의 수 : 4대 이상 8대 이하의 침대를 갖추는 경우는 총침실수의 반수 이상으로 하고 1실의 침대는 20대 이하
⑦ 집회실 : 수용인원 1명에 대해 0.8m² 이상으로 하되 최소 30m² 이상으로 하며, 150m²를 초과시는 2개실로 구분한다.
⑧ 식당 : 수용인원 1명에 대해 0.5m² 이상으로 하며, 집회실과 겸용의 경우는 1.2m² 이상으로 한다.
⑨ 조리실 : 자취가 되는 것
⑩ 샤워실, 욕실, 화장실 및 세면장 : 남 · 녀 구분한다.
⑪ 샤워설비(냉 · 온수) : 수용인원 15인 마다 1개, 단 욕실 내에 설치시는 수용인원 30명당 1대를 설치한다.
⑫ 화장실 : 수세식, 각 화장실에선 1개 이상의 좌변식 변기를 설치한다.
⑬ 방충망 : 필요로 하는 경우, 식당, 조리실 및 화장실의 개구부에 설치한다.
⑭ 난방설비 : 필요시 설치
⑮ 피난설비 : 각 층마다 2 이상
⑯ 피난구 표시(한 · 영어 혼용) : 각 비상구의 쉬운 곳 및 복도의 적당한 장소에 설치한다.

4. 시설 규모 및 내용

유스 호스텔의 1인당 연면적은 9~10m²로 하는 것이 적당하며, 호텔의 1/3정도로 계획

한다. 1개 실에 8명 정도 수용하는 것이 좋으며, 면적으로는 20m²가 적당하다. 규모면에서는 50명 수용(연면적 약 500m²)부터 100명 수용(연면적 약 900m²)까지의 범위가 많으며, 이외에 부수시설로 회의실, 연수실을 설치하는 것이 일반적이다.

5. 숙박실의 배치

남녀 숙박실 및 숙박실에 이르는 출입구 및 경로는 별도로 하며, 정원은 보통 같은 비율로 하며, 남녀 숙박자의 변동시 대처할 수 있도록 조절용 숙박실, 화장실, 세면장, 욕실 등의 배치도 고려한다.

IV 콘도미니엄(condominium)

1. 개요

해안 숙박시설의 일종으로 콘도 또는 아파트먼트 호텔이라 불리는 휴양 숙박시설을 말한다.

2. 계획시 유의사항

1) 성격

① 분양 호텔로서 가족 단위의 휴양을 목적으로 하며 저렴하고 유리한 조건으로 주변 환경, 시설을 즐길 수 있도록 계획한다.

② 개인 또는 가족의 프라이버시를 최대한 보장할 수 있도록 계획한다.

2) 위치

해변 휴양지, 경승지 또는 대도시 주변에 설치하는 것이 좋다.

3) 단위계획

① 규모 : 1가족 규모(4~5인)

② 평면

- 침실, 거실, 주방, 식당, 욕실, 발코니 등을 배치한다.
- 2인용 : $18m^2$
- 4인용 : $27m^2$
- 5인용 : $50m^2$
- 6인용 : $34m^2$

③ 공용시설과 전용 시설 : 공용시설을 적게 하고 전용 부분을 크게 한다.

④ 기타 설비관련 시설을 완비한다.

3. 콘도미니엄 실례

← 홀레데이인 크라운 플라자 호텔 & 카지노 제주

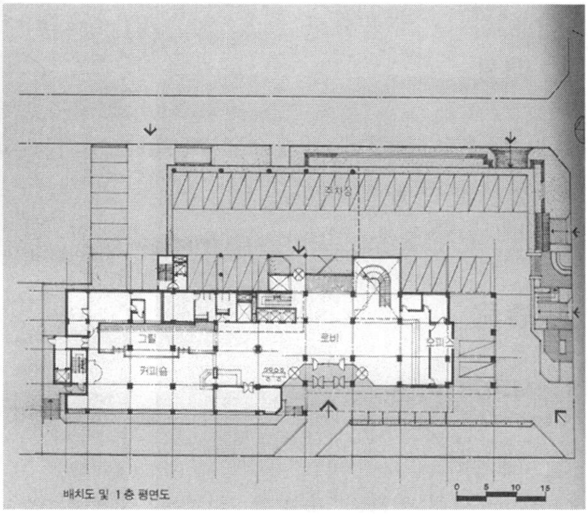

↑ 설악리조트 콘도미니엄

이공건축

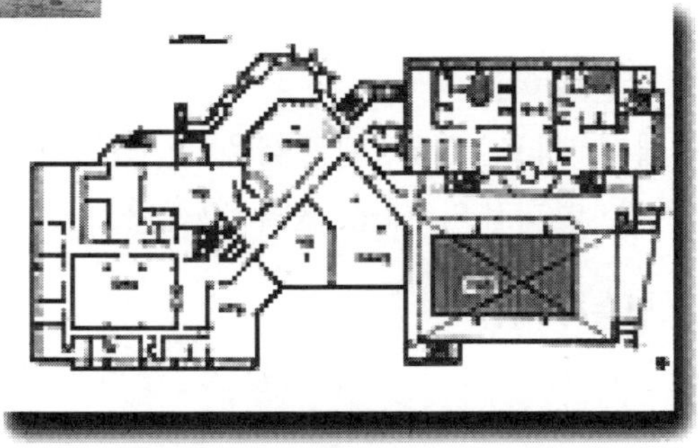

V 여관(inn)

1. 개요

여관은 주로 취침을 목적으로 하며, 호텔과 비교하면 객실의 형태, 식사 방법 등이 다르고, 공간의 형태도 작다.

2. 종류

1) 시가지 여관

① 보통 여관

상용객, 사무용객의 숙박을 위주로 퍼블릭 스페이스, 객실도 많지 않고 전체의 프라이버시에 유의하여 집약적으로 구성된다.

② 고급 여관

회합과 숙박을 겸하여 객실 단위가 크고, 질적으로 향상되어 있으며, 정원도 조성한다.

2) 관광지 여관

① 온천지 여관

단체객, 치료, 휴양, 관광객을 위주로 한 여관으로 온천지에 위치하며, 대욕실, 오락실의 설비, 연회용의 대형 홀을 갖춘다.

② 명승지 여관

명승고적, 관광지, 유람객용 및 수학여행용 설비와 오락실, 대형 홀을 갖춘다.

3. 일반계획

동선은 관리동선과 객동선으로 분류되며, 관리동선은 사무, 회계, 접수, 여종업원실, 안내 등을 관리할 수 있도록 하며, 출입하는 상인, 안마사 등의 감시를 할 수 있어야 한다.

1) 여관의 기준

구조 및 설비	한식을 주로 한다.
객실의 수	10실
객실의 면적	7m² 이상
양식 객실의 면적	9m² 이상(침구는 양식, 한식으로 한다)
객실 이외 실의 설치	현관, 접수, 욕실, 세면장, 변소, 기타
설 비	환기, 채광, 조명, 방음, 배수
학교 등에서의 거리	100m 이상(이 이하의 경우는 건물 내부가 보이지않도록 한다)

2) 객실수와 연면적 관계

연면적 [m²]		1,000	2,000	3,000	4,000	5,000
객실수	보 통 여 관	21	38	52	-	-
	중소도시 여관, 관광지 여관, 온천지 여관	12	23	33	42	50

3) 각종 여관의 연면적에 대한 각부 면적의 비율

부분별 \ 종 별		보통 여관		중소도시 여관		관광지 여관		온천지 여관	
퍼브릭 스페이스	응접실, 오락실	13	7.5	20	5	26	9	27.5	8.5
	현 관		0		10		8		10
	화장실		2		2		3		3
	세면장, 욕실		3.5		3		6		6
객 실		45		41		45		30	
복 도, 계 단		15		25		12		19.5	
주 방, 배 선 실		6		8		4		5.5	
관 리 관 계 제 실		21		7		13		16.5	

4. 여관 실례

◀ **게스트 하우스(Guest House)**

김 인 철(아르키움)

위　　치 : 경남 거제군
대지면적 : 7,544.44m²
연 면 적 : 370.14m²
건축면적 : 220.14m²
용 적 률 : 4.42%
건 폐 율 : 2.91%
최고높이 : 9.3m
구　　조 : 철근콘크리트
규　　모 : 지하 1층, 지상 2층

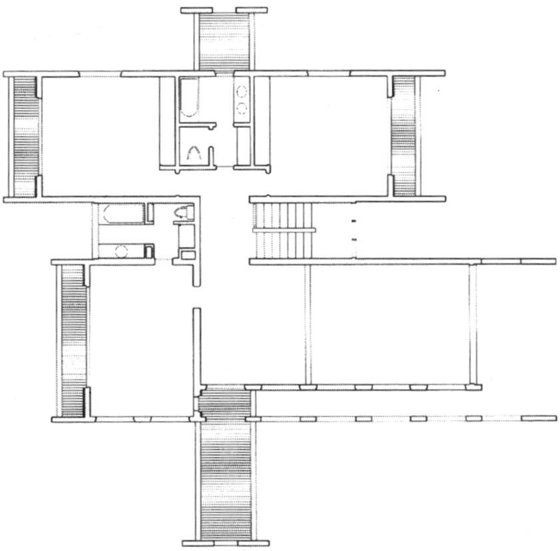

1층 평면도

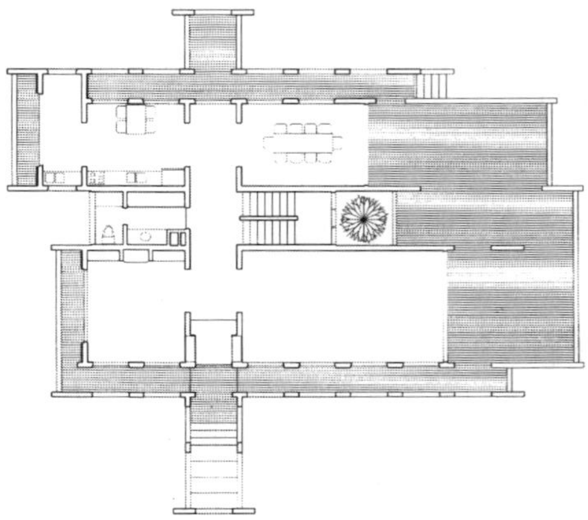

2층 평면도

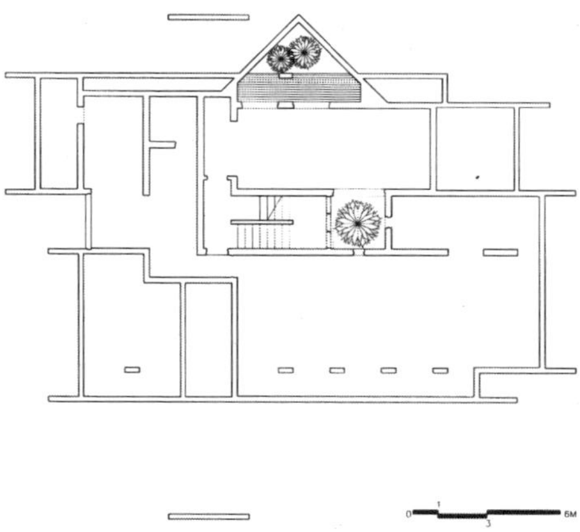

지하층 평면도

6

공공문화시설

Ⅰ. 도서관
Ⅱ. 박물관 · 미술관
Ⅲ. 극장, 영화관
Ⅳ. 구 및 군민회관

6

(公共文化施設)

공공문화시설

Ⅰ 도서관

1. 개요

도서관이란 도서·기록으로 남겨진 여러 형태의 자료를 수집, 정리, 보존하여 일반공중의 이용을 도우며, 교양, 조사, 연구, 감상, 오락 등의 자료를 수집, 정보, 보존하여 대중이나 특정인에게 공개하고 사회교육에 기여하는 것을 목적으로 하는 시설이라고 정의할 수 있다. 도서관은 단지 보존의 기능을 했던 시대로부터 자료의 이용을 중시하는 근대도서관으로 발전되어 왔으며, 목적 또한 교육시설이나 연구시설로 그치는 것이 아니라, 문화활동의 핵심으로서 자리잡고 있고 그 외에도 광범위한 영역을 지닌다. 도서관은 주로 국가, 공공단체나 학교 등에 의해 설치되고 있으며, 개인 소장의 도서를 전시한 사설도서관도 있다.

도서관에서 말하는 도서·기록 그 밖의 지적 자료란 도서, 사전, 잡지, 신문, 지도 이외에도 조사 자료의 마이크로 필름, 녹음테이프, 레코드, VTR, CD 등도 포함된다.

2. 도서관의 종류

1) 국립중앙도서관

국립중앙도서관은 국가를 대표하는 도서관으로서 다음과 같은 업무를 수행한다.

① 국내·외 자료의 수집, 정리, 보존, 축적 및 공중에의 이용

② 타도서관과의 정보자료의 유통 및 외국 도서관과의 협력, 교류

③ 각종 서지(書誌)의 작성과 표준화 작업 및 도서관 운영에 관한 조사, 연구

④ 전산화를 통한 국가문헌 정보체계 및 도서관 정보 협력망의 통괄

⑤ 이 외에도 문헌정보센터의 운용과 사회교육 기능, 도서관학 연구기능 그리고 여가 선용과 평생교육의 이념이 반영된 문화복지시설로서의 역할을 가진다.

2) 국립국회도서관

국회도서관은 국회의 부속기관으로서 도서 및 기타 도서관 자료를 수집함으로써 국회 의원의 직무수행에 도움이 되고 국민을 대상으로 하는 행정부, 사법부, 공공의 제기관에 도서관 봉사를 한다. 국립도서관으로서의 기능을 가지면서 국민·국가의 모든 활동이나 업적의 기록을 보존·축적해서 레퍼런스 서비스(reference service)를 제공한다. 또한 의원의 국정 심의 및 입법 활동을 지원하고, 국제자료의 교환 및 수집, 보존 그리고 한정 자료의 수집 및 보존의 업무영역을 가진다.

3) 공공도서관

공공도서관은 도서 및 기록, 기타 필요한 자료를 수집하여 정리하고 보존하며 그 자료를 일반인이 이용할 수 있도록 한다. 공공기관 자치단체에서 설립한 공립 도서관은 중앙 도서관적인 성격을 가지며, 일반시민에 대한 서비스와 연구자를 위한 문헌이나 정보제공 등의 레퍼런스 서비스(reference service) 및 타 도서관의 원조 업무를 담당한다. 지역사회에 있는 공공 도서관은 직접 주민 서비스를 하는 것이 목적이나 조금이라도 많은 책을 제공하기 위해 지역도서관이나 분관을 설립하고, 북 모빌(Book Mobil, 이동 도서관)을 통해 이용자의 편의를 도모하기도 한다. 그밖에 유아나 신체장애자, 맹인 등 모든 사람들이 이용할 수 있는 배려도 필요하다.

4) 학교도서관

학교의 부속시설로 초·중학교, 고교, 대학 등에 설치되어 있다. 초·중학교와 고교의 도서관은 도서 및 시청각 교육의 자료와 기타 학교교육에 필요한 자료를 수집하여 정리하고 보존하며, 이것을 학생 및 교원이 이용하도록 한다. 그리고 학생들의 건전한 교양을 육성하고 개방된 교육의 장으로 친근감을 줄 수 있는 분위기 조성이 필요하다. 대학 도서관은 대학사회의 중요한 자료 공급처로서 자료를 보관할 뿐만 아니라 적극적으로 학생들에게 학문적 자료를 제공하고, 교육활동을 도와 주는 봉사기관인 동시에 연구활동을

촉진하기 위한 자료센터이어야 한다. 대학 도서관은 연구 도서관과 학습 도서관의 두 가지로 대별할 수 있으며, 연구 도서관은 교수 및 연구자의 연구에 필요한 도서관으로 많은 문헌이나 자료의 축적은 물론 교수가 학생 개개인을 지도할 수 있는 세미나실, 개인연구실(carrel) 등이 중요한 역할을 하는 반면, 학습 도서관은 교육에 필요한 자료를 제공하는 것으로 자료 및 도서관 이용법을 가르치는 교육시설의 성격을 가진다.

5) 전문도서관

전문도서관은 기업체, 연구기관, 관공서 등에서 전문적인 자료를 수집하여 업무에 도움을 주는 목적을 가진다. 따라서 주로 전문분야의 최신 자료나 정보를 정리하기 때문에 자료의 형태는 도서 보다 잡지나 연구논문 등이 많다. 이들의 정리 기술은 컴퓨터 및 마이크로 필름과 같은 첨단과학의 발달로 급속히 발전되고 있다.

6) 보존도서관

고(古)문서, 서적과 귀중 자료 및 이용빈도가 적은 도서의 보존을 주요 목적으로 하는 도서관이다. 따라서 계획 과정에서 서고는 방화·방습에 특별히 배려할 필요가 있다. 최근에 산성지로 제작된 서적을 화학 가스를 주입시켜 중성화시키는 작업을 통해 서적의 수명을 연장시키는 것이 도서관의 주요 업무 중 하나로 대두되고 있다.

7) 특수도서관

특수도서관이라 함은 맹인도서관, 병원도서관, 범죄도서관, 해양도서관 등을 말하며, 이들은 특별한 목적으로 국가나 지방자치단체 또는 기타 법인단체가 도서자료를 수집, 정리, 보존하여 그 소속원의 교양과 조사연구 및 레크리에이션 등의 필요를 충족시키는 기능을 한다.

3. 도서관의 기능

도서관의 기능은 대별해서 도서관의 업무내용과 서비스 활동으로 집약된다.

1) 도서관의 업무내용

① 자료의 수집

도서관에서 보존하는 자료에는 서적, 잡지, 신문, 필름, 슬라이드, 레코드, 녹음테이프, VTR, CD 등이 있다. 또한 이러한 일반자료 외에도 지역의 역사적 자료 및 행정자료 각종 팜플렛, 고문서 등을 적절하게 수집하는 것이 바람직하다.

② 자료의 정리 보존

수집된 자료는 분류, 등록, 목록작성을 통해서 정리된다. 또한 여기에는 보존자료의 수

선, 보수, 제본 등의 작업도 포함된다. 정리된 자료는 열람실 또는 서고에 보존한다.

③ **자료의 열람 및 대출**

이용자에게 소장하고 있는 자료제공이 열람업무이며 열람의 형태로는 PR활동 등의 서비스 활동이 실시된다.

【표 6-1】 도서관 업무 조직도

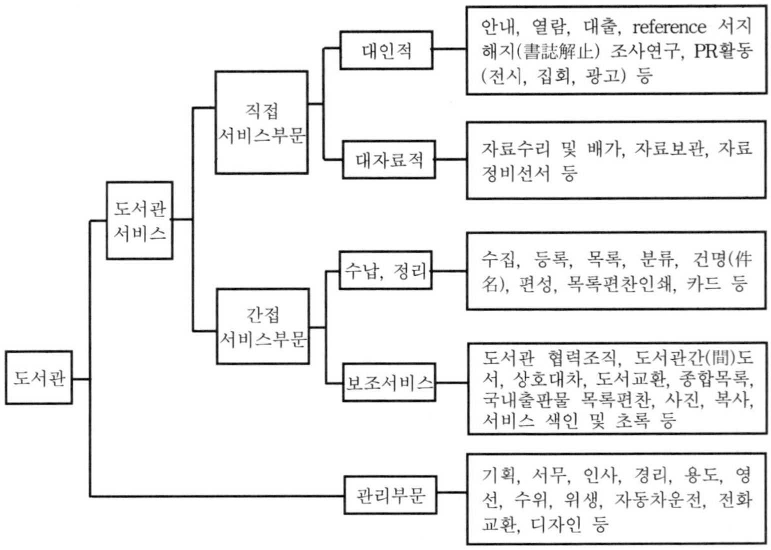

2) 도서관의 서비스 활동

① **관내열람**

관내열람은 도서관 자료를 도서관 내에서 열람하도록 하는 서비스이다. 열람과 함께 자료의 선택이나 이용상의 도움도 제공한다. 특히 유아, 노인, 맹인, 신체장애자도 열람하기 쉽도록 열람실의 일부를 1층에 마련하고 점자도서 혹은 시청각 기기 등의 설비를 갖춘다.

② **관외대출**

관외대출은 도서관에서 책을 읽을 시간이 없는 사람들에 대하여, 일정기간 도서를 대출해서 외부에서의 열람을 제공하는 서비스이다. 관외대출은 미리 등록된 사람에 대해서 간단하게 책을 빌릴 수 있게 하면서 이용자와 관원의 접촉이 있도록 계획한다.

③ **레퍼런스 서비스**(reference service)

레퍼런스 서비스(참고봉사)란 이용자의 의문사항에 대하여 자료를 제공하는 서비스를 말한다. 직접 방문해서 받는 서비스와 분관을 통한 문의, 편지, 전화 등에 의한 서비스가 있다. 따라서 주(main)도서관과 분관 그리고 타도서관과의 협력체계(네트워크)의 확립이 필요하다.

④ **관외 서비스**

관외 서비스 활동은 지리적, 시간적 구속 때문에 직접 도서관을 찾지 못하는 사람들을 위해, 북 모빌을 통해 정기적으로 구역을 순회하면서 서비스하는 활동을 말한다.

⑤ **복사 서비스**

이용자의 요구에 따라 도서관자료를 일정한 범위 내에서 복사하여 제공하는 서비스이다. 도서관의 서비스 활동으로서 최근 중요성이 부각되고 있다.

⑥ **그 밖의 활동**

그 밖의 활동으로는 시청각 활동과 집회 및 PR활동이 있다. 시청각 활동은 영화, 슬라이드, 레코드 등의 도구를 이용하여 시청각적으로 제공하는 서비스이다. 집회 및 PR 활동으로서는 독서회, 연구회, 각종 문화강좌 등의 개최나 사진이나 향토 자료 등의 전시회를 들 수 있다.

4. 규모

1) 도서관의 규모

도서관을 신축할 때에는 당시의 여러 조건을 고려하여 계획하는 것이 보통이지만, 반드시 장래에 대한 계획도 고려해야 한다. 도서관은 장서 수와 열람자의 수가 자연히 증가하므로 도서관의 신축 계획시에는 증축을 고려하여 일단 장래를 예측하고, 대지의 여유는 물론 서고와 열람실에 있어서도 여유를 가져야 한다. 도서관의 내부 각 실도 사용하는 도중에 서로 바꾸어 사용, 변경하는 경우를 대비해서 용도가 변하더라도 미관이나 사용상에 무리가 없도록 설계시에 고려해야 한다.

도서관의 최적 규모는 아직 명확하지 않지만, 최근 급속한 성장에 대한 대책의 하나로 소위 보존 도서관(deposit library)이 출현한 것은 주목할 만한 것이다. 이것은 이용이 적은 서적을 별도의 장소에 보관해서 현재의 건물이 여유를 갖도록 함으로써 도서관의 성장에 대응하는 시스템이다.

2) 면적계획

도서관의 면적계획은 도서관의 성격이나 규모에 따라 달라진다. 도서의 보존을 주업무로 하는 대도시의 중앙도서관과 대출을 주업무로 하는 중소도시의 도서관이나 도서관 분관의 면적계획은 서로 차이가 있다.

기본적으로 각 실의 소요면적의 산정기준을 보면, 열람실의 규모는 좌석수로 결정하고, 서고의 면적은 장서 수와 예상되는 증가량으로 산출할 수 있다.

① 열람실 : 성인 1인당 1.5~2.0m^2, 아동 1.1m^2 정도로 한다.

② 서고 : 세계 공통으로 150~250권/m^2이며, 평균 200권/m^2로 한다. 규모가 커질수록 서고의 면적은 현저히 증가하지만 대출실이나 열람실의 면적은 작아지는 경향이 있다.

5. 대지계획

1) 입지조건

① 공공도서관은 지역사회와 결부되어 있기 때문에 지역의 중심이 되고 이용자의 편의를 도모할 수 있는 교통이 편리한 곳이어야 한다. 공동도서관의 이용권으로서 반경 1.5~2.0km가 적당하다.

② 대규모 시설의 중앙도서관은 공원 내나 다른 문화시설과 공공시설이 모여 있는 곳이 좋으며, 다른 시설과의 적극적인 상승효과를 고려함이 좋다.

③ 도서관은 30~40년 후의 장래 증축에 대해 충분히 대처할 수 있는 대지면적을 확보하는 것이 좋다.(도서관의 장래는 20년에 약 2배가 된다.)

④ 대학도서관은 학생회관, 기숙사 등과 함께 학생활동의 중추적 역할(campus core)을 하는 곳이므로 캠퍼스 내의 중심부에 위치한다.

⑤ 현대의 공공도서관은 이동도서관을 적극 활용하기 때문에 대지 선정시 이점을 고려해야 하고 도서관을 도시중심지에 위치시켜 분관을 많이 배치하는 것이 필요하다.

⑥ 환경이 양호하고 채광, 통풍이 좋은 곳을 택한다.

⑦ 재해가 없고 어린이 이용을 위하여 쉽게 접근할 수 있는 곳을 선정한다.

2) 대지의 조건

① 도심에 위치할 경우에는 되도록 정사각형이 좋다.

② 대지가 도로와 2면 이상 접하는 것이 좋다.

③ 도로로부터 접근하기 쉬운 평탄한 대지가 좋다.

6. 배치계획

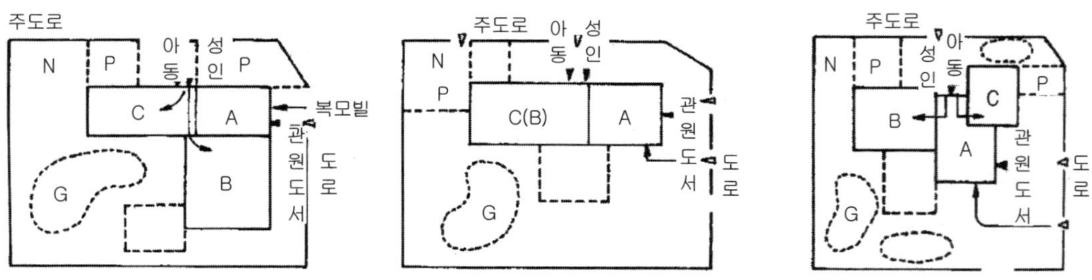

(a) L자형 (b) 다중형[(B)는 2층에 설치된다] (c) 다층형

A : 관리부문·도서부문 C : 아동열람실 G : 정원

B : 일반열람실 P : 주차장

【그림 6-1】 건물의 배치형태

1) 도로와의 관계

① 대지가 도로에 1면만 접하는 경우는 전면도로를 향해서 건축물을 배치하고, 이 경

우 이용자와 관리자 및 도서이동의 동선이 교차하지 않도록 유의해야 한다.

② 대지가 두 방향 이상의 도로에 접하고 잇는 경우는 주도로측을 이용자의 접근로로 하고 다른 도로를 관리자측의 접근로로 한다. 이 경우 이용자 및 관리자, 도서이동 등의 동선과 차의 동선이 교차하지 않도록 계획한다.

2) 건물로의 접근

① 운영관리 측면에서 원칙적으로 이용자 및 직원의 출입구, 도서반입구 및 북 모빌(book mobil)의 발착구를 분리한다.

② 중규모 이상의 중앙도서관에서는 이용자의 계층을 성인, 학생, 아동용의 출입구로 구별하고, 집회공간의 출입구에도 전용출입구를 설치하는 것이 바람직하다.

③ 출입구의 배치에 의해 건축물 내부의 공간배치가 변하므로, 대지조건과 도서관의 내부기능을 충분히 검토해서 출입구를 결정한다. 예를 들어 출입구를 건축물의 중앙에 설치하는 경우 한쪽은 어린이 열람공간으로 하고 다른 한쪽은 성인 및 관리자의 출입구로 한다. 이용자들의 접근로는 식재, 포장 등을 고려하여 친숙해지기 쉽게 하고 계단이나 단차가 많이 나는 출입방식은 될수록 피하며, 부득이 계단을 설치하는 경우는 경사로를 마련하여 휠체어 사용자의 편의를 도모해야 한다.

3) 외부공간

① 차량이나 자전거로 방문하는 사람을 위해서 출입구 부근에 주차장, 자전거 정류장을 설치한다. 북 모빌(book mobil)이나 관원용의 주차장을 설치할 경우 이용자의 차량동선과 분리하여 계획한다.

② 조경계획은 독서환경과 휴식에 알맞고 정적인 분위기를 갖도록 계획한다. 또한 주변도로의 교통으로부터 소음영향을 받지 않도록 계획한다.

4) 증축 예정지

도서관의 본질적인 성격 중의 하나가 지속적인 자료의 수집과 수장이므로 도서자료와 장래의 이용자 증가를 대비하여 도서관의 신축시에는 대지선정과 배치단계에서부터 증축 가능한 공간을 계획해 두어야 한다. 중축 예정지는 도서관의 평면구성과 연관하여 고려하여야 장래의 중축부분과 기능적인 긴밀성을 유지할 수 있다. 분관에 있어서는 중축보다는 분관수를 늘리는 것이 좋다.

7. 평면계획

1) 각 부문의 구성

도서관은 열람부문, 수장부문, 집회부문, 관리부문, 기타부문의 5가지 부문으로 구성된다.

① 열람부문 : 일반열람실, 개가열람실, 연구실, 캐럴(개인용 독서실), 어린이실, 브라우징 룸(browsing room), 레퍼런스 룸, 복사실, 목록실, 자료실 등으로 구성된다.

② 수장부문 : 서고로 구성된다. 일반서고와 희귀본 서고가 있다.

③ 집회부문 : 집회실, 연수실, 시청각실 등으로 구성된다.

④ 관리부문 : 사무실, 관장실, 응접실, 회의실, 숙직실, 정리작업실, 제본 인쇄실, 창고, 갱의실, 탕비실 등으로 구성된다.

⑤ 기타부문 : 현관 홀, 로비, 전시실, 담화실, 식당, 휴게실, 화장실, 계단, 기계실, 전기실, 차고 , 북 모빌 관계실 등으로 구성된다.

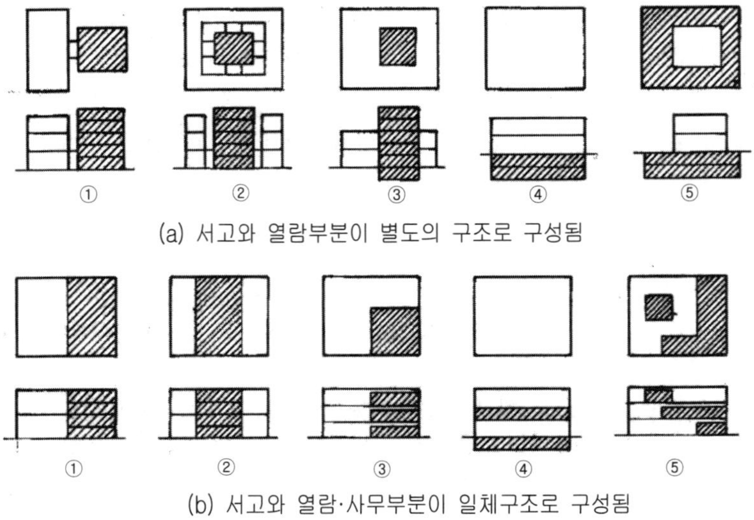

【그림 6-2】 서고와 열람 사무부분의 위치 및 조합관계

2) 출납시스템

열람자가 자신이 원하는 도서, 자료 등을 찾아서 열람할 때까지의 절차를 출납시스템이라 부른다. 출납 시스템은 대별해서 폐가식, 개가식, 안전개가식, 반개가식의 4종류가 있으나, 어떤 방식을 채택할지는 도서관의 규모, 성격 등에 의해 달라진다. 기본적으로 이들 방식은 개개의 자료에 의해서 결정되어야 하며, 병행하는 경우도 있다. 출납방식으 분류로는 다음과 같다.

① **자유 개가식**(free open access)

열람자가 서가에서 책을 찾아 검열받지 않고 열람하는 형식으로 일실형이며 10,000권 이하의 서적 보관과 열람이 가능하다.

• 장점

 – 책 내용의 파악 및 선택이 자유롭고 책 목록이 없어 간편하다.

 – 책 선정시 대출, 기록의 제출의 제출이 없어 분위기가 좋다.

• 단점
  -서가의 정리가 잘 안되며 혼란스럽고 책의 마모, 망실이 쉽다.

② **안전 개가식**(safe guarded open access)

자유 개가식과 반개가식의 장점을 취한 형식으로 열람자가 서가에서 책을 선택하나 관원의 검열을 받고 대출기록 후 열람하는 형식이다. 15,000권 이하 서적의 보관과 열람에 적당하다.

• 장점
  ㉮ 장점
    -혼잡하지 않고 감시가 불필요하다.
    -도서 열람이 가능해 책을 보고 선택할 수 있다.
  ㉯ 단점
    -도서 열람 체크시설이 필요하다.

③ **반개가식**(semi open access)

• 열람자가 직접 서가에 면해 책제목, 표지를 보는 형식이다.
• 신간 서적 안내에 적당하다.
• 출납시설이 필요하고, 서가의 열람이나 감시가 불필요하다.

④ **폐가식**(closed access)

책 목록으로 선택하고 기록을 제출한 후 대출받는 형식으로 서고와 열람실이 분리된다.

• 장점 : 도서의 유지, 관리가 양호하고 감시가 필요 없다.
• 단점 : 희망한 내용이 아닐 수 있고, 대출 절차가 복잡하여 관원의 작업량이 많다.

3) 조닝(zoning)

도서관의 각 부문은 대별해서 이용자와 서비스의 2가지 구역으로 나누어진다.

• 이용자 구역 : 열람부문, 집회부문과 같이 이용자가 직접 이용하는 구역
• 서비스 구역 : 관리부문, 수장부문과 같이 이용자를 도와주는 구역

① 조닝시 유의사항

소수의 관원으로 도서관 전체를 파악할 수 있도록 관리하기 적절한 내부 구성이 되어야 한다. 이용자가 어디에 무엇이 있는가를 잘 알게 하는 동시에 이용이 편리한 분위기를 만든다. 이용자 블록(특히 일반 열람실, 브라우징 룸)은 1층에 집중시키고, 서비스 블록 가운데 사무실, 정리 작업실도 이용자 블록에 근접 배치시킨다.

어린이 열람실은 출입구 부근에서 가까운 곳에 두어 일반 이용자의 구역에서 떨어진 위치에 계획한다.

② **조닝의 형식**

• 일체형

도서관의 모든 기능을 한 건물에서 처리하는 형식으로 중소규모의 도서관에 사용된다. 분관의 경우는 일반적으로 1동형이 많다.

• 독립형

대형 도서관에서는 수장 부문만을 별동으로 계획하는 형식과 이용자 구역을 분리해서 계획하는 형식이 있다.

4) 동선계획

도서관의 동선은 이용자 동선, 관원 동원, 도서 동선의 3가지로 나누어진다.

① 이용자와 관원 및 도서의 동선을 교차되지 않도록 한다.

② 이용자의 동선은 되도록 짧게 해야 한다.

③ 종류가 다른 동선의 교차를 피하기 위해서는 각기 별도의 출입구를 계획한다.

④ 이용자의 동선도 일반, 학생, 어린이 동선으로 분리하며, 집회 참석자의 동선도 분리한다.

⑤ 소규모의 도서관이나 분관에서는 일반인과 어린이의 출입구를 공유시키는 것이 좋으나 도서관 내에서는 동선을 분리한다.

5) 평면계획

① **서고**

서고는 도서를 위한 공간이며, 자료를 정리 보존하는 곳으로서 도서관 계획 중 가장 전문적인 지식을 요하는 부분이다. 서고계획에 등장하는 문제에는 서고의 위치, 층 높이, 구조, 장서 수와 일반인의 서고 출입여부, 도서의 안전관리 체계, 서고 내의 설비와 캐럴(carrel)의 설치여부 등이 있다. 과거에는 서고의 공간적, 구조적 조건이 다른 부분과 다르다는 이유로 서로를 독립형으로 계획하였지만, 오늘날에는 이용자의 출입이나 도서관 내의 연결성을 중시하기 때문에 일체형으로 하는 추세이다. 이에 따라 전체구성에 의해 서고의 위치가 결정된다는 인식이 정착되어 가고 있다.

서고 계획시에는 합리적인 도서의 수장과 편리한 출납관리, 열람실 대출실과의 유기적인 관계, 자료보존에 대해 고려하여야 한다. 서고 내부는 자연채광에 의하지 않고 인공조명을 사용하며, 50~100lux정도로 어둡게 유지해야 하며, 개구부는 환기와 채광에 필요한 최소한으로 하고 외벽, 지붕은 열용량이 큰 것으로 한다. 기후조건은 15℃, 습도 63%가 좋다.

서가의 구조는 상부하중을 하부서가에 전달하여 수개 층의 서고를 구성하는 적층 서가식 구조와 건물 각층 바닥에 서가를 놓은 것으로 유연한 평면계획이 가능한 단독 서가식 구조 그리고 이들을 절충한 서가식으로 나눌 수 있다. 서가에 손이 닿는 높이는 2.2m 정도이며, 열람실이나 관리실(예를 들면 2.8m)에서는 상부에 공극이 생겨 비경제적이다. 서고와 기타 다른 부문은 장래의 확장 혹은 상호전환이 가능해지는 평면 계획이나 구조계획을 세운다.

- 독립형

  개가식 서고가 많은, 주로 보존을 목적으로 하는 대규모 도서관에서는 서고를 구조적으로 분리해서 별동으로 하는 것이 층고 등의 문제를 해결하기 쉽다.

- 일체형

  중소도시의 중앙도서관에서는 건물의 한쪽에 적층식 서고를 계획하는 형식이 많다. 서고를 평면의 중앙에 배치하는 형식은 장래의 장서수의 증가에 대응하기 어려우므로 이에 대한 증축계획, 구조계획시 배려한다.

- 서고위치

  북쪽, 건축물 중앙부분, 지하실 등에 설치하며 건출물 뒤 독립된 위치 또는 열람실 내부, 주위에 설치한다.

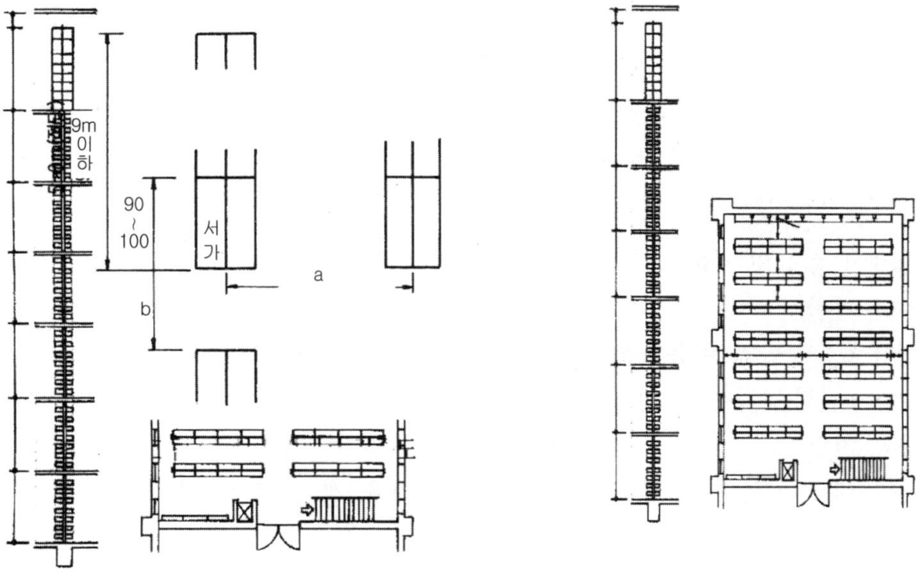

【그림 6-3】 서가배치 기준도

- 서고 규모계획

  ㉮ 서고 층고 : 2.3m

  ㉯ 서고 면적 : 1m²당 150~250권(평균 200권/m²)

  ㉰ 서고 용적 : 1m³당 평균 66권

  ㉱ 서가 1단 : 1m당 20~30권(평당 25권)

  ㉲ 밀집서가 : 1m² 280~350권

  ㉳ 마이크로 필림당 릴 : 1m²당 평균 800릴

  ㉴ 마이크로 카드 : 1m²당 평균 20,000매

• 장서의 보관 방법

㉮ 기계장치에 의한 밀집 서가

㉯ 자료는 마이크로로 재생산 보관하고, 서가에 65~70%정도 할 경우 시설 확충을 고려한다.

② **열람실**

열람실의 계획시 기둥이 서가, 열람석에 방해되지 않도록 모듈을 설정하고, 서고에 가깝게 위치해야 하며, 독서 분위기 증진을 위해 열람실을 소단위로 분할 구획하는 것이 좋다.

또한, 실내에서의 기분을 고려해야 하는데 이것은 실내의 마감, 가구의 배치 등 열람자에 직접 영향을 주기 때문에 큰 효과를 기대할 수 있다. 열람 책상은 여유 있게 배치해야 좋으며, 일반적으로 벽이 없는 부분으로 구성되어 서가나 가동 스크린 등에 의해 참고나 자유독서가 이루어진다.

열람실의 채광 및 조명의 원칙은 적당한 밝기, 무영(無影), 눈부심 방지, 가구의 건축화 등이다. 실내 각부의 색은 반사율을 높이는 의미에서 밝은 색을 선택하지 않으면 안되지만, 강한 자극을 주는 색은 눈을 피로하게 한다. 광선으로서 백열등과 형광 등을 비교하면 전자는 각종 다양한 가리개나 반사판이 사용되어 왔고, 후자는 빛의 분산에 대해서 적절하게 설계되어 전력의 소비량과 방열량이 적은 여러 가지의 이점을 갖고 있기 때문에 많이 이용된다.

■ **열람실 종류 및 소요면적**

• 일반 열람실

－학생 : 일반인 이용률은 7 : 3 정도로 하고 존(zone)으로 구획

－소요면적 : 2~3m²/인

• 아동 열람실

－1층에 배치하며, 출입구를 별도로 하고 자유 개가식으로 한다.

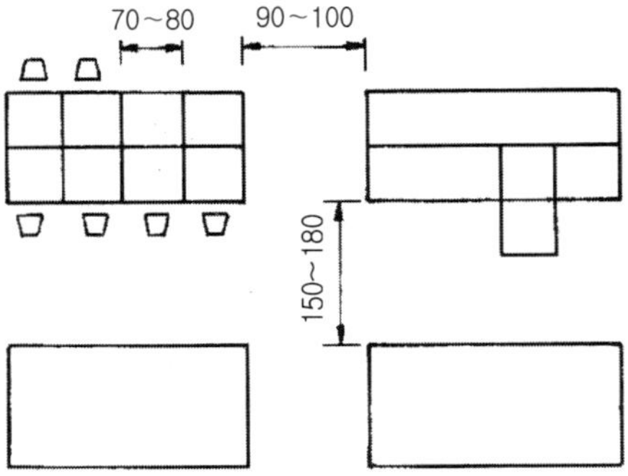

(a) 열람석 1인당 바닥면적 2.2~2.8m²

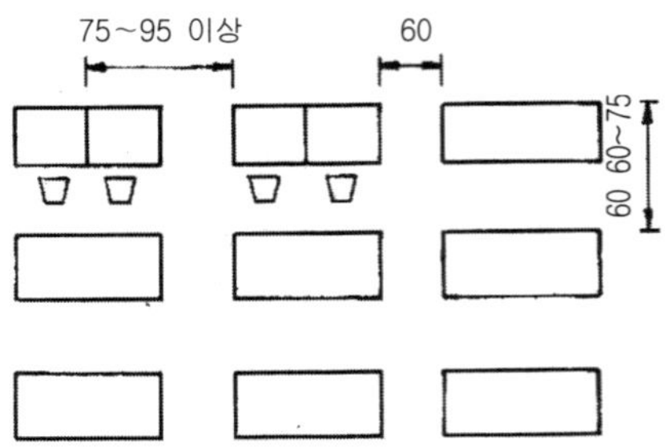

(b) 열람석 1인당 바닥면적 3m²

【그림 6-4】 성인용 열람책상 배치 예

－소요면적 : 1.1～1.5m²/인
- 신문, 잡지 열람실
  －현관 또는 로비부근에 둔다.
  －소요면적 : 1.9～2.5m²/인
- 캐럴(carrel)
  －서고에 있는 개인 연구실을 말한다.
  －소요면적 : 2.7～3.7m²/인
- 마이크로 필름 및 시청각 자료용 책상 : 3.7m²/인

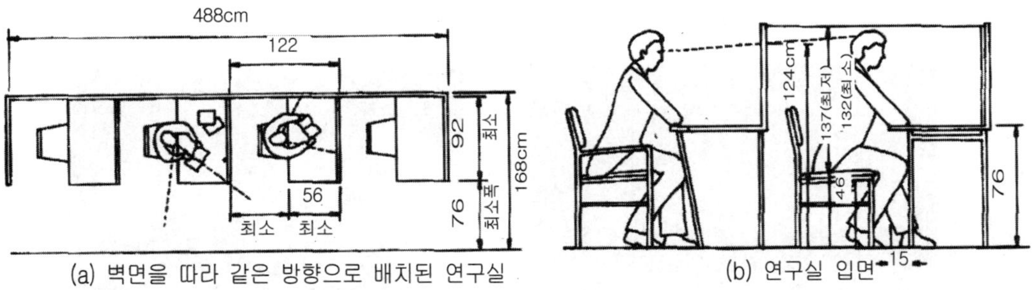

(a) 벽면을 따라 같은 방향으로 배치된 연구실 (b) 연구실 입면

【그림 6-5】 캐럴 개인 연구실

6) 장래 증축계획

① 일반적으로 도서는 10년에 약 2배로 장서 수가 증가한다. 그러므로 보존 서고를 갖는 경우에는 처음부터 수장부문의 확장을 예상한 평면계획을 세운다.

② 수장부문 이외의 부문은 분관방식에 의해 해결한다. 분관의 규모, 장서 수는 일정량(2～3만 권)을 유지하고, 중앙도서관과의 네트워크에 의해 주민에 대한 서비스를 제공한다.

③ 분관은 서고를 갖지 않으므로 증축을 고려할 필요가 없다. 그러므로 전체를 하나의 구조체로 계획해서 칸막이를 비구조벽으로 함으로써 장래의 평면변경에 대응한다.

7) 모듈러 플랜(modular plan)

도서관은 장래 증축이나 어떤 변화에 대해서도 대응할 수 있도록 계획하는 취지에서 기둥 간격(스팬), 단위 책상, 서가와 통로, 천장 높이, 기계장치의 배열 등 모든 용도에 적합하도록 기본이 되는 모듈(module)을 결정해서 계획하는 방법을 모듈러 플랜이라 한다. 모듈은 도서관 건축 계획의 기본이 되기 때문에 서고와 관련하여 연구되어야 하며, 이를 위해서는 건축적인 제약을 최소화하면서 공간의 가변성(flexibility)을 최대로 끌어올리는 계획이 필요하다.

모듈러 플랜(modular plan)의 장점으로는 목적에 맞는 융통성 있는 공간을 부여할 수 있고, 실내공간을 가동벽과 독립서가에 의해 필요한 조건에 맞추어 변경하는 것이 가능

하므로 확장에 대응할 수 있다. 반면, 단점으로는 일률적인 모듈에 적합하지 않은 부분이 발생하고, 각 평면에 분할하는 과정에서 생기는 칸막이에 대한 소음방지책이 필요하다는 것이다. 그러나 이런 점에도 불구하고 모듈러 시스템은 도서관 건축을 결정하는 중요한 인자로 가능하고 있으며, 일반적으로 개가식 서가배열과 폐가식 서가배열 모두에 통용되는 치수를 채택하는 것이 유리하다.

5. 도서관 실례

New peckham Library

Alsop &Störmer

위 치 : London. UK.

1. lending library hall
2. children's activity pod
3. children's libray
4. office
5. adult learning centre
6. council one-stop shop
7. sheltered public event space

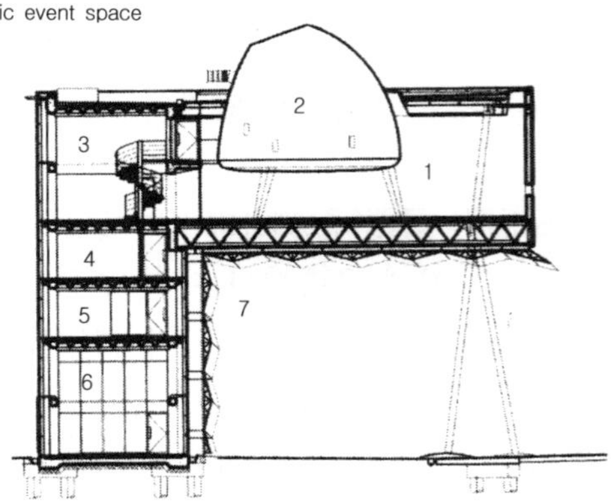

section

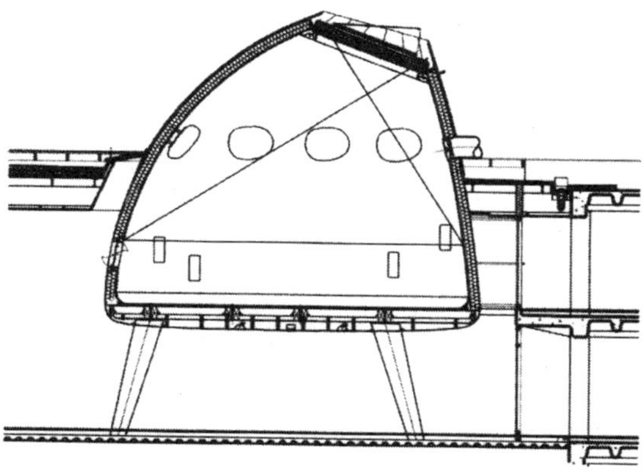

pod section

⬅ 광진구 도서관

이 종 상(토펙 엔지니어링 건축)

위 치 : 서울 광진구 광장동 112, 113번지
대지면적 : 도서관동-1,912.48m²
문화센터동-1,587.4m²
연 면 적 : 전체(브리지 포함) 6,436.69m²
도서관동-3,987.98m²
문화센터동-2,368.49m²
건축면적 : 도서관동-1,056.61m²
문화센터동-454.99m²
용 적 률 : 도서관-180.85%, 문화센터-86.13%
건 폐 율 : 도서관-55.23%, 문화센터-28.13%
구 조 : 철근콘크리트
규 모 : 도서관-지하 1층, 지상 5층
문화센터-지하2층, 지상 5층

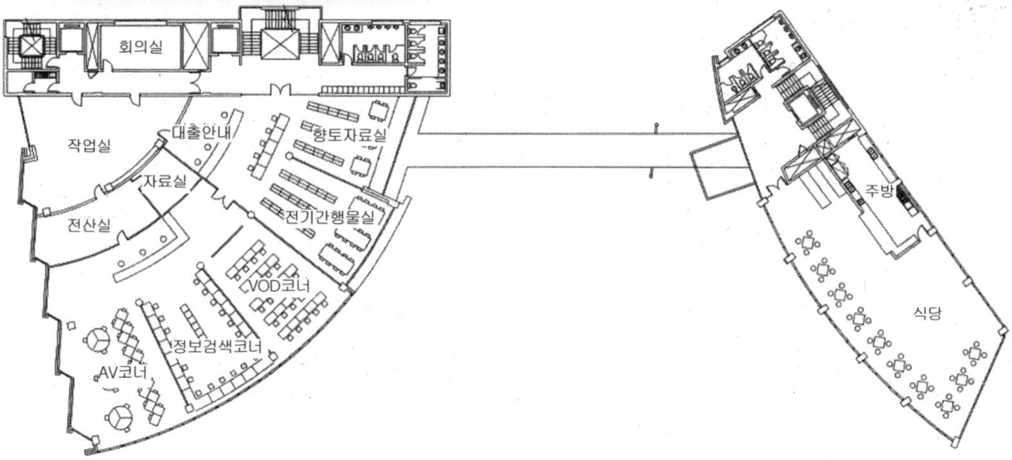

3층 평면도

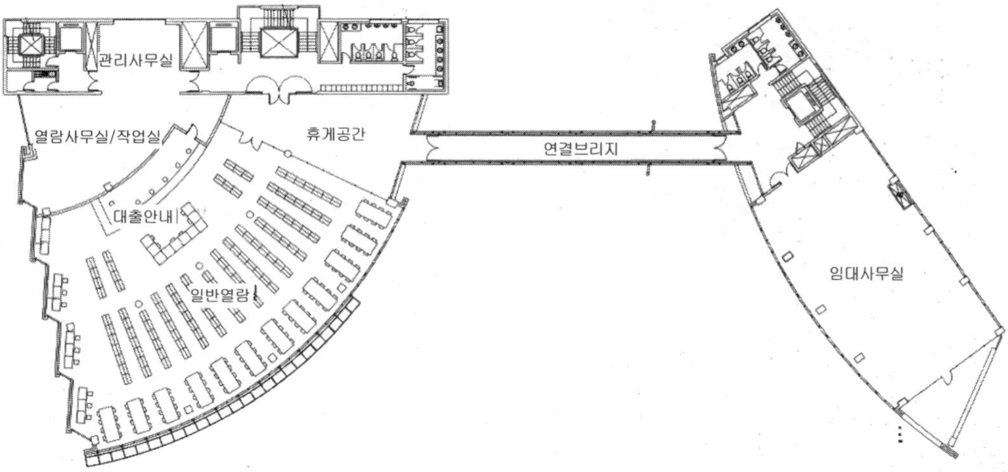

4층 평면도

⬅ 중문의과 대학 도서관

승 효 상(이로재)

위　　치 : 경기도 포천군 포천읍 동교리 198-1외
구　　조 : 철골철근콘크리트조
규　　모 : 지하 1층, 지상 5층

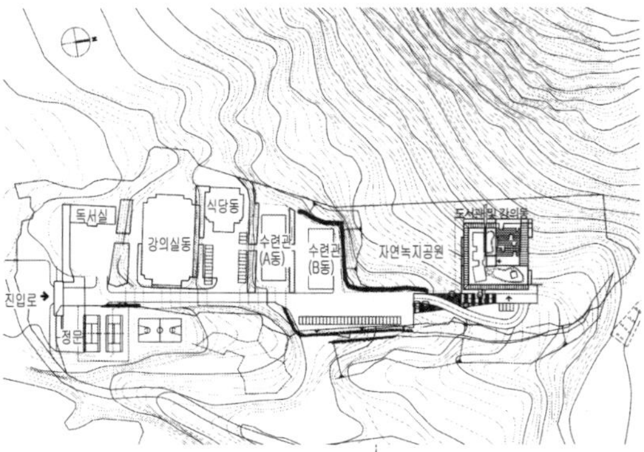

배치도

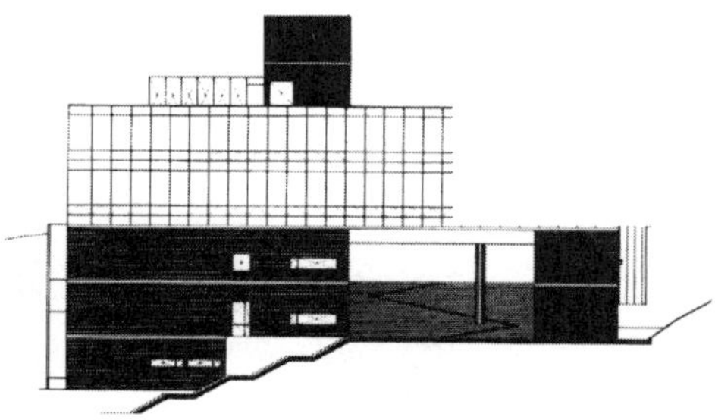

동측 입면도

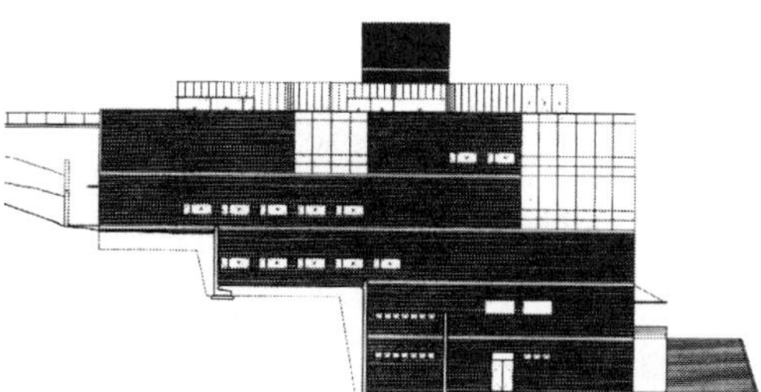

남측 입면도

1. 개가 열람실
2. 정기간행물 서가
3. 대출/반납/복사
4. 시청각 자료실
5. 전시홀 상부
6. 자유열람실
7. 도서실
8. 사무실

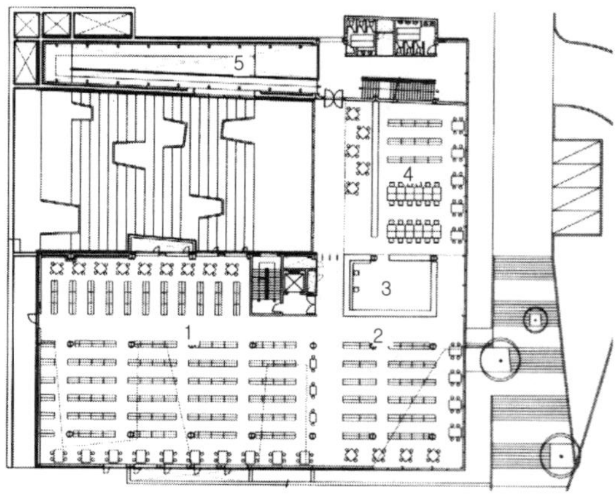

3층 평면도

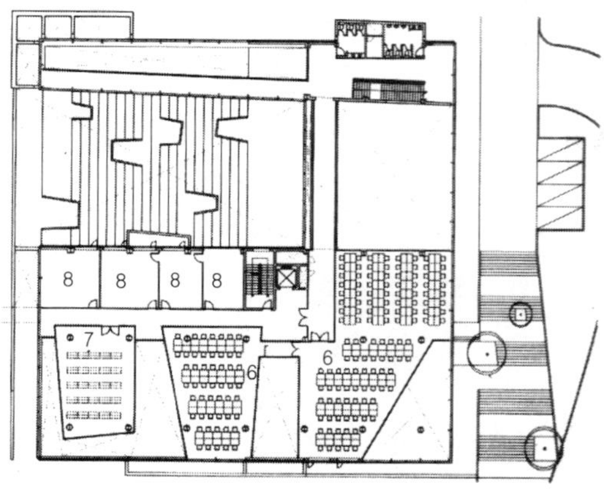

4층 평면도

청주 시립도서관

신성건축(권오준)

위　　치 : 청주시 상당구 용암동 2098번지
대지면적 : 11,040.5m²
연 면 적 : 4,951.41m²
건축면적 : 1,750.16m²
용 적 률 : 56.32%
건 폐 율 : 22.63%
구　　조 : 철골철근콘크리트
규　　모 : 지하 1층, 지상 3층

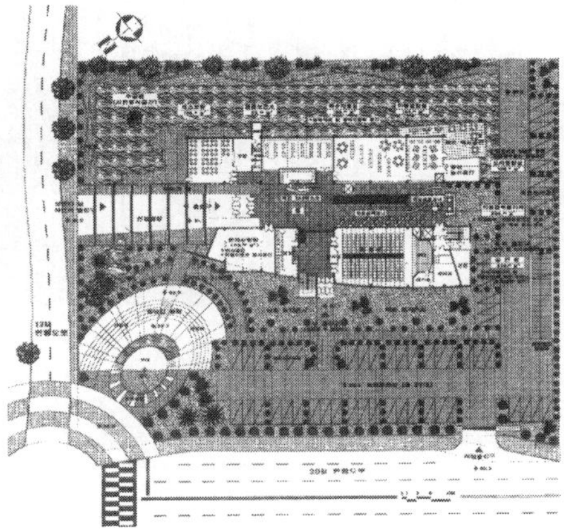

1st floor plan

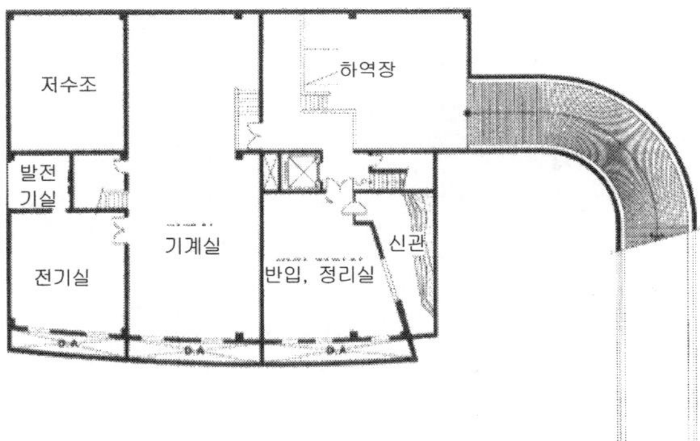

B1st floor plan

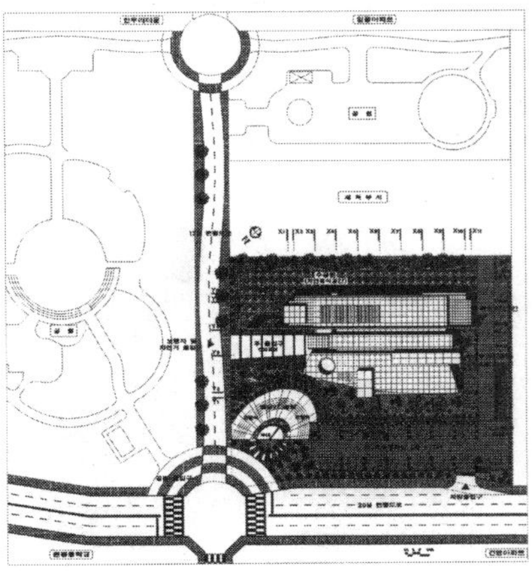

site plan

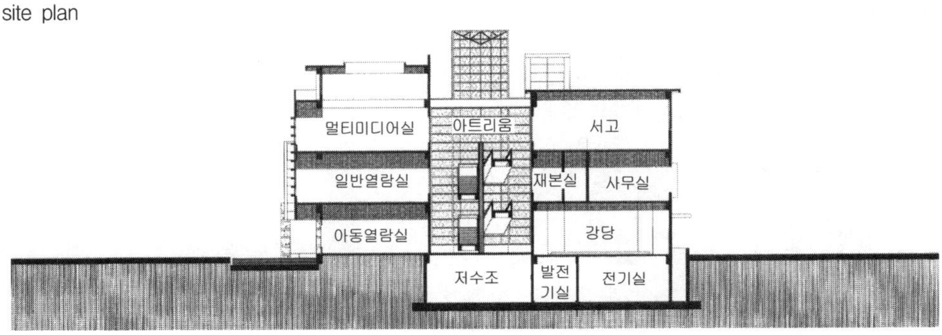

Longitudinal section

⬅ 한성대학교 도서관

이상림 + 오섬훈(공간)

위　　치 : 서울 성북구 삼선동2가 389번지,
　　　　　한성대 캠퍼스내

연 면 적 : 도서관 13,315.1m^2

건축면적 : 도서관 1,367.6m^2

구　　조 : 도서관-철골조, 철근콘크리트조

규　　모 : 도서관-지하 2층, 지상 6층

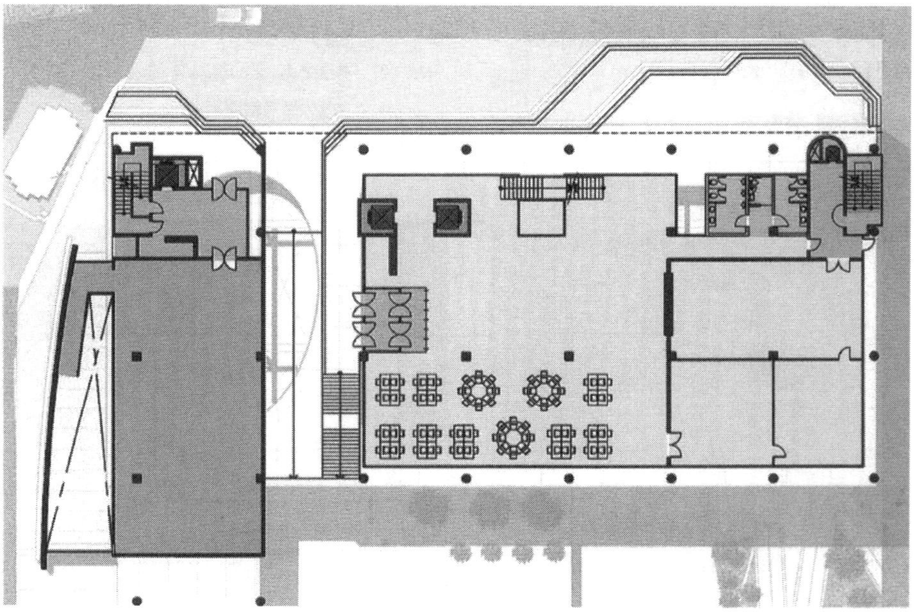

2층 평면도

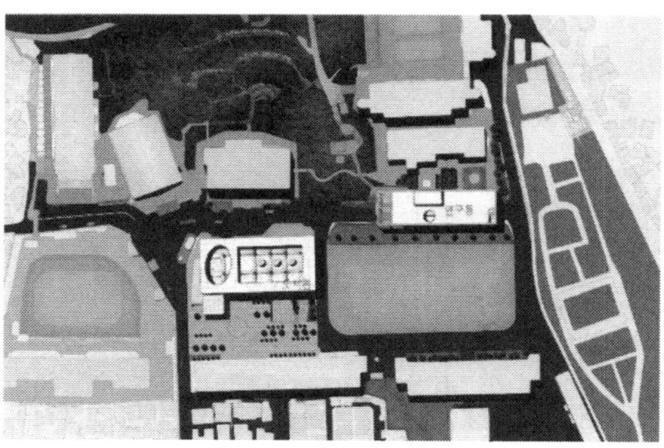

배치도

단면도

⬅ 어린이 도서관

경진.도연건축(조창곤 · 이대형 · 백승기)

위　　치 : 서울 노원구 중계동 356
대지면적 : 1,140m²
연 면 적 : 898.5m²
건축면적 : 365.7m²
구　　조 : 철근콘크리트조
규　　모 : 지하 1층, 지상 3층

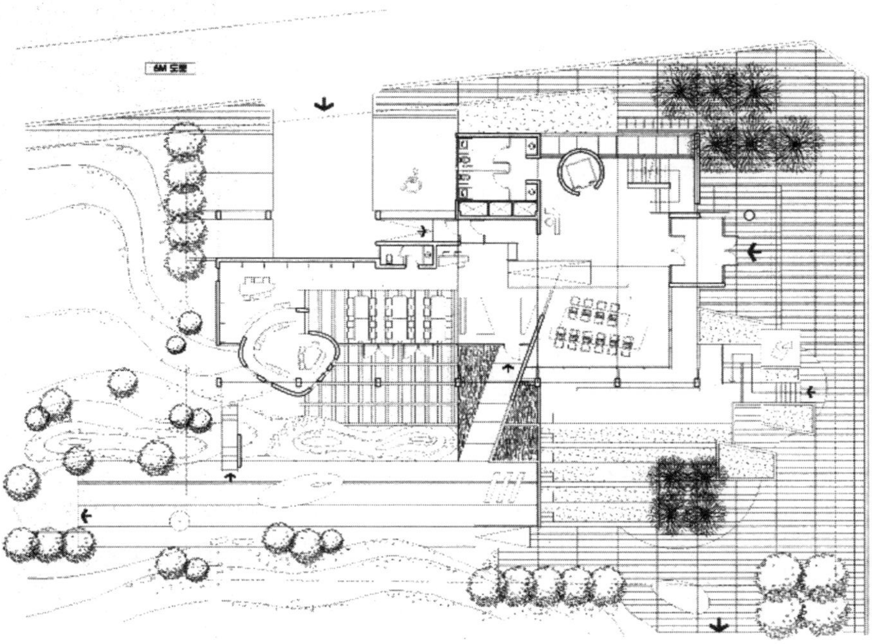

1st floor plan

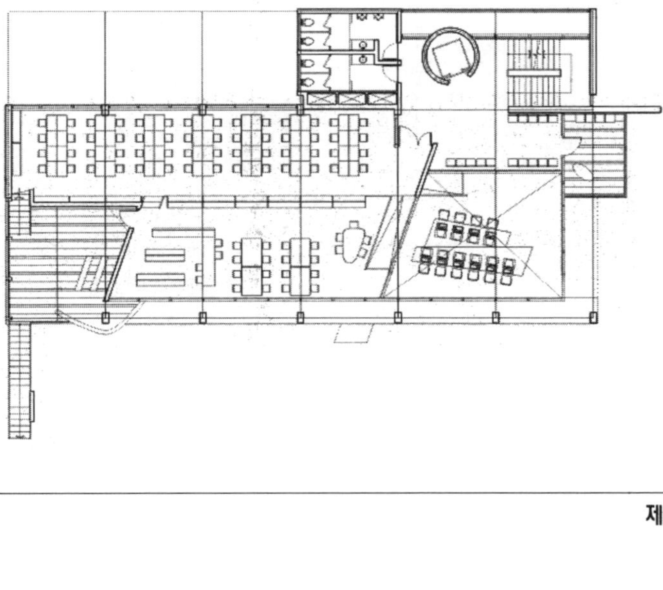

2nd floor plan

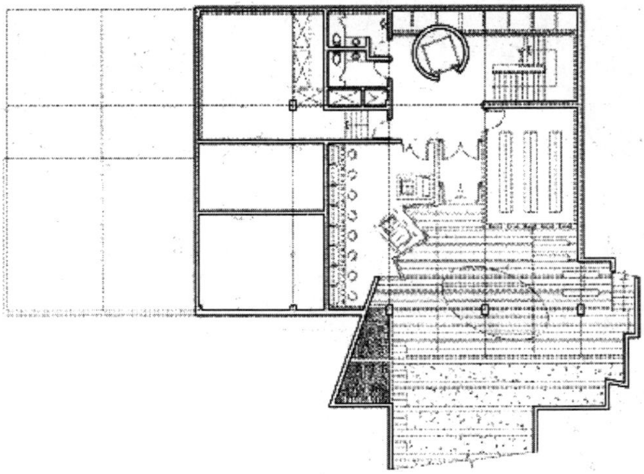

B1st floor plan

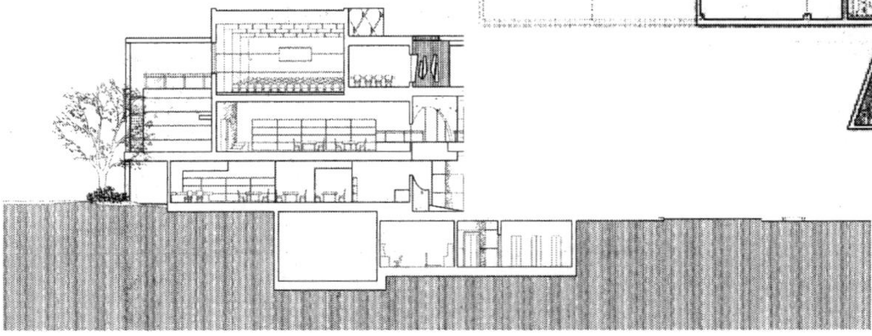

cross section

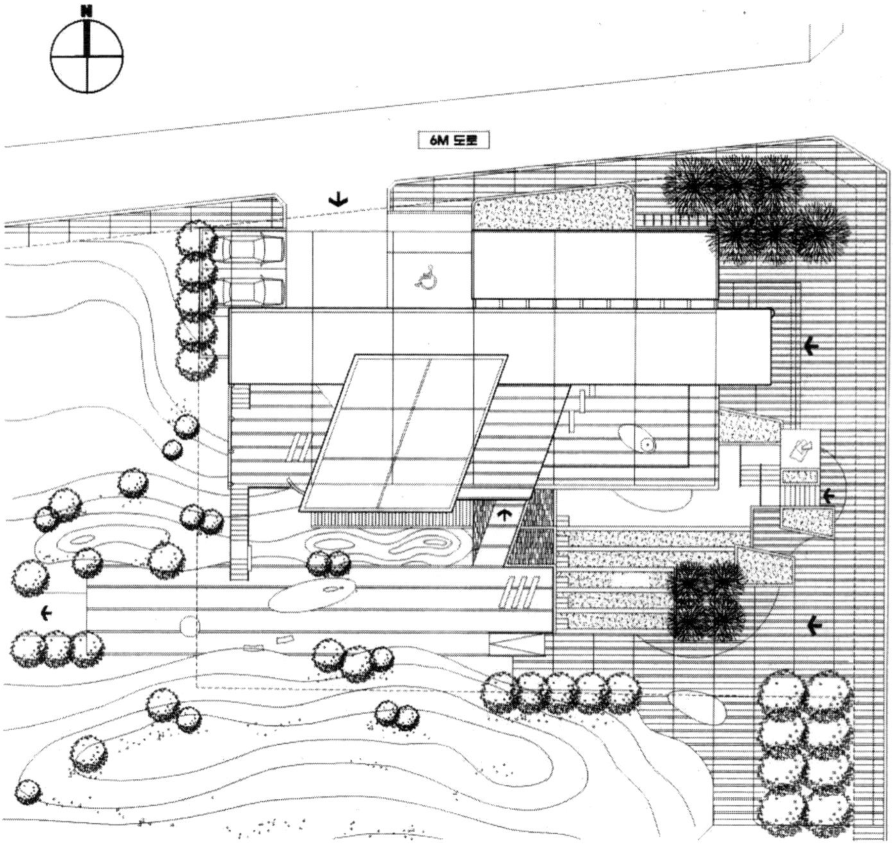

site plan

II 박물관 · 미술관

1. 개요

박물관을 영어로 뮤지엄(museum), 미술관을 아트 뮤지엄(art museum)이라 한다. 이 용어는 그리이스 신화에 나오는 시와 음악의 여신인 뮤즈(muse)의 신전을 뮤세이온(museion)이라 불렀던 것에서 유래하고 있다.

박물관이란 역사, 예술, 민속, 산업, 자연과학 등에 관한 자료를 수집, 보관, 전시하여 교육적인 배려로서 일반공중의 이용에 제공하여 교양, 조사연구, 레크레이션 등에 제공하기 위해 필요한 사업을 함과 동시에 이들 자료에 관한 조사연구를 하는 것을 목적으로 하는 기관을 말한다. 따라서 미술관, 박물관은 수장품이나 미술 작품 등의 전시, 보관, 연구를 통하여 시민에게 교육의 장을 제공하는 사명을 지니고 있다. 또한 미술관은 박물관의 일종으로서 기획전이나 공모전 등을 통해 많은 예술가나 일반시민에게 미술활동의 장을 부여함으로써 미술교육의 일단을 담당해 왔다.

2. 박물관의 기능

박물관은 근대 이전의 흐름의 전개 과정으로서 "수집, 보관", "조사, 연구"라는 내재적 기능을 가지고 있으며, 박물관의 활동은 수장고, 연구소, 전람회를 통일하는 조직적, 계획적인 행위의 조직화 작용이다. 따라서 박물관의 활동이란 수장, 연구, 전람의 기능이 동시에 실현된다.

1) 박물관의 기능 체계

① 자료의 보존과 계승

- 수집 : 실물을 현지 보존하는 경우 정보기록을 수록한다.
- 정리 · 분류 : 자료를 박물관 자료화한다.
- 관내 보존 : 박물관 자료의 보존
- 현지 보존 : 자료의 보존

② 조사, 연구와 발표(예술, 과학의 진흥)

- 박물관학적 이론 연구 : 박물관의 존재, 생태학 등
- 박물관학적 실천 연구 : 박물관 활동의 실천방법의 연구
- 박물관적 연구 : 분류학, 형태학, 생태학 등

• 발표(학회, 눈문발표) : 언어 등 문자매체

③ **자료 등 연구성과의 환원과 교육, 보급**

• 환원 : 시민에 대한 서비스활동으로서 정보자료 센터와 레크레이션
• 교육, 전시 : 전시품 설명 등을 위한 관내 교육활동의 실내전시, 채집회, 견학회 등을 위한 관외 교육활동의 야외 전시
• 체험학습 : 실내, 야외에 있어서 실습 견학회
• 테마별 스터디 : 장기 강습회(강연, 강의 등)

2) 박물관의 사회적 역할

박물관의 설립 과정은 개인의 수집이 모체가 되어 설립되는 경우, 조사, 연구 과정에서 막대한 자료가 집적되어 그것을 시민에게 환원하는 목적으로 설립된 경우, 지역주민의 요망에 의해 생긴 경우, 지방자치제가 지방 문화진흥을 위해 만든 경우 등이 있으나 영리적인 목적은 배제되는 것이 보통이다.

박물관의 사회적 역할에 대한 건축가들의 이론적인 규정에 대하여 살펴보면 디나바시겐다로는 근대 박물관의 역할을 새로운 기능(역할), 봉사할 수 있는 역할, 지도, 연구기관, 계몽 운동으로 사회 발전의 기여, 전문교사의 양성, 관람자를 위한 안락시설 등의 역할론을 피력하였고, 모스티니(Dr. Grete Mostny)는 지역사회와 근접, 자연 자원보호에 대한 계몽, 문화재 보호에 대한 사명, 연구시설의 제공, 전문직의 양성, 정보의 제공과 문화적 행사 개최, 학교 교육의 협력자 역할, 국가 목적을 수행하는 임무의 부가를 강조했다.

3. 박물관의 종류

1) 자료의 대상별 분류

박물관은 대별해서 종합적인 분야를 다루는 종합박물관과 전문박물관으로 나누어진다. 전문박물관은 고고학, 역사, 민속, 조형예술 등을 다루는 인문계 박물관과 자연계, 산업, 과학기술 등을 다루는 자연과학계 박물관으로 나누어진다.

① **종합박물관**

인문과학 및 자연과학 모두에 걸친 자료를 종합적으로 취급하는 박물관으로 최근에는 전문박물관 이외에 다수의 분야를 다루는 종합박물관으로 부르는 경우가 많다.

② **역사박물관**

과거의 문화유산을 다루는 박물관으로 역사의 변천, 생활이나 문화의 추이, 세계의 제민족의 문화교류나 발달을 전하는 박물관, 향토박물관이나 민속박물관 등도 여기에 포함된다.

③ **미술(박물)관**

자료를 미술에 관한 것에 한정하고 있다. 조각을 다루는 조각미술관, 도자기를 취급하는 도자기 미술관, 또 시대구분에 의한 근대미술관 등이 있다.

④ **과학박물관**

자연사 박물관, 박물학 박물관, 천문학 박물관과 같은 자연박물계의 박물관과 이공학 박물관, 과학기술 박물관, 교통박물관과 같은 기술공학계의 박물관 등이 있다.

⑤ **동물원**

자연과학계 박물관 가운데 살아있는 동물을 다루는 박물관을 말한다.

⑥ **수족관**

자연과학계 박물관 가운데 살아있는 수족을 다루는 박물관을 말한다.

⑦ **식물원**

자연과학계 박물관 가운데 살아있는 식물을 다루는 박물관을 말한다.

2) 보존 장소에 의한 분류

① 관리전시형(indoor museum) : 자료를 관내에서 전시하는 것으로 일반적인 박물관과 최근에는 옥외전시도 병설하는 예가 많다.
② 옥외전시형(outdoor museum) : 자료를 옥외에 전시하는 것으로 옥외 박물관이 여기에 해당한다.
③ 현지보존형(site museum) : 시가지 보존 등이 여기에 해당한다.

4. 박물관의 구성과 소요실

박물관은 그 종류와 성격에 따라 다소 차이점이 있으나 기본적으로 자료의 수집, 보존, 조사, 연구, 교육보급이라는 기능을 갖고 있으며, 이 기능을 충족시키기 위해 박물관은 도입부문, 전시부문, 조사연구부문, 관리 및 기타 부문으로 구성된다.

1) 도입부문

① **출입구**

외기의 직접 유입을 막기 위해 반드시 방풍실을 만들며, 눈, 비를 피할 수 있는 차양 또는 차양구실을 할 수 있는 공간을 만든다.

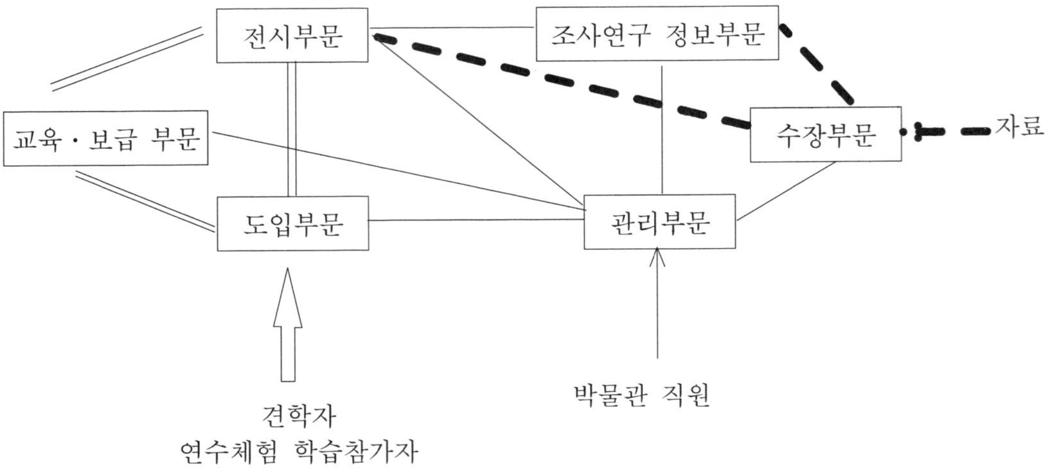

【그림 6-6】 각 부문간의 관계

② **매표소**

유료의 경우 필요하며, 방풍실 밖에 둘 것인지, 안에 둘 것인지 검토가 필요하며, 인력을 줄이기 위해 관리사무실 일부를 이용하든지, 안내소를 겸용으로 하든지를 고려한다.

③ **홀, 로비, 중앙홀**

도입부로서 박물관의 내용에 맞는 공간이어야 하며, 안내소, 매점, 휴대품 예치소를 설치한다. 전시실, 연수실, 체험 학습실 등으로 순조로이 유도되고 휴게실, 커피숍 등으로 연결되도록 하며, 아늑한 분위기를 만든다.

④ **안내소, 매점**

관내 안내, 해설서 배포, 연구자료, 서적, 사진, 그림엽서, 모사품 등을 판매한다.

⑤ **휴대품 예치소**

동전 투입식 사물함을 설치할 장소를 배려하기도 한다.

⑥ **휴게실, 커피숍, 식당**

커피숍과 식당은 내관자를 위해서 있는 것이 좋으나 경영상 어려울 경우는 외부에서도 이용 가능하도록 계획하며, 휴게실에 자동판매기로 음료를 서비스하는 것도 효과적이나 전시품이나 관내를 더럽히지 않도록 배려한다. 휴게실의 위치는 홀, 로비 등에 마련함은 물론 전시실 가까이에도 필요하다.

2) 전시부문

① **상설 전시실**

일반전시, 부분별 전시를 하며, 전시자료의 대체를 위한 자료이동을 고려한다.

② **특별 전시실**

특별 자료를 항시 전시한다.

③ **기획 전시실**

기간을 정해 특별 주제, 기획에 의해 전시한다.

④ **영상 전시실**

영화, 다면 복식슬라이드 등으로 자료 전시만으로서는 전달할 수 없는 분야를 영상으로 전달하는 실로 적어도 20~40명 정도 앉을 수 있는 긴 의자를 고려한다.

⑤ **전시창고**

전시기자재, 전시대, 패널 전시대 등 전시에 필요한 것과 예비품을 두며, 위치는 전시실 가까이에 두며, 충분한 공간일 경우 전시자료의 임시 보관소로도 쓸 수 있다.

⑥ **기타**

견학자용 화장실, 식수대

3) 교육, 보급부문

① **연수실, 강의실**

영화, 슬라이드, 고가 영사기 등을 사용하며, 초·중고생 한 반 정도가 앉을 수 있도록 최소 40~50석이 필요하고, 체험 학습실을 겸할 경우 준비실, 세면장, 기자재고를 함께 마련한다.

② **체험 학습실, 향토 학습실**

문화, 향토 유산 등의 전승 작업을 체험하는 실로 여러 가지 작업을 하게 되므로 더러워지지 않는 재료를 선택한다.

③ **자료 연람실, 도서실, 정보 서비스실**

개가식으로 하며, 자료실 옆에는 고문서를 열람할 수 있도록 하며, 스스로 내용을 선택할 수 있는 비디오, 테이프 보급과 새로운 방식의 도입도 고려한다.

④ **기타**

교육보급 부문, 사무실, 화장실 등이 있으며, 교육보급 부문은 지역 주민이 친숙해지고 활동에 참석하도록 한다. 내관자 중에는 일반 전시를 견학하는 일 외에 연수, 체험학습의 목적만으로도 내관하는 경우 많다. 또한 전시 부문의 개관 시간 외에도 이용할 수 있도록 직접 출입문 외에 별도의 출입문을 설치하고 출입을 감시할 수 있도록 한다.

4) 보관 부문

① **짐풀이실**

수집한 자료나 다른 곳에서 빌려온 자료의 반입장소로 운반차가 들어오는 것 등을 고려, 바닥 높이를 염두에 둔다. 대개 차가 주차하는 바닥보다 45m~60m정도 높이며, 기자재고 등이 옆에 있으면 편리하다.

② **미정리실**

수집한 자료를 분류, 수세, 훈증하는 등 보존 처리하기 위해 일시적으로 두는 곳으로 보통 짐풀이실의 옆에 둔다.

③ **보수 공작실**

자료 정리, 복원, 기록작업을 하는 곳으로 방진처리, 수세, 건조, 가습설비 등이 설비될 수 있는 넓은 면적이 요구되며, 장시간 작업하는 실로 햇볕이 잘 드는 곳을 택하며, 자연광이 들어오고 필요시 차광이 가능토록 한다.

④ **수세장**

대형 민속자료를 수세하고 발굴자료의 흙을 닦기 위해 밖에 수세장을 설치하며, 가능한 넓은 차양이 설치된 옥외 정리장을 계획한다.

⑤ **소장고**

토기, 목기 등의 고고자료, 고문서, 옛 그림 등의 역사자료, 생산 용구, 제사용구 등의 민속자료, 회화, 조각, 공예품 등의 미술자료 등을 보관한다.

⑥ **특별 소장고**

귀중하거나, 취약하여 특별한 관리를 요하는 자료를 소장하며, 전실을 두어 소장고용의 보존환경이 급변하지 않도록 한다.

⑦ **목기 소장고**

목기 고고자료가 많을 경우 수조 속에 넣어 보존하며, 물이나 약품의 사용을 고려한 마감재료의 선택과 배수시설이 요구된다.

⑧ **훈증실**

사용빈도, 방식, 훈증시킬 자료에 따라 면적, 용량이 달라지며 반드시 전실을 두며, 실의 밀폐도, 가스배출방식을 고려한다.

⑨ **작업원실**

발굴 작업원과 복원 작업원의 갱의와 휴게용실로 개인사물함, 샤워실, 화장실 등이 필요하다.

5) 조사, 연구부문

① **학예원실, 연구, 조사실**

학예원과 외래연구원을 포함한 연구원을 위한 실이다.

② **촬영장, 암실**

사진촬영에 필요한 천장과 공간이 필요하다.

③ **보존 과학실**

목기 처리, 칠기 처리 등, 각종 보존 처리와 보존에 관한 조사, 연구를 위한 실로 바닥 배수, 배기설비가 필요하다.

④ **자료실**

보관품의 자료카드, 도면, 문헌의 보관, 열람을 하며 도서, 마이크로 필름, 디스크, 녹음 테이프 등도 보관하며 새로운 정보 체제를 도입, 정보 서비스실과 연동 운영될 수 있도록 한다.

⑤ **회의실**

연구실로서나 발표회 등 학예원, 연구원 등이 사용 가능토록 계획한다.

6) 관리 및 기타부분

① **통행용, 홀**

관원 전용 또는 교육보급 부문의 실내 현관을 겸용할 수도 있으며, 외래 연구자, 전시 관계자의 출입도 많으므로 주의를 요한다.

② **관장실, 응접실**

사무실과 연락이 쉬운 곳에 위치한다.

③ **사무실**

물품 창고, 온수실, 탈의실이 있어야 하는데 매표소 가까이에 두어 출입홀을 내다 볼 수 있는 곳으로 관내조명, 공조, 감시용 TV 등을 모두 사무실에서 관리토록 한다.

④ **경비원실**

경비원 상주시 통용문 옆에 두며, 야간에 기계장치로 경비할 경우도 특별 전시 개최시의 임시 경비원 대기실을 준비한다.

⑤ **기계 관련실**

박물관 규모를 고려한다.

⑥ **공통시설**

화장실, 엘리베이터, 리프트, 청소 도구함 등이 필요하다.

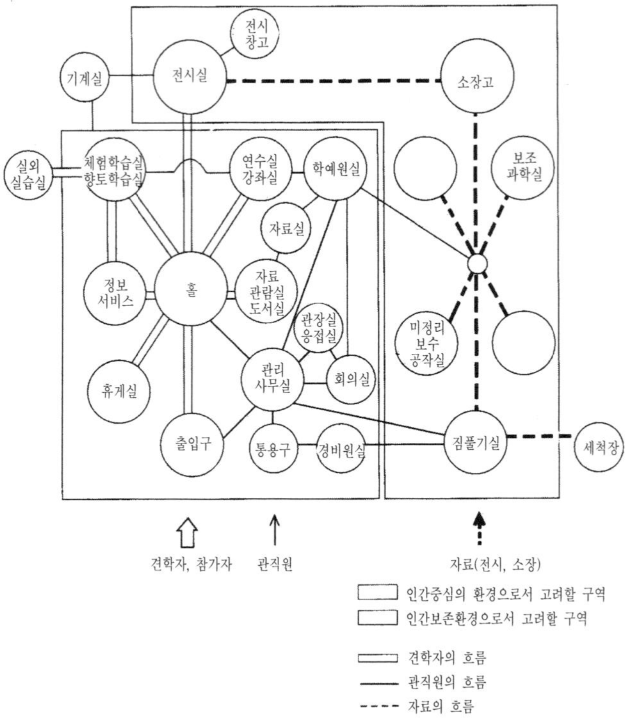

【그림 6-7】 소요실의 기능 구성

5. 박물관 공간 구성

1) 면적 배분

우리 나라 박물관의 규모와 내용에 대한 법적 기준은 구체적이지 못하고 모호하다. 즉 박물관 및 미술관 등록요건은 100점 이상의 자료, 100m²의 전시실, 수장고, 작업실 또는 준비실(시설규모), 사무실 또는 연구실, 자료실, 도서실, 강당 중 1개 이상의 시설 등으로 규정하고 있을 뿐이다. 그러나 우리 나라 주요 박물관의 면적 구성비를 보면 전시부문의 경우 대규모(2,000~6,000m²)일수록 33%에 가까운 구성을 보이며, 중규모 미만에서는 48% 비율을 차지하여, 전시 위주의 공간 형성을 하고 있다. 수장부문에 있어서도 대규모를 제외하고는 10% 미만의 구성비를 보여 수장 능력에 한계가 있다.

2) 공간의 배치

과거 박물관들은 보통 단층으로 구성되어 있는 것이 대부분인데 이는 천장을 취하기 쉽고, 노인이나 신체장애자를 고려해서이다. 또한 관람객들의 편의와 자료의 반출입, 관리 동선 등에서도 유리하다. 현대의 박물관은 보통 2층 정도로 계획하며 이용객이 많은 전시관은 1층에 배치하는 곳이 좋으며, 상층 배치시 이동이 유연하게 이루어지도록 관련 설비를 갖춘다.

우리 나라의 많은 박물관들은 상층에 전시관을 배치하고 1층에 관리부문이나 강당을 배치하기도 한다. 또한 교육, 보급을 위한 공간을 전시공간과 인접시키며 자료실 및 조사, 연구를 위한 제실도 이에 연속시키는 것이 좋다.

【표 6-2】 국내 박물관 부문별 면적배분 비율

<table>
<tr><th rowspan="2">부문별</th><th colspan="6">규모별 사례분석 평균치[m²/%]</th></tr>
<tr><th>연면적 m²</th><th>1,000~2,000</th><th>2,000~6,000</th><th>6,000~20,000</th><th>30,000 이상</th><th>평균치</th></tr>
<tr><td rowspan="2">전시부문</td><td>m²</td><td>648.76</td><td>2,010.64</td><td>3,306.57</td><td>12,538.83</td><td>4,626.20</td></tr>
<tr><td>%</td><td>48.63</td><td>44.16</td><td>37.45</td><td>32.79</td><td>40.33</td></tr>
<tr><td rowspan="2">교육・보급</td><td>m²</td><td>146.55</td><td>154.87</td><td>352.34</td><td>903.73</td><td>314.37</td></tr>
<tr><td>%</td><td>10.84</td><td>3.40</td><td>4.11</td><td>2.57</td><td>5.39</td></tr>
<tr><td rowspan="2">조사・연구</td><td>m²</td><td>54.32</td><td>88.10</td><td>436.19</td><td>1,243.16</td><td>455.44</td></tr>
<tr><td>%</td><td>4.41</td><td>1.94</td><td>4.32</td><td>3.44</td><td>3.78</td></tr>
<tr><td rowspan="2">수장부문</td><td>m²</td><td>124.22</td><td>590.46</td><td>1,166.00</td><td>2,315.60</td><td>1,049.07</td></tr>
<tr><td>%</td><td>9.71</td><td>12.97</td><td>13.58</td><td>5.51</td><td>10.53</td></tr>
<tr><td rowspan="2">관리・기타</td><td>m²</td><td>357.63</td><td>1,708.58</td><td>3,333.92</td><td>23,792.85</td><td>7,298.25</td></tr>
<tr><td>%</td><td>26.24</td><td>37.53</td><td>40.54</td><td>55.68</td><td>39.94</td></tr>
<tr><td rowspan="2">계</td><td>m²</td><td>1,331.48</td><td>4,552.65</td><td>8,595.02</td><td>40,794.17</td><td>13,743.33</td></tr>
<tr><td>%</td><td>100.00</td><td>100.00</td><td>100.00</td><td>100.00</td><td>100.00</td></tr>
</table>

3) 동선계획

동선에는 이용자, 직원 등 사람의 동선과 전시자료 등의 물건의 동선이 있다. 동선계획으로 우선 사람과 물건의 동선을 명확히 분리하며 사람의 동선은 이용자와 직원동선의 교차를 피한다. 이용자의 동선은 흐름을 부드럽게 하면서 알기 쉬운 동선으로 한다. 직원의 동선은 관리 관계의 직원과 학예원 동선의 2가지로 나누어진다. 또한, 재해시의 피난경로도 충분히 검토한다.

① 이용자 동선

- 이용자 동선은 입구에서 로비를 거쳐 전시실, 연구실, 강당 등으로 부드럽게 유도하도록 한다.
- 이용자의 출입구는 직원 출입구와 구분한다.
- 이용자 관리부문으로 마음대로 출입하는 일이 없도록 동선계획을 세운다.
- 강당을 설치하는 경우 이용자용 입구, 로비를 설치해야 한다.
- 휠체어 이용자 등을 위해 바닥은 단차를 없앤다.
- 2방향 이상의 피난경로를 확보한다.

② 관리 관계직원의 동선

- 관리관계의 직원동선은 이용자의 서비스나 학예원의 연락이 편리하도록 하고 물체의 동선관리도 편리하도록 계획한다.
- 이용자와의 동선 교차를 없애기 위해 관리용 출입구를 설치한다.

③ **학예원의 동선**

- 연구실에서 전시실이나 수장고로의 동선을 부드럽게 한다.
- 강당, 연구실, 아틀리에 등 연수관계실이나 관리 관계제실과의 편이성을 도모한다.

④ **물건의 동선**

- 전시, 반출・반입, 이동에 편리하도록 바닥에는 단차를 없앤다.
- 하역실, 수장고, 전시공간의 동선은 되도록 짧게 한다.

6. 박물관 유형

건축공간의 구성형식에 따라 다음과 같이 분류할 수 있다.

1) 중정형(court type)

중정(court yard)을 중심으로 회(回)자형 배치로 반개방적 외부 공간의 형성으로 실내와 연장하는 유기적인 평면 구성이 가능하며, 자연 채광을 충분히 사용할 수 있고, 건물 자체는 폐쇄적이나 다이나믹한 전시공간을 형성시킬 수 있다.

건축 실례로 부산 시립박물관, 오사카 민족학 박물관, 국립청조 박물관, 프랑크푸르트의 수공예 박물관 등이 있다.

※ **중정형(Court type) 예**

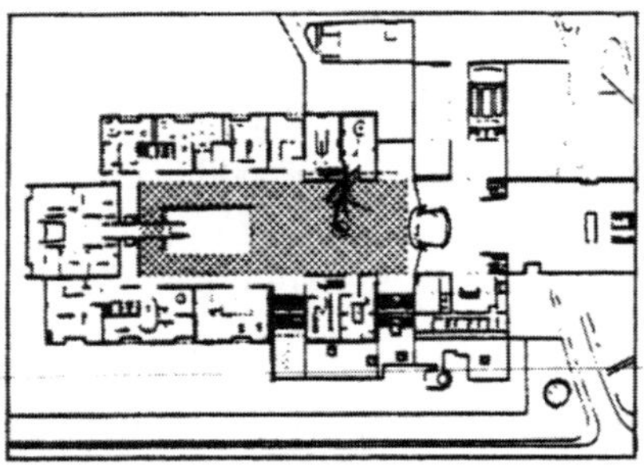

【그림 6-8】 국립인류박물관 : National Museum of Anthropology/멕시코

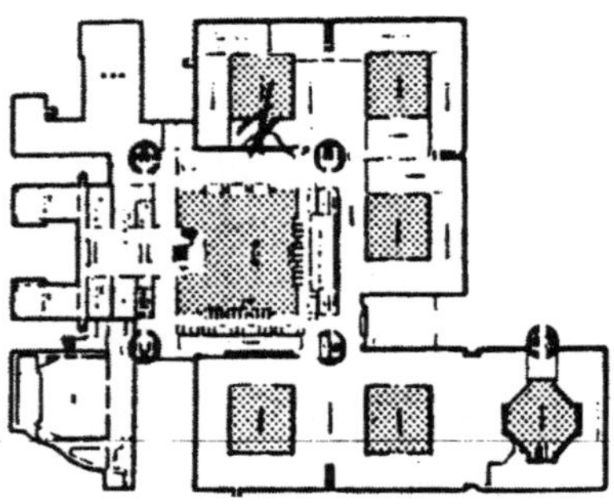

【그림 6-9】 국립민속박물관/오사카/黑川紀章/1974~77, 1984 증축

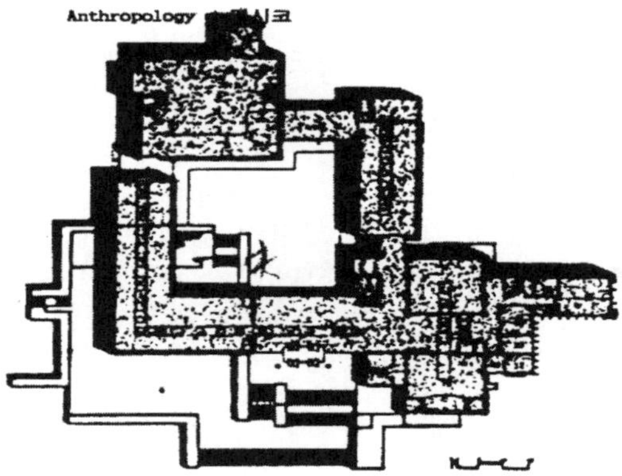

【그림 6-10】 민속자연사박물관/제주도/1977 ~ 84

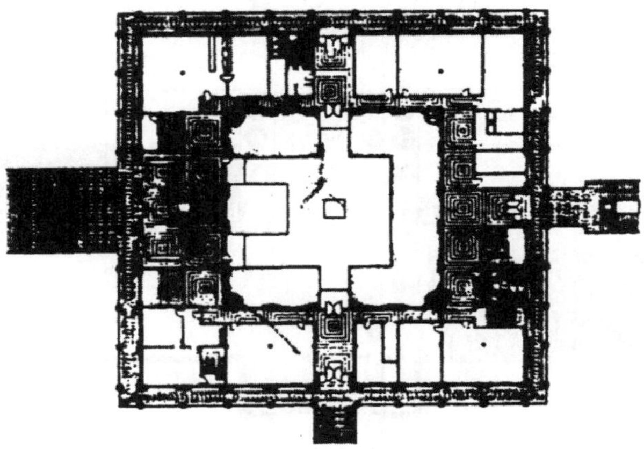

【그림 6-11】 부산시립박물관/부산/1975 ~ 78

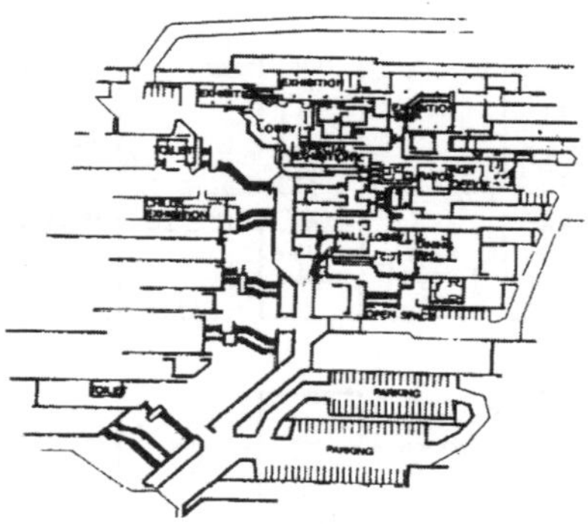

【그림 6-12】 국립청주박물관/청주/1987

2) 집약형(intensive type)

단일 건물내 대 · 소 전시공간을 집약시킨 형식으로 특히 개별 전시공간은 전체적인 주제를 시대별, 국가별, 유형별, 요목별로 상세히 보여주는 전시실로 건축 실례로 시카고 자연사박물관, 워싱턴 우주항공박물관, 프랑크푸르트 젠켄베르크박물관 등이 있다.

3) 개방형(open plan type)

전시공간 전체가 구획됨이 없이 개방된 형식을 취하며, 전시내용에 따라 기동적인 특성을 갖으며, 효과적인 전시연출을 할 수 있다.

건축 실례로 컬리넌 홀이 있다.

※ **집약형**(集約形, Intensive type) **예**

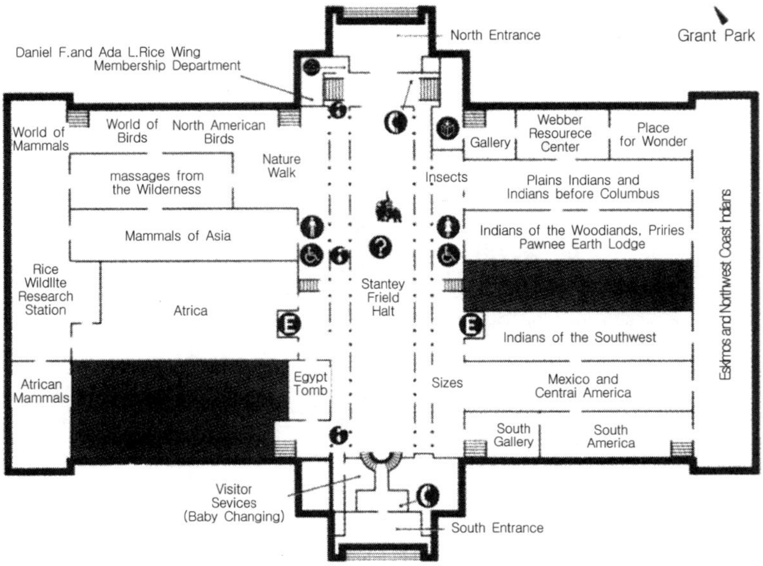

【그림 6-13】 필드 자연사 박물관/Field Museum of Natural History/시카고/1912~21/1978 개축

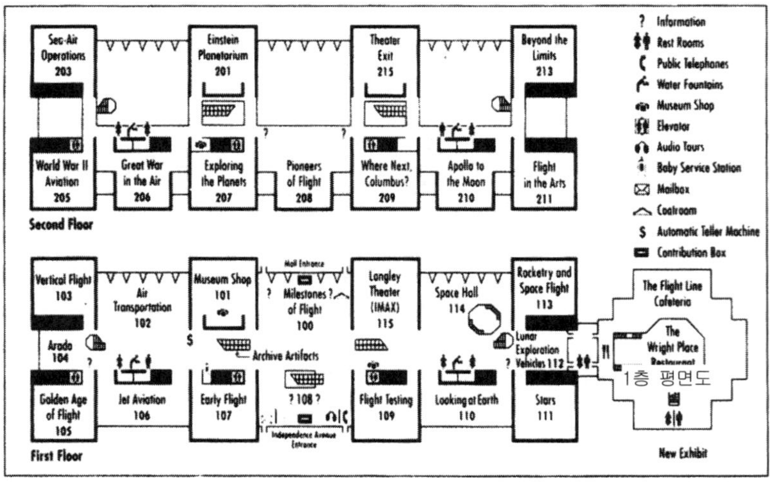

【그림 6-14】 국립우주항공박물관/워싱턴/1972~76

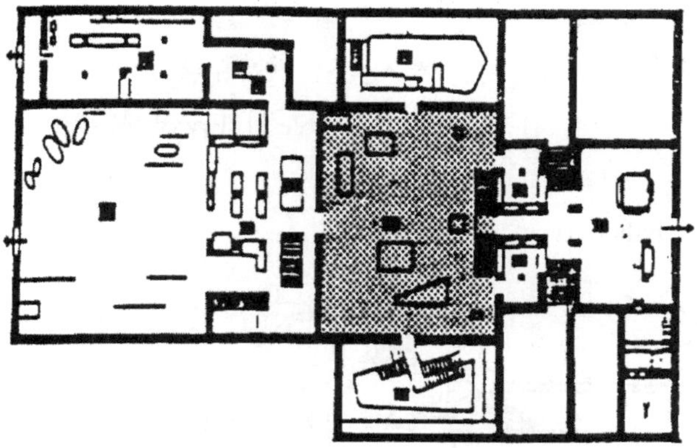

【그림 6-15】 젠겐베르크 자연사 박물관/
Senkenberg Natural Museum/프랑크루프트.1907

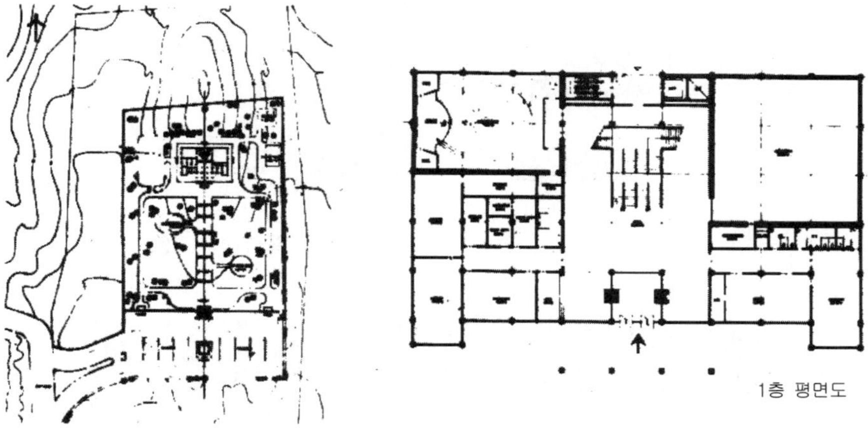

【그림 6-16】 국립광주박물관/광주/1977~78

※ 개방형(開放形, open plan type) 예

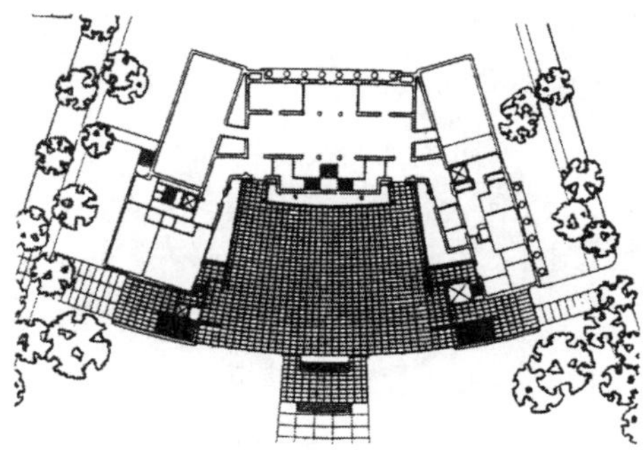

【그림 6-17】 컬리넌 홀/ Cullinan Hall, Museum
of Fine Arts/휴스턴/1954~58, 67~74증축

4) 분동형(Pavilion type)

몇 개의 단독 전시관들이 파빌리온 형식으로 건축군을 형성하고 많은 관객들이 집합, 분산, 선별 관람이 용이하며, 건축 실례로 올란도의 Epcot센터가 있다.

※ **분동형**(分棟形, Pavilion type) **예**

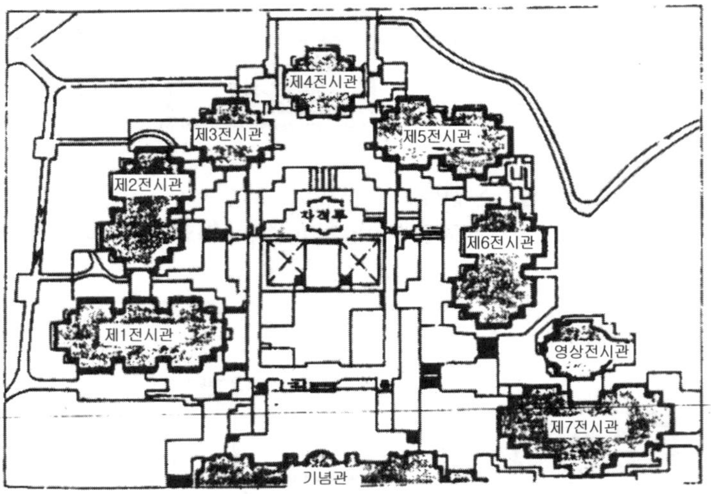

【그림 6-18】 독립기념관/충남 천원/1982~87

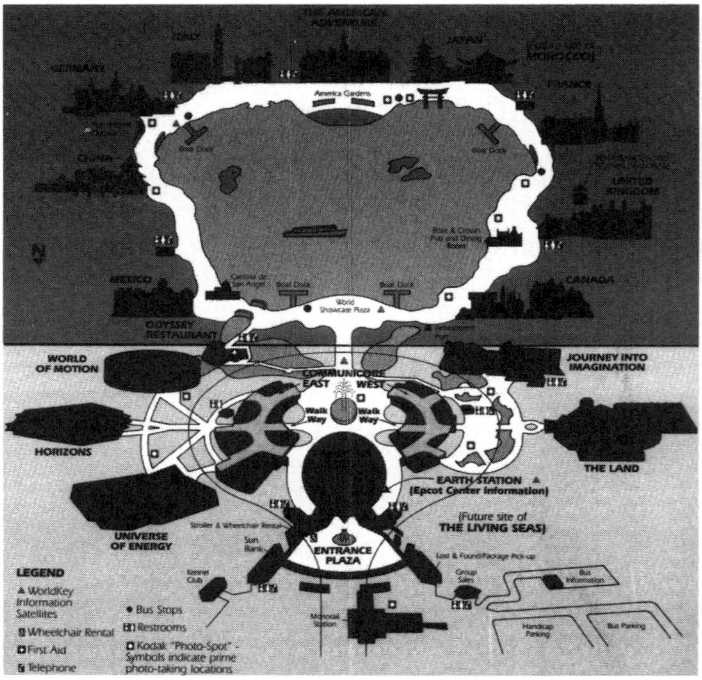

【그림 6-19】 EPCOT센터 /1982

7. 박물관 일반계획

1) 전시실 면적 구성

① 면적 구성

박물관에 있어서는 전시공간이 연면적에 대해 30~50% 정도로 차이가 크다.

② 용도별 면적 구성

- 전시부분 : 40~50%
- 교육 · 보급부분 : 4~8%
- 수집 · 보관부분 : 10~15%
- 조사 · 연구부분 : 3~8%
- 관리부분 : 7~8%
- 기　타 : 30%

2) 전시실의 순회(순로) 형식

① 연속 순회(순로)형식

구형 또는 다각형의 각 전시실을 연속적으로 연결하는 형식으로 단순하고 공간이 절약되며, 소규모의 전시실에 적합하다. 또한 전시 벽면을 만들 수 있으나, 많은 실을 순서별로 통해야 하고 1실을 닫으면 전체 동선이 막히는 단점이 있다.

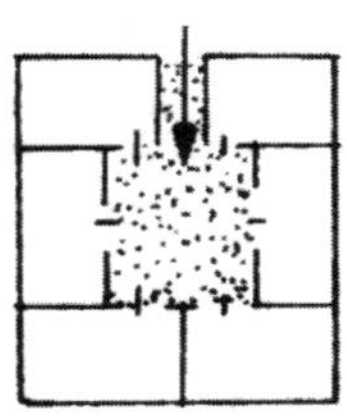

② gallery 및 corridor 형식

연속된 전시실의 한쪽 복도에 의해 각실을 배치한 형식으로 그 복도가 중정을 감싸고 순로를 구성하는 예가 많다. 각 실에 직접 들어 갈 수 있는 점이 유리하며 필요시 자유로이 독립적으로 폐쇄할 수 있으며, 복도 자체도 전시공간으로 이용 가능하다. 르 꼬르뷔제의 와상을 발전시켰고, 통일된 미술관 안으로 성장하는 미술관을 계획하였다.

이 형식은 전체를 와상 동선으로 통일함에 따라 최소 면적으로 최대의 전시 벽면을 얻는 동시에 천장 채광, 상하층 공간의 이용, 순로의 단축 가능성과 확장 가능성을 고려한 계획이다.

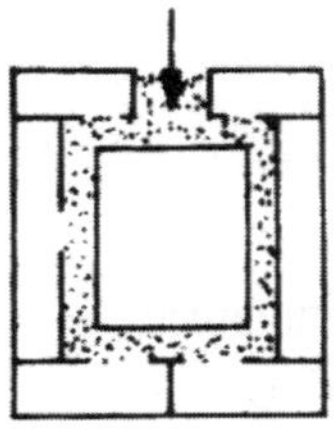

③ 중앙 홀 형식

중심부에 하나의 큰 홀을 설치하고 그 주위에 각 전시실을 배치하여 자유로이 출입하는 형식으로 과거에 많이 사용한 평면으로 중앙홀에 높은 천장을 설치하여 고창으로부터 채광하는 방식이 많다. 부지의 이용률이 높은 지점에 건립할 수 있으며, 중앙 홀이 크면 동선의 혼란이 없으나 장래의 확장에 많은 무리가 따르는 단점이 있다.

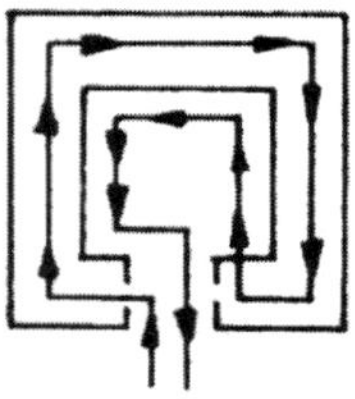

3) 전시실의 크기

① Magnus 안(案)

천장높이는 전시실 폭의 5/7 정도로 하며, 벽면 진열 범위는 바닥에서 1.25~4.7 m까지(실 폭이 11m일 경우) 정도가 적당하다. 또한 천장높이는 전시실 폭의 1/3~1/2로 하며, 벽면 최고 조도 위치는 천장에서 5.3m 밑점까지(실폭이 11m일 경우)로 한다.

② 기타

천장높이는 3.6~4m로 하며 실의 길이와 폭은 실의 길이는 폭의 1.5~2배, 실 폭은 5.5~6.0m 이상(평균 8m)으로 하며, 통로 여유폭 2m로 하고 관람거리는 소형 1.8m, 대형 6m 이상, 시각은 45° 이내, 최량 시각 27~30° 로 한다.

4) 강의실

일반교실 크기로 몇 개의 실을 설치하고 이동 간막이 등으로 칸을 막아, 특별 연구자를 위한 연구실로 이용되는 경우도 많다.

5) 도서실

슬라이드, 영화, 필름, 레코드 등을 관리 보관과 이들을 대출하는데 편리하도록 계획하며 입장자와 관리자 양쪽에서 편리한 위치가 되도록 한다.

6) 수장실

수장 및 상설 전시, 기획전시 중 어느 것을 주로 하느냐에 따라 편차의 폭이 대략 면적의 5~50% 사이에 있게 된다.

7) Auditorium

소강당 형식으로 설치되는 경우가 많으며, 200~500석 정도일 경우 전시의 해설, 강연회, 음악회 등 다목적으로 사용되는 경우가 많으므로 입구는 따로 설치한다.

8) 관리부문 제실

관장실, 응접실(회계, 사무, 영선 등), 회의실, 수기실, 휴게실, 숙직실 등에는 외부에서 들어가기 용이하도록 하며 전시실과는 이격시키고, 서비스의 연락이 잘 되도록 배치한다.

9) 식당, 다방, 휴게실

로비, 홀에서 연결이 쉬운 장소이어야 하며, 커튼을 설치한 지하실, 내정에 면한 지상층 또는 옥상 등에 설치한다.

8. 미술관의 종류와 기능

미술관은 설립자에 따라서 공립과 사립으로 나누어지며, 설립자의 차이는 설립의 동기, 시설의 성격에서도 분류된다.

미술관의 4가지 기능은 자료의 수집, 보관, 연구, 전시이며, 미술관은 이러한 기능을 충족시킬 것을 목적으로 한다.

대개 사립 미술관은 어느 개인의 collection 공개나 어느 특정 작가의 기념사업으로 설립되므로 기능적으로는 수집, 보존에 힘을 기울이는 수가 많으며, 건물도 소규모로 개성이 풍부한 것이 많다.

9. 미술관 부지 선정과 건물 배치

1) 부지 선정

예술 감상이라는 비일상적인 체험을 하는데 적절한 부지라면 여유있는 기분으로 감상할 수 있으며, 부지 선정시 유의점은 다음과 같다.

① 자연과 녹음이 풍부한 것이 좋으나 공원법이나 건축 및 관련법을 고려한다.
② 교통이 편리한 곳을 선정하여 다수의 사람들이 이용에 편리하게 한다.
③ 박물관, 도서관, 시민회관 등의 공공시설과 인접시켜 문화지역로 서로간의 복합, 상승 효과를 발휘시킨다.
④ 자동차 이용 증가로 인한 주차장의 확보, 장래 증축 등을 고려, 건물 주위에 넓은 여유의 부지를 확보토록 한다.
⑤ 중요한 수장품의 전시 및 보관시 화재로 인한 손실을 줄일 수 있도록 방재상 장해가 되는 장소는 피한다.

2) 건물배치

부지 조건을 최대한 효과적이며 적절히 활용할 수 있도록 한다.

① 관객의 접근과 직원들의 출입 및 자료의 반출입 어프로치는 명확히 분리하고, 관객이 몰려오지 않도록 한다.

② 공개부분의 옥외시설, 공간을 균형 있게 구분하도록 한다.
③ 증축의 여유를 고려하여 계획토록 한다.

10. 미술관의 기능과 구성

미술관의 기능은 전시기능에 편중한 gallery부터 보존에 중점을 둔 자료관 및 보물관까지 성격이 다르다.

1) 미술관의 기능

① 전시기능 : 수장된 미술품의 전시를 한다.
② 연수기능 : 집회나 강연회 등의 활동, 회화교실 등의 서클활동을 한다.
③ 수장기능 : 수집된 미술품을 정리해서 보존한다.
④ 연구기능 : 미술품에 대한 학술연구를 한다.
⑤ 관리기능 : 미술관의 관리, 운영업무를 집행하다.

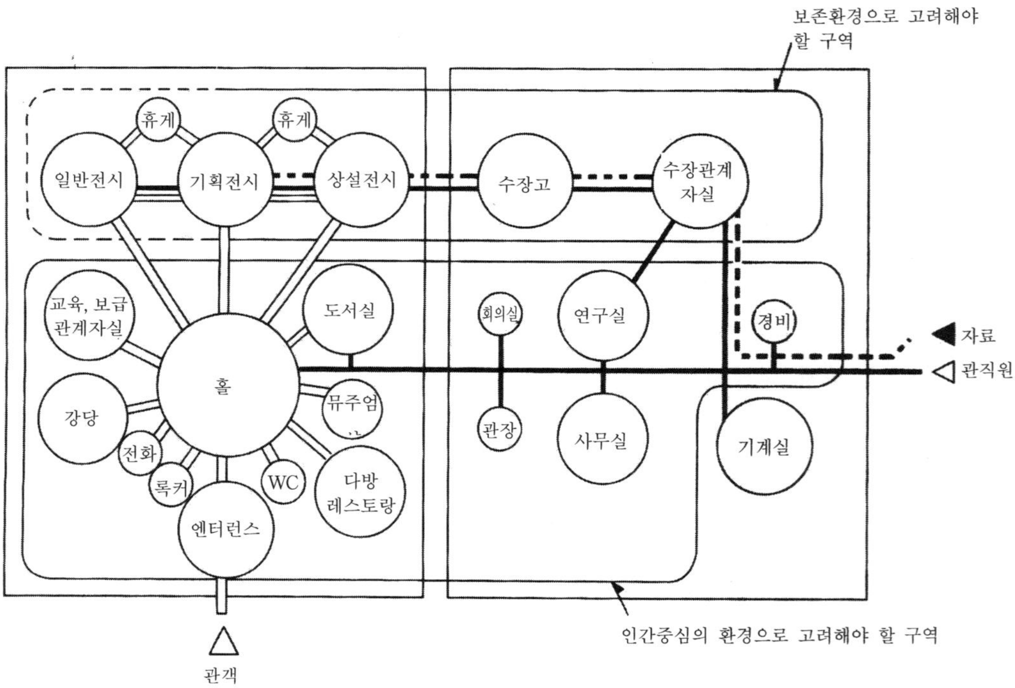

【그림 6-20】 미술관의 기능 구성

2) 각 부문의 구성

미술관은 기능에 따라서 전시부문, 연수부문, 연구부문, 관리부문, 그 밖의 부문의 6부문으로 구성된다.

① 전시부문 : 전시실, 특별전시실, 준비실, 옥외전시실, 휴게실 등으로 구성된다.

② 연수부문 : 강당, 연수실, 아틀리에, 시청각실, 세면, 화장실 등으로 구성된다.
③ 수장부문 : 수장실, 준비실, 멸균소독실, 공작실, 수리실, 감시실 등으로 구성된다.
④ 연구부문 : 학예원실, 회의실, 도서실, 자료실, 정보처리실 등으로 구성된다.
⑤ 관리부문 : 사무실, 관장실, 응접실, 회의실, 수직실, 세면, 화장실, 기계실 등으로 구성된다.
⑥ 기타부문 : 현관 홀, 매표장, 로비, 매점, 휴게실, 식당, 세면, 화장실 등으로 구성된다.

11. 미술관의 동선과 규모 계획

1) 동선 계획

관객의 동선은 충분히 고려되어야 하며, 입구에서 목적하는 전시실까지 용이하게 유도되어야 하며, 전시실 군의 연결도 자연스럽게 이루어져야 한다.

모든 전시실을 통과하여 출구로 진입하는 계획을 좋지 않으며, 관객이 감상하고자 하는 것을 자유롭게 선택할 수 있도록 실의 구성에 배려를 하며, 감상 도중 피로감을 줄일 수 있게 간이 휴게시설을 배치한다.

전시시설을 중층으로 하는 경우, 처음부터 관객을 상층으로 올린 다음 순차적으로 하층으로 유도하는 방법이 많이 채택되나 흐름의 단조로움을 피하기 위해 skip floor 형의 단면 형식을 채택하여 분위기를 전환하거나 특별전시실을 중2층에 설치하여 변화 있는 단면구성으로 계획하는 것도 관객의 관심을 갖게 하는 방법이 된다.

오르내리기가 곤란한 관람객을 고려하여 바닥 레벨의 복잡함을 피하고, 휠체어나 유모차를 고려해 미술관 전체의 바닥을 flat하게 하는 경우와 앞서 거론된 바와 같이 변화 있는 구성을 하고자 할 경우 보존기기를 이용하여 감상에 지상이 없도록 한다.

2) 규모계획

수장부문은 자료의 수, 형상, 장래의 계획에 의해 자료 증가를 감안하여 규모를 정하며, 전시부문은 시설의 대상 이용자 수의 파악이 곤란하여 기존 시설의 상태에서 규모를 추정할 수밖에 없으나 도시 규모에 따라 개략적인 면적은 아래 표와 같다.

연면적에 대한 각 부문별 바닥면적의 비율은 비교적 소규모 시설에서는 전시부문이 1/2정도 점유하며 규모가 커짐에 따라 교육, 연구 부문이 늘어난다.

【표 6-3】 용도별 면적

	대도시	중 · 소도시
전시 · 교육활동 관계	2,500	850
보관 · 연구 관계	2,500	850
관리 · 기타	1,000	300

※ 박물관(동물, 식물원 및 수족관은 제외)의 건축 연면적은 대도시에 있어서는 6,000을 기타 중 · 소도시에 있어서는 2,000를 표준으로 본다(단위 : m^2).

	• 연속된 평면의 전시벽면 ∘ 입구와 출구가 분리되어 명료하게 한정된 동선
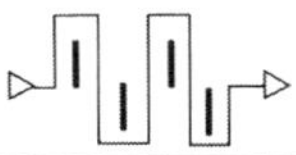	• 분리된 양면의 전시 벽면 ∘ 입구와 출구가 분리되어 명료하게 한정된 동선
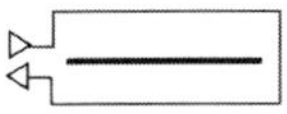	• 연속된 양면의 전시 벽면 ∘ 입구와 출구가 공통되어 더욱 명료하게 한정된 동선
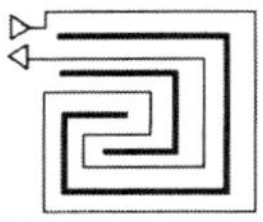	• 나선형상으로 배치된 양벽의 전시벽면 ∘ 입구와 출구가 공통되어 더욱 명료하게 한정된 동선
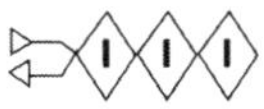	• 분리된 양면의 전시 벽면 ∘ 입구와 출구가 공통되어 교차되는 동선
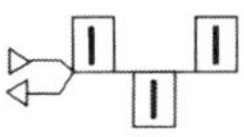	• 분리된 양면의 전시 벽면 ∘ 입구와 출구가 공통되어 분기되는 동선
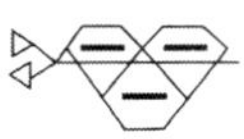	• 분리된 양면의 전시 벽면 ∘ 입구와 출구가 공통되어 교차로서 분기되는 동선

【그림 6-21】 전시벽면과 동선과의 관계

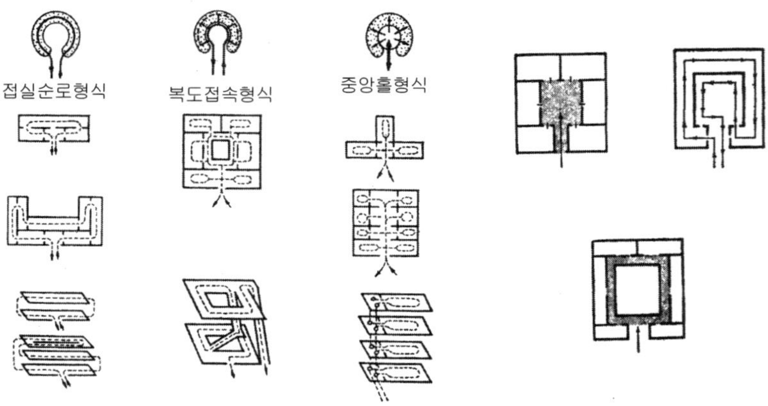

【그림 6-22】 순로형식

12. 미술관 각부 계획

1) 현관, 로비, 접수

엔터런스 홀은 미술관 도입부의 가장 중요한 공간이므로 전시부문과 교육보급부문을 구별하고 동시에 관객들을 위해 갖가지 설비를 갖추어야 하며, 상설전시나 기획전시가 유료일 경우 매표소가 필요하고, 현관 앞뜰에 전시품이 있을 경우는 문에 매표소를 설치한다. 무료공개부분이 많을 때는 안내 카운터에서 유료부분의 표를 판매하는 것이 관리상 유리하다.

안내 카운터는 관내안내, 광고지 배포, 매표 외에 그림엽서, 카달로그 등 뮤지엄 숍의 기능을 겸할 경우도 있으며, 최근에는 뮤지엄 숍에서 그림엽서나 카달로그에서 그치지 않고, 미술관계 서적이나 레프리카 기타 특별계획의 장신구 등까지 판매하기도 한다.

휴대품 보관소는 인원이 필요하므로 최근에는 코인, 록커 코너를 설치할 경우가 많으며, 기타 공중전화, 화장실(남녀로 구분) 등 편리하고 방해가 되지 않는 곳에 설치한다.

엔터런스 홀에서 휴식코너를 설치하여 안락하게 휴식할 수 있는 가구들에 대한 고려가 있어야 하며, 또한 규모에 따라서 다방이나 식당을 설치할 필요가 있는데, 이 경우 관리상 사람들 출입에 지장이 없도록 대책을 강구할 필요가 있으며, 다방이나 식당의 경영은 전문업자에게 위탁할 때가 많다.

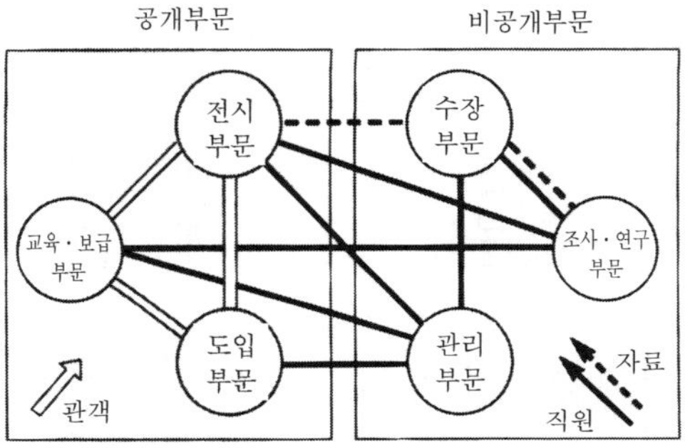

【그림 6-23】 미술관의 부문 구성

2) 전시실

미술관의 기능 중 전시는 가장 중요한 부문으로 상설전시실, 기획전시실, 일반전시실로 분류되며, 전시실 군의 배치와 전시실내 동선은 명확하게 계획되어야 하며, 전시 케이스나 패널 등으로 간막이를 사용하여 기획에 따른 플랙시블(flexible)한 전시장을 만든다. 관람도중 휴게공간의 배치도 중요한 요소로서, 전시실 내의 의자를 배치하는 경우도 있으나 독립된 휴게실에 수세장, 흡연 코너, 간단한 음료 코너 등의 설치도 고려한다.

① 상설전시실

상설전시실은 기획전시실이나 일반 전시실과 차이가 있으며, 대상이 되는 수장품에 적합한 전시장치가 필요하다. 컬렉션이 많아 전부 공개할 수 없는 경우는 전시품을 정기적으로 교체하며, 새로운 수장품을 특별히 전시하기도 한다. 동양화, 서양화, 조각, 공예품 등 대상에 따라서 고정전시 케이스와 이동 가능한 전시케이스 등 여러 가지가 필요하며, 전시 벽면은 일반적으로 고정되며, 가동 전시 벽면은 사용하지 않는다.

② 기획전시실

기획전에는 관의 독자적인 기획전과 다른 미술관의 기획전을 빌려서 순회 기획전을 하는 경우가 있다. 기획전은 여러 가지가 있어 고정 전시케이스는 설치하지 않는다. 또한 변화와 대응하기 위해 가동전시 벽면을 준비한다.

가동전시 벽면은 한쪽 방향형과 양쪽 방향형이 있으며, 관원들의 조작이 간편하고 가동전시 벽면 변화에 따라 관객동선에 불편이 없어야 한다.

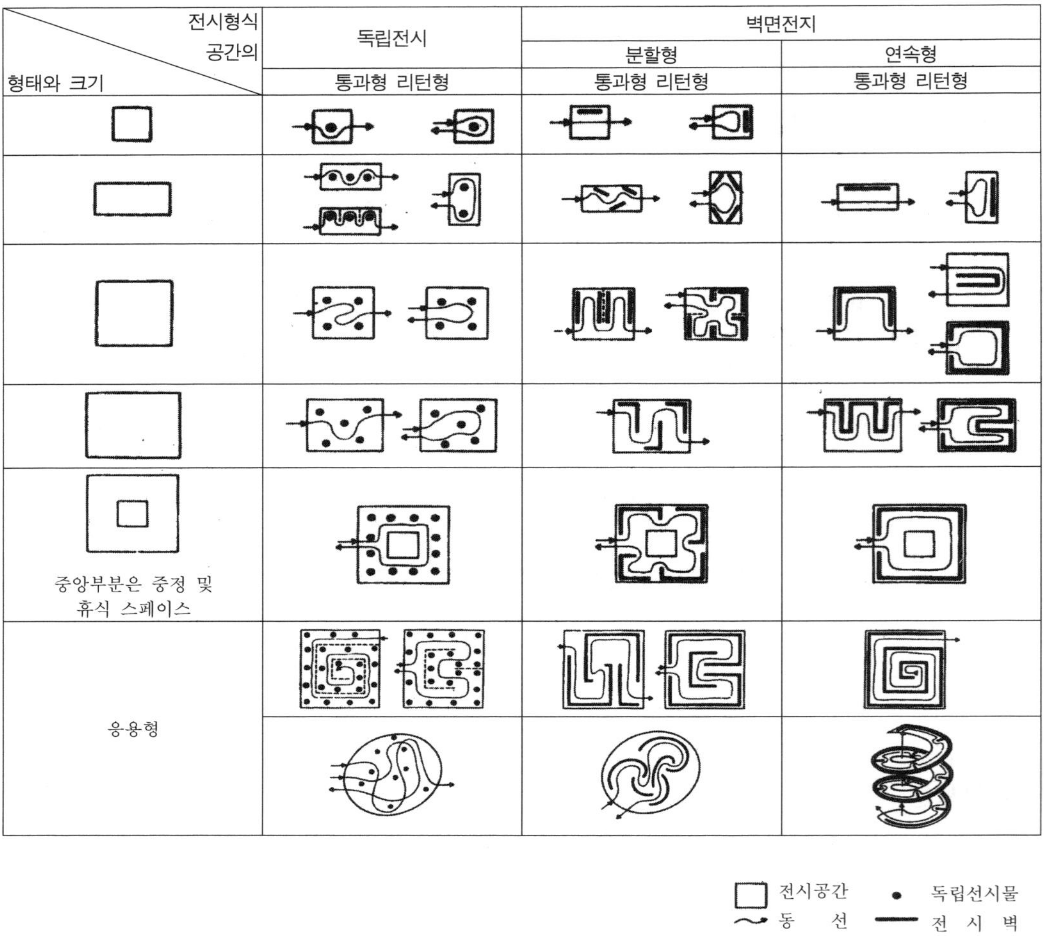

【그림 6-24】 전시형식과 순로형식

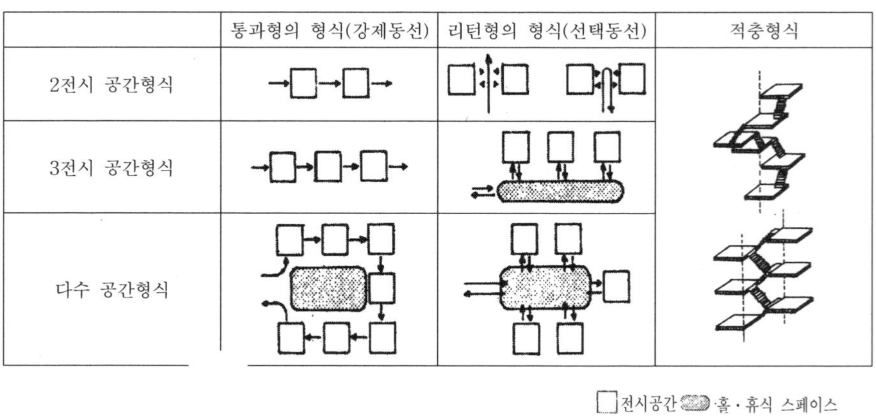

【그림 6-25】 전시공간의 배치

③ **일반 전시실**

지역주민의 미술활동 발표장으로서 기간을 정해 전시실을 대여하는 것으로 갖추어야 할 설비는 기획전시실과 같다.

따라서 기획전시실과 일반전시실은 서로 넓이를 융통성 있도록 하고 명확하게 구분이 되도록 배치한다.

3) 전시실의 채광 및 조명계획

① **조명, 채광 계획의 기본 조건**

- 광원의 현휘(眩輝)가 없고 실내 조도, 휘도 분포가 적당할 것
- 전시물에 적당한 조도가 균등하게 하고 광색이 변화가 없을 것
- 관객의 그림자가 없어야 하며, 화면이나 케이스 유리에 영상이 나타나지 않을 것
- 대상에 따른 점광원(spot light)을 고려할 것

② **인공조명**

- 빛의 강도와 색 분포 조절이 용이하고, 일정 조도의 유지가 가능함
- 조각 전시에 대한 빛의 악센트와 선택의 자유가 높음
- 조명 효과가 단조롭고 대비 분포가 어려움
- 자연 조명보다 인체의 민감도가 떨어지며, 전반적 균일 조명이 어려움

③ **채광조건**

- 건축물 창문과 옆 건축물과의 거리 : 높이 = 2 : 1이 적합함
- 반사벽은 색과 온도 상승에 영향을 미침
- 고층부는 2중 지붕을 통해 직접 아래층으로 자연광을 유입시키도록 셋백(set back)시킴
- 사광(斜光)과 반사는 전시실의 중심부를 어둡게 함

④ **광원의 위치와 조도**

- 회화 감상 위치 : 화면 대각선의 1~1.5배, 높이 1.5m
- 광원위치 : 눈부심이 없고, 최량 15~45° 이내에 위치, 조도 균형도 1 : 1.5 이하

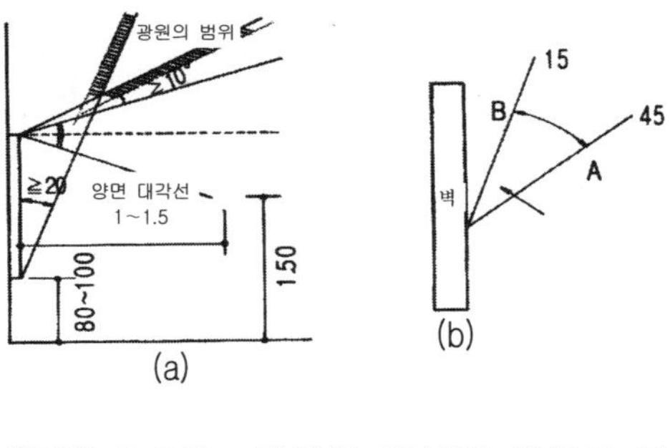

【그림 6-26】 광원의 위치와 시선의 관계

4) 채광방식

① **정광창**(頂光窓) **형식**(skylight)

- 천장 중앙에 천창을 설치하는 방식이다.
- 전시실 중앙부를 가장 밝게 하고 전시 벽면에 조도를 균등히 해주며, 주간의 직접 광선이 사입(斜入)되어 반사 장해가 일어나기 쉽다. 채광량이 많은 조각 전시설에 적합하며 유리 케이스 내의 전시물에는 부적합하다.

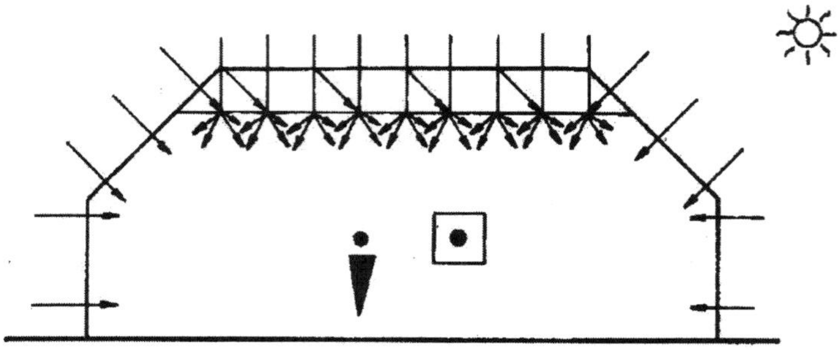

수직광선과 수평광선의 혼합

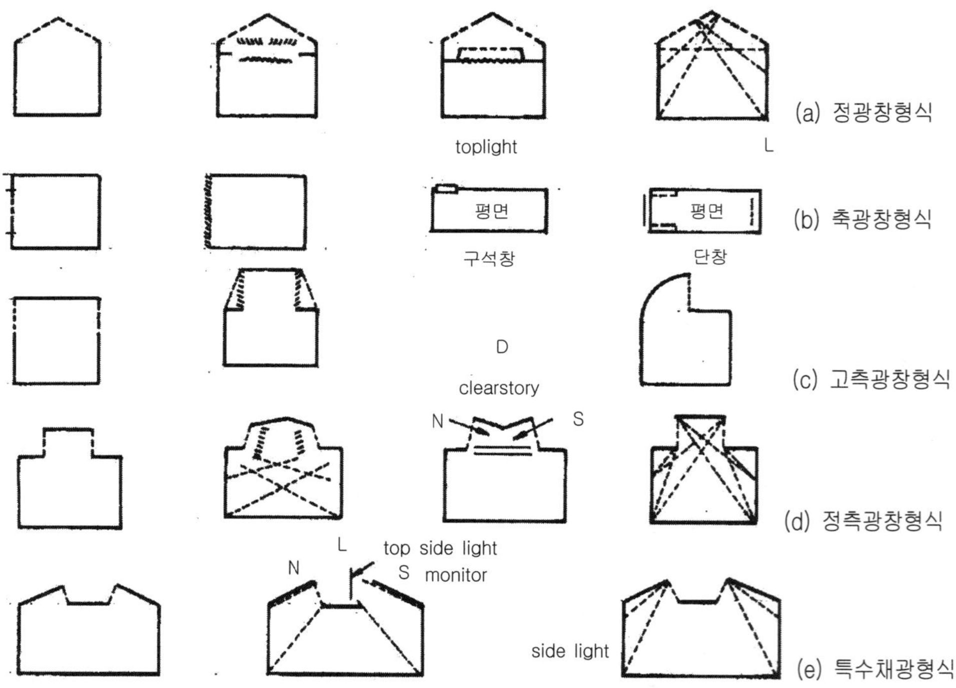

【그림 6-27】 창에 의한 자연채광의 분류

② **측광창**(側光窓)**형식**(side light)

- 측면 창을 통해 전시실에 직접 사입하는 방식이다.
- 외광의 확산, 광량의 조절, 열절연 설비를 병용한다.

③ **고측광장**(高側光窓)**형식**(clear story)

- 천장 부근에서 채광하며 측광창식, 정광창식의 절충식이다.
- 전시실 벽면이 관람자 부근의 조도보다 낮다.

④ **정측광장**頂側光窓)**형식**(top side light)

- 관람자 상부 천장을 불투명하게 하고 측벽 부근에 채광창을 설치하는 방식이다.
- 관람자 위치, 중앙부는 어둡게 하고 전시벽면은 조도가 충분한 이상적인 방식, 천장 높이가 높아 광선이 약할 우려가 있다.

⑤ **특수채광**(特殊採光)**형식** (special light)

- 천창 상부에서 사방향(斜方向)으로 빛을 도입하는 방식이다.
- 주로 벽면 전시물을 조명한다.

5) 식당, 다실

관람 전이나 관람 후에 조용하고 안정된 분위기에서 식사를 할 수 있도록 전시실과는 별도의 블록에 설치하여 집회나 강연회에 참가하는 사람들 및 종업원이 이용하도록 한다.

외부환경과 융합시켜 폐쇄적인 전시공간에 대하여 개방적인 것이 바람직하다.

6) 수장부문

수장부문은 수장품이나 다른 미술관에서 빌려온 미술품 등을 수집, 보존하는 시설이다.

수장고(收藏庫)와 부속실 등 즉 반출, 입실, 하물실, 훈증실(燻蒸室), 공작실, 사진실, 재료창고, 기계창고 등이 있다.

① **수장고**

수장고는 미술품의 보존시설인데 최근에는 콘크리트 구체(具體) 중에 삼나무 바닥, 벽, 천장 공간을 2중으로 처리한 속에 보존하며, 온도, 습도 등을 되도록 일정하게 유지하는 것이 바람직하므로 목조내부공간에 직접 공기조절하는 것 보다 구체와 패널간을 간접적으로 공기조절을 해서 내부의 온도와 습도를 일정하게 유지하는 것이 좋다.

또한, 수장고는 지하실 등에 있을 때가 많았으나 최근의 경향은 오히려 상층에 있는 것이 바람직하다. 수장고 내의 수납설비는 수장 미술품에 따라 다르며, 서양화인 경우는 위에 매달고 스틸제의 스라이드락에 액자마다 후크로 걸며, 동양화나 병풍, 족자 등은 각각 목재장이나 서랍 등에 수납한다.

② **수장고 부속실**

- 반출입과 포장실은 연결된 공간으로 반출입실에는 트럭이 직접 출입할 수 있도록 한다.
- 포장실은 트럭의 화물대와 같은 높이로 양쪽실 천장에는 호이스트를 설치한다.

• 포장실에는 포장재료 창고, 기계고(器材庫) 등을 인접 배치하고, 수장고가 다른 곳에 있을 경우에는 대형 인하용(人荷用)엘리베이터를 설치한다.
• 포장실과 수장실 중간으로 조사연구실과 가까운 곳에 훈증(燻蒸室), 공작실, 사진촬영실, 암실 등을 설치한다.

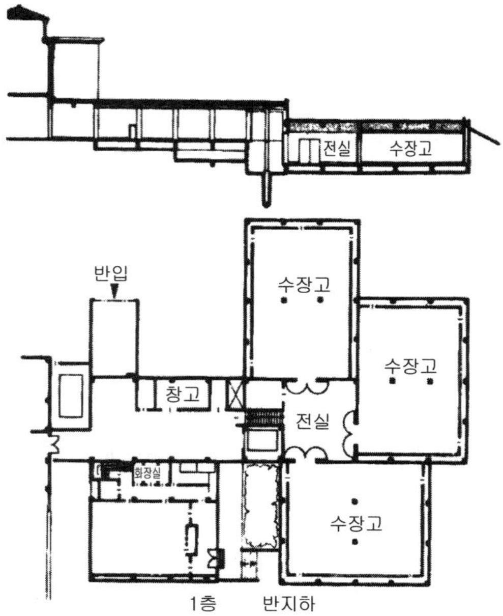

【그림 6-28】 경도시미술관 수장고

7) 교육보급부문

교육보급부문은 미술관의 주목적인 예술감상 외에 지역주민에게 봉사하기 위해 체험학습, 교양오락의 기회와 정보서비스 제공 등 미술관에 친숙해지고 미술관 활동에 적극적으로 참여시키기 위한 목적으로 강당, 체험학습실, 도서실, 정보서비스실 등이 포함된다.

① 강당

강당은 미술감상이나 영화감상 등에 주로 사용되어 왔으나, 최근에는 음악감상이나 행사 등 다목적 홀의 성격을 갖는다. 영사기, 오버헤드 프로젝트, 스크린, 음향장치, 무대조명 등의 설비가 고려되어야 한다.

② 체험학습실

회화, 조소, 공예교실 등의 체험학습을 위한 실로서 그에 따른 설비, 기구, 도구 등에 차이가 있으므로 기획단계에서 결정되어야 한다.

③ 도서관

미술관계 도서를 공개하며, 개가 서가형식의 열람실로 한다.

④ 정보서비스실

비디오 부스를 설치하여 교양오락프로를 제공하기도 하며, 컴퓨터와 통신망을 연결하여 다른 미술관에 정보를 제공하기도 한다.

8) 연수실, 집회실, 실습실

전시품의 이해를 높이기 위한 기능이지만 전문적인 정보를 얻기 위한 방문객을 위해 현관 홀 가까이에 배치한다.

실습실은 도예실, 에칭실 같은 개인적으로 완비할 수 없는 설비는 공동화하는 것도 바람직하다.

9) 학예원실, 연구실, 자료실

여러 가지 물리, 화학설비가 필요하며 시민에 대한 학술적인 서비스도 고려하여 수장고나 현관 홀과 연결이 좋은 위치로 한다.

10) 관리부문

관장실, 응접실, 회의실, 복사실, 용도품 창고, 급탕실, 갱의실, 종업원 대기실, 경비원실(대기실, 숙직실은 겸하기도 한다), 복도와 화장실이 있으며 관장실, 사무실, 학예원 연구실은 가깝고 편리한 위치에 두며 사무실은 엔터란스 홀로 직접 나눌 수 있도록 위치한다.

11) 설비

자료가 전시 또는 보관되어 있는 각 실의 공기조화, 살균, 방화, 소화, 도난방지 등의 설비에 유의하며, 전시실이 여러 층일 경우는 엘리베이터가 요구된다.

13. 전시부문의 계획

1) 전시의 종류

① 상설전시(고정전시)

소장품의 통상 전시인 고정전시나, 정기적인 전시도 된다. 설계에 있어서는 전시계획, 전시공간 등을 사전에 조정할 필요가 있다.

② 기획전시

어떤 특별한 테마, 기획으로 기간을 구분해서 실시하는 전시를 말한다. 상설전시와 달리 사전에 전시자료를 특정할 수 없으므로, 전시공간에 융통성이 요구된다.

③ 일반전시

대(大)전시실에서 이루어지며, 서클이나 지역주민의 발표회 등으로 사용된다. 전시공간에 융통성이 요구되거나 기획전시의 정도는 아니다. 현관은 주 현관과는 별개로 분리하는 것이 좋다.

2) 전시형식

① 독립전시 : 조각 등과 같이 전시자료가 독립되어 전시되는 것이다.

② 벽면전시 : 회화 등과 같이 전시자료가 벽면에 전시되는 것으로 연속형과 불연속의 배치 패턴이 있고 전시내용에 의해 계획한다.

3) 전시실의 동선 계획

① 동선은 한 구역으로 계획하여 되돌아오거나 교차하지 않도록 한다.

② 대규모 전시공간의 경우, 경우에 따라서는 숏 커트를 할 수 있도록, 혹은 특정한 것을 여러 번 볼 수 있도록 선택 동선이나 생략 동선을 얻을 수 있도록 계획한다.

③ 전시 스페이스는 단조롭지 않고 변화가 있도록 한다.

④ 복수의 전시가 있는 경우에는 제각기 독립된 형으로 운영하도록 하여 더욱 이들이 연속해서 순회할 수 있도록 한다.

⑤ 동선의 총 연장이나 전시벽면의 길이가 긴 경우는 적당한 위치에 휴게소나 휴게 코너를 설치하여, 이용자의 피로를 덜어준다.

⑥ 전시공간이 여러 층에 걸치는 경우, 필요에 따라 엘리베이터를 설치하며, 되도록 상층에서 하층으로 동선이 되도록 계획한다.

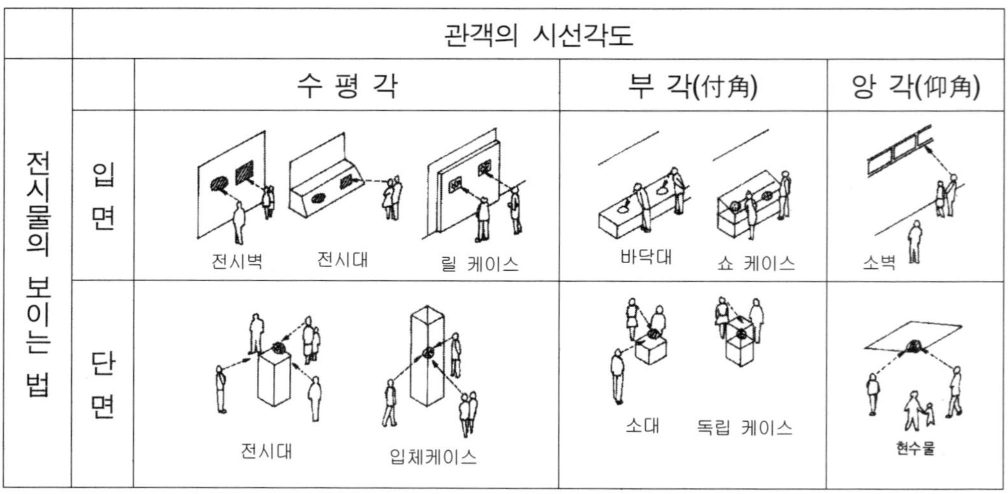

【그림 6-29】 전시물의 기본적인 전시방법

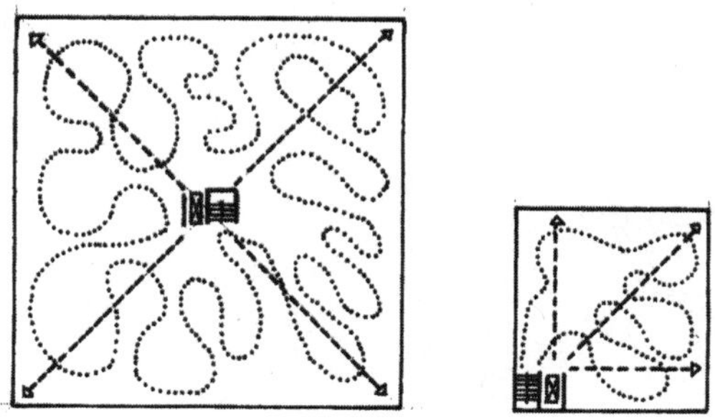

(a) (b)

【그림 6-30】 블록 배치 형태

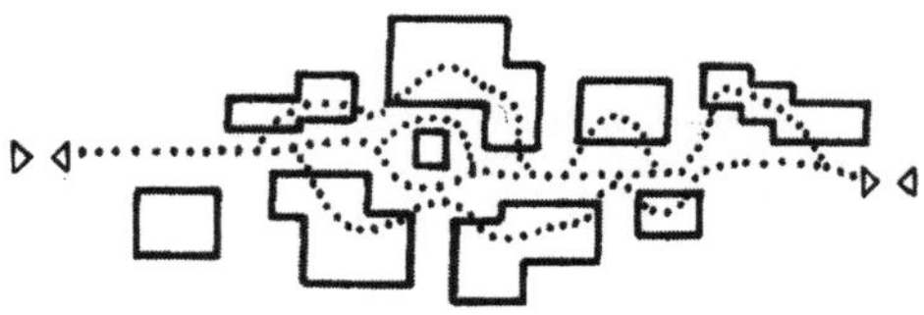

【그림 6-31】 분산접근방식

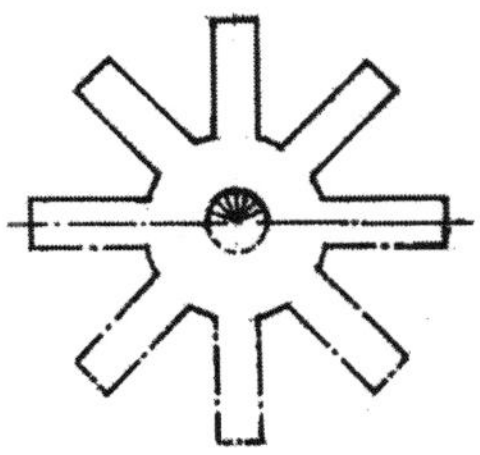

【그림 6-32】 별형태 배치

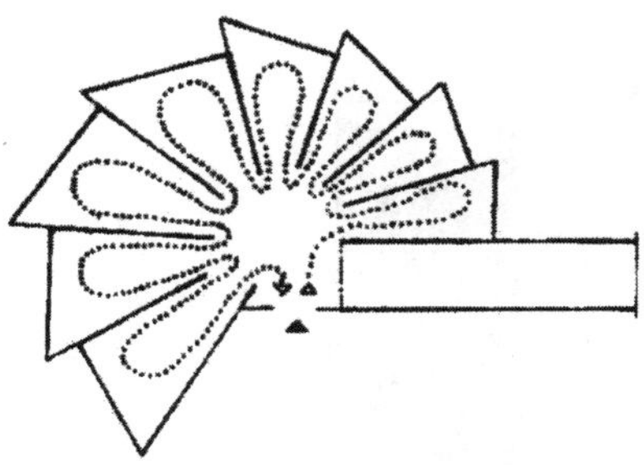

【그림 6-33】 팬형태 배치

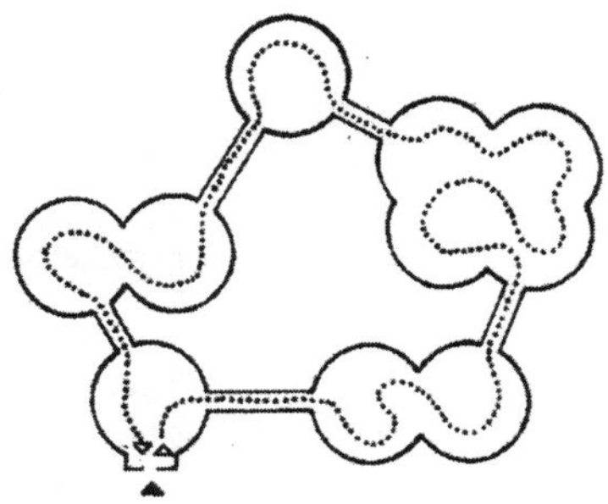

【그림 6-34】 체인형태 배치

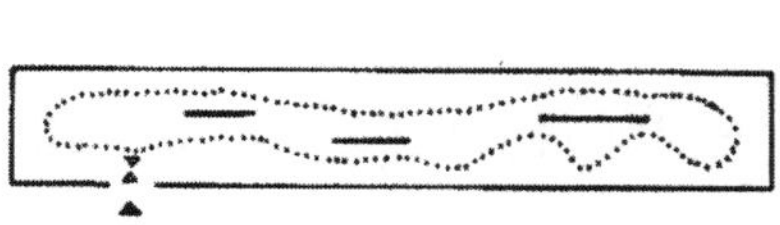

【그림 6-35】 직선으로 나가는 순회형식

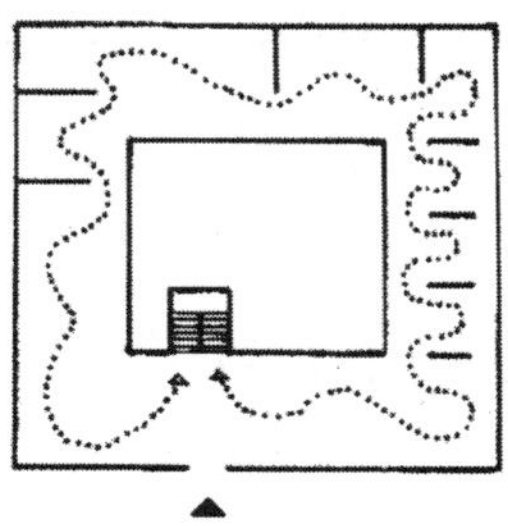

【그림 6-36】 구불구불한 순환

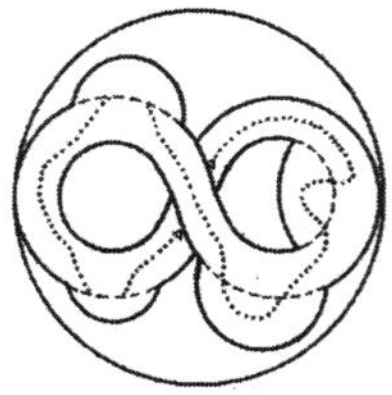

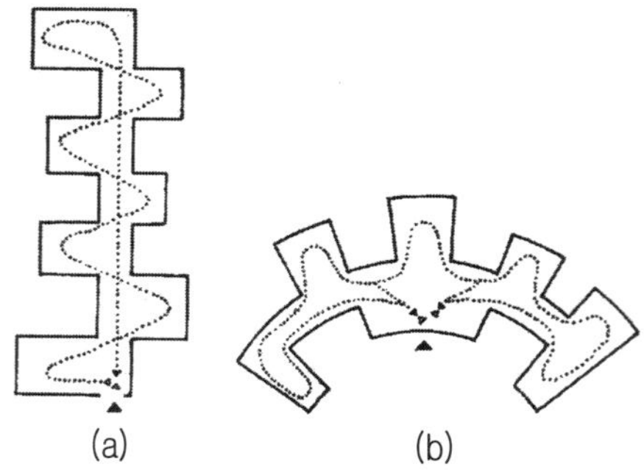

【그림 6-37】 원형, 나선형이며 자유롭게 누빈 형태

【그림 6-38】 빗형태 배치

4) 특수 전시기법

① 디오라마(diorama)전시

뒤에 사진이나 그림을 비춰 현장성을 높인 것으로 중심 전시물을 모형, 현물(現物)로 독립시켜 전시하고 바닥, 벽, 천공 등은 원근법적으로 또는 영상으로 처리한다. 전면 균질 조명으로 한다.

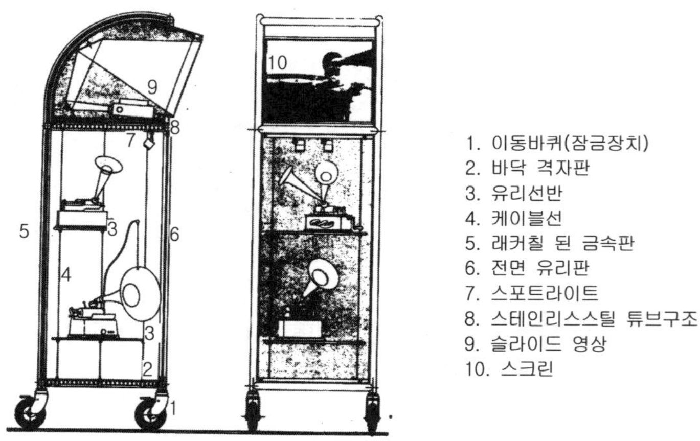

【그림 6-39】 디오라마 전시의 예(mobile display case)

② 파노라마(panorama)전시

연속적인 주제를 선적(線的)으로 표현하기 위해 전경(全景)으로 펼쳐지도록 연출하며, 벽면전시(벽화, 사진, 그래픽, 영상 등)와 입체물을 병행시킨다. 보조매체로 음향이 필수적이며 관람자의 속도와 표현의 속도를 일치시킨다.

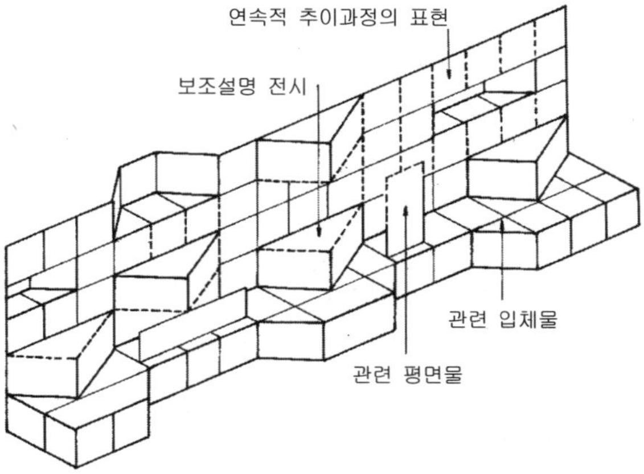

【그림 6-40】 파노라마 전시 구성의 예

③ **아일랜드(Isiand)전시**

벽이나 천장을 이용하지 않고 바닥에 전시 장치를 배치한 것으로 대형 전시물 또는 소형 전시물에 유리하다. 군집으로 배치하며, 관람자의 시거리를 짧게 할 수 있고 전시물 크기와 관계없이 배치 가능하다.

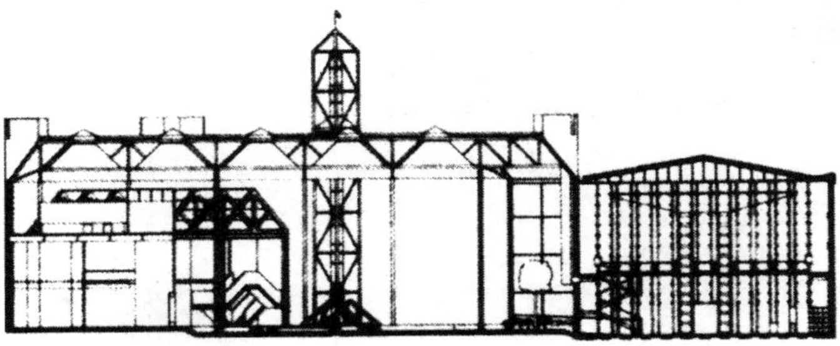

(a) 단면도

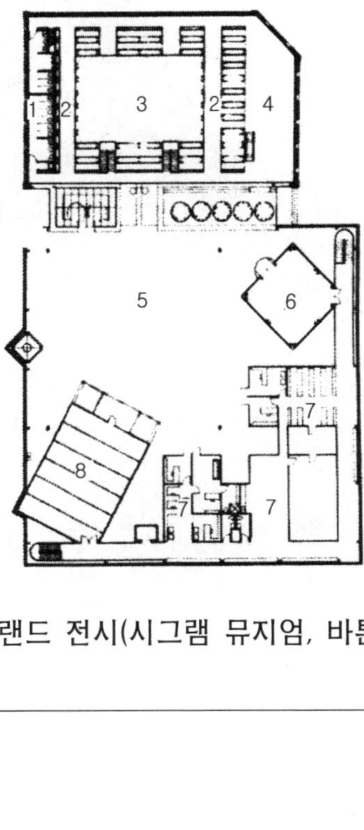

(b) 1층 평면도

【그림 6-41】 아일랜드 전시(시그램 뮤지엄, 바톤 마이어스(Barton Myers)

④ **하모니카(Harmonica)전시**

전시평면이 하모니카 흡입구형식으로 전시물의 반복 전시시 유리하며, 전시 체계가 질서있고 명확하다. 동선 계획이 용이하며, 벽은 경량 간막이, 천장은 개방, 반개방, 폐쇄로 처리가 가능하다.

⑤ **영상전시**

전시물의 보조적 수단 또는 주요 수단으로서 영상기법을 이용하는 형식이다.

14. 박물관, 미술관 실례

← 영은미술관

황 일 인(일건)

위 치 : 경기도 광주군 쌍령리 8-1
연 면 적 : 6,439.87m²
구 조 : 철골철근콘크리트
규 모 : 지하 1층, 지상 3층

1. museum
2. artist's residency
3. 3D studio
4. ceramic studio
5. fields gallery
6. memorial room

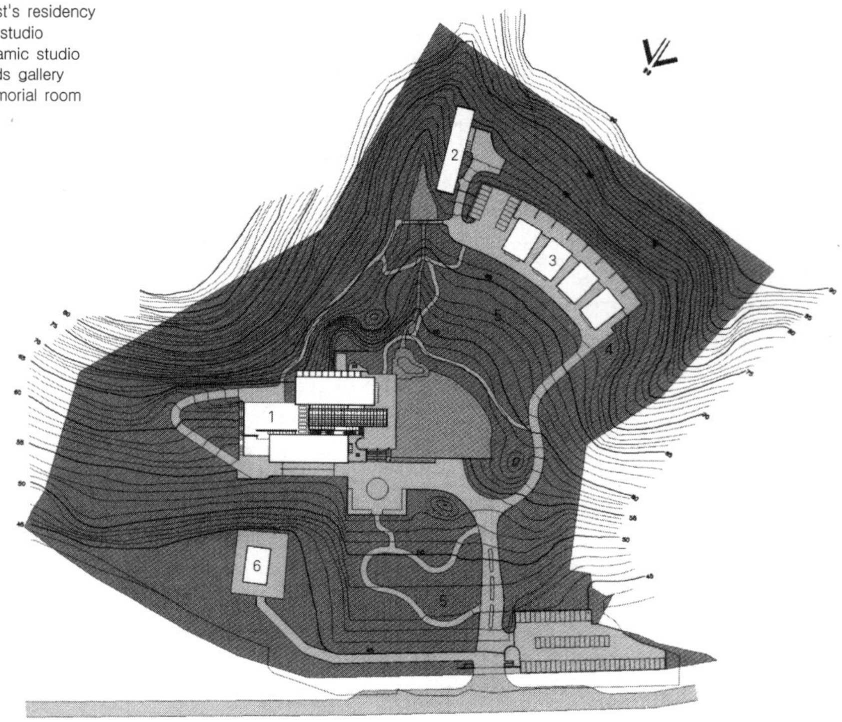

site plan

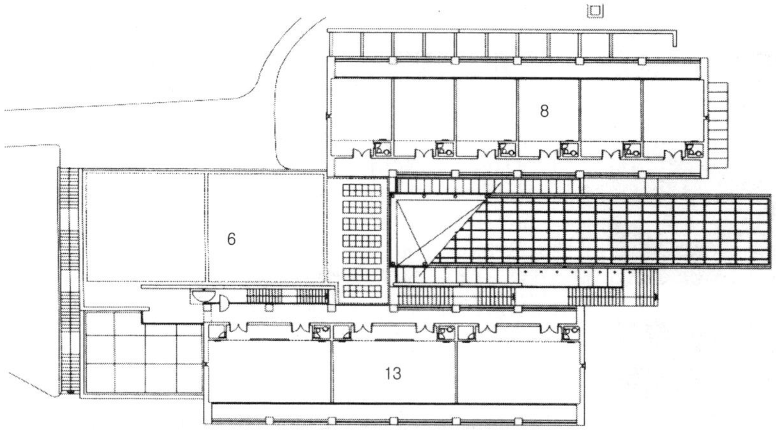

3rd floor plan

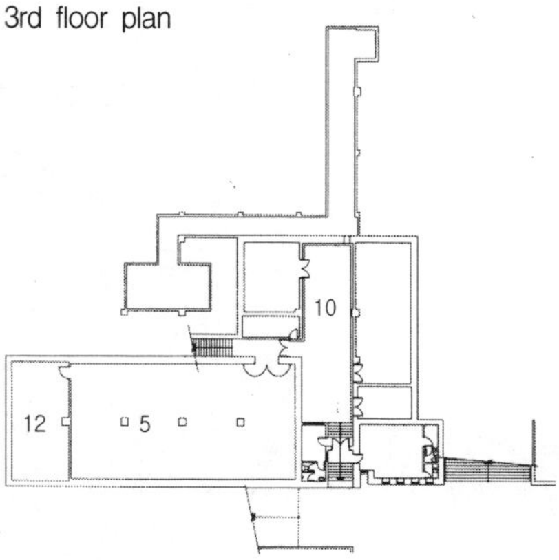

B1 floor plan

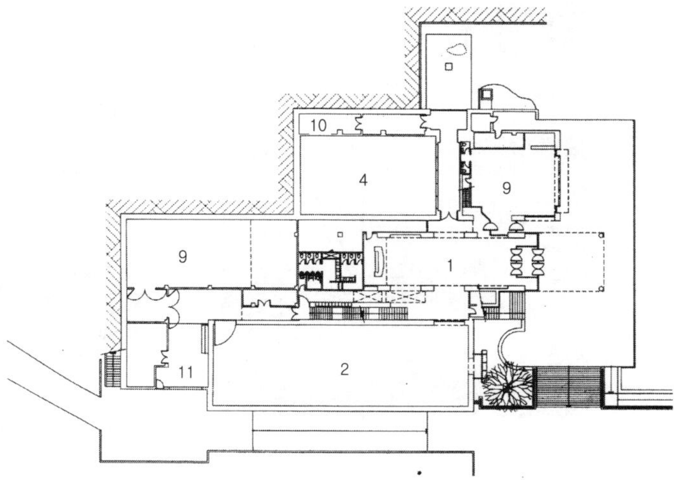

1st floor plan

1. lobby
2. gallery Ⅰ
3. gallery Ⅱ
4. gallery Ⅲ(Young-un hall)
5. gallery Ⅳ
6. open gallery
7. storage
8. 2d studio
9. cafeteria
10. mechinery room
11. loading
12. storehouse
13. information center

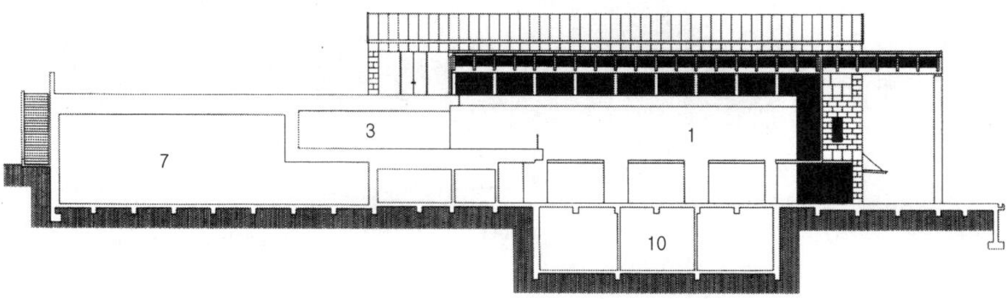

section

⬅ 김해 대성동 고분군 정비

김홍식(명지대교수)+금성건축+유수건축+MBC미술센터+엑스포 산업기술+우원영상+예맥

위　　치 : 경남 김해시 대성동 434번지 일원
부지면적 : 58.045m²
연 면 적 : 2,345.96m²
고분전시관 : 2,082m²
노출전시관 : 263.7m²
구　　조 : 철근콘크리트+목구조

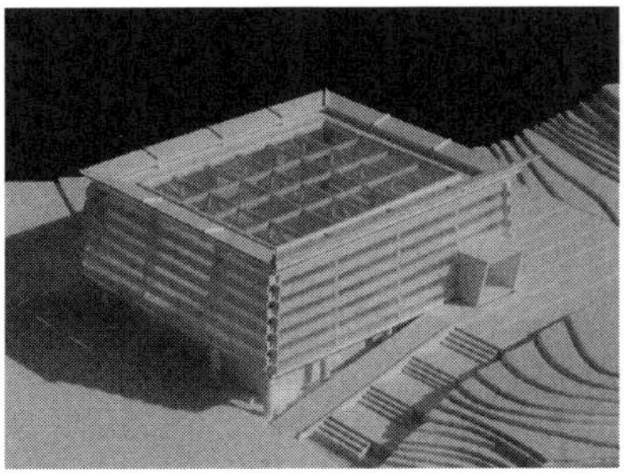

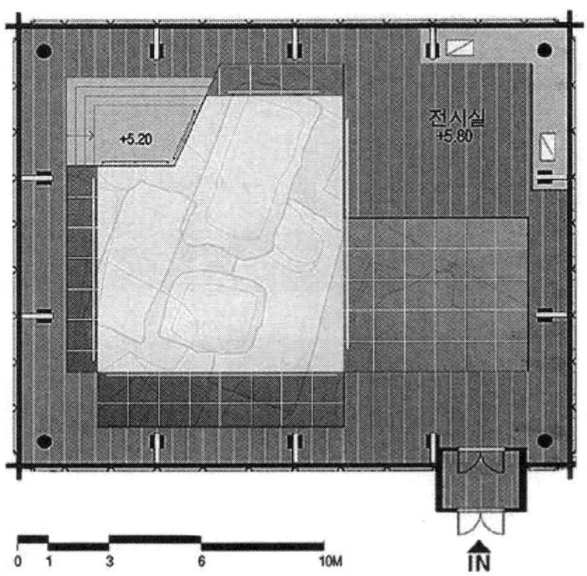

노출전시관 1층 평면도

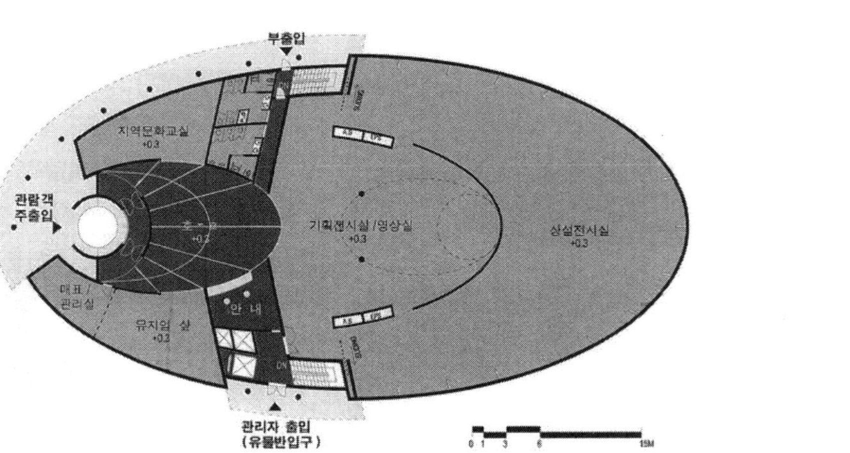

고분전시관 1층 평면도

⬅ 김옥길 기념관

김 인 철(아르키움)

위　　치 : 서울 서대문구 대신동 92번지
대지면적 : 371.9m²
연 면 적 : 212.69m²
건축면적 : 62.64m²
용 적 률 : 109.65%(기존 포함)
건 폐 율 : 59.81%(기존 포함)
조경면적 : 19.48m²
최고높이 : 8.4m
구　　조 : 철근콘크리트
규　　모 : 지하 1층, 지상 2층

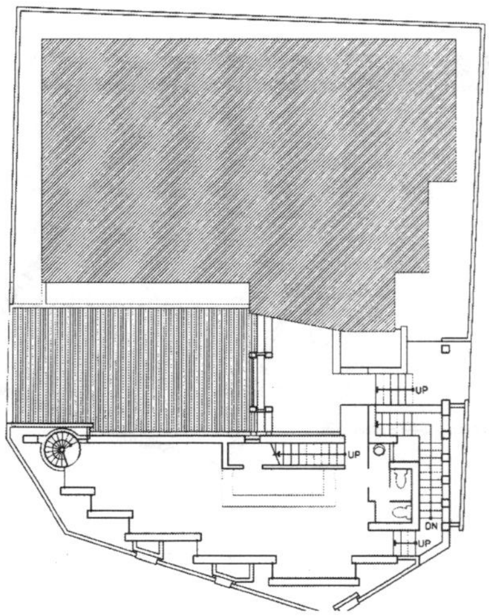

1층 평면도

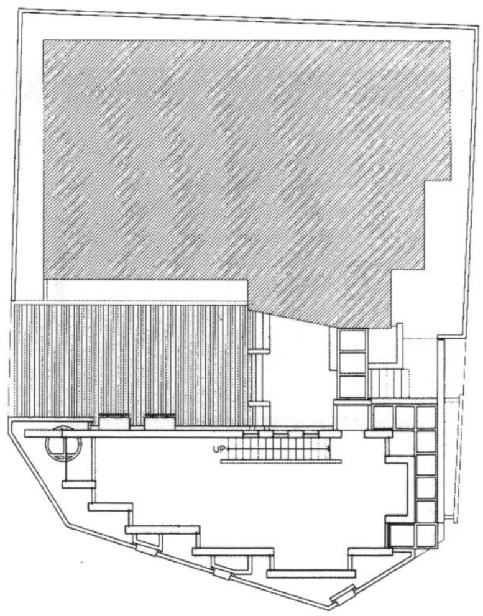

2층 평면도

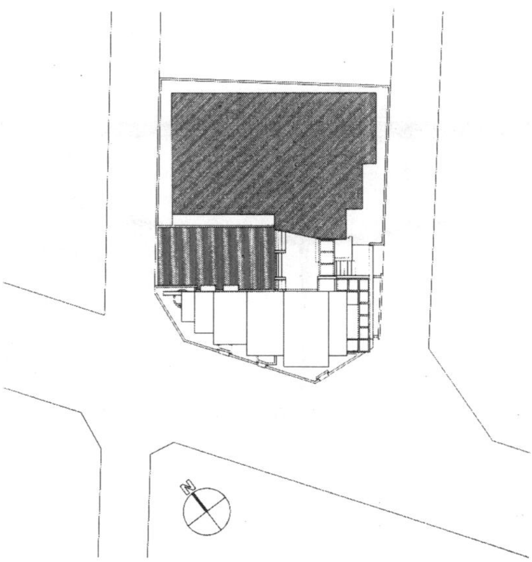

배치도

⬅ 독도박물관

유 건(시상건축) + 김혜정(명지대 교슈)

위 치 : 경북 울릉군 울릉읍 도동리 약수공원내
대지면적 : 8,068m²
연 면 적 : 1,599.87m²
건축면적 : 677.36m²
용 적 률 : 13.1%
건 폐 율 : 8.4%
구 조 : 철근콘크리트조
규 모 : 지하 1층, 지상 2층

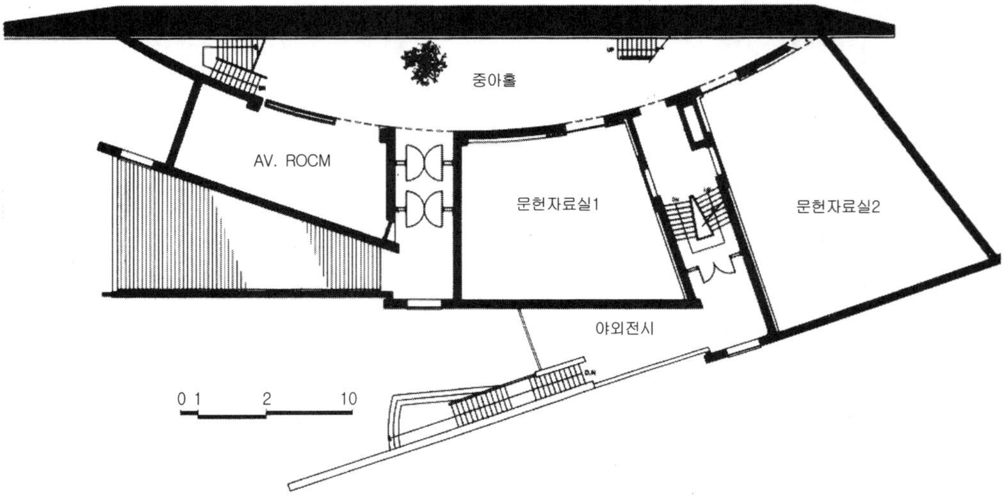

1층 평면도

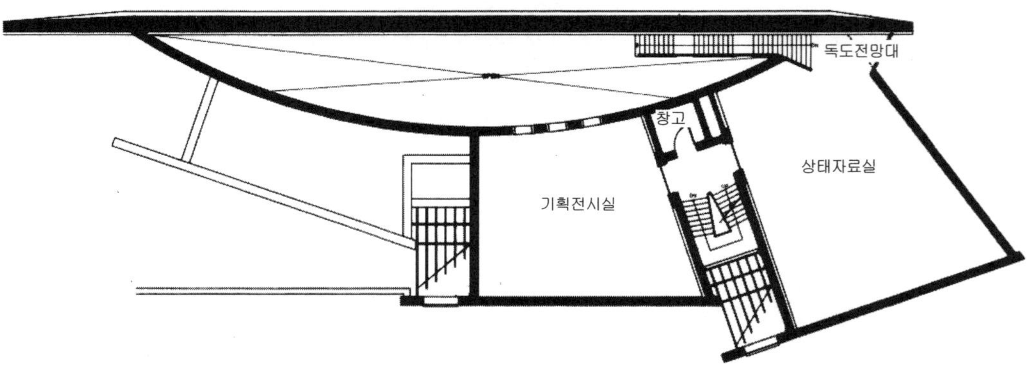

2층 평면도

⬅ 아트선재 센터

김 종 성(서울건축)

위　　치 : 서울 종로구 소격동 144-2, 148-3
대지면적 : 1,473.71m²
연 면 적 : 4,806.93m²
건축면적 : 760.79m²
용 적 률 : 142.3%
건 폐 율 : 51.62%
구　　조 : 전시동-RC조, 부속동-목조
규　　모 : 지하 3층, 지상 3층

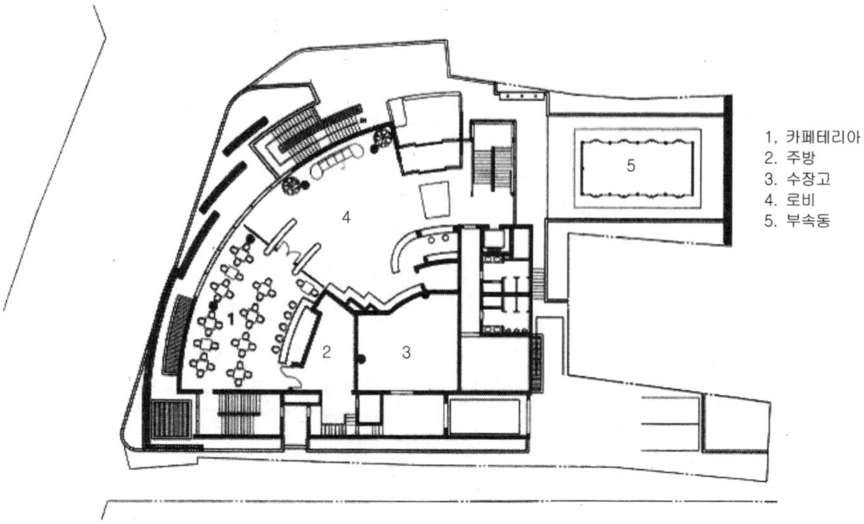

1층 평면도

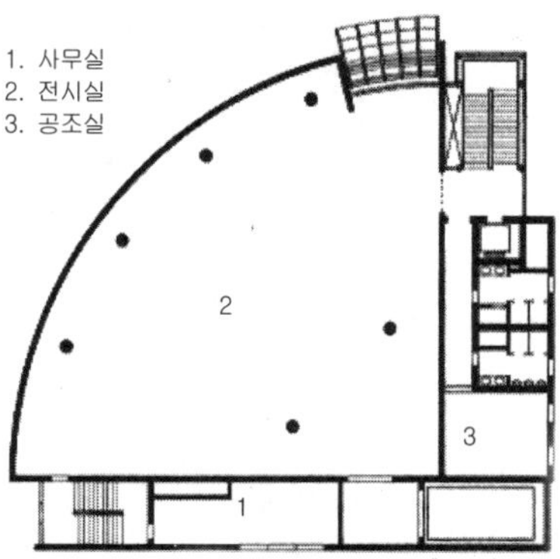

2층 평면도

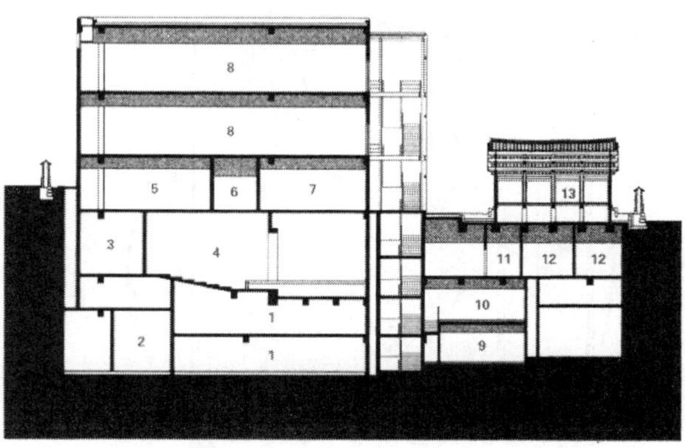

횡단면도

⬅ 국립 김해박물관

고. 장세양(공간)

위　　치 : 경남 김해시 구산동 230번지 일원
대지면적 : 52,093.02m²
연 면 적 : 9,898.3m²
건축면적 : 4,631.5m²
용 적 률 : 16.9%
건 폐 율 : 8.89%
구　　조 : 철근콘크리트 라멘조
규　　모 : 지하 1층, 지상 3층

1. 홀
2. 세미나실
3. 강당
4. 준비실
5. 전시실
6. 수장고
7. 식당
8. 선큰가든
9. 기획전시실
10. 정리실
11. 보수공작실
12. 암실
13. 촬영실
14. 소독실
15. 방재센터
16. 주방

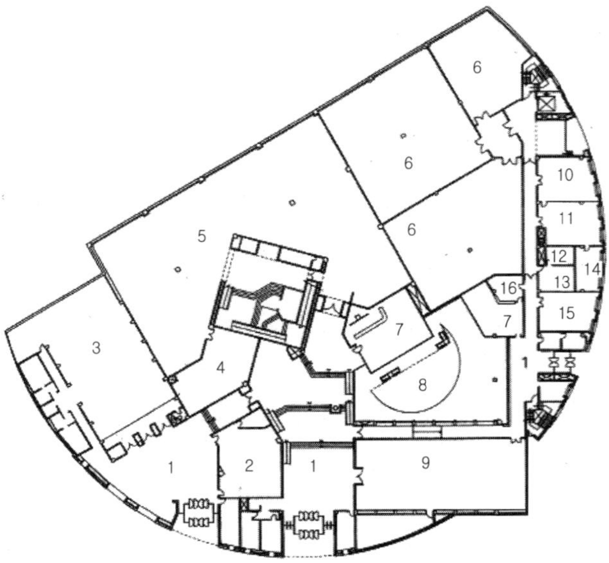

1층 평면도

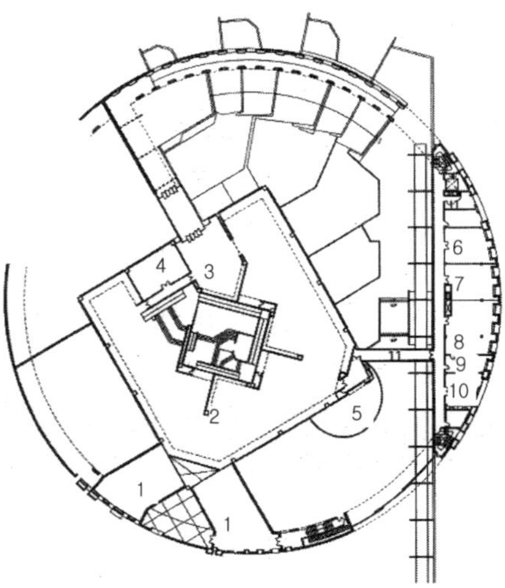

1. 공조실
2. 전시실
3. 홀
4. 준비실
5. 선큰가든
6. 보존과학실
7. 도서자료실
8. 학예원실
9. 학예실장실
10. 회의실
11. 연결통로

3층 평면도

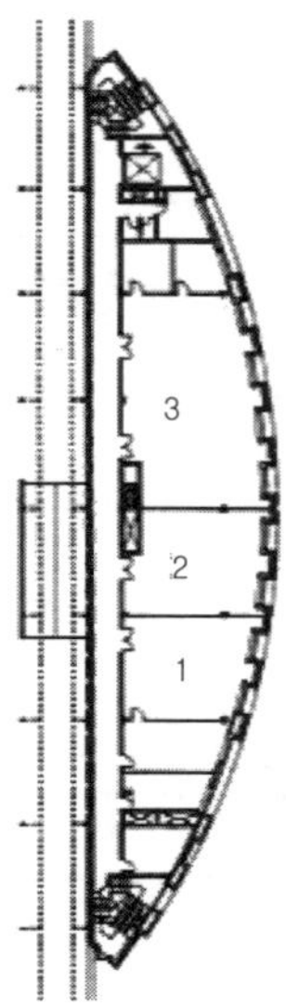

1. 관장실
2. 회의실
3. 관리사무실

2층 평면도

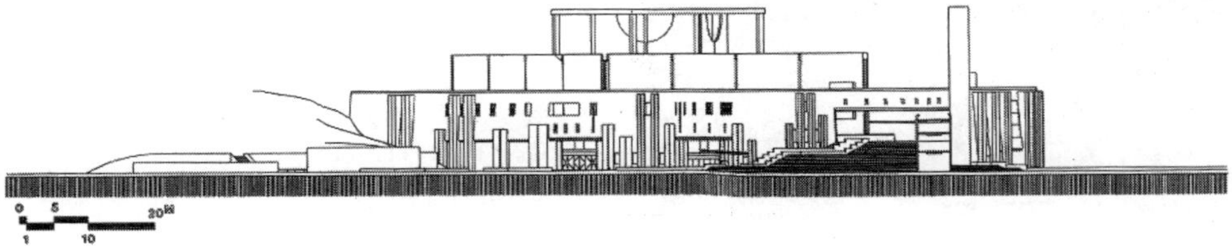

서측 입면도

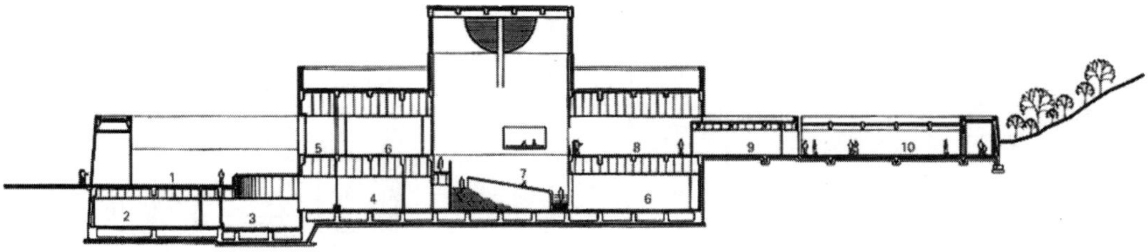

단면도

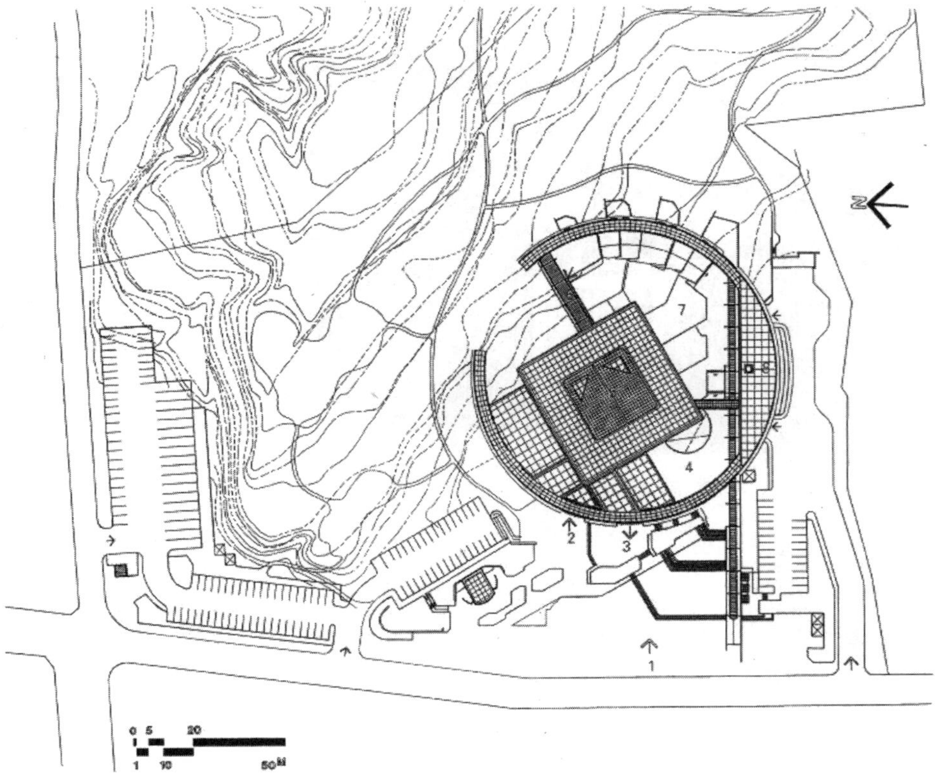

배치도

⬅ 백범 기념관

임 재 용(O.C.A건축)

위　　치 : 서울 용산구 효창동 255, 257번지 일대
대지면적 : 11,571m²
연 면 적 : 5,340m²
건축면적 : 918m²
용 적 률 : 9.8%
건 폐 율 : 7.9%
구　　조 : 철근콘크리트+철골 트러스조
규　　모 : 지하 1층, 지상 2층

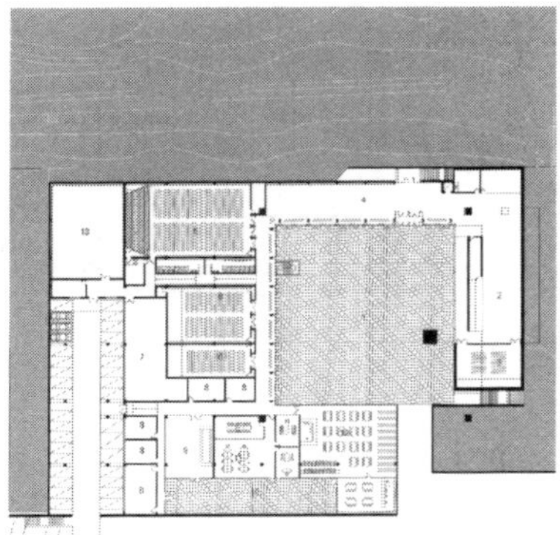

지하층 평면도

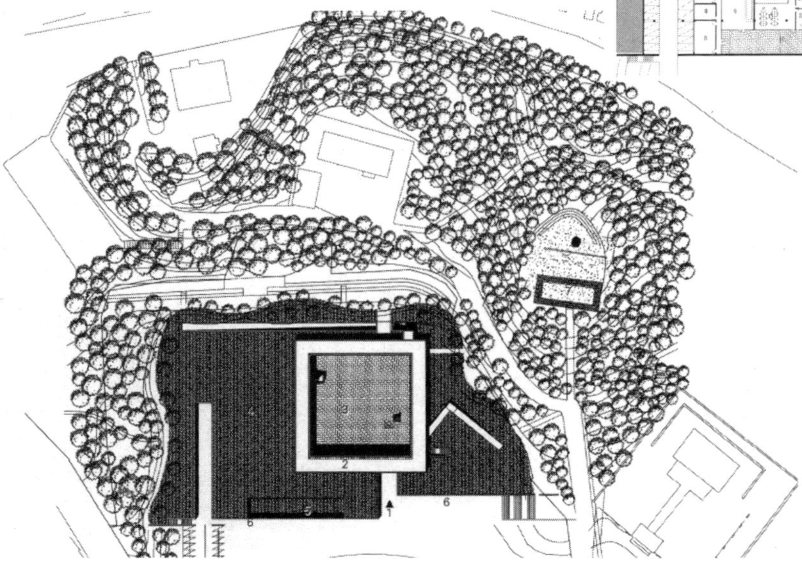

배치도

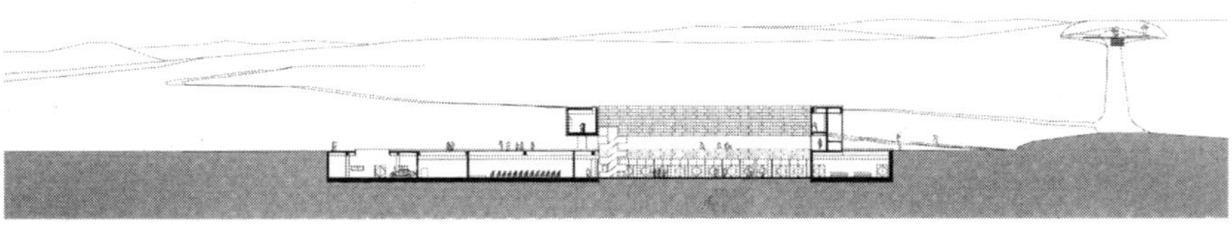

단면도

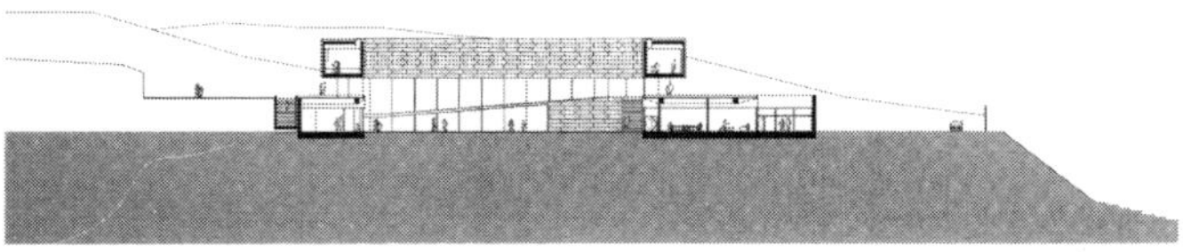

단면도

단면도

⬅ 서미 갤러리 및 주택

유 태 용(테제건축)

위　　치 : 서울 종로구 가회동 129-1
대지면적 : 540.2m²
연 면 적 : 526.86m²
건축면적 : 288.97m²
용 적 률 : 93.3%
건 폐 율 : 53.49%
구　　조 : 철골조, 철근콘크리트, 목구조
규　　모 : 지상 2층

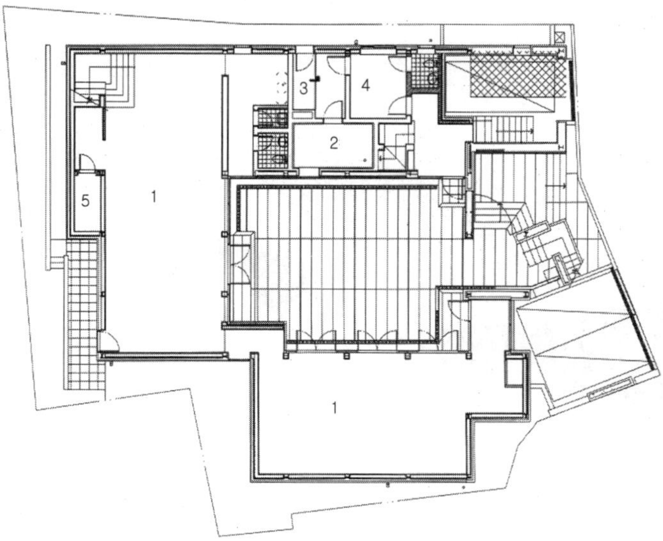

1. 전시실
2. 기계실
3. 다용도실
4. 관리실
5. 창고

1층 평면도

1. 거실
2. 누마루
3. 서재
4. 침실
5. 드레스룸
6. 주방

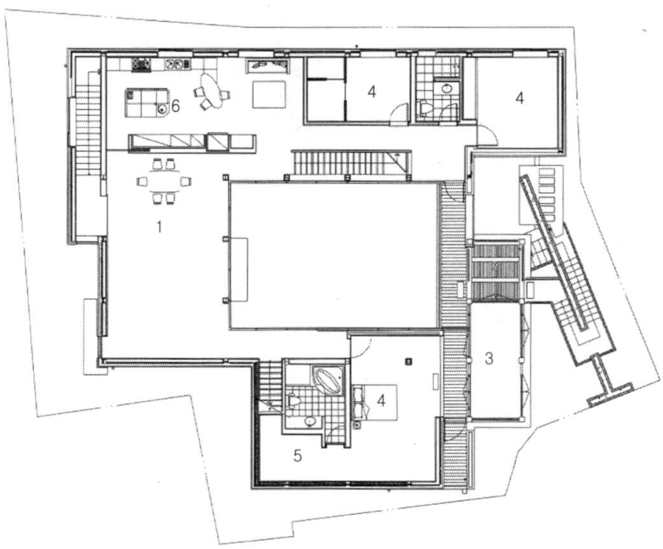

2층 평면도

⬅ 서울올림픽 미술관

조성룡 도시건축 + 최수익

위　　치 : 서울 송파구 방이동 88-2.
올림픽 공원 남3,4문 일대

대지면적 : 12,100m²

연 면 적 : 2,171.05m²

건축면적 : 1,212.88m²

용 적 률 : 17.94%

건 폐 율 : 14.34%

구　　조 : 철골조, 철근콘크리트조

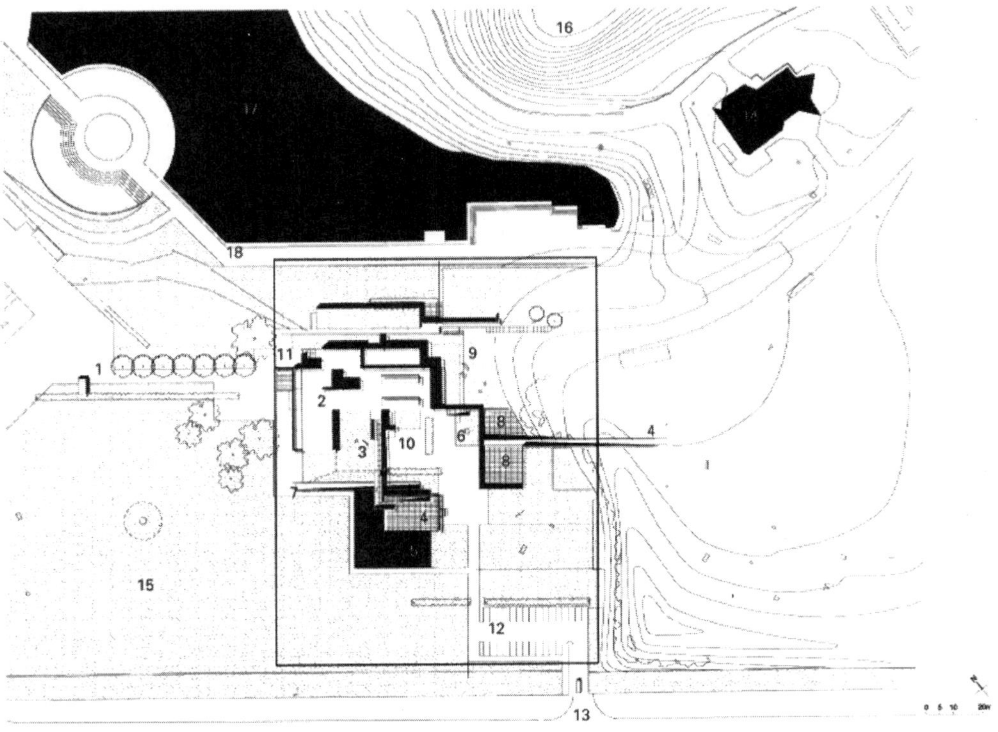

배치도

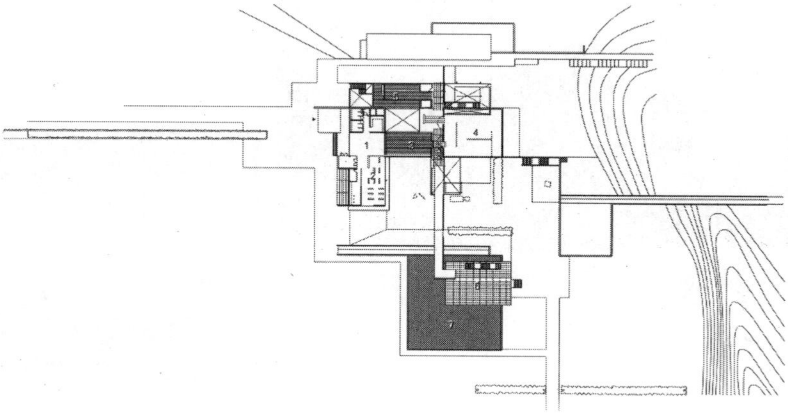

1층 평면도

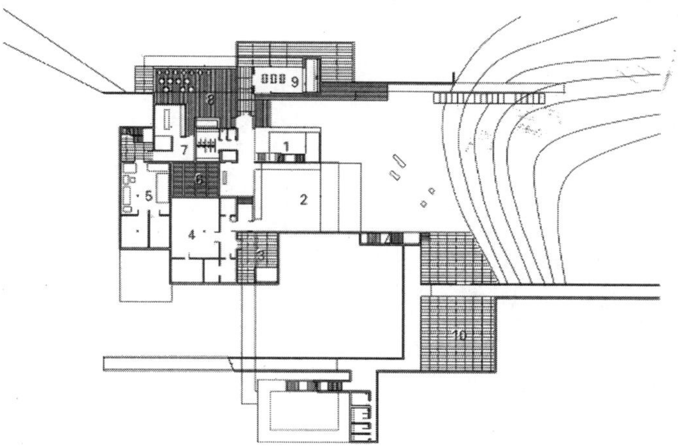

지하층 평면도

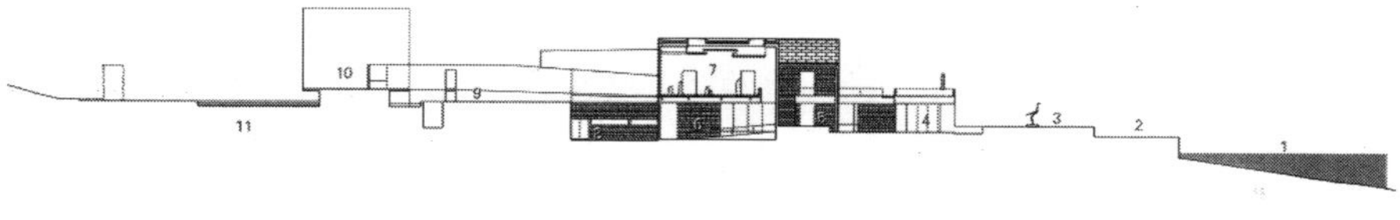

단면도1

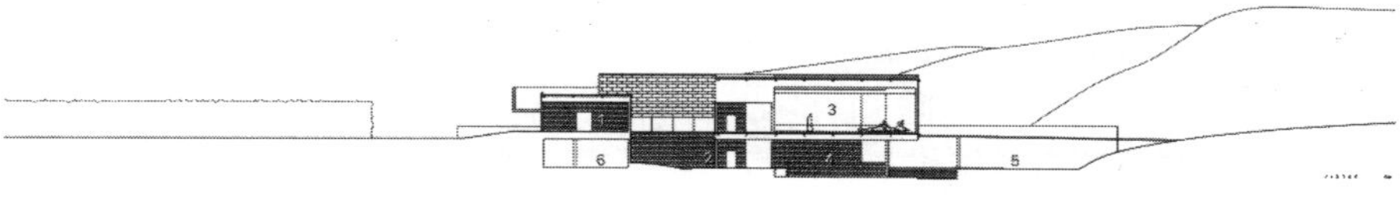

단면도2

⬆ 용인 교통박물관

삼우설계

위　　치 : 경기도 용인시 포곡면 유운리 290번지 외 10필지
대지면적 : 34,325m²
연 면 적 : 9,940m²
건축면적 : 5,245m²
용 적 률 : 29.96%

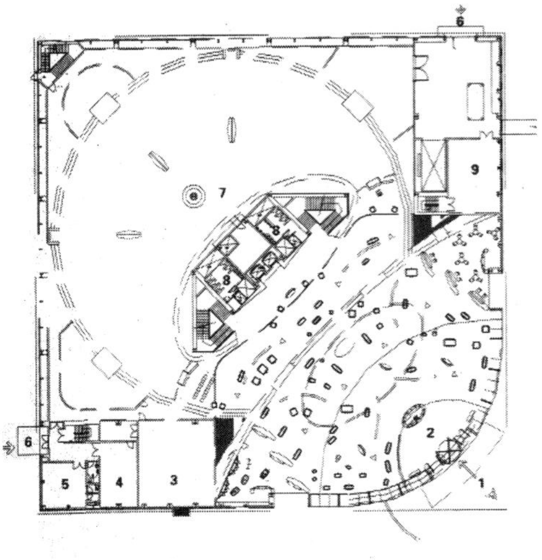

1층 평면도

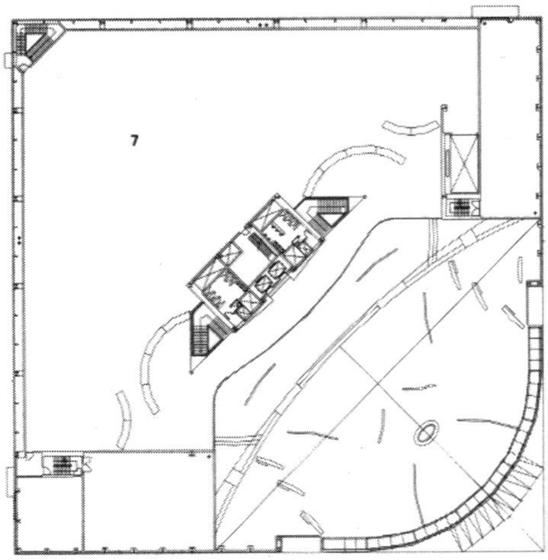

2층 평면도

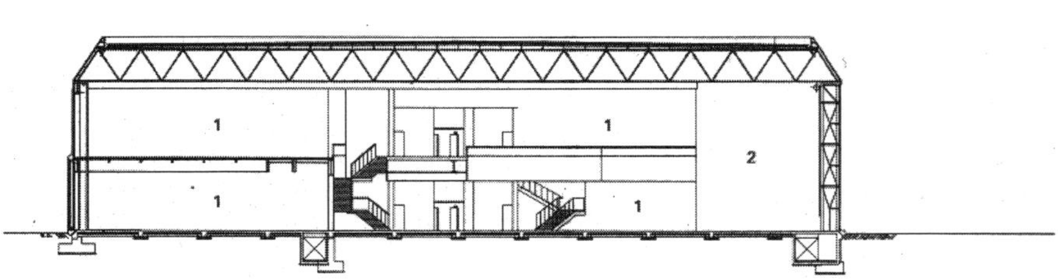

단면도

⬅ 울산 옥현유적유물 전시관

자연과 건축(조인철)

위　　치 : 울산시 옥현동 아파트지구
대지면적 : 12,888.30m²
연 면 적 : 421.72m²
건축면적 : 355.75m²
용 적 률 : 3.27%
건 폐 율 : 2.76%
구　　조 : 철근콘크리트조
규　　모 : 지상 2층

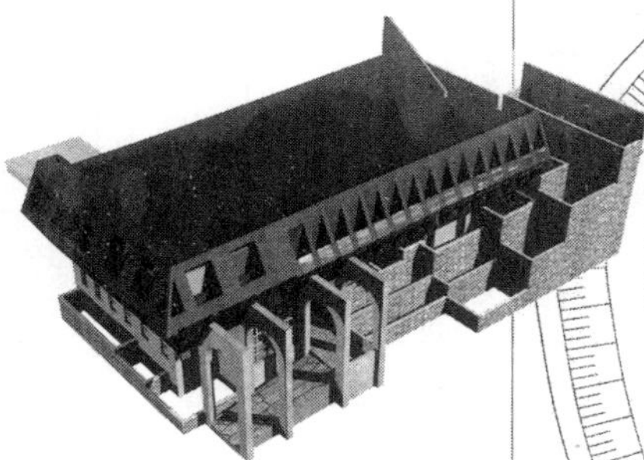

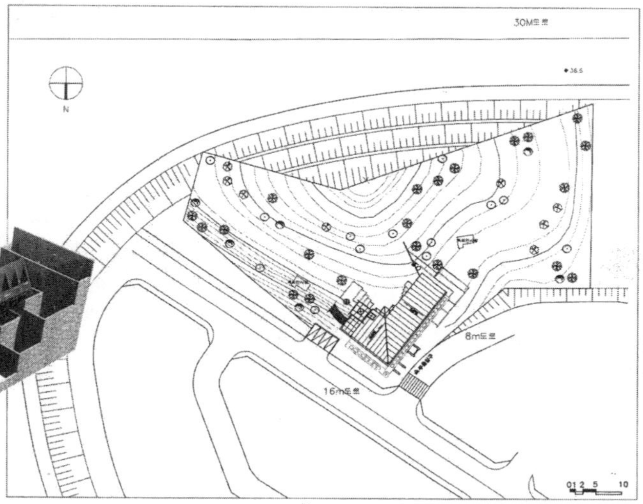

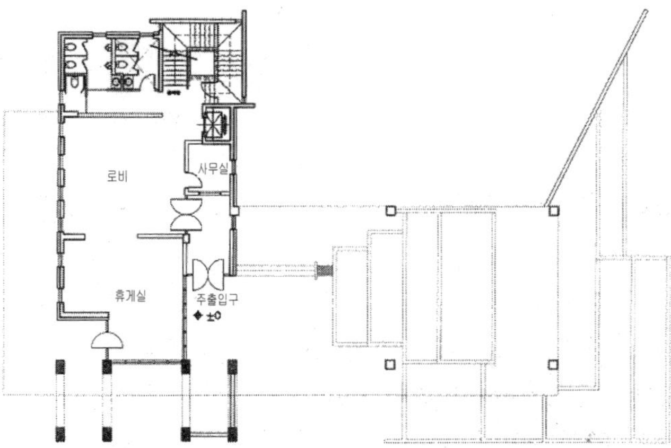

1st floor plan

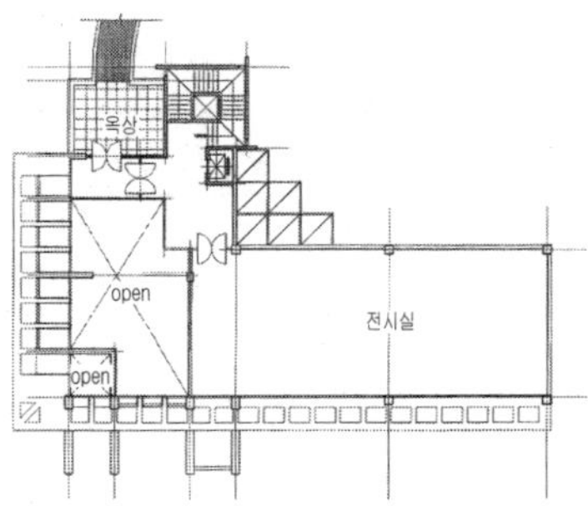

2nd floor plan

⬅ **팔마치 역사박물관**

위　　치 : 이스라엘 텔아비브
대지면적 : 6,000m²
건축면적 : 5,100m²
구　　조 : 콘크리트, 콘크리트 블럭

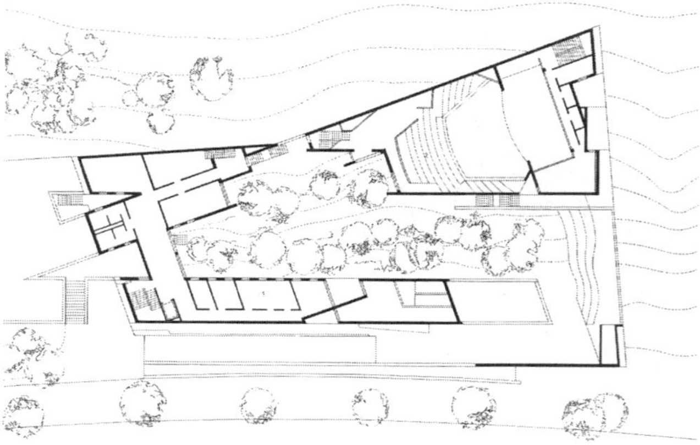

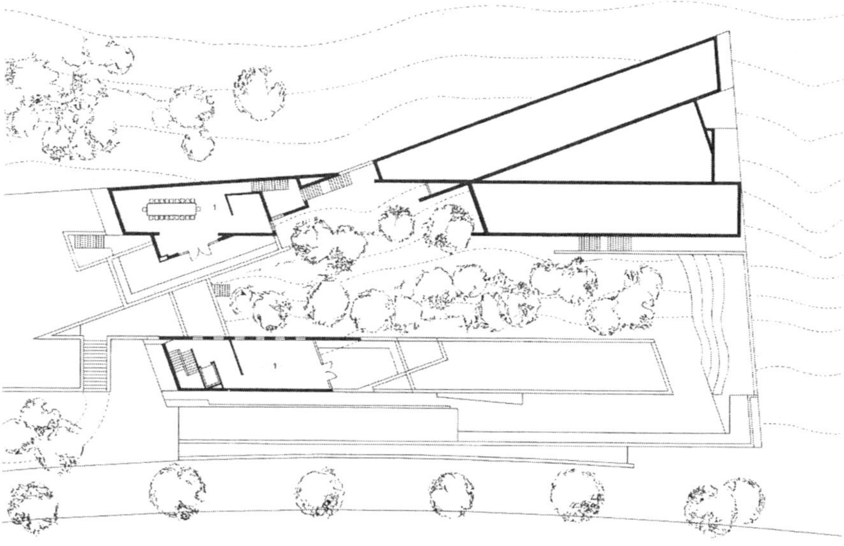

2층 평면도

III 극장, 영화관

1. 개요

극장이란 무대예술의 상영과 그것을 관람하는 것을 목적으로 하여 세워진 건물의 총칭이다. 따라서 극을 상영하기 위한 무대와 관람하는 객석과 관리제실, 분장실, 그 밖의 제실에 의해 구성된다. 극장건축은 전통적인 극의 상영에 적합한 것으로부터 현대적인 요구에 의한 것까지 다양한 형식이 존재하고 있다. 현대에는 전용극장 이외에 공회당, 시민회관, 문화센터의 홀에서 볼 수 있는 것처럼 여러 가지 목적에도 충분히 이용할 수 있는 다목적인 무대나 설비를 갖는 다목적 홀이 많이 건설되고 있다.

또한 영화는 텔레비젼이나 비디오의 보급에 의해 쇠퇴해 가는 듯하나, 현재에도 영화관을 통한 문화적인 수요는 상당한 수준에 미치고 있다. 극장의 평면형에는 크게 proscenium stage와 open stage로 구분되며, 전자는 르네상스, 이탈리아에 등장하여 현재에 이르고 후자는 희랍극장, 로마극장 또는 shakespeare 극장으로 대표되는 형이며 양자는 지금도 건설되고 있다. 또 단면형에는 gallery type과 stadium type이 있다.

극장, 영화관으로서 요구 조건은 첫째가 관객에게는 잘 보이고, 잘 들려야겠다. 관객이 극장에 오는 이유는 TV에서 느낄 수 없는 흥분과 감격을 구하려는 것이므로, 이를 충족시킬 수 있게 그 분위기를 조성해야 하며 다수인이 모이므로 재해에 대해 안정성이 필요하다. 또한 연기자에게는 쓰기 쉬운 시설이어야 하며, 흥행자에게는 효율이 좋은 설비, 경영상의 능률이 좋은 건축이어야 한다.

2. 극장의 종류

1) 상연 종목에 의한 분류

① opera, musical

무대 전면에 orchestra pit가 필요하다. proscenium arch는 높고 크며, 무대의 깊이는 길다. elevator, 회전무대 등 장면을 전환시키기 위한 무대기구가 필요하다. 연기자의 인원도 많고 무대의 배경도 대규모로 되므로 무대 뒤의 시설과 면적이 다른 종류의 극장보다 크다.

② 신극, 실험극 등의 현대극장

새로운 상연형식이 실험적으로 시도되게, 또 다양한 연출상의 요구를 받아들이게, 양식의 구애를 안 받는 무대기구나 무대형식을 만들 필요가 있으며 극장의 규모와 객석 정원은 비교적 적은 것이 좋다.

③ **음악 hall**

음은 그대로 전 객석에 최고의 상태로 분포되어야 한다. 음악에 어울리는 잔향시간의 충실한 분포상태가 요구된다. 또 음악을 즐길 수 있는 분위기를 얻게 건축을 구성해야 한다.

④ **영화관**

각 객석에서 screen 전체가 잘 보일 것과 객석의 앉음새가 편해야 한다. foyer 등의 공통부분과 부속시설의 면적이 작고, 무대도 screen만 설치하므로 연면적에 대한 객석 정원은 다른 auditorium에 비교하면 제일 크다. 음은 전부 speaker에 의하므로 hall의 음향계획은 건축적으로 쉽다.

⑤ **강당**

강연이 주체이므로 무대기구는 거의 필요없고, 음도 speaker에 의함으로 음향계획이 용이하다.

⑥ **공회당**

공공단체가 관리하며, 민간의 경영도 있다. auditorium은 사용목적, 즉 상연되는 종목이나 행사의 종류에 의해 무대형식이나 음향설계 조건을 비롯하여 건축의 특질을 지닌 형태가 되어야 한다. 일반적으로 다목적 hall의 성격이 요구되며, orchestra, 실내악, 독주, 합창, 연극, 영화, 강연, 집회 등이 행해진다.

2) 무대형식에 의한 분류

① **프로시니엄(proscenium)형**

- 특성

  픽처 프레임 스테이지(ficture frame stage)라 하며, 투시도적 무대공간을 연출한 것이다.
- 장점

  강연, 콘서트, 독주, 연극 등에 가장 적합하며, 전체적인 통일성을 얻는 데 유리하다.
- 단점

  연기자가 일정방향으로만 관객을 대하며, 연기자와 관객의 접촉면이 한정되어 객석수용 능력에 제한이 있다.

② **오픈스테이지(open stage)형**

- 연기자와 관객의 배치가 동일 공간에 놓여진 것으로 관객이 연기자를 둘러싸는 방식이며 연기자는 다양한 방향감으로 통일된 효과는 어렵다.

• 연기자와 관객사이의 친밀감을 높일 수 있다.

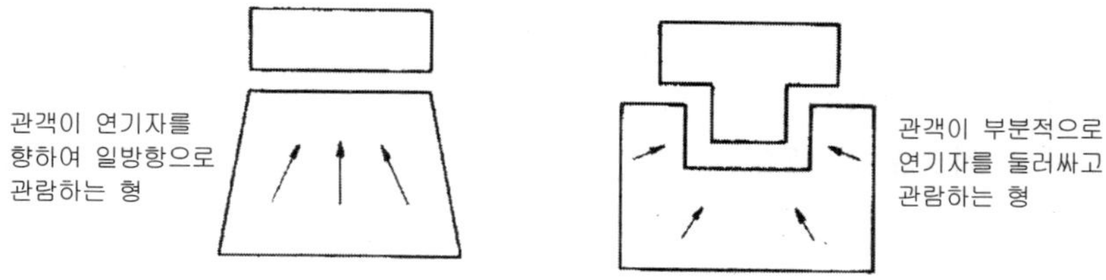

【그림 6-42】 프로시니엄 극장의 평면형

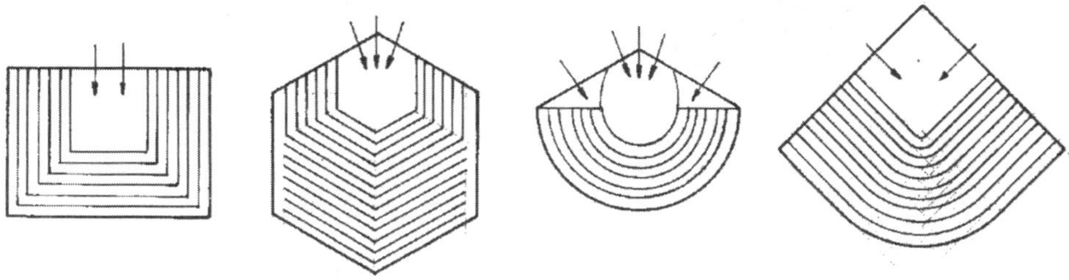

【그림 6-43】 오픈 스테이지의 평면형

③ **애리너(arena)형**

• 특성

중심 무대 장치형(central stage)이라 하며, 근접 거리에서 많은 관객을 수용할 수 있다.

• 장점

객석과 무대의 일체감이 높아 긴장감이 높은 연극공간이 가능하며, 무대배경을 만들지 않아 경제적이다.

• 단점

관객이 무대를 둘러싼 다른 연기자를 가리게 되며, 연기자는 전체적인 통일 효과를 얻기 위한 극을 구성하기 곤란하다.

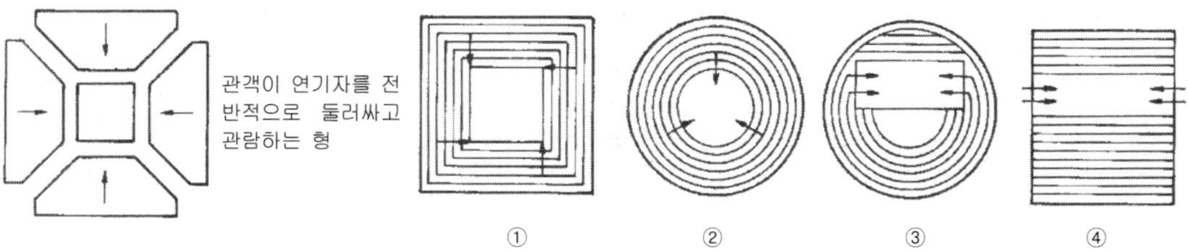

【그림 6-44】 애리너형 평면과 변형의 예

④ **가변형 무대**(adaptable stage)

- 무대와 객석의 크기, 모양, 배열 등이 필요에 따라 변화되는 형으로 다양한 변화가 가능하며, 작품 성격에 따라 연출에 적합한 공간 구성이 가능하다.
- 상연 종목, 출연 방법에 가장 적합한 공간을 구성시키려는 생각에서 발생한 것으로 최소한의 비용으로 극장 표현에 대한 최대한의 선택 가능성을 부여한다.
- 대학연구소 등의 실험적 요소가 있는 공간에 많이 이용된다.

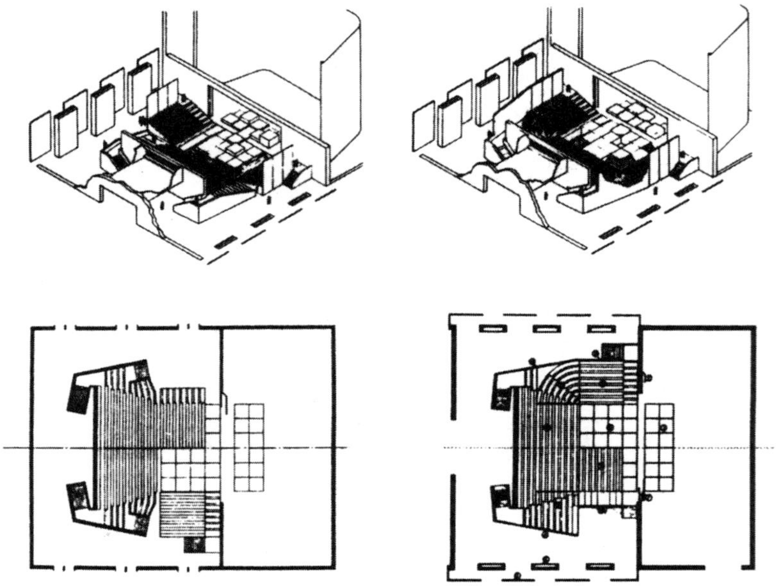

【그림 6-45】 가변형 무대의 예

3) 종류에 따른 적당한 객석정원과 1m²당 객석 수

종 류	적당한 객석 정원	1m²당 객석 수
뮤 직 홀	400~1,000	0.5~0.7
영 화 관	600~1,500	0.5~0.7
오 페 라 공 연 장	800~1,000	0.6~0.8
일 반공 연 장	1,000~2,000	0.45~0.6
콘 서 트 홀	1,000~2,000	0.45~0.6
가 무 공 연 장	1,500~3,000	0.5~0.6
현 대 극	800~1,000	0.45~0.6
다 목 적 홀	800~2,000	0.5~0.6

3. 규모

1) 연면적

한정된 건축비용에서 일정한 수용인원에 대해서는 경영상 연면적이 작아진다. 그러나 여건상 여유 있는 lobby나 입구 계획이 요구됨으로 관객 정원에 대하여 연면적이 클수록 시설이 고도화되고 사치스러워지게 된다. 일반적으로 관객 1인당 연면적은

소영화관 1~1.4m^2, 영화관 1.4~2m^2, 극장, 공회당 2~3m^2, opera house 3.5~5m^2가 소요된다.

2) 객석 바닥면적

1객석당 점유면적은 42cm 이상 × 80cm 이상이 필요하며, 폭 45~50cm×90cm가 흔히 쓰인다. 여기에 종·횡 통로를 포함한 관객 1인당 객석 바닥면적은 0.5m^2가 필요하다.

3) 용적

객석의 천장높이는 상연 종목의 종류, 객석의 분위기, 2·3층석의 유무, 음향설계 등에 관계되어 단면계획을 한다. 용적이 적으면, 음의 충분한 잔향시간을 얻기 힘들다. 객석 용적은 1석당 영화관 4~5m^3, 음악 hall 5~9m^3, 공회당·다목적 hall 5~7m^3가 필요하다.

4) 부지면적과 객석수

극장 경영방침 및 종류에 따라 다르나 부지 면적당 적정 수용인원은 극장 1m^2당 0.9인, 영화관 1m^2당 0.9~1.26인이다.

5) 건축규모

상연하는 연극의 종류와 수용인원이 결정되면 필요한 무대면적, 객석면적, 분장실, 그 밖의 필요한 부속시설의 면적이 결정된다. 또한 관객 관계에서는 화장실, 클로크(휴대품 보관소), 식당, 로비면적이 결정된다. 그리고 관리사무소 등의 소요면적이 결정된다.

4. 대지계획

1) 입지조건

① 극장, 영화관에서는 채산성 때문에 도심, 번화가, 터미널, 상점가 등이 좋다. 도심의 경우 주차장의 확보가 문제가 된다.

② 교외에 설치하는 경우는 교통편이 좋은 곳을 선택한다. 특히 밤늦은 시간에 교통시간이 있는지가 핵심이다.

③ 지역의 커뮤니티 센터, 도서관 등 여타의 문화시설 등이 집중되어 있는 곳에 설치하는 일이 많다.

④ 많은 사람이 일시에 모이므로 재해에 대한 안전성과 건물주변 주민의 안전성 등을 고려하여 도로폭이 넓은 곳에 접해 있어야 한다.
⑤ 근처에 철도 등 소음의 발생 원인 없어야 한다.

2) 부지조건

① 부지는 도로에 2면 이상 접해 있는 것이 바람직하다.
② 피난을 위해 주위에 넓은 공지가 확보되어야 한다.
③ 시가지의 경우 삼각형의 부지는 좋지 못하며 사각형이 좋다.
④ 부지는 고저차가 없고 평탄한 것이 좋다.

5. 배치계획

극장으로 출입하는 동선은 관객, 출연자, 스탭, 자재 등이 있지만 각각 다른 출입구를 설치하여 교차되지 않도록 하며, 관객의 출입은 개장 전・후, 종연 후의 일정시간 내에 집중되며, 현관 앞에서는 그들을 처리하는 스페이스가 필요하다. 또한 보행자와 차량의 평면 교차를 피한다. 출연자와 스탭의 출입구에서는 체크기능을 설치하여 전용의 주차장을 설치하며, 자재 관계의 반출입구는 무대 근처가 좋고, 대형 트럭의 출입과 화물의 출입을 위해 충분한 스페이스를 확보하며 대형 트럭 전용 주차장도 설치한다.

6. 평면계획

1) 각 부문의 구성

극장은 무대, 객석부문을 중심으로 하여 상연부문, 제작부문, 제작사무부문, 관리부문, 관객서비스부문의 6가지 부문으로 구성된다.

① 무대, 객석부문

무대와 객석으로 구성된다. 무대에서는 주무대, 옆무대, 반출입구가 있다.

② 상연부문

분장실, 리허설실, 무대감독실, 수위실, 세면・화장실, 샤워실 등으로 구성된다.

③ 제작부문

목공장, 조립장, 소도구 제작장, 의류제작실, 염색작업장, 창고 등으로 구성된다. 제작부문은 반드시 동일한 장소가 아니어도 된다.

④ 제작사무부문

제작매니저실, 디자이너실, 디자인스튜디오, 회의실 등으로 구성된다.

⑤ **관리부문**

사무실, 지배인실, 감독실, 인터뷰실, 도서실, 선전광고실, 회의실, 종업원실, 기록 · 보관실, 창고 등으로 구성된다.

⑥ **관객 서비스부문**

현관 홀, 매표소, 로비, 갤러리, 식당, 차실, 매점, 세면 · 화장실 등으로 구성된다.

2) 동선 계획

① **관객의 동선**

걸어서 또는 차로 온 관객은 극장의 현관에 도착하여 입구 hall foyer를 거쳐 객석에 이른다. 이 경로의 계획에서 이제부터 감상하려는 것에의 기대감을 일으키는 분위기 조성이 요구된다. 또 경로를 혼돈되지 않도록 알기 쉬운 동선 계획을 한다. 종연시에는 막이 내릴 때의 흥분과 감격을 잊지 않는 상태로 귀로와 이어주는 분위기가 바람직하다. 이때 예기치 않는 혼란이 일어나기 쉬우므로 출구는 폭넓게 개방될 수 있도록 계획하며, 피난의 방향은 한편에 기울지 않게 분산배치를 하고 문은 밖으로 열도록 한다.

② **연기자와 관리자의 동선**

강연과 같은 간단한 행사는 별개로 하고 일반적으로 관객의 동선과 교차시키지 않는다.

③ **주차장과 현관 앞**

- 주차장

  관객은 극의 시작 직전, 혹은 종연 직후 단시간에 현관 로비로 집중되므로 자동차의 흐름이 원활하도록 한다. 같은 주변지구나 도시 전체의 도시계획의 일환으로서 고려한다.

- 현관 앞

  현관 앞은 일방 통행으로 하고, 2차선 이상의 도로폭을 확보한다.

④ **현관 주변**

- 현관

  입장객과 퇴장객이 도로에 넘쳐 차량통행을 방해하기 때문에 현관 앞면에 충분한 스페이스를 확보한다. 특히 시간별 극이 상연시 관람객의 교체시간에는 입장객과 퇴장객으로 혼잡하므로 충분한 스페이스를 확보한다. 또한 비상시의 피난을 고려한다.

- 매표소

  영화관 등에서 관객석이 적은 경우는 자동판매기로 가능하나 대극장에서는 예약석, 좌석의 지정을 위해 창구가 필요하다. 또한 당일용의 매표소와 예약표 매표장의 창구를 설치하는 곳이 많다. 매표소는 사무소와 충분히 연락이 되도록 한다. 창구의 수는 객석수 1,000석에 대하여 1~2개, 예매용으로 1개를 설치한다.

- 로비
  로비는 휴식이나 흡연 스페이스의 역할을 한다. 그러므로 여기에 알맞는 분위기로 계획한다. 천장과 벽면에는 흡음재료, 바닥에는 융단을 깔아 로비의 잡음이 오디토리엄으로 들어가지 않도록 한다. 관객 1,000명에 대하여 1개소로 한다. 로비의 넓이는 극장의 종류에 따라 차이는 있지만 0.2m^2/명 정도로 한다.
- 클로크
  클로크를 설치하는 위치는 현관을 향해서 정면 중앙이나 로비의 좌우 안쪽 그리고 로비에 접하는 라운지의 일부가 좋다. 혼잡이 없도록 위치 및 개수(객석수가 많은 극장 등에서는 2~3개소)를 고려한다.
- 화장실
  화장실은 오디토리엄의 양측에 설치하는 경우가 많고 각각 남녀용으로 설치한다. 변기의 수는 사용빈도가 높아지는 개막 전, 막간의 상황을 고려해서 결정한다.

7. 객석의 계획

객석이란 어느 좌석에서도 무대나 screen이 잘 보여 무대에서 나오는 음이 잘 들리고 또 분위기가 좋아야 한다. 객석의 평면 유형으로는 직사각형, 부채꼴형, 종형 등이 많다.

1) 가시거리

① 극장

proscenium이 있는 무대에서 연기는 정면을 향해서 하므로 proscenium의 중심선상 정면이 가장 보기 좋은 좌석이 된다. 중심선을 떠나서도 감상할 수 있는 한계는 연기의 중심에서 120° 의 개각 범위까지이다. 또 proscenium 단부에서 개각 100° 선을 넘는 석에서는 정상적인 감상에는 지장이 있다.

무대 위의 연기 등을 감상할 때 배우의 표정이나 몸짓을 자세히 볼 수 있는 한계는 대체로 15m정도로 인형극이나 아동극 등은 이 범위 내에 객석을 두며, 소규모 오페라, 발레, 현대극, 신극 등의 고전음악, 고전무용, 실내악 등은 약 22m(제1차 허용한도)이다. 대규모의 오페라, 발레, 뮤지컬, 음악극적인 연극 등은 배우의 일반적 몸짓을 알면 어느 정도의 감상을 할 수 있으므로 최대 35m(제2차 허용한도)의 범위 내에 객석을 두도록 한다.

orchestra의 경우는 시거리가 이를 넘어도 지장은 없다.

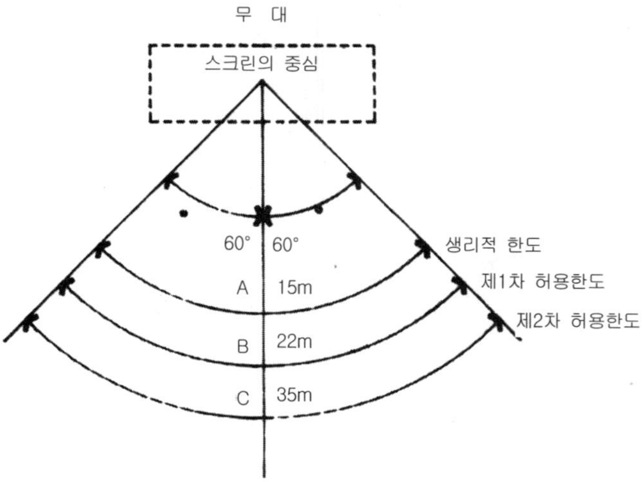

【그림 6-46】 관객석의 한계(각도와 거리와의 관계)

② 영화관

영화관에서는 screen 중심에서 60° 의 부채꼴 밖의 객석에서는 화면이 잘 보이지 않는다. wide screen에서는 영상이 크고 screen의 폭이 넓어 비교적 뒷좌석에서 잘 보인다.

최전열의 석에서 screen을 보았을 때, 그 폭이 정면에서 90° 측면에서 60° 이내가 좋다. 또한 영화의 가시한계는 45m정도이다.

2) 객석에서의 부각(俯角)과 앙각(仰角)

무대의 연기나 영화는 눈높이에서 보는 것이 이상적이며, 2층석, 3층석을 둘 때는 그 객석의 부각(俯角, 내려다 봄)은 아래 그림처럼 무대 전단의 curtain 또는 screen의 하단에 대해 30°가 한계이다. 또한 screen을 쳐다보는 앙각(仰角, 올려다 봄)은 아래 그림처럼 screen의 상단에 대하여 30°까지이며 그 이상의 앙각이 되게 screen에 접근된 좌석은 불편하다. 극이나 ballet 등에서는 무대의 acting area 전단에서는 연기를 쳐다보는 각도가 30°가 되는 곳까지 최전단을 무대에 접근시킨다.

3) 객석바닥 구배

어느 좌석에서나 앞에 앉아 있는 사람의 머리 위를 넘어서 무대나 screen이 잘 보일 수 있어야 한다. 그 때문에 바닥구배는 객석의 가정단면마다 객의 눈의 위치와 보는 대상을 잇는 직선이 앞좌석 객의 머리 위를 지나도록 위 그림의 방식에 의해 시선을 체크하여 정한다. 보는 대상은 1층석에서는 무대전단, 2층석에서는 orchestra pit의 객석측의 전단이 된다.

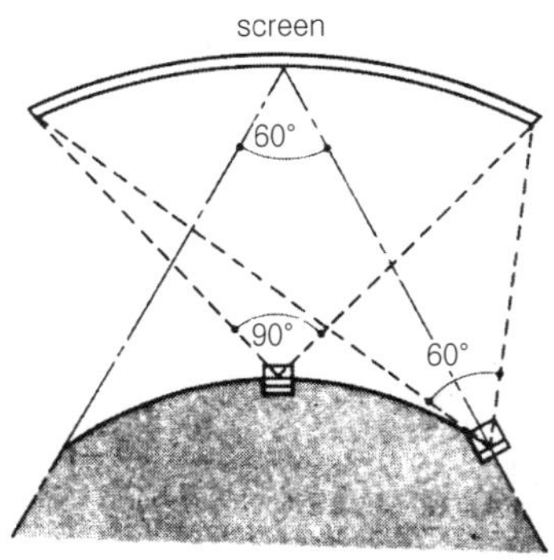

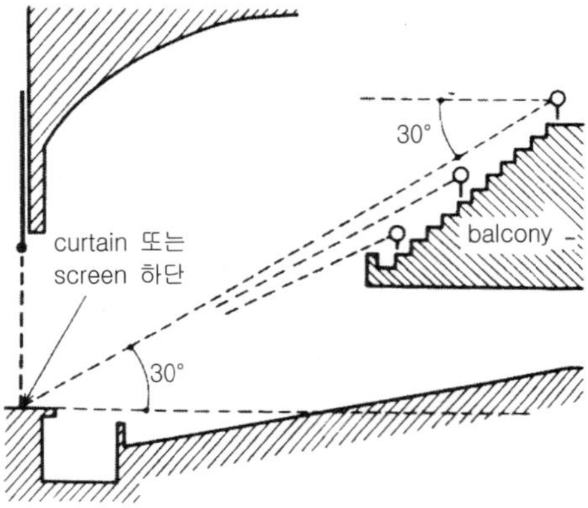

【그림 6-47】 wide screen의 객석 한계 【그림 6-48】 객석에서의 부각의 한계

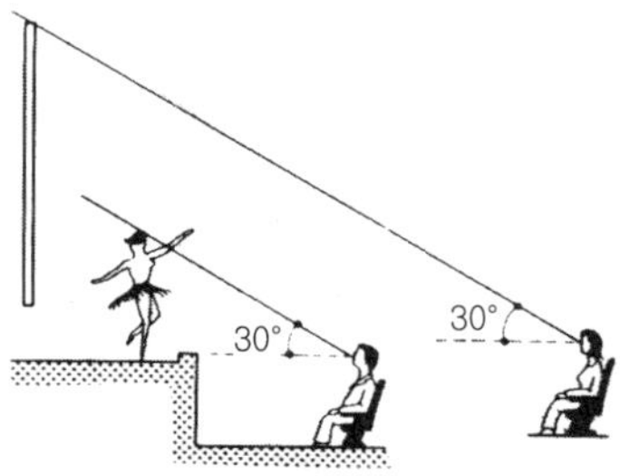

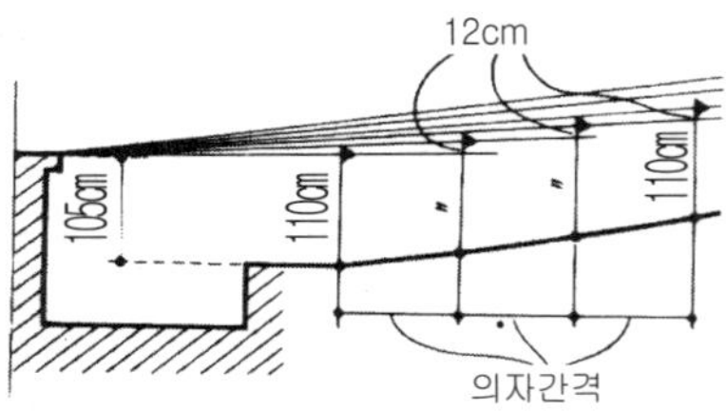

【그림 6-49】 맨 앞 좌석의 근접 한계 【그림 6-50】 바닥 구배선 작도법

4) 좌석의 배열

① 의자

- 폭 : 40 ~ 45cm
- 높이 : 35 ~ 41cm
- 등받이 높이 : 78cm

② 객석 전후 간격 : 85~110cm

- 85cm 이상의 경우 : 양측 통로시 연결 8석 이내, 단측 통로시 연결 4석 이내
- 95cm 이상의 경우 : 양측 통로시 연결 12석 이내, 단측 통로시 연결 6석 이내

③ 1석당 점유면적(통로 포함) : 0.6~0.8㎡

④ 객석 배치

연극은 가로로 긴 것이, 극장의 와이드 스크린(Wide screen)은 세로로 긴 것이 유리하다.

5) 통로

① 세로 통로

- 양측 객석의 경우 : 80cm 이상(주층 객석 바닥면적 합계 900m² 넘는 경우 95cm 이상)
- 한쪽 객석의 경우 : 60 ~ 110cm

② 가로 통로

좌석 15열(객석 전후 간격 95cm 이상시 20열)이내마다 폭 100cm 이상 1개소

③ 통로배치상 유의사항

- 세로통로는 무대를 중심으로 방사선 형태로 할 것
- 프로시니엄 아치에 수직인 세로통로는 양단을 보기에 불리함
- 중심선의 세로통로는 가장 보기 좋은 위치이므로 가능한 한 피함
- 세로통로 교통량은 출구에 접할수록 점차 증가하므로 이에 대비해 폭을 넓힘

④ 통로의 관련된 공연법 시행규칙

- 제5조 공연장의 입석

  허가청이 공연법 제22조 제2호 단서의 규정에 의하여 공연장에 정원을 초과한 관람자의 입장을 허가하고자 할 때에는 다음의 기준에 적합하여야 한다.

  - 입석 1인의 점용면적은 0.25m² 이상으로 할 것
  - 입석부분은 관람석 최후열 의자로부터 후방 3m 이내로 하되 입석부분의 양측과 후방에 폭 1m 이상의 통로를 확보할 것

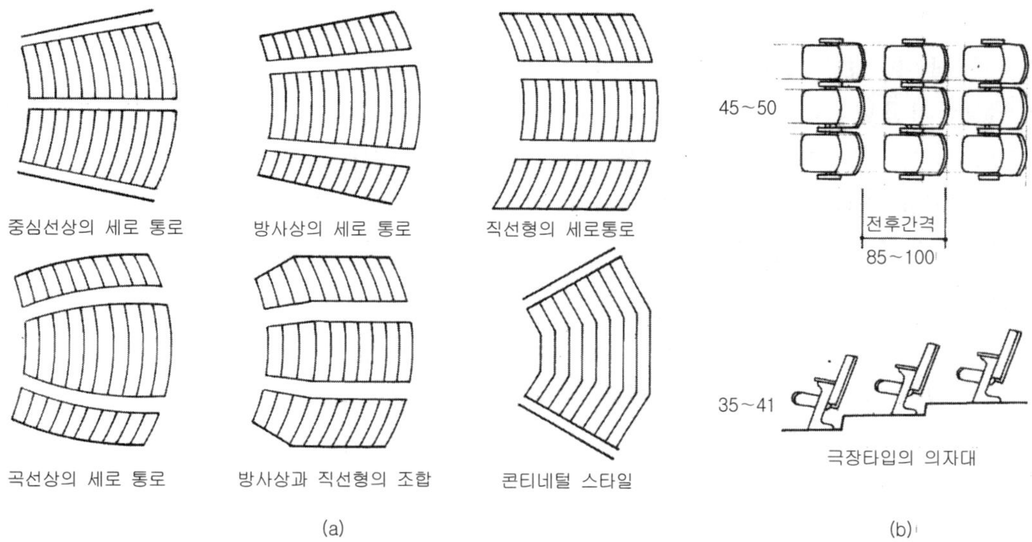

【그림 6-51】 세로 통로의 여러 가지 형태와 객석의 치수

• 제6조 공연장의 통로

– 공연장의 관람석에는 제4조 제4호의 규정에 의하여 관람용 의자를 가로열로 연결할 때에는 다음의 구분에 따라 열과 열 사이에 각각 세로 통로를 설치하여야 한다.

ⓐ 가로열 6석 이하일 때에는 폭 0.6m 이상

ⓑ 가로열 7석일 때에는 폭 0.7m 이상

ⓒ 가로열 8석일 때에는 폭 0.8m 이상

ⓓ 가로열 9석일 때에는 폭 0.9m 이상

ⓔ 가로열 10석일 때에는 폭 1m 이상

– 관람석에는 세로열 20석마다 폭 1m 이상의 가로통로를 설치해야 한다.

– 세로통로와 가로통로는 관람석의 출입구 또는 비상구에 직통되어야 한다. 다만, 구조상 부득이하고 보안상 지장이 없다고 허가청이 인정할 때에는 그러하지 않아도 된다. 관람석과 내부벽 사이에는 폭 1m 이상의 통로를 설치하여야 한다.

【표 6-4】 통로의 설치 기준

통로 \ 객석		객석 상호간의 객석 수	
		의자 전후 간격 90cm 이상	의자 전후 간격 90cm 이하
세로 통로	중 앙 부	12석 이내	8석 이내
	편 측	6석 이내	4석 이내
가 로 통 로		20석 이내	15석 이내

6) 객석의 단면

① **단면의 형식**(gallery type 과 stadium type)

그림처럼 2층석, 3층석 등의 balcony를 둔 객석의 형식을 gallery type(복상식)이라 하고 1층석만으로 구성된 형식을 stadium type(단상식)이라 한다. 수용인원이 같은 auditorium에서 비교하면 gallery type은 최후석에서의 시거리가 짧고 stadium type는 길어진다. 또 음악 등의 음향적 효과를 위해서는 stadium type이 유리하다. 따라서 연극을 주로하는 극장에서는 gallery type이 좋고, 음악을 주로 할 때는 stadium type이 좋다.

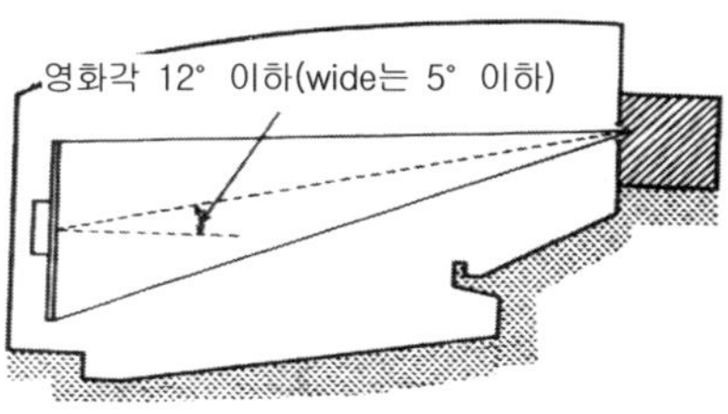

【그림 6-52】 객석의 단면 형식

② 단면 계획

- 원칙 : 앞사람의 머리가 관객의 눈과 무대 위의 점을 연결하는 가시선을 가리지 않도록 한다.
- 앞부분의 1/3을 수평으로, 뒷부분 2/3를 구배 1/12 경사진 바닥으로 한다.
- 시초선은 극장의 경우 무대의 앞끝, 영화관은 무대면에서 60cm 상방 스크린 밑부분을 기준으로 한다.
- 전용 영화관의 경우 역경사(逆傾斜) 바닥도 가능하다.
- 발코니층은 계단식으로 하되 단높이 50cm 이하, 단폭 80cm 이상, 높이 3m 이내마다 가로통로를 설치한다.
- 2층 발코니 앞쪽 끝 위치
  - 영화관 : 1층 제일 뒤, 선 사람의 눈과 스크린의 윗부분에서 60~90cm 높이로 한다.
  - 극장 : 프로시니엄 아치 상단을 연결하는 가시선 이상으로 한다.
- 2층 발코니경사의 연장선은 무대 앞부분 아래 1.2~3m의 점을 통과함이 적절하다.

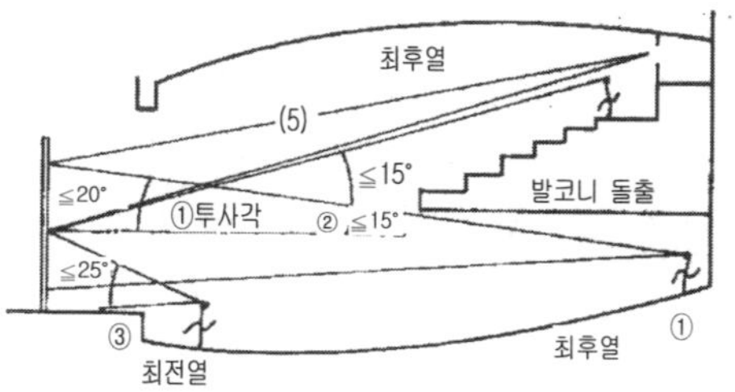

【그림 6-53】 단면과 시각의 관계

③ 극장의 단면도

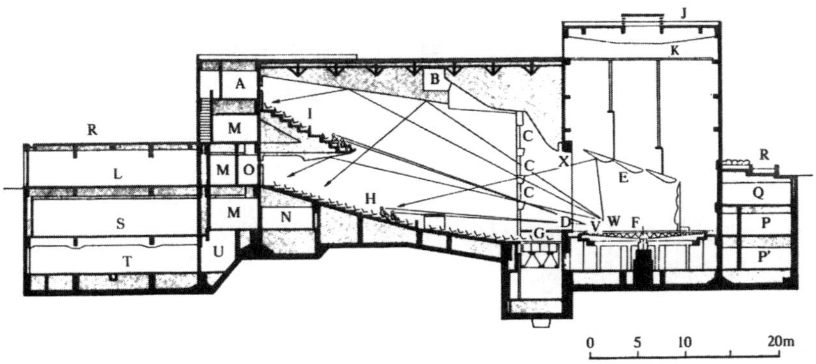

A : 영사실	H : 객석	O : 무대감독실	U : 참호
B : 천정투광실	I : 높은 좌석	P : 분장실(개실)	V : 시초점
C : 투광실	J : 배 연구	P' : 분장실(큰방)	W : 음원
D : 푸트라이트	K : 그리드아이언	Q : 화장실	X : 프로시니엄
E : 반사판	L : foyer	R : 루프 가든	
F : 회전무대(D=12.8m)	M : 복도	S : 전시실	
G : 오케스트라 피트	N : 화장실	T : 주차장	

【그림 6-54】 극장의 실례

8. 객석의 음향계획

무대에서 나는 음은 어느 객석에도 고르게, 또 좋은 음질로 전해져야 하므로 적당한 잔향시간과 음향적으로 적절한 형과 크기의 계획을 해야 한다.

1) 잔향 시간

잔향시간은 명료함을 중요시하는 강연용의 강당이나 영화관에서는 짧게 하고, 음악용에서는 비교적 길게 한다. 그리고 각 주파수에 따라서도 같은 잔향시간이 되도록 각종의 반사·흡음재료를 써서 조종한다. 이때 객의 다소에 관계없이 같은 흡음효과를 갖도록 해야 한다.

다목적 hall은 상연 종목에 따라서 전기음향 설비에 의해 잔향시간을 조정해야 한다. 잔향시간은 auditorium의 용적이 커지면 길어진다.

2) 객석의 형태

뒷부분의 좌석은 무대에서의 직접 음만으로는 음의 세기가 부족하므로 벽이나 천장 등에 의한 반사음을 가하여서 이를 보충한다. 그 때문에 객석의 바닥, 벽, 천장 등의 형태를 연구하여 반사재, 흡음재를 적절한 위치에 사용하며 이때의 유의사항은 다음과 같다.

① 균등한 확산

음원에서 나는 음은 모든 주파수에 대하여 적당히 확산하여 균등하게 분포되어야 한다.

② 반사면의 형

일반으로 원이나 타원과 같은 오목한 면(凹曲面)은 음을 집중시키는 경향이 있으므로 피한다. 천장에 오목한 면(凹曲面)을 쓸 때는 그 곡율반경이 높이의 2배 이상이면 단점이 적어지고, 볼록한 면 (凸曲面)을 쓰면 음의 확산이란 점에서 바람직하다.

3) 반사판

음악을 위한 강당에 있어서 음원상에 반사판을 두는 방법을 쓰기도 하며, 다목적 hall의 무대에는 이동 가능한 반사판을 음악연주가 있을 때에 설치하는 것이 통례이다.
반사판은 많은 평면이나 볼록한 면(凸曲面)을 조합시킨 것으로 계획된다.

4) balcony 밑의 객석

강당이 gallery type일 경우에는 balcony 밑에 천장, 벽에서의 반사음이 작아져서 음압이 내려가든가 잔향시간이 고르지 못한 것이 되기 쉬우므로 주의해야 한다. balcony 깊이의 한도는 높이의 2배까지로 하고, 될 수 있는 한 balcony밑의 천장을 높게 하여 입사하는 직접 음을 더하여 천장의 반사음도 뒷부분 좌석에 닿도록 한다.

5) 직접 음과 echo

직접 음이 뒷편 좌석에 도착하는 사이에 청중의 머리 위를 통과하므로 음이 흡수되는 경향이 강하다. 시선계획과 같은 방법으로 검토하면 좋으나 바닥구배를 다소 크게 하는 것이 안전하다. 또한 음원에서 나온 음의 일부는 직접 음으로서 청중의 귀에 닿고 다른 것은 강당의 벽이나 천장에 의해 반사되어 청중에게 닿는다. 반사되어 닿는 음은 직접음보다 긴 거리를 거쳐오므로, 도달되는 시간차가 생기게 되는데 그 차가 1/20~1/15초 보다 길어지면 귀는 그 차를 식별할 수 있게 된다. 이것을 echo라 하며 대규모 강당에서 생기기 쉽다. echo는 음악이나 강연의 청취에 나쁜 영향을 줌으로 이를 방지해야 하며, 그 방법은 다음과 같다.

① 직접 음과 반사음과의 거리차를 17m 이상이 안되게 강당의 형을 계획한다.

② 직접 음 중 echo가 생기는 유해한 부분을 흡수하기 위해 주로 객석의 뒷벽을 흡음성이 큰 재료로 마감한다.

③ 뒷벽의 형을 확산적으로 하기 위해 경사나 요철(凹凸)을 붙인다.

아래 그림 (a)는 echo가 생기는 경우이고 그림 (b)는 뒷벽 천장에 경사를 두고 흡음성으로 하여 echo를 막은 상태의 예이다.

영화관에서는 음원이 되는 speaker는 객석을 둘러싼 삼방 또는 사방의 벽에 설치하여 음의 방향을 더욱 명료하게 할 필요가 있다. 이 때문에 벽, 천장의 흡음성을 높이하여 잔향시간을 짧게 하여 유해한 반사를 없이 하도록 한다.

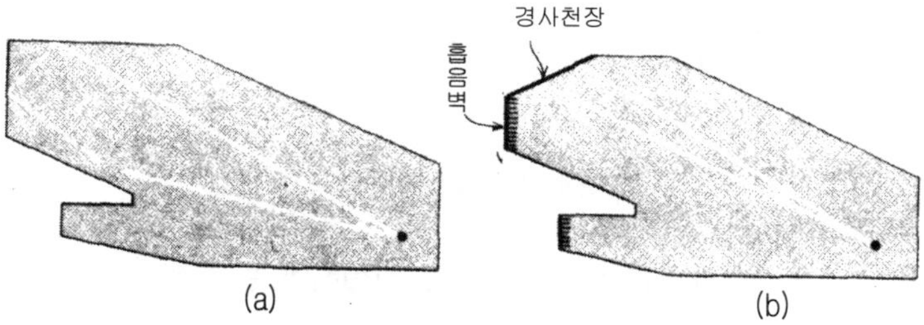

【그림 6-55】 Auditorium의 Echo

6) 잔향시간과 주파수

특정한 주파수에 대해서 잔향시간이 길어지는 형태의 계획을 피한다. 강당 내부의 공기는 음원에서 나온 음, 즉 주어진 주파수의 외력에 의해 진동되지만, 음원이 사라진 뒤에는 그 강당이 지니는 고유 주파수로 진동하면서 감쇠한다. 이 강당이 지니는 고유 주파수는 강당의 치수와 형상에 의해 주어진다. 치수, 형상에 의해서는 특정 주파수의 가까이에 고유 진동이 집중한다. 이때 그 주파수의 음이 반사 중복되어 다른 음보다 극히 잔향시간이 길어지며 불쾌한 음향상태가 된다. 이를 피하기 위해서 객석부분의 각 변의 비가 1 : 1 : 1의 비나 1 : 2 : 4와 같은 간단한 배수비가 되지 않도록 하며, 큰 면적의 반

사벽을 평행으로 마주 두는 것도 좋지 않다. 특성 주파수의 진행시간이 길어지지 않도록 하기 위해서는

① 흡음재를 적절히 사용하여 고유진동을 약화시킨다.

② 강당의 형을 부정형으로 하여 평행된 2면이 없도록 한다.

③ 벽, 천장에 톱니형이나 볼록한 면(凸面)의 반사판을 붙이는 등의 계획을 한다.

7) auditorium 평면의 기본형

일반적으로 음원부근의 벽을 반사성으로 하고 음원에서 멀어지면서 확산성, 흡음성으로 마감한다. 다만 영화의 경우는 음향적 제약보다 screen이 잘 보이는 조건이 중요하다.

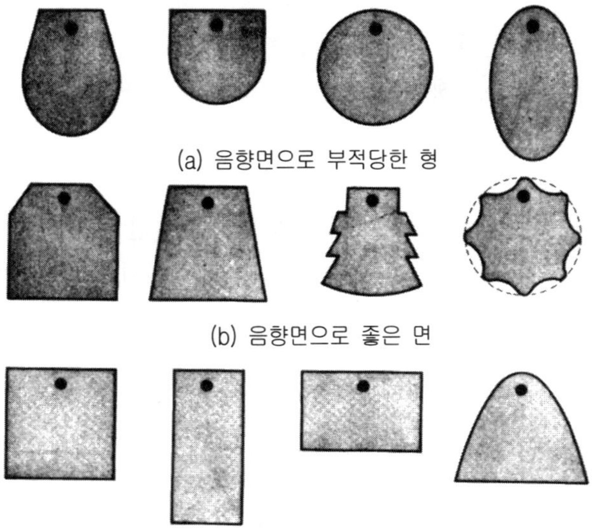

(a) 음향면으로 부적당한 형

(b) 음향면으로 좋은 면

(c) 음향면에 다소의 문제가 있는 형

【그림 6-56】 auditorium의 평면형

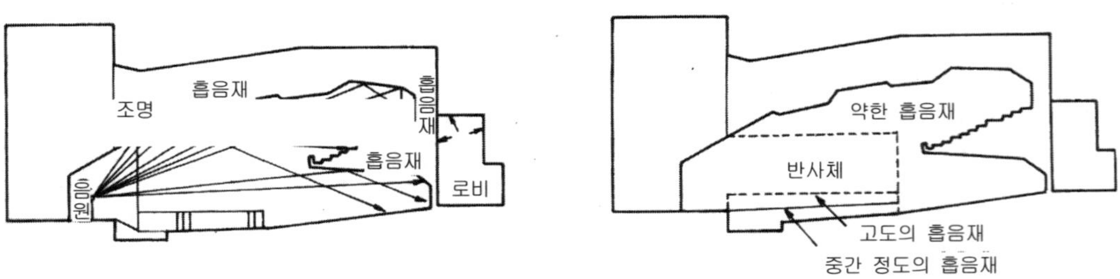

(a) 극장 종단면도상의 흡음재 및 반사재의 사용 부분도

(b) 극장 측면 벽의 흡음재 및 반사재의 사용 부분도

【그림 6-57】 극장 단면(음향계획)

8) 음향계획과 실의 체적

① 일반사항

출연자의 중심에서 후방으로 10m전방으로 20~30m 측면으로 13m 정도로 소리 전달 범위가 가장 적당하다. 일반적인 계획시 최대치의 용적 적용범위는 강당의 경우 18,000m³, 음악당 30,000m³이다. 또한 일반적인 극장의 천장고는 8m 이하가 적당하나 수요실 인원에 따라 다르게 나타나며, 극장의 내부 체적비는 황금비로서 3 : 4 : 8 정도가 적당하다.

② 잔향시간과 실의 체적

잔향시간은 500Hz~1,000Hz 사이의 10% 범위 내에서 조정하며, 강연·연극·강당 용적은 최소 1,000m³에서 최대 30,000m³까지며, 잔향시간은 0.6~1.2초이며, 오페라 하우스/콘서트 홀 1.0~1.6초이며, 카토릭 교회 1.2~2.6초가 적당하다. 또한, 1인당 최소 용적은 6~7m³가 적당하다.

③ 실별 잔향의 종류에 따른 최대 용적

- 일반적인 강연을 위한 강당 : 3,000m³
- 악기연주, 독주, 독창을 위한 음악당 : 10,000m³
- 심포니 오케스트라 극장 : 20,000m³
- 시립 대합창 강당 : 50,000m³

9) 전기와 음향

auditorium에 설치되는 전기음향설비로는 잔향을 조정하는 장치, 음압을 증대시키는 확성장치, 음을 재생하는 장치, 음을 수록하는 장치, 통신전달을 위한 장치 등이 있으며, 이중 잔향을 조정하는 장치는 다목적 hall에 주로 장치되어 hall 자체의 잔향시간에서는 음악 연주시에 음향효과가 충분치 못할 때 조정용으로 쓰이며, 나머지 장치들은 모든 auditorium에 설비된다.

전기음향설비의 조정탁자는 무대와 객석이 보이는 곳에 있는 음향 조절실 내에 두며, monitor mike는 장내 객석부의 중앙부근에서 시선에 방해가 되지 않는 곳에 설치되어 음향기기의 조정을 위해 쓰인다.

elevator mike는 연기자나 강연자의 확성용이고, anounce mike는 조정실이나 장내 방송실에 두어 장내 방송용으로 쓰인다.

proscenium speaker는 주로 무대위의 음성을 장내에 확성하기 위한 것이며, prosce-nuim 상부의 천장 내부에 넣는다.

wall speaker는 입체음재생이나 효과음을 객석으로 보내기 위한 것이며, stage speaker는 효과음이나 영상용의 것으로 큰 출력의 것을 쓴다. 또 회귀 speaker는 무대위의 연기자나 연기 효과를 듣기 위해 설치한다.

9. 무대계획

1) 무대구성

무대는 연기, 배경, 무대전환, 대도구를 위한 space와 연기자, 관리자를 위한 space로 구성된다. 극장의 성격에 따라 어느 space의 필요여부와 크기도 달라지게 된다.

proscenium의 바로 뒤에 막을 두고, 이 막 속의 무대를 action area라 하며, 여기서 연기가 행하여진다. acting area가 점하는 크기는 장면마다 다르지만, 보통 폭은 proscenium의 폭을 취하고, 그 깊이는 proscenium의 1/2정도이다. proscenium의 폭은 상연종목에 따라 달라지나 일반적으로 12~15m 정도이고, 높이는 6~9m 정도이다.

막의 외부와 객석 사이에 돌출된 1~1.5m 정도의 무대를 앞 무대, 객석의 옆의 무대는 측면 무대(side stage), 그리고 객석 가운데에 뻗어 나온 것을 apron(일본에서는 화도(花道))라 한다.

acting area 주위에 cyclorama를 두는 데 그 사이의 부분을 scenario space라 하고 여기에 조명기구나 배경을 두고 또 연기자나 작업원의 통로가 되기도 한다. 이 공간은 넓을수록 편리하다. 무대 폭은 proscenium 폭의 2배 이상을 요하고 본격적인 opera극장에서는 무대 전환의 기구가 대규모이며, 이동무대의 이동, 수납을 위해 무대 치수는 커진다.

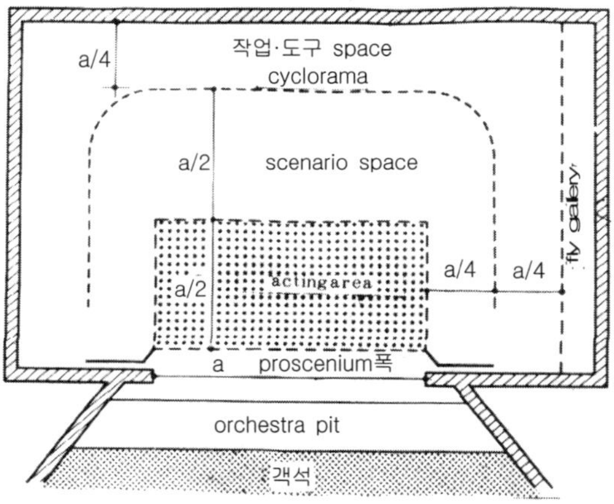

【그림 6-58】 극장 무대의 최소 치수

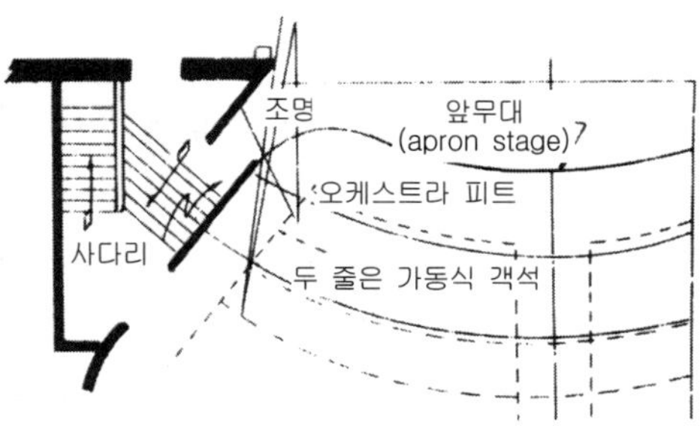

(a) 앞무대(apron stage)의 예

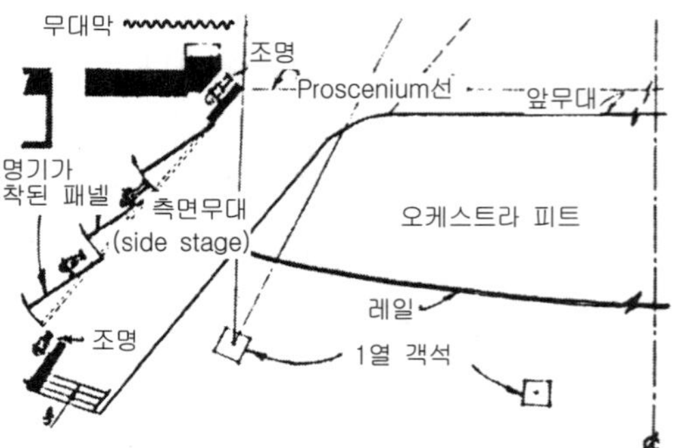

(b) 측면 무대(side stage)의 예

【그림 6-59】 무대의 평면형

2) 무대의 단면

무대상부 공간(fly loft)의 이상적인 높이는 프로시니엄 높이의 4배 정도이다.

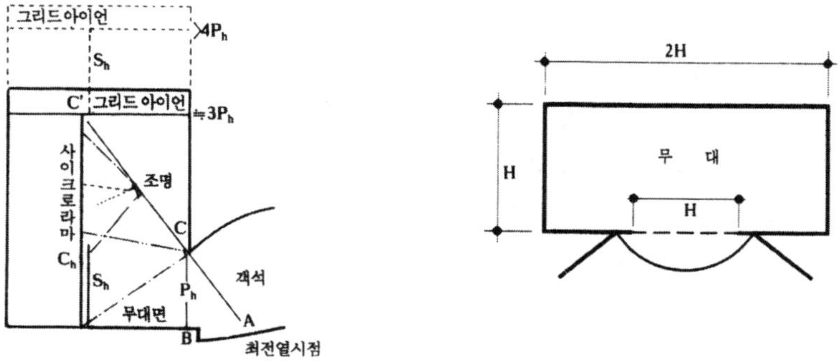

【그림 6-60】 무대의 단면형

무대상부 공간의 크기(fly loft)

$$\frac{P_h}{AB} = \frac{G_h}{AB+BB'}$$

P_h : 프로시니엄 높이

C_h : 사이클로라마(cyclorama) 높이

이상적인「fly loft」높이는 $4P_h$ 이상

극장의 경우 $Ch \fallingdotseq 3P_h$

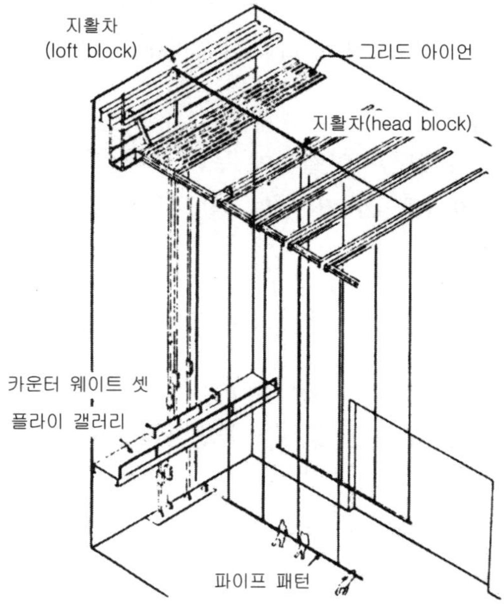

【그림 6-61】 무대 상부

3) 프로시니엄 아치(proscenium arch)

관람석과 무대 사이에 격벽이 설치되고 이 격벽의 개구부를 통해 극을 관람하게 된다. 이 개구부의 틀을 프로시니엄 아치라 하며, 가로, 세로의 비율은 황금비례가 가장 많다.

이 프로시니엄 아치는 그림에 있어서 액자와 같이 관객의 눈을 무대로 쏠리게 하는 시각적 효과를 주며, 조명기구나 막을 막아 후면 무대를 가리는 역할을 한다.

4) 오케스트라 박스(orchestra box, 또는 orchestra pit)

오페라, 연극 등의 경우 음악을 연주하는 곳으로 객석의 최전방 무대의 선단에 둔다.

넓이는 적은 수의 것은 10~40명, 많은 수의 것은 100명 내외, 점유면적은 1인당 $1m^2$ 정도가 되며, 특별한 경우로 하프 $2m^2$, 드럼 $4m^2$, 피아노 $4.5m^2$, 콘서트용 피아노 $9m^2$가 필요하다.

오케스트라 박스의 바닥은 객석보다 낮고 출입구는 무대 밑부분(또는 옆)에 계단으로 연결된다.

5) 무대 관련 설비

① 플로어 트랩(floor trap)

무대와 트랩 룸 사이를 계단, 사다리로 연결할 수 있도록 설치한 것이다.

② 그리드 아이언(**격자 철판**, grid iron)

무대의 천장 밑에 위치하는 곳에 철골로 촘촘히 깔아 바닥을 이루게 한 것으로 여기에 배경이나 조명기구, 연기자 또는 음향 반사판 등을 매달 수 있게 한 장치이다.

무대 천장 밑의 제일 낮은 보 밑에서 1.8m의 위치에 바닥이 위치하면 된다.

③ 플라이 갤러리(fly gallery)

그리드 아이언에 올라가는 계단과 연결되게 무대 주위의 벽에 6~9m 높이에 설치되어 있는 좁은 통로로서 폭은 약 1.2~2m가 되며 벽에서 켄틸레버로 돌출된다.

④ 잔교(殘橋, Light bridge)

프로시니엄 아치 뒤에 있는 플라이 갤러리로 조명, 비, 눈 내림장치이다.

⑤ 사이클로라마(cyclorama 혹은 kuppel horizont)

무대의 제일 뒤에 설치되는 무대 배경용의 곡면 벽이며, 호리존트(horiznot)로서 일종의 장치막이다.

객석 제일 앞줄 양쪽 끝의 관객석의 가시선이 서로 반대쪽 무대의 개구부 부분 a와 연결된 선에서 사이클로라마의 양단이 끝난다. 또 c는 무대의 상부를 가리기 위해 필요한 경우가 있다.

⑥ 프롬프터 박스(prompter box)

무대 중앙에 설치하여 프롬프터가 들어가는 박스로서, 객석쪽은 둘러싸고 무대측만이 개방되어 이곳에서 대사를 불러 주며 기타 연기의 주의환기를 하는 곳이다.

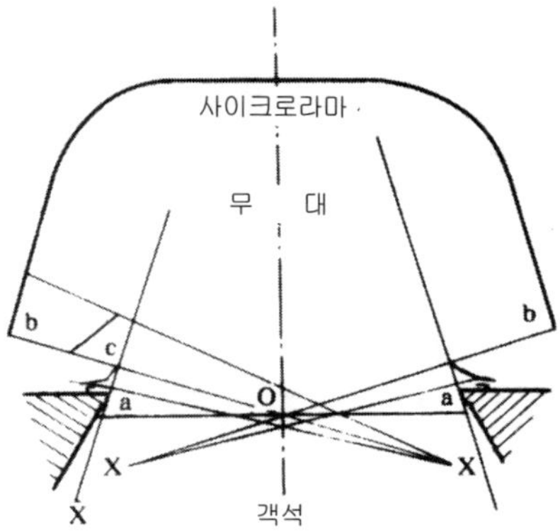

【그림 6-62】 사이클로라마의 평면적 위치

6) 무대관련실

① 의상실(dressing room) : 분장, 화장, 의상 갱의실로서 1인당 4~5m^2 이상, 무대와 같은 층에 설치한다.

② 그린 룸(green room) : 출연자 대기실로 크기는 30m^2 이상, 무대와 같은 층에 설치한다.

③ 연주자실 : 오케스트라(orchestra) 연주자 대기실로 30m^2 이상, 오케스트라 피트와 같은 층에 설치한다.

④ 기타 : 관리관계실, 조명 제어실, 음향 조정실, 배경 제작실 등이 있다.

7) 무대 바닥의 기구

① 회전무대

무대를 회전시키는 것으로 크기는 0.8~1.2Pw(Pw : 프로시니엄 아치 폭)정도이다.

② 수평이동기구

수평으로 이동시키는 기구로서, 무대 바닥면상을 이동하는 스테이지 왜건과 바닥면과 동일레벨을 이동하는 슬라이딩 스테이지가 있다.

③ 승강기구

무대를 상하로 이동시키는 것으로 일반적으로 들무대라고 한다. 작은 것은 90cm각 정도에서 크기에 따라 대들무대, 중들무대, 소들무대 등으로 불리운다.

10. 부속실 계획

1) 현관(foyer)

밝고 온화하며 화려하게 계획하며, 출입구 및 비상구 폭의 합계는 객석 바닥면적 10m^2 당 17cm 이상(현관, 주출입구는 그것의 1/2 이상)으로 하며 관객석당 현관의 넓이는 영화관 0.1m^2, 극장・공회당 0.5m^2, 오페라 하우스・뮤직홀 0.7m^2가 필요하다.

2) 로비

1객석당 로비면적은 오페라 극장 0.18m^2, 일반 상업 극장 0.16m^2, 대학극장 0.12m^2, 영화관 0.09m^2가 필요하다.

3) 라운지

각 층별로 두고 면적은 2층 바닥면적의 1/20 이상으로 하며 1객석당 라운지 면적은 오페라 극장 0.7m^2, 일반 상업극장 0.5m^2, 영화관 0.1m^2가 필요하다.

11. 영화관

1) 평면계획

① 관객 1인당 영화관 면적

- 소규모 영화관 : 1.0 ~1.4m^2
- 일반 영화관 : 1.4~2.0m^2
- 공회당 : 2.0~3.0m^2
- 오페라하우스 : 1.0~1.4m^2

② 관객 1인당 객석 바닥 면적

1객석당 종・횡 통로를 포함해서 0.5m^2 정도로 한다.

③ 각종 영화관의 1인당 용적량

- 영화관 : 4~5m^3/인
- 음악홀 : 5~9m^3/인
- 공회당 다목적 홀 : 5~7m^3/인

2) 세부계획

① 스크린의 위치

- 최전열 객석에서 스크린 폭의 최소 1.5배 이상
- 보통 최전열 객석으로부터 6m 이상

• 무대 바닥면에서 60~90cm의 높이
• 뒷벽면과의 거리는 1.5m 이상
• 스크린 크기의 비율
  - 시네마스코프 가로 : 세로 = 1 : 2.35
  - TDO 가로 : 세로 = 1 : 1.20
  - 비지터비젼 가로 : 세로 = 1 : 1.75
  - 스텐다드 가로 : 세로 = 1 : 1.37

② **영사실**

• 영사실 출입구의 폭은 70cm 이상, 높이는 175cm 이상, 개폐방법은 외여닫이로 하고 자폐 방화문을 단다.
• 영사실과 스크린과의 관계는 영사각이 0°가 되는 것이 최적이나 최소 평균 15° 이내로 한다.
• 영사실 최소 면적은 4m²
• 영사실 주변 화장실 1개, 작업실 8~10m², 갱의실 8~15m²
• 영사가 시작되는 최소 거리는 스크린으로부터 객석까지 최소 3m 이격
• 영사실의 위치의 비교 검토 사항

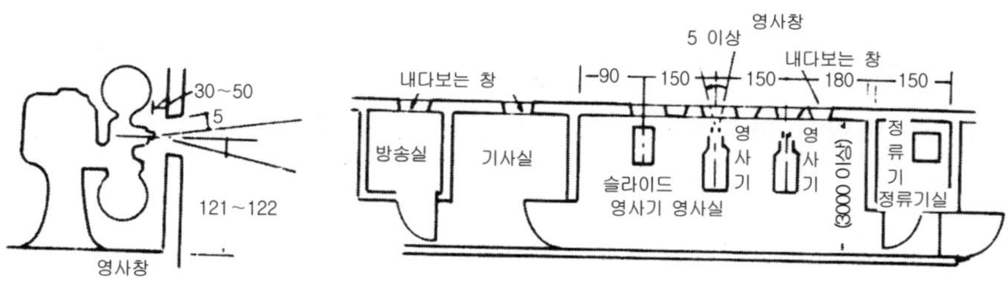

【그림 6-63】 영사실 평면

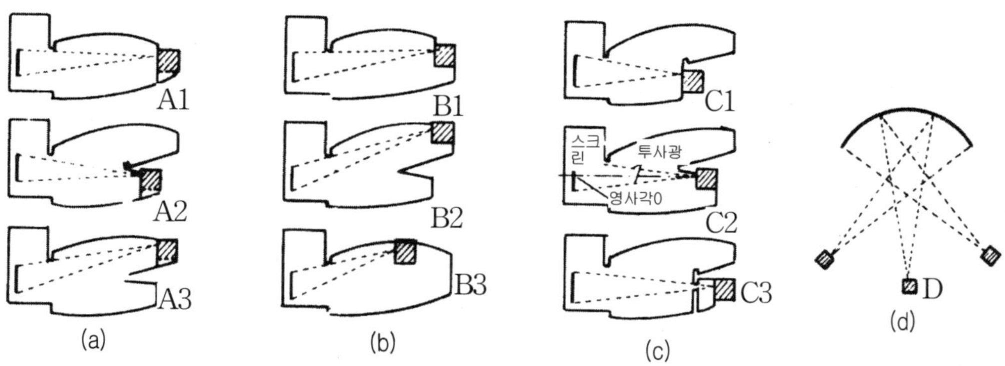

【그림6-64】 영사실 위치의 비교

– 객석의 뒤쪽, 즉 1층 뒷부분(A_1, A_2), 또는 2층 이상의 발코니의 뒷부분(A_3)에 두는 형식으로, 가장 일반적인 예이다.

– 객석의 뒤쪽부분 천장(B_1, B_2), 또는 중앙에 가까운 천장(B_2)에 두는 형식으로 B_2, B_2는 화면의 변형이 크므로 영화 전문관에는 적합하지 않다.

– 객석의 중앙부, 발코니의 앞부분(C_1), 또는 발코니 밑에 두는 형식(C_2)인데, 와이드 스크린의 경우 영사각을 0° 로 한 C의 형식이 많이 쓰여진다. 단, 이 경우는 발코니의 경사가 급해지기 쉽다.

– 시네마의 상영관의 경우로, 영사실 3개소에 두고 3방향에서 영사하는 방식이(D)이다.

12. 구조계획

1) 대공간의 구성

오디토리엄은 큰 내부공간을 필요로 하므로 지붕구조는 철골의 보나 트러스 등에 의한 가구법이 많다.

최근에는 쉘구조, 아치구조, 절판구조 또는 입체 트러스 등의 새로운 구조방식이 채택되고 있다. 이들 구조법은 참신한 조형을 유도하고 있다.

2) 켄틸레버 구조

철골트러스를 내밀어 바닥을 지지하는 방법과 객석 중앙부에 지지보를 넣어 바닥을 지지하는 방법이다.

13. 극장 · 영화관의 실례

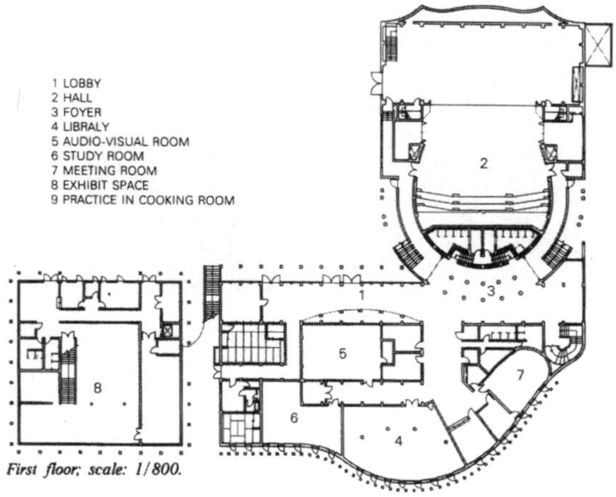

First floor; scale: 1/800.

Tsushima Culture Complex

Watanabe Toyokazu Architect & Associates

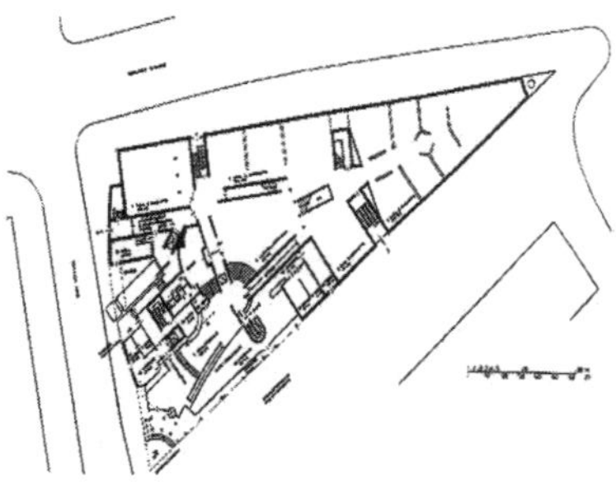

현대예술뮤지엄

Hans Hollein

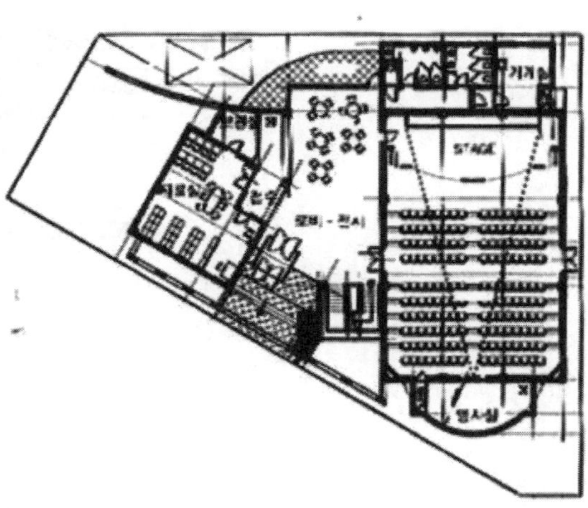

1층 평면도

시네마테크

송 유 덕

← 의정부시 예술의 전당

임 장 렬(성림건축)

위 치 : 경기도 의정부시 동 351-1
대지면적 : 40,273m²
연 면 적 : 22,273.05m²
건축면적 : 7,086m²
용 적 률 : 28.93%
건 폐 율 : 17.59%
구 조 : 철근콘크리트
규 모 : 지하 1층, 지상 3층

1. 악기창고
2. 오케스트라 피트
3. 개인악사실
4. 공조기계실
5. 단체악사실
6. 오케스트라연습실
7. 단장실
8. 지휘자실
9. 분장실
10. 의상창고
11. 소품창고
12. 연주 및 다목적홀
13. 중앙감시실
14. 저수조
15. 기사대기실
16. 주차장

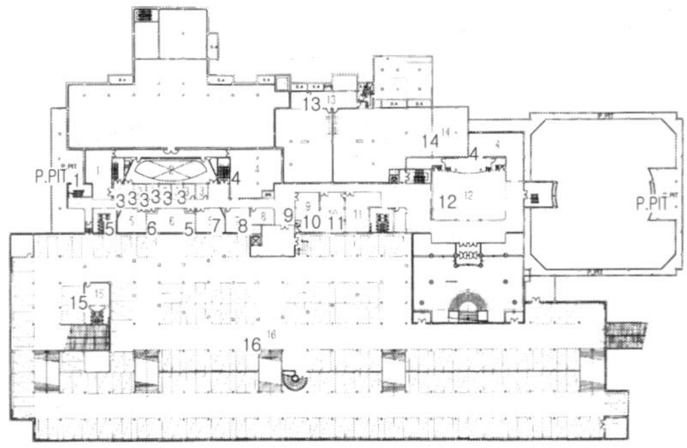

지하층 평면도

1. 무대
2. 단체분장실(남)
3. 단체분장실(여)
4. 출여자대기실
5. 개인분장실
6. 안내매표 및 휴대품보관소
7. 관리사무실
8. 로비
9. 연구실
10. 관장실
11. 사무실
12. 정리보관실
13. 수장고
14. 향토사료실
15. 작품전시실
16. 공조실

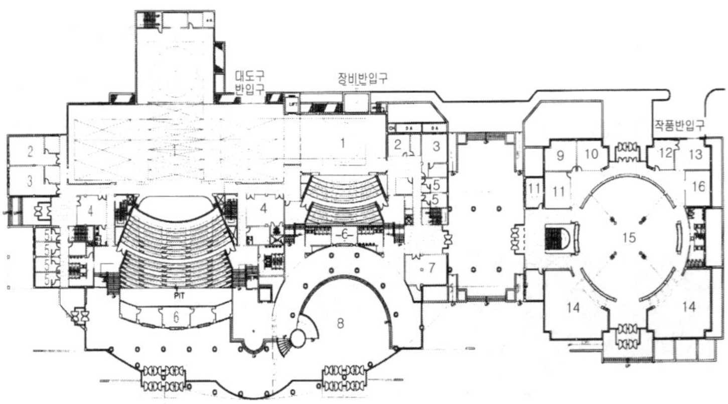

1층 평면도

1. 무용연습실
2. 오케스트라 연습실
3. 녹음실
4. 지휘자실
5. 전실
6. 음향조정실
7. 영사실
8. 로비
9. 조명사무실
10. 음향사무실
11. 연습실
12. 의상창고
13. 예총지부 사무실
14. 대회의실
15. 준비실

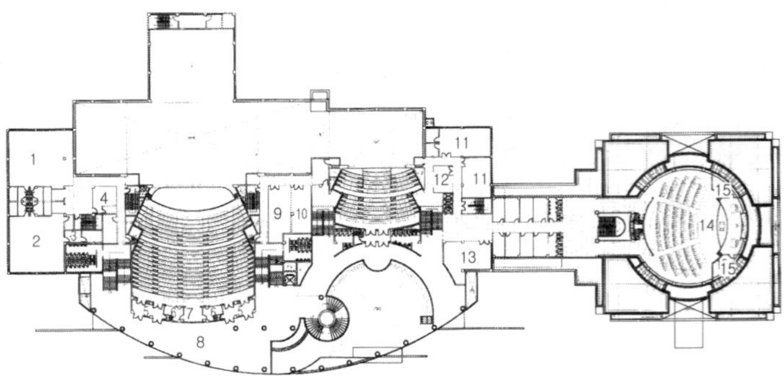

2층 평면도

⬅ 광주 광역시 남구 종합문예회관

토영ENG건축(오금열)

위　　치 : 광주 남구 봉선동 택지개발지구
대지면적 : 3,182.24m²
연 면 적 : 12,433.9m²
건축면적 : 1,861.52m²
용 적 률 : 180.4%
건 폐 율 : 58.49%
구　　조 : 철근콘크리트 PC조, 철골 트러스조
규　　모 : 지하 1층, 지상 7층

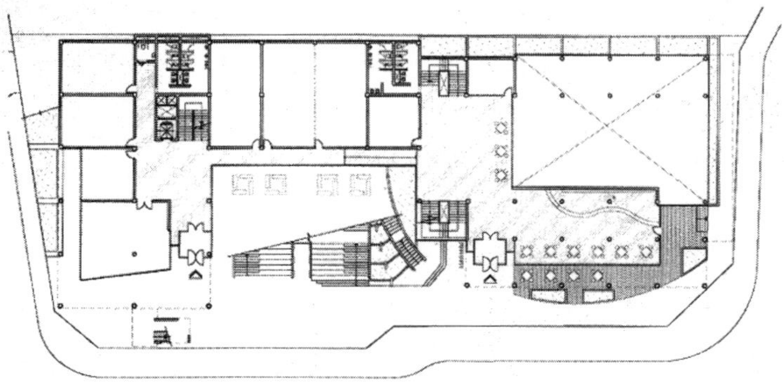

1st floor plan

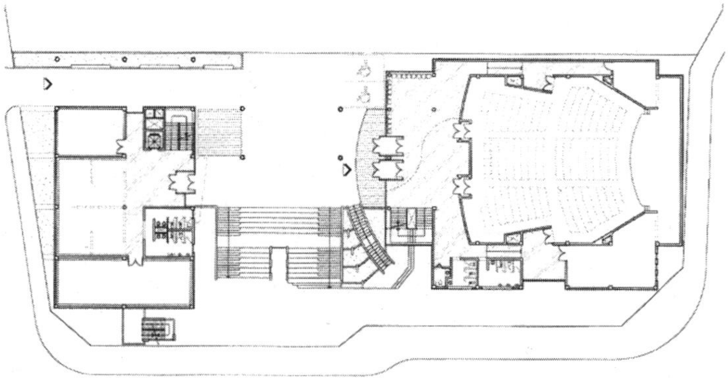

2st floor plan

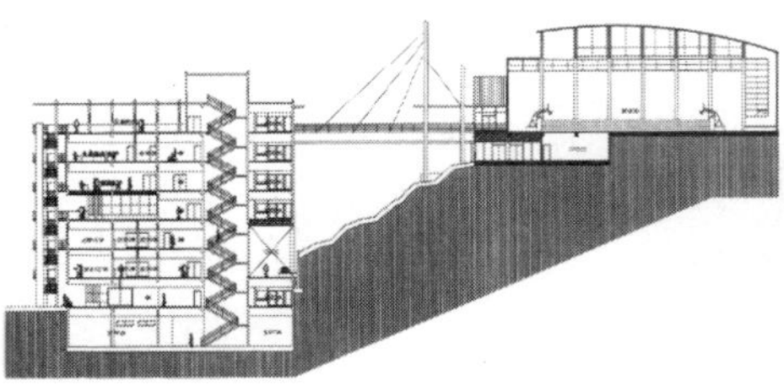

B-B longitudin section

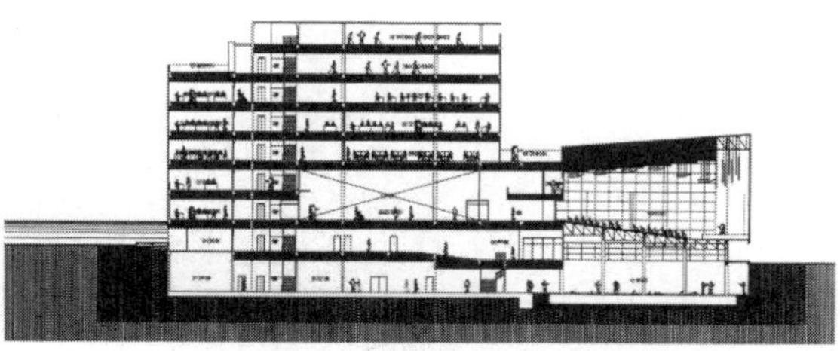

cross section

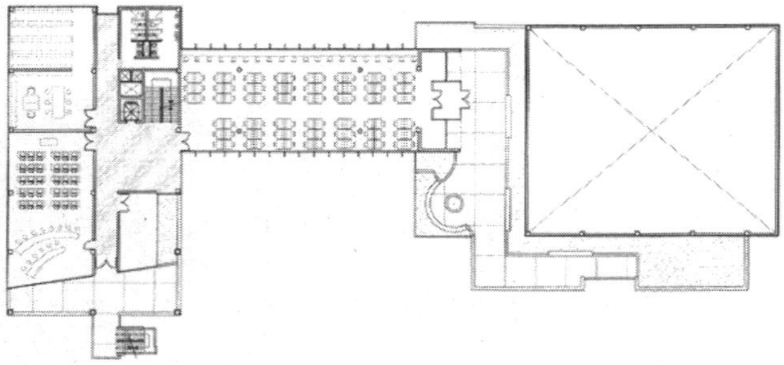

4st floor plan

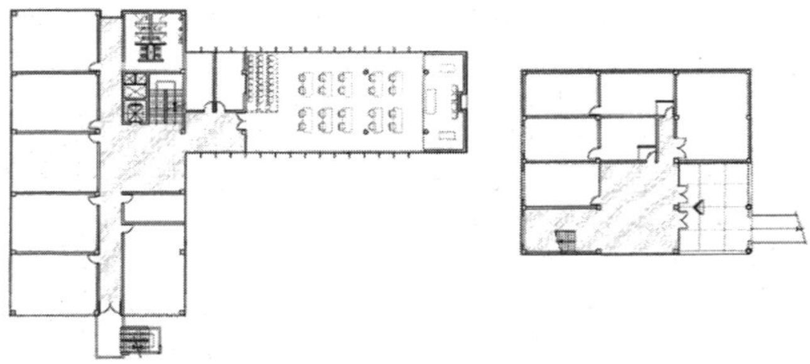

5~6st floor plan

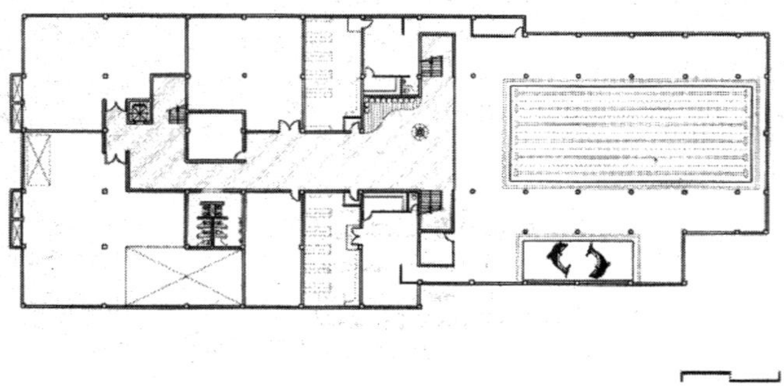

B1st floor plan

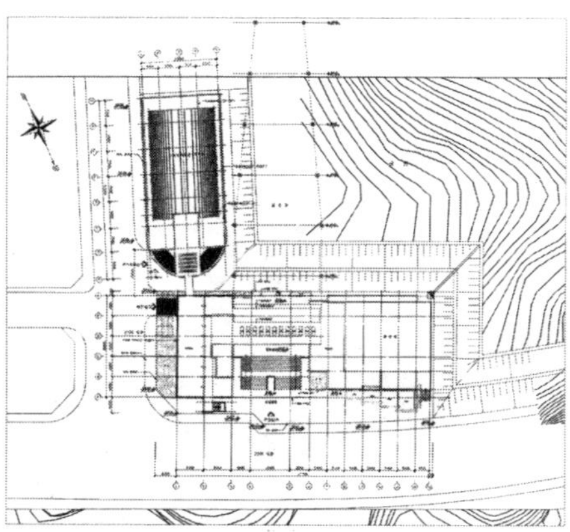

site plan

➡ 오퍼스 콘서트 홀

손 학 식

위　　치 : 서울 강남구 신사동 556-31, 36호
대지면적 : 428.7m²
연 면 적 : 1,484.65m²
건축면적 : 236.96m²
용 적 률 : 238.06%
건 폐 율 : 55.27%
구　　조 : 철근콘크리트조

1. 파스타 레스토랑
2. 부엌
3. 자동차 승강기

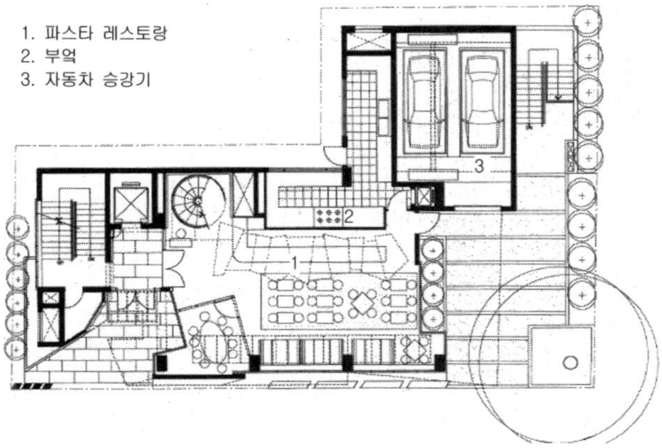

1층 평면도

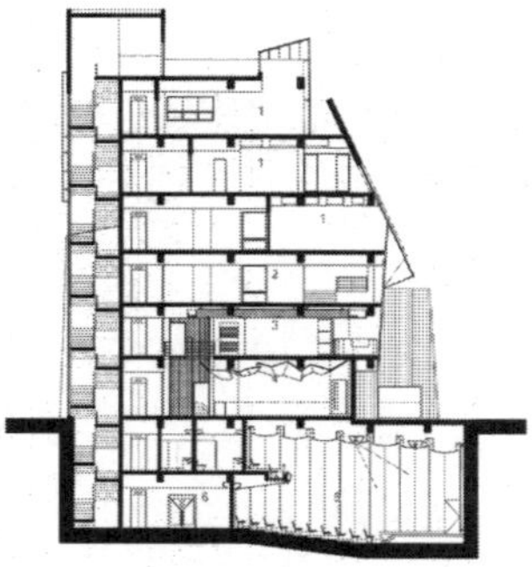

단면도

1. 음악홀　5. 정화조
2. 자동차승강기 6. 기계실
3. 준비실　7. 홀
4. 무대

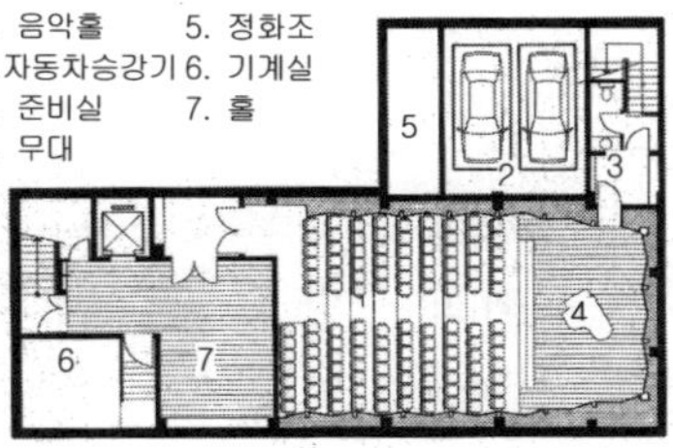

지하 2층 평면도

1. 카페 및 와인바

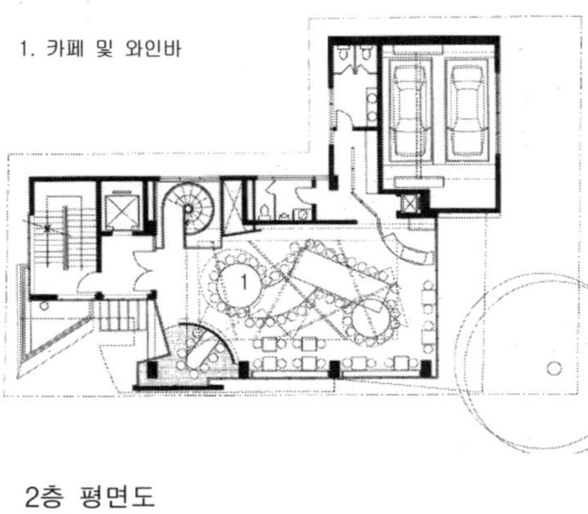

2층 평면도

1. 로프트　4. 엘리베이터 홀
2. 스튜디오 5. 발코니
3. 사무실

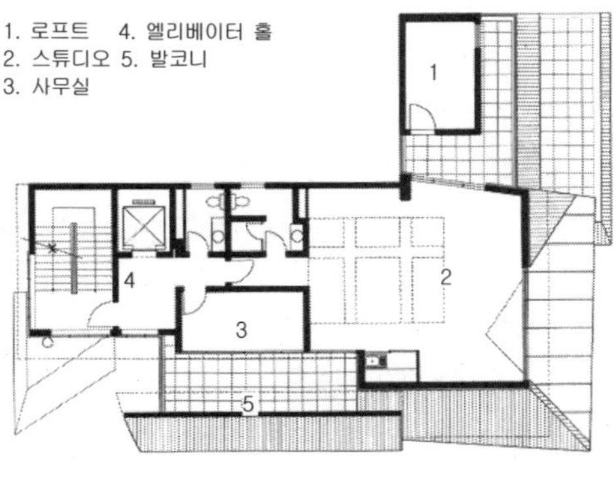

5층 평면도

Ⅳ 구 및 군민회관

1. 개요

구 및 군민의 주민들이 음악, 회화 등 일상적인 창작활동의 거점으로 이용하기 위한 공공적인 시설이며 지역주민의 유대와 문화공간 및 커뮤니티를 형성하는 건물이다.

2. 동선계획 및 소요실

1) 구 및 군민회관 동선 계획도

- 동선
  - 보행자 동선
    - 관객
    - 관리 및 service
      - 대강당, 소강당
      - 소회의실
      - 향토사료실
      - 전시장
      - 관리사무실, 사무실
      - 출연자-대강당, 소강당, 소회의실
      - 종업원-주방, 청소 및 경비
  - 차량 동선
    - 상용차량
    - 방문차량
    - 집회시 차량
    - service
      - 대도구 반출입
      - 작품 반출입
      - 주방 및 기계실

2) 소요시설

① 다목적 극장(강연, 간단한 사극)

대강당의 주용도는 강연용으로 사용되며 필요시 기본적인 무대장치로 인하여 간단한 사극까지는 가능하게 하며 대강당과 소강당으로 경중을 나누어 부담한다.

② 회의실

군의 각종 단체의 실을 회의실로 대치하여 필요시 간단한 회의를 할 수 있도록 유도하며, 신축성 있는 실로 구성해야 한다.

③ 전시실

군정 홍보, 직능 단체의 작품전시, 군민의 전통문화 계승을 위한 전시 군민의 전통문화 계승을 위한 전시기능으로 해야 한다.

④ **향토사료 전시실**

향토 박물관과 같은 의미의 실로서 향토문화 발전에 기여하는 기능으로서 향토 전시자료를 관장 보관하는 역할을 한다.

⑤ **직능단체실**

군의 각 직능단체의 사무실 및 지부실의 기능을 담당하는 역할을 한다.

3. 구 및 군민회관 실례

⬆ 영등포 구민회관

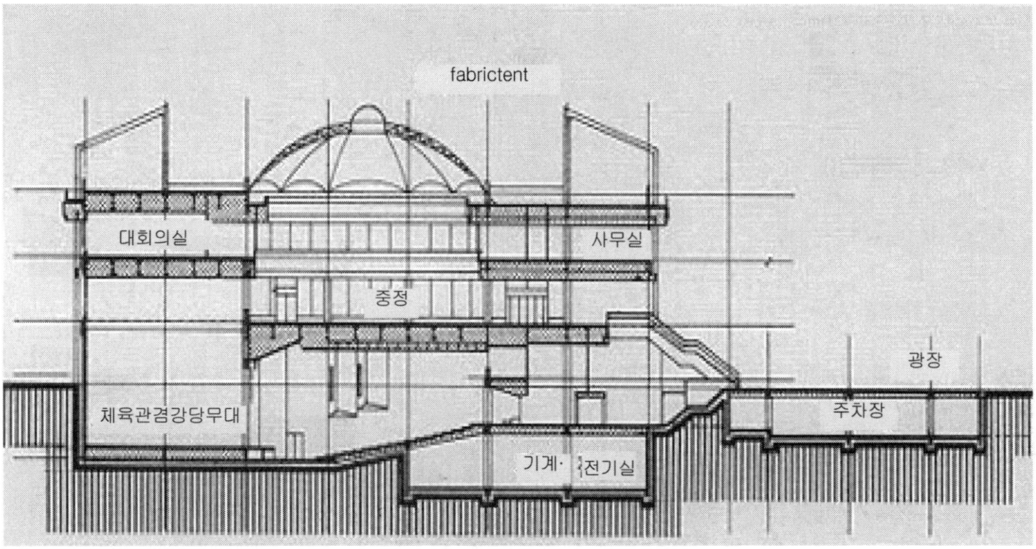

⬅ 세곡동 문화복지회관

단건축

위　　치 : 서울 강남구 율현동 278-1, 281-1
연 면 적 : 3,311.45m²
구　　조 : 철근콘크리트조
규　　모 : 지하 2층, 지상 3층

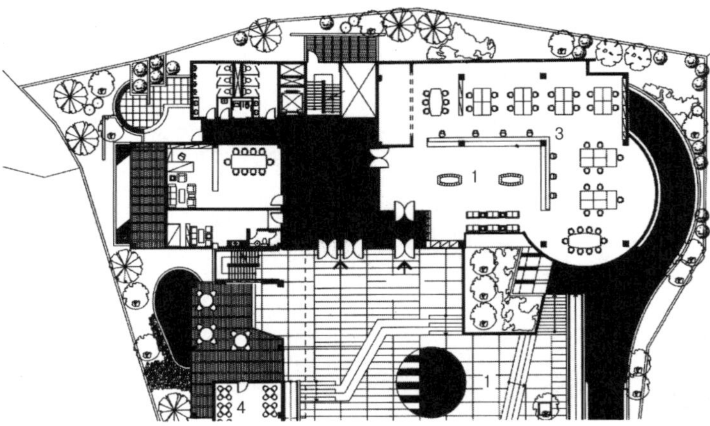

1층 평면도

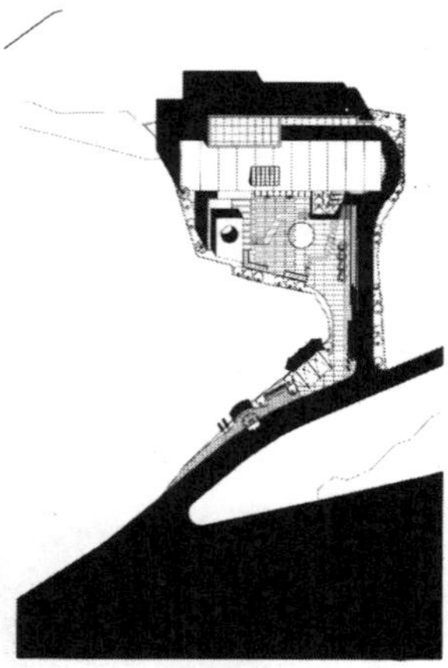

배치도

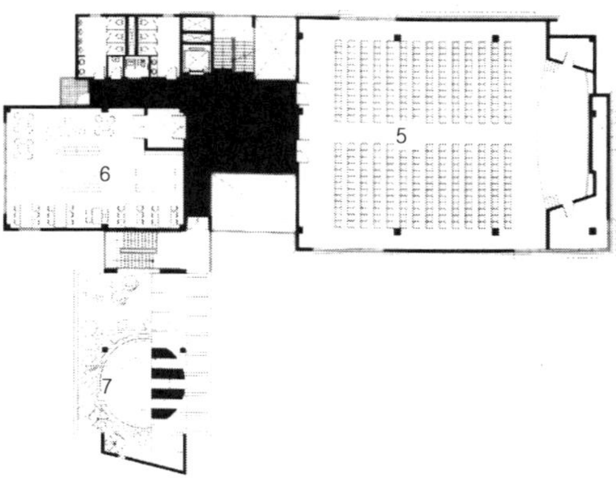

1. 마을마당
2. 미원실
3. 사무실
4. 주민사랑방
5. 대강당
6. 독서실
7. 옥상휴게실

3층 평면도

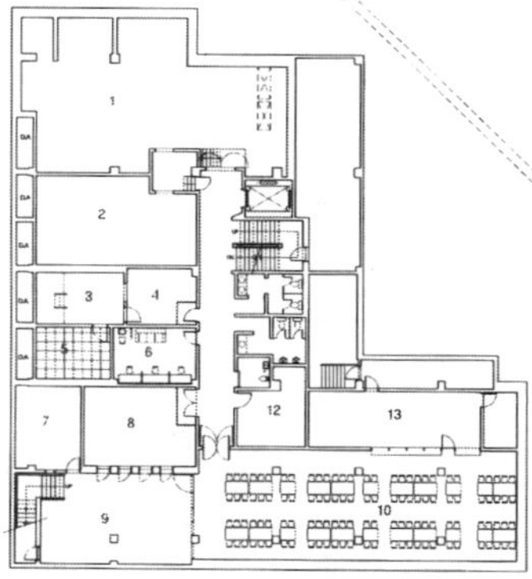

지하층 평면도

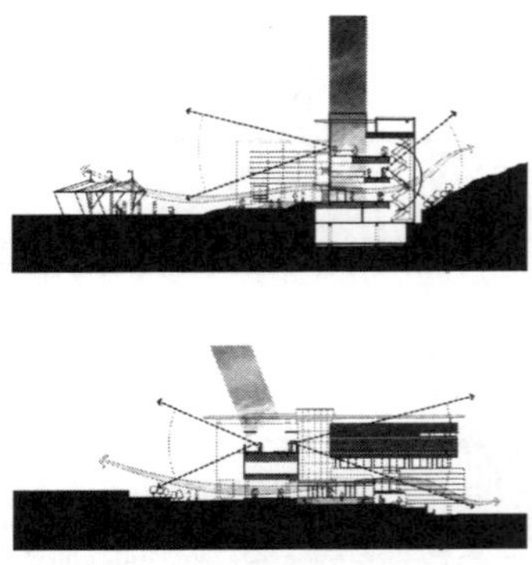

단면도

⬅ 고양시 노인복지회관

주 영 정(예조건축)

위　　치 : 경기도 고양시 일산구 장항동 906(일산 호수공원내)
대지면적 : 6,000m²
연 면 적 : 4,656.09m²
건축면적 : 2,053.12m²
구　　조 : 철근콘크리트
규　　모 : 지하 1층, 지상 5층

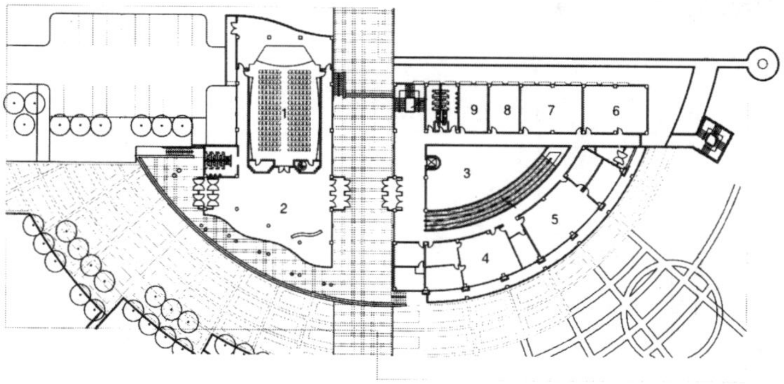

지상 1층 평면도

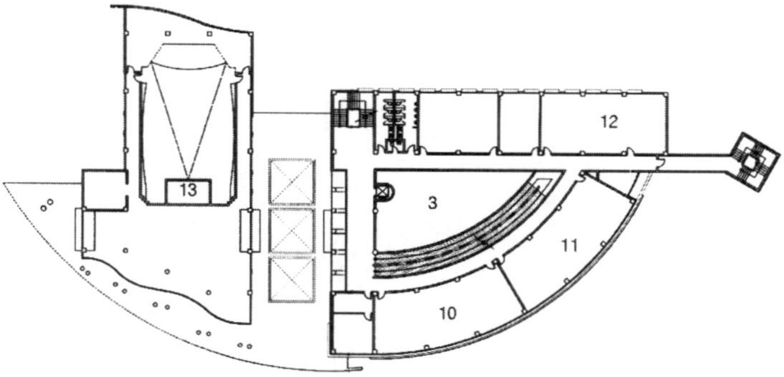

지상 2층 평면도

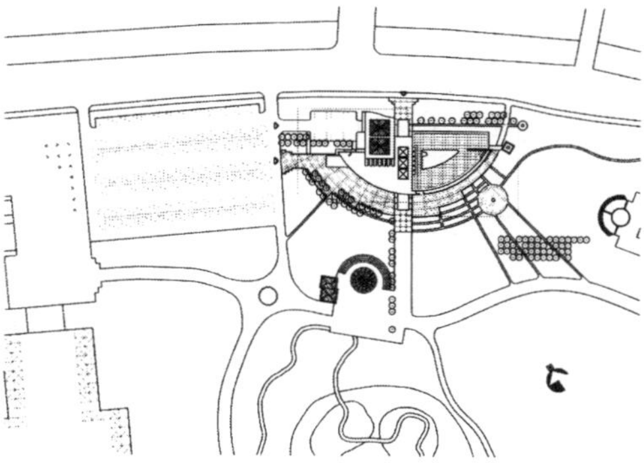

배치도

➡ 성동 노인종합복지회관

최 삼 영(가와건축)

위　　치 : 서울 성동구 마장동 798-1
대지면적 : 2,062.8m²
연 면 적 : 2,396.63m²
건축면적 : 658.21m²
용 적 률 : 79.07%
건 폐 율 : 31.9%
구　　조 : 철근콘크리트
규　　모 : 지하 1층, 지상 3층

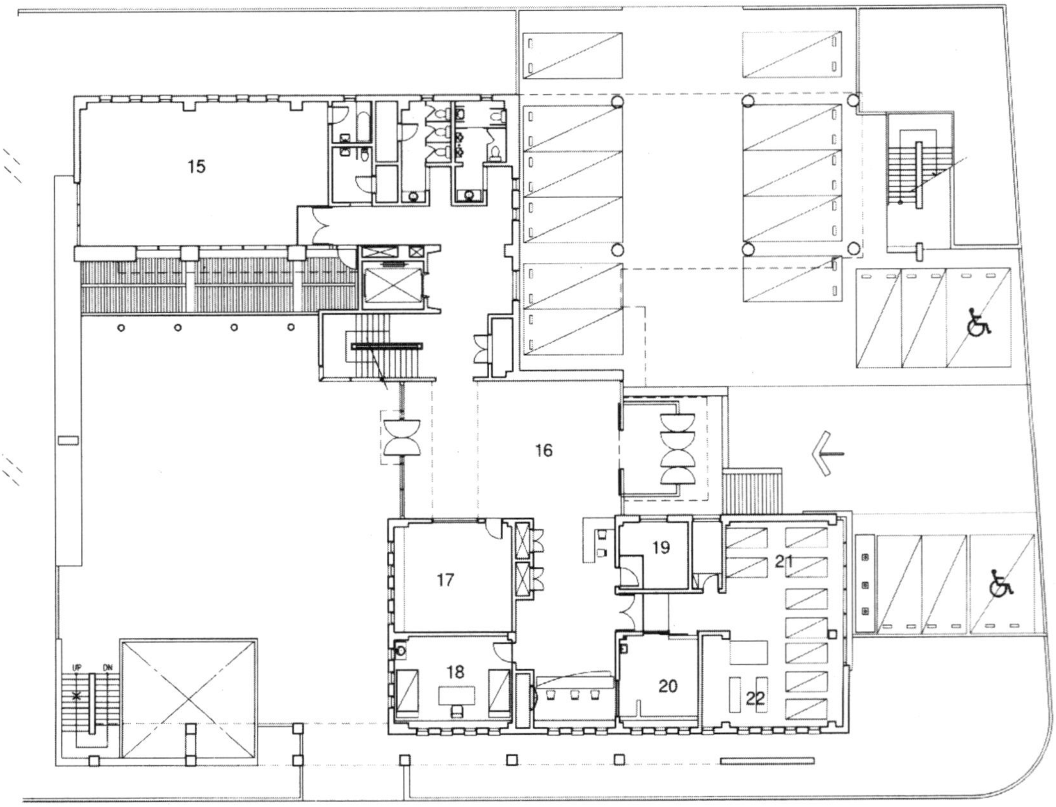

1층 평면도

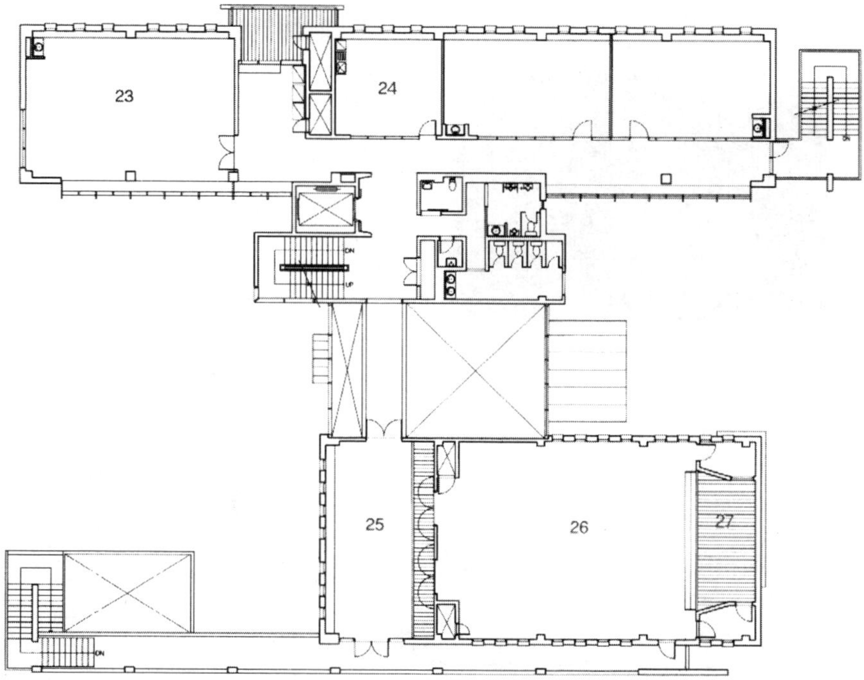

2층 평면도

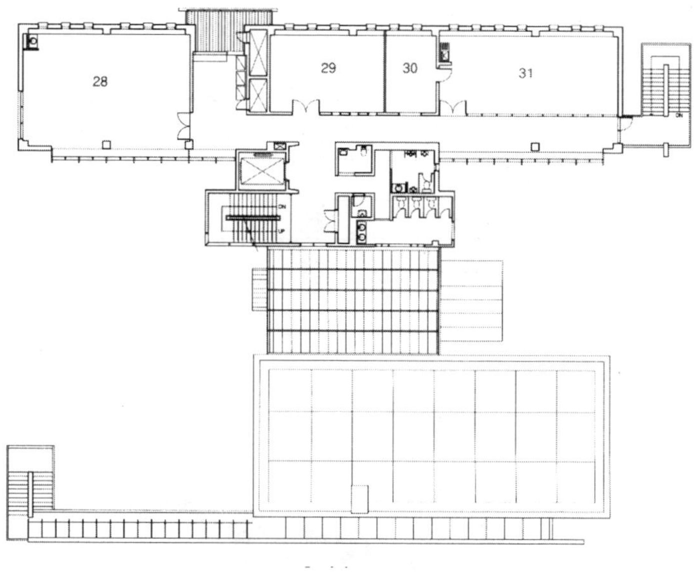

3층 평면도

⬅ 마포구 노인복지회관

주 영 정(예조건축)

위 치 : 서울 마포구 창천동 140
대지면적 : 1,286m²
연 면 적 : 2,534m²
건축면적 : 705.03m²
용 적 률 : 138.76%
건 폐 율 : 54.82%
최고높이 : 15.9m
구 조 : 철근콘크리트+스페이스 후레임
규 모 : 지하 1층, 지상 4층

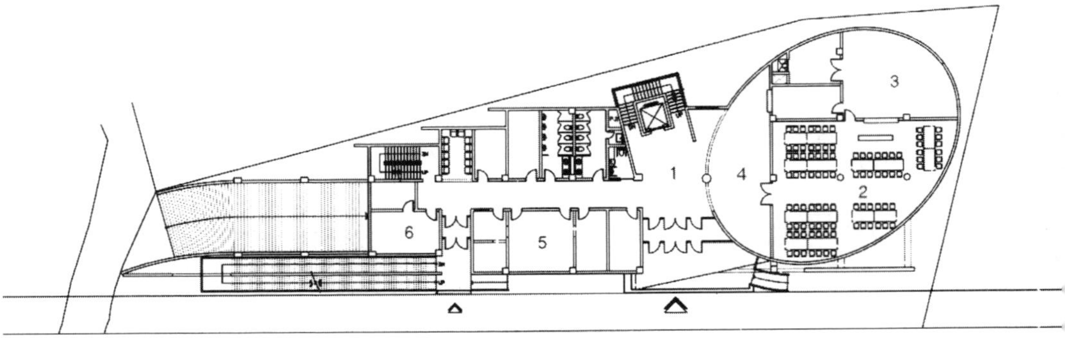

1층 평면도

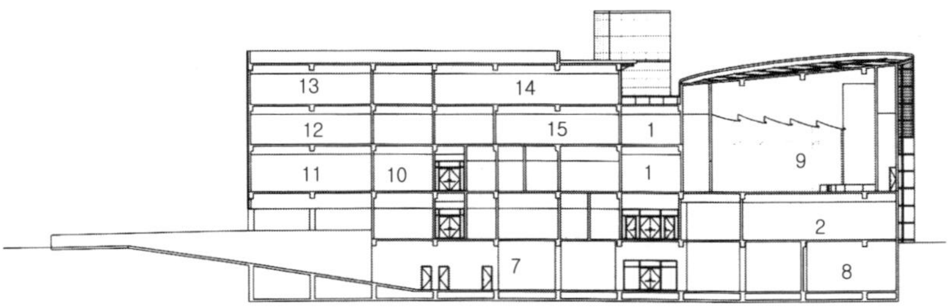

1. 홀
2. 식당
3. 주방
4. 휴게실
5. 진료실
6. X-Ray실
7. 주차장
8. 기계실
9. 강당
10. 회의실
11. 물리치료실
12. 치매노인실
13. 여가선용실
14. 취미/프로그램실
15. 기능회복실

횡단면도

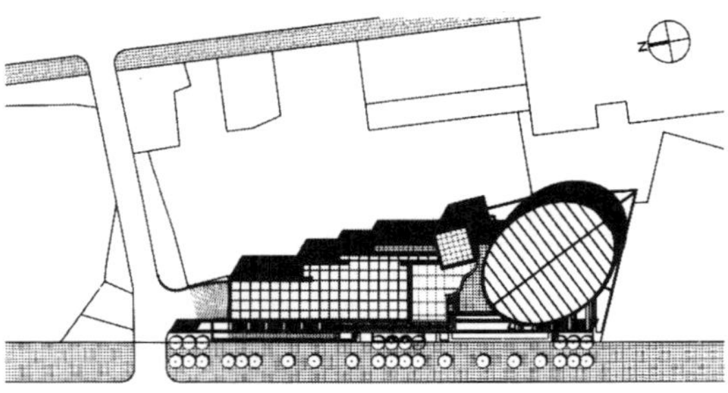

배치도

V 청사

1. 개요

청사는 그 행정목적, 행정 사무량에 따라 위치, 규모, 기능을 달리한다. 이 청사들 중 지방 공공단체의 본청사는 의결기관과 집행기관을 아울러 갖고 있으며, 행정구역 전역에 대한 중심 및 그 도시의 상징적 시설이다. 여기서는 이 지방 공공단체의 본청사 계획상의 기본사항을 중심으로 한다.

2. 위치

청사는 주민들이 이용하기에 가장 편리하도록 교통 사정이나 그 밖의 관공서와의 관계 등을 고려하여 위치를 정할 필요가 있다. 일반적으로 (1) 재래의 부지에 다시 세우거나(부지에 여유가 있거나, 그 지구의 재개발도 포함하여 생각할 경우), (2) 새로운 부지로 이전하게(신시가지의 개발을 추진할 경우)되지만, 어느 경우나 도시의 중심이 되는 위치에서 국가나 다른 지역 공공단체의 청사 등과 한 단체를 형성할 수 있도록 집약해야 한다.

3. 부지사용

청사의 부지를 건물 점유부, 주차 스페이스, 정원·녹지, 기타 등의 4부분으로 나누면, 건물 점유부는 25~30% 정도이고, 정원·녹지와 기타(통로를 포함)부분이 40~60%에 이르고 있는 예가 많다. 또 청사에서의 주차장의 수요는 청사의 위치나 교통망, 내청자의 빈도 등에 따라 다르지만 상당한 스페이스를 마련하고 있는 예가 많다.

4. 규모

청사는 관계 주민의 행정수요에 대응하는 것이므로 그 규모를 설정할 때는 행정구역 내 인구의 동태를 파악하는게 중요하다. 인구와 전직원수 사이는 일정한 관계가 있으며, 일반적으로 시·동의 경우 전직원 1인당 700명 정도의 대민업무를 맡고 있다. 또 본청사 직원수로는 시·동의 경우 전직원수의 50%, 도의 경우는 30% 정도이다. 또 수도·교통 등의 기업 부분을 본청사에 수용할 경우는 위의 비율이 더 커진다.

본청사 면적과 인구의 관계를 살펴보면 인구 100인당 시 · 동의 경우는 5~20m², 도의 경우는 15~25m²를 나타내고 있다. 도에 비해 시 · 동의 값이 큰 것은 청사의 규모가 작은 반면, 주민 서비스의 공통부분을 필요로 하기 때문이다.

5. 기능 구성 · 면적구성

시 · 동의 청사는 주민의 일상생활과 직접 관련을 갖기 때문에 각 과의 창구사무를 종합한 창구사무 부분을 마련하고 있다. 창구 사무부분에의 내청자가 전내청자의 75%를 차지하므로 창구는 "기다리지 않고 걸어다니지 않게" 하는게 바람직하다. 위치는 1 · 2층으로 하는 예가 많고, 서류 반송을 기계화하는 경향을 보이고 있다.

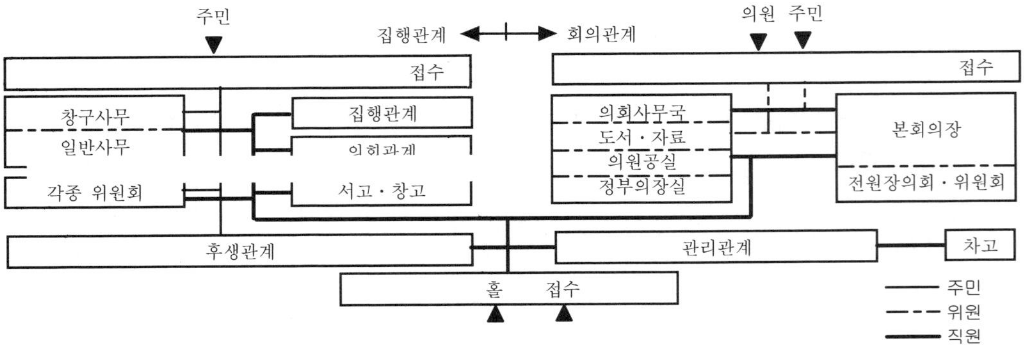

【그림 6-65】 기능구성

6. 청사 실례

← 화성군 청사

이종찬(원양건축) + 김동훈·임채돈(진우건축)

위　　치 : 경기도 화성군 남양면 남양리 2000번지
대지면적 : 89.852m²
연 면 적 : 24.746m²
건축면적 : 8,002m²
용 적 률 : 24.09%
건 폐 율 : 8.91%
구　　조 : 철근콘크리트+일부 철골조
규　　모 : 지하 1층, 지상 5층

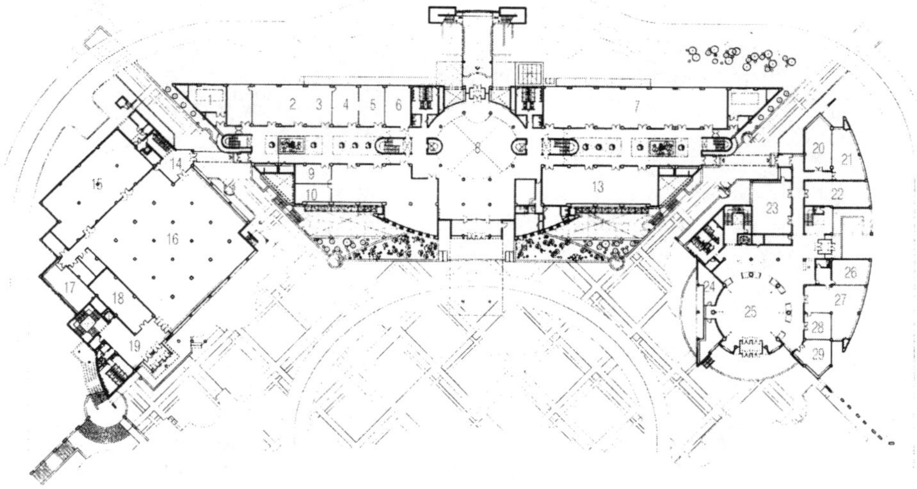

1층 평면도

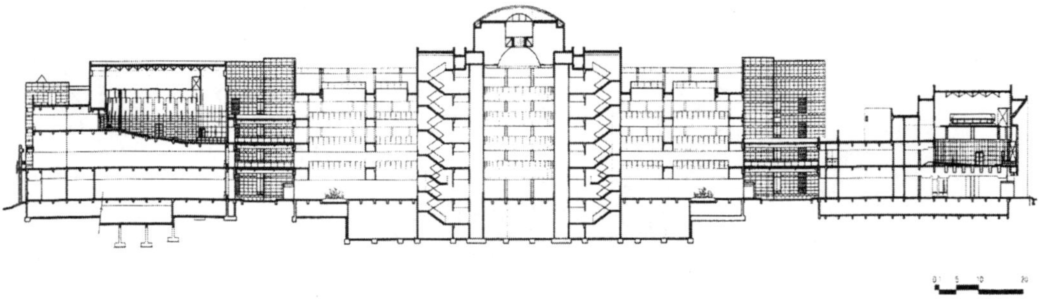

단면도

⬅ 시정개발연구원 신청사

희림건축

위　　치 : 서울 서초구 서초동 391번지
　　　　　서울시 공무원 교육원 부지
연 면 적 : 35,526.06m²
구　　조 : 철근콘크리트 구조
규　　모 : 지하 1층, 지상 4층

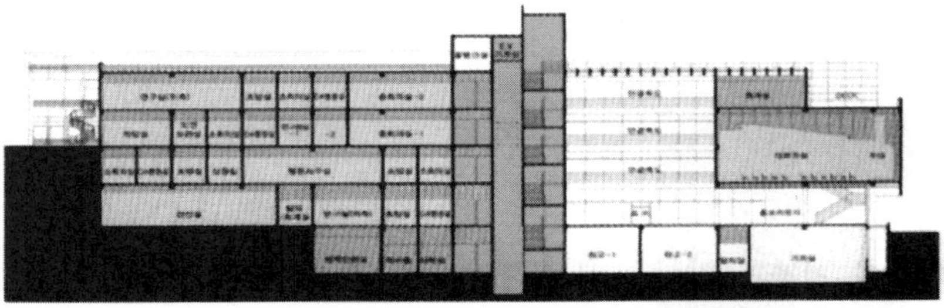

단면도

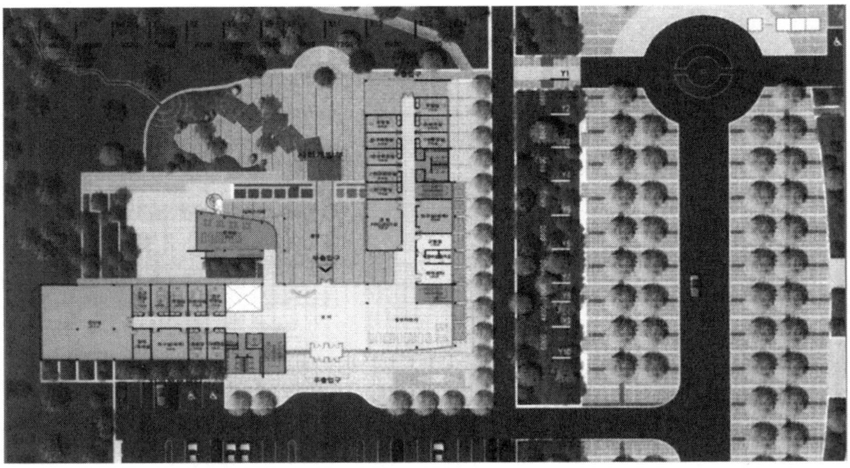

1층 평면도

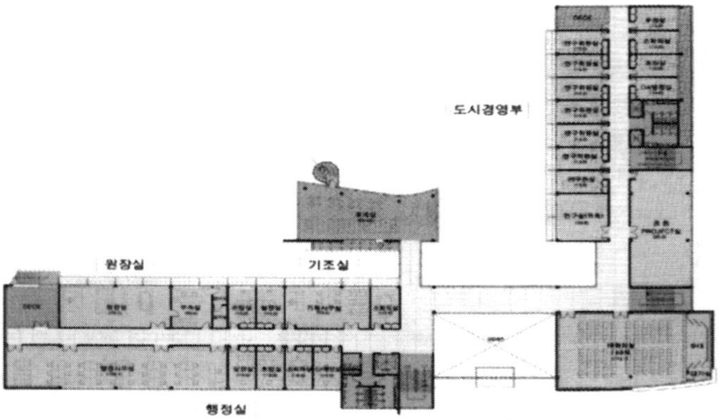

2층 평면도

⬅ 서대문구 연희 제2동 사무소

제가 건축(박명협)

위　　치 : 서울 서대문구 연희2동 77-9
대지면적 : 663.5m²
연 면 적 : 1,451.98m²
건축면적 : 358.38m²
용 적 률 : 145.96%
건 폐 율 : 54.01%
구　　조 : 철근콘크리트
규　　모 : 지하 1층, 지상 3층

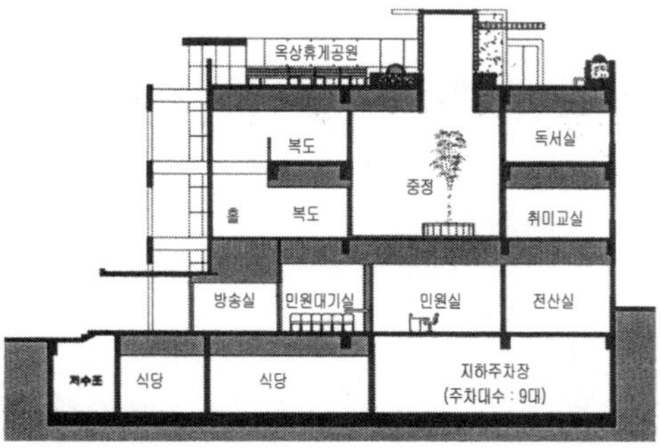

cross section

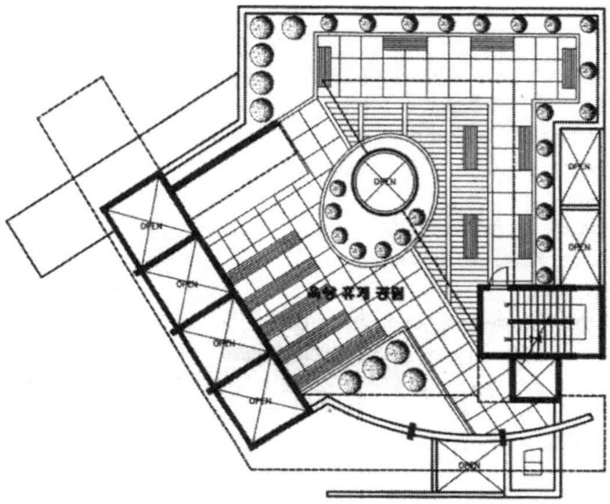

Roof floor plan

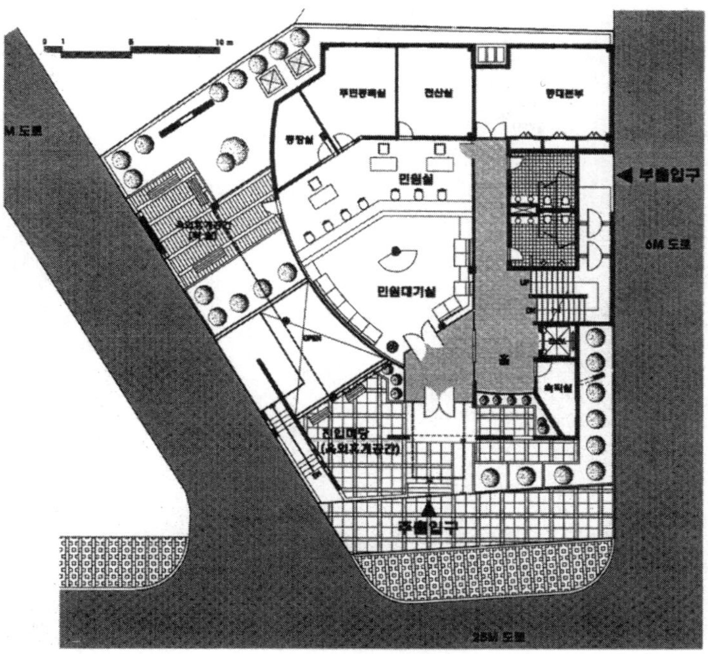

1st floor plan

➡ 전북 고창우체국

이상건축(김영식 · 조창호 · 두완수)

위 치 : 전북 고창군 고창읍 교촌리 360
대지면적 : 3,305.9m²
연 면 적 : 2,234.7m²
건축면적 : 774.23m²
용 적 률 : 54.21%
건 폐 율 : 23.41%
구 조 : 철근콘크리트조
규 모 : 지하 1층, 지상 3층

1st floor plan

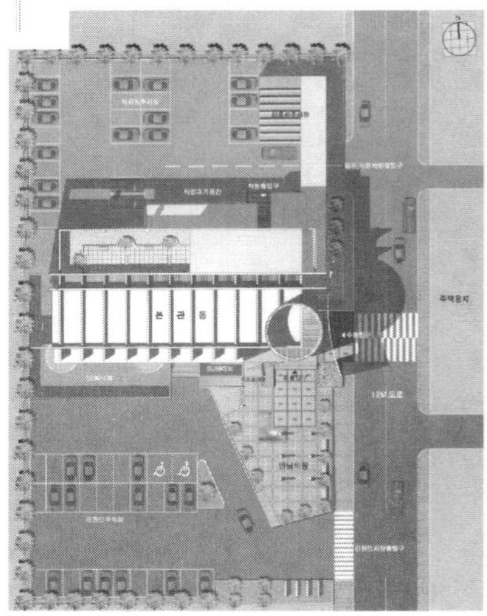

site plan

⬅ 주상해 총영사관

이상림 + 서해천(공간)

위　　치 : 중화민국 상해시 홍교개발구 제11기지
대지면적 : 4,272m²
연 면 적 : 3,513.49m²
건축면적 : 1,700.09m²
용 적 률 : 59,13%
건 폐 율 : 39.8%
구　　조 : 철근콘크리트
규　　모 : 지하 1층, 지상 3층

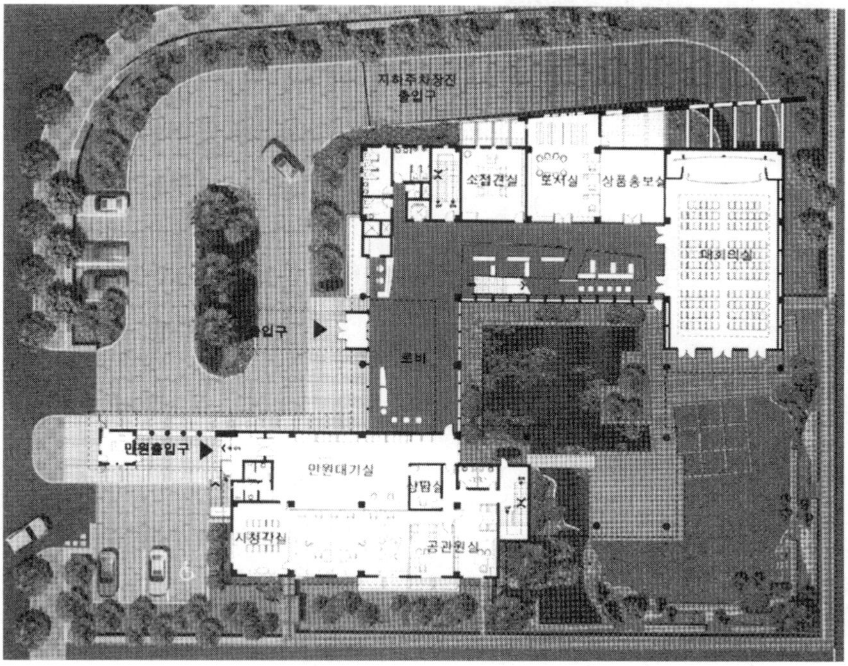

1층 평면도

2층 평면도

배치도

⬅ 석관우체국

간삼건축

위　　치 : 서울 성북구 장위동 65-176
구　　조 : 철골조
규　　모 : 지상 2층

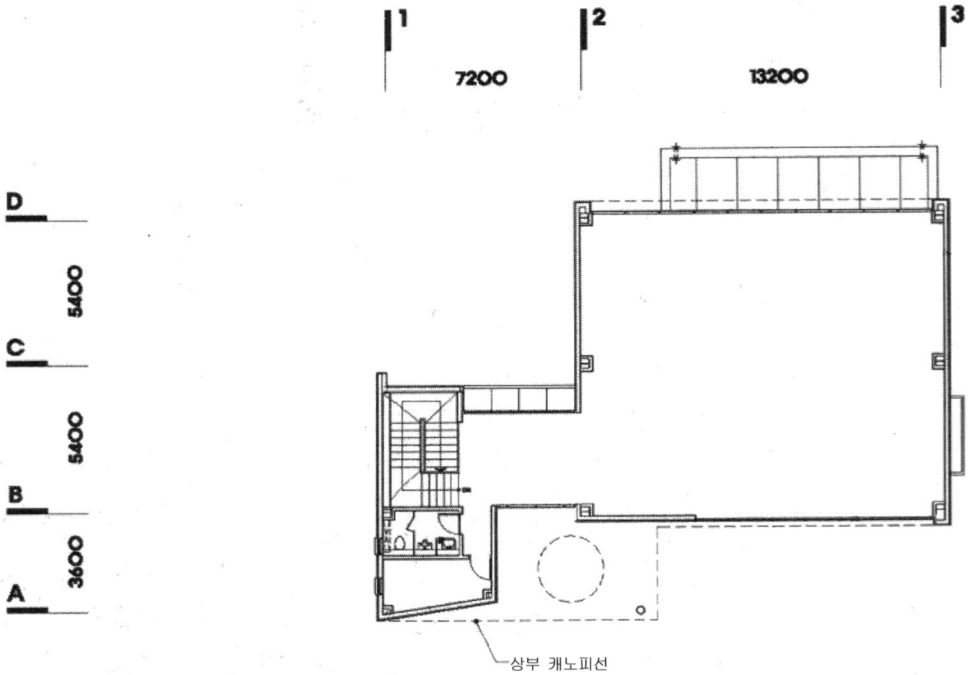

평면도

7 교육시설

7 (教育施設) 교육시설

I 학교

1. 개요

현재 교육제도는 많은 변화를 거쳐왔으며 그에 따라 학교건축 또한 기능적인 요소와 더불어 건물배치의 합리화, 공간의 합리적 구성 및 효율성, 건축물의 채광 및 설비와 건축물의 의장적인 요소에 큰 비중을 두어 설계가 이루어지고 있다. 학교 건축 계획이란 학생과 교원이 장기간에 걸쳐 매일 전개되는 학습활동의 내용을 생각하여 건축적으로 처리해 가는 기본적 조건을 말한다. 즉, 학생의 학교에서의 활동과 건축적 요구를 보면 「등교, 실내화를 갈아 신고(현관, 승강구) → 휴대품을 두고(우산, 외투, 모자 등의 락카) → 학습을 한다(일반교실, 특별교실, 운동장) → 휴식하고(운동장) → 점심 식사(교실 또는 식당) → 휴대품을 챙기고, 신발을 갈아신고, 하교」의 순서로 반복되는 학생의 행위에 요구되는 어떤 유연성 있는 건축공간을 계획한다.

2. 학교 운영방식과 시설과의 관계

교육목적이 크게는 홍익인간이라고 되어 있으나, 세칙에서 학교의 설립목적이 반영된다.

그에 따라 학교마다 운영상 약간의 차이가 있으나 우리 나라의 경우 공·사립학교를 비롯하여 그 특성이 희박하다.

건축시설을 분류하면 일반교실부분, 특별 교실부분, 관리부분으로 구분되는데 교실의 이용률과 순수율 그리고 그의 질이 교육적 효과에 크게 영향을 준다. 교실의 이용률과 순수율은 대단히 중요한 것이므로 이용률은 저하시키고 순수율은 높이는 것이 시설계획의 핵심이라 할 수 있다. 순수율은 어느 선 이상으로 향상시키면, 예로 어문학, 수학 등의 교과를 위한 교실도 순수율을 높인 나머지 그것이 특별 교과를 위해 시설화한다면 교과의 효과를 높일 수 있다. 그러나 여기서 주의할 점은 특정 교과의 효율을 높이는 반면, 매시간 학생이 교실을 이동해야 한다는 문제가 발생되는데, 이것은 교육의 본질절인 결함을 초래할 위험을 가지게 된다. 따라서 교실의 이용률과 순수율, 그리고 그의 질의 3가지는 서로 관련지어야 하며 단독적인 해결은 어렵다.

1) 시설의 구성

① 일반교실부문

학급활동은 학급단위로 하는 것이 보통이므로, 기본이 되는 하나의 교실마다 집약된 배치가 필요하다. 일반교실은 그 학급 학생의 일반적인 교과나 학급생활이 이루어지며, 교육·학습 및 생활의 장으로서의 기능과 심리적 안정감을 획득하는 역할을 한다.

- 초등학교 저학년 교실은 계단을 오르내리는 것이 힘들고 위험하기 때문에 될 수 있는 한 1층으로 하며 화장실, 세면장 등도 교실주변에 계획하여 독립된 생활권을 형성하여 고학년 교실과 분리한다.
- 학급간의 조정·연락, 교사간의 상호연락·협력, 학년간 수업내용의 상이 때문에 동일학년은 동일 층에 집중해서 배치한다.
- 좋은 생활환경을 만들기 위해 교실은 학습 및 휴식에 유효한 교실의 연장으로서 이용할 수 있는 프라이버시가 형성된 옥외공간에 연결하는 것이 바람직하다.

② 특별 교실·교과교실 부문

특별교실은 특별한 교과를 위해 공동으로 사용하는 교실을 말한다. 자연교실, 가정과 실습교실, 예술교실(음악실, 미술교실 등), 기술교실, 직업교실 그리고 V형에서의 전용 교과교실 등이 있다.

- 특별 교실은 교사의 저층부나 일반교실군의 한쪽에 설치할 때가 많다. 매시간 다른 학급이 이용하기 때문에 복도가 혼잡해지므로, 출입구 부근에 여유공간을 많이 확보하고 독립된 특별교실 블록으로서 계획한다.
- 특별 교실은 각 학급이 이용하므로 각 학급교실에 대해 동선이 균일해지도록 배치한다. 특히 V형의 경우는 같은 종류의 관련된 교실을 그룹핑하여 배치한다.
- 초등학교의 경우 미술, 자연, 공예 등의 교과는 서로 이용할 수 있도록 배치한다. 자연교실이 1학급인 경우는 물리, 화학의 실험이나 생물관찰도 할 수 있는 종합적인

교실로 한다. 2개 이상 설치할 때는 준비실을 중간에 두어 학습내용에 따라 이용할 수 있도록 한다.

- 소리를 내는 교실(음악실, 공작실 등)은 하층의 교실들보다 상층의 교실에 대한 방해가 심하기 때문에 다른 교실에 방해가 되지 않도록 하기 위해서 상층에 배치시키거나 분리시킨다. 그러나 목공, 금속공작실 등은 기계, 재료의 반입이나 옥외 작업실을 마련하기 위해 하층에 두는 것이 좋고, 관리상 화기를 사용하는 교실은 관리부문 가까운 위치에 배치한다.

③ 공통학습실부문

공통학습교실은 특정한 교과로 한정하지 않고, 공통적으로 사용하는 교실이다. 도서실, 시청각교실, 방송실 등이 있다.

- 도서실은 학생의 일상동선 가까이에 설치하여 각 학년이 골고루 이용할 수 있도록 시청각교실 등과 일체화하여 학교의 중심이 되는 곳에 계획한다. 학년이나 교과별로 관계 도서, 자료를 분산배치하여 학교전체를 도서관화하는 경우는 운영방식을 잘 검토한다. 도서실을 지역사회에 개방하는 경우에는 주민이 이용하기 쉬운 위치에 계획한다.
- 시청각교실은 초등학교에서는 사회, 자연, 국어, 도덕 등의 과목에서 이용률이 높고, 중학교에서는 영어과목의 이용률이 특히 높다. 도서관 내에 설치하는 경우는 정전에 대비한 안전설비를 설치한다. 그리고 V형의 경우에는 도서관의 이용시간을 시간표에 포함시켜 국어나 사회과 수업에 이용하는 때도 있으므로 국어교실, 사회교실 등으로 정리해 두는 편이 좋다 또한 필름보관소를 도서관에 설치할 때는 시청각 교실도 함께 고려하는 것이 좋다.

④ 관리부문

관리부문에는 직원실, 사무실, 교장실, 응접실, 회의실, 양호실, 숙직실, 급탕실 등이 있다. 관리부문은 교문으로부터의 접근을 중시하며 사무실, 양호실은 1층으로 한다. 교장실은 사무실과의 관계상, 내방객의 동선이 교사내 학생들의 동선과 분리되어 있다면 2층이라도 가능하다. 그리고 직원실은 휴식실로서의 성격이 있기 때문에 직원의 작업실, 회의실, 학부형과의 면담을 위한 응접실 등을 설치하도록 한다. 따라서 이와 같은 점을 고려하여 관리실은 교사 전체와의 연관성 때문에 중앙 부근에 모아서 배치한다.

⑤ 기타부문

다목적홀, 체육관, 강당 등이 있다.

- 다목적 교실(다목적 홀, 학습센터 등)은 일반교실이나 특별교실 및 공통학습실과 관련해서 계획한다.
- 학교행사 등을 위해 전교생이 한 곳에 모여 집회를 가질 수 있도록 옥내 운동장, 강당 등을 마련한다.

• 특수학급교실은 1실 이상을 필요로 한다.

2) 학교 운영방식

학교를 운영하기 위해서는 학년, 학급의 편성이 필요하며, 이것을 시설과 관련지어 어떻게 운영하는가 하는 것은 이용률, 순수율, 시설의 정도 등이 문제가 된다. 따라서 여러 가지 학교 운영방식이 있을 수 있으며 일반교실·특별교실형, 교과교실형, 종합교실형, 플래툰형, E형, 달톤형, 개방학교형이 있다.

① 일반교실·특별교실형(UV형 : Usual with Variation Type)

일반교실은 각 학급에 하나씩 배당되고 그 외에 특별교실을 갖는 형식으로, 일반교과(국어, 수학, 외국어 등)는 각 교실에서 실시하고 특별교과(자연, 기술, 가정, 음악, 미술 등)는 특별교실에서 행하는 방식이다. 각 학급에 홈(home)교실이 주어지고 각 학생의 소지품을 놓는 자리가 고정되어 있어 안정되게 학습할 수 있으며, 중학교·고등학교에 적합한형이다. 그러나 특별교실을 필요한 수만큼 설치하면 일반교실의 이용률이 낮아지며 따라서 시설의 정도를 높이면 비경제적이다. 우리 나라의 경우 대부분의 중·고등학교가 실시하고 있다.

② 교과교실형(V형 : department type)

모든 교과에 대해서 전용의 교실을 설치하고 일반교실은 두지 않으며 학생이 시간표에 따라서 각 교실을 이동하는 방식이다. 각 교과에 전용 교실이 주어져서, 교과에 적합한 환경이 만들어지고 시설의 순수율 및 질이 높아진다. 교실의 이용률이 높아서, 교실 수는 적어도 된다. 그러나 홈룸이 없으므로 학생의 이동이 많아 생활면에서 문제가 있으며 동선계획이 어렵고 소지품 보관을 위한 장소가 필요하다. 또한 시간표작성과 담당 교사수를 맞추기가 어렵다. 운영방식은 1학년은 UV형, 2, 3학년은 V형처럼 학년단위로 나누는 것도 가능하다.

③ 종합교실형(U형 : Usual Type 또는 A형 Activity Type)

모든 교과를 각 교실에서 행하는 방식(체육과목은 옥외에서 한다)으로 개개의 교실은 모든 교과에 대응할 수 있는 공간과 설비가 필요하다. 학생의 이동이 없고 심리적으로 안정되어 학급마다 가정적인 분위기를 만들 수 있고, 초등학교 저학년에 적합한 형이며 고학년부터는 무리가 따른다. 학교 규모에 관계없이 사용되고, 교실의 이용률이 높다.

④ 플래툰(Platoon)형 또는 P형

초등학교의 과밀해소를 위해 미국에서 실시한 형태로 모든 학급일 일반 교실군과 특별 교실군으로 나눠서 학습을 하고 일정시간 이후에 이동해서 교대하는 방식이다. 교실은 학급수와 같으면 가능하다. 학생의 이동을 조직으로 할 수 있고, 이용률은 E형 정도로 대단히 높으며, 중학교 이상에 적합한 형이다. 교사의 수와 적당한 시설이 없으면 실시가 곤란하며, 동선계획과 시간표 작성이 어렵다. 교실간의 교체는 점심시간이 되도록

방 법	장 점	단 점	비 고
· U + V형과 V형의 중간이 되는 것(이하 E형이라 함.)			
일반교실의 수는 학습수보다 적고, 특별교실의 순수율이 반드시 100%가 되지는 않는다.	이용률을 높일 수 있어 경제적이다.	학생의 이동이 비교적 많다. 학생이 생활하는 장소가 안정되지 않고 많을 때는 혼란이 심하다.	혼란이 없도록 소유물 처리와 동선을 충분히 고려한다.
· 플래툰형(platoon type : 이하 P형이라 함.)			
전학급을 2분단으로 하고, 한쪽이 일반교실을 사용할 때 다른 분단은 특별교실을 사용한다. 분단의 교체는 점심시간이 되도록 시간표를 작성한다.	E형 정도에 이용률을 높이면 동시에 학생의 이동을 정리할 수 있다. 교과부임제와 학습부임제가 병용된다.	교사의 수와 적당한 시설이 없으면 실시가 곤란하다. 시간을 할당하는 데 상당한 노력이 든다.	미국의 초등학교에서 과밀함을 없애기 위해서 발생한 것, 원래 분단(分團)은 2개로 고려되는 형식이지만 그 외의 경우도 플래툰형이라고 한다.
· 달톤형(dalton type : 이하 D형이라 함.)			
학급, 학생 구분을 없애고 학생들은 각자의 능력에 맞게 교과를 선택하고 일정한 교과가 끝나면 졸업한다.	교육방법에 기본적 주장이 있기 때문에 시설면에서 장·단점을 말할 수 없다.	하나의 교과에 출석하는 학생수는 정해져 있지 않기 때문에 같은 형의 학습교실을 몇 개 설치하는 것은 부적당하다.	우리 나라에서도 학원, 직업학교 등에서 이 형을 채택하고 있다.
· 개방학교 (open school)			
학급단위의 수업을 부정하고 개인의 능력·자질에 따라 편성하고 경우에 따라서는 무학년제로 하여 보다 변화무쌍한 학습활동을 할 수 있게 끔 한다. 종래의 교실에 비해 보다 넓고 변화 많은 공간으로 구성된다.	각자의 흥미, 능력, 자질 등에 의해 grouping되고 참여할 수 있기 때문에 잘 적용되면 가장 좋은 방법이라 할 수 있다.	변화무쌍한 커리큘럼에 충분히 대응할 수 있는 교원의 자질과 풍부한 교재, 때로는 teaching machine의 활동 등이 전제되고 거기다 시설적으로도 공기조화가 요구되는 등 항상 일반적일 수는 없다	최근 구미일각에서 발달한 것이나 일반화시키기에는 너무 어렵다. 저학년이나 유치원 등에 적용시켜 보거나 혹은 전체학급 중 일부분을 이러한 방식으로 채용해 볼 만하다.

조정하고 중규모 이상의 학교에 적합하지만 특별교실과 겸용하면 소규모 학교에서도 가능하다. 현재에는 시간편성도 어렵고 적극적으로 실시하는 경우도 거의 없다.

⑤ E형(UV형과 V형의 중간)

일반교실의 수는 학급수보다 적고, 특별 교실의 순수율이 반드시 100%가 되지는 않는다. 이용률을 높일 수 있어서 경제적이지만, 학생의 이동이 비교적 많고, 학생이 생활하는 장소가 안정되지 않아서 혼란을 가져올 수 있다. 혼란을 방지하기 위해서 소지품 처리와 동선을 충분히 고려해야 한다.

⑥ 달톤형(Dalton type)

학급, 학생의 구분을 없애고 학생들은 각자의 능력에 맞게 교과를 선택하고 일정한 과정이 끝나면 졸업하는 형식으로 교육방법의 개성이 강하므로 장단점을 판별하기는 어렵다. 하나의 교과에 출석하는 학생수는 정해져 있지 않기 때문에 같은 형의 학급교실을 어느 정도 설치하는 것은 부적당하다. 우리나라에서는 학원, 직업학교 등에서 이 형식을 채택하고 있다.

⑦ **개방학교(Open school)형**

학급의 형식을 벗어나서 개인의 교육내용에 따라 개별학습에서 그룹학습까지 변화무쌍한 학습방식을 취하는 형식이다. 그러므로 변화가 쉬운 교실환경이 필요하며, 종래의 교실에 비해 다양한 요구에 대응할 수 있는 오픈 스페이스를 설치해야 한다. 또한 복수의 학급이나 그룹의 학생을 얼마의 교사가 지도하는 팀 티칭방식을 취하는 일이 많다. 최근 유럽에서 발달한 형식으로 일반화하는 데는 많은 어려움이 있다.

3. 교지 선정 및 교지 환경

1) 입지 조건

① 공립 초·중학교는 학군에 1교씩 설치되어 있다. 학교의 입지는 학군의 중심이 좋다. 즉 학생 통학 구역내 중심이 될 수 있는 곳을 선정하는 것이 좋다.
② 간선도로 및 번화가의 소음원으로부터 격리시키도록 한다.
③ 장래 요구를 수렴할 수 있게 확장이 가능한 곳이어야 한다.
④ 단지 계획의 초기 단계에서부터 각급 학교와 단지내 또는 도시의 녹지의 연관성을 고려하여야 한다.
⑤ 의도하는 학교 환경을 조성하는데 필요한 대지 형태와 지형을 선택하며 특히 일조 및 통풍이 유리한 곳을 선정한다.
⑥ 자연재해의 위험이 없는 곳과 지반조건 및 표토조건이 유리한 곳을 택한다.
⑦ 양질의 지하수, 상하수도 확보, 배수처리 및 전기, 가스, 오물수거 등의 도시기반 서비스 시설을 활용할 수 있는 곳을 선정한다.
⑧ 교육의 장애가 되는 유해시설이 주변에 없어야 한다.
⑨ 부지의 형상은 정사각형에 가까운 사각형이 좋다.
⑩ 평탄한 대지가 바람직하나 고저차가 있는 경우는 그것을 살려 변화있게 계획한다.

2) 통학거리

① 초등학교의 통학방법은 도보를 원칙으로 한다. 도시심에서 통학거리는 500m로 하고, 최대치는 1,000m, 그리고 읍·면지역에서는 평균 1,000m, 최대 3,000m로 한다.
② 중학교의 통학방법은 상황에 따라서 자전거, 버스, 전철을 고려한다. 도시에서의 통학거리는 평균 1,000m, 읍·면지역에서는 2,000m, 최대 3,000m로 한다. 도시에서의 일반적인 통학거리는 1,700m이다.

3) 확장성과 융통성

① **확장성**

인구의 증가에 의해 학생수가 늘어나면 학교의 규모는 팽창하게 되는데, 이때 확장의 최대 한계는 1,000여명이며 600~700명 이하가 이상적이다. 이 이상이 되면, 교육상·관리상의 무리가 따르므로 한계를 넘어서는 확장은 바람직하지 않다.

② **융통성**

융통성이 요구되는 이유에는 확장에 대한 융통성, 광범한 교과내용의 변화에 대한 융통성, 그리고 학교운영방식의 변화에 대응하는 융통성이 있다. 이를 해결하기 위해서는 건식구조를 사용한 교실간의 벽의 이동(구조상의 문제), 교실 배치의 융통성(배치계획의 문제), 공간의 다목적성(평면계획상의 문제)을 고려해야 한다. 이 가운데, 배치와 평면계획에 있어서의 대응은 구조적 변경을 수반하지 않고 확장과 융통성에 대응한 이용률과 경제성을 높일 수 있는 유용한 수단이므로 특히 수용할 필요가 있다. 최근 들어 미국과 유럽에서 교육방법에 변화가 일면서 대두된 오픈 플랜(OPEN PLAN)개념도 주목할 만하다.

4) 교지환경조성시 유의점

① 교지는 일조가 좋아야 하고 교사(校舍)에 의하여 운동장에 그늘이 생기지 않도록 한다.
② 교지는 가급적 자연의 경사를 이용하는 것이 좋으며 건물 위치는 운동장보다 약간 높은 곳이 좋다.
③ 교통량이 많은 도로와 접할 때는 도로에서 떨어진 위치에 두고 도로에 접하여 방음식수를 한다.
④ 운동장은 겨울의 상풍을(常風) 막을 수 있도록 배치하거나 방풍 식수를 한다.
⑤ 식수대는 여름에 그늘을 제공할 수 있는 곳에 설치하며, 쾌적한 환경을 조성한다.

4. 교지의 규모

교지는 교사의 부지, 옥외 운동장, 실험 실습지로 구성된다.

1) 교사의 부지

교사와 교사 주변의 테라스, 잔디, 연못, 놀이터, 교내통로, 급식 등에 필요한 서비스에어리어와의 공지 등을 합한 면적을 말한다.

2) 옥외운동장

저학년 놀이터, 고정놀이기구를 설치할 스페이스, 고학년용의 트랙필드 소프트볼장, 철봉, 모래밭 등의 고정시설, 주변의 통로, 식수대, 손발 씻는 곳, 풀과 그 부속시설에 필요한 스페이스 등을 합한 면적을 말한다.

3) 실험, 실습지

초등학교에서는 화단, 재배원, 사육원, 사육지 등, 중학교에서는 관찰원, 재배실습원, 온실, 약초원 등에 필요한 스페이스의 합계를 말한다.

종류, 학급수 / 면적(m^2)	초 등 학 교			중 학 교		
	12	18	24	12	18	24
(1) 교사부지	9,200	13,100	16,850	12,800	18,200	23,300
(2) 옥외 운동장 면적	7,200	9,000	10,200	9,300	11,100	12,900
(3) 실험, 실습지 면적	생략	생략	생략	생략	생략	생략
교지 면적 (1) + (2)	16,400	22,100	27,050	22,100	29,300	36,200

4) 맹 · 농아, 양호 학교의 교지

맹농아 학교의 통학구가 광범위하기 때문에 기숙사가 필요하며, 교지의 선정은 시각, 청각장애를 고려한 안정한 환경이 첫째 조건이 된다. 교지 규모를 결정할 때 기숙사 부지를 산입해 둘 필요가 있으며, 장애자의 학교라 해도 충분한 옥외운동장이 필요하다. 양호학교는 정신 박약아 수용시설을 갖춘 곳도 있으나 통학제의 학교도 많으며 교지에 대하여는 초등학교 및 중학교와 동일하게 고려하여도 좋다. 지체부자유자와 양호학교 및 병약자 양호학교는 병원 또는 아동복지시설에 병설하는 경우가 있다.

5. 배치계획

1) 배치의 특성

건축계획시 일반적으로 기능이 동일한 것은 grouping을 하게 되는데 이러한 방법으로 학교시설을 grouping하면, 일반 교실, 특별 교실, 관리부분의 3군으로 구성된다. 쉬운 배치방식으로 특별 교실군과 일반 교실군 사이에 관리부분을 넣으면 무난한 배치가 되며, 이 3기능을 한 동으로 할 것인지 각각으로 또는 어느 하나를 분동시키고 2군을 하나로 하는 방법도 있게 된다.

또한 같은 군 내에서 어떻게 기능을 세분화시키는 가도 중요하다.

즉, 특별 교실군 내에서도 소음이 발생하는 교실과 그렇지 않은 교실, 물을 쓰는 교실과 안 쓰는 교실 등의 식으로 또 작은 grouping을 한다.

이러한 기능분할이 타 group과 원활하게 동선처리가 되도록 한다.

그리고 구조적인 측면도 고려해야 하는데 이러한 종합적인 특성을 가장 잘 발휘할 수 있는 형이 cluster plan이다. 그러나 이 형은 하나의 안으로서는 손색이 없으나 이를 실시하려면 넓은 대지가 필요하며, 유지비가 높다는 것 등으로 우리 나라에서는 거의 기대하기 어렵다.

건축계획측면에서 platoon type과 cluster plan은 서로간의 특성이 분명하여 비교하기 쉽다.

2) 교지(校地)계획

① 교지의 구성 : 일반적으로 교지의 구성은 교사부지가 30~50%를 점하고 있고, 교사의 층수에 따르지만 연면적대비 2~2배의 교지가 필요하다. 교지의 약 절반이 옥외스페이스가 되지만, 그 내용은 운동장뿐 아니라 옥외학습공간으로서 교실로 쓰이는 테라스, 안뜰, 놀이 정원 등의 옥외 공간에 의해 구성된다.

② 교사의 면적 : 교사의 필요면적은 일반적으로 초등학교에서는 200~250m²/학급, 중학교에서는 250~300m²/학급이 적당하다. 그러나 교사, 옥외운동장의 면적 이외에 교사 주변의 놀이공간, 잔디, 정원 등의 환경구성에 필요한 면적으로 20~30%정도를 더 확보하는 것이 바람직하다.

③ 옥외운동장 : 옥외운동장은 교사부지와 분리하여 계획한다. 초등학교의 경우는 저학년용과 고학년용으로 나눈다. 저학년용은 놀이터를 고려하여 놀이시설 등을 설치한다. 중·고등학교에서는 트랙 운동장을 비롯한 각종 경기용 공간의 확보가 필요하며, 이는 학급규모에 따라 계획한다. 특히, 클럽 활동을 고려하고, 이들 중 일부의 클럽에 공간이 집중되지 않도록 각각의 공간을 분류한다. 트랙의 계획시에는 외부시설의 위치를 감안하여 그것을 위한 필요면적을 확보해야 한다.

3) 배치계획시 유의사항

① 이미지의 차별화와 통일을 꾀하는 공간 : 학년별 구분, 저·고학년의 구분 혹은 학교 전체의 이미지 단일화로 일체감이 얻어질 수 있는 계획을 한다.

② 자연을 살리는 계획 : 대지내 경사지의 녹지활용 등 자연 환경을 살리는 계획을 한다.

【표 7-1】 각 학교별 교지 면적

학교의 종류	규모별, 학과별	학생 1인당 면적 [m²]
초등학교	12학급 이상 13학급 이상	20 15
중학교	학생수 480 이하 학생수 481 이상	30 25
고등학교	보통과, 상업, 가정계통의 학과를 둔 고등학교	70
	농업, 수산업, 공업계통 학과를 둔 고등학교	110 (실습지 제외)
대학교		60

③ 주변환경과의 조화 : 학교가 주변환경으로부터 독립되어 부조화되지 않도록 주변의 맥락에 대한 배려를 고려한다.

④ 방위 : 각 교실, 체육관, 옥외 운동장은 남향일 때 일조, 통풍이 양호한 환경을 얻을 수 있다.

⑤ 공해를 줄이는 계획 : 주변의 공해(도로, 공장 소음, 일조, 건물로부터의 시선 등) 및 인근에 미치는 공해(그늘, 소음, 시선, 모래먼지 등)을 충분히 고려한다.

⑥ 학교 개방을 고려한 계획 : 옥외 운동장, 옥내 운동장, 각종 코트, 풀 등은 지역주민에게 개방될 수 있도록 한다.

⑦ 어프로치 : 어프로치시 교사나 체육관 옥외운동장 등 전체가 파악될 수 있도록 한다. 승강구나 현관을 알기 쉬운 위치에 계획한다.

⑧ 옥외 운동장 : 각종 체육실기, 특별교육 활동, 놀이, 운동회 등이 행해지며, 강당이 없는 경우 전체 조회가 행해지기도 한다. 교사와 운동장 사이에는 나무를 심거나 교사의 배치방법에 의해 운동장과 교사를 시각적으로 차단하는 것이 좋다. 필요한 크기의 트랙 및 코트 수를 확보하고, 일조와 통풍이 잘되는 위치에 잡는다. 그리고, 단시간에 전교생이 출입을 할 수 있도록 배려한다.

⑨ 동선의 분리 : 서비스동선과 다른 동선은 분리한다. 사람과 자전거, 자동차의 동선이 혼란하지 않도록 한다.

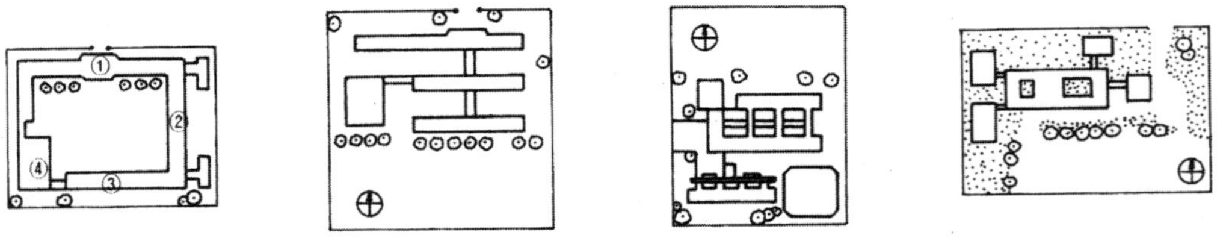

(a) 폐쇄형 (b) 분산병렬형 (c) 집합형 (d) 클러스터형

【그림 7-1】 교사의 배치 형식

4) 조닝(zoning)

학교는 대별해서 교사(각종 교실군, 관리 관계, 체육관 등), 풀, 코트(테니스, 배구 등), 옥외 운동장, 서비스에리어(자전거 정류장, 주차장 등)로 나누어진다. 체육관, 풀, 코트, 옥외운동장은 체육부문으로서 상호 관련이 있는 조닝이다. 부지에 제약이 있는 경우 풀은 옥상에 계획할 경우도 있다.

5) 교사(校舍)의 배치

학교의 배치는 교사, 체육관, 그라운드, 코트 등 각각의 환경을 용이하게 확보하는 것이 중요하며, 대지의 모양이나 규모, 각 교사의 위치와 상호관계, 주변에 대한 영향, 교문에서의 접근 등 검토할 사항이 많다. 지금까지는 부지의 북쪽에 일자형으로 세워진 예가 많았지만, 쾌적한 환경과 조용한 학습공간을 확보하기 위해서 다양한 교사배치가 등장했다.

① **북측교사**

- 일자형 교사 : 북측으로 교사를 한 줄로 배치하고 남측으로는 옥외 운동장을 배치한다. 교사주변의 환경이 단조로워져 교사 북측의 대지를 유용하게 이용하기가 어렵다.
- 분산 병렬형 교사 : 일조의 핑거 플랜(finger plan)의 형식으로 볼 수 있다. 북측에 교사를 2열로 배치하고 남측으로 옥외 운동장을 배치하는 형식으로, 교사 주변의 환경조성이 가능하다.

② **서측 교사**

서측에 교사를 배치하고 동측에는 옥외 운동장을 배치하는 형식으로, 교사는 핑거 플랜의 형식을 하는 경우가 많다.

③ **남측 교사**

남측에 교사를 배치하고 북쪽으로 옥외 운동장을 배치하는 형식으로, 일조 문제상 가장 많이 채택되며, 부지를 효율적으로 이용할 수 있다. 교사는 핑거 플랜형이 되는 경우가 많다.

④ **폐쇄형 교사**

운동장을 둘러싸는 형식으로 L자형이나 ㅁ자형으로 배치하는 형식으로 교사의 배치는 북측 중심 배치와 남측 중심배치가 있다. 체육관과 교실군으로 둘러싸인 경우가 많다. 이 유형은 부지를 효율적으로 활용하는 이점이 있으나, 화재 및 비상시에 불리하고, 일조·통풍 등 환경조건이 불균등하다. 또한 운동장에서 교실에 전달되는 소음이 클 뿐만 아니라, 교사 주변부지를 활용하지 못하는 결점이 있다.

⑤ **클러스터(cluster)형 교사**

교육구조상 팀 티칭 시스템(team teachin system)에 유리한 배치 형식이며, 중앙에 학생이 중심적으로 사용하는 부분을 집약시키고 외곽에 특별교실을 두어 동선의 원활을 기할 수 있다.

6) 맹 · 농아, 양호학교의 배치계획

유치원에서부터 고등학교까지의 과정을 한 학교 안에 두는 것이 특색으로 배치계획에서 각부의 독립된 영역을 확보할 수 가 있으며 동시에 전체로서의 유기적 구성을 요구하게 된다.

맹아학교는 기숙사를 필요로 하기 때문에 독립된 생활공간으로서의 환경에 유의해야 한다.

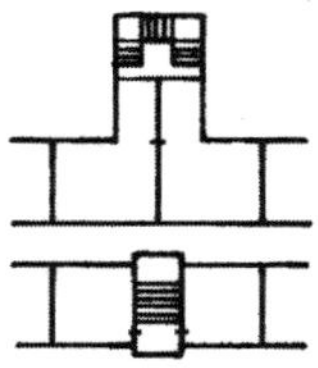

(a) 2교실 단위

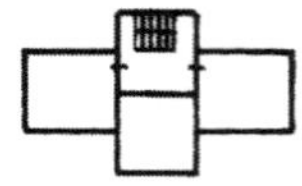

(b) 3교실 단위

(c) 4교실 단위

(d) 바테리 타입

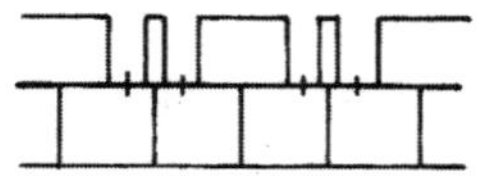

(e) 엘보액세스

【그림 7-2】 교실배치 형태

6. 교지 및 교사 등 면적

1) 일반계획

① 교지면적과 운동장면적

<table>
<tr><td colspan="2" rowspan="2">교실수</td><td colspan="5">초등학교[m²]</td><td colspan="5">중 학 교 [m²]</td><td colspan="3">고등학교[m²/인]</td></tr>
<tr><td>3</td><td>6</td><td>12</td><td>18</td><td>24</td><td>3</td><td>6</td><td>12</td><td>18</td><td>24</td><td>보통과</td><td>농업과
수산과
공업과</td><td>상업과
가정과</td></tr>
<tr><td rowspan="3">교사대지</td><td>교사면적</td><td>1,000</td><td>1,760</td><td>3,120</td><td>4,380</td><td>5,500</td><td>1,560</td><td>2,430</td><td>4,220</td><td>6,000</td><td>7,670</td><td rowspan="3">70</td><td rowspan="3">110</td><td rowspan="3">170</td></tr>
<tr><td>기 타</td><td>2,410</td><td>3,920</td><td>6,590</td><td>9,070</td><td>11,530</td><td>3,390</td><td>5,590</td><td>9,950</td><td>14,390</td><td>18,730</td></tr>
<tr><td>합 계</td><td>3,410</td><td>5,680</td><td>9,710</td><td>13,450</td><td>17,030</td><td>4,950</td><td>8,020</td><td>14,170</td><td>20,390</td><td>26,400</td></tr>
<tr><td colspan="2">운 동 장</td><td>5,200</td><td>6,200</td><td>8,700</td><td>11,850</td><td>15,000</td><td>11,200</td><td>12,000</td><td>13,500</td><td>15,000</td><td>16,500</td><td colspan="3">30</td></tr>
<tr><td colspan="2">총 계</td><td>8,610</td><td>11,880</td><td>18,410</td><td>25,300</td><td>32,030</td><td>16,150</td><td>20,020</td><td>27,670</td><td>35,390</td><td>42,900</td><td colspan="3"></td></tr>
<tr><td colspan="2"></td><td colspan="5">운동장 : 고저학년 분리형
교사면적 : 단층 건물로 산출
건물의 층수가 더해지면 감소됨</td><td colspan="5">운 동 장 : 300m 트랙
교사면적 : 국민학교와 같음</td><td colspan="3"></td></tr>
</table>

2) 교사 면적

① 초등학교 · 중학교

학교의 종류	학급수	면적의 계산방법[m²]	비 고
초등학교	1학급~5학급까지 6학급~11학급까지 12학급~17학급까지 18학급 이상	544+226×(학급수-1) 1674+218×(학급수-6) 2982+189×(학급수-12) 4111+171×(학급수-18)	학급수는 12~18학급을 수준으로 한다.
중 학 교	1학급 및 2학급 3학급~5학급까지 6학급~11학급까지 12학급~17학급까지 18학급 이상	615+484×(학급수-1) 1583+193×(학습수-3) 2163+266×(학급수-6) 3578+242×(학급수-12) 5207+187×(학급수-18)	1학급 아동수는 45명을 표준으로 한다. 건물은 철근콘크리트조로 3, 4층 건물

② 맹아학교 및 농아학교

학교의 종류	학급수	맹아학교의 면적계산 방법[m²]	농아학교의 면적계산방법[m²]
초등학교 중 학 교	1~3	1,302	1,069
	4~8	1,440+138(학급수-4)	1210+141(학급수-4)
	9~17	2,128+120(학급수-9)	1913+118(학급수-9)
	18 이상	3,205+119(학급수-18)	2,979+118(학급수-18)

③ 고등학교

학과의 종별	면 적 [m²/인]	
일 반 과	10	7.37
농 업 과 수 산 과 공 업 과	20	6.30
상 업 과 가 정 과 후 생 과	10	5.85
상기 이외의 학과	-	7.37

④ **실내체육관**

학교의 종류	학급수	실내 운동장의 필요면적 [m^2]
초등학교	1~13 14~24 25~35 37이상	532 725 945 1,164
중학교	1~10 11~18 19~33 34 이상	629 780 1,020 1,198
맹인학교 초 · 등학부	1~33 34이상	629 780

⑤ **교사의 면적구성** [%]

	교 실	체 육	특별 교실	관 리	복도	기 타	
초등학교	35~67	0~15	4~24	4~17	7~35	3~6	•체육관은 포함하지 않음 •산업시설, 식당은 제외 •기숙사는 포함하지 않음
중 학 교	32~28	0~25	3~17	6~13	10~29	2~13	
고등학교	30~52	0~20	8~18	6~13	12~26	1~7	

7. 평면 계획

1) 각 부분의 구성

교사는 일반교실 부문, 특별교실 : 교과교실부문, 공통 학습실부문, 관리부문, 기타의 5 부분으로 구성된다.

2) 블록 플랜(block plan)

블록 플랜이란 학교를 구성하는 각 부문의 연결방식과 대지와의 관계를 유기적으로 만드는 계획이라 할 수 있다. 블록의 연결방식은 운영방식이 전제가 되는 것이기 때문에 그 방식과의 관련에 대해 고찰하며, 교실로의 접근을 어떻게 취하느냐 하는 것을 검토해야 한다.

① 초등학교의 경우 : A형이나 UV형이 많으며, 저학년의 수업은 거의 학급교실 내에서 실시된다. 다만, 고학년에 있어서 약간의 특별교실로의 이동이 있을 뿐이므로, 저학년 학생의 교실은 이동을 위한 동선보다는 고학년 교실과 분리해서, 차분하고 안정된 분위기를 형성한다. 특히 옥외공간으로의 연결을 고려하도록 한다. 특별교실부

문의 배치는 주로 고학년의 이용을 반영해서 실시한다.

② 중학교의 경우 : 초등학교에 비해서 학습내용이 다양하므로 특별교실의 이용이 늘고, UV형이나 V형이 많이 채택된다. 이동시의 혼잡이 예상되어 학생의 소지품을 보관하는 곳과 이동에 따르는 혼잡을 해결할 통로의 너비 등을 고려한다.

③ UV형의 경우 : 일반교실과 특별교실의 시설의 넓이나 시설이 다르기 때문에 이동이 있는 특별 교실군과 이동을 하지 않는 일반교실 블록으로 나눔으로써 일반교실에서는 차분한 마음으로 학습할 수 있도록 고려한다. 또한, 일반교실의 안정에 영향을 미치지 못하도록 블록 상호간을 복도로 연결한다든지 특별교실 그룹의 복도가 일반교실 그룹에 면하지 않도록 해야 한다. 그리고 락커 룸(locker room)을 두는 장소는 연결이 잘 되는 일반교실 주위에 배치하도록 한다.

④ V형의 경우 : 홈룸이 정해져있지 않고 학생들이 교과교실간을 매시간 이동해야 하므로 소지품처리를 위하여 라커룸(locker room)을 두어야 하고, 혼잡하지 않은 이동을 위해서는 통로를 홀(hall)형으로 하고, 통로를 겸한 소규모 홀(hall)을 중심으로 한 교과교실마다의 매듭을 만들 필요가 있다.

⑤ A. UV형의 초등학교의 경우 : 일반교실의 학년분리가 문제가 된다.

⑥ UV. V형의 중학교의 경우 : 교과마다 교실로의 접근이 문제가 된다.

⑦ 접근형식 : 복도에서 교실을 잇는 복도형과 소규모 홀(hall)에서 접근하는 형식으로 전용의 계단을 설치함으로서 다층화할 수 있는 클러스터형으로 나눌 수 있으며 제 각각의 특징을 살릴 수 있는 운영방식과 블록플랜을 고려한다.

3) 단위평면(unit plan)

몇 개의 교실을 모아 공간적으로나 평면계획상 통합된 부분을 만들면 배치계획상 단위가 되며, 평면계획에서는 모든 운영방식에 적합한 단위 평면을 계획한다.

① 복도의 형식에 의한 분류

- 편복도형 : 편복도를 따라서 교실을 연결하는 유형이다. 모든 교실을 남향면으로 할 수 있고, 실내환경을 균등하게 배분할 수 있다. 가장 기본적인 유형이지만 통로면적의 비율이 크고, 비효율적이다. 교실 주변을 기능적으로 구성하기 위해서는 배터리(battery)형이 유리하다. 이 형식은 좌측 채광으로 인한 1방향 배치형식을 취하지 않아도 양측 채광이 가능하기 때문에 방향성을 생각하지 않아도 되는 장점이 있다.
- 중복도형 : 중복도형은 일반교실의 실내환경을 동일한 조건으로 하기는 어렵지만, 면적상 가장 효율적이다. 그러나 동·서축으로 복도를 계획할 때에는 북측에 위치한 교실의 실내환경이 상당히 취약하므로 피하는 것이 좋다. 실내환경의 차이를 줄이기 위해 중앙통로에 광정(光井)을 계획하는 방법도 있으며 교실 간격을 넓혀 그 사이 공간을 각 교실에 부속된 옥외공간으로 이용할 수도 있다.

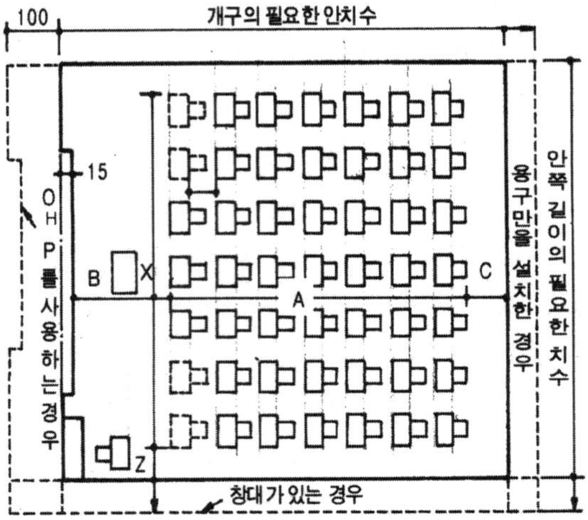

(a) 일체학습의 책상 배치 예 1 : 200

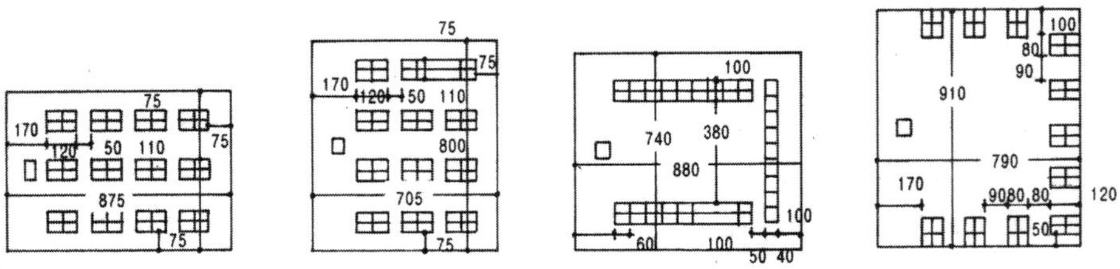

【그림 7-3】 책상의 배치방법에 따른 교실의 요구치수(설계자료집성)

② 학습공간의 계획에 의한 분류

- 북측 복도의 너비를 넓혀 학습공간을 확보하는 형식 : 복도를 넓혀 학습의 장을 만드는 형식으로 3~4학급 단위의 학년 유닛을 기본으로 하여 5학급 이상일 때는 2개의 유닛으로 분할하며, 연속하여 사용할 수 있도록 한다. 또한, 팀 티칭 방식에 의한 학습에도 대응할 수 있도록 한다. 학년 유닛에는 화장실, 세면장을 만들어 다른 학년 학생들의 통과 교통로가 생기지 않도록 해야 한다.
- 중간 복도의 너비를 넓히는 형식 : 중간 복도를 넓히는 형식으로 남측면 이외의 교실이 생기기 때문에 모든 공간을 교실형식의 학년 유닛으로 구성하는 것은 어렵다. 중간복도를 공통의 공간으로 하는 경우가 있지만 특별교실 유닛으로 하여 복도를 포함하는 교과센터 등으로 계획한다.
- 학년별로 오픈 스페이스를 확보하는 형식 : 학년마다 학급수가 3~4학급 정도인 경우에는 학습형태를 학년 단위의 오픈 스페이스로 할 수 있다. 학급단위의 범주에서 벗어난 팀 티칭방식으로는 최적의 형식이다.
- 교과별로 오픈스페이스를 확보하는 형식 : 중학교의 V형에 대응하기 위해 교과별로 교실을 정리해서 오픈 스페이스를 구성하고 여기에 교과센터 등을 설치하는 형식이다. 교육기기나 정보를 집중시켜 그 교과의 중심적인 역할을 할 수 있다.

• 중앙부에 오픈 스페이스를 갖는 형식 : 중앙부분에 원룸 형식의 공간과 학습센터를 설치하고, 주변부에는 개방되어 있는 교실을 배치하는 형식으로 소규모의 초등학교에 적합하다.

8. 교실 계획

1) 교실 치수

(단위 : cm)

			초등학교(저)	초등학교(고)	중학교	고등학교
개구부 방향	a	책상간 거리	35	41	45	50
	A	책상 · 의자	525	567	595	680
	B	흑판과 제일 앞줄의 책상거리	160	160	170	170
	C	벽면과 맨뒷줄의 의자거리	115[(1)]	115	60	60
	입구치수		815	857	840	875
속길이 치수	x	책상간 거리	35	35	35	40
	X	책상 · 의자	630	630	630	660
	Y	통로측 간의 칸막이와 책상의 거리	50	50	60	60
	Z	창면과 책상의 거리	90	60	60	60
	속길이 치수		770	740	750	780
일반 사항	(1) 초등학교 교실의 치수는 일반적으로 개구부치수 9m, 속길이치수 7m정도로 계획되고 있다. (2) 중 · 고등학교의 교실치수는 일반적으로 개구부치수 9m, 속길이치수 8m정도로 계획되고 있다. (3) 교실의 수용인원이 100명 이상이면 통상 층바닥식 교실형으로 설계한다.					

2) 교실 종류별 1인당 면적기준

교실의 종류	학생 1인당 면적[m^2]	교실의 종류	학생 1인당 면적[m^2]
보 통 교 실	1.4 이상	가 사 실	2.4 이상
사 회 교 실	1.6 이상	재 봉 실	2.1 이상
자 연 교 실	2.4 이상	도 서 관	1.8 이상
음 악 교 실	1.9 이상	체 육 관	4.0 이상
미 술 교 실	1.9 이상	강 당	0.6 이상
공 작 교 실	2.5 이상		

3) 교실의 종류

초등학교	교실, 특수 학급교실, 다목적 교실, 시청각교실, 간이실험실, 학습센터, 이과교실, 가정과교실, 음악교실, 도공교실, 놀이교실, 식당, 아동회의실, 변소, 세면, 체육관, 기구창고, 수영장
중 학 교	교실, 특수학급교실, 다목적 교실, 티칭머신실, 어학실, 시청각교실, 학습센터, 과학교실, 가정과교실, 조리 교실, 피복교실, 음악교실, 연습실, 개인 렛슨실, 미술교실, 공예교실, 서도교실, 목공가공실습실, 금속가공 실습실, 종합특별교실, 홀, 집회실, 락커실, 학생회의실, 인쇄실, 클럽실, 변소, 세면, 체육관, 기구창고, 탈의실 및 샤워실, 수영장
고등학교	교실, 학년별 교실, 다목적 교실, 티싱머신실, 어학실, 시청각교실, 학습센터, 물리교실, 화학교실, 생물교실, 지학교실, 표본실 및 준비실, 조리교실, 피복교실, 음악교실, 기악연습실, 개인 레슨실, 미술교실, 공예교실, 도서교실, 제도실, 기술계교실, 직업계교실, 집회실, 락커실, 학생회의실, 인쇄실, 클럽실, 변소, 세면, 체육실, 기구창고, 탈의실 및 샤워실, 수영장
	교장실, 회의실, 교무실, 교원연구실, 의무실, 휴게실, 응접실, 교재제작실, 갱의실, 인쇄실, 탕비실, 용원실, PTA실, 직원변소, 급식실, 창고

4) 특별교실 및 그 준비실의 기준수

(학교시설 기준 제5조 제4항)

	구분	과학실(물리 · 화학 · 생물 또는 지학실)의 수	음악실 및 미술실의 수	기술실 (목공실 · 기계실 · 전기실 또는 제도실)의 수	컴퓨터실의 수
특별교실	초등학교	① 24학급까지는 1개 교실을 둔다 ② 24학급을 초과하는 경우에는 24학급을 초과할 때마다 1개 교실을 가산한다	학교사정에 따라 둔다	학교마다 1개 교실을 둔다. 다만, 36학급 이하인 경우에는 과학실 또는 보통교실을 겸용할 수 있다	① 학교마다 1개 교실을 둔다 ② 36학급을 초과하는 경우에는 1개 교실을 가산한다
	중학교	① 12학급까지는 1개 교실을 둔다. ② 12학급을 초과하는 경우에는 12학급을 초과할 때마다 1개 교실을 가산한다.	• 음악실 ① 30학급까지는 1개 교실을 둔다. 다만, 9학급 이하인 경우에는 보통교실을 겸용할 수 있다. ② 30학급을 초과하는 경우에는 30학급을 초과할 때마다 1개 교실을 가산한다 • 미술실 음악실과 같은 수로 한다.	① 15학급까지는 1개교실을 둔다. 다만, 6학급 이하인 경우에는 과학실을 겸용할 수 있다. ② 15학급을 초과하는 경우에는 15학급을 초과할 때마다 1개 교실을 가산한다.	학교마다 1개 교실을 둔다.

	구분	과학실(물리 · 화학 · 생물 또는 지학실)의 수	음악실 및 미술실의 수	기술실 (목공실 · 기계실 · 전기실 또는 제도실)의 수	컴퓨터실의 수
특별교실	고등학교	① 9학급까지는 1개 교실을 둔다. ② 9학급을 초과하는 경우에는 9학급을 초과할 때는 1개 교실을 가산한다.	• 음악실 ① 45학급까지는 1개교실을 둔다. 다만, 12학급 이하인 경우에는 보통교실을 겸용할 수 있다. ② 45학급을 초과하는 경우에는 30학급을 초과할 때마다 1개 교실을 가산한다.	① 24학급까지는 1개 교실을 둔다. 다만 3학급 이하인 경우에는 과학실을 겸용할 수 있다. ② 24학급을 초과하는 경우에는 24학급을 초과할 때마다 1개 교실을 가산한다.	학교마다 1개 교실을 둔다.
준비실	특별교실 1실마다 1개의 준비실을 설치하되, 교육상 지장이 없다고 인정될 때에는 특별교실 2실마다 1개의 준비실을 둘 수 있다.				

비고 : 18학급 미만의 초등학교와 12학급 미만의 중학교 및 고등학교는 하나의 특별교실 및 그 준비실을 다른 특별교실과 준비실로 겸용할 수 있다.

5) 시청각 교실의 실면적

(단위 : m^2)

학교별 \ 학급수	12 미만	12~24	25~36	37~48	49 이상
초등학교	-	-	99	99	197
중 학 교	-	99	99	197	197
고등학교	-	99	99	197	197

6) 도서실의 열람 좌석수 및 비치 도서수

구 분	열 람 좌 석 수	도 서 수
초등학교	보통교실 겸용	1학급당 단행본 100권 이상
중 학 교	1학급당 3석. 다만, 학교마다 20석 이상이어야 한다.	1학급당 단행본 120권 이상. 다만, 학교마다 500권 이상이어야 한다.
고등학교	1학급당 5석, 다만, 학교마다 20석 이상이어야 한다.	1학급당 단행본 150권 이상. 다만, 학교마다 600권 이상이어야 한다.

7) 보건위생 및 편의시설의 기준(제5조 제7항 관련)

<table>
<tr><th colspan="3">실 별</th><th colspan="2">기 준</th></tr>
<tr><td colspan="2">양호실</td><td colspan="3">학교당 1실 이상</td></tr>
<tr><td rowspan="4">화
장
실</td><td>교직원</td><td>대 · 소변기</td><td colspan="2">대변기 : 교직원 30인당 1개 이상
소변기 : 필요에 알맞은 수</td></tr>
<tr><td rowspan="3">학생</td><td>소변기</td><td colspan="2">필요에 알맞은 수</td></tr>
<tr><td rowspan="2">대변기</td><td>초등학교</td><td>학생 30인당 1개 이상</td></tr>
<tr><td>초등학교
외의 학교</td><td>남학생 : 50인당 1개 이상
여학생 : 25인당 1개 이상</td></tr>
<tr><td colspan="3">휴게실 · 탈의실 · 샤워실</td><td colspan="2">학교당 각 1실 이상</td></tr>
</table>

비고 : 학생수는 인가된 학급수와 학급당 학생수에 의하여 산출한 수를 말한다.

8) 교실의 설계

① 교실은 일제히 학습의 책상배치로, 학급의 정원이 배치된 치수를 취한다
② 초등학교에서는 그룹학습도 배려하여 치수를 정한다
③ 교실치수의 결정은 전체의 기본계획을 좌우하므로 신중히 검토한다
④ 학습 생활에 적당한 마무리재를 선택하여, 차음, 흡음 성능에 유의한다
⑤ 흑판, 게시판의 색이 주위 벽과 명도 대비가 크지 않도록 할 것
⑥ 안전한 디테일의 설계

9. 일반 교실

초등학교의 교실은 학습공간이지만 그 외로 학생의 각종 생활행위가 있다. 그러므로 저학년에서는 다목적인 종합교실형이 좋다. 그러나 중학교에서는 교과담임제가 주가 되어 있어 교실 운영의 주체는 거의 학생편에 있게 된다. 또 우리 실정에는 학급교실이 가지는 뜻에는 home room의 기능도 포함되고 있다

1) 그루핑(grouping)

같은 학년의 일반교실은 집약하도록 계획토록 하는데, 이는 학습의 내용 및 방법이 비슷하여 교재와 교구의 상호 이용이 가능하며, 복수의 일반교실에 의한 협조적인 수업을 하기 쉽기 때문이다. 또한 교사간의 수업계획 및 사무 등의 연락과 협조가 용이하며, 학년 단위의 특별활동이나 학생회의 개최 등이 수월해진다.

그리고 생활적인 요구가 같으므로 화장실 등의 설비 또는 학생들의 놀이터나 휴게장도 건축적으로 용이해진다.

향후 학교는 학교 집단으로서 학급단위와 같이 학년단위가 중요시되는 경향이 있으므

로 학교건축도 종전의 폐쇄적인 교실의 집합체 구성 방향으로부터 학년 단위의 집약체 구성으로 같은 학년 사이의 교류가 활발하게 이루어지도록 공간 구성 계획이 되어야 할 것이다. 같은 학년의 일반 교실을 집약시킬 경우에 학년 단위로 이용되는 워크 페이스나 오픈 스페이스를 설치하여 학습과 생활 양면에서 효과를 얻을 수 있을 것이다

2) 초등학교 저학년의 일반교실

1, 2학년의 학습내용과 방법으로 종합 교실형이 적합하고 싱크, 전기설비를 갖춘 작업대를 설치한다. 화장실 등 생활적 설비를 근접시키며, 옥외 공간과의 연결도 필요하도록 1통에 설치한다. 주위의 테라스도 교실과 같은 바닥 마감으로 하여 내부공간이 그대로 옥외에 연장되도록 고려하며, 연령을 고려하여 아동의 인체 및 동작치수에도 주의를 기울인다. 공간의 규모에 있어 소그룹의 학습 활동이나 놀이에 적합토록 하며, 가정적인 분위기가 조성되도록 한다

3) 형태와 성능

면적, 형태는 다양한 학습형태에 적응될 수 있도록 하며, 기존의 고정적 일반교실과는 달리 그룹별과 개별학습이 원만히 이루어질 수 있도록 계획한다.

4) 특수 학습의 일반교실

초등학교와 중학교 내에 심신장애자를 위해 설치되며, 고등학교에도 설치할 수 있으나 아직까지 보편화되어 있지 않다. 일반적으로 초등학교 및 중학교에 정신박약아를 위한 교실을 둔 학교가 많으며, 학교 안에서의 위치는 장애자가 안심하고 학습 및 생활을 할 수 있는 곳을 선정하며, 격리하여 분리시키는 것은 피한다.

1학급당의 학생수는 12명이 표준이나 일반교실의 면적은 반대로 넓게 계획토록 한다. 화장실을 부설하며, 가능한 1층에 위치시켜 옥외 출입이 용이토록 한다. 또한 수납공간도 충분히 넓게 하여 불편이 없도록 한다.

5) 맹 · 농아 양호학교의 일반교실

초등학교, 중학교 학급당 학생수는 8명, 중증장애자 학급은 5명이 표준이며, 특수학급과 같이 면적을 넓게 잡는다.

학급 단위보다 학년단위 또는 장애정도에 따라 복수학년 단위 그룹지도를 함으로써 좁은 교실을 획일적으로 병렬하는 것을 피하도록 하여 그룹의 규모에 적응을 할 수 있는 풍부한 융통성과 사용방법이 다양하도록 계획한다.

10. 특별교실

1) 특별 교실의 그루핑(grouping)

초등학교와 중학교에서는 특별교실을 1개소에 집약배치하며, 교과내용상 관련이 있는 특별교실은 근접시킨다

2) 특별교실의 위치

초등학교에서는 고학년의 일반교실에 가까운 위치에 특별교실을 설치하여 저학년의 동선과 교차되지 않도록 하며, 테라스 등의 옥외 스페이스와의 관련을 고려, 1층에 배치한다.

음악교실의 소음은 다른 교실에 영향을 주지 않도록 배려한다.

3) 맹 · 농아 양호학교의 특별교실

일반학교와 같이 이과, 음악, 미술공작, 가정, 기술의 특별교실과, 맹아학교는 시각교실, 농아학교는 청각교실이 필요하며, 정신박약아 양호학교는 교육과정에 따라 이과교실은 없어도 되는데, 향후 장애정도의 중증화를 고려 특별 교실형에서 종합교실형으로 될 수 있다.

4) 가사 실습실

가사실습에는 조리실습, 차림표 작성, 피복제작, 위생 및 주거 생활 등 여러 종류가 있으나, 조리 관계의 건축적 요구는 다음과 같다

① 건축적 요구

가정과는 생활에 밀착한 교과 내용으로 실전을 통해 만드는 기쁨과 일상생활에 임하는 태도를 기르는 것이 목적이므로 시설도 그에 부응하도록 해야 한다.

② 조리관계

- 조리관계 공간은 조리실습, 강의, 시식, 식기조리구의 수납공간으로 나누어 생각할 수 있다
- 조리실습은 4~6명을 1조로 하여 8~10 조의 실습 전용공간과 교사가 시범을 보이고 학생이 잘 보이는 공간을 확보한다.
- 시식은 실습 group에 대응한 수의 식탁을 준비하고, 실습공간과는 다르게 한다.
- 조리실습대는 I형, U형, L형, Island형 등 model kitchen이 있으나 중학교에서는 각 주방형식의 사용법을 학습함이 목적이 아니므로 동일 형식의 것도 가하다.
- 교사의 시범대는 학생 각자의 실습대에서도 보이도록 한다.
- 식기, 조리용구를 수납하는 공간은 사전에 방식을 검토하고 각 실습 unit에 대응토록 고려한다.
- 게시판, 칠판은 많으면 좋고 재료나 완성품의 견본을 보일 선반도 필요하고 자료를 수시로 보일 수 있도록 준비한다.
- 충분한 환기 시설, 방충용 망을 창에 설치한다.

• 실습재료의 반입이나 오물 처리가 쉽도록 계획한다.

5) 고등학교의 과학교실

① 기본시설

일반강의실 교실에서 교과를 실시할 수 없는 특별교실의 계획, 설계에는 건물의 문제와 함께 내부, 또는 외부에 두어야 할 시설의 계획이 중요한데 이러한 부대시설이 필요한 것을 특별교실이라 한다.

② 건축적 요구

물리의 학습 내용으로 보아 학생이 이에 관련하여 행하는 동작은 강의와 시청각 교재를 쓰는 학습과 연습, 교사의 시범, 실험의 관찰, 학생에 의한 model 실험의 관찰과 group토의, 특수설비나 중요기계를 사용한 실험, 학생실험의 준비와 뒷처리 기구의 수납, club활동 · 참고문헌 · 도서의 정리와 전시 · 학술제 등을 위한 전시, 공백시간 때에 전시물이나 과학도서의 열람에 이용이 있다.

한편 교사는 이를 학습이나 생활지도하에 실험준비, 교무에 의한 생활도 있다. 이것을 동작으로 보면, 학생의 시험 답안이나 report의 채점, 개인지도, 수업에 필요한 예비 실험이나 시범 · 실험장치의 공작 · 조립, 교사 자신의 연수 · 연구실험 · 자료 · 문헌정리, 물리 특별교실 전체의 관리와 각종 기재 보관 등의 많은 일이 있다. 이들 학습이나 생활이 행하여지는 시설이 물리교실, 실험실, 준비실이나 부속실이다.

③ 구성과 배치

물리 교실의 구성은 화학의 경우처럼 2개실 구성으로 실험실과 준비실로서의 예가 가장 많다. 그리고 3개실 구성으로 교실이 이에 첨가하는 경우도 있다. 대규모인 경우는 실험실 2실과 준비실, 그리고 전용 교실을 갖춘다. 학생용 실험대 배치는 화학처럼 집중하는 경향은 적으며, 2~4인용 책상으로 흑판 방향으로 향해 앉게 되는 것이 일반적이다.

실 보유 상황은 생물도 같으며 이과 교과의 교실은 1학교에 대해 화학도 물리도 생물도 각각 묶어서 1조를 갖으며, 지학은 학교에 따라 실험실을 가진다.

그리고 배치시 유의점은 학생 실험대 배열시, 물리화학은 실험의 작업성이 주체로 생각되지만 물리의 경우는 오히려 강의와 시범이 주체이며, 그것을 관찰하기 쉽게 한다. 학생수 만큼 실험대의 공간을 준비하여 학생은 움직이지 않고도 수업이나 실험이 되게 한다.

그러나 실험대 자체에는 기본 설비만 되어 있고, 실험장치나 계측기는 단원마다, 또는 시간마다 준비실의 선반에서 옮겨다가 조립하여 실험을 하고 시간을 마치면 분해하여 제자리에 수납해야 하므로 학생의 동선이 크다.

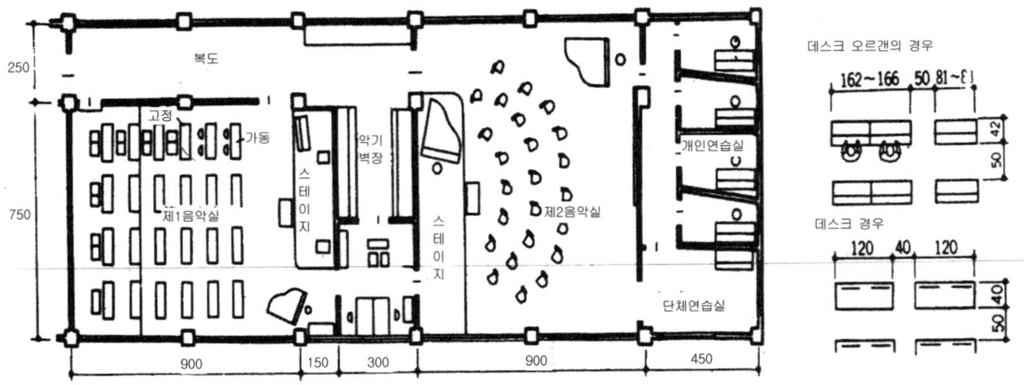

【그림 7-4】 음악교실의 설비, 비품의 배치 예

6) 특별교실의 주된 부대시설

구분 / 실명	벽에 붙는 시설	가구 시설	수납 시설	특수 시설
이과계	흑판, 게시판, 벽에 붙은 관찰대, 교단도 괘걸이, 약품 수납, hatch, 실내온실	실험대 탁자 천칭대 sink	실험기 선반 표본 선반 약품 선반 위험약품저장고	계단 교실 천체관측시설 · 천장에서 달아매는 hook 시범 견학대 시범 반사장치 영상시설
도공, 미술 공예계	흑판, 게시판, 전시판 sink 교단작업대	공작책상 회화용 이젤 의자 콘크리트 책상	작업선반 수납선반	공작기계
음악계	흑판, 게시판 연주 스테이지	책상, 의자	악기장	계단교실 거울 확성장치
가정계	흑판, 게시판, 작업대 sink	조리대 시식책상 피복책상 응접	조리기구 식기장 작품장 신발장	세탁 sink 세탁기 두는 곳 가봉코너 거울
기술계	흑판, 게시판, 작업대 sink 특수바닥	콘크리트 책상 공작 책상 제도 책상 의자 sink	공작공구 선반 작품선반 재료선반	공작기계

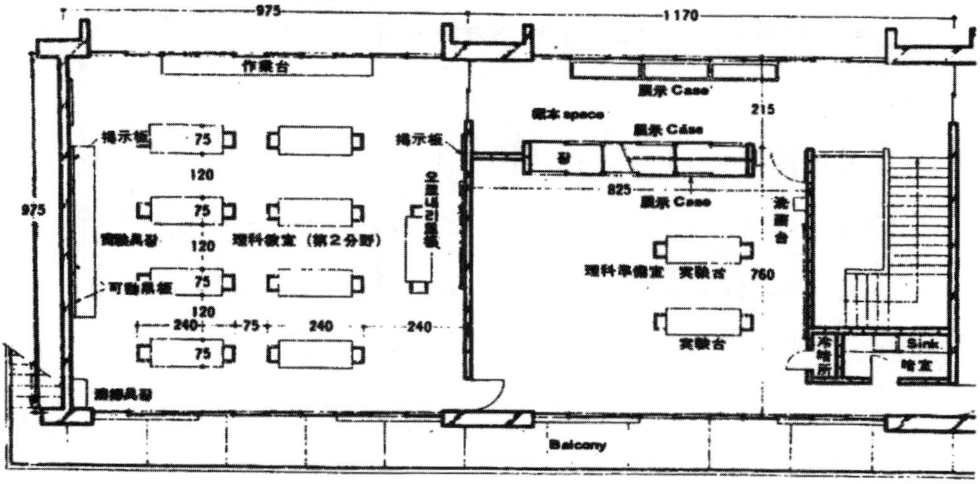

【그림 7-5】 이과교실 평면의 예

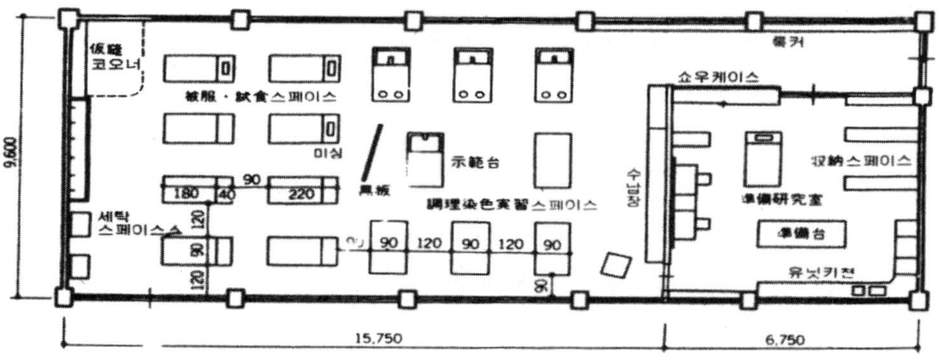

【그림 7-6】 중학교 가정교실의 예

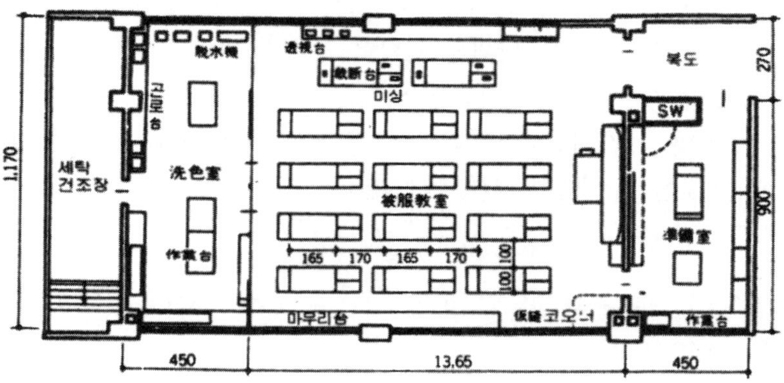

【그림 7-7】 피복교실의 예

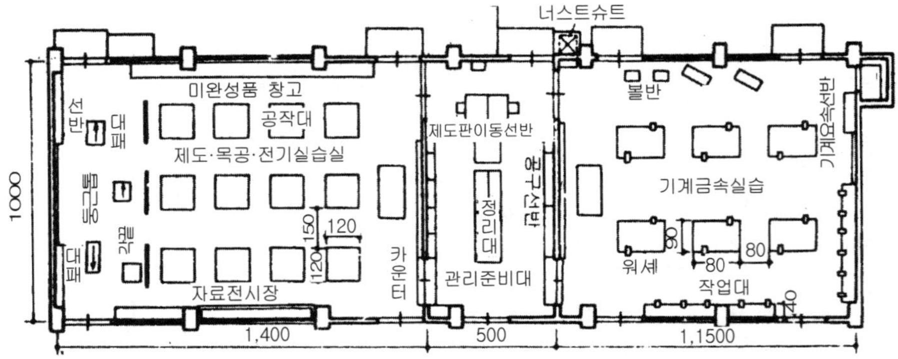

【그림 7-8】 공작교실의 예

7) 실내 체육관 및 강당

체육관의 면적은 체육교과 실시에 필요 면적에서 정하여지며, 경제적 측면에서 실내에서 행하는 종목으로 시간수가 점하는 비율이 높은 것으로 체육관의 크기가 결정지어진다.

가장 표준은 초등학교에서는 리듬 운동이 될 수 있는 넓이, 중학교에서는 농구를 할 수 있는 넓이에서 흔히 정해진다.

리듬 운동을 할 때의 넓이를 정하는 기본은 8명 정도의 circle은 직경 4m를 필요로 하고, 1학급당 7 또는 8 circle단위를 필요로 하는 소요면적이 구하여진다.

초등학교 체육관의 경우 그 넓이를 리듬운동에서 정하면, 그 속에서 기타의 종목인 맨손체조나 기계체조도 가능하므로 육상운동과 구기의 일부만 할 수 없다.

중학교 체육관의 경우는 그 넓이를 농구가 될 수 있는 것으로 하면 구기 중 배구가 될 수 있고, 태권도, 유도 등의 경기도 가능하다.

또 체육관의 소요면적을 구하는데 있어서, 학교의 규모에 따라 동일시간의 몇 개의 학급이 체육시간이 중복될 수 있으므로 계획시 고려해야 한다.

체육관이 강당으로서 사용될 때에는 체육 외로 전교생의 집합이 가능한 넓이가 필요하지만 사정에 따라 적어도 학년단위의 집합은 가능한 넓이가 요구된다. 체육관의 바닥은 수평이고 동적인 반면, 강당 바닥은 경사지고 정적인 시설이므로 그 기능상 전혀 이질적이며, 구조, 설비, 마감재료 등에 대해서도 다르나, 체육관과 강당을 겸용하게 될 때 바닥은 수평으로 해야 두 기능에 적합하게 된다.

① 강당

- 학생 전원의 수용보다 대, 소 두 가지 정도의 홀을 조합하여 가변성을 확보한다.
- 1인당 강당 소요 면적
  - 초등학교 $0.4m^2$/인
  - 중학교 $0.5m^2$/인
  - 고등학교이상 $0.6m^2$/인

• 무대높이 : 바닥에서 1~ 1.2m, 무대넓이 : 5.5m 이상, 폭 : 7m 이상

② **체육관**

• 체육관 크기 기준

-초등학교 : 리듬(Rhythm)운동이 기준, 8인 1조의 원(직경 4m)을 7~8개 만들 규모

-중학교 : 농구코트가 기준, 최소 400m²(코트 12.8×22.5m)

보통 500m²(코트 15.2×28.6m)

• 구조

-천장 높이 6m 이상

-바닥은 목재마루널 이중 깔기

-징두리벽은 2.5~2.7m 높이

-창은 실내측에 철망을 붙이고 천창 설치

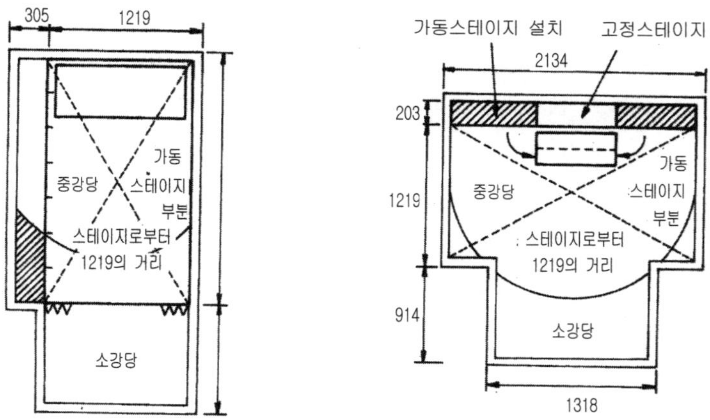

【그림 7-9】 **체육관겸 강당의 평면계획**

• 배치

-장축은 동서, 채광은 남북

-단변(동서)에 개구부를 둘 경우 경기자의 눈부심 고려

-통풍에 의한 자연환기 고려

11. 세부계획

1) 계단 및 복도

① **계단**

계단은 상, 하층 동일 위치에 두며, 운동장 등 기타 공지로 출입이 편리한 위치를 선정한다.

② 복도

- 통로의 기능뿐 아니라 쉬는 시간 등을 고려한 분산을 고려한다.
- 전시 공간으로 활용시 폭은 약 3m정도 확보한다.
- 알코브 등 활력있는 내부 공간을 계획한다.
- 통풍, 채광을 고려하여 편복도로 계획한다.
- 중복도는 2.4m 이상, 기타 복도는 1.8m 이상으로 한다.

2) 실내 · 외 환경계획

교실 내의 채광은 주로 자연채광을 위주로 하며, 인공조명은 보조적인 수단이 된다. 따라서 충분한 조도를 확보하기 위해서는 한쪽 채광보다는 양면채광이 유리하며, 이 경우 남측의 과도한 직사광선을 막기 위해 루버, 차양 등으로 채광을 조절할 필요가 있다. 실내 마감은 휘도대비를 고려하여 반사율이나 명도가 높은 확산성이 있는 것으로 마감한다.

교실에 미치는 소음의 종류로는 운동장의 소음, 복도나 인접교실에서의 소음이 있으며, 복도로부터의 소음은 다른 교실의 소음이 전해지는 경로이기 때문에 교실과 복도의 접촉면적이 작은 평면형을 연구할 필요가 있다. 또한 바닥마감의 흡음력을 높임으로써 소음을 줄일 수도 있다.

교문의 계획은 이용의 편리성과 아울러 위험방지에 대한 배려가 필요하며, 자전거 보관소는 학생의 등하교시를 고려하여 통학에 편리하고 관리하기 쉬운 곳에 설치한다. 바닥은 배수에 유의하여 콘크리트로 마감하고 그 면적은 도로를 포함하여 1~3m²/대가 적당하다.

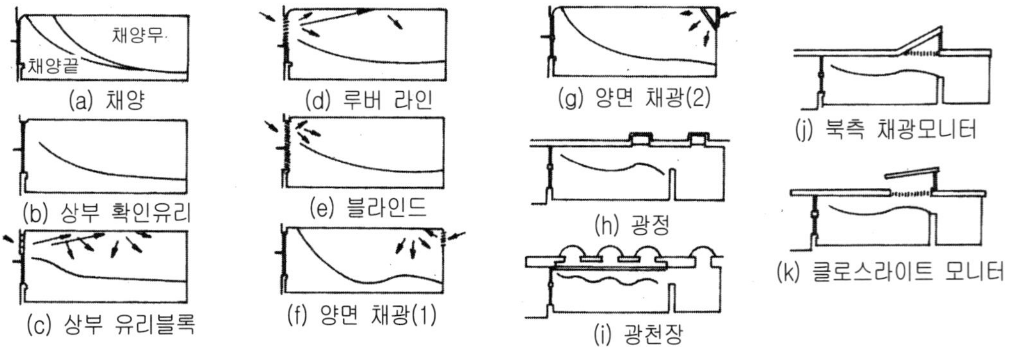

【그림 7-10】 교실채광방식

3) 설비계획

학교의 급수방식은 수도본관의 수압이나 용량에 따라서 고가수조식의 급수탑을 설치하든가, 아니면 옥탑에 고가수조를 설치하여 자연유하식으로 급수한다. 소화설비는 소화기간이 소화기, 옥내소화전 설비 등을 갖춘다. 난방설비는 현재 대부분의 학교가 개별

난방에 의존하고 있지만 점차 중앙난방식으로 대체되고 있으며 증기난방, 온수난방, 복사난방 등이 있다. 전력설비 계획에서는 설비용량에 따라 차이가 있지만 조명에 필요한 동력으로는 $20W/m^2$ 정도이며 일반적으로 고압수전방식을 채택한다.

4) 구조계획

구조계획은 평면계획, 실내환경계획 등과의 합리적인 관계를 고려하여야 하며 구조 여건상 철근콘크리트구조의 라멘 구조와 벽식 구조를 많이 사용하고 있다. 벽식 구조는 기둥이나 보가 교실 내로 노출되지 않는 장점이 있지만 일정한 벽량이나 계획상의 제한이 있기 때문에 라멘 구조가 일반적으로 사용된다.

5) 옥외 공간계획

① 운동장

통합된 대운동장의 기능을 갖도록 하며, 장축을 남북 방향으로 하며, 주변에 track을 설치한다.

② 놀이터

낮은 곳은 아늑한 공간으로 고학년과 독립되게 계획하며, 높은 곳은 소운동장으로 계획한다.

③ 정원

open space분위기의 정원화, buffer zone을 언덕으로 하여 정원화 한다. 또한 기타 교육용 정원, 화훼 등을 둔다.

6) 장애자시설

교사 입구는 Ramp를 설치하며, 장애자 화장실을 둔다. 출입구에는 문턱을 두지 않는다.

7) 기능 배분

① 수직적 기능

저학년과 고학년은 분리하며, 특히 1학년은 1층에 배치한다. 서무실, 관리실은 1층에 두며, 교사용 제실은 2층에 배치한다.

② 수평적 기능

저학년동은 교문과 접근시키며, 부출입문과 강당겸 체육관을 인접시킨다. 옥외공간과 옥내공간의 연계성을 고려하며, 특별교실은 고학년에 근접시키고, 식당은 강당겸 체육관에 인접시킨다. 특별 교실, 강당겸 체육관 그리고 옥외운동장을 상호 연계시킨다.

8) 모듈계획

① 평면

3.0×2.5m가 기본이며, 7.5×9.0m를 일반교실의 모듈로 한다.

② 단면

교실의 천정고를 2.7×3.0m로 한다.

12. 열린 교육을 위한 초등학교

1) 열린 교육(open education)

열린 교육(open education)이란 아동들의 자발적인 토의, 관찰, 실험, 다양한 작업 등 일제학습을 전제로 한 학습활동보다 훨씬 다양하고 동적인 활동을 요구한다. 이를 위해서 다양하고 융통성 있는 공간을 필요로 하게 되는데 이러한 일련의 모든 흐름을 open system으로 설명된다.

학교의 open sysetem은 크게 교육목표, 교육체계, 학습공간의 세 가지 측면으로 나눌 수 있다. 이중 교육목표는 학습의 개별화, 개성화 등 교육개념의 변화를 추구하며, 교육체계는 열린 교육의 software적 측면을, 학습공간은 hardware적 측면을 나타낸다. 학습공간은 탄력적이고 변화하는 학습집단의 편성에 대응할 수 있도록 융통성을 지녀야 하며 학습공간의 연속성 및 시각적 연속성을 확보하여 시간, 공간상 개별적으로 전개되는 학습에 대응할 수 있어야 한다.

또한 아동들에 대한 교육 프로그램의 폭을 넓힐 수 있도록 학습공간의 다양성도 요구된다. 이처럼 종래의 폐쇄적인 교실로부터 융통성, 연속성, 다양성을 갖는 탄력적이고 다목적인 학습공간으로 변화를 학습공간의 open system이라 한다.

【표 7-2】 교육개념의 변화에 따른 비교

	전통적 교육	진보적 교육
교육개념	집단, 평등교육, 교과서 중심 주입식 교육	개인차 강조, 개별그룹지도 경험 중심 아동중심교육
교육체계	획일적 집단 편성 학급 담임제	다양한 학습집단구성 복수교사에 의한 개별그룹지도
물리적 시설	고정적인 교실 unit 획일적 배치	다양한 크기의 학습공간이 필요 학교 전체가 학습공간으로 활용

2) 열린 교실(open plan school)

① 열린 교실의 개념

열린 교실이란 교실 같은 것으로 구획되지 않은 교수(敎授)공간을 지칭하며, 열린 교육 이론을 바탕으로 하는 다양한 물리적 환경에 의한 학교공간계획을 뜻한다. Paul V. Gump(1987)는 열린 공간의 기본성질로서 비폐쇄성을 들고 기본 내용으로 「벽에 의해 분할되지 않은 공간」, 「통합되지 않은 공간」, 「융통성 있는 공간」, 「복도는 필요치 않고 복도에 의해 소비되던 공간을 활용」, 「벽과 문이 없고 학교생활자들도 활용영역 사이를 직접 다닐 수 있다는 것」, 「인접한 활동영역 사이를 자유롭게 다니고자 하는 자극의 필요성」 등을 들고 있다.

② 열린 교실의 분류

각 나라마다 특성과 실정에 맞는 형태를 취하나 일반적으로 유동적인 학습집단에 대응할 수 있도록 계획되며 학습공간의 열린 정도에 따라 다름과 같이 분류할 수 한다.

- open plan
  고정되어 있지 않은 가구에 의해서만 분할이 가능한 것으로 열린 정도가 큰 곳
- semi open plan
  일반적으로 개방되어 있는 가운데 그 안에 또 다른 열린 공간을 갖는 벽에 의해서 한정되는 형식
- flexible open plan
  슬라이딩 스크린 등에 의해 개방되거나 폐쇄될 수 있는 공간을 갖는 형식

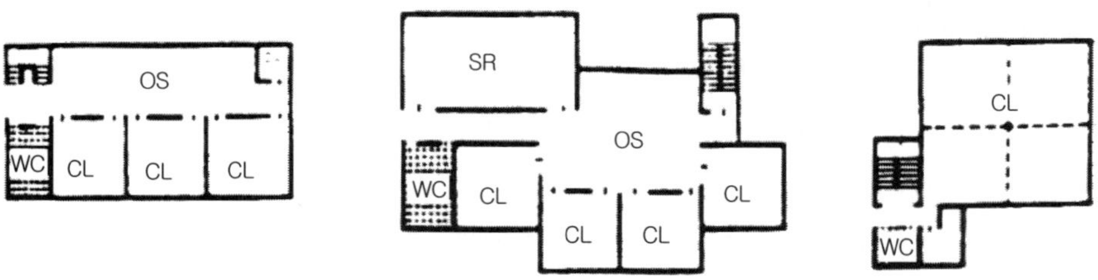

CL : Classroom SR : 특별교실 OS : Open Space P : 준비실 W.C : 화장실

【그림 7-11】 열린 교실의 여러 가지 형태

③ 열린 교실의 단위공간 구성

열린 교실의 단위공간은 교실을 몇 개의 학습영역으로 나누어 각 집단이 공통된 작업을 할 수 있도록 소규모 공간을 만들어 주며 대부분 교실의 기본적인 물리적 특성에 맞추어 이루어진다.

각 학습을 위한 기본 영역으로서는 크게 읽기 영역, 산수 영역, 쓰기 영역 등 3가지로 나누고 여기에 과학 영역, 미술 영역 등이 있다.

- 읽기 영역

  소음이 없고 채광상태가 좋으며, 책꽂이를 위한 충분한 공간이 준비된 장소로 이 영역에는 다양한 수준의 책들이 준비되고 아동들이 앉아서 읽을 수 있는 둥근 테이블이나 바닥에 까는 카펫트 등이 필요하다. 가능하면 한두 명의 아동에게 적합한 크기의 조그마한 읽기 영역을 두면 좋다. 저학년의 경우 듣기 영역이 읽기 영역과 함께 준비되기도 한다.

- 쓰기 영역

  읽기 영역처럼 최소한의 방해만이 허용되는 지역으로 책상이 나란히 배치되거나 테이블이 준비되며, 여러 가지 색깔과 모양의 종이들과 필기구 등이 준비된다. 쓰기 영역에는 아동들의 작품을 전시할 수 있는 게시판을 준비한다.

- 산수 영역

  아동의 나이에 관계없이 종이와 연필을 이용한 연습보다 수를 배우는 데 적극적으로 참여시킨다. 이를 위해 막대, 블록, 입방체 등의 보조교구가 필요하며, 표면과 무게의 측정, 돈, 시간, 분류, 셈하기, 도식으로 나타내기 등을 위하여 저울과 저울추, 자 등이 준비된다.

- 과학 영역

  아동의 나이에 맞게 자석, 전구, 전지, 전선, 값싼 망원경, 렌즈, 씨앗 등이 준비되며, 물고기, 금붕어, 식물도 과학 영역에 포함될 수 있고 수학영역처럼 아동들이 자료에 적극적으로 참여토록 유도한다.

- 다른 활용 영역

  미술과 공예 등을 위한 활용 영역이나 놀이를 위한 놀이 영역, 텔레비전 영역 등 아동의 연령에 따라 다양한 환경을 접할 수 있도록 경우에 따라 특정 영역으로 구분하는 것도 필요하다.

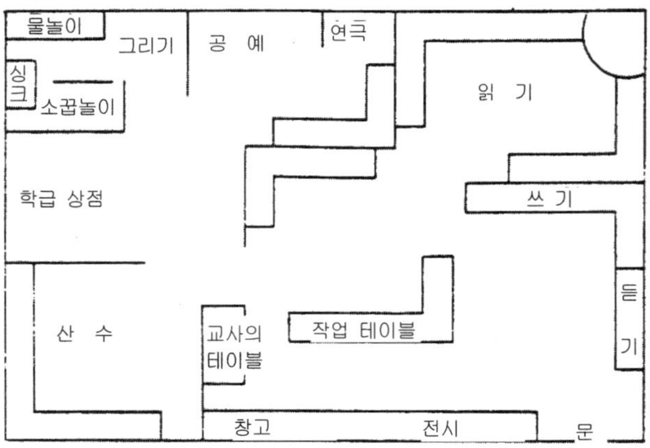

【그림 7-12】 단위공간의 영역구분 예

【그림 7-13】 열린 교육 수업과정

3) 우리 나라 열린 교실의 예

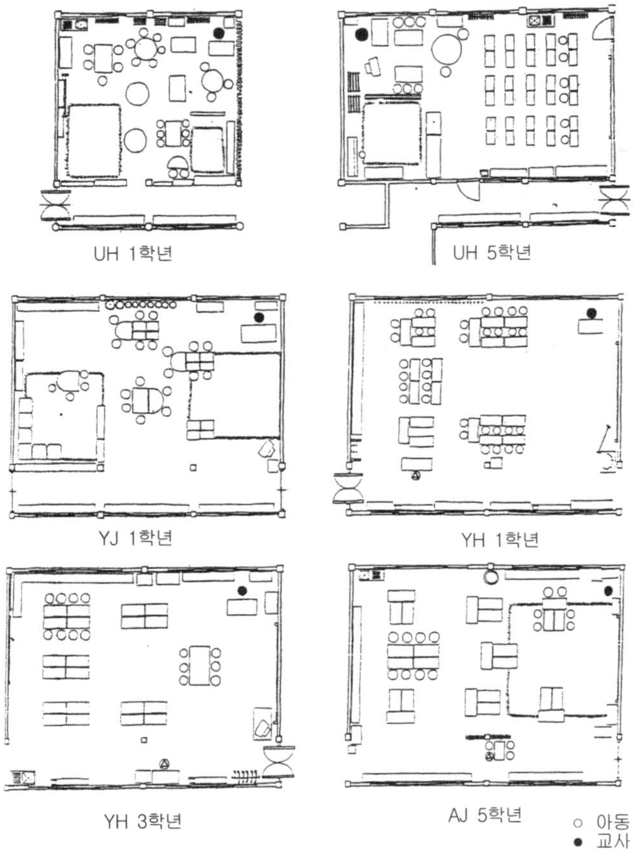

【그림 7-14】 우리 나라 열린 교실의 학습공간 구성예

13. 대학시설 계획

1) 대학시설 종류별 특징

① 교육시설

- 학교별, 계열별로 집합 배치한다.
- 전용성은 크고 상징성은 낮게 한다.

② 교육, 학생 지원 시설(도서관, 본부, 학생 회관 등)

접근하기 쉽고 높은 상징성을 요구한다.

③ 고용시설(강당, 극장, 박물관 등)

위치 선정시 지역 사회에 개방을 고려한다.

④ 체육시설(체육관, 스타디움 등) 및 광장

- 넓은 면적이 필요하고 타시설과 배타성이 크다.
- 시설간 완충지와 유보지의 역할, 광장은 상징성을 요구한다.

⑤ 주거시설(기숙사, 교수촌등)

⑥ 부대시설(파워플랜트, 영선실 등)

- 기계적 기능성, 은폐된 위치에 설치한다.
- 중앙 집중식, 그룹별 분산식과 적절한 균형이 요구한다.

2) 대학교육시설의 면적산정방식

① 1인당 점유면적에 의한 방식

- 정원수×1인당 점유 면적
- 수강 인원수가 일정할 때 유효, 대학보다 초·중등학교의 시설 소요산출에 적당하다.

② F.T.E(Full Time Equivalent) 및 W.S.H(Weekly Student Hours)산출방식

- 주당 수강 시간수(W.S.H)가 기준이 된다.
- 계산 방법

$$F.T.E\text{정원} = \text{수강생수} \times \frac{\text{수강학점(시간)}}{\text{개설된 과목 중 학생이 수강 가능한 최대 학점수}}$$

- 실효면적(대학별 강의실 총면적) = 1좌석당 면적×F.T.E 정원수
- 필요한 전체 면적 = 실효면적 + 10~30%(공작실, 창고, 비실용 면적)

③ S.S.H(주당 좌석 사용시간, Student Station Hours)방식

- 강의실 좌석 1개가 주당 사용되는 시간을 말한다.
- 수강 인원수가 고정되지 않은 경우 효과적이다.

14. 학교건축 실례

⬅ 고려대학교 병설 보건대학 실험동

부 대 진(진아건축 · 도시)

위　　치 : 서울 성북구 정릉동 산 1-2번지외 4필지
대지면적 : 36,611m²
연 면 적 : 기존 8,200.13m²/ 증축 11,491.27m²
건축면적 : 기존 1,732.1m²/ 증축 1,992.98m²
용 적 률 : 47.78%
건 폐 율 : 10.17%
최고높이 : 22.47m
규　　모 : 지하 1층, 지상 5층

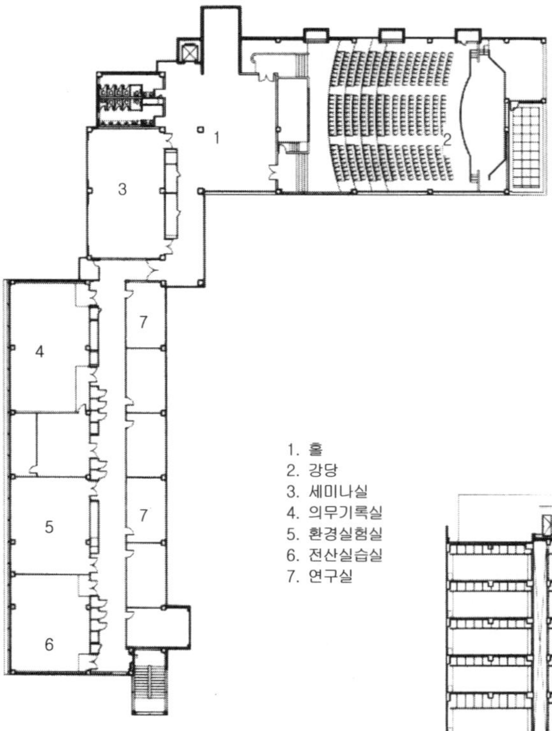

5층 평면도

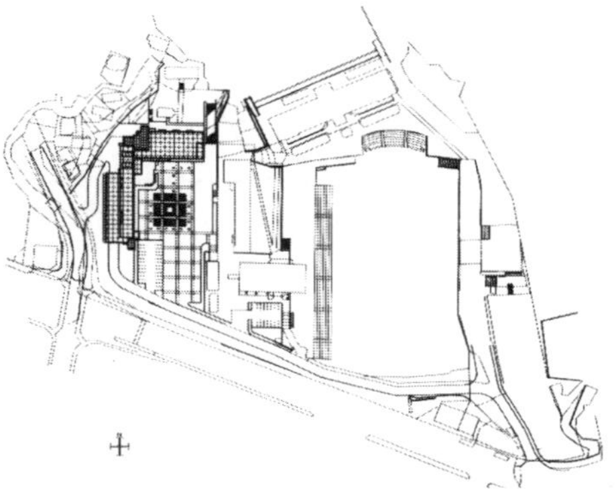

배치도

1. 홀
2. 강당
3. 세미나실
4. 의무기록실
5. 환경실험실
6. 전산실습실
7. 연구실

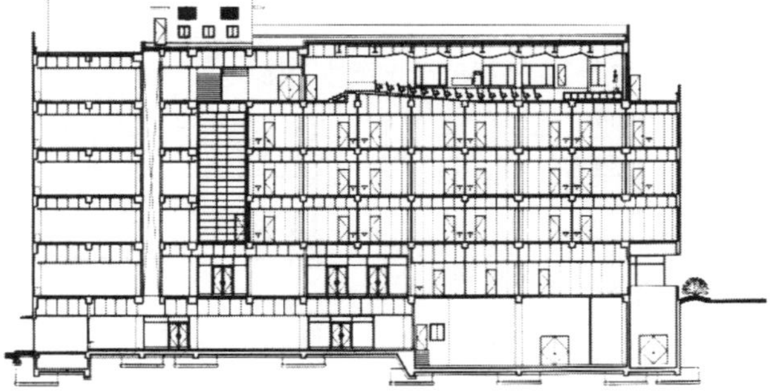

실험동

⬆ 동국대학교 다향관

김 태 집(간삼건축)

위 치 : 서울 중구 장충동 2가
동국대 부지내
대지면적 : 115,226.5m²
연 면 적 : 2,116.98m²
건축면적 : 727.73m²
구 조 : 철근콘크리트, 철골조
규 모 : 지하 1층, 지상 3층

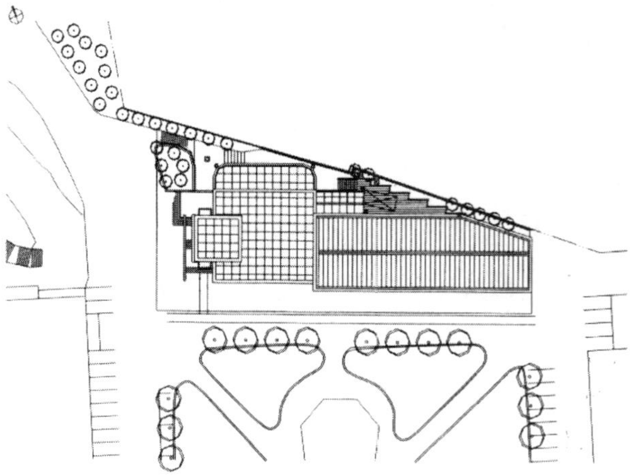

배치도

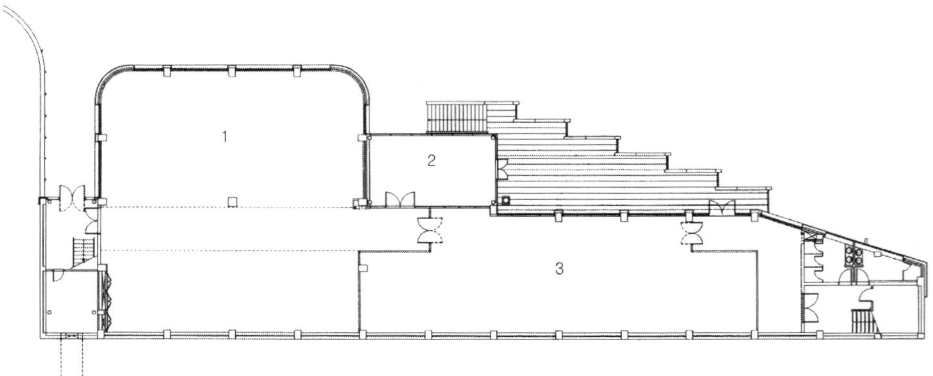

1층 평면도

1. 상점
2. 홀
3. 서점
4. 세미나실
5. 사무실
6. 학생복지위원회

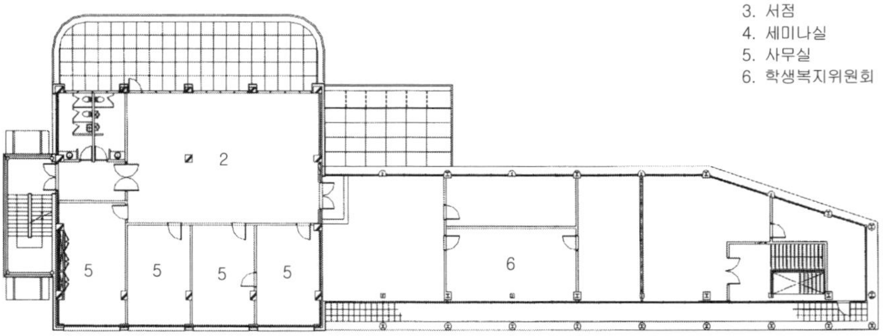

3층 평면도

➡ 서울 산업대학교

인건건축 + 유일 엔지니어링
(황일인, 조성중+김환성, 김종복)

위　　치 : 서울 노원구 공릉동 172번지
대지면적 : 8,990m²
건축면적 : 3,482m²
구　　조 : 철근콘크리트조
규　　모 : 지상 3층

1. 연구실 및 실험실
2. 준비실
3. 시청각실
4. 행정실
5. 홀

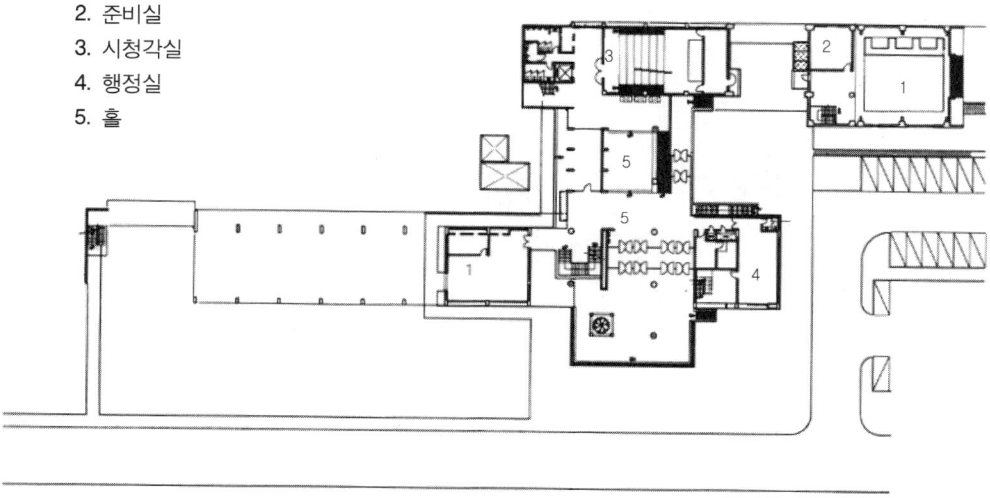

1층 평면도

1. 연구실 및 실험실
2. 세미나실
3. 시청각실
4. 기계실

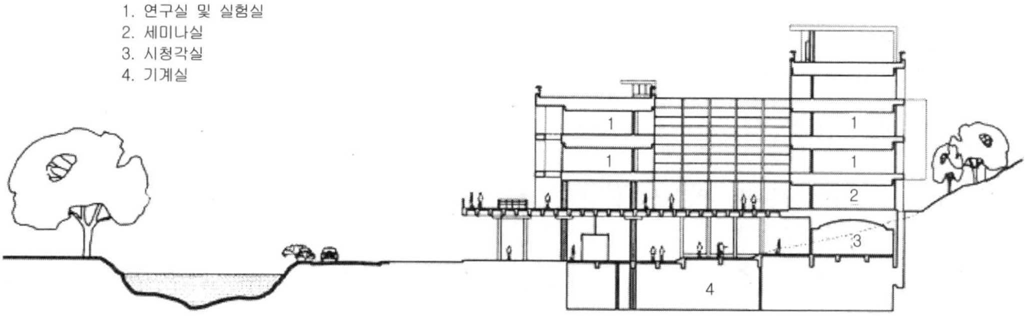

단면도

⬅ 성균관대 600주년 기념관

일건건축(황일인)

위　　치 : 서울 종로구 명륜동 성균관대학교내
연 면 적 : 31,931m²
구　　조 : 철골철근콘크리트
규　　모 : 지하 4층, 지상 6층

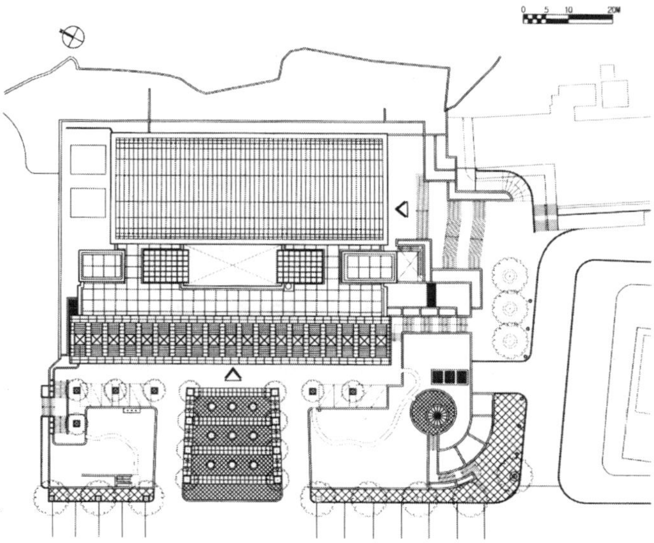

배치도

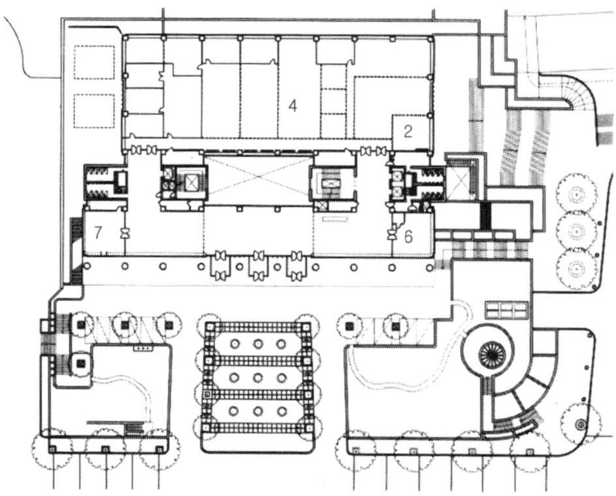

1층 평면도

1. stage
2. machinery room
3. warehouse
4. parking lot
5. water tank
6. hall
7. cafeteria
8. office
9. conference room
10. laboratory
11. light well

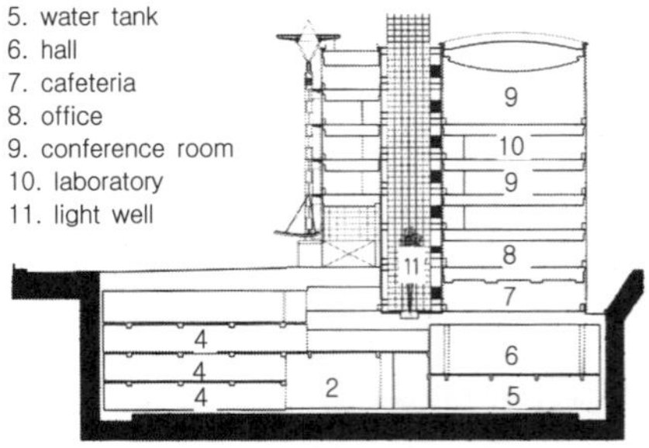

종단면도

⬆ 오펜바흐고등학교(Offenback highschool)

롤랑 살로몽

위　　치 : rue de la Premiere Division, 94160 Saint-Mande, France
대지면적 : 7,500m²
연 면 적 : 6,500m²
건축면적 : 1,500m²
구　　조 : 철근콘크리트
규　　모 : 지하 2층, 지상 4층

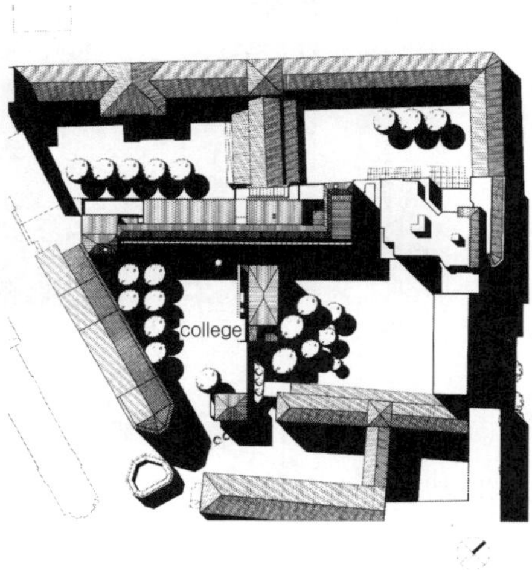

배치도

1. class
2. metting room
3. storage
4. office
5. Prof. room
6. library
7. hall
8. special room
9. Apt. Guard
10. Apt. for Staff
11. Curt Yard

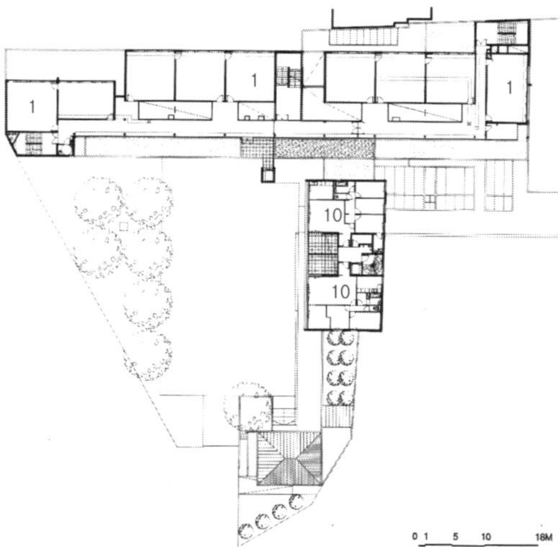

3층 평면도

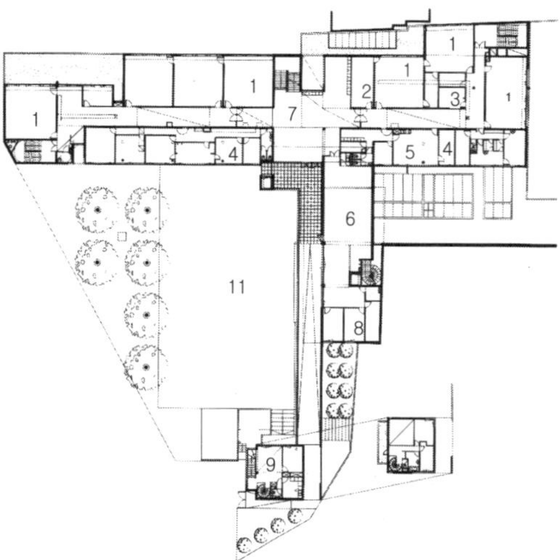

2층 평면도

⬅ 종로학원

이 광 만(간삼건축)

위　　치 : 서울 중구 중림동 363번지
대지면적 : 1,717.7m²
연 면 적 : 8,978.57m²
건축면적 : 1,026.8m²
구　　조 : 철근콘크리트조
규　　모 : 지하3층, 지상 6층

1. 강의실
2. 방송실
3. 녹화실
4. 휴게실
5. 수면실
6. 양호실
7. 상담실
8. 간부실
9. 홀
10. 인쇄실
11. 자동차 리프

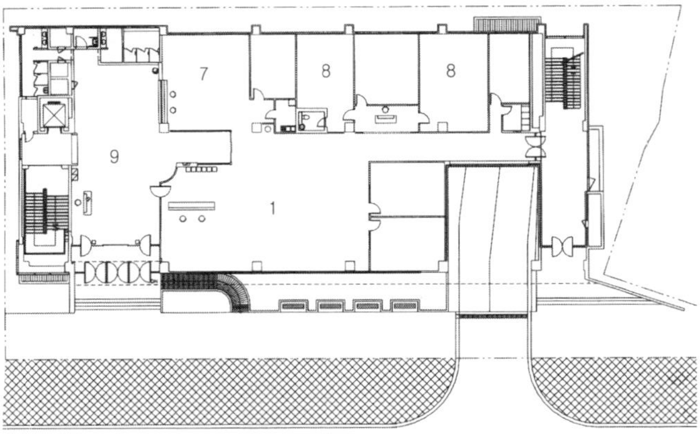

1층 평면도

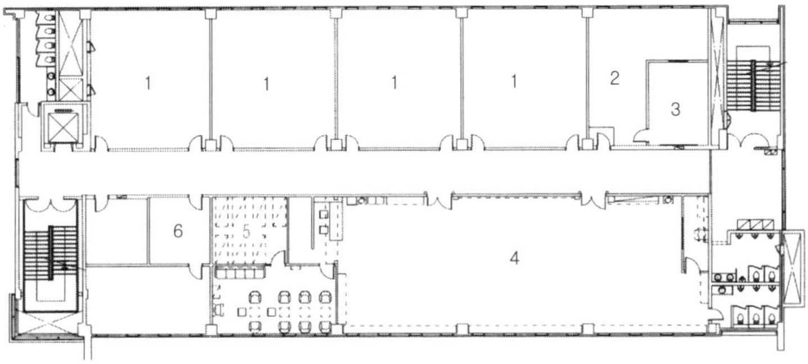

3층 평면도

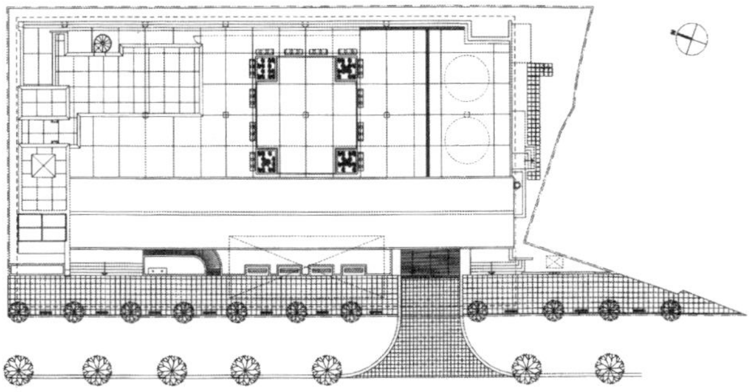

배치도

➡ 광일고등학교

인터월드건축(최용삼 · 김익성 · 유재성)

위　　치 : 경기도 광주군 광주읍 송정리 산 18-5
대지면적 : 16,016m²
연 면 적 : 9,748.99m²
건축면적 : 2,125.74m²
용 적 률 : 60.87%
건 폐 율 : 13.27%
구　　조 : 철근콘크리트조
규　　모 : 지하1층, 지상 5층

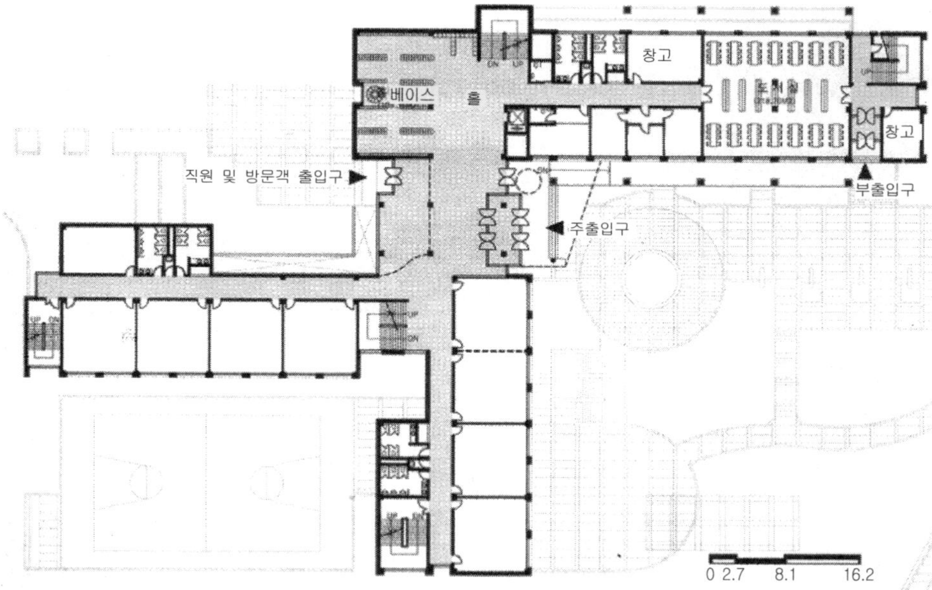

1st floor plan

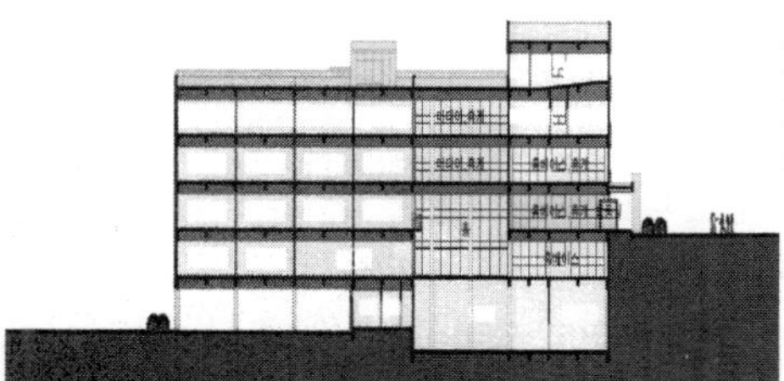

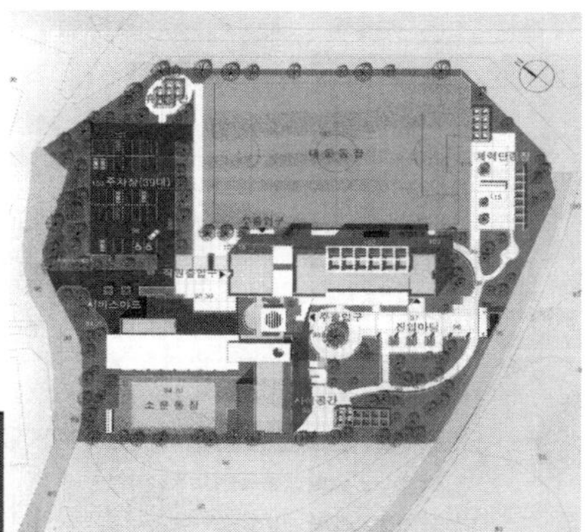

site plan

Longitudinal section

⬅ 국제초등학교

모포시스(Morphosis)

위　　치 : 캘리포니아 롱비치 시내 2 에이커의 주차장

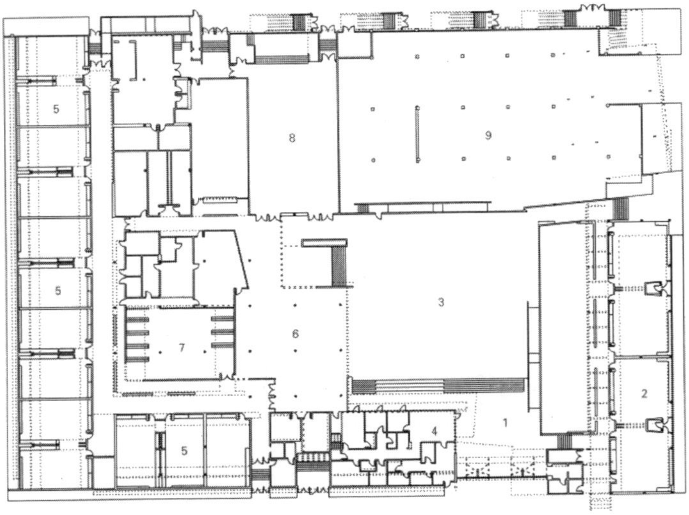

지상 평면도

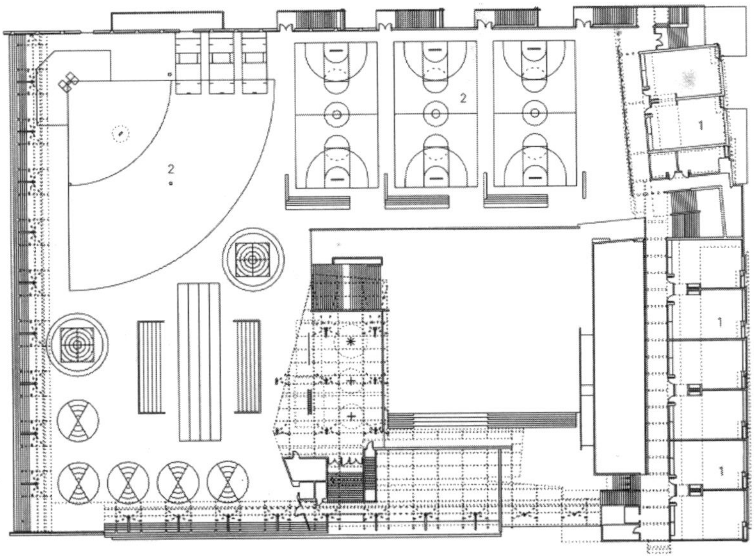

2층 평면도

⬅ 그로스로밍 초등학교 ➡

스쉬코비츠 + 코발스키
(Szyszkowitz + Kowalski)

위　　치 : 그로스로밍 A-8734
연 면 적 : 1,500m²
구　　조 : 철골조

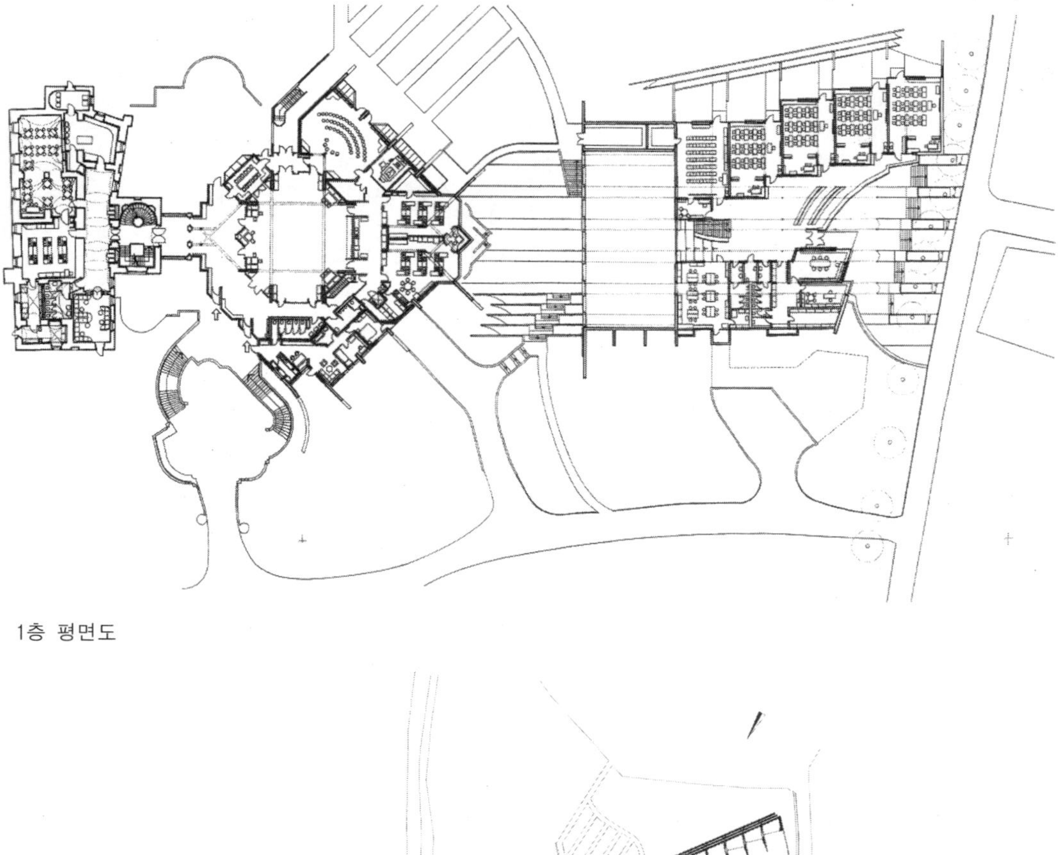

1층 평면도

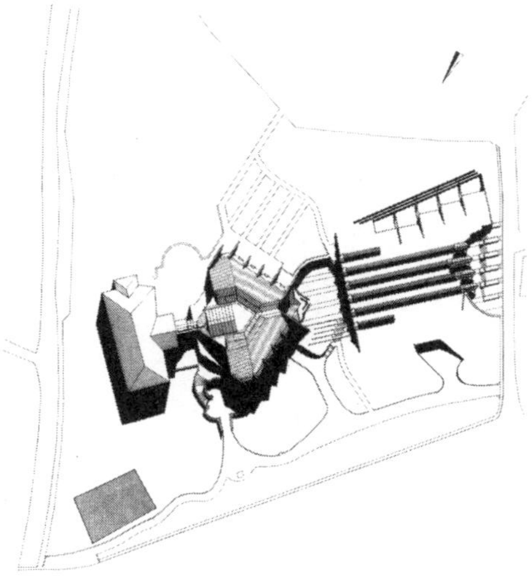

배치도

⬆ 금촌 제1초등학교

두울건축(김경숙)

위　　치 : 파주시 금촌동 파주금촌 1
대지면적 : 11,500m²
연 면 적 : 9,118.31m²
건축면적 : 3,186.12m²
용 적 률 : 76.73%
건 폐 율 : 27.71%
구　　조 : 철근콘크리트
규　　모 : 교사동-지하 1층, 지상 4층
체육관-지하 1층, 지상 2층
유치원-지하 1층, 지상 1층

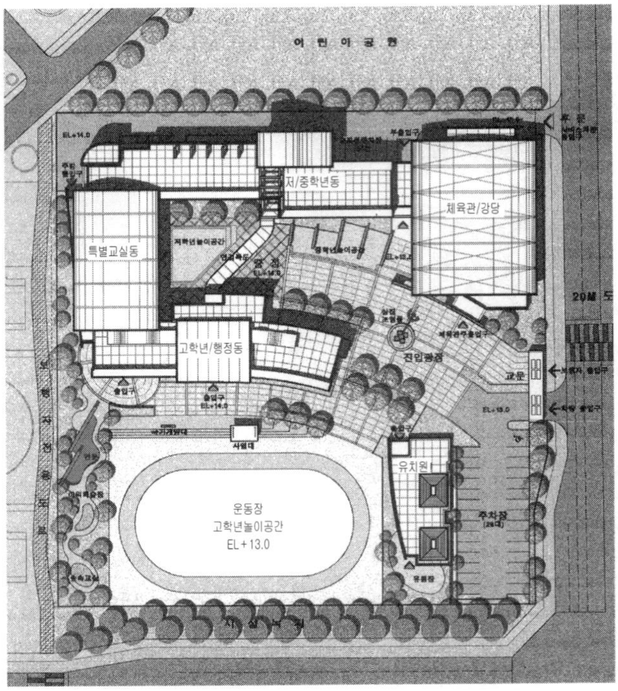

site plan

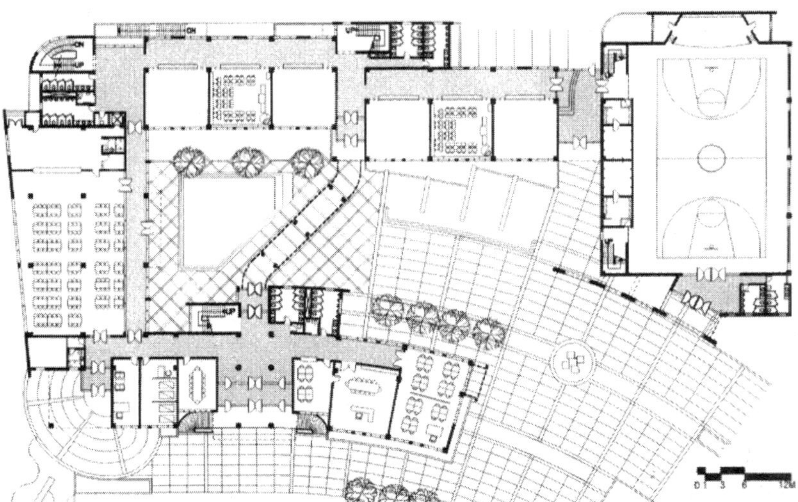

1st floor plan

시청각실
과학실
전산정보실
식당
종합체육관

↑ 기흥 고등학교

원형4A Group건축(손광민 · 조병일)

위　　치 : 용인시 기흥읍 구갈리
기흥구갈 2택지 개발지구내
대지면적 : 14,248.6m²
연 면 적 : 9,823m²
건축면적 : 2,575.3m²
용 적 률 : 66.38%
건 폐 율 : 18.07%
구　　조 : 철골조
규　　모 : 지하 1층, 지상 5층

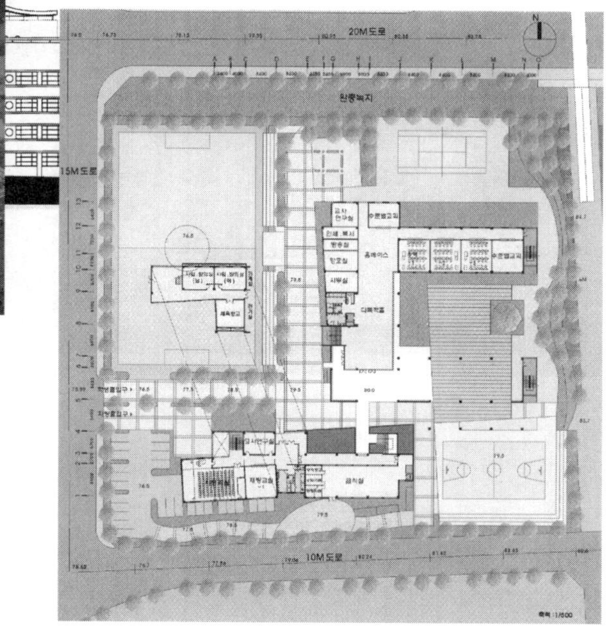

site & Ground floor plan

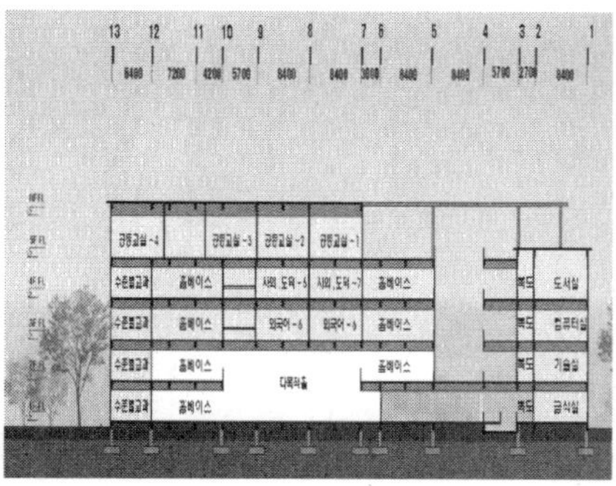

section2

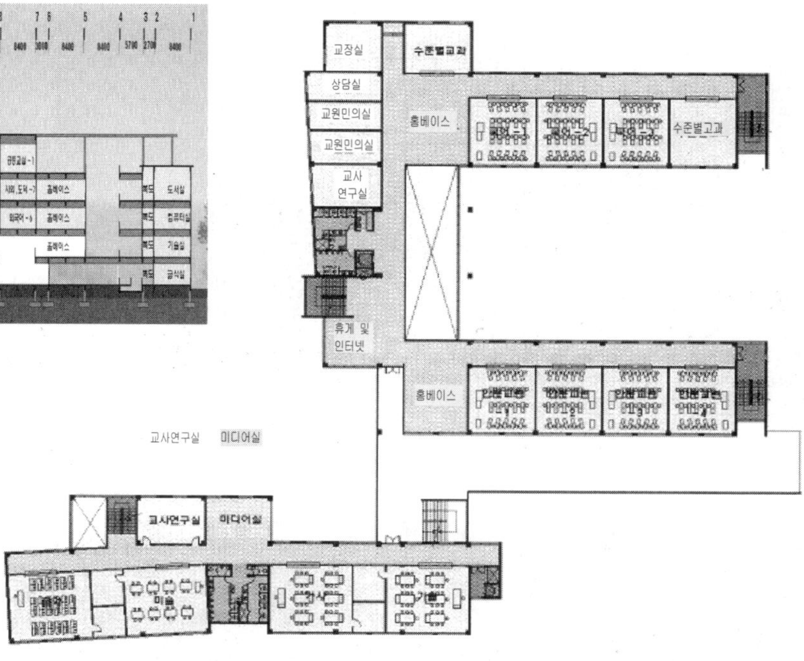

2nd floor plan

⬅ 도산초등학교

원룡건축(김원호)

위　　치 : 울산 남구 달동 192-2
대지면적 : 16,179m²
연 면 적 : 12,059.16m²
건축면적 : 3,602.14m²
용 적 률 : 75.4%
건 폐 율 : 22.26%
구　　조 : 철근콘크리트조
규　　모 : 지하 1층, 지상 4층

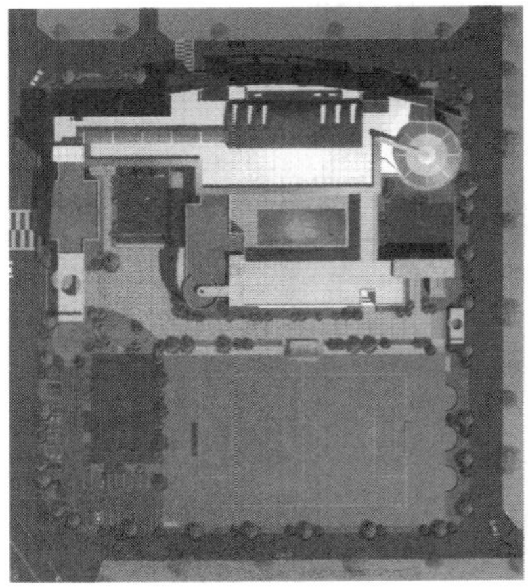

site plan

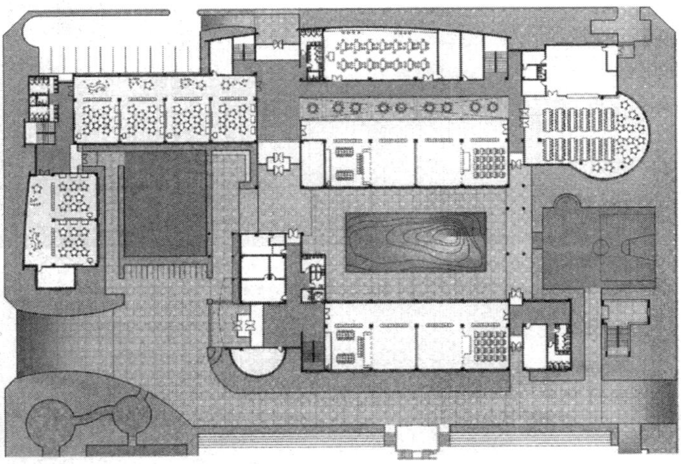

1st floor plan

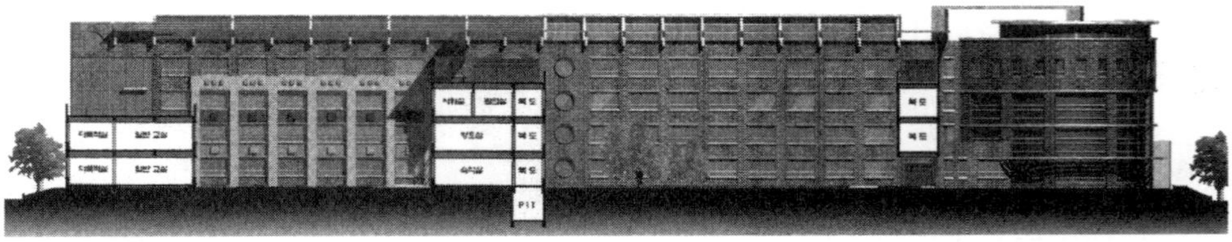

section

두원공과대학 정보지원센터

이·상건축(강철희·김성호)

위　　치 : 경기도 안성시 죽산면
　　　　　두원공과대학내
대지면적 : 290,000m²
연 면 적 : 10,774m²
건축면적 : 4,176.40m²
구　　조 : 철근콘크리트조, 철골조
규　　모 : 지하 1층, 지상 5층

site plan

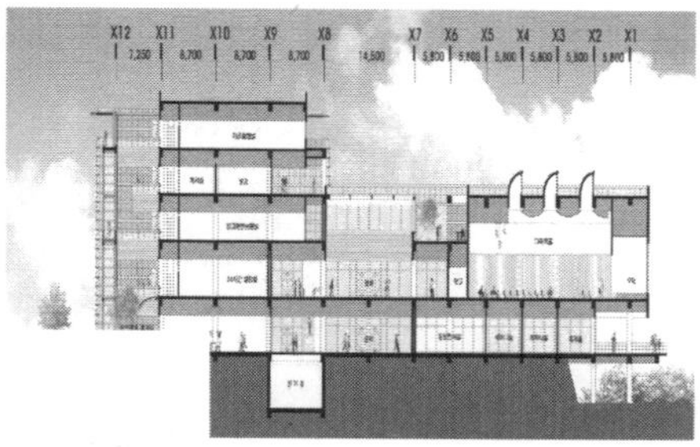

cross section

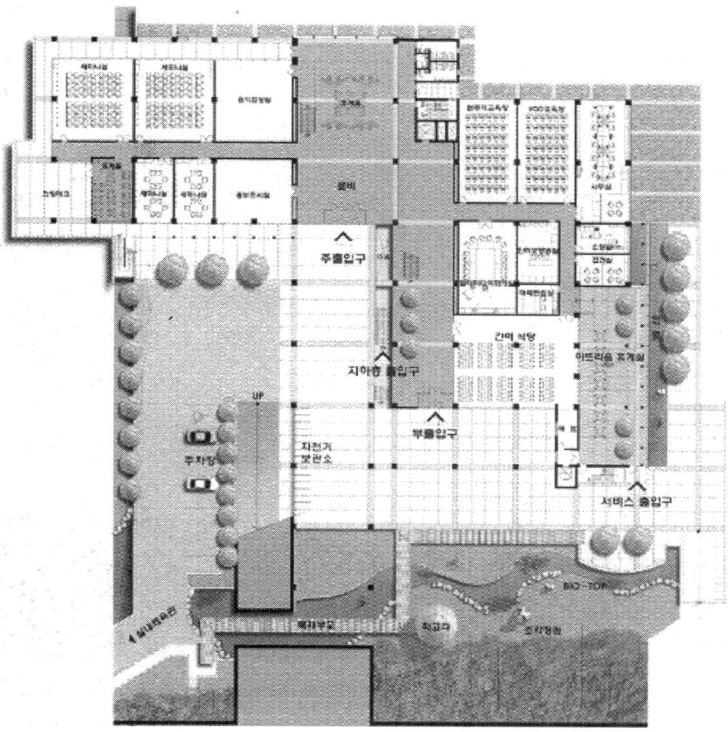

1st floor plan

← 경기공업대학

이 충 언(원일건축)

위　　치 : 경기도 시흥시 정왕동 시화공단 3-102
대지면적 : 33,000m²
연 면 적 : 13,403.2m²
건축면적 : 6,683.69m²
용 적 률 : 40.62%
건 폐 율 : 20.25%

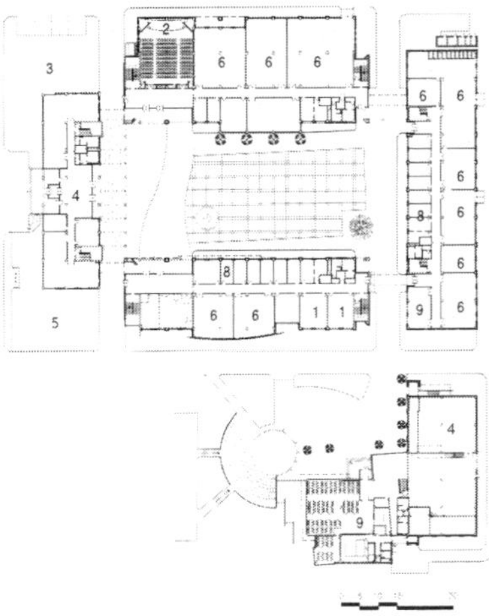

1층 평면도

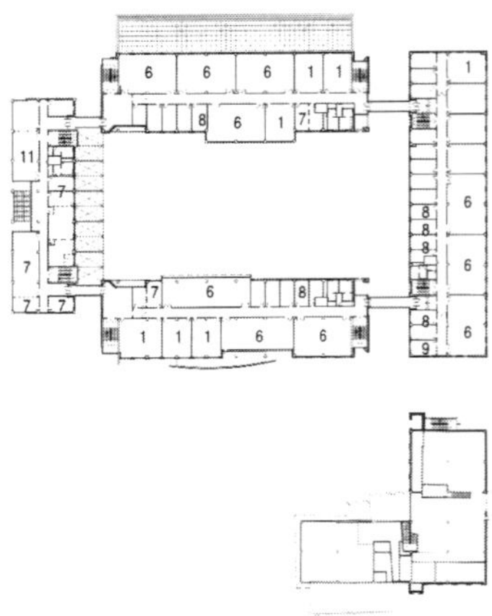

2층 평면도

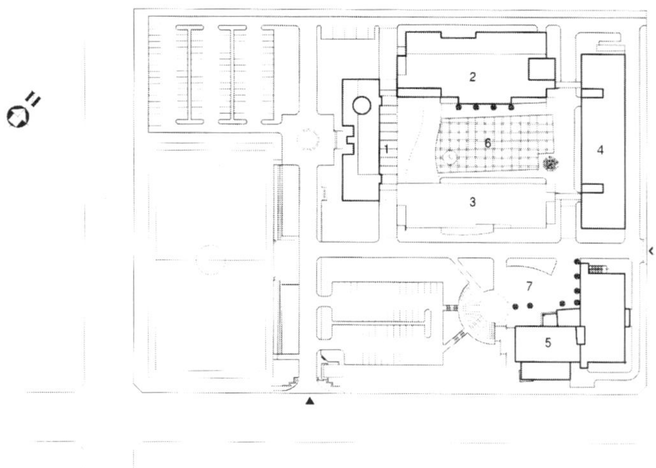

배치도

낙양중학교

정 재 권(서홍건축)

위　　치 : 경기도 의정부시 송산택지지구 35-4BL
대지면적 : 11,615m²
연 면 적 : 10,983m²
건축면적 : 2,946m²
용 적 률 : 99.56%
건 폐 율 : 25.37%
구　　조 : 철근콘크리트
규　　모 : 5층

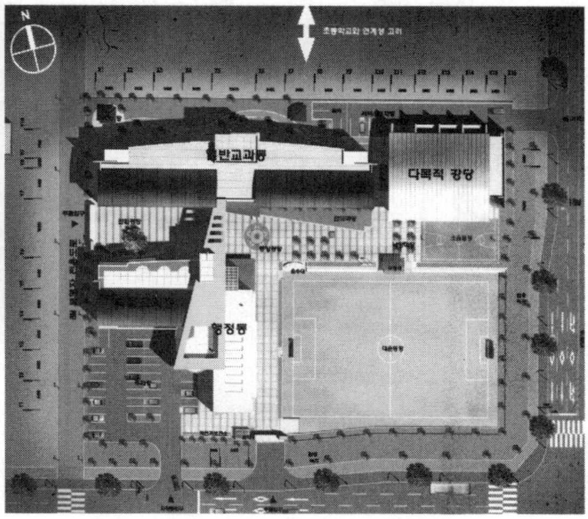

배치도

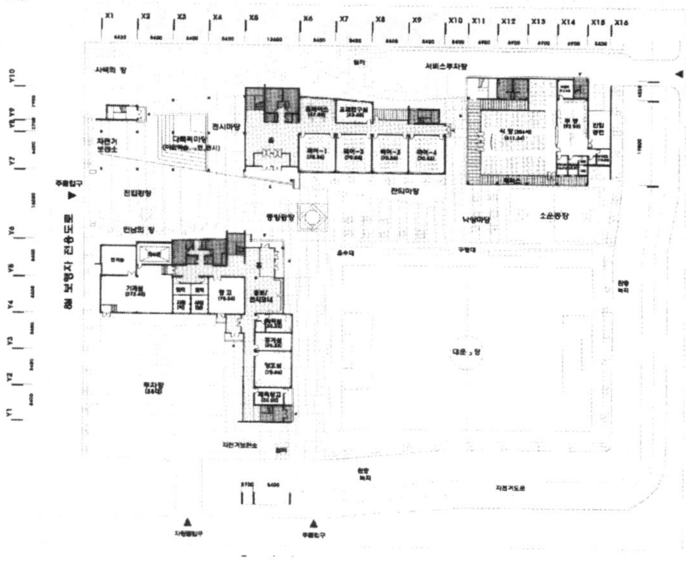

1층 평면도

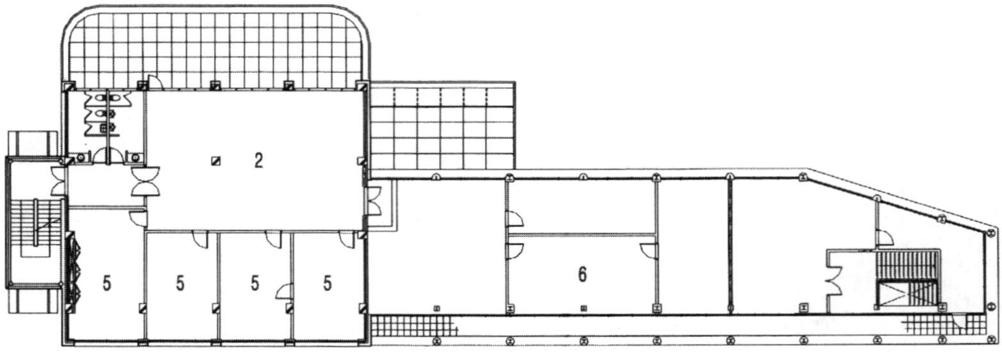

3층 평면도

남측 입면도

II 유치원

1. 개요

보육시설의 형태는 크게 둘로 나눌 수 있는데, 하나는 학령기 전 입학전의 사회훈련을 목적으로 하는 곳으로 보통 유치원으로 분류되며, 또 하나는 출생직후부터 학령기까지의 아동을 보호자를 대신해서 돌보아 주는 곳으로 보호자가 직장에 나가거나 병으로 인하여 돌볼 수 없는 경우를 대상으로 하는 탁아소이다.

유아교육시설은 시간을 두고 장기적으로 연구되어야 할 문제이며, 그 내용도 단지 건축만을 문제삼아서는 안되며, 내부의 설비, 옥내·외의 시설 등에 대해서도 충분히 고려해야 한다.

유치원의 시설계획을 하기 전에 어린이들의 특수한 신체적 조건 및 유아심리의 상태, 유아 교육의 일반적 과정 등을 이해할 필요가 있다. 유아교육의 필요한 시설 설비는 교육목적 및 목표를 달성하기 위해 가장 효과적으로 설정되어야 한다. 초등학교에서는 교육계획에 따라 시간 배당이 되어 그 시간마다 교과교육이 실시되고 있으나, 유아교육은 강제적으로 부과되는 학습이 아니라 어디까지나 자발성에 따른 놀이가 중심이 되고 그 놀이를 통해서 교육되어 지식이나 사회성을 체득해 가기 때문이다. 그러므로 유치원 시설은 유아 본위로 생각해야 하고 유아의 풍부한 상상력을 자극할 수 있도록 평면계획에서 단조로움을 피해 다양한 구성이 되도록 해야 한다. 또한, 유아의 생활범위를 확대하기 위해서 교실의 연장으로서 옥외공간을 계획해야 하며, 유치원의 시설은 학습교재의 차원에서 구성되어야 한다.

2. 유치원의 대상 연령, 교육내용, 및 기능도

1) 연령과 학급

만 4세로부터 취학 전까지의 어린이가 대상이며, 학급의 최대 기준은 40인 이하이며, 30인 이하가 적절하다. 교사는 1학급당 1명이 적당하다.

2) 교육 내용

초등학교의 학습지도 요령과 달리 교과별 대신에 영역별로 되며, 각 영역은 몇 개의 교과를 융합시킨 것으로 건강, 사회, 자연, 언어, 음악리듬, 그림제작의 6가지 영역으로 되며, 교육일수는 220일 이상이며 초등학교처럼 방학이 있다.

유치원의 유아 일일 보육과정을 참고할 필요가 있다.

① 유아의 일일 보육과정

3시간의 일과	4시간의 일과
8:40~9:00 도착, 간단한 신체검사 9:00~9:40 자유놀이 9:40~9:50 정리 및 정돈, 화장실 가기 9:50~10:10 함께 모이는 시간 (이야기 나누기, 계획하기) 10:10~10:20 간 식 10:20~10:40 작 업 10:50~11:20 함께 모이는 시간 (노래 및 율동, 휴식, 게임) 11:20~11:30 손씻기 11:40~11:50 동화, 동시 11:50~12:00 평가 및 귀가	8:40~9:00 도착 간단한 신체검사 9:00~9:40 자유놀이 9:40~9:50 정리 및 정돈, 화장실 가기 9:50~10:10 함께 모이는 시간 (이야기 나누기, 계획하기) 10:10~10:20 간 식 10:20~10:50 작 업 10:50~11:20 바깥놀이 11:30~11:50 함께 모이는 시간 (동화, 동요 듣기) 11:50~12:20 점 심 12:20~12:40 휴식 또는 조용한 활동 12:40~1 :00 노래, 게임 1:00 귀 가

자료: 서울시 교육위원회편 「새유치원 교육과정 자료집」

3) 유치원의 기능도

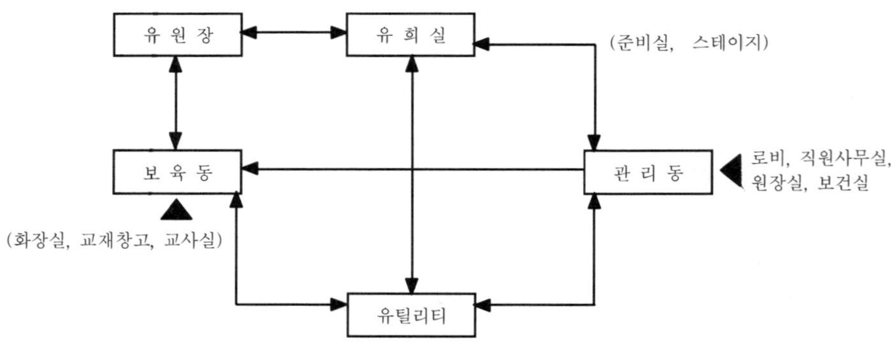

【그림 7-15】 유치원의 기능도

3. 유치원의 규모

1) 시설 기준

① 유원장의 최소 면적은 150m² 이상으로 한다.

② 반의 수가 1개반을 초과시 초과 학급마다 50m² 가산한다.

③ 보통 교실은 66m² 이상이며, 30인 이하인 경우 50m² 이상으로 산정한다.

④ 유희실은 50m² 이상(보육실 4개실 마다 유희실 1개를 계획)으로 한다.

⑤ 화장실은 반당 1개실 이상 설치한다.

2) 유치원의 규모 산정

① 유치원은 유지관리나 경제적인 이유에서는 많은 인원수를 수용하면 좋지만 유아 연령을 고려하여 가정적인 분위기를 주기 위하여 소규모의 유치원으로 계획하는 것이 바람직하다.

② 최적 학급수는 3~4학급의 15~20명이 적당.

③ 아동 1인당 교육공간의 면적은 3~5m^2 정도이며 옥외공간은 2~3배로 보면 적당.

④ 유치원의 공간조직을 살펴보면 보육실과 유원장은 하나의 교육장으로 연관시켜 계획해야 한다.

⑤ 순수 교실 면적은 1.5~2m^2/인 정도로 한다.

⑥ 교지 규모 기준 : 8..5m^2/ 인

3) 유치원 교사 · 운동장의 면적

<table>
<tr><td rowspan="2">학급편성</td><td colspan="2">1학급(일반) 40인 이하</td><td></td></tr>
<tr><td colspan="2">5세 아동 30인~39인
4세 아동 20인~29인
3세 아동 10인~19인</td><td></td></tr>
<tr><td rowspan="2">원사의 계획</td><td>학 급 수</td><td>1 학급</td><td>2학급 이상</td></tr>
<tr><td>면 적 [m^2]</td><td>180</td><td>320+100(학급수-2)</td></tr>
<tr><td rowspan="2">운동장의 면적</td><td>학 급 수</td><td>2학급 이하</td><td>3학급 이상</td></tr>
<tr><td>면 적 [m^2]</td><td>330+30 (학급수-1)</td><td>400+80(학급수-3)</td></tr>
<tr><td>원사의 면적</td><td colspan="3">단층 건물이 원칙, 보육실, 놀이실, 변소는 1층에 둔다
내화구조로 유아의 피난에 유효한 설비가 있으며 2층에도 좋다</td></tr>
</table>

4. 대지계획

1) 입지조건

대지는 기존시설의 위치, 교통상황, 일조 통풍 등 위생이나 공해문제 등도 고려한다. 통원거리는 그 지역의 지리와 인구밀도, 호수를 조사하고 지역내의 유아 총수를 산출하여 어떤 거리에 있는지를 조사하여 결정한다. 적정 통원권으로는 5세아 400m, 4세아 300m, 교통사정이 좋은 경우 500~600m가 유아의 보행한도로 볼 수 있다.

① 교통소음이 없고 안정된 환경으로 유아가 안심하고 통원할 수 있는 장소

② 공장 등에서 떨어져, 유독가스나 매연, 먼지, 소음 등의 영향이 없는 장소

③ 전염원이나 쓰레기처리장 등이 부근에 없어야 한다.

④ 풍기가 문란하고 위해의 염려가 있어서는 안된다.

⑤ 주변에 위험한 강, 바다, 연못, 호수가 없어야 한다.

2) 대지조건

① 쾌적하면서 일조가 좋은 장소이어야 한다.
② 대지의 넓이는 유치원 면적의 3배 이상으로 한다.
③ 어느 정도 넓이의 직사각형이나 정사각형이 바람직하다.
④ 평탄한 지형보다도 고저차가 있는 것이 변화가 있고, 매력적인 대지가 될 수 있다.
⑤ 좁은 대지에서도 공원, 광장 등에 접하는 경우 일조, 통풍 등 환경이 좋은 대지가 좋다.

5. 배치계획

대지를 구성하는 요소로는 다음의 것이 있다.
① 교사 : 보육관계실, 관리관계실 등
② 놀이장 : 운동장, 화단, 관상지, 테라스, 조경, 어프로치 부분, 놀이 정원, 빈터, 서비스에리어(주차장 등) 등
배치계획에서는 이들의 구성요소, 공간의 연속 및 유아들의 행동 등을 동시에 계획한다.

1) 교사로의 접근방법

배치계획에서는 접근방법이 중요한 요소이며, 이는 동선계획에도 영향을 미친다.
① 현관에서의 접근 : 현관에 아동 전원의 신발장을 설치하며 이를 위해서는 현관의 면적이 다소 넓어야 한다. 일제히 등원 또는 퇴원할 때 동선이 복잡해진다.
② 각 보육실 앞의 테라스에서의 접근 : 각 보육실 앞의 테라스에 신발장을 설치하여 테라스에서 직접 들어간다. 집단 등원이나 퇴원을 무리없이 할 수 있으나, 테라스가 통로가 되기 쉽고 보육실의 독립성이 결여되지만, 가장 많이 사용하는 예이다.
③ 그룹별 등, 퇴원구에서의 접근 : 연령 또는 그룹별로 등, 퇴원구를 구분하여, 여기에 신발장을 설치한다. 동선의 혼란을 피할 수 있고 보육실의 독립성도 확보되며, 넓은 현관을 두지 않아도 되나, 출입구가 수 개소로 분산되어 관리가 어려워진다.

2) 교사의 배치

① 북쪽교사에서 남쪽으로 향한 놀이장이 이상적이나 테라스가 통로가 되기 쉽고, 보육실의 독립성이 훼손되는 결과를 가져 올 수 있다. 그러므로 남쪽교사에 북측 놀이장을 배치할 경우도 있다.
② 동. 서 교사의 배치도 있지만, 이 경우는 분동형에 유리하다.
③ 유치원에서는 오전중의 보육이 대부분이므로 남측에서 동측을 향하는 배치를 할 경우가 있다.

④ 교사는 원칙적으로 단층 건물로 하되 특별한 사정이 있어서 2층으로 할 때에는 교실, 유희실, 화장실은 1층에 두도록 한다.

3) 놀이장

① 유원장과 교사와의 관계를 고려하여, 교사의 기능이 충분히 발휘할 수 있도록 계획한다.

② 계획에 따라 운동장이 남북으로 나눠질 경우가 생길 수 있는데, 이 경우 남쪽 운동장은 햇빛이 잘 들어오기 때문에 동적인 활동을 위주로 하고, 북쪽은 정적이며 정원식으로 하는 것이 좋다.

③ 남측의 개구부 부근에 수목을 심어 실내를 어둡게 하든지, 통품을 저해하는 계획은 피해야 하며, 통풍, 채광 등의 자연조건이나 유아의 동선 등을 포함해서 계획한다.

④ 지역 사회와의 조화를 목적으로 하여, 담장을 낮추고 원내가 보이도록 개방적으로 처리한다. 방풍, 방진, 방음을 위해 생울타리, 꽃나무, 키 작은 나무 등을 병용한다.

⑤ 대지에 고저 차가 있는 경우는, 옥외 스테이지를 만들어 이용하든지 놀이터로서 변화 있는 놀이 기구의 배치로 대지의 특징을 살린다.

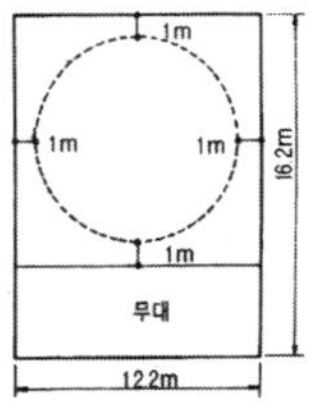

· 한 학급당 40명 기준
· 원아간 간격 80cm
· 주위여유공간 1m
· 무대공간 4m
· 유희실 최소면적
12.2×16.2≒198(200m²)

【그림 7-16】 유희실의 규모

6. 유치원의 블록 플랜

<table>
<tr><td>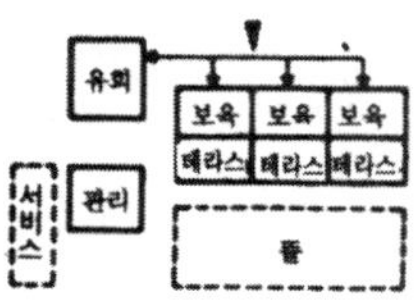</td><td>◦남쪽의 뜰과 북에 보육실이 있는 일반형
◦북쪽출구는 뜰로 나오는데 돌아 나오는 것이 흠이다.
◦남쪽출입은 휴희실로 가는 동선을 고려하여 북으로 복도를 내는 등을 검토해야 한다.</td><td>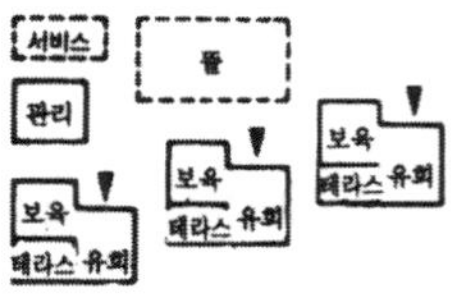</td><td>◦연령별로 생활권을 나누어 독립한 동으로 된 형
◦각 동에는 옥내외의 보육생활에 충분한 공간과 설비가 있어야 한다.</td></tr>
<tr><td>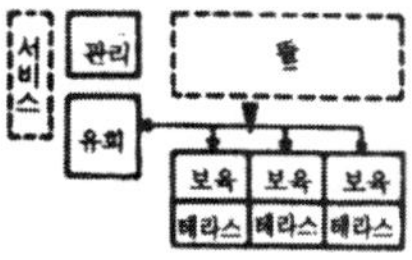</td><td>◦북쪽에 뜰이 있고 신을 벗는 곳을 북쪽에 냈다.
◦보육실 남쪽의 테라스를 신을 신고 다니는 범위로 하면 좋다.
◦뜰의 소음이 북쪽 복도에서 차단되어 보육실의 독립성을 유지한다.</td><td>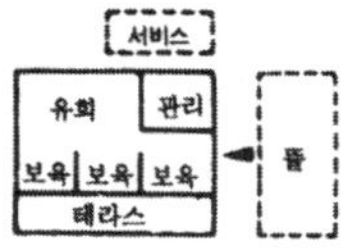</td><td>◦소규모 원에서 볼 수 있는 형
◦1실을 사용목적에 따라 가른다.
◦보육이 서로 간섭을 받게 되므로 보육의 전개에 연구를 한다.</td></tr>
<tr><td>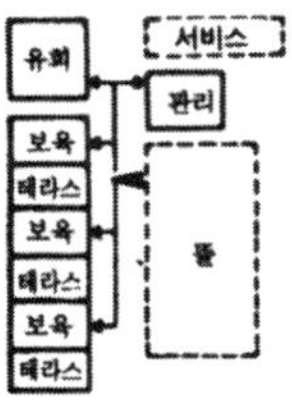</td><td>◦뜰과 원사주위를 신을 벗는 선을 경계로 하여 동서로 분할한 형
◦각 보육실을 독립된 생활권으로 만들 수 있다.</td><td>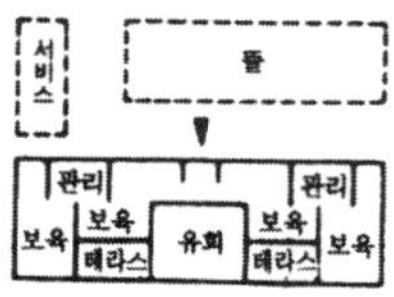</td><td>◦팀을 짠 몇 명의 교사에 의해 그룹 보육을 병행해 나가는 보육에 적합한 형
◦여러 가지 놀이에 적합한 소공간을 구성할 필요가 있다.
◦관리하는 스페이스가 보육공간에 분산 배치된다.</td></tr>
<tr><td>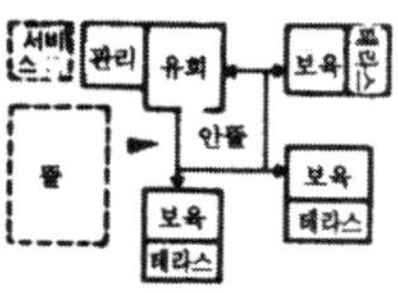</td><td>◦뜰을 신을 벗는 선으로 나누어 신을 신고 다니는 범위 내에 안뜰을 도입한 형
◦안뜰주변에 회랑을 만들어 연령별 보육실을 분산 배치하여 각각의 생활권을 확실하게 할 수 있다.</td><td>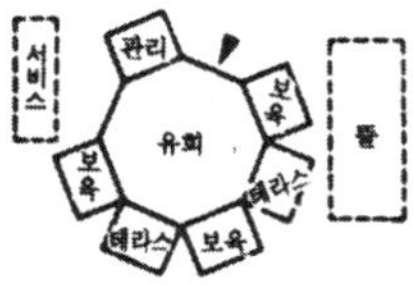</td><td>◦전체가 하는 옥내유희를 중심으로 한 형이며 그룹보육을 각 보육코너에서 한다
◦소규모일 때는 좋다.</td></tr>
</table>

7. 평면 계획

1) 각 부문의 구성

시설은 관리부문 및 공용부분으로 구성된다.

① 관리부문 : 사무실, 직원실, 보건실, 급식실, 회의실, 방송실, 응접실, 원장실, 조유실,

기계실 등으로 구성된다.

② 보육부분 : 보육실, 놀이실, 음악실, 다목적실, 시청각실, 유아실 등으로 구성된다.

③ 공용부분 : 현관홀, 화장실, 창고 등으로 구성된다.

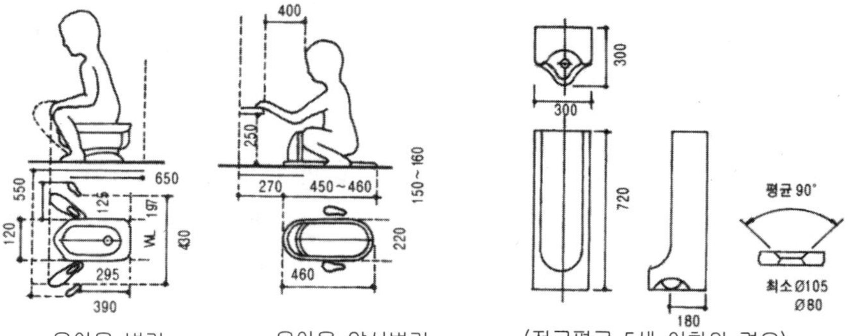

【그림 7-16】 체위와 변기치수

2) 조닝(zoning)

관리부문과 보육부문이 주요 요소가 되나 이중에서 보육부문은 보육공간과 놀이공간으로 나누어진다.

조닝은 이들 관리부문, 보육공간, 놀이공간을 주축으로 실시한다.

① 원룸형(1실형) : 보육공간과 놀이공간을 원룸으로 하는 유형. 가구배치에 의해 여러 가지 공간을 만드는 일이 가능하다. 그러나, 독립성이 결여되어 보육에 대한 연구가 있어야 한다. 소규모 시설에 한정된다.

② 병렬형(1자형) : 관리부문, 보육공간 그리고 놀이공간을 한 줄로 늘어놓은 유형, 보육실을 균등하게 남측면으로 할 수 있다. 관리부문과 보육부문을 출입구에서 분리하면 조닝이 명쾌해지지만 단조롭고 정원 변화가 결여되어 건물과 뜰이 일체가 되기 어렵다.

③ L형 : 놀이공간을 구석부에 두고, 관리부문과 보육공간을 L자형으로 하는 유형, 관리실에서 보육실, 놀이실, 놀이장을 감시할 수 있다.

④ 중정형 : 안뜰을 확보해서 주위에 관리부문, 보육공간, 놀이공간을 배치하는 유형, 각 실의 통풍, 채광이 좋은 안뜰은 맑은 날은 놀이실 대용이 된다. 이 경우 소음 문제가 야기될 수 있다.

⑤ 분산형 : 관리부문, 보육공간, 놀이공간을 분산시키는 유형, 보육공간은 독립해서 제각기 앞뜰을 갖게 된다. 보육공간에 놀이공간을 포함한 유형도 있다.

⑥ 중앙 놀이실형 : 놀이실을 중앙에 잡고 주위에 관리부문, 보육공간을 배치하는 유형, 불필요한 공간이 없고, 기능적이다. 각 보육공간은 테라스, 앞뜰 등 독자적인 공간을 갖는 일이 가능하다.

3) 계획상 유의사항

유치원은 유아에게 있어서 하루의 주요시간을 보내는 장소이고, 친구와의 놀이나 식사 등을 통해서 친구를 사귀는 등 생활의 장이며 집이기도 하다. 따라서 단순한 보육의 장 이상으로 유아에게 있어서 생생한 변화가 많은, 그리고 유아들의 잠재되어 있는 가능성을 끌어낼 수 있는 공간으로 계획한다.

① 유아에게 친숙함과 즐거움을 주기 위해 평면적으로나 입체적으로 모양이나 공간에 변화를 주는 계획을 세운다. 예를 들면, 요철이 있는 평면, 고저차가 있는 바닥과 천장이나, 여러 가지 코너부를 두는 것이 좋다.

② 보육실, 놀이실은 정원에 접해서 옥외와 옥내의 연결을 도모하고 교사, 놀이장을 유아들이 드나들 수 있도록 한다. 그리고, 놀이실 바닥은 목재바닥이 가장 좋으며 부분적으로 카펫을 깔고 충분한 밝기를 유지해야 한다. 보육실이 병열로 배치되는 경우, 중앙에 배치하는 경우가 있지만, 지역개방을 위해 접근로 부근에 배치하는 경우가 있다.

③ 교실은 장시간 생활하게 되므로 세면장, 화장실을 인접 설치하고, 수업상황을 자연스럽게 볼 수 있는 관찰실이 있으면 좋다.

④ 의무실은 사무실에 가깝게 있어야 하며, 매일 아침 어린이들의 건강진단을 해야 하기 때문에 현관에 가깝고 유희실로 가는 도중에 있는 것이 좋다. 이 방은 언제나 청결해야 하며 신체 계측용 기기의 수납, 건강관리에 필요한 자료선반에 대해 충분히 고려하고, 밝고 조용한 동시에 친밀감을 주는 분위기를 만들어야 한다.

⑤ 직원실, 보모실은 시설운영의 중심이며 외래자와의 접점이 되는 장소이기도 하다. 그러므로 외래자에게 알기 쉽도록 접근로는 운동장이 보이는 위치로 한다.

⑥ 급식실은 조리실, 배식실, 사무실, 창고 휴게실의 5가지 코너로 나뉘어지나, 규모가 작은 유치원의 경우 유희실의 한쪽 코너에 조리실을 설치해서 간식정도를 제공하는 것이 보통이다. 청결과 환기에 신경을 써야하며, 서비스용 엑세스룸을 포함해서 유아의 동선과 교차하지 않도록 한다.

⑦ 유아에게는 용변의 해결능력이 중요한 학습의 하나이기 때문에, 화장실 계획은 특히 신중을 기해야 한다. 세면장을 따로 설치할 경우, 가능하면 교실 한쪽 구석에 유리스크린으로 막아 직접 자유롭게 출입할 수 있는 곳에 설치하여 세면과 음용의 목적 이외에는 사용하지 않도록 한다.

⑧ 유아의 올바른 생활습관이 형성되도록 배려한다. 가정과 같이 생활할 수 있도록 하기 위해서 사육사와 정원 등도 설치한다.

⑨ 지역사회에서의 시설개방이나 장애아를 수용하는 일을 고려해야 한다.

⑩ 색채계획은 소재감이나 용도에 맞는 따뜻하고 밝은 안정감이 있는 색을 사용해서 하나의 색이 결합되어 전체적으로 차분한 분위기가 되도록 한다. 일반적으로 다색을 피하면서 서향 또는 남향에는 연한 녹색이나 푸른색 계통을, 북향은 노란색으로 하고, 벽은 빛의 50%를 반사할 만큼 밝게 칠하는 것이 좋다.

⑪ 겨울이나 혹서시에는 옥외활동이 어려우므로 운동장 역할을 하는 놀이실, 보육실의 계획을 세워야 한다.

4) 옥외공간의 계획

① 유치원에 있어서 운동장은 교육과 놀이의 연장이므로 다양한 놀이를 수용할 수 있는 여러 시설물들이 꾸며져야 하고, 잔디나 흙, 모래 등의 적절한 바닥재료가 선택되어야 한다.

② 현관까지의 어프로치 부분은 시설의 얼굴이 되는 장소이며 충분한 스페이스를 확보하고 밝고 친숙한 환경을 꾸며, 잔디나 저화목을 이용한다.

③ 보육실내의 유아가 밖에 정신이 팔리는 일이 없도록 놀이장인 운동장과 교사의 중간에 전목을 배치하여 전망을 차단하도록 한다.

④ 놀이장의 공간구성은 놀이의 성격에 의해 교실학습의 연장으로서의 정적인 놀이공간, 고정놀이 기구를 이용한 중간 놀이공간, 공지에서 활발한 운동을 하는 동적인 놀이공간의 3가지 영역으로 나눌 수 있다. 이들은 활동 성격상 공간적으로 분리가 되면서 다른 원아들에 의해 최소한의 간섭을 받고, 최대한의 시간 동안 그들의 흥미를 자극하고 활동을 추구할 수 있도록 해야 한다.

⑤ 화단 등 관상용 놀이장은 유아의 마음을 여유 있게 하는 장소이고, 길을 따라 교사부근에 마련한다. 교사의 남측에는 실내의 통풍, 일조를 고려해서 저화목을 심는다. 화단은 4계절 때때로 꽃을 심어 관리를 유아들이 하도록 하는 일도 고려한다.

8. 방재 · 피난계획

재해가 발생할 경우, 유아이기 때문에, 피난경로를 명확히 해서 계단의 디딤판, 단높이, 슬로프의 물매, 난간높이의 간격도 충분히 유의해야 한다.

9. 세부 계획

1) 각 실의 설계

① 실의 종류

구분 / 실명	유아원 실치기준에 의해 필요한 교실설비	유치원 설치기준에는 없으나, 설치가 바람직한 실 · 설비
실의 종류	직원실, 보육실, 놀이실, 보건실, 변소, 수세 음료수용 설비, 세족 설비	회의실, 영사설비, 물놀이장, 도서실, 급식설비, 방송설비, 유아청소용설비

② **보육실**

- 30~40명으로 50~60m²
- 2실을 가동칸막이로 1실을 하는 수도 있으며, 4실 이상에서는 유희실을 마련한다.
- 연령별로 정리하여 분산배치하면 유아들에게 편안한 감을 주어서 자기 집에 있는 것 같은 기분을 준다.

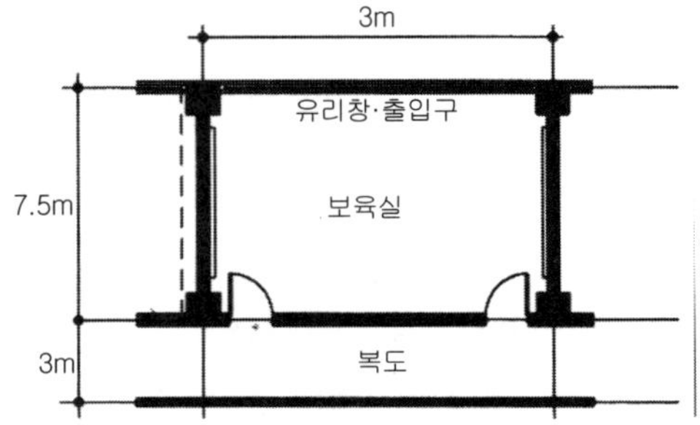

③ **유희실**

직원실과 보육실과의 연관성을 고려한 배치계획를 하여 그 주위에는 풀, 온실, 파골라, 벤치, 잔디, 나무를 설치한다.

- 한 학급당 40명 기준
- 원아간 간격 80cm
- 주위 여유 공간 1m
- 무대공간 4m
- 유희실 최소 면적 12×16.2≒198(200m²)

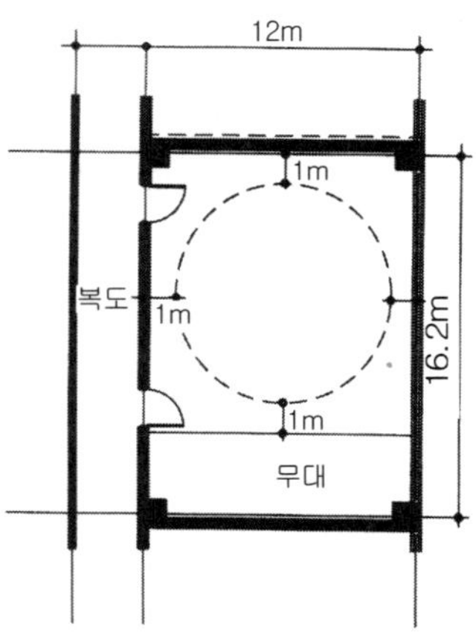

【그림 7-17】 유희실의 규모

④ 학급 및 놀이공간의 유아 20명을 기준으로 한 요구 공간

행위 (activity)	면적[m^2]		비 고
	최소	최적	
일 반 학 습	13.5	18.0	음악기기 보관함, 운반차, 칠판 등
블 록 학 습	4.5	6.7	일반학습과 연결되면 2~3m^2도 가능
조 작 놀 이	9.0	13.5	캐비넷 필요
읽 기, 듣 기	조작놀이 공간에 포함		책상과 낮은 선반
소 꿉 놀 이	9.0	13.5	서랍장, 선반, 조리, 거울 등
그림 그리기	9.0	13.5	이젤, 싱크, 탁자 등
교 사 실	4.1	4.1	프라이버시를 위해 막힌 공간
작 은 방	5.4	8.1	
화 장 실	3.6	4.5	
부 가 창 고	2.1	9.0	냉장고, 교사의 이용공간
계	60.7	100.3	

⑤ 변소

주요한 놀이공간에서 직접 갈 수 있으며, 선생의 시선에 미치는 곳, 의류 탈착을 자신이 할 수 있도록 배려한다(의류를 벗을 수 있는 따뜻한 바닥마무리 등)

	유아의 수	79인 이하	80~239인	240인 이상
변기	대변기 및 소변기의 각각의 수	유아의 수/20	$\frac{(유아의\ 수)-80}{30}+4$	$\frac{(유아의\ 수)-240}{40}+10$

⑥ 갖추어야 할 가구

책상, 걸상, 흑판, 미끄럼틀, 그네, 모래장, 피아노 또는 오르간, 레코드플레이어, 나무쌓기, 완구, 종이, 잔디용구, 그림책, 기타 보건위생용구, 사육재배용구, 그림제작 용구

⑦ 설계시 유의사항

- 실에서 운동장에 출입할 수 있는 반옥외적인 테라스를 남쪽에 마련한다
- 유아가 친숙하고, 밝은 마무리로서, 창도 얕고, 바닥은 앉을 수 있도록 깨끗하고 따뜻한 마무리로 하고, 둥글고 모난 곳이 없을 것
- 책상은 2인용 또는 4인용
- 장난감, 보육용구의 벽장, 서랍을 마련한다

2) 관리부분 계획

① 사무실

물품 및 작업 스페이스	치 수 [mm]	면 적 [m²]
① 책상과 의자가 접하는 스페이스 및 주위	책상 1060×635 의자 410×410 좌우틀 300 전후 800	(1인당) 3.2m²
② 직원로커, 서류선반·교제교구선반 등의 스페이스(철제가구 1대마다 3명이 사용)	1800×1400×⅓	(1인당) 0.84m²
③ 인쇄대 및 작업스페이스	책상 1370×635 선반 1800×400	약 (1.8×1.8) 3.24m²
④ 방송설비 및 작업스페이스	1800×1800	3.24m²
⑤ 세면대 및 작업스페이스	세면대(456×510)+ 스페이스900×600	0.54m²
합 계 / 교사 한 사람의 경우		11.06m²
합 계 / 교사 3명까지는 한 사람 늘때마다 (단 원장실은 제외)		4.04m²

② 의무실

• 진찰·사무를 위한 넓이 사 무 책 상 의 자 서 류 선 반 약 품 선 반 의료기구선반	1.8×2.7m+0.4m²=5.26m² 1060×635mm 410×450mm 400×900mm 400×900mm 500×900mm(1.8×3.6=6.8m²)
• 유아의 휴양을 위한 스페이스 1 인 당 베 드 선 반 의 류 선 반	 1.5×1.8m=2.70m² 600×1200mm 300×600mm 600×900m(1.8×2.7m=4.86m²)
2클라스에 베드 1개, 3~4 클라스는 베드 2개, 5~6 클라스는 베드 3개	
• 세면 또는 그 작업 스페이스 세면기	0.6×0.9m=0.54m² (0.9×1.8m=1.62m²)
• 계량기 두는 곳	0.9×2.8m=2.43m² (1.8×3.6m)=6.48m²)
합 계	10.93m²(19.44m²)

10. 유치원 실례

⬅ 겔젠키르헨 유치원

스쉬코비츠 + 코발스키
(Szyszkowitz + Kowalski)

위　　치 : 겔젠키르헨주
대지면적 : 1,117m²

내부사진

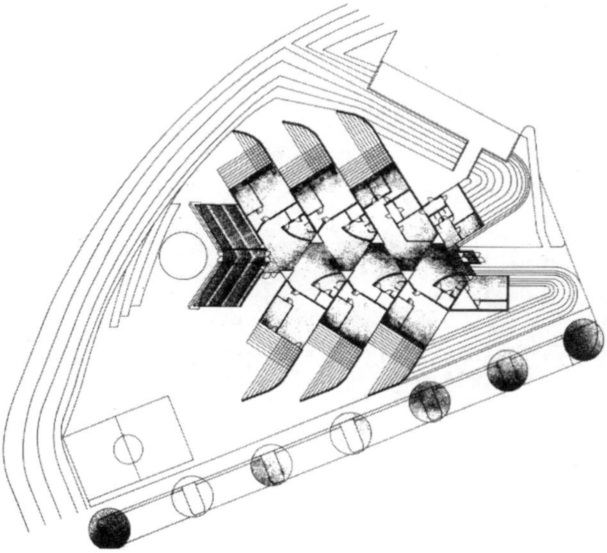

배치도

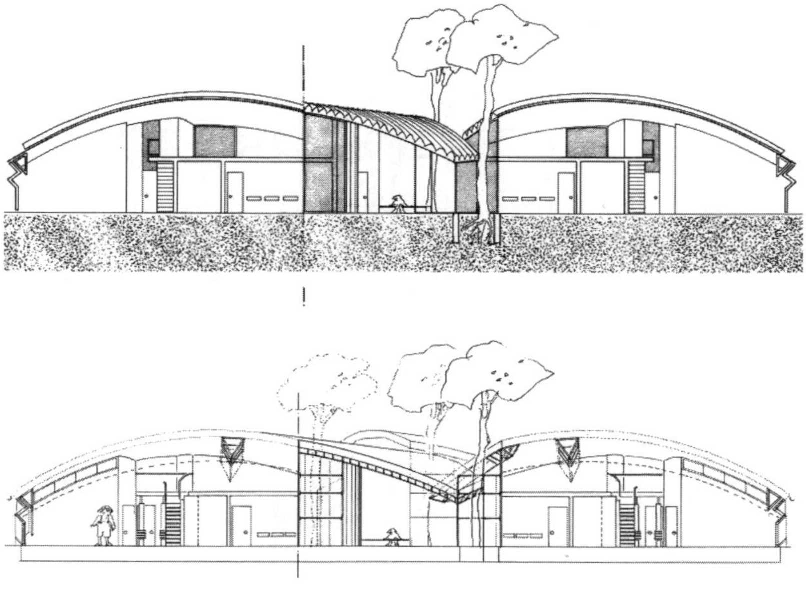

단면도

➡ 월성 원자력 유치원

길록건축 + 현택수(경일대)

위　　치 : 경주 양남면 읍천리 539-1, 639-1, 639-2
대지면적 : 2,664m²
연 면 적 : 1,511.01m²
건축면적 : 731.36m²
용 적 률 : 52.85%
건 폐 율 : 27.45%
구　　조 : 철근콘크리트조
규　　모 : 지하 1층, 지상 2층

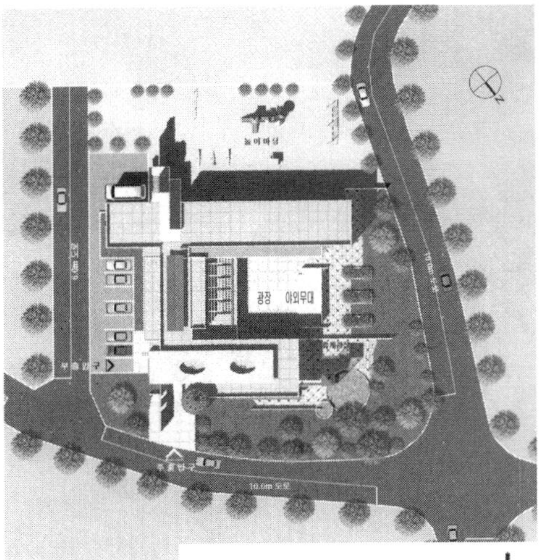

site plan

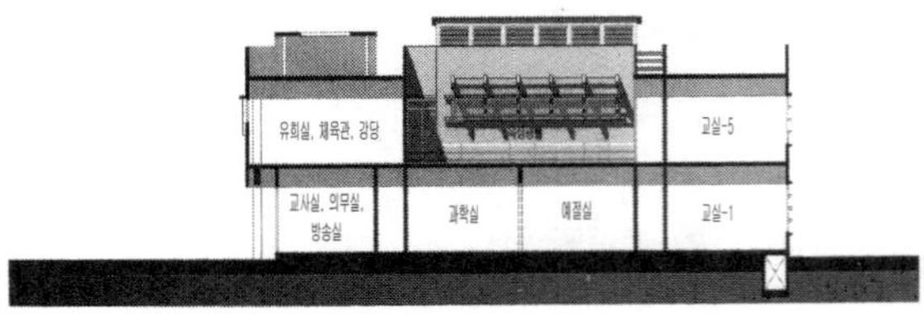

lngitudinal section

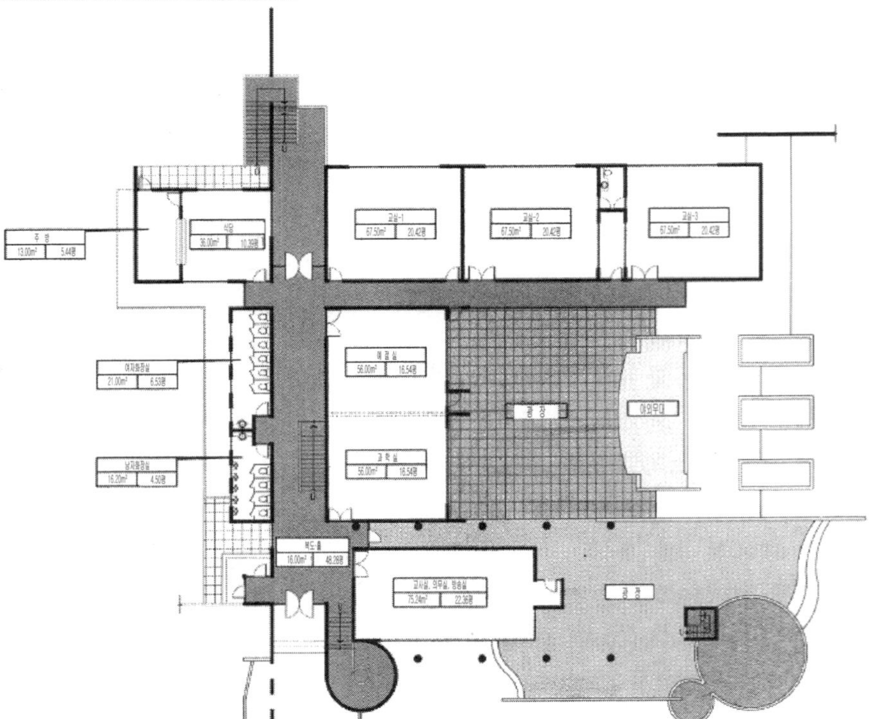

1st floor plan

III 보육원

1. 개요

보육원은 보호자의 위탁을 받아 유아를 보육하는 시설로서 여기에서 보호자라 함은 노동 또는 질병 등에 의하여 유아를 보육할 수 없는 자를 말하나 현대에는 직업을 가진 어머니의 증가에 따라 저소득층에 한정하지 않고 일반 소득층의 유아를 보육하고 있는 실정이다.

이러한 경향은 주택환경의 약화, 놀이터의 부족, 인력의 부족, 더욱이 근처에 유치원이 없는 등의 이유로 점차 증가추세에 있다.

보육의 기본적 성격은 유아의 양호와 교육의 일체화이며 연령별 보육 내용은 다음과 같다.

【표 7-4】 보육원에 있어서 보육내용의 구분

연령구분	영 역
1년 3월 미만	생활, 놀이
1년 3월 ~ 2년	
2년	건강, 사회, 놀이
3년	건강, 사회, 언어, 놀이
4년	건강, 사회, 언어, 자연, 음악, 조형
5년	
6년	

2. 보육원의 그루핑

1) 보모 1인당 유아수

0세아는 3인
1세아는 3인
2세아는 5인
3세아는 12인
4세아는 20인
5세아는 20인까지 보육할 수 있다.

2) 직원

소장, 보모, 사무원, 영양사, 조리사 등의 고용원이 있게 되며 보건원을 두면 더욱 이상적이며, 최저 기준으로는 보모와 촉탁의사로 되어 있다.

3. 소요실 및 시설 기준

1) 보육원 시설기준

시설구분	기 준	비 고
유 희 실	반당 1실 실당 유아 전용 면적 최소 $66m^2$ 이상 원아 1인당 $1.65m^2$ 이상 30인 이내일 경우 $50m^2$ 이상	환기, 채광, 조명, 방습설비를 해야 한다.
유 원 장	$99m^2$ 이상 1인당 $3.3m^2$ 이상 1개반 초과 마다 $50m^2$ 가산	유희실과 겸용가능
변 소	소변기 : 반당 남녀 각 1개(유아용) 대변기 : 반당 1개 이상(유아용)	
급수시설	수도(펌프 또는 우물일 경우에는 수질검사에 합격해야 한다)	
세 면 대	반당 2개 이상	
취 사 실	원아에 대한 중식을 동시에 조리할 수 있는 면적과 시설	종일반 운영시설에 한한다.
유희시설설비	흑판, 괘도걸이, 사물함, 피아노 또는 오르간	
유 원 장 설 비	놀이 시설은 3종 이상, 모래밭	

2) 영아반 시설기준

시설구분	기 준	비 고
거 실	반당 1실 실당 영아 전용면적 $30m^2$ 이상 영아 1인당 $1.65m^2$ 이상	환기, 채광, 조명, 방습설비와 영아에게 적합한 시설을 한다.
유 원 장	반당 $37m^2$ 이상 1인당 $2.5m^2$ 이상	위와 같음
변 소	서변기 : 반당 남녀 각 1개(유아용) 대변기 : 반당 1개(유아용)	환기, 채광, 조명, 방습 및 방충망을 설치한다
세 면 기	반당 1개 이상	

4. 계획시 고려사항

① 통원거리 고려 300~500m 이내(신시가지)
② 일조, 통풍, 주변 교통량 검토
③ 규모는 대규모를 피하고 소규모 5클라스 정도(60~90인)
④ 연령에 따른 공간 및 놀이 시설 구분
⑤ 유아 놀이 시설 고려(옥내와 옥외의 연속성 고려)
⑥ 블록 플랜은 편복도의 핑거 타입에서 테라스나 중정형을 통한 클러스터 형태가 적당
⑦ 유원장

- 운동장 에어리어 : 달리기, 뛰어넘기, 술래잡기, 직선 30~50m 정도 필요
- 술래잡기 에어리어 : 소꿉놀이와 정글 놀이 등 소그룹의 놀이장, 모래밭
- 고정놀이 에어리어 : 시소, 미끄럼대, 정글짐, 사닥다리
- 자연경관 에어리어 : 주변에 동식물을 모아 가꾸기 위한 사육장, 화단, 연못

5. 각 소요실 특성

1) 보육실

① 연령에 따른 융통성이 있는 실 고려
② 획일적, 평균적인 보육실은 좋지 않다.

2) 0~2세 보육실

① 수면 스페이스 : 조용한 분위기
② 식사 스페이스 : 안정된 분위기, 옆에 조유실 고려
③ 청정 스페이스 : 목욕실, 기저귀실, 타월실, 세탁실, 건조실
④ 놀이 스페이스 : 기어 다니기 위한 청결하고 안전한 실
⑤ 보모 스페이스 : 수납공간

3) 2~3세 보육실

① 2세아 보모 2인 : 유아 10인
② 3세아 보모 1인 : 유아 12인
③ 보육시설 : 낮잠, 식사, 놀이, 청정 스페이스, 변소, 술래잡기, 기차놀이 책을 읽을 수 있는 공간

4) 4~5세 보육실

① 놀이의 종류에 따라 성격 형성의 공간
② 놀이 공간

6. 보육원 실례

송일경로당

김 인 철(아르키움)

위　　치 : 서울 성동구
　　　　　송정동 73-1084
대지면적 : 228.66m²
연 면 적 : 190.32m²
건축면적 : 114.21m²
용 적 률 : 83.66%
건 폐 율 : 49.9%
구　　조 : 철근콘크리트
규　　모 : 지상 2층

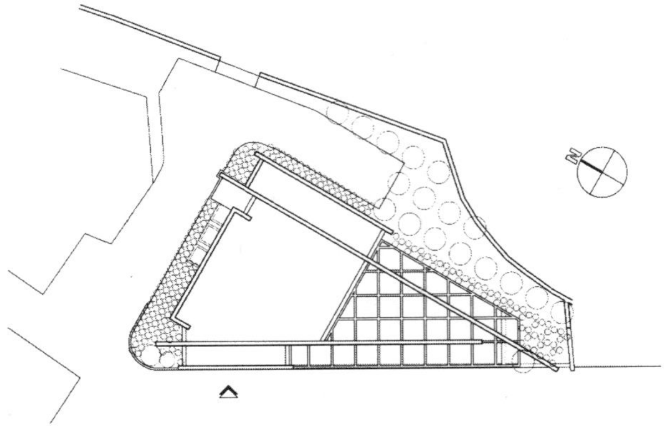

배치도

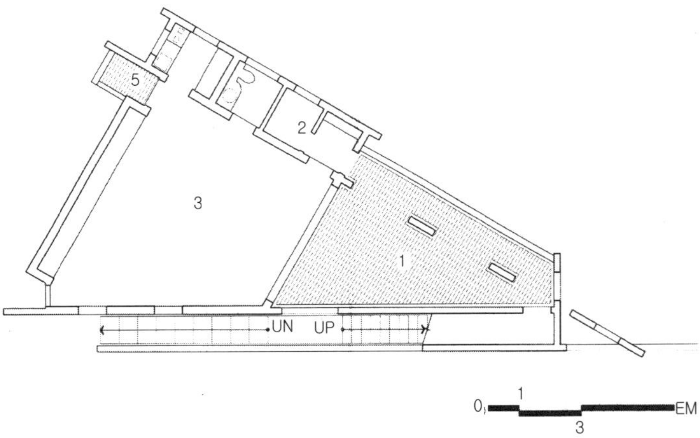

1층 평면도

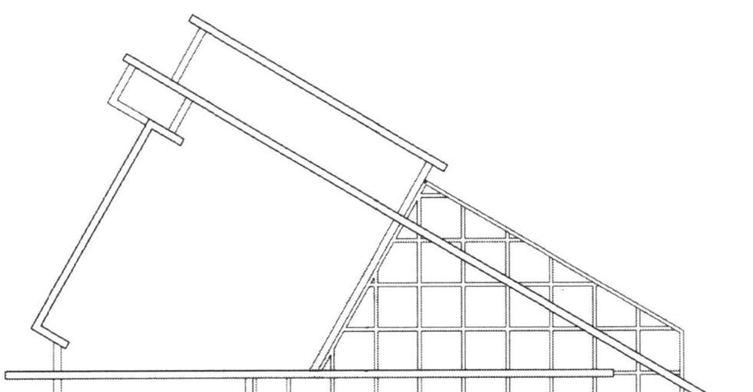

지붕 평면도

⬆ 서울시청직장어린이집

서 혜 림

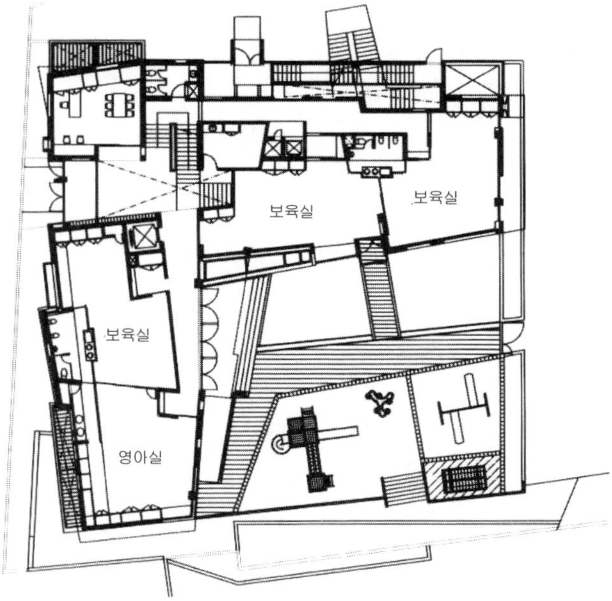

1층 평면도

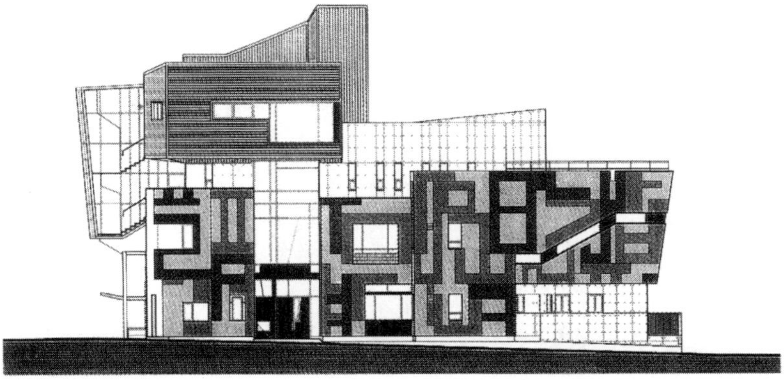

정면도

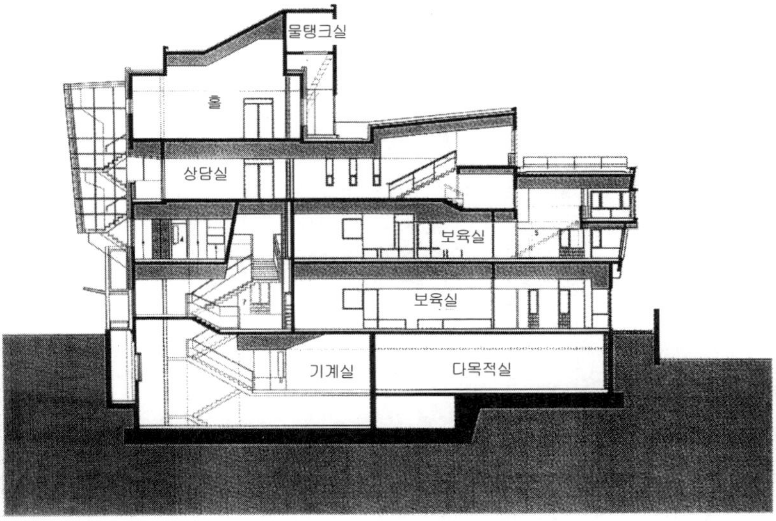

단면도

8

의료시설

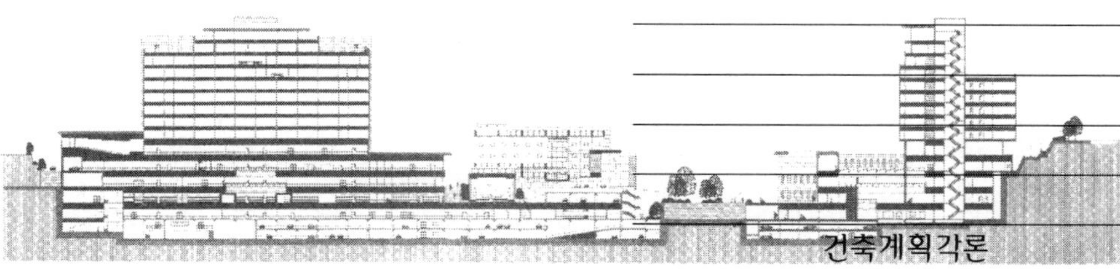

8 (醫療施設)

의료시설

I 병원 건축

1. 개요

일반적으로 의료시설은 의원, 클리닉, 병원, 종합병원 등으로 구분되며, 이외에도 의학적 치료는 끝났지만 사회적응이 곤란한 정신병환자나 결핵환자 등을 위한 생활요양시설, 정신병자・노인・소아 등의 환자를 대상으로 하는 주간 시설인 데이 호스피탈(day hospital), 주로 정신과 환자를 대상으로 하는 나이트 호스피탈(night hospital) 또는 말기 암환자를 대상으로 하는 시설인 호스피스(hospis) 등이 있고, 이들 시설을 같이 운영하는 곳도 있다. 의료법에서는 의료기관의 정의를 「의료인이 공중 또는 특정 다수인을 위하여 의료, 조산의 임무를 행하는 곳을 말한다.」로 규정하고 있으며, 의료시설의 종류로는 종합병원, 병원 치과병원, 한방병원, 의원, 한의원 및 조산소로 구분하고 있다.

의료법상 "종합병원"이라 함은 의사 및 치과 의사가 의료를 행하는 곳으로서 입원환자 100인 이상을 수용할 수 있으며, 내과・일반외과・소아과・산부인과・진단방사선과・마취과・임상병리과 또는 해부병리과, 정신과 및 치과를 포함한 9개 이상의 진료과목이 있는 의료기관이며, "병원", "치과병원" 또는 "한방병원"이라 함은 의사・치과의사 또는 한의사가 각각 그 의료를 행하는 곳으로서 입원환자 30인 이상을 수용할 수 있는 갖추고 주로 입원환자에 대하여 의료를 행할 목적으로 개설한 의료기관이나, 다만 치과

병원의 경우에는 그 입원시설의 제한을 받지 않는다. "요양병원"이라 함은 의사 또는 한의사가 그 의료를 행하는 곳으로서 요양환자 30인 이상을 수용할 수 있는 시설을 갖추고 주로 장기요양을 요하는 입원환자에 대하여 의료를 행할 목적으로 개설하는 의료기관이며, "의원", "치과의원", 또는 "한의원"이라 함은 의사·치과의사 또는 한의사가 각각 그 의료를 행하는 곳으로서 진료에 지장이 없는 시설을 갖추고 주로 외래환자에 대하여 의료를 행할 목적으로 개설하는 의료기관이다. "조산원"이라 함은 조산사가 조산과 임부, 해산부, 산욕부 및 신생아에 대한 보건과 양호지도를 행하는 곳으로서, 조산에 지장이 없는 시설을 갖춘 의료기관을 말한다.

2. 병원의 규모 및 전체계획

1) 전체계획

병원 건물은 그림과 같이 block 나누기를 하는데, 병동부, 중앙진료시설, 외래부는 병원 독자적인 활동을 위한 부문이며, 서비스부는 그 운영을 행하는 부문이다.

종합병원의 총면적은 학교와 기숙사를 제외할 시 bed당 약 40~50m²가 필요하며 그중 ⅓~½은 병동이다.

① 병동부

1조의 간호사들(8~10명)이 담당할 수 있는 병상수를 1간호 단위로 하고 이것을 1단위로 설계한다. nursestation은 각 간호단위의 성격에 따라 가장 간호하기 쉬운 위치에 둔다. 간호 단위는 타인의 출입시 nursestation은 통로로 이용되지 않도록 하며, 각 간호단위의 성격에 따라 병실을 관리하기 쉬운 위치에 둔다.

간호의 종류에 의한 간호 단위로서는 일반 병동에서는 내과·외과·산부인과·소아과로 나누지만, 이렇게 나누기가 어려울 때는 혼합단위로 하고 병실로 구분하며, 특수병동에는 결핵전염병, 정신병의 간호 단위로 나눈다.

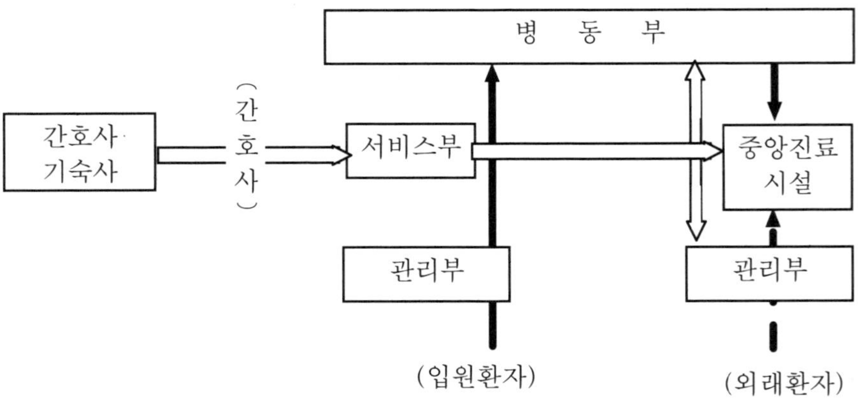

【그림 8-1】 병원 주요부분의 구성

② **외래부**

외부와의 교통이 편한 위치에 두며, 가능한 단층으로 하여 노인이나 환자가 계단을 오르내리지 않게 한다. 진료실, 처치실, 소검사실을 주로 하고 privacy를 지켜 소음의 차단에 유의한다.

대합실은 비교적 혼잡하기 쉬운 곳이므로 대기하는 동안 불쾌함을 덜 갖도록 계획하고 환자와의 동행인을 고려하여 대합실 규모를 산정해야 한다.

③ **중앙 진료 시설**

검사부, 방사선부, 물리치료부, 분만부, 약국, supplycenter, 혈액은행부, rehabilitation 훈련부(사회복귀를 위한 기능훈련실), 등에 의해 구성되며, 진단 치료보급시설 등을 중앙화 시킨것이며 외래부와 병동부와의 중간에서 쌍방의 연락에 좋은 위치에 둔다.

④ **서비스부**

조리실, 세탁실, 후생시설, 기계관계실 등에 의해 구성된다.

조리실의 위치, 설비는 급식방식, 병동으로의 급식동선 등을 고려하여 계획하며, 재료와 기기의 반입 반출에 편리하도록 서비스부의 출입구는 넓게 하여 주차도 가능토록 한다.

⑤ **관리부**

의사, 간호사, 기술원, 관리자, 사무원, 서비스 관계직원 등의 시설로 대규모 병원에서는 일반 사무실이 크므로 면적관계로 이를 1개소에 모으기는 평면계획상 어렵다. 그러므로 그 중에서 외래와 입퇴원의 수납, 회계 등 환자와 접하는 부분을 분리하여 출입구에 가까이 둔다. 간호사는 보통 3교대 근무이므로 기숙사는 병원과 인접해 있도록 한다.

2) 기본적 일반사항

① 환자에 대한 계획을 주로 하고, 의료뿐 아니라, 간호서비스를 고려하고, 설비를 중앙집중화하여, 기능을 단순화하여 환자에게 체계적이고 조직적으로 서비스를 줄 수 있도록 계획한다.

② 외래, 진료, 병동, 서비스, 관리 등 각 부를 종합하여 배치하고, 상호의 관련을 잘하며 또 각 동선이 교차되지 않도록 평면계획을 고려한다. 출입구의 설정이 중요하다. 또 평면적으로 펼치지 않고 고층화하며 능률화한다.

③ 원칙적으로 각종 설비를 중앙진료부분에 집약해서, 능률적인 이용을 하기 쉽도록 한다.

④ 장래의 확장변경에 대처하며 또 정원을 기능적으로 살린다.

⑤ 구조는 내화구조로 하고, 성에너지를 고려한다. 마무리를 청결하게 하고 위생적인 것으로 한다.

⑥ 의료법에 의한 제설비를 완비한다.

⑦ 약품, 멸균재료, 식사, 리넨, 소모품, 먼지 등 이러한 것을 반송기계화할 수 있으며, 물품반송의 일원화를 전제로 한 부문구성, 원내배치를 고려한다.

⑧ 컴퓨터화에 의한 건축계획면에 대한 영향이 생긴다(각과에서 기록한 의료기록카드가 컴퓨터화에 의해 중앙컴퓨터 통제실에 통합되어 간다. 이것이 배치계획에 영향을 준다.)

⑨ 설비가 고도화되면 설비투자가 증가되고 경영에 압박을 준다.

⑩ 방재계획을 충분히 검토하여 둔다. 수평피난을 첫째 목표로 하고, 환자를 일시적으로 안전구역에 피난시키도록 고려한다.

⑪ 중금속, 시언, 유기용매 등, 폐액, 폐기물처리 관리를 고려한다.

3) 병원의 부문구성과 공간분류

구분	부서	주행위 공간	보조공간
병동부문	일반 병동부	입원실, 격리병실, 처치실	간호대기소, 작업실, 리넨실, 오물처리실, 배선실, 창고, 환자용 휴게실, 화장실, 욕실(모든 부서 공통)
외래부문	중환자부	중환자병실, 격리병실	간호대기소, 작업실, 리넨실, 오물처리실, 소독, 세척실, 가족대기실
	외래진료부 응 급 부	진찰실, 처치실, 주사실, 부속검사실, 처치실, 진찰실, 소수술실, 관찰실, 격리실, 고압산소실	각과 접수 대기실, 소아놀이실, 접수, 간호대기실, 리넨실, 오물처리실, 가족대기실, 창고
중앙진료부문	검 사 부	각종 임상병리검사실, 해부병리검사실, 자동분석실	접수, 채혈실, 대기실, 세척실, 혈액은행, 창고
	방사선진단부	X선 촬영실, 초음파진단실, CT실, 암실, 판독실	접수, 대기실, 조작실, 컴퓨터실, 필름보관실, 창고
	방사선치료부	선형가속실, 코발트실, 조정장치실, 진찰실	접수, 대기실, 조작실, 동위원소저장, 폐기실
	핵의학부	Gamma 촬영실, 측정실, 실험실, 스캐너실, 진찰실, 암실, 판독실, 입원실	접수, 대기실, 필름보관실, 동위원소보관, 분배, 폐기실
	수술부	수술실, 수술대기실, 회복실	간호대기실, 작업실, 소독실, 세척실, 오물처리실, 소독품창고, 가족대기실
	분만부	분만실, 진통실, 회복실, 격리실	간호대기실, 작업실, 오물처리실, 소독품창고, 가족대기실, 창고
	신생아부	정상아실, 미숙아실, 환아실, 격리실	간호대기실, 작업실, 조유실, 수유실, 면회실, 리넨실, 오물처리실, 창고
	재할의학부	물리치료실, 운동치료실, 수치료실, 작업치료실, 일상 동작훈련실, 언어 청각치료실, 의지장비실	접수, 대기실, 창고

구분	부서	주행위 공간	보조공간
공급부문	약 제 부	조제실, 제재실, 용액실	접수, 대기실, 약품창고
	멸균재료부	소독실, 세척실, 작업실	소독품창고, 리넨창고, 불결물회수실
	급 식 부	주방, 식당	식품창고, 냉장실, 냉동실
	세 탁 부	세탁실, 재봉실, 작업실, 건조실	리넨창고, 세제창고
	근 조 부	빈소(개인, 공동), 장례식장	냉동실, 부검실, 간이주방, 창고
	기 계 실	보일러실, 전기실, 공조실, 엘리베이터 기계실	
	기타	매점, 은행, 소각장, 작업장, 중앙창고	하역장, 창고
관리부문	관리사무부	접수, 수납, 관리관계실, 간호실, 도서실, 교환실, 회의실, 원장실	대기실, 강당, 창고, 당직실, 관리인실, 직원휴게실, 갱의실, 화장실, 욕실
	의무기록부	사무실, 컴퓨터실	의무기록창고

※ 약제부는 의·약 분업으로 기능이 약화되었음

4) 규모

대 지	1,000~300베드로 100m×100m를 최소한으로 한다.	
건 물	학교, 숙사를 포함시	43~63m^2 /베드
	학교, 숙사를 제외시	40~50m^2 /베드
	병 동 면 적	20~27m^2 /베드
	병 실 면 적	10~13m^2 /베드
	간호부숙사	12m^2 /인
조 직	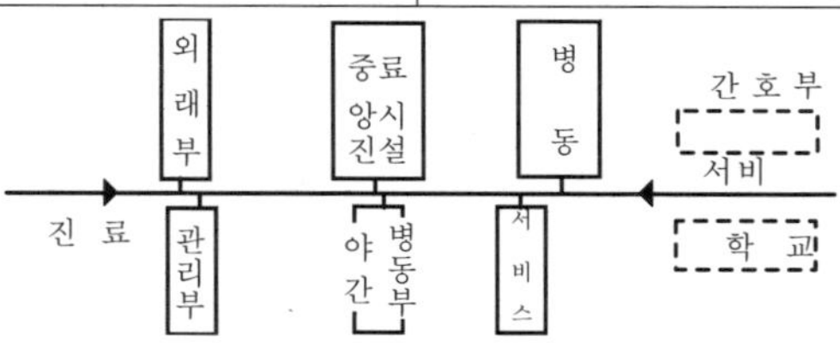	
	(1) 병 동 부	병실, 간호사스테이션(간호작업실, 처치실), 오물처리실, 세탁실, 리넨실, 식당, 요리실, 욕실, 세면장, 변소
	(2) 외 래 부	외래진료실, 처치실, 소검사실, 대합실, 접수, 회계 제약창구, 야간 병동부
	(3) 중앙진료시설	약국, 수술부, 분변부, X선부, 물료부, 검사부, 서프라이센터, 혈액은행, 리하빌리티션부
	(4) 서 비 스	급식관계제실, 세탁관계제실, 전기·기계관계제실, 의료재료관계제실, 폐기물처리시
	(5) 관 리 부	원장, 수간호사실 등, 사무실(회계실), 접수, 응접실, 도서실, 숙직, 용원실, PBX, 락커실, 매점, 식당, 방재센터
	(6) 간호사숙사부	침실, 교양오락실, 세면, 화장실(필요에 따라 식당, 욕실, 강의실 등)

5) 병원의 부문별 면적비

	항목 [단위m²] \ 병원		A	B	C	D	E	F	G	H	I	J	평균 비율 [%]
	베드수[대]		63	100	140	200	279	348	387	402	443	1002	
부문별 면적구성 면적(m^2) 비율(%)	병동부분	면적	830	1,470	2,450	4,290	4,880	6,670	8,630	9,420	9,080	23,940	40전후
		비율	38.4	39.5	41.3	39.3	39.7	40.7	41.9	36.8	38.3	47.3	
	외래진료부분	면적	300	450	580	1,420	2,060	1,790	3,070	3,370	3,890	3,090	10~15
		비율	13.8	12.0	9.8	13	16.7	10.9	14.9	13.2	16.4	6.1	
	중앙진료부분	면적	440	760	1,410	,2070	2,600	3,330	3,690	5,820	5,060	11,370	20
		비율	20.4	20.3	23.8	19	21.2	20.3	17.9	22.8	21.4	22.5	
	관리부분	면적	180	400	410	1,000	1,000	1,270	1,440	2,929	2,390	5,190	7~11
		비율	8.2	10.7	7.0	9.2	8.1	7.8	7.0	11.4	10.1	10.3	
	서비스 부 분	면적	410	660	1,070	2,140	1,740	3,310	3,790	4,050	3,270	6,990	15~20
		비율	19.1	17.6	18.1	19.6	14.2	20.2	18.4	15.8	13.8	13.8	
	계	면적	2,160	3,740	5,920	10,920	12,280	16,380	20,620	25,580	23,690	50,580	
		비율	100	100	100	100	100	100	100	100	100	100	
	1베드당 연면적		34.3	37.4	42.3	54.6	44.0	47.1	53.3	63.3	53.5	50.5	40~50 m^2/바닥

3. 병원의 종류

1) 대상 질병에 의한 병원의 종류

① 일반병원 : 대상질병이 결핵, 정신병, 나병 등 특수 질병 이외의 것을 대상으로 하는 병원이다. 100bed를 넘는 종합병원은 도시의 중심적인 병원이 되고, 의료권도 넓으므로 차량을 통한 통원에 대한 배려도 필요하다.

② 결핵병원 : 결핵환자를 위한 전문병원이나 최근 결핵환자의 감소에 의해 시설수가 격감하고 있다.

③ 정신병원 : 정신장애자를 위한 전문병원이다. 단기수용과 사회복지를 목적으로 한 데이호스피탈(day hospital)이나 나이트호스피탈(night hospital)등도 있다.

④ 전염병원 : 이질, 콜레라 등의 법정 전염병을 다르는 격리수용을 위한 전문병원이다.

⑤ 나병병원 : 나병을 위한 전문병원이다.

⑥ 기타 : 최근에는 전문병원으로서 암병원, 순환기병원, 소아병원, 리허빌리테이션병원,

노인병원 등이 전문 병원의 영역으로 자리를 잡고 있다.

2) 설립주체에 의한 병원의 종류

① 공공병원 : 국가, 지방자치단체, 적십자사 등이 설립한 병원이다.

② 사립병원 : 주로 의료법인 혹은 개인이 설립한 병원이다.

4. 건물의 구성(블록 플랜)

1) pavilion type(분관식)

근대 병원의 초기에는 각 진료과가 1동씩 건물로 나뉘고, 여기에 각각 진찰실, 수술실, X선실, 검사실, 의국, 병실을 둔 것이 많았다.

이것은 원내의 환자끼리 감염방지의 고려차원과 각과 교수 밑에서 독립된 의학교육이 행해진데서 유래되었다. 또한 초기에는 사무실·급식·조리실·세탁실 등도 각동으로 이루어졌으나 후에 관리부 서비스부를 공통의 것으로 하여 별동에 묶어 각과의 동은 복도로 연결시켰다. 이렇게 각 진료과별로 동을 나누어 구성된 건축형식을 pavilion type이라고 하나, 지금은 이러한 형식은 거의 없다. 결핵이나 정신병원 등의 새 병원에서는 병동을 몇 개의 단층으로 나누어 분산배치계획을 한다. 여기에는 집약할 수 있는 것을 중앙에 집약화하였고, 병동부분에는 환경조건을 균일화하기 위해 단층으로 병렬한 것이므로 pavilion type과는 다르다.

2) 병동집약형(블록 타입)

구조기술의 발달과 엘리베이터의 개발 등에 의해 발달한 수직형 병원으로 단일 고층형의 병동을 고층화한 집약형이다. 이 형식은 관리부, 외래 진료부, 중앙진료시설, 서비스부로부터 독립시켰으며 대지면적의 제약이 있는 경우에 유효하다. 끊임없는 병원의 확장과 의료기기의 발달로 병원의 성장변화에 대응할 수 없기 때문에 바람직하지만은 않다.

3) 기단형

저층부에 병동이외의 부분을 수평으로 넓게 배치하고, 그위에 고층화한 병동을 계획한 형식을 말한다. 가장 집약화된 형식으로 대지면적에 제약이 많거나 도시에 적합한 형식이다. 고층부의 병동과 직접 연결되지 않는 저층부는 상층의 제약에 구속되지 않아서 집약화의 장점을 잃지 않고 설계의 자유도가 확보된다. 병열형으로 이어지는 새로운 전형이 되었다.

4) 다익형

분관형과 기단형을 절충시킨 형태로 각 부분간의 긴밀한 연계성을 유지하면서도 좀더 자유로운 계획이 가능한 형태라 할 수 있다. 진료기술이나 설비의 진보, 변화에 의해 각

부문이 성장, 변화할 수 있는 자유도가 높은 계획이 필요하며, 그 요구에 알맞도록 병동은 고층화하나 기타의 부문은 제각각 별도로 증측될 수 있도록 다익형으로 한 형식을 말한다. 각 부속 건축물은 각동의 폭이나 기둥간격을 독자적으로 결정할 수 있기 때문에 기단형의 단점을 많이 해소시킬 수 있다. 이 형태는 병원기능의 성장변화에 건축적인 대응을 부여한 새로운 형식이라 할 수 있다. 대지면적에 어느 정도의 여유가 필요하다.

5. 대지 조건

사회적 조건으로 교통편이 좋고, 상하수도·전기·가스 등의 도시적 서비스가 좋아야 하며, 소음이나 대기오염 등의 영향이 적어야 한다. 또한 자연적 조건으로 지형이 평탄하고 정사각형에 가까운 형태, 장래의 증축 공간 및 주차장 부지가 충분히 확보된 면적을 가지면 좋으며, 일조 및 통풍조건이 좋아야 한다. 일반병원에서 다익형의 평면인 경우, 용적률을 100% 이하로 계획하여 연면적의 약 2배의 부지 면적을 확보한다. 또한 대지에 여유가 없어 고층화하여 집약형으로 해야 할 경우에도 용적률은 300%를 상한으로 한다.

	모 델	특 징
분관형	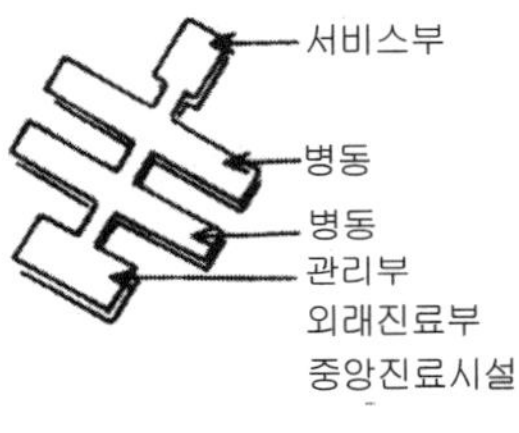	① 평면 분산형식으로 각 건물은 3층 이하의 저층 건물이다. ② 외래부, 부속진료시설, 병동을 각각 병동으로 하여 복도로 연결된다. ③ 도심에 부적합하다. ④ 설비가 분산되고 보행거리가 길어진다.
병동집약형	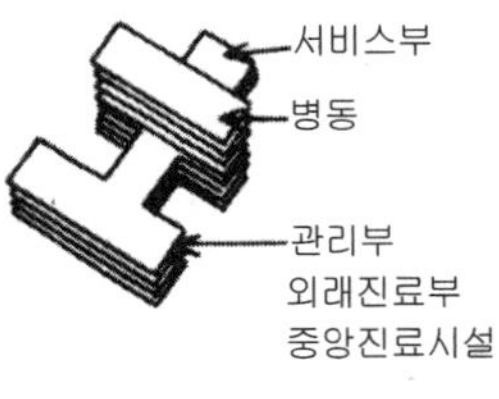	① 집중형과 유사한 특징을 가지고 있다.
집중식	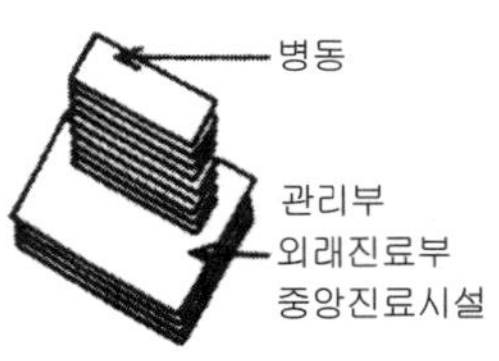	① 관리부, 외래진료부, 부속진료부, 병동부를 한 동으로 구성한 형식이다. ② 관리비가 싸고 설비비가 절약된다. ③ 현재 대규모 종합병원에서 채택하고 있다.
다익형		① 최근에 의료수요의 변화, 진료기술이나 설비의 진보와 변화에 따라 병원 각부의 증·개축이 필요하게 되어 다익형 플랜이 출현되었다.

6. 배치 계획

1) 어프로치

① 대지로의 진입로는 일반용과 서비스용의 2개소로 한다.

② 노선버스를 구내로 진입시킬 경우 정류장은 출입구에서 약간 떨어져야 한다.

③ 대지 내에서는 보도와 차도를 분리한다.

④ 주차장은 먼저 병원소유차량, 구급관계 차량, 반입・반출용 차량의 스페이스를 확보하여 외래용의 주차장, 오토바이, 자전거보관소를 확보한다. 주출입구 앞이 자동차로 채워지지 않도록 정면에 주차장을 설치하지 않도록 하는 등의 배려가 필요하다.

2) 출입구

① 외래객과 입・퇴원자의 출입구는 가능하면 분리한다. 방문객의 출입구는 입・퇴원자와 같아도 된다.

② 구급부문의 입구는 외래자와는 별도로 설치하지만 구급차 이외에도 택시나 자가용차로 올 수 있도록 알기 쉬운 위치에 설치한다.

③ 서비스용의 출입구는 후면으로 하고 대형차에 의한 작업공간을 확보한다.

④ 병동 또는 영안실에서 나오는 시체는 다른 동선과 중복되지 않도록 한다. 특히 입원, 외래환자의 눈에 띄지 않도록 한다.

3) 부속시설

부속간호학교, 의사・간호사 및 부속간호학교 생도를 위한 숙소 및 탁아소를 병원구내에 설치할 경우는 거주자의 생활을 고려해서 근무처와 너무 가깝지 않도록 한다.

7. 병동부의 계획

1) 간호단위

① 간호단위의 크기

병동부는 1조(8~10명)의 간호사가 간호하기에 적절한 병상수를 가지고 1단위를 구성한다. 간호단위의 크기는 숙련간호사를 얼마나 확보할 수 있는가, 또 입원환자 병상의 경・중에 의해 정하여지고 보통 25bed가 이상적이지만 여러 사정상 40~50bed가 많다.

② 간호단위의 분화

과거에는 간호단위를 과별로 두었으나, 현재는 간호의 종류별로 나눈다.

정신병, 전염병, 결핵, 소아, 산과, 외과, 내과의 순으로 분화시킨다. 중규모 병원에서는 외과와 내과는 혼합해도 좋다고 한다.

최근에는 소아병동 고급 간호단위(특별요금을 내는 고급 병실을 모은 단위) 진단병동

(human dock) 등을 별개로 독립시키는 방법도 있다.

③ PPC(progressive patient care)

계획은 병상과 간호의 필요도에 따라 환자를 나누는 방법인데 일부 병원에서 시도하고 있다. 이중에서 가장 집중적인 간호력과 고도의 설비를 배치한 밀도 높은 치료의 간호 단위는 ICU(intensive care unit)이며 대수술 후의 환자나 중증환자를 대상으로 한다. 이 경우 간호사는 환자 1인에 1명 이상이 필요하다.

④ ICU(Intensive care unit)

주로 외과계 질환을 중심으로 한 것인데 심근경색의 급환자를 수용하여 강력한 치료를 행하는 CCU(Coronary Care Unit)가 만들어져 이를 ICU의 일부에 함께 한 것도 있다.

2) 병동계획

병동은 각호 단위마다 병실, 세면소, 화장실, 오물처리실, 처치실, 작업실, linen 창고, 배선실, 간호사 근무실 등으로 구성된다.

① nurse station

위치는 간호단위의 중앙 특히 bed군의 중심에 두어 간호사의 보행거리를 짧게 하며, 단위 내에 상황을 장악할 수 있도록 정한다.

② **병실**

환자가 장시간 보내는 거실로 일조, 통풍조건이 좋은 조용한 환경이 요구된다. 병실의 종류는 수용하는 bed 수로 불리는데 개실(1bed), 2bed실, 3, 4, 5 bed실, 총실 등이다. 2bed실 이상의 병실이 privacy는 덜하지만 간호상 편리하며, 총실은 가벼운 간막이로 6, 4 또는 2bed로 나누는 데 이것을 cubicle system이라 한다.

외과병동에는 수술 직후의 환자를 수용하기 위해 몇 개의 recovery(회복실)을 두고 산소용 또는 흡인용 배관 등의 설비를 한다. 이것은 nurse station에 접근시키는 수도 있다. 병실의 크기는 1인실 6.3m^2 이상, 2인 이상의 실에서는 1인당 4.3m^2 이상(clearance)이고, 소아용은 그의 ⅔ 이상이 필요하다.

3) 병동의 종류

① 일반병동 : 특수병동 이외의 일반 병동을 말한다.

② 산부인과 병동 : 임산부와 신생아를 다룬다. 임산부와 신생아는 면역성이 없어 저항력이 약하므로 다른 병동과는 다른 방식의 대응이 필요하다. 출산후 48시간의 신생아보육은 모자동(母子棟) 실방식(rooming in system)과 신생아실 방식(nursery system)으로 나누어진다. 최근에는 모자동실 방식이 자연스럽고 어머니가 입원기간중에 신생아를 다루는데 익숙해지므로 권장되는 경향이다. 미숙아나 병이 있는

신생아는 소아병동으로 옮겨지므로 소아병동에 가까울수록 좋다.

진통실, 분만실, 신생아실, 목욕실, 수유실 등이 있다.

③ 소아병동 : 소아병동은 소아과뿐 아니라 질병의 여부를 막론하고 정신적으로나 신체적으로 발육단계의 어린이들을 대상으로 하고 있다. 채광이 잘되는 일광욕실을 겸한 놀이실 등을 두고서, 보육을 포함한 요양의 장을 만드는 것을 목적으로 하고 있다. 소아병실은 어린이들이 혼자 있는 것을 싫어하므로 2인 이상의 병실로 하되, 모든 소아는 전염병이 잠복한 것으로 간주하여 투명비닐, 또는 유리 등의 안전스크린 장치를 하여 서로를 격리된 상태에서 바라 볼 수 있게 해야 한다.

④ 노인병동 : 노인에게는 만성질환이 많고 치료보다는 회복(rehabilitation)에 중점을 두므로 생활개조가 필요해진다. 화장실을 병실근처에 배치하고 오물처리실(bedpan room)도 필요하며 일광욕실이나 식당을 충실히 계획한다. 또한, 노인병동은 별도로 설치함으로서 일반병동의 회전율을 높일 수 있다.

⑤ 정신과병동 : 정신병원과 달리 발병초기의 환자나 단기간의 치료환자 및 신체적 질환이 있는 정신병환자를 다룬다. 일반시민에게 있어서 정신병원에 입원하기 보다는 일반병원에 대한 저항이 적다. 일반 간호단위 내에 포함시키는 형식과 별동으로 계획하는 형식이 있다. 별동의 경우에는 직접옥외로의 출입구를 만들어서 레크레이션요법이나 산책을 할 수 있도록 한다. 정신병환자중 회복기에 있는 개방형 병실은 일반병실에 준하는 설비를 해도 무방하지만, 흥분성 환자 및 비개방성 병실에 수용되어 있는 환자는 자살, 도망 등을 방지할 수 있는 특별한 설비를 하여야 한다.

⑥ 전염병동 : 일반적으로 전염병만으로 간호단위를 형성하는 것은 어렵고, 전염병동은 대도시의 병원으로 한정된다. 또한 일반병동과 밀접한 관계를 두고 보통 때는 일반질환에 전용하여 사용하므로 효율을 높이는 경우가 많다. 병실 밖으로 나가는 일은 금지되어 있으므로 병실에 화장실, 샤워시설, 텔레비전 등을 설치한다. 환자나 오염물의 동선이 병원내·외의 동선과 교차하지 않도록 한다.

⑦ 집중치료병동(ICU : I.C.U.(Intensive Care Unit)는 밀도 높은 의료와 간호, 계속적인 관찰을 필요로 하며, 일정기간 집중적인 치료와 간호에 의해서만 회복이 가능한 중환자를 대상으로 한다. 치료, 간호를 우선으로 하는 특별한 설계가 필요하며, 호흡 불완전, 순환기 불순 등의 환자를 대상으로 하므로 최신 의료기기를 갖추어야 한다. 환자의 대부분이 대수술후의 환자가 많고, 수술부와 밀접한 연결을 지니므로 수술부에 가까운 위치로 한다. 보통 재실기간은 3일 정도이다.

관찰병동을 설치한 예도 있다.

⑧ 특수치료병실 : 특수한 치료실로서 방사선치료 병실과 무균병실(bio clean room)이 있다.

⑨ 특수병동

• 정신병원

㉠ 전문정신병원은 입원 기간이 길으나 종합병원 정신과는 입원기간이 짧다.

㉡ 병동은 지면과의 연결, 거주성을 중시한다.
㉢ 통원 환자가 많아 외래부는 별로 중요하지 않다.
㉣ 면적 : 병동이 전체의 60% 이상
㉤ 병실 계획
-입원실 복도를 감시할 수 있도록 하며, 유리는 강화 유리를 사용한다.
-창, 출입구, 계단실 입구 등은 견고하고, 자물쇠는 외부에서 채우도록 한다.
-병실문은 안여닫이로 하며, 실내 감시용 구멍을 설치한다.
-화장실 기구도 견고하고 돌출물이 없도록 한다.

- 결핵 병동

㉠ 종합 병원에 포함시 20병상 이하로 독립시킨다.
㉡ 병실은 남향으로 하고, 병동 단부에 일광욕실을 설치한다.
㉢ 간호사 갱의실 겸 휴게실을 설치한다.
㉣ 유틸리티 룸(utilty room)은 청결, 불결의 2실로 설치한다.
㉤ 환자가 검사, 치료시 타병동에 가지 않도록 한다.
㉥ 급식설비는 식사 운반차를 이용한다.

4) 간호 단위(유닛) 세부 사항

① 과별 간호 유닛

<table>
<tr><td rowspan="6">간호
유닛트의
구분방법</td><td>질층별</td><td colspan="3">내과계, 외과계, 산과계, 정신과계, 결핵, 전염병·감염증</td></tr>
<tr><td>연령별</td><td colspan="3">신생아, 소아, 성인, 노인</td></tr>
<tr><td>간호도별</td><td colspan="3">중점간호(ICU), 중간간호, 자기간호, 장기간호</td></tr>
<tr><td colspan="4">병동부 각 과별 베드수의 비율(참고)</td></tr>
<tr><td>과 별</td><td>%</td><td>과 별</td><td>%</td></tr>
<tr><td>내 과
소아과
피부비뇨기과
이학진료과
외 과
산부인과</td><td>56.0
4.5
2.0
0.8
22.0
4.0</td><td>이비인후과
의과
정신과
정형외과
치과
계</td><td>1.4
0.3
4.6
3.0
1.4
100</td></tr>
<tr><td rowspan="2">간호유닛</td><td colspan="4">1간호 단위로 간호될 수 있는 병동 병상수</td></tr>
<tr><td colspan="2">내과계·외과계 혼합
내 과
정신과
소아과
중점 간호</td><td colspan="2">40~45 베드
30 베드
40~50 베드
30 베드
7~12 베드</td></tr>
</table>

<table>
<tr><td>간호유닛</td><td colspan="2">간호유닛를 단위로 하고 1유닛 또는 2유닛를 1개 층으로 하여 계획한다.
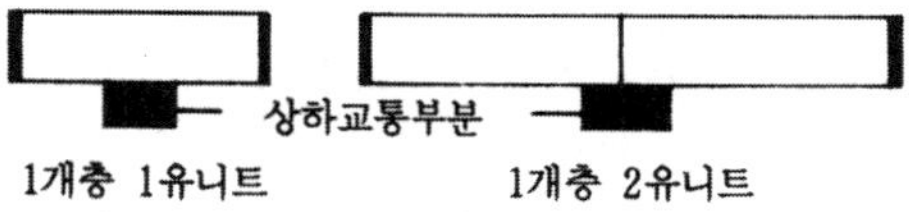

(너스스테이션은 가급적 각 유닛의 중앙에 배치한다.)</td></tr>
<tr><td rowspan="3">1간호 유닛의 구분</td><td>① 병실부분</td><td>개인실, 2베드실, 6베드실, 큰 방</td></tr>
<tr><td>② 통로부분</td><td>필요면적</td></tr>
<tr><td>③ 부속부분</td><td>너스스테이션, 병동접수, 의사기록실, 작업실, 진찰처치실, 토의실, 오물처리실, 기재실, 리넨실, 요리실, 급탕실, 스트레차실, 쓰레기실, 간호사휴게실, 담화실, 흡연실, 면회실, 환자식당, 화장실, 세면장, 세탁, 건조실, 욕실, 부속예비실, 사물창고</td></tr>
</table>

② 병상에 따른 간호 유닛

<table>
<tr><td rowspan="3">간호유닛의 구분</td><td rowspan="3">면적 구성</td><td>병원명</td><td>병상수</td><td>1층마다병상수
(간호유닛수)</td><td>1층 마다 병동
면적[m²]</td><td>1층 마다 병동
면적[m²]</td><td>비 고</td></tr>
<tr><td>D
E
F
G
H
I
J</td><td>200
279
348
387
402
443
10,023</td><td>81(2)
98(2)
50(1)
72(2)
94(2)
88(2)
90(2)</td><td>21.1
15.1
19.2
19.7
20.3
20.6
19.7</td><td>10.4
7.1
7.9
9.7
8.0
9.0
8.4</td><td>병실부분, 통로부분, 부속부분의 비 =40~45% : 30~35% : 25%</td></tr>
<tr><td></td><td></td><td></td><td>한바닥마다 면적
22~25m² 권장</td><td></td><td></td></tr>
</table>

5) 병실 세부사항

① 병실

<table>
<tr><td rowspan="6">크기
m²</td><td>1베드실</td><td>(2.7~3.6)×(4.8~6.2)</td><td></td></tr>
<tr><td>2베드실</td><td>(3.6~4.5)×(3.2~6.5)</td><td></td></tr>
<tr><td>4베드실</td><td>(5.7~6.0)×(4.7~5.5)</td><td>입구 6.3m×속길이 5.7m정도가 표준</td></tr>
<tr><td>6베드실</td><td>(6.2~6.5)×(6.3~8.0)</td><td>중간열 베드의 사람은 안정성이 없다</td></tr>
<tr><td>큰 방(6큐비클)
(24베드의 경우)</td><td>(16.2~18)×(9~10.8)</td><td>안치수가 높은 정도의 간이칸막이, 몇 개의 큐비클로 한다. 간호관찰은 약간 유리하나, 프라이버시 확보, 소음방지의 점에서 문제가 있다</td></tr>
<tr><td>의료법</td><td colspan="2">개인실 6.3m²/명 이상, 2베드실 이상은 4.3m²/명 이상</td></tr>
</table>

설계시 주의사항	① 안정되고 온화한 분위기로 한다. ② 상태감시를 위해 간호사가 보기 쉬운 베드배치로 한다. 진찰처치 스트래차의 출입을 위해 융통성 있는 베드 간격이 필요하다. ③ 천장은 누워있는 환자의 시야 대부분을 차지하므로, 마무리 기구배치를 충분히 고려한다. ④ 창은 기준법상 바닥면적의 1/7 이상을 취하지 않으면 안 된다. 창틀의 높이는 베드높이와의 관계를 고려해서 정한다. 외부를 볼 수 있도록 배려하는 한편, 고층의 경우는 사고의 방지를 도모한다. ⑤ 바닥은 탄력성이 있어서 미끄러지지 않고, 청소가 쉬운 재료로 한다. 밝은 색으로 한다. ⑥ 베드 머리부에는 베드램프, 처치용 조명, 의료가스 아우트레트, 너스콜, 콘센트(어스단자부착), 텔레비젼 안테나단자 등을 필요로 한다. ⑦ 복도폭은 법적으로 1.2~1.6m이나, 2.1~2.3m 정도가 좋다. 벽면에는 스트래차 레일을 붙인다.

특수병실	ICU(Intensive Care Unit)	중증환자를 수용하여 집중적으로 간호치료를(산호흡인 압축공기의 아우트레트할 수 있는 실
	CCU(Coronary Care Unit)	심근경색, 협심증을 대상으로 하여, 집중치료를 하는 실
	무균병실	바이오크린 병실이라고도 한다. 병균에 대한 저항력이 극도로 저하된 환자를 수용하는 병실로 특수 휠터가 붙은 공조 등을 필요로 한다.
	감염증병실	대책이 없는 병균을 가진 환자를 수용하는 실로 환자의 생활 일체를 이곳에서 완결시킬 필요가 있다.

※ ICU, CCU
산소흡인 압축공기의 아우트레트, 콘센트(무정전 회로) 10~15구, 심전도동, 모니터용 배선, 조명, 너스콜 등이 필요하다.

② 부속시설

너스 스테이션	간호사의 대기 및 휴양실로, 위치는 감시를 위해 병동중앙으로 하고, 병실에 대한 보행거리를 가깝게 한다. 휴게실을 가까이 마련한다(변소, 화장실), 책상(선채 쓸 수 있게 한다). 카르테선반, 너스콜설비(인터폰). 세면기, 시계, 약품선반 등
작업실 (크린유티리티)	너스스테이션에 접하며, 처치실에 이어지는 처치준비를 위한 실, 약품, 기구선반, 냉장고, 유대 등
처치실	냉동 내에서 행하는 처치, 붕대교환 등을 행한다. 진료대, 기구소독대, 선반 등
오물처리실	변기, 체액처리를 한다. 변소에 접한 너스스테이션 가깝게 설치한다. 변기세정기, 변기선반

8. 외래부의 계획

환자가 이용하기 쉬운 위치에 통합 배치한다. 각 과별 접수, 대합, 진찰, 치료처치, 준비 등의 스페이스가 필요하나, 검사·수술·X선 등은 중앙진료화 할 필요가 있다.

1) 외래부의 출입구

공중의 이용에 편리한 위치로 하며, 외래 진료부의 입구와 야간 병원의 입구를 분리하고, 직원 전용 출입구를 두어 환자 동선과 관리동선을 완전 분리시킨다.

또한 입원·구급 등의 출입구를 별도로 두며, 노인이나 환자의 출입에 편하도록 도로와 현관 내부 바닥면과의 level차를 최소한으로 한다. 자동차의 출입이 빈번하므로 보행자와의 동선 분리를 하고 주차공간을 둔다.

2) 대합실

다수인 또는 장기간 대기를 위해 환경이나 설비를 충분히 고려하며, 환자가 붐비고 대기시간이 길게 되므로 여유 있게 면적을 확보한다. 현관에 통합 또는 각과의 복도, 진료실 사이에 대합 스페이스를 마련하며, 전광사인 등의 설비도 고려한다.

또한 채광 조명을 충분히 하고 가구나 마감재료에도 유의한다.

3) 진료실

각 과의 진찰실은 중앙 진료시설에 두면 거의 같은 형의 되풀이로 계획할 수가 있으며, 각 과의 배열은 진료시간이 짧고, 사람수가 많은 과는 출입구 가까이, 반대의 경우는 조금 멀어도 지장이 없다. 또 진료와 대합실의 연결을 고려한다. 예를 들면 내과 ↔ X선 투시실, 소아과 ↔ 산부인과로 한다. 또 탈의가 필요한 과는 가능하면 남향으로 한다. 치과, 이빈후과, 안과 등 환자의 보행이 용이한 과는 상층으로, 정형외과, 산과는 slope나 계단을 통하지 않고 갈 수 있게 하며, X선 검사 등 이용이 많은 과는 이와 연결시킨다.

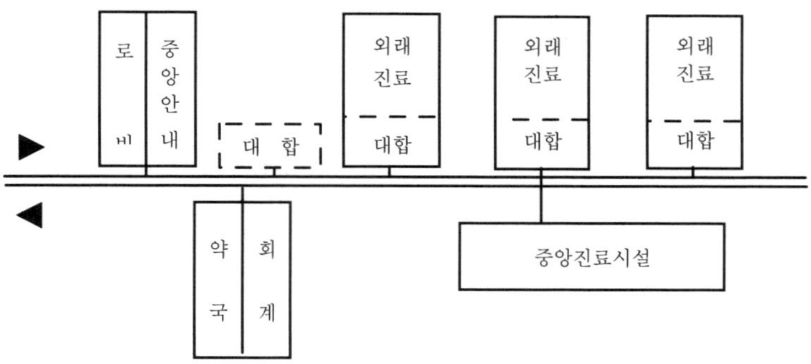

4) 각 과별 외래 환자의 비율(300~399 bed의 경우)

과 별	%	과 별	%	과 별	%
내 과	24.0	소 아 과	14.0	정 신 과	1.0
외 과	9.0	피부비뇨기과	5.0	방 사 선 과	1.0
이비인후과	5.0	산 부 인 과	11.0	순 환 기 과	5.0
안 과	5.0	이 학 진 료	1.0	소 화 기 과	2.0
치 과	3.0	정 형 외 과	15.0	호 흡 기 과	2.0

(내부환자는 외래환자의 20%정도로 본다)

5) 각과 진료실 세부사항

<table>
<tr><td rowspan="2">내 과</td><td>위 치</td><td>환자가 가장 많은 출입구 가까이 물리치료실, 연구부와의 연락이 좋은 위치로 한다.
결핵, 전염병은 별도로 고려한다.</td></tr>
<tr><td>소요실</td><td>환자대기실, 예진실, 재래실, 검사실(체액, 오줌), 진료실의 크기는 $17m^2$정도, 검사실은 $12m^2$정도가 좋다.
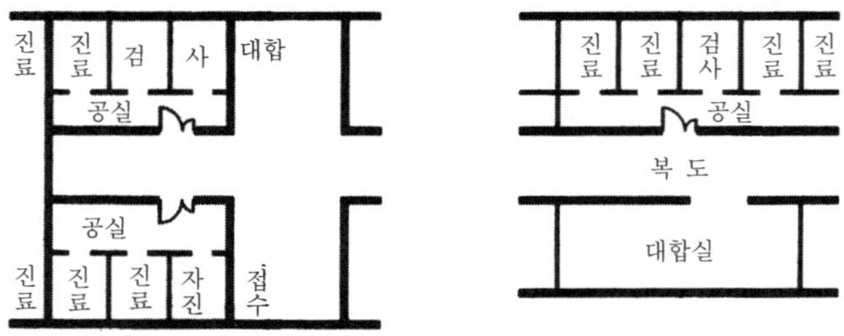
내과 진료실의 일례</td></tr>
<tr><td>소 아 과</td><td colspan="2">환자의 간호, 환자 이외의 어린이 때문에 혼잡하여 실은 크게 잡는다. 소요실은 내과에 준한다.
전염성 환자를 위해서는 특별대합실, 특별진료실 등이 있다.</td></tr>
<tr><td>외 과</td><td colspan="2">환자대합실, 진료실, 회복실, 처치실 등으로, 소수술실은 정형외과와 공용으로 설치한다.</td></tr>
<tr><td>정형외과</td><td colspan="2">외과에 준한다. 이밖에 기계적 치료실, 맛사지실, 기브스실, 준비실 등이 있다. 계단이나 레벨차는 피할 것.</td></tr>
<tr><td>이비인후과</td><td colspan="2">소아과와 같은 주의를 한다. 진료실, 처치실, 간이수술실 등 청력검사를 위한 무음향실을 마련하는 수가 있다.</td></tr>
<tr><td>안 과</td><td colspan="2">상기에 준하여 시력검사의 암실을 마련한다. 암실의 속길이는 6.0m 정도</td></tr>
<tr><td>치 과</td><td colspan="2">진찰치료실, 준비실, 가공실이 있다. 치료실에는 치료유닛를 설치한다. 그 간격은 1.8m 이상 유닛를 위한 가스설비, 콘센트 등이 있다. 기공실에는 기공대, 유대, 찬장 등이 있다.</td></tr>
<tr><td>산부인과</td><td colspan="2">1) 산과와 부인과로 나누는 것이 좋고, 산과는 중앙진료시설에 들어가는 것이 좋다. 프라이버시에 유의하여, 출입구가 보이지 않도록 하고, 소아의 동반이 많은 것. 또 외부와의 관계도 주의한다.
2) 부인과는 진찰실, 탈의실, 내진실, 검사실 등</td></tr>
<tr><td>피부비뇨기과</td><td colspan="2">소요실은 진찰실, 내진실, 채뇨검사실, 변소, 방광, 경실 등으로 프라이버시를 중시한다.</td></tr>
</table>

9. 중앙진료시설의 계획

1) 소요실명과 위치

① 소요실

약국, 수술실, supply center(중앙재료 멸균실), 분만부, 방사선부, 리허빌리티션부, 검사부, 특수 치료실, 수혈부, 기타

② 위치

각 부문은 독립적으로 운영되며, 그 상호 또 병동이나 외래 진료부와의 유기적인 관련이 있는 것이 계획상 중요하다.

2) 약국

외래 진료부 현관 가까이 위치하며, 큰 병원에서는 입원자를 위해 병동에 분실을 두는 경우도 있었으나, 의약분업의 시행으로 인해 현재는 의사의 처방전을 발급하고 있어, 종래의 조제나 제재의 기능은 약화되어 있다.

3) 수술부

① 위치

수술을 오염에서 완전히 지키기 위해 수술부는 다음과 같은 위치에 계획한다.

- 통과 교통이 없는 독립된 부분에 둔다.
- 매연 · 진개 · 소음 등의 영향이 없는 위치이고 수술과 관련이 있는 부분과 밀접히 연결하기 위해, 외과 병동과 근접 또는 직결시키며, supply center와 긴밀히 하고, 검사실의 협력을 얻기 쉽게 하며, 수술실을 분산시키지 않고 동일 층에 집약시킨다.

② 수술실

수술실은 사방 5m 전후, 대수술실은 6.5m 전후로 대개 대수술실인 경우 6×6m, 소수술실은 4.5×4.5m로 5.5×4.5m 이상이 필요하다. 천정높이는 일반실보다 약간 높은 3.5m 정도가 표준이다.

수술실 계획시 유의사항은 다음과 같다.

- 실내온도는 26.6℃ 이상, 습도는 55% 이상으로 공기 재순환방식이 아니어야 한다.
- 수술실의 기계실을 별도로 고려한다. 즉 중앙식 보다는 수술실만의 package식이 공기의 청정함과 혼합 감염방지에 좋다.
- 수술시 공기조정을 위해 의사, 환자, 간호사 등으로부터 나오는 공중 발생균을 될 수 있는 한 제거하고 실내의 청정을 가지며, 특히 심장이나 신경수술 때는 장시간 노출되는 이들 조직이 오염에 대해 저항이 약하므로 엄밀한 공기조건이 요구된다.

• 의사, 환자, 간호사 등의 피로를 덜하게 온 · 습도를 조정한다.
• 벽 · 바닥의 마감은 tile, terrazo 등의 내수성, 창은 기밀한 이중창을 하며, 수술실은 방위와 무관하고, 인공조명(무영등 사용)으로 직사광선을 피한다. 조도는 전반으로 1000Lx 이상이 필요하다.
• 벽 재료의 색상은 녹색계로 하며, 전기기구는 스파크 방지 장치, 바닥은 전기도체성 마감을 사용토록 한다.
• 수술실 출입문은 양여닫이로 폭 1.5m 전후로 한다. 또한 손잡이는 팔꿈치 조작식 또는 자동문, 내부를 볼 수 있는 작은 구멍을 설치한다.
• 수술실은 100bed시 2실(대소 각 1실)이 필요하며, 50bed 증가시마다 대소 1실씩 증가시킨다.

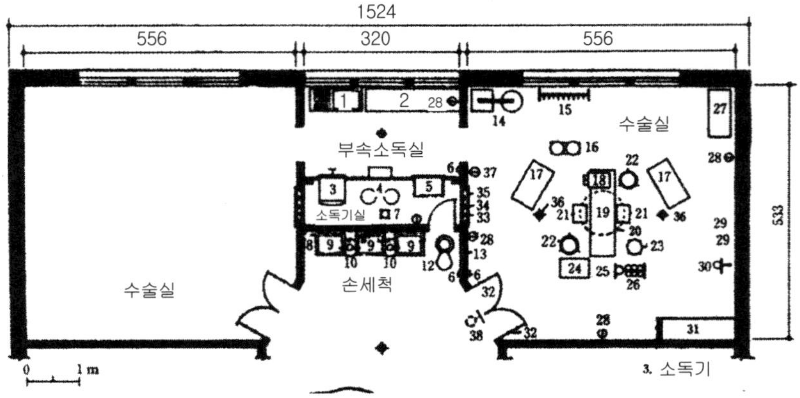

【그림 8-2】 수술실

4) 분만부

일반적으로 병동의 산부인과의 간호단위에 포함시키는 경우가 많다. 이 경우 분만실 둘레의 움직임이 간호사의 작업이나 산부인과의 안정을 손상하지 않도록 한다.

① 입원은 시간을 막론하고 구급적이기 때문에 접수나 동선은 알기 쉽게 한다. 또한 야간에도 알기 쉬운 위치가 좋다.
② 이상분만에 대비해서 가능하면 분만실의 1실을 수술이 가능하도록 한다.
③ 분만, 진통실, 소독준비실, 소아 욕실, 기록실, 작업실, 회복실과 통합하여 1유닛으로 하며 수술실에 준한다.
④ 분만실은 20bed에 1실, 진통실은 10bed에 1실, 1실에 2~3명 수용한다.
⑤ 육아실은 보육, 관찰, 조유, 목욕, 간호사 대기실을 1유닛으로 하며, 산과의 병실 가까이에 배치한다.

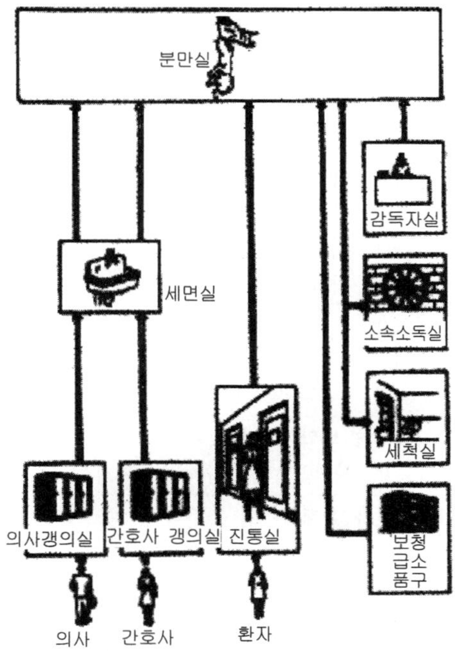

【그림 8-3】 분만부 계통도

5) supply center(중앙재료 멸균실)

외래부 · 병동 · 수술부 · 분만부 · 구급부 · 검사부 등에서 필요로 하는 소독, 멸균 작업을 중앙화시켜 그 설비와 업무를 고도 능률적으로 한다.

이처럼 재료기구의 소독, 멸균 작업이나 기타 치료 간호재료의 보급도 중앙화시키는 부문을 supply center 또는 중앙 재료부라 한다.

위치는 병동부와 수술부 쌍방의 supply가 주가 되므로 이들의 중간이 좋다. 중소 병원에서는 수술부에 가깝게 또는 수술동의 일부에 두는 것이 일반적이다.

6) 방사선부

방사선부는 X선에 의한 치료와 cobalt 등의 방사성 동위원소에 의해 치료를 하는 곳으로, 외래부와 병동부에 밀접히 연결시킨다.

이용률은 외래부에 많고 전체의 80% 전후, 병동부는 20% 전후, X선 진단부의 위치는 외래부와 같은 층으로 가까운 곳이 좋다.

cobalt 방사치료실은 외래부와 직결시킬 필요는 없는데, 이는 기계중량이 크고 방사선 방호벽도 두꺼우므로 1층, 또는 지하층에 두되 중간층에 두는 것은 피한다. 방사선 방호벽은 설비하는 기계에 충분한 두께 구조로 한다. 또 완성후 방호벽 두께를 더하기는 어려우므로 향후 기계가 큰 것으로 변경되어도 대응 가능토록 계획한다.

X선 진단부	위 치	외래부의 이용이 70~80%이므로, 외래부 가까이가 좋다. 이용도는 내과가 전체의 반정도, 다음에 정형외과이다. 병동에서도 투시의 이용이 있다.
	소요실	투시실, 촬영실, 준비실, 조작실, 암실, 필름정리실, 기사실, 접수사무실, 변소, 판독실, 대합실(탈의장), 기재고 등
	기 타	특수동력 배선이 있으므로 피트 등의 필요 천정높이는 2.7~3.0m를 필요로 한다. 바닥, 벽, 천정, 출입구, 창은 X선의 누설이 없도록 의료법 시행규칙에 정해진 내규에 의한다. 조작실 창은 납유리 또는 납이 들어간 아크릴 수지판이 사용된다.
방사선 치료부	위 치	코발트 60조사장치 정도라면, X선부의 한모서리도 좋으나, 대부분은 방사선 방호점에 정해진다. 연결통로로 연결된 별동이 많다.
	소요실	치료장치실(리니악, 베타트론, 코발트 등), 조작실, 접수사무실, 진찰실, 치료계획실, 선량계산실, 공작실, 기재실, 휴게실
	기 타	방사선방호가 설계의 제1 조건이며, 콘크리트 두께 1~2m가 필요하다. 출입구는 미로로 한다.
핵의학 진료부	위 치	RI를 투여한 것을 정량으로 하기 때문에, 선원이 비밀봉이 되는 것을 고려한다. 측정선량이 극히 치밀하므로 백그라운드 선량이 가급적 낮은 곳이 좋다. 또, 관리구역을 엄중하게 지키는 출입구는 1개소로 한다. 폐기물처리에 편리한 곳
	소요실	관리실, 탈의실, 신발바꿔 신는 곳, 오염검사실, 환자용변소, 대합실, 진찰실, 처치실, 체외계측실, 시료검사실, 시료측정실, 암실, 준비실, 폐기물보관고, 직원변소, 휴게실
	기 타	관리실창구는 관리구역 외에 면한다. 출입구중 주위에 예방 옷걸이, 신발상자를 설치한다. 모든 배수는 RI 처리조에 넣는다.

7) 임상검사부

병원에서의 임상 검사 작업은 진단을 위해 불가결한 것이며, 고도의 기술이 필요하므로 이를 각과에 흩어져서 행함은 곤란하고 비능률적이다. 그래서 검사부가 중앙화 되는 것이다.

위 치	외래 및 병동에 가깝고, 오물소각장의 연계를 고려하며 검사항목의 증가와 검사기술의 다양화에 대응하여 증축이 가능하도록 한다. 또 세균에 의한 오염의 위험도가 높으므로 일조, 통풍, 환기 등의 조건이 좋아야 한다.	
소요실	신체검사부문	일반검사실(땀, 오줌, 혈액, 대변 등), 혈핵검사실(혈구수의 산정 등), 생화학 검사실(체액중의 화학성분 분석), 혈청검사(항원 등), 세균검사실(각종 세균배양 등), 병리검사실(조직의 병변) 채혈실, 체뇨실, 세정멸약실, 기재고, 냉장고, 접수, 사무실
	생리검사부문	심전도실, 뇌파검사실, 폐기능검사실, 기초대사 검사실, 실음검사실, 내시경검사실 등 접수사무실
	소 규 모	일반 임상검사(땀, 오줌, 혈액, 대변 등), 심전도 검사실 등
	대 규 모	신체검사부문, 생리검사부문이 필요 2~3m^2/베드를 취한다. 병원 전체의 약 4~6%의 면적을 취한다.

8) 구급부(응급부)

일반진료와 혼란되지 않도록 독자적인 입구와 구급처치실을 둔다. 출입구는 구급차가 접하여 환자를 옮기는데 충분한 넓이로 하고 처리실, X선부나 수술부와는 짧은 동선으로 이어지는 위치에 둔다.

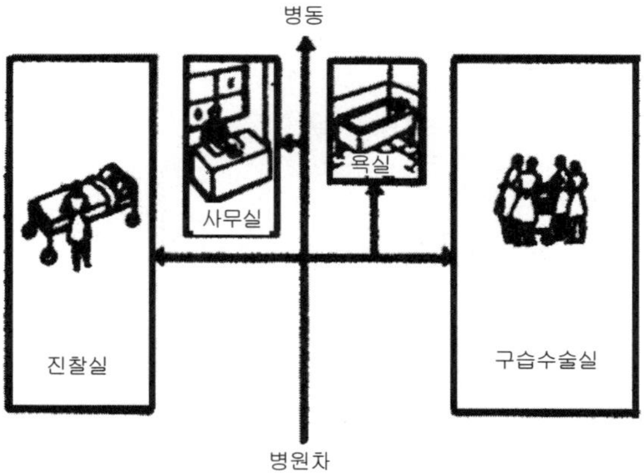

【그림 8-4】 응급부의 기능계통도

9) 특수치료실

<table>
<tr><td rowspan="3">혈액투석실</td><td colspan="2">신장의 작용이 쇠약해진 환자를 주2~3회, 1회 5~8시간에 걸쳐서 혈액 노폐물을 투석제거 하는 부분, 대부분이 통원환자이므로, 이것을 고려하여 배치한다.</td></tr>
<tr><td rowspan="2">소요실</td><td>큰 방이지만 텔레비젼, 라디오가 청취되도록 한다. 바닥은 청소하기 쉬운 것으로 한다.</td></tr>
<tr><td>준비실, 검사실, 투석기계실, 기재실, 린넨실, 오물처리실, 요리실, 화장실, 지도실, 휴게가면실, 직원휴게실, 설비적으로는 비상전원회로, 혈액냄새를 위한 환기설비</td></tr>
<tr><td rowspan="2">고압치료실</td><td colspan="2">고기압 환경중에 환자를 수용하여 고농도의 산소를 공급하는 것. 병세의 개선을 도모하는 시설</td></tr>
<tr><td>소요실</td><td>소요실은 수술부에 준하는 한편 가압, 감압의 공조기계실, 감관조작실이 필요</td></tr>
</table>

10) 수혈부

위 치	중소규모 병원에서는 혈액센터에서 하며 큰 병원에서는 개별실을 설치하고 수술실 가까운 위치에 둔다.
소 요 실	접수, 대합실, 진료실, 채혈실, 준비실 혈액보존실(냉장고, 비상전원회로), 검사실, 무균실, 직원갱의실, 기재고

11) 기타

의료사회부	외래, 입원환자의 의료에 대해서 상담을 한다. 입구 가까이에 두며, 프라이버시를 고려한다.
시 체 실	환자의 눈에 뜨이지 않고, 운반에 편리하며, 향냄새가 미치지 않는 곳으로 하며 시체의 가족에 대한 고려를 한다. 해부실, 영안실, 욕실, 샤워 샤본실 등이 필요하다.

10. 관리부

필요한 각 부문의 소요실은 다음과 같다.

관 리 부 문	원장, 사무국장, 응접실, 회의실
의 무 부 문	약국(의원의 사무, 휴게스페이스, 락커를 둔다), 원장실, 연구실
사 무 부 문	일반사무실, 창고, 방재센터, 숙직실, 수위실
정 보 관 계	의무기록실, 도서실, 컴퓨터실, PBX, 강당

11. 서비스부

환자 급식, 세탁, 건물 보수관리, 병원 직원과 내방객 등을 위한 후생, 기계실 등이 필요하며, 급식부에 관한 사항은 다음과 같다.

1) 급식부

식사의 오염, 감염에 주의하며, 조리시설은 병동내 배선실과의 연결을 고려한다.

2) 급식방식

① 중앙 배선방식

- 환자식사를 주주방에서 간호사 대기실의 배선실을 통해 급식하는 방식이다.
- 중규모(300베드) 이하에 적합하며 병동에 배선실, 소독실이 불필요하다.
- 배선, 소독관리가 용이하다.
- 급식시 간호사의 도움이 불필요하다.
- 설비의 중앙 집중화와 일손의 효율화가 가능하다.
- 음식이 식기 쉬워 보온 배선차 필요하다.
- 대규모 병원에는 부적당하다.
- 식기는 환자수의 2배이며, 식기의 파손율이 높다.

② **병동 배선 방식**

- 전기 난방 장치된 식사 운반차로 배선한다.
- 대규모 병동에 적합하고 배선시간이 짧아 온식 서비스가 가능하다.
- 환자의 식사량이 조절 가능하다.
- 다른 병동과 식기가 섞이지 않아 식기 파손율이 적고, 예비 식기수도 적다.
- 배선 작업으로 인해 간호사의 시간이 많이 소요된다.
- 병동마다 배선 소독 설비가 필요하다.
- 특별식은 중앙에서 각 환자별로 공급한다.

3) 서비스부 세부사항

급식조리	의료법에 의하면 완전 급식이 요구된다. 조리, 배식, 소독의 방법은 급식부 조리 이상, 중앙 및 병동에서 배식하고, 소독도 중앙 및 병동에서 소독하는 조합형식을 취하고 있다.
주　　방	급식부의 위치로서는 병동에 가깝고 또 식품의 반출입에 편리하며, 위생적인 위치로 한다. 일반 조리실, 특별 조리실, 준비실, 식품고, 식기세척실 (소독실), 급식사무실, 갱의실, 휴게실, 화장실, 카터 두는 곳 천장은 높고, 배기를 충분히 하며, 먼지가 앉지 않도록 배려하며, 바닥은 내수적으로 수세할 수 있도록 한다.
세　　탁	리스, 외주, 직영으로 크게 나뉘어진다. 현재는 리스, 외주가 많다. 린넨, 침구 등의 세탁, 보수, 다리미질을 한다. 세탁실, 물품고, 건조실, 마무리실, 재봉실 등
보수관리	병원 내에의 청소, 영선, 쓰레기처리 등을 담당, 작업원 탈의실, 휴게실, 기재치장, 공작실, 쓰레기장처리 등, 특히 쓰레기처리에 대해서는 불연물 가연물로 분별한다던 지, 반출처분이나 자가 처분을 판별한다. 소각장을 마련한다. 또 폐액(방사선폐액, 중금속폐액)의 관리도 한다.
후　　생	직원식당, 다실, 일용품매점, 꽃집, 이발소, 미용실 등
기 계 실	설비의 고도화에 따라 기계실이 확대된다. 기술혁신을 고려하여 증축을 고려할 수 있도록 한다.

12. 병원의 고층화

한정된 대지에 병원의 규모가 대형화 될 경우 고층화가 될 수밖에 없게 되는 데 이때의 특징은 다음과 같다.

1) 대지와 조망

고층화는 건폐율 저하와 관계된다. 우선 녹지의 확보로서 병원 건축의 특성인 성장과 변화에 대응하며, 병실에서는 조망을 얻을 수 있다.

2) 구조와 설비

병원에서의 고층화 대상은 병동이 되고, 병동은 간호 단위 대상이므로 이것을 종으로 겹쳐 놓은 구조와 설비 면의 양상은 호텔의 객실 부분의 경우와 아주 비슷하다. 기둥 · 보 · duct space · pipe shaft의 배치 등은 합리적으로 할 수 있으나, 병동 이외의 부분은 고층으로 묶는 것은 어렵다.

3) 수직 동선의 처리

병원은 수많은 부분이 유기적인 집합체로서 이루어지며, 고층화는 엘리베이터로서 동선의 많은 부분을 해결케 하여, 문제의 해결을 쉽게 한다. 각 부분을 층을 달리하여 상호 적절히 떼어 놓을 수 있으면서도 엘리베이터로 이어주는 잇점은 크다.

4) 건축형태

병동은 보통 40~50bed를 1간호 단위로 구성되어 있어, 건축적인 면에서나 운영 면에서도 각 층에 2 간호 단위로 하면 유리하다. 1층당 2단위로 하면 엘리베이터, 배선실, 간호사 휴게 2 단위에서 공용할 수 있다. 또 간호사의 일량이 많을 경우 서로 도움이 된다. 그리고 1,000bed의 병원에서도 1층당 80bed를 두면 12~13층, ICU나 isotope 치료 병동처럼 bed수가 적은 특수 간호 단위를 포함해도 약 15층 정도의 병동이면 된다.

【그림 8-5】 입원실의 치수

5) 주변환경과 창의 문제

고층화는 주변환경으로 인한 결과가 크지만 반드시 이점만 있는 것은 아니다. 엘리베이터, 공조 설비 등으로 건설비가 크고 영구적이라는 것을 고려해야 한다. 따라서 내 · 외장재의 성능의 판단기준을 달리 해야 한다. 또 건물 주변에의 영향에서 일조권, 국지풍, 전파장애 등의 문제가 있고, 고소 공포와 위험 방지, 재해 대책 등을 대비한 계획이 되어야 한다.

고층에서 창의 개방은 위험하며, 또한 전면 개방창을 두면 열 손실이 크고 강풍일 때 폭우의 위험이 있다.

13. 각 과별 평면도 예

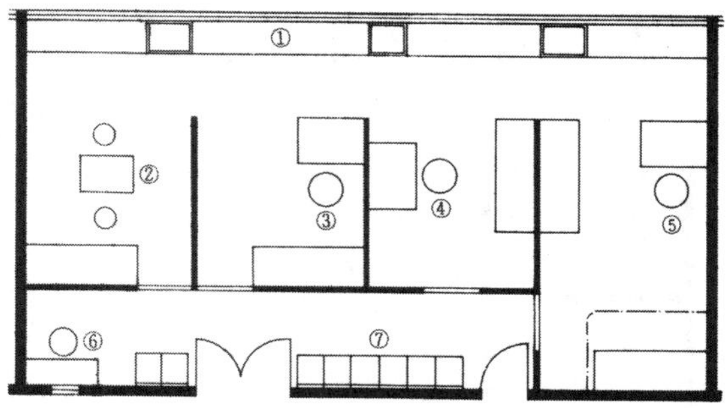

① 작업대
② 처치실
③ 진찰실-1
④ 진찰실-2
⑤ 진찰실-2
⑥ 접 수
⑦ 중대합

내과

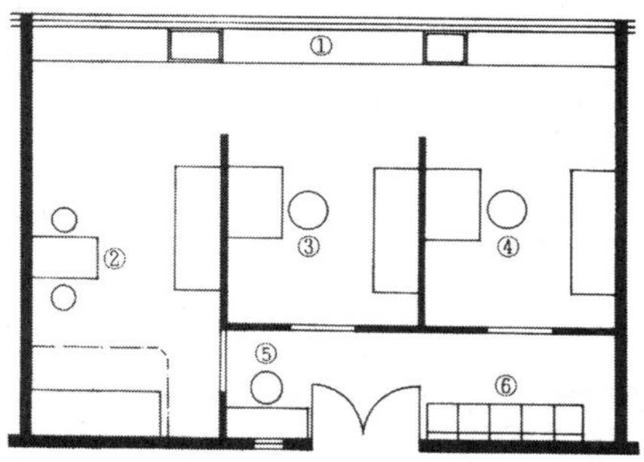

① 작업대
② 처치실
③ 진찰실-1
④ 진찰실-2
⑤ 접 수
⑥ 중대합

외과

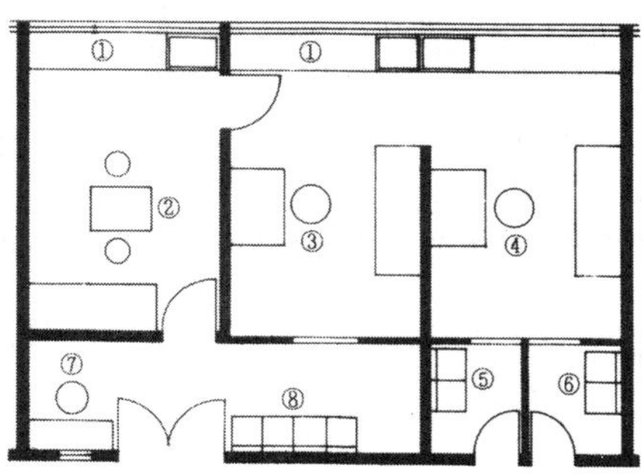

① 작업대
② 처치실
③ 진찰실
④ 경리진찰실
⑤ 경리대합실
⑥ 경리대합실
⑦ 접 수
⑧ 중대합

소아과

① 작업대
② 처치실
③ 진찰실
④ 반광경실
⑤ 검사실
⑥ 채뇨실
⑦ 전 실
⑧ 접 수
⑨ 중대합

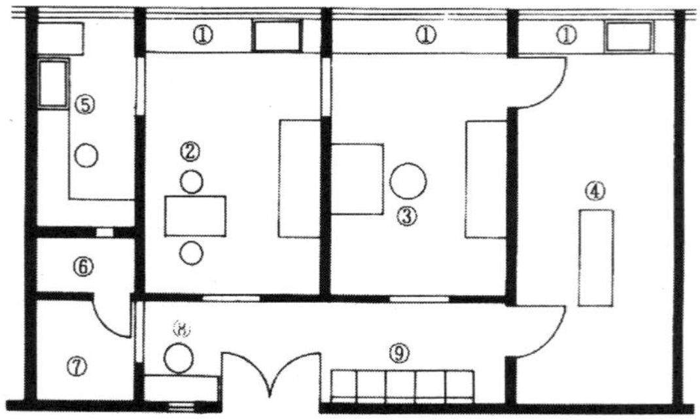

비뇨기과

① 진료실
② 처치실
③ 검사실
④ 암 실
⑤ 접 수
⑥ 중대합

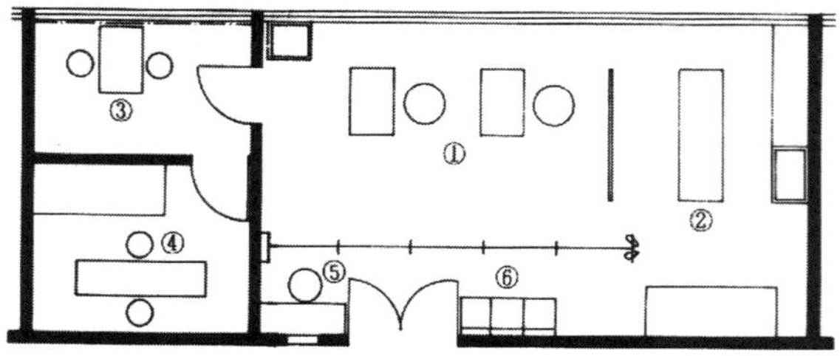

안과

① 작업대
② 진료실
③ 검사실
④ 무향실
⑤ 접 수
⑥ 중대합

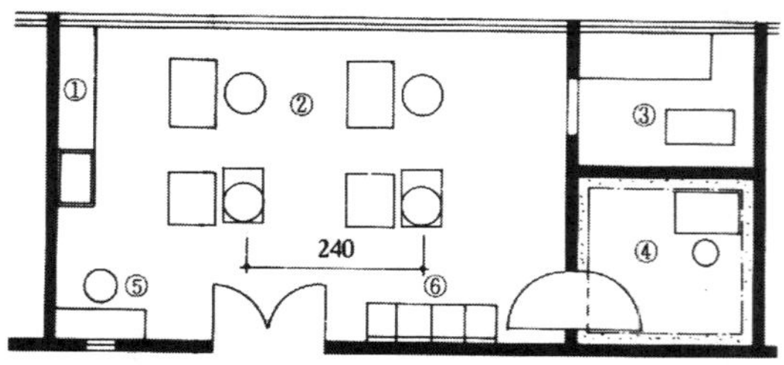

이비인후과

① 진료실
② 휴양실
③ 기공실
④ 작업대
⑤ 접 수
⑥ 중대합

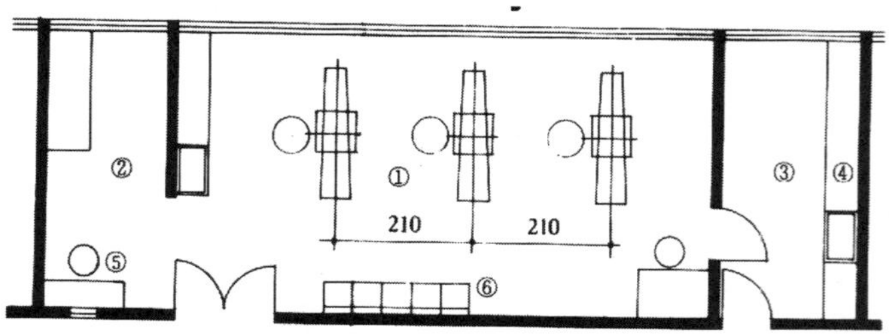

치과

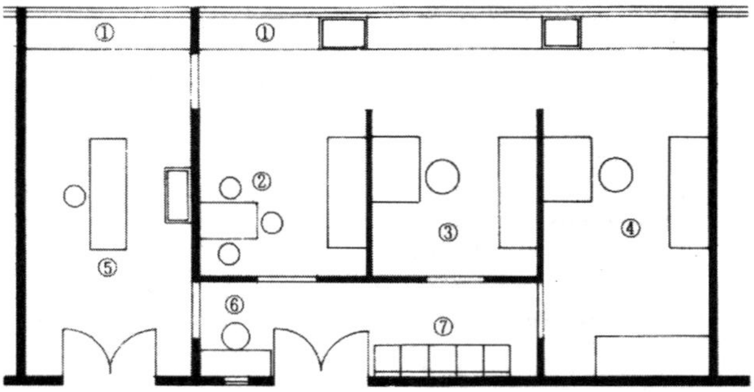

① 작업대
② 처치실
③ 진찰실-1
④ 진찰실-2
⑤ 기브스실
⑥ 접 수
⑦ 중대합

정형외과

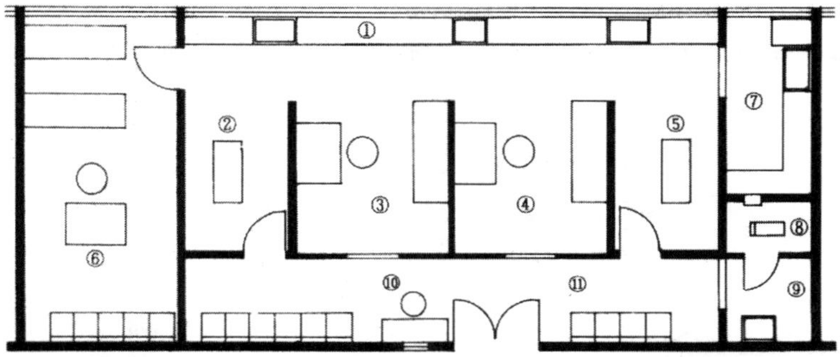

① 작업대
② 내진실-1
③ 진찰실-1
④ 진찰실-2
⑤ 내진실-1
⑥ 휴양실
⑦ 검사실
⑧ 채뇨실
⑨ 전 실
⑩ 접 수
⑪ 중대합

산부인과

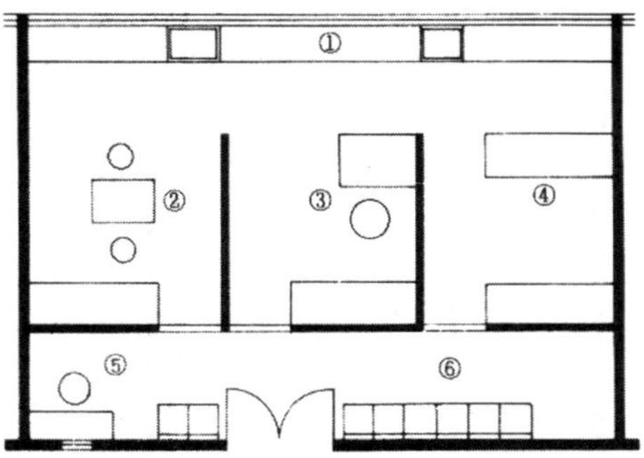

① 작업대
② 처치실
③ 진찰실
④ 치료실
⑤ 접 수
⑥ 중대합

피부과

① 작업대
② 진찰실
③ 심리검사실
④ 관찰실
⑤ 접 수

정신과

① 작업대
② 작업장
③ 세탁물 보관실
④ 소독실
⑤ 접 수
⑥ 린넨투입구

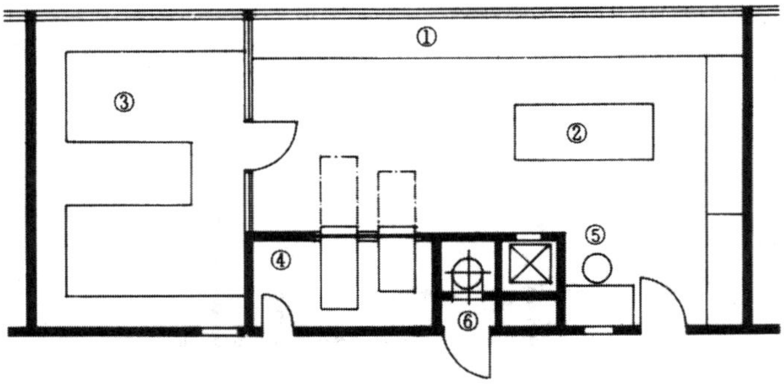

중규모 중앙 소독실

① 수술실
② 준비실
③ 소독실
④ 손세척실

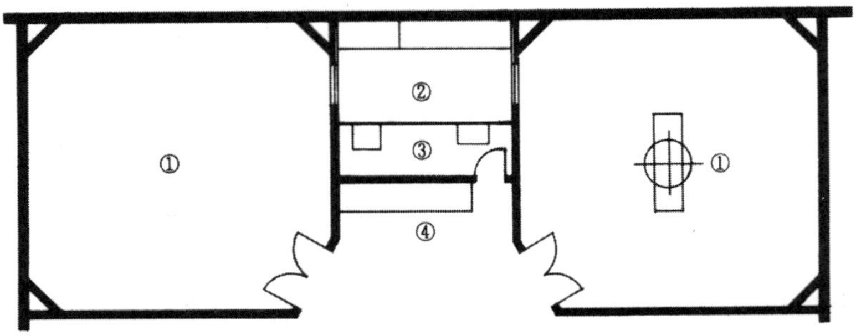

수술실

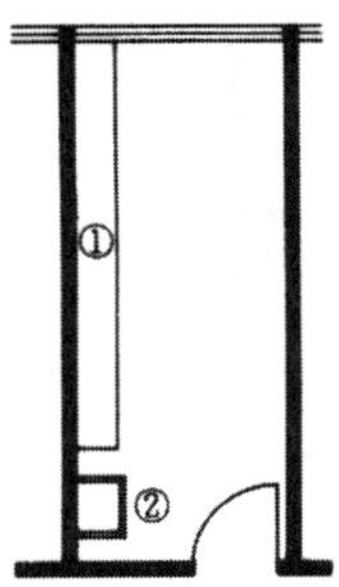

① 선 반
② 세면기

약품창고

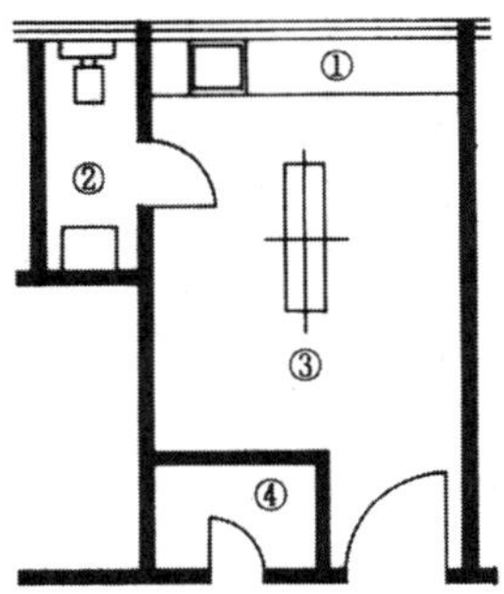

① 작업대
② 변 소
③ 방광경실
④ 암 실

방광경실

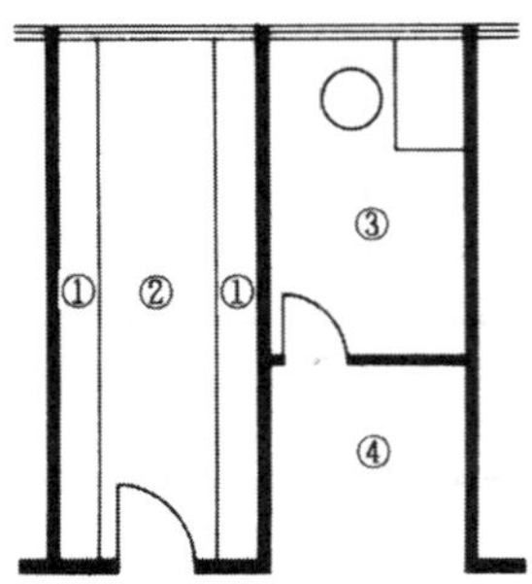

① 선 반
② 수술기구실
③ 간호사실
④ 기록실

수술실 기구 및 창고

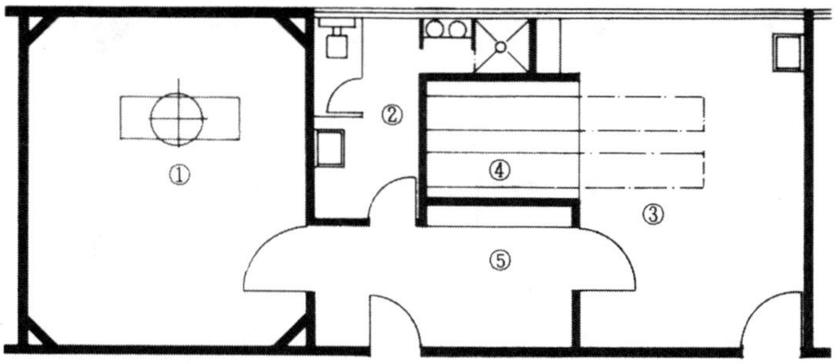

① 부검실
② 샤워실
③ 시체 보관실
④ 냉동고
⑤ 전 실

중규모 시체보관실

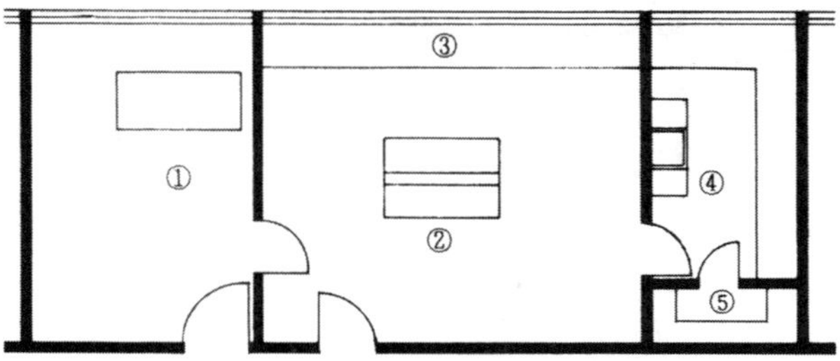

① EKG. BMR & SPECIMEN
② 실험실
③ 작업대
④ 세척 및 소독실
⑤ 창 고

검사실

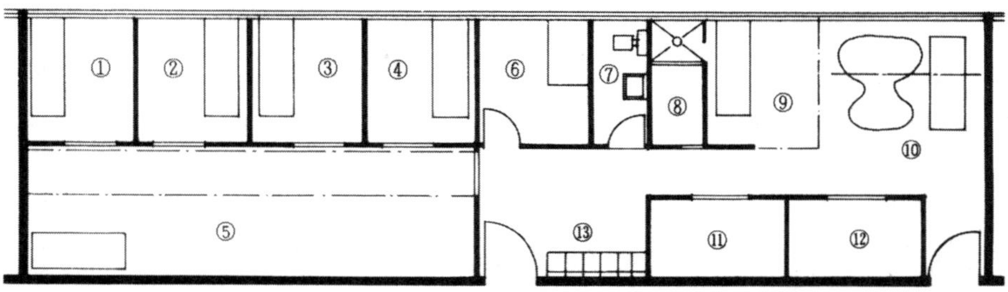

① 전기요법실
② 전기요법실
③ 전기요법실
④ 전기요법실
⑤ 체조실
⑥ 사무실
⑦ 변 소
⑧ 창 고
⑨ 수치료실
⑩ 수치료요법실
⑪ 수치료요법실
⑫ 수치료요법실
⑬ 대기

소규모 물리치료실

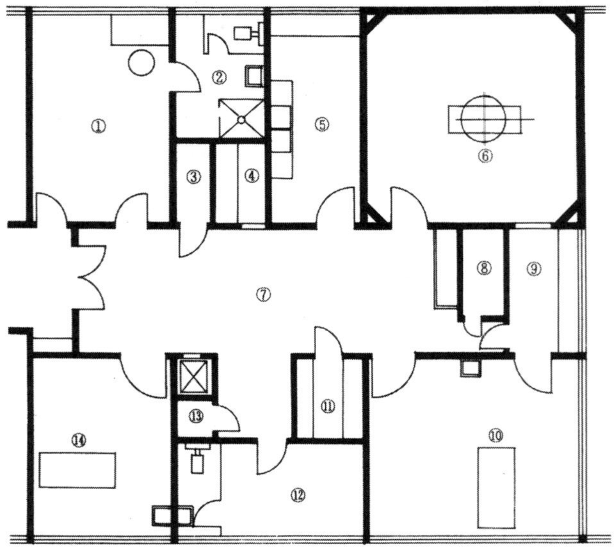

소규모 분만실

【표 8-3】 분만부 각실 소요면적 및 실 수

(단위 : m^2)

실 명 실	50병상	100병상	150병상	200병상
분 만 실	27(1)	27(1)	53(2)	56(2)
진 통 실	23(1)	39(2)	46(3)	55(3)
부 속 소 독 실	8	8	11	11
수 세 실	5	5	6	6
세 척 실	12	12	12	12
의 사 휴 게 실	15	24	24	26
간 호 사 탈 의 실	7	10	10	10
간 호 사 대 기 실	4	4	4	5
미 소 독 물 창 고	1	1	1	2
소 독 물 창 고	2	4	4	4
스 트 레 쳐 보관소	2	3	3	3
청 소 구 보 관 소	2	2	2	2
합 계 [m^2]	108	139	176	192

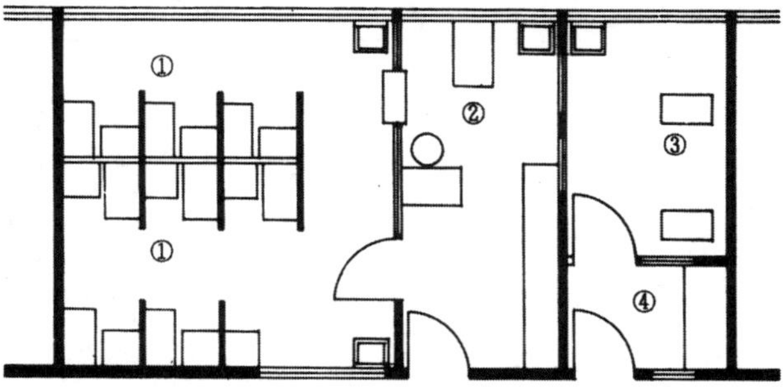

① 신생아실
② 진찰 및 진료실
③ 준비실 및 간호사실
④ 전 실

소규모 신생아실

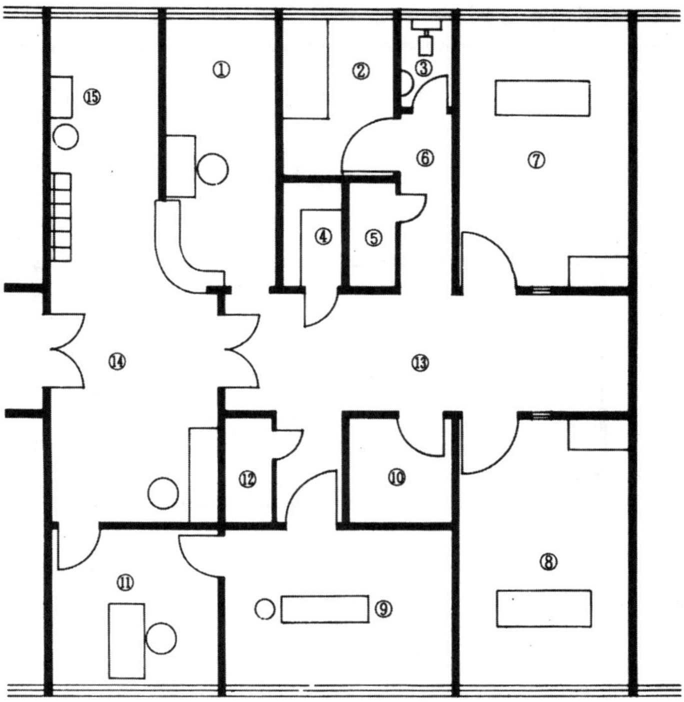

① 사무실
② 휴게실
③ 변 소
④ 린넨실
⑤ 갱의실
⑥ 복 도
⑦ 심부치료실
⑧ 표재치료실
⑨ 라륨치료실
⑩ 탈의실
⑪ 의사실
⑫ 탈의실
⑬ 복도 및 준비실
⑭ 중대합실
⑮ 중대합실

중규모 방사선치료실

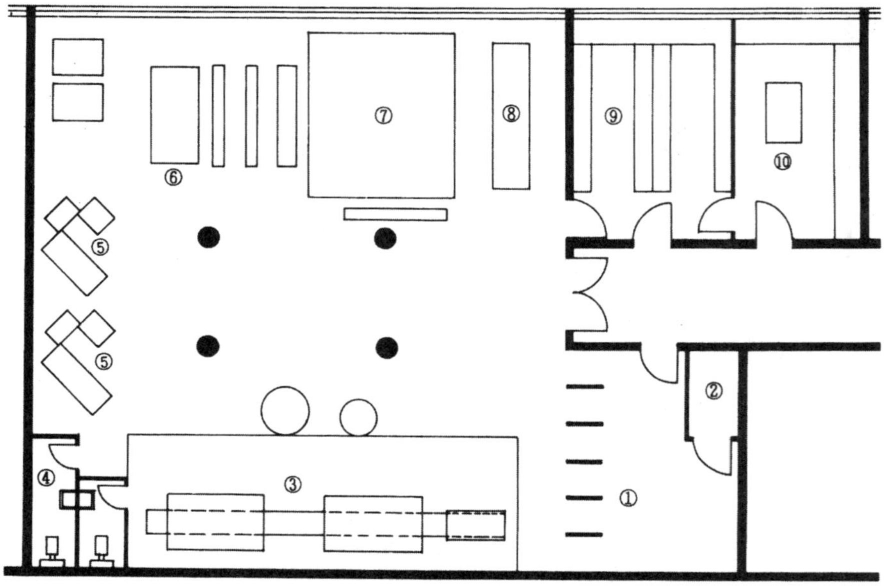

중규모 세탁실

① 오염 세탁물실
② 창 고
③ 세탁기
④ 변 소
⑤ 다리미
⑥ 작업대
⑦ 다리미 작업대
⑧ 포장대
⑨ 세탁물 보관실
⑩ 재봉실
⑪ 중대합실

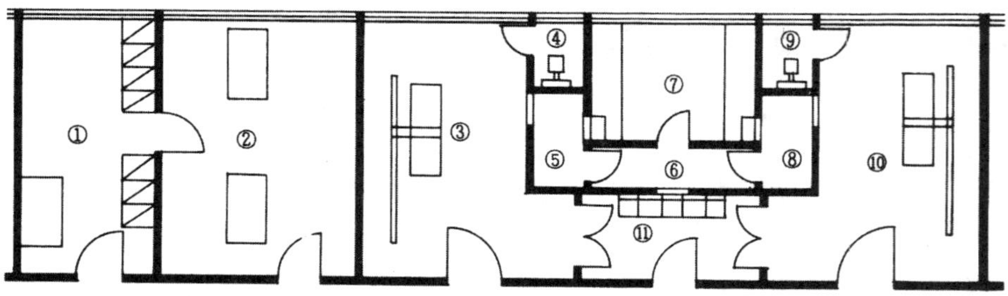

중규모 방사선실

① 필름저장실
② 판독실
③ 촬영실
④ 변 소
⑤ 전 실
⑥ 복 도
⑦ 암 실
⑧ 전 실
⑨ 변 소
⑩ 촬영실

<의료공간(health care space)의 가구배치 예>

1) 병원치료실(medical treatment room)

① 처치실 전개도

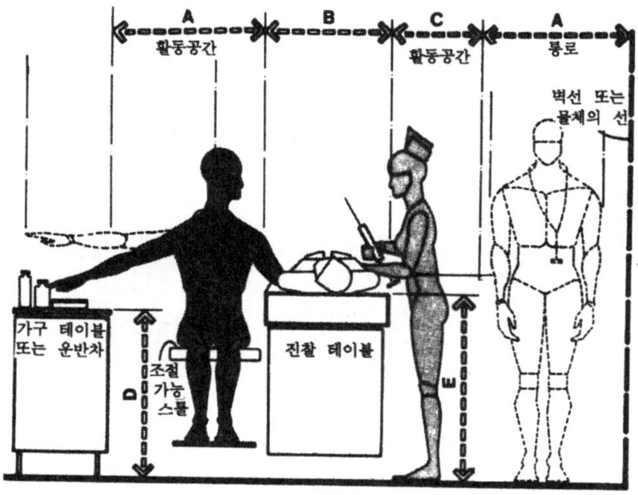

구　　분	cm	비고
A	75	
B	60	
C	45	
D	75~90	
E	86~95	
F	68	
G	30~38	
H	99	
I	105	

② 실험실 전개도(여)　　③ 실험실 전개도 (남)

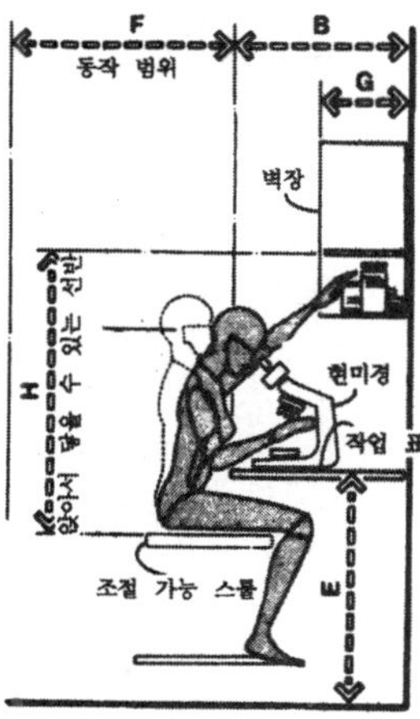

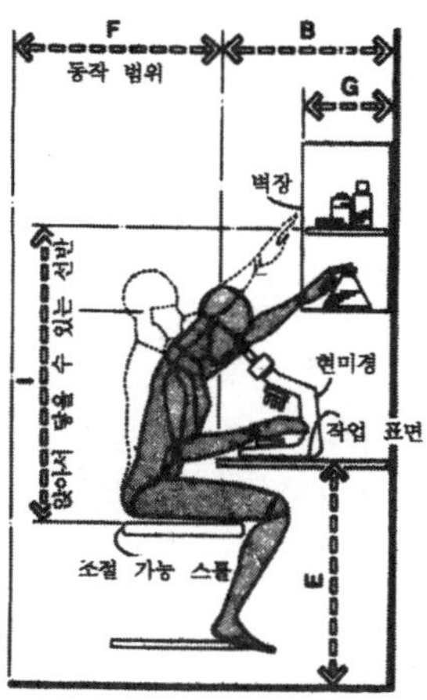

구 분	cm	비고
A	75	
B	60	
C	45	
D	75~90	
E	86~95	
F	68	
G	30~38	
H	99	
I	105	

2) 치과 진료실(dental treatment room)

① 치료실

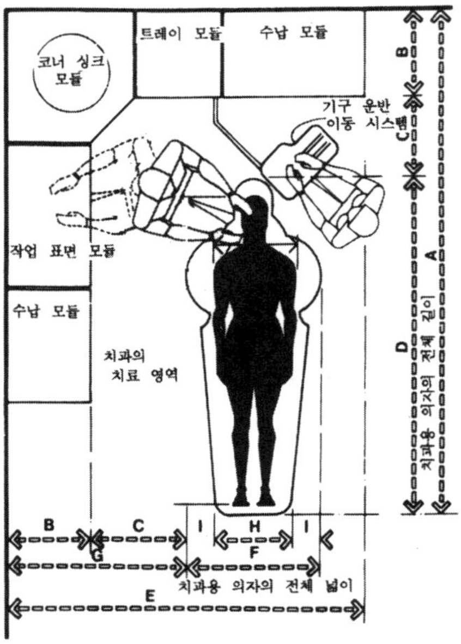

구 분	cm	비고
A	300	
B	45~55	
C	45~60	
D	175~180	
E	165~215	
F	50~66	
G	90~115	
H	40~45	
I	5~10	
J	188~218	
K	25~30	
L	20~25	
M	90	
N	142~175	
O	70~75	
P	30~40	
Q	40~60	

② 치료실 전개도

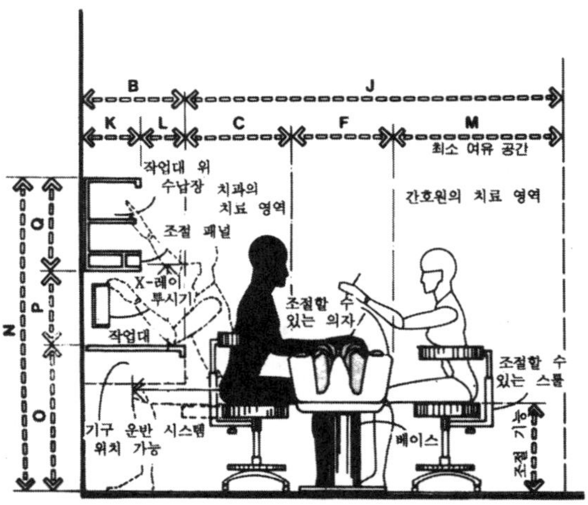

③ 치료실/수직적 고려사항

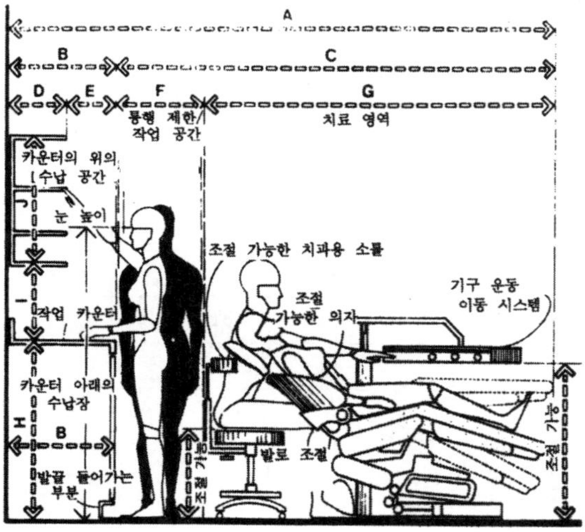

④ 실험실

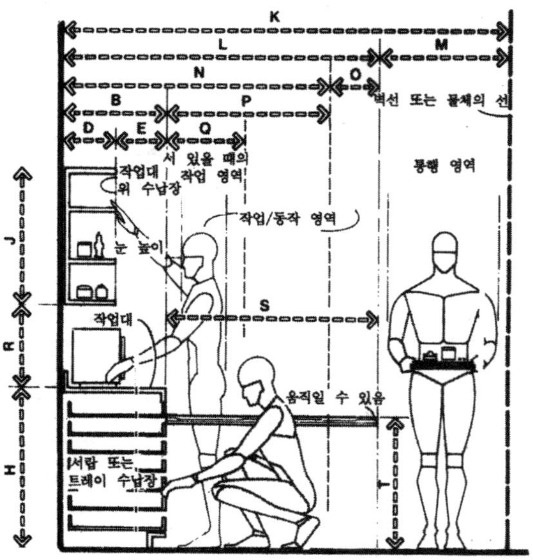

구　　분	cm	비고
A	300	
B	45~55	
C	215~245	
D	25~30	
E	20~25	
F	45~60	
G	170~180	
H	90	
I	30~40	
J	40~70	
K	240~260	
L	160~180	
M	75	
N	130~150	
O	30	
P	86~95	
Q	45	
R	40~45	
S	115~135	
T	70~75	

3) 병실

① 개별 병실 평면도

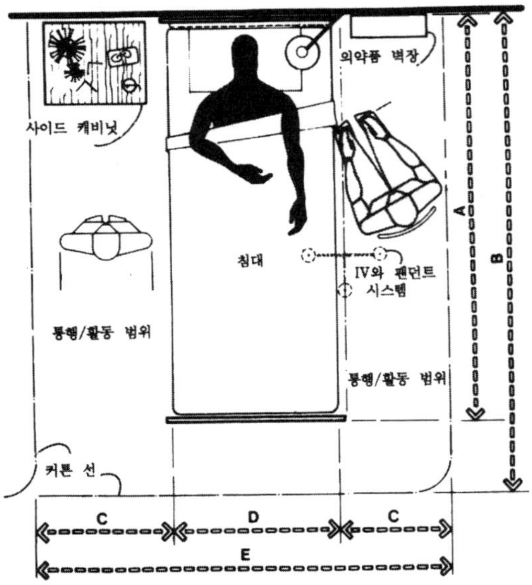

구　　분	cm	비고
A	220	
B	245	
C	75	
D	99	
E	250	
F	5～7.5	
G	380～180	
H	135	

② 개별 병실 전개도

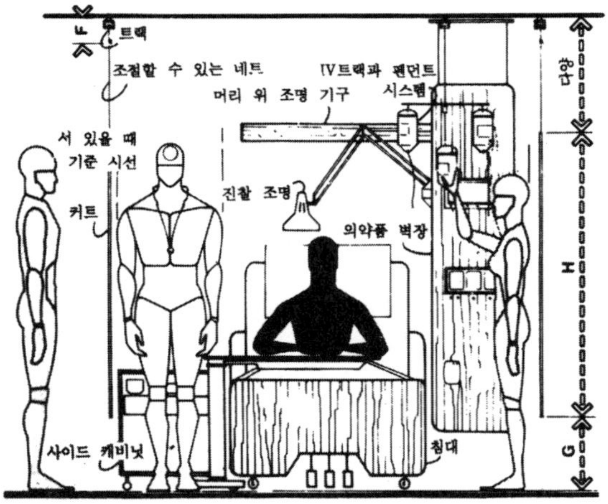

구　　분	cm	비고
A	220	
B	245	
C	75	
D	99	
E	250	
F	5～7.5	
G	380～180	
H	135	

③ 장애자 병실 출입문

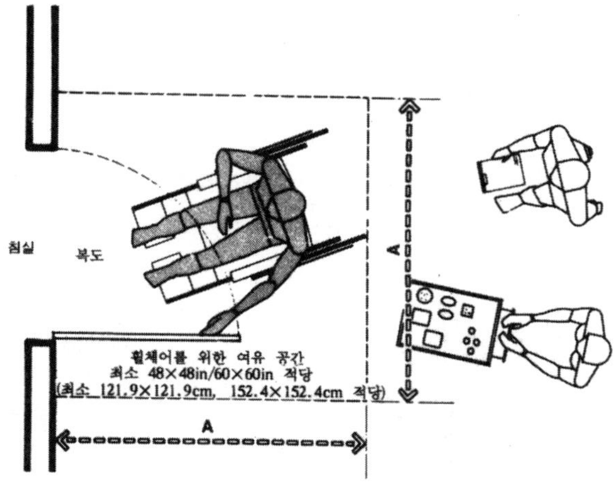

구 분	cm	비고
A	150	
B	115~120	
C	220	
D	99	

④ 스트레차 병실 출입문

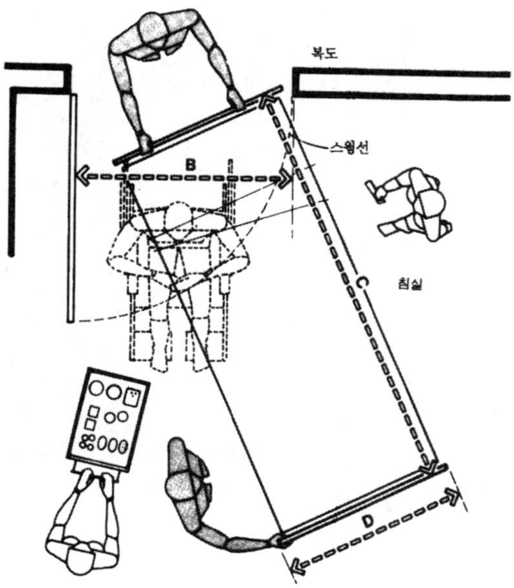

구 분	cm	비고
A	150	
B	115~120	
C	220	
D	99	

14. 병원 실례

일산 자생당(자생당) 병원

고 장세양, (주)공간종합건축

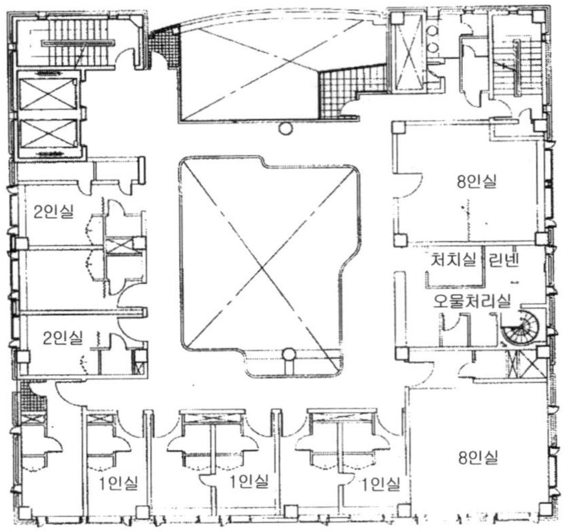

7층 평면도

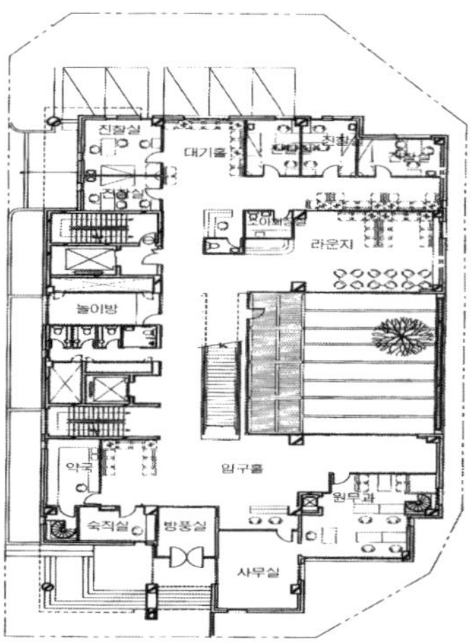

1층 평면도

산본 제일병원

승 효 상(이로재건축)

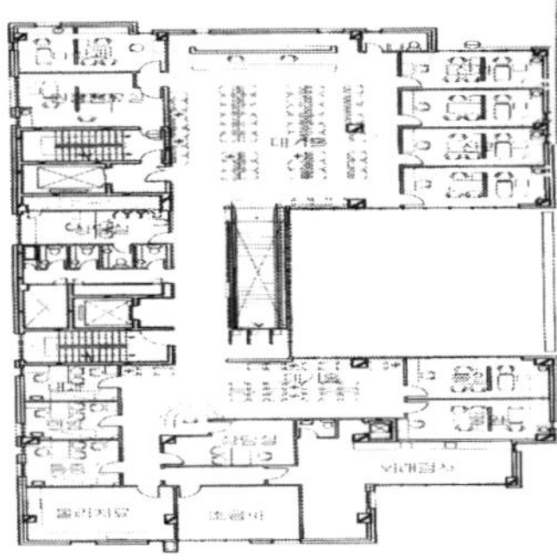

2층 평면도

⬅ 서울시 북부 노인전문 요양병원

이상림 · 정종영
(공간종합건축)

위　　치 : 서울 중랑구 망우동
대지면적 : 11.159m²
건축면적 : 3,624.1m²
연 면 적 : 10.124.6m²
구　　조 : 철근콘크리트 라멘조
규　　모 : 지하 1층, 지상 4층

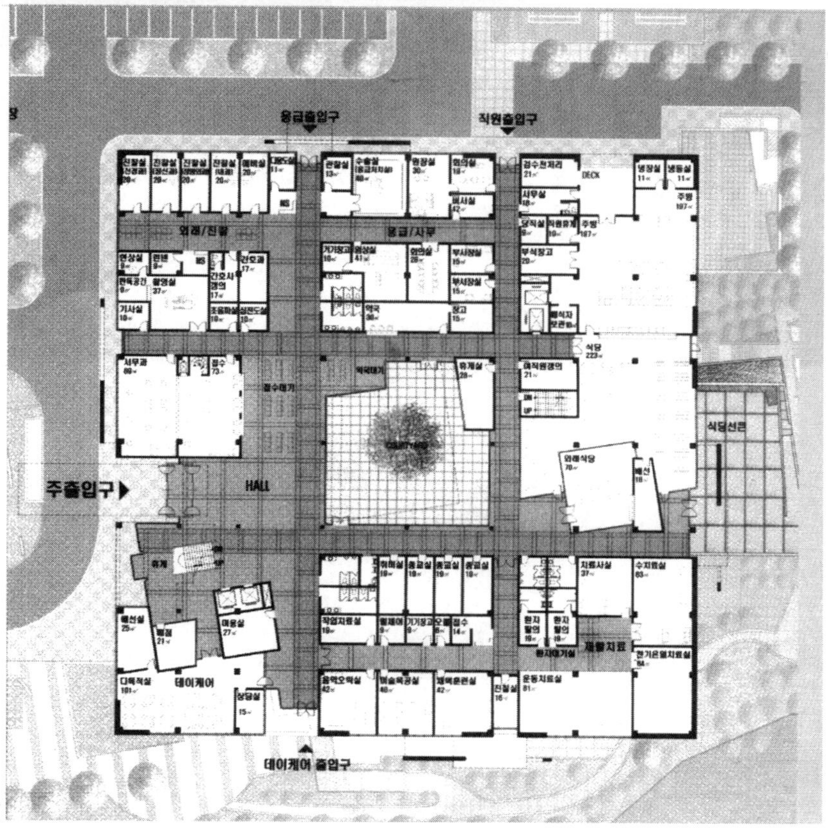

1층 평면도

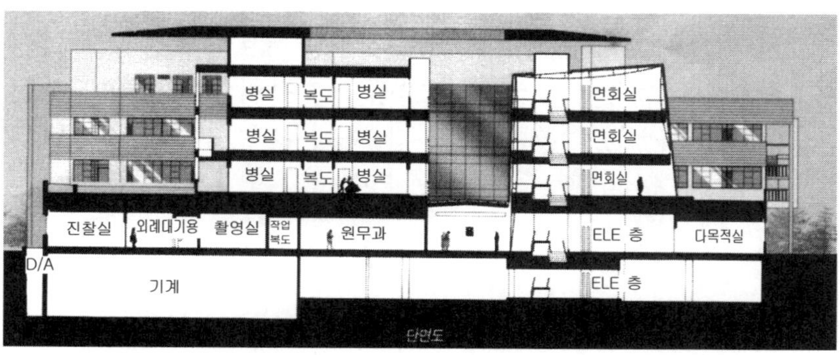

단면도

➡ 순천향 부천병원

김 희 수(현신건축)

위 치 : 경기도 부천시 원미구 중동 1174번지
대지면적 : 20,859.4m^2
연 면 적 : 52,185.48m^2
건축면적 : 4,331.55m^2
구 조 : 철근콘크리트 라멘조
규 모 : 병원동-지하 2층, 지상 11층

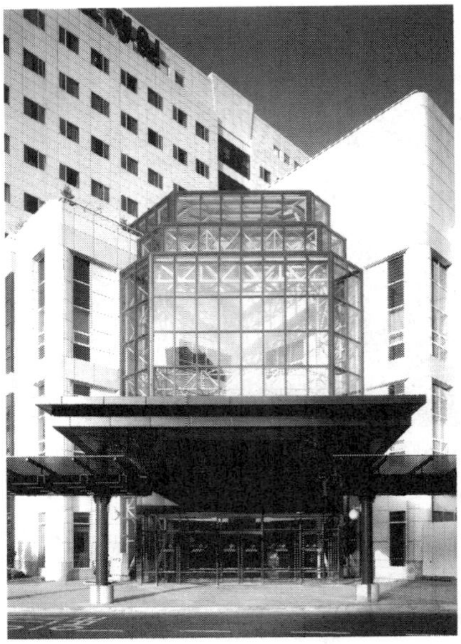

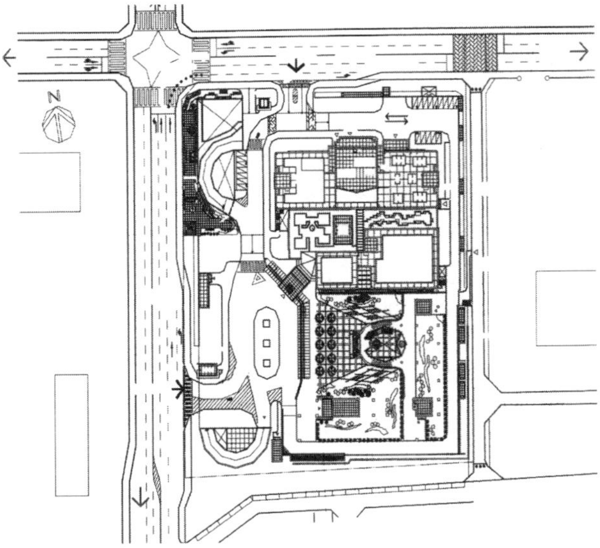

배치도

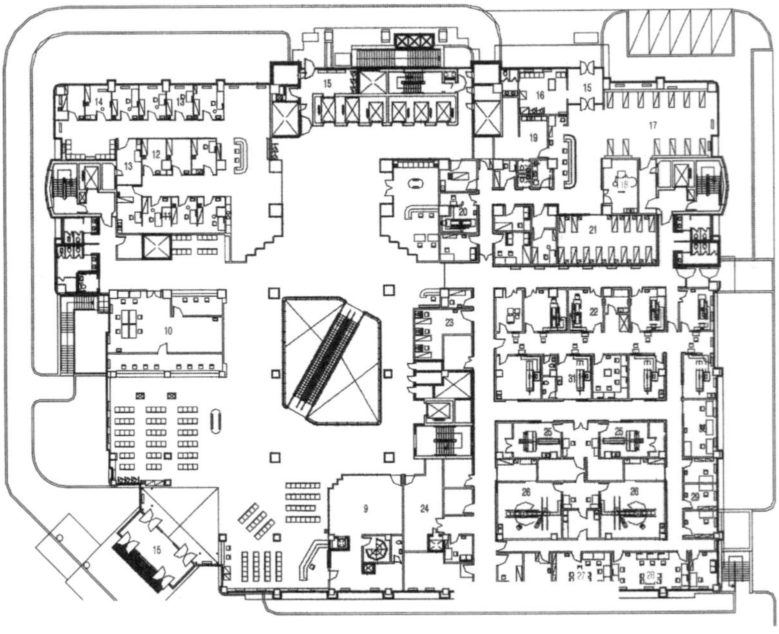

1층 평면도

⬅ 계명대학교 성서 동산의료원

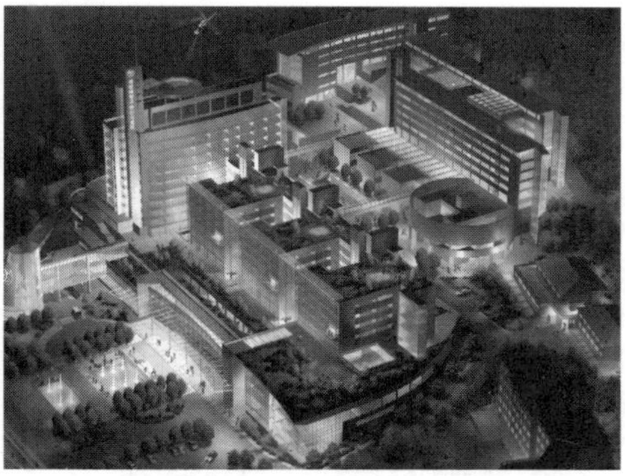

삼원종합건축(윤철준)

위　　치 : 계명대학교 성서 캠퍼스내
대지면적 : 60,485.92m²
구　　조 : 철골철근콘크리트, 철근콘크리트
규　　모 : 지하 2층, 지상 12층

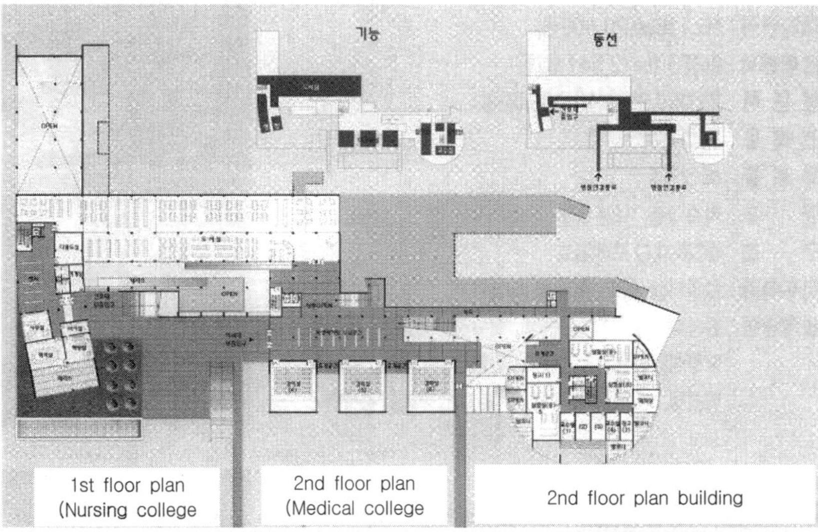

평면도

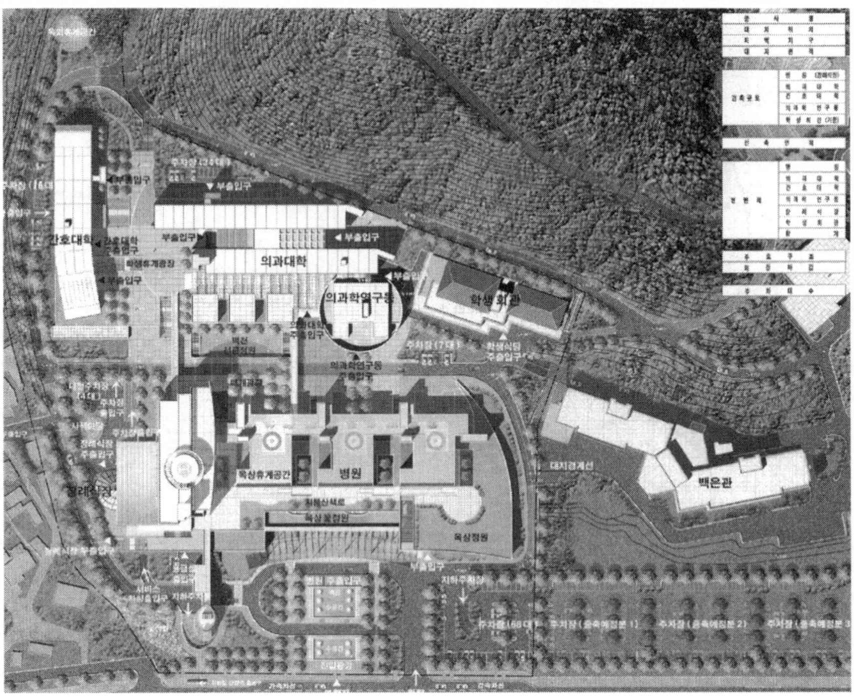

site plan

➡ 동신대학교 부속 서울 한방병원

한국종합건축 + 범아건축(전상백+김종근)

위 치 : 서울 양천구 목동 404-256
대지면적 : 1,718m²
연 면 적 : 11,930.42m²
건축면적 : 1,012.53m²
용 적 률 : 483%
건 폐 율 : 58.9%
구 조 : 철근콘크리트조
규 모 : 지하 3층, 지상 10층

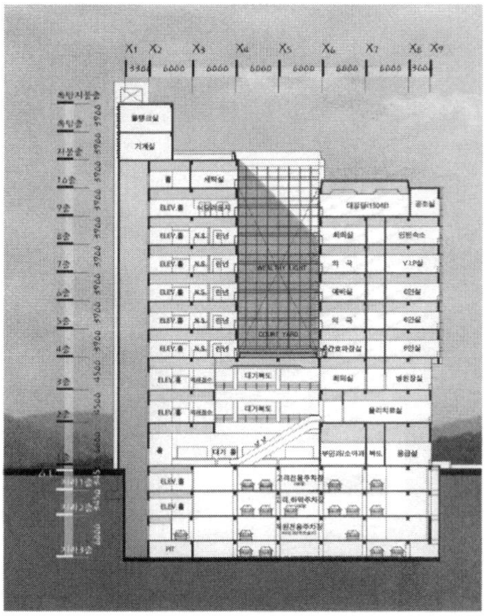

cross section

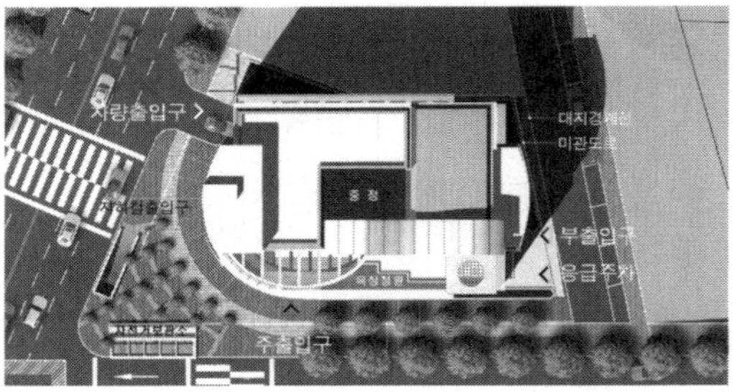

site plan

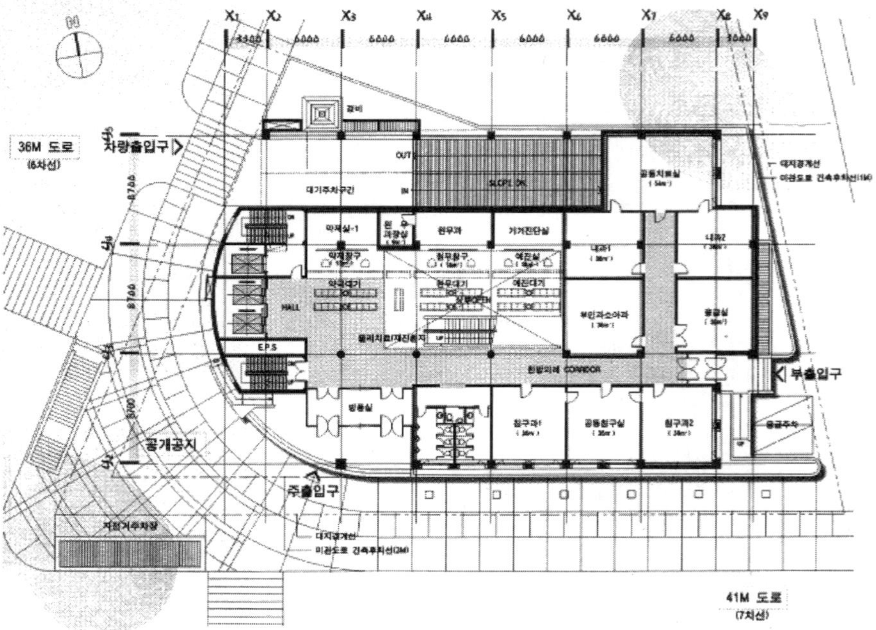

1st floor plan

II 리허빌리테이션(rehabilitation)

1. 개요

리허빌리테이션이란 심신장애자가 사회복귀를 위해 신체, 정신 사회, 직업적으로 그 능력을 확보하고 생활을 할 수 있도록 하는 시설로서, 주 대상은 신체장애자, 정신박약자, 노인이 된다.

2. 신체장애자 시설

1) 장애자 종류 및 특성

① 휠체어(wheel chair) 사용자

- 휠체어 이동을 위한 폭과 공간 : 직진시 80cm 이상 폭, 180° 회전시 1.5×1.5m, 1.35×1.6m가 필요하다.
- 휠체어 사용할 때 손의 도달 범위 : 상하 45cm 이상 ~160cm 이하, 전방 60cm 이내로 한다.
- 바닥의 단차가 없도록 할 것

② 시각장애자

- 벽, 바닥의 돌출이나 높낮이의 확인이 필요하다.
- 약시자(弱視者)는 색채 계획시 조도를 높이고 표지를 크게 할 것

③ 청각장애자

게시, 표지에 의한 정보전달을 고려한다.

2) 일반적 고려사항

① 실 배치

- 시각장애자 : 단순하고 알기 쉬운 배치를 한다.
- 청각장애자 : 시각장애물이 적게 배치를 한다.

② 공간 면적

- 시각장애자 : 가능한 좁은 공간으로 한다.
- 청각장애자 : 일반 기준보다 크게 계획한다.

③ **공간 이용**

• 시각장애자 : 전용 공간을 확보한다.
• 청각장애자 : 전용 공간의 필요성이 적다.

④ **공간의 형**

시각 장애자 : 벽면 및 바닥의 요철이 적도록 계획한다.

⑤ **공간계획**

시각 장애자 : 벽면, 바닥재에 변화를 주어 공간인지를 쉽게 할 것

3) 세부계획

① **주차장**

주차구획 : 3.3×5m 이상으로 한다.

② **현관주위**

• 바닥은 단차가 없고 거칠지 않은 재료로 마감한다.
• 문은 자동식 미서기, 회전문은 사용 금지
• 문 폭은 90cm 이상
• 휠체어를 두는 공간을 설치한다.

③ **복도**

• 너비는 1.8m 이상 : 통행량이 적은 곳의 경우 1.35m 이상
• 바닥 레벨차가 있는 경우 경사로를 설치할 것
• 양쪽에 난간을 설치할 것
• 기둥, 소화전 등을 바닥면, 벽면에 돌출시키지 않는다.

④ **각실 입구**

• 입구 폭 : 85cm 이상
• 여닫이 문은 실내 측으로 열릴 것. 손잡이는 레버 핸들을 사용하며, 도어 체크를 사용한다.

⑤ **계단**

• 챌판 : 10cm 이상 ~ 16cm 이하, 디딤판 : 30cm 이상
• 양쪽에 난간을 설치한다.
• 난간 높이 : 80~85cm, 상하 2단 설치(어린이용)한다.
• 난간과 벽 사이 : 5~6cm 정도 떨어지도록 설치한다.

⑥ **경사로**

• 구배 : 옥외 1/15~1/20 이하, 옥내 1/12 이하로 한다.

• 너비 : 1.8m 이상(최저 1.5m) 으로 한다.
• 경사로의 기점(起點), 종점(終點)에 1.8×1.8m(최저 1.5×1.5m)의 계단참(landing)을 만들고 옥외 경사로의 경우 수직거리 60cm 이내마다, 옥내 경사로의 경우 수직거리 70cm 이내마다 계단 참을 설치한다.
• 바닥면은 요철이 없는 매끄러운 재료를 사용한다.

⑦ **화장실**

• 화장실 안에서 방향 전환이 자유롭게 한다.
• 대변기는 벽걸이와 양식(洋式)으로 설치한다.
• 대・소변기 좌우에 난간을 설치하고, 변기 높이는 42~45cm 정도로 한다.

⑧ **세면소**

• 세면기는 바닥에서 80cm 높이에 설치한다.
• 세면기 사용을 위한 보조 난간을 설치하고, 거울은 바닥면에서 90~150cm 위치에 설치한다.

⑨ **엘리베이터**

• 엘리베이터 문 폭 : 80cm 이상, 케이지의 안 길이 : 1.3m 이상으로 한다.
• 조작 스위치 : 바닥에서 0.7~1.2m 높이에 설치한다.

3. 노인용 리허빌리테이션 시설의 요구사항

① 대지 내의 고저 차가 없도록 한다.
② 대지 내에 영구차의 출입이 쉽도록 한다.
③ 노인의 특성을 충분히 고려한다.
④ 생활 부문을 우선적으로 고려한다.
⑤ 격리적, 폐쇄적이어서는 안 된다.
⑥ 동선은 짧게 하며, 먼 거리 보행도 고려한다.
⑦ 각 실은 정남향으로 하여 충분한 일조를 확보한다.

4. 리허빌리테이션 실례

⬅ 서울 리포츠센터

김 영 섭(건축문화)

위　　치 : 서울 강동구 고덕동 317-24
대지면적 : 14,455.92m²
연 면 적 : 1,881.61m²
건축면적 : 4,057.89m²
(기존:2,938.22m², 증축:1,119.67m²)
용 적 률 : 39.45%
건 폐 율 : 28.07%

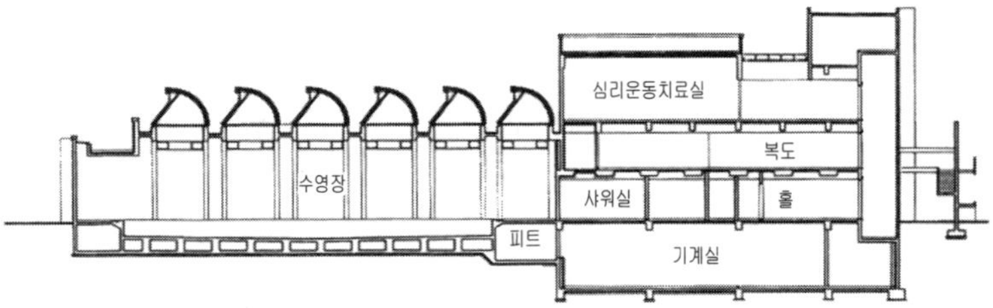

횡단면도

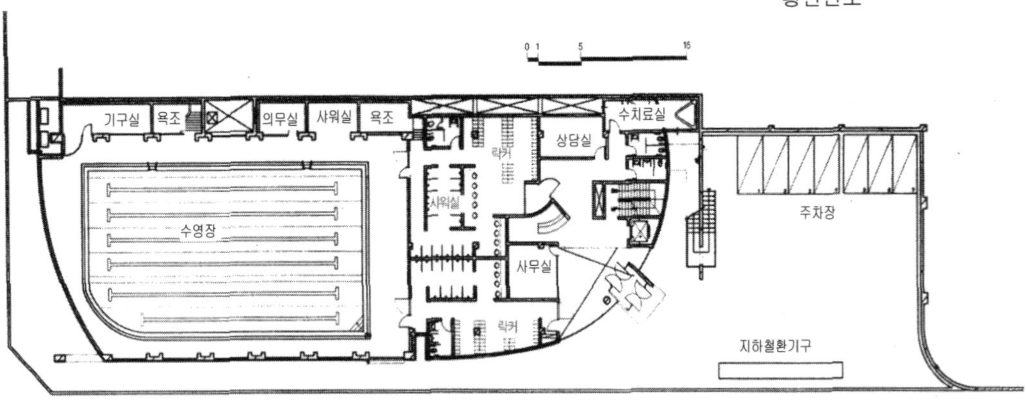

1층 평면도

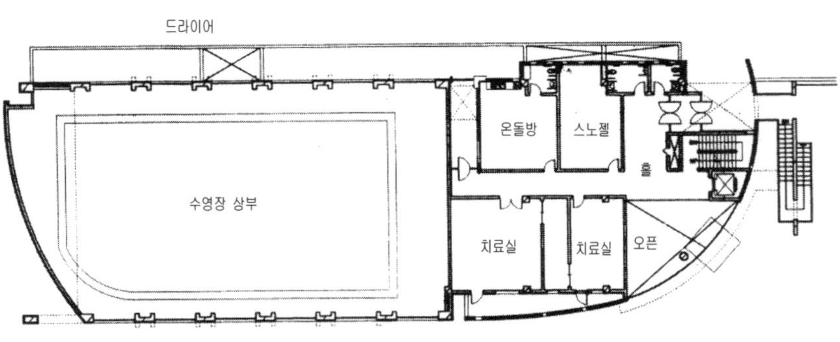

2층 평면도

← **파주 어유지동산**
(정신지체장애인 직업시설)

조 병 수

위　　치 : 경기도 파주

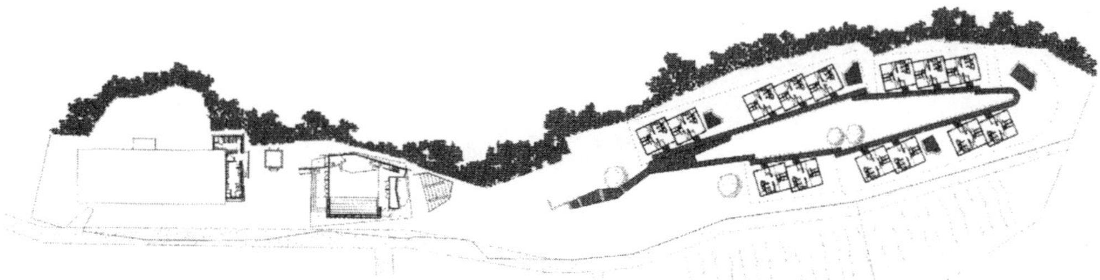

1st floor plan

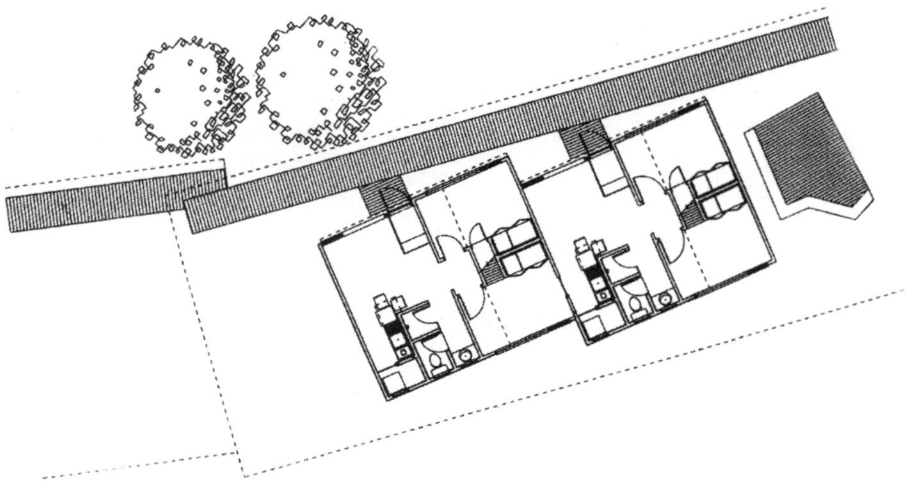

unit plan

⬆ 강화도 온수리 우리 마을

조병수 + 헬렌박

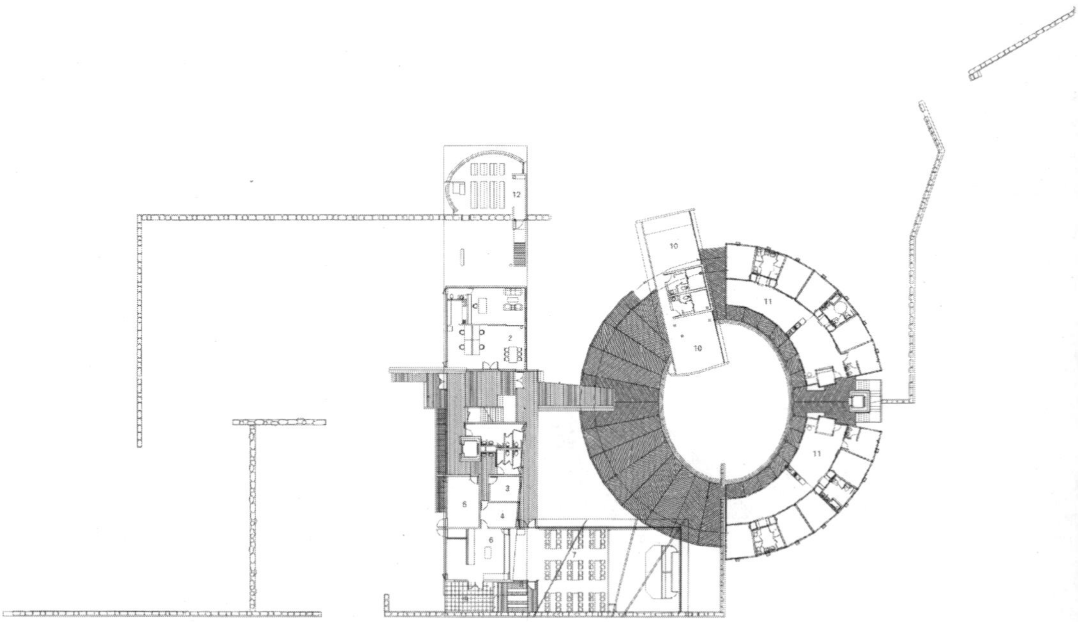

1층 평면도

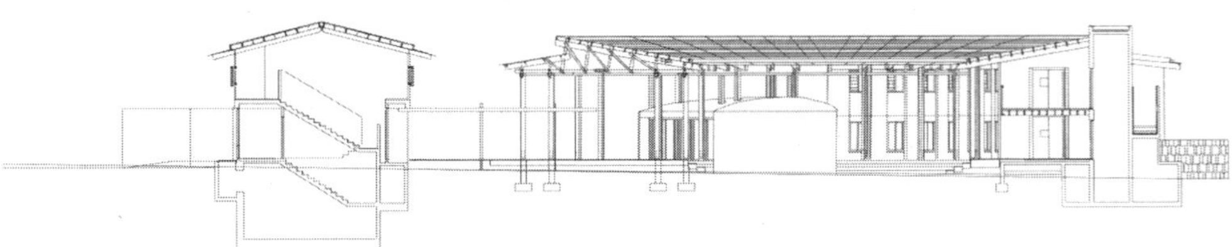

단면도

III 야간병원

1. 개요

야간 및 휴일에만 운영되는 축소형 병원이며, 환자의 진찰 및 응급처치만을 담당한다.

2. 계획의 원칙과 세부 계획

1) 계획의 원칙

① 일반병원의 주출입구와 분리되어야 하며 야간 및 휴일에 구급차량이 쉽게 접근할 수 있는 차량동선으로 계획해야 한다.
② 차량의 진입 방향도 일반병원과 분리되게 계획하는 것이 동선의 흐름상 좋다.
③ 일반병원과 너무 이격시키지 않는 것이 좋으며, 특히 중앙 진료부와의 연관성도 고려해야 한다.

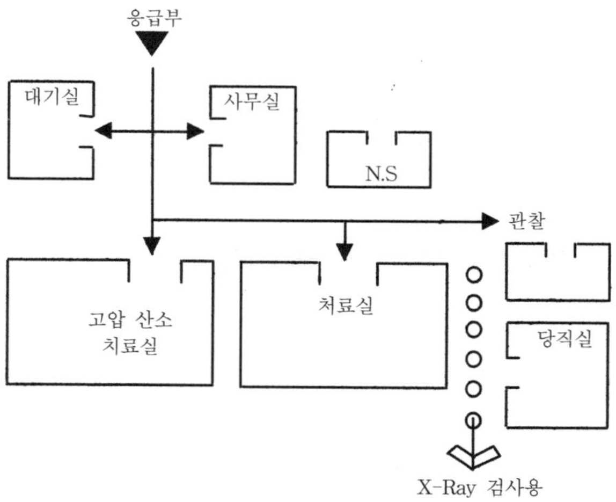

【그림 8-21】 야간병원의 기능도

2) 세부계획

① 접수 및 대기실

일반 병원과 별도의 접수가 이루어지며 대기실도 고려해야 한다.

② 당직 의사실

야간 의사 당직을 위하여 욕실 및 샤워실을 갖춘 당직실이 필요하다.

③ **간호사 당직실**

당직 의사실과 접수 대기실을 고려하여 간호사 당직실을 배치해야 하며, 특히 휴게실 및 샤워실을 고려한다.

④ **진찰 및 처치실**

- 환자의 진찰 및 처치를 필요한 실이다.
- 1실당 15~18m^2 정도 필요하다.

⑤ **검사실**

- 중앙 검사실이 별도로 있지만 간단한 검사를 위해서 필요한 실이다.
- 1실당 12m^2 정도 필요하다.

⑥ **수술실**

소수술실로서 처치실과 겸할 수도 있으나 별도의 수술실이 있으면 좋다. 수술실의 규모는 4.5m×4.5m 혹은 6.0m×6.0m 정도가 타당하다.

⑦ **준비실**

수술실의 중앙공급실 및 준비실을 겸하여 수술실과 인접하여 배치한다.

⑧ **회복실**

수술실의 환자를 다음날 아침까지 환자를 돌볼 수 있는 실로서 수술실과 인접하여 배치한다.

⑨ **고압 산소실**

CO, 중독성가스 환자의 치료를 위하여 필요한 실로서 1면은 외부와 접하여야 하며 실의 면적을 크게 필요로 한다.

⑩ **임상검사실, 외파 심전도실, 근전도실과도 인접되게 배치해야 한다.**

IV 진료소(의원)

1. 개요

의원의 기능은 입지하는 지역과 진찰과목에 의해 달라진다.

도시중심부의 의원은 치과, 안과, 이비인후과 등의 단과전문 또는 인근에 있는 직장인의 건강관리나 기업과의 제휴의를 겸하는 일이 많고 빌딩의 한 층을 빌려서 의원을 하는 일이 많다.

의료시설이 비교적 집중되는 대도시 근교의 주택지에서는 산부인과를 제외하고 입원하는 경우가 적고 단과 전문이라기 보다는 내과, 소아과 등 몇 가지의 진찰과목을 병설한 홈 닥터식의 의원이 많다. 자택과 의원을 겸하는 경우가 많고 의료권도 좁고 환자도 일반적인 환자가 대부분이다. 이 지역의 치과, 안과, 이비인후과 등의 경우는 단과 전문일 때가 많고 의료권도 넓고, 차량을 동원한 통원의 배려도 필요하다.

신도시처럼 계획된 도시의 경우는 전체적인 의료시스템을 체계적으로 계획하여 의원을 생활관련시설로서 계획적으로 배치하는 경우가 많고, 입원은 지역의 중심병원이 담당하는 시스템을 채택하는 경우가 많다.

농촌지역이나 산간지역에 있는 의원은 별도의 의료시설이 거의 없으므로 그 지역의 의료센터적인 역할을 겸하는 것이 많다. 의료권도 넓고 차량으로의 통원에 대한 배려가 필요하며 입원시설을 갖는 소규모 병원의 기능을 겸비하는 경우도 있다.

2. 종류

① 내과, 소아과를 주로 하는 가정의 적인 것(의원이라 부른다)
② 내과계의 전문과목을 주로 한다.
③ 외과계의 일반과목을 주로 한다.
④ 외과계의 전문과목을 주로 한다(정형외과, 산부인과, 안과, 이비인후과, 비뇨기과, 항문과).
⑤ 치과진료실

3. 대지계획

부지 선정에 있어서 진료과목이나 의료권 등을 고려하여 다음과 같은 자연조건이나 사회조건이 좋은 부지가 좋다.

1) 입지조건

① 통원을 위한 교통의 편리성이 높은 장소

② 다른 의료시설의 의료권 및 진료과목과의 결합이 잘 되는 장소

③ 공장이나 차량에 의한 소음이 적은 정숙한 장소

2) 부지조건

① 일조 통풍조건이 좋은 곳

② 지반이 안정되어 있으며 수질이 좋은 곳

4. 배치계획

대지 내의 건축물 배치 계획에 있어서는 도로와 대지의 관계, 건축물의 크기, 형상, 주차장 등을 고려해서 합리적으로 계획할 필요가 있다.

① 환자, 구급차, 직원, 서비스 등의 각 어프로치는 되도록 분리된다.

② 주택이 병실이 되는 경우는 진료부분과 주거의 어프로치 동선을 완전히 분리한다.

③ 진료소의 입구는 외래자용과 직원용으로 나누어진다.

④ 외래자의 어프로치는 사람과 차의 분리를 도모하고 위험이 없도록 계획한다.

⑤ 휠체어, 유모차 등의 이용자를 위해 도로와 대지의 고저 차를 없앤다.

⑥ 옥외시설로서 충분한 수용대수의 주차장, 자전거 정류장을 확보한다.

⑦ 조경 등에 의해 친숙해지기 쉽고 침착한 분위기의 어프로치를 유도한다.

5. 평면계획

평면계획을 수립하는데 있어서 의원의 구성요소와 소요실, 동선계획, 규모 등을 충분히 고려할 필요가 있다.

의원은 진료과목이나 병실의 유무 등에 의해 달라지나 관리부문, 진료부문, 병실부문, 기타부문, 주거부문으로 구성된다.

① 관리부문 : 의원 전체의 관리, 운영, 유지를 담당하는 부문이며, 접수, 사무, 투약(의약분업으로 처방전을 발급하는 기능으로 전환) 등에 관련되는 제실이 있다.

② 진료부문 : 검사, 시찰, 처치 등을 하는 부문이며 검사관계제실, 진찰・설치관계제실, X선 관계제실, 수술・분만관계제실 등 진료과목에 관한 제실이 있다.

③ 병실부문 : 의원의 경우 병실과 관련된 부문으로 입원환자의 진찰간호를 한다. 병실, 간호원 대기실(nurse station), 식당, 주방, 욕실 등의 방이 있다.

④ 기타부문 : 현관 홀, 대기실, 세면・화장실 등으로 구성된다.

⑤ 거주부문 : 의원과 의사의 주거를 병용하는 경우, 진료부문과 거주부문을 명확히 구분한다.

6. 동선계획

진료소의 동선에는 환자, 의사, 간호사, 방문객, 서비스(식사, 린넨류 등)의 동선이 있다. 이들 동선계획에 있어서는 특히 환자와 관리자의 동선을 배려하여 다음과 같은 점을 고려한다.

① 다른 동선이 교차하지 않도록 교차한다.

② 환자의 이송경로는 초단거리가 되도록 접수, 사무, 투약실(약국 : 의약 분업으로 처방전을 발급하는 기능으로 전환)은 상호 밀접한 연관성을 갖고 계획한다.

③ 복도는 휠체어, 스트레쳐(stretcher), 왜건류 등의 통행이 가능하도록 통로폭을 계획한다.

④ 배선왜건, 쓰레기 수집왜건 등의 서비스 동선은 다른 동선과 분리한다.

⑤ 외래자에게는 환자 외에도 방문객 등도 있으므로, 그들의 목적을 배려한 동선계획 세운다.

7. 일반계획과 소요실

1) 일반계획

① 진료부문과 거주부문은 동일 대지 내의 경우는 별도 건물로 계획하고 가급적 별도 대지에 각각 독립적으로 배치하는 것이 좋다.

② 증개축의 빈도가 높으므로 후렉시빌리티와 확장에 대해서는 계획 당초부터 충분히 검토해 둔다.

③ 유·무상의 검토항목(진료과목 입지조건, 규모, 전문성)

2) 소요실

① 외래 진료부문

실 명	면적[m²]	비 고	실 명	면적[m²]	비 고
대합실	15~25		내진실		
진료실	15~20		분만실	8~20	산부인과
약 국 (처방전 발급)	5~10 (치과 2~3)	안과, 치과에서는 진료실의 일부를 이용하는 수도 있다.	수술실	소 10~12 대 15~20	외과 성형외과 산부인과
X 선실	10~15 (외과 15~20)	외과, 정형외과에 반드시 필요하다.	회복실		산부인과 이비인후과 치과
암 실			검사실		안과
처치실			기공실		치과

② 입원 간호부문

실 명	면적[m²]	비 고
병 실	1실 7.5~10 2실 12~14	의료법에 의한 면적 $6.3m^2$ 이상 $4.3m^2$ 이상/1인
입원 환자실		
화 장 실		
너스스테이션		
전용 출입구		
전 화 코 너		

③ 관리부문

실 명	면적[m²]	비 고
의사 휴양실		서재, 응접실 겸용
간호사 거실		

8. 의원 실례

한산부인과

최관영 + 정동명
(주)일건씨앤씨건축

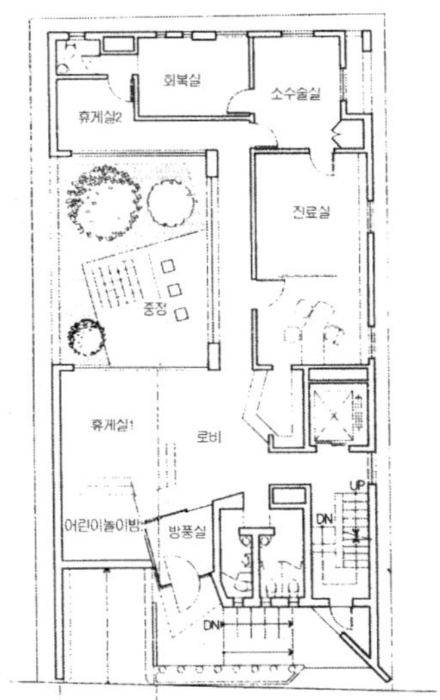

1층 평면도

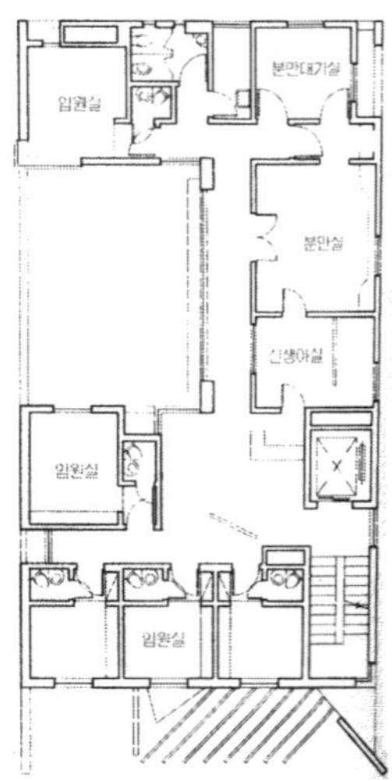

2층평면도

우먼메디 산부인과

김영준, 이로재
김영주 도시건축

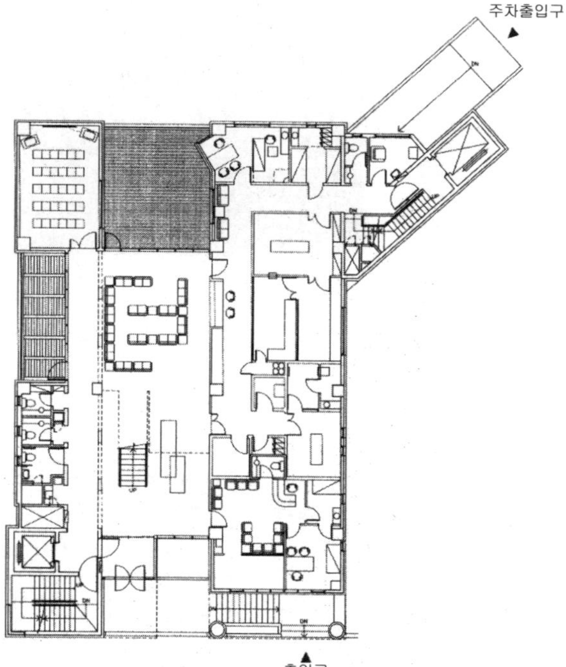

2층 평면도

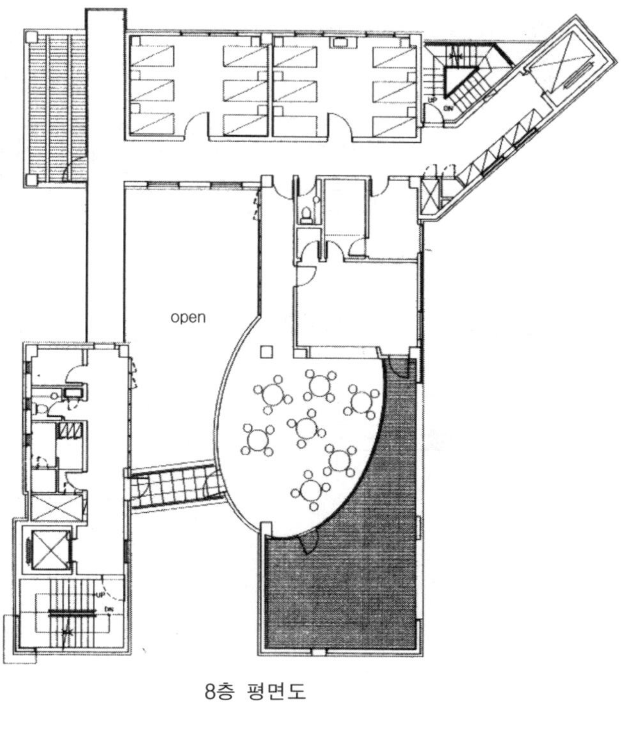

8층 평면도

⬅ 문산부인과

최준오, (주) 준석건축

위 치 : 서울시 송파구 가락동 94-6

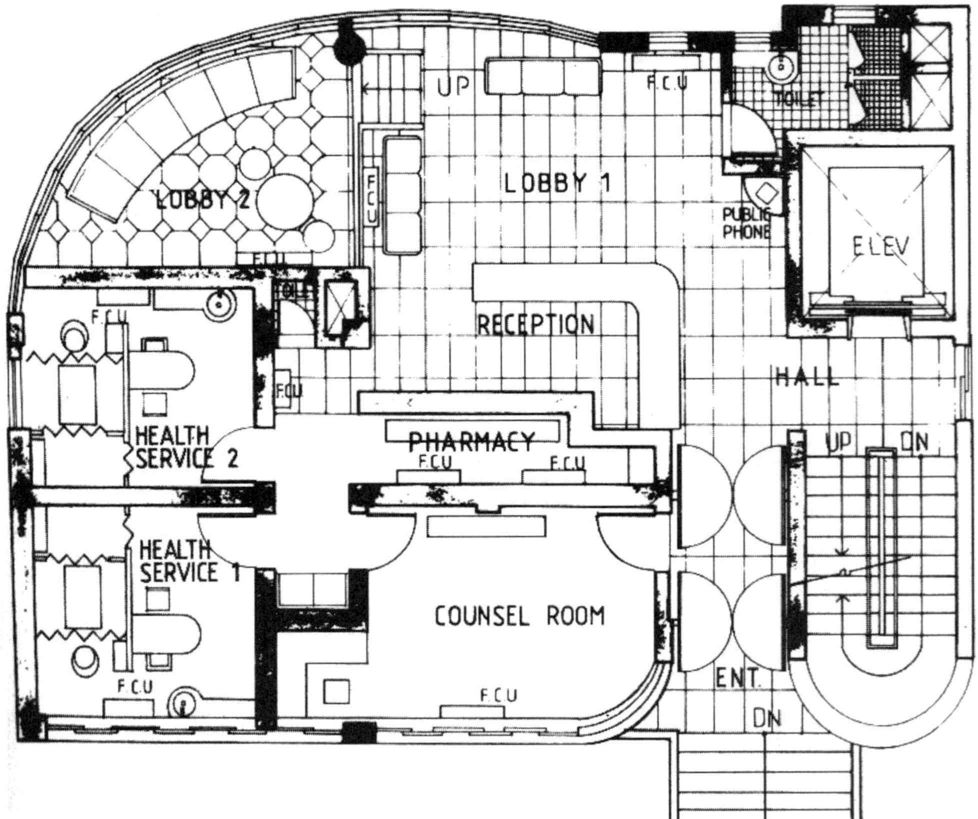

1층 평면도

⬅ 고성군 보건소

경영위치건축

위　　치 : 경남 고성군 고성읍 대독리4
대지면적 : 3,967m²
연 면 적 : 1,348m²
구　　조 : 철골철근콘크리트
규　　모 : 지하 1층, 지상 2층

North elevation

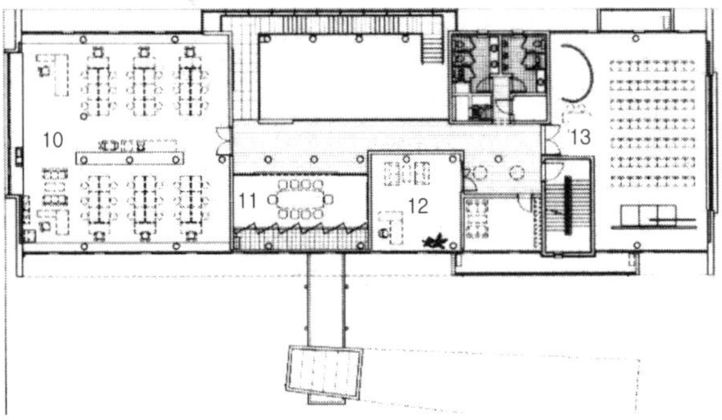

2nd floor plan

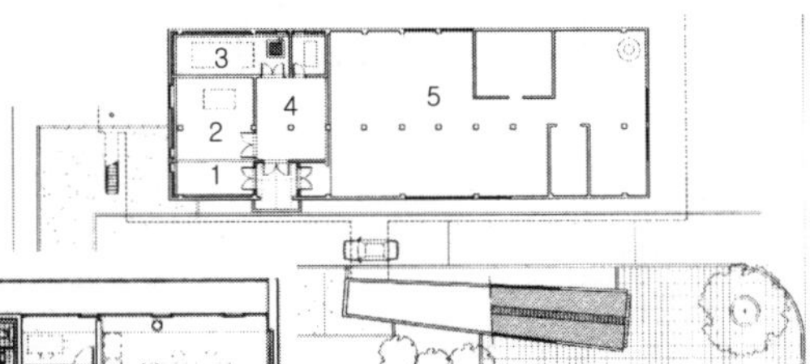

1. storage
2. electric equipment room
3. machinery room
4. water tank
5. pit
6. hall
7. medical office
8. pharmacy
9. medical examination room
10. office
11. conference room
12. principal's room
13. seminar room

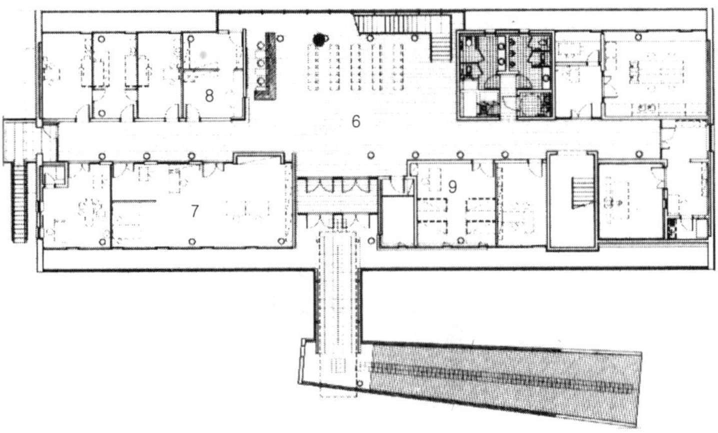

1st floor plan

← 문경시 보건소

김승희 + 강원필
(경영위치건축)

위　　치 : 경북 문경시 점촌동 232
대지면적 : 3,713m²
연 면 적 : 1,979m²
건축면적 : 1,063m²
용 적 률 : 53.29%
건 폐 율 : 28.62%
구　　조 : 철근콘크리트
규　　모 : 지하 1층, 지상 4층

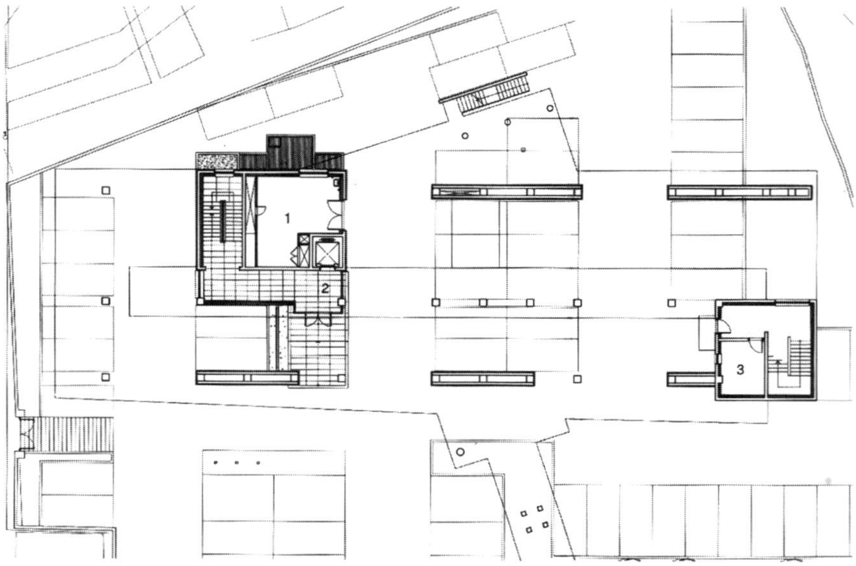

1층 평면도

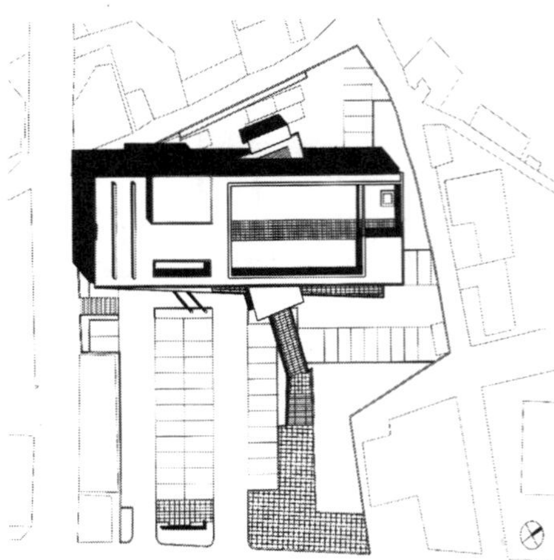

배치도

⬅ 한마음 폴리클리닉

장 순 각

위　　치 : 대전 서구 탄방동 599
연 면 적 : 2,500m²
구　　조 : 철골콘크리트조

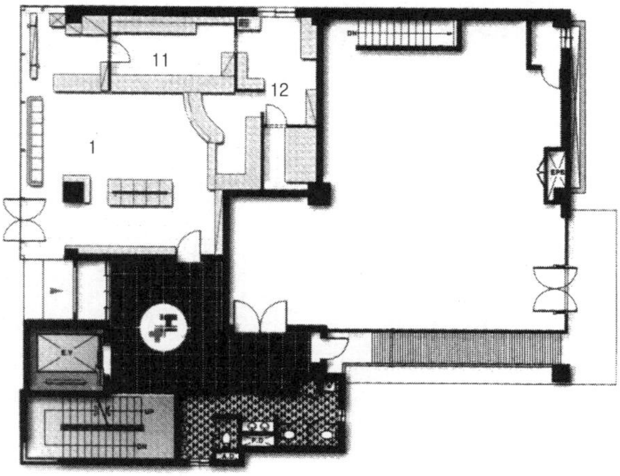

1. 약국
2. 안내
3. 대기실
4. 원장실
5. 주사실
6. 레이저실
7. 수술실
8. 진료실
9. 병실
10. 처치실
11. 조제실
12. 약품보관실

1층 평면도

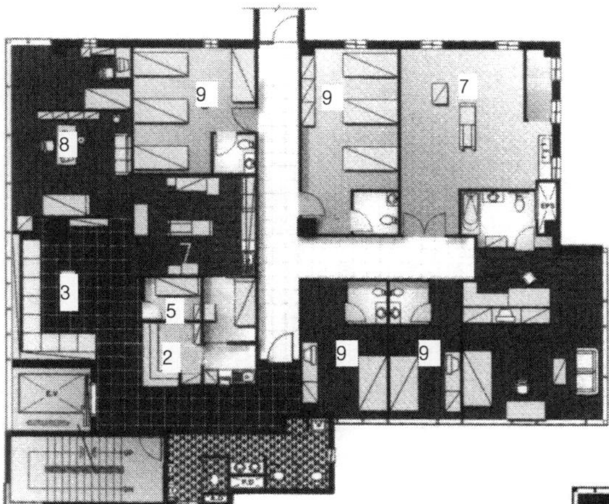

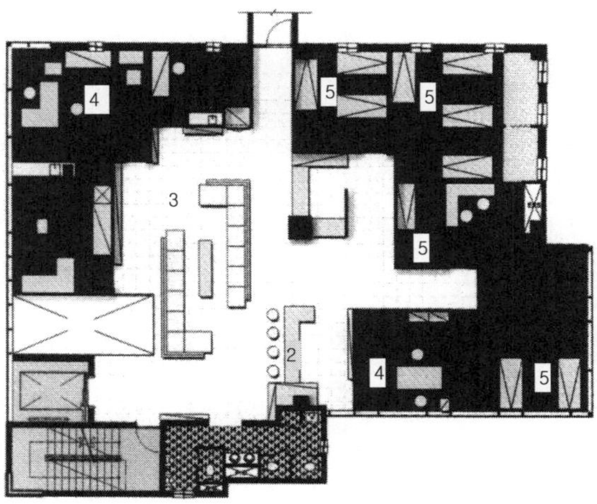

2층 평면도

9

스포츠시설

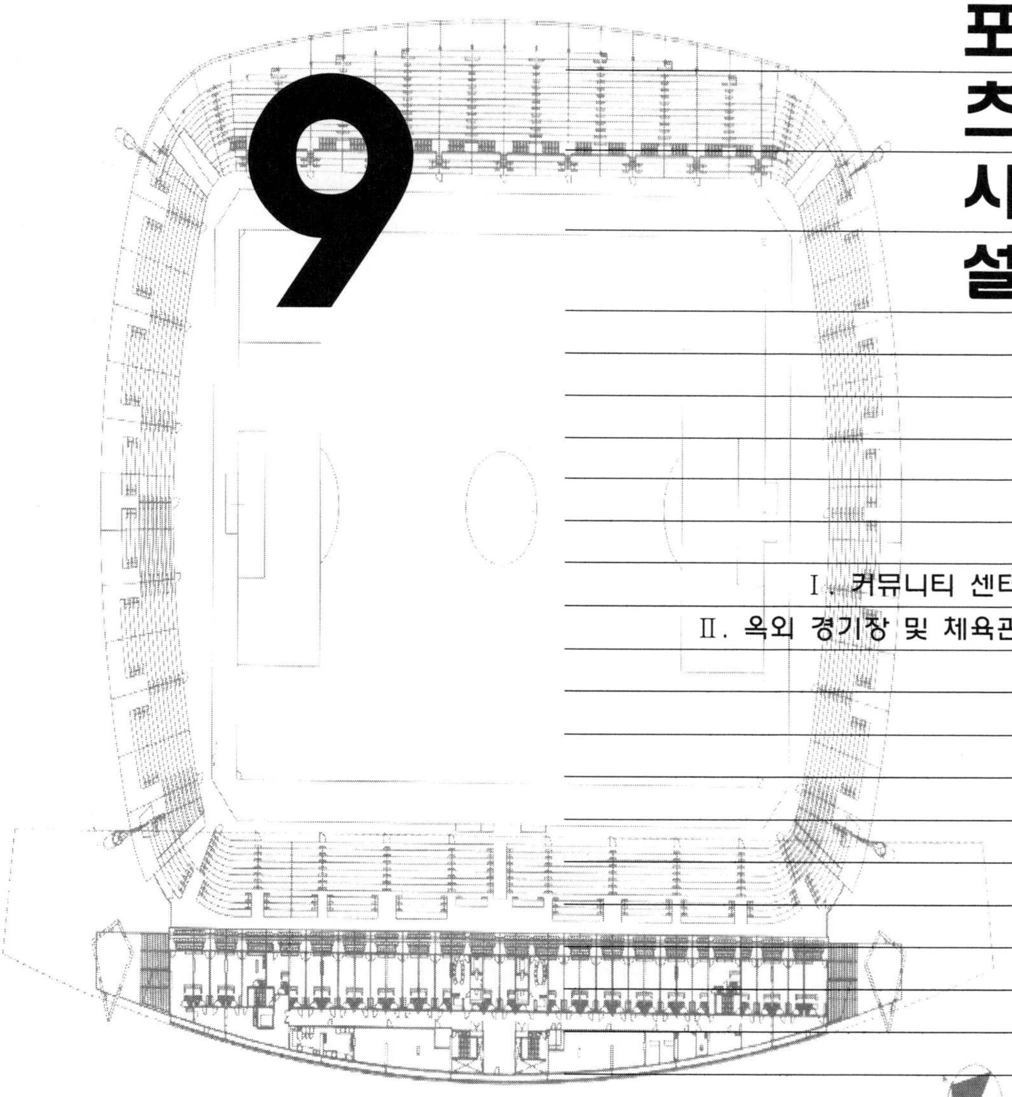

Ⅰ. 커뮤니티 센터

Ⅱ. 옥외 경기장 및 체육관

9

스포츠시설

I 커뮤니티 센터

1. 개요

커뮤니티 시설에는 특정 연령계층 등을 대상으로 시설과 지역을 대상으로 설치하는 시설이 있다. 연령층 등을 대상으로 설치하는 시설로는 어린이를 대상으로 한 어린이 회관, 어린이 문화센터 등이 있고, 청년, 부인을 대상으로 한 청년의 집, 근로청소년의 집, 노인을 대상으로 한 노인복지센터, 노인휴식의 집 등이 있다. 지역을 대상으로 설치하는 시설로는 일반지역을 대상으로 한 커뮤니티 센터, 마을회관이 있고 농촌을 대상으로 한 농촌개발센터, 농촌환경개선센터 등이 있다.

2. 커뮤니티 센터의 종류

일반적으로 커뮤니티 센터란, 커뮤니티 시설 속에서 지역의 일반주민을 대상으로 한 것으로 커뮤니티 센터와 마을회관을 말한다. 그러나 근래 커뮤니티 센터라는 명칭이 아니더라도 그것과 유사한 시설이 증가되고 있다. 예를 들어 지역주민센터, 시민센터와 같은 것이 있다. 종류로는 다음의 것이 있다.

1) 커뮤니티 센터

① 자치적인 커뮤니티 사업에 의한 것 : 지방자치제의 관할로 시, 읍, 면이 설치하는 지역주민을 대상으로 한 것으로 주민의 자주적인 집회, 연수, 스포츠, 레크레이션 활동 등의 거점을 목적으로 하고 있다.

② 일반 커뮤니티 센터 : 자치제의 관할로 시, 읍, 면에 설치한다. 지역주민을 대상으로 문화교류, 스포츠, 레크레이션 활동 등의 이용을 목적으로 하고 있다.

2) 마을회관

자치제가 시, 읍, 면에 설치하는 지역주민을 대상으로 한 집회, 연수, 레이레이션 등의 제반실을 갖고, 사회교육, 문화, 건강 증진 등 사회복지 활동의 이용을 목적으로 한다.

3. 커뮤니티 센터의 역할

1) 주택의 기능

과거 주택에서 이루어졌던 이웃사람들과 공동으로 실시하게 되는 협동작업이다. 가족의 혼례, 장례식 등의 일은 현재 커뮤니티 센터가 대신해 주고 있다.

2) 주민활동의 거점

새마을회, 자치회 등 주민조직, 부인회, 노인클럽, 취미, 스포츠 등 서클활동의 거점으로서의 역할을 한다. 이는 일반적인 커뮤니티 센터의 역할이다.

3) 행정의 말단 서비스

행정상 결정된 여러 가지 시책 혹은 행사 등을 지역사회로 전달해서 치밀한 행정의 말단 서비스 기지로서의 역할을 한다. 구체적으로는 행정의 광고활동, 설명회 개최, 도서코너의 설치, 이동도서관이나 보건소의 활동기지와 또는 관청의 지소나 분실, 시의 담당직원의 대기소, 방재활동의 거점 등의 역할도 있다.

4. 대지 계획

1) 입지조건

① 그 지역 커뮤니티의 중심이며 주민이 손쉽게 이용할 수 있는 곳으로 한다.

② 상업시설이나 어린이 놀이터, 근린공원과 가까우면 좋다.

③ 문화시설 근처에서 적극적인 상승효과도 고려한다.

④ 교통편이 좋은 곳에서 이용권역은 2km 정도로 한다.

⑤ 방재상 안전하며 피난장소로 가기 쉽고 넓은 도로에 면하고 있는 곳으로 한다.

2) 부지조건

① 되도록 정면이 넓고 정사각형이면 좋다.
② 부지가 도로에 2면 이상 면하든지 주변에 공지가 있으면 좋다.
③ 부지는 주위 대지보다 어느 정도 높은 것이 좋다.

5. 배치계획

현관은 전면도로에서 인식하기 쉬운 곳에 두며 현관의 어프로치는 통행이 용이하고 친숙한 분위기로 계획한다.

1) 일반 도로의 계획

도로를 향해서 건물을 계획하는 일이 많고, 도로로부터의 어프로치 부분은 보행자나 자전거 및 차량의 출입에 의해 혼잡하다. 그러므로 보행자나 자전거 그리고 차량의 동선을 교차시키지도 않도록 앞뜰, 자전거 보관소, 주차장 등을 계획한다. 또한 건물의 측면이나 뒤쪽에 여유가 있을 경우에는 도로에서 떨어진 옆뜰이나 뒤뜰에 휴식을 위한 외부공간을 설치한다.

2) 모서리 대지의 경우

건물을 2면의 도로에 면하게 하고 뒤뜰을 둘러싸도록 계획한다. 체육관을 설치할 경우는 한쪽을 체육영역으로 계획한다. 어프로치는 2개소 이상으로 설치하여 보행자나 자전거 및 차량의 동선을 교차하지 않도록 한다. 현관은 코너에 설치하여 어프로치의 거리를 짧게 한다. 현관 앞에는 동선처리를 위한 앞뜰 등의 공간을 확보한다. 또한, 건물의 뒤뜰은 휴식을 위한 외부공간으로 계획한다.

3) 3방향 도로의 경우

건물의 형상을 도로에 따르게 하는 U형이나 H형으로 계획하고 뒤뜰을 둘러싸듯이 계획한다. 어프로치를 3곳 이상 두어 하나를 보행자 전용으로 계획한다. 또한 체육관을 설치하는 경우에는 한 변을 체육영역으로 하여 전용 어프로치를 설치한다. 현관은 주로 프로치와 가까운 위치에 둔다. 또한, 뒤뜰을 주변의 영향이 적은, 휴식을 위한 외부 공간으로 계획한다.

6. 평면계획

1) 커뮤니티 센터의 기능

커뮤니티 센터에는 주민을 위한 기능과 커뮤니티 센터를 위한 기능이 있고, 이들은 상호 연관성을 가지며 전체적인 기능을 수행한다.

① 주민을 위한 기능

- 집회 : 주민이 모여 집회활동이나 강연회를 위해 이용하는 장소로서의 기능
- 활동 : 스포츠나 취미, 서클활동에 이용하는 장으로서의 기능
- 학습 : 주민의 요구에 따라서 필요한 지식, 기술을 얻도록 하는 장소. 또한, 커뮤니티센터에서 시행하는 사업에 참여하여 학습을 하는 장소로서의 기능
- 활용 : 주민이 향토 자료 등을 활용하는 장소로서의 기능
- 휴식 : 주민이 정신적인 휴식을 하고, 이웃들과 교류할 수 있는 장소로서의 기능
- 상담 : 주민이 안고 있는 여러 가지 문제에 대하여 전문가에게 상담하는 장으로서의 기능

② 커뮤니티 센터를 위한 기능

- 지도, 조언 : 주민의 요구에 따라서 전문적, 기술적인 지도, 조언을 하는 장소로서의 기능
- 공보 : 행정의 광고활동인 주민 상호간의 정보센터로서의 역할을 하는 장으로서의 기능
- 연락, 제휴 : 필요에 따라서 지역 내외의 제기관이나 제단체와 연락하여 제휴하는 장으로서의 기능
- 교류 : 주민이 커뮤니티센터 활동을 통하여 교류하고 상호관계를 조절하는 장소로서의 기능

2) 각 부문의 구성

커뮤니티 센터는 크게 나누어 학습부문, 관리부문, 체육부문 그리고 공용부문으로 나누어진다. 학습부문은 다시 교양부문과 실험・실습부문으로 분류된다.

① 교양부문 : 강의실, 집회실, 연수실, 담화실, 전시실, 도서실 등으로 구성된다.
② 실험・실습부문 : 실습실, 미술실, 음악실, 공작실, 도서실 등으로 구성된다.
③ 체육부문 : 경기실, 관람석, 트레이닝룸 등으로 구성된다.
④ 관리부문 : 사무실, 관리인실, 전기실, 기계실 등으로 구성된다.
⑤ 공통부문 : 현관 홀, 로비, 복도, 계단, 화장실, 세면장 등으로 구성된다.

3) 조닝

① 커뮤니티 센터의 구성에 있어서는 우선 활동적인 동적 공간과 조용한 공간을 필요

로 하는 정적 공간으로 나누어 조닝상 명확히 구분한다.

② 동적 공간은 움직임이 심한 행위를 하기 위한 실들의 집합이며 실험, 실습부문이나 체육부문 등으로 구성된다. 이 공간은 작업이나 경기에 의해 소음발생이나 진동을 일으키기 때문에 타부문과 떨어진 위치에 계획한다.

③ 정적 공간은 모임, 교양부문의 각 실로 구성된다. 이 공간은 전면도로나 동적 공간으로부터의 소음이 영향을 미치지 않는 위치에 계획한다.

④ 동적 공간과 정적공간을 하나의 건물로서 구성하기 위해 중간적인 공간을 설치한다. 중간 공간은 성격이 다른 2개의 공간을 연결시키는 완충 지대임과 동시에 커뮤니티 센터의 관리기능을 갖는다.

4) 동선계획

① 동선으로는 이용자의 동선, 직원의 동선 및 서비스 동선이 있고, 각각 교차하지 않도록 계획한다. 특히 이용자 동선으로는 체육관이나 풀 등 체육부문의 이용자 동선과 기타 부문의 이용자 동선을 구별한다.

② 현관 홀은 건물의 외부와 내부의 접점이며, 동선이 집중하는 장소이므로 혼란이 일어나지 않도록 충분히 넓은 공간을 확보한다. 예를 들어 현관 홀, 로비, 담화실 등을 하나의 공간으로 정리하여 동선을 처리하고 그 주위에 여러 시설을 배치하는 예도 있다.

③ 많은 사람이 이용하는 방의 동선은 짧게 계획하는 것이 바람직하다. 그러므로 집회실이나 강의실 등은 되도록 현관 홀 근처에 설치한다.

④ 적은 인원수인 제실은 관련된 실들을 정리해서 배치하고 상호간의 동선을 짧게 계획해서 편이성을 도모한다.

5) 평면계획

평면계획은 동적인 공간과 정적인 공간을 명쾌하게 나누고, 각각 관련된 제실을 정리해서 계획한다. 또한 평면계획에 있어서는 일조나 통풍 등의 기상조건의 영향, 재해시의 안전성, 법규상의 규제 등 여러 가지 계획 조건을 고려하여 종합적으로 결정한다.

① 관리부문은 1층의 출입구 근처에 계획한다.

② 실험, 실습부문은 옥외와의 관련성도 있고, 특수한 경우를 제외하고 1층으로 계획한다.

③ 교양부문은 1층이 좋으나, 조용한 환경을 필요로 하는 것은 2층에 설치한다.

④ 체육부문은 타부문과 나누어 계획한다.

⑤ 필요에 따라 기능이 비슷한 방들은 겸용한다.

7. 커뮤니티 센터 실례

⬅ 용인 여성회관

이상림 · 박유진
(공간종합건축)

위　　치 : 용인시 수지읍 풍덕천리 용인수지 2지구 4008-1BL
대지면적 : 8,045m²
건축면적 : 4,401.36m²
연 면 적 : 12,251.1m²
용 적 률 : 85%
건 폐 율 : 54.7%
최고높이 : 25.5m.
구　　조 : 철골철근콘크리트 라멘조, 철근콘크리트
규　　모 : 지하 2층, 지상 4층

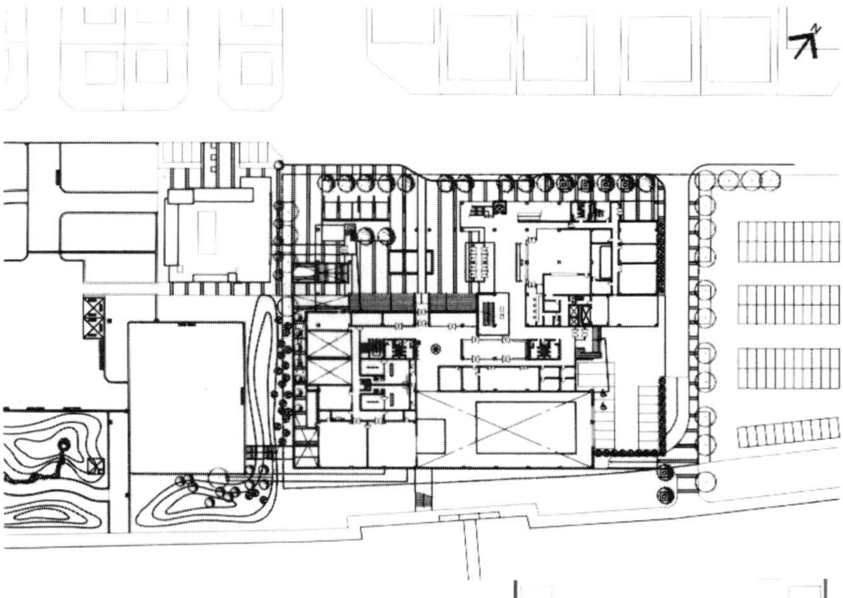

1층 평면도

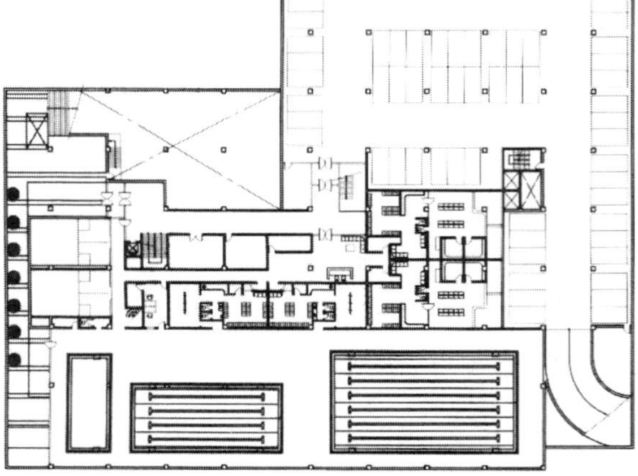

지하 1층 평면도

⬅ 제주시 지방 청소년센터

삼정건축(김유봉)

위　　치 : 제주시 건입동　513번지
대지면적 : 5,640m²
연 면 적 : 3,326.05m²
건축면적 : 1,357.17m²
용 적 률 : 58.97%
건 폐 율 : 26.06%
구　　조 : 철근콘크리트조, 철골조
규　　모 : 지하 1층, 지상 2층

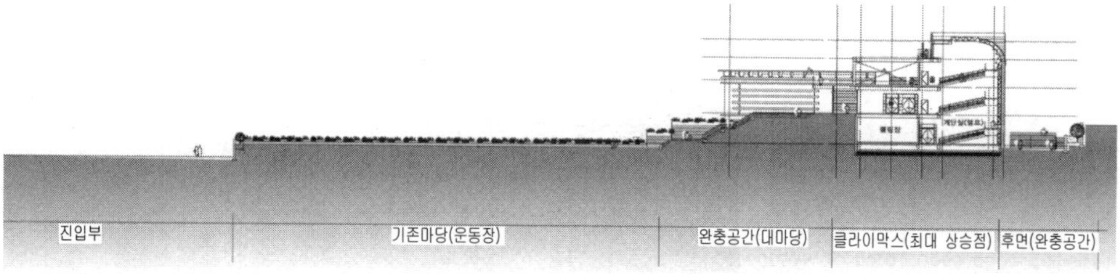

section

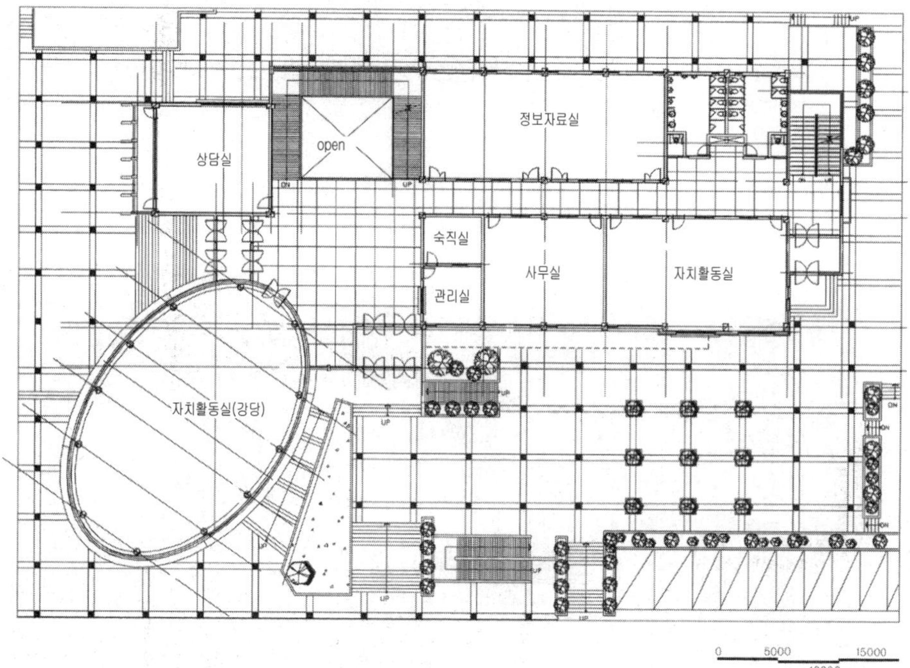

1st floor plan

⬅ 고성군 문화체육센터

마루 엔지니어링(조동구, 허필도)

위　　치 : 경남 고성군 고성읍 가월리 83-10
대지면적 : 3,060m²
연 면 적 : 3,593.13m²
건축면적 : 1,802.03m²
용 적 률 :117.42 %
건 폐 율 : 58.89%
구　　조 : 철골철근콘크리트조, 철골조
규　　모 : 지하 1층, 지상 2층

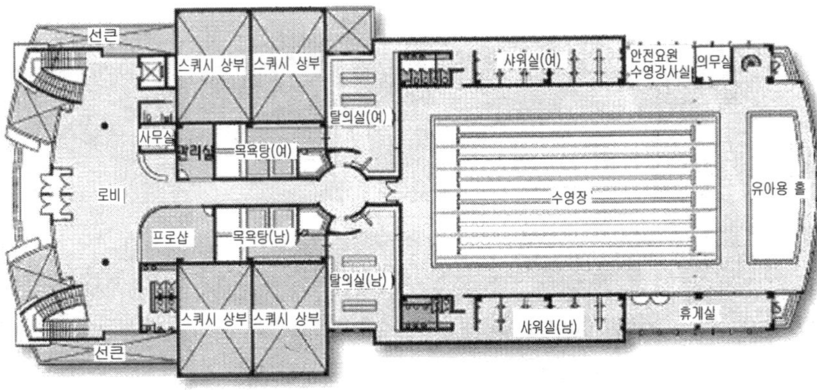

1st floor plan

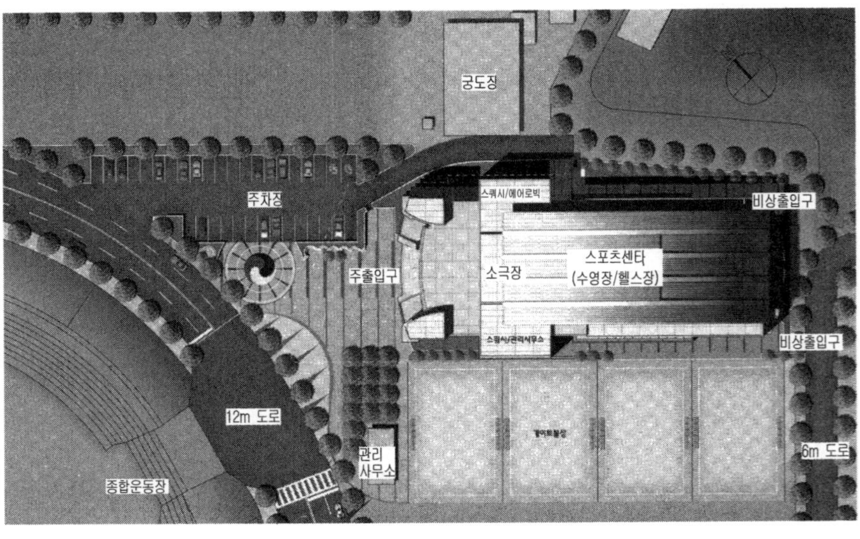

site plan

⬆ 광양 커뮤니티센터

이강우 + 심성보(포스에이씨)

위　　치 : 전남 광양시 중마동 321-1일대
대지면적 : 90,556m²
연 면 적 : 12,859.66m²
건축면적 : 4,635m²
용 적 률 : 12.83%
건 폐 율 : 5.12%
조경면적 : 57,885m²
구　　조 : 철근콘크리트조, 철골조
규　　모 : 지하 1층, 지상 9층

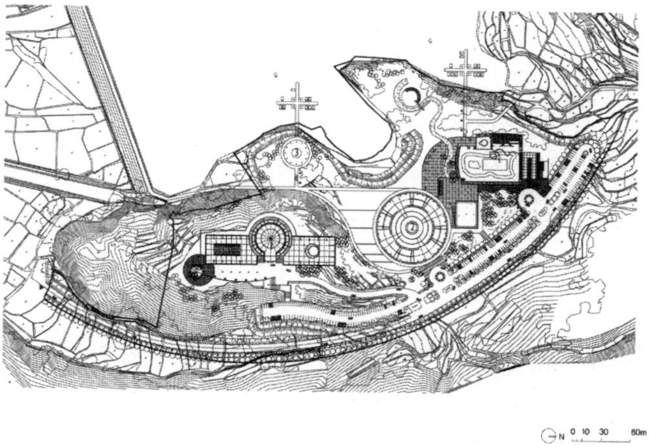

배치도

1. 로비
2. 기획전시장
3. 홍보요원 대기실
4. 매장
5. 휴게실
6. 상설전시장
7. 무대
8. 다목적홀
9. 다목적홀 로비
10. 어린이 놀이공간
11. 사무실
12. 락커실
13. 샤워실
14. 강사실
15. 실내수영장

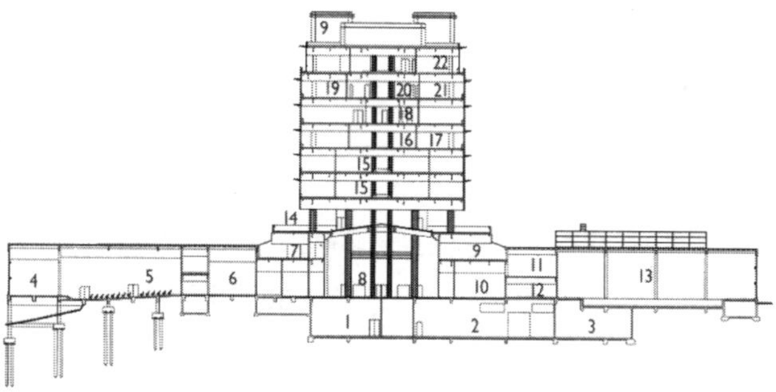

종단면도

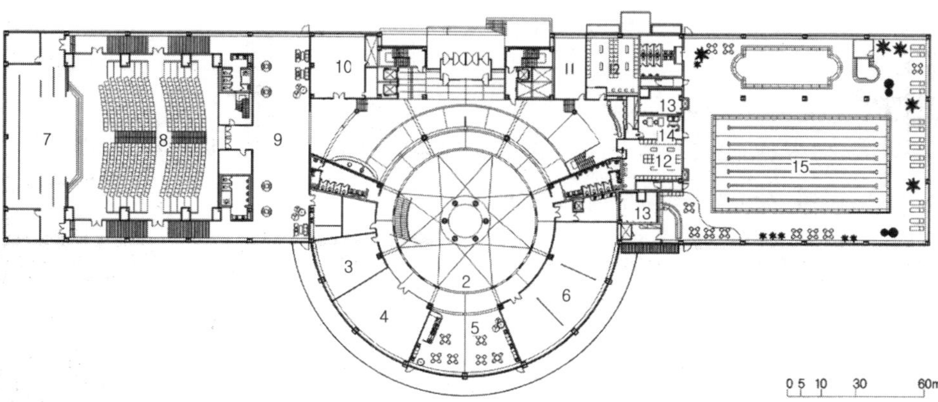

1층 평면도

II 옥외 경기장 및 체육관

1. 체육시설

1) 스포츠 분류

① 종별 : 수영장, 축구장처럼 스포츠 활동의 종별에 대응하는 것
② 수준 : 초심자 및 올림픽 선수와 같이 고도의 경기자 사이에 있는 여러 가지 단계

2) 스포츠의 공간별 분류

① 옥내시설 : 옥내 운동장, 체육관
② 스포츠 홀 : 다목적 공간
③ 특정시설 : 아이스링크, 수영장
④ 옥외시설 : 위 사항 이외의 모든 시설

2. 육상 경기장

1) 부지선정

① 도심에서 벗어난 곳으로 대규모 오픈 스페이스가 확보된 안전한 곳
② 비교적 대중교통수단이 편리하고, 자동차 소통이 잘 되는 곳
③ 방위와 풍향의 방해가 적은 평탄한 곳
④ 주변에 수목이 많아 자연미가 있고 공기가 오염되지 않은 곳
⑤ 경기장의 장축이 남북으로 길게 놓여질 수 있는 곳
⑥ 대규모 옥외 주차공간의 확보가 용이한 곳
⑦ 종합경기장인 경우 메인 스타디움이 중앙에 위치할 수 있는 곳

2) 배치계획

① 옥외 체육을 위한 경기장은 방위 및 풍향 등 자연조건이 큰 영향을 미친다.
② 운동장은 대개 장축을 남북방향으로 배치
③ 오후의 서향을 고려하여 Main stadium(본부석)을 서편에 둔다.

3) 설계시 유의사항

① 경기자와 관객이 친밀하게 될 수 있고, 각 기능이 충족될 수 있도록 한다.
② 경기장의 유지관리, 운영이 편리해야 한다.
③ 경기장은 다종목 사용이 가능하도록 한다.

④ 부지내 연습시설과 운동공원의 기능을 고려한다.
⑤ 필드바닥은 배수가 잘 되며 탄력성을 가지며 적당한 습도와 점성을 갖도록 한다.
⑥ 관람석은 시설계획에 각별히 유의하고 관람석의 출입구 계획은 퇴장시간을 고려하여 정하고, 특히 관람석의 대형 사고에 대비하여 안전한 구조로 한다.
⑦ 관람자의 동선혼잡을 피하기 위해 안전 표지 시스템을 조직화하고 좌석은 그룹별로 색깔을 달리한다.
⑧ 전광판의 크기와 위치, 성화대 위치를 고려한다.
⑨ 도시 스케일(urban scale)에 적합하고 미래지향적인 계획을 수립한다.
⑩ 장래 시설증축에 대비한 계획을 한다.

4) 육상 경기장의 공인

① 공인 기록으로 인정되려면 경기장도 공인되어야 한다.
② 공인은 국제 육상경기 연맹에 의한 한국 공인 육상경기 규정에 따라 결정한다.
③ 경기장 설계는 연맹에 제출하여 공인을 받는다.
④ 육상 경기장 공인 기준<표 9-1>

5) 육상 경기장의 구성

① 트랙, 필드, 관람자용 시설, 경기 자동화 시설, 관리·운영시설로 구성

【표 9-1】 육상경기장 공인 기준

<table>
<tr><th colspan="2">종별 / 항목</th><th>제1종</th><th>제2종</th><th>제3종</th><th>제4종</th></tr>
<tr><td colspan="2">1주의 거리</td><td>400m</td><td>400m</td><td>300m 또는 400m</td><td>200m, 250m, 300m
350m, 또는 400m</td></tr>
<tr><td rowspan="2">주로</td><td>직선부</td><td>너비 10m
(8코스) 이상
길이 115m 이상</td><td>너비 8.75m
(7코스) 이상
길이 115m 이상</td><td>너비 7.5m
(6코스) 이상
길이 114m 이상</td><td>너비 7.5m
(6코스) 이상
길이 114m 이상</td></tr>
<tr><td>곡선부</td><td>너비 10m(8코스)</td><td>너비 8.75m
(7코스) 이상</td><td>너비 7.5m
(6코스) 이상</td><td>너비 7.5m
(4코스) 이상</td></tr>
<tr><td colspan="2">3000장애물 경주설비</td><td>필 요</td><td>필 요</td><td>없어도 무방</td><td>없어도 무방</td></tr>
<tr><td colspan="2">공 인 경 보 로</td><td>필 요</td><td>없어도 무방</td><td>없어도 무방</td><td>없어도 무방</td></tr>
<tr><td colspan="2">보조경기장 또는
이에 상당하는 광장</td><td>필요(400m트랙
상당의 광장)</td><td>없어도 무방</td><td>없어도 무방</td><td>없어도 무방</td></tr>
<tr><td colspan="2" rowspan="2">각종투척장과 도약장</td><td>각 2개소</td><td>각 2개소</td><td>각 1개소 이상</td><td>어느 한쪽이 없어도 무방</td></tr>
<tr><td colspan="4">단, 투원반과 투해머 서클은 겸용도 가능</td></tr>
<tr><td colspan="2">메인 스텐드 및
관람석</td><td>5,000명 이상의
수용능력 가질 것</td><td>1,000명 이상의
수용능력 가질 것</td><td>없어도 무방</td><td>없어도 무방</td></tr>
</table>

항목 \ 종별	제1종	제2종	제3종	제4종
목욕장 및 샤워시설	남·여 각 2개소 이상	남·여 각 2개소 이상	없어도 무방	없어도 무방
갱 의 실	300명 이상 수용할 수 있을 것	100명 이상 수용할 수 있을 것	이용할 수 있는 설비가 필요	없어도 무방
트 레 이 닝 실	제1종에는 $300m^2$ 이상의 트레이닝실을 설치할 것			
트랙·필드 포장재	제1종에는 전국대회와 국제대회 개최를 위하여 전천후 포장이 필요			
경기장의 배수시설	강우 직후에도 사용할 수 있을 것	강우직후에도 사용할 수 있을 것	없어도 무방	없어도 무방
경기장의 살수시설	살수전 15개소 이상 상설할 것	살수전 8개소 이상 상설할 것	없어도 무방	없어도 무방
경기장에서 개최할 수 있는 경기대회의 표준	전국육상경기 선수권 대회, 전국체육대회, 전국학생 육상경기 대학선수권대회, 기타 국제적 경기대회	가맹단체 육상경기 선수권대회, 지방학생 육상경기 선수권대회, 지방의 국제적 경기대회	도·시·읍·면 대항 육상경기대회	대한육상경기대회 및 기록회

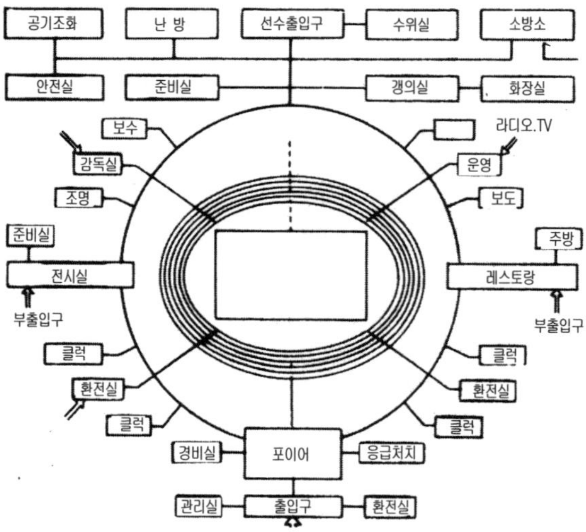

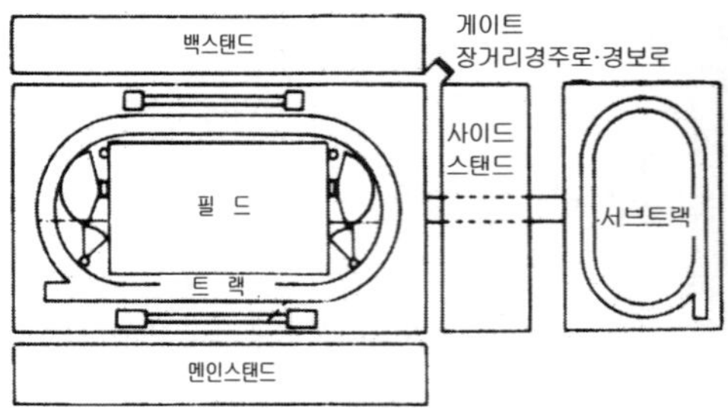

【그림 9-1】 육상 경기장의 구성　　【그림 9-2】 육상 경기장의 기능

6) 육상 경기장의 기준

① 공인 트랙 거리 공차 - 1/10,000 이하

② 트랙의 형태

단심 원형	2심 원형	3심 원형	타원형	비 고
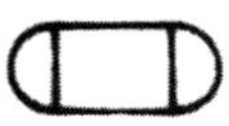	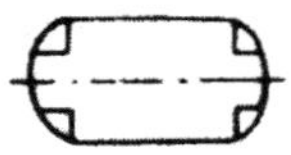	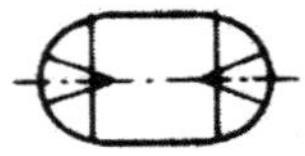		
설계, 시공간편 계측 용이 거리 적음 달리기 쉬움	필드를 넓게 사용 소규모 트랙시 달리기 어려움	필드를 넓게 사용 달리기 쉬움 계측 난해 주로 구미에서 사용		

③ 트랙 경기의 종목

구 분	성별	세부 종목	출발 방법
단거리 경기	남	100m, 200m, 400m, 800m	separate course
	여	100m, 200m, 400m, 800m	
중거리 경기	남	1,500m	open course
	여	1,500m	
장거리 경기	남	5,000m, 10,000m	open course
	여	13,000m	
장애물 경기	남	110m 허들, 400m 허들, 3,000m 장애물경기	separate course (단 3,000m 장애물 경기는 open course)
	여	110m 허들, 400m 허들	
이어 달리기	남	4×100m 이어달리기, 4×400m 이어달리기	separate course
	여	4×100m 이어달리기, 4×400m 이어달리기	
마 라 톤	남	42.195km	open course
	여	42.195km	

④ 트랙의 크기

- 400m 트랙이 일반적인 경우 19,800m^2 정도
- 350m, 300m(중 · 고등학교), 250m, 200m(초등학교) 트랙이 있다.
- 거리는 트랙의 일주로서 거리 계측은 트랙 안쪽(필드와 경계선)에서 30cm 바깥

쪽에 있는 선상에서 측정한다.

- 곡선부분에서는 실측한 내측 반경에 30cm 가산하여 원주율(π)을 곱해서 산출한다.
- 공차보다 짧은 것은 공인되지 않는다.

⑤ **코스**(course)

- 육상연맹의 표준은 최소폭 7.32m(코스의 레인폭은 1.22m 이상으로서) 코스의 안쪽(필드와 경계선)은 높이 5cm, 너비 5cm의 시멘트, 기타 적당한 재료로 경계를 한다.
- 국제 경기용은 최소 6코스를 필요로 한다.
- 허용 경사도는 폭에서 1/100, 달리는 방향에서 1/100 이상으로 한다.
- 달리는 방향은 왼손이 안쪽에 오도록 한다.

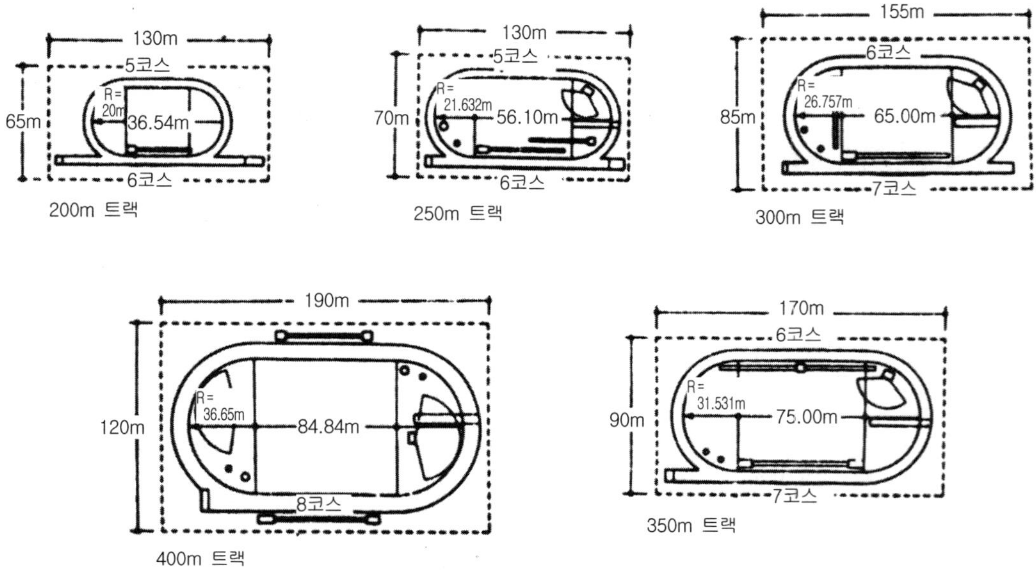

【그림 9-2】 트랙의 크기

⑥ **트랙의 구조**

- 배수가 잘되도록 한다.
- 적당한 탄력성을 유지
- 적당한 습도와 점성 유지
- 구조

-기층 : 잡석 또는 자갈을 15~20cm 두께로 깐다.

-중층 : 코크스(암석)를 굵은 것과 잔 것을 분리하여 총두께 15~20cm 정도 깐다.

-표층 : 신더(cinder)를 6cm 깐 경우와 인공토인 앙루카(entoutcas)를 까는 2가지 방법이 있다.

7) 필드(field) 계획

① 필드경기의 종목

- 도약경기 : 높이뛰기, 장대높이뛰기, 멀리뛰기, 3단뛰기(가속을 위한 도움닫기, 거리는 남・여 모두 40m)
- 던지기 경기 : 투포환, 투원반, 투해머, 투창(혼성경기 : 남자는 10종 경기, 여자는 7종 경기)
- 축구
- 하키
- 단체체조

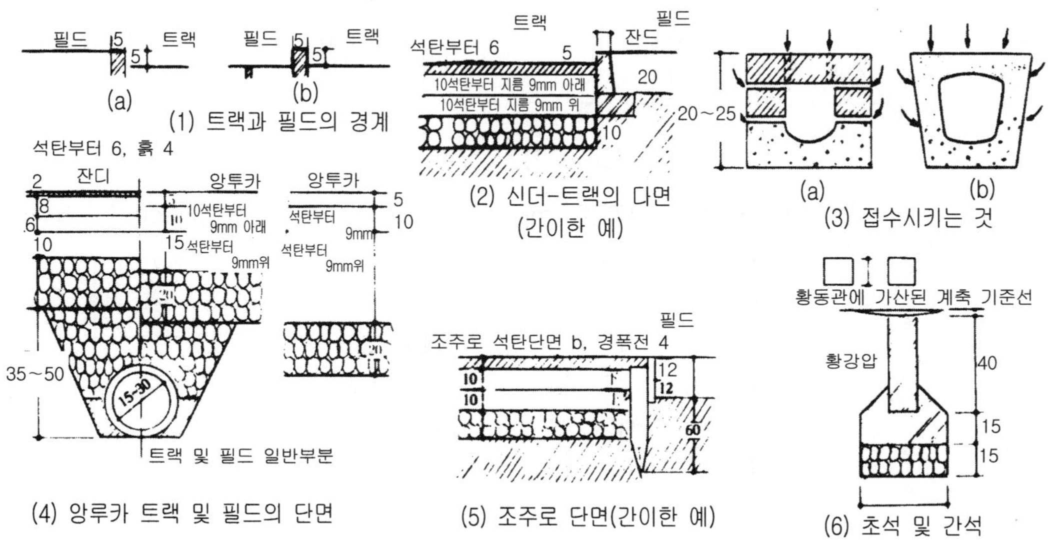

【그림 9-3】 트랙 및 필드의 구조

② 필드경기의 배치

- 축구, 하키 : 필드의 중앙부
- 도약, 던지기 : 반원 양단

보조트랙과 투척장의 중복을 억제하고 구기장과의 중복도 피한다.

③ 필드의 구조

- 필드에 잔디를 까는 경우가 많다.
- 잔디바닥 흙은 20cm 이상 필요하다.
- 바닥흙은 약산성 사질토가 좋다.
- 기층은 배수가 잘 되도록 석탄, 잡석, 자갈층을 둔다.
- 필드는 트랙면보다 5cm 높게 설치
- 허용경사도 : 측에서 1/100 이하, 달리는 방향에서 1/1,000 이하

• 각종 경기의 부주로는 트랙에 준한다.

④ **급·배수 설비**
• 경기장은 비가 온 후에도 사용할 수 있도록 배수설비를 한다.
• 트랙, 필드의 배수를 위해 10m 간격으로 콘크리트 집수관 매설
• 너무 건조하지 않도록 전면이 균일 살수되도록 한다.
• 살수전 매립시 보주로는 피하여 매립한다.

【표 9-1】 배수 성능표

종 별	살수량[ℓ/m²]	유출계수	비고
잔 디	3.0~5.0	0.10~0.25	유입시간 : 4~7mm
신 더	0.3~1.0	0.25~0.50	
전천후 포장	0.3~0.5	0.75~0.85	

【표 9-2】 살수 성능표

방 식	구경 [mm]	반지름 [m]	살수량 [ℓ/mm]	수압 [kg/cm²]	비 고
스프링클러	20	6~8	9~24	2~3.5	
	25	8~10	22~60	3~5	
	32	12~16	110~220	4.5~6	
	40	15~24	150~550	4.5~7	
	40	12~22	80~350	2~4.5	
레인건	50	14~17	180~450	3~6	
	65	30~40	480~1100	4~6	

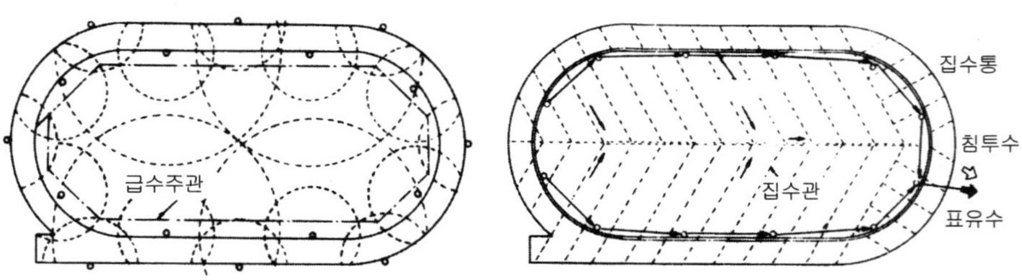

【그림 9-4】 살수 및 배수방법

8) 관람석 계획

① **평면형**
• 가시선의 대상이 큰 공간이라는 점을 고려한다.

- 관람자는 전방과 좌우를 자유롭게 관람할 수 있도록 한다.
- 관객이 신속, 원활하게 퇴장할 수 있도록 출입구, 통로, 계단 등을 특별히 배려한다.
- 평면형은 예상되는 관객수, 관객분포 경향, 경기의 종류에 따라 결정한다.
- 객석을 관리하기 편하도록 출입구를 몇 단계로 구분하여 계획한다.

【그림 9-5】 경기장 관람석의 평면유형

② **단면형**

- 좌석의 높이는 발밑에서 최고 45cm, 좌석 너비는 45~50cm
- 최전열 관람석의 바닥은 경기장 레벨보다 1.0m 정도 높게 하고 트랙으로부터 최소 4m 정도의 거리 유지
- 관람석의 가시선 초점은 트랙의 안쪽 50cm, 높이 50cm의 위치에 잡는다.
- 입석의 크기
- 좌석의 크기

(a) 입석의 치수　　(b) 좌석의 치수

【그림 9-6】 좌석 단면도

- 단면 결정 공식(보통 시선의 초점이 직각인 경우) : $\dfrac{d}{e} = \dfrac{t}{r-c}$

d : 각 시점으로부터 여러 초점까지 수평거리

e : 초점과 시점의 수직거리

t : 좌석의 전후 거리

r : 좌석의 단높이

c : 제n열과 (n-1)열 사이의 관객시점의 격차

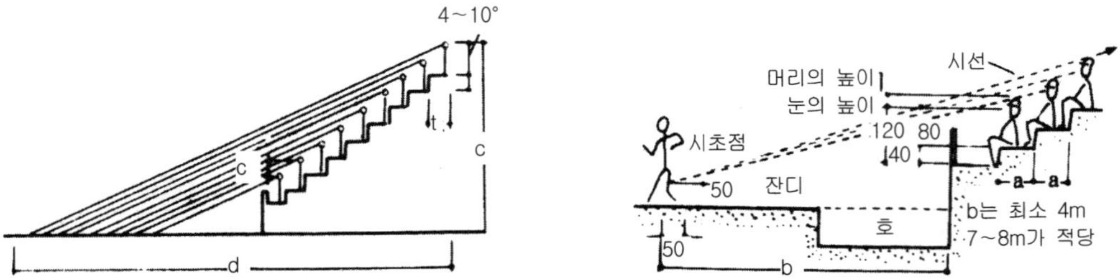

(a) 단 면 (b) 가시선

【그림 9-7】 관람석 가시선도

③ **통로**

- 좌석의 통로 및 출입구는 관객이 퇴장 시간을 기준으로 계획한다.
- 대규모 경기장의 경우라도 퇴장시간은 10~15분으로 계획한다.
- 통로폭은 1.2m 이상, 간격은 9~15m 정도이다.
- 표준치수

【표 9-2】 관람석 통로치수

관 람 석	표준수치
1인당 전후거리	80cm
폭	50cm
1인당 면적	0.4m²/명
관람석의 폭	20m(25예)
통로 사이의 좌석수(최대)	24석
보원	1m/sec

- 출입구 위치

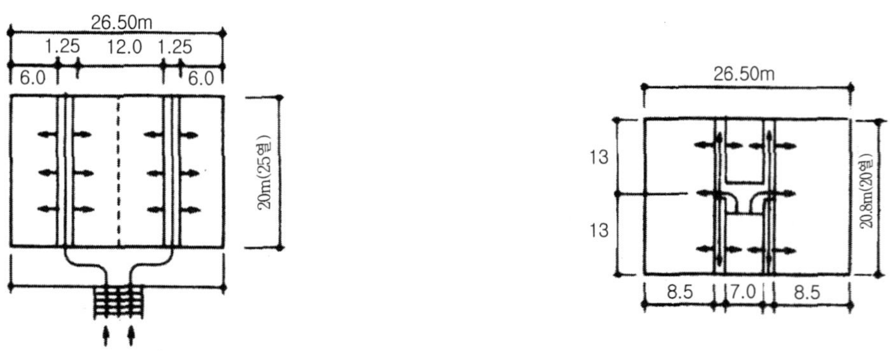

【그림 9-8】 출입구의 위치도

• 통로, 관객수와 퇴장시간의 관계

$$t=\frac{n}{b \cdot a \cdot V}$$

t : 퇴장시간(분)

n : 1출구당 부담인원 수

b : 출입구 폭

a : 출입구 부분 관객

v : 출입구 부분(계단)의 관객 유동 속도 30m/min

밀도 : 3인/m^2

• Van Eestern's 계단폭 계산식(1m 폭의 계단을 초당 1.25명씩 퇴장)

$$계단폭 = \frac{관람객수}{퇴장시간(초) \times 1.25}$$

④ **면적**

• 입석의 넓이는 1인당 0.2~0.4m^2 (50×40cm)가 필요하며, 물매는 1/6 이하로 계단식과 사면식 등 두 방식이 있다.

• 좌석식은 1인당 0.3~0.4m^2 (폭 40~75cm×앞 뒤 깊이 50~80cm)이나 통로를 포함하면 1인당 0.5~0.6m^2가 필요하다.

• 잔디석은 계단식이 아닌 잔디로 된 물매 1/6 이하의 사면도로 넓이는 통로를 포함하여 1인당 0.4~0.6m^2가 필요하다.

9) 관리 · 운영

① **선수를 위한 시설**

• 선수용 : 탈의실, 대기실, 휴식실, 맛사지실, 락카 룸 등

• 의료용 : 의사실, 치료실, 맛사지실, 실험실, 위생실 등

② **관객을 위한 시설**

• 좌석 : 관람석, VIP 좌석, 보도원석, 해설자석, 선수석 등

• 식당 : 직원용, 관객용 식당, 매점 등

• 위생 : 응급실, 화장실 등

③ **보도를 위한 시설**

• 보도

• 중계

④ **경기 진행을 위한 시설**

⑤ **경기를 위한 기술 장비**

⑥ **기타 시설**

3. 체육관

1) 종류 및 특성

종 류	특 성	고려사항	사 례
학 교 체육관	· 학생들의 체력향상과 학교생활의 레크레이션 시설의 제공 · 체육학과의 각종 체육부 경기력 향상과 스포츠 과학화에 기여 · 학원내의 의례적인 대집회, 대단위 공개강좌 공연을 위한 강당으로 사용 · 지역사회의 집회 및 문화행사와 경기 관람시설 제공	· 체육수업의 구성과 학급인원 · 집회시의 강당으로서의 역할 · 옥외 체육시설과의 관련성 · 학생의 체력과 체위 고려 · 일반 공개시의 빈도와 이용 예상수	· 체육교육시설(연세대, 경희대) · 다목적 체육관(홍익대, 단국대, 서강대) · 영동고, 숙명여고, 서울고
지 역 체육관	· 지역의 주구규모에 따른 편의시설로서 커뮤니티 중심에 설치 · 레저 및 레크레이션에 따른 간단한 경기를 위주로 행한다. · 사교 및 집회 등의 다양한 요구에 대응 · 최근에는체력단련의 선호가 높다.	· 도시계획과의 관계(지리적 조건, 스포츠 인구, 사용자 층, 교통사정) · 公開의 내용 · 관리방법 · 특별설비	종로 YMCA(유료) 잠실 YMCA(유료)
기 업 · 단체의 부속체육관	· 기업 및 단체의 경기팀을 위한 시설로서 주로 훈련을 위주로 한다. · 직원의 편의시설로서 기능 확충	· 공개경기의 개최 여부 · 직원의 복지시설로서의 이용 · 경기팀의 합숙시설	현대체육관 선경체육관 이천실내야구장(0B) 삼성종합체육관 한국화장품체육관
경 기 용 대체육관 (국공립시설)	· 공식경기(각종 대회, 전국체전, 아시안게임, 올림픽)에 대비한 대규모 체육시설 · 각종의 규정에 적합하여야 한다. · 대집회에 대비한 시설의 확보	· 공식경기를 하지 않는 경우 일반인에게 개방 문제 · 유지관리 및 이용상의 문제 · 피난 및 대중교통수단에 연계	장충체육관 서울종합운동장 실내체육관 학생체육관 인천선인체육관
영리체육관	· 레저 및 건강을 위한 수영장과 사우나, 체력단련실이 위주	· 영리를 위주한 경영이 무엇보다도 중요하기 때문에 회원제 등의 채택으로 고정 이용객의 확보 · 호텔 및 쇼핑시설 등과의 연계	남송체육관 각종 호텔 부대시설

2) 배치계획

① 배치

- 종합운동장의 성격을 띄므로 관람자의 수와 교통량을 고려한다.
- 관람자의 출입구는 주위 여건과 상황을 고려하여 주차장을 충분히 설치한다.

② 방위

- 체육관의 장축을 동서로 배치하여 창의 장변쪽으로부터 남북의 채광을 받는 것이 이상적이다.

• 단변 · 개구부를 통해서 채광을 받을 경우는 경기자가 눈부시지 않게 차단장치를 설치한다.
• 통풍은 자연환기를 고려하여 환풍이 되도록 한다.

3) 기능 및 동선계획

① 공간의 구성

• 경기부문 : 경기장, 임원실, 대기실, 창고, 샤워, 변소 등 경기자 이용 시설
• 관람부문 : 현관 출입구, 홀, 관람석, 변소, 매점 등 관람자 이용 시설
• 관리부문 : 관장실, 운영, 관리 관계실 등 서비스 관계시설

② 동선계획

• 동선체계 : 충분한 대지조건 → 수평적 종합형 구성
도심지 대지조건 → 수직적 종합형 구성
• 경기자의 동선 : 현관 → 착화통로 → 갱의실 → 경기장
이때 착화통로, 갱화통로, Wet zone통로(갱의실과 샤워실의 연결)의 3가지는 위생적인 측면에서 절대로 교차하지 않도록 한다.

【표 9-3】 부속시설의 소요실

시 설	내 용	단위 [m^2]	최소 규모 [m^2]	비 고
1. 사 실	경기자 임원의 갱의	0.8	4.0	갱의실 · 로커실의 계획
2. 로 커	의복용구의 보관	0.45	1.8	
3. 샤 워		0.8	0.8	
4. 휴식기능	경기참가 전에 이용	0.7	15.0	
5. 워 밍 업	경기에는 불필요	25.0	150.0	
6. 검사계량	경기에는 불필요	5.0	5.0	
7.그랜드커피	경기시설의 유지자	1.5	5.0	
8. 기 록	경기의 기록 정리 발표	1.5	6.0	
9. 전 산 기	기록의 계산 분석		5.0	
10.보도작업	기자의 작업실	1.5	2.0	
11.방 송	장내방송의 기기	1.5	6.0	
12.전산선화	外線의 인입과 접촉	-	4.0	
13.일 반 석		0.35	-	
14.기 자 석	필기대 필요	0.40	-	
15.귀 빈 석		0.55	50.0	일 반
16.방 송 석	시각이 좋고 차음	2.2	4.0	

(주) 新計 建築學大系 32, P.487 에 의거함.

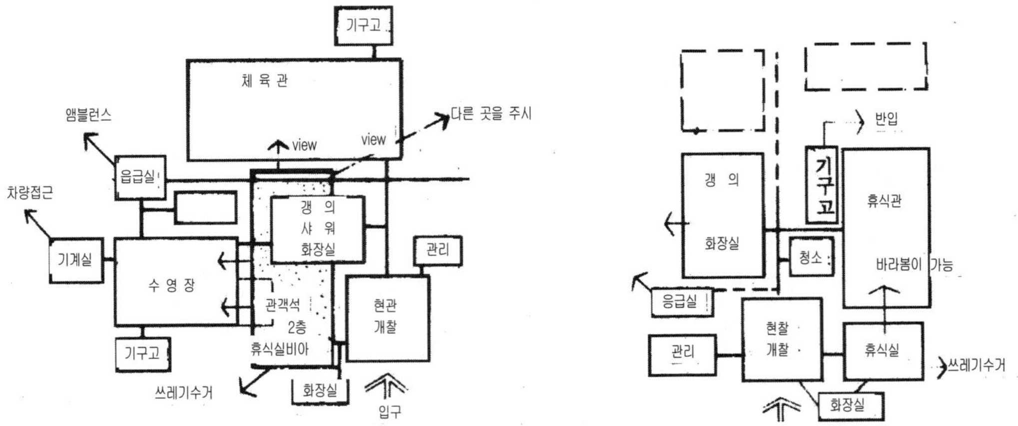

(a) 수영장이 있는 체육관의 기능 (b) 수영장이 없는 체육관의 기능

【그림 9-9】 부속시설의 배치와 평면형

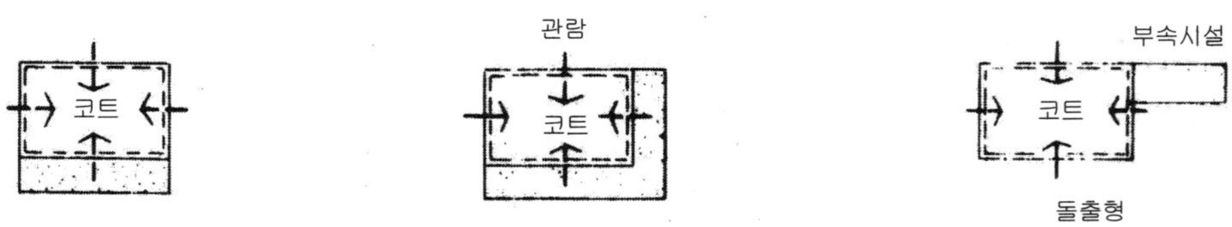

인접형 포위형 돌출형

【그림 9-10】 체육관의 기능도

4) 실내 경기장 및 실외 경기장의 특징

① 경기장(arena)의 분류

- 건계(乾系)경기를 중심으로 이루어지는 코트바닥부분을 말한다.
- 경기종목은 농구, 배구, 핸드볼, 배드민턴 등 구기종목과 체조, 권투, 펜싱, 역도 등 구분한다.

② 경기장 규모

- 공간규모 설정은 종목별 활동공간 영역에 따라 결정한다.
- 경기장 규모는 경기 내용, 목적, 관람계층을 고려
- 평면적으로 공식 경기 코트의 크기와 안정영역(safety area) 고려
- 단면적으로 경기종별에 따른 천장 높이를 적절히 감안
- 일반적인 경기장 크기는 농구코트 1면과 배구코트 2면으로 15×28m(올림픽 규격)와 코트 바깥쪽 3m 이상의 안전영역 확보

5) 경기장의 종류 및 일반사항

① 트레이닝

- 웨이트 트레이닝
  - 웨이트 트레이닝의 1인당 소요면적 4.0~4.5m²
  - 운동기구-운동자, 개인의 힘으로 운동
- 서킷 트레이닝
  - 서킷 트레이닝의 1인당 소요면적 4.0~4.5m²
  - 운동기구-운동자가 기계의 힘으로 운동

② 신체조

- 경기자가 일정한 규격의 한정조건에서 운동
- 경기장 규격 12×12m
  - 바닥 : 목재 바닥위 매트 설치

③ 펜싱

- 피스트(전투장소)는 목재바닥이며, 높이 12~15cm, 너비 1.8~2m, 길이 16m
- 심판석, 기록석, 선수석 포함하여 18m×18m=324m² 정도

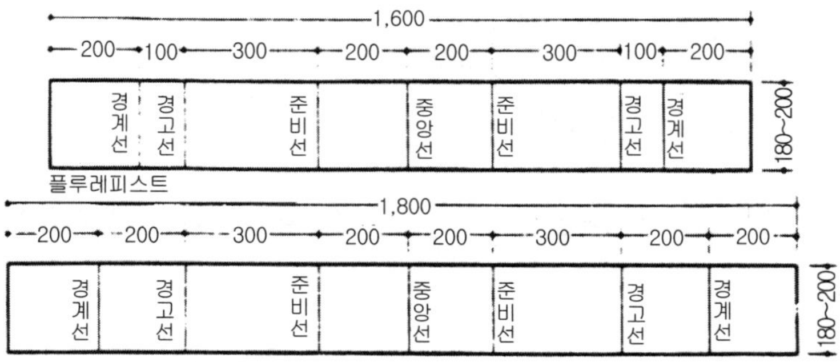

【그림 9-11】 에페 · 서블피스트 펜싱

④ 레스링장

- 시합장 R=7m, 퍼시비티존(소극지대 R=9m중 안쪽 1m는 붉은 색칠) 프로텍션 등으로 이루어진다.

⑤ 복싱

- 경기장의 규격 : 4.9~6.1m 정방형
- 바닥재 두께 : 1.3~1.9cm의 펠트
- 각종 시합장

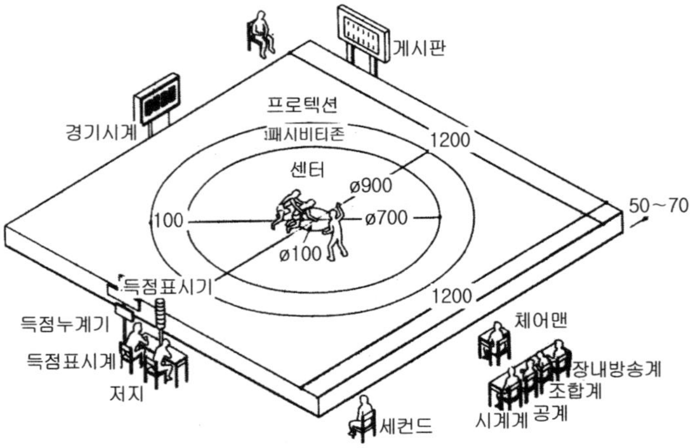

【그림 9-12】 레슬링장

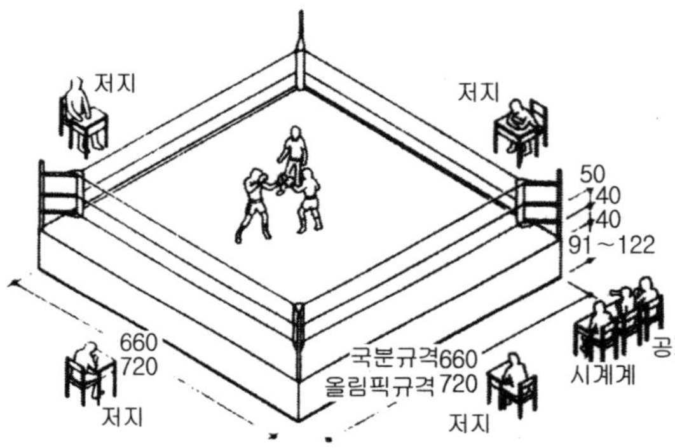

【그림 9-13】 복싱

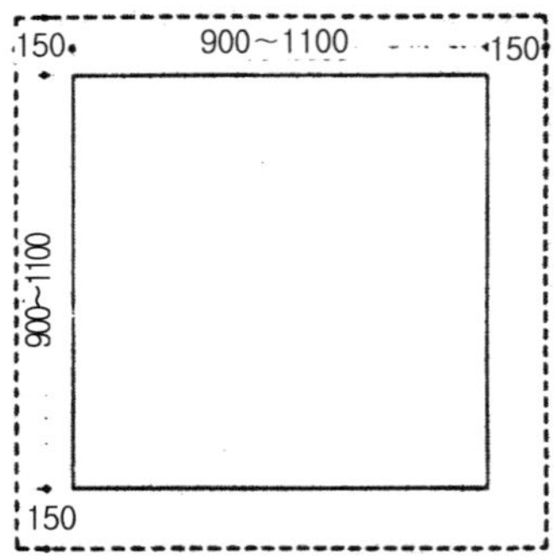

【그림 9-14】 검도시합장

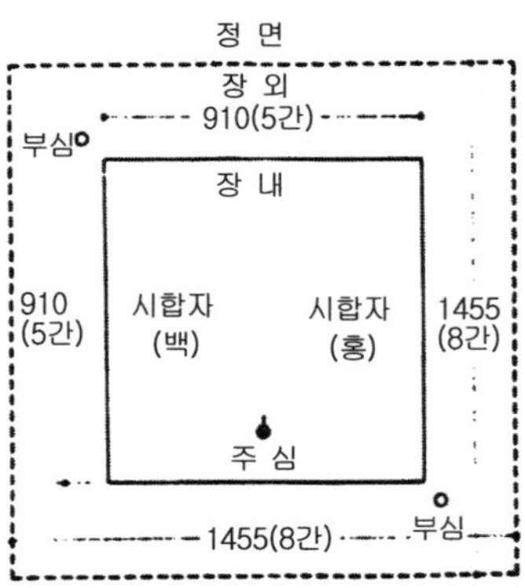

【그림 9-15】 유도 시합장

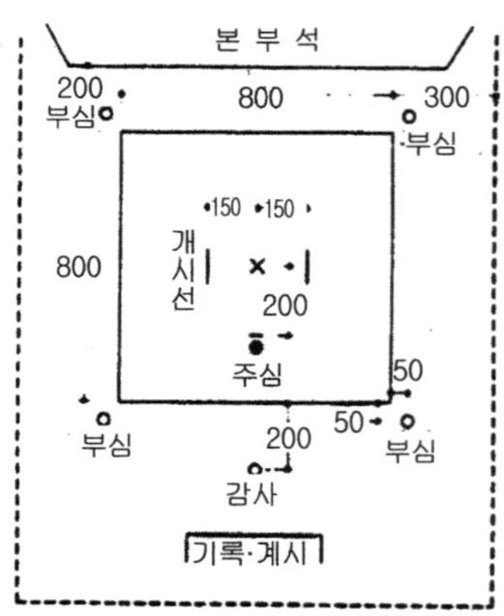

【그림 9-16】 태권도 시합장

⑥ **수영풀**

- 종류 : 다이빙 경기용, 수구용, 싱크로 나이즈드 스위밍용, 유영제, 도보용, 유수영, 조파용, 슬라이드용, 잠수용, 의료용
- 부속시설
  -수영풀을 둘러싸는 풀사이드
  -이용자의 몸을 세정하는 시설 : 세족조, 샤워, 세면기, 세안기
  -갱의실(락카, 샤워실, 화장실 포함)
- 설비시설 기준
  -변기는 남자용 60인당 1개, 여자는 40인당 1개
- 풀의 단면

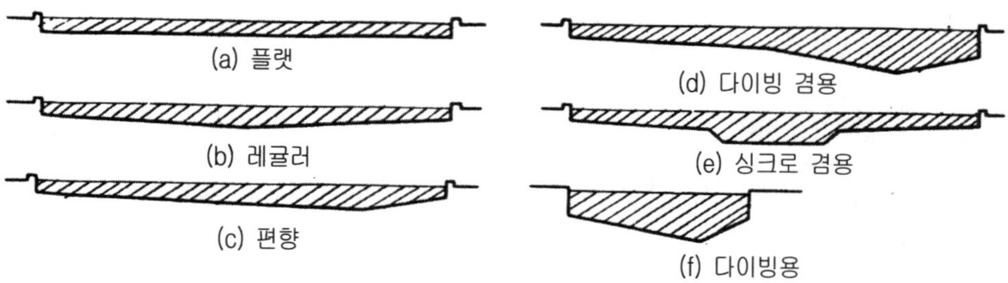

【그림 9-17】 풀의 단면

- 오버 플로우

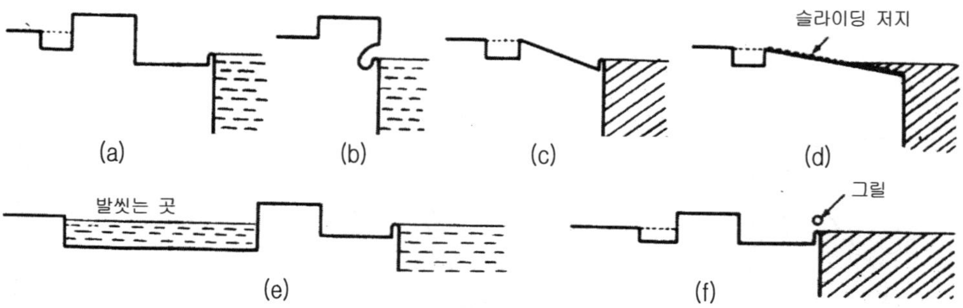

【그림 9-18】 오버 플로우의 형태

⑦ **풀의 구조**

• 풀의 구조는 각 구조별 특성을 살릴 수 있도록 선택

	RC	동	스테인리스	알루미늄	FRP
측 벽	두께 250~300mm 철근콘크리트	두께 4.5~6.0mm 강판 보강	두께 2.5~4.0mm 강판보강, 패널구조	두께 4.5~6.0mm 강판보강, 패널구조	두께 2.5~3.5m 철강, 콘크리트보강
바 닥	두께 250~300mm 철근 콘크리트	두께 4.0~6.0mm 모래깔음	두께 2.0~2.5mm 모래깔음10cm 패널	두께 3.0~5.0mm 모래깔음10cm 패널	두께 2.5~3.5m 모래깔음10cm 패널
접 합	에폭시방수	아크용접	TIG · MIG용접 또는 패널조립	아르곤 아크용접 또는 패널조립	패널조립
도 장	없음, 또는 미관도장	전면 녹슬음 방지 도장	슬라이딩 방지 도장	전면 녹슬음 방지 도장	필요 없음
도 장 보 수	미관상 필요에 따라	매년보수, 3년마다 개수	필요에 따라 함	매년 보수, 3년마다 개수	필요 없음
특 성	· 견고 · 성형자유 · 갈라지기 쉽다 · 투제성이 있다 · 수초가 생긴다	· 견고 · 시공성 양호 · 푸른녹이 슬음	· 시공성 양호 · 잘 녹슬지 않는다 · 건설비가 비싸다	· 시공성 양호, 경량 · 흰 녹이 생김 · 강도가 약간 낮음	· 시공성 양호, 경량 · 표면이 상하기 쉽다 · 강도가 낮다

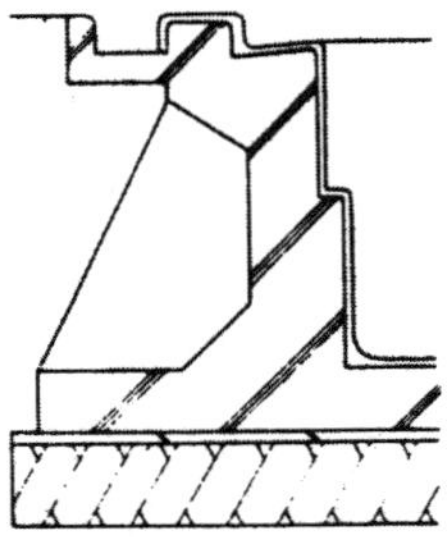

(a) RC제

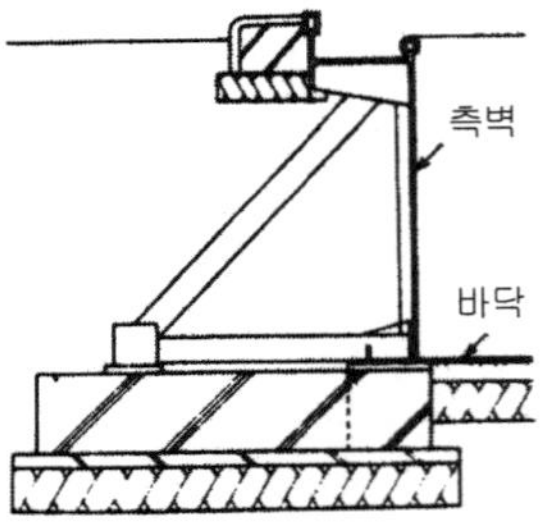

(b) 스틸제

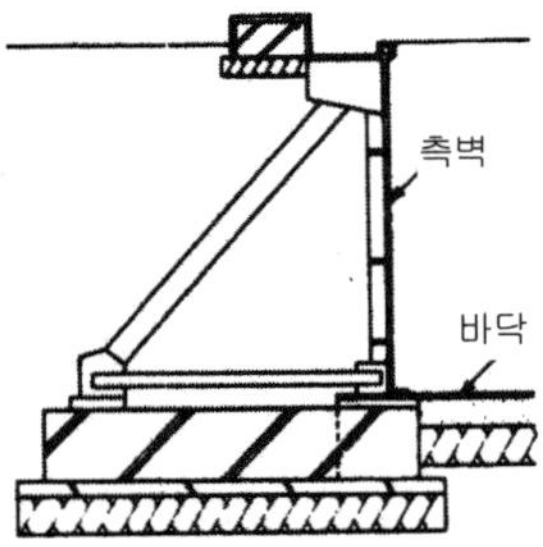

(c) 스테인리스제

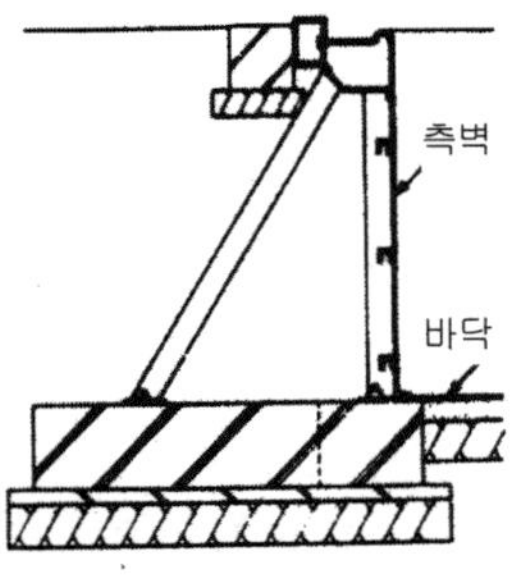

(d) 알루미늄제

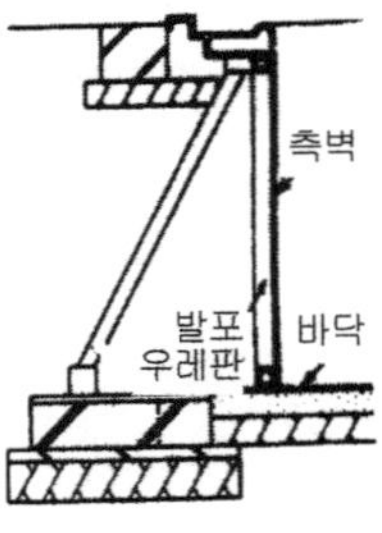

(e) FRP제

【그림 9-19】 풀의 구조

⑧ 경기 풀

【표 9-4】 풀의 규격

<table>
<tr><th colspan="2" rowspan="2">항 목</th><th colspan="2">일 반 규 칙</th><th colspan="2">시 설 기 준</th></tr>
<tr><th>25m 풀</th><th>50m 풀</th><th>FINA급[2)]</th><th>국제 · 전국대회급</th></tr>
<tr><td rowspan="2">길이</td><td>공칭[1)](m)</td><td>25.01
(25.00)</td><td>50.01
(50.00)</td><td>50.01
(5.00)</td><td rowspan="2">50.01
(50.00)
+0~10</td></tr>
<tr><td>허용오차(mm)</td><td colspan="2">+0~10</td><td>+0~10</td></tr>
<tr><td rowspan="3">폭</td><td rowspan="3">코스수
코스폭(m)
코스외여유(m)
전폭(m)</td><td>≥5</td><td>≥7</td><td rowspan="3">8 또는 10
2.5
0.5
≥21.0</td><td rowspan="3">≥8
2.5
0.5~코스폭×1/2
≥21.0</td></tr>
<tr><td colspan="2">2.0~2.5
0.5~코스폭×1/2</td></tr>
<tr><td>≥11.0</td><td>≥15.0</td></tr>
<tr><td colspan="2">휴식선반 또는 휴식용 요철부</td><td>규정없음</td><td>규정없음</td><td>수면 아래 1.2m 이상에
폭 0.1~0.15 설치아래</td><td>규정 없음</td></tr>
<tr><td colspan="2">수 심(m)</td><td>≥1.0</td><td>≥1.2</td><td>≥1.8
(수위조정가능)</td><td>≥1.4가 바람직함</td></tr>
<tr><td rowspan="3">스타트대</td><td>면적(m×m)</td><td colspan="2">≥0.4×0.4</td><td>≥0.5×0.5</td><td>≥0.5×0.5</td></tr>
<tr><td>높이(m)</td><td>(0.35~)0.5~0.75</td><td>0.5~0.75</td><td>0.5~0.75</td><td>0.5~0.75</td></tr>
<tr><td>경사각</td><td colspan="2">≥10° (통상≤3°)</td><td>≤10°</td><td>≤10°</td></tr>
</table>

1) 왼쪽에 터쳐판을 장치할 수 있는 치수. ( ) 내는 고정식의 자동 심판 장치를 설치할 경우
2) FINA : Federation International de Natation Amaleur=국제수영연맹

- 50m 풀은 국제적인 경기를 유치하는 방법으로 설계되고 있다.
- 일반적으로 25m 풀이 대중화되어 있으며, 통상 연습과 경기를 겸하고 있다.
- 경기장 레인의 폭은 2~2.5m가 국제적인 공인 레인 폭이나, 1~1.5m 정도로도 사용되고 있다.

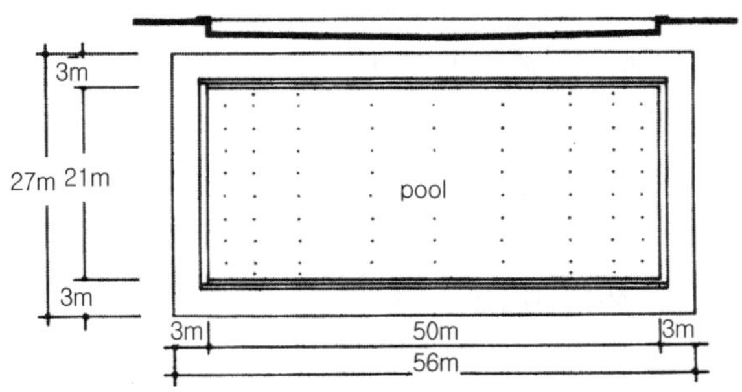

【그림 9-20】 50m 풀

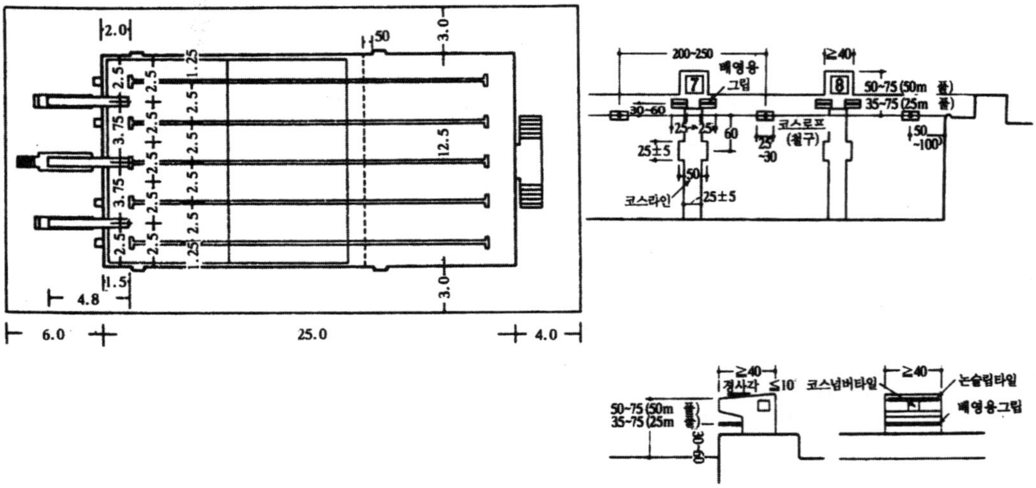

【그림 9-21】 25m 풀

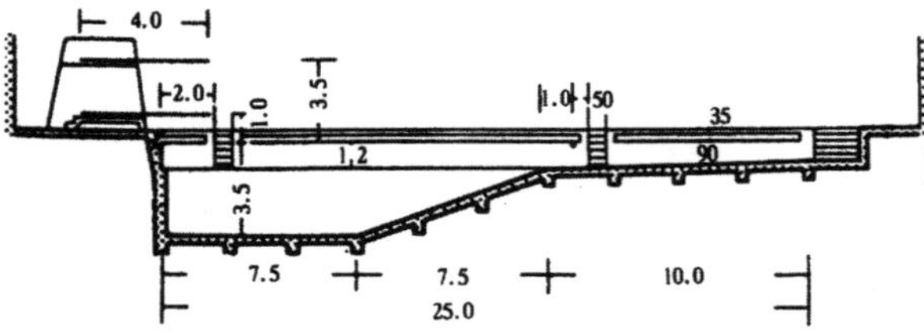

【그림 9-22】 25m 풀의 단면도

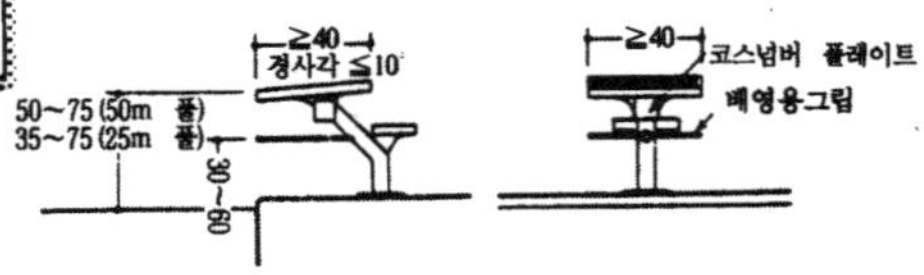

【그림 9-23】 스타트대

⑨ **수구 경기장**

- 수구 경기장 넓이 길이 20~30m, 너비 8~20m
- 국제 경기장 30× 20m
- 수심 1m 이상 1.8m 이하
- 경기장 풀 사이드 너비 35cm 이상 통로
- 일반 풀의 형태와 동일함

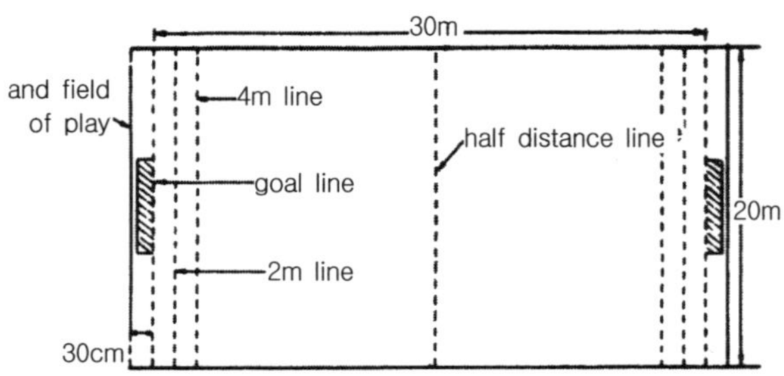

【그림 9-24】 수구경기장

⑩ **싱크로 나이즈드 스위밍 풀**

• 수심 : 스탠다드 경기 3m, 일반 2m

• 풀규격 : 12m 각형이면 충분

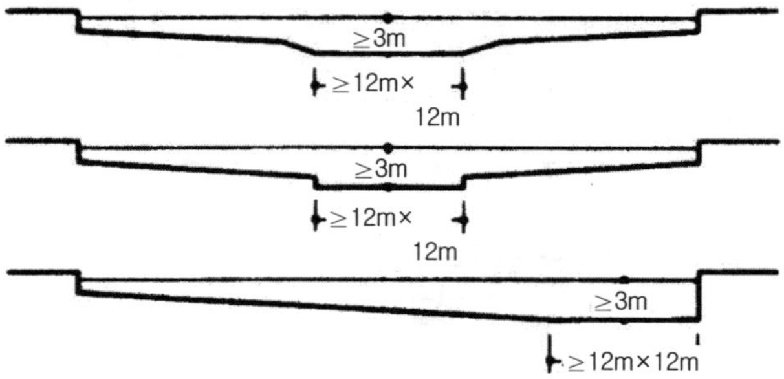

【그림 9-25】 싱크로나이즈드 스위밍 풀

⑪ **다이빙 경기**

• 다이빙판 : 1m, 3m, 고정된 높이 수력적 시설이 된 3m짜리도 있다.

• 다이빙대 : 1m, 3m, 5m, 7.5m, 10m 높이가 있다.

• 10m 탑에는 10%의 변형도 가능하다.

• 다이빙 풀의 최소 길이 및 폭

-완전한 3m대 길이 13.5m 폭 14.5m

-완전한 5m대 길이 14.5m 폭 16.5m

-완전한 10m대 길이 18m 폭 16.5m

⑫ **도보풀**

• 어린이들의 물놀이용

⑬ **유수풀**

• 시내물의 흐름을 인공적으로 만듬

• 유속 0.5m/s~1.2m/s 정도

⑭ **슬라이드**

• 깊이 : 슬라이드의 U형의 깊이 : 0.8m~1.0m

• 슬라이드 길이가 20m 넘는 경우 10~15마다 수평구간 설치

• 구배 : 평균 1/3.5~4.5정도

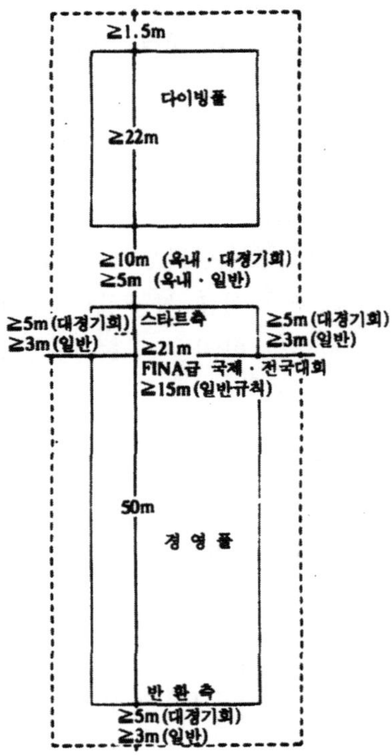

【그림 9-26】 풀과 다이빙풀

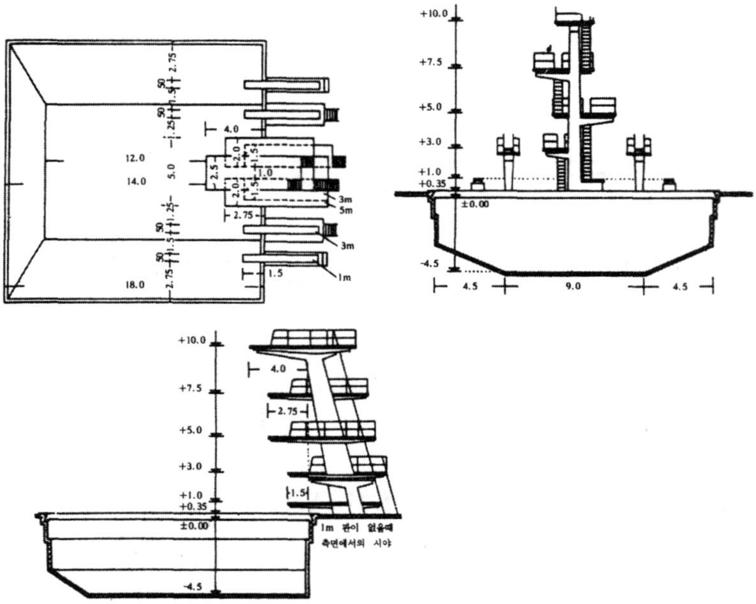

【그림 9-27】 국제 다이빙풀 평면도 및 단면도

⑮ **테니스장**

- 테니스장의 주축을 남북으로 향하게 한다.
- 테니스장의 규격 : 1면 장변길이 23.8m
  단변길이 11.0m
- 측변의 여유면적을 3.0m 이상 확보하며, 후면은 6.0m 이상을 확보해야 한다.

⑯ **농구장**

- 실내 농구경기장의 규격은 대학 및 일반용을 기준으로 계획한다.
- 대학의 실내 농구장의 규격은 장변 28.0m, 단변 15.0m
- 선수의 안전을 위한 사이드 면을 3.0m 이상 확보해야 한다.

【표 9-5】 농구 코트를 기준으로 한 규모

종 별	체 육 실 길이×폭×높이[mm]	부속시설 [m^2]	체육관 전체규모 길이×폭[mm]	적 요
최소치수	21,000×13,000×6,000	60	25,000×13,000	배구의 연습코트가 가능
중학교용 (남 · 여)	28,000×15,000×7,000	80	33,000×23,000	중학교(여자용) 배구코트가 가능
고등학교용 (남 · 여)	32,000×20,000×8,000	150	35,000×23,000	일반남자용 배구 코트가 가능
대학 및 일반용	35,000×21,000×8,000	150	37,000×24,000	

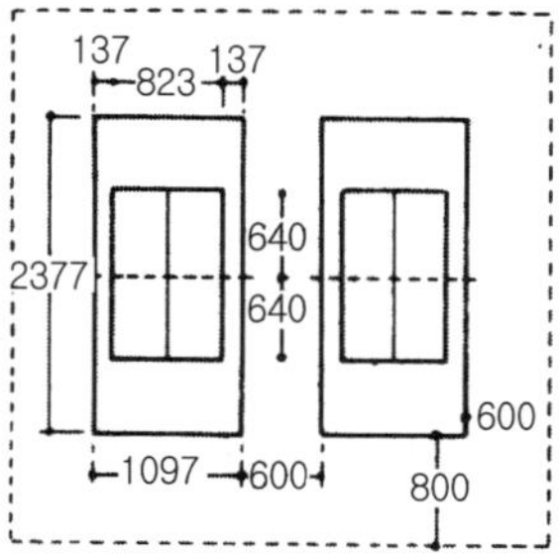

【그림 9-28】 연식 테니스 코트

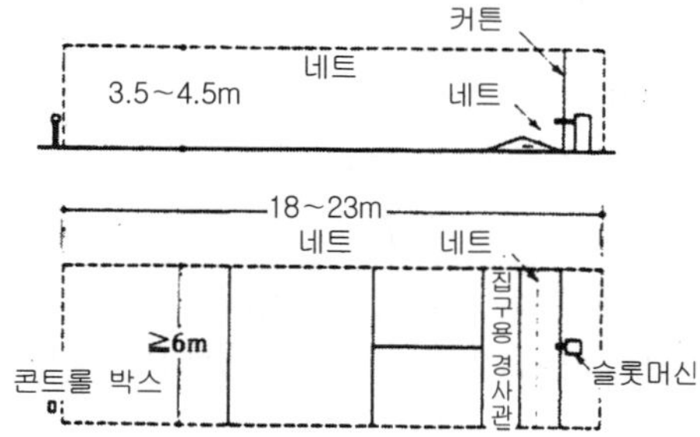

【그림 9-29】 오토테니스

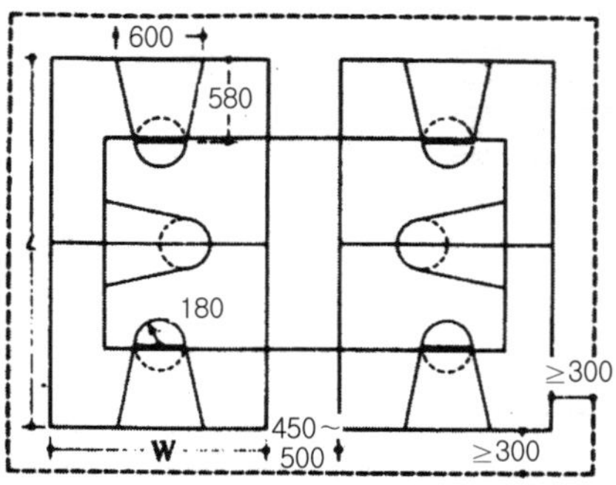

【그림 9-30】 바스켓볼 코트

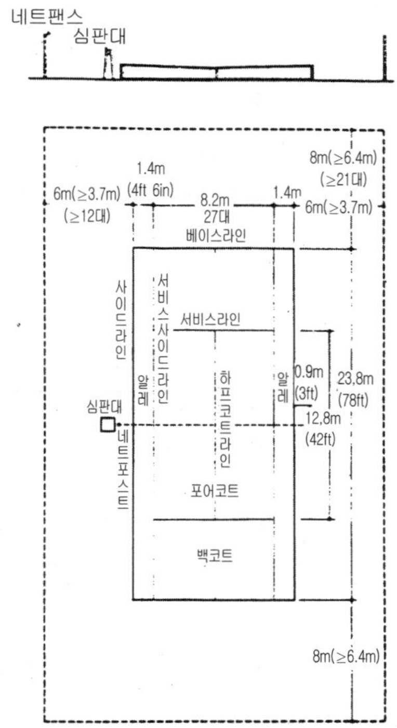

[그림 9-31] 코트의 규격

⑰ 볼링장

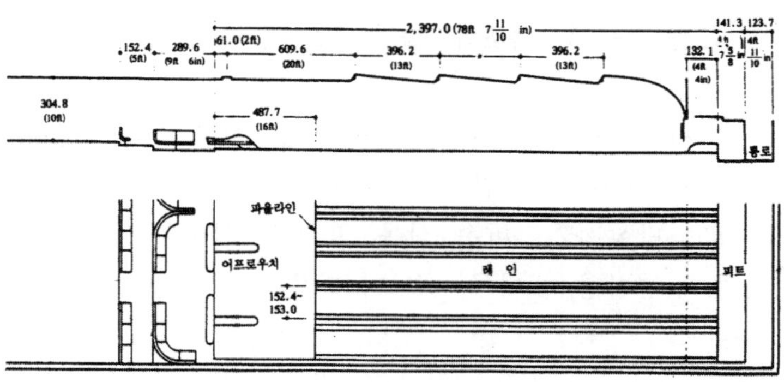

【그림 3-32】 볼링장

6) 세부계획

① 천장 높이

- 탁구 경기장 : 최저 4m
- 농구 경기장 : 최저 7m
- 배구, 베드민턴 : 최저 12.5m
- 실내 디자인적인 면과 채광, 환기, 음향, 가시선 등을 고려하여 결정

② 바닥 구조

- 경기장 바닥은 체육관에서 가장 중요한 부분으로 탁력성, 강도(견고, 내구성), 평활 등에 주의한다.
- 발생된 진동과 음이 다른 방향으로 전달되지 않고 흡수되도록 한다.
- 재료는 목조, 탄성계 고무, 타탄 등이 있으나 일반적으로 목조 바닥을 사용한다.
- 마루속 공간 30~150cm 필요(제습, 보수, 진동음 방지 역할)
- 마루바닥의 구조는 멍에, 장선, 매립장, 펠트, 마루널 순으로 깔리는 5층 구조가 일반적이다.

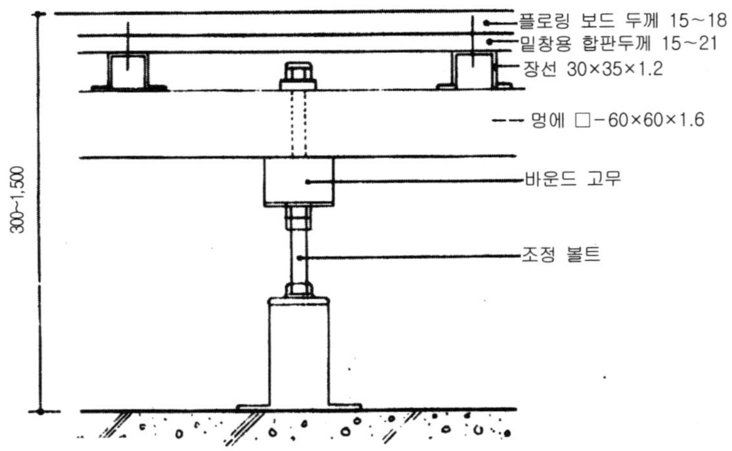

【그림 9-33】 목조바닥틀의 구조 예

- 멍에 : 방부처리, 주로 미송과 육송 사용. 규격 100×100mm 이상 간격 900mm 이하
- 장선 : 방부처리, 규격 45×60mm 이상, 간격 350mm 이하
- 매립상 : 두께 30mm 정도, 방향 45°, 미송, 삼목, 합판 등 사용한다.
- 마루널 : 폭 60mm 이하, 장변방향, 벗나무, 캐나다 단풍나무, 라왕, 노송나무 등으로 사용한다
- 마감 : 셀락 바니시(shellac varnish)로 2~3회 도장 후 아마인유를 칠한다.

③ **벽구조**

• 흡착 효과를 지닌다.
• 충분한 강도와 탄성이 요구된다.
• 2.4m 높이까지는 돌출물 설치 금지
• 각종 기구의 부착이 용이해야 한다.
• 개구부의 유리, 블라인드의 보호와 경기자의 안전을 위해 방호네트를 설치한다.
• 본질계 유공판을 사용하는 경우가 많다.

7) 관람부문 계획

① **일반적 고려사항**

• 관람석과 경기장의 동선을 연결하지 않는 것이 일반적이다.
• 면적, 구조 등의 제약으로 기구창고, 화장실 등 부속시설 상부에 관람석 설치
• 안전 및 피난에 대한 검토

② **가동 수납식 관람석의 장 · 단점**

• 장점
  -경기장 바닥면에 설치가 용이
  -관람자와 경기장의 교류가 용이
  -벽 1면에만 설치 가능
  -좁은 경기장 코트의 면적 확보와 관람과 경기의 일체감 유도 가능

③ **관람석 세부기준**

• 가시선은 앉은 위치에서 눈높이 125cm와 전후열의 머리 높이차 15cm를 고려하여 양각 30° 이내로 계획한다.
• 1객석당 소요면적은 깊이 60~100cm, 폭 40~55cm로 관람석 1석당 0.27m²임(통로 포함시 0.45~0.6m² 정도)
• 전후열 객석 배치는 어긋나게 하는 것이 유리하다.

8) 관리부문 계획

① **기구창고**

경기장 면적의 12~18%가 적당하다.

② **갱의실**

• 착화와 갱의 여부 고려
• 탈의실 별도 설치와 전용 세족대 설치
• 수족(洙足)이 필요한 경우 세족대 설치

• 갱의실 면적 : 로커 1개당 1.2~1.3m², 1인당 1.8~1.95m²

③ **화장실**

• 경기자용 화장실은 샤워실, 갱의실에 인접
• 관객용과 경기자용 화장실은 구분해 설치
• 100명당 남자 : 소변기(0.846개), 대변기(0.207개), 여자 : 변기(1.008개) 정도

4. 옥외 경기장 및 체육관 실례

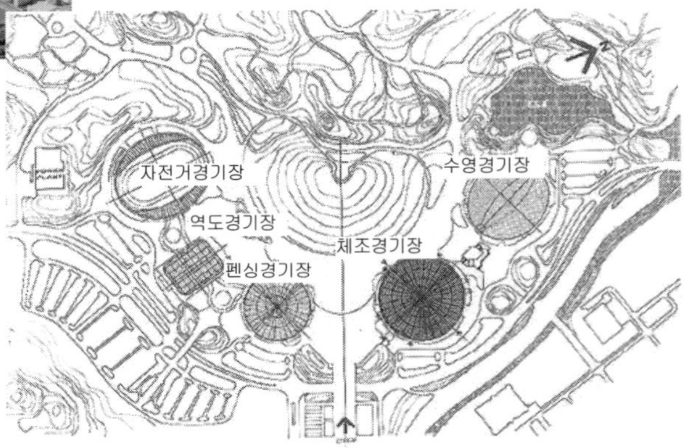

'88 서울올림픽 공원 마스터 플랜

이공건축

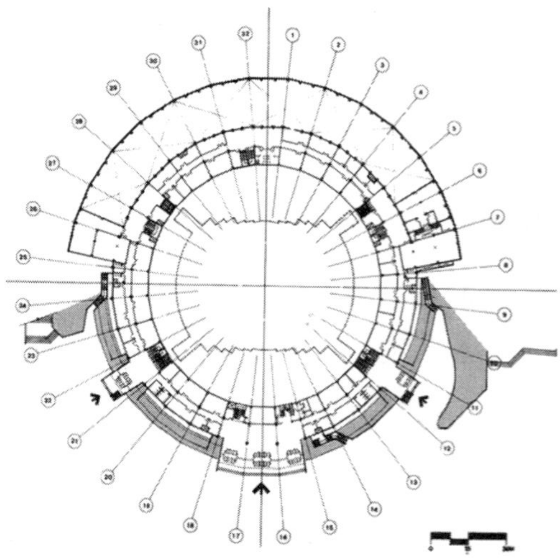

'88 서울올림픽 체조경기장

이공건축

2002. 월드컵 서울경기장

이공건축

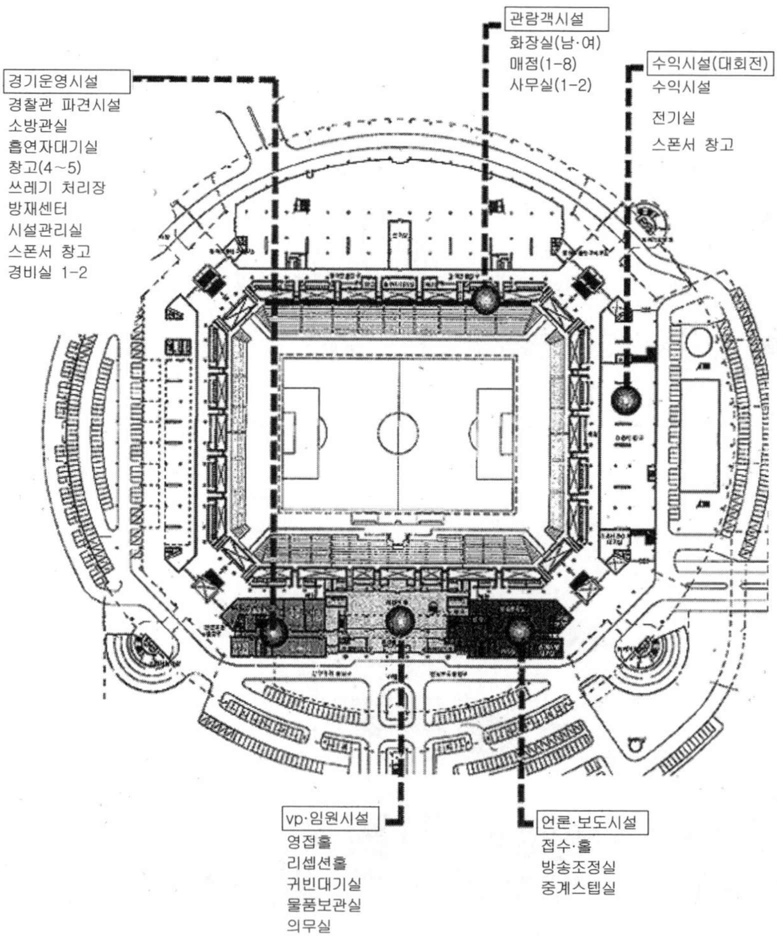

← 안양체육관 및 빙상장

이용호 · 권창룡(행림건축)

위　　치 : 안양시 동안구 비산동 1023의 7단지
대지면적 : 23,360m²
연 면 적 : 45,231.43m²
건축면적 : 13,939.64m²
구　　조 : 철골조, 철근콘크리트
규　　모 : 지하 3층, 지상 4층

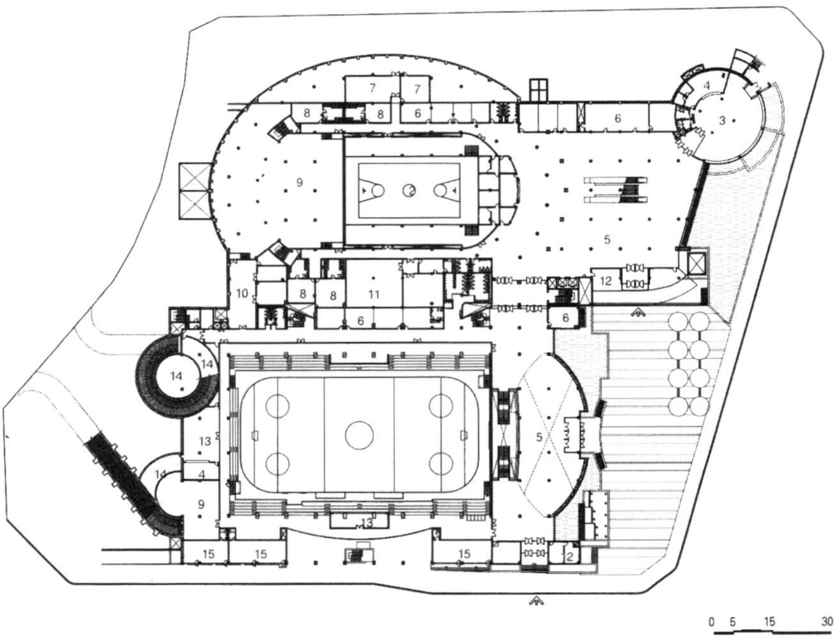

1. 아이스링크 상부오픈
2. 보조연습경기장
3. 직원식당
4. 주방
5. 로비
6. 사무실
7. 회의실
8. 락카실
9. 공조실
10. 화무하차장
11. 방재실
12. 매표소
13. 스낵코너
14. 창고
15. 상가

1층 평면도

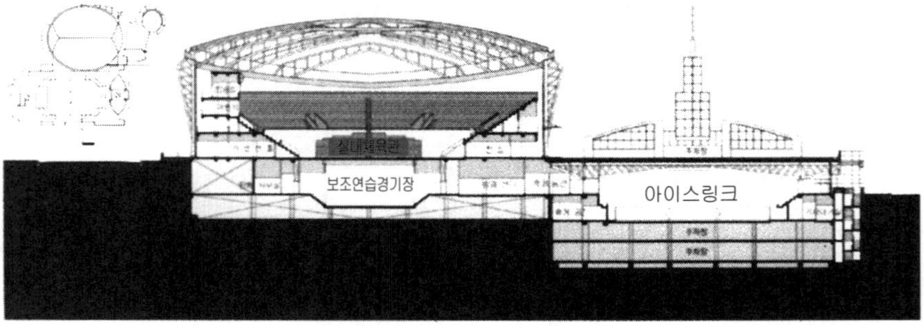

단면도

⬅ 헬싱키 피네어스타디움

Atelier23
(Ritva Kokkola, Olivier Lemarchand, Thomas Sheehan)

위 치 : Helsinki, Finland

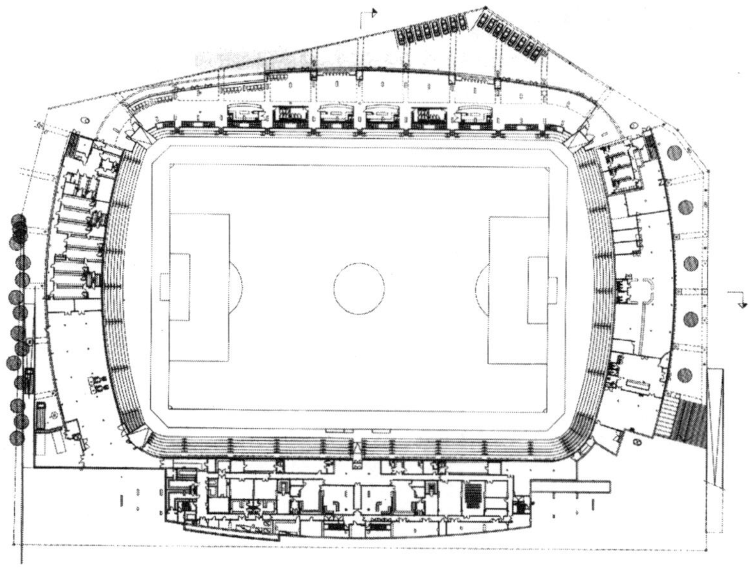

ground level

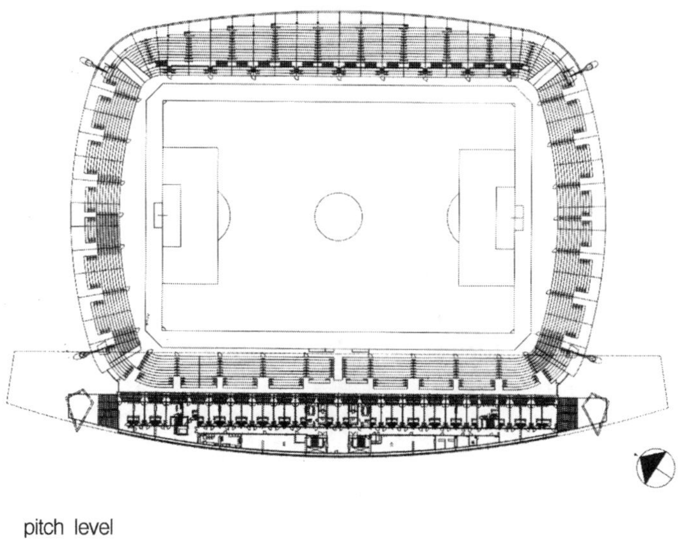

pitch level

⬅ 명휘 체육센터

김 영 섭(건축문화)

위　　치 : 경기도 안산시 사동 1273
대지면적 : 50,636.3m²
연 면 적 : 3,720.93m²
건축면적 : 2,725.3m²
용 적 률 : 6.91%
건 폐 율 : 5.38%
조경면적 : 7,621m²
최고높이 : 15.77m
구　　조 : 철근콘크리트조, 지붕 철골조
규　　모 : 지하 1층, 지상 2층

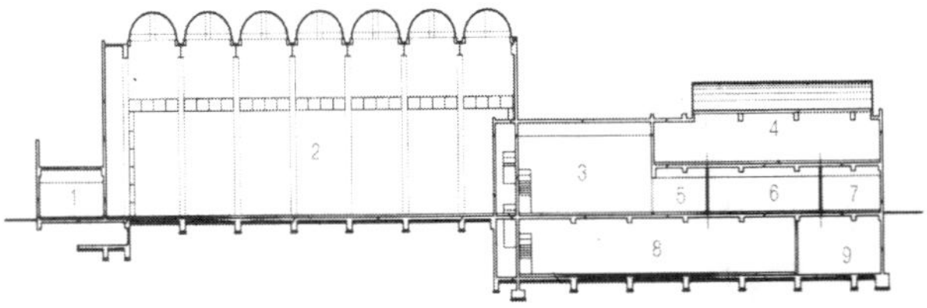

종단면도

배치도

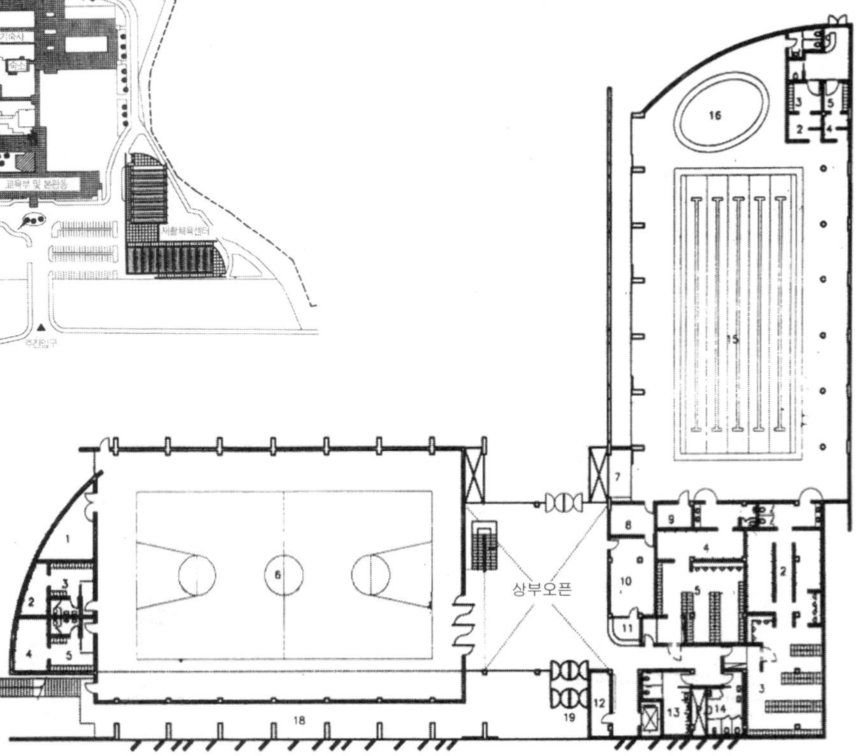

1층 평면도

⬅ 서울대학교 포스코 생활체육관

이강우(포스에이씨) +
벤자민 워너(아오야마 스튜디오)

위　　치 : 서울 관악구 신림동 149번지 외 2필지 (서울대학교 내)
대지면적 : 8,800.43m²
연 면 적 : 6,179.10m²
건축면적 : 2,764.54m²
용 적 률 : 56.7%
건 폐 율 : 31.4%
최고높이 : 17.9m
구　　조 : 철골+철근콘크리트조
규　　모 : 지하 1층, 지상 4층

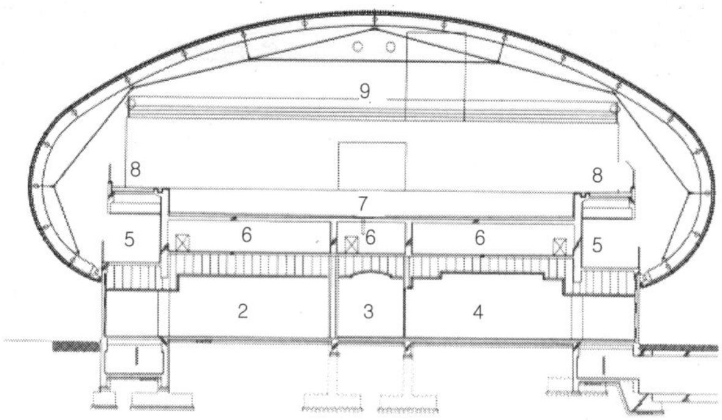

종단면도

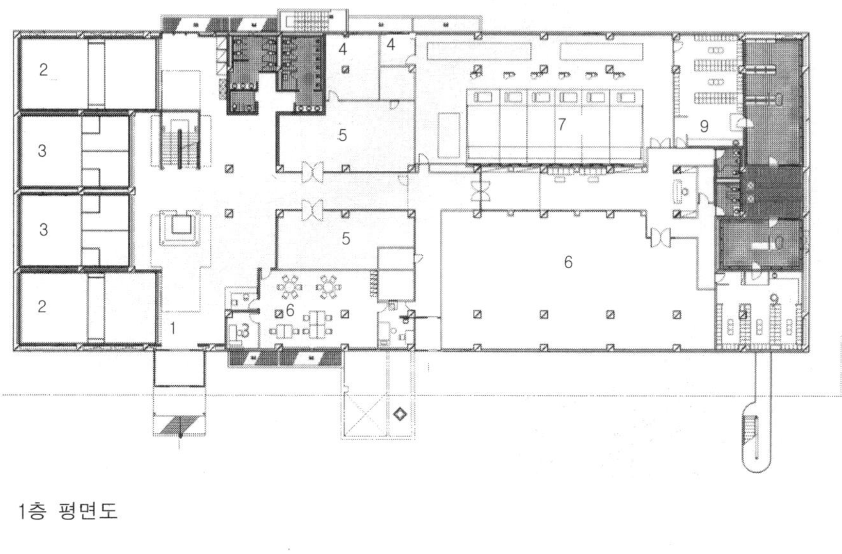

1층 평면도

1. 홀 2. 라켓볼 코트 상부 3. 스커시 코트 상부 4. 창고 5. 숍 6. 사무실 7. 다목적연습실
8. 체력단력실 9. 라커 10. 샤워실 11. 사우나

10

종교시설

Ⅰ. 교 회

Ⅱ. 천주교

Ⅲ. 사찰건축

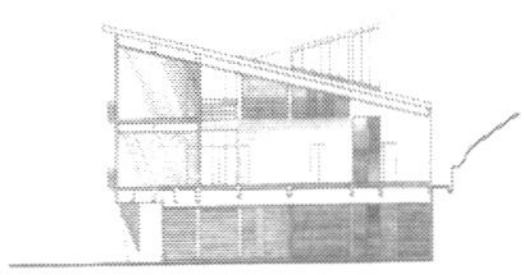

건축계획각론

10 (宗教施設)

종교시설

I 교회(개신교)

1. 개요

기독교는 예수 그리스도를 구주로 그의 사상과 교훈을 따르며 부활을 믿는 세계 최대이며, 생명의 종교이다. 교회의 의미를 그 어원에서 살펴보면 히브리어로는 'kyrike'이며, 그리스어로는 'ekklesia'이다. 키르케는 「주님께 속하는」 또는 「주님의 집」이라는 뜻이며, 주님의 'kyrios'의 공동체라고 할 수 있다.

에클레시아는 신약성서에서 사용된 말로 이는 불려 나온 사람들 및 이 사람들의 모임 또는 시민의 교회나 의회를 의미한다. 즉 하나님을 모시고 하나님을 중심으로 한 모임이다.

건축적 측면에서 교회는 집회장소로써 그 공간을 규정하는 이론적 배경이 먼저 기독교 신학과 관련되며, 신학적 배경에 따라 교회건축의 양태는 많은 차이를 나타낸다.

교회건축은 기독교의 예배 행위와 성도들의 여러 행위들이 행하여지는 곳으로 예배, 친교, 전도, 봉사, 교육의 기능이 이루어질 수 있는 공간이 있어야 하며, 지역사회의 여러 활동에도 교회의 역할을 다 할 수 있는 공간이 되어야 한다. 또한 공허한 전시효과 보다는 참된 거룩함의 의미와 모습을 지녀 인간의 마음과 정신을 하나님께로 인도하는데 사용되어져야 함은 물론 건축주와 건축가 등 교회 건축 관련자들은 하나님의 전인 교회 건물의 성스러움에 대해 인식해야 한다.

2. 교회의 기능

교회의 기능은 예배의 기능, 선교의 기능, 교육의 기능, 친교의 기능, 봉사의 기능으로 대별되며, 이 기능들을 통하여 신앙 공동체를 이룬다.

1) 예배의 기능(shachah)

예배의식은 성도들이 하나님을 찬양하기 위해 공동으로 모여서 한마음 한뜻으로 일치된 절차에 의해 예배할 때 그 예배형식을 예비의식이라 한다. 이러한 의식은 교회에서 말씀을 중심으로 하나님의 백성이 되도록 고백으로 구원받고 찬양의 노래로 경배하는 의식을 갖는다.

따라서 설교단과 회중석 그리고 성가대석이 예배공간의 중심 공간이다.

2) 선교의 기능(kerygma)

케류그마라는 말은 '메시지'라는 뜻을 가진 단어로 교회가 가지는 이런 기능은 대단히 중요한 것이며 이로 인해 교회는 독특한 성격을 지니며, 기본적인 교회의 사명으로 인식되어 있다. 전도와 선교는 신약성경 중 사도행전 1장 8절에서와 같이 예수님의 지상 과제이기에 교회는 복음전도를 지상 과업으로 여겨 왔으며 앞으로도 계속된다.

3) 교육의 기능(didache)

기독교는 유기적인 공동체이기 때문에 그 공동체의 일은 바로 공동체 자체의 일이다. 이 교육과정은 하나님 중심의 종적인 면과 인간과 인간 사이의 횡적인 면이 잘 조화를 이루는데 있다. 교회 교육은 인간의 영혼과 육체를 건전하게 하는 전인 교육인데 교육의 방법으로 정규적인 주일 교회학교의 교육과 예배와 부흥회, 수련회를 통한 교육훈련과 통신교육 방법들이 있다.

4) 친교의 기능(koinonia)

공동체 내에서 짊어진 교회의 책임 중 나눔의 측면을 나타내는 것으로 공동으로 나누어 가지는 성도들의 서로간의 관계에서 상호간의 교제, 성도들 간의 영적인 교제, 즉 형제애적으로 맺어지는 공동체적 및 인간적인 상호교제를 나누는 것으로 가급적 많은 사회적 계층이 통합될 것을 요구하고 있다.

5) 봉사의 기능(diakonia)

디아코니아란 말은 자기 자신을 희생하면서 그리스도의 참뜻을 구현하는 것으로 파악할 수 있으며, 이에 대한 유형에는 세속적 봉사, 예배를 통한 봉사, 영적인 봉사가 있다. 이 기능은 예배와 봉사의 조화를 강조하며 예배만 치중한 교회는 지탄의 대상이 되고 있다.

3. 교회의 분류

1) 개신교와 천주교의 교회론 비교

교회는 크게 나누어 의식을 존중하는 구교와 의식보다 목사의 설교에 중점을 두는 신교의 교회로 나눌 수 있다.

- 기독교
  - 구교
    - 천주교회(Catholic church)
    - 희랍교회(Greek Orthodox church)
  - 신교
    - 성공회(Angrican church, 신교와 구교의 중간)
    - 신교 각종 교회(Protestant churches)

【그림 10-1】 교회의 분류

천주교와 비교하여 가장 영향력 있는 개신교회에서는 교회의 본질을 교회의 외형적인 조직체에서 찾을 것이 아니라 성도의 교통에서 찾아야 한다고 한다. 즉 교회는 성도들의 공동체로서 상호의 교제 정신에 그 기반을 두고 있다.

【표 10-1】 개신교와 천주교와의 교회론 비교

	개신교회(protestant church)	천주교회(cathoric church)
교회의 정의	예배와 친교를 위해 신자들이 모이는 장소	예배와 동시에 사제를 집전하고 성체를 모시는 장소
교회의 체계	다양한 교파와 교리를 가진 개신교 중심의 교회 체계	전세계적으로 일관된 조직을 가진 교황중심의 통일된 교회체계
교회의 특성	다의성, 독자성을 표방하며 각 교회의 개성을 강조하는 교회	지일성, 지성성, 지공성을 강조하는 통일되고 보편적인 교회
예 배 의 식	하나님의 말씀을 전파하는 의식	미사는 설교가 아니고 사제가 신자들을 위하여 하느님께 드리는 제례
성직자의 권위	단순히 하나님의 말씀을 전파하고 교회를 치리하는 말씀의 대언자	신부는 신권의 대리자이며 사죄권을 가진 사제로서 미사를 집전
성 상 숭 배	하나님께 드리는 예배만 있고 마리아 성상예배는 일체 인정하지 않음	흠숭지례, 상경지례, 공경지례 등이 있음. 마리아 상이나 성인상 숭배를 인정

2) 개신교와 천주교의 교회론에 따른 건축적 표현

개신교와 천주교를 교회론적 측면에서와 교회론에 따른 건축적 표현을 비교하면 다음 표와 같다.

【표 10-2】 개신교와 천주교와의 교회론에 따른 건축적 표현

	개신교회(protestant church)	천주교회(cathoric church)
교회의 정의	설교와 교제의 기능이 강조된 신약의 회당 건축의 성격	제사, 제의 기능이 강조된 구약의 성전 건축의 성격
교회의 체계	각 교회 중심의 교회건축	위계성을 가진 교회 건축
교회의 특성	다양한 비대칭형의 건축	내외부 공간이 통일된 좌우 대칭형의 건축
예 배 의 식	단상의 다양한 구성	제단의 중요성을 강조, 장엄한 내부 공간 구성
성직자의 권위	단순한 목사석	구분된 사제석
성 상 숭 배	외부공간을 기능적 사교적 공간	교회 내외부에 성상안치, 외부공간도 성역화 됨

4. 교회의 각 기능별 공간

1) 예배를 위한 공간

회중들이 공동으로 모여 함께 하나님을 찬양하고 예배의식을 올리는 곳으로 제단, 회중석, 찬양대석, 장로석으로 구성된 부분을 말하며 기도회, 부흥회, 결혼식 등의 집회에 사용되는 공간이다.

필요한 소요실로 예배실(본당, 소예배실), 자모예배실(영・유아를 데리고 본 예배에 참석할 수 있는 격리된 공간), 기도실, 음향실, 성가대 연습실 등이 있다.

2) 선교를 위한 공간

교회의 사명 중 선교를 위한 공간으로서 일반교회에서 여러 공간에서 다양한 행위로 표현되고 있다. 대형교회에서는 이 선교를 위한 공간을 따로 두기도 하나 그 성격상 다목적 공간 성격을 지니며, 필요한 소요실로는 선교실 또는 별동의 선교관이 있다.

3) 교육을 위한 공간

교육을 위한 공간은 단순히 하나님을 알게 하고 기독교의 교리와 하나님의 말씀만을 전달하는 기능으로 사용되는 공간이 아니라 연령별로 구분된 신도들 사이에서 서로의 사귐과 친교를 통해 더욱 더 하나님께 대한 신앙이 깊어질 수 있는 계기를 마련할 수 있는 장소로 사용되는, 기능상 다목적 공간이기도 한다.

소요실로는 교육관(주일학교로 유아부, 유치부, 유년부, 초등부, 중등부, 고등부 등의 실과 분반 공부를 위한 공간), 유치원, 강의실, 도서실 등이 있다.

4) 친교를 위한 공간

함께 행동하고 서로의 친분을 가질 수 있는 공간으로, 대형교회에서는 특별히 친교실이 마련되기도 하지만 보통 일반교회에서는 다른 목적의 공간과 서로 다목적으로 사용된다. 소요실로는 친교실, 로비, 식당 및 주방 등이 있다.

5) 전도 및 봉사를 위한 공간

전도 및 봉사를 위해 강연회, 음악회, 기타 다른 행사들을 교회에서 기획하기도 한다. 이러한 행사를 통해 교회에서의 전도 공간은 주위에서 어렵고 병들어 의지할 곳 없는 불쌍한 사람들을 보살피며 인근 주민들에게 봉사할 수 있는 목적으로 사용되는 공간으로써 소요실로는 세미나실, 유희장, 경로장, 회의실 등이 있다.

6) 사무관리 공간

교회는 하나님의 건물로서 교회의 본래 기능 외에 사무관리에 필요한 공간을 필요로 하며, 소요실로는 목사실, 부목사실, 보조교역자실, 당회실, 위원회실, 회의실, 교회사무실, 관리실, 안내실, 숙직실 등이 있다.

7) 기타 공간

교회가 지닌 주요 목적외 기타 다른 목적에 사용되거나 또는 그러한 목적을 수행하는데 있어 필요한 보조기능을 담당하는 공간과 하나의 건물로서 그 기능을 수행하기 위해 필요한 공간들로 통로공간, 기계실, 창고, 화장실, 식당, 주방 등이 속한다.

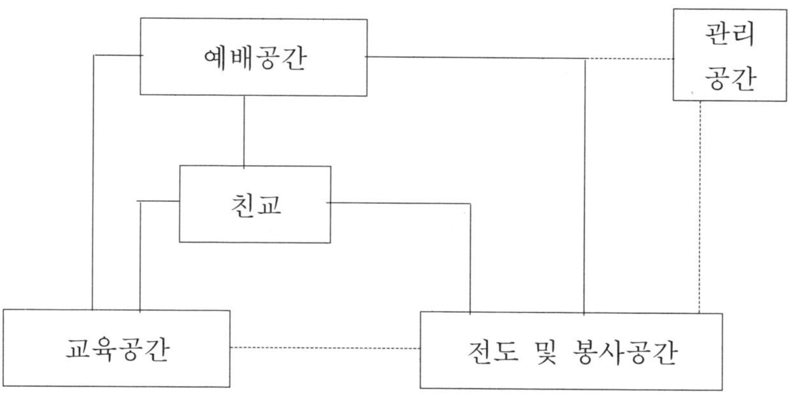

【그림 10-2】 현대교회의 공간과 기능

5. 대지 선정 및 배치 계획

1) 대지선정

교회 대지 선정에 필요한 사항은 다음과 같다.

① 교회 대지의 크기와 위치는 교회가 목적을 완수할 수 있는 곳으로 한다.
② 철로, 하천, 공원 등 장애물을 피하여 교인들이 나오기 편한 장소를 택한다.
③ 교회의 위치는 잘 보이고 편리한 곳으로 한다.
④ 교회의 위치는 영향력을 증가시키는데 도움이 되는 곳으로 한다.
⑤ 인구추세에 맞는 곳으로 한다.
⑥ 건물을 단위마다 나누어 건축할 수 있고 자동차 주차 등을 고려하여 충분히 넓은 땅을 택한다.
⑦ 주위 경치가 좋은 곳을 택한다.
⑧ 외부공간을 교육과 여러 활동에 효과적으로 이용될 수 있는 곳을 택한다.
⑨ 가능한 평지로 한다.
⑩ 확장하기 좋은 땅이면 좋다.
⑪ 건축 및 기타 관련 법규에 합당한 대지이어야 한다.

2) 배치계획

도심지 내의 교회건축의 경우 옥외공간이 확보되면 결혼식이나 장례식 등의 사회적 기능도 충족이 될 수 있으며, 지역사회에 대해 개방화되어, 전도와 봉사를 위한 열린 교회로 교회로서의 사명을 잘 감당할 수 있다. 또한 다양한 기능을 감당하는 다목적 공간으로 예배공간은 물론 교육, 휴게, 문화 및 예술, 사회적 공간 등으로 이용될 수 있도록 계획한다.

6. 평면계획

1) 평면형태

① 장방형

가장 일반적인 평면형이며 제단은 한쪽 끝에, 회중석은 하나의 중심점을 향해 배열한 것으로 평면형태가 단순하고 명쾌하나 좌석이 500석 이상으로 많아지면 시계(視界)가 길어지고, 뒷좌석은 소외감을 느끼며, 음향조건이 좋지 않다.

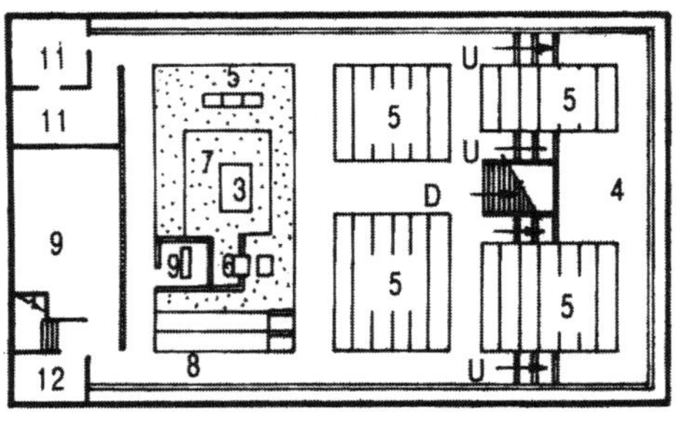

② **십자형**

상징적 의미의 형태로 제단부는 십자가 위 또는 교차부에 놓이게 되어, 집중력이 양호하나 음향조건이 안 좋고 회중 상호간의 교통이 안 좋아 통일감이 결여된다.

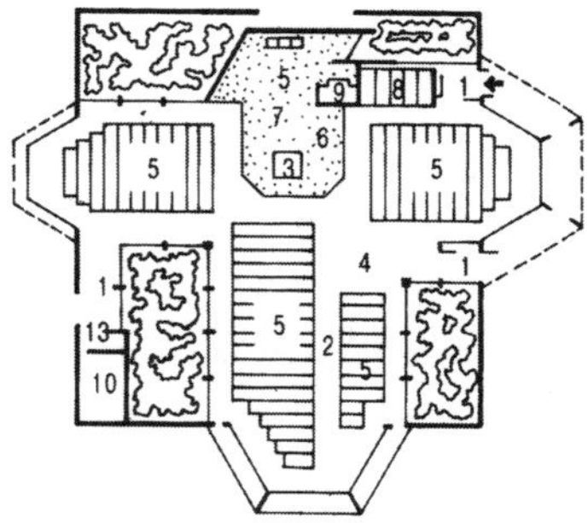

③ **중심형**

회중석이 제단부를 둘러싸는 형태로 회중석 내 친밀감과 일치감이 아주 좋으나, 설교자와 교인간의 시각적 접촉상 문제가 있고 영화 상영상 문제가 있다.

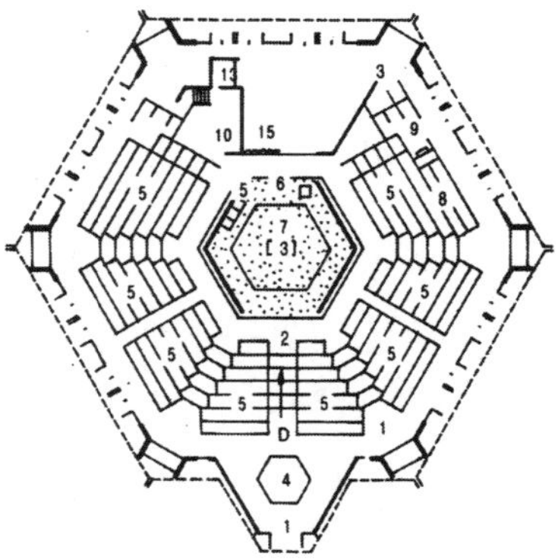

④ **혼합형**

회중석을 각각의 그룹으로 분절시킨 형태로 융통성, 가변성이 높고 개조가 용이하다.

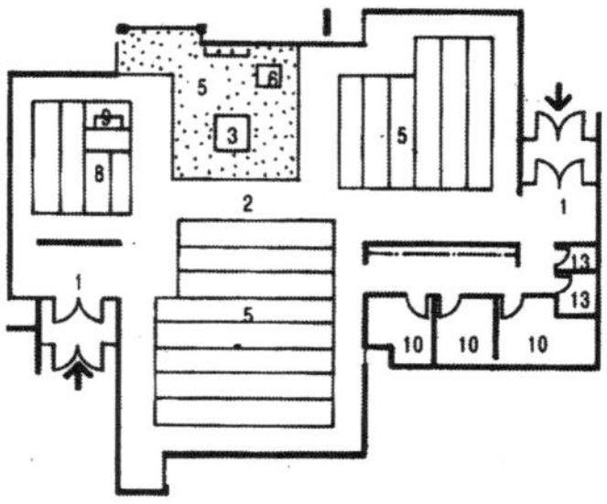

⑤ 부채꼴 형

회중석 수용인원이 1,000명 이상일 때 적합하며, 좌석 중심각은 90° 이내, 가청(可聽) 거리 23m 이내가 적절하다.

집중력, 음향조건이 좋은 편이나 데드스페이스(dead space)가 생기기 쉽고, 회중석에 장의자를 놓을 경우 여러 가지 치수(길이)의 장의자가 필요하다.

2) 세부계획

① 종탑

교회의 상징으로 건물 정면에 붙여지기도 하며 독립되어 설치되기도 하나, 너무 높이 올라갈 경우 경제성 및 시공상의 어려움도 있다. 현재는 종탑의 형태도 다양해지기도 하지만, 주변 건물과의 조화상 낮게 하거나 없는 경우도 있다.

② 회중석

교회건축의 중심부로 가장 넓은 공간을 차지한다. 실내는 거룩하고 장엄하며 친근감을 느낄 수 있도록 하며 창에는 스테인드 그라스가 쓰이기도 한다. 필요면적은 제단 등의 여러 시설에 대한 예비 공간이 포함하여 1좌석당 0.9m^2 정도 필요하다.

회중석 장의자의 경우 1인당 45~55cm 이상, 앞 뒤 간격은 85cm 이상이 필요하다.

③ 음향

약간의 잔향효과를 내도록 한다.

④ 채광

신비스러움을 주는 공간 연출도구로서 자연광을 이용하도록 하며, 제단부 뒤쪽은 스카이라이트 등으로 성스러운 분위기를 연출한다.

예배공간은 성경책을 읽을 정도의 밝기이면 족하다.

7. 교회(개신교)건축 실례

⟵ 강정교회 ⟶

김 재 관

위　　치 : 제주도 서귀포시
　　　　　강정동 4400-4
대지면적 : 1,078m²
연 면 적 : 820.9m²
구　　조 : 철근콘크리트 라멘조+
　　　　　전단벽식 구조
규　　모 : 지상 3층

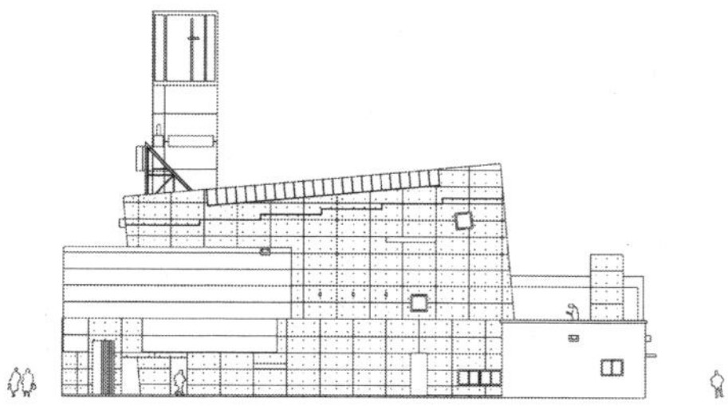

북측면도

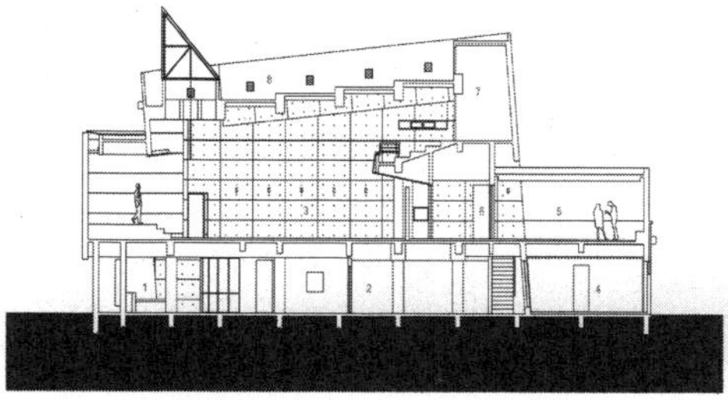

동측면도

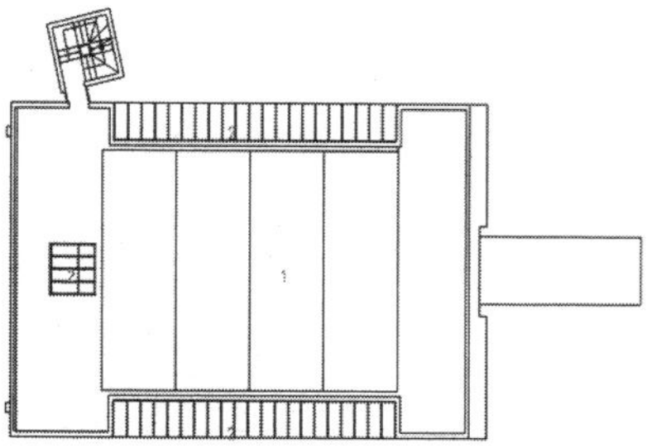

지붕평면도

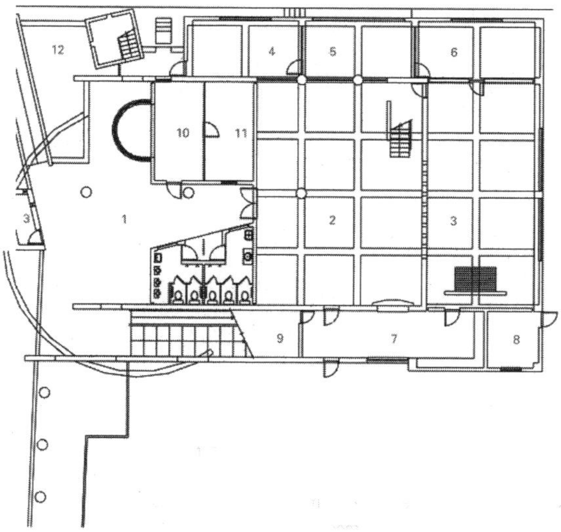

1층 평면도

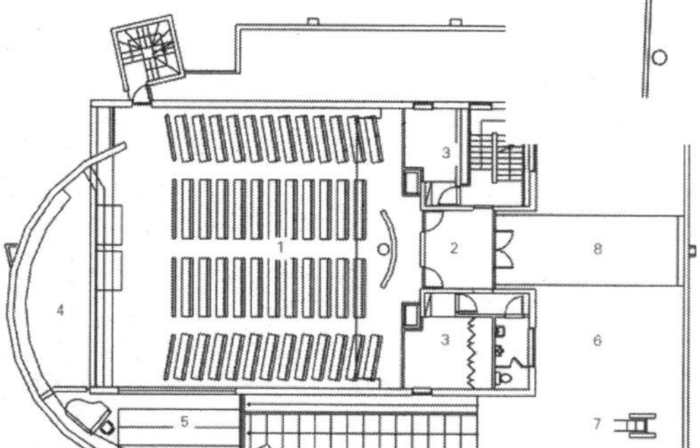

2층 평면도

산성교회

김 인 철(아르키움)

위　　치 : 경기도 고양시, 일산구 133-2
대지면적 : 635.7m²
연 면 적 : 1,128.49m²
건축면적 : 348.59m²
용 적 률 : 103.73%
건 폐 율 : 54.84%
구　　조 : 철근콘크리트
규　　모 : 지하 1층, 지상 4층

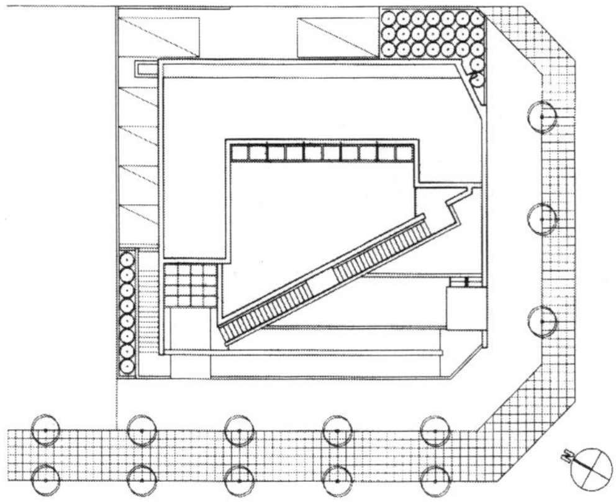

배치도

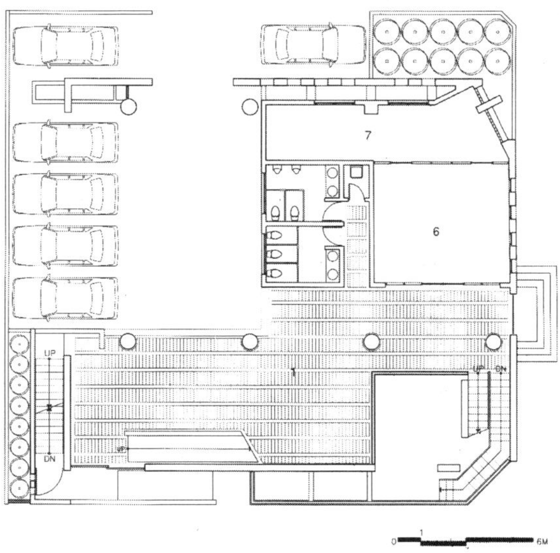

1층 평면도

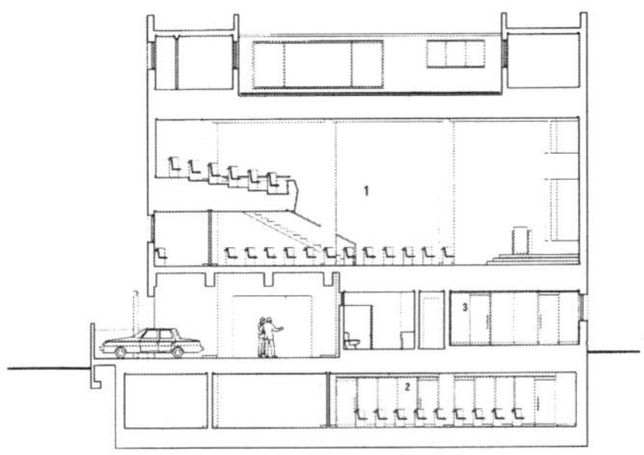

단면도

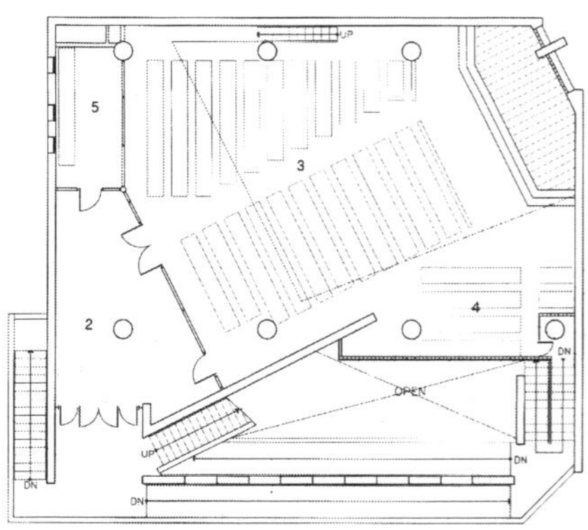

2층 평면도

⬅ 온누리 교회

김 영 배(가람건축)

위　　치 : 부산 해운대구 좌동 1294번지
(해운대 신시가지)
대지면적 : 719m²
연 면 적 : 998.54m²
건축면적 : 413.51m²
용 적 률 : 118.62%
건 폐 율 : 57.51%
구　　조 : 철근콘크리트조
규　　모 : 지하 1층, 지상 3층

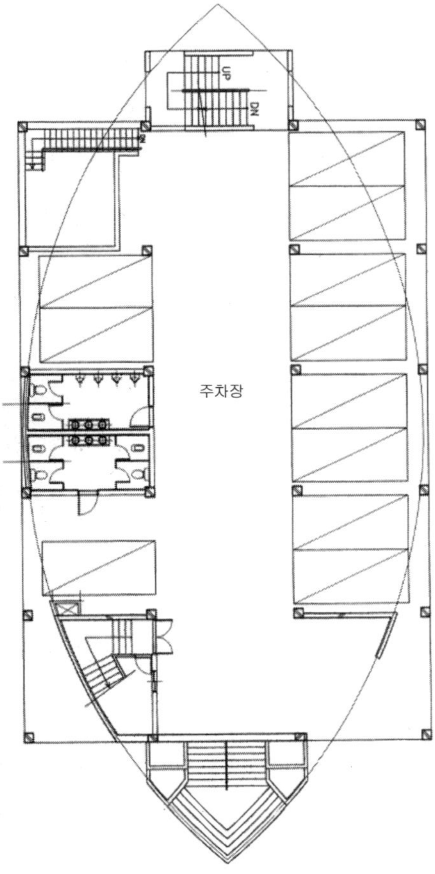

1층 평면도

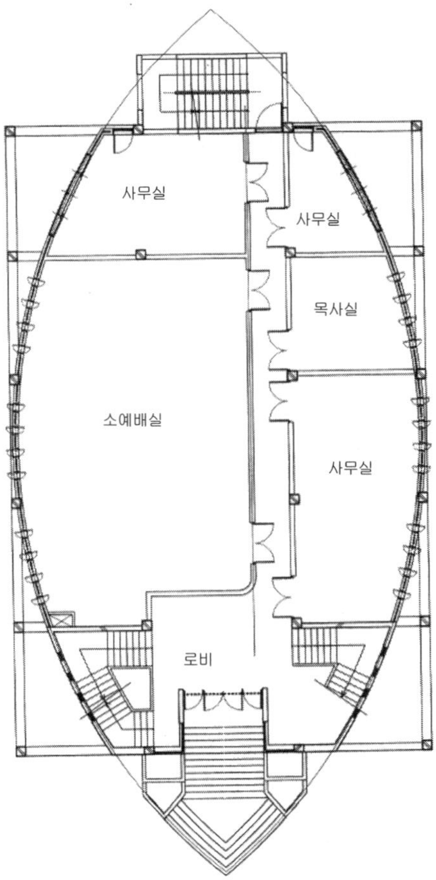

2층 평면도

⬅ 연동교회 강화 수양관

임 재 용

위　　치 : 인천 강화군 내가면 고천리
대지면적 : 4,889m²
연 면 적 : 1,427.7m²
건축면적 : 782.6m²
용 적 률 : 26.9%
건 폐 율 : 14.7%
구　　조 : 철근콘크리트조
규　　모 : 예배당-지상 1층, 숙소동-지상 3층

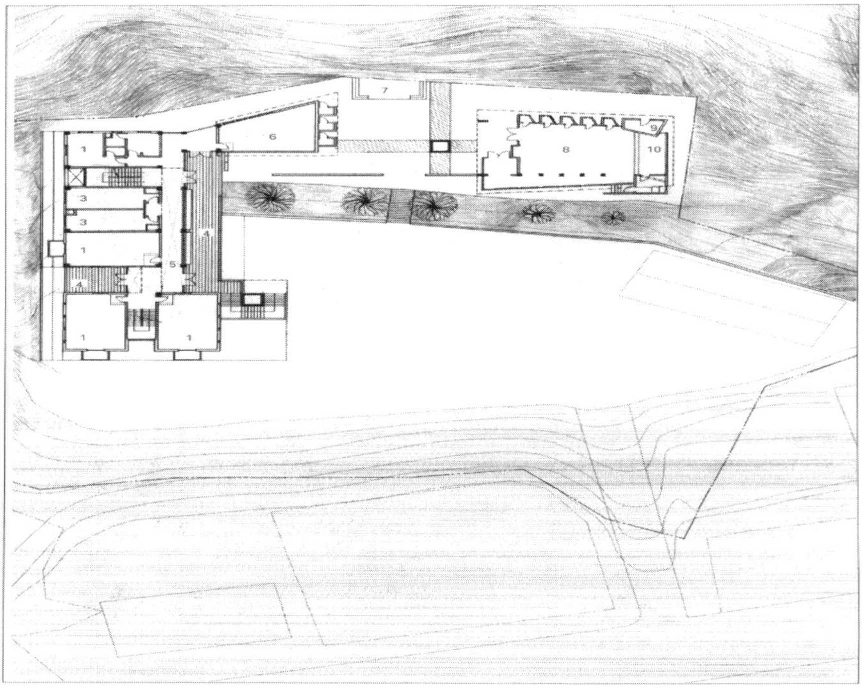

1층 평면도

정면도

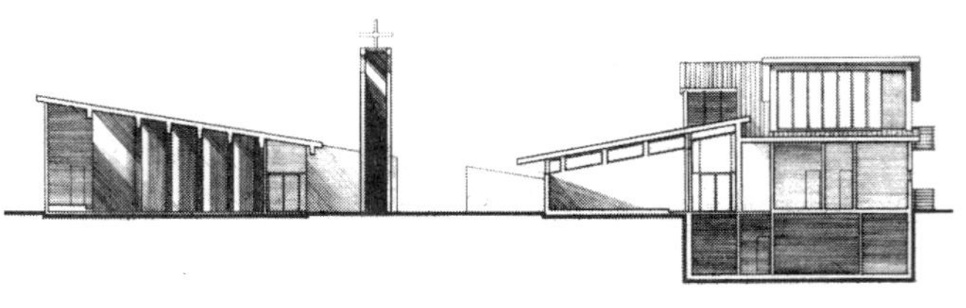

단면도

⬅ 갈보리 교회

정림건축

위　　치 : 경기도 성남구 분당구 이매동 360-1번지 외 12필지
연 면 적 : 8,429.89m²
구　　조 : 철골철근콘크리트, 스틸 트러스
규　　모 : 지하 1층, 지상 4층

1. chapel
2. prayer rm.
3. hall
4. publication & recording rm.
5. office
6. confercence rm.
7. counter rm.
8. pastor's rm.
9. practice rm. of choir
10. class rm.
11. mother's rm.
12. lobby
13. young student seminary
14. infant rm.
15. sunken
16. facilities rm.
17. counsel rm.
18. rest rm.
19. cafeteria
20. kitchen

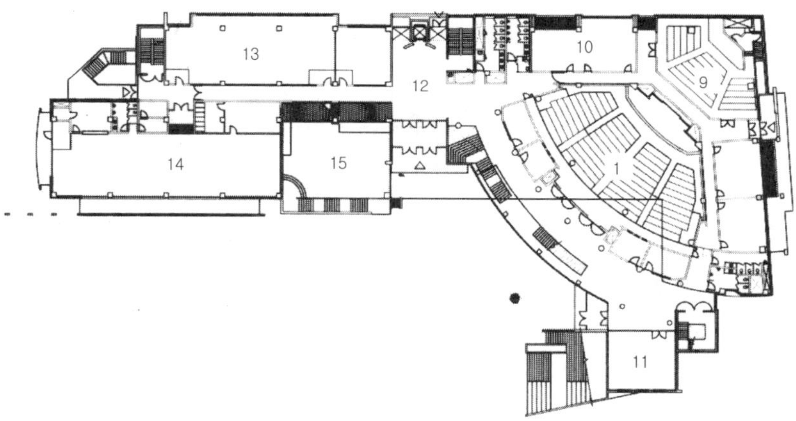

1층 평면도

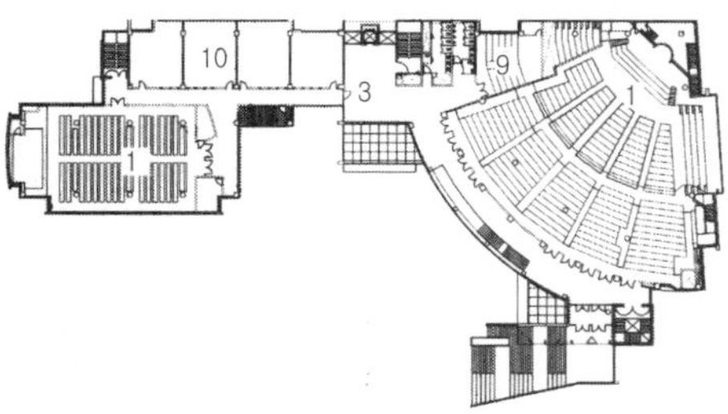

2층 평면도

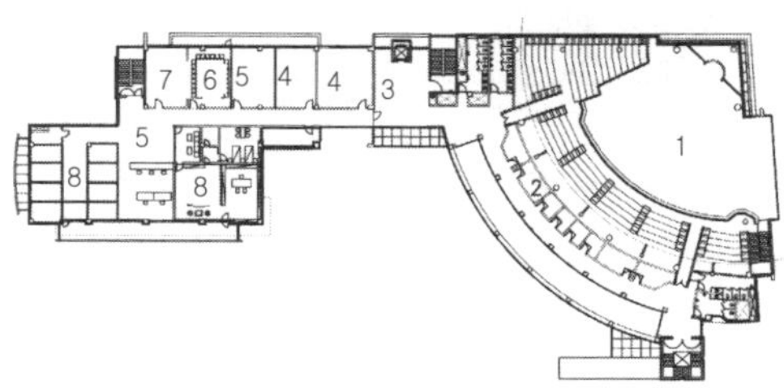

3층 평면도

⬆ 기독교 대한성결교회 동안교회

최 준 오(안산공과대학 교수)

위　　치 : 경기도 하남시 풍산동 169-2, 4.
　　　　　산 46-1
대지면적 : 5,504m^2

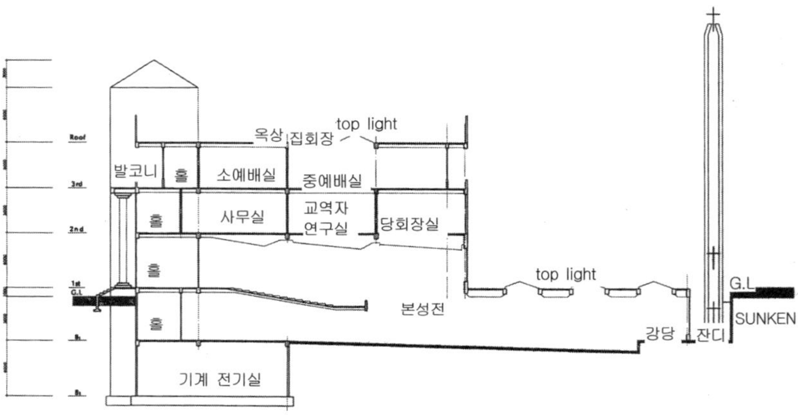

단면도

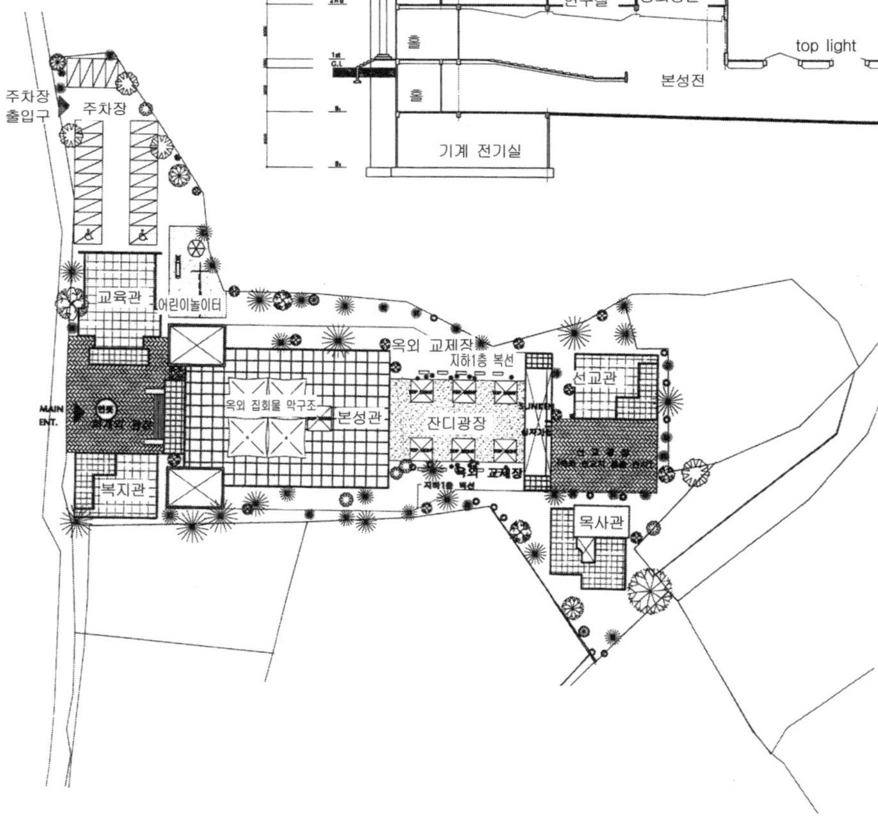

배치도

⬆ **기독교 대한감리회 반석교회**

최 준 오(안산공과대학 교수)

위　　치 : 강원도 강릉시 입암동 201
대지면적 : 1,956.89m²
연 면 적 : 2,760.76m²
건축면적 : 793.53m²
용 적 률 : 104.36%
건 폐 율 : 40.55%
구　　조 : 철근콘크리트조(지붕 : 철골조)
규　　모 : 지하 1층, 지상 4층

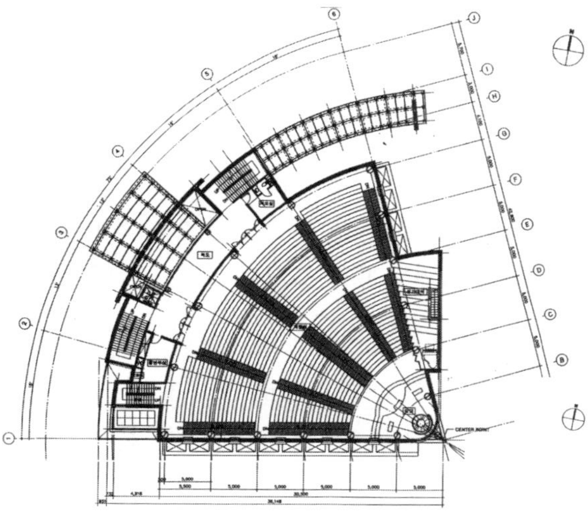

2층 평면도

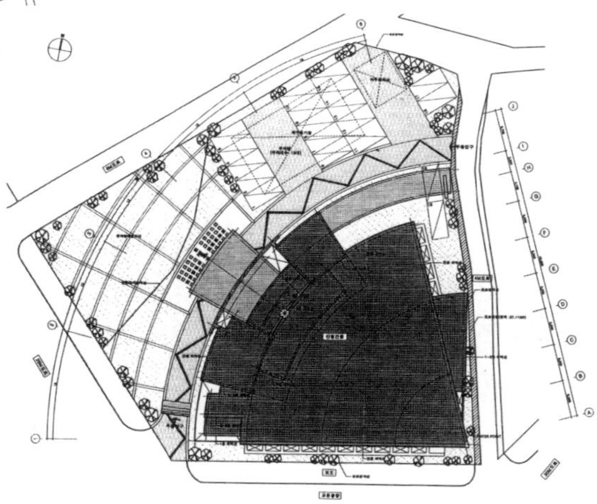

배치도

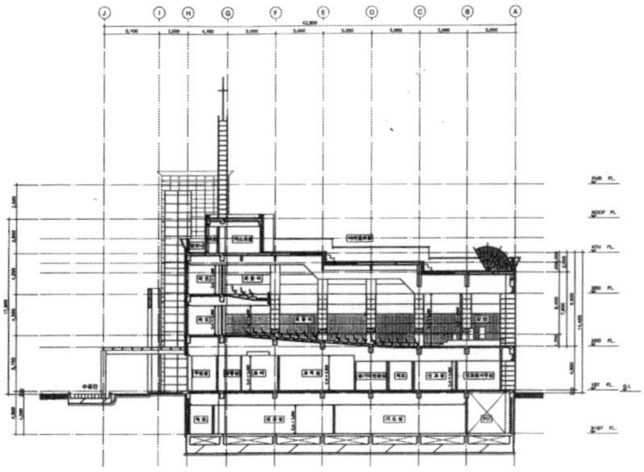

주단면도

II 천주교회(구교, catholic church)

1. 개요

천주교회 건축은 일정한 양식이 있는 것은 아니며, 회중석과 지성소는 천주교회의 중심이 된다. 개신교와의 차이는 앞절의 개신교 교회를 참조 바란다.

2. 세부계획

① **회중석**

개신교와 비슷하나 무릎을 꿇을 수 있어야 하므로 전후 간격은 90cm 이상이 필요하며, 맨 앞열은 교인들이 엎드릴 수 있도록 별도의 난간을 설치하며, 중앙통로와 앞부분에 충분한 넓이가 확보되어야 한다. 소요면적으로 1인당 0.7~0.9m^2 정도 필요하다.

② **성찬란**(communion rail)

지성소와 회중석을 구분하는 경계로 높이 75cm 정도의 난간으로 신자가 난간에 엎드릴 수 있으며 성혈을 받을 수 있도록 상부는 포도주 잔을 놓을 수 있도록 한다.

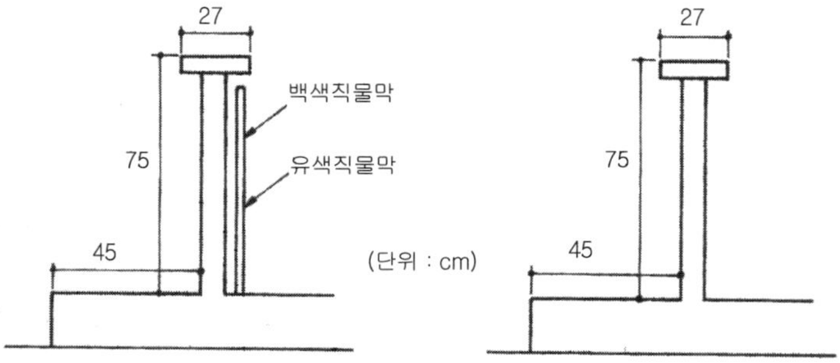

【그림 10-3】 성찬란

③ **지성소**(sanctuary)

찬단이 설치된 곳으로 회중석과 제단 사이에 2~3개의 계단이 있고 왼쪽 전면에 고정된 강론대를 설치한다. 면적은 55~92m^2 정도 소요되며, 최소 8.5m의 깊이가 필요하다.

④ **제대**(altar)

그리스도를 모신 곳으로서의 주제대(hight altar)가 중앙에 1개 설치되며, 성모나 사도들은 모신곳으로서의 부제대가 있다.

⑤ **성가대석**(choir)

제단의 좌측 또는 우측에 설치하며 경우에 따라서는 회중석 뒤편 상층부(개러리)에 위치하기도 하며, 1인당 0.5㎡가 필요하다.

⑥ **고해실**(confessional room)

신자가 자신의 죄를 신부에게 고백함으로 죄사함을 받는 비밀실로 회중석의 후면이나 측면에 설치되며 충분한 냉·난방 환기가 요구된다. 소요면적은 1인당 3.3m² 정도이다.

⑦ **제의실**(sacristy)

사제나 성가대의 예복, 예식용 기구의 보관 장소로 소요면적은 사제용·일반용 27m² 정도 필요하다.

⑧ **영세실**

성수를 장기간 보관할 수 있도록 하며, 사용치 않은 물은 버릴 수 있도록 배수로를 세례반 중앙에 설치하여 다른 오배수와 섞이지 않도록 하며 14m² 이상 면적이 필요하다.

⑨ **주랑**

교회 내·외부의 경계선으로 교회 다른 부분과의 통로로 쓰인다.

⑩ **배랑**

교회 정면 입구를 지나 로비에 해당하는 넓은 장소로 성찬의식, 성수대를 설치하며 게시판도 설치한다.

⑪ **소성당**

부제대를 설치하며 성모상 등을 안치하며, 1인당 0.9~1.1m² 정도 필요하다.

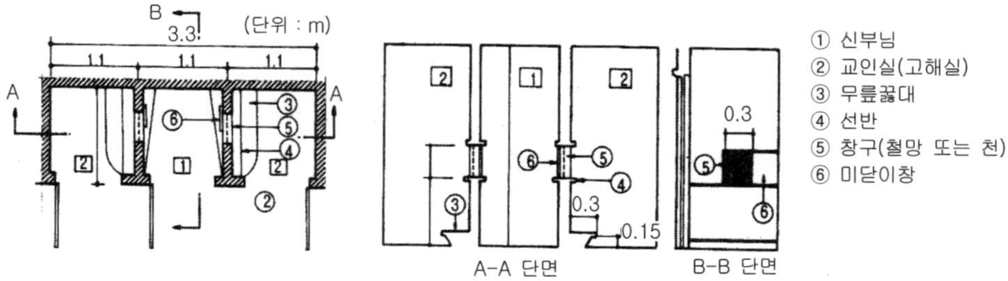

【그림 10-4】 일반적인 고해실 및 신부실의 상세

3. 천주교회 건축 실례

⬆ 최양업 신부 기념(배론성당)성당

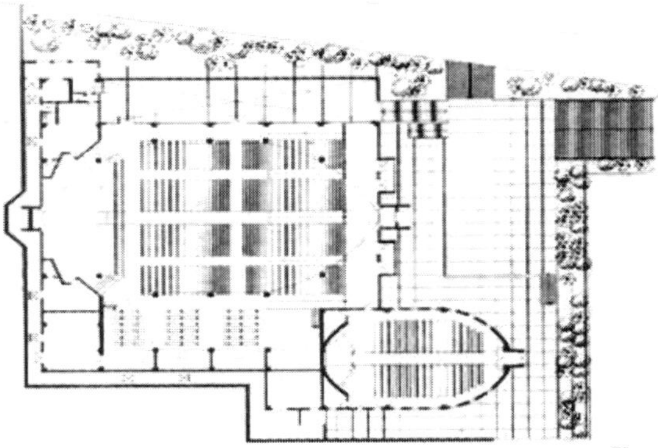

평면도

⬅ 천주교 고양동교회 ➡

권 용 태

위　　치 : 경기도 고양시 덕양구 벽제동 154-3
대지면적 : 1,953m²
연 면 적 : 988.88m²
건축면적 : 386.06m²
용 적 률 : 25.91%
건 폐 율 : 19.76%
구　　조 : 철근콘크리트
규　　모 : 지하 1층, 지상 2층

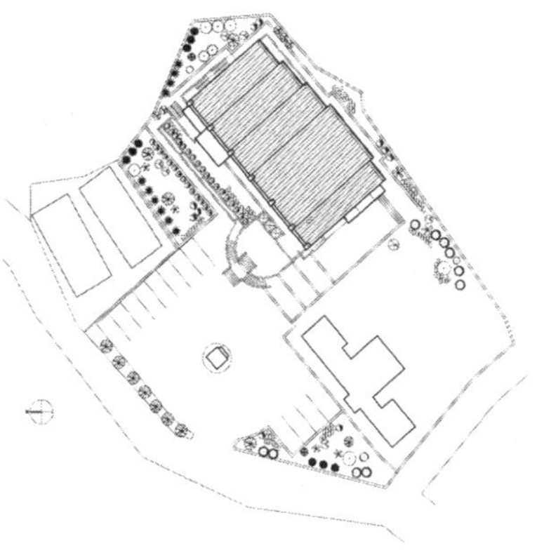

배치도

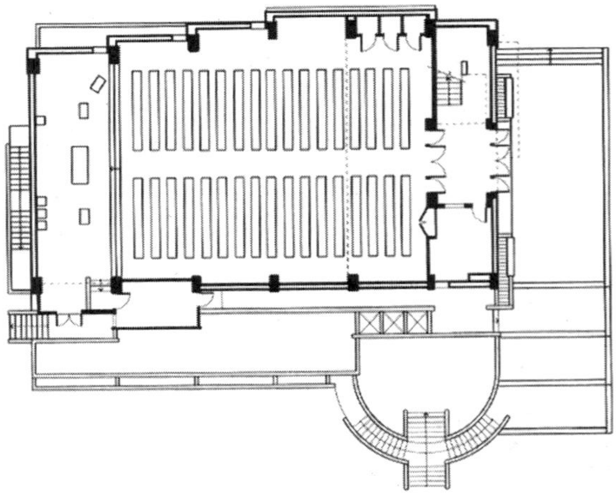

1층 평면도

⬆ 호평성당

김 원(광장)

위　　치 : 경기도 안양시 동안구 호계동 893-3
대지면적 : 2,276.30m²
건축면적 : 1,099.89m²
조경면적 : 493.93m²
용 적 률 : 116.44%
건 폐 율 : 39.62%
구　　조 : 철근콘크리트 구조
규　　모 : 지하 1층, 지상 4층
주차대수 : 37대

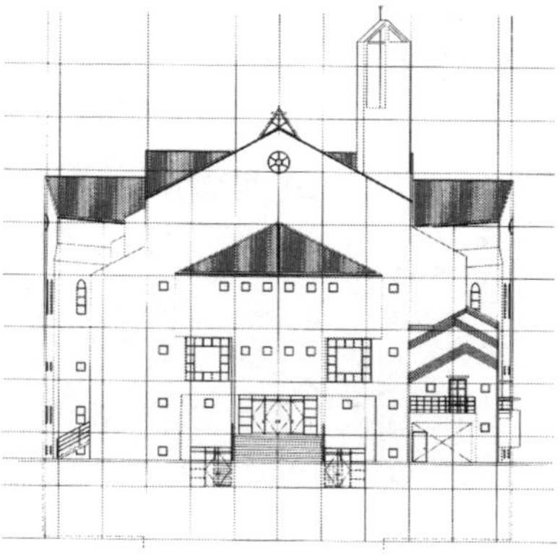

정면도

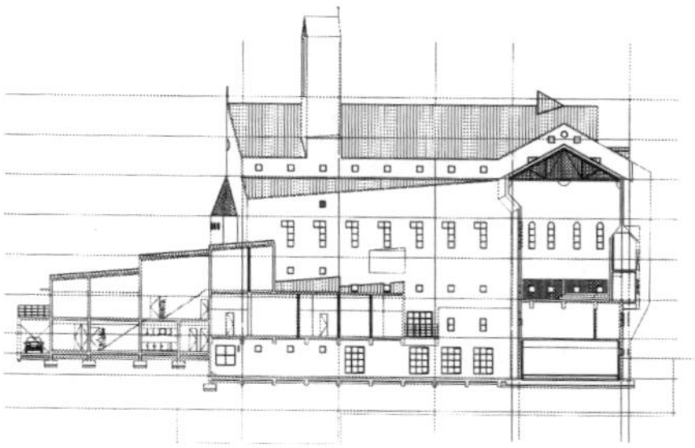

단면도

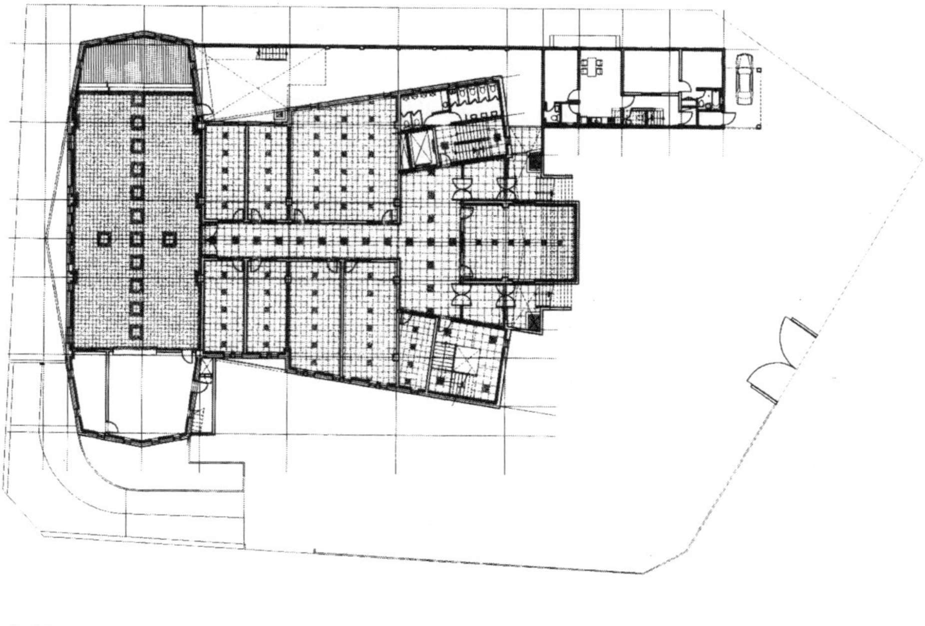

평면도

⬅진해 해군사관학교 성당

김성식 + 김중근

위　　치 : 경남 진해시 해군사관학교내
대지면적 : 3,461m²
연 면 적 : 822.97m²
건축면적 : 597.49m²
구　　조 : 철근콘크리트조
규　　모 : 지상 3층

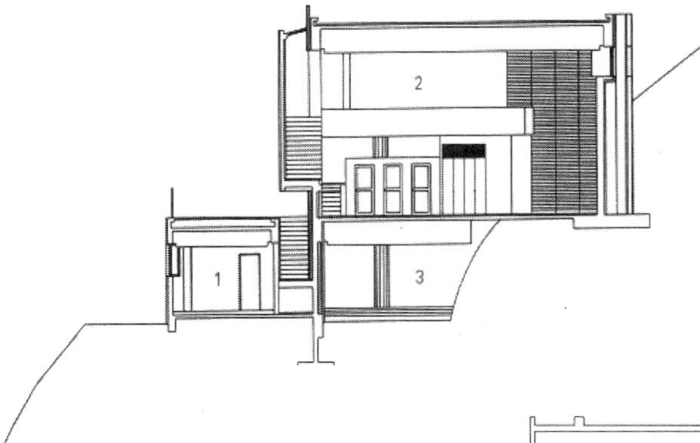

단면도

1. 성모마당
2. 방
3. 거실
4. 수녀실
5. 복도
6. 사무실
7. 데크
8. 진입로

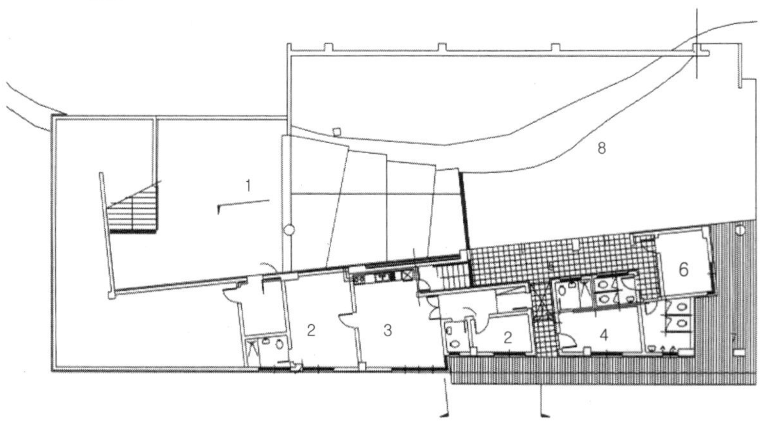

1층 평면도

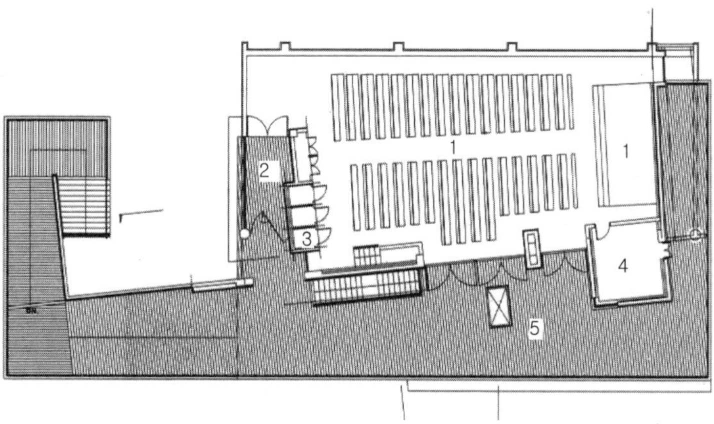

1. 본당
2. 출입구 홀
3. 고해실
4. 복사실
5. 데크

2층 평면도

III 사찰건축

1. 개요

불교는 누구나가 부처가 될 수 있다는 범신론으로 윤회사상과 인과응보를 믿고, 불·법·승을 삼보라 하여 가장 중요시 하여 사찰 배치에서도 이것이 기본이 되어 불당, 법당, 승당으로 나타난다. 전통적인 사찰배치로는 3금당 1탑식 배치, 일탑식 배치, 쌍탑식 배치, 산지사찰이 있으며, 현대 사찰 건축에서는 기존의 사찰형식과 현대도시형 사찰건축의 구성형태가 표현되고 있다.

2. 배치계획

승려들의 수도생활이 중심이 되며 불당, 법당, 승당 중앙에 중정이 오고, 중정은 불교 행사와 의식을 위한 공간이다.

부속시설은 승당 뒤에 배치된다.

3. 세부계획

1) 문(門)

① 일주문 : 사찰과 속세와의 경계를 나타내는 문이다.
② 천왕문 : 사천왕상(四天王像)을 모신 곳이다.
③ 불이문(不二門) : 사찰로 들어가는 최종 문으로 일명 해탈문이라 한다.

2) 불전

① 불상을 안치한 전각, 동서축이 장축, 남향 배치한다.
② 평면 형식 : 一자형이 기본, 신도들의 예불과 좌식 생활의 중심인 곳이다.
③ 불전종류 : 대웅전, 극락전, 명부전, 관음전, 비로전, 미륵전 등이 있다.

3) 승당, 법당

① 승당

- 승려의 일상 생활 공간, 평면형식은 □자형이다.
- 승방, 선당, 노전(爐殿) 등이 포함한다.

• 중정을 중심으로 좌측에 선당, 우측에 승방(요사체)이 배치, 노전은 각 불전 부근에 배치한다.

② **법당**

승려의 교육, 집회 공간, 불전 뒤에 배치한다.

4) 신각(神閣), 암자, 경장

① 신각 : 토착신을 안치하는 전각이며 칠성각(七星閣), 산신각(山神閣), 독성각(獨聖閣), 삼성각(三聖閣)이라 한다.

② 암자 : 본사에 딸린 말사(末寺)를 말한다.

③ 경장(經藏) : 불경 및 관계 서적을 보관하는 서고이다.

5) 루, 종각, 고루

① 루 : 주불전 앞 중정과 그 하단부 중정 사이의 고저 차이를 극복하기 위해 필로티의 중층 건물로 상층부는 여름철엔 집회공간으로 사용한다.

② 종각과 고루 : 보통 하층에는 범종을 설치하고, 상층에는 대고(大鼓)나 운판(雲板), 목어(木魚) 등을 매달아 같은 건물로 사용하기도 한다.

4. 사찰건축 실례

⬆ 북천 제각사찰

문 철 수

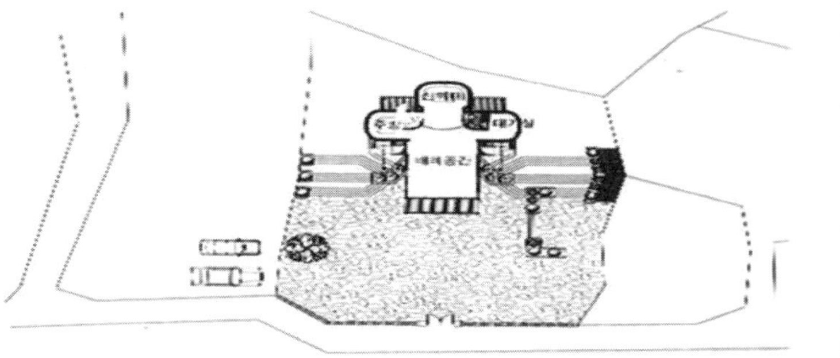

기준층 평면도

← 안국선원

김 기 웅(삼정 D&G 건축)

위 치 : 서울 종로구 가회동 10-3
대지면적 : 866m²
연 면 적 : 1,868.05m²
건축면적 : 515.73m²
구 조 : 철근 콘크리트, 철골
규 모 : 지상 4층

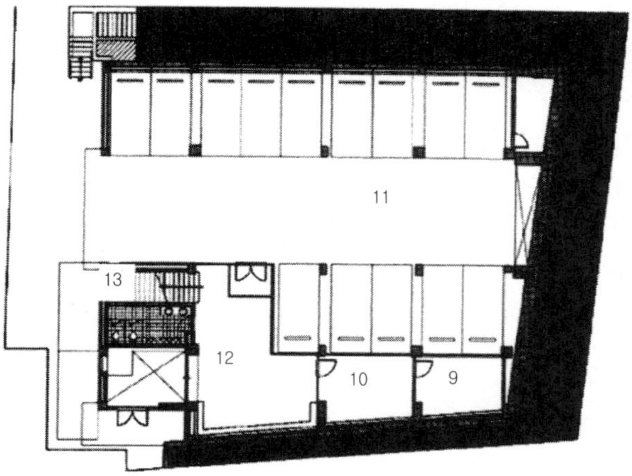

1. 법당
2. 선방
3. 응접실
4. 식당
5. 주방
6. 방
7. 사무실
8. 전산실
9. 탈의실
10. 거사실
11. 주차장
12. 홀
13. 관리실

1층 평면도

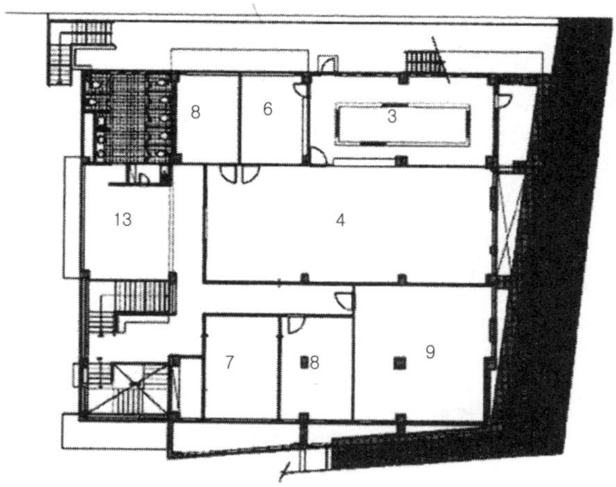

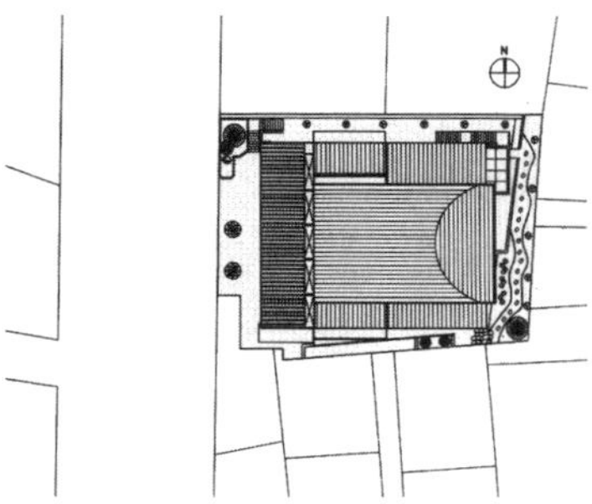

배치도

2층 평면도

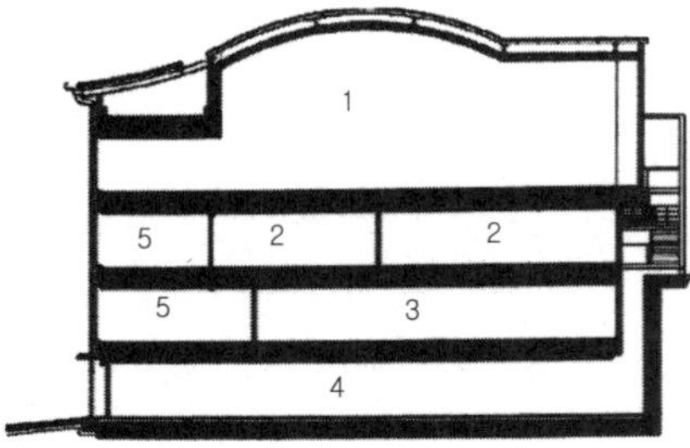

1. 법당
2. 선방
3 식당
4. 주차장
5. 홀

단면도

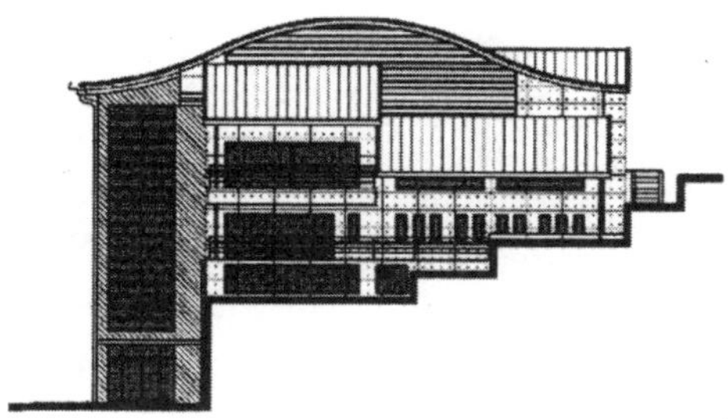

우측면도

11

공장 · 창고 · 교통시설

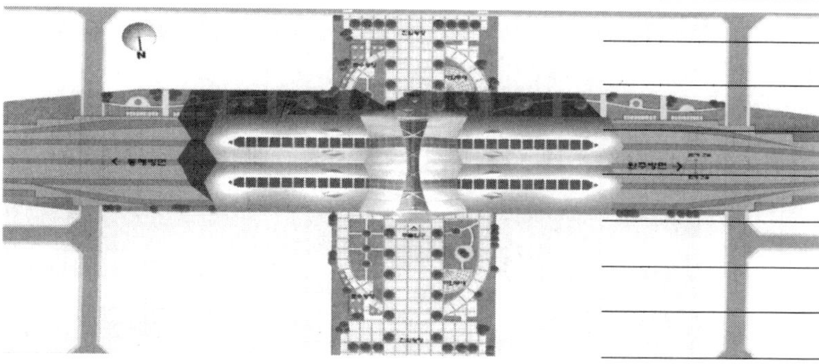

11

공장·창고·교통시설

I 공장

1. 개요

공장은 장치공간으로 현대건축 생산방식의 발전은 공작기계의 진보 개량에 의하여 새로운 작업장이 나타나지고 이러한 새로운 생산공간을 생산 능력의 향상에 기여하며, 근로자의 건강, 작업 조건의 개선 등 획기적인 개념을 기대하게 되었다.

공장의 입지 조건은 경영측면에서는 원료 산출이 되고, 육상운송과 해상운송이 좋고, 소비 중심지에 가깝든지, 반출이 용이한 곳, 근로자의 통근이 쉬운 곳, 지가 · 동력 · 급수 · gas · 연료비 등이 염가이고, 금융 · 통신 · 관련공장이 가까워야 하겠다. 또한 공장 건설 측면에서는 대지의 고저차가 없고, 지반이 견고하며 좋은 수질과 장래 확장 가능성이 있어야 겠다.

2. 대지선정과 배치계획

1) 대지선정

① 기후, 풍토가 작업에 적합하고 국토, 도시계획상 제약이 없어야 한다.

② 견고하고 건조하며 급배수가 편리한 곳이어야 한다.

③ 정지비가 적게 들고 원료, 재료 공급이 용이한 곳이어야 한다.

④ 교통이 편리하고 노동력, 동력원 이용이 용이한 곳이어야 한다.
⑤ 잔재, 폐수처리가 용이한 곳이어야 한다.
⑥ 유사 공업집단지이고 관련 공장과 편리한 점이 있어야 한다.

2) 배치계획

① 장래 확장 계획을 고려하여 설계시 마스터 플랜(master plan)을 작성하며, 입체적 확장을 예측하고 구조물 설계에 반영하며, 부대 설비 용량을 확장 계획에 반영해야 한다.
② 원료 및 제품 운반방법, 작업동선을 고려한다.
③ 동력 종류에 따른 동력 배치 계통을 합리화한다.
④ 각 부분별 시설의 구분과 유기적으로 결합한다.
⑤ 주요 작업을 가장 유리한 위치에 배치한다.
⑥ 견학자동선을 고려하여야 한다.

3) □자에 의한 대지 분할

일반적으로 대지 형상에서 기본 패턴이 정하여져 대지를 module(井자)로 구획한다. 그리고 기본계획에 따라 건물 배치를 한다.

이 경우 어디까지나 기본은 배치이므로, 여러 종류의 대지 조건에 따라 수정되어 가며 장래의 확장성, 탁력성, 미관 등이 검토 대상이 된다.

우선 그림 a의 p를 분할의 기점으로 하고
① 점선 부분의 면적은 될 수 있는 한 넓게 취한다.
② 전면, 측면, 후면의 부대공지를 확보하면서 분할 규범에 따라 각 공지에서 건물의 나누기를 한다.
③ 건물 배치의 수정을 경사, 지질, 풍향 등에 따라서 한다.

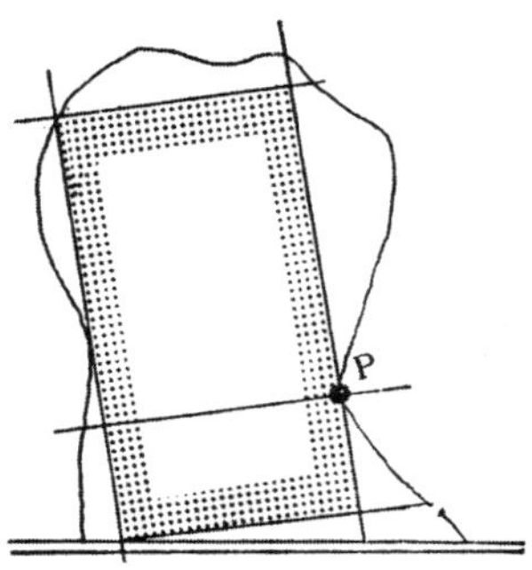

(a) 井장에 의한 배치방법

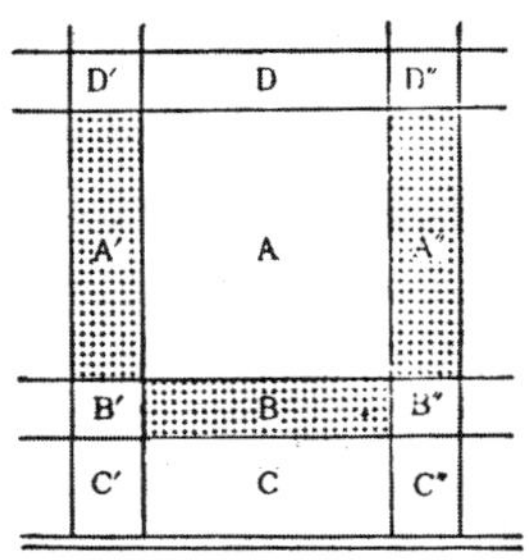

(b) 구획 pattern

【그림 11-1】

그림 b의 구획 pattern으로서
A : 공장, 창고 등
B : 사무소, 후생시설 등
C : 주차장, 잔디, pond 등
D : A′, A″~D, D′, D″ 등에는 동력 기타 부대시설을 둔다.

4) 공장 건축의 레이아웃(lay out)

① 제품 중심 레이아웃(연속 작업시)

• 생산에 필요한 공정, 기계 기구를 제품 흐름에 따라 배치
• 대량생산에 유리하고 생산성이 높음
• 장치공업, 가전전기제품 조립공장 등에 적용

② 공정 중심 레이아웃(기계설비 중심)

• 기능식 레이아웃, 기능이 동일 또는 유사한 공정, 기계를 집합 배치하는 방식
• 다품종 소량 생산, 주문 생산, 표준화가 곤란한 경우에 적용

③ 고정식 레이아웃

• 주재료와 부품이 고정 장소에 있고 사람, 기계가 이동 작업하는 방식
• 조선, 건축 등 수량이 적고 제품이 큰 경우

④ 혼성식 레이아웃

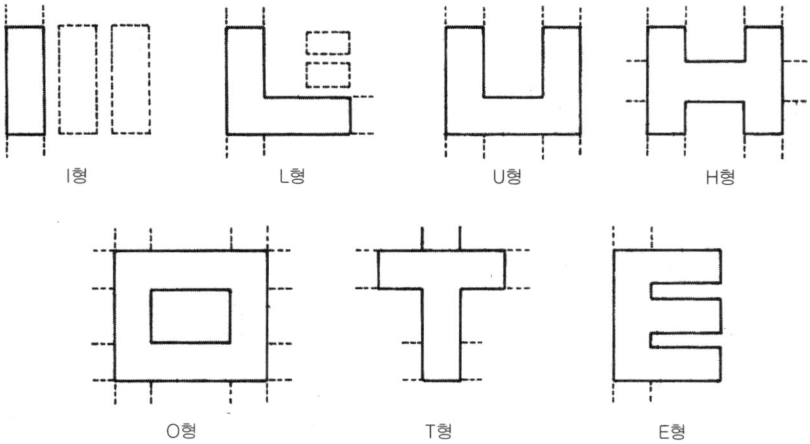

【그림 11-2】 공장의 평면형식

3. 공장의 건축 형식

1) 공장의 형태

형식 결정에는 평면상으로 block형식과 pavilion형식이 있고, 입체적으로는 단층과 다층 형식이 있다. 이들은 입지조건과 생산공정, 작업공정, 운반방법 등에서 동선계획이 검토되고 결정된다.

생산공정으로는 원료, 또는 재료가 시장이나 창고에서 반입되어 작업공정을 거쳐 제품이 되어 반송된다. 위의 프로세스는 공정관리, 품질관리 또는 재고관리 등의 변화에 따라 유동적이 되므로 구조적으로 다목적 공간이 요청된다.

① **파빌리온 형**(pavilion type)

- 각 동의 구조, 형식을 다르게 할 수 있다.
- 공장의 신설, 확장이 용이하다.
- 배수, 물홈통 설치가 용이하다.
- 통풍, 채광이 양호하고 공장 건설을 병행할 수 있어 조기 완성이 가능하다.
- 종류 : 화학 공장, 일반 기계조립공장, 중층(重層)공장에 적합하다.

② **블록형**(block type)

- 공간 효율이 좋고 내부 배치 변경에 탄력성이 있다.
- 운반이 용이하고 흐름이 단순하며, 건축비가 저렴하다.
- 종류 : 일반 기계 조립 공장, 단층 평지붕 무창 공장에 적합하다.

2) 단층과 다층

대지의 넓이, 건폐율, 지가 등의 관계로 단층으로 할 것인지 다층으로 할 것인지를 결정한다. 일반적으로 운반을 용이하게 하고 배치의 탄력성을 높이기 위해 단층이 좋지만, 지가가 높고 대지의 여유도 없는 곳에서는 다층도 고려된다.

4. 공장의 동선 계획

공장계획은 공장의 제조 공정을 조사하고 작업의 동선 계획을 한다.

생산계획은 개인과 집단의 끼워 맞춤, 분업과 협업의 성립으로 나눌 수 있는데, 작업은 전체로서 많은 개인으로 이루어진 집단 작업이 되거나 다수의 분임을 구성한 협업 작업도 되어 상호간에 서로 연관되어진다. 최근 경향은 부분적으로 진행하는 작업선을 될 수 있는 한 연속작업이 될 수 있게 설계하며, 간단한 직선식의 배선은 장래의 확장에도 유리하다.

5. 지붕 형태별 특성

① 평지붕 : 중층식 건물의 최상층에 적용된다.
② 뾰족지붕 : 평지붕과 유사하며, 어느 정도의 직사광선은 피할 수 없다.
③ 솟을지붕(山形지붕) : 채광, 환기에 가장 적합한 방식, 창 개폐에 의해 환기조절 가능. 건축물 길이의 반이상 폭이 있어야 적합하다.
④ 톱날지붕 : 채광창은 북향, 일정한 조도 유지 가능, 기둥이 많아 바닥 면적 감소와 기계배치의 융통성, 작업 능력이 감소된다.
⑤ 샤렌구조 지붕 : 최근의 공장 형태로 기둥이 적은 장점이 있다.

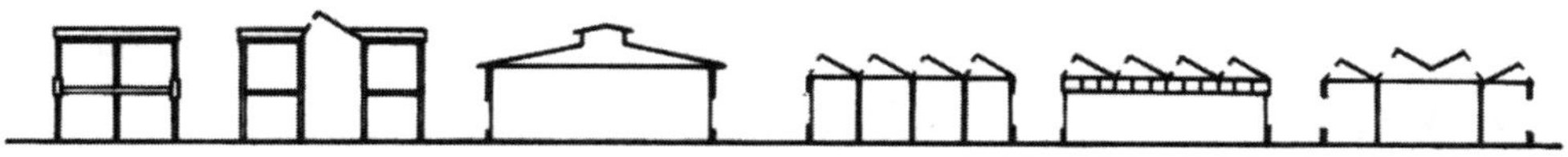

【그림 11-3】 지붕의 형태

6. 환경계획

1) 자연채광

① 건축물 폭이 클 경우 측면 창과 천창이 요구된다.
② 가능한 한 창을 크게 하고 빛을 부드럽게 확산시킨다.
③ 창 유효면적을 크게 하고 동일 패턴의 창을 반복한다.
④ 소요 창면적

$$소요\ 창면적(m^2) = \frac{바닥면적(m^2) \times 채광도(lx)}{380}$$

2) 인공조명

① 일반 조명 : 균일 조명이 요구된다.
② 국부 일반 조명 : 실내 각 소요 부분의 균일 조명이 요구된다.
③ 국부 조명 : 기계 및 특수 부분만을 조명하는 정밀 작업에 필요하다.
④ 광원은 직광의 왼쪽 62cm 이내에 설치한다.

3) 환기

표준 1시간당 6~7회

7. 공장의 공기 조정

공장작업은 인체에 유해한 gas, 증기, 먼지 등을 발산시키므로 실내 공기를 청정하게 하기 위해 자연 환기법과 기계환기법을 사용한다. 이 환기를 완벽한 것으로 해야 하는 제품도 있어 공장에는 공조방식이 채택되고 있다.

① 공장 안의 온·습도를 제품 생산에 가장 적당한 조건으로 하여 제품의 품질을 좋게 하고 생산 능률을 올린다.

② 인체에 대하여 공장 내의 환경을 좋게 하여 환자를 줄인다.

③ 공장을 밀폐하여 외부의 먼지 유입을 방지하고 완전 여과된 공기를 도입하여 제품의 질을 높인다.

④ 자동제어장치로 인건비를 줄이고, 열의 합리적인 사용을 한다.

8. 기타 시설

1) 저장시설

① 공장 전체의 대지 면적에 대해 창고 전체 면적 또는 노천 창고 면적이 2~3% 정도 된다.

② 공장 작업장 전체 면적에 대해 창고 전체 면적이 9~10% 정도 된다.

2) 화장실

① 위치 : 보행거리 50m 이내로 한다.

② 변기수

여자용은 10~15인당 1개, 남자용 대변기는 25~30인당 1개, 소변기는 20~25인당 1개

③ 세면기 수 : 100명당 15~20개 정도로 한다.

9. 공장 실례

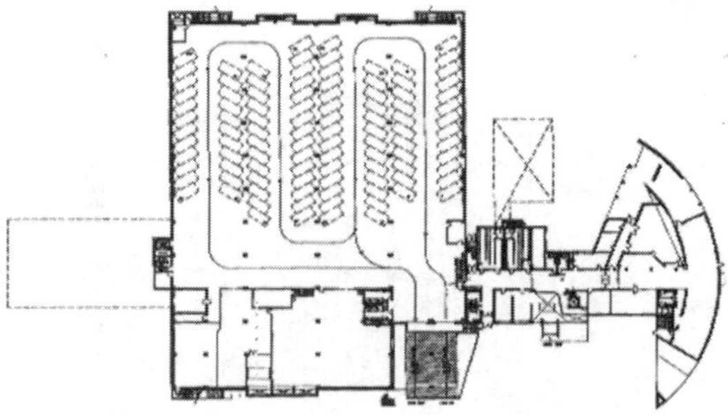

1층 평면도

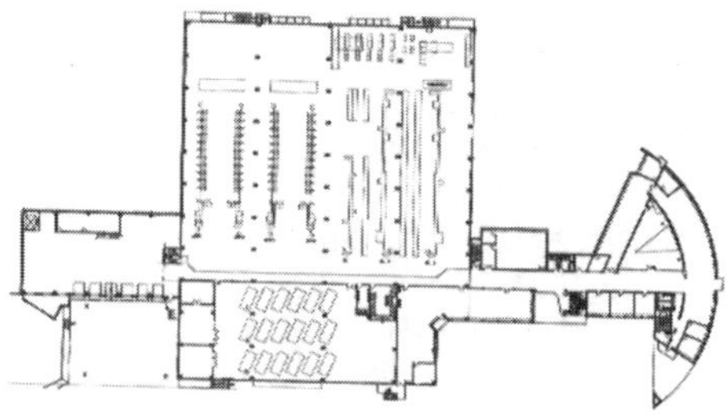

2층 평면도

레고 코리아

김광진 +쏘렌

신도리코 서울공장

민 현 식

1. 주차타워
2. 공장
3. 공조실
4. 창고
5. 농구장
6. 사무실

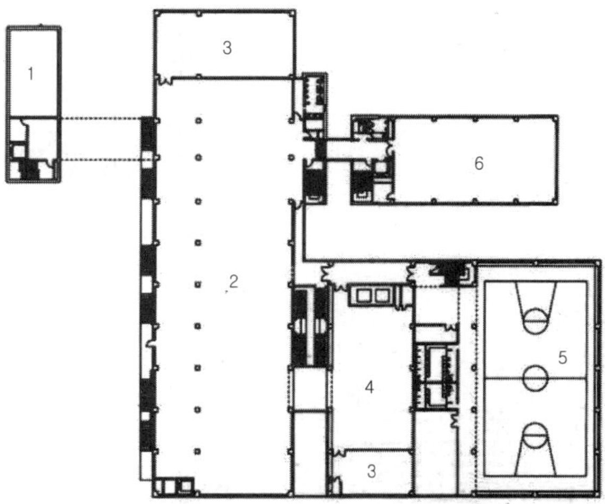

3층 평면도

⬆ 안산 테크노파크

희림건축

위 　　치 : 경기도 안산시 사동 1271, 1271-6, 7번지
대지면적 : 99,176m²
연 면 적 : 40,660m²
건축면적 : 8,795.15m²
용 적 률 : 41%
건 폐 율 : 8.87%
구 　　조 : 철근 콘크리트
규 　　모 : 지하 1층, 지상

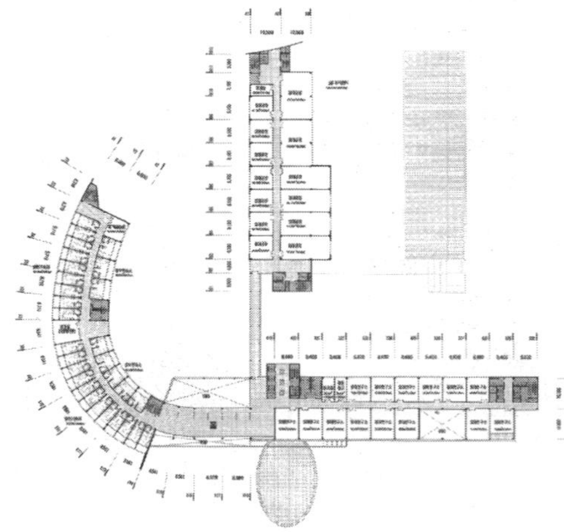

3층 평면도

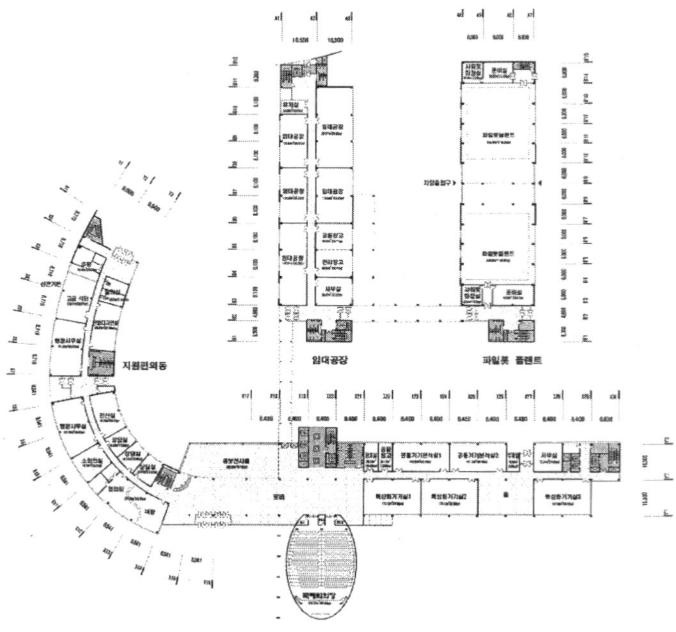

1층 평면도

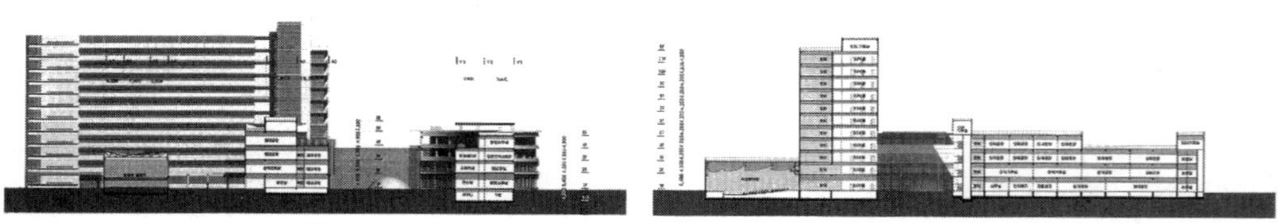

단면도

II 창고

1. 배치계획

1) 배치계획

① 집중 배치하고, 교통로와 가까운 곳에 배치한다.
② 구내 도로 : 대형 차량 통행에 지장이 없고 충분히 넓어야 한다.

2) 규모 산정

① 보관실 적정 면적
대형화물 : 600m², 소형화물 : 150~300m², 고가품실 : 15~30m²
② 부대시설 면적 : 창고 총면적의 20~25%

2. 평면형식

1) 중층(重層) 창고

① 외주 하역장식 : 해안 부두의 대규모 창고에 적합하다.
② 중앙 하역장식 : 짐 처리가 빠르나 채광상 난점이 있다.
③ 분산 하역장식 : 소규모 창고에 적합하다.
④ 무하역장식 : 수용 면적이 크고 반입 기계가 많이 필요하다.

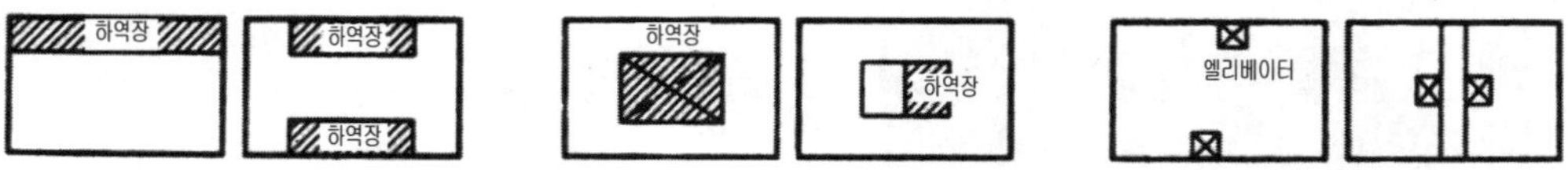

(a) 주위에 하역장 (b) 중앙에 하역장 (c) 하역장이 없다(엘리베이터 사용)

【그림 11-5】 창고 평면 형식

3. 세부 계획

1) 기둥간격

철근 콘크리트 구조의 5~6m, 정사각형 기둥 배치

2) 천장높이

① 단층, 중층 건축물 1층 : 3.6~9m
② 중층 건축물 기준층 : 3~7m
③ 최상층 : 기준층보다 0.3~0.6m 높게 한다.

3) 바닥높이

지반보다 20~30cm 이상 높게 한다. 바닥면의 중앙부 : 5~15cm 높여 구배를 설치한다.

4) 채광

① 창은 높은 곳에 설치하며, 천창이 유리하다.
② 창에 차광장치가 필요하다.

5) 환기 : 환기구 설치

6) 하역설비

① 3~5t, 45~60m/min의 엘리베이터
② 기타 운반 설비 : 크레인, 콘베이어, 모노레일 호이스트, 트롤리 호이스트, 파일링머신

4. 창고 실례

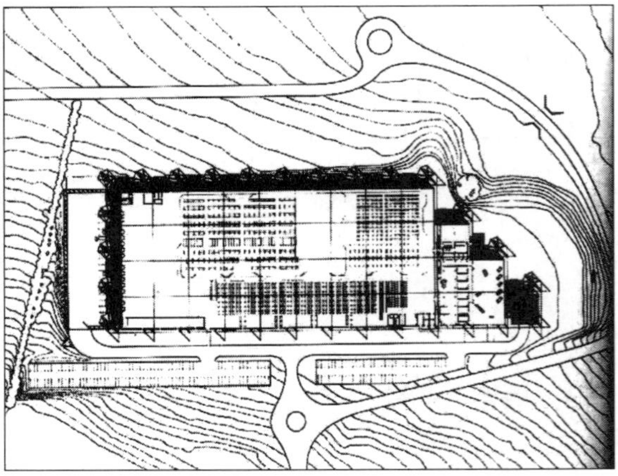

르노사의 창고 및 부품배송 센터

마리오 보타

III 교통시설

1. 주차장

1) 주차장 위치

① 수익성, 주차장 사용 시간, 최대 사용 시간을 고려한다.
② 2면 이상 자동차 도로와 접한 곳이 유리하다.
③ 버스, 트럭 등이 다니지 않는 곳으로 장방형 대지가 유리하다.

【표 11-1】 주차장의 기능동선로(1면 도로에 면한 경우)

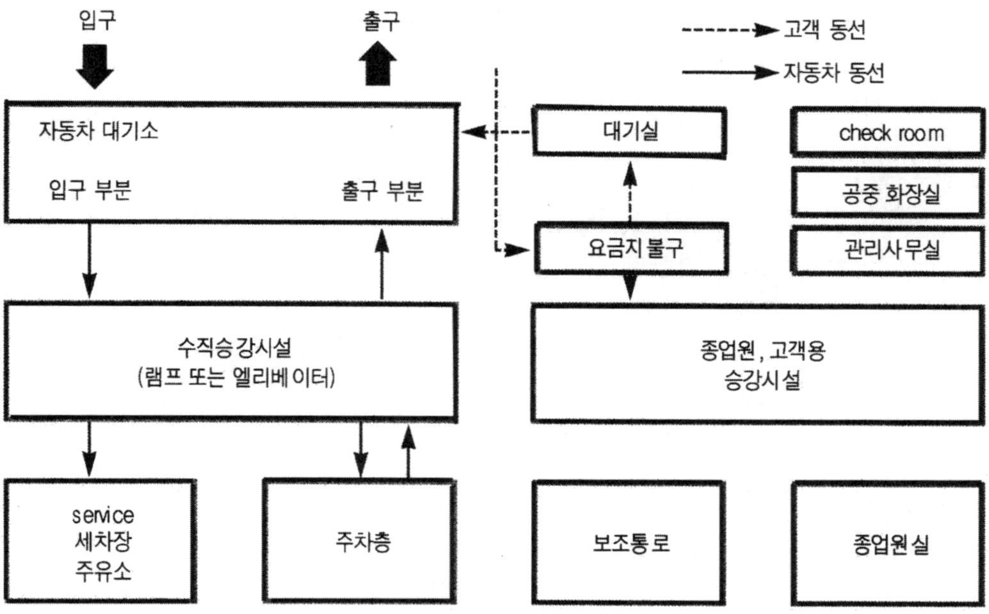

2) 주차방식

① 램프(ramp)식

- 운영비가 적게 들며, 기계 고장에 의한 운반 불능이 거의 없다.
- 넓은 면적이 소요되며, 일방 통행식과 2방향 통행식이 있다.
- 램프와 각층 슬래브 연결 부분에는 완화 경사 부분(blend)을 설치한다.
- 램프 경사 : 7~10%(법규상 17% 이하)로 한다.
- 램프 폭 : 양쪽 30cm 여유를 두며, 차선당 3.35~3.95m로 한다.

② 기계식

- 고층이 가능하고 지가가 비싼 곳에서 유리하다.

• 대지의 형상에 따른 적응이 가능하다.
• 차고 내 배기가스, 소음이 적다.
• 주차 속도가 느리며, 램프식에 비해 운영비가 고가이다.
• 기계 고장시 승강, 피난이 곤란하다.

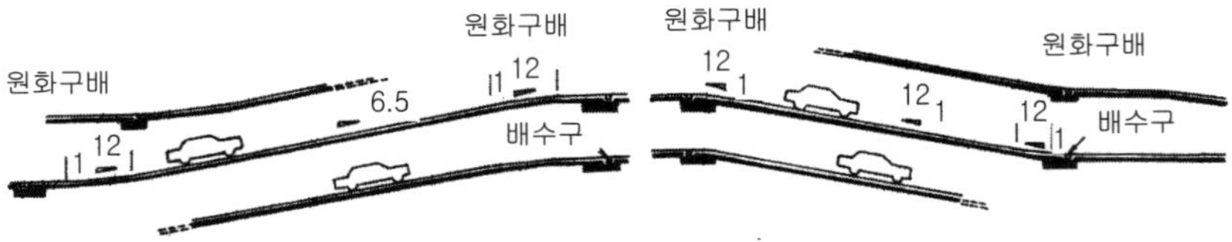

(a) 올라가는 슬로프 (b) 내려가는 슬로프

【그림 11-5】 램프와 층바닥 접속부분의 경사

3) 각부 계획

① 입구, 출구

• 교통 흐름이 적은 도로에 설치한다.
• 모서리는 둔각으로 처리한다.
• 대수가 많을 경우 출·입구를 분리하고 일방 통행으로 한다.
• 출구는 도로가 보여야 하며, 교통 흐름을 확인할 수 있어야 한다.
• 출입구 부근에 관리, 접객용 실을 설치한다.
• 출입용 차도 양측에 높이 15cm이하, 폭 60cm 이상의 보도를 설치한다.

② 대기공간

입구와 램프 접속부 사이에 설치한다.

③ 통로 동선 계획

• 일방 통행으로 하고, 동선은 교차되지 않도록 한다.
• 자동차의 주행거리를 짧게 하고 방향 변환 횟수를 줄인다.
• 통로는 건축물의 장변 방향으로 한다.

④ 기둥간격 및 층 높이

• 기둥간격 : 자동차 2~3대 주차가 가능한 치수로 한다.
 -통로와 직각 방향의 기둥 간격 : 단위주차 길이의 거리로 한다.
• 층높이는 낮게 함이 유리하다.
 -주차부 천장 높이 : 2.1m, 차도부분 : 2.3m 이상으로 한다.

⑤ 환기

• 1시간당 10회 이상의 환기 능력을 갖춘다.
• 환기용 개구부 : 바닥 면적의 1/10 이상으로 한다.

<table>
<tr><th colspan="2" rowspan="2">주차형식</th><th rowspan="2">평행주차</th><th rowspan="2">직각주차</th><th rowspan="2">교차주차</th><th colspan="2">대형주차</th></tr>
<tr><th>45°</th><th>60°</th></tr>
<tr><td rowspan="2">출입구</td><td>2개 이상</td><td>3.3m</td><td>6.0m</td><td>3.5m</td><td>3.5m</td><td>4.5m</td></tr>
<tr><td>1개 이상</td><td>5.0m</td><td>6.0m</td><td>5.0m</td><td>5.0m</td><td>5.5m</td></tr>
<tr><td colspan="2">주차형식의 도해</td><td>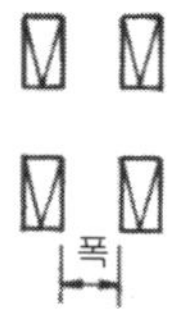</td><td>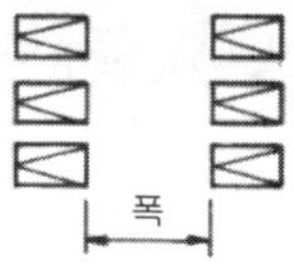</td><td>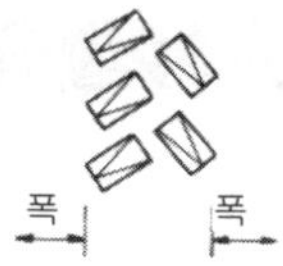</td><td colspan="2">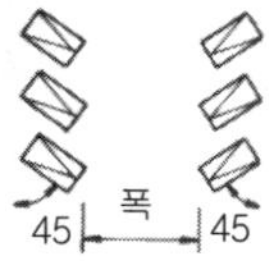</td></tr>
</table>

【그림 11-6】 주차통로의 폭

2. 자동차 터미널

1) 버스터미널(bus terminal)

① 주차방식

• 섬 형식(island type) : 많은 주차가 가능함
• 통과 방식 : 간선도로에 있는 터미널
• 이중 레벨방식 : 계단과 에스컬레이터의 수직 교통 시설에 의해 주층과 플랫폼을 연결하는 방식

② 각부 계획

• 공공 대기실 : 중앙 홀로 직접 접근함
• 매표소 : 도시간 터미널이 가장 많음
• 수하물실 : 공공지역과 중앙 홀에서 접근하고 화물 저장을 위한 철제 선반이 필요함
• 운송 사무실: 중앙 홀에 위치함

③ 보행자 계획

• 복도
-통과 공간과 대기 공간으로 사용
-25PFM : 실제적인 최대 흐름으로 복도가 좁음
-10~15PFM : 통근 터미널 등에 많이 사용되나, 다른 보행자들과 자주 부딪힘
-7PFM : 피크가 심하지 않거나 공간 제약이 없는 곳
(*PFM:1분당 복도 1피트에 대한 통과 인원수)

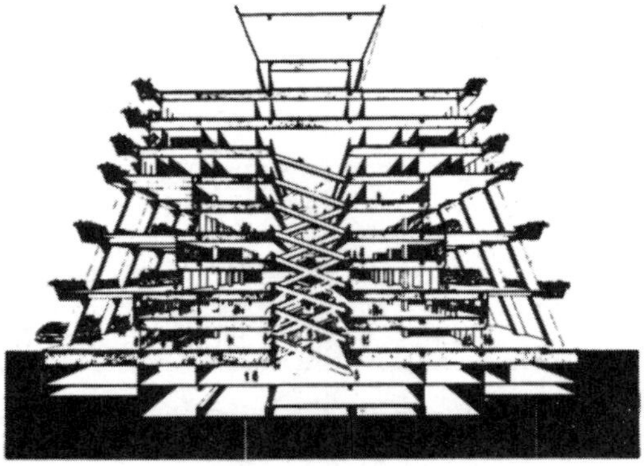

승차대 60개, 하차대 20개로 750여 개를 일시에 처리할 수 있는 시설이다. 27초에 1대의 버스를 출발시킬 수 있으며, 1층에서 8층까지 운행하는 26대의 에스컬레이터와 10층까지 운행하는 20인승 엘리베이터가 설치되어 있으며, 한편 소형차 3대를 10층까지 수송하는 카 리프트 3개다 설치되어 있다.

【그림 11-7】 버스터미널의 예

- 출입구
  - 혼잡한 곳 : 분당 40명 통과
  - 자유로운 곳 : 분당 20명 통과
- 계단
  - 17 PFM : 실제적인 최대 흐름
  - 7~10 PFM : 통근 터미널에 적용
  - 5 PFM : 혼잡한 터미널에 적용
  - 단높이 18cm 이하로 낮아질수록 보행자 속도는 빨라짐

2) 화물(貨物) 터미널

① 집배, 배달 등 연계되는 수송업체에 근접할 것
② 주간선 도료 교통에 접근이 용이할 것
③ 방해물이 적고 지구, 지역을 고려할 것
④ 도시계획, 지역계획, 도시 미래 성장 패턴을 고려할 것
⑤ 직원을 위한 운송, 공공시설 고려할 것

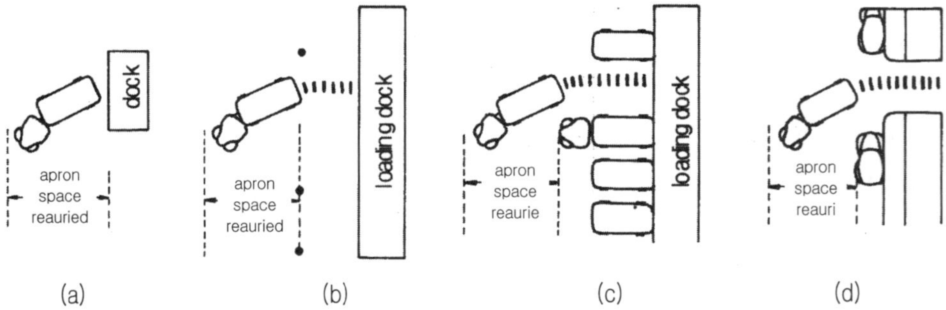

【그림 11-8】 에이프런 공간

3. 교통시설 실례

← Bayside Place Hakata Futoh

Kojiro Kitayana

second floor.

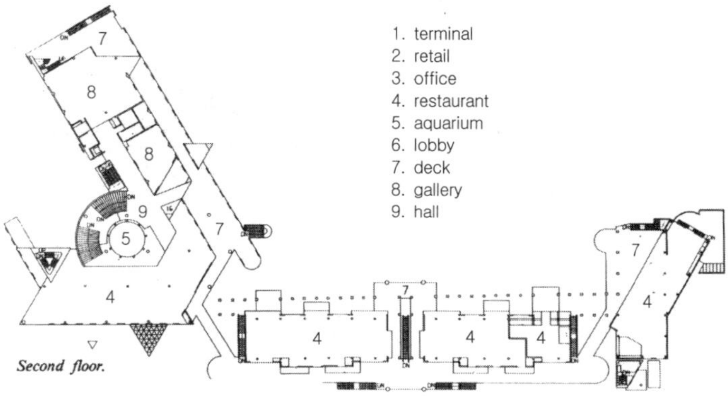

Second floor.

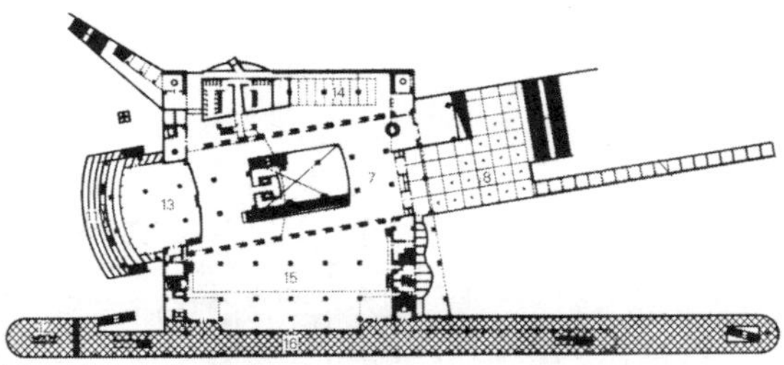

Second floor.

↑ Tokyo Harumi Passenger Terminal

Minoru Takeyama

← **지하철 외부 출입구 캐노피**

희림건축(이영희)

위　　치 : 6호선 - 석계역, 효창공원역, 화랑대역
　　　　　7호선 - 내방역, 반포역, 장승백이역

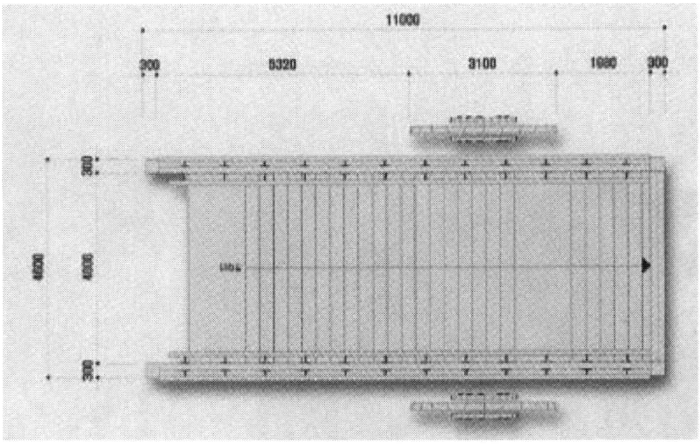

1st floor plan

무안공항

까치건축 + 신한건축 + 금호건설 +
한진건설 + 대림산업 + 보성건설

대지면적 : 2,453,000m²
연 면 적 : 43,151.49m²
건축면적 : 25,152.4m²
용 적 률 : 1.55%
건 폐 율 : 1.03%
구 조 : 철근콘크리트조, 철골조
규 모 : 지하 1층, 지상 9층

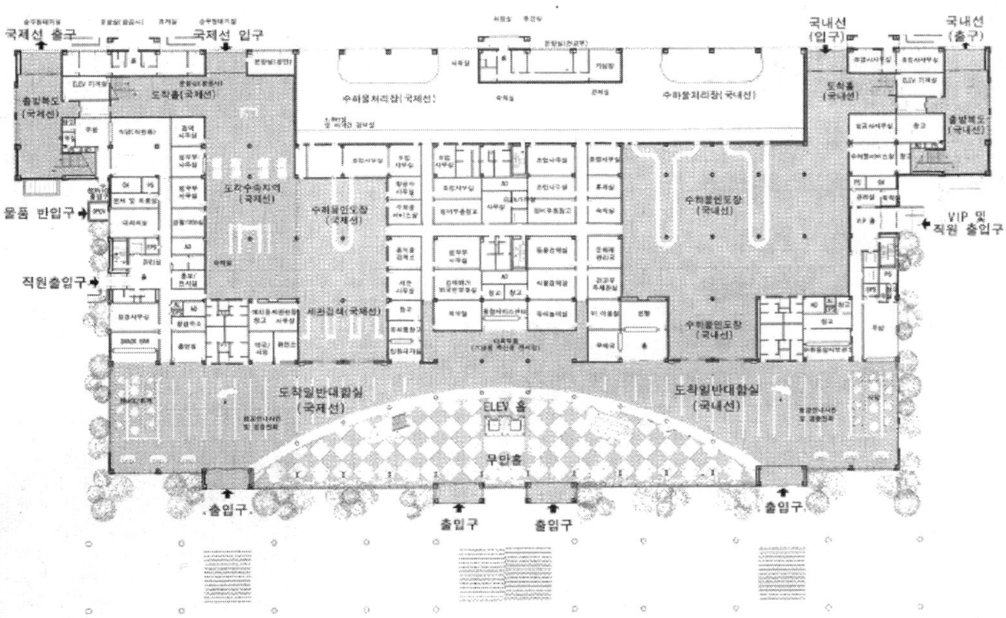

← 안산선 도장 역사

이상건축(강철희 · 김상진 · 엄무현)

위　　치 : 경기도 군포시 수리동 1231번지 일대
대지면적 : 7,268m²
연 면 적 : 1,327m²
건축면적 : 3,601.58m²
구　　조 : 철근콘크리트조, 철골조
규　　모 : 지상 2층

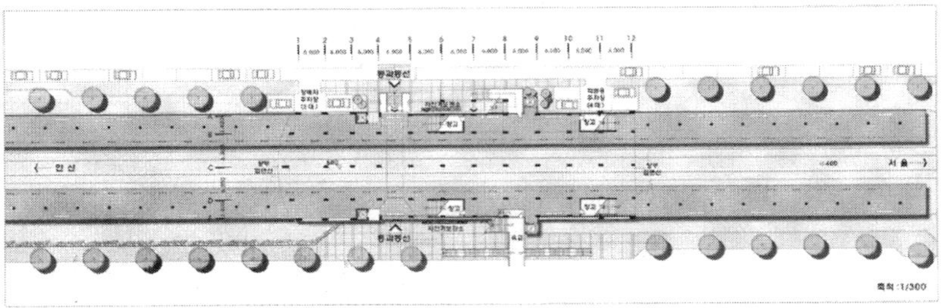

platform level plan(1st)

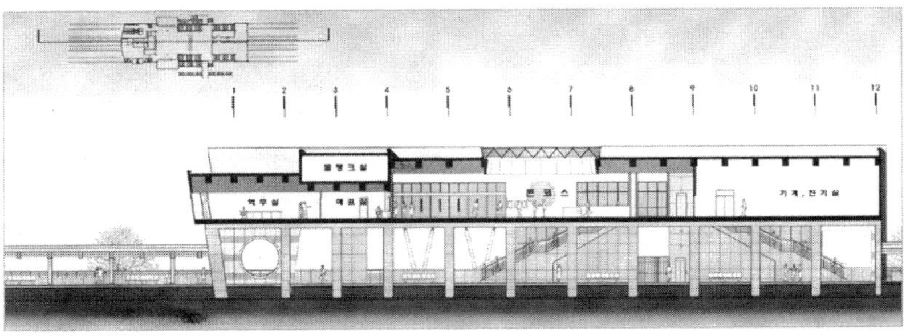

cross site

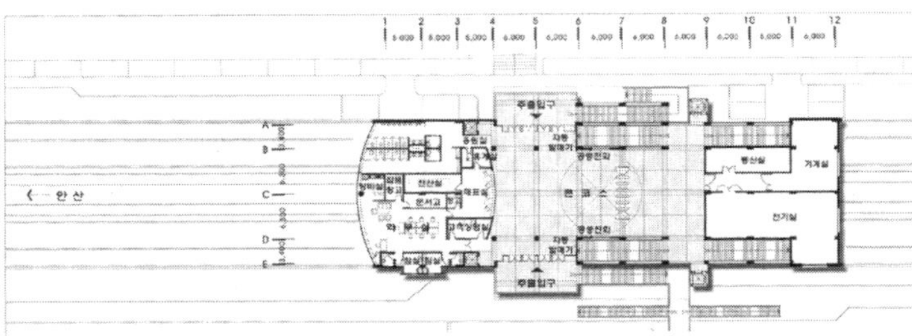

concourge level plan(2nd)

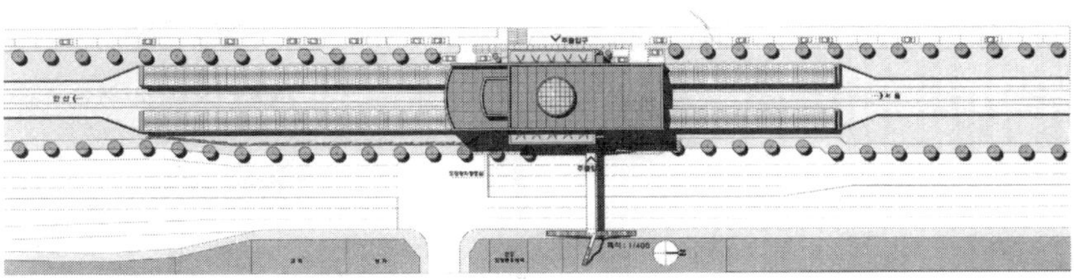

site plan

⬅ 영동선 강릉 역사

조정건축(정승덕)

위　　치 : 강원도 강릉시
연 면 적 : 역사-3,189.99m²
건축면적 : 15,275m²
구　　조 : 철골조
규　　모 : 지상 3층

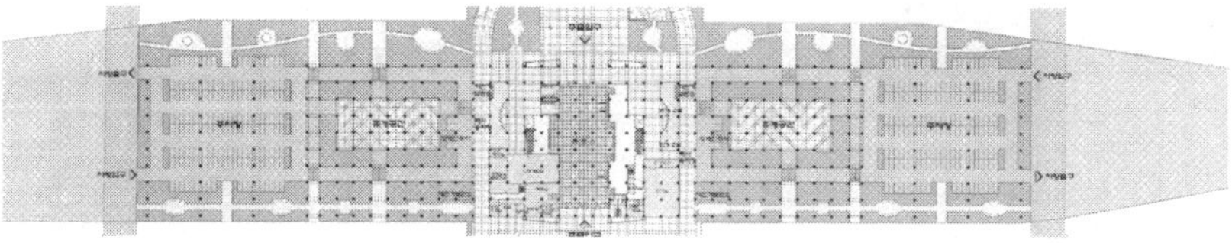

1st floor plan

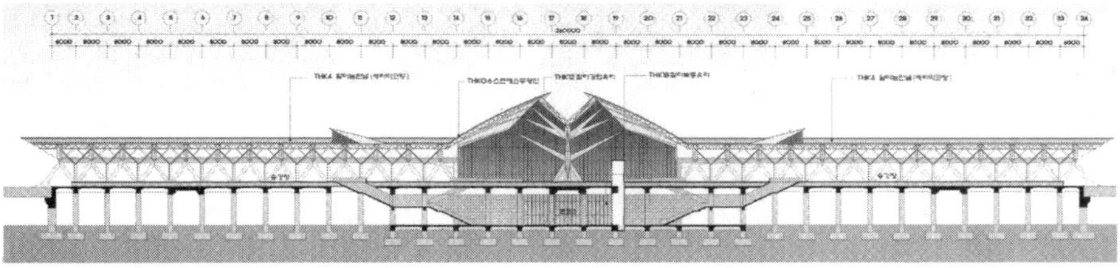

cross section

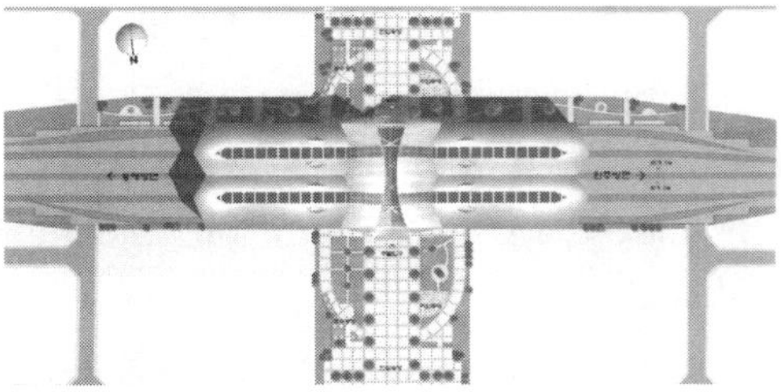

site paln

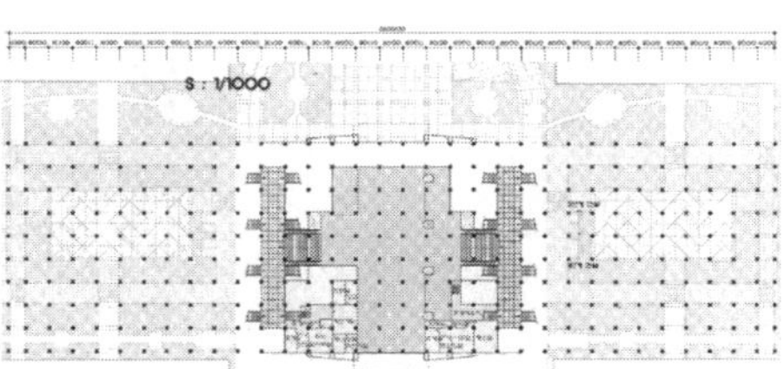

2nd floor plan

⬅ 인천항 국제여객선 터미널

이 관 표(엄 · 이 건축)

위　　치 : 인천 중구 항동7가 85-72번지 외 6필지
대지면적 : 33,965m²
연 면 적 : 23,196.66m²
건축면적 : 6,506.18m²
용 적 률 : 44.05%
건 폐 율 : 19.15%
조경면적 : 5,989.47m²
공개공지면적 : 643.06m²
최고높이 : 25.75m
구　　조 : 터미널동-철근콘크리트조
　　　　　주차장동-철골철근콘크리트조
규　　모 : 터미널동-지하 1층, 지상 4층
　　　　　주차장동-지상 3층

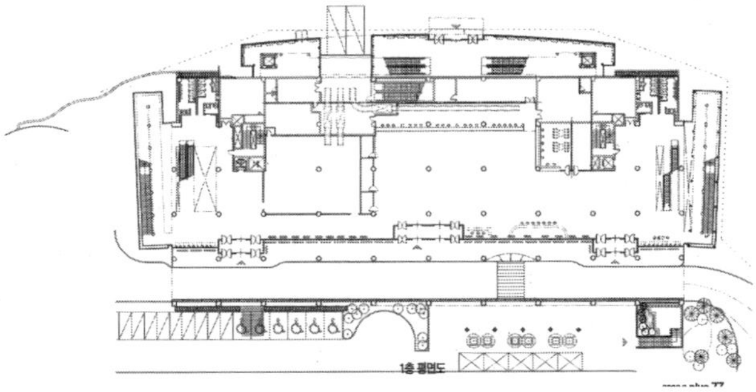

1층 평면도

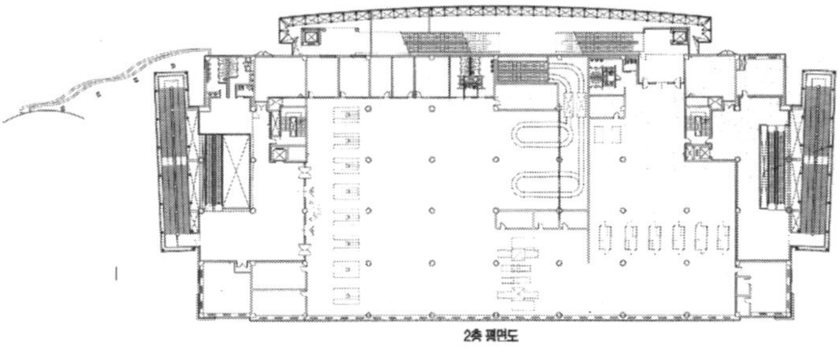

2층 평면도

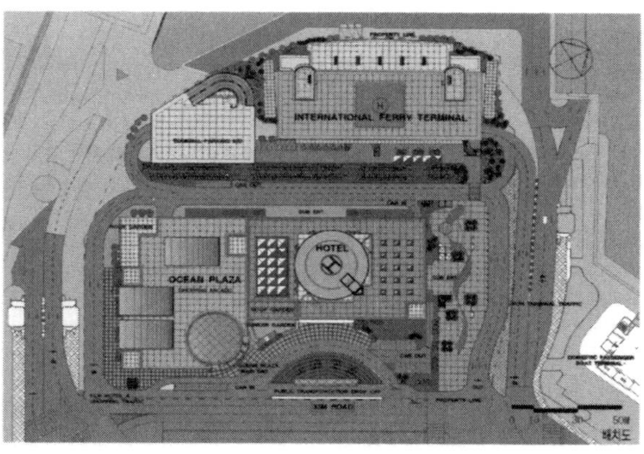

배치도

← 포항공항

까치건축(김정식)

위　　치 : 경북 포항시 남구
대지면적 : 69,045m²
연 면 적 : 13,807.25m²
건축면적 : 10,728.09m²
용 적 률 : 19.31%
건 폐 율 : 15.54%
구　　조 : 철골조, 철근콘크리트조
규　　모 : 지하 1층, 지상 2층

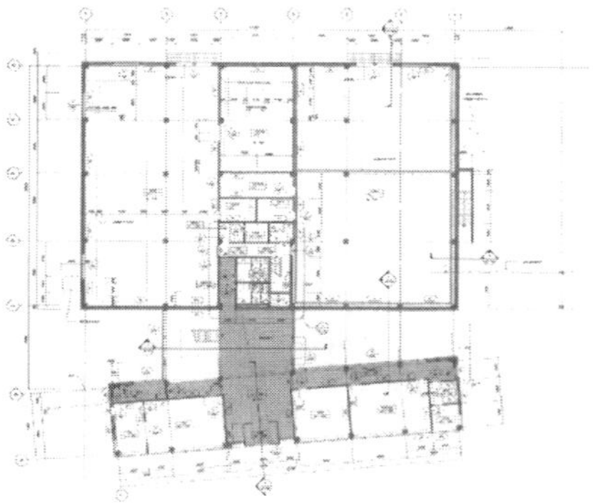

1st floor plan(power plant

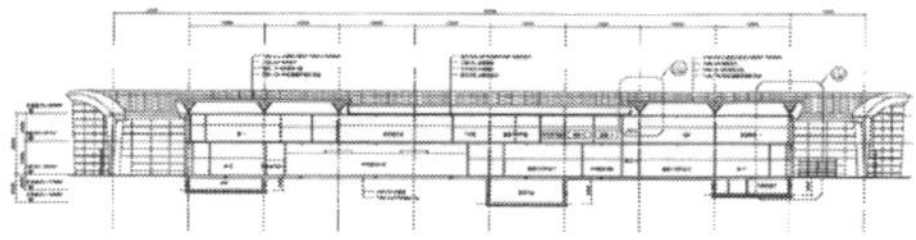

cross section

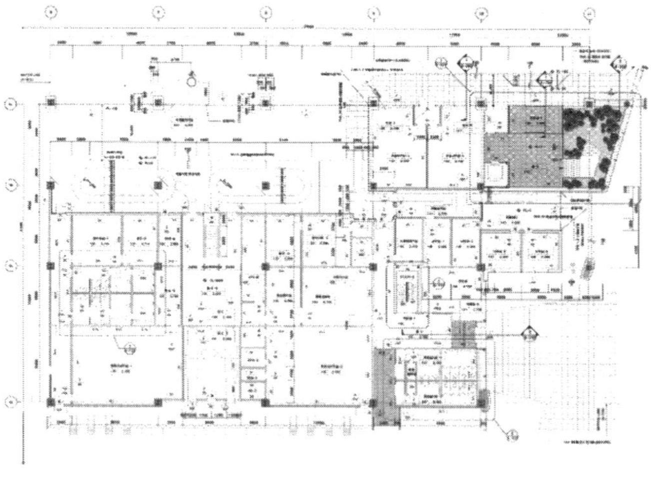

1st extesion floor plan

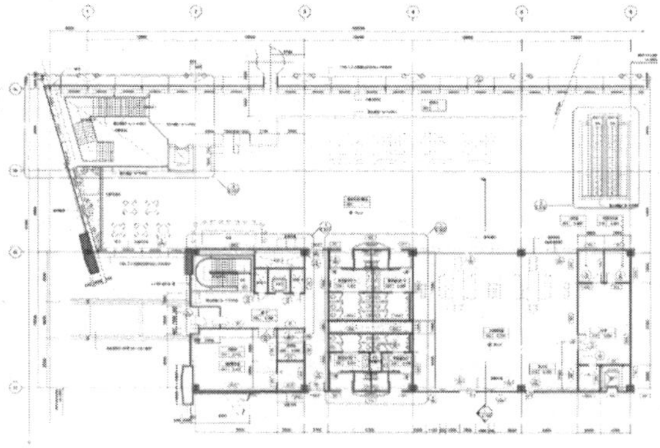

2nd extesion floor plan 1

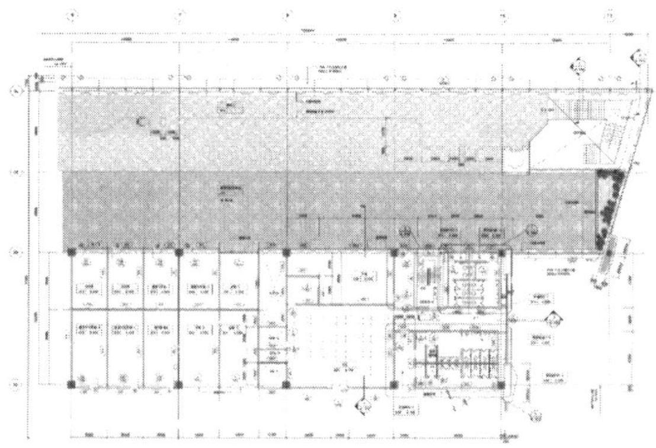

2nd extesion floor plan 2

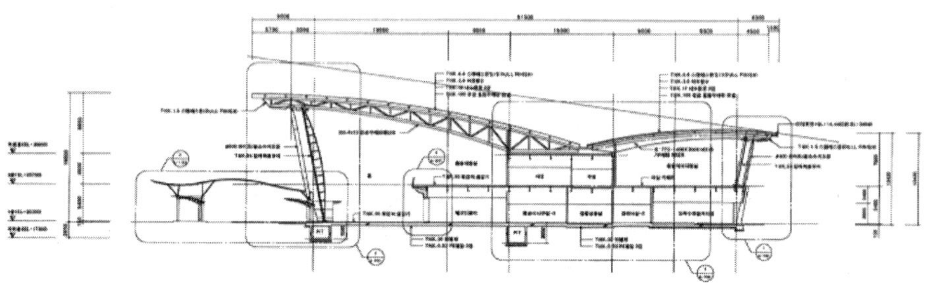

longitudinal section

⬅ 공항관리청사 / 상주기관 합동청사

김우성 + 황의섭(아키플랜)

＊공항관리청사

위　　치 : 인천시 중구 용유동 일원(인천국제공항부지 남측관리 지역내)
대지면적 : 11,724m²
연 면 적 : 15,903.17m²
건축면적 : 2,631.02m²
구　　조 : 철골조, 철골철근콘크리트조
규　　모 : 지하 1층, 지상 7층

＊상주기관 합동청사

연 면 적 : 16,469.3m²
건축면적 : 2,658.3m²
구　　조 : 철골조, 철골철근콘크리트
규　　모 : 지하 1층, 지상 7층

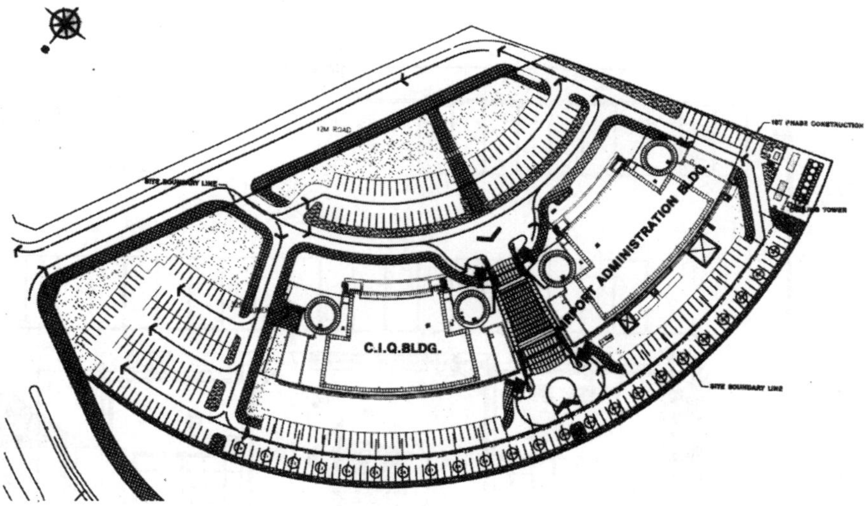

site plan

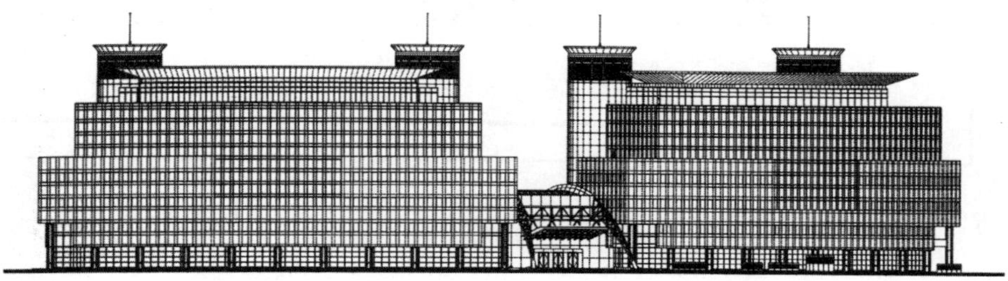

단면도

← 관제탑

김우성 + 황의섭(아키플랜)

위　　치 : 인천시 중구 용유동 일원
(인천국제공항 부지)
연 면 적 : 2,760.79m²
건축면적 : 707.7m²
최고높이 : 100.4m
구　　조 : 철골철근콘크리트
규　　모 : 지하 1층, 지상 22층

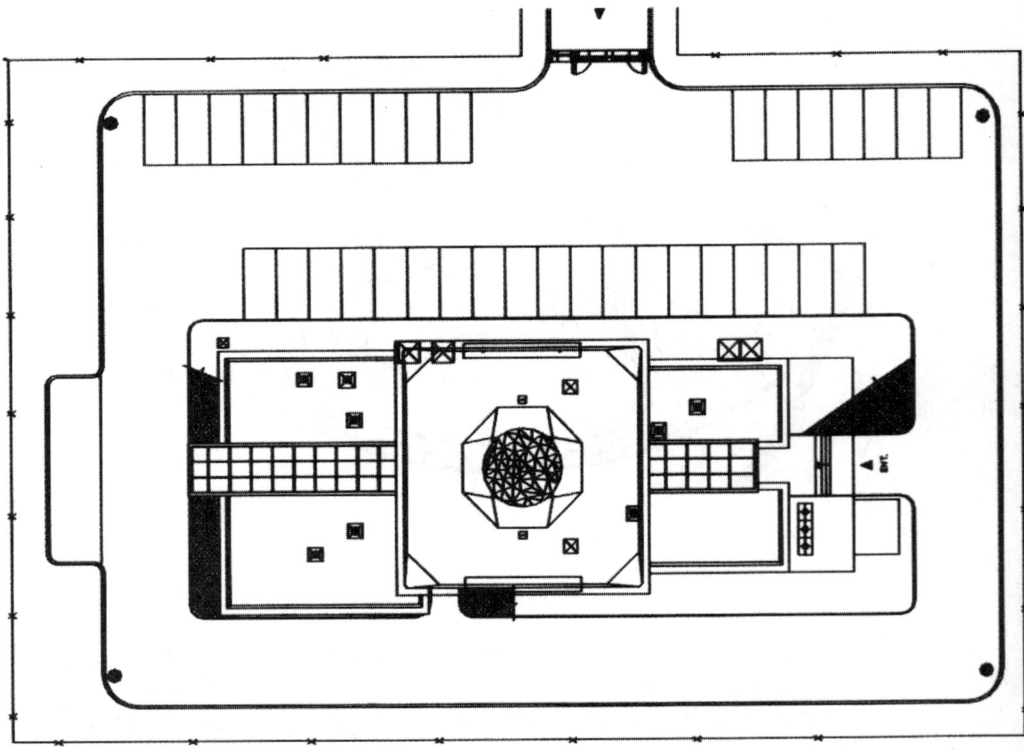

배치도

• 참고문헌 •

1. 건축계획학 입문	장택주 외	도서출판 서우
2. 건축계획각론	김영수	도서출판 서우
3. 건축설계총해	조용구	도서출판 서우
4. 건축계획총해	조용구	도서출판 서우
5. 건축계획론	안영배외	기문당
6. 건축계획각론	박춘근	보성각
7. 건축 텍스트북	대학건축학회	야정문화사
8. 건축법규	김성배	도서출판 서우
9. 한국의 교회건축	이호진	산업도서출판공사
10. 한국의 건축 6	임정의 편저	태림문화사
11. 현대박물관 건축론	서상우	기문당
12. 요점 건축계획	김진일	보성문화사
13. 건축설계자료집성	건우사	
14. 백화점 건축계획	전병직	세진사
15. 호텔건축계획	주장건	세진사
16. 병원건축	김광문	세진사
17. COHOUSING	Charles W. Moore	Ten speed Press
18. 개신교 교회건축의 계획특성에 관한 연구	김준봉	연세대 석사논문
19. 고층 사무소 건축 석재 외벽 마감의 현황과 경향에 관한 연구	최준오	단국대 석사논문
20. 주택계획설계	김형대	기문당
21. 주택계획론	전경배 · 윤충열	산업도서 출판공사